# Álgebra Linear com Aplicações

gen
Grupo
Editorial
Nacional

# Álgebra Linear com Aplicações

Nona Edição

**Steven J. Leon**

University of Massachusetts, Dartmouth

**Tradução e Revisão Técnica**

**Sérgio Gilberto Taboada**

Docteur Ingénieur – École Nationale Supérieure de l'Aéronautique et de l'Espace – Toulouse – França
Antigo Professor-Associado II do Centro Federal de Educação Tecnológica Celso Suckow da Fonseca (CEFET-RJ)

Apesar dos melhores esforços do autor, do tradutor, do editor e dos revisores, é inevitável que surjam erros no texto. Assim, são bem-vindas as comunicações de usuários sobre correções ou sugestões referentes ao conteúdo ou ao nível pedagógico que auxiliem o aprimoramento de edições futuras. Os comentários dos leitores podem ser encaminhados à **LTC — Livros Técnicos e Científicos Editora** pelo e-mail faleconosco@grupogen.com.br.



Travessa do Ouvidor, 11

Rio de Janeiro, RJ — CEP 20040-040

Tels.: 21-3543-0770 / 11-5080-0770

Fax: 21-3543-0896

faleconosco@grupogen.com.br

www.grupogen.com.br

Capa: Thallys Bezerra
Editoração Eletrônica: Imagem virtual Editoração Ltda.

**CIP-BRASIL. CATALOGAÇÃO NA PUBLICAÇÃO**
**SINDICATO NACIONAL DOS EDITORES DE LIVROS, RJ**

---

L593a
9. ed.
Leon, Steven J., 1943-
Álgebra linear com aplicações / Steven J. Leon ; tradução e revisão técnica Sérgio Gilberto Taboada. - Rio de Janeiro : LTC, 2019.
il.; 28 cm.
Tradução de: Linear algebra with applications.
Apêndice
Inclui bibliografia e índice
ISBN: 978-85-216-3535-2

1. Álgebra linear. I. Taboada, Sérgio Gilberto. II. Título.

18-48816 CDD: 512.5
CDU: 512.64
Meri Gleice Rodrigues de Souza - Bibliotecária CRB- 7/6439

*Às memórias de*

*Florence e Rudolph Leon,*

*devotados e amorosos pais,*

*e às memórias de*

*Gene Golub, Germund Dahlquist e Jim Wilkinson,*

*amigos, mentores e modelos*

# Sumário

* Web: Os capítulos suplementares 8 e 9 estão disponíveis no GEN-IO, ambiente virtual de aprendizagem do GEN | Grupo Editorial Nacional, mediante cadastro. Veja a seção do Prefácio sobre Material Suplementar para mais detalhes.

# Prefácio

Ficamos satisfeitos em ver o texto atingir sua nona edição. O apoio e entusiasmo continuados dos muitos usuários têm sido muito gratificantes. A álgebra linear é mais excitante agora do que em qualquer época do passado, e suas aplicações continuam a se espalhar a mais e mais campos. Em grande parte devido à revolução computacional dos últimos 75 anos, a álgebra linear atingiu um nível de predominância no currículo matemático, rivalizando com o cálculo.

A primeira edição deste livro foi publicada em 1980. Muitas mudanças significativas foram feitas para a segunda edição (1986); mais notavelmente os conjuntos de exercícios foram muito expandidos, e o capítulo de transformações lineares do livro foi completamente revisto. Cada uma das edições seguintes sofreu modificações significativas, incluindo a adição de exercícios abrangentes de MATLAB, um aumento extraordinário no número de aplicações, e muitas revisões nas várias seções do livro. Eu tive a sorte de contar com excelentes revisores; suas sugestões deram origem a muitas melhorias importantes no livro. Para a nona edição, demos especial atenção ao Capítulo 7, porque foi o único capítulo que não passou por grandes revisões nas edições anteriores. A próxima seção resume as revisões mais significativas que foram feitas na nona edição.

## O que Há de Novo na Nona Edição?

1. Nova Subsecção Adicionada ao Capítulo 3
   A Seção 3.2 do Capítulo 3 aborda o tema subespaços. Um exemplo importante de subespaço ocorre quando encontramos todas as soluções para um sistema homogêneo de equações lineares. Esse tipo de subespaço é chamado de *espaço nulo*. Uma nova subseção foi adicionada para mostrar como o espaço nulo também é útil para encontrar o conjunto solução de um sistema linear não homogêneo. Essa subseção contém um novo teorema e uma nova figura fornecendo uma ilustração geométrica do teorema. Três problemas relacionados foram adicionados aos exercícios no final da Seção 3.2.
2. Novas Aplicações Adicionadas aos Capítulos 1, 5, 6 e 7
   No Capítulo 1, introduzimos uma aplicação importante no campo da Ciência de Gestão. Muitas vezes, as decisões de gestão envolvem a escolha entre várias alternativas. Consideramos que as escolhas devem ser feitas com um objetivo fixo em mente e embasadas em um conjunto de critérios de avaliação. Essas decisões envolvem com frequência uma série de julgamentos humanos que nem sempre são totalmente consistentes. O processo de hierarquização analítica é uma técnica de classificação das várias alternativas baseadas em um gráfico que consiste em critérios ponderados e classificações que medem quão bem cada alternativa satisfaz a cada um dos critérios.

   No Capítulo 1, vemos como configurar esse gráfico ou árvore de decisão para o processo. Após a atribuição de ponderações e classificações a cada entrada no gráfico, a hierarquização das alternativas é calculada usando operações simples de matriz-vetor. Nos Capítulos 5 e 6, revisamos a aplicação e discutimos como utilizar técnicas matriciais avançadas para determinar pesos e classificações apropriados para o processo de decisão. Finalmente, no Capítulo 7, apresentamos um algoritmo numérico para calcular os vetores de peso utilizados no processo de decisão.

3. Seção 7.1 do Capítulo 7 Revista e Duas Subseções Adicionadas
   A Seção 7.1 foi revista e modernizada. Uma nova subseção sobre representação IEEE de números em ponto flutuante e uma segunda subseção sobre precisão e estabilidade de algoritmos numéricos foram adicionadas. Novos exemplos e exercícios adicionais sobre esses tópicos também foram incluídos.
4. Seção 7.5 do Capítulo 7 Revista
   A discussão sobre as transformações de Householder foi revista e ampliada. Uma nova subseção, que discute os aspectos práticos da utilização da fatoração *QR* para a resolução de sistemas lineares, foi adicionada. Foram incluídos novos exercícios a esta seção.
5. Seção 7.7 do Capítulo 7 Revista
   A Seção 7.7 trata de métodos numéricos para resolver problemas de mínimos quadrados. A seção foi revista e uma nova subseção sobre o uso do processo de Gram-Schmidt modificado para resolver problemas de mínimos quadrados foi adicionada. A subseção contém um novo algoritmo.

## Visão Geral do Texto

Este livro é indicado para curso no nível básico ou mais avançado. O estudante deve estar familiarizado com o cálculo diferencial e integral básicos. Esse requisito pode ser obtido em um semestre de cálculo elementar.

Se o texto for usado no nível básico, o professor deve passar mais tempo nos capítulos iniciais e omitir muitas das seções dos capítulos posteriores. Para cursos mais avançados, uma rápida revisão dos tópicos dos dois primeiros capítulos e uma cobertura mais completa dos capítulos seguintes seriam apropriadas. As explicações no texto são dadas em detalhe suficiente para que os estudantes principiantes tenham pouca dificuldade em ler e entender o material. Visando a aumentar a ajuda ao estudante, um grande número de exemplos foi integralmente resolvido. Adicionalmente, ao fim de cada capítulo, exercícios computacionais dão aos estudantes a oportunidade de executar experiências numéricas e tentar generalizar os resultados. São apresentadas aplicações ao longo do livro que podem ser utilizadas para motivar novo material ou ilustrar o material já coberto.

O texto contém todos os tópicos recomendados pelo Linear Algebra Curriculum Study Group (LACSG), da National Science Foundation (NSF) dos Estados Unidos, e muito mais. Embora haja mais material do que o que pode ser coberto em um semestre, acreditamos que é mais fácil para um professor desprezar algum conteúdo do que ter de complementar o livro com conteúdo externo. Mesmo que muitos tópicos sejam omitidos, o livro ainda proporcionará ao estudante uma ideia do objetivo geral da matéria. Além disso, muitos estudantes podem usar o livro posteriormente como uma referência e, em consequência, aprender sozinhos muitos dos tópicos omitidos.

Na próxima seção deste prefácio são oferecidas sugestões para cursos de um semestre, tanto para o nível básico quanto para o mais avançado, não só com ênfase orientada para matrizes, mas também com ênfase ligeiramente mais teórica.

Idealmente, todo o livro pode ser coberto em dois semestres. Embora o LACSG tenha recomendado dois semestres de álgebra linear, isto ainda não é praticado em muitas universidades e faculdades. No presente, não há acordo geral em relação ao núcleo de um segundo curso. De fato, se todos os tópicos que os professores gostariam de ver em um segundo curso fossem incluídos em um único volume, este seria um livro pesado. Foi feito um esforço neste texto para cobrir todos os tópicos básicos de álgebra linear necessários para as aplicações modernas. Além disso, dois capítulos adicionais para um segundo curso estão disponíveis mediante cadastro no GEN-IO, ambiente virtual de aprendizagem do GEN |Grupo Editorial Nacional, www.grupogen.com.br. Consulte a página sobre Material Suplementar após o prefácio para detalhes e veja como acessar o *site*.

## Programas de Curso Sugeridos

**I.** Dois Semestres em Sequência: Em uma sequência de dois semestres, é possível cobrir as 40 seções do livro. Quando o autor ministra o curso, ele inclui uma aula adicional, demonstrando o uso do SW MATLAB.

**II.** Curso Básico de Um Semestre

**A.** Um Curso Básico de Um Semestre

| | | |
|---|---|---|
| Capítulo 1 | Seções 1-6 | 7 aulas |
| Capítulo 2 | Seções 1-2 | 2 aulas |
| Capítulo 3 | Seções 1-6 | 9 aulas |
| Capítulo 4 | Seções 1-3 | 4 aulas |
| Capítulo 5 | Seções 1-6 | 9 aulas |
| Capítulo 6 | Seções 1-3 | 4 aulas |
| | Total | 35 aulas |

**B.** O Curso Orientado a Matrizes do LACSG: O curso base recomendado pelo Linear Algebra Curriculum Study Group envolve somente os espaços vetoriais euclidianos. Em consequência, para este curso deve ser omitida a Seção 3.1 do Capítulo 3 (sobre espaços vetoriais genéricos) e todas as referências e problemas envolvendo espaços funcionais nos Capítulos 3 a 6. Todos os tópicos no núcleo base LACSG são incluídos no texto. Não é necessário incluir qualquer material suplementar. O LACSG recomenda 28 aulas para cobrir o material base. Isso é possível se as aulas forem expositivas com um encontro adicional por semana. Se o curso é dado sem encontros, sugerimos o seguinte planejamento de 35 aulas, como o mais razoável.

| | | |
|---|---|---|
| Capítulo 1 | Seções 1-6 | 7 aulas |
| Capítulo 2 | Seções 1-2 | 2 aulas |
| Capítulo 3 | Seções 2-6 | 7 aulas |
| Capítulo 4 | Seções 1-3 | 2 aulas |
| Capítulo 5 | Seções 1-6 | 9 aulas |
| Capítulo 6 | Seções 1, 3-5 | 8 aulas |
| | Total | 35 aulas |

**III.** Cursos Avançados de Um Semestre: A cobertura de um curso para estudantes mais avançados depende da base que eles tenham. A seguir há dois cursos possíveis de 35 aulas cada.

**A.** Curso 1

| | | |
|---|---|---|
| Capítulo 1 | Seções 1-6 | 6 aulas |
| Capítulo 2 | Seções 1-2 | 2 aulas |
| Capítulo 3 | Seções 1-6 | 7 aulas |
| Capítulo 5 | Seções 1-6 | 9 aulas |
| Capítulo 6 | Seções 1-7 | 10 aulas |
| | Seção 8, se houver tempo | |
| Capítulo 7 | Seção 4 | 1 aula |

**B.** Curso 2

| | | |
|---|---|---|
| Revisão dos Tópicos nos Capítulos 1-3 | | 5 aulas |
| Capítulo 4 | Seções 1-3 | 2 aulas |
| Capítulo 5 | Seções 1-6 | 10 aulas |
| Capítulo 6 | Seções 1-7 | 11 aulas |
| | Seção 8, se houver tempo | |
| Capítulo 7 | Seções 4-7 | 7 aulas |
| | Se houver tempo, Seções 1-3 | |

## Exercícios Computacionais

Esta edição contém uma seção de exercícios computacionais no final de cada capítulo. Esses exercícios são baseados no *software* MATLAB. O Apêndice MATLAB no livro explica os princípios básicos de uso desse *software*. O MATLAB tem a vantagem de ser uma ferramenta poderosa para computações matriciais, sendo, ao mesmo tempo, de fácil aprendizado. Após a leitura do Apêndice, os estudantes devem ser capazes de executar os exercícios computacionais sem precisar consultar outros livros ou manuais de *software*. Para ajudar os estudantes no início, recomendamos uma demonstração de 50 minutos do programa. As tarefas podem ser feitas como trabalhos de casa ou como parte de um curso em laboratório de informática formalmente planejado.

Outra fonte de exercícios MATLAB para álgebra linear é o livro ATLAST, oferecido como manual extra deste livro, no site www1.umassd.edu/specialprograms/atlast.*

Embora o curso possa ser ministrado sem qualquer referência ao computador, acreditamos que os exercícios computacionais podem melhorar significativamente o aprendizado e fornecer uma nova dimensão à educação em álgebra linear. O Linear Algebra Curriculum Study Group recomenda que essa tecnologia seja usada em um primeiro curso em álgebra linear, uma sugestão

* Este material é produzido e disponibilizado pelo autor, em inglês, não sendo de responsabilidade da LTC Editora, nem do Grupo GEN | Grupo Editorial Nacional a manutenção, inclusão ou permanência dele acessível no *site* mencionado. (N.E.)

geralmente aceita por boa parte da comunidade matemática e que tornou muito comum ver pacotes computacionais matemáticos utilizados em cursos dessa disciplina.

## Agradecimentos

Gostaríamos de expressar nossa gratidão à longa lista de revisores que tanto contribuíram a todas as edições deste livro. Um agradecimento especial é devido aos revisores da nona edição:

Mark Arnold, University of Arkansas
J'Lee Bumpus, Austin College
Michael Cranston, University of California Irvine
Matthias Kawski, Arizona State University

Agradeço também aos muitos usuários que enviaram comentários e sugestões. Em particular, o autor gostaria de agradecer a LeSheng Jin por sugerir a inclusão da aplicação do processo de hierarquia analítica.

Agradecimentos especiais à gerente de projeto da Pearson, Mary Sanger, e à assistente editorial, Salena Casha. Sou grato a Tom Wegleitner, por fazer a revisão cuidadosa do livro e dos manuais associados. Sou grato à toda a equipe editorial, de produção e de vendas da Pearson por todo seu esforço. Agradeço também ao gerente de projetos da Integra Software Services, Abinaya Rajendran.

Gostaríamos de agradecer as contribuições de Gene Golub e Jim Wilkinson. A maior parte da primeira edição do livro foi escrita entre 1977-1978 quando era pesquisador visitante na Stanford University. Durante esse período assistíamos cursos e palestras sobre álgebra linear numérica, ministrados por Gene Golub e J. H. Wilkinson. Essas palestras muito influenciaram este livro. Finalmente, gostaríamos de expressar nossa gratidão a Germund Dahlquist por suas sugestões nas primeiras edições deste livro. Embora Gene Golub, Jim Wilkinson e Germund Dahlquist não estejam mais entre nós, continuam a viver na memória de seus amigos.

Steven J. Leon

# Material Suplementar

- Aplicações: arquivo em formato (.pdf) (acesso livre);
- Capítulos Suplementares 8 e 9: arquivo em formato (.pdf) (acesso livre);
- Ilustrações da obra em formato de apresentação, em (.pdf) (restrito a docentes);
- Projetos: arquivo em formato (.pdf) (acesso livre);
- Questões com respostas: arquivo em formato (.pdf) (acesso livre);
- Solutions Manual: arquivo em formato (.pdf), em inglês, contendo manual de soluções (restrito a docentes).

O acesso ao material suplementar é gratuito. Basta que o leitor se cadastre em nosso *site* (www.grupogen.com.br), faça seu *login* e clique em GEN-IO, no menu superior do lado direito. É rápido e fácil.

Caso haja alguma mudança no sistema ou dificuldade de acesso, entre em contato conosco (gendigital@grupogen.com.br).

## Videoaulas

Este livro contém videoaulas exclusivas. Foram criadas e desenvolvidas pela LTC Editora para auxiliar os estudantes no aprimoramento de seu aprendizado.

As videoaulas são ministradas por professores com grande experiência nas disciplinas que apresentam em vídeo. *Álgebra Linear com Aplicações* conta com as seguintes videoaulas:*

- **Capítulo 1 Matrizes e Sistemas de Equações** (vídeos 1.2 e 2.3);
- **Capítulo 2 Determinantes** (vídeo 1.3);
- **Capítulo 3 Espaços Vetoriais** (vídeo 3.1);
- **Capítulo 4 Transformações Lineares** (vídeo 3.2);
- **Capítulo 5 Ortogonalidade** (vídeo 3.3);
- **Capítulo 6 Autovalores** (vídeo 3.4).

* As instruções para o acesso às videoaulas encontram-se na orelha deste livro.

GEN-IO (GEN | Informação Online) é o repositório de materiais suplementares e de serviços relacionados com livros publicados pelo GEN | Grupo Editorial Nacional, maior conglomerado brasileiro de editoras do ramo científico-técnico-profissional, composto por Guanabara Koogan, Santos, Roca, AC Farmacêutica, Forense, Método, Atlas, LTC, E.P.U. e Forense Universitária.
Os materiais suplementares ficam disponíveis para acesso durante a vigência das edições atuais dos livros a que eles correspondem.

CAPÍTULO

1

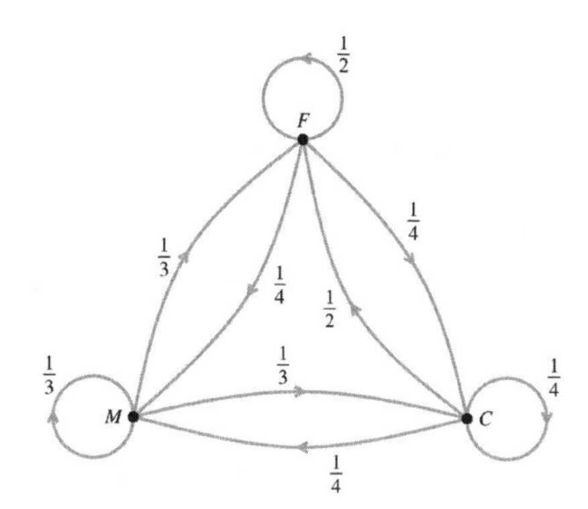


# Matrizes e Sistemas de Equações

Provavelmente o problema mais importante na matemática é a resolução de um sistema de equações lineares. Mais de 75 % de todos os problemas matemáticos encontrados em aplicações científicas e industriais envolvem a resolução de um sistema linear em algum estágio. Usando métodos modernos da matemática, é frequentemente possível reduzir um problema sofisticado a um simples sistema de equações lineares. Os sistemas lineares aparecem em aplicações em áreas como negócios, economia, sociologia, ecologia, demografia, genética, eletrônica, engenharia e física. Portanto, parece apropriado iniciar este livro com uma seção sobre sistemas lineares.

## 1.1 Sistemas de Equações Lineares

Uma *equação linear a n incógnitas* é uma equação da forma

$$a_1x_1 + a_2x_2 + \cdots + a_nx_n = b$$

em que $a_1, a_2, \ldots, a_n$ e $b$ são números reais e $x_1, x_2, \ldots, x_n$ são variáveis. Um *sistema linear* de $m$ equações em $n$ incógnitas é portanto um sistema da forma

$$\begin{aligned} a_{11}x_1 + a_{12}x_2 + \cdots + a_{1n}x_n &= b_1 \\ a_{21}x_1 + a_{22}x_2 + \cdots + a_{2n}x_n &= b_2 \\ &\vdots \\ a_{m1}x_1 + a_{m2}x_2 + \cdots + a_{mn}x_n &= b_m \end{aligned} \tag{1}$$

no qual os $a_{ij}$ e $b_i$ são todos números reais. Sistemas da forma (1) são chamados de sistemas lineares $m \times n$. Seguem-se exemplos de sistemas lineares:

**(a)** $\begin{aligned} x_1 + 2x_2 &= 5 \\ 2x_1 + 3x_2 &= 8 \end{aligned}$ **(b)** $\begin{aligned} x_1 - x_2 + x_3 &= 2 \\ 2x_1 + x_2 - x_3 &= 4 \end{aligned}$ **(c)** $\begin{aligned} x_1 + x_2 &= 2 \\ x_1 - x_2 &= 1 \\ x_1 \quad &= 4 \end{aligned}$

O sistema **(a)** é $2 \times 2$, **(b)** é um sistema $2 \times 3$ e **(c)** é um sistema $3 \times 2$.

A solução de um sistema $m \times n$ é uma $n$-upla ordenada de números $(x_1, x_2, \ldots, x_n)$ que satisfaz todas as equações do sistema. Por exemplo, o par ordenado (1, 2) é uma solução do sistema **(a)**, já que

$$\begin{aligned} 1 \cdot (1) + 2 \cdot (2) &= 5 \\ 2 \cdot (1) + 3 \cdot (2) &= 8 \end{aligned}$$

O terno ordenado (2, 0, 0) é uma solução do sistema **(b)**, já que

$$\begin{aligned} 1 \cdot (2) - 1 \cdot (0) + 1 \cdot (0) &= 2 \\ 2 \cdot (2) + 1 \cdot (0) - 1 \cdot (0) &= 4 \end{aligned}$$

Na verdade, o sistema **(b)** tem muitas soluções. Se $\alpha$ é qualquer número real, é facilmente mostrado que o terno ordenado $(2, \alpha, \alpha)$ é uma solução. Já o sistema **(c)**, não tem solução. Pela terceira equação segue-se que a primeira ordenada de qualquer solução deve ser 4. Usando $x_1 = 4$ nas duas primeiras equações, vemos que a segunda coordenada deve satisfazer

$$\begin{aligned} 4 + x_2 &= 2 \\ 4 - x_2 &= 1 \end{aligned}$$

Já que nenhum número real satisfaz as equações, o sistema não tem solução. Se um sistema linear não tem solução, dizemos que o sistema é *inconsistente*. Se o sistema tem pelo menos uma solução, dizemos que é *consistente*. Então, o sistema **(c)** é inconsistente, enquanto os sistemas **(a)** e **(b)** são consistentes.

O conjunto de todas as soluções de um sistema linear é chamado de *conjunto solução* do sistema. Se um sistema é inconsistente, seu conjunto solução é vazio. Um sistema consistente terá um conjunto solução não vazio. Para resolver um sistema consistente, devemos encontrar seu conjunto solução.

## Sistemas 2 × 2

Examinemos geometricamente um sistema da forma

$$\begin{aligned} a_{11}x_1 + a_{12}x_2 &= b_1 \\ a_{21}x_1 + a_{22}x_2 &= b_2 \end{aligned}$$

Cada equação pode ser representada graficamente como uma linha no plano. O par ordenado $(x_1, x_2)$ será uma solução do sistema se e somente se pertencer às duas linhas. Por exemplo, considere os três sistemas

**(i)** $\begin{aligned} x_1 + x_2 &= 2 \\ x_1 - x_2 &= 2 \end{aligned}$ **(ii)** $\begin{aligned} x_1 + x_2 &= 2 \\ x_1 + x_2 &= 1 \end{aligned}$ **(iii)** $\begin{aligned} x_1 + x_2 &= 2 \\ -x_1 - x_2 &= -2 \end{aligned}$

As duas linhas do sistema (i) se interceptam no ponto (2, 0). Portanto, $\{(2, 0)\}$ é o conjunto solução de (i). No sistema (ii) as duas linhas são paralelas. Então, o sistema (ii) é inconsistente e seu conjunto solução é vazio. As duas equações no sistema (iii) representam a mesma linha. Qualquer ponto nessa linha será uma solução do sistema (veja a Figura 1.1.1).

Em geral, há três possibilidades: As linhas se interceptam em um ponto, elas são paralelas, ou ambas as equações representam a mesma linha. O conjunto solução contém um, zero, ou um número infinito de pontos.

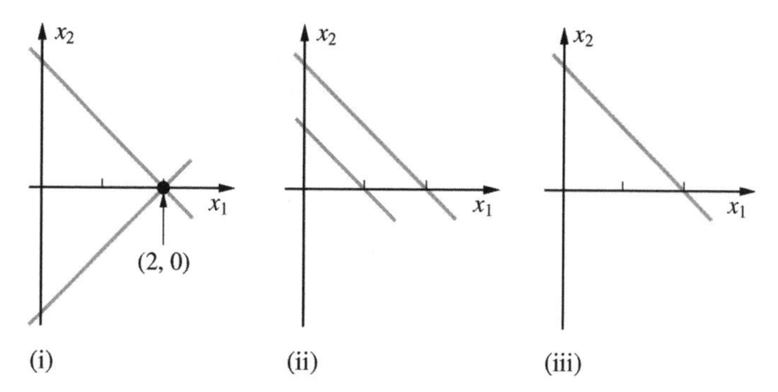


**Figura 1.1.1**

A situação é a mesma para sistemas $m \times n$. Um sistema $m \times n$ pode ser consistente ou não. Se for consistente, ele deve ter, ou exatamente uma solução, ou um número infinito de soluções. Essas são as únicas possibilidades. Veremos por que isto acontece, na Seção 1.2, quando estudarmos a forma linha degraus. Uma preocupação mais imediata é o problema de encontrar todas as soluções de um problema dado. Para enfrentar esse problema, introduzimos a noção de *sistemas equivalentes.*

## Sistemas Equivalentes

Considere os dois sistemas

**(a)**
$$\begin{aligned} 3x_1 + 2x_2 - \phantom{2}x_3 &= -2 \\ x_2 \phantom{- x_3} &= 3 \\ 2x_3 &= 4 \end{aligned}$$

**(b)**
$$\begin{aligned} 3x_1 + 2x_2 - x_3 &= -2 \\ -3x_1 - x_2 + x_3 &= 5 \\ 3x_1 + 2x_2 + x_3 &= 2 \end{aligned}$$

O sistema **(a)** é de fácil solução, pois é claro, das duas últimas equações, que $x_2 = 3$ e $x_3 = 2$. Usando esses valores na primeira equação, obtemos

$$\begin{aligned} 3x_1 + 2 \cdot 3 - 2 &= -2 \\ x_1 &= -2 \end{aligned}$$

Então, a solução do sistema é $(-2, 3, 2)$. O sistema **(b)** parece mais difícil de resolver. Na verdade, o sistema **(b)** tem a mesma solução que o sistema **(a)**. Para verificar isto, some as duas primeiras equações do sistema:

$$\begin{array}{r} 3x_1 + 2x_2 - x_3 = -2 \\ -3x_1 - x_2 + x_3 = 5 \\ \hline x_2 \phantom{+ x_3} = 3 \end{array}$$

Se $(x_1, x_2, x_3)$ é qualquer solução de **(b)**, deve satisfazer todas as equações do sistema. Então, deve satisfazer qualquer nova equação formada pela adição de duas de suas equações. Portanto, $x_2$ deve ser igual a 3. Similarmente $(x_1, x_2, x_3)$ deve satisfazer a nova equação formada subtraindo-se a primeira equação da terceira:

$$\begin{array}{r} 3x_1 + 2x_2 + x_3 = 2 \\ 3x_1 + 2x_2 - x_3 = -2 \\ \hline 2x_3 = 4 \end{array}$$

Portanto, qualquer solução do sistema **(b)** deve ser também uma solução do sistema **(a)**. Por um argumento similar, pode ser mostrado que qualquer solução de **(a)** é também uma solução de **(b)**. Isto pode ser mostrado subtraindo-se a primeira equação da segunda:

$$\begin{array}{rcl} x_2 \qquad\qquad & = & 3 \\ 3x_1 + 2x_2 - x_3 & = & -2 \\ \hline -3x_1 - \ x_2 + x_3 & = & 5 \end{array}$$

Então, somam-se a primeira e a terceira equações:

$$\begin{array}{rcl} 3x_1 + 2x_2 - \ x_3 & = & -2 \\ 2x_3 & = & 4 \\ \hline 3x_1 + 2x_2 + \ x_3 & = & 2 \end{array}$$

Logo, $(x_1, x_2, x_3)$ é uma solução do sistema **(b)** se e somente se for uma solução do sistema **(a)**. Portanto, ambos os sistemas têm o mesmo conjunto solução $\{(-2, 3, 2)\}$.

**Definição**

Dois sistemas de equações envolvendo as mesmas variáveis são ditos **equivalentes**, se tiverem o mesmo conjunto solução.

Evidentemente, se trocarmos a ordem em que duas equações de um sistema são escritas, isto não terá efeito no conjunto solução. O sistema reordenado será equivalente ao sistema original. Por exemplo, os sistemas

$$\begin{array}{rcl} x_1 + 2x_2 & = & 4 \\ 3x_1 - \ x_2 & = & 2 \\ 4x_1 + \ x_2 & = & 6 \end{array} \qquad \text{e} \qquad \begin{array}{rcl} 4x_1 + \ x_2 & = & 6 \\ 3x_1 - \ x_2 & = & 2 \\ x_1 + 2x_2 & = & 4 \end{array}$$

envolvem as mesmas três equações e, em consequência, devem ter o mesmo conjunto solução.

Se uma equação de um sistema é multiplicada por um número real diferente de zero, isto não terá efeito no conjunto solução, e o novo sistema será equivalente ao original. Por exemplo, os sistemas

$$\begin{array}{rcl} x_1 + x_2 + \ x_3 & = & 3 \\ -2x_1 - x_2 + 4x_3 & = & 1 \end{array} \qquad \text{e} \qquad \begin{array}{rcl} 2x_1 + 2x_2 + 2x_3 & = & 6 \\ -2x_1 - \ x_2 + 4x_3 & = & 1 \end{array}$$

são equivalentes.

Se um múltiplo de uma equação é somado a outra equação, o novo sistema será equivalente ao original. Isto acontece porque a $n$-upla $(x_1, x_2, ..., x_n)$ satisfará as duas equações

$$\begin{aligned} a_{i1}x_1 + \cdots + a_{in}x_n &= b_i \\ a_{j1}x_1 + \cdots + a_{jn}x_n &= b_j \end{aligned}$$

se e somente se satisfizer as equações

$$\begin{aligned} a_{i1}x_1 + \cdots + a_{in}x_n &= b_i \\ (a_{j1} + \alpha a_{i1})x_1 + \cdots + (a_{jn} + \alpha a_{in})x_n &= b_j + \alpha b_i \end{aligned}$$

Em resumo, há três operações que podem ser usadas em um sistema para obter um sistema equivalente:

**I.** A ordem em que duas equações quaisquer aparecem pode ser trocada.
**II.** Ambos os lados de uma equação podem ser multiplicados por um número real diferente de zero.
**III.** Um múltiplo de uma equação pode ser somado a (ou subtraído de) outra.

Dado um sistema de equações, podemos usar essas operações para obter um sistema que é de mais fácil solução.

## Sistemas $n \times n$

Vamos nos restringir a sistemas $n \times n$ pelo restante desta seção. Vamos mostrar que, se um sistema $n \times n$ tem exatamente uma solução, então as operações **I** e **III** podem ser usadas para obter um "sistema estritamente triangular" equivalente.

**Definição** Um sistema é dito estar na **forma triangular estrita** se na $k$-ésima equação os coeficientes das primeiras $k - 1$ variáveis são todos nulos e o coeficiente de $x_k$ é diferente de zero ($k = 1, 2, ..., n$).

EXEMPLO 1 O sistema

$$\begin{aligned} 3x_1 + 2x_2 + \phantom{2}x_3 &= 1 \\ x_2 - \phantom{2}x_3 &= 2 \\ 2x_3 &= 4 \end{aligned}$$

está na forma triangular estrita, já que na segunda equação os coeficientes são 0, 1, −1, respectivamente, e na terceira equação os coeficientes são 0, 0, 2, respectivamente. Por causa da forma triangular estrita, o sistema é de fácil solução. Segue, da terceira equação, que $x_3 = 2$. Usando esse valor na segunda equação, obtemos

$$x_2 - 2 = 2 \qquad \text{ou} \qquad x_2 = 4$$

Usando $x_2 = 4$, $x_3 = 2$ na primeira equação obtemos, finalmente,

$$\begin{aligned} 3x_1 + 2 \cdot 4 + 2 &= 1 \\ x_1 &= -3 \end{aligned}$$

Portanto, a solução do sistema é $(-3, 4, 2)$. ■

Qualquer sistema $n \times n$ estritamente triangular pode ser resolvido da mesma forma que o último exemplo. Primeiro, a $n$-ésima equação é resolvida para obter o valor de $x_n$. Esse valor é substituído na $(n - 1)$ésima equação para obter $x_{n-1}$. Os valores de $x_n$ e $x_{n-1}$ são usados na $(n - 2)$ésima equação para obter $x_{n-2}$, e assim por diante. Vamos nos referir a esse método de resolução de um sistema estritamente triangular como *substituição reversa.*

EXEMPLO 2 Resolva o sistema

$$\begin{aligned} 2x_1 - x_2 + 3x_3 - 2x_4 &= 1 \\ x_2 - 2x_3 + 3x_4 &= 2 \\ 4x_3 + 3x_4 &= 3 \\ 4x_4 &= 4 \end{aligned}$$

Solução

Usando substituição reversa, obtemos

$$\begin{aligned} 4x_4 &= 4 & x_4 &= 1 \\ 4x_3 + 3 \cdot 1 &= 3 & x_3 &= 0 \\ x_2 - 2 \cdot 0 + 3 \cdot 1 &= 2 & x_2 &= -1 \\ 2x_1 - (-1) + 3 \cdot 0 - 2 \cdot 1 &= 1 & x_1 &= 1 \end{aligned}$$

Então a solução é $(1, -1, 0, 1)$. ■

Em geral, dado um sistema de $n$ equações lineares a $n$ incógnitas, usamos as operações **I** e **III** para tentar obter um sistema equivalente que é estritamente triangular. (Veremos na próxima seção do livro que não é possível reduzir o sistema à forma estritamente triangular nos casos em que não há uma única solução.)

EXEMPLO 3 Resolva o sistema

$$\begin{aligned} x_1 + 2x_2 + x_3 &= 3 \\ 3x_1 - x_2 - 3x_3 &= -1 \\ 2x_1 + 3x_2 + x_3 &= 4 \end{aligned}$$

Solução

Subtraindo três vezes a primeira linha da segunda, acarreta

$$-7x_2 - 6x_3 = -10$$

Subtraindo duas vezes a primeira linha da terceira, acarreta

$$-x_2 - x_3 = -2$$

Se a segunda e a terceira equações de nosso sistema são substituídas respectivamente por essas novas equações, obtemos o sistema equivalente

$$\begin{aligned} x_1 + 2x_2 + x_3 &= 3 \\ -7x_2 - 6x_3 &= -10 \\ -x_2 - x_3 &= -2 \end{aligned}$$

Se a terceira equação desse sistema é substituída pela soma da terceira equação e $-\frac{1}{7}$ vez a segunda equação, temos finalmente o seguinte sistema estritamente triangular:

$$\begin{aligned} x_1 + 2x_2 + x_3 &= 3 \\ -7x_2 - 6x_3 &= -10 \\ -\tfrac{1}{7}x_3 &= -\tfrac{4}{7} \end{aligned}$$

Usando a substituição reversa, obtemos

$$x_3 = 4, \qquad x_2 = -2, \qquad x_1 = 3$$

■

Vejamos novamente o sistema de equações do último exemplo. Podemos associar ao sistema um arranjo 3 × 3 de números cujos elementos são os valores dos $x_i$:

$$\begin{bmatrix} 1 & 2 & 1 \\ 3 & -1 & -3 \\ 2 & 3 & 1 \end{bmatrix}$$

Esse arranjo é chamado de *matriz de coeficientes* do sistema. O termo *matriz* significa simplesmente um arranjo retangular de números. Uma matriz contendo $m$ linhas e $n$ colunas é dita $m \times n$. Uma matriz é dita *quadrada* se tem o mesmo número de linhas e colunas — isto é, se $m = n$.

Se adicionarmos à matriz de coeficientes uma coluna cujos elementos são os números no segundo membro do sistema, obtemos a nova matriz

$$\left[\begin{array}{ccc|c} 1 & 2 & 1 & 3 \\ 3 & -1 & -3 & -1 \\ 2 & 3 & 1 & 4 \end{array}\right]$$

Essa nova matriz é denominada *matriz aumentada*. Em geral, quando uma matriz $B$ $m \times r$ é adicionada a uma matriz $A$ $m \times n$ dessa forma, a matriz aumentada é denotada $(A|B)$. Então, se

$$A = \begin{bmatrix} a_{11} & a_{12} & \cdots & a_{1n} \\ a_{21} & a_{22} & \cdots & a_{2n} \\ \vdots & & & \\ a_{m1} & a_{m2} & \cdots & a_{mn} \end{bmatrix}, \qquad B = \begin{bmatrix} b_{11} & b_{12} & \cdots & b_{1r} \\ b_{21} & b_{22} & \cdots & b_{2r} \\ \vdots & & & \\ b_{m1} & b_{m2} & \cdots & b_{mr} \end{bmatrix}$$

Portanto,

$$(A\,|\,B) = \left[\begin{array}{ccc|ccc} a_{11} & \cdots & a_{1n} & b_{11} & \cdots & b_{1r} \\ \vdots & & & \vdots & & \\ a_{m1} & \cdots & a_{mn} & b_{m1} & \cdots & b_{mr} \end{array}\right]$$

A cada sistema de equações podemos associar uma matriz aumentada da forma

$$\left[\begin{array}{ccc|c} a_{11} & \cdots & a_{1n} & b_1 \\ \vdots & & & \vdots \\ a_{m1} & \cdots & a_{mn} & b_m \end{array}\right]$$

O sistema pode ser resolvido efetuando-se operações sobre a matriz aumentada. Os $x_i$ são marcadores que podem ser omitidos até o fim da computação. Correspondendo às três operações utilizadas para obter sistemas equivalentes, as seguintes operações sobre linhas podem ser aplicadas à matriz aumentada:

**Operações Elementares sobre Linhas**

**I.** Intercambiar duas linhas.
**II.** Multiplicar uma linha por um número real diferente de zero.
**III.** Substituir uma linha por sua soma a um múltiplo de outra linha.

Voltando ao exemplo, verificamos que a primeira linha é usada para eliminar os elementos da primeira coluna das demais linhas. Chamamos a primeira linha de *linha pivô*. Para ênfase, os elementos da linha pivô são apresentados em negrito, e a linha é sombreada. O primeiro elemento não nulo na linha pivô é chamado de *pivô*.

$$\begin{matrix}(\text{pivô } a_{11}=1)\\ \left.\begin{matrix}\text{elementos a eliminar}\\ a_{21}=3 \text{ e } a_{31}=2\end{matrix}\right\}\rightarrow\end{matrix}\left[\begin{array}{rrr|r}\mathbf{1} & \mathbf{2} & \mathbf{1} & \mathbf{3}\\ 3 & -1 & -3 & -1\\ 2 & 3 & 1 & 4\end{array}\right]\leftarrow \text{linha pivô}$$

Usando a operação sobre linhas III, a primeira linha multiplicada por 3 é subtraída da segunda linha, e a primeira linha multiplicada por 2 é subtraída da terceira linha. Quando isto é feito, terminamos com a matriz

$$\left[\begin{array}{rrr|r}1 & 2 & 1 & 3\\ \mathbf{0} & \mathbf{-7} & \mathbf{-6} & \mathbf{-10}\\ 0 & -1 & -1 & -2\end{array}\right]\leftarrow \text{linha pivô}$$

Nesse ponto escolhemos a segunda linha como linha pivô e aplicamos a operação III para eliminar o último elemento da segunda coluna. Desta vez o pivô é $-7$ e o quociente $\frac{-1}{-7}=\frac{1}{7}$ é o múltiplo da linha pivô que é subtraído da terceira linha. Finalizamos com a matriz

$$\left[\begin{array}{rrr|r}1 & 2 & 1 & 3\\ 0 & -7 & -6 & -10\\ 0 & 0 & -\frac{1}{7} & -\frac{4}{7}\end{array}\right]$$

Essa é a matriz aumentada para o sistema estritamente triangular, que é equivalente ao sistema original. A solução do sistema é facilmente obtida por substituição reversa.

EXEMPLO 4 Resolver o sistema

$$\begin{aligned} -\ x_2 -\ x_3 +\ x_4 &= 0\\ x_1 + x_2 + x_3 + x_4 &= 6\\ 2x_1 + 4x_2 + x_3 - 2x_4 &= -1\\ 3x_1 + x_2 - 2x_3 + 2x_4 &= 3\end{aligned}$$

### Solução

A matriz aumentada para este sistema é

$$\left[\begin{array}{rrrr|r}0 & -1 & -1 & 1 & 0\\ 1 & 1 & 1 & 1 & 6\\ 2 & 4 & 1 & -2 & -1\\ 3 & 1 & -2 & 2 & 3\end{array}\right]$$

Já que não é possível eliminar quaisquer elementos usando 0 como pivô, usaremos a operação I para intercambiar as duas primeiras linhas da matriz aumentada. A nova primeira linha será a linha pivô, e o elemento pivô será 1:

$$(\text{pivô } a_{11} = 1)\quad \left[\begin{array}{cccc|c} \mathbf{1} & \mathbf{1} & \mathbf{1} & \mathbf{1} & \mathbf{6} \\ 0 & -1 & -1 & 1 & 0 \\ 2 & 4 & 1 & -2 & -1 \\ 3 & 1 & -2 & 2 & 3 \end{array}\right] \leftarrow \text{linha pivô}$$

A operação III é então usada duas vezes para eliminar os dois elementos não nulos da primeira coluna:

$$\left[\begin{array}{cccc|c} 1 & 1 & 1 & 1 & 6 \\ \mathbf{0} & \mathbf{-1} & \mathbf{-1} & \mathbf{1} & \mathbf{0} \\ 0 & 2 & -1 & -4 & -13 \\ 0 & -2 & -5 & -1 & -15 \end{array}\right]$$

Em seguida, a segunda linha é usada para eliminar os elementos na segunda coluna abaixo do elemento pivô $-1$:

$$\left[\begin{array}{cccc|c} 1 & 1 & 1 & 1 & 6 \\ 0 & -1 & -1 & 1 & 0 \\ \mathbf{0} & \mathbf{0} & \mathbf{-3} & \mathbf{-2} & \mathbf{-13} \\ 0 & 0 & -3 & -3 & -15 \end{array}\right]$$

Finalmente, a terceira linha é usada como linha pivô para eliminar o último elemento da terceira coluna:

$$\left[\begin{array}{cccc|c} 1 & 1 & 1 & 1 & 6 \\ 0 & -1 & -1 & 1 & 0 \\ 0 & 0 & -3 & -2 & -13 \\ 0 & 0 & 0 & -1 & -2 \end{array}\right]$$

Esta matriz aumentada representa um sistema estritamente triangular. Resolvendo por substituição reversa, obtemos a solução $(2, -1, 3, 2)$. ■

Em geral, se um sistema linear $n \times n$ pode ser restrito à forma estritamente triangular, então ele terá uma única solução que pode ser obtida aplicando substituição reversa no sistema triangular. Podemos pensar no processo de redução como um algoritmo envolvendo $n - 1$ passos. No primeiro passo, um elemento pivô é escolhido entre os elementos não nulos da primeira coluna da matriz. A linha contendo o elemento pivô é chamada de *linha pivô*. Intercambiamos linhas (se necessário) de modo que a linha pivô é a nova primeira linha. Múltiplos da linha pivô são então subtraídos das $n - 1$ linhas restantes de modo a obter 0 como primeiro elemento das linhas 2 até $n$. No segundo passo, um elemento pivô é escolhido entre os elementos não nulos da coluna 2 entre as linhas 2 e $n$ da matriz. A linha contendo o pivô é então intercambiada com a segunda linha da matriz e usada como nova linha pivô. Múltiplos da linha pivô são então subtraídos das $n - 2$ linhas restantes, de modo a eliminar todos os elementos abaixo do pivô na segunda coluna. O mesmo procedimento é repetido para as colunas 3 até $n - 1$. Note que no segundo passo a linha 1 e a coluna 1 permanecem inalteradas, no terceiro passo as duas primeiras linhas e as duas primeiras colunas ficam inalteradas, e assim por diante. A cada passo as dimensões totais do sistema são reduzidas de 1 (veja a Figura 1.1.2).

Se o processo de eliminação pode ser efetuado como descrito, chegaremos a um sistema equivalente estritamente triangular após $n - 1$ passos. Entretanto, o procedimento falhará se, em qualquer passo, todas as possíveis escolhas para um elemento pivô são iguais a 0. Quando isto acontece, a alternativa é reduzir o sistema a certas formas de degraus ou escada. Essas formas de degraus serão estudadas na próxima seção. Elas serão também usadas em sistemas $m \times n$, em que $m \neq n$.

$$\text{Passo 1} \quad \left(\begin{array}{cccc|c} x & x & x & x & x \\ x & x & x & x & x \\ x & x & x & x & x \\ x & x & x & x & x \end{array}\right) \rightarrow \left(\begin{array}{cccc|c} x & x & x & x & x \\ 0 & x & x & x & x \\ 0 & x & x & x & x \\ 0 & x & x & x & x \end{array}\right)$$

$$\text{Passo 2} \quad \left(\begin{array}{cccc|c} x & x & x & x & x \\ 0 & x & x & x & x \\ 0 & x & x & x & x \\ 0 & x & x & x & x \end{array}\right) \rightarrow \left(\begin{array}{cccc|c} x & x & x & x & x \\ 0 & x & x & x & x \\ 0 & 0 & x & x & x \\ 0 & 0 & x & x & x \end{array}\right)$$

$$\text{Passo 3} \quad \left(\begin{array}{cccc|c} x & x & x & x & x \\ 0 & x & x & x & x \\ 0 & 0 & x & x & x \\ 0 & 0 & x & x & x \end{array}\right) \rightarrow \left(\begin{array}{cccc|c} x & x & x & x & x \\ 0 & x & x & x & x \\ 0 & 0 & x & x & x \\ 0 & 0 & 0 & x & x \end{array}\right)$$

**Figura 1.1.2**

# PROBLEMAS DA SEÇÃO 1.1

**1.** Use a substituição reversa para resolver cada um dos seguintes sistemas de equações:

**(a)** $\begin{aligned} x_1 - 3x_2 &= 2 \\ 2x_2 &= 6 \end{aligned}$

**(b)** $\begin{aligned} x_1 + x_2 + x_3 &= 8 \\ 2x_2 + x_3 &= 5 \\ 3x_3 &= 9 \end{aligned}$

**(c)** $\begin{aligned} x_1 + 2x_2 + 2x_3 + x_4 &= 5 \\ 3x_2 + x_3 - 2x_4 &= 1 \\ -x_3 + 2x_4 &= -1 \\ 4x_4 &= 4 \end{aligned}$

**(d)** $\begin{aligned} x_1 + x_2 + x_3 + x_4 + x_5 &= 5 \\ 2x_2 + x_3 - 2x_4 + x_5 &= 1 \\ 4x_3 + x_4 - 2x_5 &= 1 \\ x_4 - 3x_5 &= 0 \\ 2x_5 &= 2 \end{aligned}$

**2.** Escreva a matriz de coeficientes para cada um dos sistemas do Problema 1.

**3.** Em cada um dos seguintes sistemas, interprete cada equação como uma linha no plano. Para cada sistema, trace o gráfico das linhas e determine geometricamente o número de soluções.

**(a)** $\begin{aligned} x_1 + x_2 &= 4 \\ x_1 - x_2 &= 2 \end{aligned}$

**(b)** $\begin{aligned} x_1 + 2x_2 &= 4 \\ -2x_1 - 4x_2 &= 4 \end{aligned}$

**(c)** $\begin{aligned} 2x_1 - x_2 &= 3 \\ -4x_1 + 2x_2 &= -6 \end{aligned}$

**(d)** $\begin{aligned} x_1 + x_2 &= 1 \\ x_1 - x_2 &= 1 \\ -x_1 + 3x_2 &= 3 \end{aligned}$

**4.** Escreva uma matriz aumentada para cada um dos sistemas do Problema 3.

**5.** Escreva o sistema de equações que corresponde a cada uma das seguintes matrizes aumentadas:

**(a)** $\left[\begin{array}{cc|c} 3 & 2 & 8 \\ 1 & 5 & 7 \end{array}\right]$

**(b)** $\left[\begin{array}{ccc|c} 5 & -2 & 1 & 3 \\ 2 & 3 & -4 & 0 \end{array}\right]$

**(c)** $\left[\begin{array}{ccc|c} 2 & 1 & 4 & -1 \\ 4 & -2 & 3 & 4 \\ 5 & 2 & 6 & -1 \end{array}\right]$

**(d)** $\left[\begin{array}{cccc|c} 4 & -3 & 1 & 2 & 4 \\ 3 & 1 & -5 & 6 & 5 \\ 1 & 1 & 2 & 4 & 8 \\ 5 & 1 & 3 & -2 & 7 \end{array}\right]$

**6.** Resolva cada um dos seguintes sistemas:

**(a)** $\begin{aligned} x_1 - 2x_2 &= 5 \\ 3x_1 + x_2 &= 1 \end{aligned}$

**(b)** $\begin{aligned} 2x_1 + x_2 &= 8 \\ 4x_1 - 3x_2 &= 6 \end{aligned}$

**(c)** $\begin{aligned} 4x_1 + 3x_2 &= 4 \\ \tfrac{2}{3}x_1 + 4x_2 &= 3 \end{aligned}$

**(d)** $\begin{aligned} x_1 + 2x_2 - x_3 &= 1 \\ 2x_1 - x_2 + x_3 &= 3 \\ -x_1 + 2x_2 + 3x_3 &= 7 \end{aligned}$

**(e)** $\begin{aligned} 2x_1 + x_2 + 3x_3 &= 1 \\ 4x_1 + 3x_2 + 5x_3 &= 1 \\ 6x_1 + 5x_2 + 5x_3 &= -3 \end{aligned}$

**(f)** $\begin{aligned} 3x_1 + 2x_2 + x_3 &= 0 \\ -2x_1 + x_2 - x_3 &= 2 \\ 2x_1 - x_2 + 2x_3 &= -1 \end{aligned}$

**(g)**
$$\begin{aligned} \tfrac{1}{3}x_1 + \tfrac{2}{3}x_2 + 2x_3 &= -1 \\ x_1 + 2x_2 + \tfrac{3}{2}x_3 &= \tfrac{3}{2} \\ \tfrac{1}{2}x_1 + 2x_2 + \tfrac{12}{5}x_3 &= \tfrac{1}{10} \end{aligned}$$

**(h)**
$$\begin{aligned} x_2 + x_3 + x_4 &= 0 \\ 3x_1 \qquad + 3x_3 - 4x_4 &= 7 \\ x_1 + x_2 + x_3 + 2x_4 &= 6 \\ 2x_1 + 3x_2 + x_3 + 3x_4 &= 6 \end{aligned}$$

**7.** Os dois sistemas

$$\begin{aligned} 2x_1 + x_2 &= 3 \\ 4x_1 + 3x_2 &= 5 \end{aligned} \quad \text{e} \quad \begin{aligned} 2x_1 + x_2 &= -1 \\ 4x_1 + 3x_2 &= 1 \end{aligned}$$

têm a mesma matriz de coeficientes, mas diferentes lados direitos. Resolva ambos os sistemas simultaneamente, eliminando o primeiro elemento da segunda linha da matriz aumentada

$$\left(\begin{array}{cc|cc} 2 & 1 & 3 & -1 \\ 4 & 3 & 5 & 1 \end{array}\right)$$

e execute a substituição reversa para cada coluna correspondente aos segundos membros.

**8.** Resolva os dois sistemas

$$\begin{aligned} x_1 + 2x_2 - 2x_3 &= 1 \\ 2x_1 + 5x_2 + x_3 &= 9 \\ x_1 + 3x_2 + 4x_3 &= 9 \end{aligned} \qquad \begin{aligned} x_1 + 2x_2 - 2x_3 &= 9 \\ 2x_1 + 5x_2 + x_3 &= 9 \\ x_1 + 3x_2 + 4x_3 &= -2 \end{aligned}$$

usando a eliminação em uma matriz aumentada $3 \times 5$ e depois executando duas substituições reversas.

**9.** Dado um sistema da forma

$$\begin{aligned} -m_1x_1 + x_2 &= b_1 \\ -m_2x_1 + x_2 &= b_2 \end{aligned}$$

em que $m_1$, $m_2$, $b_1$ e $b_2$ são constantes,

**(a)** Mostre que o sistema terá uma única solução, se $m_1 \neq m_2$.

**(b)** Mostre que, se $m_1 = m_2$, o sistema só será consistente se $b_1 = b_2$.

**(c)** Dê uma interpretação geométrica das partes (a) e (b).

**10.** Considere um sistema da forma

$$\begin{aligned} a_{11}x_1 + a_{12}x_2 &= 0 \\ a_{21}x_1 + a_{22}x_2 &= 0 \end{aligned}$$

em que $a_{11}$, $a_{12}$, $a_{21}$ e $a_{22}$ são constantes. Explique por que um sistema dessa forma deve ser consistente.

**11.** Dê uma interpretação geométrica de uma equação linear a três incógnitas. Dê a descrição geométrica dos possíveis conjuntos solução para um sistema linear $3 \times 3$.

## 1.2 Forma Linha Degrau

Na Seção 1.1, aprendemos um método para reduzir um sistema linear $n \times n$ à forma estritamente triangular. Entretanto, este método falhará se, em qualquer etapa do processo de redução, todas as possíveis escolhas para o elemento pivô em uma coluna dada forem 0.

EXEMPLO 1 Considere o sistema representado pela matriz aumentada

$$\left(\begin{array}{rrrrr|r} \mathbf{1} & \mathbf{1} & \mathbf{1} & \mathbf{1} & \mathbf{1} & \mathbf{1} \\ -1 & -1 & 0 & 0 & 1 & -1 \\ -2 & -2 & 0 & 0 & 3 & 1 \\ 0 & 0 & 1 & 1 & 3 & -1 \\ 1 & 1 & 2 & 2 & 4 & 1 \end{array}\right) \leftarrow \text{linha pivô}$$

Se a operação III for usada para eliminar os elementos não nulos das quatro últimas linhas da primeira coluna, a matriz resultante será

$$\left(\begin{array}{rrrrr|r} 1 & 1 & 1 & 1 & 1 & 1 \\ \mathbf{0} & \mathbf{0} & \mathbf{1} & \mathbf{1} & \mathbf{2} & \mathbf{0} \\ 0 & 0 & 2 & 2 & 5 & 3 \\ 0 & 0 & 1 & 1 & 3 & -1 \\ 0 & 0 & 1 & 1 & 3 & 0 \end{array}\right) \leftarrow \text{linha pivô}$$

Nessa etapa, a redução à forma estritamente triangular se interrompe. Todas as quatro possíveis escolhas para o elemento pivô na segunda coluna são 0. Como proceder a partir daí? Já que nossa meta é simplificar o sistema tanto quanto possível, parece natural passar à terceira coluna e eliminar os três últimos elementos:

$$\left[\begin{array}{ccccc|c} 1 & 1 & 1 & 1 & 1 & 1 \\ 0 & 0 & 1 & 1 & 2 & 0 \\ \mathbf{0} & \mathbf{0} & \mathbf{0} & \mathbf{0} & \mathbf{1} & \mathbf{3} \\ 0 & 0 & 0 & 0 & 1 & -1 \\ 0 & 0 & 0 & 0 & 1 & 0 \end{array}\right]$$

Na quarta coluna todas as escolhas para o elemento pivô são 0; assim, vamos nos mover novamente à coluna seguinte. Se usarmos a terceira linha como linha pivô, os dois últimos elementos na quinta coluna são eliminados, e terminamos com a matriz

$$\left[\begin{array}{ccccc|c} 1 & 1 & 1 & 1 & 1 & 1 \\ 0 & 0 & 1 & 1 & 2 & 0 \\ 0 & 0 & 0 & 0 & 1 & 3 \\ 0 & 0 & 0 & 0 & 0 & -4 \\ 0 & 0 & 0 & 0 & 0 & -3 \end{array}\right]$$

A matriz de coeficientes com a qual terminamos não está na forma estritamente triangular; os segmentos horizontais e verticais no arranjo para a matriz de coeficientes indicam a estrutura de uma escada. Note que a queda vertical para um degrau é 1, mas a largura horizontal para um degrau pode ser maior que 1.

As equações representadas pelas duas últimas linhas são

$$0x_1 + 0x_2 + 0x_3 + 0x_4 + 0x_5 = -4$$
$$0x_1 + 0x_2 + 0x_3 + 0x_4 + 0x_5 = -3$$

Como não há 5-uplas que satisfaçam essas equações, o sistema é inconsistente. ■

Suponhamos agora que mudemos o segundo membro do sistema do último exemplo, de modo a obter um sistema consistente. Por exemplo, se iniciarmos com

$$\left[\begin{array}{ccccc|c} 1 & 1 & 1 & 1 & 1 & 1 \\ -1 & -1 & 0 & 0 & 1 & -1 \\ -2 & -2 & 0 & 0 & 3 & 1 \\ 0 & 0 & 1 & 1 & 3 & 3 \\ 1 & 1 & 2 & 2 & 4 & 4 \end{array}\right]$$

então o processo de redução fornecerá a matriz aumentada na forma degrau

$$\left[\begin{array}{ccccc|c} 1 & 1 & 1 & 1 & 1 & 1 \\ 0 & 0 & 1 & 1 & 2 & 0 \\ 0 & 0 & 0 & 0 & 1 & 3 \\ 0 & 0 & 0 & 0 & 0 & 0 \\ 0 & 0 & 0 & 0 & 0 & 0 \end{array}\right]$$

As duas últimas equações da forma reduzida serão satisfeitas por qualquer 5-upla. Então, o conjunto solução será o conjunto de todas as 5-uplas que satisfazem as três primeiras equações,

$$\begin{aligned} x_1 + x_2 + x_3 + x_4 + \phantom{2}x_5 &= 1 \\ x_3 + x_4 + 2x_5 &= 0 \\ x_5 &= 3 \end{aligned} \tag{1}$$

As variáveis correspondentes aos primeiros elementos não nulos em cada linha da matriz reduzida serão chamadas de *variáveis principais*. Então, $x_1$, $x_3$ e $x_5$ são as variáveis principais. As variáveis restantes, correspondentes às colunas evitadas no processo de redução, são ditas *variáveis livres*. Logo, $x_2$ e $x_4$ são variáveis livres. Se transferirmos as variáveis livres para o segundo membro em (1), obtemos o sistema

$$\begin{aligned} x_1 + x_3 + \phantom{2}x_5 &= 1 - x_2 - x_4 \\ x_3 + 2x_5 &= -x_4 \\ x_5 &= 3 \end{aligned} \tag{2}$$

O sistema (2) é estritamente triangular nas incógnitas $x_1$, $x_3$ e $x_5$. Então, para cada par de valores atribuídos a $x_2$ e $x_4$, haverá uma única solução. Por exemplo, se $x_2 = x_4 = 0$, $x_5 = 3$, $x_3 = -6$ e $x_1 = 4$, e portanto $(4, 0, -6, 0, 3)$ é uma solução para o sistema.

**Definição**

Uma matriz é dita na **forma linha degrau**

**(i)** Se o primeiro elemento não nulo em cada linha não nula é 1.
**(ii)** Se a linha $k$ não consiste inteiramente em zeros, o número de zeros iniciais na linha $k+1$ é maior que o número de zeros iniciais da linha $k$.
**(iii)** Se há linhas cujos elementos são todos nulos, elas estão abaixo das linhas contendo elementos não nulos.

EXEMPLO 2 As seguintes matrizes estão na forma linha degrau:

$$\begin{bmatrix} 1 & 4 & 2 \\ 0 & 1 & 3 \\ 0 & 0 & 1 \end{bmatrix}, \quad \begin{bmatrix} 1 & 2 & 3 \\ 0 & 0 & 1 \\ 0 & 0 & 0 \end{bmatrix}, \quad \begin{bmatrix} 1 & 3 & 1 & 0 \\ 0 & 0 & 1 & 3 \\ 0 & 0 & 0 & 0 \end{bmatrix}$$ ■

EXEMPLO 3 As seguintes matrizes não estão na forma linha degrau:

$$\begin{bmatrix} 2 & 4 & 6 \\ 0 & 3 & 5 \\ 0 & 0 & 4 \end{bmatrix}, \quad \begin{bmatrix} 0 & 0 & 0 \\ 0 & 1 & 0 \end{bmatrix}, \quad \begin{bmatrix} 0 & 1 \\ 1 & 0 \end{bmatrix}$$

A primeira matriz não satisfaz à condição (i). A segunda matriz falha em satisfazer a condição (iii), e a terceira matriz falha em satisfazer a condição (ii). ■

**Definição**

O processo de usar as operações sobre linhas I, II e III para transformar um sistema linear em um cuja matriz aumentada está na forma linha degrau é chamado de **eliminação gaussiana**.

Note que a operação sobre linhas II é necessária para normalizar as linhas, de modo que os coeficientes iniciais sejam todos 1. Se a forma linha degrau da matriz aumentada contém uma linha da forma

$$\left[\begin{array}{cccc|c} 0 & 0 & \cdots & 0 & 1 \end{array}\right]$$

o sistema é inconsistente. Senão, o sistema será consistente. Se o sistema é consistente e as linhas não nulas na forma linha degrau formam um sistema estritamente triangular, o sistema terá uma única solução.

## Sistemas Sobredeterminados

Um sistema linear é dito *sobredeterminado* se há mais equações que incógnitas. Sistemas sobredeterminados são *geralmente* (mas não sempre) inconsistentes.

**EXEMPLO 4** Resolva cada um dos seguintes sistemas sobredeterminados:

**(a)**
$$\begin{aligned} x_1 + x_2 &= 1 \\ x_1 - x_2 &= 3 \\ -x_1 + 2x_2 &= -2 \end{aligned}$$

**(b)**
$$\begin{aligned} x_1 + 2x_2 + x_3 &= 1 \\ 2x_1 - x_2 + x_3 &= 2 \\ 4x_1 + 3x_2 + 3x_3 &= 4 \\ 2x_1 - x_2 + 3x_3 &= 5 \end{aligned}$$

**(c)**
$$\begin{aligned} x_1 + 2x_2 + x_3 &= 1 \\ 2x_1 - x_2 + x_3 &= 2 \\ 4x_1 + 3x_2 + 3x_3 &= 4 \\ 3x_1 + x_2 + 2x_3 &= 3 \end{aligned}$$

### Solução

A esta altura o leitor deve estar suficientemente familiarizado com o processo de eliminação para que possamos omitir os passos intermediários na redução de cada um desses sistemas. Então, podemos escrever

$$\text{Sistema (a):} \quad \left[\begin{array}{rr|r} 1 & 1 & 1 \\ 1 & -1 & 3 \\ -1 & 2 & -2 \end{array}\right] \rightarrow \left[\begin{array}{rr|r} 1 & 1 & 1 \\ 0 & 1 & -1 \\ 0 & 0 & 1 \end{array}\right]$$

Segue-se, da última linha da matriz reduzida, que o sistema é inconsistente. As três equações no sistema (a) representam linhas no plano. As duas primeiras linhas se interceptam no ponto (2, −1). Entretanto, a terceira linha não passa por esse ponto. Então, não há pontos pertencentes às três linhas (veja a Figura 1.2.1).

$$\text{Sistema (b):} \quad \left[\begin{array}{rrr|r} 1 & 2 & 1 & 1 \\ 2 & -1 & 1 & 2 \\ 4 & 3 & 3 & 4 \\ 2 & -1 & 3 & 5 \end{array}\right] \rightarrow \left[\begin{array}{rrr|r} 1 & 2 & 1 & 1 \\ 0 & 1 & \frac{1}{5} & 0 \\ 0 & 0 & 1 & \frac{3}{2} \\ 0 & 0 & 0 & 0 \end{array}\right]$$

Usando substituição reversa, verificamos que o sistema (b) tem exatamente uma solução (0,1, −0,3, 1,5). A solução é única porque as linhas não nulas da matriz reduzida formam um sistema estritamente triangular.

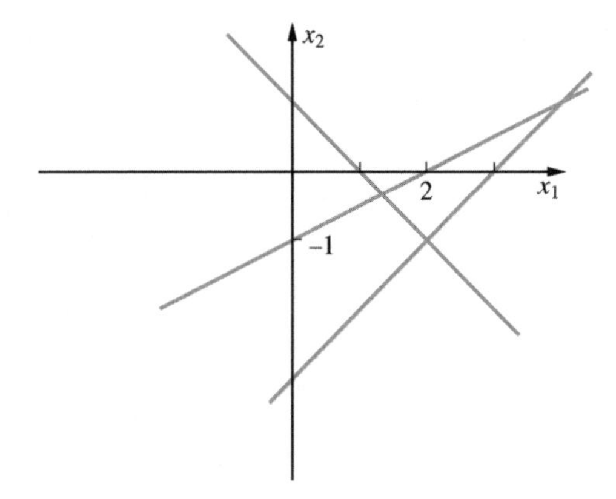


Figura 1.2.1

$$\text{Sistema (c):}\quad \left[\begin{array}{rrr|r} 1 & 2 & 1 & 1 \\ 2 & -1 & 1 & 2 \\ 4 & 3 & 3 & 4 \\ 3 & 1 & 2 & 3 \end{array}\right] \rightarrow \left[\begin{array}{rrr|r} 1 & 2 & 1 & 1 \\ 0 & 1 & \frac{1}{5} & 0 \\ 0 & 0 & 0 & 0 \\ 0 & 0 & 0 & 0 \end{array}\right]$$

Resolvendo para $x_2$ e $x_1$ em elementos de $x_3$, obtemos

$$x_2 = -0{,}2x_3$$
$$x_1 = 1 - 2x_2 - x_3 = 1 - 0{,}6x_3$$

Segue-se que o conjunto solução é o conjunto de todos os ternos ordenados da forma $(1 - 0{,}6\alpha, -0{,}2\alpha, \alpha)$, em que $\alpha$ é um número real. Este sistema é consistente e tem um número infinito de soluções por causa da variável $x_3$. ■

## Sistemas Subdeterminados

Um sistema de $m$ equações lineares a $n$ incógnitas é dito *subdeterminado* se tiver menos equações que incógnitas ($m < n$). Embora seja possível sistemas subdeterminados serem inconsistentes, eles são em geral consistentes com um número infinito de soluções. Não é possível a um sistema subdeterminado ter uma única solução. A razão para isto é que qualquer forma linha degrau da matriz de coeficientes envolverá $r \leq m$ linhas não nulas. Então, haverá $r$ variáveis principais e $n - r$ variáveis livres, em que $n - r \geq n - m > 0$. Se o sistema for consistente, podemos atribuir valores arbitrários às variáveis livres e resolver para as variáveis principais. Portanto, um sistema subdeterminado consistente terá um número infinito de soluções.

EXEMPLO 5 Resolva os seguintes sistemas subdeterminados

**(a)**
$$\begin{aligned} x_1 + 2x_2 + x_3 &= 1 \\ 2x_1 + 4x_2 + 2x_3 &= 3 \end{aligned}$$

**(b)**
$$\begin{aligned} x_1 + x_2 + x_3 + x_4 + x_5 &= 2 \\ x_1 + x_2 + x_3 + 2x_4 + 2x_5 &= 3 \\ x_1 + x_2 + x_3 + 2x_4 + 3x_5 &= 2 \end{aligned}$$

Solução

$$\text{Sistema (a):}\quad \left[\begin{array}{rrr|r} 1 & 2 & 1 & 1 \\ 2 & 4 & 2 & 3 \end{array}\right] \rightarrow \left[\begin{array}{rrr|r} 1 & 2 & 1 & 1 \\ 0 & 0 & 0 & 1 \end{array}\right]$$

Evidentemente, o sistema (a) é inconsistente. Podemos considerar as duas equações no sistema (a) como representando planos no espaço tridimensional. Em geral, dois planos se interceptam em uma reta, mas neste caso os planos são paralelos.

$$\text{Sistema (b):}\quad \left[\begin{array}{ccccc|c} 1 & 1 & 1 & 1 & 1 & 2 \\ 1 & 1 & 1 & 2 & 2 & 3 \\ 1 & 1 & 1 & 2 & 3 & 2 \end{array}\right] \rightarrow \left[\begin{array}{ccccc|c} 1 & 1 & 1 & 1 & 1 & 2 \\ 0 & 0 & 0 & 1 & 1 & 1 \\ 0 & 0 & 0 & 0 & 1 & -1 \end{array}\right]$$

O sistema (b) é consistente e, já que há duas variáveis livres, o sistema terá um número infinito de soluções. Em casos como este é conveniente continuar o processo de eliminação e simplificar ainda mais a forma da matriz reduzida. Continuamos eliminando até que todos os elementos acima de cada primeiro 1 sejam eliminados. Então, para o sistema (b) continuaremos e eliminaremos os dois primeiros elementos da quinta coluna e o primeiro elemento da quarta coluna, como se segue:

$$\left[\begin{array}{ccccc|c} 1 & 1 & 1 & 1 & 1 & 2 \\ 0 & 0 & 0 & 1 & 1 & 1 \\ \mathbf{0} & \mathbf{0} & \mathbf{0} & \mathbf{0} & \mathbf{1} & \mathbf{-1} \end{array}\right] \rightarrow \left[\begin{array}{ccccc|c} 1 & 1 & 1 & 1 & 0 & 3 \\ \mathbf{0} & \mathbf{0} & \mathbf{0} & \mathbf{1} & \mathbf{0} & \mathbf{2} \\ 0 & 0 & 0 & 0 & 1 & -1 \end{array}\right]$$

$$\rightarrow \left[\begin{array}{ccccc|c} 1 & 1 & 1 & 0 & 0 & 1 \\ 0 & 0 & 0 & 1 & 0 & 2 \\ 0 & 0 & 0 & 0 & 1 & -1 \end{array}\right]$$

Se pusermos as variáveis livres no segundo membro, segue-se que

$$\begin{aligned} x_1 &= 1 - x_2 - x_3 \\ x_4 &= 2 \\ x_5 &= -1 \end{aligned}$$

Então, para quaisquer números reais $\alpha$ e $\beta$, a 5-upla

$$(1 - \alpha - \beta, \alpha, \beta, 2, -1)$$

é a solução do sistema. ■

Caso a forma linha degrau de um sistema consistente tenha variáveis livres, o procedimento padrão é continuar o processo de eliminação até que todos os elementos acima de cada primeiro 1 tenha sido eliminado, como no sistema (b) do exemplo anterior. A matriz reduzida resultante é dita na *forma linha degrau reduzida*.

## Forma Linha Degrau Reduzida

**Definição**

Uma matriz é dita na **forma linha degrau reduzida** se

**(i)** A matriz está na forma linha degrau.
**(ii)** O primeiro elemento não nulo em cada linha é o único elemento não nulo em sua coluna.

As seguintes matrizes estão na forma linha degrau reduzida.

$$\begin{bmatrix} 1 & 0 \\ 0 & 1 \end{bmatrix}, \quad \begin{bmatrix} 1 & 0 & 0 & 3 \\ 0 & 1 & 0 & 2 \\ 0 & 0 & 1 & 1 \end{bmatrix}, \quad \begin{bmatrix} 0 & 1 & 2 & 0 \\ 0 & 0 & 0 & 1 \\ 0 & 0 & 0 & 0 \end{bmatrix}, \quad \begin{bmatrix} 1 & 2 & 0 & 1 \\ 0 & 0 & 1 & 3 \\ 0 & 0 & 0 & 0 \end{bmatrix}$$

O processo de utilização de operações elementares sobre linhas para transformar uma matriz na forma linha degrau reduzida é chamado de *redução de Gauss-Jordan.*

EXEMPLO 6 Use a redução de Gauss–Jordan para resolver o sistema

$$\begin{aligned} -x_1 + x_2 - x_3 + 3x_4 &= 0 \\ 3x_1 + x_2 - x_3 - x_4 &= 0 \\ 2x_1 - x_2 - 2x_3 - x_4 &= 0 \end{aligned}$$

Solução

$$\left[\begin{array}{rrrr|r} \mathbf{-1} & \mathbf{1} & \mathbf{-1} & \mathbf{3} & \mathbf{0} \\ 3 & 1 & -1 & -1 & 0 \\ 2 & -1 & -2 & -1 & 0 \end{array}\right] \rightarrow \left[\begin{array}{rrrr|r} -1 & 1 & -1 & 3 & 0 \\ \mathbf{0} & \mathbf{4} & \mathbf{-4} & \mathbf{8} & \mathbf{0} \\ 0 & 1 & -4 & 5 & 0 \end{array}\right]$$

$$\rightarrow \left[\begin{array}{rrrr|r} -1 & 1 & -1 & 3 & 0 \\ 0 & 4 & -4 & 8 & 0 \\ 0 & 0 & -3 & 3 & 0 \end{array}\right] \rightarrow \left[\begin{array}{rrrr|r} 1 & -1 & 1 & -3 & 0 \\ 0 & 1 & -1 & 2 & 0 \\ \mathbf{0} & \mathbf{0} & \mathbf{1} & \mathbf{-1} & \mathbf{0} \end{array}\right] \begin{array}{l} \text{forma} \\ \text{linha} \\ \text{degrau} \end{array}$$

$$\rightarrow \left[\begin{array}{rrrr|r} 1 & -1 & 0 & -2 & 0 \\ \mathbf{0} & \mathbf{1} & \mathbf{0} & \mathbf{1} & \mathbf{0} \\ 0 & 0 & 1 & -1 & 0 \end{array}\right] \rightarrow \left[\begin{array}{rrrr|r} 1 & 0 & 0 & -1 & 0 \\ 0 & 1 & 0 & 1 & 0 \\ 0 & 0 & 1 & -1 & 0 \end{array}\right] \begin{array}{l} \text{forma linha} \\ \text{degrau} \\ \text{reduzida} \end{array}$$

Se fizermos $x_4$ igual a qualquer número real $\alpha$, então $x_1 = \alpha$, $x_2 = -\alpha$ e $x_3 = \alpha$. Logo, todas as 4-uplas da forma $(\alpha, -\alpha, \alpha, \alpha)$ são soluções do sistema. ■

**APLICAÇÃO 1** Fluxo de Tráfego

Na região central de certa cidade, dois conjuntos de ruas de mão única se interceptam, como mostrado na Figura 1.2.2. O volume horário de tráfego entrando

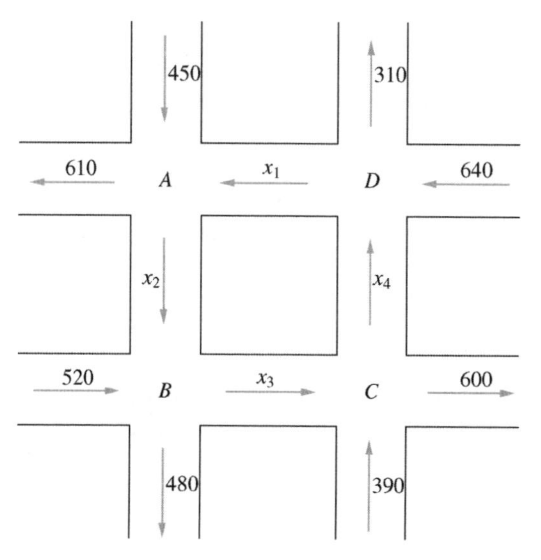


**Figura 1.2.2**

nessa região e saindo dela durante a hora de pique é dado no diagrama. Determine o volume de tráfego entre cada uma das quatro interseções.

## Solução

Em cada interseção, o número de automóveis entrando deve ser o mesmo que o número saindo. Por exemplo, na interseção $A$, o número de automóveis entrando é $x_1 + 450$ e o número saindo é $x_2 + 610$. Então

$$x_1 + 450 = x_2 + 610 \qquad \text{(interseção } A\text{)}$$

Similarmente,

$$\begin{aligned} x_2 + 520 &= x_3 + 480 \text{ (interseção } B\text{)} \\ x_3 + 390 &= x_4 + 600 \text{ (interseção } C\text{)} \\ x_4 + 640 &= x_1 + 310 \text{ (interseção } D\text{)} \end{aligned}$$

A matriz aumentada para o sistema é

$$\left(\begin{array}{rrrr|r} 1 & -1 & 0 & 0 & 160 \\ 0 & 1 & -1 & 0 & -40 \\ 0 & 0 & 1 & -1 & 210 \\ -1 & 0 & 0 & 1 & -330 \end{array}\right)$$

A forma linha degrau reduzida para esta matriz é

$$\left(\begin{array}{rrrr|r} 1 & 0 & 0 & -1 & 330 \\ 0 & 1 & 0 & -1 & 170 \\ 0 & 0 & 1 & -1 & 210 \\ 0 & 0 & 0 & 0 & 0 \end{array}\right)$$

O sistema é consistente e, já que há uma variável livre, há muitas soluções possíveis. O diagrama de fluxo do tráfego não fornece informação suficiente para determinar $x_1$, $x_2$, $x_3$ e $x_4$ de forma unívoca. Se o volume de tráfego fosse conhecido entre qualquer par de interseções, o tráfego nas artérias restantes poderia ser facilmente calculado. Por exemplo, se o total de tráfego entre as interseções $C$ e $D$ é de 200 automóveis por hora, em média, então $x_4 = 200$. Usando este valor, podemos calcular $x_1$, $x_2$ e $x_3$:

$$\begin{aligned} x_1 &= x_4 + 330 = 530 \\ x_2 &= x_4 + 170 = 370 \\ x_3 &= x_4 + 210 = 410 \end{aligned}$$

---

**APLICAÇÃO 2** Redes Elétricas

Em uma rede elétrica, é possível determinar a intensidade de corrente em cada ramo em função das resistências e das tensões. Um exemplo de circuito típico é mostrado na Figura 1.2.3.

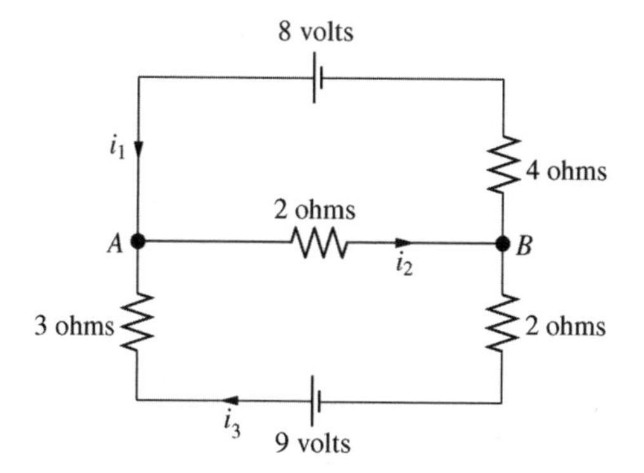


**Figura 1.2.3**

Os símbolos na figura têm os seguintes significados:

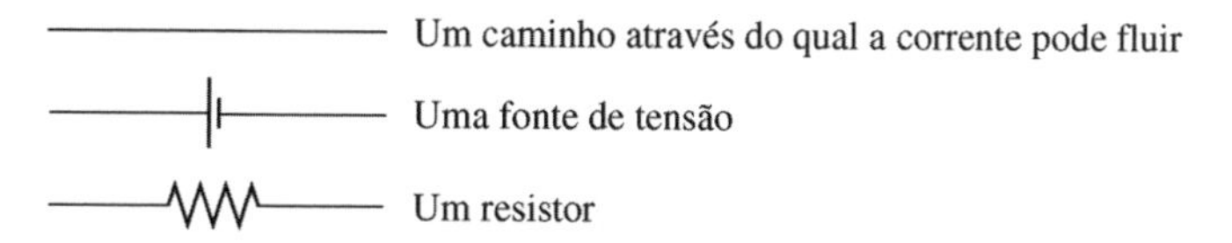


A fonte de tensão é em geral uma bateria (com a tensão medida em volts) que alimenta a carga e produz uma corrente. A corrente flui a partir do terminal da bateria que é representado pela linha vertical mais longa. As resistências são medidas em ohms. As letras representam nós, e os $i$ representam as correntes entre os nós. As correntes são medidas em ampères. As setas indicam a direção das correntes. Se, no entanto, uma das correntes, por exemplo, $i_2$, for negativa, isto significa que a corrente nesse ramo tem a direção inversa à da seta.

Para determinar as correntes, são usadas as seguintes regras:

## Leis de Kirchhoff

1. Em qualquer nó, a soma das correntes entrando é igual à soma das correntes saindo.
2. Ao longo de qualquer malha fechada, a soma algébrica de todos os ganhos de tensão deve ser igual à soma algébrica de todas as quedas de tensão.*

As quedas de tensão $E$ para cada resistor são dadas pela *Lei de Ohm*:

$$E = iR$$

em que $i$ representa a corrente em ampères e $R$ a resistência em ohms.

Calculemos as correntes na rede da Figura 1.2.3. Da primeira lei, temos

$$\begin{aligned} i_1 - i_2 + i_3 &= 0 \qquad \text{(nó } A\text{)} \\ -i_1 + i_2 - i_3 &= 0 \qquad \text{(nó } B\text{)} \end{aligned}$$

Pela segunda lei

$$\begin{aligned} 4i_1 + 2i_2 &= 8 \qquad \text{(malha superior)} \\ 2i_2 + 5i_3 &= 9 \qquad \text{(malha inferior)} \end{aligned}$$

*Na literatura de Engenharia Elétrica, a segunda lei é enunciada simplesmente como: "A soma algébrica de todas as tensões ao longo de uma malha é nula." (N.T.)

A rede pode ser representada pela matriz aumentada

$$\left[\begin{array}{rrr|r} 1 & -1 & 1 & 0 \\ -1 & 1 & -1 & 0 \\ 4 & 2 & 0 & 8 \\ 0 & 2 & 5 & 9 \end{array}\right]$$

Esta matriz é facilmente reduzida à forma linha degrau

$$\left[\begin{array}{rrr|r} 1 & -1 & 1 & 0 \\ 0 & 1 & -\frac{2}{3} & \frac{4}{3} \\ 0 & 0 & 1 & 1 \\ 0 & 0 & 0 & 0 \end{array}\right]$$

Resolvendo por substituição reversa, vemos que $i_1 = 1$, $i_2 = 2$ e $i_3 = 1$.

---

## Sistemas Homogêneos

Um sistema de equações lineares é dito *homogêneo* se as constantes no segundo membro são todas zero. Os sistemas homogêneos são sempre consistentes. Achar uma solução é trivial; é só fazer todas as variáveis iguais a zero. Então, se um sistema homogêneo $m \times n$ tem uma única solução, ela deve ser a solução trivial (0, 0, ..., 0). O sistema homogêneo no Exemplo 6 consistia em $m = 3$ equações em $n = 4$ incógnitas. No caso de $n > m$ haverá sempre variáveis livres e, em consequência, soluções não triviais adicionais. Este resultado foi essencialmente provado em nossa discussão sobre sistemas subdeterminados, mas, por causa de sua importância, nós o enunciaremos como um teorema.

**Teorema 1.2.1** *Um sistema homogêneo $m \times n$ de equações lineares tem uma solução não trivial se $n > m$.*

***Demonstração*** Um sistema homogêneo é sempre consistente. A forma linha degrau da matriz pode ter, no máximo, $m$ linhas não nulas. Então há, no máximo, $m$ variáveis principais. Como há um total de $n$ variáveis e $n > m$, deve haver algumas variáveis livres. Valores arbitrários podem ser atribuídos às variáveis livres. Para cada atribuição de valores às variáveis livres há uma solução para o sistema. ■

**APLICAÇÃO 3** Equações Químicas

---

No processo de fotossíntese, as plantas usam a energia radiante do Sol para converter dióxido de carbono ($CO_2$) e água ($H_2O$) em glicose ($C_6H_{12}O_6$) e oxigênio ($O_2$). A equação química da reação é da forma

$$x_1CO_2 + x_2H_2O \rightarrow x_3O_2 + x_4C_6H_{12}O_6$$

Para balancear a equação, precisamos escolher $x_1$, $x_2$, $x_3$ e $x_4$ de modo que os números de átomos de carbono, hidrogênio e oxigênio sejam os mesmos nos dois membros da equação. Já que o dióxido de carbono contém um átomo e a glicose contém seis, para balancear os átomos de carbono é preciso que

$$x_1 = 6x_4$$

Similarmente, para balancear o oxigênio, é preciso que

$$2x_1 + x_2 = 2x_3 + 6x_4$$

e, finalmente, para balancear o hidrogênio, é preciso que

$$2x_2 = 12x_4$$

Se todas as variáveis forem movidas para os primeiros membros das três equações, obtém-se o sistema linear homogêneo

$$\begin{aligned} x_1 \qquad\qquad\quad - \ 6x_4 &= 0 \\ 2x_1 + \ x_2 - 2x_3 - \ 6x_4 &= 0 \\ 2x_2 \qquad\quad - 12x_4 &= 0 \end{aligned}$$

Pelo Teorema 1.2.1, o sistema tem soluções não triviais. Para balancear a equação, precisamos encontrar soluções $(x_1, x_2, x_3, x_4)$ cujos valores sejam inteiros não negativos. Se resolvermos o sistema na forma usual, verificamos que $x_4$ é uma variável livre e

$$x_1 = x_2 = x_3 = 6x_4$$

Em particular, se fizermos $x_4 = 1$, então $x_1 = x_2 = x_3 = 6$, e a equação toma a forma

$$6CO_2 + 6H_2O \to 6O_2 + C_6H_{12}O_6$$

## APLICAÇÃO 4 Modelos Econômicos para Troca de Bens

Suponha que em uma sociedade primitiva os membros de uma tribo se empenhem em três ocupações: agricultura e pecuária, manufatura de ferramentas e utensílios, e tecelagem e costura de vestimentas. Suponha que inicialmente a tribo não tenha sistema monetário e que todos os bens e serviços sejam permutados. Vamos denotar os três grupos por $F$, $M$ e $C$, respectivamente, e suponha que o grafo orientado na Figura 1.2.4 indica como o sistema de permuta funciona na prática.

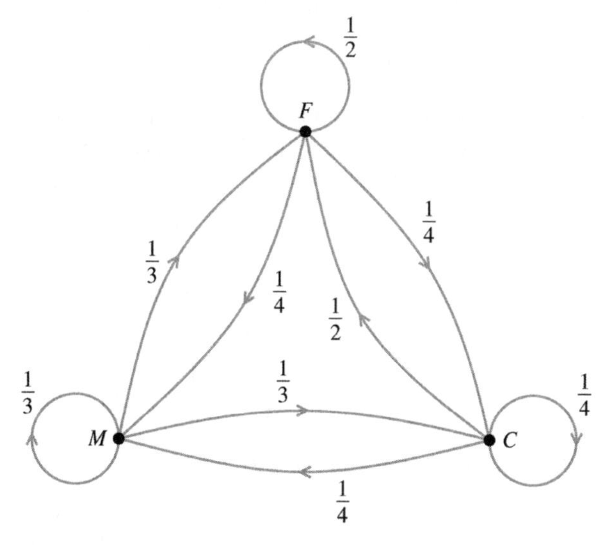


**Figura 1.2.4**

A figura indica que os fazendeiros ($F$) guardam metade de seu produto e entregam um quarto do produto aos artesãos ($M$) e um quarto aos tecelões costureiros ($C$). Os artesãos dividem os bens igualmente entre os três grupos, entregando um terço a cada grupo. O grupo produzindo roupas entrega a metade das roupas aos fazendeiros e divide a outra metade igualmente entre os artesãos e eles mesmos. O resultado é resumido na seguinte tabela:

| | $F$ | $M$ | $C$ |
|---|---|---|---|
| $F$ | $\frac{1}{2}$ | $\frac{1}{3}$ | $\frac{1}{2}$ |
| $M$ | $\frac{1}{4}$ | $\frac{1}{3}$ | $\frac{1}{4}$ |
| $C$ | $\frac{1}{4}$ | $\frac{1}{3}$ | $\frac{1}{4}$ |

A primeira coluna da tabela indica a distribuição dos bens produzidos pelos fazendeiros, a segunda coluna indica a distribuição dos bens manufaturados, e a terceira coluna indica a distribuição das roupas.

À medida que o tamanho da tribo aumenta, o sistema de permuta fica muito desajeitado e, em consequência, a tribo decide instituir um sistema monetário de troca. Para este sistema econômico simples, supomos que não haverá acumulação de capital ou dívidas e que os preços dos três tipos de bens refletem os valores do sistema de permuta existente. A questão é como atribuir valores aos três tipos de bens para representar de forma equilibrada o sistema de permuta corrente.

O problema pode ser transformado em um sistema de equações lineares usando um modelo econômico que foi originalmente desenvolvido pelo economista Wassily Leontief, ganhador do Prêmio Nobel. Para este modelo, vamos considerar $x_1$ o valor monetário dos bens produzidos pelos fazendeiros, $x_2$ o valor dos bens manufaturados, e $x_3$ o valor das roupas produzidas. De acordo com a primeira linha da tabela, o valor dos bens recebidos pelos fazendeiros equivale à metade dos bens por eles produzidos, mais um terço do valor dos bens manufaturados e metade do valor das roupas. Então, o valor total dos bens produzidos pelos fazendeiros é $\frac{1}{2}x_1 + \frac{1}{3}x_2 + \frac{1}{2}x_3$. Se o sistema é equilibrado, o valor total dos bens produzidos pelos fazendeiros deve ser igual a $x_1$, o valor total dos bens produzidos. Então, temos a equação linear

$$\frac{1}{2}x_1 + \frac{1}{3}x_2 + \frac{1}{2}x_3 = x_1$$

Usando a segunda linha da tabela e balanceando os bens produzidos e recebidos pelos artesãos, obtemos a segunda equação

$$\frac{1}{4}x_1 + \frac{1}{3}x_2 + \frac{1}{4}x_3 = x_2$$

Finalmente, usando a terceira linha da tabela, obtemos

$$\frac{1}{4}x_1 + \frac{1}{3}x_2 + \frac{1}{4}x_3 = x_3$$

Essas equações podem ser reescritas como um sistema homogêneo

$$-\tfrac{1}{2}x_1 + \tfrac{1}{3}x_2 + \tfrac{1}{2}x_3 = 0$$
$$\tfrac{1}{4}x_1 - \tfrac{2}{3}x_2 + \tfrac{1}{4}x_3 = 0$$
$$\tfrac{1}{4}x_1 + \tfrac{1}{3}x_2 - \tfrac{3}{4}x_3 = 0$$

A forma linha degrau reduzida da matriz aumentada para este sistema é

$$\left[\begin{array}{ccc|c} 1 & 0 & -\frac{5}{3} & 0 \\ 0 & 1 & -1 & 0 \\ 0 & 0 & 0 & 0 \end{array}\right]$$

Há uma variável livre: $x_3$. Fazendo $x_3 = 3$, obtemos a solução (5, 3, 3), e a solução geral consiste em todos os múltiplos de (5, 3, 3). Segue-se que às variáveis $x_1$, $x_2$ e $x_3$ devem ser atribuídos valores na relação

$$x_1 : x_2 : x_3 = 5 : 3 : 3$$

Este sistema simples é um exemplo do modelo fechado de entrada-saída de Leontief. Os modelos de Leontief são fundamentais para a compreensão dos sistemas econômicos. As aplicações modernas envolvem milhares de indústrias e conduzem a sistemas lineares muito grandes. Os modelos de Leontief serão estudados, em mais detalhes, na Seção 6.8 do Capítulo 6.

## PROBLEMAS DA SEÇÃO 1.2

**1.** Quais das seguintes matrizes estão na forma linha degrau? Quais estão na forma linha degrau reduzida?

**(a)** $\begin{bmatrix} 1 & 2 & 3 & 4 \\ 0 & 0 & 1 & 2 \end{bmatrix}$ **(b)** $\begin{bmatrix} 1 & 0 & 0 \\ 0 & 0 & 0 \\ 0 & 0 & 1 \end{bmatrix}$

**(c)** $\begin{bmatrix} 1 & 3 & 0 \\ 0 & 0 & 1 \\ 0 & 0 & 0 \end{bmatrix}$ **(d)** $\begin{bmatrix} 0 & 1 \\ 0 & 0 \\ 0 & 0 \end{bmatrix}$

**(e)** $\begin{bmatrix} 1 & 1 & 1 \\ 0 & 1 & 2 \\ 0 & 0 & 3 \end{bmatrix}$ **(f)** $\begin{bmatrix} 1 & 4 & 6 \\ 0 & 0 & 1 \\ 0 & 1 & 3 \end{bmatrix}$

**(g)** $\begin{bmatrix} 1 & 0 & 0 & 1 & 2 \\ 0 & 1 & 0 & 2 & 4 \\ 0 & 0 & 1 & 3 & 6 \end{bmatrix}$ **(h)** $\begin{bmatrix} 0 & 1 & 3 & 4 \\ 0 & 0 & 1 & 3 \\ 0 & 0 & 0 & 0 \end{bmatrix}$

**2.** As matrizes aumentadas a seguir estão na forma linha degrau. Em cada caso, indique se o sistema linear correspondente é consistente. Se o sistema tiver uma única solução, encontre-a.

**(a)** $\left[\begin{array}{cc|c} 1 & 2 & 4 \\ 0 & 1 & 3 \\ 0 & 0 & 1 \end{array}\right]$ **(b)** $\left[\begin{array}{cc|c} 1 & 3 & 1 \\ 0 & 1 & -1 \\ 0 & 0 & 0 \end{array}\right]$

**(c)** $\left[\begin{array}{ccc|c} 1 & -2 & 4 & 1 \\ 0 & 0 & 1 & 3 \\ 0 & 0 & 0 & 0 \end{array}\right]$

**(d)** $\left[\begin{array}{ccc|c} 1 & -2 & 2 & -2 \\ 0 & 1 & -1 & 3 \\ 0 & 0 & 1 & 2 \end{array}\right]$

**(e)** $\left[\begin{array}{ccc|c} 1 & 3 & 2 & -2 \\ 0 & 0 & 1 & 4 \\ 0 & 0 & 0 & 1 \end{array}\right]$

**(f)** $\left[\begin{array}{ccc|c} 1 & -1 & 3 & 8 \\ 0 & 1 & 2 & 7 \\ 0 & 0 & 1 & 2 \\ 0 & 0 & 0 & 0 \end{array}\right]$

**3.** As matrizes aumentadas a seguir estão na forma linha degrau reduzida. Em cada caso, encontre o conjunto solução dos sistemas lineares correspondentes.

**(a)** $\left[\begin{array}{ccc|c} 1 & 0 & 0 & -2 \\ 0 & 1 & 0 & 5 \\ 0 & 0 & 1 & 3 \end{array}\right]$ **(b)** $\left[\begin{array}{ccc|c} 1 & 4 & 0 & 2 \\ 0 & 0 & 1 & 3 \\ 0 & 0 & 0 & 1 \end{array}\right]$

**(c)** $\left[\begin{array}{ccc|c} 1 & -3 & 0 & 2 \\ 0 & 0 & 1 & -2 \\ 0 & 0 & 0 & 0 \end{array}\right]$

(d) $\left[\begin{array}{cccc|c} 1 & 2 & 0 & 1 & 5 \\ 0 & 0 & 1 & 3 & 4 \end{array}\right]$

(e) $\left[\begin{array}{cccc|c} 1 & 5 & -2 & 0 & 3 \\ 0 & 0 & 0 & 1 & 6 \\ 0 & 0 & 0 & 0 & 0 \\ 0 & 0 & 0 & 0 & 0 \end{array}\right]$

(f) $\left[\begin{array}{ccc|c} 0 & 1 & 0 & 2 \\ 0 & 0 & 1 & -1 \\ 0 & 0 & 0 & 0 \end{array}\right]$

**4.** Para cada um dos sistemas do Problema 3, faça uma lista das variáveis principais e uma segunda lista das variáveis livres.

**5.** Para cada um dos sistemas de equações seguintes, use a eliminação gaussiana para obter um sistema equivalente cuja matriz de coeficientes está na forma linha degrau. Indique se o sistema é consistente. Se o sistema é consistente e não envolve variáveis livres, use substituição reversa para obter a solução única. Se o sistema é consistente e há variáveis livres, transforme-o para a forma linha degrau reduzida e obtenha todas as soluções.

**(a)** $\begin{aligned} x_1 - 2x_2 &= 3 \\ 2x_1 - x_2 &= 9 \end{aligned}$

**(b)** $\begin{aligned} 2x_1 - 3x_2 &= 5 \\ -4x_1 + 6x_2 &= 8 \end{aligned}$

**(c)** $\begin{aligned} x_1 + x_2 &= 0 \\ 2x_1 + 3x_2 &= 0 \\ 3x_1 - 2x_2 &= 0 \end{aligned}$

**(d)** $\begin{aligned} 3x_1 + 2x_2 - x_3 &= 4 \\ x_1 - 2x_2 + 2x_3 &= 1 \\ 11x_1 + 2x_2 + x_3 &= 14 \end{aligned}$

**(e)** $\begin{aligned} 2x_1 + 3x_2 + x_3 &= 1 \\ x_1 + x_2 + x_3 &= 3 \\ 3x_1 + 4x_2 + 2x_3 &= 4 \end{aligned}$

**(f)** $\begin{aligned} x_1 - x_2 + 2x_3 &= 4 \\ 2x_1 + 3x_2 - x_3 &= 1 \\ 7x_1 + 3x_2 + 4x_3 &= 7 \end{aligned}$

**(g)** $\begin{aligned} x_1 + x_2 + x_3 + x_4 &= 0 \\ 2x_1 + 3x_2 - x_3 - x_4 &= 2 \\ 3x_1 + 2x_2 + x_3 + x_4 &= 5 \\ 3x_1 + 6x_2 - x_3 - x_4 &= 4 \end{aligned}$

**(h)** $\begin{aligned} x_1 - 2x_2 &= 3 \\ 2x_1 + x_2 &= 1 \\ -5x_1 + 8x_2 &= 4 \end{aligned}$

**(i)** $\begin{aligned} -x_1 + 2x_2 - x_3 &= 2 \\ -2x_1 + 2x_2 + x_3 &= 4 \\ 3x_1 + 2x_2 + 2x_3 &= 5 \\ -3x_1 + 8x_2 + 5x_3 &= 17 \end{aligned}$

**(j)** $\begin{aligned} x_1 + 2x_2 - 3x_3 + x_4 &= 1 \\ -x_1 - x_2 + 4x_3 - x_4 &= 6 \\ -2x_1 - 4x_2 + 7x_3 - x_4 &= 1 \end{aligned}$

**(k)** $\begin{aligned} x_1 + 3x_2 + x_3 + x_4 &= 3 \\ 2x_1 - 2x_2 + x_3 + 2x_4 &= 8 \\ x_1 - 5x_2 \phantom{+ x_3} + x_4 &= 5 \end{aligned}$

**(l)** $\begin{aligned} x_1 - 3x_2 + x_3 &= 1 \\ 2x_1 + x_2 - x_3 &= 2 \\ x_1 + 4x_2 - 2x_3 &= 1 \\ 5x_1 - 8x_2 + 2x_3 &= 5 \end{aligned}$

**6.** Use a redução Gauss-Jordan para resolver cada um dos seguintes sistemas:

**(a)** $\begin{aligned} x_1 + x_2 &= -1 \\ 4x_1 - 3x_2 &= 3 \end{aligned}$

**(b)** $\begin{aligned} x_1 + 3x_2 + x_3 + x_4 &= 3 \\ 2x_1 - 2x_2 + x_3 + 2x_4 &= 8 \\ 3x_1 + x_2 + 2x_3 - x_4 &= -1 \end{aligned}$

**(c)** $\begin{aligned} x_1 + x_2 + x_3 &= 0 \\ x_1 - x_2 - x_3 &= 0 \end{aligned}$

**(d)** $\begin{aligned} x_1 + x_2 + x_3 + x_4 &= 0 \\ 2x_1 + x_2 - x_3 + 3x_4 &= 0 \\ x_1 - 2x_2 + x_3 + x_4 &= 0 \end{aligned}$

**7.** Dê uma interpretação geométrica de por que um sistema linear homogêneo com duas equações a três incógnitas deve ter um número infinito de soluções. Quais os possíveis números de soluções para um sistema linear não homogêneo $2 \times 3$? Dê uma explicação geométrica para sua resposta.

**8.** Considere um sistema linear cuja matriz aumentada tem a forma

$$\left[\begin{array}{ccc|c} 1 & 2 & 1 & 1 \\ -1 & 4 & 3 & 2 \\ 2 & -2 & a & 3 \end{array}\right]$$

Para que valores de $a$ o sistema tem uma única solução?

**9.** Considere um sistema linear cuja matriz aumentada é da forma

$$\left[\begin{array}{ccc|c} 1 & 2 & 1 & 0 \\ 2 & 5 & 3 & 0 \\ -1 & 1 & \beta & 0 \end{array}\right]$$

**(a)** É possível que o sistema seja inconsistente? Explique.

**(b)** Para que valores de $\beta$ o sistema terá um número infinito de soluções?

**10.** Considere um sistema linear cuja matriz aumentada é da forma

$$\left[\begin{array}{ccc|c} 1 & 1 & 3 & 2 \\ 1 & 2 & 4 & 3 \\ 1 & 3 & a & b \end{array}\right]$$

**(a)** Para que valores de $a$ e $b$ o sistema tem um número infinito de soluções?

**(b)** Para que valores de $a$ e $b$ o sistema é inconsistente?

**11.** Dados os sistemas lineares

**(i)** $x_1 + 2x_2 = 2$, $3x_1 + 7x_2 = 8$ **(ii)** $x_1 + 2x_2 = 1$, $3x_1 + 7x_2 = 7$

resolva ambos os sistemas incorporando os segundos membros em uma matriz $2 \times 2$ $B$ e computando a forma linha degrau reduzida de

$$(A|B) = \left[\begin{array}{cc|cc} 1 & 2 & 2 & 1 \\ 3 & 7 & 8 & 7 \end{array}\right]$$

**12.** Dados os sistemas lineares

**(i)**
$$\begin{aligned} x_1 + 2x_2 + x_3 &= 2 \\ -x_1 - x_2 + 2x_3 &= 3 \\ 2x_1 + 3x_2 \quad &= 0 \end{aligned}$$

**(ii)**
$$\begin{aligned} x_1 + 2x_2 + x_3 &= -1 \\ -x_1 - x_2 + 2x_3 &= 2 \\ 2x_1 + 3x_2 \quad &= -2 \end{aligned}$$

resolva ambos os sistemas computando a forma linha degrau reduzida de uma matriz aumentada ($A|B$) e executando a substituição reversa duas vezes.

**13.** Dado um sistema homogêneo de equações lineares, se o sistema é sobredeterminado, quais são as possibilidades quanto ao número de soluções? Explique.

**14.** Dado um sistema não homogêneo de equações lineares, se o sistema é subdeterminado, quais são as possibilidades quanto ao número de soluções? Explique.

**15.** Determine os valores de $x_1$, $x_2$, $x_3$ e $x_4$ para o seguinte diagrama de fluxo de tráfego:

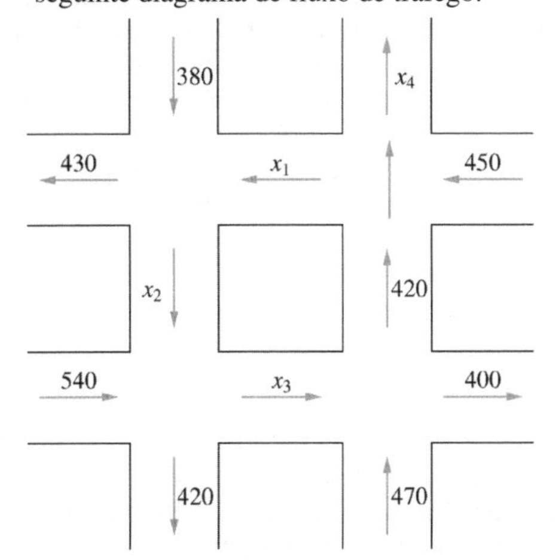


**16.** Considere o seguinte diagrama de fluxo de tráfego, em que $a_1$, $a_2$, $a_3$, $a_4$, $b_1$, $b_2$, $b_3$, $b_4$ são inteiros positivos fixos. Monte um sistema linear nas variáveis $x_1$, $x_2$, $x_3$, $x_4$ e mostre que o sistema será consistente se e somente se

$$a_1 + a_2 + a_3 + a_4 = b_1 + b_2 + b_3 + b_4$$

O que você pode concluir em relação ao número de automóveis entrando na rede de tráfego e saindo dela?

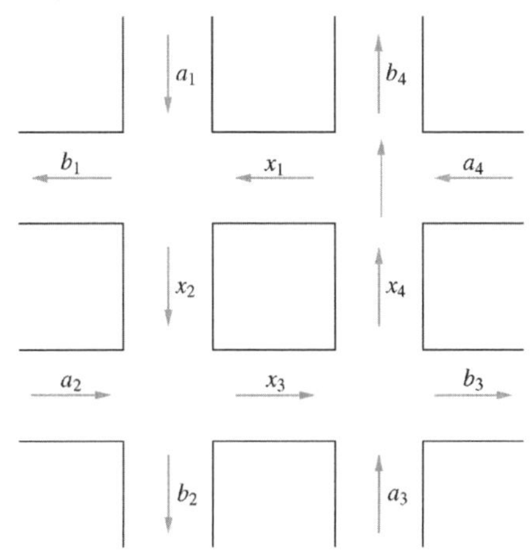


**17.** Seja ($c_1$, $c_2$) a solução do sistema $2 \times 2$

$$\begin{aligned} a_{11}x_1 + a_{12}x_2 &= 0 \\ a_{21}x_1 + a_{22}x_2 &= 0 \end{aligned}$$

Mostre que, para qualquer número real $\alpha$, o par ordenado ($\alpha c_1$, $\alpha c_2$) também é uma solução.

**18.** Na Aplicação 3, a solução (6, 6, 6, 1) foi obtida fazendo a variável livre $x_4 = 1$.

**(a)** Determine a solução correspondente a $x_4 = 0$. Que informação, se existe alguma, dá esta solução a respeito da reação química? A expressão "solução trivial" se aplica a este caso?

**(b)** Escolha outros valores para $x_4$, tais como 2, 4 ou 5 e determine as soluções correspondentes. Como se relacionam estas soluções não triviais?

**19.** O benzeno líquido queima na atmosfera. Se um objeto frio é colocado diretamente sobre o benzeno, haverá condensação de água no objeto e também se formará um depósito de fuligem (carbono) sobre o objeto. A reação química para esta reação é da forma

$$x_1C_6H_6 + x_2O_2 \rightarrow x_3C + x_4H_2O$$

Determine valores de $x_1$, $x_2$, $x_3$ e $x_4$ para balancear a equação.

**20.** O ácido nítrico é preparado comercialmente por uma série de três reações químicas. Na primeira reação, nitrogênio ($N_2$) é combinado com hidrogênio ($H_2$) para formar amônia ($NH_2$). Depois, a amônia é combinada com oxigênio ($O_2$) para formar dióxido de nitrogênio ($NO_2$) e água. Finalmente, o $NO_2$ reage com parte da água para formar ácido nítrico ($HNO_3$) e óxido nítrico (NO). A quantidade de cada um dos componentes é medida em mols (uma unidade padrão de medida para reações químicas). Quantos mols de nitrogênio, hidrogênio e oxigênio são necessários para produzir 8 mols de ácido nítrico?

**21.** Na Aplicação 4, determine os valores relativos de $x_1$, $x_2$ e $x_3$ se a distribuição dos bens é descrita na seguinte tabela

| | $F$ | $M$ | $C$ |
|---|---|---|---|
| $F$ | $\frac{1}{3}$ | $\frac{1}{3}$ | $\frac{1}{3}$ |
| $M$ | $\frac{1}{3}$ | $\frac{1}{2}$ | $\frac{1}{6}$ |
| $C$ | $\frac{1}{3}$ | $\frac{1}{6}$ | $\frac{1}{2}$ |

**22.** Determine a intensidade de cada corrente para cada uma das redes seguintes:

**(a)**

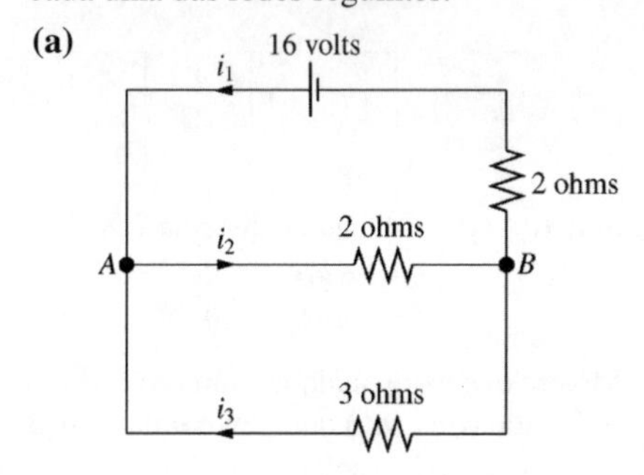


**(b)**

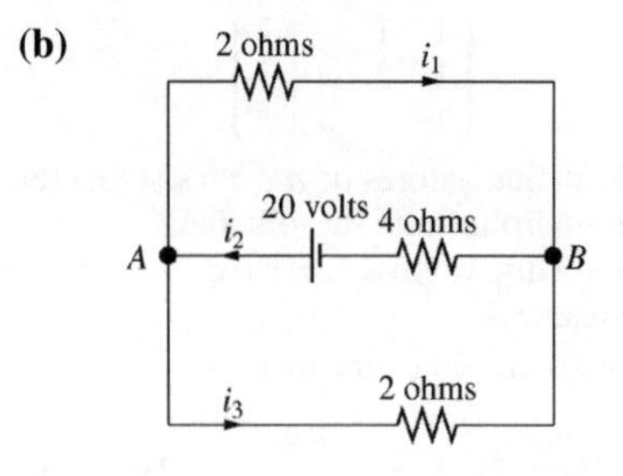


**(c)**

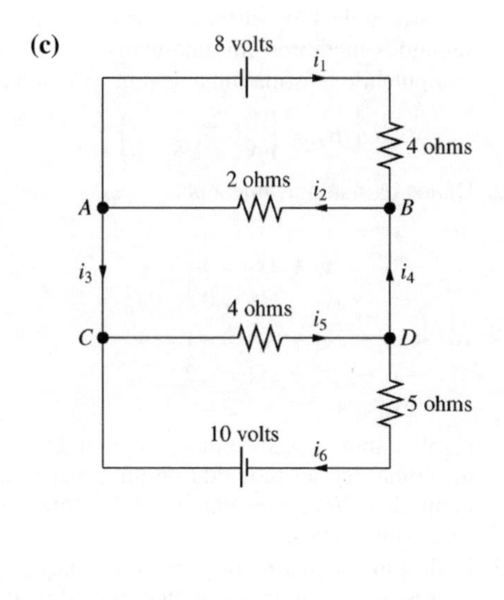


## 1.3 Aritmética Matricial

Nesta seção introduzimos a notação padrão para matrizes e vetores e definimos operações aritméticas (adição, subtração e multiplicação) com matrizes. Introduziremos duas operações adicionais: *multiplicação por escalar* e *transposição.* Veremos como representar sistemas lineares, como equações envolvendo matrizes e vetores, e então derivar um teorema caracterizando quando um sistema linear é consistente.

Os elementos de uma matriz são denominados *escalares.* Eles são em geral números reais ou complexos. Na maioria das vezes trabalharemos com matrizes cujos elementos são números reais. Durante os cinco primeiros capítulos do livro, o leitor pode supor que o termo *escalar* se refere a um número real. Entretanto, no Capítulo 6 haverá ocasiões em que usaremos o conjunto dos números complexos como nosso campo escalar.

### Notação Matricial

Se quisermos nos referir a matrizes sem escrever especificamente todos os elementos, usaremos letras maiúsculas $A$, $B$, $C$, e assim por diante. Em geral, $a_{ij}$ denotará o elemento da matriz $A$ que está na $i$-ésima linha e na $j$-ésima coluna. Vamos nos referir a este elemento como o elemento $(i, j)$ de $A$. Logo, se $A$ é uma matriz $m \times n$, então

$$A = \begin{bmatrix} a_{11} & a_{12} & \cdots & a_{1n} \\ a_{21} & a_{22} & \cdots & a_{2n} \\ \vdots & & & \\ a_{m1} & a_{m2} & \cdots & a_{mn} \end{bmatrix}$$

Algumas vezes vamos abreviar isto para $A = (a_{ij})$. Similarmente, uma matriz $B$ pode ser referenciada como $(b_{ij})$, a matriz $C$ como $(c_{ij})$, e assim por diante.

## Vetores

Matrizes com somente uma linha ou uma coluna têm um interesse especial, já que são usadas para representar soluções de sistemas lineares. Uma solução de um sistema de $m$ equações lineares a $n$ incógnitas é uma $n$-upla de números reais. Vamos nos referir a uma $n$-upla de números reais como um vetor. Se uma $n$-upla é representada como uma matriz $1 \times n$, ela é referida como um *vetor linha*. Se, em vez disso, a $n$-upla é representada por uma matriz $n \times 1$, diremos que é um *vetor coluna*. Por exemplo, a solução do sistema linear

$$\begin{aligned} x_1 + x_2 &= 3 \\ x_1 - x_2 &= 1 \end{aligned}$$

pode ser representada pelo vetor linha (2, 1) ou pelo vetor coluna $\begin{bmatrix} 2 \\ 1 \end{bmatrix}$.

Trabalhando com equações matriciais, é geralmente mais conveniente representar as soluções em termos de vetores coluna (matrizes $n \times 1$). O conjunto de todas as matrizes $n \times 1$ de números reais é chamado de *espaço euclidiano* de dimensão $n$ e é normalmente denotado como $\mathbb{R}^n$. Já que estaremos trabalhando quase que exclusivamente com vetores coluna no futuro, vamos em geral omitir a palavra "coluna" e considerar os elementos de $\mathbb{R}^n$ simplesmente como *vetores*, em vez de vetores coluna. A notação padrão para um vetor coluna é uma letra minúscula em negrito, como em

$$\mathbf{x} = \begin{bmatrix} x_1 \\ x_2 \\ \vdots \\ x_n \end{bmatrix} \tag{1}$$

Para vetores linha, não há notação padrão universal. Neste livro representamos tanto vetores linha quanto vetores coluna com letras minúsculas em negrito e, para distinguir um vetor linha de um vetor coluna, colocamos uma seta horizontal sobre a letra. Então, a seta horizontal indica um arranjo horizontal (vetor linha) em vez de um arranjo horizontal (vetor coluna).

Por exemplo,

$$\vec{\mathbf{x}} = (x_1, x_2, x_3, x_4) \qquad \text{e} \qquad \mathbf{y} = \begin{bmatrix} y_1 \\ y_2 \\ y_3 \\ y_4 \end{bmatrix}$$

são vetores linha e vetores coluna com quatro elementos cada.

Dada uma matriz $m \times n$ $A$, é muitas vezes necessário referir-se a uma linha ou coluna particular. A notação padrão para a $j$-ésima coluna de $A$ é $\mathbf{a}_j$. Não há notação padrão universal para a $i$-ésima linha de uma matriz $A$. Neste livro, já que utilizamos setas horizontais para indicar vetores linha, denotaremos a $i$-ésima linha de $A$ por $\vec{\mathbf{a}}_i$.

Se $A$ é uma matriz $m \times n$, então os vetores linha de $A$ são dados por

$$\vec{\mathbf{a}}_i = (a_{i1}, a_{i2}, \ldots, a_{in}) \qquad i = 1, \ldots, m$$

e os vetores coluna são dados por

$$\mathbf{a}_j = \begin{bmatrix} a_{1j} \\ a_{2j} \\ \vdots \\ a_{mj} \end{bmatrix} \qquad j = 1, \ldots, n$$

A matriz $A$ pode ser representada em termos de seus vetores coluna ou linha:

$$A = (\mathbf{a}_1, \mathbf{a}_2, \ldots, \mathbf{a}_n) \quad \text{ou} \quad A = \begin{bmatrix} \vec{\mathbf{a}}_1 \\ \vec{\mathbf{a}}_2 \\ \vdots \\ \vec{\mathbf{a}}_m \end{bmatrix}$$

Similarmente, se $B$ é uma matriz $n \times r$, então

$$B = (\mathbf{b}_1, \mathbf{b}_2, \ldots, \mathbf{b}_r) = \begin{bmatrix} \vec{\mathbf{b}}_1 \\ \vec{\mathbf{b}}_2 \\ \vdots \\ \vec{\mathbf{b}}_n \end{bmatrix}$$

EXEMPLO 1 Se

$$A = \begin{bmatrix} 3 & 2 & 5 \\ -1 & 8 & 4 \end{bmatrix}$$

então

$$\mathbf{a}_1 = \begin{bmatrix} 3 \\ -1 \end{bmatrix}, \quad \mathbf{a}_2 = \begin{bmatrix} 2 \\ 8 \end{bmatrix}, \quad \mathbf{a}_3 = \begin{bmatrix} 5 \\ 4 \end{bmatrix}$$

e

$$\vec{\mathbf{a}}_1 = (3, 2, 5), \quad \vec{\mathbf{a}}_2 = (-1, 8, 4)$$

■

## Igualdade

Duas matrizes são iguais, se têm as mesmas dimensões e se os elementos correspondentes são iguais.

**Definição**

> Duas matrizes $m \times n$ $A$ e $B$ são ditas **iguais**, se $a_{ij} = b_{ij}$ para todo $i$ e $j$.

## Multiplicação por Escalar

Se $A$ é uma matriz e $\alpha$ um escalar, então $\alpha A$ é a matriz formada pela multiplicação de cada um dos elementos de $A$ por $\alpha$.

**Definição** Se $A$ é uma matriz $m \times n$ e $\alpha$ um escalar, então $\alpha A$ é a matriz $m \times n$ cujo elemento $(i, j)$ é $\alpha a_{ij}$.

Por exemplo, se

$$A = \begin{bmatrix} 4 & 8 & 2 \\ 6 & 8 & 10 \end{bmatrix}$$

então

$$\frac{1}{2}A = \begin{bmatrix} 2 & 4 & 1 \\ 3 & 4 & 5 \end{bmatrix} \quad \text{e} \quad 3A = \begin{bmatrix} 12 & 24 & 6 \\ 18 & 24 & 30 \end{bmatrix}$$

## Adição de Matrizes

Duas matrizes com a mesma dimensão podem ser somadas adicionando-se seus elementos correspondentes.

**Definição** Se $A = (a_{ij})$ e $B = (b_{ij})$ são matrizes $m \times n$, então a **soma** $A + B$ é a matriz $m \times n$ cujo elemento $(i, j)$ é $a_{ij} + b_{ij}$ para cada par ordenado $(i, j)$.

Por exemplo,

$$\begin{bmatrix} 3 & 2 & 1 \\ 4 & 5 & 6 \end{bmatrix} + \begin{bmatrix} 2 & 2 & 2 \\ 1 & 2 & 3 \end{bmatrix} = \begin{bmatrix} 5 & 4 & 3 \\ 5 & 7 & 9 \end{bmatrix}$$

$$\begin{bmatrix} 2 \\ 1 \\ 8 \end{bmatrix} + \begin{bmatrix} -8 \\ 3 \\ 2 \end{bmatrix} = \begin{bmatrix} -6 \\ 4 \\ 10 \end{bmatrix}$$

Se definirmos $A - B$ como $A + (-1)B$, então $A - B$ é formada subtraindo-se cada elemento de $B$ do elemento correspondente de $A$. Logo,

$$\begin{aligned} \begin{bmatrix} 2 & 4 \\ 3 & 1 \end{bmatrix} - \begin{bmatrix} 4 & 5 \\ 2 & 3 \end{bmatrix} &= \begin{bmatrix} 2 & 4 \\ 3 & 1 \end{bmatrix} + (-1) \begin{bmatrix} 4 & 5 \\ 2 & 3 \end{bmatrix} \\ &= \begin{bmatrix} 2 & 4 \\ 3 & 1 \end{bmatrix} + \begin{bmatrix} -4 & -5 \\ -2 & -3 \end{bmatrix} \\ &= \begin{bmatrix} 2-4 & 4-5 \\ 3-2 & 1-3 \end{bmatrix} \\ &= \begin{bmatrix} -2 & -1 \\ 1 & -2 \end{bmatrix} \end{aligned}$$

Se $O$ representa a matriz, com as mesmas dimensões de $A$, cujos elementos são todos 0, então

$$A + O = O + A = A$$

A matriz $O$ é chamada de *matriz nula*. Ela age como identidade aditiva no conjunto de todas as matrizes $m \times n$. Além disso, toda matriz $A$ $m \times n$ tem uma inversa aditiva. É claro que,

$$A + (-1)A = O = (-1)A + A$$

É costume denotar a inversa aditiva de $A$ como $-A$. Então,

$$-A = (-1)A$$

## Multiplicação de Matrizes e Sistemas Lineares

Temos ainda de definir a operação mais importante: a multiplicação de duas matrizes. Boa parte da motivação por trás da definição deriva das aplicações a sistemas lineares de equações. Se temos um sistema de uma equação linear a uma incógnita, ele pode ser escrito na forma

$$ax = b \tag{2}$$

Geralmente pensamos em $a$, $x$ e $b$ como escalares; entretanto, eles poderiam ser tratados como matrizes $1 \times 1$. Nosso objetivo agora é generalizar a Equação (2), de modo a representar um sistema linear $m \times n$ por uma simples equação matricial da forma

$$A\mathbf{x} = \mathbf{b}$$

em que $A$ é uma matriz $m \times n$, $\mathbf{x}$ é um vetor de incógnitas em $\mathbb{R}^n$, e $\mathbf{b}$ está em $\mathbb{R}^m$. Consideramos primeiramente o caso de uma equação em várias incógnitas.

**Caso 1. Uma Equação em Várias Incógnitas**

Inicialmente examinamos o caso de uma equação a várias variáveis. Considere, por exemplo, a equação

$$3x_1 + 2x_2 + 5x_3 = 4$$

Se fizermos

$$A = \begin{pmatrix} 3 & 2 & 5 \end{pmatrix} \quad \text{e} \quad \mathbf{x} = \begin{pmatrix} x_1 \\ x_2 \\ x_3 \end{pmatrix}$$

e definirmos o produto $A\mathbf{x}$ por

$$A\mathbf{x} = \begin{pmatrix} 3 & 2 & 5 \end{pmatrix} \begin{pmatrix} x_1 \\ x_2 \\ x_3 \end{pmatrix} = 3x_1 + 2x_2 + 5x_3$$

então, a equação $3x_1 + 2x_2 + 5x_3 = 4$ pode ser escrita como a equação matricial

$$A\mathbf{x} = 4$$

Para um sistema linear com $n$ incógnitas da forma

$$a_1x_1 + a_2x_2 + \cdots + a_nx_n = b$$

se fizermos

$$A = \begin{pmatrix} a_1 & a_2 & \ldots & a_n \end{pmatrix} \quad \text{e} \quad \mathbf{x} = \begin{pmatrix} x_1 \\ x_2 \\ \vdots \\ x_n \end{pmatrix}$$

e definirmos o produto $A\mathbf{x}$ por

$$A\mathbf{x} = a_1x_1 + a_2x_2 + \cdots + a_nx_n$$

então o sistema pode ser escrito na forma $A\mathbf{x} = \mathbf{b}$.

Por exemplo, se

$$A = \begin{pmatrix} 2 & 1 & -3 & 4 \end{pmatrix} \quad \text{e} \quad \mathbf{x} = \begin{pmatrix} 3 \\ 2 \\ 1 \\ -2 \end{pmatrix}$$

então

$$A\mathbf{x} = 2 \cdot 3 + 1 \cdot 2 + (-3) \cdot 1 + 4 \cdot (-2) = -3$$

Note que o resultado da multiplicação de um vetor linha à esquerda por um vetor coluna à direita é um escalar. Consequentemente, esse tipo de multiplicação é muitas vezes chamado de *produto escalar*.

**Caso 2. *M* Equações a *N* Incógnitas**

Considere agora um sistema linear $m \times n$

$$\begin{aligned} a_{11}x_1 + a_{12}x_2 + \cdots + a_{1n}x_n &= b_1 \\ a_{21}x_1 + a_{22}x_2 + \cdots + a_{2n}x_n &= b_2 \\ &\vdots \\ a_{m1}x_1 + a_{m2}x_2 + \cdots + a_{mn}x_n &= b_m \end{aligned} \tag{3}$$

É desejável escrever o sistema (3) em uma forma similar a (2), isto é, como uma equação matricial

$$A\mathbf{x} = \mathbf{b} \tag{4}$$

na qual $A = (a_{ij})$ é conhecido, $\mathbf{x}$ é uma matriz $n \times 1$ de incógnitas, e $\mathbf{b}$ é uma matriz $m \times 1$ que representa o lado direito do sistema. Assim, se fizermos

$$A = \begin{pmatrix} a_{11} & a_{12} & \cdots & a_{1n} \\ a_{21} & a_{22} & \cdots & a_{2n} \\ \vdots & & & \\ a_{m1} & a_{m2} & \cdots & a_{mn} \end{pmatrix}, \quad \mathbf{x} = \begin{pmatrix} x_1 \\ x_2 \\ \vdots \\ x_n \end{pmatrix}, \quad \mathbf{b} = \begin{pmatrix} b_1 \\ b_2 \\ \vdots \\ b_m \end{pmatrix}$$

e definirmos o produto $A\mathbf{x}$ como

$$A\mathbf{x} = \begin{pmatrix} a_{11}x_1 + a_{12}x_2 + \cdots + a_{1n}x_n \\ a_{21}x_1 + a_{22}x_2 + \cdots + a_{2n}x_n \\ \vdots \\ a_{m1}x_1 + a_{m2}x_2 + \cdots + a_{mn}x_n \end{pmatrix} \tag{5}$$

então o sistema linear de equações (3) é equivalente à equação matricial (4).

Dada uma matriz $A$ $m \times n$ e um vetor $\mathbf{x}$ em $\mathbb{R}^n$, é possível computar um produto $A\mathbf{x}$ por (5). O produto $A\mathbf{x}$ será uma matriz $m \times 1$, que é um vetor em $\mathbb{R}^m$. A regra para determinar o $i$-ésimo elemento de $A\mathbf{x}$ é

$$a_{i1}x_1 + a_{i2}x_2 + \cdots + a_{in}x_n$$

que é igual a $\vec{\mathbf{a}}_i\mathbf{x}$, o produto escalar do $i$-ésimo vetor linha de $A$ e o vetor coluna $\mathbf{x}$. Assim,

$$A\mathbf{x} = \begin{bmatrix} \vec{\mathbf{a}}_1\mathbf{x} \\ \vec{\mathbf{a}}_2\mathbf{x} \\ \vdots \\ \vec{\mathbf{a}}_n\mathbf{x} \end{bmatrix}$$

EXEMPLO 2

$$A = \begin{bmatrix} 4 & 2 & 1 \\ 5 & 3 & 7 \end{bmatrix}, \quad \mathbf{x} = \begin{bmatrix} x_1 \\ x_2 \\ x_3 \end{bmatrix}$$

$$A\mathbf{x} = \begin{bmatrix} 4x_1 + 2x_2 + x_3 \\ 5x_1 + 3x_2 + 7x_3 \end{bmatrix}$$ ■

EXEMPLO 3

$$A = \begin{bmatrix} -3 & 1 \\ 2 & 5 \\ 4 & 2 \end{bmatrix}, \quad \mathbf{x} = \begin{bmatrix} 2 \\ 4 \end{bmatrix}$$

$$A\mathbf{x} = \begin{bmatrix} -3 \cdot 2 + 1 \cdot 4 \\ 2 \cdot 2 + 5 \cdot 4 \\ 4 \cdot 2 + 2 \cdot 4 \end{bmatrix} = \begin{bmatrix} -2 \\ 24 \\ 16 \end{bmatrix}$$ ■

EXEMPLO 4 Escreva o seguinte sistema de equações como uma equação matricial da forma $A\mathbf{x} = \mathbf{b}$:

$$\begin{aligned} 3x_1 + 2x_2 + x_3 &= 5 \\ x_1 - 2x_2 + 5x_3 &= -2 \\ 2x_1 + x_2 - 3x_3 &= 1 \end{aligned}$$

Solução

$$\begin{bmatrix} 3 & 2 & 1 \\ 1 & -2 & 5 \\ 2 & 1 & -3 \end{bmatrix} \begin{bmatrix} x_1 \\ x_2 \\ x_3 \end{bmatrix} = \begin{bmatrix} 5 \\ -2 \\ 1 \end{bmatrix}$$ ■

Uma forma alternativa de representar o sistema linear (3) como uma equação matricial é escrever o produto $A\mathbf{x}$ como uma soma de vetores coluna:

$$A\mathbf{x} = \begin{bmatrix} a_{11}x_1 + a_{12}x_2 + \cdots + a_{1n}x_n \\ a_{21}x_1 + a_{22}x_2 + \cdots + a_{2n}x_n \\ \vdots \\ a_{m1}x_1 + a_{m2}x_2 + \cdots + a_{mn}x_n \end{bmatrix}$$

$$= x_1 \begin{bmatrix} a_{11} \\ a_{21} \\ \vdots \\ a_{m1} \end{bmatrix} + x_2 \begin{bmatrix} a_{12} \\ a_{22} \\ \vdots \\ a_{m2} \end{bmatrix} + \cdots + x_n \begin{bmatrix} a_{1n} \\ a_{2n} \\ \vdots \\ a_{mn} \end{bmatrix}$$

Então, temos

$$A\mathbf{x} = x_1\mathbf{a}_1 + x_2\mathbf{a}_2 + \cdots + x_n\mathbf{a}_n \qquad (6)$$

Usando essa fórmula, podemos representar o sistema de equações (3) como uma equação matricial da forma

$$x_1\mathbf{a}_1 + x_2\mathbf{a}_2 + \cdots + x_n\mathbf{a}_n = \mathbf{b} \tag{7}$$

EXEMPLO 5 O sistema linear

$$\begin{aligned} 2x_1 + 3x_2 - 2x_3 &= 5 \\ 5x_1 - 4x_2 + 2x_3 &= 6 \end{aligned}$$

pode ser escrito como uma equação matricial

$$x_1\begin{bmatrix} 2 \\ 5 \end{bmatrix} + x_2\begin{bmatrix} 3 \\ -4 \end{bmatrix} + x_3\begin{bmatrix} -2 \\ 2 \end{bmatrix} = \begin{bmatrix} 5 \\ 6 \end{bmatrix}$$

■

**Definição**

Se $\mathbf{a}_1, \mathbf{a}_2, \ldots, \mathbf{a}_n$ são vetores em $\mathbb{R}^m$ e $c_1, c_2, \ldots, c_n$ são escalares, então uma soma da forma

$$c_1\mathbf{a}_1 + c_2\mathbf{a}_2 + \cdots + c_n\mathbf{a}_n$$

é dita uma **combinação linear** dos vetores $\mathbf{a}_1, \mathbf{a}_2, \ldots, \mathbf{a}_n$.

Segue-se, da Equação (6), que o produto $A\mathbf{x}$ é uma combinação linear dos vetores coluna de $A$. Alguns livros até usam esta representação de combinação linear como a definição de multiplicação de matriz por vetor.

Se $A$ é uma matriz $m \times n$ e $\mathbf{x}$ é um vetor em $\mathbb{R}^n$, então

$$A\mathbf{x} = x_1\mathbf{a}_1 + x_2\mathbf{a}_2 + \cdots + x_n\mathbf{a}_n$$

EXEMPLO 6 Se escolhermos $x_1 = 2$, $x_2 = 3$ e $x_3 = 4$ no Exemplo 5, então

$$\begin{bmatrix} 5 \\ 6 \end{bmatrix} = 2\begin{bmatrix} 2 \\ 5 \end{bmatrix} + 3\begin{bmatrix} 3 \\ -4 \end{bmatrix} + 4\begin{bmatrix} -2 \\ 2 \end{bmatrix}$$

Assim, o vetor $\begin{bmatrix} 5 \\ 6 \end{bmatrix}$ é uma combinação linear dos três vetores coluna da matriz de coeficientes. Segue-se que o sistema linear no Exemplo 5 é consistente e

$$\mathbf{x} = \begin{bmatrix} 2 \\ 3 \\ 4 \end{bmatrix}$$

é uma solução do sistema. ■

A equação matricial (7) provê um modo agradável de caracterizar se um sistema linear de equações é consistente. Realmente, o teorema seguinte é uma consequência direta de (7).

**Teorema 1.3.1** Teorema de Consistência para Sistemas Lineares

*Um sistema linear* $A\mathbf{x} = \mathbf{b}$ *é consistente se e somente se* $\mathbf{b}$ *pode ser escrito como uma combinação linear dos vetores coluna de* $A$.

**EXEMPLO 7** O sistema linear

$$x_1 + 2x_2 = 1$$
$$2x_1 + 4x_2 = 1$$

é inconsistente, já que o vetor $\begin{pmatrix} 1 \\ 1 \end{pmatrix}$ não pode ser escrito como uma combinação linear dos vetores coluna $\begin{pmatrix} 1 \\ 2 \end{pmatrix}$ e $\begin{pmatrix} 2 \\ 4 \end{pmatrix}$. Note que qualquer combinação linear desses vetores seria da forma

$$x_1 \begin{pmatrix} 1 \\ 2 \end{pmatrix} + x_2 \begin{pmatrix} 2 \\ 4 \end{pmatrix} = \begin{pmatrix} x_1 + 2x_2 \\ 2x_1 + 4x_2 \end{pmatrix}$$

e, portanto, o segundo elemento do vetor deve ser o dobro do primeiro. ■

## Multiplicação de Matriz

Mais geralmente, é possível multiplicar uma matriz $A$ por uma matriz $B$ se o número de colunas de $A$ é igual ao número de linhas de $B$. A primeira coluna do produto é determinada pela primeira coluna de $B$; quer dizer, a primeira coluna de $AB$ é $A\mathbf{b}_1$, a segunda coluna de $AB$ é $A\mathbf{b}_2$, e assim por diante. Assim o produto $AB$ é a matriz cujas colunas são $A\mathbf{b}_1, A\mathbf{b}_2, ..., A\mathbf{b}_n$:

$$AB = (A\mathbf{b}_1, A\mathbf{b}_2, \ldots, A\mathbf{b}_n)$$

O elemento $(i, j)$ de $AB$ é o de $i$-ésimo elemento do vetor coluna $A\mathbf{b}_j$. Ele é determinado multiplicando-se o $i$-ésimo vetor linha de $A$ pelo $j$-ésimo vetor coluna de $B$.

**Definição** Se $A = (a_{ij})$ é uma matriz $m \times n$ e $B = (b_{ij})$ é uma matriz $n \times r$, então o produto $AB = C = (c_{ij})$ é a matriz $m \times r$ cujos elementos são definidos por

$$c_{ij} = \vec{\mathbf{a}}_i \mathbf{b}_j = \sum_{k=1}^{n} a_{ik} b_{kj}$$

**EXEMPLO 8** Se

$$A = \begin{pmatrix} 3 & -2 \\ 2 & 4 \\ 1 & -3 \end{pmatrix} \quad \text{e} \quad B = \begin{pmatrix} -2 & 1 & 3 \\ 4 & 1 & 6 \end{pmatrix}$$

então

$$AB = \begin{pmatrix} 3 & -2 \\ \mathbf{2} & \mathbf{4} \\ 1 & -3 \end{pmatrix} \begin{pmatrix} -2 & 1 & \mathbf{3} \\ 4 & 1 & \mathbf{6} \end{pmatrix}$$

$$= \begin{pmatrix} 3 \cdot (-2) - 2 \cdot 4 & 3 \cdot 1 - 2 \cdot 1 & 3 \cdot 3 - 2 \cdot 6 \\ 2 \cdot (-2) + 4 \cdot 4 & 2 \cdot 1 + 4 \cdot 1 & \mathbf{2 \cdot 3 + 4 \cdot 6} \\ 1 \cdot (-2) - 3 \cdot 4 & 1 \cdot 1 - 3 \cdot 1 & 1 \cdot 3 - 3 \cdot 6 \end{pmatrix}$$

$$= \begin{pmatrix} -14 & 1 & -3 \\ 12 & 6 & \mathbf{30} \\ -14 & -2 & -15 \end{pmatrix}$$

O sombreamento indica como o elemento (2, 3) do produto $AB$ é computado como um produto escalar do segundo vetor linha de $A$ e o terceiro vetor coluna de $B$. Também é possível multiplicar $B$ por $A$; porém, a matriz resultante $BA$ não é igual a $AB$. Na realidade, $AB$ e $BA$ nem mesmo têm as mesmas dimensões, como as multiplicações seguintes mostram:

$$BA = \begin{bmatrix} -2\cdot 3 + 1\cdot 2 + 3\cdot 1 & -2\cdot(-2) + 1\cdot 4 + 3\cdot(-3) \\ 4\cdot 3 + 1\cdot 2 + 6\cdot 1 & 4\cdot(-2) + 1\cdot 4 + 6\cdot(-3) \end{bmatrix}$$
$$= \begin{bmatrix} -1 & -1 \\ 20 & -22 \end{bmatrix}$$

■

EXEMPLO 9 Se

$$A = \begin{bmatrix} 3 & 4 \\ 1 & 2 \end{bmatrix} \quad \text{e} \quad B = \begin{bmatrix} 1 & 2 \\ 4 & 5 \\ 3 & 6 \end{bmatrix}$$

então é impossível multiplicar $A$ por $B$, já que o número de colunas de $A$ não é igual ao número de linhas de $B$. Entretanto, é possível multiplicar $B$ por $A$.

$$BA = \begin{bmatrix} 1 & 2 \\ 4 & 5 \\ 3 & 6 \end{bmatrix} \begin{bmatrix} 3 & 4 \\ 1 & 2 \end{bmatrix} = \begin{bmatrix} 5 & 8 \\ 17 & 26 \\ 15 & 24 \end{bmatrix}$$

■

Se $A$ e $B$ são matrizes $n \times n$, então $AB$ e $BA$ serão matrizes $n \times n$, mas, em geral, não serão iguais. *A multiplicação de matrizes não é comutativa.*

EXEMPLO 10 Se

$$A = \begin{bmatrix} 1 & 1 \\ 0 & 0 \end{bmatrix} \quad \text{e} \quad B = \begin{bmatrix} 1 & 1 \\ 2 & 2 \end{bmatrix}$$

então

$$AB = \begin{bmatrix} 1 & 1 \\ 0 & 0 \end{bmatrix} \begin{bmatrix} 1 & 1 \\ 2 & 2 \end{bmatrix} = \begin{bmatrix} 3 & 3 \\ 0 & 0 \end{bmatrix}$$

e

$$BA = \begin{bmatrix} 1 & 1 \\ 2 & 2 \end{bmatrix} \begin{bmatrix} 1 & 1 \\ 0 & 0 \end{bmatrix} = \begin{bmatrix} 1 & 1 \\ 2 & 2 \end{bmatrix}$$

Portanto, $AB \neq BA$.

■

**APLICAÇÃO 1** Custos de Produção

Uma companhia manufatura três produtos. Suas despesas de produção são divididas em três categorias. Em cada categoria é feita uma estimativa do custo de produção de um item de cada produto.* Essas estimativas são dadas nas Tabelas 1 e 2. Na reunião de acionistas, a companhia gostaria de apresentar uma simples tabela mostrando o custo total para cada trimestre em

*É feita também uma estimativa da quantidade de cada produto manufaturado em cada trimestre. (N.T.)

cada uma das três categorias: matérias-primas, mão de obra e outras despesas.

**Tabela 1** Custos de Produção por Item (dólares)

| | Produto | | |
|---|---|---|---|
| **Despesas** | **A** | **B** | **C** |
| Matérias-primas | 0,10 | 0,30 | 0,15 |
| Mão de obra | 0,30 | 0,40 | 0,25 |
| Outras despesas | 0,10 | 0,20 | 0,15 |

**Tabela 2** Quantidade Produzida por Trimestre

| | Estação | | | |
|---|---|---|---|---|
| **Produto** | **Verão** | **Outono** | **Inverno** | **Primavera** |
| A | 4000 | 4500 | 4500 | 4000 |
| B | 2000 | 2600 | 2400 | 2200 |
| C | 5800 | 6200 | 6000 | 6000 |

## Solução

Considere o problema em termos de matrizes. Cada uma das tabelas pode ser representada por uma matriz, ou seja,

$$M = \begin{bmatrix} 0{,}10 & 0{,}30 & 0{,}15 \\ 0{,}30 & 0{,}40 & 0{,}25 \\ 0{,}10 & 0{,}20 & 0{,}15 \end{bmatrix}$$

e

$$P = \begin{bmatrix} 4000 & 4500 & 4500 & 4000 \\ 2000 & 2600 & 2400 & 2200 \\ 5800 & 6200 & 6000 & 6000 \end{bmatrix}$$

Se formarmos o produto $MP$, a primeira coluna de $MP$ representa os custos do trimestre de verão:

Matérias-primas: $(0{,}10)(4000) + (0{,}30)(2000) + (0{,}15)(5800) = 1870$
Mão de obra: $(0{,}30)(4000) + (0{,}40)(2000) + (0{,}25)(5800) = 3450$
Outras despesas: $(0{,}10)(4000) + (0{,}20)(2000) + (0{,}15)(6200) = 1670$

Os custos do trimestre de outono são dados pela segunda coluna de $MP$:

Matérias-primas: $(0{,}10)(4500) + (0{,}30)(2600) + (0{,}15)(6200) = 2160$
Mão de obra: $(0{,}30)(4500) + (0{,}40)(2600) + (0{,}25)(6200) = 3940$
Outras despesas: $(0{,}10)(4500) + (0{,}20)(2600) + (0{,}15)(6200) = 1900$

As colunas 3 e 4 de $MP$ representam os custos dos trimestres de inverno e primavera, respectivamente, Então, temos

$$MP = \begin{bmatrix} 1870 & 2160 & 2070 & 1960 \\ 3450 & 3940 & 3810 & 3580 \\ 1670 & 1900 & 1830 & 1740 \end{bmatrix}$$

Os elementos da linha 1 de $MP$ representam os custos totais das matérias-primas para cada um dos quatro trimestres. Os elementos nas linhas 2 e 3 representam os custos totais de mão de obra e outras despesas, respectivamente, para cada um dos quatro trimestres. As despesas anuais em cada categoria podem ser obtidas pela soma dos elementos em cada linha. Os números em cada uma das colunas podem ser somados para obter os custos totais de produção para cada trimestre. A Tabela 3 resume os custos totais de produção. ∎

**Tabela 3**

| | Estação | | | | |
|---|---|---|---|---|---|
| | Verão | Outono | Inverno | Primavera | Ano |
| Matérias-primas | 1870 | 2160 | 2070 | 1960 | 8060 |
| Mão de obra | 3450 | 3940 | 3810 | 3580 | 14.780 |
| Outras despesas | 1670 | 1900 | 1830 | 1740 | 7140 |
| Custo total de produção | 6990 | 8000 | 7710 | 7280 | 29.980 |

## APLICAÇÃO 2 Ciência de Gestão — Processo de Hierarquia Analítica

O processo de hierarquia analítica (PHA) é uma técnica comum que é usada para analisar decisões complexas. A técnica foi desenvolvida por T. L. Saaty durante a década de 1970. PHA é usado em uma ampla variedade de áreas, incluindo negócios, indústria, governo, educação e cuidados de saúde. A técnica é aplicada a problemas com uma meta específica e um número fixo de alternativas para alcançar a meta. A decisão sobre qual alternativa escolher é baseada em uma lista de critérios de avaliação. No caso de decisões mais complexas, cada critério de avaliação poderia ter uma lista de subcritérios e estes, por sua vez, também poderiam ter subcritérios, e assim por diante. Desse modo, para decisões complexas, pode-se ter uma hierarquia multicamada de critérios de decisão.

Para ilustrar como o PHA realmente funciona, consideramos um exemplo simples. Um comitê de busca e tela no Departamento de Matemática de uma universidade estadual está conduzindo um processo de seleção para preencher um cargo de professor dedicação exclusiva no departamento. O comitê faz uma ronda preliminar de triagem e estreita a piscina até três candidatos: Dr. Gauss, Dr. O'Leary e Dr. Taussky. Depois de entrevistar os finalistas, o comitê deve escolher o candidato mais qualificado para o cargo. Para tanto, deve-se avaliar cada um dos candidatos em termos dos seguintes critérios: Pesquisa, Capacidade de Ensino e Atividades Profissionais. A estrutura hierárquica do processo decisório está apresentada na Figura 1.3.1.

A primeira etapa do processo PHA é determinar a importância relativa das três áreas de avaliação. Isso pode ser feito usando comparações um a um. Suponha, por exemplo, que o comitê decida que a Pesquisa e o Ensino devem ter igual importância e que essas categorias são duas vezes mais importantes do que a categoria de Atividades Profissionais. Essas avaliações relativas podem ser expressas matematicamente, atribuindo os pesos 0,40, 0,40 e 0,20 às respectivas categorias de avaliação. Observe que os pesos dos dois primeiros critérios de avaliação são iguais e têm o dobro do peso do terceiro. Observe também que os pesos são escolhidos de modo que sua soma seja 1.

O vetor de peso

$$\mathbf{w} = \begin{Bmatrix} 0{,}40 \\ 0{,}40 \\ 0{,}20 \end{Bmatrix}$$

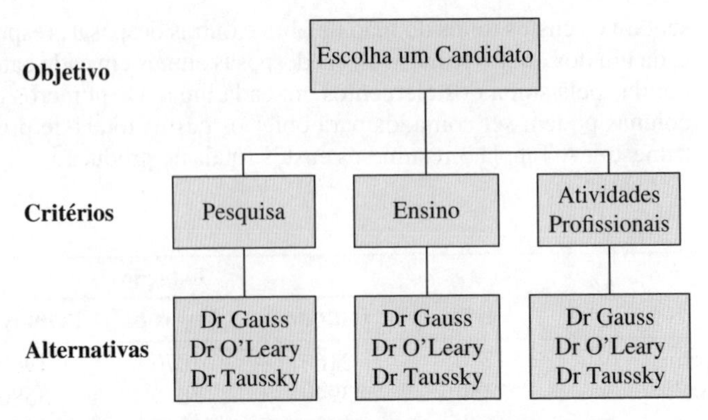


**Figura 1.3.1** Processo de Hierarquia Analítica.

fornece uma representação numérica da importância relativa dos critérios de pesquisa.

O próximo passo do processo é atribuir classificações relativas ou ponderações aos três candidatos para cada um dos critérios da nossa lista. Os métodos para atribuir esses pesos podem ser quantitativos ou qualitativos. Por exemplo, pode-se fazer uma avaliação quantitativa da pesquisa usando pesos com base no número total de páginas publicadas pelos candidatos em jornais de pesquisa. Assim, se Gauss publicou 500 páginas, O'Leary 250 páginas e Taussky 250 páginas, então os pesos poderiam ser obtidos dividindo cada uma dessas contagens de páginas por 1000 (a contagem de páginas combinadas para os três indivíduos). Desse modo, os pesos quantitativos produzidos desta maneira seriam 0,50, 0,25 e 0,25. O método quantitativo não leva em conta as diferenças na qualidade das publicações. Determinar pesos qualitativos envolve fazer alguns julgamentos, mas o processo não precisa ser inteiramente subjetivo. Mais adiante no texto (nos Capítulos 5 e 6), vamos revisitar este exemplo e discutir como determinar pesos qualitativos. Os métodos que iremos considerar envolvem fazer comparações por pares e, em seguida, usar técnicas matriciais avançadas para atribuir pesos com base nessas comparações.

Outra forma pela qual o comitê poderia refinar o processo de busca seria dividir os critérios de pesquisa em duas subclasses: pesquisa quantitativa e pesquisa qualitativa. Neste caso, seria possível adicionar uma linha de subcritérios à Figura 1.3.1 diretamente abaixo da linha para os critérios. Vamos incorporar esse refinamento mais tarde quando revisitarmos a aplicação PHA na Seção 5.3 do Capítulo 5.

Por agora, vamos supor que o comitê de pesquisa determinou os pesos relativos para cada um dos três critérios e que esses pesos são especificados na Figura 1.3.2. Os índices relativos para os candidatos a pesquisa, ensino e atividades profissionais são dados pelos vetores

$$\mathbf{a}_1 = \begin{bmatrix} 0{,}50 \\ 0{,}25 \\ 0{,}25 \end{bmatrix}, \quad \mathbf{a}_2 = \begin{bmatrix} 0{,}20 \\ 0{,}50 \\ 0{,}30 \end{bmatrix}, \quad \mathbf{a}_3 = \begin{bmatrix} 0{,}25 \\ 0{,}50 \\ 0{,}25 \end{bmatrix}$$

Para determinar a classificação geral para os candidatos, multiplicamos cada um desses vetores pelos pesos correspondentes $w_1$, $w_2$, $w_3$ e somamos.

$$\mathbf{r} = w_1\mathbf{a}_1 + w_2\mathbf{a}_2 + w_3\mathbf{a}_3 = 0{,}40 \begin{bmatrix} 0{,}50 \\ 0{,}25 \\ 0{,}25 \end{bmatrix} + 0{,}40 \begin{bmatrix} 0{,}20 \\ 0{,}50 \\ 0{,}30 \end{bmatrix} + 0{,}20 \begin{bmatrix} 0{,}25 \\ 0{,}50 \\ 0{,}25 \end{bmatrix} = \begin{bmatrix} 0{,}33 \\ 0{,}40 \\ 0{,}27 \end{bmatrix}$$

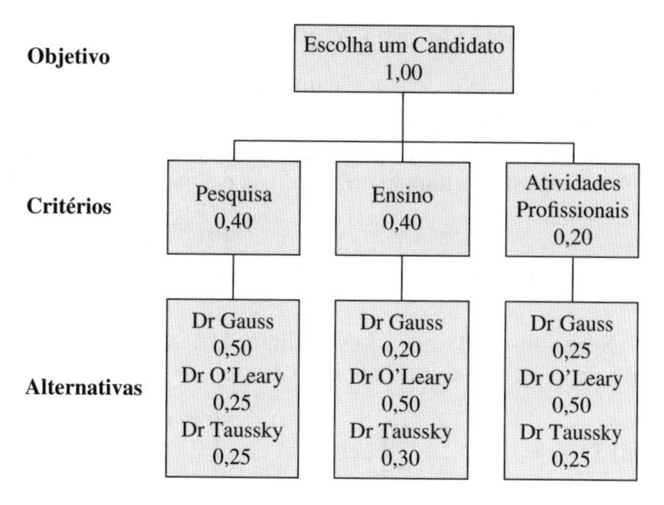


**Figura 1.3.2** Diagrama PHA com Pesos.

Observe que, se definimos $A = \begin{pmatrix} \mathbf{a}_1 & \mathbf{a}_2 & \mathbf{a}_3 \end{pmatrix}$, então o vetor $\mathbf{r}$ de classificações relativas é determinado pela multiplicação da matriz $A$ pelo vetor $\mathbf{w}$.

$$\mathbf{r} = A\mathbf{w} = \begin{pmatrix} 0,50 & 0,20 & 0,25 \\ 0,25 & 0,50 & 0,50 \\ 0,25 & 0,30 & 0,25 \end{pmatrix} \begin{pmatrix} 0,40 \\ 0,40 \\ 0,20 \end{pmatrix} = \begin{pmatrix} 0,33 \\ 0,40 \\ 0,27 \end{pmatrix}$$

Neste exemplo o segundo candidato tem a classificação relativa mais alta, assim que o comitê elimina Gauss e Taussky e oferece a posição a O'Leary. Se O'Leary recusar a oferta, então o próximo da fila é Gauss, o candidato com a segunda maior classificação.

## Referência

**1.** Saaty, T. L., *The Analytic Hierarchy Process*, McGraw Hill, 1980.

## Regras de Notação

Assim como na álgebra ordinária, se uma expressão envolve tanto multiplicação quanto adição e não há parênteses para indicar a ordem das operações, as multiplicações são efetuadas antes das adições. Isto é verdadeiro tanto para a multiplicação por escalar quanto para a matricial. Por exemplo, se

$$A = \begin{pmatrix} 3 & 4 \\ 1 & 2 \end{pmatrix}, \quad B = \begin{pmatrix} 1 & 3 \\ 2 & 1 \end{pmatrix}, \quad C = \begin{pmatrix} -2 & 1 \\ 3 & 2 \end{pmatrix}$$

então

$$A + BC = \begin{pmatrix} 3 & 4 \\ 1 & 2 \end{pmatrix} + \begin{pmatrix} 7 & 7 \\ -1 & 4 \end{pmatrix} = \begin{pmatrix} 10 & 11 \\ 0 & 6 \end{pmatrix}$$

e

$$3A + B = \begin{pmatrix} 9 & 12 \\ 3 & 6 \end{pmatrix} + \begin{pmatrix} 1 & 3 \\ 2 & 1 \end{pmatrix} = \begin{pmatrix} 10 & 15 \\ 5 & 7 \end{pmatrix}$$

## A Transposta de uma Matriz

Dada uma matriz $m \times n$ $A$, é muitas vezes útil formar uma nova matriz $n \times m$, cujas colunas são as linhas de $A$.

**Definição**

A **transposta** de uma matriz $m \times n$ $A$ é a matriz $n \times m$ $B$ definida por

$$b_{ji} = a_{ij} \tag{8}$$

para $j = 1, ..., n$ e $i = 1, ..., m$. A transposta de $A$ é denotada como $A^T$.

Segue-se, de (8), que a $j$-ésima linha de $A^T$ tem os mesmos elementos respectivamente que a $j$-ésima coluna de $A$.

EXEMPLO 11

**(a)** Se $A = \begin{bmatrix} 1 & 2 & 3 \\ 4 & 5 & 6 \end{bmatrix}$, então $A^T = \begin{bmatrix} 1 & 4 \\ 2 & 5 \\ 3 & 6 \end{bmatrix}$.

**(b)** Se $B = \begin{bmatrix} -3 & 2 & 1 \\ 4 & 3 & 2 \\ 1 & 2 & 5 \end{bmatrix}$, então $B^T = \begin{bmatrix} -3 & 4 & 1 \\ 2 & 3 & 2 \\ 1 & 2 & 5 \end{bmatrix}$.

**(c)** Se $C = \begin{bmatrix} 1 & 2 \\ 2 & 3 \end{bmatrix}$, então $C^T = \begin{bmatrix} 1 & 2 \\ 2 & 3 \end{bmatrix}$. ■

A matriz $C$ no Exemplo 11 é sua própria transposta. Isto frequentemente acontece com matrizes que aparecem em aplicações.

**Definição**

Uma matriz $A$ $n \times n$ é dita **simétrica** se $A^T = A$.

Os seguintes são alguns exemplos de matrizes simétricas:

$$\begin{bmatrix} 1 & 0 \\ 0 & -4 \end{bmatrix} \qquad \begin{bmatrix} 2 & 3 & 4 \\ 3 & 1 & 5 \\ 4 & 5 & 3 \end{bmatrix} \qquad \begin{bmatrix} 0 & 1 & 2 \\ 1 & 1 & -2 \\ 2 & -2 & -3 \end{bmatrix}$$

### APLICAÇÃO 3 Obtenção de Informações

O crescimento de bibliotecas digitais na Internet levou a melhorias dramáticas no armazenamento e obtenção de informações. Métodos modernos de pesquisas são baseados na teoria matricial e na álgebra linear.

Em uma situação típica, a base de dados consiste em uma coleção de documentos; queremos procurar na coleção e encontrar documentos que melhor se adaptam a condições particulares de busca. Dependendo do tipo de base de dados, podemos procurar por itens como artigos de pesquisas em periódicos, páginas da Internet, livros em uma biblioteca, ou filmes em uma coleção de filmes.

Para ver como as pesquisas são feitas, vamos supor que nossa base de dados consiste em $m$ documentos e que há $n$ palavras no dicionário que podem ser usadas como chave para a pesquisa. Nem todas as palavras são permitidas, já que não seria prático procurar por palavras comuns como artigos ou preposições. Se as palavras-chave do dicionário são ordenadas alfabeticamente, então podemos representar a base de dados por uma matriz $A$ $m \times n$. Cada documento é representado por uma coluna na matriz. O primeiro elemento da $j$-ésima coluna seria um número representando a frequência relativa da primeira palavra-chave no $j$-ésimo documento. O elemento $a_{2j}$ representa a frequência relativa da segunda palavra no documento, e assim por diante. A lista de palavras-chave a ser usada na pesquisa é representada por um vetor $\mathbf{x}$ de $\mathbb{R}^m$. O $i$-ésimo elemento de $\mathbf{x}$ é considerado 1, se a $i$-ésima palavra na lista de palavras-chave está em nossa lista de pesquisa; caso contrário, fazemos $x_i = 0$. Para fazer pesquisa, simplesmente multiplicamos $A^T$ por $\mathbf{x}$.

## Buscas Simples

O tipo mais simples de busca determina quantas das palavras-chave estão em cada documento, e não leva em conta as relativas frequências das palavras. Suponha, por exemplo, que nossa base de dados consista nos seguintes títulos:

**B1.** *Álgebra Linear Aplicada*
**B2.** *Álgebra Linear Elementar*
**B3.** *Álgebra Linear Elementar com Aplicações*
**B4.** *Álgebra Linear e Suas Aplicações*
**B5.** *Álgebra Linear com Aplicações*
**B6.** *Álgebra Matricial com Aplicações*
**B7.** *Teoria de Matrizes*

A coleção de palavras-chave é dada pela seguinte lista alfabética:

*álgebra, aplicação, elementar, linear, matriz, teoria*

Para uma simples busca de compatibilidade, usaremos simplesmente 0 e 1, em vez de frequência relativa para os elementos da matriz da base de dados. Então, o elemento $(i, j)$ da matriz será 1, se a $i$-ésima palavra aparece no título do $j$-ésimo livro, e 0, se não aparecer. Supomos que nosso mecanismo de busca seja sofisticado o bastante para considerar várias formas de uma palavra. Então, por exemplo, em nossa lista de títulos as palavras *aplicada* e *aplicações* serão contadas como formas da palavra *aplicação*. A matriz da base de dados para nossa lista de livros é o arranjo definido na Tabela 4.

Se as palavras que estamos procurando são *aplicada*, *linear* e *álgebra*, então a matriz da base de dados e o vetor de busca são dados, respectivamente, por

$$A = \begin{pmatrix} 1 & 1 & 1 & 1 & 1 & 1 & 0 \\ 1 & 0 & 1 & 1 & 1 & 1 & 0 \\ 0 & 1 & 1 & 0 & 0 & 0 & 0 \\ 1 & 1 & 1 & 1 & 1 & 0 & 0 \\ 0 & 0 & 0 & 0 & 0 & 1 & 1 \\ 0 & 0 & 0 & 0 & 0 & 0 & 1 \end{pmatrix} \qquad \mathbf{x} = \begin{pmatrix} 1 \\ 1 \\ 0 \\ 1 \\ 0 \\ 0 \end{pmatrix}$$

**Tabela 4** Representação Matricial para a Base de Dados dos Livros de Álgebra Linear

| | Livros | | | | | | |
|---|---|---|---|---|---|---|---|
| **Palavras-Chave** | **B1** | **B2** | **B3** | **B4** | **B5** | **B6** | **B7** |
| *álgebra* | 1 | 1 | 1 | 1 | 1 | 1 | 0 |
| *aplicação* | 1 | 0 | 1 | 1 | 1 | 1 | 0 |
| *elementar* | 0 | 1 | 1 | 0 | 0 | 0 | 0 |
| *linear* | 1 | 1 | 1 | 1 | 1 | 0 | 0 |
| *matriz* | 0 | 0 | 0 | 0 | 0 | 1 | 1 |
| *teoria* | 0 | 0 | 0 | 0 | 0 | 0 | 1 |

Se fizermos $\mathbf{y} = A^T\mathbf{x}$, então

$$\mathbf{y} = \begin{bmatrix} 1 & 1 & 0 & 1 & 0 & 0 \\ 1 & 0 & 1 & 1 & 0 & 0 \\ 1 & 1 & 1 & 1 & 0 & 0 \\ 1 & 1 & 0 & 1 & 0 & 0 \\ 1 & 1 & 0 & 1 & 0 & 0 \\ 1 & 1 & 0 & 0 & 1 & 0 \\ 0 & 0 & 0 & 0 & 1 & 1 \end{bmatrix} \begin{bmatrix} 1 \\ 1 \\ 0 \\ 1 \\ 0 \\ 0 \end{bmatrix} = \begin{bmatrix} 3 \\ 2 \\ 3 \\ 3 \\ 3 \\ 2 \\ 0 \end{bmatrix}$$

O valor de $y_1$ é o número de vezes que as palavras buscadas aparecem no título do primeiro livro, o valor de $y_2$ é o número de compatibilidades no título do segundo livro, e assim por diante. Já que $y_1 = y_3 = y_4 = y_5 = 3$, os títulos dos livros B1, B3, B4 e B5 devem conter as três palavras de busca. Se a busca é organizada para encontrar títulos contendo todas as palavras, o mecanismo de busca irá informar os títulos do primeiro, terceiro, quarto e quinto livros.

## Buscas de Frequências Relativas

Buscas em bases de dados não comerciais geralmente encontram todos os documentos contendo as palavras-chave de busca e então ordenam os documentos com base nas relativas frequências das palavras-chave. Nesse caso, os elementos da matriz da base de dados devem representar as frequências das palavras nos documentos. Por exemplo, suponha que no dicionário de todas as palavras-chave da base de dados, a sexta palavra é *álgebra* e a oitava palavra é *aplicada*, onde todas as palavras são listadas alfabeticamente. Se, por exemplo, o documento 9 da base de dados contém um total de 200 ocorrências das palavras-chave do dicionário e se a palavra *álgebra* ocorreu 10 vezes no documento e a palavra *aplicada* ocorre 6 vezes, então as frequências relativas para essas palavras seriam de $\frac{10}{200}$ e $\frac{6}{200}$ e os elementos correspondentes na matriz da base de dados seriam

$$a_{69} = 0{,}05 \qquad \text{e} \qquad a_{89} = 0{,}03$$

Para procurar por essas duas palavras, fazemos nosso vetor de busca $\mathbf{x}$ ser o vetor cujos elementos $x_6$ e $x_8$ são iguais a 1 e os restantes são todos 0. Então calculamos

$$\mathbf{y} = A^T\mathbf{x}$$

O elemento de $\mathbf{y}$ correspondente ao documento 9 é

$$y_9 = a_{69} \cdot 1 + a_{89} \cdot 1 = 0{,}08$$

Note que 16 das 200 palavras (8 % das palavras) no documento 9 combinam com as palavras-chave de busca. Se $y_j$ é o maior elemento de $\mathbf{y}$, isto indicaria que o $j$-ésimo documento na base de dados é o que contém as palavras-chave com a maior frequência relativa.

## Métodos Avançados de Busca

Uma busca pelas palavras *linear* e *álgebra* pode facilmente retornar centenas de documentos, alguns dos quais podem nem ser sobre álgebra linear. Se aumentarmos o número de palavras de busca e exigirmos que todas essas palavras sejam compatíveis, então poderíamos correr o risco de excluir alguns documentos cruciais de álgebra linear. Em vez de combinar todas as palavras da lista de busca expandida, nossa busca na base de dados deve dar prioridade aos documentos que combinam com a maioria das palavras-chave com altas frequências relativas. Para obter isto, precisamos encontrar as colunas da matriz base de dados $A$ que são "mais próximas" ao vetor de busca $\mathbf{x}$. Um meio de medir quão próximos dois vetores são é definir *o ângulo entre os vetores*. Faremos isto na Seção 5.1 do Capítulo 5.

Vamos também retornar à aplicação de busca de informações depois de estudar a *decomposição em valores singulares* (Capítulo 6, Seção 6.5). Essa decomposição pode ser usada para encontrar uma aproximação mais simples para a matriz base de dados, o que irá aumentar significativamente a velocidade de busca. Frequentemente isto traz a vantagem adicional de filtrar o *ruído*; isto é, usar a versão aproximada da matriz base de dados pode automaticamente ter o efeito de eliminar documentos que usam as palavras-chave em contextos indesejados. Por exemplo, um estudante de odontologia e um estudante de matemática podem usar *cálculo* como uma de suas palavras de busca. Já que a lista de palavras de busca matemática não contém outros termos odontológicos, uma busca matemática usando uma matriz base de dados aproximada provavelmente eliminará todos os documentos relativos à odontologia. Similarmente, os documentos matemáticos seriam filtrados na busca do estudante de odontologia.

## Buscas na Rede Mundial e Hierarquização de Páginas

As buscas modernas na rede mundial podem facilmente envolver bilhões de documentos com centenas de milhares de palavras-chave. Realmente, em julho de 2008 havia mais de 1 trilhão de páginas na Internet, e não é raro que mecanismos de busca adquiram ou atualizem 10 milhões de páginas em um só dia. Embora a matriz base de dados na Internet seja extremamente grande, as buscas podem ser bastante simplificadas, já que as matrizes e vetores de busca são *esparsos*; isto é, a maioria dos elementos em qualquer coluna é 0.

Para buscas na Internet, os melhores mecanismos de busca farão simples buscas de compatibilidade de modo a encontrar todas as páginas compatíveis com as palavras-chave, mas não vão ordená-las com base nas frequências relativas das palavras-chave. Devido à natureza comercial da Internet, pessoas que querem vender produtos podem deliberadamente fazer uso repetido de palavras-chave de modo a assegurar-se de que seu domínio esteja altamente hierarquizado em qualquer busca por frequência relativa. De fato, é fácil listar sub-repticiamente uma palavra-chave centenas de vezes. Se a cor da fonte da palavra é igual à do fundo da página, o leitor não ficará ciente de que a palavra é listada repetidamente.

Para buscas na rede mundial, é necessário um algoritmo mais sofisticado para hierarquizar as páginas que contêm todas as palavras-chave de busca. No Capítulo 6, estudaremos um tipo especial de modelo de matriz para atribuir probabilidades a certos processos aleatórios. Esse tipo de modelo é chamado de *processo markoviano* ou *cadeia markoviana.* Na Seção 6.3 do Capítulo 6, veremos como usar cadeias markovianas para modelar a navegação na rede e obter hierarquização de páginas na rede mundial.

## Referências


1. Berry, Michael W., and Murray Browne, *Understanding Search Engines: Mathematical Modeling and Text Retrieval*, SIAM, Philadelphia, 1999.
2. Langville, Amy N., and Carl D. Meyer, *Google's PageRank and Beyond: The Science of Search Engine Rankings*, Princeton University Press, 2012.

## PROBLEMAS DA SEÇÃO 1.3

**1.** Se

$$A = \begin{bmatrix} 3 & 1 & 4 \\ -2 & 0 & 1 \\ 1 & 2 & 2 \end{bmatrix} \quad \text{e} \quad B = \begin{bmatrix} 1 & 0 & 2 \\ -3 & 1 & 1 \\ 2 & -4 & 1 \end{bmatrix}$$

calcule

**(a)** $2A$ **(b)** $A + B$

**(c)** $2A - 3B$ **(d)** $(2A)^T - (3B)^T$

**(e)** $AB$ **(f)** $BA$

**(g)** $A^TB^T$ **(h)** $(BA)^T$

**2.** Para cada um dos pares de matrizes que se seguem, determine se é possível multiplicar a primeira matriz pela segunda. Se for possível, execute a multiplicação.

**(a)** $\begin{bmatrix} 3 & 5 & 1 \\ -2 & 0 & 2 \end{bmatrix} \begin{bmatrix} 2 & 1 \\ 1 & 3 \\ 4 & 1 \end{bmatrix}$

**(b)** $\begin{bmatrix} 4 & -2 \\ 6 & -4 \\ 8 & -6 \end{bmatrix} \begin{bmatrix} 1 & 2 & 3 \end{bmatrix}$

**(c)** $\begin{bmatrix} 1 & 4 & 3 \\ 0 & 1 & 4 \\ 0 & 0 & 2 \end{bmatrix} \begin{bmatrix} 3 & 2 \\ 1 & 1 \\ 4 & 5 \end{bmatrix}$

**(d)** $\begin{bmatrix} 4 & 6 \\ 2 & 1 \end{bmatrix} \begin{bmatrix} 3 & 1 & 5 \\ 4 & 1 & 6 \end{bmatrix}$

**(e)** $\begin{bmatrix} 4 & 6 & 1 \\ 2 & 1 & 1 \end{bmatrix} \begin{bmatrix} 3 & 1 & 5 \\ 4 & 1 & 6 \end{bmatrix}$

**(f)** $\begin{bmatrix} 2 \\ -1 \\ 3 \end{bmatrix} \begin{bmatrix} 3 & 2 & 4 & 5 \end{bmatrix}$

**3.** Para quais pares no Problema 2 é possível multiplicar a segunda matriz pela primeira e qual seria a dimensão da matriz produto?

**4.** Escreva cada um dos seguintes sistemas de equação como uma equação matricial:

**(a)**
$$\begin{aligned} 3x_1 + 2x_2 &= 1 \\ 2x_1 - 3x_2 &= 5 \end{aligned}$$

**(b)**
$$\begin{aligned} x_1 + x_2 \phantom{{}+2x_3} &= 5 \\ 2x_1 + x_2 - x_3 &= 6 \\ 3x_1 - 2x_2 + 2x_3 &= 7 \end{aligned}$$

**(c)**
$$\begin{aligned} 2x_1 + x_2 + x_3 &= 4 \\ x_1 - x_2 + 2x_3 &= 2 \\ 3x_1 - 2x_2 - x_3 &= 0 \end{aligned}$$

**5.** Se

$$A = \begin{bmatrix} 3 & 4 \\ 1 & 1 \\ 2 & 7 \end{bmatrix}$$

verifique que

**(a)** $5A = 3A + 2A$ **(b)** $6A = 3(2A)$

**(c)** $(A^T)^T = A$

**6.** Se

$$A = \begin{bmatrix} 4 & 1 & 6 \\ 2 & 3 & 5 \end{bmatrix} \quad \text{e} \quad B = \begin{bmatrix} 1 & 3 & 0 \\ -2 & 2 & -4 \end{bmatrix}$$

verifique que

**(a)** $A + B = B + A$

**(b)** $3(A + B) = 3A + 3B$

**(c)** $(A + B)^T = A^T + B^T$

**7.** Se

$$A = \begin{bmatrix} 2 & 1 \\ 6 & 3 \\ -2 & 4 \end{bmatrix} \quad \text{e} \quad B = \begin{bmatrix} 2 & 4 \\ 1 & 6 \end{bmatrix}$$

verifique que

**(a)** $3(AB) = (3A)B = A(3B)$

**(b)** $(AB)^T = B^TA^T$

**8.** Se

$$A = \begin{bmatrix} 2 & 4 \\ 1 & 3 \end{bmatrix}, B = \begin{bmatrix} -2 & 1 \\ 0 & 4 \end{bmatrix}, C = \begin{bmatrix} 3 & 1 \\ 2 & 1 \end{bmatrix}$$

verifique que

**(a)** $(A + B) + C = A + (B + C)$

**(b)** $(AB)C = A(BC)$

**(c)** $A(B + C) = AB + AC$

**(d)** $(A + B)C = AC + BC$

**9.** Seja

$$A = \begin{bmatrix} 1 & 2 \\ 1 & -2 \end{bmatrix}, \quad \mathbf{b} = \begin{bmatrix} 4 \\ 0 \end{bmatrix}, \quad \mathbf{c} = \begin{bmatrix} -3 \\ -2 \end{bmatrix}$$

**(a)** Escreva **b** como uma combinação linear dos vetores coluna $\mathbf{a}_1$ e $\mathbf{a}_2$.

**(b)** Use o resultado da parte (a) para determinar a solução do sistema $A\mathbf{x} = \mathbf{b}$. O sistema tem outras soluções? Explique

**(c)** Escreva **c** como uma combinação linear dos vetores coluna $\mathbf{a}_1$ e $\mathbf{a}_2$.

**10.** Para cada uma das escolhas de $A$ e **b** a seguir, determine se o sistema $A\mathbf{x} = \mathbf{b}$ é consistente, examinando como **b** se relaciona com os vetores coluna de $A$. Explique suas respostas em cada caso.

**(a)** $A = \begin{bmatrix} 2 & 1 \\ -2 & -1 \end{bmatrix}, \quad \mathbf{b} = \begin{bmatrix} 3 \\ 1 \end{bmatrix}$

**(b)** $A = \begin{Bmatrix} 1 & 4 \\ 2 & 3 \end{Bmatrix}, \quad \mathbf{b} = \begin{Bmatrix} 5 \\ 5 \end{Bmatrix}$

**(c)** $A = \begin{Bmatrix} 3 & 2 & 1 \\ 3 & 2 & 1 \\ 3 & 2 & 1 \end{Bmatrix}, \quad \mathbf{b} = \begin{Bmatrix} 1 \\ 0 \\ -1 \end{Bmatrix}$

**11.** Seja $A$ uma matriz $5 \times 3$. Se

$$\mathbf{b} = \mathbf{a}_1 + \mathbf{a}_2 = \mathbf{a}_2 + \mathbf{a}_3$$

então, o que você pode concluir sobre o número de soluções de $A\mathbf{x} = \mathbf{b}$? Explique.

**12.** Seja $A$ uma matriz $3 \times 4$. Se

$$\mathbf{b} = \mathbf{a}_1 + \mathbf{a}_2 + \mathbf{a}_3 + \mathbf{a}_4$$

então, o que você pode concluir sobre o número de soluções de $A\mathbf{x} = \mathbf{b}$? Explique.

**13.** Seja $A\mathbf{x} = \mathbf{b}$ um sistema linear cuja matriz aumentada $(A|\mathbf{b})$ tem a forma linha degrau reduzida

$$\left\{\begin{array}{ccccc|c} 1 & 2 & 0 & 3 & 1 & -2 \\ 0 & 0 & 1 & 2 & 4 & 5 \\ 0 & 0 & 0 & 0 & 0 & 0 \\ 0 & 0 & 0 & 0 & 0 & 0 \end{array}\right\}$$

**(a)** Encontre todas as soluções do sistema.

**(b)** Se

$$\mathbf{a}_1 = \begin{Bmatrix} 1 \\ 1 \\ 3 \\ 4 \end{Bmatrix} \quad \text{e} \quad \mathbf{a}_3 = \begin{Bmatrix} 2 \\ -1 \\ 1 \\ 3 \end{Bmatrix}$$

determine $\mathbf{b}$.

**14.** Suponha que na pesquisa e no exemplo de avaliação na Aplicação 2 a comissão decida que a pesquisa é, na verdade, 1,5 vez mais importante que o ensino e 3 vezes mais importante que as atividades profissionais. O comitê ainda avalia o ensino duas vezes mais importante que as atividades profissionais. Determine um novo vetor de peso $\mathbf{w}$ que reflita essas prioridades revisadas. Determine também um novo vetor de classificação $\mathbf{r}$. Os novos pesos terão algum efeito sobre a classificação geral dos candidatos?

**15.** Seja $A$ uma matriz $m \times n$. Explique por que as multiplicações matriciais $A^TA$ e $AA^T$ são possíveis.

**16.** Diz-se que uma matriz $A$ é *antissimétrica*, se $A^T = -A$. Mostre que, se uma matriz é antissimétrica, então seus elementos diagonais devem ser todos 0.

**17.** Na Aplicação 3, suponha que estamos pesquisando o banco de dados de sete livros de álgebra linear pelas palavras de pesquisa *elementar, matriz, álgebra*. Forme um vetor de pesquisa $\mathbf{x}$, e então calcule um vetor $\mathbf{y}$ que represente os resultados da pesquisa. Explique o significado dos elementos do vetor $\mathbf{y}$.

**18.** Seja $A$ uma matriz $2 \times 2$ com $a_{11} \neq 0$ e seja $\alpha = a_{21}/a_{11}$. Mostre que $A$ pode ser fatorada como um produto da forma

$$\begin{Bmatrix} 1 & 0 \\ \alpha & 1 \end{Bmatrix} \begin{Bmatrix} a_{11} & a_{12} \\ 0 & b \end{Bmatrix}$$

Qual o valor de $b$?

## 1.4 Álgebra Matricial

As regras algébricas usadas para números reais podem ou não funcionar quando se usam matrizes. Por exemplo, se $a$ e $b$ são números reais, então

$$a + b = b + a \quad \text{e} \quad ab = ba$$

Para números reais, as operações de adição e multiplicação são comutativas. A primeira dessas regras algébricas funciona quando substituímos $a$ e $b$ por matrizes quadradas, isto é,

$$A + B = B + A$$

Entretanto, já vimos que a multiplicação de matrizes não é comutativa. Este fato exige ênfase especial.

> **Atenção:** Em geral, $AB \neq BA$. A multiplicação de matrizes é *não* comutativa.

Nesta seção examinamos quais regras algébricas funcionam para matrizes e quais não funcionam.

## Regras Algébricas

O teorema seguinte fornece algumas regras úteis para executar álgebra matricial.

**Teorema 1.4.1** *Cada um dos enunciados seguintes é válido para quaisquer escalares $\alpha$ e $\beta$ e para quaisquer matrizes A, B e C para as quais as operações indicadas são definidas.*

1. $A + B = B + A$
2. $(A + B) + C = A + (B + C)$
3. $(AB)C = A(BC)$
4. $A(B + C) = AB + AC$
5. $(A + B)C = AC + BC$
6. $(\alpha\beta)A = \alpha(\beta A)$
7. $\alpha(AB) = (\alpha A)B = A(\alpha B)$
8. $(\alpha + \beta)A = \alpha A + \beta A$
9. $\alpha(A + B) = \alpha A + \alpha B$

Vamos demonstrar duas das regras e deixar as outras para o leitor verificar.

***Demonstração da Regra 4*** Suponha que $A = \{a_{ij}\}$ é uma matriz $m \times n$ e $B = \{b_{ij}\}$ e $C = \{c_{ij}\}$ são matrizes $n \times r$. Sejam $D = A(B + C)$ e $E = AB + AC$. Segue-se que

$$d_{ij} = \sum_{k=1}^{n} a_{ik}(b_{kj} + c_{kj})$$

e

$$e_{ij} = \sum_{k=1}^{n} a_{ik}b_{kj} + \sum_{k=1}^{n} a_{ik}c_{kj}$$

Mas

$$\sum_{k=1}^{n} a_{ik}(b_{kj} + c_{kj}) = \sum_{k=1}^{n} a_{ik}b_{kj} + \sum_{k=1}^{n} a_{ik}c_{kj}$$

tal que $d_{ij} = e_{ij}$ e, portanto, $A(B + C) = AB + AC$. ■

***Demonstração da Regra 3*** Sejam $A$ uma matriz $m \times n$, $B$ uma matriz $n \times r$ e $C$ uma matriz $r \times s$. Sejam $D = AB$ e $E = BC$. Devemos mostrar que $DC = AE$. Pela definição de multiplicação de matrizes,

$$d_{il} = \sum_{k=1}^{n} a_{ik}b_{kl} \quad \text{e} \quad e_{kj} = \sum_{l=1}^{r} b_{kl}c_{lj}$$

O elemento $(i, j)$ de $DC$ é

$$\sum_{l=1}^{r} d_{il}c_{lj} = \sum_{l=1}^{r}\left(\sum_{k=1}^{n} a_{ik}b_{kl}\right)c_{lj}$$

e o elemento $(i, j)$ de $AE$ é

$$\sum_{k=1}^{n} a_{ik}e_{kj} = \sum_{k=1}^{n} a_{ik}\left(\sum_{l=1}^{r} b_{kl}c_{lj}\right)$$

Já que

$$\sum_{l=1}^{r}\left(\sum_{k=1}^{n} a_{ik}b_{kl}\right)c_{lj} = \sum_{l=1}^{r}\left(\sum_{k=1}^{n} a_{ik}b_{kl}c_{lj}\right) = \sum_{k=1}^{n} a_{ik}\left(\sum_{l=1}^{r} b_{kl}c_{lj}\right)$$

segue-se que

$$(AB)C = DC = AE = A(BC)$$ ∎

As regras algébricas dadas no Teorema 1.4.1 parecem muito naturais, uma vez que são similares às regras que usamos com números reais. Entretanto, há diferenças importantes entre as regras da álgebra matricial e as regras algébricas para números reais. Algumas dessas diferenças são ilustradas nos Problemas 1 a 5 ao fim desta seção.

**EXEMPLO 1** Se

$$A = \begin{bmatrix} 1 & 2 \\ 3 & 4 \end{bmatrix}, \qquad B = \begin{bmatrix} 2 & 1 \\ -3 & 2 \end{bmatrix} \quad \text{e} \quad C = \begin{bmatrix} 1 & 0 \\ 2 & 1 \end{bmatrix}$$

verifique que $A(BC) = (AB)C$ e $A(B + C) = AB + AC$.

**Solução**

$$A(BC) = \begin{bmatrix} 1 & 2 \\ 3 & 4 \end{bmatrix}\begin{bmatrix} 4 & 1 \\ 1 & 2 \end{bmatrix} = \begin{bmatrix} 6 & 5 \\ 16 & 11 \end{bmatrix}$$

$$(AB)C = \begin{bmatrix} -4 & 5 \\ -6 & 11 \end{bmatrix}\begin{bmatrix} 1 & 0 \\ 2 & 1 \end{bmatrix} = \begin{bmatrix} 6 & 5 \\ 16 & 11 \end{bmatrix}$$

Portanto,

$$A(BC) = \begin{bmatrix} 6 & 5 \\ 16 & 11 \end{bmatrix} = (AB)C$$

$$A(B + C) = \begin{bmatrix} 1 & 2 \\ 3 & 4 \end{bmatrix}\begin{bmatrix} 3 & 1 \\ -1 & 3 \end{bmatrix} = \begin{bmatrix} 1 & 7 \\ 5 & 15 \end{bmatrix}$$

$$AB + AC = \begin{bmatrix} -4 & 5 \\ -6 & 11 \end{bmatrix} + \begin{bmatrix} 5 & 2 \\ 11 & 4 \end{bmatrix} = \begin{bmatrix} 1 & 7 \\ 5 & 15 \end{bmatrix}$$

Então,

$$A(B + C) = AB + AC$$ ∎

### Notação

Já que $(AB)C = A(BC)$, podemos simplesmente omitir os parênteses e escrever $ABC$. O mesmo é verdadeiro para o produto de quatro ou mais matrizes.

No caso em que uma matriz é multiplicada por ela mesma um certo número de vezes, é conveniente usar notação exponencial. Portanto, se $k$ é um inteiro positivo, então

$$A^k = \underbrace{AA \cdots A}_{k \text{ vezes}}$$

EXEMPLO 2 Se

$$A = \begin{bmatrix} 1 & 1 \\ 1 & 1 \end{bmatrix}$$

então

$$A^2 = \begin{bmatrix} 1 & 1 \\ 1 & 1 \end{bmatrix} \begin{bmatrix} 1 & 1 \\ 1 & 1 \end{bmatrix} = \begin{bmatrix} 2 & 2 \\ 2 & 2 \end{bmatrix}$$

$$A^3 = AAA = AA^2 = \begin{bmatrix} 1 & 1 \\ 1 & 1 \end{bmatrix} \begin{bmatrix} 2 & 2 \\ 2 & 2 \end{bmatrix} = \begin{bmatrix} 4 & 4 \\ 4 & 4 \end{bmatrix}$$

e, em geral

$$A^n = \begin{bmatrix} 2^{n-1} & 2^{n-1} \\ 2^{n-1} & 2^{n-1} \end{bmatrix}$$

■

**APLICAÇÃO 1** Um Modelo Simples para Computação do *Status* Marital

Em uma certa cidade, 30 % das mulheres casadas se divorciam a cada ano, e 20 % das mulheres solteiras se casam a cada ano. Há 8000 mulheres casadas e 2000 mulheres solteiras. Supondo que a população total de mulheres permanece constante, quantas mulheres casadas e quantas mulheres solteiras haverá após um ano? Após dois anos?

## Solução

Forme uma matriz $A$ como se segue: Os elementos da primeira linha são as porcentagens de mulheres casadas e solteiras, respectivamente, que estão casadas após 1 ano. Os elementos da segunda linha são as porcentagens de mulheres que estão solteiras após 1 ano. Então

$$A = \begin{bmatrix} 0{,}70 & 0{,}20 \\ 0{,}30 & 0{,}80 \end{bmatrix}$$

Se fizermos $\mathbf{x} = \begin{bmatrix} 8000 \\ 2000 \end{bmatrix}$, o número de mulheres casadas e solteiras depois de um ano pode ser computado multiplicando $A$ por $\mathbf{x}$.

$$A\mathbf{x} = \begin{bmatrix} 0{,}70 & 0{,}20 \\ 0{,}30 & 0{,}80 \end{bmatrix} \begin{bmatrix} 8000 \\ 2000 \end{bmatrix} = \begin{bmatrix} 6000 \\ 4000 \end{bmatrix}$$

Depois de um ano haverá 6000 mulheres casadas e 4000 mulheres solteiras. Para encontrar o número de mulheres casadas e solteiras após dois anos, calcule

$$A^2\mathbf{x} = A(A\mathbf{x}) = \begin{bmatrix} 0{,}70 & 0{,}20 \\ 0{,}30 & 0{,}80 \end{bmatrix} \begin{bmatrix} 6000 \\ 4000 \end{bmatrix} = \begin{bmatrix} 5000 \\ 5000 \end{bmatrix}$$

Após dois anos, metade das mulheres estará casada e metade estará solteira. Em geral, o número de mulheres casadas e solteiras após $n$ anos pode ser determinado calculando $A^n\mathbf{x}$. ■

**APLICAÇÃO 2** Ecologia: Demografia da Tartaruga Marinha Comum

O gerenciamento e a preservação de muitas espécies de vida selvagem dependem de nossa habilidade de modelar a dinâmica populacional. Uma técnica de modelagem padrão é dividir o ciclo de vida de uma espécie em um certo número de estágios. Os modelos supõem que os tamanhos da população em cada estágio dependem somente da população feminina e que a probabilidade de sobrevivência de uma fêmea individual de um ano para outro depende somente do estágio no ciclo de vida e não da idade real do indivíduo. Por exemplo, consideremos um modelo de quatro estágios para analisar a dinâmica populacional da tartaruga marinha comum (veja a Figura 1.4.1).

**Figura 1.4.1** Tartaruga Marinha Comum.

Em cada estágio, estimamos a probabilidade de sobrevivência após o período de um ano. Também estimamos a habilidade de reprodução em termos do número esperado de ovos postos em um determinado ano. Os resultados são sumariados na Tabela 1. As idades aproximadas para cada estágio são listadas entre parênteses, próximo à descrição do estágio.

**Tabela 1** Modelo de Quatro Estágios para a Demografia da Tartaruga Marinha Comum

| Número do Estágio | Descrição (idade em anos) | Taxa anual de sobrevivência | Ovos postos por ano |
|---|---|---|---|
| 1 | Ovos, recém-nascidos (<1) | 0,67 | 0 |
| 2 | Jovens e subadultos (1–21) | 0,74 | 0 |
| 3 | Reprodutores novos (22) | 0,81 | 127 |
| 4 | Reprodutores maduros (23–54) | 0,81 | 79 |

Se $d_i$ representa a duração do $i$-ésimo estágio e $s_i$ é a taxa de sobrevivência anual para este estágio, pode ser mostrado que a proporção restante no estágio $i$ para o próximo ano será

$$p_i = \left(\frac{1 - s_i^{d_i - 1}}{1 - s_i^{d_i}}\right) s_i \qquad (1)$$

e a proporção da população que sobreviverá e passará ao estágio $i + 1$ no ano seguinte será

$$q_i = \frac{s_i^{d_i}(1 - s_i)}{1 - s_i^{d_i}} \quad (2)$$

Se fizermos $e_i$ o número médio de ovos postos por um membro no estágio $i$ ($i$ = 2, 3, 4) em 1 ano e formarmos a matriz

$$L = \begin{pmatrix} p_1 & e_2 & e_3 & e_4 \\ q_1 & p_2 & 0 & 0 \\ 0 & q_2 & p_3 & 0 \\ 0 & 0 & q_3 & p_4 \end{pmatrix} \quad (3)$$

então $L$ pode ser usada para prever a população de tartarugas em cada estágio nos anos futuros. A matriz da forma $L$ é chamada de *matriz de Leslie*, e o modelo de população correspondente é às vezes chamado de *modelo de população de Leslie*. Usando os valores da Tabela 1, a matriz de Leslie para nosso modelo é

$$L = \begin{pmatrix} 0 & 0 & 127 & 79 \\ 0{,}67 & 0{,}7394 & 0 & 0 \\ 0 & 0{,}0006 & 0 & 0 \\ 0 & 0 & 0{,}81 & 0{,}8097 \end{pmatrix}$$

Suponha que as populações iniciais em cada estágio são 200.000, 300.000, 500 e 1500, respectivamente. Se representarmos essas populações iniciais por um vetor $\mathbf{x}_0$, as populações em cada estágio após um ano são determinadas pela equação matricial

$$\mathbf{x}_1 = L\mathbf{x}_0 = \begin{pmatrix} 0 & 0 & 127 & 79 \\ 0{,}67 & 0{,}7394 & 0 & 0 \\ 0 & 0{,}0006 & 0 & 0 \\ 0 & 0 & 0{,}81 & 0{,}8097 \end{pmatrix} \begin{pmatrix} 200.000 \\ 300.000 \\ 500 \\ 1500 \end{pmatrix} = \begin{pmatrix} 182.000 \\ 355.820 \\ 180 \\ 1620 \end{pmatrix}$$

(As computações foram arredondadas ao inteiro mais próximo.) Para determinar o vetor de população após dois anos, multiplicamos novamente pela matriz $L$:

$$\mathbf{x}_2 = L\mathbf{x}_1 = L^2\mathbf{x}_0$$

Em geral, a população após $k$ anos é determinada calculando $\mathbf{x}_k = L^k\mathbf{x}_0$. Para ver tendências de mais longo alcance calculamos $\mathbf{x}_{10}$, $\mathbf{x}_{25}$, $\mathbf{x}_{50}$ e $\mathbf{x}_{100}$. Os resultados estão resumidos na Tabela 2. O modelo prevê que o número total de tartarugas em idade de procriação decrescerá em, aproximadamente, 95 % em um período de 100 anos.

**Tabela 2** Projeções para a População de Tartarugas Marinhas Comuns

| Número do Estágio | População inicial | 10 anos | 25 anos | 50 anos | 100 anos |
|---|---|---|---|---|---|
| 1 | 200.000 | 115.403 | 75.768 | 37.623 | 9276 |
| 2 | 300.000 | 331.274 | 217.858 | 108.178 | 26.673 |
| 3 | 500 | 215 | 142 | 70 | 17 |
| 4 | 1500 | 1074 | 705 | 350 | 86 |

Um modelo de sete estágios descrevendo a dinâmica populacional é apresentado na Referência [1] a seguir. Usaremos um modelo de sete estágios nos exercícios computacionais no fim deste capítulo. A Referência [2] é o artigo original de Leslie.

## Referências


1. Crouse, Deborah T., Larry B. Crowder, and Hal Caswell, "A Stage-Based Population Model for Loggerhead Sea Turtles and Implications for Conservation," *Ecology*, 68(5), 1987.
2. Leslie, P. H., "On the Use of Matrices in Certain Population Mathematics," *Biometrika*, 33, 1945.


---

## A Matriz Identidade

Assim como o número 1 age como uma identidade na multiplicação de números reais, há uma matriz especial $I$ que age como uma identidade para a multiplicação de matrizes; isto é,

$$IA = AI = A \tag{4}$$

para qualquer matriz $n \times n$ $A$. É fácil verificar que, se definimos $I$ como uma matriz $n \times n$ com 1 na diagonal principal e 0 no restante, então $I$ satisfaz a Equação (4) para qualquer matriz $n \times n$ $A$. Mais formalmente, temos a seguinte definição:

**Definição**

A **matriz identidade** $n \times n$ é a matriz $I = (\delta_{ij})$, em que

$$\delta_{ij} = \begin{cases} 1 & \text{se } i = j \\ 0 & \text{se } i \neq j \end{cases}$$

Como exemplo, vamos verificar a Equação (4) no caso $n = 3$. Temos

$$\begin{bmatrix} 1 & 0 & 0 \\ 0 & 1 & 0 \\ 0 & 0 & 1 \end{bmatrix} \begin{bmatrix} 3 & 4 & 1 \\ 2 & 6 & 3 \\ 0 & 1 & 8 \end{bmatrix} = \begin{bmatrix} 3 & 4 & 1 \\ 2 & 6 & 3 \\ 0 & 1 & 8 \end{bmatrix}$$

e

$$\begin{bmatrix} 3 & 4 & 1 \\ 2 & 6 & 3 \\ 0 & 1 & 8 \end{bmatrix} \begin{bmatrix} 1 & 0 & 0 \\ 0 & 1 & 0 \\ 0 & 0 & 1 \end{bmatrix} = \begin{bmatrix} 3 & 4 & 1 \\ 2 & 6 & 3 \\ 0 & 1 & 8 \end{bmatrix}$$

Em geral, se $B$ é qualquer matriz $m \times n$ e $C$ é qualquer matriz $n \times r$, então

$$BI = B \qquad \text{e} \qquad IC = C$$

Os vetores coluna da matriz identidade $n \times n$ são os vetores padrão para definir um sistema de coordenadas no espaço euclidiano a $n$ dimensões. A notação padrão para o vetor coluna de $I$ é $\mathbf{e}_j$, em vez do habitual $\mathbf{i}_j$. Então, a matriz identidade pode ser escrita

$$I = (\mathbf{e}_1, \mathbf{e}_2, \ldots, \mathbf{e}_n)$$

## Inversão de Matrizes

Diz-se que um número real $a$ tem um inverso multiplicativo se existe um número $b$ tal que $ab = 1$. Qualquer número não nulo $a$ tem um inverso multiplicativo $b = \frac{1}{a}$. Generalizamos o conceito de inversos multiplicativos para matrizes com a seguinte definição:

**Definição** Uma matriz $A$ $n \times n$ é dita **não singular** ou **inversível** se existe uma matriz $B$ tal que $AB = BA = I$. A matriz é dita a **inversa multiplicativa** de $A$.

Se $B$ e $C$ são inversos multiplicativos de $A$, então

$$B = BI = B(AC) = (BA)C = IC = C$$

Portanto, uma matriz pode ter no máximo um inverso multiplicativo. Chamamos o inverso multiplicativo de uma matriz não singular $A$ simplesmente como a *inversa* de $A$ e denotamos por $A^{-1}$.

EXEMPLO 3 As matrizes

$$\begin{pmatrix} 2 & 4 \\ 3 & 1 \end{pmatrix} \quad \text{e} \quad \begin{pmatrix} -\frac{1}{10} & \frac{2}{5} \\ \frac{3}{10} & -\frac{1}{5} \end{pmatrix}$$

são inversas uma da outra, já que

$$\begin{pmatrix} 2 & 4 \\ 3 & 1 \end{pmatrix} \begin{pmatrix} -\frac{1}{10} & \frac{2}{5} \\ \frac{3}{10} & -\frac{1}{5} \end{pmatrix} = \begin{pmatrix} 1 & 0 \\ 0 & 1 \end{pmatrix}$$

e

$$\begin{pmatrix} -\frac{1}{10} & \frac{2}{5} \\ \frac{3}{10} & -\frac{1}{5} \end{pmatrix} \begin{pmatrix} 2 & 4 \\ 3 & 1 \end{pmatrix} = \begin{pmatrix} 1 & 0 \\ 0 & 1 \end{pmatrix}$$

■

EXEMPLO 4 As matrizes $3 \times 3$

$$\begin{pmatrix} 1 & 2 & 3 \\ 0 & 1 & 4 \\ 0 & 0 & 1 \end{pmatrix} \quad \text{e} \quad \begin{pmatrix} 1 & -2 & 5 \\ 0 & 1 & -4 \\ 0 & 0 & 1 \end{pmatrix}$$

são inversas, pois

$$\begin{pmatrix} 1 & 2 & 3 \\ 0 & 1 & 4 \\ 0 & 0 & 1 \end{pmatrix} \begin{pmatrix} 1 & -2 & 5 \\ 0 & 1 & -4 \\ 0 & 0 & 1 \end{pmatrix} = \begin{pmatrix} 1 & 0 & 0 \\ 0 & 1 & 0 \\ 0 & 0 & 1 \end{pmatrix}$$

e

$$\begin{pmatrix} 1 & -2 & 5 \\ 0 & 1 & -4 \\ 0 & 0 & 1 \end{pmatrix} \begin{pmatrix} 1 & 2 & 3 \\ 0 & 1 & 4 \\ 0 & 0 & 1 \end{pmatrix} = \begin{pmatrix} 1 & 0 & 0 \\ 0 & 1 & 0 \\ 0 & 0 & 1 \end{pmatrix}$$

■

EXEMPLO 5 A matriz

$$A = \begin{bmatrix} 1 & 0 \\ 0 & 0 \end{bmatrix}$$

não tem inversa. Realmente, se $B$ é qualquer matriz $2 \times 2$, então

$$BA = \begin{bmatrix} b_{11} & b_{12} \\ b_{21} & b_{22} \end{bmatrix} \begin{bmatrix} 1 & 0 \\ 0 & 0 \end{bmatrix} = \begin{bmatrix} b_{11} & 0 \\ b_{21} & 0 \end{bmatrix}$$

Portanto, $BA$ não pode ser igual a $I$. ■

**Definição** Uma matriz $n \times n$ é dita **singular** se não tem uma inversa multiplicativa.

### Nota

Somente matrizes quadradas têm inversas multiplicativas. Não se devem usar os termos *singular* e *não singular* ao se referir a matrizes não quadradas.

Muitas vezes estaremos trabalhando com produtos de matrizes não singulares. Acontece que qualquer produto de matrizes não singulares é não singular. O seguinte teorema caracteriza como a inversa do produto de um par de matrizes não singulares $A$ e $B$ é relacionada às inversas de $A$ e $B$.

**Teorema 1.4.2** *Se $A$ e $B$ são matrizes não singulares, então $AB$ também é não singular e $(AB)^{-1} = B^{-1}A^{-1}$.*

*Demonstração*

$$(B^{-1}A^{-1})AB = B^{-1}(A^{-1}A)B = B^{-1}B = I$$
$$(AB)(B^{-1}A^{-1}) = A(BB^{-1})A^{-1} = AA^{-1} = I$$ ■

Segue-se por indução, que se $A_1, ..., A_k$ são todas matrizes não singulares $n \times n$, então o produto $A_1A_2 ... A_k$ é não singular e

$$(A_1A_2 \cdots A_k)^{-1} = A_k^{-1} \cdots A_2^{-1}A_1^{-1}$$

Na próxima seção, aprenderemos como determinar se uma matriz tem uma inversa multiplicativa. Aprenderemos também um método para calcular a inversa de uma matriz não singular.

## Regras Algébricas para Transpostas

Há quatro regras algébricas básicas envolvendo transpostas.

**Regras Algébricas para Transpostas**

1. $(A^T)^T = A$
2. $(\alpha A)^T = \alpha A^T$
3. $(A + B)^T = A^T + B^T$
4. $(AB)^T = B^TA^T$

As três primeiras regras são diretas. Deixamos para o leitor a verificação de sua validade. Para demonstrar a quarta, precisamos somente mostrar que os elementos $(i, j)$ de $(AB)^T$ e de $A^TB^T$ são iguais. Se $A$ é uma matriz $m \times n$, então, para que as multiplicações sejam possíveis, $B$ deve ter $n$ linhas. O elemento $(i, j)$ de $(AB)^T$ é o elemento $(j, i)$ de $AB$. Ele é calculado multiplicando-se o $j$-ésimo vetor linha de $A$ pelo $i$-ésimo vetor coluna de $B$:

$$\vec{\mathbf{a}}_j\mathbf{b}_i = (a_{j1}, a_{j2}, \ldots, a_{jn})\begin{bmatrix} b_{1i} \\ b_{2i} \\ \vdots \\ b_{ni} \end{bmatrix} = a_{j1}b_{1i} + a_{j2}b_{2i} + \cdots + a_{jn}b_{ni} \qquad (5)$$

O elemento $(i, j)$ de $B^TA^T$ é calculado multiplicando-se a $i$-ésima linha de $B^T$ pela $j$-ésima coluna de $A^T$. Já que a $i$-ésima linha de $B^T$ é a transposta da $i$-ésima coluna de $B$ e a $j$-ésima coluna de $A^T$ é a transposta da $j$-ésima linha de $A$, segue-se que o elemento $(i, j)$ de $B^TA^T$ é dado por

$$\mathbf{b}_i^T\vec{\mathbf{a}}_j^T = (b_{1i}, b_{2i}, \ldots, b_{ni})\begin{bmatrix} a_{j1} \\ a_{j2} \\ \vdots \\ a_{jn} \end{bmatrix} = b_{1i}a_{j1} + b_{2i}a_{j2} + \cdots + b_{ni}a_{jn} \qquad (6)$$

Segue-se, de (5) e (6), que os elementos $(i, j)$ de $(AB)^T$ e de $B^TA^T$ são iguais.

O próximo exemplo ilustra a ideia por trás da última demonstração.

**EXEMPLO 6** Sejam

$$A = \begin{bmatrix} 1 & 2 & 1 \\ 3 & 3 & 5 \\ 2 & 4 & 1 \end{bmatrix}, \qquad B = \begin{bmatrix} 1 & 0 & 2 \\ 2 & 1 & 1 \\ 5 & 4 & 1 \end{bmatrix}$$

Note que, por um lado, o elemento (3, 2) de $AB$ é calculado tomando-se o produto escalar da terceira linha de $A$ pela segunda coluna de $B$:

$$AB = \begin{bmatrix} 1 & 2 & 1 \\ 3 & 3 & 5 \\ \mathbf{2} & \mathbf{4} & \mathbf{1} \end{bmatrix}\begin{bmatrix} 1 & \mathbf{0} & 2 \\ 2 & \mathbf{1} & 1 \\ 5 & \mathbf{4} & 1 \end{bmatrix} = \begin{bmatrix} 10 & 6 & 5 \\ 34 & 23 & 14 \\ 15 & \mathbf{8} & 9 \end{bmatrix}$$

Quando o produto é transposto, o elemento (3, 2) de $AB$ torna-se elemento (2, 3) de $(AB)^T$:

$$(AB)^T = \begin{bmatrix} 10 & 34 & 15 \\ 6 & 23 & \mathbf{8} \\ 5 & 14 & 9 \end{bmatrix}$$

Por outro lado, o elemento (2, 3) de $B^TA^T$ é calculado tomando-se o produto escalar da segunda linha de $B^T$ pela terceira coluna de $A^T$.

$$B^TA^T = \begin{bmatrix} 1 & 2 & 5 \\ \mathbf{0} & \mathbf{1} & \mathbf{4} \\ 2 & 1 & 1 \end{bmatrix}\begin{bmatrix} 1 & 3 & \mathbf{2} \\ 2 & 3 & \mathbf{4} \\ 1 & 5 & \mathbf{1} \end{bmatrix} = \begin{bmatrix} 10 & 34 & 15 \\ 6 & 23 & \mathbf{8} \\ 5 & 14 & 9 \end{bmatrix}$$

Em ambos os casos, a aritmética para o cálculo do elemento (3, 2) é a mesma.

■

## Matrizes Simétricas e Redes

Lembre-se de que uma matriz $A$ é simétrica se $A^T = A$. Um tipo de aplicação que leva a matrizes simétricas são problemas envolvendo redes. Esses problemas são muitas vezes resolvidos com as técnicas de uma área da matemática chamada de *teoria dos grafos*.

### APLICAÇÃO 3 Redes e Grafos

A teoria dos grafos é uma importante área da matemática aplicada. É usada para modelar problemas em virtualmente todas as ciências aplicadas. A teoria dos grafos é particularmente útil em aplicações envolvendo redes de comunicações.

Um *grafo* é definido como um conjunto de pontos chamados de *vértices*, juntamente com um conjunto de pares não ordenados de vértices chamados de *arestas*. A Figura 1.4.2 dá uma interpretação geométrica de um grafo. Podemos considerar os vértices como correspondendo aos nós de uma rede de comunicações.

Os segmentos de reta unindo os vértices correspondem às arestas.

$$\{V_1, V_2\}, \ \{V_2, V_5\}, \ \{V_3, V_4\}, \ \{V_3, V_5\}, \ \{V_4, V_5\}$$

Cada aresta representa um elo direto de comunicação entre dois nós da rede.

Uma rede de comunicações real pode envolver um grande número de vértices e arestas. Na verdade, há milhões de vértices. Uma figura da rede seria profundamente confusa. Uma alternativa é utilizar uma representação matricial para a rede. Se o grafo contém um total de $n$ vértices, podemos definir uma matriz $A$, $n \times n$, por

$$a_{ij} = \begin{cases} 1 & \text{se } \{V_i, V_j\} \text{ é uma aresta do grafo} \\ 0 & \text{se não, há aresta unindo } V_i \text{ e } V_j \end{cases}$$

A matriz $A$ é chamada de *matriz de adjacência* do grafo. A matriz de adjacência para o grafo da Figura 1.4.2 é dada por

$$A = \begin{bmatrix} 0 & 1 & 0 & 0 & 0 \\ 1 & 0 & 0 & 0 & 1 \\ 0 & 0 & 0 & 1 & 1 \\ 0 & 0 & 1 & 0 & 1 \\ 0 & 1 & 1 & 1 & 0 \end{bmatrix}$$

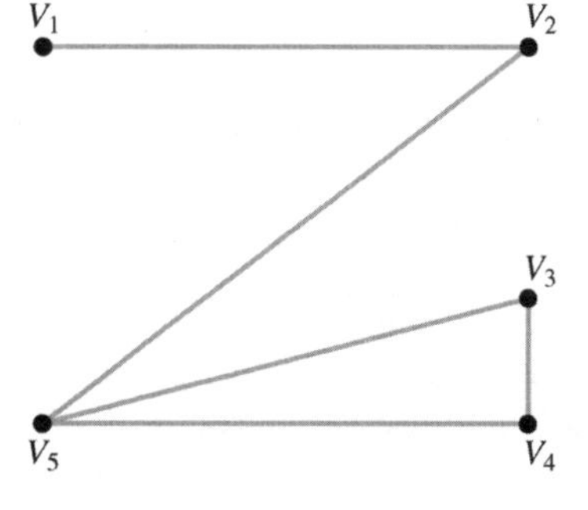


**Figura 1.4.2**

Note que a matriz $A$ é simétrica. Na verdade, toda matriz de adjacência deve ser simétrica, pois se $\{V_i, V_j\}$ é uma aresta do grafo, então $a_{ij}= a_{ji} = 1$ e $a_{ij}= a_{ji} = 0$ se não há arestas juntando $V_i$ e $V_j$. Em qualquer caso $a_{ij}= a_{ji}$.

Podemos pensar em um *caminho* no grafo como uma sequência de arestas unindo um vértice a outro. Por exemplo, na Figura 1.4.2, as arestas $\{V_1, V_2\}$, $\{V_2, V_5\}$ representam um caminho entre o vértice $V_1$ e o vértice $V_5$. O comprimento do caminho é dito ser 2, já que consiste em duas arestas. Um modo simples de descrever o caminho é indicar o movimento entre vértices por setas. Então, $V_1 \to V_2 \to V_5$ designa um caminho de comprimento 2 de $V_1$ a $V_5$. Similarmente, $V_4 \to V_5 \to V_2 \to V_1$ representa um caminho de comprimento 3 de $V_4$ a $V_1$. É possível atravessar as mesmas arestas mais de uma vez no caminho. Por exemplo $V_5 \to V_3 \to V_5 \to V_3$ é um caminho de comprimento 3 entre $V_5$ e $V_3$. Em geral, calculando-se potências da matriz de adjacência, podemos determinar o número de caminhos de qualquer comprimento especificado entre dois vértices.

**Teorema 1.4.3** *Se A é uma matriz $n \times n$ de adjacência de um grafo e $a_{ij}^{(k)}$ representa o elemento $(i, j)$ de $A^k$, então $a_{ij}^{(k)}$ é igual ao número de caminhos de comprimento k entre $V_i$ e $V_j$.*

***Demonstração*** A demonstração é por indução matemática. No caso $k = 1$, segue-se, da definição de matriz de adjacência, que $a_{ij}$ representa o nome de caminhos de comprimento 1 de $V_i$ a $V_j$. Suponha para algum $m$ que cada elemento de $A^m$ é igual ao número de caminhos de comprimento $m$ entre os vértices correspondentes. Então, $a_{ij}^{(m)}$ é o número de caminhos de comprimento $m$ entre $V_i$ e $V_j$. Por outro lado, se há uma aresta $\{V_l,V_j\}$, então $a_{il}^{(m)}a_{lj} = a_{ij}^{(m)}$ é o número de caminhos de comprimento $m + 1$ de $V_i$ a $V_j$ na forma

$$V_i \to \cdots \to V_l \to V_j$$

Por outro lado, se $\{V_l, V_j\}$ não é uma aresta, então não há caminhos de comprimento $m + 1$ desta forma entre $V_i$ e $V_j$ e

$$a_{il}^{(m)}a_{lj} = a_{il}^{(m)} \cdot 0 = 0$$

Segue-se que o número total de caminhos de comprimento $m + 1$ é dado por

$$a_{i1}^{(m)}a_{1j} + a_{i2}^{(m)}a_{2j} + \cdots + a_{in}^{(m)}a_{nj}$$

Mas este é justamente o elemento $(i, j)$ de $A^{m+1}$. ■

EXEMPLO 7 Para determinar o número de caminhos de comprimento 3 entre dois vértices quaisquer do grafo na Figura 1.4.2, precisamos somente calcular

$$A^3 = \begin{bmatrix} 0 & 2 & 1 & 1 & 0 \\ 2 & 0 & 1 & 1 & 4 \\ 1 & 1 & 2 & 3 & 4 \\ 1 & 1 & 3 & 2 & 4 \\ 0 & 4 & 4 & 4 & 2 \end{bmatrix}$$

Então, o número de caminhos de comprimento 3 de $V_3$ a $V_5$ é $a_{35}^{(3)} = 4$. Note que a matriz $A^3$ é simétrica. Isto reflete o fato de que há um mesmo número de caminhos de comprimento 3 entre $V_i$ e $V_j$ e entre $V_j$ e $V_i$. ■

## PROBLEMAS DA SEÇÃO 1.4

**1.** Explique por que cada uma das seguintes regras algébricas não funciona em geral quando os números reais $a$ e $b$ são substituídos por matrizes $n \times n$, $A$ e $B$.

**(a)** $(a+b)^2 = a^2 + 2ab + b^2$

**(b)** $(a+b)(a-b) = a^2 - b^2$

**2.** As regras do Problema 1 funcionarão se $a$ for substituído por uma matriz $n \times n$, $A$ e $b$ substituídos pela matriz identidade $I$?

**3.** Encontre matrizes $2 \times 2$, $A$ e $B$, não nulas tais que $AB = 0$.

**4.** Encontre matrizes não nulas $A$, $B$ e C, tais que

$$AC = BC \quad \text{e} \quad A \neq B$$

**5.** A matriz

$$A = \begin{pmatrix} 1 & -1 \\ 1 & -1 \end{pmatrix}$$

tem a propriedade de que $A^2 = 0$. É possível para uma matriz simétrica $2 \times 2$ não nula ter essa propriedade? Demonstre sua resposta.

**6.** Demonstre a lei associativa da multiplicação para matrizes $2 \times 2$; isto é, considere

$$A = \begin{pmatrix} a_{11} & a_{12} \\ a_{21} & a_{22} \end{pmatrix}, \quad B = \begin{pmatrix} b_{11} & b_{12} \\ b_{21} & b_{22} \end{pmatrix},$$

$$C = \begin{pmatrix} c_{11} & c_{12} \\ c_{21} & c_{22} \end{pmatrix}$$

e mostre que

$$(AB)C = A(BC)$$

**7.** Seja

$$A = \begin{pmatrix} \frac{1}{2} & -\frac{1}{2} \\ -\frac{1}{2} & \frac{1}{2} \end{pmatrix}$$

Calcule $A^2$ e $A^3$. O que será $A^n$?

**8.** Seja

$$A = \begin{pmatrix} \frac{1}{2} & -\frac{1}{2} & -\frac{1}{2} & -\frac{1}{2} \\ -\frac{1}{2} & \frac{1}{2} & -\frac{1}{2} & -\frac{1}{2} \\ -\frac{1}{2} & -\frac{1}{2} & \frac{1}{2} & -\frac{1}{2} \\ -\frac{1}{2} & -\frac{1}{2} & -\frac{1}{2} & \frac{1}{2} \end{pmatrix}$$

Calcule $A^2$ e $A^3$. O que serão $A^{2n}$ e $A^{2n+1}$?

**9.** Seja

$$A = \begin{pmatrix} 0 & 1 & 0 & 0 \\ 0 & 0 & 1 & 0 \\ 0 & 0 & 0 & 1 \\ 0 & 0 & 0 & 0 \end{pmatrix}$$

Mostre que $A^n = O$ para $n \geq 4$.

**10.** Sejam $A$ e $B$ matrizes simétricas $n \times n$. Para cada um dos seguintes, determine se a matriz dada deve ser simétrica ou pode ser não simétrica:

**(a)** $C = A + B$ **(b)** $D = A^2$

**(c)** $E = AB$ **(d)** $F = ABA$

**(e)** $G = AB + BA$ **(f)** $H = AB - BA$

**11.** Seja $C$ uma matriz $n \times n$ não simétrica. Para cada um dos seguintes, determine se a matriz dada deve ser simétrica ou pode ser não simétrica:

**(a)** $A = C + C^T$ **(b)** $B = C - C^T$

**(c)** $D = C^T C$ **(d)** $E = C^T C - CC^T$

**(e)** $F = (I + C)(I + C^T)$

**(f)** $G = (I + C)(I - C^T)$

**12.** Seja

$$A = \begin{pmatrix} a_{11} & a_{12} \\ a_{21} & a_{22} \end{pmatrix}$$

Mostre que, se $d = a_{11}a_{22} - a_{21}a_{12} \neq 0$, então

$$A^{-1} = \frac{1}{d} \begin{pmatrix} a_{22} & -a_{12} \\ -a_{21} & a_{11} \end{pmatrix}$$

**13.** Use o resultado do Problema 12 para encontrar a inversa de cada uma das matrizes seguintes

**(a)** $\begin{pmatrix} 7 & 2 \\ 3 & 1 \end{pmatrix}$ **(b)** $\begin{pmatrix} 3 & 5 \\ 2 & 3 \end{pmatrix}$ **(c)** $\begin{pmatrix} 4 & 3 \\ 2 & 2 \end{pmatrix}$

**14.** Sejam $A$ e $B$ matrizes $n \times n$. Mostre que se

$$AB = A \quad \text{e} \quad B \neq I$$

então $A$ deve ser singular.

**15.** Seja $A$ uma matriz não singular. Mostre que $A^{-1}$ também é não singular e $(A^{-1})^{-1} = A$.

**16.** Mostre que, se $A$ é não singular, então $A^T$ é não singular e

$$(A^T)^{-1} = (A^{-1})^T$$

[*Sugestão*: $(AB)^T = B^T A^T$.]

**17.** Seja $A$ uma matriz $n \times n$ e sejam $\mathbf{x}$ e $\mathbf{y}$ vetores em $\mathbb{R}^n$. Mostre que, se $A\mathbf{x} = A\mathbf{y}$ e $\mathbf{x} \neq \mathbf{y}$, então a matriz $A$ deve ser singular.

**18.** Seja $A$ uma matriz não singular $n \times n$. Use indução matemática para demonstrar que $A^m$ é não singular e

$$(A^m)^{-1} = (A^{-1})^m$$

para $m = 1, 2, 3, \ldots$

**19.** Seja $A$ uma matriz $n \times n$. Mostre que, se $A^2 = O$, então $I - A$ é não singular e $(I - A)^{-1} = I + A$.

**20.** Seja $A$ uma matriz $n \times n$. Mostre que, se $A^{k+1} = O$, então $I - A$ é não singular e

$$(I - A)^{-1} = I + A + A^2 + \cdots + A^k$$

**21.** Dado

$$R = \begin{bmatrix} \cos\theta & -\operatorname{sen}\theta \\ \operatorname{sen}\theta & \cos\theta \end{bmatrix}$$

mostre que $R$ é não singular e $R^{-1} = R^T$.

**22.** Uma matriz $n \times n$ é dita uma *involução*, se $A^2 = I$. Mostre que se $G$ é qualquer matriz da forma

$$G = \begin{bmatrix} \cos\theta & \operatorname{sen}\theta \\ \operatorname{sen}\theta & -\cos\theta \end{bmatrix}$$

então $G$ é uma involução.

**23.** Seja $\mathbf{u}$ um vetor unitário em $\mathbb{R}^n$ (isto é, $\mathbf{u}^T\mathbf{u} = 1$) e seja $H = I - 2\mathbf{u}\mathbf{u}^T$. Mostre que $H$ é uma involução.

**24.** Uma matriz $A$ é dita *idempotente* se $A^2 = A$. Mostre que cada uma das seguintes matrizes é idempotente:

**(a)** $\begin{bmatrix} 1 & 0 \\ 1 & 0 \end{bmatrix}$ **(b)** $\begin{bmatrix} \frac{2}{3} & \frac{1}{3} \\ \frac{2}{3} & \frac{1}{3} \end{bmatrix}$

**(c)** $\begin{bmatrix} \frac{1}{4} & \frac{1}{4} & \frac{1}{4} \\ \frac{1}{4} & \frac{1}{4} & \frac{1}{4} \\ \frac{1}{2} & \frac{1}{2} & \frac{1}{2} \end{bmatrix}$

**25.** Seja $A$ uma matriz idempotente.
**(a)** Mostre que $I - A$ é também idempotente.
**(b)** Mostre que $I + A$ é não singular e $(I + A)^{-1} = I - \frac{1}{2}A$.

**26.** Seja $D$ uma matriz diagonal $n \times n$, cujos elementos na diagonal são 0 ou 1.
**(a)** Mostre que $D$ é idempotente.
**(b)** Mostre que, se $X$ é uma matriz não singular e $A = XDX^{-1}$, então $A$ é idempotente.

**27.** Seja $A$ uma matriz involução e sejam

$$B = \frac{1}{2}(I + A) \quad \text{e} \quad C = \frac{1}{2}(I - A)$$

Mostre que $B$ e $C$ são idempotentes e $BC = O$.

**28.** Seja $A$ uma matriz $m \times n$. Mostre que $A^TA$ e $AA^T$ são simétricas.

**29.** Sejam $A$ e $B$ matrizes simétricas $n \times n$. Demonstre que $AB = BA$ se e somente se $AB$ é também simétrica.

**30.** Seja $A$ uma matriz $n \times n$ e seja

$$B = A + A^T \quad \text{e} \quad C = A - A^T$$

**(a)** Mostre que $B$ é simétrica e $C$ é antissimétrica.
**(b)** Mostre que toda matriz $n \times n$ pode ser representada como a soma de uma matriz simétrica e outra antissimétrica.

**31.** Na Aplicação 1, quantas mulheres casadas e quantas mulheres solteiras haverá após 3 anos?

**32.** Considere a matriz

$$A = \begin{bmatrix} 0 & 1 & 0 & 1 & 1 \\ 1 & 0 & 1 & 1 & 0 \\ 0 & 1 & 0 & 0 & 1 \\ 1 & 1 & 0 & 0 & 1 \\ 1 & 0 & 1 & 1 & 0 \end{bmatrix}$$

**(a)** Desenhe um grafo que tem $A$ como sua matriz de adjacência. Assegure-se de marcar os vértices do grafo.
**(b)** Inspecionando o grafo, determine o número de caminhos de comprimento 2 de $V_2$ a $V_3$ e de $V_2$ a $V_5$.
**(c)** Calcule a segunda linha de $A^3$ e use-a para determinar o número de caminhos de comprimento 3 de $V_2$ a $V_3$ e de $V_2$ a $V_5$.

**33.** Considere o grafo

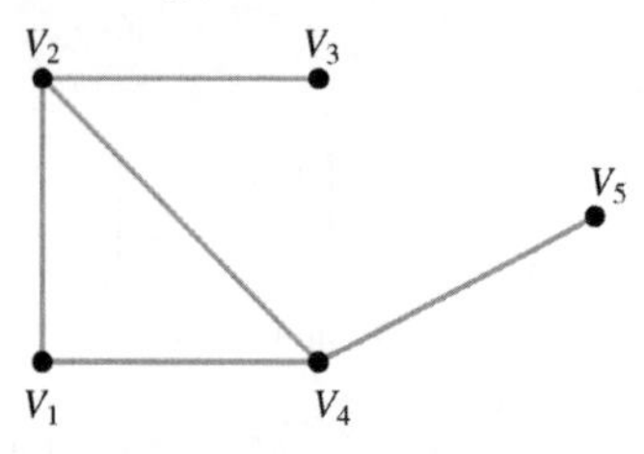


**(a)** Determine a matriz de adjacência do grafo.
**(b)** Calcule $A^2$. O que os elementos na primeira linha de $A^2$ dizem a respeito de caminhos de comprimento 2 e que iniciam em $V_1$?
**(c)** Calcule $A^3$. Quantos caminhos de comprimento 3 há de $V_2$ a $V_4$? Quantos caminhos de comprimento menor ou igual a 3 há de $V_2$ a $V_4$?

*Para cada um dos enunciados condicionais que se seguem, responda Verdadeiro, se o enunciado é sempre verdadeiro, e responda Falso, caso contrário. No caso de um enunciado verdadeiro, explique ou demonstre sua resposta. No caso de um enunciado falso, dê um exemplo para mostrar que o enunciado não é sempre verdadeiro.*

**34.** Se $A\mathbf{x} = B\mathbf{x}$ para algum vetor não nulo $\mathbf{x}$, então as matrizes $A$ e $B$ devem ser iguais.

**35.** Se $A$ e $B$ são matrizes singulares $n \times n$, então $A + B$ é também singular.

**36.** Se $A$ e $B$ são matrizes não singulares, então $(AB)^T$ é não singular e

$$((AB)^T)^{-1} = (A^{-1})^T(B^{-1})^T$$

# 1.5 Matrizes Elementares

Nesta seção, veremos o processo de resolução de sistemas lineares em termos de multiplicação de matrizes em vez de operações sobre linhas. Dado o sistema linear $A\mathbf{x} = \mathbf{b}$, podemos multiplicar ambos os lados por uma sequência de matrizes especiais para obter um sistema equivalente na forma linha degrau. As matrizes especiais que usaremos são chamadas de *matrizes elementares*. Nós as usaremos para ver como calcular a inversa de uma matriz não singular e também para obter uma importante fatoração matricial. Iniciamos considerando os efeitos de multiplicar ambos os membros de um sistema linear por uma matriz não singular.

## Sistemas Equivalentes

Dado um sistema linear $m \times n$, $A\mathbf{x} = \mathbf{b}$, podemos obter um sistema equivalente multiplicando ambos os membros da equação por uma matriz $m \times m$ não singular $M$

$$A\mathbf{x} = \mathbf{b} \tag{1}$$

$$MA\mathbf{x} = M\mathbf{b} \tag{2}$$

Evidentemente, qualquer solução de (1) deve também ser uma solução de (2). Por outro lado, se $\hat{\mathbf{x}}$ é uma solução de (2), então

$$M^{-1}(MA\hat{\mathbf{x}}) = M^{-1}(M\mathbf{b})$$
$$A\hat{\mathbf{x}} = \mathbf{b}$$

e segue-se que os dois sistemas são equivalentes.

Para transformar o sistema $A\mathbf{x} = \mathbf{b}$ em uma forma mais simples de resolver, podemos aplicar uma sequência de matrizes não singulares $E_1, E_2, ..., E_k$ a ambos os membros da equação. O novo sistema será da forma

$$U\mathbf{x} = \mathbf{c}$$

em que $U = E_k \dots E_1 A$ e $\mathbf{c} = E_k \dots E_2 E_1 \mathbf{b}$. O sistema transformado será equivalente ao original, desde que $M = E_k \dots E_1$ seja não singular. Entretanto, $M$ é não singular, já que é o produto de matrizes não singulares.

Mostraremos em seguida que quaisquer operações elementares sobre linhas podem ser realizadas multiplicando $A$ à esquerda por uma matriz não singular.

## Matrizes Elementares

Se iniciarmos com a matriz identidade $I$ e realizarmos exatamente uma operação elementar sobre linhas, a matriz resultante é chamada de matriz *elementar*.

Há três tipos de matrizes elementares, correspondendo aos três tipos de operações elementares sobre linhas.

Tipo I  Uma matriz elementar do tipo I é uma matriz obtida intercambiando duas linhas de $I$.

EXEMPLO 1  A matriz

$$E_1 = \begin{bmatrix} 0 & 1 & 0 \\ 1 & 0 & 0 \\ 0 & 0 & 1 \end{bmatrix}$$

é uma matriz elementar do tipo I, já que foi obtida intercambiando as duas primeiras linhas de $I$. Se $A$ é uma matriz $3 \times 3$, então

$$E_1 A = \begin{bmatrix} 0 & 1 & 0 \\ 1 & 0 & 0 \\ 0 & 0 & 1 \end{bmatrix} \begin{bmatrix} a_{11} & a_{12} & a_{13} \\ a_{21} & a_{22} & a_{23} \\ a_{31} & a_{32} & a_{33} \end{bmatrix} = \begin{bmatrix} a_{21} & a_{22} & a_{23} \\ a_{11} & a_{12} & a_{13} \\ a_{31} & a_{32} & a_{33} \end{bmatrix}$$

$$A E_1 = \begin{bmatrix} a_{11} & a_{12} & a_{13} \\ a_{21} & a_{22} & a_{23} \\ a_{31} & a_{32} & a_{33} \end{bmatrix} \begin{bmatrix} 0 & 1 & 0 \\ 1 & 0 & 0 \\ 0 & 0 & 1 \end{bmatrix} = \begin{bmatrix} a_{12} & a_{11} & a_{13} \\ a_{22} & a_{21} & a_{23} \\ a_{32} & a_{31} & a_{33} \end{bmatrix}$$

Multiplicar $A$ à esquerda por $E_1$ troca a primeira e a segunda linhas de $A$. Multiplicar à direita é equivalente à operação elementar sobre colunas de trocar a primeira e a segunda colunas. ■

Tipo II  Uma matriz elementar do tipo II é uma matriz obtida multiplicando-se uma linha de $I$ por uma constante não nula.

EXEMPLO 2

$$E_2 = \begin{bmatrix} 1 & 0 & 0 \\ 0 & 1 & 0 \\ 0 & 0 & 3 \end{bmatrix}$$

é uma matriz elementar do tipo II. Se $A$ é uma matriz $3 \times 3$, então

$$E_2 A = \begin{bmatrix} 1 & 0 & 0 \\ 0 & 1 & 0 \\ 0 & 0 & 3 \end{bmatrix} \begin{bmatrix} a_{11} & a_{12} & a_{13} \\ a_{21} & a_{22} & a_{23} \\ a_{31} & a_{32} & a_{33} \end{bmatrix} = \begin{bmatrix} a_{11} & a_{12} & a_{13} \\ a_{21} & a_{22} & a_{23} \\ 3a_{31} & 3a_{32} & 3a_{33} \end{bmatrix}$$

$$A E_2 = \begin{bmatrix} a_{11} & a_{12} & a_{13} \\ a_{21} & a_{22} & a_{23} \\ a_{31} & a_{32} & a_{33} \end{bmatrix} \begin{bmatrix} 1 & 0 & 0 \\ 0 & 1 & 0 \\ 0 & 0 & 3 \end{bmatrix} = \begin{bmatrix} a_{11} & a_{12} & 3a_{13} \\ a_{21} & a_{22} & 3a_{23} \\ a_{31} & a_{32} & 3a_{33} \end{bmatrix}$$

Multiplicação à esquerda por $E_2$ realiza a operação elementar sobre linhas de multiplicar a terceira linha por 3, enquanto a multiplicação à direita realiza a operação elementar sobre colunas de multiplicar a terceira coluna por 3. ■

Tipo III Uma matriz elementar do tipo III é uma matriz obtida de $I$ pela adição do múltiplo de uma linha a outra linha.

EXEMPLO 3

$$E_3 = \begin{bmatrix} 1 & 0 & 3 \\ 0 & 1 & 0 \\ 0 & 0 & 1 \end{bmatrix}$$

é uma matriz elementar do tipo III. Se $A$ é uma matriz $3 \times 3$, então

$$E_3A = \begin{bmatrix} a_{11} + 3a_{31} & a_{12} + 3a_{32} & a_{13} + 3a_{33} \\ a_{21} & a_{22} & a_{23} \\ a_{31} & a_{32} & a_{33} \end{bmatrix}$$

$$AE_3 = \begin{bmatrix} a_{11} & a_{12} & 3a_{11} + a_{13} \\ a_{21} & a_{22} & 3a_{21} + a_{23} \\ a_{31} & a_{32} & 3a_{31} + a_{33} \end{bmatrix}$$

Multiplicação à esquerda por $E_3$ adiciona 3 vezes a terceira linha à primeira linha. Multiplicação à direita adiciona 3 vezes a primeira coluna à terceira coluna. ■

Em geral, suponha que $E$ é uma matriz elementar $n \times n$. Podemos pensar em $E$ como tendo sido obtida de $I$, seja por uma operação sobre linhas, seja por uma operação sobre colunas. Se $A$ é uma matriz $n \times r$, a *pré-multiplicação de A por E tem o efeito de realizar a mesma operação sobre linhas em A. Se B é uma matriz m × n, a pós-multiplicação de B por E é equivalente à mesma operação sobre colunas em B.*

**Teorema 1.5.1** *Se E é uma matriz elementar, então E é não singular e $E^{-1}$ é uma matriz elementar do mesmo tipo.*

***Demonstração*** Se $E$ é uma matriz elementar do tipo I formada a partir de $I$ pelo intercâmbio das linhas $i$ e $j$, então $E$ pode ser transformada de novo em $I$ intercambiando as mesmas linhas novamente. Logo, $EE = I$ e, portanto, $E$ é sua própria inversa. Se $E$ é uma matriz elementar do tipo II formada multiplicando-se a linha $i$ de $I$ por um escalar não nulo $\alpha$, então $E$ pode ser transformada na matriz identidade multiplicando-se sua linha $i$ ou sua coluna $i$ por $1/\alpha$. Assim,

$$E^{-1} = \begin{bmatrix} 1 & & & & & & \\ & \ddots & & & & O & \\ & & 1 & & & & \\ & & & 1/\alpha & & & \\ & & & & 1 & & \\ & O & & & & \ddots & \\ & & & & & & 1 \end{bmatrix} \quad i\text{-ésima linha}$$

Finalmente, se $E$ é uma matriz elementar do tipo III formada a partir de $I$ pela adição de $m$ vezes a linha $i$ à linha $j$, isto é

$$E = \begin{bmatrix} 1 & & & & & & \\ \vdots & \ddots & & & & O & \\ 0 & \cdots & 1 & & & & \\ \vdots & & & \ddots & & & \\ 0 & \cdots & m & \cdots & 1 & & \\ \vdots & & & & & \ddots & \\ 0 & \cdots & 0 & \cdots & 0 & \cdots & 1 \end{bmatrix} \begin{matrix} \\ \\ i\text{-ésima linha} \\ \\ j\text{-ésima linha} \\ \\ \\ \end{matrix}$$

então $E$ pode ser novamente transformada em $I$ ou pela subtração de $m$ vezes a linha $i$ da linha $j$ ou subtraindo $m$ vezes a coluna $j$ da coluna $i$. Portanto,

$$E^{-1} = \begin{bmatrix} 1 & & & & & & \\ \vdots & \ddots & & & & O & \\ 0 & \cdots & 1 & & & & \\ \vdots & & & \ddots & & & \\ 0 & \cdots & -m & \cdots & 1 & & \\ \vdots & & & & & \ddots & \\ 0 & \cdots & 0 & \cdots & 0 & \cdots & 1 \end{bmatrix}$$

■

**Definição** Uma matriz $B$ é **equivalente linha** de uma matriz $A$ se existe uma sequência finita $E_1, E_2, ..., E_k$ de matrizes elementares tais que

$$B = E_k E_{k-1} \cdots E_1 A$$

Em outras palavras, $B$ é equivalente linha de $A$ se $B$ pode ser obtida de $A$ por um número finito de operações sobre linhas. Em particular, se duas matrizes aumentadas $(A|\mathbf{b})$ e $(B|\mathbf{c})$ são equivalentes linha, então $A\mathbf{x} = \mathbf{b}$ e $B\mathbf{x} = \mathbf{c}$ são sistemas equivalentes.

As seguintes propriedades de matrizes equivalentes linha são facilmente estabelecidas:

**I.** Se $A$ é equivalente linha de $B$, então $B$ é equivalente linha de $A$.
**II.** Se $A$ é equivalente linha de $B$ e $B$ é equivalente linha de $C$, então $A$ é equivalente linha de $C$.

A propriedade (I) pode ser demonstrada usando-se o Teorema 1.5.1. Os detalhes das demonstrações de (I) e (II) são deixados para o leitor.

**Teorema 1.5.2** Condições Equivalentes para Não Singularidade

*Seja $A$ uma matriz $n \times n$. As seguintes proposições são equivalentes:*

(*a*) *$A$ é não singular.*
(*b*) *$A\mathbf{x} = \mathbf{0}$ tem somente a solução trivial $\mathbf{0}$.*
(*c*) *$A$ é equivalente linha de $I$.*

*Demonstração* Demonstramos inicialmente que a proposição (a) implica a proposição (b). Se $A$ é não singular e $\hat{\mathbf{x}}$ é uma solução de $A\mathbf{x} = \mathbf{0}$, então

$$\hat{\mathbf{x}} = I\hat{\mathbf{x}} = (A^{-1}A)\hat{\mathbf{x}} = A^{-1}(A\hat{\mathbf{x}}) = A^{-1}\mathbf{0} = \mathbf{0}$$

Portanto, $A\mathbf{x} = \mathbf{0}$ tem somente a solução trivial. Em seguida, mostramos que a proposição (b) implica a proposição (c). Se usarmos operações elementares sobre linhas, o sistema pode ser transformado na forma $U\mathbf{x} = \mathbf{0}$, em que $U$ está na forma linha degrau. Se algum dos elementos diagonais de $U$ for 0, a última linha de $U$ consistirá inteiramente em zeros. Mas então, $A\mathbf{x} = \mathbf{0}$ será equivalente a um sistema com mais incógnitas que equações e, portanto, pelo Teorema 1.2.1, deve ter uma solução não trivial. Então, $U$ deve ser uma matriz estritamente triangular com elementos diagonais todos iguais a 1. Segue-se que $I$ é a forma linha degrau reduzida de $A$ e, portanto, $A$ é equivalente linha de $I$.

Finalmente, mostraremos que a proposição (c) implica a proposição (a). Se $A$ é equivalente linha de $I$, existem matrizes elementares $E_1, E_2, ..., E_k$ tais que

$$A = E_k E_{k-1} \cdots E_1 I = E_k E_{k-1} \cdots E_1$$

Mas, já que $E_i$ é inversível para $i = 1, ..., k$, o produto $E_k E_{k-1} ... E_1$ é também inversível. Portanto, $A$ é não singular e

$$A^{-1} = (E_k E_{k-1} \cdots E_1)^{-1} = E_1^{-1} E_2^{-1} \cdots E_k^{-1}$$ ■

**Corolário 1.5.3** *O sistema $A\mathbf{x} = \mathbf{b}$ de $n$ equações lineares a $n$ incógnitas tem uma única solução se e somente se $A$ é não singular.*

*Demonstração* Se $A$ é não singular e $\hat{\mathbf{x}}$ é qualquer solução de $A\mathbf{x} = \mathbf{b}$, então

$$A\hat{\mathbf{x}} = \mathbf{b}$$

Multiplicando os lados dessa equação por $A^{-1}$, vemos que $\hat{\mathbf{x}}$ deve ser igual a $A^{-1}\mathbf{b}$.

Inversamente, se $A\mathbf{x} = \mathbf{b}$ tem uma única solução $\hat{\mathbf{x}}$, então podemos dizer que $A$ é não singular. Realmente, se $A$ fosse singular, então a equação $A\mathbf{x} = \mathbf{0}$ teria uma solução $\mathbf{z} \neq \mathbf{0}$. Mas isso implicaria que $\mathbf{y} = \hat{\mathbf{x}} + \mathbf{z}$ é uma segunda solução de $A\mathbf{x} = \mathbf{b}$, já que

$$A\mathbf{y} = A(\hat{\mathbf{x}} + \mathbf{z}) = A\hat{\mathbf{x}} + A\mathbf{z} = \mathbf{b} + \mathbf{0} = \mathbf{b}$$

Portanto, se $A\mathbf{x} = \mathbf{b}$ tem uma única solução, então $A$ deve ser não singular. ■

Se $A$ é não singular, então $A$ é equivalente linha de $I$ e, portanto, existem matrizes elementares $E_1, E_2, ..., E_k$ tais que

$$E_k E_{k-1} \cdots E_1 A = I$$

Multiplicando os termos dessa equação à direita por $A^{-1}$, obtemos

$$E_k E_{k-1} \cdots E_1 I = A^{-1}$$

Então, a mesma série de operações elementares sobre linhas que transforma uma matriz não singular $A$ em $I$ transformará $I$ em $A^{-1}$. Isto nos fornece um método para calcular $A^{-1}$. Se aumentarmos $A$ com $I$ e executarmos as operações elementares sobre linhas necessárias para transformar $A$ em $I$ na matriz aumentada, então $I$ será transformada em $A^{-1}$. Isto é, a forma linha degrau reduzida da matriz aumentada $(A|I)$ será $(I|A^{-1})$.

EXEMPLO 4 Calcule $A^{-1}$ se

$$A = \begin{pmatrix} 1 & 4 & 3 \\ -1 & -2 & 0 \\ 2 & 2 & 3 \end{pmatrix}$$

**Solução**

$$\left(\begin{array}{rrr|rrr} 1 & 4 & 3 & 1 & 0 & 0 \\ -1 & -2 & 0 & 0 & 1 & 0 \\ 2 & 2 & 3 & 0 & 0 & 1 \end{array}\right) \to \left(\begin{array}{rrr|rrr} 1 & 4 & 3 & 1 & 0 & 0 \\ 0 & 2 & 3 & 1 & 1 & 0 \\ 0 & -6 & -3 & -2 & 0 & 1 \end{array}\right)$$

$$\to \left(\begin{array}{rrr|rrr} 1 & 4 & 3 & 1 & 0 & 0 \\ 0 & 2 & 3 & 1 & 1 & 0 \\ 0 & 0 & 6 & 1 & 3 & 1 \end{array}\right) \to \left(\begin{array}{rrr|rrr} 1 & 4 & 0 & \frac{1}{2} & -\frac{3}{2} & -\frac{1}{2} \\ 0 & 2 & 0 & \frac{1}{2} & -\frac{1}{2} & -\frac{1}{2} \\ 0 & 0 & 6 & 1 & 3 & 1 \end{array}\right)$$

$$\to \left(\begin{array}{rrr|rrr} 1 & 0 & 0 & -\frac{1}{2} & -\frac{1}{2} & \frac{1}{2} \\ 0 & 2 & 0 & \frac{1}{2} & -\frac{1}{2} & -\frac{1}{2} \\ 0 & 0 & 6 & 1 & 3 & 1 \end{array}\right) \to \left(\begin{array}{rrr|rrr} 1 & 0 & 0 & -\frac{1}{2} & -\frac{1}{2} & \frac{1}{2} \\ 0 & 1 & 0 & \frac{1}{4} & -\frac{1}{4} & -\frac{1}{4} \\ 0 & 0 & 1 & \frac{1}{6} & \frac{1}{2} & \frac{1}{6} \end{array}\right)$$

Então,

$$A^{-1} = \begin{pmatrix} -\frac{1}{2} & -\frac{1}{2} & \frac{1}{2} \\ \frac{1}{4} & -\frac{1}{4} & -\frac{1}{4} \\ \frac{1}{6} & \frac{1}{2} & \frac{1}{6} \end{pmatrix}$$ ■

EXEMPLO 5 Resolva o sistema

$$\begin{aligned} x_1 + 4x_2 + 3x_3 &= 12 \\ -x_1 - 2x_2 \phantom{+ 3x_3} &= -12 \\ 2x_1 + 2x_2 + 3x_3 &= 8 \end{aligned}$$

**Solução**

A matriz de coeficientes desse sistema é a matriz $A$ do último exemplo. A solução do sistema é então

$$\mathbf{x} = A^{-1}\mathbf{b} = \begin{pmatrix} -\frac{1}{2} & -\frac{1}{2} & \frac{1}{2} \\ \frac{1}{4} & -\frac{1}{4} & -\frac{1}{4} \\ \frac{1}{6} & \frac{1}{2} & \frac{1}{6} \end{pmatrix} \begin{pmatrix} 12 \\ -12 \\ 8 \end{pmatrix} = \begin{pmatrix} 4 \\ 4 \\ -\frac{8}{3} \end{pmatrix}$$ ■

## Matrizes Diagonais e Triangulares

Uma matriz $n \times n$ $A$ é dita *triangular superior* se $a_{ij} = 0$ para $i > j$ e *triangular inferior* se $a_{ij} = 0$ para $i < j$. Também, $A$ é dita *triangular* se é triangular superior ou inferior. Por exemplo, as matrizes $3 \times 3$

$$\begin{bmatrix} 3 & 2 & 1 \\ 0 & 2 & 1 \\ 0 & 0 & 5 \end{bmatrix} \quad \text{e} \quad \begin{bmatrix} 1 & 0 & 0 \\ 6 & 0 & 0 \\ 1 & 4 & 3 \end{bmatrix}$$

são triangulares. A primeira é triangular superior e a segunda é triangular inferior.

Uma matriz triangular pode ter zeros na diagonal. No entanto, para um sistema linear $A\mathbf{x} = \mathbf{b}$ estar na forma estritamente triangular, a matriz de coeficientes $A$ deve ser triangular superior com elementos diagonais não nulos.

Uma matriz $A$, $n \times n$, é *diagonal* se $a_{ij} = 0$ para $i \neq j$. As matrizes

$$\begin{bmatrix} 1 & 0 \\ 0 & 2 \end{bmatrix}, \quad \begin{bmatrix} 1 & 0 & 0 \\ 0 & 3 & 0 \\ 0 & 0 & 1 \end{bmatrix}, \quad \begin{bmatrix} 0 & 0 & 0 \\ 0 & 2 & 0 \\ 0 & 0 & 0 \end{bmatrix}$$

são todas diagonais. Uma matriz diagonal é simultaneamente triangular superior e inferior.

## Fatoração Triangular

Se uma matriz $A$, $n \times n$, pode ser reduzida à forma estritamente triangular superior usando somente a operação sobre linhas III, então é possível representar o processo de redução em termos de uma fatoração matricial. Ilustraremos como isto é feito no exemplo seguinte.

**EXEMPLO 6** Seja

$$A = \begin{bmatrix} 2 & 4 & 2 \\ 1 & 5 & 2 \\ 4 & -1 & 9 \end{bmatrix}$$

e usemos a operação sobre linhas III para executar o processo de redução. No primeiro passo, subtraímos a metade da primeira linha da segunda e em seguida subtraímos o dobro da primeira linha da terceira.

$$\begin{bmatrix} 2 & 4 & 2 \\ 1 & 5 & 2 \\ 4 & -1 & 9 \end{bmatrix} \rightarrow \begin{bmatrix} 2 & 4 & 2 \\ 0 & 3 & 1 \\ 0 & -9 & 5 \end{bmatrix}$$

Mantemos os múltiplos da primeira linha que foram subtraídos, fazemos $l_{21} = \frac{1}{2}$ e $l_{31} = 2$. Completamos o processo de eliminação eliminando $-9$ na posição $(3, 2)$.

$$\begin{bmatrix} 2 & 4 & 2 \\ 0 & 3 & 1 \\ 0 & -9 & 5 \end{bmatrix} \rightarrow \begin{bmatrix} 2 & 4 & 2 \\ 0 & 3 & 1 \\ 0 & 0 & 8 \end{bmatrix}$$

Seja $l_{32} = -3$ o múltiplo da segunda linha subtraído da terceira. Se chamarmos a matriz resultante de $U$ e fizermos

$$L = \begin{bmatrix} 1 & 0 & 0 \\ l_{21} & 1 & 0 \\ l_{31} & l_{32} & 1 \end{bmatrix} = \begin{bmatrix} 1 & 0 & 0 \\ \frac{1}{2} & 1 & 0 \\ 2 & -3 & 1 \end{bmatrix}$$

então é facilmente verificado que

$$LU = \begin{bmatrix} 1 & 0 & 0 \\ \frac{1}{2} & 1 & 0 \\ 2 & -3 & 1 \end{bmatrix} \begin{bmatrix} 2 & 4 & 2 \\ 0 & 3 & 1 \\ 0 & 0 & 8 \end{bmatrix} = \begin{bmatrix} 2 & 4 & 2 \\ 1 & 5 & 2 \\ 4 & -1 & 9 \end{bmatrix} = A$$ ■

A matriz $L$ no exemplo anterior é triangular inferior com uns na diagonal. Dizemos que $L$ é *triangular inferior unitária*. A fatoração de uma matriz $A$ no produto de uma matriz triangular inferior $L$ e de uma matriz estritamente triangular superior $U$ é chamada de *fatoração LU*.

Para ver por que a fatoração no Exemplo 6 funciona, vejamos o processo de redução em termos de matrizes elementares. As três operações sobre linhas aplicadas à matriz $A$ podem ser representadas como multiplicações por matrizes elementares.

$$E_3 E_2 E_1 A = U \tag{3}$$

em que

$$E_1 = \begin{bmatrix} 1 & 0 & 0 \\ -\frac{1}{2} & 1 & 0 \\ 0 & 0 & 1 \end{bmatrix}, \quad E_2 = \begin{bmatrix} 1 & 0 & 0 \\ 0 & 1 & 0 \\ -2 & 0 & 1 \end{bmatrix}, \quad E_3 = \begin{bmatrix} 1 & 0 & 0 \\ 0 & 1 & 0 \\ 0 & 3 & 1 \end{bmatrix}$$

correspondem às operações sobre linhas no processo de redução. Como cada uma das matrizes elementares é não singular, podemos multiplicar a Equação (3) por suas inversas.

$$A = E_1^{-1} E_2^{-1} E_3^{-1} U$$

[Multiplicamos na ordem inversa porque $(E_3E_2E_1)^{-1} = E_1^{-1}E_2^{-1}E_3^{-1}$.] Entretanto, quando as inversas são multiplicadas nessa ordem, os multiplicadores $l_{21}$, $l_{31}$, $l_{32}$ ficam abaixo da diagonal do produto.

$$E_1^{-1} E_2^{-1} E_3^{-1} = \begin{bmatrix} 1 & 0 & 0 \\ \frac{1}{2} & 1 & 0 \\ 0 & 0 & 1 \end{bmatrix} \begin{bmatrix} 1 & 0 & 0 \\ 0 & 1 & 0 \\ 2 & 0 & 1 \end{bmatrix} \begin{bmatrix} 1 & 0 & 0 \\ 0 & 1 & 0 \\ 0 & -3 & 1 \end{bmatrix} = L$$

Em geral, se uma matriz $A$, $n \times n$, pode ser reduzida à forma triangular superior estrita usando-se somente a operação sobre linhas III, então $A$ tem uma fatoração $LU$. A matriz $L$ é triangular inferior unitária e, se $i > j$, então $l_{ij}$ é o múltiplo da linha $j$ subtraído da linha $i$ durante o processo de redução.

A fatoração $LU$ é um método muito útil de observar o processo de eliminação. Veremos que ela é particularmente útil no Capítulo 7, quando estudarmos métodos computacionais para resolver sistemas lineares. Muitos dos tópicos mais importantes em álgebra linear podem ser vistos em termos de fatorações matriciais. Estudaremos outras fatorações interessantes e importantes nos Capítulos 5 a 7.

## PROBLEMAS DA SEÇÃO 1.5

**1.** Quais das matrizes seguintes são elementares? Classifique cada matriz elementar por tipo.

**(a)** $\begin{Bmatrix} 0 & 1 \\ 1 & 0 \end{Bmatrix}$ **(b)** $\begin{Bmatrix} 2 & 0 \\ 0 & 3 \end{Bmatrix}$

**(c)** $\begin{Bmatrix} 1 & 0 & 0 \\ 0 & 1 & 0 \\ 5 & 0 & 1 \end{Bmatrix}$ **(d)** $\begin{Bmatrix} 1 & 0 & 0 \\ 0 & 5 & 0 \\ 0 & 0 & 1 \end{Bmatrix}$

**2.** Encontre a inversa de cada matriz no Problema 1. Para cada matriz elementar, verifique que sua inversa é uma matriz elementar do mesmo tipo.

**3.** Para cada um dos pares de matrizes seguintes, encontre uma matriz elementar $E$ tal que $EA = B$.

**(a)** $A = \begin{Bmatrix} 2 & -1 \\ 5 & 3 \end{Bmatrix}$, $B = \begin{Bmatrix} -4 & 2 \\ 5 & 3 \end{Bmatrix}$

**(b)** $A = \begin{Bmatrix} 2 & 1 & 3 \\ -2 & 4 & 5 \\ 3 & 1 & 4 \end{Bmatrix}$, $B = \begin{Bmatrix} 2 & 1 & 3 \\ 3 & 1 & 4 \\ -2 & 4 & 5 \end{Bmatrix}$

**(c)** $A = \begin{Bmatrix} 4 & -2 & 3 \\ 1 & 0 & 2 \\ -2 & 3 & 1 \end{Bmatrix}$,

$B = \begin{Bmatrix} 4 & -2 & 3 \\ 1 & 0 & 2 \\ 0 & 3 & 5 \end{Bmatrix}$

**4.** Para cada um dos pares de matrizes seguintes, encontre uma matriz elementar $E$ tal que $AE = B$.

**(a)** $A = \begin{Bmatrix} 4 & 1 & 3 \\ 2 & 1 & 4 \\ 1 & 3 & 2 \end{Bmatrix}$, $B = \begin{Bmatrix} 3 & 1 & 4 \\ 4 & 1 & 2 \\ 2 & 3 & 1 \end{Bmatrix}$

**(b)** $A = \begin{Bmatrix} 2 & 4 \\ 1 & 6 \end{Bmatrix}$, $B = \begin{Bmatrix} 2 & -2 \\ 1 & 3 \end{Bmatrix}$

**(c)** $A = \begin{Bmatrix} 4 & -2 & 3 \\ -2 & 4 & 2 \\ 6 & 1 & -2 \end{Bmatrix}$,

$B = \begin{Bmatrix} 2 & -2 & 3 \\ -1 & 4 & 2 \\ 3 & 1 & -2 \end{Bmatrix}$

**5.** Sejam

$$A = \begin{Bmatrix} 1 & 2 & 4 \\ 2 & 1 & 3 \\ 1 & 0 & 2 \end{Bmatrix}, \quad B = \begin{Bmatrix} 1 & 2 & 4 \\ 2 & 1 & 3 \\ 2 & 2 & 6 \end{Bmatrix},$$

$$C = \begin{Bmatrix} 1 & 2 & 4 \\ 0 & -1 & -3 \\ 2 & 2 & 6 \end{Bmatrix}$$

**(a)** Encontre uma matriz elementar $E$ tal que $EA = B$.

**(b)** Encontre uma matriz elementar $F$ tal que $FB = C$.

**(c)** $C$ é equivalente linha de $A$? Explique.

**6.** Seja

$$A = \begin{Bmatrix} 2 & 1 & 1 \\ 6 & 4 & 5 \\ 4 & 1 & 3 \end{Bmatrix}$$

**(a)** Encontre matrizes elementares $E_1$, $E_2$, $E_3$ tais que

$$E_3E_2E_1A = U$$

em que $U$ é uma matriz triangular superior.

**(b)** Determine as inversas de $E_1$, $E_2$, $E_3$ e faça $L = E_1^{-1}E_2^{-1}E_3^{-1}$. Que tipo de matriz é $L$? Verifique que $A = LU$.

**7.** Seja

$$A = \begin{Bmatrix} 2 & 1 \\ 6 & 4 \end{Bmatrix}$$

**(a)** Expresse $A^{-1}$ como um produto de matrizes elementares.

**(b)** Expresse $A$ como um produto de matrizes elementares.

**8.** Calcule a fatoração $LU$ de cada uma das seguintes matrizes:

**(a)** $\begin{Bmatrix} 3 & 1 \\ 9 & 5 \end{Bmatrix}$ **(b)** $\begin{Bmatrix} 2 & 4 \\ -2 & 1 \end{Bmatrix}$

**(c)** $\begin{Bmatrix} 1 & 1 & 1 \\ 3 & 5 & 6 \\ -2 & 2 & 7 \end{Bmatrix}$ **(d)** $\begin{Bmatrix} -2 & 1 & 2 \\ 4 & 1 & -2 \\ -6 & -3 & 4 \end{Bmatrix}$

**9.** Seja

$$A = \begin{Bmatrix} 1 & 0 & 1 \\ 3 & 3 & 4 \\ 2 & 2 & 3 \end{Bmatrix}$$

**(a)** Verifique que

$$A^{-1} = \begin{Bmatrix} 1 & 2 & -3 \\ -1 & 1 & -1 \\ 0 & -2 & 3 \end{Bmatrix}$$

**(b)** Use $A^{-1}$ para resolver $A\mathbf{x} = \mathbf{b}$ para as seguintes escolhas de $\mathbf{b}$:

**(i)** $\mathbf{b} = (1, 1, 1)^T$ **(ii)** $\mathbf{b} = (1, 2, 3)^T$
**(iii)** $\mathbf{b} = (-2, 1, 0)^T$

**10.** Encontre a inversa de cada uma das seguintes matrizes:

(a) $\begin{bmatrix} -1 & 1 \\ 1 & 0 \end{bmatrix}$ (b) $\begin{bmatrix} 2 & 5 \\ 1 & 3 \end{bmatrix}$

(c) $\begin{bmatrix} 2 & 6 \\ 3 & 8 \end{bmatrix}$ (d) $\begin{bmatrix} 3 & 0 \\ 9 & 3 \end{bmatrix}$

(e) $\begin{bmatrix} 1 & 1 & 1 \\ 0 & 1 & 1 \\ 0 & 0 & 1 \end{bmatrix}$ (f) $\begin{bmatrix} 2 & 0 & 5 \\ 0 & 3 & 0 \\ 1 & 0 & 3 \end{bmatrix}$

(g) $\begin{bmatrix} -1 & -3 & -3 \\ 2 & 6 & 1 \\ 3 & 8 & 3 \end{bmatrix}$ (h) $\begin{bmatrix} 1 & 0 & 1 \\ -1 & 1 & 1 \\ -1 & -2 & -3 \end{bmatrix}$

**11.** Dados

$$A = \begin{bmatrix} 3 & 1 \\ 5 & 2 \end{bmatrix} \quad \text{e} \quad B = \begin{bmatrix} 1 & 2 \\ 3 & 4 \end{bmatrix}$$

calcule $A^{-1}$ e use-a para:

**(a)** Encontrar uma matriz $2 \times 2$, $X$, tal que $AX = B$.

**(b)** Encontrar uma matriz $2 \times 2$, $Y$, tal que $YA = B$.

**12.** Sejam

$$A = \begin{bmatrix} 5 & 3 \\ 3 & 2 \end{bmatrix}, B = \begin{bmatrix} 6 & 2 \\ 2 & 4 \end{bmatrix}, C = \begin{bmatrix} 4 & -2 \\ -6 & 3 \end{bmatrix}$$

Resolva cada uma das seguintes equações matriciais:

(a) $AX + B = C$ (b) $XA + B = C$

(c) $AX + B = X$ (d) $XA + C = X$

**13.** A transposta de uma matriz elementar é uma matriz elementar do mesmo tipo? O produto de duas matrizes elementares é uma matriz elementar?

**14.** Sejam $U$ e $R$ matrizes triangulares superiores $n \times n$ e faça $T = UR$. Mostre que $T$ também é triangular superior e que $t_{jj} = u_{jj}r_{jj}$ para $j = 1, 2, ..., n$.

**15.** Seja $A$ uma matriz $3 \times 3$ e suponha que

$$2\mathbf{a}_1 + \mathbf{a}_2 - 4\mathbf{a}_3 = \mathbf{0}$$

Quantas soluções tem o sistema $A\mathbf{x} = \mathbf{0}$? Explique. $A$ é não singular? Explique.

**16.** Seja $A$ uma matriz $3 \times 3$ e suponha que

$$\mathbf{a}_1 = 3\mathbf{a}_2 - 2\mathbf{a}_3$$

O sistema $A\mathbf{x} = \mathbf{0}$ tem uma solução não trivial? $A$ é não singular? Explique suas respostas.

**17.** Sejam $A$ e $B$ matrizes $n \times n$ e seja $C = A - B$. Mostre que, se $A\mathbf{x}_0 = B\mathbf{x}_0$ e $\mathbf{x}_0 \neq \mathbf{0}$, então $C$ deve ser singular.

**18.** Sejam $A$ e $B$ matrizes $n \times n$ e seja $C = AB$. Mostre que, se $B$ é singular, então $C$ deve ser singular. [*Sugestão*: Use o Teorema 1.5.2.]

**19.** Seja $U$ uma matriz triangular superior $n \times n$ com elementos diagonais não nulos.

**(a)** Explique por que $U$ deve ser não singular.

**(b)** Explique por que $U^{-1}$ deve ser triangular superior.

**20.** Seja $A$ uma matriz não singular $n \times n$ e seja $B$ uma matriz $n \times r$. Mostre que a forma linha degrau reduzida de $(A|B)$ é $(I|C)$, em que $C = A^{-1}B$.

**21.** Em geral, a multiplicação matricial é não comutativa (isto é, $AB \neq BA$). Entretanto, em certos casos especiais a propriedade comutativa é válida. Mostre que

**(a)** se $D_1$ e $D_2$ são matrizes diagonais $n \times n$, então $D_1D_2 = D_2D_1$.

**(b)** se $A$ é uma matriz $n \times n$ e

$$B = a_0I + a_1A + a_2A^2 + \cdots + a_kA^k$$

em que $a_0, a_1, ..., a_k$ são escalares, então $AB = BA$.

**22.** Mostre que, se $A$ é uma matriz simétrica não singular, então $A^{-1}$ é também simétrica.

**23.** Demonstre que, se $A$ é equivalente linha de $B$, então $B$ é equivalente linha de $A$.

**24.** **(a)** Demonstre que, se $A$ é equivalente linha de $B$ e $B$ é equivalente linha de $C$, então $A$ é equivalente linha de $C$.

**(b)** Demonstre que quaisquer duas matrizes não singulares $n \times n$ são equivalentes linha.

**25.** Sejam $A$ e $B$ matrizes $m \times n$. Demonstre que, se $B$ é equivalente linha de $A$ e $U$ é qualquer forma linha degrau de $A$, então $B$ é equivalente linha de $U$.

**26.** Demonstre que $B$ é equivalente linha de $A$ se e somente se existe uma matriz não singular $M$, tal que $B = MA$.

**27.** É possível para uma matriz singular $B$ ser equivalente linha de uma matriz não singular $A$? Explique.

**28.** Dado um vetor $\mathbf{x} \in \mathbb{R}^{n+1}$, a matriz $(n + 1) \times (n + 1)$, $V$, definida por

$$v_{ij} = \begin{cases} 1 & \text{se } j = 1 \\ x_i^{j-1} & \text{para } j = 2, \ldots, n+1 \end{cases}$$

é chamada de matriz de Vandermonde.

**(a)** Mostre que se

$$V\mathbf{c} = \mathbf{y}$$

e

$$p(x) = c_1 + c_2x + \cdots + c_{n+1}x^n$$

então

$$p(x_i) = y_i, \qquad i = 1, 2, \ldots, n+1$$

**(b)** Suponha que $x_1, x_2, ..., x_{n+1}$ são todos distintos. Mostre que, se $\mathbf{c}$ é uma solução de $V\mathbf{x} = \mathbf{0}$, então os coeficientes $c_1, c_2, ..., c_n$ devem ser todos iguais a zero e, portanto, $V$ deve ser não singular.

*Para cada um dos enunciados condicionais que se seguem, responda Verdadeiro, se o enunciado é sempre verdadeiro, e responda Falso, caso contrário. No caso de um enunciado verdadeiro, explique ou demonstre sua resposta. No caso de um enunciado falso, dê um exemplo para mostrar que o enunciado nem sempre é verdadeiro.*

**29.** Se $A$ é equivalente linha de $I$ e $AB = AC$, então $B$ deve ser igual a $C$.

**30.** Se $E$ e $F$ são matrizes elementares e $G = EF$, então $G$ é não singular.

**31.** Se $A$ é uma matriz $4 \times 4$ e $\mathbf{a}_1 + \mathbf{a}_2 = \mathbf{a}_3 + 2\mathbf{a}_4$, então $A$ deve ser singular.

**32.** Se $A$ é equivalente linha tanto de $B$ quanto de $C$, então $A$ é equivalente linha de $B + C$.

## 1.6 Matrizes Particionadas

Frequentemente é útil pensar em uma matriz como composta de submatrizes. Uma matriz $C$ pode ser particionada em matrizes menores traçando-se retas horizontais entre as linhas e retas verticais entre as colunas. As matrizes menores são às vezes chamadas de *blocos*. Por exemplo, seja

$$C = \begin{pmatrix} 1 & -2 & 4 & 1 & 3 \\ 2 & 1 & 1 & 1 & 1 \\ 3 & 3 & 2 & -1 & 2 \\ 4 & 6 & 2 & 2 & 4 \end{pmatrix}$$

Se retas são traçadas entre a segunda e a terceira linhas e entre a terceira e a quarta colunas, então $C$ será subdividida em quatro submatrizes, $C_{11}$, $C_{12}$, $C_{21}$ e $C_{22}$:

$$\begin{pmatrix} C_{11} & C_{12} \\ C_{21} & C_{22} \end{pmatrix} = \left(\begin{array}{ccc|cc} 1 & -2 & 4 & 1 & 3 \\ 2 & 1 & 1 & 1 & 1 \\ \hline 3 & 3 & 2 & -1 & 2 \\ 4 & 6 & 2 & 2 & 4 \end{array}\right)$$

Uma forma útil de particionar uma matriz é em colunas. Por exemplo, se

$$B = \begin{pmatrix} -1 & 2 & 1 \\ 2 & 3 & 1 \\ 1 & 4 & 1 \end{pmatrix}$$

então podemos particionar $B$ em três submatrizes coluna:

$$B = (\mathbf{b}_1 \ \ \mathbf{b}_2 \ \ \mathbf{b}_3) = \left(\begin{array}{c|c|c} -1 & 2 & 1 \\ 2 & 3 & 1 \\ 1 & 4 & 1 \end{array}\right)$$

Suponha que é dada uma matriz $A$ com três colunas; então, o produto $AB$ pode ser visto como uma multiplicação de blocos. Cada bloco de $B$ é multiplicado por $A$ e o resultado é uma matriz com três blocos: $A\mathbf{b}_1$, $A\mathbf{b}_2$ e $A\mathbf{b}_3$; isto é,

$$AB = A(\mathbf{b}_1 \ \ \mathbf{b}_2 \ \ \mathbf{b}_3) = \begin{pmatrix} A\mathbf{b}_1 & A\mathbf{b}_2 & A\mathbf{b}_3 \end{pmatrix}$$

Por exemplo, se

$$A = \begin{pmatrix} 1 & 3 & 1 \\ 2 & 1 & -2 \end{pmatrix}$$

então

$$A\mathbf{b}_1 = \begin{pmatrix} 6 \\ -2 \end{pmatrix}, \quad A\mathbf{b}_2 = \begin{pmatrix} 15 \\ -1 \end{pmatrix}, \quad A\mathbf{b}_3 = \begin{pmatrix} 5 \\ 1 \end{pmatrix}$$

e, portanto,

$$A(\mathbf{b}_1 \ \mathbf{b}_2 \ \mathbf{b}_3) = \left(\begin{array}{c|c|c} 6 & 15 & 5 \\ -2 & -1 & 1 \end{array}\right)$$

Em geral, se $A$ é uma matriz $m \times n$ e $B$ é uma matriz $n \times r$, que foi particionada em colunas $\begin{pmatrix} \mathbf{b}_1 & \cdots & \mathbf{b}_r \end{pmatrix}$, então a multiplicação de blocos de $A$ por $B$ é dada por

$$\boxed{AB = (A\mathbf{b}_1 \ A\mathbf{b}_2 \ \ldots \ A\mathbf{b}_r)}$$

Em particular,

$$(\mathbf{a}_1 \ \ldots \ \mathbf{a}_n) = A = AI = (A\mathbf{e}_1 \ \ldots \ A\mathbf{e}_n)$$

Seja $A$ uma matriz $m \times n$. Se particionarmos $A$ em linhas, então

$$A = \begin{pmatrix} \vec{\mathbf{a}}_1 \\ \vec{\mathbf{a}}_2 \\ \vdots \\ \vec{\mathbf{a}}_m \end{pmatrix}$$

Se $B$ é uma matriz $n \times r$, a linha $i$ do produto $AB$ é determinada multiplicando-se a linha $i$ de $A$ por $B$. Então a linha $i$ de $AB$ é $\vec{\mathbf{a}}_i B$. Em geral, o produto $AB$ pode ser particionado em linhas como se segue:

$$AB = \begin{pmatrix} \vec{\mathbf{a}}_1 B \\ \vec{\mathbf{a}}_2 B \\ \vdots \\ \vec{\mathbf{a}}_m B \end{pmatrix}$$

Para ilustrar este resultado, vejamos um exemplo. Se

$$A = \begin{pmatrix} 2 & 5 \\ 3 & 4 \\ 1 & 7 \end{pmatrix} \quad \text{e} \quad B = \begin{pmatrix} 3 & 2 & -3 \\ -1 & 1 & 1 \end{pmatrix}$$

então

$$\vec{\mathbf{a}}_1 B = \begin{pmatrix} 1 & 9 & -1 \end{pmatrix}$$

$$\vec{\mathbf{a}}_2 B = \begin{pmatrix} 5 & 10 & -5 \end{pmatrix}$$

$$\vec{\mathbf{a}}_3 B = \begin{pmatrix} -4 & 9 & 4 \end{pmatrix}$$

Esses são os vetores linha do produto $AB$.

$$AB = \begin{pmatrix} \vec{\mathbf{a}}_1 B \\ \vec{\mathbf{a}}_2 B \\ \vec{\mathbf{a}}_3 B \end{pmatrix} = \left(\begin{array}{rrr} 1 & 9 & -1 \\ \hline 5 & 10 & -5 \\ \hline -4 & 9 & 4 \end{array}\right)$$

Em seguida, consideramos como calcular o produto $AB$ em termos de partições mais gerais de $A$ e $B$.

## Multiplicação de Blocos

Sejam $A$ uma matriz $m \times n$ e $B$ uma matriz $n \times r$. É muitas vezes útil particionar $A$ e $B$ e exprimir o produto em termos das submatrizes de $A$ e $B$. Considere os quatro casos seguintes:

**Caso 1.** Se $B = \begin{pmatrix} B_1 & B_2 \end{pmatrix}$, em que $B_1$ é uma matriz $n \times t$ e $B_2$ é uma matriz $n \times (r - t)$, então

$$\begin{aligned} AB &= A(\mathbf{b}_1, \ldots, \mathbf{b}_t, \mathbf{b}_{t+1}, \ldots, \mathbf{b}_r) \\ &= (A\mathbf{b}_1, \ldots, A\mathbf{b}_t, A\mathbf{b}_{t+1}, \ldots, A\mathbf{b}_r) \\ &= (A(\mathbf{b}_1 \ldots \mathbf{b}_t), A(\mathbf{b}_{t+1} \ldots \mathbf{b}_r)) \\ &= \begin{pmatrix} AB_1 & AB_2 \end{pmatrix} \end{aligned}$$

Assim,

$$A \begin{pmatrix} B_1 & B_2 \end{pmatrix} = \begin{pmatrix} AB_1 & AB_2 \end{pmatrix}$$

**Caso 2.** Se $A = \begin{pmatrix} A_1 \\ A_2 \end{pmatrix}$, em que $A_1$ é uma matriz $k \times n$ e $A_2$ é uma matriz $(m - k) \times n$, então

$$\begin{pmatrix} A_1 \\ A_2 \end{pmatrix} B = \begin{pmatrix} \vec{\mathbf{a}}_1 \\ \vdots \\ \vec{\mathbf{a}}_k \\ \hline \vec{\mathbf{a}}_{k+1} \\ \vdots \\ \vec{\mathbf{a}}_m \end{pmatrix} B = \begin{pmatrix} \vec{\mathbf{a}}_1 B \\ \vdots \\ \vec{\mathbf{a}}_k B \\ \hline \vec{\mathbf{a}}_{k+1} B \\ \vdots \\ \vec{\mathbf{a}}_m B \end{pmatrix}$$

$$= \begin{pmatrix} \begin{pmatrix} \vec{\mathbf{a}}_1 \\ \vdots \\ \vec{\mathbf{a}}_k \end{pmatrix} B \\ \begin{pmatrix} \vec{\mathbf{a}}_{k+1} \\ \vdots \\ \vec{\mathbf{a}}_m \end{pmatrix} B \end{pmatrix} = \begin{pmatrix} A_1 B \\ A_2 B \end{pmatrix}$$

Portanto,

$$\begin{pmatrix} A_1 \\ A_2 \end{pmatrix} B = \begin{pmatrix} A_1 B \\ A_2 B \end{pmatrix}$$

**Caso 3.** Sejam $A = \begin{bmatrix} A_1 & A_2 \end{bmatrix}$ e $B = \begin{bmatrix} B_1 \\ B_2 \end{bmatrix}$, em que $A_1$ é uma matriz $m \times s$, $A_2$ é uma matriz $m \times (n - s)$, $B_1$ é uma matriz $s \times r$ e $B_2$ é uma matriz $(n - s) \times r$. Se $C = AB$, então

$$c_{ij} = \sum_{l=1}^{n} a_{il}b_{lj} = \sum_{l=1}^{s} a_{il}b_{lj} + \sum_{l=s+1}^{n} a_{il}b_{lj}$$

Então, $c_{ij}$ é a soma do elemento $(i, j)$ de $A_1B_1$ com o elemento $(i, j)$ de $A_2B_2$. Portanto,

$$AB = C = A_1B_1 + A_2B_2$$

e segue-se que

$$\boxed{\begin{bmatrix} A_1 & A_2 \end{bmatrix} \begin{bmatrix} B_1 \\ B_2 \end{bmatrix} = A_1B_1 + A_2B_2}$$

**Caso 4.** Sejam $A$ e $B$ matrizes particionadas como se segue:

$$A = \left[\begin{array}{c|c} A_{11} & A_{12} \\ \hline A_{21} & A_{22} \end{array}\right] \begin{matrix} k \\ m-k \end{matrix}, \qquad B = \left[\begin{array}{c|c} B_{11} & B_{12} \\ \hline B_{21} & B_{22} \end{array}\right] \begin{matrix} s \\ n-s \end{matrix}$$

$$\quad s \quad\; n-s \qquad\qquad\qquad\qquad t \quad\; r-t$$

Sejam

$$A_1 = \begin{bmatrix} A_{11} \\ A_{21} \end{bmatrix}, \qquad A_2 = \begin{bmatrix} A_{12} \\ A_{22} \end{bmatrix},$$

$$B_1 = \begin{bmatrix} B_{11} & B_{12} \end{bmatrix}, \qquad B_2 = \begin{bmatrix} B_{21} & B_{22} \end{bmatrix}$$

Segue-se, do caso 3, que

$$AB = \begin{bmatrix} A_1 & A_2 \end{bmatrix} \begin{bmatrix} B_1 \\ B_2 \end{bmatrix} = A_1B_1 + A_2B_2$$

Segue-se, dos casos 1 e 2, que

$$A_1B_1 = \begin{bmatrix} A_{11} \\ A_{21} \end{bmatrix} B_1 = \begin{bmatrix} A_{11}B_1 \\ A_{21}B_1 \end{bmatrix} = \begin{bmatrix} A_{11}B_{11} & A_{11}B_{12} \\ A_{21}B_{11} & A_{21}B_{12} \end{bmatrix}$$

$$A_2B_2 = \begin{bmatrix} A_{12} \\ A_{22} \end{bmatrix} B_2 = \begin{bmatrix} A_{12}B_2 \\ A_{22}B_2 \end{bmatrix} = \begin{bmatrix} A_{12}B_{21} & A_{12}B_{22} \\ A_{22}B_{21} & A_{22}B_{22} \end{bmatrix}$$

Portanto,

$$\begin{bmatrix} A_{11} & A_{12} \\ A_{21} & A_{22} \end{bmatrix} \begin{bmatrix} B_{11} & B_{12} \\ B_{21} & B_{22} \end{bmatrix} = \begin{bmatrix} A_{11}B_{11} + A_{12}B_{21} & A_{11}B_{12} + A_{12}B_{22} \\ A_{21}B_{11} + A_{22}B_{21} & A_{21}B_{12} + A_{22}B_{22} \end{bmatrix}$$

Em geral, se os blocos têm as dimensões apropriadas, a multiplicação de blocos pode ser efetuada da mesma forma que a multiplicação ordinária de matrizes. Isto é, se

$$A = \begin{bmatrix} A_{11} & \cdots & A_{1t} \\ \vdots & & \\ A_{s1} & \cdots & A_{st} \end{bmatrix} \quad \text{e} \quad B = \begin{bmatrix} B_{11} & \cdots & B_{1r} \\ \vdots & & \\ B_{t1} & \cdots & B_{tr} \end{bmatrix}$$

então

$$AB = \begin{bmatrix} C_{11} & \cdots & C_{1r} \\ \vdots & & \\ C_{s1} & \cdots & C_{sr} \end{bmatrix}$$

em que

$$C_{ij} = \sum_{k=1}^{t} A_{ik} B_{kj}$$

A multiplicação pode ser efetuada dessa forma somente se o número de colunas de $A_{ik}$ é igual ao número de linhas de $B_{kj}$ para todo $k$.

**EXEMPLO 1** Sejam

$$A = \begin{bmatrix} 1 & 1 & 1 & 1 \\ 2 & 2 & 1 & 1 \\ 3 & 3 & 2 & 2 \end{bmatrix}$$

e

$$B = \begin{bmatrix} B_{11} & B_{12} \\ B_{21} & B_{22} \end{bmatrix} = \left[\begin{array}{cc|cc} 1 & 1 & 1 & 1 \\ 1 & 2 & 1 & 1 \\ \hline 3 & 1 & 1 & 1 \\ 3 & 2 & 1 & 2 \end{array}\right]$$

Particione $A$ em quatro blocos e realize a multiplicação de blocos.

### Solução

Já que cada $B_{kj}$ tem duas linhas, os $A_{ik}$ devem ter duas colunas. Então, temos uma de duas possibilidades:

$$\text{(i)} \quad \begin{bmatrix} A_{11} & A_{12} \\ A_{21} & A_{22} \end{bmatrix} = \left[\begin{array}{cc|cc} 1 & 1 & 1 & 1 \\ \hline 2 & 2 & 1 & 1 \\ 3 & 3 & 2 & 2 \end{array}\right]$$

tal que

$$\left[\begin{array}{cc|cc} 1 & 1 & 1 & 1 \\ \hline 2 & 2 & 1 & 1 \\ 3 & 3 & 2 & 2 \end{array}\right] \left[\begin{array}{cc|cc} 1 & 1 & 1 & 1 \\ 1 & 2 & 1 & 1 \\ \hline 3 & 1 & 1 & 1 \\ 3 & 2 & 1 & 2 \end{array}\right] = \left[\begin{array}{cc|cc} 8 & 6 & 4 & 5 \\ \hline 10 & 9 & 6 & 7 \\ 18 & 15 & 10 & 12 \end{array}\right]$$

ou

$$\text{(ii)} \quad \begin{bmatrix} A_{11} & A_{12} \\ A_{21} & A_{22} \end{bmatrix} = \left[\begin{array}{cc|cc} 1 & 1 & 1 & 1 \\ 2 & 2 & 1 & 1 \\ \hline 3 & 3 & 2 & 2 \end{array}\right]$$

tal que

$$\left[\begin{array}{cc|cc} 1 & 1 & 1 & 1 \\ 2 & 2 & 1 & 1 \\ \hline 3 & 3 & 2 & 2 \end{array}\right] \left[\begin{array}{cc|cc} 1 & 1 & 1 & 1 \\ 1 & 2 & 1 & 1 \\ \hline 3 & 1 & 1 & 1 \\ 3 & 2 & 1 & 2 \end{array}\right] = \left[\begin{array}{cc|cc} 8 & 6 & 4 & 5 \\ 10 & 9 & 6 & 7 \\ \hline 18 & 15 & 10 & 12 \end{array}\right] \qquad \blacksquare$$

EXEMPLO 2 Seja $A$ uma matriz $n \times n$ da forma

$$\begin{bmatrix} A_{11} & O \\ O & A_{22} \end{bmatrix}$$

em que $A_{11}$ é uma matriz $k \times k$ $(k < n)$. Mostre que $A$ é não singular se e somente se $A_{11}$ e $A_{22}$ são não singulares.

### Solução

Se $A_{11}$ e $A_{22}$ são não singulares, então

$$\begin{bmatrix} A_{11}^{-1} & O \\ O & A_{22}^{-1} \end{bmatrix} \begin{bmatrix} A_{11} & O \\ O & A_{22} \end{bmatrix} = \begin{bmatrix} I_k & O \\ O & I_{n-k} \end{bmatrix} = I$$

e

$$\begin{bmatrix} A_{11} & O \\ O & A_{22} \end{bmatrix} \begin{bmatrix} A_{11}^{-1} & O \\ O & A_{22}^{-1} \end{bmatrix} = \begin{bmatrix} I_k & O \\ O & I_{n-k} \end{bmatrix} = I$$

Logo, $A$ é não singular e

$$A^{-1} = \begin{bmatrix} A_{11}^{-1} & O \\ O & A_{22}^{-1} \end{bmatrix}$$

Inversamente, se $A$ é não singular, então seja $B = A^{-1}$ e particionemos $B$ da mesma forma que $A$. Já que

$$BA = I = AB$$

segue-se que

$$\begin{bmatrix} B_{11} & B_{12} \\ B_{21} & B_{22} \end{bmatrix} \begin{bmatrix} A_{11} & O \\ O & A_{22} \end{bmatrix} = \begin{bmatrix} I_k & O \\ O & I_{n-k} \end{bmatrix} = \begin{bmatrix} A_{11} & O \\ O & A_{22} \end{bmatrix} \begin{bmatrix} B_{11} & B_{12} \\ B_{21} & B_{22} \end{bmatrix}$$

$$\begin{bmatrix} B_{11}A_{11} & B_{12}A_{22} \\ B_{21}A_{11} & B_{22}A_{22} \end{bmatrix} = \begin{bmatrix} I_k & O \\ O & I_{n-k} \end{bmatrix} = \begin{bmatrix} A_{11}B_{11} & A_{11}B_{12} \\ A_{22}B_{21} & A_{22}B_{22} \end{bmatrix}$$

Portanto,

$$B_{11}A_{11} = I_k = A_{11}B_{11}$$
$$B_{22}A_{22} = I_{n-k} = A_{22}B_{22}$$

Então, $A_{11}$ e $A_{22}$ são não singulares, com inversas $B_{11}$ e $B_{22}$, respectivamente. ■

## Expansões de Produto Externo

Dados dois vetores $\mathbf{x}$ e $\mathbf{y}$ em $\mathbb{R}^n$, é possível executar uma multiplicação matricial entre eles se transpusermos um dos vetores primeiro. O produto matricial $\mathbf{x}^T\mathbf{y}$ é o produto de um vetor linha (uma matriz $1 \times n$) e um vetor coluna (uma matriz $n \times 1$). O resultado será uma matriz $1 \times 1$, ou simplesmente um escalar:

$$\mathbf{x}^T\mathbf{y} = \begin{bmatrix} x_1 & x_2 & \cdots & x_n \end{bmatrix} \begin{bmatrix} y_1 \\ y_2 \\ \vdots \\ y_n \end{bmatrix} = x_1y_1 + x_2y_2 + \cdots + x_ny_n$$

Esse tipo de produto é chamado de *produto escalar* ou *produto interno*. O produto escalar é uma das operações mais comumente executadas. Por exemplo, quando multiplicamos duas matrizes, cada elemento do produto é calculado como um produto escalar (um vetor linha vezes um vetor coluna).

É também útil multiplicar um vetor coluna por um vetor linha. O produto matricial $\mathbf{x}\mathbf{y}^T$ é o produto de uma matriz $n \times 1$ por uma matriz $1 \times n$. O resultado é uma matriz $n \times n$.

$$\mathbf{x}\mathbf{y}^T = \begin{bmatrix} x_1 \\ x_2 \\ \vdots \\ x_n \end{bmatrix} \begin{bmatrix} y_1 & y_2 & \cdots & y_n \end{bmatrix} = \begin{bmatrix} x_1y_1 & x_1y_2 & \cdots & x_1y_n \\ x_2y_1 & x_2y_2 & \cdots & x_2y_n \\ \vdots & & & \\ x_ny_1 & x_ny_2 & \cdots & x_ny_n \end{bmatrix}$$

O produto $\mathbf{x}\mathbf{y}^T$ é chamado de *produto externo** de $\mathbf{x}$ e $\mathbf{y}$. A matriz produto externo tem uma estrutura especial em que cada uma de suas linhas é um múltiplo de $\mathbf{y}^T$ e cada uma de suas colunas é um múltiplo de $\mathbf{x}$. Por exemplo, se

$$\mathbf{x} = \begin{bmatrix} 4 \\ 1 \\ 3 \end{bmatrix} \quad \text{e} \quad \mathbf{y} = \begin{bmatrix} 3 \\ 5 \\ 2 \end{bmatrix}$$

então

$$\mathbf{x}\mathbf{y}^T = \begin{bmatrix} 4 \\ 1 \\ 3 \end{bmatrix} \begin{bmatrix} 3 & 5 & 2 \end{bmatrix} = \begin{bmatrix} 12 & 20 & 8 \\ 3 & 5 & 2 \\ 9 & 15 & 6 \end{bmatrix}$$

Note que cada linha é um múltiplo de (3, 5, 2) e cada coluna é um múltiplo de $\mathbf{x}$.

Estamos prontos para generalizar a ideia de produto externo de vetores a matrizes. Suponha que iniciemos com uma matriz $m \times n$, $X$ e uma matriz $k \times n$, $Y$. Podemos formar a matriz produto $XY^T$. Se particionamos $X$ em linhas e $Y$

*No Brasil, produto externo é também chamado de *produto vetorial*. (N.T.)

em colunas e executamos uma multiplicação de bloco, vemos que $XY^T$ pode ser representada como a soma de produtos externos de vetores:

$$XY^T = \begin{bmatrix} \mathbf{x}_1 & \mathbf{x}_2 & \cdots & \mathbf{x}_n \end{bmatrix} \begin{bmatrix} \mathbf{y}_1^T \\ \mathbf{y}_2^T \\ \vdots \\ \mathbf{y}_n^T \end{bmatrix} = \mathbf{x}_1\mathbf{y}_1^T + \mathbf{x}_2\mathbf{y}_2^T + \cdots + \mathbf{x}_n\mathbf{y}_n^T$$

Esta representação é chamada de *expansão de produto externo*. Esses tipos de expansões desempenham um papel importante em muitas aplicações. Na Seção 6.5 do Capítulo 6, veremos como expansões de produto externo são usadas em processamento digital de imagens e em aplicações de busca de informações.

**EXEMPLO 3** Dados

$$X = \begin{bmatrix} 3 & 1 \\ 2 & 4 \\ 1 & 2 \end{bmatrix} \quad \text{e} \quad Y = \begin{bmatrix} 1 & 2 \\ 2 & 4 \\ 3 & 1 \end{bmatrix}$$

calcule a expansão de produto externo de $XY^T$.

**Solução**

$$\begin{aligned} XY^T &= \begin{bmatrix} 3 & 1 \\ 2 & 4 \\ 1 & 2 \end{bmatrix} \begin{bmatrix} 1 & 2 & 3 \\ 2 & 4 & 1 \end{bmatrix} \\ &= \begin{bmatrix} 3 \\ 2 \\ 1 \end{bmatrix} \begin{bmatrix} 1 & 2 & 3 \end{bmatrix} + \begin{bmatrix} 1 \\ 4 \\ 2 \end{bmatrix} \begin{bmatrix} 2 & 4 & 1 \end{bmatrix} \\ &= \begin{bmatrix} 3 & 6 & 9 \\ 2 & 4 & 6 \\ 1 & 2 & 3 \end{bmatrix} + \begin{bmatrix} 2 & 4 & 1 \\ 8 & 16 & 4 \\ 4 & 8 & 2 \end{bmatrix} \end{aligned}$$

■

## PROBLEMAS DA SEÇÃO 1.6

**1.** Seja $A$ uma matriz não singular $n \times n$. Execute as seguintes multiplicações:

**(a)** $A^{-1} \begin{bmatrix} A & I \end{bmatrix}$ **(b)** $\begin{bmatrix} A \\ I \end{bmatrix} A^{-1}$

**(c)** $\begin{bmatrix} A & I \end{bmatrix}^T \begin{bmatrix} A & I \end{bmatrix}$

**(d)** $\begin{bmatrix} A & I \end{bmatrix} \begin{bmatrix} A & I \end{bmatrix}^T$

**(e)** $\begin{bmatrix} A^{-1} \\ I \end{bmatrix} \begin{bmatrix} A & I \end{bmatrix}$

**2.** Seja $B = A^TA$. Mostre que $b_{ij} = \mathbf{a}_i^T \mathbf{a}_j$.

**3.** Sejam

$$A = \begin{bmatrix} 1 & 1 \\ 2 & -1 \end{bmatrix} \quad \text{e} \quad B = \begin{bmatrix} 2 & 1 \\ 1 & 3 \end{bmatrix}$$

**(a)** Calcule $A\mathbf{b}_1$ e $A\mathbf{b}_2$.

**(b)** Calcule $\vec{\mathbf{a}}_1 B$ e $\vec{\mathbf{a}}_2 B$.

**(c)** Multiplique $AB$ e verifique que seus vetores coluna são os vetores da parte (a) e os vetores linha são os vetores da parte (b).

**4.** Sejam

$$I = \begin{pmatrix} 1 & 0 \\ 0 & 1 \end{pmatrix}, \quad E = \begin{pmatrix} 0 & 1 \\ 1 & 0 \end{pmatrix}, \quad O = \begin{pmatrix} 0 & 0 \\ 0 & 0 \end{pmatrix}$$

$$C = \begin{pmatrix} 1 & 0 \\ -1 & 1 \end{pmatrix}, \quad D = \begin{pmatrix} 2 & 0 \\ 0 & 2 \end{pmatrix}$$

e

$$B = \begin{pmatrix} B_{11} & B_{12} \\ B_{21} & B_{22} \end{pmatrix} = \left(\begin{array}{cc|cc} 1 & 1 & 1 & 1 \\ 1 & 2 & 1 & 1 \\ \hline 3 & 1 & 1 & 1 \\ 3 & 2 & 1 & 2 \end{array}\right)$$

Execute cada uma das seguintes multiplicações de bloco:

**(a)** $\begin{pmatrix} O & I \\ I & O \end{pmatrix} \begin{pmatrix} B_{11} & B_{12} \\ B_{21} & B_{22} \end{pmatrix}$

**(b)** $\begin{pmatrix} C & O \\ O & C \end{pmatrix} \begin{pmatrix} B_{11} & B_{12} \\ B_{21} & B_{22} \end{pmatrix}$

**(c)** $\begin{pmatrix} D & O \\ O & I \end{pmatrix} \begin{pmatrix} B_{11} & B_{12} \\ B_{21} & B_{22} \end{pmatrix}$

**(d)** $\begin{pmatrix} E & O \\ O & E \end{pmatrix} \begin{pmatrix} B_{11} & B_{12} \\ B_{21} & B_{22} \end{pmatrix}$

**5.** Execute cada uma das seguintes multiplicações de bloco:

**(a)** $\left(\begin{array}{ccc|c} 1 & 1 & 1 & -1 \\ 2 & 1 & 2 & -1 \end{array}\right) \left(\begin{array}{ccc} 4 & -2 & 1 \\ 2 & 3 & 1 \\ 1 & 1 & 2 \\ \hline 1 & 2 & 3 \end{array}\right)$

**(b)** $\left(\begin{array}{cc} 4 & -2 \\ 2 & 3 \\ 1 & 1 \\ \hline 1 & 2 \end{array}\right) \left(\begin{array}{ccc|c} 1 & 1 & 1 & -1 \\ 2 & 1 & 2 & -1 \end{array}\right)$

**(c)** $\left(\begin{array}{cc|cc} \frac{3}{5} & -\frac{4}{5} & 0 & 0 \\ \frac{4}{5} & \frac{3}{5} & 0 & 0 \\ \hline 0 & 0 & 1 & 0 \end{array}\right) \left(\begin{array}{cc|c} \frac{3}{5} & \frac{4}{5} & 0 \\ -\frac{4}{5} & \frac{3}{5} & 0 \\ \hline 0 & 0 & 1 \\ 0 & 0 & 0 \end{array}\right)$

**(d)** $\left(\begin{array}{ccc|cc} 0 & 0 & 1 & 0 & 0 \\ 0 & 1 & 0 & 0 & 0 \\ 1 & 0 & 0 & 0 & 0 \\ \hline 0 & 0 & 0 & 0 & 1 \\ 0 & 0 & 0 & 1 & 0 \end{array}\right) \left(\begin{array}{cc} 1 & -1 \\ 2 & -2 \\ 3 & -3 \\ \hline 4 & -4 \\ 5 & -5 \end{array}\right)$

**6.** Dados

$$X = \begin{pmatrix} 2 & 1 & 5 \\ 4 & 2 & 3 \end{pmatrix} \quad Y = \begin{pmatrix} 1 & 2 & 4 \\ 2 & 3 & 1 \end{pmatrix}$$

**(a)** Calcule a expansão de produto externo de $XY^T$.

**(b)** Calcule a expansão de produto externo de $YX^T$. Como a expansão de produto externo de $YX^T$ se relaciona à expansão de produto externo de $XY^T$?

**7.** Sejam

$$A = \begin{pmatrix} A_{11} & A_{12} \\ A_{21} & A_{22} \end{pmatrix} \quad \text{e} \quad A^T = \begin{pmatrix} A_{11}^T & A_{21}^T \\ A_{12}^T & A_{22}^T \end{pmatrix}$$

É possível executar as multiplicações de bloco de $AA^T$ e $A^TA$? Explique.

**8.** Sejam $A$ uma matriz $m \times n$, $X$ uma matriz $n \times r$ e $B$ uma matriz $m \times r$. Mostre que

$$AX = B$$

se e somente se

$$A\mathbf{x}_j = \mathbf{b}_j, \quad j = 1, \ldots, r$$

**9.** Sejam $A$ uma matriz $n \times n$ e $D$ uma matriz diagonal $n \times n$.

**(a)** Mostre que $D = (d_{11}\mathbf{e}_1, d_{22}\mathbf{e}_2, ..., d_{nn}\mathbf{e}_n)$.

**(b)** Mostre que $AD = (d_{11}\mathbf{a}_1, d_{22}\mathbf{a}_2, ..., d_{nn}\mathbf{a}_n)$.

**10.** Seja $U$ uma matriz $m \times m$, seja $V$ uma matriz $n \times n$ e seja

$$\Sigma = \begin{pmatrix} \Sigma_1 \\ O \end{pmatrix}$$

em que $\Sigma_1$ é uma matriz diagonal $n \times n$ com elementos diagonais $\sigma_1, \sigma_2, ..., \sigma_n$ e $O$ é a matriz nula $(m - n) \times n$.

**(a)** Mostre que se $U = (U_1, U_2)$, em que $U_1$ tem $n$ colunas, então

$$U\Sigma = U_1\Sigma_1$$

**(b)** Mostre que, se $A = U\Sigma V^T$, então $A$ pode ser escrita como uma expansão de produto externo da forma

$$A = \sigma_1\mathbf{u}_1\mathbf{v}_1^T + \sigma_2\mathbf{u}_2\mathbf{v}_2^T + \cdots + \sigma_n\mathbf{u}_n\mathbf{v}_n^T$$

**11.** Seja

$$A = \begin{pmatrix} A_{11} & A_{12} \\ O & A_{22} \end{pmatrix}$$

em que os quatro blocos são matrizes $n \times n$.

**(a)** Se $A_{11}$ e $A_{22}$ são não singulares, mostre que $A$ deve ser também não singular e que $A^{-1}$ deve ser da forma

$$\left(\begin{array}{c|c} A_{11}^{-1} & C \\ \hline O & A_{22}^{-1} \end{array}\right)$$

**(b)** Determine $C$.

**12.** Sejam $A$ e $B$ matrizes $n \times n$ e seja $M$ uma matriz bloco da forma

$$M = \begin{pmatrix} A & O \\ O & B \end{pmatrix}$$

Use a condição (b) do Teorema 1.5.2 para mostrar que, se $A$ ou $B$ é singular, então $M$ deve ser singular.

**13.** Seja

$$A = \begin{Bmatrix} O & I \\ B & O \end{Bmatrix}$$

em que as quatro submatrizes são $k \times k$. Determine $A^2$ e $A^4$.

**14.** Seja $I$ a matriz identidade $n \times n$. Encontre uma forma em bloco para a inversa de cada uma das seguintes matrizes $2n \times 2n$:

**(a)** $\begin{Bmatrix} O & I \\ I & O \end{Bmatrix}$ **(b)** $\begin{Bmatrix} I & O \\ B & I \end{Bmatrix}$

**15.** Sejam $O$ a matriz $k \times k$ cujos elementos são todos nulos, $I$ a matriz identidade $k \times k$ e $B$ uma matriz $k \times k$ com a propriedade $B^2 = 0$. Se

$$A = \begin{Bmatrix} O & I \\ I & B \end{Bmatrix}$$

determine a forma de bloco de $A^{-1} + A^2 + A^3$.

**16.** Sejam $A$ e $B$ matrizes $n \times n$; defina as matrizes $2n \times 2n$, $S$ e $M$ por

$$S = \begin{Bmatrix} I & A \\ O & I \end{Bmatrix}, \qquad M = \begin{Bmatrix} AB & O \\ B & O \end{Bmatrix}$$

Determine a forma em bloco de $S^{-1}$ e use-a para calcular a forma em bloco de $S^{-1}MS$.

**17.** Seja

$$A = \begin{Bmatrix} A_{11} & A_{12} \\ A_{21} & A_{22} \end{Bmatrix}$$

em que $A_{11}$ é uma matriz não singular $k \times k$. Mostre que $A$ pode ser fatorada como um produto da forma

$$\begin{Bmatrix} I & O \\ B & I \end{Bmatrix} \begin{Bmatrix} A_{11} & A_{12} \\ O & C \end{Bmatrix}$$

em que

$$B = A_{21}A_{11}^{-1} \qquad \text{e} \qquad C = A_{22} - A_{21}A_{11}^{-1}\ A_{12}$$

(Note que este problema dá uma versão em matriz bloco da fatoração do Problema 18 da Seção 1.3.)

**18.** Sejam $A, B, L, M, S$ e $T$ matrizes $n \times n$ com $A$, $B$ e $M$ não singulares e $L$, $S$ e $T$ singulares. Determine se é possível encontrar matrizes $X$ e $Y$ tais que

$$\begin{Bmatrix} O & I & O & O & O & O \\ O & O & I & O & O & O \\ O & O & O & I & O & O \\ O & O & O & O & I & O \\ O & O & O & O & O & X \\ Y & O & O & O & O & O \end{Bmatrix} \begin{Bmatrix} M \\ A \\ T \\ L \\ A \\ B \end{Bmatrix} = \begin{Bmatrix} A \\ T \\ L \\ A \\ S \\ T \end{Bmatrix}$$

Se verdadeiro, mostre como; se não, explique por quê.

**19.** Sejam $A$ uma matriz $n \times n$ e $\mathbf{x} \in \mathbb{R}^n$.

**(a)** Um escalar $c$ pode ser considerado uma matriz $1 \times 1$, $C = (c)$, e um vetor $\mathbf{b} \in \mathbb{R}^n$ pode ser considerado uma matriz $n \times 1$, $B$. Embora a multiplicação matricial $CB$ não seja definida, mostre que o produto matricial $BC$ é igual a $c\mathbf{b}$, a multiplicação por escalar de $c$ por $\mathbf{b}$.

**(b)** Particione $A$ em colunas e $\mathbf{x}$ em linhas e faça a multiplicação em blocos de $A$ por $\mathbf{x}$.

**(c)** Mostre que

$$A\mathbf{x} = x_1\mathbf{a}_1 + x_2\mathbf{a}_2 + \cdots + x_n\mathbf{a}_n$$

**20.** Se $A$ é uma matriz $n \times n$ com a propriedade de que $A\mathbf{x} = \mathbf{0}$ para todo $\mathbf{x} \in \mathbb{R}^n$, mostre que $A = O$. [*Sugestão*: Faça $\mathbf{x} = \mathbf{e}_j$ para $j = 1, \ldots, n$.]

**21.** Sejam $B$ e $C$ matrizes $n \times n$ com a propriedade $B\mathbf{x} = C\mathbf{x}$ para todo $\mathbf{x} \in \mathbb{R}^n$. Mostre que $B = C$.

**22.** Considere um sistema da forma

$$\begin{Bmatrix} A & \mathbf{a} \\ \mathbf{c}^T & \beta \end{Bmatrix} \begin{Bmatrix} \mathbf{x} \\ x_{n+1} \end{Bmatrix} = \begin{Bmatrix} \mathbf{b} \\ b_{n+1} \end{Bmatrix}$$

em que $A$ é uma matriz não singular $n \times n$ e $\mathbf{a}$, $\mathbf{b}$ e $\mathbf{c}$ são vetores em $\mathbb{R}^n$.

**(a)** Multiplique ambos os membros do sistema por

$$\begin{Bmatrix} A^{-1} & \mathbf{0} \\ -\mathbf{c}^T A^{-1} & 1 \end{Bmatrix}$$

para obter um sistema triangular equivalente.

**(b)** Faça $\mathbf{y} = A^{-1}\mathbf{a}$ e $\mathbf{z} = A^{-1}\mathbf{b}$. Mostre que, se $\beta - \mathbf{c}^T\mathbf{y} \neq 0$, então a solução do sistema pode ser determinada fazendo

$$x_{n+1} = \frac{b_{n+1} - \mathbf{c}^T\mathbf{z}}{\beta - \mathbf{c}^T\mathbf{y}}$$

e então fazendo

$$\mathbf{x} = \mathbf{z} - x_{n+1}\mathbf{y}$$

# Problemas do Capítulo I

## EXERCÍCIOS MATLAB

*Os exercícios que se seguem devem ser resolvidos computacionalmente com o software MATLAB, que é descrito no Apêndice deste livro. Os exercícios também contêm questões que estão relacionadas com os princípios matemáticos básicos ilustrados nas computações. Salve uma cópia de sua seção em um arquivo. Depois de editar e imprimir o arquivo, você pode preencher as respostas às questões diretamente no documento impresso.*

*O MATLAB tem um mecanismo de ajuda que explica todas as operações e comandos. Por exemplo, para obter informações sobre o comando MATLAB* **rand**, *você só precisa digitar* `help` **rand**. *Os comandos usados nos exercícios MATLAB para este capítulo são* **inv**, **floor**, **rand**, **tic**, **toc**, **rref**, **abs**, **max**, **round**, **sum**, **eye**, **triu**, **ones**, **zeros** *e* **magic**. *As operações introduzidas são +, −, *, ′ e \. Os símbolos + e − representam as operações de adição e subtração tanto para escalares quanto para matrizes. O símbolo * corresponde à multiplicação tanto de escalares quanto de matrizes. Para matrizes cujos elementos são todos números reais, a operação ′ corresponde à operação transposição. Se A é uma matriz não singular n × n e B qualquer matriz n × r, a operação A\B é equivalente a calcular* $A^{-1}B$.

**1.** Use MATLAB para gerar matrizes aleatórias $4 \times 4$ $A$ e $B$. Para cada um dos enunciados seguintes calcule $A_1$, $A_2$, $A_3$ e $A_4$ como indicado e determine quais das matrizes são iguais (você pode utilizar MATLAB para testar se duas matrizes são iguais calculando sua diferença).

**(a)** $A1 = A * B$, $A2 = B * A$, $A3 = (A' * B')'$, $A4 = (B' * A')'$

**(b)** $A1 = A' * B'$, $A2 = (A * B)'$, $A3 = B' * A'$, $A4 = (B * A)'$

**(c)** $A1 = \mathbf{inv}(A * B)$, $A2 = \mathbf{inv}(A) * \mathbf{inv}(B)$, $A3 = \mathbf{inv}(B * A)$, $A4 = \mathbf{inv}(B) * \mathbf{inv}(A)$

**(d)** $A1 = \mathbf{inv}((A * B)')$, $A2 = \mathbf{inv}(A' * B')$, $A3 = \mathbf{inv}(A') * \mathbf{inv}(B')$, $A4 = (\mathbf{inv}(A) * \mathbf{inv}(B))'$

**2.** Faça $n = 200$ e gere uma matriz $n \times n$ e dois vetores em $\mathbb{R}^n$, ambos com elementos inteiros, fazendo

$$A = \mathbf{floor}(10 * \mathbf{rand}(n));$$
$$\mathbf{b} = \mathbf{sum}(A')';$$
$$\mathbf{z} = \mathbf{ones}(n, 1)$$

(Já que a matriz e os vetores são grandes, usamos ponto e vírgula para suprimir sua escrita na tela.)

**(a)** A solução exata de $A\mathbf{x} = \mathbf{b}$ deveria ser o vetor $\mathbf{z}$. Por quê? Explique. Pode-se calcular a solução em MATLAB usando a operação "\" ou calculando $A^{-1}$ e então multiplicando $A^{-1}$ por $\mathbf{b}$. Vamos comparar os dois métodos computacionais tanto para velocidade quanto para precisão. Podem-se usar os comandos **tic** e **toc** do MATLAB para medir o tempo decorrido em cada computação. Para isso, use os comandos

$$\mathbf{tic},\ \mathbf{x} = A\backslash\mathbf{b};\ \mathbf{toc}$$
$$\mathbf{tic},\ \mathbf{y} = \mathbf{inv}(A) * \mathbf{b};\ \mathbf{toc}$$

Que método é mais rápido?

Para comparar a precisão dos dois métodos, podemos medir quão próximas as soluções $\mathbf{x}$ e $\mathbf{y}$ estão da solução exata $\mathbf{z}$. Faça isto com os comandos

$$\mathbf{max}(\mathbf{abs}(\mathbf{x} - \mathbf{z}))$$
$$\mathbf{max}(\mathbf{abs}(\mathbf{y} - \mathbf{z}))$$

Que método produz a solução mais precisa?

**(b)** Repita a parte (a) usando $n = 500$ e $n = 1000$.

**3.** Faça $A = \mathbf{floor}(10 * \mathbf{rand}(6))$. Por construção, a matriz $A$ terá elementos inteiros. Vamos mudar a sexta coluna de $A$, de modo a tornar a matriz singular. Faça

$$B = A', \quad A(:, 6) = -\,\mathbf{sum}(B(1:5, :))'$$

**(a)** Faça **x = ones**(6, 1) e use MATLAB para calcular $A\mathbf{x}$. Como sabemos que $A$ deve ser singular? Explique. Verifique que $A$ é singular calculando sua forma linha degrau reduzida.

**(b)** Faça

$$B = \mathbf{x} * [1:6]$$

O produto $AB$ deve ser igual à matriz nula. Por quê? Explique. Verifique que isto é verdadeiro calculando $AB$ com a operação $*$ de MATLAB.

**(c)** Faça

$$C = \mathbf{floor}(10 * \mathbf{rand}(6))$$

e

$$D = B + C$$

Embora $C \neq D$, os produtos $AC$ e $AD$ devem ser iguais. Por quê? Explique. Calcule $A*C$ e $A*D$ e verifique que eles são realmente iguais.

**4.** Construa uma matriz como se segue: Faça

$$B = \mathbf{eye}(10) - \mathbf{triu}(\mathbf{ones}(10), 1)$$

Como sabemos que $B$ deve ser não singular? Faça

$$C = \mathbf{inv}(B) \quad \text{e} \quad \mathbf{x} = C(:, 10)$$

Agora, mude $B$ ligeiramente fazendo $B(10, 1) = -1/256$. Use MATLAB para calcular o produto $B\mathbf{x}$. Do resultado dessa computação, o que você pode concluir sobre a nova matriz $B$? Ela ainda é não singular? Explique. Use MATLAB para calcular sua forma linha degrau reduzida.

**5.** Gere uma matriz $A$ fazendo

$$A = \mathbf{floor}(10 * \mathbf{rand}(6))$$

e gere um vetor **b** fazendo

$$\mathbf{b} = \mathbf{floor}(20 * \mathbf{rand}(6, 1)) - 10$$

**(a)** Como $A$ foi gerada aleatoriamente, esperamos que seja não singular. O sistema $A\mathbf{x} = \mathbf{b}$ deve ter uma única solução. Encontre a solução usando a operação "\". Use MATLAB para calcular a forma linha degrau reduzida $U$ de $[A\ \mathbf{b}]$. Compare a última coluna de $U$ com a solução $\mathbf{x}$. Na aritmética exata, elas deveriam ser a mesma. Por quê? Explique. Para comparar as duas, calcule a diferença $U(:, 7) - \mathbf{x}$ ou examine ambos usando `format long`.

**(b)** Vamos agora mudar $A$ para fazê-la singular. Faça

$$A(:, 3) = A(:, 1:2) * [4\ 3]'$$

Use MATLAB para calcular $\mathbf{rref}([A\ \mathbf{b}])$. Quantas soluções tem o sistema $A\mathbf{x} = \mathbf{b}$? Explique.

**(c)** Faça

$$\mathbf{y} = \mathbf{floor}(20 * \mathbf{rand}(6, 1)) - 10$$

e

$$\mathbf{c} = A * \mathbf{y}$$

Como sabemos que o sistema $A\mathbf{x} = \mathbf{c}$ deve ser consistente? Explique. Calcule a forma linha degrau reduzida $U$ de $[A\ \mathbf{c}]$. Quantas soluções tem o sistema $A\mathbf{x} = \mathbf{c}$? Explique.

**(d)** A variável livre determinada pela forma linha degrau deve ser $x_3$. Examinando o sistema correspondente à matriz $U$, você deve ser capaz de determinar a solução correspondente a $x_3 = 0$. Entre essa solução em MATLAB como um vetor coluna $\mathbf{w}$. Para checar que $A\mathbf{w} = \mathbf{c}$, calcule o vetor resíduo $\mathbf{c} - A\mathbf{w}$.

**(e)** Seja $U(:, 7) = \mathbf{zeros}(6, 1)$. A matriz $U$ deve agora corresponder à forma linha degrau reduzida de $(A \mid \mathbf{0})$. Use $U$ para determinar a solução do sistema homogêneo quando a variável livre $x_3 = 1$ (faça isto manualmente), e entre seu resultado como um vetor $\mathbf{z}$. Verifique sua resposta calculando $A * \mathbf{z}$.

**(f)** Faça $\mathbf{v} = \mathbf{w} + 3 * \mathbf{z}$. O vetor $\mathbf{v}$ deve ser uma solução de $A\mathbf{x} = \mathbf{c}$. Por quê? Explique. Verifique que $\mathbf{v}$ é uma solução usando MATLAB para calcular o vetor resíduo $\mathbf{c} - A\mathbf{v}$. Qual o valor da variável livre $x_3$ para esta solução? Como podemos determinar todas as soluções possíveis do sistema em função dos vetores $\mathbf{w}$ e $\mathbf{z}$? Explique.

**6.** Considere o grafo

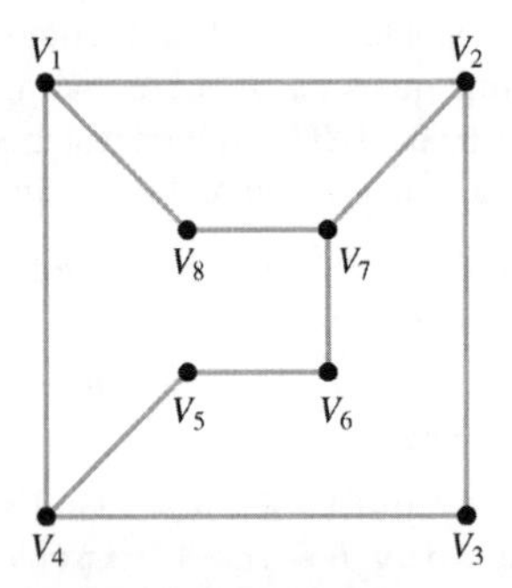


**(a)** Determine a matriz de adjacência $A$ para o grafo e entre em MATLAB.

**(b)** Calcule $A^2$ e determine o número de caminhos de comprimento 2 de (i) $V_1$ a $V_7$, (ii) $V_4$ a $V_8$, (iii) $V_5$ a $V_6$ e (iv) $V_8$ a $V_3$.

**(c)** Calcule $A^4$, $A^6$ e $A^8$ e responda às questões da parte (b) para caminhos de comprimentos 4, 6 e 8. Faça uma conjectura para quando não haverá caminhos de comprimento par entre os vértices $V_i$ e $V_j$.

(**d**) Calcule $A^3$, $A^5$ e $A^7$ e responda às questões da parte (b) para caminhos de comprimentos 3, 5 e 7. Sua conjectura na parte (c) é válida para caminhos de comprimento ímpar? Explique. Faça uma conjectura sobre se haverá caminhos de comprimento $k$ entre os vértices $V_i$ e $V_j$ baseado em se $i + j + k$ é par ou ímpar.

(**e**) Se adicionarmos as arestas $\{V_3, V_6\}$ e $\{V_5, V_8\}$ ao grafo, a matriz de adjacência $B$ para o novo grafo pode ser gerada fazendo $B = A$ e então fazendo

$$B(3,6) = 1, \quad B(6,3) = 1,$$
$$B(5,8) = 1, \quad B(8,5) = 1$$

Calcule $B^k$ para $k = 2, 3, 4, 5$. Sua conjectura na parte (d) ainda é válida para o novo grafo?

(**f**) Adicione a aresta $\{V_6, V_8\}$ à figura e construa a matriz de adjacência $C$ para o grafo resultante. Calcule potências de $C$ para determinar se sua conjectura da parte (d) ainda vale para o novo grafo.

**7.** Na Aplicação 1 da Seção 1.4, os números de mulheres casadas e solteiras após 1 e 2 anos foram determinados calculando os produtos $AX$ e $A^2X$ para as matrizes $A$ e $X$ dadas. Use `format long` e entre essas matrizes em MATLAB. Calcule $A^k$ e $A^kX$ para $k = 5, 10, 15, 20$. O que acontece com $A^k$ à medida que $k$ cresce? Qual é a distribuição de mulheres casadas e solteiras na cidade, a longo prazo?

**8.** A tabela seguinte descreve um modelo de sete estágios para o ciclo de vida da tartaruga marinha comum.

**Tabela 1** Modelo de Sete Estágios da Demografia da Tartaruga Marinha Comum

| Número do Estágio | Descrição (idade em anos) | Taxa anual de sobrevivência | Ovos postos por ano |
|---|---|---|---|
| 1 | Ovos, recém-nascidos (<1) | 0,6747 | 0 |
| 2 | Pequenos jovens (1-7) | 0,7857 | 0 |
| 3 | Grandes jovens (8-15) | 0,6758 | 0 |
| 4 | Subadultos (16-21) | 0,7425 | 0 |
| 5 | Reprodutores novos (22) | 0,8091 | 127 |
| 6 | Reprodutores do primeiro ano (23) | 0,8091 | 4 |
| 7 | Reprodutores maduros (24-54) | 0,8091 | 80 |

A matriz de Leslie correspondente é

$$L = \begin{pmatrix} 0 & 0 & 0 & 0 & 127 & 4 & 80 \\ 0{,}6747 & 0{,}7370 & 0 & 0 & 0 & 0 & 0 \\ 0 & 0{,}0486 & 0{,}6610 & 0 & 0 & 0 & 0 \\ 0 & 0 & 0{,}0147 & 0{,}6907 & 0 & 0 & 0 \\ 0 & 0 & 0 & 0{,}0518 & 0 & 0 & 0 \\ 0 & 0 & 0 & 0 & 0{,}8091 & 0 & 0 \\ 0 & 0 & 0 & 0 & 0 & 0{,}8091 & 0{,}8089 \end{pmatrix}$$

Suponha que o número de tartarugas em cada estágio da população inicial é descrito pelo vetor

$$\mathbf{x}_0 = (200.000 \;\; 130.000 \;\; 100.000 \;\; 70.000 \;\; 500 \;\; 400 \;\; 1100)^T$$

(**a**) Entre com $L$ em MATLAB e faça:

x0 = [200000, 130000, 100000, 70000, 500, 400, 1100]'.

Use o comando:

x50 = round(L^50*x0)

para calcular $\mathbf{x}_{50}$. Calcule também os valores de $\mathbf{x}_{100}$, $\mathbf{x}_{150}$, $\mathbf{x}_{200}$, $\mathbf{x}_{250}$ e $\mathbf{x}_{300}$.

(**b**) As tartarugas marinhas comuns põem seus ovos em terra. Suponha que conservacionistas tomem cuidados especiais para proteger esses ovos e, como resultado, a taxa de sobrevivência para os ovos e recém-nascidos aumente para 77 %. Para incorporar esta mudança em nosso modelo, precisamos somente mudar o elemento (2, 1) de $L$ para 0,77. Faça essa modificação na matriz $L$ e repita a parte (a). O potencial de sobrevivência da tartaruga marinha comum aumentou significativamente?

**(c)** Suponha que, em vez de aumentar a taxa de sobrevivência para ovos e recém-nascidos, podemos visualizar um meio de proteger os pequenos jovens, de modo que sua taxa de sobrevivência aumente para 88 %. Use as Equações (1) e (2) da Aplicação 2 da Seção 1.4 para determinar a proporção de pequenos jovens que sobrevivem e permanecem no mesmo estágio e a proporção que sobrevive e passa ao estágio seguinte. Modifique sua matriz $L$ original apropriadamente e repita a parte (a), usando a nova matriz. O potencial de sobrevivência da tartaruga marinha comum aumentou significativamente?

**9.** Faça $A = \texttt{magic}(8)$ e calcule sua forma linha degrau reduzida. Os uns principais devem corresponder às três primeiras variáveis $x_1$, $x_2$ e $x_3$, e as cinco variáveis restantes são livres.

**(a)** Faça $\mathbf{c} = [1{:}\ 8]'$ e determine se o sistema $A\mathbf{x} = \mathbf{c}$ é consistente calculando a forma linha degrau reduzida de $[A, \mathbf{c}]$. O sistema é consistente? Explique.

**(b)** Faça

$$\mathbf{b} = [8\ \ -8\ \ -8\ \ \ 8\ \ \ 8\ \ -8\ \ -8\ \ \ 8]';$$

e considere o sistema $A\mathbf{x} = \mathbf{b}$. Este sistema deveria ser consistente. Verifique isto calculando $U = \texttt{rref}([A\ \mathbf{b}])$. Devemos ser capazes de encontrar uma solução para qualquer escolha das variáveis livres. Com efeito, faça $\mathbf{x2} = \texttt{floor}(10 * \texttt{rand}(5, 1))$. Se $\mathbf{x2}$ representa as cinco últimas coordenadas de uma solução do sistema, então devemos ser capazes de determinar $\mathbf{x1} = (x_1, x_2, x_3)^T$ em função de $\mathbf{x2}$. Para isto, faça $U = \texttt{rref}([A\ \mathbf{b}])$. As linhas não nulas de $U$ correspondem a um sistema linear na forma bloco

$$\begin{bmatrix} I & V \end{bmatrix} \begin{bmatrix} \mathbf{x1} \\ \mathbf{x2} \end{bmatrix} = \mathbf{c} \qquad (1)$$

Para resolver a Equação (1), faça

$$V = U(1:3,\ 4:8), \qquad \mathbf{c} = U(1:3,\ 9)$$

e use MATLAB para calcular $\mathbf{x1}$ em função de $\mathbf{x2}$, $\mathbf{c}$ e $V$. Faça $\mathbf{x} = [\mathbf{x1}; \mathbf{x2}]$ e verifique que $\mathbf{x}$ é uma solução do sistema.

**10.** Faça

$$B = [-1, -1;\ 1, 1]$$

e

$$A = [\texttt{zeros}(2), \texttt{eye}(2);\ \texttt{eye}(2), B]$$

e verifique que $B^2 = O$.

**(a)** Use MATLAB para calcular $A^2$, $A^4$, $A^6$ e $A^8$. Faça uma conjectura sobre como a forma bloco de $A^{2k}$ será em função de submatrizes $I$, $O$ e $B$. Use indução matemática para provar que sua conjectura é verdadeira para qualquer inteiro positivo $k$.

**(b)** Use MATLAB para calcular $A^3$, $A^5$, $A^7$ e $A^9$. Faça uma conjectura sobre como a forma bloco de $A^{2k-1}$ será em função de submatrizes $I$, $O$ e $B$. Demonstre sua conjectura.

**11. (a)** Os comandos MATLAB

$$A = \texttt{floor}(10 * \texttt{rand}(6)), \quad B = A' * A$$

resultam em uma matriz simétrica com elementos inteiros. Por quê? Explique. Calcule $B$ dessa forma e verifique essas afirmações. Em seguida, particione $B$ em quatro submatrizes $3 \times 3$. Para determinar as submatrizes em MATLAB, faça

$$B11 = B(1:3,\ 1:3), \quad B12 = B(1:3,\ 4:6)$$

e defina $B21$ e $B22$ de forma similar, usando as linhas 4 a 6 de $B$.

**(b)** Faça $C = \texttt{inv}(B11)$. Deve acontecer que $C^T = C$ e $B21^T = B12$. Por quê? Explique. Use a operação MATLAB $'$ para calcular as transpostas e verificar essas afirmações. Em seguida, faça

$$E = B21 * C \text{ e } F = B22 - B21 * C * B21'$$

e use as funções **eye** e **zeros** de MATLAB para construir

$$L = \begin{bmatrix} I & O \\ E & I \end{bmatrix}, \quad D = \begin{bmatrix} B11 & O \\ O & F \end{bmatrix}$$

Calcule $H = L * D * L'$ e compare $H$ com $B$ calculando $H - B$. Demonstre que, se todas as computações tivessem sido feitas em aritmética exata, $LDL^T$ seria exatamente igual a $B$.

## TESTE A DO CAPÍTULO Verdadeiro ou Falso

Este teste do capítulo consiste em 10 questões de verdadeiro ou falso. Em cada caso, responda *Verdadeiro*, se o enunciado é sempre verdadeiro, e responda *Falso*, caso contrário. No caso de um enunciado verdadeiro, explique ou demonstre sua resposta. No caso de um enunciado falso, dê um exemplo para mostrar que o enunciado nem sempre é verdadeiro. Por exemplo, considere os seguintes enunciados sobre matrizes $n \times n$, $A$ e $B$:

**(i)** $A + B = B + A$

**(ii)** $AB = BA$

O enunciado (**i**) é sempre *verdadeiro*. Explicação: O elemento $(i, j)$ de $A + B$ é $a_{ij} + b_{ij}$ e o elemento $(i, j)$ de $B + A$ é $b_{ij} + a_{ij}$. Como $a_{ij} + b_{ij} = b_{ij} + a_{ij}$ para todo $i$ e todo $j$, segue-se que $A + B = B + A$.

A resposta ao enunciado (**ii**) é *falsa*. Embora o enunciado possa ser verdadeiro em alguns casos, nem sempre é verdadeiro. Para mostrar isto, precisamos exibir somente um exemplo em que a igualdade não é válida. Por exemplo, se

$$A = \begin{pmatrix} 1 & 2 \\ 3 & 1 \end{pmatrix} \quad \text{e} \quad B = \begin{pmatrix} 2 & 3 \\ 1 & 1 \end{pmatrix}$$

então

$$AB = \begin{pmatrix} 4 & 5 \\ 7 & 10 \end{pmatrix} \quad \text{e} \quad BA = \begin{pmatrix} 11 & 7 \\ 4 & 3 \end{pmatrix}$$

Isto prova que o enunciado (**ii**) é falso.

**1.** Se a forma linha degrau de $A$ envolve variáveis livres, então o sistema $A\mathbf{x} = \mathbf{b}$ terá um número infinito de soluções.

**2.** Todo sistema homogêneo é consistente.

**3.** Uma matriz $n \times n$, $A$, é não singular se e somente se a forma linha degrau reduzida de $A$ é $I$ (a matriz identidade).

**4.** Se $A$ é não singular, então $A$ pode ser fatorada em um produto de matrizes elementares.

**5.** Se $A$ e $B$ são matrizes $n \times n$ não singulares, então $A + B$ é também não singular e $(A + B)^{-1} = A^{-1} + B^{-1}$.

**6.** Se $A = A^{-1}$, então $A$ deve ser igual a $I$ ou a $-I$.

**7.** Se $A$ e $B$ são matrizes $n \times n$, então $(A - B)^2 = A^2 - 2AB + B^2$.

**8.** Se $AB = AC$ e $A \neq O$ (a matriz nula), então $B = C$.

**9.** Se $AB = O$, então $BA = O$.

**10.** Se $A$ é uma matriz $3 \times 3$ e $\mathbf{a}_1 + 2\mathbf{a}_2 - \mathbf{a}_3 = \mathbf{0}$, então $A$ deve ser singular.

**11.** Se $A$ é uma matriz $4 \times 3$ e $\mathbf{b} = \mathbf{a}_1 + \mathbf{a}_3$, então o sistema $A\mathbf{x} = \mathbf{b}$ deve ser consistente.

**12.** Seja $A$ uma matriz $4 \times 3$ com $\mathbf{a}_2 = \mathbf{a}_3$. Se $\mathbf{b} = \mathbf{a}_1 + \mathbf{a}_2 + \mathbf{a}_3$, então o sistema $A\mathbf{x} = \mathbf{b}$ terá um número infinito de soluções.

**13.** Se $E$ é uma matriz elementar, então $E^T$ é também uma matriz elementar.

**14.** O produto de duas matrizes elementares é uma matriz elementar.

**15.** Se $\mathbf{x}$ e $\mathbf{y}$ são vetores não nulos em $\mathbb{R}^n$ e $A = \mathbf{x}\mathbf{y}^T$, então a forma linha degrau de $A$ terá exatamente uma linha não nula.

## TESTE B DO CAPÍTULO

**1.** Encontre todas as soluções do sistema linear

$$\begin{aligned} x_1 - x_2 + 3x_3 + 2x_4 &= 1 \\ -x_1 + x_2 - 2x_3 + x_4 &= -2 \\ 2x_1 - 2x_2 + 7x_3 + 7x_4 &= 1 \end{aligned}$$

**2.** **(a)** Um sistema linear a duas incógnitas corresponde a uma reta no plano. Dê uma interpretação geométrica similar a um sistema linear a três incógnitas.

**(b)** Dado um sistema linear consistindo em duas equações a três incógnitas, qual é o número possível de soluções? Dê uma interpretação geométrica à sua resposta.

**(c)** Dado um sistema linear homogêneo consistindo em duas equações a três incógnitas, quantas soluções ele terá? Explique.

**3.** Seja $A\mathbf{x} = \mathbf{b}$ um sistema de $n$ equações lineares a $n$ incógnitas e suponha que $\mathbf{x}_1$ e $\mathbf{x}_2$ são soluções e $\mathbf{x}_1 \neq \mathbf{x}_2$.

**(a)** Quantas soluções tem o sistema? Explique.

**(b)** A matriz $A$ é não singular? Explique.

**4.** Seja $A$ uma matriz da forma

$$A = \begin{pmatrix} \alpha & \beta \\ 2\alpha & 2\beta \end{pmatrix}$$

em que $\alpha$ e $\beta$ são escalares fixos não nulos.

**(a)** Explique por que o sistema

$$A\mathbf{x} = \begin{pmatrix} 3 \\ 1 \end{pmatrix}$$

deve ser inconsistente.

**(b)** Como se pode escolher um vetor não nulo $\mathbf{b}$ de modo que o sistema $A\mathbf{x} = \mathbf{b}$ seja consistente? Explique.

**5.** Sejam

$$A = \begin{bmatrix} 2 & 1 & 3 \\ 4 & 2 & 7 \\ 1 & 3 & 5 \end{bmatrix}, \quad B = \begin{bmatrix} 2 & 1 & 3 \\ 1 & 3 & 5 \\ 4 & 2 & 7 \end{bmatrix}$$

$$C = \begin{bmatrix} 0 & 1 & 3 \\ 0 & 2 & 7 \\ -5 & 3 & 5 \end{bmatrix}$$

**(a)** Encontre uma matriz elementar $E$ tal que $EA = B$.

**(b)** Encontre uma matriz elementar $F$ tal que $AF = C$.

**6.** Seja $A$ uma matriz $3 \times 3$ e seja

$$\mathbf{b} = 3\mathbf{a}_1 + \mathbf{a}_2 + 4\mathbf{a}_3$$

O sistema $A\mathbf{x} = \mathbf{b}$ é consistente? Explique.

**7.** Seja $A$ uma matriz $3 \times 3$ e seja

$$\mathbf{a}_1 - 3\mathbf{a}_2 + 2\mathbf{a}_3 = \mathbf{0} \text{ (vetor zero)}$$

$A$ é não singular? Explique.

**8.** Dado o vetor

$$\mathbf{x}_0 = \begin{bmatrix} 1 \\ 1 \end{bmatrix}$$

é possível encontrar matrizes $2 \times 2$, $A$ e $B$, tais que $A \neq B$ e $A\mathbf{x}_0 = B\mathbf{x}_0$? Explique.

**9.** Sejam $A$ e $B$ matrizes simétricas $n \times n$ e seja $C = AB$. $C$ é simétrica? Explique.

**10.** Sejam $E$ e $F$ matrizes elementares $n \times n$ e seja $C = EF$. $C$ é não singular? Explique.

**11.** Dado

$$A = \begin{bmatrix} I & O & O \\ O & I & O \\ O & B & I \end{bmatrix}$$

em que todas as submatrizes são $n \times n$, determine a forma bloco de $A^{-1}$.

**12.** Sejam $A$ e $B$ matrizes $10 \times 10$ que são particionadas em submatrizes, como se segue:

$$A = \begin{bmatrix} A_{11} & A_{12} \\ A_{21} & A_{22} \end{bmatrix}, \quad B = \begin{bmatrix} B_{11} & B_{12} \\ B_{21} & B_{22} \end{bmatrix}$$

**(a)** Se $A_{11}$ é uma matriz $6 \times 5$, e $B_{11}$ é uma matriz $k \times r$, que condições, se houver, devem ser satisfeitas por $k$ e $r$ para que a multiplicação em bloco de $A$ por $B$ seja possível?

**(b)** Supondo que a multiplicação em bloco seja possível, como seria determinado o bloco (2, 2) do produto?

CAPÍTULO

# 2

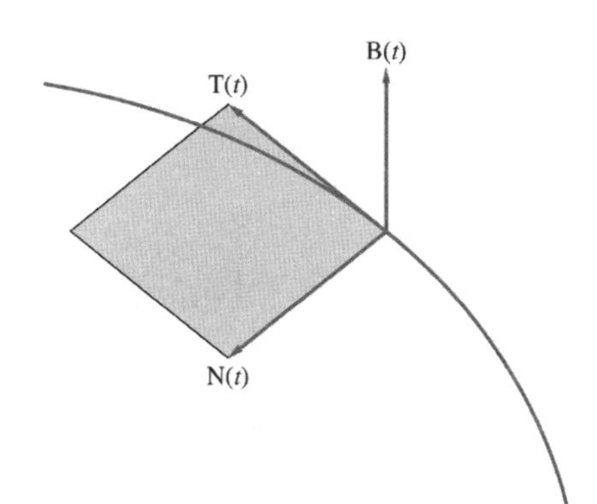


# Determinantes

A cada matriz quadrada é possível associar um número real chamado de determinante da matriz. O valor deste número dirá se a matriz é singular.

Na Seção 2.1, é dada a definição de determinante de uma matriz. Na Seção 2.2, estudamos propriedades de determinantes e derivamos um método de eliminação para avaliar determinantes. O método de eliminação é geralmente o mais simples para a avaliação do determinante de uma matriz $n \times n$ quando $n > 3$. Na Seção 2.3, vemos como determinantes podem ser aplicados na resolução de sistemas lineares $n \times n$ e como podem ser utilizados para calcular a inversa de uma matriz. Aplicações de determinantes à criptografia e à mecânica newtoniana são também apresentadas na Seção 2.3. Outras aplicações de determinantes são apresentadas nos Capítulos 3 e 6.

## 2.1 O Determinante de uma Matriz

A cada matriz $n \times n$, $A$, é possível associar um escalar, $\det(A)$, cujo valor dirá se a matriz é não singular. Antes de proceder à definição geral, consideremos os seguintes casos:

**Caso 1. Matrizes 1 × 1** Se $A = (a)$ é uma matriz $1 \times 1$, então $A$ terá uma inversa multiplicativa se e somente se $a \neq 0$. Portanto, definimos

$$\det(A) = a$$

então $A$ será não singular se e somente se $\det(A) \neq 0$.

**Caso 2. Matrizes 2 × 2** Seja

$$A = \begin{Bmatrix} a_{11} & a_{12} \\ a_{21} & a_{22} \end{Bmatrix}$$

Pelo Teorema 1.5.2, $A$ será não singular se e somente se é equivalente linha de $I$. Então, se $a_{11} \neq 0$, podemos testar se $A$ é equivalente linha de $I$ executando as seguintes operações:

**1.** Multiplicar a segunda linha de $A$ por $a_{11}$

$$\begin{bmatrix} a_{11} & a_{12} \\ a_{11}a_{21} & a_{11}a_{22} \end{bmatrix}$$

**2.** Subtrair $a_{21}$ vezes a primeira linha da nova segunda linha

$$\begin{bmatrix} a_{11} & a_{12} \\ 0 & a_{11}a_{22} - a_{21}a_{12} \end{bmatrix}$$

Como $a_{11} \neq 0$, a matriz resultante será equivalente linha de $I$ se e somente se

$$a_{11}a_{22} - a_{21}a_{12} \neq 0 \tag{1}$$

Se $a_{11} = 0$, podemos comutar as duas linhas de $A$. A matriz resultante

$$\begin{bmatrix} a_{21} & a_{22} \\ 0 & a_{12} \end{bmatrix}$$

será equivalente linha de $I$ se e somente se $a_{21}a_{12} \neq 0$. Este requisito é equivalente à condição (1) quando $a_{11} = 0$. Então, se $A$ é qualquer matriz $2 \times 2$ e definimos

$$\det(A) = a_{11}a_{22} - a_{12}a_{21},$$

$A$ é não singular se e somente se $\det(A) \neq 0$.

## Notação

Podemos nos referir ao determinante de uma matriz específica incluindo o arranjo entre linhas verticais. Por exemplo, se

$$A = \begin{bmatrix} 3 & 4 \\ 2 & 1 \end{bmatrix}$$

então

$$\begin{vmatrix} 3 & 4 \\ 2 & 1 \end{vmatrix}$$

representa o determinante de $A$.

**Caso 3. Matrizes 3 × 3** Podemos testar se uma matriz $3 \times 3$ é não singular executando operações sobre linhas para ver se a matriz é equivalente linha da matriz identidade $I$. Para executar a eliminação na primeira coluna de uma matriz $3 \times 3$ arbitrária $A$, vamos supor que $a_{11} \neq 0$. A eliminação pode ser executada subtraindo $a_{21}/a_{11}$ vezes a primeira linha da segunda e $a_{31}/a_{11}$ vezes a primeira linha da terceira:

$$\begin{bmatrix} a_{11} & a_{12} & a_{13} \\ a_{21} & a_{22} & a_{23} \\ a_{31} & a_{32} & a_{33} \end{bmatrix} \rightarrow \begin{bmatrix} a_{11} & a_{12} & a_{13} \\ 0 & \dfrac{a_{11}a_{22} - a_{21}a_{12}}{a_{11}} & \dfrac{a_{11}a_{23} - a_{21}a_{13}}{a_{11}} \\ 0 & \dfrac{a_{11}a_{32} - a_{31}a_{12}}{a_{11}} & \dfrac{a_{11}a_{33} - a_{31}a_{13}}{a_{11}} \end{bmatrix}$$

A matriz à direita será equivalente linha de $I$ se e somente se

$$a_{11}\begin{vmatrix} \dfrac{a_{11}a_{22}-a_{21}a_{12}}{a_{11}} & \dfrac{a_{11}a_{23}-a_{21}a_{13}}{a_{11}} \\ \dfrac{a_{11}a_{32}-a_{31}a_{12}}{a_{11}} & \dfrac{a_{11}a_{33}-a_{31}a_{13}}{a_{11}} \end{vmatrix} \neq 0$$

Embora a álgebra possa ser um tanto complicada, esta condição pode ser simplificada para

$$\begin{aligned} a_{11}a_{22}a_{33} - a_{11}a_{32}a_{23} - a_{12}a_{21}a_{33} + a_{12}a_{31}a_{23} \\ + a_{13}a_{21}a_{32} - a_{13}a_{31}a_{22} \neq 0 \end{aligned} \tag{2}$$

Portanto, se definirmos

$$\begin{aligned} \det(A) = a_{11}a_{22}a_{33} - a_{11}a_{32}a_{23} - a_{12}a_{21}a_{33} \\ + a_{12}a_{31}a_{23} + a_{13}a_{21}a_{32} - a_{13}a_{31}a_{22} \end{aligned} \tag{3}$$

então, para o caso $a_{11} \neq 0$, a matriz será não singular se e somente se $\det(A) \neq 0$.

O que acontece se $a_{11} = 0$? Considere as seguintes possibilidades:

**(i)** $a_{11} = 0, a_{21} \neq 0$

**(ii)** $a_{11} = a_{21} = 0, a_{31} \neq 0$

**(iii)** $a_{11} = a_{21} = a_{31} = 0$

No caso (i), não é difícil mostrar que $A$ é equivalente linha de $I$ se e somente se

$$-a_{12}a_{21}a_{33} + a_{12}a_{31}a_{23} + a_{13}a_{21}a_{32} - a_{13}a_{31}a_{22} \neq 0$$

Mas essa condição é igual à condição (2) com $a_{11} = 0$. Os detalhes do caso (i) são deixados como exercício para o leitor (veja o Problema 7 ao fim desta seção).

No caso (ii), segue-se que

$$A = \begin{bmatrix} 0 & a_{12} & a_{13} \\ 0 & a_{22} & a_{23} \\ a_{31} & a_{32} & a_{33} \end{bmatrix}$$

é equivalente linha de $I$ se e somente se

$$a_{31}(a_{12}a_{23} - a_{22}a_{13}) \neq 0$$

Novamente, esse é um caso especial da condição (2) com $a_{11} = a_{21} = 0$.

Evidentemente, no caso (iii) a matriz $A$ não pode ser equivalente linha de $I$ e, portanto, deve ser singular. Neste caso, se fizermos $a_{11}$, $a_{21}$ e $a_{31}$ iguais a 0 na fórmula (3), o resultado será $\det(A) = 0$.

Em geral, então, a fórmula (2) dá uma condição necessária e suficiente para que uma matriz $3 \times 3$ seja não singular (independentemente do valor de $a_{11}$).

Gostaríamos agora de definir o determinante de uma matriz $n \times n$. Para ver como fazer isto, note que o determinante de uma matriz $2 \times 2$

$$A = \begin{bmatrix} a_{11} & a_{12} \\ a_{21} & a_{22} \end{bmatrix}$$

pode ser definido em função de duas matrizes $1 \times 1$

$$M_{11} = (a_{22}) \quad \text{e} \quad M_{12} = (a_{21})$$

A matriz $M_{11}$ é formada de $A$ eliminando sua primeira linha e sua primeira coluna, e $M_{12}$ é formada de $A$ eliminando sua primeira linha e sua segunda coluna.

O determinante de $A$ pode ser expresso na forma

$$\det(A) = a_{11}a_{22} - a_{12}a_{21} = a_{11}\det(M_{11}) - a_{12}\det(M_{12}) \tag{4}$$

Para uma matriz $3 \times 3$, $A$, podemos reescrever a Equação (3) na forma

$$\det(A) = a_{11}(a_{22}a_{33} - a_{32}a_{23}) - a_{12}(a_{21}a_{33} - a_{31}a_{23}) + a_{13}(a_{21}a_{32} - a_{31}a_{22})$$

Para $j = 1, 2, 3$, seja $M_{1j}$ a matriz $2 \times 2$ obtida de $A$ eliminando-se a primeira linha e a $j$-ésima coluna. O determinante de $A$ pode então ser representado sob a forma

$$\det(A) = a_{11}\det(M_{11}) - a_{12}\det(M_{12}) + a_{13}\det(M_{13}) \tag{5}$$

em que

$$M_{11} = \begin{pmatrix} a_{22} & a_{23} \\ a_{32} & a_{33} \end{pmatrix}, \quad M_{12} = \begin{pmatrix} a_{21} & a_{23} \\ a_{31} & a_{33} \end{pmatrix}, \quad M_{13} = \begin{pmatrix} a_{21} & a_{22} \\ a_{31} & a_{32} \end{pmatrix}$$

Para ver como generalizar (4) e (5) para o caso $n > 3$, introduzimos a definição a seguir.

**Definição** Seja $A = (a_{ij})$ uma matriz $n \times n$ e seja $M_{ij}$ a matriz $(n - 1) \times (n - 1)$ obtida de $A$ eliminando-se a linha e a coluna contendo $a_{ij}$. O determinante de $M_{ij}$ é chamado de o **menor** de $a_{ij}$. Definimos o **cofator** $A_{ij}$ de $a_{ij}$ por

$$A_{ij} = (-1)^{i+j}\det(M_{ij})$$

Tendo em vista esta definição, para uma matriz $2 \times 2$, $A$, podemos reescrever a Equação (4) sob a forma

$$\det(A) = a_{11}A_{11} + a_{12}A_{12} \qquad (n = 2) \tag{6}$$

A Equação (6) é chamada de *expansão em cofatores* de $\det(A)$ ao longo da primeira linha de $A$. Note que poderíamos também escrever

$$\det(A) = a_{21}(-a_{12}) + a_{22}a_{11} = a_{21}A_{21} + a_{22}A_{22} \tag{7}$$

A Equação (7) exprime $\det(A)$ em função dos elementos da segunda linha de $A$ e seus cofatores. Na verdade, não há nenhuma razão para precisar expandir ao longo de uma linha da matriz; o determinante poderia muito bem ser representado pela expansão em cofatores ao longo de uma das colunas:

$$\begin{aligned} \det(A) &= a_{11}a_{22} + a_{21}(-a_{12}) \\ &= a_{11}A_{11} + a_{21}A_{21} && \text{(primeira coluna)} \\ \det(A) &= a_{12}(-a_{21}) + a_{22}a_{11} \\ &= a_{12}A_{12} + a_{22}A_{22} && \text{(segunda coluna)} \end{aligned}$$

Para uma matriz $3 \times 3$, $A$, temos

$$\det(A) = a_{11}A_{11} + a_{12}A_{12} + a_{13}A_{13} \tag{8}$$

Portanto, o determinante de uma matriz $3 \times 3$ pode ser definido em função dos elementos da primeira linha da matriz e seus cofatores correspondentes.

EXEMPLO 1 Se

$$A = \begin{bmatrix} 2 & 5 & 4 \\ 3 & 1 & 2 \\ 5 & 4 & 6 \end{bmatrix}$$

então

$$\begin{aligned} \det(A) &= a_{11}A_{11} + a_{12}A_{12} + a_{13}A_{13} \\ &= (-1)^2 a_{11}\det(M_{11}) + (-1)^3 a_{12}\det(M_{12}) + (-1)^4 a_{13}\det(M_{13}) \\ &= 2\begin{vmatrix} 1 & 2 \\ 4 & 6 \end{vmatrix} - 5\begin{vmatrix} 3 & 2 \\ 5 & 6 \end{vmatrix} + 4\begin{vmatrix} 3 & 1 \\ 5 & 4 \end{vmatrix} \\ &= 2(6-8) - 5(18-10) + 4(12-5) \\ &= -16 \end{aligned}$$

■

Como no caso de matrizes $2 \times 2$, o determinante de uma matriz $3 \times 3$ pode ser representado como uma expansão em cofatores usando qualquer linha ou coluna. Por exemplo, a Equação (3) pode ser reescrita na forma

$$\begin{aligned} \det(A) &= a_{12}a_{31}a_{23} - a_{13}a_{31}a_{22} - a_{11}a_{32}a_{23} + a_{13}a_{21}a_{32} + a_{11}a_{22}a_{33} - a_{12}a_{21}a_{33} \\ &= a_{31}(a_{12}a_{23} - a_{13}a_{22}) - a_{32}(a_{11}a_{23} - a_{13}a_{21}) + a_{33}(a_{11}a_{22} - a_{12}a_{21}) \\ &= a_{31}A_{31} + a_{32}A_{32} + a_{33}A_{33} \end{aligned}$$

Essa é a expansão em cofatores ao longo da terceira linha de $A$.

EXEMPLO 2 Seja $A$ a matriz do Exemplo 1. A expansão em cofatores do $\det(A)$ ao longo da segunda coluna é dada por

$$\begin{aligned} \det(A) &= -5\begin{vmatrix} 3 & 2 \\ 5 & 6 \end{vmatrix} + 1\begin{vmatrix} 2 & 4 \\ 5 & 6 \end{vmatrix} - 4\begin{vmatrix} 2 & 4 \\ 3 & 2 \end{vmatrix} \\ &= -5(18-10) + 1(12-20) - 4(4-12) = -16 \end{aligned}$$

■

O determinante de uma matriz $4 \times 4$ pode ser definido em função da expansão em cofatores ao longo de qualquer linha ou coluna. Para calcular o valor do determinante $4 \times 4$, precisamos avaliar quatro determinantes $3 \times 3$.

**Definição**

O **determinante** de uma matriz $n \times n$, $A$, escrito $\det(A)$, é um escalar associado à matriz $A$ que é definido indutivamente por

$$\det(A) = \begin{cases} a_{11} & \text{se } n = 1 \\ a_{11}A_{11} + a_{12}A_{12} + \cdots + a_{1n}A_{1n} & \text{se } n > 1 \end{cases}$$

em que

$$A_{1j} = (-1)^{1+j}\det(M_{1j}) \qquad j = 1, \ldots, n$$

são os cofatores associados aos elementos na primeira linha de $A$.

Como vimos, não é necessário nos limitarmos ao uso da primeira linha na expansão em cofatores. Enunciamos o seguinte teorema, sem prová-lo:

**Teorema 2.1.1** *Se uma matriz $n \times n$, $A$, com $n \geq 2$, então $\det(A)$ pode ser expresso como uma expansão em cofatores usando qualquer linha ou coluna de $A$; isto é,*

$$\begin{aligned}\det(A) &= a_{i1}A_{i1} + a_{i2}A_{i2} + \cdots + a_{in}A_{in} \\ &= a_{1j}A_{1j} + a_{2j}A_{2j} + \cdots + a_{nj}A_{nj}\end{aligned}$$

*para $i = 1, \ldots, n$ e $j = 1, \ldots, n$.*

A expansão em cofatores de um determinante $4 \times 4$ envolve quatro determinantes $3 \times 3$. Podemos frequentemente economizar trabalho expandindo ao longo da linha ou coluna que contém mais zeros. Por exemplo, para avaliar

$$\begin{vmatrix} 0 & 2 & 3 & 0 \\ 0 & 4 & 5 & 0 \\ 0 & 1 & 0 & 3 \\ 2 & 0 & 1 & 3 \end{vmatrix}$$

expandiríamos ao longo da primeira coluna. Os três primeiros termos serão eliminados, deixando

$$-2\begin{vmatrix} 2 & 3 & 0 \\ 4 & 5 & 0 \\ 1 & 0 & 3 \end{vmatrix} = -2 \cdot 3 \cdot \begin{vmatrix} 2 & 3 \\ 4 & 5 \end{vmatrix} = 12$$

Para $n \leq 3$, vimos que uma matriz $n \times n$, $A$, é não singular se e somente se $\det(A) \neq 0$. Na próxima seção, mostraremos que este resultado é verdadeiro para todos os valores de $n$. Nessa seção veremos também o efeito de operações sobre linhas no valor do determinante e usaremos operações sobre linhas para derivar um método mais eficiente para calcular o valor de um determinante.

Concluímos esta seção com três teoremas que são simples consequências da definição de expansão em cofatores. As demonstrações dos dois últimos teoremas são deixadas para o leitor (veja os Problemas 8, 9 e 10 ao fim desta seção).

**Teorema 2.1.2** *Se $A$ é uma matriz $n \times n$, então* $\det(A^T) = \det(A)$.

***Demonstração*** A demonstração é por indução em $n$. Evidentemente, o resultado é válido para $n = 1$, já que uma matriz $1 \times 1$ é necessariamente simétrica. Suponha que o resultado é válido para todas as matrizes $k \times k$ e que $A$ é uma matriz $(k + 1) \times (k + 1)$. Expandindo $\det(A)$ ao longo da primeira linha de $A$, obtemos

$$\det(A) = a_{11}\det(M_{11}) - a_{12}\det(M_{12}) + - \cdots \pm a_{1,k+1}\det(M_{1,k+1})$$

Já que os $M_{ij}$ são matrizes $k \times k$, segue-se, da hipótese de indução, que

$$\det(A) = a_{11}\det(M_{11}^T) - a_{12}\det(M_{12}^T) + - \cdots \pm a_{1,k+1}\det(M_{1,k+1}^T) \quad (9)$$

O membro direito de (9) é exatamente a expansão por menores de $\det(A^T)$ usando a primeira coluna de $A^T$. Portanto,

$$\det(A^T) = \det(A)$$ ■

**Teorema 2.1.3** *Se A é uma matriz triangular $n \times n$, então o determinante de A é igual ao produto dos elementos diagonais de A.*

*Demonstração* Tendo em vista o Teorema 2.1.2, basta demonstrar o teorema para matrizes triangulares inferiores. O resultado se segue facilmente usando a expansão em cofatores e indução em $n$. Os detalhes são deixados para o leitor (veja o Problema 8 ao fim desta seção). ■

**Teorema 2.1.4** *Seja A uma matriz $n \times n$.*

**(i)** *Se A tem uma linha ou coluna consistindo inteiramente em zeros, então* $\det(A) = 0$.
**(ii)** *Se A tem duas linhas idênticas ou duas colunas idênticas, então* $\det(A) = 0$.

Ambos os resultados podem ser facilmente demonstrados usando-se a expansão em cofatores. As demonstrações são deixadas para o leitor (veja os Problemas 9 e 10 ao fim desta seção). ■

Na próxima seção, veremos o efeito das operações sobre linhas no valor do determinante. Isto permitirá usar o Teorema 2.1.3 para derivar um método mais eficiente para calcular o valor de um determinante.

## PROBLEMAS DA SEÇÃO 2.1

**1.** Seja

$$A = \begin{Bmatrix} 3 & 2 & 4 \\ 1 & -2 & 3 \\ 2 & 3 & 2 \end{Bmatrix}$$

**(a)** Encontre os valores de $\det(M_{21})$, $\det(M_{22})$ e $\det(M_{23})$.
**(b)** Encontre os valores de $A_{21}$, $A_{22}$ e $A_{23}$.
**(c)** Use suas respostas da parte (b) para calcular $\det(A)$.

**2.** Use determinantes para determinar se as seguintes matrizes $2 \times 2$ são não singulares:

**(a)** $\begin{Bmatrix} 3 & 5 \\ 2 & 4 \end{Bmatrix}$ **(b)** $\begin{Bmatrix} 3 & 6 \\ 2 & 4 \end{Bmatrix}$

**(c)** $\begin{Bmatrix} 3 & -6 \\ 2 & 4 \end{Bmatrix}$

**3.** Calcule os seguintes determinantes:

**(a)** $\begin{vmatrix} 3 & 5 \\ -2 & -3 \end{vmatrix}$ **(b)** $\begin{vmatrix} 5 & -2 \\ -8 & 4 \end{vmatrix}$

**(c)** $\begin{vmatrix} 3 & 1 & 2 \\ 2 & 4 & 5 \\ 2 & 4 & 5 \end{vmatrix}$ **(d)** $\begin{vmatrix} 4 & 3 & 0 \\ 3 & 1 & 2 \\ 5 & -1 & -4 \end{vmatrix}$

**(e)** $\begin{vmatrix} 1 & 3 & 2 \\ 4 & 1 & -2 \\ 2 & 1 & 3 \end{vmatrix}$ **(f)** $\begin{vmatrix} 2 & -1 & 2 \\ 1 & 3 & 2 \\ 5 & 1 & 6 \end{vmatrix}$

**(g)** $\begin{vmatrix} 2 & 0 & 0 & 1 \\ 0 & 1 & 0 & 0 \\ 1 & 6 & 2 & 0 \\ 1 & 1 & -2 & 3 \end{vmatrix}$

**(h)** $\begin{vmatrix} 2 & 1 & 2 & 1 \\ 3 & 0 & 1 & 1 \\ -1 & 2 & -2 & 1 \\ -3 & 2 & 3 & 1 \end{vmatrix}$

**4.** Calcule os seguintes determinantes por inspeção:

**(a)** $\begin{vmatrix} 3 & 5 \\ 2 & 4 \end{vmatrix}$ **(b)** $\begin{vmatrix} 2 & 0 & 0 \\ 4 & 1 & 0 \\ 7 & 3 & -2 \end{vmatrix}$

**(c)** $\begin{vmatrix} 3 & 0 & 0 \\ 2 & 1 & 1 \\ 1 & 2 & 2 \end{vmatrix}$ **(d)** $\begin{vmatrix} 4 & 0 & 2 & 1 \\ 5 & 0 & 4 & 2 \\ 2 & 0 & 3 & 4 \\ 1 & 0 & 2 & 3 \end{vmatrix}$

**5.** Calcule o seguinte determinante. Escreva sua resposta como um polinômio em $x$:

$$\begin{vmatrix} a-x & b & c \\ 1 & -x & 0 \\ 0 & 1 & -x \end{vmatrix}$$

6. Encontre todos os valores de $\lambda$ para os quais o seguinte determinante será igual a 0:

$$\begin{vmatrix} 2-\lambda & 4 \\ 3 & 3-\lambda \end{vmatrix}$$

7. Seja uma matriz $3 \times 3$ com $a_{11} = 0$ e $a_{21} \neq 0$. Mostre que $A$ é equivalente linha de $I$ se e somente se

$$-a_{12}a_{21}a_{33} + a_{12}a_{31}a_{23}$$
$$+ a_{13}a_{21}a_{32} - a_{13}a_{31}a_{22} \neq 0$$

8. Escreva os detalhes da demonstração do Teorema 2.1.3.

9. Demonstre que, se uma linha ou uma coluna de uma matriz $n \times n$, $A$, consiste inteiramente em zeros, então $\det(A) = 0$.

10. Use indução matemática para demonstrar que, se $A$ é uma matriz $(n+1) \times (n+1)$ com duas linhas idênticas, então $\det(A) = 0$.

11. Sejam $A$ e $B$ matrizes $2 \times 2$.
    **(a)** $\det(A + B) = \det(A) + \det(B)$?
    **(b)** $\det(AB) = \det(A)\det(B)$?
    **(c)** $\det(AB) = \det(BA)$?
    Justifique suas respostas.

12. Sejam $A$ e $B$ matrizes $2 \times 2$ e sejam

$$C = \begin{bmatrix} a_{11} & a_{12} \\ b_{21} & b_{22} \end{bmatrix}, \quad D = \begin{bmatrix} b_{11} & b_{12} \\ a_{21} & a_{22} \end{bmatrix},$$

$$E = \begin{bmatrix} 0 & \alpha \\ \beta & 0 \end{bmatrix}$$

    **(a)** Mostre que $\det(A + B) = \det(A) + \det(B) + \det(C) + \det(D)$.
    **(b)** Mostre que, se $B = EA$, então $\det(A + B) = \det(A) + \det(B)$.

13. Seja $A$ uma matriz simétrica tridiagonal (isto é, $A$ é simétrica e $a_{ij} = 0$ sempre que $|i - j| > 1$). Seja $B$ a matriz formada a partir de $A$ eliminando-se as duas primeiras linhas e colunas. Mostre que

$$\det(A) = a_{11}\det(M_{11}) - a_{12}^2\det(B)$$

## 2.2 Propriedades dos Determinantes

Nesta seção, consideramos os efeitos de operações sobre linhas no determinante de uma matriz. Uma vez que esses efeitos tenham sido estabelecidos, demonstraremos que uma matriz é singular se e somente se seu determinante é nulo, e desenvolveremos um método de cálculo de determinantes usando operações sobre linhas. Também estabeleceremos um importante teorema sobre o determinante do produto de duas matrizes. Começamos pelo seguinte lema:

**Lema 2.2.1** *Seja $A$ uma matriz $n \times n$. Se $A_{jk}$ denota o cofator de $a_{jk}$ para $k = 1, \ldots, n$, então*

$$a_{i1}A_{j1} + a_{i2}A_{j2} + \cdots + a_{in}A_{jn} = \begin{cases} \det(A) & \text{se } i = j \\ 0 & \text{se } i \neq j \end{cases} \tag{1}$$

***Demonstração*** Se $i = j$, (1) é simplesmente a expansão em cofatores de $\det(A)$ ao longo da $i$-ésima linha de $A$. Para demonstrar (1) no caso $i \neq j$, seja $A^*$ a matriz obtida substituindo-se a $j$-ésima linha de $A$ pela $i$-ésima linha de $A$:

$$A^* = \begin{bmatrix} a_{11} & a_{12} & \cdots & a_{1n} \\ \vdots & & & \\ a_{i1} & a_{i2} & \cdots & a_{in} \\ \vdots & & & \\ a_{i1} & a_{i2} & \cdots & a_{in} \\ \vdots & & & \\ a_{n1} & a_{n2} & \cdots & a_{nn} \end{bmatrix} \quad j\text{-ésima linha}$$

Como duas linhas de $A^*$ são iguais, seu determinante deve ser zero. Segue-se, da expansão em cofatores de $\det(A^*)$ ao longo da $j$-ésima linha, que

$$\begin{aligned} 0 = \det(A^*) &= a_{i1}A^*_{j1} + a_{i2}A^*_{j2} + \cdots + a_{in}A^*_{jn} \\ &= a_{i1}A_{j1} + a_{i2}A_{j2} + \cdots + a_{in}A_{jn} \end{aligned}$$

■

Consideremos agora os efeitos de cada uma das três operações sobre linhas no valor do determinante.

## Operação sobre Linhas I

*Duas linhas de A são trocadas.*

Se $A$ é uma matriz $2 \times 2$ e

$$E = \begin{Bmatrix} 0 & 1 \\ 1 & 0 \end{Bmatrix}$$

então

$$\det(EA) = \begin{vmatrix} a_{21} & a_{22} \\ a_{11} & a_{12} \end{vmatrix} = a_{21}a_{12} - a_{22}a_{11} = -\det(A)$$

Para $n > 2$, seja $E_{ij}$ a matriz elementar que troca as linhas $i$ e $j$ de $A$. É uma simples demonstração por indução mostrar que $\det(E_{ij}A) = -\det(A)$. Ilustramos a ideia por trás da demonstração para o caso $n = 3$. Suponha que a primeira e a terceira linhas de uma matriz $A$ $3 \times 3$ tenham sido trocadas. Expandindo $\det(E_{13}A)$ ao longo da segunda linha e usando o resultado para matrizes $2 \times 2$, vemos que

$$\begin{aligned} \det(E_{13}A) &= \begin{vmatrix} a_{31} & a_{32} & a_{33} \\ a_{21} & a_{22} & a_{23} \\ a_{11} & a_{12} & a_{13} \end{vmatrix} \\ &= -a_{21}\begin{vmatrix} a_{32} & a_{33} \\ a_{12} & a_{13} \end{vmatrix} + a_{22}\begin{vmatrix} a_{31} & a_{33} \\ a_{11} & a_{13} \end{vmatrix} - a_{23}\begin{vmatrix} a_{31} & a_{32} \\ a_{11} & a_{12} \end{vmatrix} \\ &= a_{21}\begin{vmatrix} a_{12} & a_{13} \\ a_{32} & a_{33} \end{vmatrix} - a_{22}\begin{vmatrix} a_{11} & a_{13} \\ a_{31} & a_{33} \end{vmatrix} + a_{23}\begin{vmatrix} a_{11} & a_{12} \\ a_{31} & a_{32} \end{vmatrix} \\ &= -\det(A) \end{aligned}$$

Em geral, se $A$ é uma matriz $n \times n$, e $E_{ij}$ é a matriz elementar $n \times n$, formada pela troca da $i$-ésima linha e da $j$-ésima linha de $I$, então

$$\det(E_{ij}A) = -\det(A)$$

Em particular,

$$\det(E_{ij}) = \det(E_{ij}I) = -\det(I) = -1$$

Portanto, para qualquer matriz elementar $E$ do tipo I,

$$\det(EA) = -\det(A) = \det(E)\det(A)$$

## Operação sobre Linhas II

*Uma linha de A é multiplicada por uma constante não nula.*

Seja $E$ a matriz elementar do tipo II formada de $I$ pela multiplicação da $j$-ésima linha pela constante não nula $\alpha$. Se det($EA$) é expandido em cofatores ao longo da $j$-ésima linha, então

$$\begin{aligned}\det(EA) &= \alpha a_{i1}A_{i1} + \alpha a_{i2}A_{i2} + \cdots + \alpha a_{in}A_{in} \\ &= \alpha(a_{i1}A_{i1} + a_{i2}A_{i2} + \cdots + a_{in}A_{in}) \\ &= \alpha \det(A)\end{aligned}$$

Em particular,

$$\det(E) = \det(EI) = \alpha \det(I) = \alpha$$

e, portanto,

$$\det(EA) = \alpha \det(A) = \det(E) \det(A)$$

## Operação sobre Linhas III

*Um múltiplo de uma linha é adicionado a outra linha.*

Seja $E$ a matriz elementar do tipo III formada de $I$ pela adição de $c$ vezes a $i$-ésima linha à $j$-ésima linha. Como $E$ é triangular e seus elementos da diagonal são todos 1, segue-se que det($E$) = 1. Mostraremos que

$$\det(EA) = \det(A) = \det(E) \det(A)$$

Se det($EA$) é expandido em cofatores ao longo da $j$-ésima linha, segue-se, do Lema 2.2.1, que

$$\begin{aligned}\det(EA) &= (a_{j1} + ca_{i1})A_{j1} + (a_{j2} + ca_{i2})A_{j2} + \cdots + (a_{jn} + ca_{in})A_{jn} \\ &= (a_{j1}A_{j1} + \cdots + a_{jn}A_{jn}) + c(a_{i1}A_{j1} + \cdots + a_{in}A_{jn}) \\ &= \det(A)\end{aligned}$$

Portanto,

$$\det(EA) = \det(A) = \det(E) \det(A)$$

**RESUMO**

Em resumo, se $E$ é uma matriz elementar, então

$$\det(EA) = \det(E) \det(A)$$

em que

$$\det(E) = \begin{cases} -1 & \text{se } E \text{ é do tipo I} \\ \alpha \neq 0 & \text{se } E \text{ é do tipo II} \\ 1 & \text{se } E \text{ é do tipo III} \end{cases} \qquad (2)$$

Resultados similares valem para operações sobre colunas. Com efeito, se $E$ é uma matriz elementar, então $E^T$ também é uma matriz elementar (veja o Problema 8 ao fim desta seção) e

$$\begin{aligned}\det(AE) &= \det\left((AE)^T\right) = \det\left(E^T A^T\right) \\ &= \det\left(E^T\right)\det\left(A^T\right) = \det(E)\det(A)\end{aligned}$$

Portanto, os efeitos que operações sobre linhas e colunas têm sobre o valor de determinante podem ser resumidos como se segue:

**I.** A troca de duas linhas (ou colunas) de uma matriz muda o sinal do determinante.
**II.** A multiplicação de uma única linha ou coluna de uma matriz por um escalar tem o efeito de multiplicar o determinante por esse escalar.
**III.** A soma de um múltiplo de uma linha (ou coluna) a outra não muda o valor do determinante.

### Nota

Em consequência de **III**, se uma linha (ou coluna) de uma matriz é um múltiplo de outra, o determinante deve ser nulo.

## Resultados Principais

Podemos agora usar os efeitos de operações sobre linhas nos determinantes para demonstrar dois importantes teoremas e estabelecer um método mais simples para calcular determinantes. Segue-se, de (2), que todas as matrizes elementares têm determinantes não nulos. Esta observação pode ser usada para demonstrar o seguinte teorema:

**Teorema 2.2.2** *Uma matriz $n \times n$, $A$, é singular se e somente se*

$$\det(A) = 0$$

***Demonstração*** A matriz $A$ pode ser reduzida à forma linha degrau com um número finito de operações sobre linhas. Portanto,

$$U = E_k E_{k-1} \cdots E_1 A$$

em que $U$ está na forma linha degrau e os $E_i$ são todos matrizes elementares. Segue-se que

$$\begin{aligned}\det(U) &= \det(E_k E_{k-1} \cdots E_1 A) \\ &= \det(E_k)\det(E_{k-1}) \cdots \det(E_1)\det(A)\end{aligned}$$

Como os determinantes das $E_i$ são todos não nulos, segue-se que $\det(A) = 0$ se e somente se $\det(U) = 0$. Se $A$ é singular, então $U$ tem uma linha consistindo inteiramente em zeros e, portanto, $\det(U) = 0$. Se $A$ é não singular, então $U$ é triangular com uns ao longo da diagonal e, portanto, $\det(U) = 1$. ∎

Da demonstração do Teorema 2.2.2, podemos obter um método para calcular $\det(A)$. Reduzimos $A$ à forma linha degrau.

$$U = E_k E_{k-1} \cdots E_1 A$$

Se a última linha de $U$ consiste inteiramente em zeros, $A$ é singular e $\det(A) = 0$. Caso contrário, $A$ é não singular e

$$\det(A) = \left[\det(E_k)\det(E_{k-1})\cdots\det(E_1)\right]^{-1}$$

Na verdade, se $A$ é não singular, é mais simples reduzir $A$ à forma triangular. Isto pode ser feito usando somente as operações sobre linhas I e III. Portanto,

$$T = E_m E_{m-1}\cdots E_1 A$$

e, então,

$$\det(A) = \pm\det(T) = \pm t_{11}t_{22}\cdots t_{nn}$$

na qual os $t_{ii}$ são os elementos diagonais de $T$. O sinal será positivo, se a operação sobre linhas I tiver sido usada um número par de vezes, e negativo, no caso contrário.

**EXEMPLO 1** Avalie

$$\begin{vmatrix} 2 & 1 & 3 \\ 4 & 2 & 1 \\ 6 & -3 & 4 \end{vmatrix}$$

**Solução**

$$\begin{vmatrix} 2 & 1 & 3 \\ 4 & 2 & 1 \\ 6 & -3 & 4 \end{vmatrix} = \begin{vmatrix} 2 & 1 & 3 \\ 0 & 0 & -5 \\ 0 & -6 & -5 \end{vmatrix} = (-1)\begin{vmatrix} 2 & 1 & 3 \\ 0 & -6 & -5 \\ 0 & 0 & -5 \end{vmatrix}$$
$$= (-1)(2)(-6)(-5)$$
$$= -60$$

■

Temos agora dois métodos para avaliar o determinante de uma matriz $n \times n$, $A$. Se $n > 3$ e $A$ têm elementos não nulos, a eliminação é o método mais eficiente, no sentido de que envolve menos operações aritméticas. Na Tabela 1, o número de operações envolvidas em cada método é dado para $n = 2, 3, 4, 5, 10$. Não é difícil derivar fórmulas gerais para o número de operações em cada um dos métodos (veja os Problemas 20 e 21 no fim desta seção).

**Tabela 1** Contagem de Operações

| | Cofatores | | Eliminação | |
|---|---|---|---|---|
| $n$ | Adições | Multiplicações | Adições | Multiplicações e Divisões |
| 2 | 1 | 2 | 1 | 3 |
| 3 | 5 | 9 | 5 | 10 |
| 4 | 23 | 40 | 14 | 23 |
| 5 | 119 | 205 | 30 | 44 |
| 10 | 3.628.799 | 6.235.300 | 285 | 339 |

Vimos que, para qualquer matriz elementar $E$,

$$\det(EA) = \det(E)\det(A) = \det(AE)$$

Este é um caso especial do seguinte teorema:

**Teorema 2.2.3** *Se A e B são matrizes n × n, então*

$$\det(AB) = \det(A)\det(B)$$

***Demonstração*** Se $B$ é singular, segue-se, do Teorema 1.5.2, que $AB$ também é singular (veja o Problema 14 do Capítulo 1, Seção 1.5) e, portanto,

$$\det(AB) = 0 = \det(A)\det(B)$$

Se $B$ é não singular, $B$ pode ser escrita como um produto de matrizes elementares. Já vimos que o resultado é válido para matrizes elementares. Portanto,

$$\begin{aligned}\det(AB) &= \det(AE_kE_{k-1}\cdots E_1)\\ &= \det(A)\det(E_k)\det(E_{k-1})\cdots\det(E_1)\\ &= \det(A)\det(E_kE_{k-1}\cdots E_1)\\ &= \det(A)\det(B)\end{aligned}$$

■

Se $A$ é singular, o valor calculado de det($A$) usando aritmética exata deve ser 0. Entretanto, este resultado é improvável se os cálculos são feitos por computador. Como computadores usam um sistema de números finitos, erros de arredondamento são geralmente inevitáveis. Em consequência, é mais provável que o valor calculado de det($A$) será somente próximo de 0. Por causa de erros de arredondamento, é virtualmente impossível determinar computacionalmente se uma matriz é exatamente singular. Em aplicações digitais é frequentemente mais significativo perguntar se uma matriz é "aproximadamente" singular. Em geral, o valor de det($A$) não é um bom indicador da proximidade de singularidade. Na Seção 6.5 do Capítulo 6, discutiremos como determinar se uma matriz é aproximadamente singular.

## PROBLEMAS DA SEÇÃO 2.2

**1.** Avalie cada um dos seguintes determinantes por inspeção.

**(a)** $\begin{vmatrix} 0 & 0 & 3 \\ 0 & 4 & 1 \\ 2 & 3 & 1 \end{vmatrix}$

**(b)** $\begin{vmatrix} 1 & 1 & 1 & 3 \\ 0 & 3 & 1 & 1 \\ 0 & 0 & 2 & 2 \\ -1 & -1 & -1 & 2 \end{vmatrix}$

**(c)** $\begin{vmatrix} 0 & 0 & 0 & 1 \\ 1 & 0 & 0 & 0 \\ 0 & 1 & 0 & 0 \\ 0 & 0 & 1 & 0 \end{vmatrix}$

**2.** Seja

$$A = \begin{bmatrix} 0 & 1 & 2 & 3 \\ 1 & 1 & 1 & 1 \\ -2 & -2 & 3 & 3 \\ 1 & 2 & -2 & -3 \end{bmatrix}$$

**(a)** Use o método da eliminação para avaliar det($A$).

**(b)** Use o valor de det($A$) para avaliar

$$\begin{vmatrix} 0 & 1 & 2 & 3 \\ -2 & -2 & 3 & 3 \\ 1 & 2 & -2 & -3 \\ 1 & 1 & 1 & 1 \end{vmatrix} + \begin{vmatrix} 0 & 1 & 2 & 3 \\ 1 & 1 & 1 & 1 \\ -1 & -1 & 4 & 4 \\ 2 & 3 & -1 & -2 \end{vmatrix}$$

**3.** Para cada uma das seguintes matrizes, calcule o determinante e diga se a matriz é singular ou não singular:

**(a)** $\begin{bmatrix} 3 & 1 \\ 6 & 2 \end{bmatrix}$ **(b)** $\begin{bmatrix} 3 & 1 \\ 4 & 2 \end{bmatrix}$

**(c)** $\begin{bmatrix} 3 & 3 & 1 \\ 0 & 1 & 2 \\ 0 & 2 & 3 \end{bmatrix}$ **(d)** $\begin{bmatrix} 2 & 1 & 1 \\ 4 & 3 & 5 \\ 2 & 1 & 2 \end{bmatrix}$

**(e)** $\begin{bmatrix} 2 & -1 & 3 \\ -1 & 2 & -2 \\ 1 & 4 & 0 \end{bmatrix}$

(f) $\begin{bmatrix} 1 & 1 & 1 & 1 \\ 2 & -1 & 3 & 2 \\ 0 & 1 & 2 & 1 \\ 0 & 0 & 7 & 3 \end{bmatrix}$

**4.** Encontre todas as possíveis escolhas de $c$ que tornarão a seguinte matriz singular:

$$\begin{bmatrix} 1 & 1 & 1 \\ 1 & 9 & c \\ 1 & c & 3 \end{bmatrix}$$

**5.** Seja $A$ uma matriz $n \times n$ e $\alpha$ um escalar. Mostre que

$$\det(\alpha A) = \alpha^n \det(A)$$

**6.** Seja $A$ uma matriz não singular. Mostre que

$$\det(A^{-1}) = \frac{1}{\det(A)}$$

**7.** Sejam $A$ e $B$ matrizes $3 \times 3$ com $\det(A) = 4$ e $\det(B) = 5$. Encontre o valor de

**(a)** $\det(AB)$ **(b)** $\det(3A)$
**(c)** $\det(2AB)$ **(d)** $\det(A^{-1}B)$

**8.** Mostre que, se $E$ é uma matriz elementar, então $E^T$ é uma matriz elementar do mesmo tipo que $E$.

**9.** Sejam $E_1$, $E_2$ e $E_3$ matrizes elementares $3 \times 3$ dos tipos I, II e III, respectivamente, e seja $A$ uma matriz $3 \times 3$ com $\det(A) = 6$. Suponha, adicionalmente, que $E_2$ é formado a partir de $I$ pela multiplicação de sua segunda linha por 3. Encontre os seguintes valores:

**(a)** $\det(E_1A)$ **(b)** $\det(E_2A)$
**(c)** $\det(E_3A)$ **(d)** $\det(AE_1)$
**(e)** $\det(E_1^2)$ **(f)** $\det(E_1 E_2 E_3)$

**10.** Sejam $A$ e $B$ matrizes equivalentes linha, e suponha que $B$ pode ser obtida de $A$ usando-se somente as operações I e III. Como se comparam os valores de $\det(A)$ e $\det(B)$? Como se comparam os valores se $B$ pode ser obtida de $A$ usando-se somente a operação III? Explique suas respostas.

**11.** Seja $A$ uma matriz $n \times n$. É possível para $A^2 + I = O$ no caso em que $n$ é ímpar? Responda a mesma questão para o caso em que $n$ é par.

**12.** Considere a matriz de Vandermonde $3 \times 3$

$$V = \begin{bmatrix} 1 & x_1 & x_1^2 \\ 1 & x_2 & x_2^2 \\ 1 & x_3 & x_3^2 \end{bmatrix}$$

**(a)** Mostre que $\det(V) = (x_2 - x_1)(x_3 - x_1)(x_3 - x_2)$. [*Sugestão*: Use a operação sobre linhas III.]

**(b)** Que condições devem os escalares $x_1$, $x_2$ e $x_3$ satisfazer para que $V$ seja não singular?

**13.** Suponha que uma matriz $3 \times 3$, $A$, é fatorada em um produto

$$\begin{bmatrix} 1 & 0 & 0 \\ l_{21} & 1 & 0 \\ l_{31} & l_{32} & 1 \end{bmatrix} \begin{bmatrix} u_{11} & u_{12} & u_{13} \\ 0 & u_{22} & u_{23} \\ 0 & 0 & u_{33} \end{bmatrix}$$

Determine o valor de $\det(A)$.

**14.** Sejam $A$ e $B$ matrizes $n \times n$. Demonstre que o produto $AB$ é não singular se e somente se $A$ e $B$ são não singulares.

**15.** Sejam $A$ e $B$ matrizes $n \times n$. Demonstre que, se $AB = I$, então $BA = I$. Qual o significado deste resultado em termos da definição de uma matriz não singular?

**16.** Uma matriz $A$ é dita *antissimétrica* se $A^T = -A$. Por exemplo,

$$A = \begin{bmatrix} 0 & 1 \\ -1 & 0 \end{bmatrix}$$

é antissimétrica, já que

$$A^T = \begin{bmatrix} 0 & -1 \\ 1 & 0 \end{bmatrix} = -A$$

Se $A$ é uma matriz $n \times n$ antissimétrica e $n$ é ímpar, mostre que $A$ deve ser singular.

**17.** Seja $A$ uma matriz $n \times n$ não singular com um cofator não nulo $A_{nn}$, e faça

$$c = \frac{\det(A)}{A_{nn}}$$

Mostre que, se subtrairmos $c$ de $a_{nn}$, então a matriz resultante será singular.

**18.** Seja $A$ uma matriz $k \times k$ e seja $B$ uma matriz $(n - k) \times (n - k)$. Sejam

$$E = \begin{bmatrix} I_k & O \\ O & B \end{bmatrix}, \quad F = \begin{bmatrix} A & O \\ O & I_{n-k} \end{bmatrix},$$

$$C = \begin{bmatrix} A & O \\ O & B \end{bmatrix}$$

em que $I_k$ e $I_{n-k}$ são as matrizes identidade $k \times k$ e $(n - k) \times (n - k)$.

**(a)** Mostre que $\det(E) = \det(B)$.

**(b)** Mostre que $\det(F) = \det(A)$.

**(c)** Mostre que $\det(C) = \det(A)\det(B)$.

**19.** Sejam $A$ e $B$ matrizes $k \times k$ e seja

$$M = \begin{Bmatrix} O & B \\ A & O \end{Bmatrix}$$

Mostre que $\det(M) = (-1)^k \det(A)\det(B)$.

**20.** Mostre que a avaliação do determinante de uma matriz $n \times n$ por cofatores envolve $(n! - 1)$ adições e $\sum_{k=1}^{n-1} n!/k!$ multiplicações.

**21.** Mostre que o método de eliminação para o cálculo do valor do determinante de uma matriz $n \times n$ envolve $[n(n-1)(2n-1)]/6$ adições e $[(n-1)(n^2+n+3)]/3$ multiplicações e divisões. [*Sugestão*: No $i$-ésimo passo do processo de redução, são necessárias $n - i$ divisões para calcular os múltiplos da $i$-ésima linha que deve ser subtraída das outras linhas sob o pivô. Precisamos então calcular novos valores para os $(n-i)^2$ elementos nas linhas $i + 1$ até $n$ e colunas $i + 1$ até $n$.]

## 2.3 Tópicos Adicionais e Aplicações

Nesta seção, aprendemos um método para calcular a inversa de uma matriz não singular $A$ usando determinantes e aprendemos um método de resolução de sistemas lineares usando determinantes. Ambos os métodos dependem do Lema 2.2.1. Vamos também mostrar como usar determinantes para definir o produto vetorial de dois vetores. O produto vetorial é útil em aplicações físicas envolvendo o movimento de uma partícula no espaço 3D.

### A Adjunta de uma Matriz

Seja $A$ uma matriz $n \times n$. Definimos uma nova matriz chamada de *adjunta* de $A$ por

$$\text{adj } A = \begin{Bmatrix} A_{11} & A_{21} & \cdots & A_{n1} \\ A_{12} & A_{22} & \cdots & A_{n2} \\ \vdots & & & \\ A_{1n} & A_{2n} & \cdots & A_{nn} \end{Bmatrix}$$

Portanto, para formar a adjunta, precisamos substituir cada termo por seu cofator e então transpor a matriz resultante. Pelo Lema 2.2.1,

$$a_{i1}A_{j1} + a_{i2}A_{j2} + \cdots + a_{in}A_{jn} = \begin{cases} \det(A) & \text{se } i = j \\ 0 & \text{se } i \neq j \end{cases}$$

e segue-se que

$$A(\text{adj } A) = \det(A)I$$

Se $A$ é não singular, $\det(A)$ é um escalar não nulo, e podemos escrever

$$A\left(\frac{1}{\det(A)} \text{adj } A\right) = I$$

Portanto,

$$A^{-1} = \frac{1}{\det(A)} \text{adj } A \quad \text{quando} \quad \det(A) \neq 0$$

**EXEMPLO 1** Para uma matriz 2 × 2,

$$\operatorname{adj} A = \begin{bmatrix} a_{22} & -a_{12} \\ -a_{21} & a_{11} \end{bmatrix}$$

Se $A$ é não singular, então

$$A^{-1} = \frac{1}{a_{11}a_{22} - a_{12}a_{21}} \begin{bmatrix} a_{22} & -a_{12} \\ -a_{21} & a_{11} \end{bmatrix}$$

■

**EXEMPLO 2** Seja

$$A = \begin{bmatrix} 2 & 1 & 2 \\ 3 & 2 & 2 \\ 1 & 2 & 3 \end{bmatrix}$$

Calcule adj $A$ e $A^{-1}$.

**Solução**

$$\operatorname{adj} A = \begin{bmatrix} \begin{vmatrix} 2 & 2 \\ 2 & 3 \end{vmatrix} & -\begin{vmatrix} 3 & 2 \\ 1 & 3 \end{vmatrix} & \begin{vmatrix} 3 & 2 \\ 1 & 2 \end{vmatrix} \\ -\begin{vmatrix} 1 & 2 \\ 2 & 3 \end{vmatrix} & \begin{vmatrix} 2 & 2 \\ 1 & 3 \end{vmatrix} & -\begin{vmatrix} 2 & 1 \\ 1 & 2 \end{vmatrix} \\ \begin{vmatrix} 1 & 2 \\ 2 & 2 \end{vmatrix} & -\begin{vmatrix} 2 & 2 \\ 3 & 2 \end{vmatrix} & \begin{vmatrix} 2 & 1 \\ 3 & 2 \end{vmatrix} \end{bmatrix}^T = \begin{bmatrix} 2 & 1 & -2 \\ -7 & 4 & 2 \\ 4 & -3 & 1 \end{bmatrix}$$

$$A^{-1} = \frac{1}{\det(A)} \operatorname{adj} A = \frac{1}{5} \begin{bmatrix} 2 & 1 & -2 \\ -7 & 4 & 2 \\ 4 & -3 & 1 \end{bmatrix}$$

■

Usando a fórmula

$$A^{-1} = \frac{1}{\det(A)} \operatorname{adj} A$$

podemos derivar uma regra para representar o sistema $A\mathbf{x} = \mathbf{b}$ em função de determinantes.

## Regra de Cramer

**Teorema 2.3.1** Regra de Cramer

*Seja $A$ uma matriz $n \times n$ não singular e seja $\mathbf{b} \in \mathbb{R}^n$. Seja $A_i$ a matriz obtida pela substituição da i-ésima coluna de $A$ por $\mathbf{b}$. Se $\mathbf{x}$ é a única solução de $A\mathbf{x} = \mathbf{b}$, então*

$$x_i = \frac{\det(A_i)}{\det(A)} \qquad \textit{para} \quad i = 1, 2, \ldots, n$$

*Demonstração* Desde que

$$\mathbf{x} = A^{-1}\mathbf{b} = \frac{1}{\det(A)}(\text{adj } A)\mathbf{b}$$

segue-se que

$$\begin{aligned} x_i &= \frac{b_1 A_{1i} + b_2 A_{2i} + \cdots + b_n A_{ni}}{\det(A)} \\ &= \frac{\det(A_i)}{\det(A)} \end{aligned}$$

■

EXEMPLO 3 Use a regra de Cramer para resolver

$$\begin{aligned} x_1 + 2x_2 + \phantom{3}x_3 &= 5 \\ 2x_1 + 2x_2 + \phantom{3}x_3 &= 6 \\ x_1 + 2x_2 + 3x_3 &= 9 \end{aligned}$$

Solução

$$\det(A) = \begin{vmatrix} 1 & 2 & 1 \\ 2 & 2 & 1 \\ 1 & 2 & 3 \end{vmatrix} = -4 \quad \det(A_1) = \begin{vmatrix} 5 & 2 & 1 \\ 6 & 2 & 1 \\ 9 & 2 & 3 \end{vmatrix} = -4$$

$$\det(A_2) = \begin{vmatrix} 1 & 5 & 1 \\ 2 & 6 & 1 \\ 1 & 9 & 3 \end{vmatrix} = -4 \quad \det(A_3) = \begin{vmatrix} 1 & 2 & 5 \\ 2 & 2 & 6 \\ 1 & 2 & 9 \end{vmatrix} = -8$$

Portanto,

$$x_1 = \frac{-4}{-4} = 1, \qquad x_2 = \frac{-4}{-4} = 1, \qquad x_3 = \frac{-8}{-4} = 2$$

■

A regra de Cramer fornece um método conveniente para escrever a solução de um sistema $n \times n$ de equações lineares em função de determinantes. Para calcular a solução, entretanto, precisamos avaliar $n + 1$ determinantes de ordem $n$. A avaliação de apenas dois desses determinantes envolve mais cálculos do que a resolução do sistema usando eliminação gaussiana.

## APLICAÇÃO 1 Mensagens Codificadas

Um modo comum de envio de uma mensagem codificada é associar um valor inteiro a cada letra do alfabeto e enviar a mensagem como uma cadeia de inteiros. Por exemplo, a mensagem

SEND MONEY

pode ser codificada como

5, 8, 10, 21, 7, 2, 10, 8, 3

Aqui o S é representado por um 5, o E por um 8, e assim por diante. Infelizmente, esse tipo de código é fácil de quebrar. Em uma mensagem mais longa poderíamos adivinhar que letra é representada por um número na base da frequência relativa de ocorrência desse número. Por exemplo, se 8 é o número que ocorre mais frequentemente na mensagem codificada, então é provável que ele represente a letra E, que ocorre com mais frequência na língua inglesa.

Podemos disfarçar melhor a mensagem usando multiplicação matricial. Se $A$ é uma matriz cujos elementos são todos inteiros e cujo determinante é $\pm 1$, então, como $A^{-1} = \pm \operatorname{adj} A$, os elementos de $A^{-1}$ serão inteiros. Podemos usar tal matriz para transformar a mensagem. A mensagem transformada será mais difícil de decifrar. Para ilustrar esta técnica, seja

$$A = \begin{bmatrix} 1 & 2 & 1 \\ 2 & 5 & 3 \\ 2 & 3 & 2 \end{bmatrix}$$

A mensagem codificada é colocada nas colunas de uma matriz $B$ com três linhas

$$B = \begin{bmatrix} 5 & 21 & 10 \\ 8 & 7 & 8 \\ 10 & 2 & 3 \end{bmatrix}$$

O produto

$$AB = \begin{bmatrix} 1 & 2 & 1 \\ 2 & 5 & 3 \\ 2 & 3 & 2 \end{bmatrix} \begin{bmatrix} 5 & 21 & 10 \\ 8 & 7 & 8 \\ 10 & 2 & 3 \end{bmatrix} = \begin{bmatrix} 31 & 37 & 29 \\ 80 & 83 & 69 \\ 54 & 67 & 50 \end{bmatrix}$$

fornece a mensagem codificada a ser enviada:

$$31, 80, 54, 37, 83, 67, 29, 69, 50$$

A pessoa recebendo a mensagem pode decodificá-la multiplicando por $A^{-1}$:

$$\begin{bmatrix} 1 & -1 & 1 \\ 2 & 0 & -1 \\ -4 & 1 & 1 \end{bmatrix} \begin{bmatrix} 31 & 37 & 29 \\ 80 & 83 & 69 \\ 54 & 67 & 50 \end{bmatrix} = \begin{bmatrix} 5 & 21 & 10 \\ 8 & 7 & 8 \\ 10 & 2 & 3 \end{bmatrix}$$

Para construir a matriz codificadora $A$, podemos começar com a identidade $I$ e sucessivamente aplicar a operação sobre linhas III com o cuidado de adicionar múltiplos inteiros de uma linha a outra. A operação sobre linhas I também pode ser usada. A matriz $A$ resultante terá elementos inteiros, e como

$$\det(A) = \pm \det(I) = \pm 1$$

$A^{-1}$ também terá elementos inteiros.

## Referência

**1.** Hansen, Robert, Integer Matrices Whose Inverses Contain Only Integers, *Two-Year College Mathematics Journal*, 13(1), 1982.

## O Produto Vetorial

Dados dois vetores $\mathbf{x}$ e $\mathbf{y}$ em $\mathbb{R}^3$, pode-se definir um terceiro vetor, chamado de *produto vetorial*, denotado $\mathbf{x} \times \mathbf{y}$, por

$$\mathbf{x} \times \mathbf{y} = \begin{bmatrix} x_2y_3 - y_2x_3 \\ y_1x_3 - x_1y_3 \\ x_1y_2 - y_1x_2 \end{bmatrix} \tag{1}$$

Se $C$ é uma matriz da forma

$$C = \begin{bmatrix} w_1 & w_2 & w_3 \\ x_1 & x_2 & x_3 \\ y_1 & y_2 & y_3 \end{bmatrix}$$

então

$$\mathbf{x} \times \mathbf{y} = C_{11}\mathbf{e}_1 + C_{12}\mathbf{e}_2 + C_{13}\mathbf{e}_3 = \begin{bmatrix} C_{11} \\ C_{12} \\ C_{13} \end{bmatrix}$$

Expandindo det($C$) por cofatores ao longo da primeira linha, vemos que

$$\det(C) = w_1C_{11} + w_2C_{12} + w_3C_{13} = \mathbf{w}^T(\mathbf{x} \times \mathbf{y})$$

Em particular, se escolhermos $\mathbf{w} = \mathbf{x}$ ou $\mathbf{w} = \mathbf{y}$, então a matriz $C$ terá duas linhas idênticas e, portanto, seu determinante será 0. Então temos

$$\mathbf{x}^T(\mathbf{x} \times \mathbf{y}) = \mathbf{y}^T(\mathbf{x} \times \mathbf{y}) = 0 \tag{2}$$

Em livros de cálculo, é padrão usar vetores linha

$$\mathbf{x} = (x_1, x_2, x_3) \quad \text{e} \quad \mathbf{y} = (y_1, y_2, y_3)$$

e definir o produto vetorial como o vetor linha

$$\mathbf{x} \times \mathbf{y} = (x_2y_3 - y_2x_3)\mathbf{i} - (x_1y_3 - y_1x_3)\mathbf{j} + (x_1y_2 - y_1x_2)\mathbf{k}$$

em que **i**, **j** e **k** são os vetores linha da matriz identidade $3 \times 3$. Se usarmos **i**, **j** e **k** em lugar de $w_1$, $w_2$ e $w_3$, respectivamente, na primeira linha da matriz $M$, então o produto vetorial pode ser escrito como um determinante

$$\mathbf{x} \times \mathbf{y} = \begin{vmatrix} \mathbf{i} & \mathbf{j} & \mathbf{k} \\ x_1 & x_2 & x_3 \\ y_1 & y_2 & y_3 \end{vmatrix}$$

Em cursos de álgebra linear, é geralmente mais usual ver $\mathbf{x}$, $\mathbf{y}$ e $\mathbf{x} \times \mathbf{y}$ como vetores coluna. Neste caso, podemos representar o produto vetorial em função do determinante de uma matriz cujos elementos na primeira linha são $\mathbf{e}_1$, $\mathbf{e}_2$ e $\mathbf{e}_3$, os vetores coluna da matriz identidade $3 \times 3$:

$$\mathbf{x} \times \mathbf{y} = \begin{vmatrix} \mathbf{e}_1 & \mathbf{e}_2 & \mathbf{e}_3 \\ x_1 & x_2 & x_3 \\ y_1 & y_2 & y_3 \end{vmatrix}$$

A relação dada pela Equação (2) tem aplicações na mecânica newtoniana. Em particular, o produto vetorial pode ser utilizado para definir uma direção *binormal*, que Newton utilizou para derivar as leis de movimento para uma partícula no espaço 3D.

## APLICAÇÃO 2 Mecânica Newtoniana

Se **x** é um vetor em $\mathbb{R}^2$ ou $\mathbb{R}^3$, então podemos definir o *comprimento* de **x**, denotado $\|\mathbf{x}\|$, por

$$\|\mathbf{x}\| = (\mathbf{x}^T\mathbf{x})^{\frac{1}{2}}$$

Um vetor **x** é dito um vetor *unitário* se $\|\mathbf{x}\| = 1$. Vetores unitários foram usados por Newton para derivar as leis do movimento no plano ou no espaço 3D. Se **x** e **y** são vetores não nulos em $\mathbb{R}^2$, então o ângulo $\theta$ entre os vetores é o menor ângulo de rotação necessário para girar um dos dois vetores no sentido dos ponteiros do relógio, de modo a terminar na mesma direção do outro vetor (veja a Figura 2.3.1).

Uma partícula movendo-se em um plano traça uma curva no plano. A posição da partícula em qualquer instante $t$ pode ser representada por um vetor $(x_1(t), x_2(t))$. Ao descrever o movimento da partícula, Newton achou conveniente representar a posição de vetores no instante $t$ como uma combinação linear dos vetores $\mathbf{T}(t)$ e $\mathbf{N}(t)$, em que $\mathbf{T}(t)$ é um vetor unitário na direção da tangente à curva no ponto $(x_1(t), x_2(t))$ e $\mathbf{N}(t)$ como o vetor unitário na direção da normal (uma linha perpendicular à tangente) à curva no ponto dado (veja a Figura 2.3.2).

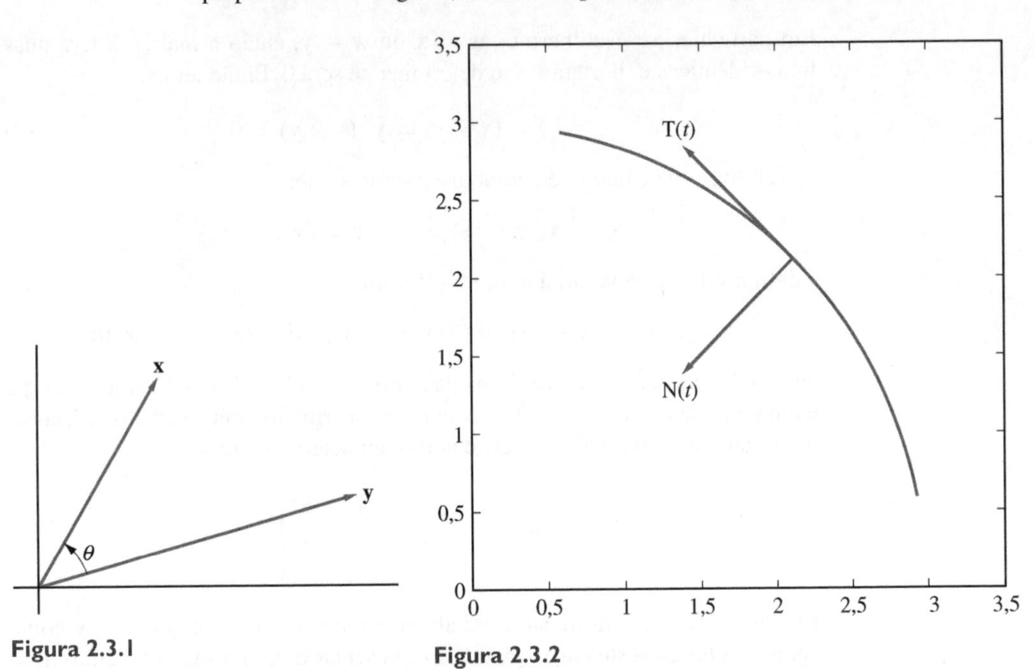


Figura 2.3.1

Figura 2.3.2

No Capítulo 5, mostraremos que, se **x** e **y** são vetores não nulos e $\theta$ é o ângulo entre os vetores, então

$$\mathbf{x}^T\mathbf{y} = \|\mathbf{x}\|\,\|\mathbf{y}\|\cos\theta \tag{3}$$

Esta equação pode também ser usada para definir o ângulo entre vetores não nulos em $\mathbb{R}^3$. Segue-se, de (3), que o ângulo é reto se e somente se $\mathbf{x}^T\mathbf{y} = 0$. Neste caso, dizemos que os vetores **x** e **y** são *ortogonais*. Em particular, como $\mathbf{T}(t)$ e $\mathbf{N}(t)$ são vetores unitários ortogonais em $\mathbb{R}^2$, temos $\|\mathbf{T}(t)\| = \|\mathbf{N}(t)\| = 1$ e o ângulo entre os vetores é $\frac{\pi}{2}$. Segue-se, de (3), que

$$\mathbf{T}(t)^T\mathbf{N}(t) = 0$$

No Capítulo 5, mostraremos também que, se **x** e **y** são vetores em $\mathbb{R}^3$ e $\theta$ é o ângulo entre os vetores, então

$$\|\mathbf{x} \times \mathbf{y}\| = \|\mathbf{x}\|\,\|\mathbf{y}\| \operatorname{sen}\theta \tag{4}$$

Uma partícula movendo-se em três dimensões traçará uma curva no espaço 3D. Nesse caso, no instante $t$ a tangente e a normal à curva no ponto $(x_1(t), x_2(t))$ determinam um plano no espaço 3D. No entanto, no espaço 3D o movimento não está restrito a um plano. Para derivar as leis descrevendo o movimento, Newton precisou usar um terceiro vetor, um vetor na direção normal ao plano determinado por $\mathbf{T}(t)$ e $\mathbf{N}(t)$. Se **z** é qualquer vetor não nulo na direção da normal a esse plano, então o ângulo entre os vetores **z** e $\mathbf{T}(t)$ e entre **z** e $\mathbf{N}(t)$ devem ser retos. Se fizermos

$$\mathbf{B}(t) = \mathbf{T}(t) \times \mathbf{N}(t) \tag{5}$$

então, segue-se, de (2), que $\mathbf{B}(t)$ é ortogonal simultaneamente a $\mathbf{T}(t)$ e $\mathbf{N}(t)$ e, portanto, está na direção da normal. Além disso, $\mathbf{B}(t)$ é um vetor unitário, já que, de (4),

$$\|\mathbf{B}(t)\| = \|\mathbf{T}(t) \times \mathbf{N}(t)\| = \|\mathbf{T}(t)\|\,\|\mathbf{N}(t)\| \operatorname{sen}\frac{\pi}{2} = 1$$

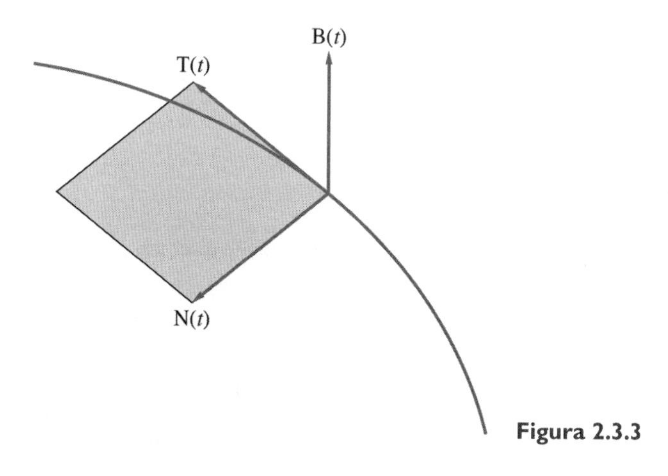


**Figura 2.3.3**

O vetor $\mathbf{B}(t)$ definido por (5) é chamado de vetor *binormal* (veja a Figura 2.3.3).

## PROBLEMAS DA SEÇÃO 2.3

**1.** Para cada um dos seguintes itens, calcule (i) $\det(A)$, (ii) adj $A$ e (iii) $A^{-1}$:

**(a)** $A = \begin{bmatrix} 1 & 2 \\ 3 & -1 \end{bmatrix}$ **(b)** $A = \begin{bmatrix} 3 & 1 \\ 2 & 4 \end{bmatrix}$ **(c)** $A = \begin{bmatrix} 1 & 3 & 1 \\ 2 & 1 & 1 \\ -2 & 2 & -1 \end{bmatrix}$

(d) $A = \begin{bmatrix} 1 & 1 & 1 \\ 0 & 1 & 1 \\ 0 & 0 & 1 \end{bmatrix}$

2. Use a regra de Cramer para resolver cada um dos seguintes sistemas:

(a) $\begin{aligned} x_1 + 2x_2 &= 3 \\ 3x_1 - x_2 &= 1 \end{aligned}$

(b) $\begin{aligned} 2x_1 + 3x_2 &= 2 \\ 3x_1 + 2x_2 &= 5 \end{aligned}$

(c) $\begin{aligned} 2x_1 + x_2 - 3x_3 &= 0 \\ 4x_1 + 5x_2 + x_3 &= 8 \\ -2x_1 - x_2 + 4x_3 &= 2 \end{aligned}$

(d) $\begin{aligned} x_1 + 3x_2 + x_3 &= 1 \\ 2x_1 + x_2 + x_3 &= 5 \\ -2x_1 + 2x_2 - x_3 &= -8 \end{aligned}$

(e) $\begin{aligned} x_1 + x_2 \qquad\qquad &= 0 \\ x_2 + x_3 - 2x_4 &= 1 \\ x_1 \qquad + 2x_3 + x_4 &= 0 \\ x_1 + x_2 \qquad + x_4 &= 0 \end{aligned}$

3. Dado

$$A = \begin{bmatrix} 1 & 2 & 1 \\ 0 & 4 & 3 \\ 1 & 2 & 2 \end{bmatrix}$$

determine o elemento (2, 3) de $A^{-1}$ calculando o quociente de dois determinantes.

4. Seja $A$ a matriz do Problema 3. Calcule a terceira coluna de $A^{-1}$ usando a regra de Cramer para resolver $A\mathbf{x} = \mathbf{e}_3$.

5. Seja

$$A = \begin{bmatrix} 1 & 2 & 3 \\ 2 & 3 & 4 \\ 3 & 4 & 5 \end{bmatrix}$$

(a) Calcule o determinante de $A$. $A$ é não singular?

(b) Calcule adj $A$ e o produto $A$ adj $A$.

6. Se $A$ é singular, o que você pode dizer do produto $A$ adj $A$?

7. Seja $B_j$ a matriz obtida pela substituição da $j$-ésima coluna da matriz identidade por um vetor $\mathbf{b} = (b_1, \ldots, b_n)^T$. Use a regra de Cramer para mostrar que

$$b_j = \det(B_j) \quad \text{para } j = 1, \ldots, n$$

8. Seja $A$ uma matriz $n \times n$ não singular com $n > 1$. Mostre que

$$\det(\operatorname{adj} A) = (\det(A))^{n-1}$$

9. Seja $A$ uma matriz $4 \times 4$. Se

$$\operatorname{adj} A = \begin{bmatrix} 2 & 0 & 0 & 0 \\ 0 & 2 & 1 & 0 \\ 0 & 4 & 3 & 2 \\ 0 & -2 & -1 & 2 \end{bmatrix}$$

(a) calcule o valor de det(adj $A$). Qual seria o valor de det($A$)? [*Sugestão*: Use o resultado do Problema 8.]

(b) encontre $A$.

10. Mostre que, se $A$ é não singular, então adj $A$ é não singular e

$$(\operatorname{adj} A)^{-1} = \det(A^{-1})A = \operatorname{adj} A^{-1}$$

11. Mostre que, se $A$ é singular, então adj $A$ também é singular.

12. Mostre que, se det $(A) = 1$, então

$$\operatorname{adj}(\operatorname{adj} A) = A$$

13. Suponha que $Q$ é uma matriz com a propriedade $Q^{-1} = Q^T$. Mostre que

$$q_{ij} = \frac{Q_{ij}}{\det(Q)}$$

14. Ao codificar uma mensagem, um espaço foi representado por 0, A por 1, B por 2, C por 3, e assim por diante. A mensagem foi transformada usando a matriz

$$A = \begin{bmatrix} -1 & -1 & 2 & 0 \\ 1 & 1 & -1 & 0 \\ 0 & 0 & -1 & 1 \\ 1 & 0 & 0 & -1 \end{bmatrix}$$

e enviada como

$$-19, 19, 25, -21, 0, 18, -18, 15,$$
$$3, 10, -8, 3, -2, 20, -7, 12$$

Qual era a mensagem?

15. Sejam $\mathbf{x}$, $\mathbf{y}$ e $\mathbf{z}$ vetores em $\mathbb{R}^3$. Mostre cada um dos seguintes enunciados:

(a) $\mathbf{x} \times \mathbf{x} = \mathbf{0}$

(b) $\mathbf{y} \times \mathbf{x} = -(\mathbf{x} \times \mathbf{y})$

(c) $\mathbf{x} \times (\mathbf{y} + \mathbf{z}) = (\mathbf{x} \times \mathbf{y}) + (\mathbf{x} \times \mathbf{z})$

(d) $\mathbf{z}^T(\mathbf{x} \times \mathbf{y}) = \begin{vmatrix} x_1 & x_2 & x_3 \\ y_1 & y_2 & y_3 \\ z_1 & z_2 & z_3 \end{vmatrix}$

16. Sejam $\mathbf{x}$ e $\mathbf{y}$ vetores em $\mathbb{R}^3$ e defina a matriz antissimétrica $A$, por

$$A_x = \begin{bmatrix} 0 & -x_3 & x_2 \\ x_3 & 0 & -x_1 \\ -x_2 & x_1 & 0 \end{bmatrix}$$

(a) Mostre que $\mathbf{x} \times \mathbf{y} = A_x\mathbf{y}$.

(b) Mostre que $\mathbf{y} \times \mathbf{x} = A_x^T\mathbf{y}$.

# Problemas do Capítulo 2

## EXERCÍCIOS MATLAB

*Os quatro primeiros exercícios que se seguem envolvem matrizes inteiras e ilustram algumas das propriedades dos determinantes que foram cobertas neste capítulo. Os dois últimos exercícios ilustram algumas diferenças que podem surgir quando trabalhamos com determinantes em aritmética de ponto flutuante.*

*Em teoria, o valor do determinante deveria dizer se a matriz é não singular. Entretanto, se a matriz é singular e seu determinante é calculado em aritmética de precisão finita, então, devido a erros de arredondamento, o valor calculado do determinante pode não ser zero. Um valor calculado próximo de zero não significa que a matriz é singular ou mesmo perto de ser singular. Além disso, uma matriz pode ser quase singular e ter um determinante que não é próximo de zero (veja o Exercício 6).*

**1.** Gere matrizes aleatórias $5 \times 5$ com elementos inteiros fazendo

$$A = \mathbf{round}(10 * \mathbf{rand}(5))$$

e

$$B = \mathbf{round}(20 * \mathbf{rand}(5)) - 10$$

Use MATLAB para calcular cada um dos pares de números que se seguem. Em cada caso cheque se o primeiro número é igual ao segundo.

| | |
|---|---|
| **(a)** $\det(A)$ | $\det(A^T)$ |
| **(b)** $\det(A + B)$ | $\det(A) + \det(B)$ |
| **(c)** $\det(AB)$ | $\det(A)\det(B)$ |
| **(d)** $\det(A^TB^T)$ | $\det(A^T)\det(B^T)$ |
| **(e)** $\det(A^{-1})$ | $1/\det(A)$ |
| **(f)** $\det(AB^{-1})$ | $\det(A)/\det(B)$ |

**2.** Os quadrados mágicos $n \times n$ são não singulares? Use o comando MATLAB **det**(**magic**($n$)) para calcular os determinantes das matrizes quadrados mágicos nos casos $n = 3, 4, \ldots, 10$. O que parece estar acontecendo? Verifique os casos $n = 24$ e 25 para ver se o padrão ainda vale.

**3.** Faça $A = \mathbf{round}(10 * \mathbf{rand}(6))$. Em cada um dos seguintes casos, use MATLAB para calcular uma segunda matriz como indicado. Enuncie como a segunda matriz se relaciona com $A$ e calcule os determinantes de ambas as matrizes. Como se relacionam os determinantes?

**(a)** $B = A;\quad B(2,:) = A(1,:);\quad B(1,:) = A(2,:)$

**(b)** $C = A;\quad C(3,:) = 4 * A(3,:)$

**(c)** $D = A;\quad D(5,:) = A(5,:) = 2 * A(4,:)$

**4.** Podemos gerar uma matriz $6 \times 6$ aleatória, $A$, cujos elementos consistem somente em zeros e uns, fazendo

$$A = \mathbf{round}(\mathbf{rand}(6))$$

**(a)** Que porcentagem dessas matrizes aleatórias é singular? Você pode estimar a porcentagem em MATLAB fazendo

$$\mathbf{y} = \mathbf{zeros}(1, 100);$$

e então gerar 100 matrizes de teste e fazendo $y(j) = 1$ se a $j$-ésima é singular e 0 em caso contrário. A maneira fácil de fazer isto em MATLAB é usar um *laço for*. Gere o laço como se segue:

```
for j = 1 : 100
    A = round(rand(6));
    y(j) = (det(A) == 0);
end
```

(*Nota*: Um ponto e vírgula no fim de uma linha suprime a impressão. É recomendável que você inclua um ao fim de cada linha de cálculo que ocorre dentro de um laço *for*.) Para determinar quantas matrizes singulares foram geradas, use o comando MATLAB **sum**(**y**). Que porcentagem das matrizes geradas eram singulares?

**(b)** Para todo inteiro positivo $n$, podemos gerar uma matriz aleatória $6 \times 6$, $A$, cujos elementos são inteiros entre 0 e $n$ fazendo

$$A = \mathbf{round}(n * \mathbf{rand}(6))$$

Que porcentagem das matrizes aleatórias inteiras geradas dessa maneira serão singulares se $n = 3$? Se $n = 6$? Se $n = 10$? Podemos estimar as respostas a estas perguntas usando MATLAB. Em cada caso, gere 100 matrizes de teste e determine quantas são singulares.

**5.** Se uma matriz é sensível a erros de arredondamento, o valor calculado de seu determinante pode diferir drasticamente do valor exato. Para um exemplo disto, faça

$$U = \mathbf{round}(100 * \mathbf{rand}(10));$$
$$U = \mathbf{triu}(U, 1) + 0{,}1 * \mathbf{eye}(10)$$

Em teoria,

$$\det(U) = \det(U^T) = 10^{-10}$$

e

$$\det(UU^T) = \det(U)\det(U^T) = 10^{-20}$$

Calcule $\det(U)$, $\det(U')$ e $\det(U * U')$ com MATLAB. Os valores calculados se ajustam aos teóricos?

**6.** Use MATLAB para construir uma matriz $A$ fazendo

$$A = \texttt{vander}(1:6); \quad A = A - \texttt{diag}(\texttt{sum}(A'))$$

**(a)** Por construção, os elementos em cada coluna de $A$ devem somar zero. Para testar isto, faça $\mathbf{x} = \texttt{ones}(6, 1)$ e use MATLAB para calcular o produto $A\mathbf{x}$. A matriz $A$ deve ser singular. Por quê? Explique. Use as funções MATLAB **det** e **inv** para calcular os valores de $\det(A)$ e $A^{-1}$. Que função MATLAB é um indicador mais confiável de singularidade?

**(b)** Use MATLAB para calcular $\det(A^T)$. Os valores calculados de $\det(A)$ e $\det(A^T)$ são iguais? Outra forma de testar se uma matriz é singular é calcular sua forma linha degrau reduzida. Use MATLAB para calcular as formas linha degrau reduzidas de $A$ e $A^T$.

**(c)** Para ver o que está errado, isso ajuda saber como MATLAB calcula determinantes. A rotina MATLAB para determinantes primeiramente calcula uma forma da fatoração LU da matriz. O determinante da matriz $L$ é $\pm 1$, dependendo se foi usado um número par ou ímpar de trocas de linhas nos cálculos. O valor calculado do determinante de $A$ é o produto dos elementos diagonais de $U$ e $\det(L) = \pm 1$. Para ver o que está acontecendo com sua matriz original, use os seguintes comandos para mostrar o fator $U$.

```
format short e
[L, U] = lu(A); U
```

Em aritmética exata, $U$ deveria ser singular. A matriz calculada $U$ é singular? Se não, o que está errado? Use os seguintes comandos para ver o restante do cálculo de $d = \det(A)$:

```
format short
d = prod(diag(U))
```

## TESTE A DO CAPÍTULO Verdadeiro ou Falso

Para cada um dos enunciados que se seguem, responda *Verdadeiro*, se o enunciado é sempre verdadeiro, e *Falso*, caso contrário. No caso de um enunciado verdadeiro, explique ou demonstre sua resposta. No caso de um enunciado falso, dê um exemplo para mostrar que o enunciado nem sempre é verdadeiro. Suponha que todas as matrizes dadas são $n \times n$.

**1.** $\det(AB) = \det(BA)$

**2.** $\det(A + B) = \det(A) + \det(B)$

**3.** $\det(cA) = c \det(A)$

**4.** $\det((AB)^T) = \det(A)\det(B)$

**5.** $\det(A) = \det(B)$ implica $A = B$.

**6.** $\det(A^k) = \det(A)^k$

**7.** Uma matriz triangular é não singular se e somente se todos os seus elementos diagonais são não nulos.

**8.** Se $\mathbf{x}$ é um vetor não nulo em $\mathbb{R}^n$ e $A\mathbf{x} = \mathbf{0}$, então $\det(A) = 0$.

**9.** Se $A$ e $B$ são matrizes equivalentes linha, então seus determinantes são iguais.

**10.** Se $A \neq O$, mas $A^k = O$ (em que $O$ denota a matriz nula) para algum inteiro positivo $k$, então $A$ deve ser singular.

## TESTE B DO CAPÍTULO

**1.** Sejam $A$ e $B$ matrizes $3 \times 3$ com $\det(A) = 4$ e $\det(B) = 6$, e seja $E$ uma matriz elementar do tipo I. Determine o valor de cada um dos seguintes:

**(a)** $\det(\tfrac{1}{2} A)$

**(b)** $\det(B^{-1}A^T)$

**(c)** $\det(EA^2)$

**2.** Seja

$$A = \begin{bmatrix} x & 1 & 1 \\ 1 & x & -1 \\ -1 & -1 & x \end{bmatrix}$$

**(a)** Calcule o valor de $\det(A)$. (Sua resposta deve ser uma função de $x$.)

**(b)** Para que valores de $x$ a matriz será singular? Explique.

**3.** Seja

$$A = \begin{bmatrix} 1 & 1 & 1 & 1 \\ 1 & 2 & 3 & 4 \\ 1 & 3 & 6 & 10 \\ 1 & 4 & 10 & 20 \end{bmatrix}$$

**(a)** Calcule a fatoração $LU$ de $A$.

**(b)** Use o valor da fatoração $LU$ para determinar o valor de $\det(A)$.

**4.** Se $A$ é uma matriz não singular $n \times n$, mostre que $A^TA$ é não singular e $\det(A^TA) > 0$.

**5.** Seja $A$ uma matriz $n \times n$. Mostre que, se $B = S^{-1}AS$ para alguma matriz não singular $S$, então $\det(B) = \det(A)$.

**6.** Sejam $A$ e $B$ matrizes $n \times n$ e seja $C = AB$. Use determinantes para mostrar que, se $A$ ou $B$ é singular, então $C$ deve ser singular.

**7.** Seja $A$ uma matriz $n \times n$ e seja $\lambda$ um escalar. Mostre que

$$\det(A - \lambda I) = 0$$

se e somente se

$$A\mathbf{x} = \lambda\mathbf{x} \quad \text{para algum} \quad \mathbf{x} \neq \mathbf{0}$$

**8.** Sejam $\mathbf{x}$ e $\mathbf{y}$ vetores em $\mathbb{R}^n$, $n > 1$. Mostre que, se $A = \mathbf{x}\mathbf{y}^T$, então $\det(A) = 0$.

**9.** Sejam $\mathbf{x}$ e $\mathbf{y}$ vetores distintos em $\mathbb{R}^n$ (isto é, $\mathbf{x} \neq \mathbf{y}$), e seja $A$ uma matriz $n \times n$ com a propriedade $A\mathbf{x} = A\mathbf{y}$. Mostre que $\det(A) = 0$.

**10.** Seja $A$ uma matriz com elementos inteiros. Se $|\det(A)| = 1$, o que você pode concluir sobre a natureza dos elementos de $A^{-1}$? Explique.

CAPÍTULO

3



# Espaços Vetoriais

As operações de adição e multiplicação por escalar são usadas em vários contextos em matemática. Independentemente do contexto, entretanto, estas operações em geral obedecem ao mesmo conjunto de regras algébricas. Portanto, uma teoria geral de sistemas matemáticos envolvendo adição e multiplicação por escalar será aplicável a várias áreas da matemática. Sistemas matemáticos desse tipo são chamados de espaços vetoriais ou espaços lineares. Neste capítulo, a definição de espaço vetorial e de algo da teoria geral de espaços vetoriais é desenvolvida.

## 3.1 Definição e Exemplos

Nesta seção, apresentamos uma definição formal de espaço vetorial. Antes de fazer isto, no entanto, é instrutivo observar alguns exemplos. Começamos com os espaços vetoriais euclidianos $\mathbb{R}^n$.

### Espaços Vetoriais Euclidianos

Talvez os mais elementares espaços vetoriais são os espaços vetoriais euclidianos $\mathbb{R}^n$, $n = 1, 2, \ldots$. Por simplicidade, consideremos inicialmente $\mathbb{R}^2$. Vetores não nulos em $\mathbb{R}^2$ podem ser representados geometricamente por segmentos de reta orientados. Esta representação geométrica nos ajudará a visualizar como as operações de adição e multiplicação por escalar funcionam no $\mathbb{R}^2$. Dado um vetor não nulo $\mathbf{x} = \begin{bmatrix} x_1 \\ x_2 \end{bmatrix}$, podemos associá-lo ao segmento de reta orientado no plano de (0, 0) a $(x_1, x_2)$ (veja a Figura 3.1.1). Se equacionarmos segmentos de reta que têm o mesmo comprimento, direção e sentido* (Figura 3.1.2), $\mathbf{x}$ pode ser representado por qualquer segmento de $(a, b)$ a $(a + x_1, b + x_2)$.

*No original em inglês está simplesmente direção. No Brasil, convenciona-se chamar direção a da reta suporte de um segmento orientado e sentido para a direita ou esquerda (ou para cima ou para baixo) na reta. (N.T.)

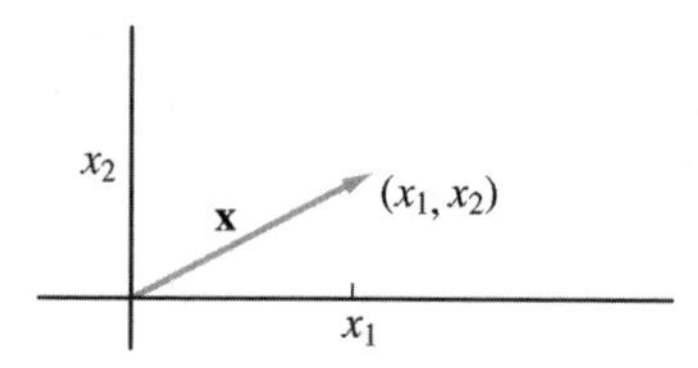


Figura 3.1.1

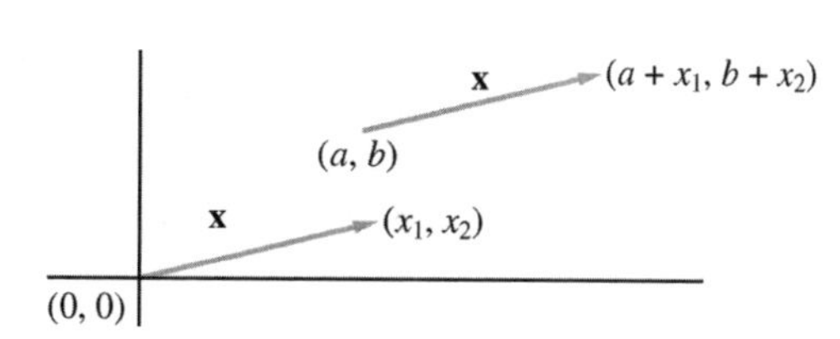


Figura 3.1.2

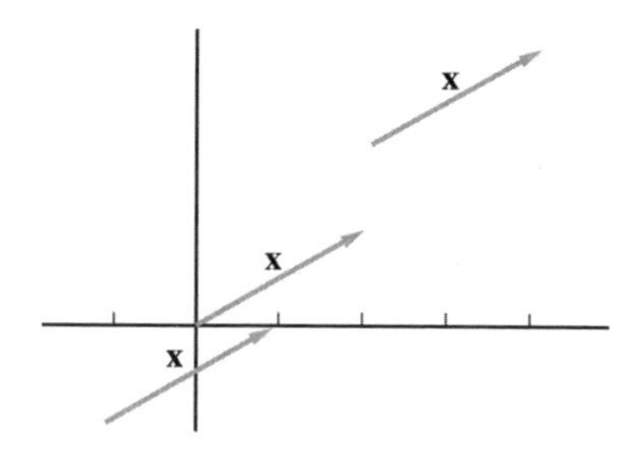


Figura 3.1.3

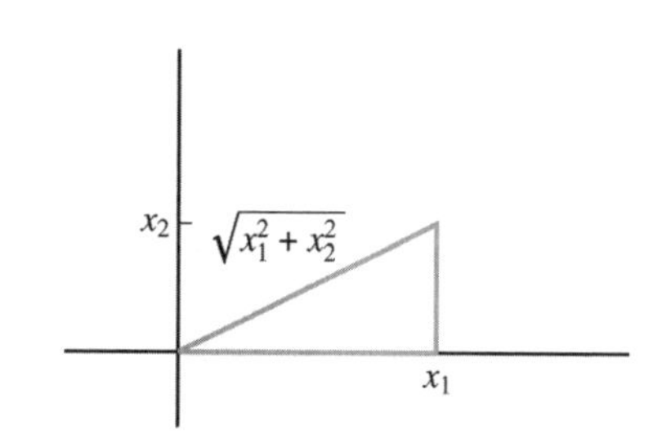


Figura 3.1.4

Por exemplo, o vetor $\mathbf{x} = \begin{bmatrix} 2 \\ 1 \end{bmatrix}$ em $\mathbb{R}^2$ pode ser representado também pelo segmento orientado de (2, 2) a (4, 3) ou de $(-1, -1)$ a (1, 0), como mostrado na Figura 3.1.3.

Podemos pensar no comprimento euclidiano de um vetor $\mathbf{x} = \begin{bmatrix} x_1 \\ x_2 \end{bmatrix}$ como o comprimento de qualquer segmento representando x. O comprimento do segmento de (0, 0) a $(x_1, x_2)$ é $\sqrt{x_1^2 + x_2^2}$ (veja a Figura 3.1.4). Para cada vetor $\mathbf{x} = \begin{bmatrix} x_1 \\ x_2 \end{bmatrix}$ e cada escalar $\alpha$, o produto $\alpha\mathbf{x}$ é definido como

$$\alpha \begin{bmatrix} x_1 \\ x_2 \end{bmatrix} = \begin{bmatrix} \alpha x_1 \\ \alpha x_2 \end{bmatrix}$$

Por exemplo, como mostrado na Figura 3.1.5, se $\mathbf{x} = \begin{bmatrix} 2 \\ 1 \end{bmatrix}$, então

$$-\mathbf{x} = \begin{bmatrix} -2 \\ -1 \end{bmatrix}, \qquad 3\mathbf{x} = \begin{bmatrix} 6 \\ 3 \end{bmatrix}, \qquad -2\mathbf{x} = \begin{bmatrix} -4 \\ -2 \end{bmatrix}$$

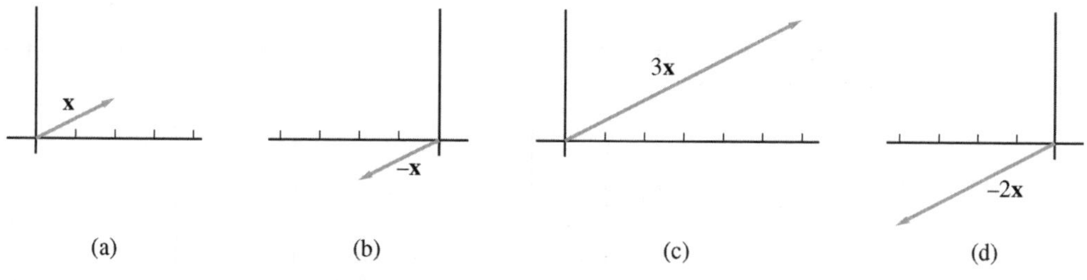


Figura 3.1.5

O vetor 3**x** tem a mesma direção de **x**, mas seu comprimento é três vezes o de **x**. O vetor $-\mathbf{x}$ tem o mesmo comprimento de **x**, mas aponta no sentido contrário. O vetor $-2\mathbf{x}$ é duas vezes mais longo que **x** e aponta no mesmo sentido de $-\mathbf{x}$. A soma de dois vetores

$$\mathbf{u} = \begin{bmatrix} u_1 \\ u_2 \end{bmatrix} \quad \text{e} \quad \mathbf{v} = \begin{bmatrix} v_1 \\ v_2 \end{bmatrix}$$

é definida por

$$\mathbf{u} + \mathbf{v} = \begin{bmatrix} u_1 + v_1 \\ u_2 + v_2 \end{bmatrix}$$

Note-se que, se **v** é colocado na extremidade de **u**, então **u** + **v** é representado pelo segmento orientado do ponto inicial de **u** ao ponto final de **v** (Figura 3.1.6). Se tanto **u** quanto **v** são colocados na origem e um paralelogramo é formado, como na Figura 3.1.7, as diagonais do paralelogramo representam a soma **u** + **v** e a diferença **v** − **u**. De forma similar, vetores no $\mathbb{R}^3$ podem ser representados por segmentos orientados no espaço 3D (veja a Figura 3.1.8).

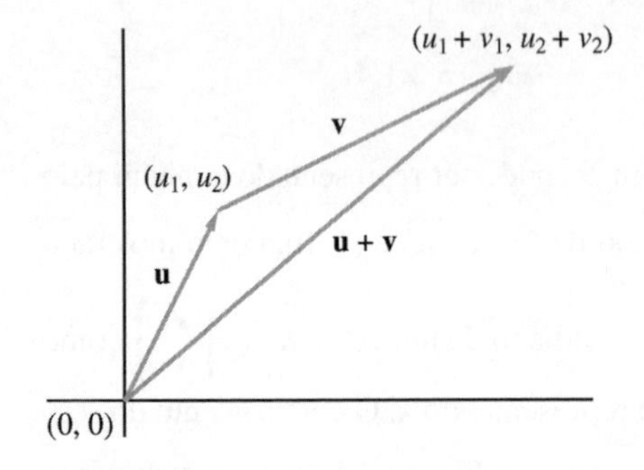


**Figura 3.1.6**

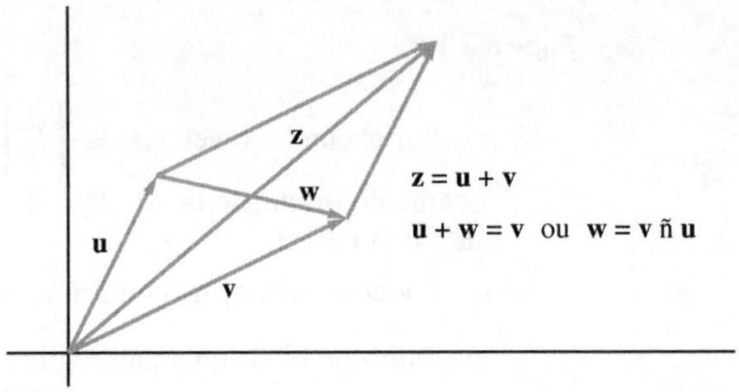

**Figura 3.1.7**

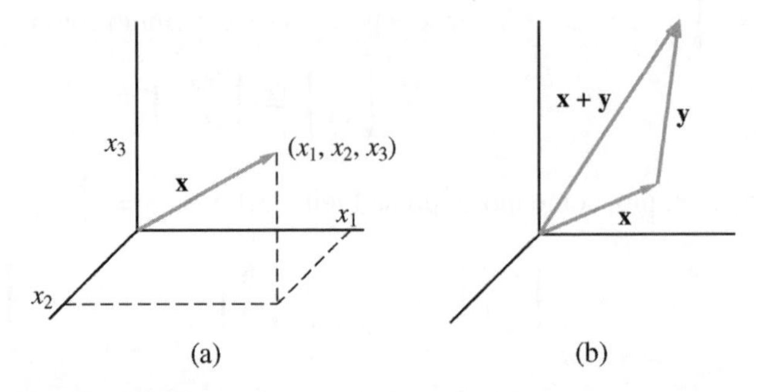


**Figura 3.1.8**

Em geral, a multiplicação por escalar e a adição em $\mathbb{R}^n$ são definidas, respectivamente, por

$$\alpha\mathbf{x} = \begin{bmatrix} \alpha x_1 \\ \alpha x_2 \\ \vdots \\ \alpha x_n \end{bmatrix} \quad \text{e} \quad \mathbf{x} + \mathbf{y} = \begin{bmatrix} x_1 + y_1 \\ x_2 + y_2 \\ \vdots \\ x_n + y_n \end{bmatrix}$$

para quaisquer $\mathbf{x}, \mathbf{y} \in \mathbb{R}^n$ e qualquer escalar $\alpha$.

## O Espaço Vetorial $\mathbb{R}^{m \times n}$

Podemos também ver $\mathbb{R}^n$ como um conjunto de todas as matrizes $n \times 1$ com elementos reais. A adição e multiplicação por escalar de vetores no $\mathbb{R}^n$ é simplesmente a adição e multiplicação por escalar de matrizes. Mais geralmente, seja $\mathbb{R}^{m \times n}$ o conjunto de todas as matrizes $m \times n$ com elementos reais. Se $A = (a_{ij})$ e $B = (b_{ij})$, então a soma $A + B$ é definida como a matriz $m \times n$ $C = (c_{ij})$, na qual $c_{ij} = a_{ij} + b_{ij}$. Dado um escalar $\alpha$, podemos definir $\alpha A$ como a matriz $m \times n$ cujo elemento $(i, j)$ é $\alpha a_{ij}$. Então, definindo operações no espaço $\mathbb{R}^{m \times n}$, criamos um sistema matemático. As operações de adição e multiplicação por escalar em $\mathbb{R}^{m \times n}$ obedecem a certas regras algébricas. Estas regras formam os axiomas usados para definir o conceito de espaço vetorial.

## Axiomas do Espaço Vetorial

**Definição**

Seja $V$ um conjunto no qual as operações de adição e multiplicação por escalar são definidas. Com isto queremos dizer que a cada par de elementos $\mathbf{x}$ e $\mathbf{y}$ em $V$ podemos associar um único elemento $\mathbf{x} + \mathbf{y}$ que também está em $V$ e a cada elemento $\mathbf{x}$ em $V$ e a cada escalar $\alpha$, podemos associar um único elemento $\alpha\mathbf{x}$ em $V$. O conjunto $V$, juntamente com as operações de adição e multiplicação por escalar, é dito formar um **espaço vetorial** se os seguintes axiomas são satisfeitos:

A1. $\mathbf{x} + \mathbf{y} = \mathbf{y} + \mathbf{x}$ para quaisquer $\mathbf{x}$ e $\mathbf{y}$ em $V$.
A2. $(\mathbf{x} + \mathbf{y}) + \mathbf{z} = \mathbf{x} + (\mathbf{y} + \mathbf{z})$ para quaisquer $\mathbf{x}$, $\mathbf{y}$ e $\mathbf{z}$ em $V$.
A3. Existe um elemento $\mathbf{0}$ em $V$ tal que $\mathbf{x} + \mathbf{0} = \mathbf{x}$ para qualquer $\mathbf{x}$ em $V$.
A4. Para cada $\mathbf{x}$ em $V$, existe um elemento $-\mathbf{x}$ em $V$ tal que $\mathbf{x} + (-\mathbf{x}) = \mathbf{0}$.
A5. $\alpha(\mathbf{x} + \mathbf{y}) = \alpha\mathbf{x} + \alpha\mathbf{y}$ para todo escalar $\alpha$ e quaisquer $\mathbf{x}$ e $\mathbf{y}$ em $V$.
A6. $(\alpha + \beta)\mathbf{x} = \alpha\mathbf{x} + \beta\mathbf{x}$ para quaisquer escalares $\alpha$ e $\beta$ e qualquer $\mathbf{x}$ em $V$.
A7. $(\alpha\beta)\mathbf{x} = \alpha(\beta\mathbf{x})$ para quaisquer escalares $\alpha$ e $\beta$ e qualquer $\mathbf{x} \in V$.
A8. $1 \cdot \mathbf{x} = \mathbf{x}$ para qualquer $\mathbf{x} \in V$.

Referir-nos-emos ao conjunto $V$ como o conjunto universal para o espaço vetorial. Seus elementos são chamados de **vetores** e são normalmente denotados em negrito como **u**, **v**, **x**, **y** e **z**. O termo *escalar* será geralmente usado para se referir a um número real, embora em certos casos possa se referir a números complexos. Escalares serão geralmente representados por minúsculas em itálico como $a$, $b$ e $c$ ou minúsculas gregas como $\alpha$, $\beta$ e $\gamma$. Nos cinco primeiros capítulos deste livro, o termo *escalares* se referirá sempre a números reais. Frequentemente, o termo *espaço vetorial real* é usado para indicar que o conjunto de escalares é o conjunto de números reais. O símbolo em negrito **0** foi usado no Axioma 3 para distinguir o vetor nulo do escalar 0.

Um componente importante da definição são as propriedades de fechamento das duas operações. Estas propriedades podem ser resumidas como se segue:

C1. Se $\mathbf{x} \in V$ e $\alpha$ é um escalar, então $\alpha\mathbf{x} \in V$.
C2. Se $\mathbf{x}, \mathbf{y} \in V$, então $\mathbf{x} + \mathbf{y} \in V$.

Para ilustrar a necessidade das propriedades de fechamento, considere o seguinte exemplo: Seja

$$W = \{(a, 1) \mid a \text{ real}\}$$

com adição e multiplicação por escalar definidas na forma usual. Os elementos (3, 1) e (5, 1) estão em $W$, mas a soma

$$(3, 1) + (5, 1) = (8, 2)$$

não é um elemento de $W$. A operação + não é realmente uma operação no conjunto $W$, pois a propriedade C2 não é válida. De modo similar, a multiplicação por escalar não é definida em $W$, pois a propriedade C1 não é válida. O conjunto $W$, com as operações de adição e multiplicação por escalar, *não* é um espaço vetorial.

Se, no entanto, é dado um conjunto $U$ no qual as operações de adição e multiplicação por escalar são definidas e satisfazem as propriedades C1 e C2, então devemos verificar se os oito axiomas são válidos para determinar se $U$ é um espaço vetorial. Deixamos ao leitor a verificação de que $\mathbb{R}^n$ e $\mathbb{R}^{m \times n}$, com as usuais adição e multiplicação por escalar de matrizes, são, ambos, espaços vetoriais. Há vários outros exemplos importantes de espaços vetoriais.

## O Espaço Vetorial $C[a, b]$

Seja $C[a, b]$ o conjunto de todas as funções reais que são definidas e contínuas no intervalo fechado $[a, b]$. Neste caso, nosso conjunto universo é um conjunto de funções. Então, nossos vetores são funções em $C[a, b]$. A soma $f + g$ de duas funções em $C[a, b]$ é definida por

$$(f + g)(x) = f(x) + g(x)$$

para todo $x$ em $[a, b]$. A nova função $f + g$ é um elemento de $C[a, b]$, já que a soma de duas funções contínuas é contínua. Se $f$ é uma função em $C[a, b]$ e $\alpha$ é um número real, define-se $\alpha f$ por

$$(\alpha f)(x) = \alpha f(x)$$

para todo $x$ em $[a, b]$. Claramente $\alpha f$ está em $C[a, b]$, já que uma constante vezes uma função contínua é sempre contínua. Portanto, definimos as operações de adição e multiplicação por escalar em $C[a, b]$. Para mostrar que o primeiro axioma $f + g = g + f$ é satisfeito, devemos mostrar que

$$(f + g)(x) = (g + f)(x) \qquad \text{para todo } x \text{ em } [a, b]$$

Isto se segue porque

$$(f + g)(x) = f(x) + g(x) = g(x) + f(x) = (g + f)(x)$$

para todo $x$ em $[a, b]$. O axioma 3 é satisfeito, já que a função

$$z(x) = 0 \quad \text{para todo } x \text{ em } [a, b]$$

age como o vetor nulo, isto é,

$$f + z = f \quad \text{para todo } f \text{ em } C[a, b]$$

Deixamos para o leitor a verificação de que os demais axiomas do espaço vetorial são todos satisfeitos.

## O Espaço Vetorial $P_n$

Seja $P_n$ o conjunto de todos os polinômios de grau menor que $n$. Definam-se $p + q$ e $\alpha p$, respectivamente, por

$$(p+q)(x) = p(x) + q(x)$$

e

$$(\alpha p)(x) = \alpha p(x)$$

para todos os números reais $x$. Nesse caso, o vetor nulo é o polinômio nulo

$$z(x) = 0x^{n-1} + 0x^{n-2} + \cdots + 0x + 0$$

É facilmente verificado que todos os do espaço vetorial são satisfeitos. Então, $P_n$, com a adição e a multiplicação por escalar padrões para funções, é um espaço vetorial.

## Propriedades Adicionais dos Espaços Vetoriais

Fechamos esta seção com um teorema que enuncia três propriedades fundamentais adicionais dos espaços vetoriais. Outras propriedades importantes são apresentadas nos Problemas 7, 8 e 9 ao fim desta seção.

**Teorema 3.1.1** *Se $V$ é um espaço vetorial e $\mathbf{x}$ é qualquer elemento de $V$, então*

**(i)** $0\mathbf{x} = \mathbf{0}$.
**(ii)** $\mathbf{x} + \mathbf{y} = \mathbf{0}$ *implica que* $\mathbf{y} = -\mathbf{x}$ (*isto é, a inversa aditiva é única*).
**(iii)** $(-1)\mathbf{x} = -\mathbf{x}$.

***Demonstração*** Segue-se, dos axiomas A6 e A8, que

$$\mathbf{x} = 1\mathbf{x} = (1+0)\mathbf{x} = 1\mathbf{x} + 0\mathbf{x} = \mathbf{x} + 0\mathbf{x}$$

Portanto,

$$-\mathbf{x} + \mathbf{x} = -\mathbf{x} + (\mathbf{x} + 0\mathbf{x}) = (-\mathbf{x} + \mathbf{x}) + 0\mathbf{x} \qquad \text{(A2)}$$
$$\mathbf{0} = \mathbf{0} + 0\mathbf{x} = 0\mathbf{x} \qquad \text{(A1, A3 e A4)}$$

Para demonstrar (ii), suponha que $\mathbf{x} + \mathbf{y} = \mathbf{0}$. Então

$$-\mathbf{x} = -\mathbf{x} + \mathbf{0} = -\mathbf{x} + (\mathbf{x} + \mathbf{y})$$

Portanto,

$$-\mathbf{x} = (-\mathbf{x} + \mathbf{x}) + \mathbf{y} = \mathbf{0} + \mathbf{y} = \mathbf{y} \qquad \text{(A1, A2, A3 e A4)}$$

Finalmente, para demonstrar (iii), observe-se que

$$\mathbf{0} = 0\mathbf{x} = (1 + (-1))\mathbf{x} = 1\mathbf{x} + (-1)\mathbf{x} \qquad \text{[(i) e A6]}$$

Portanto,

$$\mathbf{x} + (-1)\mathbf{x} = \mathbf{0} \qquad \text{(A8)}$$

e segue-se, da parte (ii), que

$$(-1)\mathbf{x} = -\mathbf{x}$$

■

## PROBLEMAS DA SEÇÃO 3.1

1. Considere os vetores $\mathbf{x}_1 = (8, 6)^T$ e $\mathbf{x}_2 = (4, -1)^T$ em $\mathbb{R}^2$.
   (a) Determine o comprimento de cada vetor.
   (b) Seja $\mathbf{x}_3 = \mathbf{x}_1 + \mathbf{x}_2$. Determine o comprimento de $\mathbf{x}_3$. Compare este comprimento com a soma dos comprimentos de $\mathbf{x}_1$ e $\mathbf{x}_2$.
   (c) Trace um gráfico ilustrando como $\mathbf{x}_3$ pode ser construído geometricamente usando $\mathbf{x}_1$ e $\mathbf{x}_2$. Use este gráfico para dar uma interpretação geométrica à sua resposta na parte (b).
2. Repita o Problema 1 para os vetores $\mathbf{x}_1 = (2, 1)^T$ e $\mathbf{x}_2 = (6, 3)^T$.
3. Seja $C$ o conjunto dos números complexos. Defina a adição em $C$ por
$$(a + bi) + (c + di) = (a + c) + (b + d)i$$
e defina a multiplicação por escalar por
$$\alpha(a + bi) = \alpha a + \alpha bi$$
para todos os números reais $\alpha$. Mostre que $C$ é um espaço vetorial com estas operações.
4. Mostre que $\mathbb{R}^{m \times n}$, com as operações usuais de adição e multiplicação por escalar de matrizes, satisfaz os oito axiomas de um espaço vetorial.
5. Mostre que $C[a, b]$, com a adição e multiplicação por escalar de funções, satisfaz os oito axiomas de um espaço vetorial.
6. Seja $P$ o conjunto de todos os polinômios. Mostre que $P$, juntamente com a adição e multiplicação por escalar de funções, forma um espaço vetorial.
7. Mostre que o elemento $\mathbf{0}$ em um espaço vetorial é único.
8. Sejam $\mathbf{x}$, $\mathbf{y}$ e $\mathbf{z}$ vetores em um espaço vetorial $V$. Demonstre que, se
$$\mathbf{x} + \mathbf{y} = \mathbf{x} + \mathbf{z},$$
então $\mathbf{y} = \mathbf{z}$.
9. Seja $V$ um espaço vetorial e seja $\mathbf{x} \in V$. Mostre que
   (a) $\beta\mathbf{0} = \mathbf{0}$ para todo escalar $\beta$.
   (b) se $\alpha\mathbf{x} = \mathbf{0}$, então ou $\alpha = 0$ ou $\mathbf{x} = \mathbf{0}$.
10. Seja $S$ o conjunto de todos os pares ordenados de números reais. Defina adição e multiplicação por escalar em $S$ por
$$\alpha(x_1, x_2) = (\alpha x_1, \alpha x_2)$$
$$(x_1, x_2) \oplus (y_1, y_2) = (x_1 + y_1, 0)$$
Usamos o símbolo $\oplus$ para denotar a operação de adição neste sistema para evitar confusão com a adição usual $\mathbf{x} + \mathbf{y}$ de vetores linha. Mostre que $S$, com a multiplicação por escalar ordinária e a operação de adição $\oplus$, não é um espaço vetorial. Quais dos oito axiomas não são satisfeitos?
11. Seja $V$ o conjunto de todos os pares ordenados de números reais com a adição definida por
$$(x_1, x_2) + (y_1, y_2) = (x_1 + y_1, x_2 + y_2)$$
e a multiplicação por escalar definida por
$$\alpha \circ (x_1, x_2) = (\alpha x_1, x_2)$$
A multiplicação por escalar para este sistema é definida em uma forma não usual, e em consequência, usamos o símbolo $\circ$ para evitar confusão com a multiplicação por escalar ordinária de vetores linha. $V$ é um espaço vetorial com estas operações? Justifique sua resposta.
12. Seja $\mathbb{R}^+$ o conjunto de todos os números reais positivos. Defina a multiplicação por escalar, denotada $\circ$, por
$$\alpha \circ x = x^\alpha$$
para todo $x \in \mathbb{R}^+$ e todo número real $\alpha$. Defina a operação de adição, denotada $\oplus$, por
$$x \oplus y = x \cdot y \qquad \text{para todo} \qquad x, y \in \mathbb{R}^+$$
Portanto, para esse sistema, o produto escalar de $-3$ por $\frac{1}{2}$ é dado por
$$-3 \circ \frac{1}{2} = \left(\frac{1}{2}\right)^{-3} = 8$$
e a soma de 2 e 5 é dada por
$$2 \oplus 5 = 2 \cdot 5 = 10$$
$\mathbb{R}^+$ é um espaço vetorial com estas operações? Justifique sua resposta.
13. Seja $\mathbb{R}$ o conjunto dos números reais. Defina multiplicação por escalar por
$$\alpha x = \alpha \cdot x \quad \text{(a multiplicação usual de números reais)}$$
e defina adição, denotada $\oplus$, por
$$x \oplus y = \max(x, y) \quad \text{(o máximo de dois números)}$$
$\mathbb{R}$ é um espaço vetorial com estas operações? Demonstre sua resposta.

**14.** Seja $Z$ o conjunto de todos os inteiros com a adição definida na forma usual. Defina a multiplicação por escalar, denotada $\circ$, por

$$\alpha \circ k = [\![\alpha]\!] \cdot k \quad \text{para todo} \quad k \in Z$$

em que $[\![\alpha]\!]$ denota o maior inteiro menor que ou igual a $\alpha$. Por exemplo,

$$2{,}25 \circ 4 = [\![2{,}25]\!] \cdot 4 = 2 \cdot 4 = 8$$

Mostre que $Z$, com estas operações, não é um espaço vetorial. Que axiomas não são válidos?

**15.** Seja $S$ o conjunto de todas as sequências infinitas de números reais com a multiplicação e adição por escalar definidas por

$$\alpha\{a_n\} = \{\alpha a_n\}$$
$$\{a_n\} + \{b_n\} = \{a_n + b_n\}$$

Mostre que $S$ é um espaço vetorial.

**16.** Podemos definir uma correspondência biunívoca entre os elementos de $P_n$ e $\mathbb{R}^n$ por

$$p(x) = a_1 + a_2x + \cdots + a_nx^{n-1}$$
$$\leftrightarrow (a_1, \ldots, a_n)^T = \mathbf{a}$$

Mostre que, se $p \leftrightarrow \mathbf{a}$ e $q \leftrightarrow \mathbf{b}$, então

**(a)** $\alpha p \leftrightarrow \alpha\mathbf{a}$ para qualquer escalar $\alpha$.

**(b)** $p + q \leftrightarrow \mathbf{a} + \mathbf{b}$.

[Em geral, dois espaços vetoriais são ditos *isomórficos* se seus elementos podem ser postos em uma correspondência biunívoca, que é preservada sob multiplicação por escalar e adição como em (a) e (b).]

## 3.2 Subespaços

Dado um espaço vetorial $V$, é muitas vezes possível formar outro espaço vetorial tomando-se um subconjunto $S$ de $V$ e usando as operações de $V$. Como $V$ é um espaço vetorial, as operações de adição e multiplicação por escalar sempre produzirão outro vetor em $V$. Para um novo sistema, usando um subconjunto $S$ de $V$ como seu conjunto universo, ser um espaço vetorial, o conjunto $S$ deve ser fechado sob as operações de adição e multiplicação por escalar. Isto é, a soma de dois elementos de $S$ deve sempre ser um elemento de $S$, e o produto de um escalar por um elemento de $S$ deve sempre ser um elemento de $S$.

EXEMPLO 1 Seja

$$S = \left\{ \begin{pmatrix} x_1 \\ x_2 \end{pmatrix} \middle| \, x_2 = 2x_1 \right\}$$

$S$ é um subconjunto de $\mathbb{R}^2$. Se

$$\mathbf{x} = \begin{pmatrix} c \\ 2c \end{pmatrix}$$

é qualquer elemento de $S$ e $\alpha$ é qualquer escalar, então

$$\alpha\mathbf{x} = \alpha \begin{pmatrix} c \\ 2c \end{pmatrix} = \begin{pmatrix} \alpha c \\ 2\alpha c \end{pmatrix}$$

é também um elemento de $S$. Se

$$\begin{pmatrix} a \\ 2a \end{pmatrix} \quad \text{e} \quad \begin{pmatrix} b \\ 2b \end{pmatrix}$$

são dois elementos quaisquer de $S$, então sua soma

$$\begin{pmatrix} a + b \\ 2a + 2b \end{pmatrix} = \begin{pmatrix} a + b \\ 2(a + b) \end{pmatrix}$$

é também um elemento de $S$. É fácil verificar que o sistema matemático consistindo no conjunto $S$ (em vez de $\mathbb{R}^2$), com as operações de $\mathbb{R}^2$, é um espaço vetorial. ■

**Definição**

Se $S$ é um subconjunto não vazio de um espaço vetorial $V$, e $S$ satisfaz as condições

**(i)** $\alpha\mathbf{x} \in S$ quando $\mathbf{x} \in S$ para qualquer escalar $\alpha$
**(ii)** $\mathbf{x} + \mathbf{y} \in S$ quando $\mathbf{x} \in S$ e $\mathbf{y} \in S$

então $S$ é dito um **subespaço** de $V$.

A condição (i) diz que $S$ é fechado em relação à multiplicação por escalar. Isto é, sempre que um elemento de $S$ é multiplicado por um escalar, o resultado é um elemento de $S$. A condição (ii) diz que $S$ é fechado em relação à adição. Isto é, a soma de dois elementos de $S$ é sempre um elemento de $S$. Um subespaço de $V$, então, é um subconjunto $S$ que é fechado em relação às operações de $V$.

Seja $S$ um subespaço de um espaço vetorial $V$. Usando as operações de adição e multiplicação por escalar como definidas em $V$, podemos formar um novo sistema matemático com $S$ como conjunto universo. É facilmente verificado que todos os oito axiomas permanecem válidos para o novo sistema. Os axiomas A3 e A4 se seguem do Teorema 3.1.1 e a condição (i) da definição de subespaço. Os outros seis axiomas são válidos para qualquer elemento de $V$; assim, em particular, são válidos para os elementos de $S$. Portanto, o sistema matemático com o conjunto universo $S$ e as duas operações herdadas do espaço vetorial $V$ satisfaz todas as condições na definição de um espaço vetorial. *Todo subespaço de um espaço vetorial é um espaço vetorial de pleno direito.*

## Observações

1. Em um espaço vetorial $V$, pode ser imediatamente verificado que $\{\mathbf{0}\}$ e $V$ são subespaços de $V$. Todos os outros subespaços são chamados de *subespaços próprios*. Nós nos referimos a $\{\mathbf{0}\}$ como o *subespaço nulo.*
2. Para mostrar que um subconjunto $S$ de um espaço vetorial forma um subespaço, devemos mostrar que $S$ é não vazio e que as propriedades de fechamento (i) e (ii) na definição são satisfeitas. Como todo subespaço deve conter o vetor nulo, podemos verificar que $S$ é não vazio mostrando que $\mathbf{0} \in S$.

EXEMPLO 2 Seja $S = \{(x_1, x_2, x_3)^T \mid x_1 = x_2\}$. O conjunto $S$ é não vazio, já que $\mathbf{x} = (1, 1, 0)^T \in S$. Para mostrar que $S$ é um subespaço de $\mathbb{R}^3$, precisamos verificar que as duas propriedades de fechamento são válidas:

**(i)** Se $\mathbf{x} = (a, a, b)^T$ é qualquer vetor de $S$, então

$$\alpha\mathbf{x} = (\alpha a, \alpha a, \alpha b)^T \in S$$

**(ii)** Se $(a, a, b)^T$ e $(c, c, d)^T$ são elementos arbitrários de $S$, então

$$(a, a, b)^T + (c, c, d)^T = (a + c, a + c, b + d)^T \in S$$

Como $S$ é não vazio e satisfaz as duas condições de fechamento, segue-se que $S$ é um subespaço de $\mathbb{R}^3$. ■

**EXEMPLO 3** Seja

$$S = \left\{ \begin{bmatrix} x \\ 1 \end{bmatrix} \middle|\, x \text{ é um número real} \right\}$$

Se qualquer das duas condições na definição não é válida, então $S$ não é um subespaço. Nesse caso, a primeira condição falha, já que

$$\alpha \begin{bmatrix} x \\ 1 \end{bmatrix} = \begin{bmatrix} \alpha x \\ \alpha \end{bmatrix} \notin S \quad \text{quando } \alpha \neq 1$$

Portanto, $S$ não é um subespaço. Na verdade, ambas as condições falham. $S$ não é fechado em relação à adição, já que

$$\begin{bmatrix} x \\ 1 \end{bmatrix} + \begin{bmatrix} y \\ 1 \end{bmatrix} = \begin{bmatrix} x + y \\ 2 \end{bmatrix} \notin S$$

■

**EXEMPLO 4** Seja $S = \{A \in \mathbb{R}^{2 \times 2} \mid a_{12} = -a_{21}\}$. O conjunto $S$ é não vazio, já que $O$ (a matriz nula) está em $S$. Para mostrar que $S$ é um subespaço, verificamos que as propriedades de fechamento são satisfeitas:

**(i)** Se $A \in S$, então $A$ deve ser da forma

$$A = \begin{bmatrix} a & b \\ -b & c \end{bmatrix}$$

e portanto,

$$\alpha A = \begin{bmatrix} \alpha a & \alpha b \\ -\alpha b & \alpha c \end{bmatrix}$$

Como o elemento (2, 1) de $\alpha A$ é o negativo do elemento (1, 2), $\alpha A \in S$.

**(ii)** Se $A, B \in S$, então eles devem ser da forma

$$A = \begin{bmatrix} a & b \\ -b & c \end{bmatrix} \quad \text{e} \quad B = \begin{bmatrix} d & e \\ -e & f \end{bmatrix}$$

Segue-se que

$$A + B = \begin{bmatrix} a + d & b + e \\ -(b + e) & c + f \end{bmatrix}$$

Portanto, $A + B \in S$. ■

**EXEMPLO 5** Seja $S$ o conjunto de todos os polinômios de grau menor que $n$ com a propriedade que $p(0) = 0$. O conjunto $S$ é não vazio, já que contém o polinômio nulo. Afirmamos que $S$ é um subespaço de $P_n$. Isto se segue porque

**(i)** se $p(x) \in S$ e $\alpha$ é um escalar, então

$$\alpha p(0) = \alpha \cdot 0 = 0$$

e portanto $\alpha p \in S$; e

**(ii)** se $p(x)$ e $q(x)$ são elementos de $S$, então

$$(p + q)(0) = p(0) + q(0) = 0 + 0 = 0$$

e portanto $p + q \in S$. ■

**EXEMPLO 6** Seja $C^n[a, b]$ o conjunto de todas as funções $f$ que tem a $n$-ésima derivada contínua em $[a, b]$. Deixamos para o leitor verificar que $C^n[a, b]$ é um subespaço de $C[a, b]$. ■

**EXEMPLO 7** A função $f(x) = |x|$ está em $C[-1, 1]$, mas não é diferenciável em $x = 0$ e, portanto, não está em $C^1[-1, 1]$. Isto mostra que $C^1[-1, 1]$ é um subespaço próprio de $C[-1, 1]$. A função $g(x) = x|x|$ está em $C^1[-1, 1]$, visto que é diferenciável em todos os pontos de $[-1, 1]$ e $g'(x) = 2|x|$ é contínua em $[-1, 1]$. Entretanto, $g \notin C^2[-1, 1]$, já que $g''(x)$ não é definida em $x = 0$. Então, o espaço vetorial $C^2[-1, 1]$ é um subespaço próprio tanto de $C[-1, 1]$ quanto de $C^1[-1, 1]$. ■

**EXEMPLO 8** Seja $S$ o conjunto de toda $f$ em $C^2[a, b]$ tal que

$$f''(x) + f(x) = 0$$

para todo $x$ em $[a, b]$. O conjunto $S$ é não vazio, já que a função nula está em $S$. Se $f \in S$ e $\alpha$ é qualquer escalar, então, para qualquer $x$ em $[a, b]$,

$$\begin{aligned}(\alpha f)''(x) + (\alpha f)(x) &= \alpha f''(x) + \alpha f(x)\\ &= \alpha(f''(x) + f(x)) = \alpha \cdot 0 = 0\end{aligned}$$

Portanto, $\alpha f \in S$. Se $f$ e $g$ estão ambas em $S$, então

$$\begin{aligned}(f+g)''(x) + (f+g)(x) &= f''(x) + g''(x) + f(x) + g(x)\\ &= [f''(x) + f(x)] + [g''(x) + g(x)]\\ &= 0 + 0 = 0\end{aligned}$$

Logo, o conjunto de todas as soluções em $[a, b]$ da equação diferencial $y'' + y = 0$ forma um subespaço de $C^2[a, b]$. Note-se que $f(x) = \text{sen}\, x$ e $g(x) = \cos x$ estão ambas em $S$. Como $S$ é um subespaço, segue-se que toda a função da forma $c_1$ sen $x + c_2 \cos x$ deve também estar em $S$. Podemos verificar facilmente que funções dessa forma são soluções de $y'' + y = 0$. ■

## O Espaço Nulo de uma Matriz

Seja $A$ uma matriz $n \times n$. Seja $N(A)$ o conjunto de todas as soluções do sistema homogêneo $A\mathbf{x} = \mathbf{0}$. Portanto,

$$N(A) = \{\mathbf{x} \in \mathbb{R}^n \mid A\mathbf{x} = \mathbf{0}\}$$

Afirmamos que $N(A)$ é um subespaço de $\mathbb{R}^n$. Evidentemente, $\mathbf{0} \in N(A)$; logo, $N(A)$ é não vazio. Se $\mathbf{x} \in N(A)$ e $\alpha$ é um escalar, então

$$A(\alpha\mathbf{x}) = \alpha A\mathbf{x} = \alpha\mathbf{0} = \mathbf{0}$$

e portanto $\alpha\mathbf{x} \in N(A)$. Se $\mathbf{x}$ e $\mathbf{y}$ são elementos de $N(A)$, então

$$A(\mathbf{x} + \mathbf{y}) = A\mathbf{x} + A\mathbf{y} = \mathbf{0} + \mathbf{0} = \mathbf{0}$$

Portanto, $\mathbf{x} + \mathbf{y} \in N(A)$. Segue-se que $N(A)$ é um subespaço de $\mathbb{R}^n$. O conjunto de todas as soluções do sistema homogêneo $A\mathbf{x} = \mathbf{0}$ forma um subespaço de $\mathbb{R}^n$. O subespaço $N(A)$ é chamado de *espaço nulo* de $A$.

EXEMPLO 9 Determine $N(A)$ se

$$A = \begin{pmatrix} 1 & 1 & 1 & 0 \\ 2 & 1 & 0 & 1 \end{pmatrix}$$

Solução

Usando a redução de Gauss-Jordan para resolver $A\mathbf{x} = \mathbf{0}$, obtemos

$$\left(\begin{array}{cccc|c} 1 & 1 & 1 & 0 & 0 \\ 2 & 1 & 0 & 1 & 0 \end{array}\right) \to \left(\begin{array}{cccc|c} 1 & 1 & 1 & 0 & 0 \\ 0 & -1 & -2 & 1 & 0 \end{array}\right)$$

$$\to \left(\begin{array}{cccc|c} 1 & 0 & -1 & 1 & 0 \\ 0 & -1 & -2 & 1 & 0 \end{array}\right) \to \left(\begin{array}{cccc|c} 1 & 0 & -1 & 1 & 0 \\ 0 & 1 & 2 & -1 & 0 \end{array}\right)$$

A forma linha degrau reduzida envolve duas variáveis livres, $x_3$ e $x_4$:

$$x_1 = x_3 - x_4$$
$$x_2 = -2x_3 + x_4$$

Logo, se fizermos $x_3 = \alpha$ e $x_4 = \beta$, então

$$\mathbf{x} = \begin{pmatrix} \alpha - \beta \\ -2\alpha + \beta \\ \alpha \\ \beta \end{pmatrix} = \alpha \begin{pmatrix} 1 \\ -2 \\ 1 \\ 0 \end{pmatrix} + \beta \begin{pmatrix} -1 \\ 1 \\ 0 \\ 1 \end{pmatrix}$$

é uma solução de $A\mathbf{x} = \mathbf{0}$. O espaço vetorial $N(A)$ consiste em todos os vetores da forma

$$\alpha \begin{pmatrix} 1 \\ -2 \\ 1 \\ 0 \end{pmatrix} + \beta \begin{pmatrix} -1 \\ 1 \\ 0 \\ 1 \end{pmatrix}$$

nos quais $\alpha$ e $\beta$ são escalares. ∎

## A Cobertura de um Conjunto de Vetores

**Definição** Sejam $\mathbf{v}_1, \mathbf{v}_2, \ldots, \mathbf{v}_n$ vetores em um espaço vetorial $V$. Uma soma da forma $\alpha_1\mathbf{v}_1 + \alpha_2\mathbf{v}_2 + \ldots + \alpha_n\mathbf{v}_n$ na qual $\alpha_1, \alpha_2, \ldots, \alpha_n$ são escalares é chamada de **combinação linear** de $\mathbf{v}_1, \mathbf{v}_2, \ldots, \mathbf{v}_n$. O conjunto de todas as combinações lineares de $\mathbf{v}_1, \mathbf{v}_2, \ldots, \mathbf{v}_n$ é chamado de **cobertura** de $\mathbf{v}_1, \mathbf{v}_2, \ldots, \mathbf{v}_n$. A cobertura de $\mathbf{v}_1, \mathbf{v}_2, \ldots, \mathbf{v}_n$ será chamada de $\text{Cob}(\mathbf{v}_1, \mathbf{v}_2, \ldots, \mathbf{v}_n)$.

No Exemplo 9, vimos que o espaço nulo de $A$ era a cobertura dos vetores $(1, -2, 1, 0)^T$ e $(-1, 1, 0, 1)^T$.

EXEMPLO 10 Em $\mathbb{R}^3$, a cobertura de $\mathbf{e}_1$ e $\mathbf{e}_2$ é o conjunto de todos os vetores da forma

$$\alpha\mathbf{e}_1 + \beta\mathbf{e}_2 = \begin{pmatrix} \alpha \\ \beta \\ 0 \end{pmatrix}$$

O leitor pode verificar que Cob($\mathbf{e}_1$, $\mathbf{e}_2$) é um subespaço de $\mathbb{R}^3$. O subespaço pode ser interpretado geometricamente como o conjunto de todos os vetores no espaço 3D que ficam no plano $x_1x_2$ (veja a Figura 3.2.1). A cobertura de $\mathbf{e}_1$, $\mathbf{e}_2$, $\mathbf{e}_3$ é o conjunto de todos os vetores da forma

$$\alpha_1\mathbf{e}_1 + \alpha_2\mathbf{e}_2 + \alpha_3\mathbf{e}_3 = \begin{bmatrix} \alpha_1 \\ \alpha_2 \\ \alpha_3 \end{bmatrix}$$

Portanto, Cob($\mathbf{e}_1$, $\mathbf{e}_2$, $\mathbf{e}_3$) = $\mathbb{R}^3$. ■

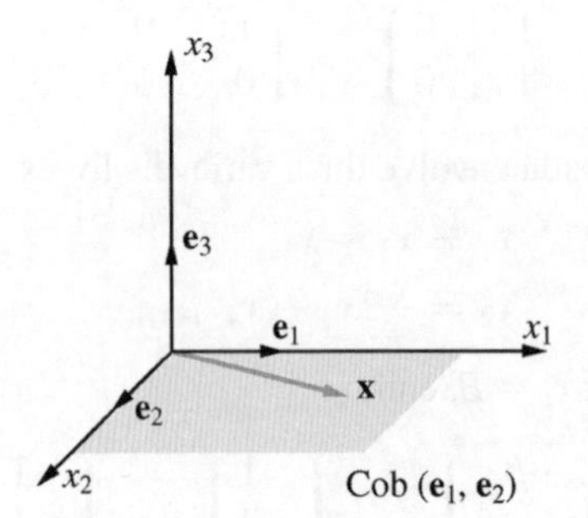


**Figura 3.2.1**

**Teorema 3.2.1** *Se $\mathbf{v}_1, \mathbf{v}_2, \ldots, \mathbf{v}_n$ são elementos de um espaço vetorial $V$, então Cob($\mathbf{v}_1, \mathbf{v}_2, \ldots, \mathbf{v}_n$) é um subespaço de $V$.*

***Demonstração*** Seja $\beta$ um escalar e seja $\mathbf{v} = \alpha_1\mathbf{v}_1 + \alpha_2\mathbf{v}_2 + \cdots + \alpha_n\mathbf{v}_n$ um elemento arbitrário de Cob($\mathbf{v}_1, \mathbf{v}_2, \ldots, \mathbf{v}_n$). Já que

$$\beta\mathbf{v} = (\beta\alpha_1)\mathbf{v}_1 + (\beta\alpha_2)\mathbf{v}_2 + \cdots + (\beta\alpha_n)\mathbf{v}_n$$

segue-se que $\beta\mathbf{v} \in$ Cob($\mathbf{v}_1, \mathbf{v}_2, \ldots, \mathbf{v}_n$). Agora, devemos mostrar que qualquer soma de elementos de Cob($\mathbf{v}_1, \mathbf{v}_2, \ldots, \mathbf{v}_n$) está em Cob($\mathbf{v}_1, \mathbf{v}_2, \ldots, \mathbf{v}_n$). Seja $\mathbf{v} = \alpha_1\mathbf{v}_1 + \alpha_2\mathbf{v}_2 + \cdots + \alpha_n\mathbf{v}_n$ e seja $\mathbf{w} = \beta_1\mathbf{v}_1 + \beta_2\mathbf{v}_2 + \cdots + \beta_n\mathbf{v}_n$. Então

$$\mathbf{v} + \mathbf{w} = (\alpha_1 + \beta_1)\mathbf{v}_1 + \cdots + (\alpha_n + \beta_n)\mathbf{v}_n \in \text{Cob}(\mathbf{v}_1, \ldots, \mathbf{v}_n)$$

Portanto, Cob($\mathbf{v}_1, \mathbf{v}_2, \ldots, \mathbf{v}_n$) é um subespaço de $V$. ■

Um vetor $\mathbf{x}$ em $\mathbb{R}^3$ está em Cob($\mathbf{e}_1$, $\mathbf{e}_2$) se e somente se fica no plano $x_1x_2$ no espaço 3D. Portanto, podemos pensar no plano $x_1x_2$ como uma interpretação geométrica do subespaço Cob($\mathbf{e}_1$, $\mathbf{e}_2$) (veja a Figura 3.2.1). Similarmente, dados dois vetores $\mathbf{x}$ e $\mathbf{y}$, se $(0, 0, 0)$, $(x_1, x_2, x_3)$ e $(y_1, y_2, y_3)$ não são colineares, esses pontos determinam um plano. Se $\mathbf{z} = c_1\mathbf{x} + c_2\mathbf{y}$, então $\mathbf{z}$ é uma soma de vetores paralelos a $\mathbf{x}$ e $\mathbf{y}$ e, portanto, deve ficar no plano determinado pelos dois vetores (veja a Figura 3.2.2). Em geral, se dois vetores $\mathbf{x}$ e $\mathbf{y}$ podem ser usados para determinar um plano no espaço 3D, esse plano é a representação geométrica de Cob($\mathbf{x}$, $\mathbf{y}$).

## Conjunto de Cobertura para um Espaço Vetorial

Sejam $\mathbf{v}_1, \mathbf{v}_2, \ldots, \mathbf{v}_n$ vetores em um espaço vetorial $V$. Vamos nos referir a Cob($\mathbf{v}_1, \mathbf{v}_2, \ldots, \mathbf{v}_n$) como o subespaço de *V coberto* por $\mathbf{v}_1, \mathbf{v}_2, \ldots, \mathbf{v}_n$. Pode acontecer que Cob($\mathbf{v}_1, \mathbf{v}_2, \ldots, \mathbf{v}_n$) = $V$, caso em que dizemos que os vetores $\mathbf{v}_1, \mathbf{v}_2, \ldots, \mathbf{v}_n$ *cobrem*

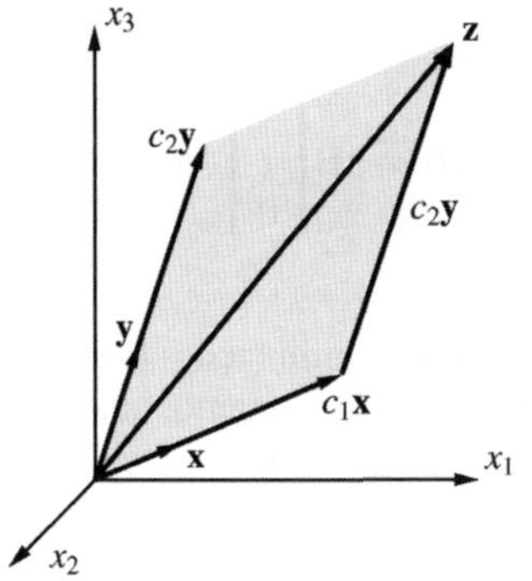

Figura 3.2.2

$V$, ou que $\{\mathbf{v}_1, \mathbf{v}_2, \ldots, \mathbf{v}_n\}$ é um *conjunto de cobertura* de $V$. Portanto, temos a seguinte definição:

**Definição** O conjunto $\{\mathbf{v}_1, \mathbf{v}_2, \ldots, \mathbf{v}_n\}$ é um **conjunto de cobertura** de $V$ se e somente se todo vetor de $V$ é uma combinação linear de $\mathbf{v}_1, \mathbf{v}_2, \ldots, \mathbf{v}_n$.

EXEMPLO 11 Quais dos seguintes são conjuntos de cobertura para $\mathbb{R}^3$?

**(a)** $\{\mathbf{e}_1, \mathbf{e}_2, \mathbf{e}_3, (1, 2, 3)^T\}$
**(b)** $\{(1, 1, 1)^T, (1, 1, 0)^T, (1, 0, 0)^T\}$
**(c)** $\{(1, 0, 1)^T, (0, 1, 0)^T\}$
**(d)** $\{(1, 2, 4)^T, (2, 1, 3)^T, (4, -1, 1)^T\}$

Solução

Para determinar se um conjunto cobre $\mathbb{R}^3$, devemos determinar se um vetor arbitrário $(a, b, c)^T$ em $\mathbb{R}^3$ pode ser escrito como uma combinação linear dos vetores do conjunto. Na parte (a), é claramente visível que $(a, b, c)^T$ pode ser escrito como

$$(a, b, c)^T = a\mathbf{e}_1 + b\mathbf{e}_2 + c\mathbf{e}_3 + 0(1, 2, 3)^T$$

Para a parte (b), devemos determinar se é possível encontrar constantes $\alpha_1$, $\alpha_2$ e $\alpha_3$ tais que

$$\begin{bmatrix} a \\ b \\ c \end{bmatrix} = \alpha_1 \begin{bmatrix} 1 \\ 1 \\ 1 \end{bmatrix} + \alpha_2 \begin{bmatrix} 1 \\ 1 \\ 0 \end{bmatrix} + \alpha_3 \begin{bmatrix} 1 \\ 0 \\ 0 \end{bmatrix}$$

Isto conduz ao sistema de equações

$$\begin{aligned} \alpha_1 + \alpha_2 + \alpha_3 &= a \\ \alpha_1 + \alpha_2 \phantom{+ \alpha_3} &= b \\ \alpha_1 \phantom{+ \alpha_2 + \alpha_3} &= c \end{aligned}$$

Já que a matriz de coeficientes do sistema é não singular, o sistema tem uma única solução. De fato, vemos que

$$\begin{bmatrix} \alpha_1 \\ \alpha_2 \\ \alpha_3 \end{bmatrix} = \begin{bmatrix} c \\ b - c \\ a - b \end{bmatrix}$$

Portanto,

$$\begin{bmatrix} a \\ b \\ c \end{bmatrix} = c \begin{bmatrix} 1 \\ 1 \\ 1 \end{bmatrix} + (b - c) \begin{bmatrix} 1 \\ 1 \\ 0 \end{bmatrix} + (a - b) \begin{bmatrix} 1 \\ 0 \\ 0 \end{bmatrix}$$

logo, os três vetores cobrem $\mathbb{R}^3$.

Para a parte (c), devemos notar que combinações lineares de $(1, 0, 1)^T$ e $(0, 1, 0)^T$ produzem vetores da forma $(\alpha, \beta, \alpha)^T$. Portanto, qualquer vetor $(a, b, c)^T$ em $\mathbb{R}^3$, no qual $a \neq c$, não pode estar na cobertura desses dois vetores.

A parte (d) pode ser feita da mesma forma que a parte (b). Se

$$\begin{bmatrix} a \\ b \\ c \end{bmatrix} = \alpha_1 \begin{bmatrix} 1 \\ 2 \\ 4 \end{bmatrix} + \alpha_2 \begin{bmatrix} 2 \\ 1 \\ 3 \end{bmatrix} + \alpha_3 \begin{bmatrix} 4 \\ -1 \\ 1 \end{bmatrix}$$

então

$$\begin{aligned} \alpha_1 + 2\alpha_2 + 4\alpha_3 &= a \\ 2\alpha_1 + \alpha_2 - \alpha_3 &= b \\ 4\alpha_1 + 3\alpha_2 + \alpha_3 &= c \end{aligned}$$

Nesse caso, entretanto, a matriz de coeficientes é singular. A eliminação gaussiana implicará um sistema da forma

$$\begin{aligned} \alpha_1 + 2\alpha_2 + 4\alpha_3 &= a \\ \alpha_2 + 3\alpha_3 &= \frac{2a - b}{3} \\ 0 &= 2a - 3c + 5b \end{aligned}$$

Se

$$2a - 3c + 5b \neq 0$$

então o sistema é inconsistente. Portanto, para a maioria das escolhas de $a$, $b$ e $c$, é impossível escrever $(a, b, c)^T$ como uma combinação linear de $(1, 2, 4)^T$, $(2, 1, 3)^T$ e $(4, -1, 1)^T$. Os vetores não cobrem $\mathbb{R}^3$. ■

**EXEMPLO 12** Os vetores $1 - x^2$, $x + 2$ e $x^2$ cobrem $P_3$. Então, se $ax^2 + bx + c$ é qualquer polinômio em $P_3$, é possível encontrar escalares $\alpha_1$, $\alpha_2$ e $\alpha_3$ tais que

$$ax^2 + bx + c = \alpha_1(1 - x^2) + \alpha_2(x + 2) + \alpha_3 x^2$$

Com efeito,

$$\alpha_1(1 - x^2) + \alpha_2(x + 2) + \alpha_3 x^2 = (\alpha_3 - \alpha_1)x^2 + \alpha_2 x + (\alpha_1 + 2\alpha_2)$$

Fazendo

$$\begin{aligned} \alpha_3 - \alpha_1 &= a \\ \alpha_2 &= b \\ \alpha_1 + 2\alpha_2 &= c \end{aligned}$$

e resolvendo, vemos que $\alpha_1 = c - 2b$, $\alpha_2 = b$ e $\alpha_3 = a + c - 2b$. ■

No Exemplo 11(a) vimos que os vetores $\mathbf{e}_1$, $\mathbf{e}_2$, $\mathbf{e}_3$, $(1, 2, 3)^T$ cobrem $\mathbb{R}^3$. Evidentemente, $\mathbb{R}^3$ poderia ser coberto somente pelos vetores $\mathbf{e}_1, \mathbf{e}_2, \mathbf{e}_3$. O vetor $(1, 2, 3)^T$ não é realmente necessário. Na próxima seção consideraremos o problema de encontrar conjuntos de cobertura mínimos para um espaço vetorial $V$ (isto é, conjuntos de cobertura que contêm o menor número possível de vetores).

## Sistemas Lineares Revistos

Seja $S$ o conjunto solução para um sistema linear $m \times n$ $A\mathbf{x} = \mathbf{b}$. No caso em que $\mathbf{b} = \mathbf{0}$ temos que $S = N(A)$ e consequentemente o conjunto solução forma um subespaço de $\mathbb{R}^n$. Se $\mathbf{b} \neq \mathbf{0}$, então $S$ não forma um subespaço de $\mathbb{R}^n$; entretanto, se pudermos encontrar uma solução particular $\mathbf{x}_0$, então é possível representar qualquer vetor solução em termos de $\mathbf{x}_0$ e um vetor $\mathbf{z}$ do espaço nulo de $A$.

Seja $A\mathbf{x} = \mathbf{b}$ um sistema linear consistente e seja $\mathbf{x}_0$ uma solução particular para o sistema. Se houver outra solução $\mathbf{x}_1$ para o sistema, então o vetor diferença $\mathbf{z} = \mathbf{x}_1 - \mathbf{x}_0$ deve estar em $N(A)$ já que

$$A\mathbf{z} = A\mathbf{x}_1 - A\mathbf{x}_0 = \mathbf{b} - \mathbf{b} = \mathbf{0}$$

Assim, se houver uma segunda solução, ela deve ser da forma $\mathbf{x}_1 = \mathbf{x}_0 + \mathbf{z}$ em que $\mathbf{z} \in N(A)$.

Em geral, se $\mathbf{x}_0$ é uma solução particular para $A\mathbf{x} = \mathbf{b}$ e $\mathbf{z}$ é qualquer vetor em $N(A)$ então definindo $\mathbf{y} = \mathbf{x}_0 + \mathbf{z}$, temos

$$A\mathbf{y} = A\mathbf{x}_0 + A\mathbf{z} = \mathbf{b} + \mathbf{0} = \mathbf{b}$$

Assim, $\mathbf{y} = \mathbf{x}_0 + \mathbf{z}$ deve ser também uma solução para o sistema $A\mathbf{x} = \mathbf{b}$.

Estas observações são resumidas no seguinte teorema.

**Teorema 3.2.2** *Se o sistema linear $A\mathbf{x} = \mathbf{b}$ é consistente e $\mathbf{x}_0$ é uma solução particular, então um vetor $\mathbf{y}$ também será uma solução se e somente se $\mathbf{y} = \mathbf{x}_0 + \mathbf{z}$ em que $\mathbf{z} \in N(A)$.*

Para ajudar a entender o significado do Teorema 3.2.2, consideremos o caso de uma matriz $m \times 3$ cujo espaço nulo é coberto por dois vetores não nulos $\mathbf{z}_1$ e $\mathbf{z}_2$. Se $\mathbf{z}_1$ não é um múltiplo de $\mathbf{z}_2$, então o conjunto de todas as combinações lineares de $\mathbf{z}_1$ e $\mathbf{z}_2$ corresponde a um plano através da origem no espaço a 3 dimensões (veja a Figura 3.2.3). Se $\mathbf{x}_0$ é um vetor em $\mathbb{R}^3$ e $\mathbf{b} = A\mathbf{x}_0$ é um vetor não nulo, então $\mathbf{x}_0$ é uma solução particular para o sistema não homogêneo $A\mathbf{x} = \mathbf{b}$. Resulta do Teorema 3.2.2 que o conjunto solução $S$ consiste em todos os vetores da forma

$$\mathbf{y} = \mathbf{x}_0 + c_1\mathbf{z}_1 + c_2\mathbf{z}_2$$

em que $c_1$ e $c_2$ são escalares arbitrários. O conjunto solução $S$ corresponde a um plano no espaço a 3 dimensões que não passa pela origem. Veja a Figura 3.2.3

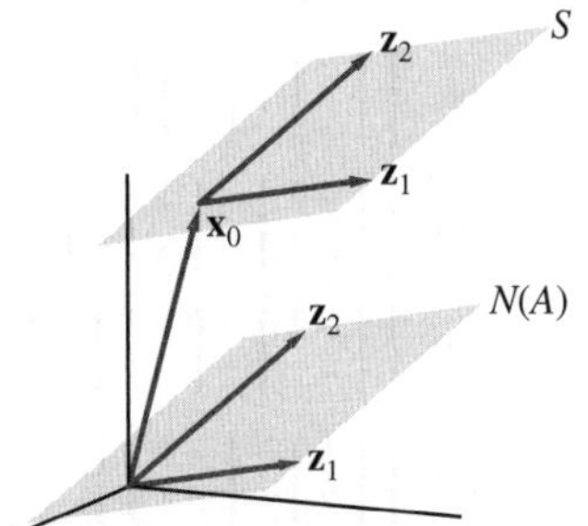


**Figura 3.2.3**

# PROBLEMAS DA SEÇÃO 3.2

**1.** Determine se os seguintes conjuntos formam subespaços do $\mathbb{R}^2$:

**(a)** $\{(x_1, x_2)^T \mid x_1 + x_2 = 0\}$

**(b)** $\{(x_1, x_2)^T \mid x_1 x_2 = 0\}$

**(c)** $\{(x_1, x_2)^T \mid x_1 = 3x_2\}$

**(d)** $\{(x_1, x_2)^T \mid |x_1| = |x_2|\}$

**(e)** $\{(x_1, x_2)^T \mid x_1^2 = x_2^2\}$

**2.** Determine se os seguintes conjuntos formam subespaços do $\mathbb{R}^3$:

**(a)** $\{(x_1, x_2, x_3)^T \mid x_1 + x_3 = 1\}$

**(b)** $\{(x_1, x_2, x_3)^T \mid x_1 = x_2 = x_3\}$

**(c)** $\{(x_1, x_2, x_3)^T \mid x_3 = x_1 + x_2\}$

**(d)** $\{(x_1, x_2, x_3)^T \mid x_3 = x_1 \text{ ou } x_3 = x_2\}$

**3.** Determine se os seguintes conjuntos são subespaços do $\mathbb{R}^{2\times 2}$:

**(a)** O conjunto de todas as matrizes diagonais $2 \times 2$

**(b)** O conjunto de todas as matrizes triangulares $2 \times 2$

**(c)** O conjunto de todas as matrizes triangulares inferiores $2 \times 2$

**(d)** O conjunto de todas as matrizes $A$, $2 \times 2$, tais que $a_{12} = 1$

**(e)** O conjunto de todas as matrizes $B$, $2 \times 2$, tais que $b_{11} = 0$

**(f)** O conjunto de todas as matrizes simétricas $2 \times 2$

**(g)** O conjunto de todas as matrizes singulares $2 \times 2$

**4.** Determine o espaço nulo de cada uma das seguintes matrizes:

**(a)** $\begin{bmatrix} 2 & 1 \\ 3 & 2 \end{bmatrix}$

**(b)** $\begin{bmatrix} 1 & 2 & -3 & -1 \\ -2 & -4 & 6 & 3 \end{bmatrix}$

**(c)** $\begin{bmatrix} 1 & 3 & -4 \\ 2 & -1 & -1 \\ -1 & -3 & 4 \end{bmatrix}$

**(d)** $\begin{bmatrix} 1 & 1 & -1 & 2 \\ 2 & 2 & -3 & 1 \\ -1 & -1 & 0 & -5 \end{bmatrix}$

**5.** Determine se os seguintes conjuntos formam subespaços de $P_4$ (seja cuidadoso):

**(a)** O conjunto dos polinômios de grau par em $P_4$

**(b)** O conjunto de todos os polinômios de grau 3

**(c)** O conjunto de todos os polinômios $p(x)$ em $P_4$, tais que $p(0) = 0$

**(d)** O conjunto de todos os polinômios em $P_4$ tendo pelo menos uma raiz real

**6.** Determine se os seguintes conjuntos são subespaços de $C[-1, 1]$:

**(a)** O conjunto de funções $f$ em $C[-1, 1]$ tais que $f(-1) = f(1)$

**(b)** O conjunto de funções ímpares em $C[-1, 1]$

**(c)** O conjunto de funções contínuas não decrescentes em $[-1, 1]$

**(d)** O conjunto de funções $f$ em $C[-1, 1]$ tais que $f(-1) = 0$ e $f(1) = 0$

**(e)** O conjunto de funções $f$ em $C[-1, 1]$ tais que $f(-1) = 0$ ou $f(1) = 0$

**7.** Mostre que $C^n[a, b]$ é um subespaço de $C[a, b]$.

**8.** Seja $A$ um vetor fixo em $\mathbb{R}^{n\times n}$ e seja $S$ o conjunto de todas as matrizes que comutam com $A$; isto é

$$S = \{B \mid AB = BA\}$$

Mostre que $S$ é um subespaço de $\mathbb{R}^{n\times n}$.

**9.** Em cada um dos seguintes casos, determine o subespaço de $\mathbb{R}^{2\times 2}$ consistindo em todas as matrizes que comutam com a matriz dada

**(a)** $\begin{bmatrix} 1 & 0 \\ 0 & -1 \end{bmatrix}$ **(b)** $\begin{bmatrix} 0 & 0 \\ 1 & 0 \end{bmatrix}$

**(c)** $\begin{bmatrix} 1 & 1 \\ 0 & 1 \end{bmatrix}$ **(d)** $\begin{bmatrix} 1 & 1 \\ 1 & 1 \end{bmatrix}$

**10.** Seja $A$ um vetor particular em $\mathbb{R}^{2\times 2}$. Determine se os seguintes são subespaços de $\mathbb{R}^{2\times 2}$.

**(a)** $S_1 = \{B \in \mathbb{R}^{2\times 2} \mid BA = O\}$

**(b)** $S_2 = \{B \in \mathbb{R}^{2\times 2} \mid AB \neq BA\}$

**(c)** $S_3 = \{B \in \mathbb{R}^{2\times 2} \mid AB + B = O\}$

**11.** Determine se os seguintes conjuntos são coberturas de $\mathbb{R}^2$:

**(a)** $\left\{ \begin{bmatrix} 2 \\ 1 \end{bmatrix}, \begin{bmatrix} 3 \\ 2 \end{bmatrix} \right\}$ **(b)** $\left\{ \begin{bmatrix} 2 \\ 3 \end{bmatrix}, \begin{bmatrix} 4 \\ 6 \end{bmatrix} \right\}$

**(c)** $\left\{ \begin{bmatrix} -2 \\ 1 \end{bmatrix}, \begin{bmatrix} 1 \\ 3 \end{bmatrix}, \begin{bmatrix} 2 \\ 4 \end{bmatrix} \right\}$

**(d)** $\left\{ \begin{bmatrix} -1 \\ 2 \end{bmatrix}, \begin{bmatrix} 1 \\ -2 \end{bmatrix}, \begin{bmatrix} 2 \\ -4 \end{bmatrix} \right\}$

**(e)** $\left\{ \begin{bmatrix} 1 \\ 2 \end{bmatrix}, \begin{bmatrix} -1 \\ 1 \end{bmatrix} \right\}$

**12.** Quais dos seguintes conjuntos são coberturas para $\mathbb{R}^3$? Justifique suas respostas.

**(a)** $\{(1, 0, 0)^T, (0, 1, 1)^T, (1, 0, 1)^T\}$

**(b)** $\{(1, 0, 0)^T, (0, 1, 1)^T, (1, 0, 1)^T, (1, 2, 3)^T\}$

**(c)** $\{(2, 1, -2)^T, (3, 2, -2)^T, (2, 2, 0)^T\}$

**(d)** $\{(2, 1, -2)^T, (-2, -1, 2)^T, (4, 2, -4)^T\}$

**(e)** $\{(1, 1, 3)^T, (0, 2, 1)^T\}$

**13.** Dados

$$\mathbf{x}_1 = \begin{bmatrix} -1 \\ 2 \\ 3 \end{bmatrix}, \quad \mathbf{x}_2 = \begin{bmatrix} 3 \\ 4 \\ 2 \end{bmatrix},$$

$$\mathbf{x} = \begin{bmatrix} 2 \\ 6 \\ 6 \end{bmatrix}, \quad \mathbf{y} = \begin{bmatrix} -9 \\ -2 \\ 5 \end{bmatrix}$$

**(a)** $\mathbf{x} \in \text{Cob}(\mathbf{x}_1, \mathbf{x}_2)$?

**(b)** $\mathbf{y} \in \text{Cob}(\mathbf{x}_1, \mathbf{x}_2)$?

Demonstre suas respostas.

**14.** Seja $A$ uma matriz $4 \times 3$ e seja $\mathbf{b} \in \mathbb{R}^4$. Quantas soluções possíveis o sistema $A\mathbf{x} = \mathbf{b}$ poderia ter se $N(A) = \{\mathbf{0}\}$? Responda a mesma questão no caso $N(A) \neq \{\mathbf{0}\}$. Explique suas respostas.

**15.** Seja $A$ uma matriz $4 \times 3$ e seja

$$\mathbf{c} = 2\mathbf{a}_1 + \mathbf{a}_2 + \mathbf{a}_3$$

**(a)** Se $N(A) = \{\mathbf{0}\}$, o que você pode concluir sobre as soluções para o sistema linear $A\mathbf{x} = \mathbf{c}$?

**(b)** Se $N(A) \neq \{\mathbf{0}\}$, quantas soluções tem o sistema $A\mathbf{x} = \mathbf{c}$? Explicar.

**16.** Seja $\mathbf{x}_1$ uma solução particular para um sistema $A\mathbf{x} = \mathbf{b}$, e seja $\{\mathbf{z}_1, \mathbf{z}_2, \mathbf{z}_3\}$ um conjunto de cobertura para $N(A)$. Se

$$Z = \begin{bmatrix} \mathbf{z}_1 & \mathbf{z}_2 & \mathbf{z}_3 \end{bmatrix},$$

mostram que $\mathbf{y}$ será uma solução para $A\mathbf{x} = \mathbf{b}$ se e somente se $\mathbf{y} = \mathbf{x}_1 + Z\mathbf{c}$ para algum $\mathbf{c} \in \mathbb{R}^3$.

**17.** Seja $\{\mathbf{x}_1, \mathbf{x}_2, \ldots, \mathbf{x}_n\}$ um conjunto de cobertura para um espaço vetorial $V$.

**(a)** Se adicionarmos outro vetor, $\mathbf{x}_{k+1}$, ao conjunto, ainda teremos um conjunto de cobertura? Explique.

**(b)** Se eliminarmos um dos vetores, por exemplo, $\mathbf{x}_k$, do conjunto, ainda teremos um conjunto de cobertura? Explique.

**18.** Em $\mathbb{R}^{2\times 2}$, sejam

$$E_{11} = \begin{bmatrix} 1 & 0 \\ 0 & 0 \end{bmatrix}, \quad E_{12} = \begin{bmatrix} 0 & 1 \\ 0 & 0 \end{bmatrix}$$

$$E_{21} = \begin{bmatrix} 0 & 0 \\ 1 & 0 \end{bmatrix}, \quad E_{22} = \begin{bmatrix} 0 & 0 \\ 0 & 1 \end{bmatrix}$$

Mostre que $E_{11}$, $E_{12}$, $E_{21}$, $E_{22}$ cobrem $\mathbb{R}^{2\times 2}$.

**19.** Quais dos conjuntos que se seguem são coberturas para $P_3$? Justifique suas respostas.

**(a)** $\{1, x^2, x^2 - 2\}$ **(b)** $\{2, x^2, x, 2x + 3\}$

**(c)** $\{x + 2, x + 1, x^2 - 1\}$ **(d)** $\{x + 2, x^2 - 1\}$

**20.** Seja $S$ o espaço vetorial de sequências infinitas definido no Problema 15 da Seção 3.1. Seja $S_0$ o conjunto de $[a_n]$ com a propriedade de que $a_n \to 0$ quando $n \to \infty$. Mostre que $S_0$ é um subespaço de $S$.

**21.** Demonstre que, se $S$ é um subespaço de $\mathbb{R}^1$, então ou $S = \{\mathbf{0}\}$ ou $S = \mathbb{R}^1$.

**22.** Seja $A$ uma matriz $n \times n$. Demonstre que os seguintes enunciados são equivalentes:

**(a)** $N(A) = \{\mathbf{0}\}$. **(b)** $A$ é não singular.

**(c)** Para cada $\mathbf{b} \in \mathbb{R}^n$, o sistema $A\mathbf{x} = \mathbf{b}$ tem uma única solução.

**23.** Sejam $U$ e $V$ subespaços de um espaço vetorial $W$. Demonstre que sua interseção $U \cap V$ é também um subespaço de $W$.

**24.** Seja $S$ o subespaço de $\mathbb{R}^2$ coberto por $\mathbf{e}_1$ e seja $T$ o subespaço de $\mathbb{R}^2$ coberto por $\mathbf{e}_2$. $S \cup T$ é um subespaço de $\mathbb{R}^2$? Explique.

**25.** Sejam $U$ e $V$ subespaços de um espaço vetorial $W$. Defina

$$U + V = \{\mathbf{z} \mid \mathbf{z} = \mathbf{u} + \mathbf{v} \text{ sendo } \mathbf{u} \in U \text{ e } \mathbf{v} \in V\}$$

Mostre que $U + V$ é um subespaço de $W$.

**26.** Sejam $S$, $T$ e $U$ subespaços de um espaço vetorial $V$. Podemos formar novos subespaços usando as operações $\cap$ e $+$ definidas nos Problemas 23 e 25. Quando fazemos aritmética com números, sabemos que a operação de multiplicação é distributiva em relação à operação de adição no sentido de

$$a(b + c) = ab + ac$$

É natural perguntar se leis distributivas similares valem para as duas operações com subespaços.

**(a)** A operação de interseção para subespaços é distributiva em relação à operação de adição? Isto é,

$$S \cap (T + U) = (S \cap T) + (S \cap U)$$

**(b)** A operação de adição para subespaços é distributiva em relação à operação de interseção? Isto é,

$$S + (T \cap U) = (S + T) \cap (S + U)$$

## 3.3 Independência Linear

Nesta seção, examinamos mais de perto a estrutura dos espaços vetoriais. Inicialmente, vamos nos restringir a espaços vetoriais que podem ser gerados a partir de um conjunto finito de elementos. Cada vetor no espaço vetorial pode ser construído com os elementos do conjunto gerador usando somente as operações de adição e multiplicação por escalar. O conjunto gerador é, normalmente, chamado de conjunto de cobertura. Em particular, é desejável encontrar um conjunto de cobertura *mínimo*. Por mínimo, queremos dizer um conjunto de cobertura sem elementos desnecessários (isto é, todos os elementos no conjunto são necessários para cobrir o espaço vetorial). Para encontrar um conjunto de cobertura mínimo, é necessário considerar como os vetores na coleção *dependem* uns dos outros. Em consequência, introduzimos os conceitos de *dependência linear* e *independência linear*. Estes conceitos simples fornecem as chaves para o entendimento da estrutura dos espaços vetoriais.

Considere os seguintes conjuntos em $\mathbb{R}^3$:

$$\mathbf{x}_1 = \begin{bmatrix} 1 \\ -1 \\ 2 \end{bmatrix}, \quad \mathbf{x}_2 = \begin{bmatrix} -2 \\ 3 \\ 1 \end{bmatrix}, \quad \mathbf{x}_3 = \begin{bmatrix} -1 \\ 3 \\ 8 \end{bmatrix}$$

Seja $S$ o subespaço de $\mathbb{R}^3$ coberto por $\mathbf{x}_1$, $\mathbf{x}_2$, $\mathbf{x}_3$. Na verdade, $S$ pode ser representado em função dos dois vetores $\mathbf{x}_1$ e $\mathbf{x}_2$, já que o vetor $\mathbf{x}_3$ está na cobertura de $\mathbf{x}_1$ e $\mathbf{x}_2$; isto é,

$$\mathbf{x}_3 = 3\mathbf{x}_1 + 2\mathbf{x}_2 \tag{1}$$

Qualquer combinação linear de $\mathbf{x}_1$, $\mathbf{x}_2$ e $\mathbf{x}_3$ pode ser reduzida a uma combinação linear de $\mathbf{x}_1$ e $\mathbf{x}_2$:

$$\begin{aligned} \alpha_1\mathbf{x}_1 + \alpha_2\mathbf{x}_2 + \alpha_3\mathbf{x}_3 &= \alpha_1\mathbf{x}_1 + \alpha_2\mathbf{x}_2 + \alpha_3(3\mathbf{x}_1 + 2\mathbf{x}_2) \\ &= (\alpha_1 + 3\alpha_3)\mathbf{x}_1 + (\alpha_2 + 2\alpha_3)\mathbf{x}_2 \end{aligned}$$

Portanto,

$$S = \text{Cob}(\mathbf{x}_1, \mathbf{x}_2, \mathbf{x}_3) = \text{Cob}(\mathbf{x}_1, \mathbf{x}_2)$$

A Equação (1) pode ser reescrita sob a forma

$$3\mathbf{x}_1 + 2\mathbf{x}_2 - 1\mathbf{x}_3 = \mathbf{0} \tag{2}$$

Já que os três coeficientes em (2) são não nulos, podemos resolver para qualquer vetor em função dos outros dois:

$$\mathbf{x}_1 = -\frac{2}{3}\mathbf{x}_2 + \frac{1}{3}\mathbf{x}_3, \quad \mathbf{x}_2 = -\frac{3}{2}\mathbf{x}_1 + \frac{1}{2}\mathbf{x}_3, \quad \mathbf{x}_3 = 3\mathbf{x}_1 + 2\mathbf{x}_2$$

Segue-se que

$$\text{Cob}(\mathbf{x}_1, \mathbf{x}_2, \mathbf{x}_3) = \text{Cob}(\mathbf{x}_2, \mathbf{x}_3) = \text{Cob}(\mathbf{x}_1, \mathbf{x}_3) = \text{Cob}(\mathbf{x}_1, \mathbf{x}_2)$$

Por causa da relação de dependência (2), o subespaço $S$ pode ser representado como a cobertura de dois quaisquer dos vetores dados.

Em contraste, não há tal relação de dependência entre $\mathbf{x}_1$ e $\mathbf{x}_2$. Com efeito, se houvesse escalares $c_1$ e $c_2$, não ambos nulos, tais que

$$c_1\mathbf{x}_1 + c_2\mathbf{x}_2 = \mathbf{0} \tag{3}$$

então, poderíamos resolver para um dos dois vetores em função do outro:

$$\mathbf{x}_1 = -\frac{c_2}{c_1}\mathbf{x}_2 \quad (c_1 \neq 0) \quad \text{ou} \quad \mathbf{x}_2 = -\frac{c_1}{c_2}\mathbf{x}_1 \quad (c_2 \neq 0)$$

Entretanto, nenhum dos dois vetores em questão é múltiplo do outro. Portanto, Cob($\mathbf{x}_1$) e Cob($\mathbf{x}_2$) são ambos subespaços próprios de Cob($\mathbf{x}_1$, $\mathbf{x}_2$), e a única forma em que (3) é válida é se $c_1 = c_2 = 0$.

Podemos generalizar este exemplo fazendo as seguintes observações:

**(I)** Se $\mathbf{v}_1, \mathbf{v}_2, \ldots, \mathbf{v}_n$ cobrem um espaço vetorial $V$ e um desses vetores pode ser escrito como uma combinação linear dos outros $n - 1$ vetores, então esses $n - 1$ vetores cobrem $V$.

**(II)** Dados $n$ vetores $\mathbf{v}_1, \mathbf{v}_2, \ldots, \mathbf{v}_n$, é possível escrever um dos vetores como uma combinação linear dos outros $n - 1$ vetores se e somente se existem escalares $c_1, \ldots, c_n$, não todos nulos, tais que

$$c_1\mathbf{v}_1 + c_2\mathbf{v}_2 + \cdots + c_n\mathbf{v}_n = \mathbf{0}$$

*Demonstração de (I)* Suponha que $\mathbf{v}_n$ pode ser escrito como uma combinação linear dos vetores $\mathbf{v}_1, \mathbf{v}_2, \ldots, \mathbf{v}_{n-1}$; isto é,

$$\mathbf{v}_n = \beta_1\mathbf{v}_1 + \beta_2\mathbf{v}_2 + \cdots + \beta_{n-1}\mathbf{v}_{n-1}$$

Seja $\mathbf{v}$ qualquer elemento de $V$. Já que $\mathbf{v}_1, \ldots, \mathbf{v}_n$ cobrem $\mathbf{V}$, podemos escrever

$$\begin{aligned}
\mathbf{v} &= \alpha_1\mathbf{v}_1 + \alpha_2\mathbf{v}_2 + \cdots + \alpha_{n-1}\mathbf{v}_{n-1} + \alpha_n\mathbf{v}_n \\
&= \alpha_1\mathbf{v}_1 + \alpha_2\mathbf{v}_2 + \cdots + \alpha_{n-1}\mathbf{v}_{n-1} + \alpha_n(\beta_1\mathbf{v}_1 + \cdots + \beta_{n-1}\mathbf{v}_{n-1}) \\
&= (\alpha_1 + \alpha_n\beta_1)\mathbf{v}_1 + (\alpha_2 + \alpha_n\beta_2)\mathbf{v}_2 + \cdots + (\alpha_{n-1} + \alpha_n\beta_{n-1})\mathbf{v}_{n-1}
\end{aligned}$$

Logo, qualquer vetor $\mathbf{v}$ em $V$ pode ser escrito como uma combinação linear de $\mathbf{v}_1, \mathbf{v}_2, \ldots, \mathbf{v}_{n-1}$ e, portanto, estes vetores cobrem $V$. ■

*Demonstração de (II)* Suponha que um dos vetores $\mathbf{v}_1, \mathbf{v}_2, \ldots, \mathbf{v}_n$, por exemplo $\mathbf{v}_n$, pode ser escrito como uma combinação linear dos outros; isto é,

$$\mathbf{v}_n = \alpha_1\mathbf{v}_1 + \alpha_2\mathbf{v}_2 + \cdots + \alpha_{n-1}\mathbf{v}_{n-1}$$

Subtraindo $\mathbf{v}_n$ de ambos os termos desta equação, obtemos

$$\alpha_1\mathbf{v}_1 + \alpha_2\mathbf{v}_2 + \cdots + \alpha_{n-1}\mathbf{v}_{n-1} - \mathbf{v}_n = \mathbf{0}$$

Se fizermos $c_i = \alpha_i$ para $i = 1, \ldots, n - 1$, e fizermos $c_n = -1$, então

$$c_1\mathbf{v}_1 + c_2\mathbf{v}_2 + \cdots + c_n\mathbf{v}_n = \mathbf{0}$$

Por outro lado, se

$$c_1\mathbf{v}_1 + c_2\mathbf{v}_2 + \cdots + c_n\mathbf{v}_n = \mathbf{0}$$

e ao menos um dos $c_i$, por exemplo, $c_n$, é não nulo, então

$$\mathbf{v}_n = \frac{-c_1}{c_n}\mathbf{v}_1 + \frac{-c_2}{c_n}\mathbf{v}_2 + \cdots + \frac{-c_{n-1}}{c_n}\mathbf{v}_{n-1}$$

■

**Definição**

Os vetores $\mathbf{v}_1, \mathbf{v}_2, \ldots, \mathbf{v}_n$ em um espaço vetorial $V$ são ditos **linearmente independentes** se

$$c_1\mathbf{v}_1 + c_2\mathbf{v}_2 + \cdots + c_n\mathbf{v}_n = \mathbf{0}$$

implica que todos os escalares $c_1, \ldots, c_n$ devem ser iguais a zero.

Segue-se, de (I) e (II), que se $\{\mathbf{v}_1, \mathbf{v}_2, \ldots, \mathbf{v}_n\}$ é um conjunto de cobertura mínimo, então $\mathbf{v}_1, \mathbf{v}_2, \ldots, \mathbf{v}_n$ são linearmente independentes. Por outro lado, se $\mathbf{v}_1, \mathbf{v}_2, \ldots, \mathbf{v}_n$ são linearmente independentes e cobrem $V$, então $\{\mathbf{v}_1, \mathbf{v}_2, \ldots, \mathbf{v}_n\}$ é um conjunto de cobertura mínimo de $V$ (veja o Problema 20 ao fim desta seção). Um conjunto de cobertura mínimo é chamado *base*. O conceito de base será estudado em mais detalhes na próxima seção.

EXEMPLO 1 Os vetores $\begin{pmatrix} 1 \\ 1 \end{pmatrix}$ e $\begin{pmatrix} 1 \\ 2 \end{pmatrix}$ são linearmente independentes, já que

$$c_1 \begin{pmatrix} 1 \\ 1 \end{pmatrix} + c_2 \begin{pmatrix} 1 \\ 2 \end{pmatrix} = \begin{pmatrix} 0 \\ 0 \end{pmatrix}$$

então

$$\begin{aligned} c_1 + c_2 &= 0 \\ c_1 + 2c_2 &= 0 \end{aligned}$$

e a única solução para este sistema é $c_1 = 0$ e $c_2 = 0$. ■

**Definição**

Os vetores $\mathbf{v}_1, \mathbf{v}_2, \ldots, \mathbf{v}_n$ em um espaço vetorial $V$ são ditos **linearmente dependentes** se existem escalares $c_1, c_2, \ldots, c_n$, não todos nulos, tais que

$$c_1\mathbf{v}_1 + c_2\mathbf{v}_2 + \cdots + c_n\mathbf{v}_n = \mathbf{0}$$

EXEMPLO 2 Seja $\mathrm{x} = (1, 2, 3)^T$. Os vetores $\mathbf{e}_1, \mathbf{e}_2, \mathbf{e}_3$ e $\mathbf{x}$ são linearmente dependentes, já que

$$\mathbf{e}_1 + 2\mathbf{e}_2 + 3\mathbf{e}_3 - \mathbf{x} = \mathbf{0}$$

(Neste caso $c_1 = 1, c_2 = 2, c_3 = 3, c_4 = -1$.) ■

Dado um conjunto de vetores $\{\mathbf{v}_1, \mathbf{v}_2, \ldots, \mathbf{v}_n\}$ em um espaço vetorial $V$, é trivial achar escalares $c_1, c_2, \ldots, c_n$ tais que

$$c_1\mathbf{v}_1 + c_2\mathbf{v}_2 + \cdots + c_n\mathbf{v}_n = \mathbf{0}$$

Faça somente

$$c_1 = c_2 = \cdots = c_n = 0$$

Se há escolhas não triviais de escalares para os quais a combinação linear $c_1\mathbf{v}_1 + \cdots + c_n\mathbf{v}_n$ é igual ao vetor nulo, então $\mathbf{v}_1, \mathbf{v}_2, \ldots, \mathbf{v}_n$ são linearmente dependentes. Se a *única* forma de a combinação linear $c_1\mathbf{v}_1 + c_2\mathbf{v}_2 + \cdots + c_n\mathbf{v}_n$ ser igual ao vetor nulo é que todos os escalares $c_1, \ldots, c_n$ sejam nulos, então $\mathbf{v}_1, \mathbf{v}_2, \ldots, \mathbf{v}_n$ são linearmente independentes.

## Interpretação Geométrica

Se **x** e **y** são linearmente dependentes em $\mathbb{R}^2$, então

$$c_1\mathbf{x} + c_2\mathbf{y} = \mathbf{0}$$

em que $c_1$ e $c_2$ não são ambos 0. Se, por exemplo, $c_1 \neq 0$, podemos escrever

$$\mathbf{x} = -\frac{c_2}{c_1}\mathbf{y}$$

Se dois vetores em $\mathbb{R}^2$ são linearmente dependentes, um dos vetores pode ser escrito como um múltiplo escalar do outro. Então, se ambos os vetores são colocados na origem, eles estarão sobre a mesma reta (veja a Figura 3.3.1)

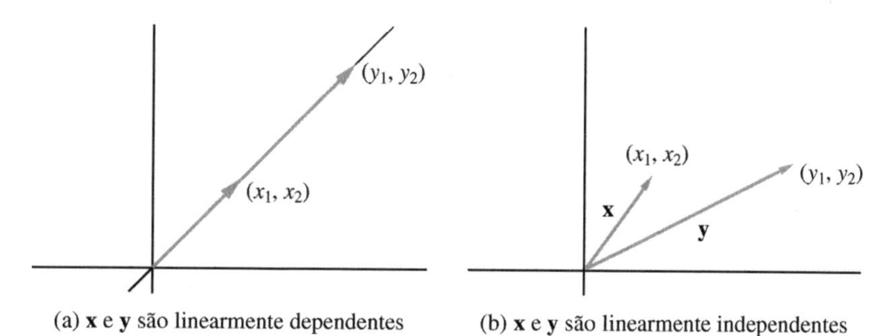


(a) **x** e **y** são linearmente dependentes (b) **x** e **y** são linearmente independentes

**Figura 3.3.1**

Se

$$\mathbf{x} = \begin{bmatrix} x_1 \\ x_2 \\ x_3 \end{bmatrix} \quad \text{e} \quad \mathbf{y} = \begin{bmatrix} y_1 \\ y_2 \\ y_3 \end{bmatrix}$$

são linearmente independentes em $\mathbb{R}^3$, então os dois pontos $(x_1, x_2, x_3)$ e $(y_1, y_2, y_3)$ não estarão sobre a mesma reta passando pela origem no espaço 3D. Já que $(0, 0, 0)$, $(x_1, x_2, x_3)$ e $(y_1, y_2, y_3)$ não são colineares, eles determinam um plano. Se $(z_1, z_2, z_3)$ estiver nesse plano, o vetor $\mathbf{z} = (z_1, z_2, z_3)^T$ pode ser escrito como uma combinação linear de **x** e **y** e, portanto, **x**, **y** e **z** são linearmente dependentes. Se $(z_1, z_2, z_3)$ não está no plano, os vetores serão linearmente independentes (veja a Figura 3.3.2).

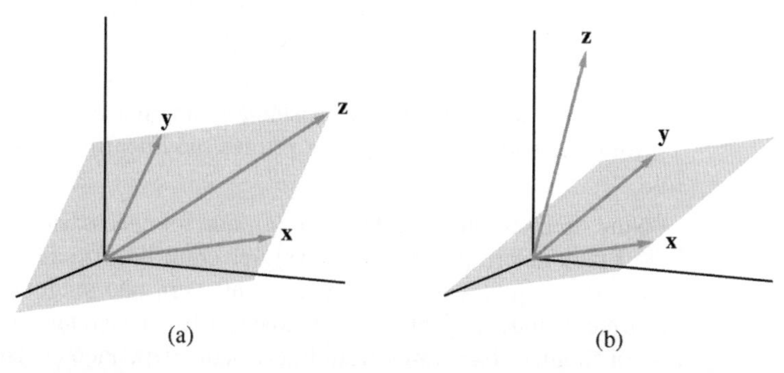


(a) (b)

**Figura 3.3.2**

## Teoremas e Exemplos

**EXEMPLO 3** Quais das seguintes coleções de vetores são linearmente independentes em $\mathbb{R}^3$?

**(a)** $(1, 1, 1)^T, (1, 1, 0)^T, (1, 0, 0)^T$
**(b)** $(1, 0, 1)^T, (1, 0, 1)^T$
**(c)** $(1, 2, 4)^T, (2, 1, 3)^T, (4, -1, 1)^T$

### Solução

**(a)** Estes três vetores são linearmente independentes. Para verificar isto, devemos mostrar que a única forma para que

$$c_1(1, 1, 1)^T + c_2(1, 1, 0)^T + c_3(1, 0, 0)^T = (0, 0, 0)^T \tag{4}$$

é que os escalares $c_1$, $c_2$, $c_3$ sejam todos nulos. A Equação (4) pode ser escrita como um sistema linear com incógnitas $c_1$, $c_2$, $c_3$:

$$\begin{aligned} c_1 + c_2 + c_3 &= 0 \\ c_1 + c_2 \phantom{+ c_3} &= 0 \\ c_1 \phantom{+ c_2 + c_3} &= 0 \end{aligned}$$

A única solução para este sistema é $c_1 = 0$, $c_2 = 0$, $c_3 = 0$.

**(b)** Se

$$c_1(1, 0, 1)^T + c_2(0, 1, 0)^T = (0, 0, 0)^T$$

então

$$(c_1, c_2, c_1)^T = (0, 0, 0)^T$$

logo, $c_1 = c_2 = 0$. Portanto, os dois vetores são linearmente independentes.

**(c)** Se

$$c_1(1, 2, 4)^T + c_2(2, 1, 3)^T + c_3(4, -1, 1)^T = (0, 0, 0)^T$$

então

$$\begin{aligned} c_1 + 2c_2 + 4c_3 &= 0 \\ 2c_1 + c_2 - c_3 &= 0 \\ 4c_1 + 3c_2 + c_3 &= 0 \end{aligned}$$

A matriz de coeficientes do sistema é singular e, portanto, o sistema tem soluções não triviais. Logo, os vetores são linearmente dependentes. ■

Note no Exemplo 3, partes (a) e (c), que foi necessário resolver um sistema $3 \times 3$ para determinar se os três vetores eram linearmente independentes. Na parte (a), na qual a matriz de coeficientes era não singular, os vetores eram linearmente independentes, enquanto na parte (c), na qual a matriz de coeficientes era singular, os vetores eram linearmente dependentes. Isto ilustra um caso especial do seguinte teorema:

**Teorema 3.3.1** *Sejam* $\mathbf{x}_1, \mathbf{x}_2, \ldots, \mathbf{x}_n$ *n vetores em* $\mathbb{R}^n$ *e seja* $X = (\mathbf{x}_1, \ldots, \mathbf{x}_n)$. *Os vetores* $\mathbf{x}_1, \mathbf{x}_2, \ldots, \mathbf{x}_n$ *serão linearmente dependentes se e somente se X for singular.*

*Demonstração* A equação

$$c_1\mathbf{x}_1 + c_2\mathbf{x}_2 + \cdots + c_n\mathbf{x}_n = \mathbf{0}$$

pode ser reescrita como uma equação matricial

$$X\mathbf{c} = \mathbf{0}$$

Esta equação terá uma solução não trivial se e somente se $X$ for singular. Portanto, $\mathbf{x}_1, \mathbf{x}_2, \ldots, \mathbf{x}_n$ serão linearmente dependentes se e somente se $X$ for singular. ∎

Podemos usar o Teorema 3.3.1 para testar se $n$ vetores são linearmente independentes em $\mathbb{R}^n$. Simplesmente forma-se uma matriz $X$ cujas colunas são os vetores testados. Para determinar se $X$ é singular, calcula-se $\det(X)$. Se $\det(X) = 0$, os vetores são linearmente dependentes. Se $\det(X) \neq 0$, os vetores são linearmente independentes.

EXEMPLO 4 Determine se os vetores $(4, 2, 3)^T$, $(2, 3, 1)^T$ e $(2, -5, 3)^T$ são linearmente dependentes.

Solução

Já que

$$\begin{vmatrix} 4 & 2 & 2 \\ 2 & 3 & -5 \\ 3 & 1 & 3 \end{vmatrix} = 0$$

os vetores são linearmente dependentes. ∎

Para determinar se $k$ vetores $\mathbf{x}_1, \mathbf{x}_2, \ldots \mathbf{x}_k$ em $\mathbb{R}^n$ são linearmente independentes, podemos reescrever a equação

$$c_1\mathbf{x}_1 + c_2\mathbf{x}_2 + \cdots + c_k\mathbf{x}_k = \mathbf{0}$$

como um sistema linear $X\mathbf{c} = \mathbf{0}$, no qual $X = (\mathbf{x}_1, \ldots, \mathbf{x}_n)$. Se $k \neq n$, então a matriz $X$ não é quadrada, portanto não podemos usar determinantes para decidir se os vetores são linearmente independentes. O sistema é homogêneo; logo, tem a solução trivial $\mathbf{c} = \mathbf{0}$. Ele terá soluções não triviais se e somente se as formas linha degrau de $X$ envolverem variáveis livres. Se há soluções não triviais, então os vetores são linearmente dependentes. Se não há variáveis livres, então $\mathbf{c} = \mathbf{0}$ é a única solução e, portanto, os vetores devem ser linearmente independentes.

EXEMPLO 5 Seja

$$\mathbf{x}_1 = \begin{bmatrix} 1 \\ -1 \\ 2 \\ 3 \end{bmatrix}, \quad \mathbf{x}_2 = \begin{bmatrix} -2 \\ 3 \\ 1 \\ -2 \end{bmatrix}, \quad \mathbf{x}_3 = \begin{bmatrix} 1 \\ 0 \\ 7 \\ 7 \end{bmatrix}$$

Para determinar se os vetores são linearmente independentes, reduzimos o sistema $X\mathbf{c} = \mathbf{0}$ à forma linha degrau:

$$\left[\begin{array}{ccc|c} 1 & -2 & 1 & 0 \\ -1 & 3 & 0 & 0 \\ 2 & 1 & 7 & 0 \\ 3 & -2 & 7 & 0 \end{array}\right] \rightarrow \left[\begin{array}{ccc|c} 1 & -2 & 1 & 0 \\ 0 & 1 & 1 & 0 \\ 0 & 0 & 0 & 0 \\ 0 & 0 & 0 & 0 \end{array}\right]$$

Já que a forma linha degrau envolve uma variável livre $c_3$, há soluções não triviais e, portanto, os vetores devem ser linearmente dependentes. ■

Em seguida, consideramos uma propriedade muito importante de vetores linearmente independentes: Combinações lineares de vetores linearmente independentes são únicas. Mais precisamente, temos o seguinte teorema:

**Teorema 3.3.2** *Sejam* $\mathbf{v}_1, \ldots, \mathbf{v}_n$ *vetores em um espaço vetorial V. Um vetor* $\mathbf{v} \in \text{Cob}(\mathbf{v}_1, \mathbf{v}_2, \ldots, \mathbf{v}_n)$ *pode ser escrito unicamente como uma combinação linear de* $\mathbf{v}_1, \ldots, \mathbf{v}_n$ *se e somente se* $\mathbf{v}_1, \ldots, \mathbf{v}_n$ *são linearmente independentes.*

***Demonstração*** Se $\mathbf{v} \in \text{Cob}(\mathbf{v}_1, \ldots, \mathbf{v}_n)$, então $\mathbf{v}$ pode ser escrito como uma combinação linear

$$\mathbf{v} = \alpha_1\mathbf{v}_1 + \alpha_2\mathbf{v}_2 + \cdots + \alpha_n\mathbf{v}_n \tag{5}$$

Suponha que $\mathbf{v}$ pode também ser escrito como uma combinação linear

$$\mathbf{v} = \beta_1\mathbf{v}_1 + \beta_2\mathbf{v}_2 + \cdots + \beta_n\mathbf{v}_n \tag{6}$$

Mostraremos que, se $\mathbf{v}_1, \ldots, \mathbf{v}_n$ são linearmente independentes, então $\beta_i = \alpha_i$, $i = 1, \ldots, n$, e se $\mathbf{v}_1, \ldots, \mathbf{v}_n$ são linearmente dependentes, então é possível escolher os $\beta_i$ diferentes dos $\alpha_i$.

Se $\mathbf{v}_1, \ldots, \mathbf{v}_n$ são linearmente independentes, então subtraindo (6) de (5) resulta

$$(\alpha_1 - \beta_1)\mathbf{v}_1 + (\alpha_2 - \beta_2)\mathbf{v}_2 + \cdots + (\alpha_n - \beta_n)\mathbf{v}_n = \mathbf{0} \tag{7}$$

Pela independência linear de $\mathbf{v}_1, \ldots, \mathbf{v}_n$, os coeficientes de (7) devem ser todos 0. Portanto,

$$\alpha_1 = \beta_1,\ \alpha_2 = \beta_2, \ldots, \alpha_n = \beta_n$$

Assim, a representação (5) é única quando $\mathbf{v}_1, \ldots, \mathbf{v}_n$ são linearmente independentes.

Por outro lado, se $\mathbf{v}_1, \ldots, \mathbf{v}_n$ são linearmente dependentes, então existem $c_1, \ldots, c_n$ não todos nulos, tais que

$$\mathbf{0} = c_1\mathbf{v}_1 + c_2\mathbf{v}_2 + \cdots + c_n\mathbf{v}_n \tag{8}$$

Agora se fizermos

$$\beta_1 = \alpha_1 + c_1,\ \beta_2 = \alpha_2 + c_2, \ldots, \beta_n = \alpha_n + c_n$$

então, somando (5) e (8), obtemos

$$\begin{aligned} \mathbf{v} &= (\alpha_1 + c_1)\mathbf{v}_1 + (\alpha_2 + c_2)\mathbf{v}_2 + \cdots + (\alpha_n + c_n)\mathbf{v}_n \\ &= \beta_1\mathbf{v}_1 + \beta_2\mathbf{v}_2 + \cdots + \beta_n\mathbf{v}_n \end{aligned}$$

Já que os $c_i$ não são todos nulos, $\beta_i \neq \alpha_i$ para pelo menos um valor de $i$. Portanto, se $\mathbf{v}_1, \ldots, \mathbf{v}_n$ são linearmente dependentes, a representação de um vetor como uma combinação linear de $\mathbf{v}_1, \ldots, \mathbf{v}_n$ não é única. ■

## Espaços Vetoriais de Funções

Para determinar se um conjunto de vetores é linearmente independente em $\mathbb{R}^n$, precisamos resolver um sistema linear homogêneo de equações. Uma situação similar é válida para o espaço vetorial $P_n$.

### O Espaço Vetorial $P_n$

Para testar se os seguintes polinômios $p_1, p_2, \ldots, p_k$ são linearmente independentes em $P_n$, fazemos

$$c_1 p_1 + c_2 p_2 + \cdots + c_k p_k = z \tag{9}$$

em que $z$ representa o polinômio nulo; isto é,

$$z(x) = 0x^{n-1} + 0x^{n-2} + \cdots + 0x + 0$$

Se o polinômio no primeiro membro da Equação (9) for reescrito na forma $a_1x^{n-1} + a_2x^{n-2} + \cdots + a_{n-1}x + a_n$, então, já que dois polinômios são iguais se e somente se seus coeficientes são iguais, segue-se que os coeficientes $a_i$ devem ser todos nulos. Mas cada $a_i$ é uma combinação linear dos $c_j$. Isto leva a um sistema linear homogêneo com incógnitas $c_1, c_2, \ldots, c_k$. Se o sistema tem somente a solução trivial, os polinômios são linearmente independentes; caso contrário, eles são linearmente dependentes.

EXEMPLO 6 Para testar se os vetores

$$p_1(x) = x^2 - 2x + 3, \quad p_2(x) = 2x^2 + x + 8, \quad p_3(x) = x^2 + 8x + 7$$

são linearmente independentes, façamos

$$c_1 p_1(x) + c_2 p_2(x) + c_3 p_3(x) = 0x^2 + 0x + 0$$

Agrupando os termos por potências de $x$, obtemos

$$(c_1 + 2c_2 + c_3)x^2 + (-2c_1 + c_2 + 8c_3)x + (3c_1 + 8c_2 + 7c_3) = 0x^2 + 0x + 0$$

Equacionando os coeficientes leva ao sistema

$$\begin{aligned} c_1 + 2c_2 + \phantom{8}c_3 &= 0 \\ -2c_1 + \phantom{2}c_2 + 8c_3 &= 0 \\ 3c_1 + 8c_2 + 7c_3 &= 0 \end{aligned}$$

A matriz de coeficientes para este sistema é singular e, portanto, há soluções não triviais. Então, $p_1$, $p_2$ e $p_3$ são linearmente dependentes. ■

### O Espaço Vetorial $C^{(n-1)}[a, b]$

No Exemplo 4, um determinante foi usado para testar se três vetores eram linearmente independentes em $\mathbb{R}^3$. Determinantes também podem ser usados para ajudar a decidir se um conjunto de $n$ vetores é linearmente independente em $C^{(n-1)}[a, b]$. Com efeito, sejam $f_1, f_2, \ldots, f_n$ elementos de $C^{(n-1)}[a, b]$. Se estes vetores são linearmente dependentes, devem existir escalares $c_1, c_2, \ldots, c_n$, não todos nulos, tais que

$$c_1 f_1(x) + c_2 f_2(x) + \cdots + c_n f_n(x) = 0 \tag{10}$$

para cada $x$ em $[a, b]$. Calculando a derivada em relação a $x$ de ambos os membros de (10) resulta

$$c_1 f_1'(x) + c_2 f_2'(x) + \cdots + c_n f_n'(x) = 0$$

Se continuarmos calculando as derivadas de ambos os membros, terminamos com o sistema

$$\begin{aligned}
c_1 f_1(x) &+ c_2 f_2(x) + \cdots + c_n f_n(x) = 0 \\
c_1 f_1'(x) &+ c_2 f_2'(x) + \cdots + c_n f_n'(x) = 0 \\
&\vdots \\
c_1 f_1^{(n-1)}(x) &+ c_2 f_2^{(n-1)}(x) + \cdots + c_n f_n^{(n-1)}(x) = 0
\end{aligned}$$

Para cada $x$ fixo em $[a, b]$, a equação matricial

$$\begin{bmatrix} f_1(x) & f_2(x) & \cdots & f_n(x) \\ f_1'(x) & f_2'(x) & \cdots & f_n'(x) \\ \vdots & & & \\ f_1^{(n-1)}(x) & f_2^{(n-1)}(x) & \cdots & f_n^{(n-1)}(x) \end{bmatrix} \begin{bmatrix} \alpha_1 \\ \alpha_2 \\ \vdots \\ \alpha_n \end{bmatrix} = \begin{bmatrix} 0 \\ 0 \\ \vdots \\ 0 \end{bmatrix} \tag{11}$$

terá a mesma solução não trivial $(c_1, c_2, \ldots, c_n)^T$. Portanto, se $f_1, f_2, \ldots, f_n$ são linearmente dependentes em $C^{(n-1)}[a, b]$, então, para cada $x$ fixo em $[a, b]$, a matriz de coeficientes do sistema (11) será singular. Se a matriz é singular, seu determinante é nulo.

**Definição** Sejam $f_1, f_2, \ldots, f_n$ funções em $C^{(n-1)}[a, b]$ e seja definida a função $W[f_1, f_2, \ldots, f_n](x)$ em $[a, b]$ por

$$W[f_1, f_2, \ldots, f_n](x) = \begin{vmatrix} f_1(x) & f_2(x) & \cdots & f_n(x) \\ f_1'(x) & f_2'(x) & \cdots & f_n'(x) \\ \vdots & & & \\ f_1^{(n-1)}(x) & f_2^{(n-1)}(x) & \cdots & f_n^{(n-1)}(x) \end{vmatrix}$$

A função $W[f_1, f_2, \ldots, f_n]$ é chamada de **wronskiano** de $f_1, f_2, \ldots, f_n$.

**Teorema 3.3.3** *Sejam $f_1, f_2, \ldots, f_n$ elementos de $C^{(n-1)}[a, b]$. Se existe um ponto $x_0$ em $[a, b]$ tal que $W[f_1, f_2, \ldots, f_n](x_0) \neq 0$, então $f_1, f_2, \ldots, f_n$ são linearmente independentes.*

***Demonstração*** Se $f_1, f_2, \ldots, f_n$ forem linearmente independentes, então, pela discussão precedente, a matriz de coeficientes em (11) deve ser singular para cada $x$ em $[a, b]$ e portanto $W[f_1, f_2, \ldots, f_n](x)$ deve ser identicamente nulo em $[a, b]$. ■

Se $f_1, f_2, \ldots, f_n$ são linearmente independentes em $C^{(n-1)}[a, b]$, elas serão também linearmente independentes em $C[a, b]$.

**EXEMPLO 7** Mostre que $e^x$ e $e^{-x}$ são linearmente independentes em $C(-\infty, \infty)$.

**Solução**

$$W[e^x, e^{-x}] = \begin{vmatrix} e^x & e^{-x} \\ e^x & -e^{-x} \end{vmatrix} = -2$$

Como $W[e^x, e^{-x}]$ não é identicamente nulo, $e^x$ e $e^{-x}$ são linearmente independentes. ■

**EXEMPLO 8** Considere as funções $x^2$ e $x|x|$ em $C[-1, 1]$. Ambas as funções estão no subespaço $C^1[-1, 1]$ (veja o Exemplo 7 da Seção 3.2), então, podemos calcular o wronskiano

$$W[x^2, x|x|] = \begin{vmatrix} x^2 & x|x| \\ 2x & 2|x| \end{vmatrix} \equiv 0$$

Como o wronskiano é identicamente nulo, não dá nenhuma informação sobre se as funções são linearmente independentes. Para responder a essa questão, suponha que

$$c_1x^2 + c_2x|x| = 0$$

para todo $x$ em $[-1, 1]$. Então, em particular para $x = 1$ e $x = -1$, temos

$$\begin{aligned} c_1 + c_2 &= 0 \\ c_1 - c_2 &= 0 \end{aligned}$$

e a única solução para este sistema é $c_1 = c_2 = 0$. Portanto, as funções $x^2$ e $x|x|$ são linearmente independentes em $C[-1, 1]$ embora $W[x^2, x|x|] \equiv 0$.

Esse exemplo mostra que a recíproca do Teorema 3.3.3 não é válida. ■

**EXEMPLO 9** Mostre que os vetores $1, x, x^2$ e $x^3$ são linearmente independentes em $C(-\infty, \infty)$.

**Solução**

$$W[1, x, x^2, x^3] = \begin{vmatrix} 1 & x & x^2 & x^3 \\ 0 & 1 & 2x & 3x^2 \\ 0 & 0 & 2 & 6x \\ 0 & 0 & 0 & 6 \end{vmatrix} = 12$$

Como $W[1, x, x^2, x^3] \not\equiv 0$, os vetores são linearmente independentes. ■

## PROBLEMAS DA SEÇÃO 3.3

**1.** Determine se os seguintes vetores são linearmente independentes em $\mathbb{R}^2$.

**(a)** $\begin{bmatrix} 2 \\ 1 \end{bmatrix}, \begin{bmatrix} 3 \\ 2 \end{bmatrix}$ **(b)** $\begin{bmatrix} 2 \\ 3 \end{bmatrix}, \begin{bmatrix} 4 \\ 6 \end{bmatrix}$

**(c)** $\begin{bmatrix} -2 \\ 1 \end{bmatrix}, \begin{bmatrix} 1 \\ 3 \end{bmatrix}, \begin{bmatrix} 2 \\ 4 \end{bmatrix}$

**(d)** $\begin{bmatrix} -1 \\ 2 \end{bmatrix}, \begin{bmatrix} 1 \\ -2 \end{bmatrix}, \begin{bmatrix} 2 \\ -4 \end{bmatrix}$

**(e)** $\begin{bmatrix} 1 \\ 2 \end{bmatrix}, \begin{bmatrix} -1 \\ 1 \end{bmatrix}$

**2.** Determine se os seguintes vetores são linearmente independentes em $\mathbb{R}^3$.

(a) $\begin{bmatrix}1\\0\\0\end{bmatrix}, \begin{bmatrix}0\\1\\1\end{bmatrix}, \begin{bmatrix}1\\0\\1\end{bmatrix}$

(b) $\begin{bmatrix}1\\0\\0\end{bmatrix}, \begin{bmatrix}0\\1\\1\end{bmatrix}, \begin{bmatrix}1\\0\\1\end{bmatrix}, \begin{bmatrix}1\\2\\3\end{bmatrix}$

(c) $\begin{bmatrix}2\\1\\-2\end{bmatrix}, \begin{bmatrix}3\\2\\-2\end{bmatrix}, \begin{bmatrix}2\\2\\0\end{bmatrix}$

(d) $\begin{bmatrix}2\\1\\-2\end{bmatrix}, \begin{bmatrix}-2\\-1\\2\end{bmatrix}, \begin{bmatrix}4\\2\\-4\end{bmatrix}$

(e) $\begin{bmatrix}1\\1\\3\end{bmatrix}, \begin{bmatrix}0\\2\\1\end{bmatrix}$

**3.** Para cada um dos conjuntos de vetores no Problema 2, descreva geometricamente a cobertura dos vetores dados.

**4.** Determine se os seguintes vetores são linearmente independentes em $\mathbb{R}^{2\times 2}$.

(a) $\begin{bmatrix}1 & 0\\1 & 1\end{bmatrix}, \begin{bmatrix}0 & 1\\0 & 0\end{bmatrix}$

(b) $\begin{bmatrix}1 & 0\\0 & 1\end{bmatrix}, \begin{bmatrix}0 & 1\\0 & 0\end{bmatrix}, \begin{bmatrix}0 & 0\\1 & 0\end{bmatrix}$

(c) $\begin{bmatrix}1 & 0\\0 & 1\end{bmatrix}, \begin{bmatrix}0 & 1\\0 & 0\end{bmatrix}, \begin{bmatrix}2 & 3\\0 & 2\end{bmatrix}$

**5.** Sejam $\mathbf{x}_1, \mathbf{x}_2, \ldots, \mathbf{x}_k$ vetores linearmente independentes em um espaço vetorial $V$.

**(a)** Se adicionarmos um vetor $\mathbf{x}_{k+1}$ à coleção, ainda teremos uma coleção linearmente independente de vetores? Explique.

**(b)** Se eliminarmos um vetor, por exemplo, $\mathbf{x}_k$ da coleção, ainda teremos uma coleção linearmente independente de vetores? Explique.

**6.** Sejam $\mathbf{x}_1$, $\mathbf{x}_2$ e $\mathbf{x}_3$ vetores linearmente independentes em $\mathbb{R}^n$ e seja

$$\mathbf{y}_1 = \mathbf{x}_1 + \mathbf{x}_2, \quad \mathbf{y}_2 = \mathbf{x}_2 + \mathbf{x}_3, \quad \mathbf{y}_3 = \mathbf{x}_3 + \mathbf{x}_1$$

São $\mathbf{y}_1$, $\mathbf{y}_2$ e $\mathbf{y}_3$ linearmente independentes? Demonstre sua resposta.

**7.** Sejam $\mathbf{x}_1$, $\mathbf{x}_2$ e $\mathbf{x}_3$ vetores linearmente independentes em $\mathbb{R}^n$ e seja

$$\mathbf{y}_1 = \mathbf{x}_2 - \mathbf{x}_1, \quad \mathbf{y}_2 = \mathbf{x}_3 - \mathbf{x}_2, \quad \mathbf{y}_3 = \mathbf{x}_3 - \mathbf{x}_1$$

São $\mathbf{y}_1$, $\mathbf{y}_2$ e $\mathbf{y}_3$ linearmente independentes? Demonstre sua resposta.

**8.** Determine se os seguintes vetores são linearmente independentes em $P_3$.

**(a)** $1, x^2, x^2 - 2$ **(b)** $2, x^2, x, 2x + 3$

**(c)** $x + 2, x + 1, x^2 - 1$ **(d)** $x + 2, x^2 - 1$

**9.** Para cada um dos itens seguintes, mostre que os vetores dados são linearmente independentes em $C[0, 1]$:

**(a)** $\cos \pi x, \operatorname{sen} \pi x$ **(b)** $x^{3/2}, x^{5/2}$

**(c)** $1, e^x + e^{-x}, e^x - e^{-x}$ **(d)** $e^x, e^{-x}, e^{2x}$

**10.** Determine se os vetores $\cos x$, 1, $\operatorname{sen}^2(x/2)$ são linearmente independentes em $C[-\pi, \pi]$.

**11.** Considere os vetores $\cos(x + \alpha)$ e $\operatorname{sen} x$ em $C[-\pi, \pi]$. Para que valores de $\alpha$ serão os dois vetores linearmente dependentes? Dê uma interpretação gráfica de sua resposta.

**12.** Dadas as funções $2x$ e $|x|$, mostre que

**(a)** estes dois vetores são linearmente independentes em $C[-1, 1]$.

**(b)** os vetores são linearmente dependentes em $C[0, 1]$.

**13.** Demonstre que qualquer conjunto finito de vetores que contém o vetor nulo deve ser linearmente dependente.

**14.** Sejam $\mathbf{v}_1$ e $\mathbf{v}_2$ dois vetores em um espaço vetorial $V$. Mostre que $\mathbf{v}_1$ e $\mathbf{v}_2$ são linearmente dependentes se e somente se um dos vetores é um múltiplo escalar do outro.

**15.** Demonstre que qualquer subconjunto não vazio de um conjunto linearmente independente de vetores $\{\mathbf{v}_1, \ldots, \mathbf{v}_n\}$ é também linearmente independente.

**16.** Seja $A$ uma matriz $m \times n$. Mostre que se $A$ tem vetores colunas linearmente independentes, então $N(A) = \{\mathbf{0}\}$.

[*Sugestão*: Para todo $\mathbf{x} \in \mathbb{R}^n$, $A\mathbf{x} = x_1\mathbf{a}_1 + x_2\mathbf{a}_2 + \cdots + x_n\mathbf{a}_n$.]

**17.** Sejam $\mathbf{x}_1, \mathbf{x}_2, \ldots, \mathbf{x}_k$ vetores linearmente independentes em $\mathbb{R}^n$ e seja $A$ uma matriz não singular $n \times n$. Define-se $\mathbf{y}_i = A\mathbf{x}_i$ para $i = 1, \ldots, k$. Mostre que $\mathbf{y}_1, \ldots, \mathbf{y}_k$ são linearmente independentes.

**18.** Seja $A$ uma matriz $3 \times 3$ e sejam $\mathbf{x}_1$, $\mathbf{x}_2$, e $\mathbf{x}_3$ vetores em $\mathbb{R}^3$. Mostre que se os vetores

$$\mathbf{y}_1 = A\mathbf{x}_1, \quad \mathbf{y}_2 = A\mathbf{x}_2, \quad \mathbf{y}_3 = A\mathbf{x}_3$$

são linearmente independentes, então a matriz $A$ deve ser não singular e os vetores $\mathbf{x}_1$, $\mathbf{x}_2$ e $\mathbf{x}_3$ devem ser linearmente independentes.

**19.** Seja $\{\mathbf{v}_1, \ldots, \mathbf{v}_n\}$ um conjunto cobertura para o espaço vetorial $V$ e seja $\mathbf{v}$ qualquer outro vetor em $V$. Mostre que $\mathbf{v}, \mathbf{v}_1, \ldots, \mathbf{v}_n$ são linearmente dependentes.

**20.** Sejam $\mathbf{v}_1, \mathbf{v}_2, \ldots, \mathbf{v}_n$ vetores linearmente independentes em um espaço vetorial $V$. Mostre que $\mathbf{v}_2, \ldots, \mathbf{v}_n$ não pode cobrir $V$.

## 3.4 Base e Dimensão

Na Seção 3.3, mostramos que um conjunto de cobertura para um espaço vetorial é mínimo se seus elementos são linearmente independentes. Os elementos de um conjunto de cobertura mínimo formam os blocos básicos de construção para o espaço todo e, em consequência, dizemos que formam uma *base* para o espaço vetorial.

**Definição**

Os vetores $\mathbf{v}_1, \mathbf{v}_2, \ldots, \mathbf{v}_n$ formam uma **base** para um espaço vetorial $V$ se e somente se

**(i)** $\mathbf{v}_1, \ldots, \mathbf{v}_n$ são linearmente independentes.
**(ii)** $\mathbf{v}_1, \ldots, \mathbf{v}_n$ cobrem $V$.

EXEMPLO 1 A *base padrão* para o $\mathbb{R}^3$ é $\{\mathbf{e}_1, \mathbf{e}_2, \mathbf{e}_3\}$; entretanto, há várias bases que poderíamos escolher para $\mathbb{R}^3$. Por exemplo,

$$\left\{ \begin{pmatrix} 1 \\ 1 \\ 1 \end{pmatrix}, \begin{pmatrix} 0 \\ 1 \\ 1 \end{pmatrix}, \begin{pmatrix} 2 \\ 0 \\ 1 \end{pmatrix} \right\} \quad \text{e} \quad \left\{ \begin{pmatrix} 1 \\ 1 \\ 1 \end{pmatrix}, \begin{pmatrix} 1 \\ 1 \\ 0 \end{pmatrix}, \begin{pmatrix} 1 \\ 0 \\ 1 \end{pmatrix} \right\}$$

são ambas bases para $\mathbb{R}^3$. Veremos daqui a pouco que qualquer base de $\mathbb{R}^3$ deve ter exatamente três elementos. ■

EXEMPLO 2 Em $\mathbb{R}^{2\times 2}$, considere o conjunto $\{E_{11}, E_{12}, E_{21}, E_{22}\}$, no qual

$$E_{11} = \begin{pmatrix} 1 & 0 \\ 0 & 0 \end{pmatrix}, \quad E_{12} = \begin{pmatrix} 0 & 1 \\ 0 & 0 \end{pmatrix},$$
$$E_{21} = \begin{pmatrix} 0 & 0 \\ 1 & 0 \end{pmatrix}, \quad E_{22} = \begin{pmatrix} 0 & 0 \\ 0 & 1 \end{pmatrix}$$

Se

$$c_1E_{11} + c_2E_{12} + c_3E_{21} + c_4E_{22} = O$$

então

$$\begin{pmatrix} c_1 & c_2 \\ c_3 & c_4 \end{pmatrix} = \begin{pmatrix} 0 & 0 \\ 0 & 0 \end{pmatrix}$$

logo, $c_1 = c_2 = c_3 = c_4 = 0$. Portanto, $E_{11}$, $E_{12}$, $E_{21}$ e $E_{22}$ são linearmente independentes.Se $A$ está em $\mathbb{R}^{2\times 2}$, então

$$A = a_{11}E_{11} + a_{12}E_{12} + a_{21}E_{21} + a_{22}E_{22}$$

Portanto, $E_{11}, E_{12}, E_{21}, E_{22}$ cobrem $\mathbb{R}^{2\times 2}$ e formam uma base para $R^{2\times 2}$. ■

Em muitas aplicações, é necessário encontrar um subespaço particular de um espaço vetorial $V$. Isto pode ser feito encontrando um conjunto de elementos de base do subespaço. Por exemplo, para achar todas as soluções do sistema

$$\begin{aligned} x_1 + x_2 + x_3 \phantom{+ x_4} &= 0 \\ 2x_1 + x_2 \phantom{+ x_3} + x_4 &= 0 \end{aligned}$$

devemos encontrar o espaço nulo da matriz

$$A = \begin{bmatrix} 1 & 1 & 1 & 0 \\ 2 & 1 & 0 & 1 \end{bmatrix}$$

No Exemplo 9 da Seção 3.2, vimos que $N(A)$ é um subespaço de $\mathbb{R}^4$ coberto pelos vetores

$$\begin{bmatrix} 1 \\ -2 \\ 1 \\ 0 \end{bmatrix} \quad \text{e} \quad \begin{bmatrix} -1 \\ 1 \\ 0 \\ 1 \end{bmatrix}$$

Já que esses dois vetores são linearmente independentes, eles formam uma base para $N(A)$.

**Teorema 3.4.1** *Se $\{\mathbf{v}_1, \mathbf{v}_2, \ldots, \mathbf{v}_n\}$ é um conjunto de cobertura para um espaço vetorial $V$, então qualquer coleção de $m$ vetores em $V$ nos quais $m > n$, é linearmente dependente.*

***Demonstração*** Sejam $\mathbf{u}_1, \mathbf{u}_2, \ldots, \mathbf{u}_m$ $m$ vetores em $V$ nos quais $m > n$. Então, uma vez que $\mathbf{v}_1, \mathbf{v}_2, \ldots, \mathbf{v}_n$ cobrem $V$, temos

$$\mathbf{u}_i = a_{i1}\mathbf{v}_1 + a_{i2}\mathbf{v}_2 + \cdots + a_{in}\mathbf{v}_n \quad \text{para} \quad i = 1, 2, \ldots, m$$

Uma combinação linear $c_1\mathbf{u}_1 + c_2\mathbf{u}_2 + \ldots + c_m\mathbf{u}_m$ pode ser escrita sob a forma

$$c_1 \sum_{j=1}^{n} a_{1j}\mathbf{v}_j + c_2 \sum_{j=1}^{n} a_{2j}\mathbf{v}_j + \cdots + c_m \sum_{j=1}^{n} a_{mj}\mathbf{v}_j$$

Rearrumando os termos, vemos que

$$c_1\mathbf{u}_1 + c_2\mathbf{u}_2 + \cdots + c_m\mathbf{u}_m = \sum_{i=1}^{m} \left[ c_i \left( \sum_{j=1}^{n} a_{ij}\mathbf{v}_j \right) \right] = \sum_{j=1}^{n} \left( \sum_{i=1}^{m} a_{ij}c_i \right) \mathbf{v}_j$$

Agora, considere o sistema de equações

$$\sum_{i=1}^{m} a_{ij}c_i = 0 \qquad j = 1, 2, \ldots, n$$

Este é um sistema homogêneo com mais incógnitas que equações. Portanto, pelo Teorema 1.2.1, o sistema deve ter uma solução não trivial $(\hat{c}_1, \hat{c}_2, \cdots, \hat{c}_m)^T$. Mas, então,

$$\hat{c}_1\mathbf{u}_1 + \hat{c}_2\mathbf{u}_2 + \cdots + \hat{c}_m\mathbf{u}_m = \sum_{j=1}^{n} 0\mathbf{v}_j = \mathbf{0}$$

Portanto, são $\mathbf{u}_1, \mathbf{u}_2, \ldots, \mathbf{u}_m$ linearmente dependentes. ■

**Corolário 3.4.2** *Se $\{\mathbf{v}_1, \ldots, \mathbf{v}_n\}$ e $\{\mathbf{u}_1, \ldots, \mathbf{u}_m\}$ são bases para um espaço vetorial $V$, então $n = m$.*

***Demonstração*** Sejam $\{\mathbf{v}_1, \mathbf{v}_2, \ldots, \mathbf{v}_n\}$ e $\{\mathbf{u}_1, \mathbf{u}_2, \ldots, \mathbf{u}_m\}$ bases para $V$. Como $\mathbf{v}_1, \mathbf{v}_2, \ldots, \mathbf{v}_n$ cobre $V$ e $\mathbf{u}_1, \mathbf{u}_2, \ldots, \mathbf{u}_m$ são linearmente independentes, segue-se, do Teorema 3.4.1, que $m \leq n$. Pelo mesmo raciocínio, $\mathbf{u}_1, \mathbf{u}_2, \ldots, \mathbf{u}_m$ cobre $V$, e $\mathbf{v}_1, \mathbf{v}_2, \ldots, \mathbf{v}_n$ são linearmente independentes; logo, $n \leq m$. ■

Tendo em vista o Corolário 3.4.2, podemos nos referir ao número de elementos em qualquer base para um espaço vetorial dado. Isto leva à seguinte definição:

**Definição** Seja $V$ um espaço vetorial. Se $V$ tem uma base consistindo em $n$ vetores, dizemos que $V$ tem **dimensão** $n$. O subespaço $\{\mathbf{0}\}$ de $V$ é dito ter dimensão 0. $V$ é dito de **dimensão finita** se há um número finito de vetores que cobre $V$; caso contrário, dizemos que $V$ tem **dimensão infinita**.

Se $\mathbf{x}$ é um vetor não nulo em $\mathbb{R}^3$, então $\mathbf{x}$ cobre um subespaço unidimensional

$$\text{Cob}(\mathbf{x}) = \{\alpha\mathbf{x} \mid \alpha \text{ é um escalar}\}$$

Um vetor $(a, b, c)^T$ estará na cobertura de $\mathbf{x}$ se e somente se o ponto $(a, b, c)$ está na reta determinada por $(0, 0, 0)$ e $(x_1, x_2, x_3)$. Portanto, um subespaço unidimensional em $\mathbb{R}^3$ pode ser representado geometricamente por uma reta passando pela origem.

Se $\mathbf{x}$ e $\mathbf{y}$ são linearmente independentes em $\mathbb{R}^3$, então

$$\text{Cob}(\mathbf{x}, \mathbf{y}) = \{\alpha\mathbf{x} + \beta\mathbf{y} \mid \alpha \text{ e } \beta \text{ são escalares}\}$$

é um subespaço bidimensional de $\mathbb{R}^3$. Um vetor $(a, b, c)^T$ estará em Cob($\mathbf{x}$, $\mathbf{y}$) se e somente se $(a, b, c)$ está no plano determinado por $(0, 0, 0)$, $(x_1, x_2, x_3)$ e $(y_1, y_2, y_3)$. Portanto, podemos pensar em um subespaço bidimensional de $\mathbb{R}^3$ como um plano através da origem. Se $\mathbf{x}$, $\mathbf{y}$ e $\mathbf{z}$ são linearmente independentes em $\mathbb{R}^3$, eles formam uma base para $\mathbb{R}^3$ e Cob($\mathbf{x}$, $\mathbf{y}$, $\mathbf{z}$) = $\mathbb{R}^3$. Portanto, qualquer quarto ponto $(a, b, c)^T$ deve estar em Cob($\mathbf{x}$, $\mathbf{y}$, $\mathbf{z}$) (veja a Figura 3.4.1).

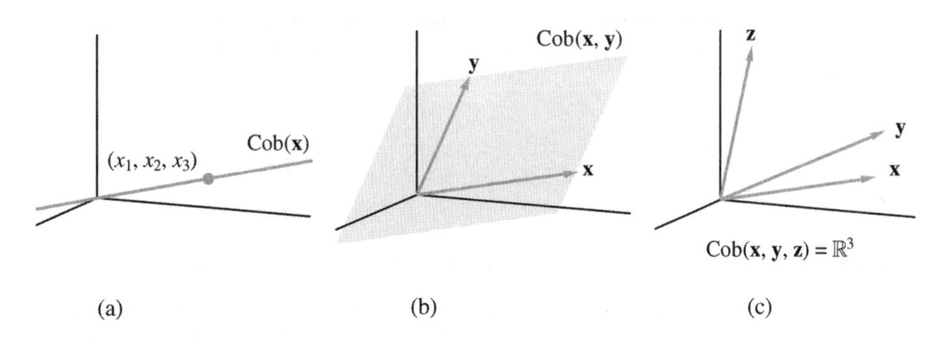


**Figura 3.4.1**

EXEMPLO 3 Seja $P$ o espaço vetorial de todos os polinômios. Afirmamos que $P$ tem dimensão infinita. Se $P$ fosse de dimensão finita, digamos, de dimensão $n$, qualquer conjunto de $n + 1$ vetores seria linearmente dependente. Entretanto, $1, x, x^2, \ldots, x^n$ são linearmente independentes, já que $W[1, x, x^2, \ldots, x^n] > 0$. Portanto, $P$ não pode ser de dimensão $n$. Como $n$ é arbitrário, $P$ deve ter dimensão infinita. O mesmo argumento mostra que $C[a, b]$ deve ter dimensão infinita. ■

**Teorema 3.4.3** *Se $V$ é um espaço vetorial de dimensão $n > 0$, então*

**(I)** *qualquer conjunto de $n$ vetores linearmente independentes cobre $V$.*
**(II)** *quaisquer $n$ vetores que cobrem $V$ são linearmente independentes.*

***Demonstração*** Para demonstrar (I), suponha que $\mathbf{v}_1, \mathbf{v}_2, \ldots, \mathbf{v}_n$ são linearmente independentes e $\mathbf{v}$ é qualquer outro vetor em $V$. Como $V$ tem dimensão $n$, ele tem uma base consistindo em $n$ vetores e esses vetores cobrem $V$. Segue-se, do Teorema 3.4.1, que $\mathbf{v}_1, \mathbf{v}_2, \ldots, \mathbf{v}_n, \mathbf{v}$ devem ser linearmente dependentes. Portanto, existem escalares $c_1, c_2, \ldots, c_n, c_{n+1}$, não todos nulos, tais que

$$c_1\mathbf{v}_1 + c_2\mathbf{v}_2 + \cdots + c_n\mathbf{v}_n + c_{n+1}\mathbf{v} = \mathbf{0} \tag{1}$$

O escalar $c_{n+1}$ não pode ser zero, pois então (1) implicaria que $\mathbf{v}_1, \mathbf{v}_2, \ldots, \mathbf{v}_n$ são linearmente dependentes. Logo, (1) pode ser resolvida para $\mathbf{v}$:

$$\mathbf{v} = \alpha_1\mathbf{v}_1 + \alpha_2\mathbf{v}_2 + \cdots + \alpha_n\mathbf{v}_n$$

Aqui, $\alpha_i = -c_i/c_{n+1}$ para $i = 1, 2, \ldots, n$. Como $\mathbf{v}$ era um vetor arbitrário em $V$, segue-se que $\mathbf{v}_1, \mathbf{v}_2, \ldots, \mathbf{v}_n$ cobrem $V$.

Para demonstrar (II), suponha que $\mathbf{v}_1, \mathbf{v}_2, \ldots, \mathbf{v}_n$ cobrem $V$. Se $\mathbf{v}_1, \mathbf{v}_2, \ldots, \mathbf{v}_n$ são linearmente dependentes, então um dos $\mathbf{v}_i$, por exemplo $\mathbf{v}_n$, pode ser escrito como uma combinação linear dos outros. Segue-se que $\mathbf{v}_1, \mathbf{v}_2, \ldots, \mathbf{v}_{n-1}$ ainda cobrirão $V$. Se $\mathbf{v}_1, \mathbf{v}_2, \ldots, \mathbf{v}_{n-1}$ são linearmente dependentes, podemos eliminar outro vetor e ainda ter um conjunto de cobertura. Podemos continuar eliminando vetores desta maneira até chegar a um conjunto de cobertura linearmente independente com $k < n$ elementos. Mas isto contradiz $\dim V = n$. Portanto, $\mathbf{v}_1, \mathbf{v}_2, \ldots, \mathbf{v}_n$ devem ser linearmente independentes. ■

EXEMPLO 4 Mostre que $\left\{ \begin{bmatrix} 1 \\ 2 \\ 3 \end{bmatrix}, \begin{bmatrix} -2 \\ 1 \\ 0 \end{bmatrix}, \begin{bmatrix} 1 \\ 0 \\ 1 \end{bmatrix} \right\}$ é uma base para o $\mathbb{R}^3$.

Solução

Como $\dim \mathbb{R}^3 = 3$, precisamos somente mostrar que esses três vetores são linearmente independentes. Isto se segue, já que

$$\begin{vmatrix} 1 & -2 & 1 \\ 2 & 1 & 0 \\ 3 & 0 & 1 \end{vmatrix} = 2$$ ■

**Teorema 3.4.4** *Se $V$ é um espaço vetorial de dimensão $n > 0$, então*

**(i)** *nenhum conjunto de menos de $n$ vetores pode cobrir $V$.*
**(ii)** *qualquer subconjunto de menos de $n$ vetores linearmente independentes pode ser estendido para formar uma base para $V$.*
**(iii)** qualquer conjunto de cobertura contendo mais de $n$ vetores pode ser podado para formar uma base para $V$.

***Demonstração*** O enunciado (i) se segue pelo mesmo raciocínio usado para demonstrar a parte (I) do Teorema 3.4.3. Para demonstrar (ii), suponha que $\mathbf{v}_1, \ldots, \mathbf{v}_k$ são linearmente independentes e $k < n$. Segue-se, de (i), que $\mathrm{Cob}(\mathbf{v}_1, \ldots, \mathbf{v}_k)$ é um subespaço próprio de $V$ e, portanto, existe um vetor $\mathbf{v}_{k+1}$ que está em $V$, mas não em $\mathrm{Cob}(\mathbf{v}_1, \ldots, \mathbf{v}_k)$. Segue-se que $\mathbf{v}_1, \ldots, \mathbf{v}_k, \mathbf{v}_{k+1}$ devem ser linearmente independentes. Se $k + 1 < n$, então, da mesma forma, $\{\mathbf{v}_1, \ldots, \mathbf{v}_k, \mathbf{v}_{k+1}\}$ pode ser estendido a um conjunto com $k + 2$ vetores linearmente independentes. Este processo de extensão pode ser continuado até que um conjunto $\{\mathbf{v}_1, \ldots, \mathbf{v}_k, \mathbf{v}_{k+1}, \ldots, \mathbf{v}_n\}$ de $n$ vetores linearmente independentes seja obtido.

Para demonstrar (iii), suponha que $\mathbf{v}_1, \ldots, \mathbf{v}_m$ cubra $V$ e $m > n$. Então, pelo Teorema 3.4.1, $\mathbf{v}_1, \ldots, \mathbf{v}_m$ devem ser linearmente dependentes. Segue-se que um dos vetores, por exemplo, $\mathbf{v}_m$, pode ser escrito como uma combinação linear dos outros. Portanto, se $\mathbf{v}_m$ é eliminado do conjunto, os $m - 1$ vetores restantes ainda cobrirão $V$. Se $m - 1 > n$, podemos continuar a eliminar vetores desta maneira até chegar a um conjunto de cobertura contendo $n$ elementos. ∎

## Bases Padrão

No Exemplo 1, nos referimos ao conjunto $\{\mathbf{e}_1, \mathbf{e}_2, \mathbf{e}_3\}$ como a *base padrão* para o $\mathbb{R}^3$. Nós nos referimos a esta base como padrão porque é a mais natural para representar vetores no $\mathbb{R}^3$. Mais geralmente, a base padrão para o $\mathbb{R}^n$ é o conjunto $\{\mathbf{e}_1, \mathbf{e}_2, \ldots, \mathbf{e}_n\}$.

A forma mais natural de representar matrizes em $\mathbb{R}^{2\times 2}$ é em função da base $\{E_{11}, E_{12}, E_{21}, E_{22}\}$ dada no Exemplo 2. Esta é, então, a base padrão para $\mathbb{R}^{2\times 2}$.

A forma padrão para representar um polinômio em $P_n$ é em termos das funções $1, x, x^2, \ldots, x^{n-1}$ e, consequentemente, a base padrão para $P_n$ é $\{1, x, x^2, \ldots, x^{n-1}\}$.

Embora essas bases padrão pareçam as mais simples e mais naturais para serem usadas, elas não são as mais apropriadas para muitos problemas aplicados. (Veja, por exemplo, os problemas de mínimos quadrados no Capítulo 5 ou as aplicações de autovalores no Capítulo 6.) Com efeito, a chave para resolver muitos problemas aplicados é mudar de uma das bases padrão para uma base que é, em algum sentido natural, para a aplicação particular. Uma vez que a aplicação tenha sido resolvida para a nova base, é simples retroceder e representar a solução em função da base padrão. Na próxima seção, aprenderemos como mudar de uma base para outra.

# PROBLEMAS DA SEÇÃO 3.4

**1.** No Problema 1 da Seção 3.3, indique se os vetores dados formam uma base para $\mathbb{R}^2$.

**2.** No Problema 2 da Seção 3.3, indique se os vetores dados formam uma base para $\mathbb{R}^3$.

**3.** Considere os vetores

$$\mathbf{x}_1 = \begin{bmatrix} 2 \\ 1 \end{bmatrix}, \quad \mathbf{x}_2 = \begin{bmatrix} 4 \\ 3 \end{bmatrix}, \quad \mathbf{x}_3 = \begin{bmatrix} 7 \\ -3 \end{bmatrix}$$

**(a)** Mostre que $\mathbf{x}_1$ e $\mathbf{x}_2$ formam uma base para $\mathbb{R}^2$.

**(b)** Por que $\mathbf{x}_1$, $\mathbf{x}_2$ e $\mathbf{x}_3$ devem ser linearmente dependentes?

**(c)** Qual é a dimensão de Cob($\mathbf{x}_1, \mathbf{x}_2, \mathbf{x}_3$)?

**4.** Dados os vetores

$$\mathbf{x}_1 = \begin{bmatrix} 3 \\ -2 \\ 4 \end{bmatrix}, \quad \mathbf{x}_2 = \begin{bmatrix} -3 \\ 2 \\ -4 \end{bmatrix}, \quad \mathbf{x}_3 = \begin{bmatrix} -6 \\ 4 \\ -8 \end{bmatrix}$$

qual é a dimensão de Cob($\mathbf{x}_1, \mathbf{x}_2, \mathbf{x}_3$)?

**5.** Sejam

$$\mathbf{x}_1 = \begin{bmatrix} 2 \\ 1 \\ 3 \end{bmatrix}, \quad \mathbf{x}_2 = \begin{bmatrix} 3 \\ -1 \\ 4 \end{bmatrix}, \quad \mathbf{x}_3 = \begin{bmatrix} 2 \\ 6 \\ 4 \end{bmatrix}$$

**(a)** Mostre que $\mathbf{x}_1$, $\mathbf{x}_2$ e $\mathbf{x}_3$ são linearmente dependentes.

**(b)** Mostre que $\mathbf{x}_1$ e $\mathbf{x}_2$ são linearmente independentes.

**(c)** Qual é a dimensão de Cob($\mathbf{x}_1, \mathbf{x}_2, \mathbf{x}_3$)?

**(d)** Dê uma interpretação geométrica de Cob($\mathbf{x}_1, \mathbf{x}_2, \mathbf{x}_3$).

**6.** No Problema 2 da Seção 3.2, alguns dos conjuntos formavam subespaços de $\mathbb{R}^3$. Em cada um desses casos, encontre uma base para o subespaço e determine sua dimensão.

**7.** Encontre uma base para o subespaço $S$ de $\mathbb{R}^4$ consistindo em todos os vetores da forma $(a + b, a - b + 2c, b, c)^T$, nos quais $a$, $b$ e $c$ são todos números reais. Qual é a dimensão de $S$?

**8.** Dados $\mathbf{x}_1 = (1, 1, 1)^T$ e $\mathbf{x}_2 = (3, -1, 4)^T$:

**(a)** $\mathbf{x}_1$ e $\mathbf{x}_2$ cobrem $\mathbb{R}^3$? Explique.

**(b)** Seja $\mathbf{x}_3$ um terceiro vetor em $\mathbb{R}^3$ e seja $X = (\mathbf{x}_1, \mathbf{x}_2, \mathbf{x}_3)$. Que condições $X$ deve satisfazer para que $\mathbf{x}_1$, $\mathbf{x}_2$ e $\mathbf{x}_3$ formem uma base para $\mathbb{R}^3$?

**(c)** Encontre um terceiro vetor $\mathbf{x}_3$ que estenderá o conjunto $\{\mathbf{x}_1, \mathbf{x}_2\}$ para uma base para o $\mathbb{R}^3$.

**9.** Sejam $\mathbf{a}_1$ e $\mathbf{a}_2$ vetores linearmente independentes em $\mathbb{R}^3$ e seja $\mathbf{x}$ um vetor em $\mathbb{R}^3$.

**(a)** Descreva geometricamente Cob$(\mathbf{a}_1, \mathbf{a}_2)$.

**(b)** Se $A = (\mathbf{a}_1, \mathbf{a}_2)$ e $\mathbf{b} = A\mathbf{x}$, então qual é a dimensão de Cob$(\mathbf{a}_1, \mathbf{a}_2, \mathbf{b})$? Explique.

**10.** Os vetores

$$\mathbf{x}_1 = \begin{bmatrix} 1 \\ 2 \\ 2 \end{bmatrix}, \quad \mathbf{x}_2 = \begin{bmatrix} 2 \\ 5 \\ 4 \end{bmatrix},$$

$$\mathbf{x}_3 = \begin{bmatrix} 1 \\ 3 \\ 2 \end{bmatrix}, \quad \mathbf{x}_4 = \begin{bmatrix} 2 \\ 7 \\ 4 \end{bmatrix}, \quad \mathbf{x}_5 = \begin{bmatrix} 1 \\ 1 \\ 0 \end{bmatrix}$$

cobrem $\mathbb{R}^3$. Pode o conjunto $\{\mathbf{x}_1, \mathbf{x}_2, \mathbf{x}_3, \mathbf{x}_4, \mathbf{x}_5\}$ para formar uma base para $\mathbb{R}^3$.

**11.** Seja $S$ o subespaço de $P_3$ consistindo em todos os polinômios da forma $ax^2 + bx + 2a + 3b$. Encontre uma base para $S$.

**12.** No Problema 3 da Seção 3.2, alguns dos conjuntos formavam subespaços de $\mathbb{R}^{2\times 2}$. Em cada um desses casos, encontre uma base para o subespaço e determine sua dimensão.

**13.** Em $C[-\pi, \pi]$, encontre a dimensão do subespaço coberto por 1, $\cos 2x$ e $\cos^2 x$.

**14.** Em cada um dos seguintes itens, encontre a dimensão do subespaço de $P_3$ coberta pelos vetores dados:

**(a)** $x, x - 1, x^2 + 1$

**(b)** $x, x - 1, x^2 + 1, x^2 - 1$

**(c)** $x^2, x^2 - x - 1, x + 1$

**(d)** $2x, x - 2$

**15.** Seja $S$ um subespaço de $P_3$ consistindo em todos os polinômios $p(x)$ tais que $p(0) = 0$, e seja $T$ o subespaço de todos os polinômios $q(x)$ tais que $q(1) = 0$. Encontre bases para

**(a)** $S$ **(b)** $T$ **(c)** $S \cap T$

**16.** Em $\mathbb{R}^4$, seja $U$ o subespaço de todos os vetores da forma $(u_1, u_2, 0, 0)^T$ e seja $V$ o subespaço de todos os vetores da forma $(0, v_2, v_3, 0)^T$. Quais são as dimensões de $U$, $V$, $U \cap V$, $U + V$? Encontre uma base para cada um desses quatro subespaços. (Veja os Problemas 23 e 25 da Seção 3.2.)

**17.** É possível encontrar um par de subespaços bidimensionais $U$ e $V$ de $\mathbb{R}^3$ tais que $U \cap V = \{\mathbf{0}\}$? Demonstre sua resposta. Dê uma interpretação geométrica de sua conclusão. [*Sugestão*: Sejam $\{\mathbf{u}_1, \mathbf{u}_2\}$ e $\{\mathbf{v}_1, \mathbf{v}_2\}$ bases para $U$ e $V$, respectivamente. Mostre que $\mathbf{u}_1, \mathbf{u}_2, \mathbf{v}_1, \mathbf{v}_2$ são linearmente dependentes.]

**18.** Mostre que, se $U$ e $V$ são subespaços de $\mathbb{R}^n$ e $U \cap V = \{\mathbf{0}\}$, então

$$\dim(U + V) = \dim U + \dim V$$

## 3.5 Mudança de Bases

Muitos problemas aplicados podem ser simplificados mudando-se de um sistema de coordenadas para outro. A mudança de sistemas de coordenadas em um espaço vetorial é essencialmente o mesmo que mudar de uma base para outra. Por exemplo, ao descrever o movimento de uma partícula no plano em um instante particular, é frequentemente conveniente usar uma base em $\mathbb{R}^2$ consistindo em um vetor unitário $\mathbf{T}$ tangente e um vetor unitário $\mathbf{N}$ normal à trajetória em vez da base padrão $\{\mathbf{e}_1, \mathbf{e}_2\}$.

Nesta seção, discutimos o problema de mudança de um sistema de coordenadas para outro. Mostraremos que isto pode ser feito pela multiplicação de um vetor coordenado $\mathbf{x}$ por uma matriz não singular $S$. O produto $\mathbf{y} = S\mathbf{x}$ será o vetor coordenado para o novo sistema de coordenadas.

### Mudança de Coordenadas em $\mathbb{R}^2$

A base padrão para o $\mathbb{R}^2$ é $\{\mathbf{e}_1, \mathbf{e}_2\}$. Qualquer vetor $\mathbf{x}$ em $\mathbb{R}^2$ pode ser expresso como uma combinação linear

$$\mathbf{x} = x_1\mathbf{e}_1 + x_2\mathbf{e}_2$$

Os escalares $x_1$ e $x_2$ podem ser considerados como as *coordenadas* de $\mathbf{x}$ em relação à base padrão. Na verdade, para qualquer base $\{\mathbf{y}, \mathbf{z}\}$ para $\mathbb{R}^2$, segue-se, do Teorema 3.3.2, que um vetor dado $\mathbf{x}$ pode ser representado univocamente como uma combinação linear

$$\mathbf{x} = \alpha\mathbf{y} + \beta\mathbf{z}$$

Os escalares $\alpha$ e $\beta$ são as coordenadas de $\mathbf{x}$ em relação à base $\{\mathbf{y}, \mathbf{z}\}$. Vamos ordenar os elementos da base de modo que $\mathbf{y}$ é considerado o primeiro vetor da base e $\mathbf{z}$ é considerado o segundo e denotar a base ordenada por $[\mathbf{y}, \mathbf{z}]$. Podemos então nos referir ao vetor $(\alpha, \beta)^T$ como o *vetor de coordenadas* de $\mathbf{x}$ em relação a $[\mathbf{y}, \mathbf{z}]$. Note que, se revertermos a ordem dos vetores da base e usarmos $[\mathbf{z}, \mathbf{y}]$, então também precisamos reordenar o vetor de coordenadas. O vetor de coordenadas de $\mathbf{x}$ em relação a $[\mathbf{z}, \mathbf{y}]$ será $(\beta, \alpha)^T$. Quando nos referimos a uma base usando subscritos, como $[\mathbf{u}_1, \mathbf{u}_2]$, os subscritos impõem uma ordem aos vetores da base.

EXEMPLO 1 Seja $\mathbf{y} = (2, 1)^T$ e $\mathbf{z} = (1, 4)^T$. Os vetores $\mathbf{y}$ e $\mathbf{z}$ são linearmente independentes e, portanto, formam uma base para $\mathbb{R}^2$. O vetor $\mathbf{x} = (7, 7)^T$ pode ser escrito como uma combinação linear

$$\mathbf{x} = 3\mathbf{y} + \mathbf{z}$$

Portanto, o vetor de coordenadas de $\mathbf{x}$ com relação a $[\mathbf{y}, \mathbf{z}]$ é $(3, 1)^T$. Geometricamente, o vetor de coordenadas especifica como ir da origem ao ponto (7, 7) movendo-se primeiro na direção de $\mathbf{y}$ e depois na direção de $\mathbf{z}$. Se, em vez disso, tratarmos $\mathbf{z}$ como o primeiro vetor da base e $\mathbf{y}$ como o segundo vetor da base, então

$$\mathbf{x} = \mathbf{z} + 3\mathbf{y}$$

O vetor de coordenadas de $\mathbf{x}$ em relação à base ordenada $[\mathbf{z}, \mathbf{y}]$ é $(1, 3)^T$. Geometricamente, este vetor nos diz como ir da origem a (7, 7) movendo-se primeiro na direção de $\mathbf{z}$ e depois na direção de $\mathbf{y}$ (veja a Figura 3.5.1). ■

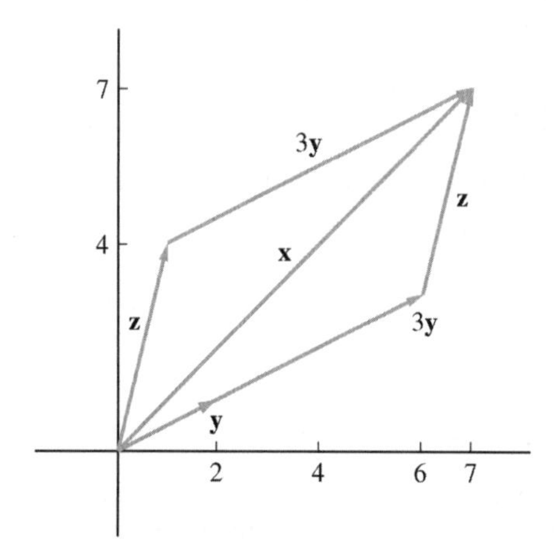


**Figura 3.5.1**

Como exemplo de um problema para o qual é útil a mudança de coordenadas, considere a seguinte aplicação:

## APLICAÇÃO 1 Migração Populacional

Suponha que a população total de uma grande área metropolitana permanece relativamente constante; no entanto, a cada ano 6 % das pessoas vivendo na cidade se mudam para os subúrbios e 2 % das pessoas morando nos subúrbios se mudam para a cidade. Se inicialmente 30 % da população vive na cidade e 70 % vive nos subúrbios, quais serão essas porcentagens em 10 anos? 30 anos? 50 anos? Quais são as implicações a longo termo?

As mudanças de população podem ser determinadas por multiplicação de matrizes. Se fizermos

$$A = \begin{bmatrix} 0{,}94 & 0{,}02 \\ 0{,}06 & 0{,}98 \end{bmatrix} \quad \text{e} \quad \mathbf{x}_0 = \begin{bmatrix} 0{,}30 \\ 0{,}70 \end{bmatrix}$$

então, a porcentagem de pessoas vivendo na cidade e nos subúrbios após um ano pode ser calculada fazendo $\mathbf{x}_1 = A\mathbf{x}_0$. A porcentagem após dois anos pode ser calculada fazendo $\mathbf{x}_2 = A\mathbf{x}_1 = A^2\mathbf{x}_0$. Em geral, as porcentagens após $n$ anos serão dadas por $\mathbf{x}_n = A^n\mathbf{x}_0$. Se calcularmos essas porcentagens para $n = 10$, 30 e 50 e arredondando ao percentil mais próximo, obtemos

$$\mathbf{x}_{10} = \begin{bmatrix} 0{,}27 \\ 0{,}73 \end{bmatrix} \quad \mathbf{x}_{30} = \begin{bmatrix} 0{,}25 \\ 0{,}75 \end{bmatrix} \quad \mathbf{x}_{50} = \begin{bmatrix} 0{,}25 \\ 0{,}75 \end{bmatrix}$$

De fato, quando $n$ aumenta, a sequência de vetores $\mathbf{x}_n = A^n\mathbf{x}_0$ converge para um limite $\mathbf{x} = (0{,}25,\ 0{,}75)^T$. O vetor limite $\mathbf{x}$ é chamado de *vetor de estado estacionário* para o processo.

Para entender por que o processo se aproxima de um estado estacionário, é interessante mudar para um sistema de coordenadas diferente. Para o novo sistema de coordenadas, escolheremos vetores $\mathbf{u}_1$ e $\mathbf{u}_2$, para os quais é fácil ver o efeito da multiplicação pela matriz $A$. Em particular, se escolhermos $\mathbf{u}_1$ como um múltiplo qualquer do vetor de estado estacionário $\mathbf{x}$, então $A\mathbf{u}_1$ será igual a $\mathbf{u}_1$. Vamos escolher $\mathbf{u}_1 = (1, 3)^T$ e $\mathbf{u}_2 = (-1, 1)^T$. O segundo vetor foi escolhido porque o efeito de multiplicá-lo por $A$ é simplesmente escaloná-lo por 0,92. Então, nossos novos vetores de base satisfazem

$$A\mathbf{u}_1 = \begin{bmatrix} 0{,}94 & 0{,}02 \\ 0{,}06 & 0{,}98 \end{bmatrix} \begin{bmatrix} 1 \\ 3 \end{bmatrix} = \begin{bmatrix} 1 \\ 3 \end{bmatrix} = \mathbf{u}_1$$

$$A\mathbf{u}_2 = \begin{bmatrix} 0{,}94 & 0{,}02 \\ 0{,}06 & 0{,}98 \end{bmatrix} \begin{bmatrix} -1 \\ 1 \end{bmatrix} = \begin{bmatrix} -0{,}92 \\ 0{,}92 \end{bmatrix} = 0{,}92\mathbf{u}_2$$

O vetor inicial $\mathbf{x}_0$ pode ser escrito como uma combinação linear dos novos vetores da base:

$$\mathbf{x}_0 = \begin{bmatrix} 0{,}30 \\ 0{,}70 \end{bmatrix} = 0{,}25 \begin{bmatrix} 1 \\ 3 \end{bmatrix} - 0{,}05 \begin{bmatrix} -1 \\ 1 \end{bmatrix} = 0{,}25\mathbf{u}_1 - 0{,}05\mathbf{u}_2$$

Segue-se que

$$\mathbf{x}_n = A^n\mathbf{x}_0 = 0{,}25\mathbf{u}_1 - 0{,}05(0{,}92)^n\mathbf{u}_2$$

Os elementos do segundo componente tendem a 0 quando $n$ cresce. De fato, para $n > 27$, os elementos serão suficientemente pequenos para que os valores arredondados de $\mathbf{x}_n$ sejam iguais a

$$0{,}25\mathbf{u}_1 = \begin{bmatrix} 0{,}25 \\ 0{,}75 \end{bmatrix}$$

Essa aplicação é um exemplo de um tipo de modelo matemático chamado de *processo markoviano*. A sequência de vetores $\mathbf{x}_1, \mathbf{x}_2, \ldots$ é chamada de *cadeia de Markov*. A matriz $A$ tem uma estrutura especial em que os elementos são não negativos e a soma dos elementos das colunas é 1. Tais matrizes são chamadas de *matrizes estocásticas*. Definições mais precisas serão dadas mais tarde quando estudarmos esses tipos de aplicações no Capítulo 6. O que queremos salientar aqui é que a chave do entendimento de tais processos é mudar para uma base em que o efeito da matriz é muito simples. Em particular, se $A$ é $n \times n$, então queremos escolher vetores da base tais que o efeito da matriz $A$ em cada vetor de base $\mathbf{u}_j$ é simplesmente escaloná-lo por um fator $\lambda_j$; isto é,

$$A\mathbf{u}_j = \lambda_j \mathbf{u}_j \quad j = 1, 2, \ldots, n \tag{1}$$

Em muitos problemas aplicados envolvendo uma matriz $A$, $n \times n$, a chave para a resolução do problema é muitas vezes encontrar vetores de base $\mathbf{u}_1, \ldots, \mathbf{u}_n$ e escalares $\lambda_1, \ldots, \lambda_n$ tais que a Equação (1) seja satisfeita. Os novos vetores de base podem ser encarados como um sistema de coordenadas natural para usar com a matriz $A$ e os escalares podem ser encarados como frequências naturais para os vetores de base. Estudaremos esses tipos de aplicação em mais detalhes no Capítulo 6.

## Mudança de Coordenadas

Uma vez que tenhamos decidido trabalhar com uma nova base, temos o problema de encontrar as coordenadas com respeito a essa base. Suponha, por exemplo, que, em vez de usar a base padrão $\{\mathbf{e}_1, \mathbf{e}_2\}$ para $\mathbb{R}^2$, desejemos usar uma base diferente, digamos

$$\mathbf{u}_1 = \begin{pmatrix} 3 \\ 2 \end{pmatrix}, \quad \mathbf{u}_2 = \begin{pmatrix} 1 \\ 1 \end{pmatrix}$$

Com efeito, podemos querer comutar entre os dois sistemas de coordenadas. Consideremos os dois problemas seguintes:

**I.** Dado um vetor $\mathbf{x} = (x_1, x_2)^T$, encontre suas coordenadas em relação a $\mathbf{u}_1$ e $\mathbf{u}_2$.

**II.** Dado um vetor $c_1\mathbf{u}_1 + c_2\mathbf{u}_2$, encontre suas coordenadas em relação a $\mathbf{e}_1$ e $\mathbf{e}_2$.

Resolveremos **II** primeiro, já que é o problema mais fácil. Para mudar de bases entre $\{\mathbf{u}_1, \mathbf{u}_2\}$ e $\{\mathbf{e}_1, \mathbf{e}_2\}$, devemos expressar os dois elementos da base antiga $\mathbf{u}_1$ e $\mathbf{u}_2$ em função dos elementos da nova base $\mathbf{e}_1$ e $\mathbf{e}_2$. Portanto, temos

$$\begin{aligned} \mathbf{u}_1 &= 3\mathbf{e}_1 + 2\mathbf{e}_2 \\ \mathbf{u}_2 &= \ \mathbf{e}_1 + \ \mathbf{e}_2 \end{aligned}$$

Segue-se então que

$$\begin{aligned} c_1\mathbf{u}_1 + c_2\mathbf{u}_2 &= (3c_1\mathbf{e}_1 + 2c_1\mathbf{e}_2) + (c_2\mathbf{e}_1 + c_2\mathbf{e}_2) \\ &= (3c_1 + c_2)\mathbf{e}_1 + (2c_1 + c_2)\mathbf{e}_2 \end{aligned}$$

Logo, o vetor de coordenadas $c_1\mathbf{u}_1 + c_2\mathbf{u}_2$ em relação a $\{\mathbf{e}_1, \mathbf{e}_2\}$ é

$$\mathbf{x} = \begin{pmatrix} 3c_1 + c_2 \\ 2c_1 + c_2 \end{pmatrix} = \begin{pmatrix} 3 & 1 \\ 2 & 1 \end{pmatrix} \begin{pmatrix} c_1 \\ c_2 \end{pmatrix}$$

Se fizermos

$$U = (\mathbf{u}_1, \mathbf{u}_2) = \begin{pmatrix} 3 & 1 \\ 2 & 1 \end{pmatrix}$$

então, dado qualquer vetor de coordenadas $\mathbf{c}$ com relação a $\{\mathbf{u}_1, \mathbf{u}_2\}$ para encontrar o vetor de coordenadas correspondente $\mathbf{x}$ em relação a $\{\mathbf{e}_1, \mathbf{e}_2\}$, simplesmente multiplicamos $U$ por $\mathbf{c}$:

$$\mathbf{x} = U\mathbf{c} \tag{2}$$

A matriz $U$ é chamada de *matriz de transição* da base ordenada $\{\mathbf{u}_1, \mathbf{u}_2\}$ para a base padrão $\{\mathbf{e}_1, \mathbf{e}_2\}$.

Para resolver o problema **I**, devemos encontrar a matriz de transição de $\{\mathbf{e}_1, \mathbf{e}_2\}$ para $\{\mathbf{u}_1, \mathbf{u}_2\}$. A matriz $U$ em (2) é não singular, já que seus vetores coluna, $\mathbf{u}_1$ e $\mathbf{u}_2$, são linearmente independentes. Segue-se, de (2), que

$$\mathbf{c} = U^{-1}\mathbf{x}$$

Portanto, dado um vetor

$$\mathbf{x} = (x_1, x_2)^T = x_1\mathbf{e}_1 + x_2\mathbf{e}_2$$

precisamos apenas multiplicá-lo por $U^{-1}$ para encontrar seu vetor de coordenadas em relação a $\{\mathbf{u}_1, \mathbf{u}_2\}$. $U^{-1}$ é a matriz de transição de $\{\mathbf{e}_1, \mathbf{e}_2\}$ para $\{\mathbf{u}_1, \mathbf{u}_2\}$.

EXEMPLO 2 Sejam $u_1 = (3, 2)^T$, $u_2 = (1, 1)^T$ e $x = (7, 4)^T$. Encontre as coordenadas de x em relação a $u_1$ e $u_2$.

Solução

Pela discussão precedente, a matriz de transição de $\{\mathbf{e}_1, \mathbf{e}_2\}$ para $\{\mathbf{u}_1, \mathbf{u}_2\}$ é a inversa de

$$U = (\mathbf{u}_1, \mathbf{u}_2) = \begin{pmatrix} 3 & 1 \\ 2 & 1 \end{pmatrix}$$

Portanto,

$$\mathbf{c} = U^{-1}\mathbf{x} = \begin{pmatrix} 1 & -1 \\ -2 & 3 \end{pmatrix} \begin{pmatrix} 7 \\ 4 \end{pmatrix} = \begin{pmatrix} 3 \\ -2 \end{pmatrix}$$

é o vetor desejado e

$$\mathbf{x} = 3\mathbf{u}_1 - 2\mathbf{u}_2$$

■

EXEMPLO 3 Sejam $b_1 = (1, -1)^T$ e $b_2 = (-2, 3)^T$. Encontre a matriz de transição de $\{\mathbf{e}_1, \mathbf{e}_2\}$ para $\{b_1, b_2\}$ e as coordenadas de $x = (1, 2)^T$ em relação a $\{\mathbf{b}_1, \mathbf{b}_2\}$.

Solução

A matriz de transição de $\{\mathbf{b}_1, \mathbf{b}_2\}$ para $\{\mathbf{e}_1, \mathbf{e}_2\}$ é

$$B = (\mathbf{b}_1, \mathbf{b}_2) = \begin{pmatrix} 1 & -2 \\ -1 & 3 \end{pmatrix}$$

e, portanto, a matriz de transição de $\{\mathbf{e}_1, \mathbf{e}_2\}$ para $\{\mathbf{b}_1, \mathbf{b}_2\}$ é

$$B^{-1} = \begin{pmatrix} 3 & 2 \\ 1 & 1 \end{pmatrix}$$

O vetor de coordenadas $\mathbf{x}$ em relação a $\{\mathbf{b}_1, \mathbf{b}_2\}$ é

$$\mathbf{c} = B^{-1}\mathbf{x} = \begin{pmatrix} 3 & 2 \\ 1 & 1 \end{pmatrix} \begin{pmatrix} 1 \\ 2 \end{pmatrix} = \begin{pmatrix} 7 \\ 3 \end{pmatrix}$$

e, portanto,

$$\mathbf{x} = 7\mathbf{b}_1 + 3\mathbf{b}_2$$

■

Agora consideremos o problema geral de mudança de uma base $\{\mathbf{v}_1, \mathbf{v}_2\}$ de $\mathbb{R}^2$ para outra base $\{\mathbf{u}_1, \mathbf{u}_2\}$. Nesse caso, supomos que, para um vetor $\mathbf{x}$ dado, suas coordenadas em relação a $\{\mathbf{v}_1, \mathbf{v}_2\}$ são conhecidas

$$\mathbf{x} = c_1\mathbf{v}_1 + c_2\mathbf{v}_2$$

Agora queremos representar $\mathbf{x}$ como uma soma $d_1\mathbf{u}_1 + d_2\mathbf{u}_2$. Portanto, precisamos encontrar escalares $d_1$ e $d_2$ tais que

$$c_1\mathbf{v}_1 + c_2\mathbf{v}_2 = d_1\mathbf{u}_1 + d_2\mathbf{u}_2 \tag{3}$$

Se fizermos $V = (\mathbf{v}_1, \mathbf{v}_2)$ e $U = (\mathbf{u}_1, \mathbf{u}_2)$, então a Equação (3) pode ser escrita na forma matricial:

$$V\mathbf{c} = U\mathbf{d}$$

Segue-se que

$$\mathbf{d} = U^{-1}V\mathbf{c}$$

Portanto, dado um vetor $\mathbf{x}$ em $\mathbb{R}^2$ e seu vetor de coordenadas $\mathbf{c}$ em relação à base ordenada $\{\mathbf{v}_1, \mathbf{v}_2\}$ para encontrar o vetor de coordenadas de $\mathbf{x}$ em relação à nova base $\{\mathbf{u}_1, \mathbf{u}_2\}$, simplesmente multiplicamos $\mathbf{c}$ pela matriz de transição $S = U^{-1}V$.

EXEMPLO 4 Encontre a matriz de transição correspondente à mudança de base de $\{v_1, v_2\}$ para $\{u_1, u_2\}$, na qual

$$\mathbf{v}_1 = \begin{pmatrix} 5 \\ 2 \end{pmatrix}, \quad \mathbf{v}_2 = \begin{pmatrix} 7 \\ 3 \end{pmatrix} \quad \text{e} \quad \mathbf{u}_1 = \begin{pmatrix} 3 \\ 2 \end{pmatrix}, \quad \mathbf{u}_2 = \begin{pmatrix} 1 \\ 1 \end{pmatrix}$$

### Solução

A matriz de transição de $\{\mathbf{v}_1, \mathbf{v}_2\}$ para $\{\mathbf{u}_1, \mathbf{u}_2\}$ é dada por

$$S = U^{-1}V = \begin{pmatrix} 1 & -1 \\ -2 & 3 \end{pmatrix} \begin{pmatrix} 5 & 7 \\ 2 & 3 \end{pmatrix} = \begin{pmatrix} 3 & 4 \\ -4 & -5 \end{pmatrix}$$

■

A mudança de base de $\{\mathbf{v}_1, \mathbf{v}_2\}$ para $\{\mathbf{u}_1, \mathbf{u}_2\}$ também pode ser vista como um processo de duas etapas. Primeiramente, mudamos de $\{\mathbf{v}_1, \mathbf{v}_2\}$ para a base padrão $\{\mathbf{e}_1, \mathbf{e}_2\}$ e então mudamos da base padrão para $\{\mathbf{u}_1, \mathbf{u}_2\}$. Dado um vetor $\mathbf{x}$ em $\mathbb{R}^2$, se $\mathbf{c}$ é o vetor de coordenadas de $\mathbf{x}$ em relação a $\{\mathbf{v}_1, \mathbf{v}_2\}$ e $\mathbf{d}$ é o vetor de coordenadas de $\mathbf{x}$ em relação a $\{\mathbf{u}_1, \mathbf{u}_2\}$, então

$$c_1\mathbf{v}_1 + c_2\mathbf{v}_2 = x_1\mathbf{e}_1 + x_2\mathbf{e}_2 = d_1\mathbf{u}_1 + d_2\mathbf{u}_2$$

Como $V$ é a matriz de transição de $\{\mathbf{v}_1, \mathbf{v}_2\}$ para $\{\mathbf{e}_1, \mathbf{e}_2\}$ e $U^{-1}$ é a matriz de transição de $\{\mathbf{e}_1, \mathbf{e}_2\}$ para $\{\mathbf{u}_1, \mathbf{u}_2\}$, segue-se que

$$V\mathbf{c} = \mathbf{x} \quad \text{e} \quad U^{-1}\mathbf{x} = \mathbf{d}$$

e, portanto,

$$U^{-1}V\mathbf{c} = U^{-1}\mathbf{x} = \mathbf{d}$$

Como antes, vemos que a matriz de transição de $\{\mathbf{v}_1, \mathbf{v}_2\}$ para $\{\mathbf{u}_1, \mathbf{u}_2\}$ é $U^{-1}V$ (veja a Figura 3.5.2).

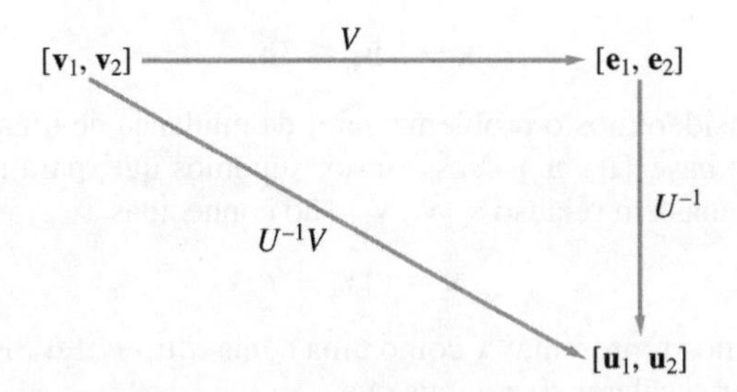


**Figura 3.5.2**

## Mudança de Base para um Espaço Vetorial Genérico

Tudo o que fizemos até agora pode ser facilmente generalizado para aplicação a qualquer espaço vetorial de dimensão finita. Começamos por definir vetores de coordenadas para um espaço vetorial $n$-dimensional.

**Definição**

Seja $V$ um espaço vetorial e seja $E = \{\mathbf{v}_1, \mathbf{v}_2, \ldots, \mathbf{v}_n\}$ uma base ordenada para $V$. Se $\mathbf{v}$ é qualquer elemento de $V$, então $\mathbf{v}$ pode ser escrito sob a forma

$$\mathbf{v} = c_1\mathbf{v}_1 + c_2\mathbf{v}_2 + \cdots + c_n\mathbf{v}_n$$

no qual $c_1, c_2, \ldots, c_n$ são escalares. Portanto, podemos associar a cada vetor $\mathbf{v}$ um único vetor $\mathbf{c} = (c_1, c_2, \ldots, c_n)^T$ em $\mathbb{R}^n$. O vetor $\mathbf{c}$ definido desta maneira é chamado de **vetor de coordenadas** de $\mathbf{v}$ em relação à base ordenada $E$ e é denotado $[\mathbf{v}]_E$. Os $c_i$ são chamados de **coordenadas** de $\mathbf{v}$ em relação a $E$.

Os exemplos considerados até aqui trataram de mudança de coordenadas em $\mathbb{R}^2$. Técnicas semelhantes poderiam ser usadas em $\mathbb{R}^n$. Neste caso, as matrizes de transição serão $n \times n$.

EXEMPLO 5 Sejam

$$\mathbf{v}_1 = \begin{bmatrix} 1 \\ 1 \\ 1 \end{bmatrix}, \mathbf{v}_2 = \begin{bmatrix} 2 \\ 3 \\ 2 \end{bmatrix}, \mathbf{v}_3 = \begin{bmatrix} 1 \\ 5 \\ 4 \end{bmatrix}$$

e

$$\mathbf{u}_1 = \begin{bmatrix} 1 \\ 1 \\ 0 \end{bmatrix}, \mathbf{u}_2 = \begin{bmatrix} 1 \\ 2 \\ 0 \end{bmatrix}, \mathbf{u}_3 = \begin{bmatrix} 1 \\ 2 \\ 1 \end{bmatrix}$$

em seguida, $E = \{\mathbf{v}_1, \mathbf{v}_2, \mathbf{v}_3\}$ e $F = \{\mathbf{u}_1, \mathbf{u}_2, \mathbf{u}_3\}$ são bases ordenadas para $\mathbb{R}^3$. Seja

$$\mathbf{x} = 3\mathbf{v}_1 + 2\mathbf{v}_2 - \mathbf{v}_3 \quad \text{e} \quad \mathbf{y} = \mathbf{v}_1 - 3\mathbf{v}_2 + 2\mathbf{v}_3$$

Encontre a matriz de transição de $E$ para $F$ e use-a para encontrar as coordenadas de $\mathbf{x}$ e $\mathbf{y}$ em relação à base ordenada $F$.

## Solução

Como no Exemplo 4, a matriz de transição é dada por

$$U^{-1}V = \begin{bmatrix} 2 & -1 & 0 \\ -1 & 1 & -1 \\ 0 & 0 & 1 \end{bmatrix} \begin{bmatrix} 1 & 2 & 1 \\ 1 & 3 & 5 \\ 1 & 2 & 4 \end{bmatrix} = \begin{bmatrix} 1 & 1 & -3 \\ -1 & -1 & 0 \\ 1 & 2 & 4 \end{bmatrix}$$

Os vetores de coordenadas de $\mathbf{x}$ e $\mathbf{y}$ em relação à base ordenada $F$ são dados por

$$[\mathbf{x}]_F = \begin{bmatrix} 1 & 1 & -3 \\ -1 & -1 & 0 \\ 1 & 2 & 4 \end{bmatrix} \begin{bmatrix} 3 \\ 2 \\ -1 \end{bmatrix} = \begin{bmatrix} 8 \\ -5 \\ 3 \end{bmatrix}$$

e

$$[\mathbf{y}]_F = \begin{bmatrix} 1 & 1 & -3 \\ -1 & -1 & 0 \\ 1 & 2 & 4 \end{bmatrix} \begin{bmatrix} 1 \\ -3 \\ 2 \end{bmatrix} = \begin{bmatrix} -8 \\ 2 \\ 3 \end{bmatrix}$$

O leitor pode verificar que

$$\begin{aligned} 8\mathbf{u}_1 - 5\mathbf{u}_2 + 3\mathbf{u}_3 &= 3\mathbf{v}_1 + 2\mathbf{v}_2 - \mathbf{v}_3 \\ -8\mathbf{u}_1 + 2\mathbf{u}_2 + 3\mathbf{u}_3 &= \mathbf{v}_1 - 3\mathbf{v}_2 + 2\mathbf{v}_3 \end{aligned}$$

■

Se $V$ é qualquer espaço vetorial $n$-dimensional, é possível mudar de uma base para outra por meio de uma matriz de transição $n \times n$. Mostraremos que tal matriz de transição é necessariamente não singular. Para ver como isto é feito, sejam $E = \{\mathbf{w}_1, \ldots, \mathbf{w}_n\}$ e $F = \{\mathbf{v}_1, \ldots, \mathbf{v}_n\}$ duas bases ordenadas para $V$. O passo-chave é expressar cada vetor da base $\mathbf{w}_j$ como uma combinação linear dos $\mathbf{v}_i$:

$$\begin{aligned} \mathbf{w}_1 &= s_{11}\mathbf{v}_1 + s_{21}\mathbf{v}_2 + \cdots + s_{n1}\mathbf{v}_n \\ \mathbf{w}_2 &= s_{12}\mathbf{v}_1 + s_{22}\mathbf{v}_2 + \cdots + s_{n2}\mathbf{v}_n \\ &\vdots \\ \mathbf{w}_n &= s_{1n}\mathbf{v}_1 + s_{2n}\mathbf{v}_2 + \cdots + s_{nn}\mathbf{v}_n \end{aligned} \tag{4}$$

Seja $\mathbf{v} \in V$. Se $\mathbf{x} = [\mathbf{v}]_E$, segue-se, de (4), que

$$\begin{aligned} \mathbf{v} &= x_1\mathbf{w}_1 + x_2\mathbf{w}_2 + \cdots + x_n\mathbf{w}_n \\ &= \left(\sum_{j=1}^n s_{1j}x_j\right)\mathbf{v}_1 + \left(\sum_{j=1}^n s_{2j}x_j\right)\mathbf{v}_2 + \cdots + \left(\sum_{j=1}^n s_{nj}x_j\right)\mathbf{v}_n \end{aligned}$$

Portanto, se $\mathbf{y} = [\mathbf{v}]_F$, então

$$y_i = \sum_{j=1}^n s_{ij}x_j \quad i = 1, \ldots, n$$

e, portanto,

$$\mathbf{y} = S\mathbf{x}$$

A matriz $S$ definida por (4) é referida como a *matriz de transição*. Uma vez que $S$ tenha sido determinada, é simples mudar os sistemas de coordenadas. Para encontrar as coordenadas de $\mathbf{v} = x_1\mathbf{w}_1 + \cdots + x_n\mathbf{w}_n$ em relação a $\{\mathbf{v}_1, \ldots, \mathbf{v}_n\}$, precisamos somente calcular $\mathbf{y} = S\mathbf{x}$.

A matriz de transição $S$ correspondente à mudança de base de $\{\mathbf{w}_1, \ldots, \mathbf{w}_n\}$ para $\{\mathbf{v}_1, \ldots, \mathbf{v}_n\}$ pode ser caracterizada pela condição

$$S\mathbf{x} = \mathbf{y} \quad \text{se e somente se} \quad x_1\mathbf{w}_1 + \cdots + x_n\mathbf{w}_n = y_1\mathbf{v}_1 + \cdots + y_n\mathbf{v}_n \qquad (5)$$

Fazendo $\mathbf{y} = \mathbf{0}$ em (5), vemos que $S\mathbf{x} = \mathbf{0}$ implica que

$$x_1\mathbf{w}_1 + \cdots + x_n\mathbf{w}_n = \mathbf{0}$$

Como os $\mathbf{w}_i$ são linearmente independentes, segue-se que $\mathbf{x} = \mathbf{0}$. Portanto, a equação $S\mathbf{x} = \mathbf{0}$ tem somente a solução trivial e, portanto, a matriz $S$ é não singular. A matriz inversa é caracterizada pela condição

$$S^{-1}\mathbf{y} = \mathbf{x} \quad \text{se e somente se} \quad y_1\mathbf{v}_1 + \cdots + y_n\mathbf{v}_n = x_1\mathbf{w}_1 + \cdots + x_n\mathbf{w}_n$$

Da mesma forma, $S^{-1}$ é a matriz de transição para mudança de base de $\{\mathbf{v}_1, \ldots, \mathbf{v}_n\}$ para $\{\mathbf{w}_1, \ldots, \mathbf{w}_n\}$.

**EXEMPLO 6** Suponha-se que em $P_3$ queremos mudar da base ordenada $[1, x, x^2]$ para a base ordenada $[1, 2x, 4x^2 - 2]$. Como $[1, x, x^2]$ é a base padrão para $P_3$, é mais fácil encontrar a matriz de transição de $[1, 2x, 4x^2 - 2]$ para $[1, x, x^2]$. Já que

$$\begin{aligned} 1 &= \phantom{-}1 \cdot 1 + 0x + 0x^2 \\ 2x &= \phantom{-}0 \cdot 1 + 2x + 0x^2 \\ 4x^2 - 2 &= -2 \cdot 1 + 0x + 4x^2 \end{aligned}$$

a matriz de transição é

$$S = \begin{pmatrix} 1 & 0 & -2 \\ 0 & 2 & 0 \\ 0 & 0 & 4 \end{pmatrix}$$

A inversa de $S$ será a matriz de transição de $[1, x, x^2]$ para $[1, 2x, 4x^2 - 2]$.

$$S^{-1} = \begin{pmatrix} 1 & 0 & \frac{1}{2} \\ 0 & \frac{1}{2} & 0 \\ 0 & 0 & \frac{1}{4} \end{pmatrix}$$

Dado qualquer $p(x) = a + bx + cx^2$ em $P_3$, para encontrar as coordenadas de $p(x)$ em relação a $[1, 2x, 4x^2 - 2]$, simplesmente multiplicamos

$$\begin{pmatrix} 1 & 0 & \frac{1}{2} \\ 0 & \frac{1}{2} & 0 \\ 0 & 0 & \frac{1}{4} \end{pmatrix} \begin{pmatrix} a \\ b \\ c \end{pmatrix} = \begin{pmatrix} a + \frac{1}{2}c \\ \frac{1}{2}b \\ \frac{1}{4}c \end{pmatrix}$$

Portanto,

$$p(x) = (a + \tfrac{1}{2}c) \cdot 1 + (\tfrac{1}{2}b) \cdot 2x + \tfrac{1}{4}c \cdot (4x^2 - 2)$$

■

Vimos que cada matriz de transição é não singular. Na verdade, qualquer matriz não singular pode ser considerada uma matriz de transição. Se $S$ é uma matriz não singular $n \times n$ e $\{\mathbf{v}_1, \ldots, \mathbf{v}_n\}$ é uma base ordenada para $V$, então define-se $\{\mathbf{w}_1, \mathbf{w}_2, \ldots, \mathbf{w}_n\}$ por (4). Para ver que os $\mathbf{w}_j$ são linearmente independentes, suponha que

$$\sum_{j=1}^{n} x_j \mathbf{w}_j = \mathbf{0}$$

Segue-se, de (4), que

$$\sum_{i=1}^{n} \left( \sum_{j=1}^{n} s_{ij} x_j \right) \mathbf{v}_j = \mathbf{0}$$

Pela independência linear dos $\mathbf{v}_i$ segue-se que

$$\sum_{j=1}^{n} s_{ij} x_j = 0 \qquad i = 1, \ldots, n$$

ou, de forma equivalente,

$$S\mathbf{x} = \mathbf{0}$$

Como $S$ é não singular, $\mathbf{x}$ deve ser igual a $\mathbf{0}$. Logo, $\mathbf{w}_1, \ldots, \mathbf{w}_n$ são linearmente independentes e, portanto, formam uma base para $V$. A matriz $S$ é a matriz de transição correspondente à mudança da base ordenada $\{\mathbf{w}_1, \ldots, \mathbf{w}_n\}$ para $\{\mathbf{v}_1, \ldots, \mathbf{v}_n\}$.

Em muitos problemas aplicados, é importante usar o tipo correto de base para a aplicação particular. No Capítulo 5, veremos que a chave para resolver problemas de mínimos quadrados é mudar para um tipo especial de base chamado de *base ortonormal*. No Capítulo 6, consideraremos algumas aplicações envolvendo *autovalores* e *autovetores* associados a uma matriz $n \times n$, $A$. A chave para resolver esses tipos de problemas é mudar para uma base de $\mathbb{R}^n$ consistindo em autovetores de $A$.

# PROBLEMAS DA SEÇÃO 3.5

**1.** Para cada um dos seguintes itens, encontre a matriz de transição correspondente à mudança de base de $\{\mathbf{u}_1, \mathbf{u}_2\}$ para $\{\mathbf{e}_1, \mathbf{e}_2\}$.

**(a)** $\mathbf{u}_1 = (1, 1)^T, \quad \mathbf{u}_2 = (-1, 1)^T$

**(b)** $\mathbf{u}_1 = (1, 2)^T, \quad \mathbf{u}_2 = (2, 5)^T$

**(c)** $\mathbf{u}_1 = (0, 1)^T, \quad \mathbf{u}_2 = (1, 0)^T$

**2.** Para cada uma das bases ordenadas $\{\mathbf{u}_1, \mathbf{u}_2\}$ no Problema 1, encontre a matriz de transição correspondente à mudança de base de $\{\mathbf{e}_1, \mathbf{e}_2\}$ para $\{\mathbf{u}_1, \mathbf{u}_2\}$.

**3.** Sejam $\mathbf{v}_1 = (3, 2)^T$ e $\mathbf{v}_2 = (4, 3)^T$. Para cada base ordenada $\{\mathbf{u}_1, \mathbf{u}_2\}$ dada no Problema 1, ache a matriz de transição de $\{\mathbf{v}_1, \mathbf{v}_2\}$ para $\{\mathbf{u}_1, \mathbf{u}_2\}$.

**4.** Seja $E = [(5, 3)^T, (3, 2)^T]$ e sejam $\mathbf{x} = (1, 1)^T$, $\mathbf{y} = (1, -1)^T$ e $\mathbf{z} = (10, 7)^T$. Determine os valores de $[\mathbf{x}]_E$, $[\mathbf{y}]_E$ e $[\mathbf{z}]_E$.

**5.** Sejam $\mathbf{u}_1 = (1, 1, 1)^T$, $\mathbf{u}_2 = (1, 2, 2)^T$, $\mathbf{u}_3 = (2, 3, 4)^T$.

**(a)** Encontre a matriz de transição correspondente à mudança de base de $\{\mathbf{e}_1, \mathbf{e}_2, \mathbf{e}_3\}$ para $\{\mathbf{u}_1, \mathbf{u}_2, \mathbf{u}_3\}$.

**(b)** Encontre as coordenadas dos seguintes vetores em relação a $\{\mathbf{u}_1, \mathbf{u}_2, \mathbf{u}_3\}$.

**(i)** $(3, 2, 5)^T$ **(ii)** $(1, 1, 2)^T$

**(iii)** $(2, 3, 2)^T$

6. Sejam $\mathbf{v}_1 = (4, 6, 7)^T$, $\mathbf{v}_2 = (0, 1, 1)^T$, $\mathbf{v}_3 = (0, 1, 2)^T$ e sejam $\mathbf{u}_1$, $\mathbf{u}_2$ e $\mathbf{u}_3$ os vetores dados no Problema 5.
   (a) Encontre a matriz de transição de $\{\mathbf{v}_1, \mathbf{v}_2, \mathbf{v}_3\}$ para $\{\mathbf{u}_1, \mathbf{u}_2, \mathbf{u}_3\}$.
   (b) Se $\mathbf{x} = 2\mathbf{v}_1 + 3\mathbf{v}_2 - 4\mathbf{v}_3$, determine as coordenadas de $\mathbf{x}$ em relação a $\{\mathbf{u}_1, \mathbf{u}_2, \mathbf{u}_3\}$.
7. Dados
$$\mathbf{v}_1 = \begin{pmatrix} 1 \\ 2 \end{pmatrix}, \quad \mathbf{v}_2 = \begin{pmatrix} 2 \\ 3 \end{pmatrix}, \quad S = \begin{pmatrix} 3 & 5 \\ 1 & -2 \end{pmatrix}$$
encontre vetores $\mathbf{w}_1$ e $\mathbf{w}_2$, tais que $S$ seja a matriz de transição de $\{\mathbf{w}_1, \mathbf{w}_2\}$ para $\{\mathbf{v}_1, \mathbf{v}_2\}$.
8. Dados
$$\mathbf{v}_1 = \begin{pmatrix} 2 \\ 6 \end{pmatrix}, \quad \mathbf{v}_2 = \begin{pmatrix} 1 \\ 4 \end{pmatrix}, \quad S = \begin{pmatrix} 4 & 1 \\ 2 & 1 \end{pmatrix}$$
encontre vetores $\mathbf{u}_1$ e $\mathbf{u}_2$ tais que $S$ seja a matriz de transição de $\{\mathbf{v}_1, \mathbf{v}_2\}$ para $\{\mathbf{u}_1, \mathbf{u}_2\}$.
9. Sejam $[x, 1]$ e $[2x - 1, 2x + 1]$ bases ordenadas para $P_2$.
   (a) Encontre a matriz de transição representando a mudança de coordenadas de $[2x - 1, 2x + 1]$ para $[x, 1]$.
   (b) Encontre a matriz de transição representando a mudança de coordenadas de $[x, 1]$ para $[2x - 1, 2x + 1]$.
10. Encontre a matriz de transição representando a mudança de coordenadas em $P_3$ da base ordenada $[1, x, x^2]$ para a base ordenada
$$[1, 1 + x, 1 + x + x^2]$$
11. Sejam $E = \{\mathbf{u}_1, \ldots, \mathbf{u}_n\}$ e $F = \{\mathbf{v}_1, \ldots, \mathbf{v}_n\}$ duas bases ordenadas para $\mathbb{R}^n$, e seja
$$U = (\mathbf{u}_1, \ldots, \mathbf{u}_n), \quad V = (\mathbf{v}_1, \ldots, \mathbf{v}_n)$$
Mostre que a matriz de transição de $E$ para $F$ pode ser determinada calculando a forma linha degrau reduzida de $(V|U)$.

## 3.6 Espaço Linha e Espaço Coluna

Se $A$ é uma matriz $m \times n$, cada linha de $A$ é uma $n$-upla de números reais e, portanto, pode ser considerada um vetor em $\mathbb{R}^{1\times n}$. Os $m$ vetores correspondentes às linhas de $A$ serão chamados de *vetores linha* de $A$. De maneira similar, cada coluna de $A$ pode ser considerada um vetor em $\mathbb{R}^m$, e podemos associar *n vetores coluna* à matriz $A$.

**Definição**

Se $A$ é uma matriz $m \times n$, o subespaço de $\mathbb{R}^{1\times n}$ coberto pelos vetores linha de $A$ é chamado de **espaço linha** de $A$. O subespaço de $\mathbb{R}^m$ coberto pelos vetores coluna de $A$ é chamado de **espaço coluna** de $A$.

EXEMPLO 1 Seja

$$A = \begin{pmatrix} 1 & 0 & 0 \\ 0 & 1 & 0 \end{pmatrix}$$

O espaço linha de $A$ é o conjunto de todos os ternos da forma

$$\alpha(1, 0, 0) + \beta(0, 1, 0) = (\alpha, \beta, 0)$$

O espaço coluna de $A$ é o conjunto de todos os vetores da forma

$$\alpha \begin{pmatrix} 1 \\ 0 \end{pmatrix} + \beta \begin{pmatrix} 0 \\ 1 \end{pmatrix} + \gamma \begin{pmatrix} 0 \\ 0 \end{pmatrix} = \begin{pmatrix} \alpha \\ \beta \end{pmatrix}$$

Portanto, o espaço linha de $A$ é um subespaço bidimensional de $\mathbb{R}^{1\times 3}$, e o espaço coluna de $A$ é $\mathbb{R}^2$. ■

**Teorema 3.6.1** *Duas matrizes equivalentes linha têm o mesmo espaço linha.*

*Demonstração* Se $B$ é equivalente linha de $A$, então $B$ pode ser formada a partir de $A$ por uma sequência finita de operações sobre linhas. Portanto, os vetores linha de $B$ devem ser combinações lineares dos vetores linha de $A$. Em consequência, o espaço linha de $B$ deve ser um subespaço do espaço linha de $A$. Como $A$ é equivalente linha de $B$, pelo mesmo raciocínio, o espaço linha de $A$ é um subespaço do espaço linha de $B$. ■

**Definição**

O **posto** de uma matriz $A$, denotado posto($A$), é a dimensão do espaço linha de $A$.

Para determinar o posto de uma matriz, podemos reduzir a matriz à forma linha degrau. As linhas não nulas da matriz linha degrau formam a base para o espaço linha.

EXEMPLO 2 Seja

$$A = \begin{bmatrix} 1 & -2 & 3 \\ 2 & -5 & 1 \\ 1 & -4 & -7 \end{bmatrix}$$

Reduzindo $A$ à forma linha degrau, obtemos a matriz

$$U = \begin{bmatrix} 1 & -2 & 3 \\ 0 & 1 & 5 \\ 0 & 0 & 0 \end{bmatrix}$$

Claramente, $(1, -2, 3)$ e $(0, 1, 5)$ formam uma base para o espaço linha de $U$. Como $U$ e $A$ são equivalentes linha, elas têm o mesmo espaço linha e, portanto, o posto de $A$ é 2. ■

## Sistemas Lineares

Os conceitos de espaço linha e espaço coluna são úteis no estudo de sistemas lineares. Um sistema $A\mathbf{x} = \mathbf{b}$ pode ser escrito sob a forma

$$x_1 \begin{bmatrix} a_{11} \\ a_{21} \\ \vdots \\ a_{m1} \end{bmatrix} + x_2 \begin{bmatrix} a_{12} \\ a_{22} \\ \vdots \\ a_{m2} \end{bmatrix} + \cdots + x_n \begin{bmatrix} a_{1n} \\ a_{2n} \\ \vdots \\ a_{mn} \end{bmatrix} = \begin{bmatrix} b_1 \\ b_2 \\ \vdots \\ b_m \end{bmatrix} \tag{1}$$

No Capítulo 1, usamos esta representação para caracterizar quando um sistema linear é consistente. O resultado, Teorema 1.3.1, pode agora ser reenunciado em função do espaço coluna da matriz.

**Teorema 3.6.2** Teorema da Consistência para Sistemas Lineares

*Um sistema linear* $A\mathbf{x} = \mathbf{b}$ *é consistente se e somente se* $\mathbf{b}$ *está no espaço coluna de* $A$.

Se $\mathbf{b}$ é substituído pelo vetor nulo, então (1) se torna

$$x_1\mathbf{a}_1 + x_2\mathbf{a}_2 \cdots + x_n\mathbf{a}_n = \mathbf{0} \tag{2}$$

Segue-se, de (2), que o sistema $A\mathbf{x} = \mathbf{0}$ terá apenas a solução trivial $\mathbf{x} = \mathbf{0}$ se e somente se os vetores coluna de $A$ forem linearmente independentes.

**Teorema 3.6.3** *Seja $A$ uma matriz $m \times n$. O sistema linear $A\mathbf{x} = \mathbf{b}$ é consistente para todo $b \in \mathbb{R}^m$ se e somente se os vetores coluna de $A$ cobrirem $\mathbb{R}^m$. O sistema $A\mathbf{x} = \mathbf{b}$ tem no máximo uma solução para todo $\mathbf{b} \in \mathbb{R}^m$ se e somente se os vetores coluna de $A$ forem linearmente independentes.*

*Demonstração* Vimos que o sistema $A\mathbf{x} = \mathbf{b}$ é consistente se e somente se $\mathbf{b}$ está no espaço coluna de $A$. Segue-se que $A\mathbf{x} = \mathbf{b}$ será consistente para todo $\mathbf{b} \in \mathbb{R}^m$ se e somente se os vetores coluna de $A$ cobrirem $\mathbb{R}^m$. Para demonstrar o segundo enunciado, note-se que, se $A\mathbf{x} = \mathbf{b}$ tem no máximo uma solução para todo $\mathbf{b}$, então, em particular, o sistema $A\mathbf{x} = \mathbf{0}$ pode ter somente a solução trivial e, portanto, os vetores coluna de $A$ devem ser linearmente independentes. Por outro lado, se os vetores coluna de $A$ forem linearmente independentes, $A\mathbf{x} = \mathbf{0}$ tem somente a solução trivial. Agora, se $\mathbf{x}_1$ e $\mathbf{x}_2$ são soluções de $A\mathbf{x} = \mathbf{b}$, então $\mathbf{x}_1 - \mathbf{x}_2$ será uma solução de $A\mathbf{x} = \mathbf{0}$.

$$A(\mathbf{x}_1 - \mathbf{x}_2) = A\mathbf{x}_1 - A\mathbf{x}_2 = \mathbf{b} - \mathbf{b} = \mathbf{0}$$

Segue-se que $\mathbf{x}_1 - \mathbf{x}_2 = \mathbf{0}$; logo, $\mathbf{x}_1$ deve ser igual a $\mathbf{x}_2$. ■

Seja $A$ uma matriz $m \times n$. Se os vetores coluna de $A$ cobrem $\mathbb{R}^m$, então $n$ deve ser maior ou igual a $m$, já que nenhum conjunto de menos de $m$ vetores pode cobrir $\mathbb{R}^m$. Se as colunas de $A$ são linearmente independentes, então $n$ deve ser menor ou igual a $m$, já que qualquer conjunto de mais de $m$ vetores em $\mathbb{R}^m$ é linearmente dependente. Portanto, se os vetores coluna de $A$ formam uma base para $\mathbb{R}^m$, então $n$ deve ser igual a $m$.

**Corolário 3.6.4** *Uma matriz $n \times n$, $A$, é não singular se e somente se os vetores coluna de $A$ formam uma base para* $\mathrm{R}^n$.

Em geral, a soma do posto e da dimensão do espaço nulo é o número de colunas da matriz. A dimensão do espaço nulo de uma matriz é chamada de *nulidade* da matriz.

**Teorema 3.6.5** O Teorema Posto-Nulidade

*Se $A$ é uma matriz $m \times n$, então o posto de $A$ mais a nulidade de $A$ é igual a $n$.*

*Demonstração* Seja $U$ a forma linha degrau reduzida de $A$. O sistema $A\mathbf{x} = \mathbf{0}$ é equivalente ao sistema $U\mathbf{x} = \mathbf{0}$. Se $A$ tem posto $r$, então $U$ terá $r$ linhas não nulas e, consequentemente, o sistema $U\mathbf{x} = \mathbf{0}$ envolverá $r$ variáveis principais e $n - r$ variáveis livres. A dimensão de $N(A)$ será igual ao número de variáveis livres. ■

EXEMPLO 3 Seja

$$A = \begin{bmatrix} 1 & 2 & -1 & 1 \\ 2 & 4 & -3 & 0 \\ 1 & 2 & 1 & 5 \end{bmatrix}$$

Encontre uma base para o espaço linha de $A$ e uma base para $N(A)$. Verifique que $\dim N(A) = n - r$.

### Solução

A forma linha degrau reduzida de $A$ é dada por

$$U = \begin{bmatrix} 1 & 2 & 0 & 3 \\ 0 & 0 & 1 & 2 \\ 0 & 0 & 0 & 0 \end{bmatrix}$$

Portanto, $\{(1, 2, 0, 3), (0, 0, 1, 2)\}$ é uma base para o espaço linha de $A$ e $A$ tem posto 2. Como os sistemas $A\mathbf{x} = \mathbf{0}$ e $U\mathbf{x} = \mathbf{0}$ são equivalentes, segue-se que $\mathbf{x}$ está em $N(A)$ se e somente se

$$\begin{aligned} x_1 + 2x_2 + \qquad 3x_4 &= 0 \\ x_3 + 2x_4 &= 0 \end{aligned}$$

As variáveis principais, $x_1$ e $x_3$, podem ser resolvidas em função das variáveis livres $x_2$ e $x_4$:

$$\begin{aligned} x_1 &= -2x_2 - 3x_4 \\ x_3 &= -2x_4 \end{aligned}$$

Sejam $x_2 = \alpha$ e $x_4 = \beta$. Segue-se que $N(A)$ consiste em todos os vetores da forma

$$\begin{bmatrix} x_1 \\ x_2 \\ x_3 \\ x_4 \end{bmatrix} = \begin{bmatrix} -2\alpha - 3\beta \\ \alpha \\ -2\beta \\ \beta \end{bmatrix} = \alpha \begin{bmatrix} -2 \\ 1 \\ 0 \\ 0 \end{bmatrix} + \beta \begin{bmatrix} -3 \\ 0 \\ -2 \\ 1 \end{bmatrix}$$

Os vetores $(-2, 1, 0, 0)^T$ e $(-3, 0, -2, 1)^T$ formam uma base para $N(A)$. Note que

$$n - r = 4 - 2 = 2 = \dim N(A)$$

■

## O Espaço Coluna

As matrizes $A$ e $U$ no Exemplo 3 têm diferentes espaços coluna; no entanto, seus vetores coluna satisfazem às mesmas relações de dependência. Para a matriz $U$ os vetores coluna $\mathbf{u}_1$ e $\mathbf{u}_3$ são linearmente independentes, enquanto

$$\begin{aligned} \mathbf{u}_2 &= 2\mathbf{u}_1 \\ \mathbf{u}_4 &= 3\mathbf{u}_1 + 2\mathbf{u}_3 \end{aligned}$$

As mesmas relações valem para as colunas de $A$: Os vetores $\mathbf{a}_1$ e $\mathbf{a}_2$ são linearmente independentes, enquanto

$$\begin{aligned} \mathbf{a}_2 &= 2\mathbf{a}_1 \\ \mathbf{a}_4 &= 3\mathbf{a}_1 + 2\mathbf{a}_3 \end{aligned}$$

Em geral, se $A$ é uma matriz $m \times n$ e $U$ é a forma linha degrau de $A$, então, já que $A\mathbf{x} = \mathbf{0}$ se e somente se $U\mathbf{x} = \mathbf{0}$, seus vetores coluna satisfazem às mesmas relações de dependência. Usaremos esta propriedade para demonstrar que a dimensão do espaço coluna de $A$ é igual à dimensão de seu espaço linha.

**Teorema 3.6.6** *Se $A$ é uma matriz $m \times n$, a dimensão de seu espaço linha é igual à do espaço coluna.*

***Demonstração*** Se $A$ é uma matriz $m \times n$ de posto $r$, a forma linha degrau $U$ de $A$ terá $r$ uns principais. As colunas de $U$ correspondentes aos uns principais serão linearmente independentes. No entanto, elas não formam uma base para o espaço coluna de $A$, já que, em geral, $A$ e $U$ terão diferentes espaços coluna. Seja $U_L$ a matriz obtida de $U$ pela eliminação de todas as colunas correspondentes às variáveis livres. Eliminem-se as mesmas colunas de $A$ e chame-se a nova matriz $A_L$. As matrizes $A_L$ e $U_L$ são equivalente linha. Portanto, se $\mathbf{x}$ é uma solução de $A_L\mathbf{x} = \mathbf{0}$, então $\mathbf{x}$ deve também ser uma solução de $U_L\mathbf{x} = \mathbf{0}$. Já que as colunas de $U_L$ são linearmente independentes, $\mathbf{x}$ deve ser igual a $\mathbf{0}$. Segue-se, das observações que antecedem o Teorema 3.6.3, que as colunas de $A_L$ são linearmente independentes. Como $A_L$ tem $r$ colunas, a dimensão do espaço coluna de $A$ é pelo menos $r$.

Demonstramos que, para qualquer matriz, a dimensão do espaço coluna é maior ou igual à do espaço linha. Aplicando este resultado à matriz $A^T$, vemos que

$$\begin{aligned} \dim(\text{espaço linha de } A) &= \dim(\text{espaço coluna de } A^T) \\ &\geq \dim(\text{espaço linha de } A^T) \\ &= \dim(\text{espaço coluna de } A) \end{aligned}$$

Portanto, para qualquer matriz $A$, a dimensão do espaço linha deve ser igual à do espaço coluna. ■

Podemos usar a forma linha degrau $U$ de $A$ para encontrar uma base para o espaço coluna de $A$. Precisamos somente determinar as colunas de $U$ que correspondem aos uns principais. Estas mesmas colunas de $A$ serão linearmente independentes e formarão uma base para o espaço coluna de $A$.

### Nota

A forma linha degrau $U$ diz somente que colunas de $A$ usar para formar uma base. Não podemos usar os vetores coluna de $U$, já que, em geral, $U$ e $A$ têm espaços coluna diferentes.

EXEMPLO 4 Seja

$$A = \begin{pmatrix} 1 & -2 & 1 & 1 & 2 \\ -1 & 3 & 0 & 2 & -2 \\ 0 & 1 & 1 & 3 & 4 \\ 1 & 2 & 5 & 13 & 5 \end{pmatrix}$$

A forma linha degrau de $A$ é dada por

$$U = \begin{pmatrix} 1 & -2 & 1 & 1 & 2 \\ 0 & 1 & 1 & 3 & 0 \\ 0 & 0 & 0 & 0 & 1 \\ 0 & 0 & 0 & 0 & 0 \end{pmatrix}$$

Os uns principais ocorrem na primeira, segunda e quinta colunas. Portanto,

$$\mathbf{a}_1 = \begin{bmatrix} 1 \\ -1 \\ 0 \\ 1 \end{bmatrix}, \quad \mathbf{a}_2 = \begin{bmatrix} -2 \\ 3 \\ 1 \\ 2 \end{bmatrix}, \quad \mathbf{a}_5 = \begin{bmatrix} 2 \\ -2 \\ 4 \\ 5 \end{bmatrix}$$

formam uma base para o espaço coluna de $A$. ■

EXEMPLO 5 Encontre a dimensão do subespaço de $\mathbb{R}^4$ coberto por

$$\mathbf{x}_1 = \begin{bmatrix} 1 \\ 2 \\ -1 \\ 0 \end{bmatrix}, \quad \mathbf{x}_2 = \begin{bmatrix} 2 \\ 5 \\ -3 \\ 2 \end{bmatrix}, \quad \mathbf{x}_3 = \begin{bmatrix} 2 \\ 4 \\ -2 \\ 0 \end{bmatrix}, \quad \mathbf{x}_4 = \begin{bmatrix} 3 \\ 8 \\ -5 \\ 4 \end{bmatrix}$$

Solução

O subespaço Cob($\mathbf{x}_1$, $\mathbf{x}_2$, $\mathbf{x}_3$, $\mathbf{x}_4$) é igual ao espaço coluna da matriz

$$X = \begin{bmatrix} 1 & 2 & 2 & 3 \\ 2 & 5 & 4 & 8 \\ -1 & -3 & -2 & -5 \\ 0 & 2 & 0 & 4 \end{bmatrix}$$

A forma linha degrau de $X$ é

$$\begin{bmatrix} 1 & 2 & 2 & 3 \\ 0 & 1 & 0 & 2 \\ 0 & 0 & 0 & 0 \\ 0 & 0 & 0 & 0 \end{bmatrix}$$

As duas primeiras colunas $\mathbf{x}_1$ e $\mathbf{x}_2$ de $X$ formam uma base para o espaço coluna de $X$. Portanto, dim Cob($\mathbf{x}_1$, $\mathbf{x}_2$, $\mathbf{x}_3$, $\mathbf{x}_4$) = 2. ■

## PROBLEMAS DA SEÇÃO 3.6

**1.** Para cada uma das seguintes matrizes, encontre uma base para o espaço linha, uma base para o espaço coluna e uma base para o espaço nulo.

**(a)** $\begin{bmatrix} 1 & 3 & 2 \\ 2 & 1 & 4 \\ 4 & 7 & 8 \end{bmatrix}$

**(b)** $\begin{bmatrix} -3 & 1 & 3 & 4 \\ 1 & 2 & -1 & -2 \\ -3 & 8 & 4 & 2 \end{bmatrix}$

**(c)** $\begin{bmatrix} 1 & 3 & -2 & 1 \\ 2 & 1 & 3 & 2 \\ 3 & 4 & 5 & 6 \end{bmatrix}$

**2.** Em cada um dos seguintes itens, determine a dimensão do subespaço de $\mathbb{R}^3$ coberto pelos vetores dados

**(a)** $\begin{bmatrix} 1 \\ -2 \\ 2 \end{bmatrix}, \begin{bmatrix} 2 \\ -2 \\ 4 \end{bmatrix}, \begin{bmatrix} -3 \\ 3 \\ 6 \end{bmatrix}$

**(b)** $\begin{bmatrix} 1 \\ 1 \\ 1 \end{bmatrix}, \begin{bmatrix} 1 \\ 2 \\ 3 \end{bmatrix}, \begin{bmatrix} 2 \\ 3 \\ 1 \end{bmatrix}$

**(c)** $\begin{bmatrix} 1 \\ -1 \\ 2 \end{bmatrix}, \begin{bmatrix} -2 \\ 2 \\ -4 \end{bmatrix}, \begin{bmatrix} 3 \\ -2 \\ 5 \end{bmatrix}, \begin{bmatrix} 2 \\ -1 \\ 3 \end{bmatrix}$

**3.** Seja

$$A = \begin{bmatrix} 1 & 2 & 2 & 3 & 1 & 4 \\ 2 & 4 & 5 & 5 & 4 & 9 \\ 3 & 6 & 7 & 8 & 5 & 9 \end{bmatrix}$$

**(a)** Calcule a forma linha degrau reduzida $U$ de $A$. Que colunas de $U$ correspondem às variáveis livres? Escreva cada um desses vetores como uma combinação linear das variáveis principais.

**(b)** Que vetores coluna de $A$ correspondem às variáveis principais de $U$? Estes vetores coluna formam uma base para o espaço coluna de $A$. Escreva cada um dos outros vetores coluna de $A$ como uma combinação linear desses vetores de base.

**4.** Para cada uma das seguintes escolhas de $A$ e $\mathbf{b}$, determine se $\mathbf{b}$ está no espaço coluna de $A$ e enuncie se o sistema $A\mathbf{x} = \mathbf{b}$ é consistente.

**(a)** $A = \begin{bmatrix} 1 & 2 \\ 2 & 4 \end{bmatrix}, \quad \mathbf{b} = \begin{bmatrix} 4 \\ 8 \end{bmatrix}$

**(b)** $A = \begin{bmatrix} 3 & 6 \\ 1 & 2 \end{bmatrix}, \quad \mathbf{b} = \begin{bmatrix} 1 \\ 1 \end{bmatrix}$

**(c)** $A = \begin{bmatrix} 2 & 1 \\ 3 & 4 \end{bmatrix}, \quad \mathbf{b} = \begin{bmatrix} 4 \\ 6 \end{bmatrix}$

**(d)** $A = \begin{bmatrix} 1 & 1 & 2 \\ 1 & 1 & 2 \\ 1 & 1 & 2 \end{bmatrix}, \quad \mathbf{b} = \begin{bmatrix} 1 \\ 2 \\ 3 \end{bmatrix}$

**(e)** $A = \begin{bmatrix} 0 & 1 \\ 1 & 0 \\ 0 & 1 \end{bmatrix}, \quad \mathbf{b} = \begin{bmatrix} 2 \\ 5 \\ 2 \end{bmatrix}$

**(f)** $A = \begin{bmatrix} 1 & 2 \\ 2 & 4 \\ 1 & 2 \end{bmatrix}, \quad \mathbf{b} = \begin{bmatrix} 5 \\ 10 \\ 5 \end{bmatrix}$

**5.** Para cada sistema consistente no Problema 4, determine se haverá uma solução ou um número infinito de soluções examinando os vetores coluna da matriz de coeficientes $A$.

**6.** Quantas soluções tem o sistema linear $A\mathbf{x} = \mathbf{b}$, se $\mathbf{b}$ está no espaço coluna de $A$ e os vetores coluna de $A$ são linearmente dependentes? Explique.

**7.** Seja $A$ uma matriz $6 \times n$ de posto $r$ e seja $\mathbf{b}$ um vetor em $\mathbb{R}^6$. Para cada par de valores de $r$ e $n$ que se seguem, indique as possibilidades relativas ao número de soluções que se pode obter para o sistema $A\mathrm{x} = \mathrm{b}$. Explique suas respostas.

**(a)** $n = 7, r = 5$

**(b)** $n = 7, r = 6$

**(c)** $n = 5, r = 5$

**(d)** $n = 5, r = 4$

**8.** Seja $A$ uma matriz $m \times n$ com $m > n$. Seja $\mathbf{b} \in \mathbb{R}^m$. Suponha que $N(A) = \{\mathbf{0}\}$.

**(a)** O que você pode concluir a respeito dos vetores coluna de $A$? Eles são linearmente independentes? Eles cobrem $\mathbb{R}^m$? Explique.

**(b)** Quantas soluções terá o sistema $A\mathbf{x} = \mathbf{b}$ se $\mathbf{b}$ não estiver no espaço coluna de $A$? Quantas soluções haverá se $\mathbf{b}$ estiver no espaço coluna de $A$? Explique.

**9.** Sejam $A$ e $B$ matrizes $6 \times 5$. Se $\dim N(A) = 2$, qual é o posto de $A$? Se o posto de $B$ é 4, qual será a dimensão de $N(B)$?

**10.** Seja $A$ uma matriz $m \times n$ cujo posto é $n$. Se $A\mathbf{c} = A\mathbf{d}$, isto implica que $\mathbf{c}$ deve ser igual a $\mathbf{d}$? E se o posto de $A$ for menor que $n$? Explique suas respostas.

**11.** Seja $A$ uma matriz $m \times n$. Demonstre que $\text{posto}(A) \le \min(m, n)$

**12.** Sejam $A$ e $B$ matrizes equivalentes linha.

**(a)** Mostre que a dimensão do espaço coluna de $A$ é igual à dimensão do espaço coluna de $B$.

**(b)** Os espaços coluna das duas matrizes são necessariamente os mesmos? Justifique sua resposta.

**13.** Seja $A$ uma matriz $4 \times 3$. Suponha que os vetores

$$\mathbf{z}_1 = \begin{bmatrix} 1 \\ 1 \\ 2 \end{bmatrix}, \quad \mathbf{z}_2 = \begin{bmatrix} 1 \\ 0 \\ -1 \end{bmatrix}$$

formam uma base para $N(A)$. Se $\mathbf{b} = \mathbf{a}_1 + 2\mathbf{a}_2 + \mathbf{a}_3$, encontre todas as soluções do sistema $A\mathbf{x} = \mathbf{b}$.

**14.** Seja $A$ uma matriz $4 \times 4$, com a forma linha degrau reduzida dada por

$$U = \begin{bmatrix} 1 & 0 & 2 & 1 \\ 0 & 1 & 1 & 4 \\ 0 & 0 & 0 & 0 \\ 0 & 0 & 0 & 0 \end{bmatrix}$$

Se

$$\mathbf{a}_1 = \begin{bmatrix} -3 \\ 5 \\ 2 \\ 1 \end{bmatrix} \quad \text{e} \quad \mathbf{a}_2 = \begin{bmatrix} 4 \\ -3 \\ 7 \\ -1 \end{bmatrix}$$

encontre $\mathbf{a}_3$ e $\mathbf{a}_4$.

**15.** Seja $A$ uma matriz $4 \times 5$ e seja $U$ a forma linha degrau reduzida de $A$. Se

$$\mathbf{a}_1 = \begin{bmatrix} 2 \\ 1 \\ -3 \\ -2 \end{bmatrix}, \quad \mathbf{a}_2 = \begin{bmatrix} -1 \\ 2 \\ 3 \\ 1 \end{bmatrix},$$

$$U = \begin{bmatrix} 1 & 0 & 2 & 0 & -1 \\ 0 & 1 & 3 & 0 & -2 \\ 0 & 0 & 0 & 1 & 5 \\ 0 & 0 & 0 & 0 & 0 \end{bmatrix}$$

(a) Encontre uma base para $N(A)$.

(b) Dado que $\mathbf{x}_0$ é uma solução de $A\mathbf{x} = \mathbf{b}$, na qual

$$\mathbf{b} = \begin{Bmatrix} 0 \\ 5 \\ 3 \\ 4 \end{Bmatrix} \quad \text{e} \quad \mathbf{x}_0 = \begin{Bmatrix} 3 \\ 2 \\ 0 \\ 2 \\ 0 \end{Bmatrix}$$

(i) Encontre todas as soluções do sistema.

(ii) Determine os vetores coluna restantes de $A$.

**16.** Seja $A$ uma matriz $5 \times 8$ com posto igual a 5 e seja $\mathbf{b}$ qualquer vetor em $\mathbb{R}^5$. Explique por que o sistema $A\mathbf{x} = \mathbf{b}$ deve ter um número infinito de soluções.

**17.** Seja $A$ uma matriz $4 \times 5$. Se $\mathbf{a}_1$, $\mathbf{a}_2$ e $\mathbf{a}_4$ são linearmente independentes e

$$\mathbf{a}_3 = \mathbf{a}_1 + 2\mathbf{a}_2, \quad \mathbf{a}_5 = 2\mathbf{a}_1 - \mathbf{a}_2 + 3\mathbf{a}_4$$

determine a forma linha degrau reduzida de $A$.

**18.** Seja $A$ uma matriz $5 \times 3$ com posto igual a 3 e seja $[\mathbf{x}_1, \mathbf{x}_2, \mathbf{x}_3]$ uma base para $\mathbb{R}^3$.

(a) Mostre que $N(A) = \{\mathbf{0}\}$.

(b) Mostre que se $\mathbf{y}_1 = A\mathbf{x}_1$, $\mathbf{y}_2 = A\mathbf{x}_2$, $\mathbf{y}_3 = A\mathbf{x}_3$, então $\mathbf{y}_1$, $\mathbf{y}_2$ e $\mathbf{y}_3$ são linearmente independentes.

(c) Os vetores $\mathbf{y}_1$, $\mathbf{y}_2$ e $\mathbf{y}_3$ formam uma base para $\mathbb{R}^5$? Explique.

**19.** Seja $A$ uma matriz $m \times n$ com posto igual a $n$. Mostre que se $\mathbf{x} \neq \mathbf{0}$ e $\mathbf{y} = A\mathbf{x}$, então $\mathbf{y} \neq \mathbf{0}$.

**20.** Demonstre que o sistema linear $A\mathbf{x} = \mathbf{b}$ é consistente se e somente se o posto de $(A|\mathbf{b})$ é igual ao posto de $A$.

**21.** Sejam $A$ e $B$ matrizes $m \times n$. Mostre que posto$(A + B) \leq$ posto$(A)$ + posto$(B)$.

**22.** Seja $A$ uma matriz $m \times n$.

(a) Mostre que se $B$ é uma matriz $m \times m$ não singular, então $BA$ e $A$ têm o mesmo espaço nulo e, portanto, o mesmo posto.

(b) Mostre que se $C$ é uma matriz $n \times n$ não singular, então $AC$ e $A$ têm o mesmo posto.

**23.** Demonstre o Corolário 3.6.4.

**24.** Mostre que se $A$ e $B$ são matrizes $n \times n$ e $N(A - B) = \mathbb{R}^n$, então $A = B$.

**25.** Sejam $A$ e $B$ matrizes $n \times n$

(a) Mostre que $AB = O$ se e somente se o espaço coluna de $B$ é um subespaço do espaço nulo de $A$.

(b) Mostre que se $AB = O$, então a soma dos postos de $A$ e $B$ não pode exceder $n$.

**26.** Sejam $A \in \mathbb{R}^{m\times n}$ e $\mathbf{b} \in \mathbb{R}^m$ e seja $\mathbf{x}_0$ uma solução particular do sistema $A\mathbf{x} = \mathbf{b}$. Demonstre que: **Se** $N(A) = \{\mathbf{0}\}$, então a solução $\mathbf{x}_0$ é única.

**27.** Sejam $\mathbf{x}$ e $\mathbf{y}$ vetores não nulos em $\mathbb{R}^m$ e $\mathbb{R}^n$, respectivamente, e seja $A = \mathbf{x}\mathbf{y}^T$.

(a) Mostre que $[\mathbf{x}]$ é uma base para o espaço coluna de $A$ e que $[\mathbf{y}^T]$ é uma base para o espaço linha de $A$.

(b) Qual é a dimensão de $N(A)$?

**28.** Sejam $A \in \mathbb{R}^{m\times n}$, $B \in \mathbb{R}^{n\times r}$ e $C = AB$. Mostre que

(a) o espaço coluna de $C$ é um subespaço do espaço coluna de $A$.

(b) o espaço linha de $C$ é um subespaço do espaço linha de $B$.

(c) posto$(C) \leq \min\{$posto$(A)$, posto$(B)\}$.

**29.** Sejam $A \in \mathbb{R}^{m\times n}$, $B \in \mathbb{R}^{n\times r}$ e $C = AB$. Mostre que

(a) se $A$ e $B$ têm vetores coluna linearmente independentes, então os vetores coluna de $C$ também serão linearmente independentes.

(b) se $A$ e $B$ têm vetores linha linearmente independentes, então os vetores linha de $C$ também serão linearmente independentes.

[*Sugestão*: Aplique a parte (a) a $C^T$.]

**30.** Sejam $A \in \mathbb{R}^{m\times n}$, $B \in \mathbb{R}^{n\times r}$ e $C = AB$. Mostre que

(a) se os vetores coluna de $B$ são linearmente dependentes, então os vetores coluna de $C$ devem ser linearmente dependentes.

(b) se os vetores linha de $A$ são linearmente dependentes, então os vetores linha de $C$ serão linearmente dependentes.

[*Sugestão*: Aplique a parte (a) a $C^T$.]

**31.** Uma matriz $m \times n$, $A$, é dita ter uma *inversa à direita* se existe uma matriz $n \times m$, $C$, tal que $AC = I_m$. $A$ é dita ter uma *inversa à esquerda* se existe uma matriz $n \times m$, $D$, tal que $DA = I_n$.

(a) Mostre que se $A$ tem uma inversa à direita, então os vetores coluna de $A$ cobrem $\mathbb{R}^m$.

(b) É possível para uma matriz $m \times n$ ter uma inversa à direita se $n < m$? $n \geq m$? Explique.

**32.** Demonstre: Se $A$ é uma matriz $m \times n$ e os vetores coluna de $A$ cobrem $\mathbb{R}^m$, então $A$ tem uma inversa à direita.

[*Sugestão*: Seja $\mathbf{e}_j$ a $j$-ésima coluna de $I_m$. Resolva $A\mathbf{x} = \mathbf{e}_j$ para $j = 1, \ldots, m$.]

**33.** Mostre que uma matriz $B$ tem uma inversa à direita se e somente se $B^T$ tem uma inversa à direita.

**34.** Seja $B$ uma matriz $n \times m$ cujas colunas são linearmente independentes. Mostre que $B$ tem uma inversa à esquerda.

**35.** Demonstre que se uma matriz $B$ tem uma inversa à esquerda, então as colunas de $B$ são linearmente independentes.

**36.** Mostre que se uma matriz $U$ está na forma linha degrau, então os vetores linha não nulos de $U$ formam uma base para o espaço linha de $U$.

# Problemas do Capítulo Três

## EXERCÍCIOS MATLAB

**1.** Mudança de Base Faça

$$U = \texttt{round}(20 * \texttt{rand}(4)) - 10,$$
$$V = \texttt{round}(10 * \texttt{rand}(4))$$

e faça $\mathbf{b} = \texttt{ones}(4, 1)$.

**(a)** Podemos usar a função **rank*** do MATLAB para determinar se os vetores coluna de uma matriz são linearmente independentes. Qual deve ser o posto se os vetores coluna são linearmente independentes? Calcule o posto de $U$ e verifique que seus vetores coluna são linearmente independentes e, portanto, formam uma base para $\mathbb{R}^4$. Calcule o posto de $V$ e verifique que seus vetores coluna também formam uma base para $\mathbb{R}^4$.

**(b)** Use MATLAB para calcular a matriz de transição da base padrão de $R^4$ para a base ordenada $[\mathbf{u}_1, \mathbf{u}_2, \mathbf{u}_3, \mathbf{u}_4]$. [Note que em MATLAB a notação para o $j$-ésimo vetor coluna $\mathbf{u}_j$ é $U(:, j)$.] Use essa matriz de transição para calcular o vetor de coordenadas $\mathbf{c}$ de $\mathbf{b}$ em relação a $E$. Verifique que

$$\mathbf{b} = c_1\mathbf{u}_1 + c_2\mathbf{u}_2 + c_3\mathbf{u}_3 + c_4\mathbf{u}_4 = U\mathbf{c}$$

**(c)** Use MATLAB para calcular a matriz de transição da base padrão para a base $F = [\mathbf{v}_1, \mathbf{v}_2, \mathbf{v}_3, \mathbf{v}_4]$ e use esta matriz de transição para calcular o vetor de coordenadas $\mathbf{d}$ de $\mathbf{b}$ em relação a $F$. Verifique que

$$\mathbf{b} = d_1\mathbf{v}_1 + d_2\mathbf{v}_2 + d_3\mathbf{v}_3 + d_4\mathbf{v}_4 = V\mathbf{d}$$

**(d)** Use MATLAB para calcular a matriz de transição $S$ de $E$ para $F$ e a matriz de transição $T$ de $F$ para $E$. Como se relacionam $S$ e $T$? Verifique que $S\mathbf{c} = \mathbf{d}$ e $T\mathbf{d} = \mathbf{c}$.

**2.** Matrizes Deficientes em Posto Neste exercício consideramos como usar MATLAB para gerar matrizes com postos especificados.

**(a)** Em geral, se $A$ é uma matriz $m \times n$ com posto $r$, então $r \leq \min(m, n)$. Por quê? Explique. Se os elementos de $A$ são números aleatórios, esperaríamos que $r = \min(m, n)$. Por quê? Explique. Teste isto gerando matrizes aleatórias $6 \times 6$, $8 \times 6$ e $5 \times 8$ e usando o comando MATLAB **rank** para calcular seus postos. Sempre que o posto de uma matriz $m \times n$ for igual a $\min(m, n)$, dizemos que a matriz tem *posto completo*. Em caso contrário, dizemos que a matriz é *deficiente em posto*.

**(b)** Os comandos MATLAB **rand** e **round** podem ser usados para gerar matrizes $m \times n$ aleatórias com elementos inteiros em um domínio dado $[a, b]$. Isto pode ser feito com um comando da forma

$$A = \texttt{round}((b - a) * \texttt{rand}(m, n)) + a$$

Por exemplo, o comando

$$A = \texttt{round}(4 * \texttt{rand}(6, 8)) + 3$$

gerará uma matriz $6 \times 8$ cujos elementos são números inteiros no domínio de 3 a 7. Usando o domínio [1, 10], crie matrizes aleatórias inteiras $10 \times 7$, $8 \times 12$ e $10 \times 15$ e, em cada caso, teste o posto da matriz. Estas matrizes inteiras têm posto completo?

**(c)** Suponha que queremos usar MATLAB para gerar matrizes sem posto completo. É fácil gerar matrizes de posto 1. Se $\mathbf{x}$ e $\mathbf{y}$ são vetores não nulos em $\mathbb{R}^m$ e $\mathbb{R}^n$, respectivamente, então $A = \mathbf{x}\mathbf{y}^T$ será uma matriz

**rank* é o termo em inglês para *posto*. (N.T.)

$m \times n$ com posto 1. Por quê? Explique. Verifique isto em MATLAB fazendo

$$\mathbf{x} = \mathbf{round}(9 * \mathbf{rand}(8, 1)) + 1$$
$$\mathbf{y} = \mathbf{round}(9 * \mathbf{rand}(6, 1)) + 1$$

e usando estes vetores para construir uma matriz $8 \times 6$, $A$. Teste o posto de $A$ com o comando **rank** de MATLAB.

**(d)** Em geral,

$$\text{posto}(AB) \leq \min(\text{posto}(A), \text{posto}(B)) \quad (1)$$

(Veja o Problema 28 na Seção 3.6.) Se $A$ e $B$ são matrizes aleatórias não inteiras, a relação (1) deve ser uma igualdade. Gere uma matriz $8 \times 6$ fazendo

$$X = \mathbf{rand}(8, 2), \qquad Y = \mathbf{rand}(6, 2)$$
$$A = X * Y'$$

Qual o posto esperado de $A$? Explique. Teste o posto de $A$ com MATLAB.

**(e)** Use MATLAB para gerar matrizes $A$, $B$ e $C$ tais que

**(i)** $A$ é $8 \times 8$ com posto 3.

**(ii)** $B$ é $6 \times 9$ com posto 4.

**(iii)** $C$ é $10 \times 7$ com posto 5.

**3.** (Espaço Coluna e Forma Linha Degrau Reduzida)

Faça

$$B = \mathbf{round}(10 * \mathbf{rand}(8, 4))$$
$$X = \mathbf{round}(10 * \mathbf{rand}(4, 3))$$
$$C = B * X$$

e

$$A = [B\ C]$$

**(a)** Como se relacionam os espaços coluna de $B$ e $C$? (Veja o Problema 28 na Seção 3.6.) Qual o posto esperado de $A$? Explique. Use MATLAB para testar sua resposta.

**(b)** Que vetores coluna de $A$ devem formar uma base para seu espaço coluna? Explique. Se $U$ é a forma linha degrau reduzida de $A$, o que você espera que sejam suas quatro primeiras colunas? Explique. O que você espera que sejam suas quatro últimas colunas? Explique. Use MATLAB para verificar suas respostas calculando $U$.

**(c)** Use MATLAB para construir outra matriz $D = (E\ EY)$, na qual $E$ é uma matriz aleatória $6 \times 4$ e $Y$ é uma matriz aleatória $4 \times 2$. O que você espera que seja a forma linha degrau reduzida de $D$? Calcule-a com MATLAB. Mostre que, em geral, se $B$ é uma matriz $m \times n$ de posto $n$ e $X$ é uma matriz $n \times k$, a forma linha degrau reduzida de $(B\ BX)$ terá estrutura em blocos

$$(I \quad X) \text{ se } m = n \quad \text{ou} \quad \begin{bmatrix} I & X \\ O & O \end{bmatrix} \text{ se } m > n$$

**4.** (Atualizações Posto-1 de Sistemas Lineares)

**(a)** Faça

$$A = \mathbf{round}(10 * \mathbf{rand}(8))$$
$$\mathbf{b} = \mathbf{round}(10 * \mathbf{rand}(8, 1))$$
$$M = \mathbf{inv}(A).$$

Use a matriz $M$ para resolver o sistema $A\mathbf{y} = \mathbf{b}$ em $\mathbf{y}$.

**(b)** Considere agora um novo sistema $C\mathbf{x} = \mathbf{b}$, no qual $C$ é construído como se segue:

$$\mathbf{u} = \mathbf{round}(10 * \mathbf{rand}(8, 1))$$
$$\mathbf{v} = \mathbf{round}(10 * \mathbf{rand}(8, 1))$$
$$E = \mathbf{u} * \mathbf{v}'$$
$$C = A + E$$

As matrizes $C$ e $A$ diferem pela matriz $E$ de posto 1. Use MATLAB para verificar que o posto de $E$ é 1. Use a operação "\" de MATLAB para resolver o sistema $C\mathbf{x} = \mathbf{b}$ e então calcule o vetor resíduo $\mathbf{r} = \mathbf{b} - A\mathbf{x}$.

**(c)** Agora resolvemos $C\mathbf{x} = \mathbf{b}$ por um novo método que aproveita o fato de que $A$ e $C$ diferem por uma matriz de posto 1. Este novo procedimento é chamado de método de *atualização posto 1*. Faça

$$\mathbf{z} = M * \mathbf{u}, \qquad c = \mathbf{v}' * \mathbf{y},$$
$$d = \mathbf{v}' * \mathbf{z}, \qquad e = c/(1 + d)$$

e então calcule a solução $\mathbf{x}$ por

$$\mathbf{x} = \mathbf{y} - e * \mathbf{z}$$

Calcule o vetor resíduo $\mathbf{b} - C\mathbf{x}$ e compare-o com o vetor resíduo na parte (b). Este novo método pode parecer mais complicado, mas realmente é computacionalmente mais eficiente.

**(d)** Para ver como o método de atualização posto 1 funciona, use MATLAB para calcular e comparar

$$C\mathbf{y} \quad \text{e} \quad \mathbf{b} + c\mathbf{u}$$

Demonstre que, se todos os cálculos tivessem sido feitos em aritmética exata, estes dois vetores seriam iguais. Calcule também

$$C\mathbf{z} \quad \text{e} \quad (1 + d)\mathbf{u}$$

Demonstre que, se todos os cálculos tivessem sido feitos em aritmética exata, estes dois vetores seriam iguais. Use essas identidades para demonstrar que $C\mathbf{x} = \mathbf{b}$. Supondo que $A$ é não singular, o método de atualização posto 1 funcionará sempre? Em que condições falharia? Explique.

## TESTE A DO CAPÍTULO Verdadeiro ou Falso

*Responda cada um dos enunciados seguintes com* Verdadeiro *ou* Falso. *Em cada caso explique ou demonstre sua resposta.*

1. Se $S$ é um subespaço de um espaço vetorial $V$, então $S$ é um espaço vetorial.
2. $\mathbb{R}^2$ é um subespaço de $\mathbb{R}^3$.
3. É possível encontrar um par de subespaços bidimensionais $S$ e $T$ de $\mathbb{R}^3$ tais que $S \cap U = \{\mathbf{0}\}$.
4. Se $S$ e $T$ são subespaços de um espaço vetorial $V$, então $S \cup T$ é um subespaço de $V$.
5. Se $S$ e $T$ são subespaços de um espaço vetorial $V$, então $S \cap T$ é um subespaço de $V$.
6. Se $\mathbf{x}_1, \mathbf{x}_2, \ldots, \mathbf{x}_n$ cobrem $\mathbb{R}^n$, então eles são linearmente independentes.
7. Se $\mathbf{x}_1, \mathbf{x}_2, \ldots, \mathbf{x}_n$ cobrem um espaço vetorial $V$, então eles são linearmente independentes.
8. Se $\mathbf{x}_1, \mathbf{x}_2, \ldots, \mathbf{x}_n$ são vetores em um espaço vetorial $V$ e

   $$\mathrm{Cob}(\mathbf{x}_1, \mathbf{x}_2, \ldots, \mathbf{x}_k) = \mathrm{Cob}(\mathbf{x}_1, \mathbf{x}_2, \ldots, \mathbf{x}_{k-1})$$

   então $\mathbf{x}_1, \mathbf{x}_2, \ldots, \mathbf{x}_n$ são linearmente dependentes.
9. Se $A$ é uma matriz $m \times n$, então $A$ e $A^T$ têm o mesmo posto.
10. Se $A$ é uma matriz $m \times n$, então $A$ e $A^T$ têm a mesma nulidade.
11. Se $U$ é a forma linha degrau reduzida de $A$, então $A$ e $U$ têm o mesmo espaço linha.
12. Se $U$ é a forma linha degrau reduzida de $A$, então $A$ e $U$ têm o mesmo espaço coluna.
13. Sejam $\mathbf{x}_1, \mathbf{x}_2, \ldots, \mathbf{x}_k$ vetores linearmente independentes em $\mathbb{R}^n$. Se $k < n$ e $\mathbf{x}_{k+1}$ é um vetor que não está em $\mathrm{Cob}(\mathbf{x}_1, \mathbf{x}_2, \ldots, \mathbf{x}_k)$, então os vetores $\mathbf{x}_1, \mathbf{x}_2, \ldots, \mathbf{x}_k, \mathbf{x}_{k+1}$ são linearmente independentes.
14. Sejam $\{\mathbf{u}_1, \mathbf{u}_2\}$, $\{\mathbf{v}_1, \mathbf{v}_2\}$ e $\{\mathbf{w}_1, \mathbf{w}_2\}$ bases para $\mathbb{R}^2$. Se $X$ é a matriz de transição correspondente à mudança de base de $\{\mathbf{u}_1, \mathbf{u}_2\}$ para $\{\mathbf{v}_1, \mathbf{v}_2\}$ e $Y$ é a matriz de transição correspondente à mudança de base de $\{\mathbf{v}_1, \mathbf{v}_2\}$para $\{\mathbf{w}_1, \mathbf{w}_2\}$, então $Z = XY$ é a matriz de transição correspondente à mudança de base de $\{\mathbf{u}_1, \mathbf{u}_2\}$ para $\{\mathrm{w}_1, \mathbf{w}_2\}$.
15. Se $A$ e $B$ são matrizes $n \times n$ que têm o mesmo posto, então o posto de $A^2$ deve ser igual ao posto de $B^2$.

## TESTE B DO CAPÍTULO

1. Em $\mathbb{R}^3$, sejam $\mathbf{x}_1$ e $\mathbf{x}_2$ vetores linearmente independentes e seja $\mathbf{x}_3 = \mathbf{0}$ (o vetor nulo). $\mathbf{x}_1$, $\mathbf{x}_2$ e $\mathbf{x}_3$ são linearmente independentes? Demonstre sua resposta.
2. Para cada conjunto que se segue, determine se ele é um subespaço de $\mathbb{R}^2$. Demonstre suas respostas.

   **(a)** $S_1 = \left\{ \mathbf{x} = \begin{pmatrix} x_1 \\ x_2 \end{pmatrix} \middle| \; x_1 + x_2 = 0 \right\}$

   **(b)** $S_2 = \left\{ \mathbf{x} = \begin{pmatrix} x_1 \\ x_2 \end{pmatrix} \middle| \; x_1 x_2 = 0 \right\}$
3. Seja

   $$A = \begin{pmatrix} 1 & 3 & 1 & 3 & 4 \\ 0 & 0 & 1 & 1 & 1 \\ 0 & 0 & 2 & 2 & 2 \\ 0 & 0 & 3 & 3 & 3 \end{pmatrix}$$

   **(a)** Encontre uma base para $N(A)$ (o espaço nulo de $A$). Qual é a dimensão de $N(A)$?

   **(b)** Encontre uma base para o espaço coluna de $A$. Qual é o posto de $A$?
4. Como as dimensões do espaço nulo e do espaço coluna se relacionam com o número de variáveis principais e livres na forma linha degrau reduzida da matriz? Explique.
5. Responda às seguintes questões e, em cada caso, dê interpretações geométricas a suas respostas:

   **(a)** É possível obter um par de subespaços unidimensionais $U_1$ e $U_2$ de $\mathbb{R}^3$ tais que $U_1 \cap U_2 = \{\mathbf{0}\}$?

   **(b)** É possível obter um par de subespaços bidimensionais $V_1$ e $V_2$ de $\mathbb{R}^3$ tais que $V_1 \cap V_2 = \{\mathbf{0}\}$?
6. Seja $S$ o conjunto de todas as matrizes simétricas $2 \times 2$ com elementos reais.

   **(a)** Mostre que $S$ é um subespaço de $\mathbb{R}^{2\times 2}$.

   **(b)** Encontre uma base para $S$.

**7.** Seja $A$ uma matriz $6 \times 4$ de posto 4.

**(a)** Qual é a dimensão de $N(A)$? Qual é a dimensão do espaço coluna de $A$?

**(b)** Os vetores coluna de $A$ cobrem $\mathbb{R}^6$? Os vetores coluna de $A$ são linearmente independentes? Explique suas respostas.

**(c)** Quantas soluções tem o sistema linear $A\mathbf{x} = \mathbf{b}$ se $\mathbf{b}$ está no espaço coluna de $A$? Explique.

**8.** Dados os vetores

$$\mathbf{x}_1 = \begin{bmatrix} 1 \\ 2 \\ 2 \end{bmatrix}, \quad \mathbf{x}_2 = \begin{bmatrix} 1 \\ 3 \\ 3 \end{bmatrix},$$

$$\mathbf{x}_3 = \begin{bmatrix} 1 \\ 5 \\ 5 \end{bmatrix}, \quad \mathbf{x}_4 = \begin{bmatrix} 1 \\ 2 \\ 3 \end{bmatrix}$$

**(a)** $\mathbf{x}_1$, $\mathbf{x}_2$, $\mathbf{x}_3$ e $\mathbf{x}_4$ são linearmente independentes em $\mathbb{R}^3$? Explique.

**(b)** $\mathbf{x}_1$ e $\mathbf{x}_2$ cobrem $\mathbb{R}^3$? Explique.

**(c)** $\mathbf{x}_1$, $\mathbf{x}_2$ e $\mathbf{x}_3$ cobrem $\mathbb{R}^3$? Eles são linearmente independentes? Formam uma base para $\mathbb{R}^3$? Explique.

**(d)** $\mathbf{x}_1$, $\mathbf{x}_2$ e $\mathbf{x}_4$ cobrem $\mathbb{R}^3$? Eles são linearmente independentes? Formam uma base para $\mathbb{R}^3$? Explique ou demonstre suas respostas.

**9.** Sejam $\mathbf{x}_1$, $\mathbf{x}_2$ e $\mathbf{x}_3$ vetores linearmente independentes em $\mathbb{R}^4$ e seja $A$ uma matriz não singular $4 \times 4$. Demonstre que se

$$\mathbf{y}_1 = A\mathbf{x}_1, \quad \mathbf{y}_2 = A\mathbf{x}_2, \quad \mathbf{y}_3 = A\mathbf{x}_3$$

então $\mathbf{y}_1$, $\mathbf{y}_2$ e $\mathbf{y}_3$ são linearmente independentes.

**10.** Seja $A$ uma matriz $6 \times 5$ com vetores coluna linearmente independentes $\mathbf{a}_1$, $\mathbf{a}_2$ e $\mathbf{a}_3$ e cujos outros vetores coluna satisfazem

$$\mathbf{a}_4 = \mathbf{a}_1 + 3\mathbf{a}_2 + \mathbf{a}_3, \quad \mathbf{a}_5 = 2\mathbf{a}_1 - \mathbf{a}_3$$

**(a)** Qual é a dimensão de $N(A)$? Explique.

**(b)** Determine a forma linha degrau reduzida de $A$.

**11.** Sejam $[\mathbf{u}_1, \mathbf{u}_2]$ e $[\mathbf{v}_1, \mathbf{v}_2]$ bases ordenadas de $\mathbb{R}^2$, em que

$$\mathbf{u}_1 = \begin{bmatrix} 1 \\ 3 \end{bmatrix}, \quad \mathbf{u}_2 = \begin{bmatrix} 2 \\ 7 \end{bmatrix}$$

e

$$\mathbf{v}_1 = \begin{bmatrix} 5 \\ 2 \end{bmatrix}, \quad \mathbf{v}_2 = \begin{bmatrix} 4 \\ 9 \end{bmatrix}$$

**(a)** Determine a matriz de transição correspondente a uma mudança de base da base padrão $\{\mathbf{e}_1, \mathbf{e}_2\}$ para a base ordenada $\{\mathbf{u}_1, \mathbf{u}_2\}$. Use esta matriz para encontrar as coordenadas de $\mathbf{x} = (1, 1)^T$ em relação a $\{\mathbf{u}_1, \mathbf{u}_2\}$.

**(b)** Determine a matriz de transição correspondente a uma mudança de base da base $[\mathbf{v}_1, \mathbf{v}_2]$ para a base ordenada $\{\mathbf{u}_1, \mathbf{u}_2\}$. Use esta matriz para encontrar as coordenadas de $\mathbf{z} = 2\mathbf{v}_1 + 3\mathbf{v}_2$ em relação a $\{\mathbf{u}_1, \mathbf{u}_2\}$.

CAPÍTULO

# 4

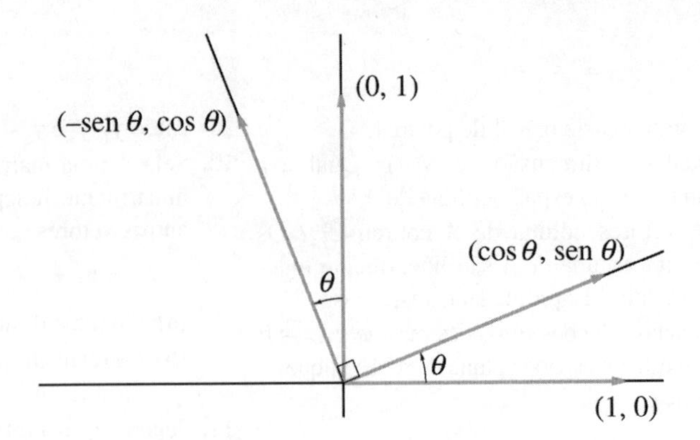


# Transformações Lineares

Representações lineares de um espaço vetorial para outro têm um importante papel em matemática. Este capítulo fornece uma introdução à teoria de tais representações. Na Seção 4.1 é dada a definição de uma transformação linear e são apresentados vários exemplos. Na Seção 4.2 é mostrado que cada transformação linear $L$ representando um espaço vetorial $n$-dimensional, $V$, em um espaço vetorial $m$-dimensional, $W$, pode ser representada pela matriz $m \times n$, $A$. Portanto, podemos trabalhar com a matriz $A$ no lugar da representação $L$. No caso em que a transformação linear $L$ representa $V$ nele mesmo, a matriz representando $L$ dependerá da base ordenada escolhida para $V$. Portanto, $L$ pode ser representada por uma matriz $A$ em relação a uma base ordenada e por uma matriz $B$ em relação a outra base ordenada. Na Seção 4.3, consideramos a relação entre diferentes matrizes que representam a mesma transformação linear. Em muitas aplicações, é desejável escolher uma base para $V$ tal que a matriz representando a transformação linear seja diagonal ou em alguma outra forma simples.

## 4.1 Definição e Exemplos

No estudo de espaços vetoriais, os tipos mais importantes de representações são as transformações lineares.

**Definição** Uma representação $L$ de um espaço vetorial $V$ em um espaço vetorial $W$ é dita uma **transformação linear**, se

$$L(\alpha \mathbf{v}_1 + \beta \mathbf{v}_2) = \alpha L(\mathbf{v}_1) + \beta L(\mathbf{v}_2) \qquad (1)$$

para todos os $\mathbf{v}_1, \mathbf{v}_2 \in V$ e para todos os escalares $\alpha$ e $\beta$.

Se $L$ é uma transformação linear representando um espaço vetorial $V$ em um espaço vetorial $W$, então segue-se, de (1), que

$$L(\mathbf{v}_1 + \mathbf{v}_2) = L(\mathbf{v}_1) + L(\mathbf{v}_2) \qquad (\alpha = \beta = 1) \qquad (2)$$

e

$$L(\alpha\mathbf{v}) = \alpha L(\mathbf{v}) \qquad (\mathbf{v} = \mathbf{v}_1, \beta = 0) \tag{3}$$

Por outro lado, se $L$ satisfaz (2) e (3), então

$$\begin{aligned} L(\alpha\mathbf{v}_1 + \beta\mathbf{v}_2) &= L(\alpha\mathbf{v}_1) + L(\beta\mathbf{v}_2) \\ &= \alpha L(\mathbf{v}_1) + \beta L(\mathbf{v}_2) \end{aligned}$$

Portanto, $L$ é uma transformação linear se e somente se $L$ satisfaz (2) e (3).

## Notação

Uma representação $L$ de um espaço vetorial $V$ em um espaço vetorial $W$ será escrita

$$L \colon V \to W$$

Quando a seta é usada, presume-se que $V$ e $W$ representam espaços vetoriais.

No caso em que os espaços vetoriais $V$ e $W$ são os mesmos, referir-nos-emos à transformação linear $L : V \to V$ como um *operador linear* em $V$. Portanto, um operador linear é uma transformação linear que representa um espaço vetorial nele mesmo.

Consideremos agora alguns exemplos de transformações lineares. Começamos com operadores lineares em $\mathbb{R}^2$. Neste caso, é mais fácil observar o efeito geométrico do operador.

## Operadores Lineares em $\mathbb{R}^2$

**EXEMPLO 1** Seja $L$ o operador definido por

$$L(\mathbf{x}) = 3\mathbf{x}$$

para todo $\mathbf{x} \in \mathbb{R}^2$. Já que

$$L(\alpha\mathbf{x}) = 3(\alpha\mathbf{x}) = \alpha(3\mathbf{x}) = \alpha L(\mathbf{x})$$

e

$$L(\mathbf{x} + \mathbf{y}) = 3(\mathbf{x} + \mathbf{y}) = (3\mathbf{x}) + (3\mathbf{y}) = L(\mathbf{x}) + L(\mathbf{y})$$

segue-se que $L$ é um operador linear. Podemos pensar em $L$ como um estiramento por um fator de 3 (veja a Figura 4.1.1). Em geral, se $\alpha$ é um escalar positivo, o operador linear $F(\mathbf{x}) = \alpha\mathbf{x}$ pode ser encarado como um estiramento ou encolhimento por um fator de $\alpha$. ■

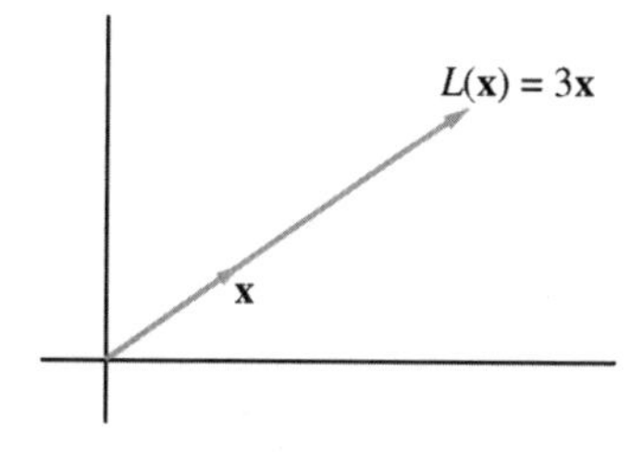


**Figura 4.1.1**

EXEMPLO 2 Considere a representação $L$ definida por

$$L(\mathbf{x}) = x_1\mathbf{e}_1$$

para todo $\mathbf{x} \in \mathbb{R}^2$. Portanto, se $\mathbf{x} = (x_1, x_2)^T$, então $L(\mathbf{x}) = (x_1, 0)^T$. Se $\mathbf{y} = (y_1, y_2)^T$, então

$$\alpha\mathbf{x} + \beta\mathbf{y} = \begin{bmatrix} \alpha x_1 + \beta y_1 \\ \alpha x_2 + \beta y_2 \end{bmatrix}$$

e segue-se que

$$L(\alpha\mathbf{x} + \beta\mathbf{y}) = (\alpha x_1 + \beta y_1)\mathbf{e}_1 = \alpha(x_1\mathbf{e}_1) + \beta(y_1\mathbf{e}_1) = \alpha L(\mathbf{x}) + \beta L(\mathbf{y})$$

Então, $L$ é um operador linear. Podemos pensar em $L$ como uma projeção sobre o eixo $x_1$ (veja a Figura 4.1.2). ■

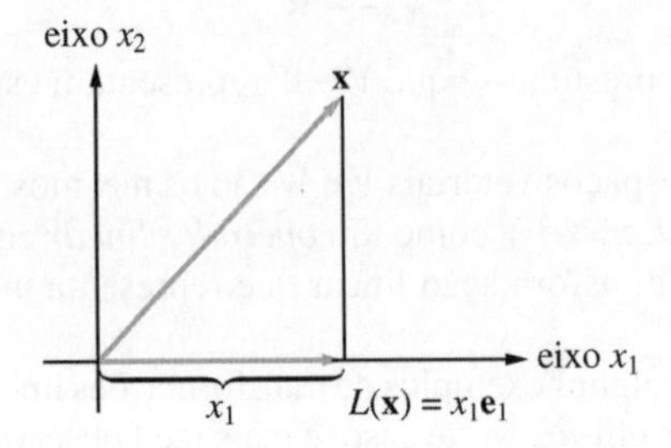


**Figura 4.1.2**

EXEMPLO 3 Seja $L$ um operador definido por

$$L(\mathbf{x}) = (x_1, -x_2)^T$$

para todo $\mathbf{x} = (x_1, x_2)^T$ em $\mathbb{R}^2$. Já que

$$\begin{aligned} L(\alpha\mathbf{x} + \beta\mathbf{y}) &= \begin{bmatrix} \alpha x_1 + \beta y_1 \\ -(\alpha x_2 + \beta y_2) \end{bmatrix} \\ &= \alpha \begin{bmatrix} x_1 \\ -x_2 \end{bmatrix} + \beta \begin{bmatrix} y_1 \\ -y_2 \end{bmatrix} \\ &= \alpha L(\mathbf{x}) + \beta L(\mathbf{y}) \end{aligned}$$

segue-se que $L$ é um operador linear. O operador $L$ tem o efeito de refletir vetores em relação ao eixo $x_1$ (veja a Figura 4.1.3). ■

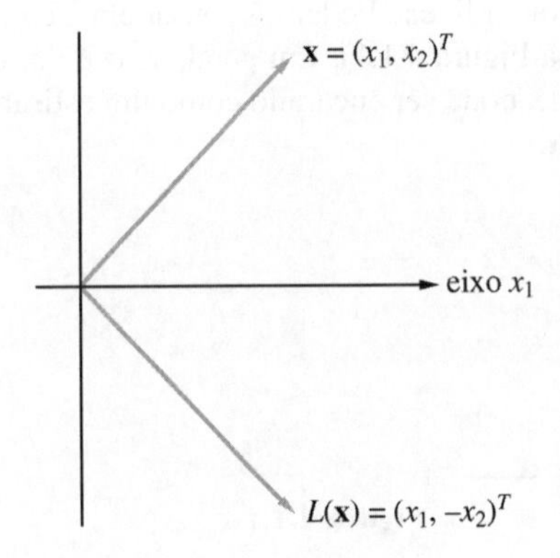


**Figura 4.1.3**

EXEMPLO 4 O operador $L$ definido por

$$L(\mathbf{x}) = (-x_2, x_1)^T$$

é linear, já que

$$\begin{aligned} L(\alpha\mathbf{x} + \beta\mathbf{y}) &= \begin{bmatrix} -(\alpha x_2 + \beta y_2) \\ \alpha x_1 + \beta y_1 \end{bmatrix} \\ &= \alpha \begin{bmatrix} -x_2 \\ x_1 \end{bmatrix} + \beta \begin{bmatrix} -y_2 \\ y_1 \end{bmatrix} \\ &= \alpha L(\mathbf{x}) + \beta L(\mathbf{y}) \end{aligned}$$

O operador $L$ tem o efeito de girar cada vetor em $\mathbb{R}^2$ de 90° no sentido trigonométrico (veja a Figura 4.1.4). ■

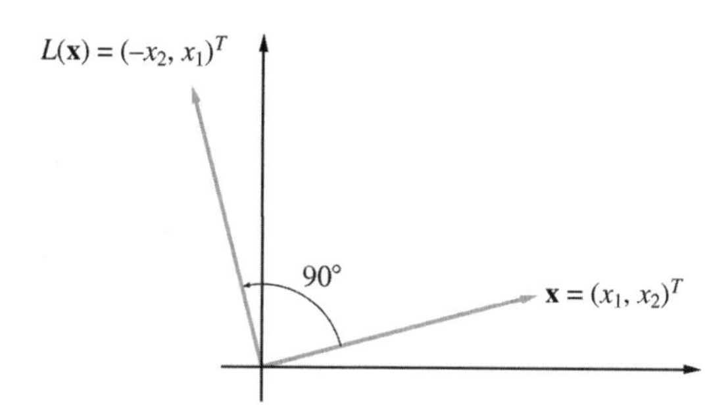


Figura 4.1.4

## Transformações Lineares de $\mathbb{R}^n$ para $\mathbb{R}^m$

EXEMPLO 5 A representação $L : \mathbb{R}^2 \to \mathbb{R}^1$ definida por

$$L(\mathbf{x}) = x_1 + x_2$$

é uma transformação linear, já que

$$\begin{aligned} L(\alpha\mathbf{x} + \beta\mathbf{y}) &= (\alpha x_1 + \beta y_1) + (\alpha x_2 + \beta y_2) \\ &= \alpha(x_1 + x_2) + \beta(y_1 + y_2) \\ &= \alpha L(\mathbf{x}) + \beta L(\mathbf{y}) \end{aligned}$$

■

EXEMPLO 6 Considere a representação $M$ definida por

$$M(\mathbf{x}) = (x_1^2 + x_2^2)^{1/2}$$

Já que

$$M(\alpha\mathbf{x}) = (\alpha^2 x_1^2 + \alpha^2 x_2^2)^{1/2} = |\alpha| M(\mathbf{x})$$

segue-se que

$$\alpha M(\mathbf{x}) \neq M(\alpha\mathbf{x})$$

desde que $\alpha < 0$ e $\mathbf{x} \neq \mathbf{0}$. Portanto, $M$ não é um operador linear. ■

**EXEMPLO 7** A representação $L$ de $\mathbb{R}^2$ para $\mathbb{R}^3$ definida por

$$L(\mathbf{x}) = (x_2, x_1, x_1 + x_2)^T$$

é linear, já que

$$L(\alpha\mathbf{x}) = (\alpha x_2, \alpha x_1, \alpha x_1 + \alpha x_2)^T = \alpha L(\mathbf{x})$$

e

$$\begin{aligned} L(\mathbf{x}+\mathbf{y}) &= (x_2 + y_2, x_1 + y_1, x_1 + y_1 + x_2 + y_2)^T \\ &= (x_2, x_1, x_1 + x_2)^T + (y_2, y_1, y_1 + y_2)^T \\ &= L(\mathbf{x}) + L(\mathbf{y}) \end{aligned}$$

Note que se definirmos a matriz $A$ por

$$A = \begin{pmatrix} 0 & 1 \\ 1 & 0 \\ 1 & 1 \end{pmatrix}$$

então

$$L(\mathbf{x}) = \begin{pmatrix} x_2 \\ x_1 \\ x_1 + x_2 \end{pmatrix} = A\mathbf{x}$$

para todo $\mathbf{x} \in \mathbb{R}^2$. ■

Em geral, se $A$ é qualquer matriz $m \times n$, podemos definir uma transformação linear $L_A$ de $\mathbb{R}^n$ para $\mathbb{R}^m$ por

$$L_A(\mathbf{x}) = A\mathbf{x}$$

para todo $\mathbf{x} \in \mathbb{R}^n$. A transformação $L$ é linear, já que

$$\begin{aligned} L_A(\alpha\mathbf{x} + \beta\mathbf{y}) &= A(\alpha\mathbf{x} + \beta\mathbf{y}) \\ &= \alpha A\mathbf{x} + \beta A\mathbf{y} \\ &= \alpha L_A(\mathbf{x}) + \beta L_A(\mathbf{y}) \end{aligned}$$

Portanto, podemos pensar em cada matriz $m \times n$, $A$, como definindo uma transformação linear de $\mathbb{R}^n$ para $\mathbb{R}^m$.

No Exemplo 7, vimos que a transformação linear $L$ poderia ter sido definida em função de uma matriz $A$. Na próxima seção, veremos que isto é verdadeiro para todas as transformações de $\mathbb{R}^n$ para $\mathbb{R}^m$.

## Transformações Lineares de *V* para *W*

Se $L$ é uma transformação linear representando um espaço vetorial $V$ em um espaço vetorial $W$, então

**(i)** $L(\mathbf{0}_V) = \mathbf{0}_W$ (em que $\mathbf{0}_V$ e $\mathbf{0}_W$ são os vetores nulos em $V$ e $W$, respectivamente).

**(ii)** Se $\mathbf{v}_1, \ldots, \mathbf{v}_n$ são elementos de $V$ e $\alpha_1, \ldots, \alpha_n$ são escalares, então

$$L(\alpha_1\mathbf{v}_1 + \alpha_2\mathbf{v}_2 + \cdots + \alpha_n\mathbf{v}_n) = \alpha_1 L(\mathbf{v}_1) + \alpha_2 L(\mathbf{v}_2) + \cdots + \alpha_n L(\mathbf{v}_n)$$

**(iii)** $L(-\mathbf{v}) = -L(\mathbf{v})$ para todo $\mathbf{v} \in V$.

O enunciado (i) segue da condição $L(\alpha\mathbf{v}) = \alpha L(\mathbf{v})$ com $\alpha = 0$. O enunciado (ii) pode ser facilmente demonstrado por indução matemática. Deixamos isto para o leitor. Para demonstrar (iii), observe que

$$\mathbf{0}_W = L(\mathbf{0}_V) = L(\mathbf{v} + (-\mathbf{v})) = L(\mathbf{v}) + L(-\mathbf{v})$$

Portanto, $L(-\mathbf{v})$ é a inversa aditiva de $L(\mathbf{v})$; isto é,

$$L(-\mathbf{v}) = -L(\mathbf{v})$$

EXEMPLO 8 Se $V$ é qualquer espaço vetorial, então o operador identidade $\mathcal{I}$ é definido por

$$\mathcal{I}(\mathbf{v}) = \mathbf{v}$$

para todo $\mathbf{v} \in V$. Evidentemente, $\mathcal{I}$ é uma transformação linear que representa $V$ nele mesmo:

$$\mathcal{I}(\alpha\mathbf{v}_1 + \beta\mathbf{v}_2) = \alpha\mathbf{v}_1 + \beta\mathbf{v}_2 = \alpha\mathcal{I}(\mathbf{v}_1) + \beta\mathcal{I}(\mathbf{v}_2)$$ ■

EXEMPLO 9 Seja $L$ a representação de $C[a, b]$ em $\mathbb{R}^1$ definida por

$$L(f) = \int_a^b f(x)\,dx$$

Se $f$ e $g$ são quaisquer vetores em $C[a, b]$, então

$$\begin{aligned} L(\alpha f + \beta g) &= \int_a^b (\alpha f + \beta g)(x)\,dx \\ &= \alpha \int_a^b f(x)\,dx + \beta \int_a^b g(x)\,dx \\ &= \alpha L(f) + \beta L(g) \end{aligned}$$

Portanto, $L$ é uma transformação linear. ■

EXEMPLO 10 Seja $D$ uma transformação linear representando $C^1[a, b]$ em $C[a, b]$ e definida por

$$D(f) = f' \qquad \text{(a derivada de } f\text{)}$$

$D$ é uma transformação linear, já que

$$D(\alpha f + \beta g) = \alpha f' + \beta g' = \alpha D(f) + \beta D(g)$$ ■

## A Imagem e o Núcleo

Seja $L : V \to W$ uma transformação linear. Concluímos esta seção considerando o efeito que $L$ tem em subespaços de $V$. De particular interesse é o conjunto de vetores de $V$ que são representados no vetor nulo de $W$.

**Definição**

Seja $L : V \to W$ uma transformação linear. O **núcleo** de $L$, escrito nucl($L$), é definido por

$$\text{nucl}(L) = \{\mathbf{v} \in V \mid L(\mathbf{v}) = \mathbf{0}_W\}$$

**Definição**

Seja $L : V \to W$ uma transformação linear e seja $S$ um subespaço de $V$. A **imagem** de $S$, escrita $L(S)$, é definida por

$$L(S) = \{\mathbf{w} \in W \mid \mathbf{w} = L(\mathbf{v}) \quad \text{para algum} \quad \mathbf{v} \in S\}$$

A imagem do espaço vetorial completo, $L(V)$, é chamada de **codomínio** de $L$.

Seja $L : V \to W$ uma transformação linear. É fácil ver que nucl($L$) é um subespaço de $V$ e, se $S$ é qualquer subespaço de $V$, então $L(S)$ é um subespaço de $W$. Com efeito, temos o seguinte teorema:

**Teorema 4.1.1** *Se $L : V \to W$ é uma transformação linear e $S$ é um subespaço de $V$, então*

**(i) nucl($L$)** *é um subespaço de $V$.*

**(ii)** *$L(S)$ é um subespaço de $W$.*

***Demonstração*** É óbvio que nucl($L$) é não vazio, já que $\mathbf{0}_V$, o vetor nulo de $V$, está em nucl($L$). Para demonstrar (i), devemos mostrar que nucl($L$) é fechado em relação à multiplicação por escalar e à adição de vetores. Para o fechamento em relação à multiplicação por escalar, seja $\mathbf{v} \in$ nucl($L$) e seja $\alpha$ um escalar. Então

$$L(\alpha\mathbf{v}) = \alpha L(\mathbf{v}) = \alpha\mathbf{0}_W = \mathbf{0}_W$$

Portanto, $\alpha\mathbf{v} \in$ nucl($L$).

Para o fechamento em relação à adição, sejam $\mathbf{v}_1$ e $\mathbf{v}_2 \in$ nucl($L$). Então

$$L(\mathbf{v}_1 + \mathbf{v}_2) = L(\mathbf{v}_1) + L(\mathbf{v}_2) = \mathbf{0}_W + \mathbf{0}_W = \mathbf{0}_W$$

Portanto, $\mathbf{v}_1 + \mathbf{v}_2 \in$ nucl($L$) e, então, nucl($L$) é um subespaço de $V$.

A demonstração de (ii) é similar. $L(S)$ é não vazio, já que $\mathbf{0}_W = L(\mathbf{0}_V) \in L(S)$. Se $\mathbf{w} \in L(S)$, então $\mathbf{w} = L(\mathbf{v})$ para algum $\mathbf{v} \in S$. Para qualquer escalar $\alpha$,

$$\alpha\mathbf{w} = \alpha L(\mathbf{v}) = L(\alpha\mathbf{v})$$

Como $\alpha\mathbf{v} \in S$, segue-se que $\alpha\mathbf{w} \in L(S)$, e portanto $L(S)$ é fechado em relação à multiplicação por escalar. Se $\mathbf{w}_1, \mathbf{w}_2 \in L(S)$, então existem $\mathbf{v}_1, \mathbf{v}_2 \in S$ tais que $L(\mathbf{v}_1) = \mathbf{w}_1$ e $L(\mathbf{v}_2) = \mathbf{w}_2$. Logo,

$$\mathbf{w}_1 + \mathbf{w}_2 = L(\mathbf{v}_1) + L(\mathbf{v}_2) = L(\mathbf{v}_1 + \mathbf{v}_2)$$

e, portanto, $L(S)$ é fechado em relação à adição. Segue-se que $L(S)$ é um subespaço de $W$. ■

EXEMPLO 11 Seja $L$ o operador linear em $\mathbb{R}^2$ definido por

$$L(\mathbf{x}) = \begin{Bmatrix} x_1 \\ 0 \end{Bmatrix}$$

Um vetor $\mathbf{x}$ está em nucl($L$) se e somente se $x_1 = 0$. Então, nucl($L$) é o subespaço unidimensional de $\mathbb{R}^2$ coberto por $\mathbf{e}_2$. Um vetor $\mathbf{y}$ está no codomínio de $L$ se e somente se $\mathbf{y}$ é um múltiplo de $\mathbf{e}_1$. Logo, $L(\mathbb{R}^2)$ é o subespaço unidimensional de $\mathbb{R}^2$ coberto por $\mathbf{e}_1$. ■

EXEMPLO 12 Seja $L : \mathbb{R}^3 \to \mathbb{R}^2$ a transformação linear definida por

$$L(\mathbf{x}) = (x_1 + x_2,\ x_2 + x_3)^T$$

e seja $S$ o subespaço de $\mathbb{R}^3$ coberto por $\mathbf{e}_1$ e $\mathbf{e}_3$.

Se $\mathbf{x} \in$ nucl($L$), então

$$x_1 + x_2 = 0 \quad \text{e} \quad x_2 + x_3 = 0$$

Fazendo a variável livre $x_3 = a$, obtemos

$$x_2 = -a, \qquad x_1 = a$$

e, portanto, nucl($L$) é o subespaço unidimensional de $\mathbb{R}^3$ consistindo em todos os vetores da forma $a(1, -1, 1)^T$.

Se $\mathbf{x} \in S$, então $\mathbf{x}$ deve ser da forma $(a, 0, b)^T$ e, portanto, $L(\mathbf{x}) = (a, b)^T$. Evidentemente, $L(S) = \mathbb{R}^2$. Como a imagem do subespaço $S$ é todo $\mathbb{R}^2$, segue-se que o codomínio inteiro de $L$ deve ser $\mathbb{R}^2$ [isto é, $L(\mathbb{R}^3) = \mathbb{R}^2$]. ■

EXEMPLO 13 Seja $D : P_3 \to P_3$ o operador diferenciação definido por

$$D(p(x)) = p'(x)$$

O núcleo de $D$ consiste em todos os polinômios de grau 0. Portanto, nucl($D$) = $P_1$. A derivada de qualquer polinômio em $P_3$ será um polinômio de grau 1 ou menos. Por outro lado, qualquer polinômio em $P_2$ terá antiderivadas em $P_3$, então cada polinômio em $P_2$ será a imagem de polinômios em $P_3$ sob o operador $D$. Segue-se que $D(P_3) = P_2$. ■

# PROBLEMAS DA SEÇÃO 4.1

**1.** Mostre que cada um dos seguintes operadores é linear em $\mathbb{R}^2$. Descreva geometricamente o que cada transformação linear executa.

**(a)** $L(\mathbf{x}) = (-x_1, x_2)^T$ **(b)** $L(\mathbf{x}) = -\mathbf{x}$

**(c)** $L(\mathbf{x}) = (x_2, x_1)^T$ **(d)** $L(\mathbf{x}) = \frac{1}{2}\mathbf{x}$

**(e)** $L(\mathbf{x}) = x_2\mathbf{e}_2$

**2.** Seja $L$ o operador linear em $\mathbb{R}^2$ definido por

$$L(\mathbf{x}) = (x_1 \cos\alpha - x_2 \operatorname{sen}\alpha,\ x_1 \operatorname{sen}\alpha + x_2 \cos\alpha)^T$$

Exprima $x_1$, $x_2$ e $L(\mathbf{x})$ em termos de coordenadas polares. Descreva geometricamente o efeito da transformação linear.

**3.** Seja $\mathbf{a}$ um vetor não nulo fixo em $\mathbb{R}^2$. Uma representação da forma

$$L(\mathbf{x}) = \mathbf{x} + \mathbf{a}$$

é chamada de *translação*. Mostre que uma translação não é um operador linear. Ilustre geometricamente o efeito de uma translação.

**4.** Seja $L : \mathbb{R}^2 \to \mathbb{R}^2$ um operador linear. Se

$$L((1, 2)^T) = (-2, 3)^T$$

e

$$L((1, -1)^T) = (5, 2)^T$$

encontre o valor de $L((7, 5)^T)$.

**5.** Determine se as seguintes são transformações lineares de $\mathbb{R}^3$ em $\mathbb{R}^2$:

**(a)** $L(\mathbf{x}) = (x_2, x_3)^T$ **(b)** $L(\mathbf{x}) = (0, 0)^T$

**(c)** $L(\mathbf{x}) = (1 + x_1, x_2)^T$

**(d)** $L(\mathbf{x}) = (x_3, x_1 + x_2)^T$

**6.** Determine se as seguintes são transformações lineares de $\mathbb{R}^2$ em $\mathbb{R}^3$:

**(a)** $L(\mathbf{x}) = (x_1, x_2, 1)^T$

**(b)** $L(\mathbf{x}) = (x_1, x_2, x_1 + 2x_2)^T$
**(c)** $L(\mathbf{x}) = (x_1, 0, 0)^T$
**(d)** $L(\mathbf{x}) = (x_1, x_2, x_1^2 + x_2^2)^T$

**7.** Determine se os seguintes são operadores lineares sobre $\mathbb{R}^{n \times n}$:
**(a)** $L(A) = 2A$ **(b)** $L(A) = A^T$
**(c)** $L(A) = A + I$ **(d)** $L(A) = A - A^T$

**8.** Seja $C$ uma matriz $n \times n$ fixa. Determine se os seguintes são operadores lineares sobre $\mathbb{R}^{n \times n}$:
**(a)** $L(A) = CA + AC$ **(b)** $L(A) = C^2A$
**(c)** $L(A) = A^2C$

**9.** Determine se as seguintes são transformações lineares de $P_2$ em $P_3$:
**(a)** $L(p(x)) = xp(x)$
**(b)** $L(p(x)) = x^2 + p(x)$
**(c)** $L(p(x)) = p(x) + xp(x) + x^2p'(x)$

**10.** Para cada $f \in C[0, 1]$, defina $L(f) = F$, em que

$$F(x) = \int_0^x f(t)\,dt \qquad 0 \leq x \leq 1$$

Mostre que $L$ é um operador linear em $C[0, 1]$, e então encontre $L(e^x)$ e $L(x^2)$.

**11.** Determine se as seguintes são transformações lineares de $C[0, 1]$ em $\mathbb{R}^1$:
**(a)** $L(f) = f(0)$ **(b)** $L(f) = |f(0)|$
**(c)** $L(f) = [f(0) + f(1)]/2$
**(d)** $L(f) = \left\{\int_0^1 [f(x)]^2\,dx\right\}^{1/2}$

**12.** Use indução matemática para demonstrar que, se $L$ é uma transformação linear de $V$ para $W$, então

$$L(\alpha_1\mathbf{v}_1 + \alpha_2\mathbf{v}_2 + \cdots + \alpha_n\mathbf{v}_n)$$
$$= \alpha_1 L(\mathbf{v}_1) + \alpha_2 L(\mathbf{v}_2) + \cdots + \alpha_n L(\mathbf{v}_n)$$

**13.** Seja $[\mathbf{v}_1, \ldots, \mathbf{v}_n]$ uma base para um espaço vetorial $V$ e sejam $L_1$ e $L_2$ duas transformações lineares representando $V$ em um espaço vetorial $W$. Mostre que, se

$$L_1(\mathbf{v}_i) = L_2(\mathbf{v}_i)$$

para todo $i = 1, \ldots, n$, então $L_1 = L_2$ [isto é, mostre que $L_1(\mathbf{v}) = L_2(\mathbf{v})$ para todo $\mathbf{v} \in V$].

**14.** Seja $L$ um operador linear em $\mathbb{R}^1$ e seja $a = L(1)$. Mostre que $L(x) = ax$ para todo $x \in \mathbb{R}^1$.

**15.** Seja $L$ um operador linear em um espaço vetorial $V$. Defina $L^n$, $n \geq 1$, recursivamente por

$$L^1 = L$$
$$L^{k+1}(\mathbf{v}) = L(L^k(\mathbf{v})) \qquad \text{para todo } \mathbf{v} \in V$$

Mostre que $L^n$ é um operador linear em $V$ para todo $n \geq 1$.

**16.** Sejam $L_1$: $U \to V$ e $L_2$: $V \to W$ transformações lineares, e seja $L = L_2 \circ L_1$ a representação definida por

$$L(\mathbf{u}) = L_2(L_1(\mathbf{u}))$$

para todo $\mathbf{u} \in U$. Mostre que $L$ é uma transformação linear representando $U$ em $W$.

**17.** Determine o núcleo e o codomínio de cada um dos seguintes operadores lineares em $\mathbb{R}^3$:
**(a)** $L(\mathbf{x}) = (x_3, x_2, x_1)^T$
**(b)** $L(\mathbf{x}) = (x_1, x_2, 0)^T$
**(c)** $L(\mathbf{x}) = (x_1, x_1, x_1)^T$

**18.** Seja $S$ o subespaço de $\mathbb{R}^3$ coberto por $\mathbf{e}_1$ e $\mathbf{e}_2$. Para cada operador linear $L$ no Problema 17, encontre $L(S)$.

**19.** Encontre o núcleo e o codomínio de cada um dos seguintes operadores lineares em $P_3$:
**(a)** $L(p(x)) = xp'(x)$
**(b)** $L(p(x)) = p(x) - p'(x)$
**(c)** $L(p(x)) = p(0)x + p(1)$

**20.** Seja $L : V \to W$ uma transformação linear e seja $T$ um subespaço de $W$. A *imagem inversa* de $T$, escrita $L^{-1}(T)$, é definida por

$$L^{-1}(T) = \{\mathbf{v} \in V \mid L(\mathbf{v}) \in T\}$$

Mostre que $L^{-1}(T)$ é um subespaço de $V$.

**21.** Uma transformação linear $L : V \to W$ é dita *biunívoca* se $L(\mathbf{v}_1) = L(\mathbf{v}_2)$ implica que $\mathbf{v}_1 = \mathbf{v}_2$ (isto é, dois vetores distintos $\mathbf{v}_1$, $\mathbf{v}_2$ em $V$ não são representados no mesmo vetor $\mathbf{w} \in W$). Mostre que $L$ é biunívoca se e somente se $\text{nucl}(L) = \{\mathbf{0}_V\}$.

**22.** Uma transformação linear $L : V \to W$ é dita representar $V$ *sobre* $W$ se $L(V) = W$. Mostre que a transformação linear $L$ definida por

$$L(\mathbf{x}) = (x_1, x_1 + x_2, x_1 + x_2 + x_3)^T$$

representa $\mathbb{R}^3$ sobre $\mathbb{R}^3$.

**23.** Quais dos operadores definidos no Problema 17 são biunívocos? Quais representam $\mathbb{R}^3$ sobre $\mathbb{R}^3$?

**24.** Seja $A$ uma matriz $2 \times 2$ e seja $L_A$ um operador linear definido por

$$L_A(\mathbf{x}) = A\mathbf{x}$$

Mostre que
**(a)** $L_A$ representa $\mathbb{R}^2$ no espaço coluna de $A$.
**(b)** se $A$ é não singular, então $L_A$ representa $\mathbb{R}^2$ sobre $\mathbb{R}^2$.

**25.** Seja $D$ o operador diferenciação em $P_3$ e seja

$$S = \{p \in P_3 \mid p(0) = 0\}$$

Mostre que

**(a)** $D$ representa $P_3$ no subespaço $P_2$, mas $D$: $P_3 \to P_2$ não é biunívoca.

**(b)** $D$: $S \to P_3$ é biunívoca, mas não sobre.

## 4.2 Representação Matricial de Transformações Lineares

Na Seção 4.1, foi mostrado que cada matriz $m \times n$, $A$, define uma transformação linear $L_A$ de $\mathbb{R}^n$ em $\mathbb{R}^m$, em que

$$L_A(\mathbf{x}) = A\mathbf{x}$$

para cada $\mathbf{x} \in \mathbb{R}^n$. Nesta seção, veremos que, para cada transformação linear $L$ representando $\mathbb{R}^n$ em $\mathbb{R}^m$, existe uma matriz $m \times n$, $A$, tal que

$$L(\mathbf{x}) = A\mathbf{x}$$

Veremos também como qualquer transformação linear entre espaços de dimensão finita pode ser representada por uma matriz.

**Teorema 4.2.1** *Se $L$ é uma transformação linear representando $\mathbb{R}^n$ em $\mathbb{R}^m$, então existe matriz $m \times n$, $A$, tal que*

$$L(\mathbf{x}) = A\mathbf{x}$$

*para cada $\mathbf{x} \in \mathbb{R}^n$. De fato, o $j$-ésimo vetor coluna de $A$ é dado por*

$$\mathbf{a}_j = L(\mathbf{e}_j) \qquad j = 1, 2, \ldots, n$$

***Demonstração*** Para $j = 1, \ldots, n$, defina

$$\mathbf{a}_j = L(\mathbf{e}_j)$$

e seja

$$A = (a_{ij}) = (\mathbf{a}_1, \mathbf{a}_2, \ldots, \mathbf{a}_n)$$

Se

$$\mathbf{x} = x_1\mathbf{e}_1 + x_2\mathbf{e}_2 + \cdots + x_n\mathbf{e}_n$$

é um elemento arbitrário de $\mathbb{R}^n$, então

$$\begin{aligned} L(\mathbf{x}) &= x_1 L(\mathbf{e}_1) + x_2 L(\mathbf{e}_2) + \cdots + x_n L(\mathbf{e}_n) \\ &= x_1\mathbf{a}_1 + x_2\mathbf{a}_2 + \cdots + x_n\mathbf{a}_n \\ &= (\mathbf{a}_1, \mathbf{a}_2, \ldots, \mathbf{a}_n) \begin{pmatrix} x_1 \\ x_2 \\ \vdots \\ x_n \end{pmatrix} \\ &= A\mathbf{x} \end{aligned}$$

∎

Estabelecemos que toda transformação linear de $\mathbb{R}^n$ em $\mathbb{R}^m$ pode ser representada em termos de uma matriz $m \times n$. O Teorema 4.2.1 diz como construir a matriz $A$ correspondente a uma transformação linear particular, $L$. Para obter a primeira coluna de $A$, verifique o que $L$ faz com o primeiro elemento da base $\mathbf{e}_1$ de $\mathbb{R}^n$. Fazer $\mathbf{a}_1 = L(\mathbf{e}_1)$. Para obter a segunda coluna de $A$, determine o efeito de $L$ em $\mathbf{e}_2$ e faça $\mathbf{a}_2 = L(\mathbf{e}_2)$, e assim por diante. Como os elementos da base padrão $\mathbf{e}_1$, $\mathbf{e}_2, \ldots, \mathbf{e}_n$ (os vetores coluna da matriz identidade $n \times n$) são usados para $\mathbb{R}^n$, e os vetores coluna da matriz identidade $m \times m$ são usados como uma base para $\mathbb{R}^m$, nos referimos a $A$ como a *representação matricial padrão* de $L$. Posteriormente (Teorema 4.2.3) veremos como representar transformações lineares em relação a outras bases.

EXEMPLO 1 Defina-se a transformação linear $L : \mathbb{R}^3 \to \mathbb{R}^2$ por

$$L(\mathbf{x}) = (x_1 + x_2, x_2 + x_3)^T$$

para cada $\mathbf{x} = (x_1, x_2, x_3)^T$ em $\mathbb{R}^3$. É facilmente verificado que $L$ é um operador linear. Queremos encontrar uma matriz $A$ tal que $L(\mathbf{x}) = A\mathbf{x}$ para cada $\mathbf{x} \in \mathbb{R}^3$. Para isto, devemos calcular $L(\mathbf{e}_1)$, $L(\mathbf{e}_2)$ e $L(\mathbf{e}_3)$:

$$L(\mathbf{e}_1) = L((1, 0, 0)^T) = \begin{pmatrix} 1 \\ 0 \end{pmatrix}$$

$$L(\mathbf{e}_2) = L((0, 1, 0)^T) = \begin{pmatrix} 1 \\ 1 \end{pmatrix}$$

$$L(\mathbf{e}_3) = L((0, 0, 1)^T) = \begin{pmatrix} 0 \\ 1 \end{pmatrix}$$

Escolhemos estes vetores como as colunas da matriz

$$A = \begin{pmatrix} 1 & 1 & 0 \\ 0 & 1 & 1 \end{pmatrix}$$

Para testar o resultado, calculamos $A\mathbf{x}$:

$$A\mathbf{x} = \begin{pmatrix} 1 & 1 & 0 \\ 0 & 1 & 1 \end{pmatrix} \begin{pmatrix} x_1 \\ x_2 \\ x_3 \end{pmatrix} = \begin{pmatrix} x_1 + x_2 \\ x_2 + x_3 \end{pmatrix}$$

■

EXEMPLO 2 Seja $L$ o operador linear em $\mathbb{R}^2$ que gira cada vetor por um ângulo $\theta$ no sentido trigonométrico. Podemos ver, da Figura 4.2.1(a), que $\mathbf{e}_1$ é representado em $(\cos\theta, \operatorname{sen}\theta)^T$ e a imagem de $\mathbf{e}_2$ é $(-\operatorname{sen}\theta, \cos\theta)^T$. A matriz $A$ representando a transformação terá $(\cos\theta, \operatorname{sen}\theta)^T$ como sua primeira coluna e $(-\operatorname{sen}\theta, \cos\theta)^T$ como sua segunda coluna:

$$A = \begin{pmatrix} \cos\theta & -\operatorname{sen}\theta \\ \operatorname{sen}\theta & \cos\theta \end{pmatrix}$$

Se $\mathbf{x}$ é qualquer vetor em $\mathbb{R}^2$, então, para girar $\mathbf{x}$ no sentido trigonométrico por um ângulo $\theta$, simplesmente multiplicamos por $A$ [veja a Figura 4.2.1(b)]. ■

Agora que vimos como matrizes são usadas para representar transformações lineares de $\mathbb{R}^n$ em $\mathbb{R}^m$, podemos perguntar se é possível encontrar uma representação similar para transformações lineares de $V$ em $W$, em que $V$ e $W$ são espaços vetoriais de dimensões $n$ e $m$, respectivamente. Para mostrar como isto é feito, seja $E = \{\mathbf{v}_1, \mathbf{v}_2, \ldots, \mathbf{v}_n\}$ uma base ordenada para $V$, e $F = \{\mathbf{w}_1, \mathbf{w}_2, \ldots, \mathbf{w}_n\}$ uma base

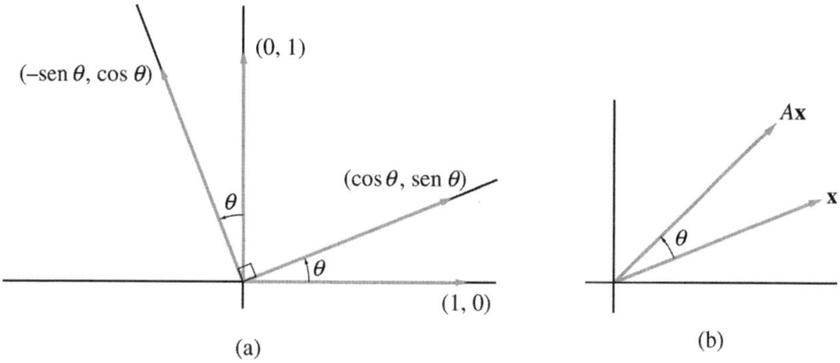

**Figura 4.2.1**

ordenada para $W$. Seja $L$ uma transformação linear representando $V$ em $W$. Se $\mathbf{v}$ é qualquer vetor em $V$, então podemos representar $\mathbf{v}$ em função da base $E$:

$$\mathbf{v} = x_1\mathbf{v}_1 + x_2\mathbf{v}_2 + \cdots + x_n\mathbf{v}_n$$

Mostraremos que existe uma matriz $m \times n$, $A$, representando a transformação linear $L$, no sentido de

$$A\mathbf{x} = \mathbf{y} \quad \text{se e somente se} \quad L(\mathbf{v}) = y_1\mathbf{w}_1 + y_2\mathbf{w}_2 + \cdots + y_m\mathbf{w}_m$$

A matriz $A$ caracteriza o efeito da transformação linear $L$. Se $\mathbf{x}$ é o vetor de coordenadas de $\mathbf{v}$ em relação a $E$, então o vetor de coordenadas de $L(\mathbf{v})$ em relação a $F$ é dado por

$$[L(\mathbf{v})]_F = A\mathbf{x}$$

O procedimento para determinar a representação matricial $A$ é essencialmente o mesmo de antes. Para $j = 1,\ldots, n$, seja $\mathbf{a}_j = (a_{1j}, a_{2j},\ldots, a_{mj})^T$ o vetor de coordenadas de $L(\mathbf{v}_j)$ em relação a $\{\mathbf{w}_1, \mathbf{w}_2,\ldots, \mathbf{w}_m\}$; isto é,

$$L(\mathbf{v}_j) = a_{1j}\mathbf{w}_1 + a_{2j}\mathbf{w}_2 + \cdots + a_{mj}\mathbf{w}_m \qquad 1 \le j \le n$$

Seja $A = (a_{ij}) = (\mathbf{a}_1,\ldots, \mathbf{a}_n)$. Se

$$\mathbf{v} = x_1\mathbf{v}_1 + x_2\mathbf{v}_2 + \cdots + x_n\mathbf{v}_n$$

então

$$\begin{aligned} L(\mathbf{v}) &= L\left(\sum_{j=1}^{n} x_j\mathbf{v}_j\right) \\ &= \sum_{j=1}^{n} x_j L(\mathbf{v}_j) \\ &= \sum_{j=1}^{n} x_j \left(\sum_{i=1}^{m} a_{ij}\mathbf{w}_i\right) \\ &= \sum_{i=1}^{m} \left(\sum_{j=1}^{n} a_{ij}x_j\right)\mathbf{w}_i \end{aligned}$$

Para $i = 1, \ldots, m$, seja

$$y_i = \sum_{j=1}^{n} a_{ij} x_j$$

Logo,

$$\mathbf{y} = (y_1, y_2, \ldots, y_m)^T = A\mathbf{x}$$

é o vetor de coordenadas de $L(\mathbf{v})$ em relação a $\{\mathbf{w}_1, \mathbf{w}_2, \ldots, \mathbf{w}_m\}$. Estabelecemos o seguinte teorema:

**Teorema 4.2.2** Teorema da Representação Matricial

*Se* $E = \{\mathbf{v}_1, \mathbf{v}_2, \ldots, \mathbf{v}_n\}$ *e* $F = \{\mathbf{w}_1, \mathbf{w}_2, \ldots, \mathbf{w}_m\}$ *são bases ordenadas para os espaços vetoriais V e W, respectivamente, então, correspondendo a cada transformação linear* $L : V \to W$, *há uma matriz* $m \times n$, *A, tal que*

$$[L(\mathbf{v})]_F = A[\mathbf{v}]_E \quad \textit{para cada } \mathbf{v} \in V$$

*A é a matriz representando L em relação às bases ordenadas E e F. Com efeito,*

$$\mathbf{a}_j = \left[L(\mathbf{v}_j)\right]_F \quad j = 1, 2, \ldots, n$$

O Teorema 4.2.2 é ilustrado na Figura 4.2.2. Se $A$ é a matriz representando $L$ em relação às bases $E$ e $F$ e se

$$\mathbf{x} = [\mathbf{v}]_E \quad \text{(o vetor de coordenadas de } \mathbf{v} \text{ em relação a } E)$$
$$\mathbf{y} = [\mathbf{w}]_F \quad \text{(o vetor de coordenadas de } \mathbf{w} \text{ em relação a } F)$$

então $L$ representa $\mathbf{v}$ em $\mathbf{w}$ se e somente se $A$ representa $\mathbf{x}$ em $\mathbf{y}$.

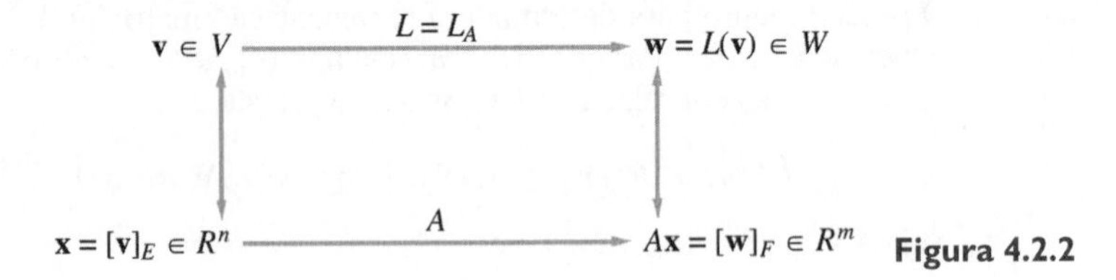

**Figura 4.2.2**

EXEMPLO 3 Seja $L$ uma transformação linear representando $\mathbb{R}^3$ em $\mathbb{R}^2$ definida por

$$L(\mathbf{x}) = x_1\mathbf{b}_1 + (x_2 + x_3)\mathbf{b}_2$$

para todo $\mathbf{x} \in \mathbb{R}^3$, em que

$$\mathbf{b}_1 = \begin{Bmatrix} 1 \\ 1 \end{Bmatrix} \quad \text{e} \quad \mathbf{b}_2 = \begin{Bmatrix} -1 \\ 1 \end{Bmatrix}$$

Encontre a matriz $A$ representando $L$ em relação às bases ordenadas $\{\mathbf{e}_1, \mathbf{e}_2, \mathbf{e}_3\}$ e $\{\mathbf{b}_1, \mathbf{b}_2\}$.

Solução

$$L(\mathbf{e}_1) = 1\mathbf{b}_1 + 0\mathbf{b}_2$$
$$L(\mathbf{e}_2) = 0\mathbf{b}_1 + 1\mathbf{b}_2$$
$$L(\mathbf{e}_3) = 0\mathbf{b}_1 + 1\mathbf{b}_2$$

A $i$-ésima coluna de $A$ é determinada pelas coordenadas de $L(\mathbf{e}_i)$ em relação a $\{\mathbf{b}_1, \mathbf{b}_2\}$ para $i = 1, 2, 3$. Logo,

$$A = \begin{pmatrix} 1 & 0 & 0 \\ 0 & 1 & 1 \end{pmatrix}$$

■

EXEMPLO 4 Seja $L$ uma transformação linear representando $\mathbb{R}^2$ nele mesmo e definida por

$$L(\alpha\mathbf{b}_1 + \beta\mathbf{b}_2) = (\alpha + \beta)\mathbf{b}_1 + 2\beta\mathbf{b}_2$$

em que $\{\mathbf{b}_1, \mathbf{b}_2\}$ é a base ordenada definida no Exemplo 3. Encontre a matriz $A$ representando $L$ em relação a $\{\mathbf{b}_1, \mathbf{b}_2\}$.

Solução

$$L(\mathbf{b}_1) = 1\mathbf{b}_1 + 0\mathbf{b}_2$$
$$L(\mathbf{b}_2) = 1\mathbf{b}_1 + 2\mathbf{b}_2$$

Logo,

$$A = \begin{pmatrix} 1 & 1 \\ 0 & 2 \end{pmatrix}$$

■

EXEMPLO 5 A transformação linear $D$ definida por $D(p) = p'$ representa $P_3$ em $P_2$. Dadas as bases ordenadas $[x^2, x, 1]$ e $[x, 1]$ para $P_3$ e $P_2$ respectivamente, queremos determinar a representação matricial para $D$. Para isto, aplicamos $D$ a cada um dos elementos da base de $P_3$.

$$D(x^2) = 2x + 0 \cdot 1$$
$$D(x) = 0x + 1 \cdot 1$$
$$D(1) = 0x + 0 \cdot 1$$

Em $P_2$, os vetores de coordenadas para $D(x^2)$, $D(x)$ e $D(1)$ são $(2, 0)^T$, $(0, 1)^T$ e $(0, 0)^T$, respectivamente. A matriz $A$ é formada com esses vetores como suas colunas.

$$A = \begin{pmatrix} 2 & 0 & 0 \\ 0 & 1 & 0 \end{pmatrix}$$

Se $p(x) = ax^2 + bx + c$, então o vetor de coordenadas de $p$ em relação à base ordenada de $P_3$ é $(a, b, c)^T$. Para encontrar o vetor de coordenadas de $D(p)$ em relação à base ordenada de $P_2$, simplesmente multiplicamos

$$\begin{pmatrix} 2 & 0 & 0 \\ 0 & 1 & 0 \end{pmatrix} \begin{pmatrix} a \\ b \\ c \end{pmatrix} = \begin{pmatrix} 2a \\ b \end{pmatrix}$$

Logo,

$$D(ax^2 + bx + c) = 2ax + b$$

■

Para encontrar a representação matricial $A$ para uma transformação linear $L : \mathbb{R}^n \to \mathbb{R}^m$ em relação às bases ordenadas $E = \{\mathbf{u}_1, \ldots, \mathbf{u}_n\}$ e $F =$

$\{\mathbf{b}_1, \ldots, \mathbf{b}_m\}$, devemos representar cada vetor $L(\mathbf{u}_j)$ como uma combinação linear de $\mathbf{b}_1, \ldots, \mathbf{b}_m$. O teorema seguinte mostra que a determinação desta representação de $L(\mathbf{u}_j)$ é equivalente a resolver o sistema linear $B\mathbf{x} = L(\mathbf{u}_j)$.

**Teorema 4.2.3** *Sejam $E = \{\mathbf{u}_1, \ldots, \mathbf{u}_n\}$ e $F = \{\mathbf{b}_1, \ldots, \mathbf{b}_m\}$ bases ordenadas para $\mathbb{R}^n$ e $\mathbb{R}^m$, respectivamente. Se $L : \mathbb{R}^n \to \mathbb{R}^m$ é uma transformação linear e $A$ é a matriz representando $L$ em relação a $E$ e $F$, então*

$$\mathbf{a}_j = B^{-1}L(\mathbf{u}_j) \quad \textit{para } j = 1, \ldots, n$$

*sendo $B = (\mathbf{b}_1, \ldots, \mathbf{b}_m)$.*

***Demonstração*** Se $A$ representa $L$ em relação a $E$ e $F$, então, para $j = 1, \ldots, n$,

$$\begin{aligned} L(\mathbf{u}_j) &= a_{1j}\mathbf{b}_1 + a_{2j}\mathbf{b}_2 + \cdots + a_{mj}\mathbf{b}_m \\ &= B\mathbf{a}_j \end{aligned}$$

A matriz $B$ é não singular, já que seus vetores coluna formam uma base para $\mathbb{R}^m$. Logo,

$$\mathbf{a}_j = B^{-1}L(\mathbf{u}_j) \quad j = 1, \ldots, n$$ ■

Uma consequência deste teorema é que podemos determinar a representação matricial da transformação calculando a forma linha degrau reduzida de uma matriz aumentada. O corolário seguinte mostra como isto é feito:

**Corolário 4.2.4** *Se $A$ é a matriz representando a transformação linear $L : \mathbb{R}^n \to \mathbb{R}^m$ em relação às bases*

$$E = \{\mathbf{u}_1, \ldots, \mathbf{u}_n\} \qquad e \qquad F = \{\mathbf{b}_1, \ldots, \mathbf{b}_m\}$$

*então, a forma linha degrau reduzida de $(\mathbf{b}_1, \ldots, \mathbf{b}_m | L(\mathbf{u}_1), \ldots, L(\mathbf{u}_n))$ é $(I \mid A)$.*

***Demonstração*** Seja $B = (\mathbf{b}_1, \ldots, \mathbf{b}_m)$. A matriz $(B| L(\mathbf{u}_1), \ldots, L(\mathbf{u}_n))$ é equivalente linha de

$$\begin{aligned} B^{-1}(B \mid L(\mathbf{u}_1), \ldots, L(\mathbf{u}_n)) &= (I \mid B^{-1}L(\mathbf{u}_1), \ldots, B^{-1}L(\mathbf{u}_n)) \\ &= (I \mid \mathbf{a}_1, \ldots, \mathbf{a}_n) \\ &= (I \mid A) \end{aligned}$$ ■

EXEMPLO 6 Seja $L : \mathbb{R}^2 \to \mathbb{R}^3$ uma transformação linear definida por

$$L(\mathbf{x}) = (x_2, x_1 + x_2, x_1 - x_2)^T$$

Encontre a representação matricial de $L$ em relação às bases ordenadas $\{\mathbf{u}_1, \mathbf{u}_2\}$ e $\{\mathbf{b}_1, \mathbf{b}_2, \mathbf{b}_3\}$, em que

$$\mathbf{u}_1 = (1, 2)^T, \qquad \mathbf{u}_2 = (3, 1)^T$$

e

$$\mathbf{b}_1 = (1, 0, 0)^T, \qquad \mathbf{b}_2 = (1, 1, 0)^T, \qquad \mathbf{b}_3 = (1, 1, 1)^T$$

## Solução

Devemos calcular $L(\mathbf{u}_1)$ e $L(\mathbf{u}_2)$ e então transformar a matriz $(\mathbf{b}_1, \mathbf{b}_2, \mathbf{b}_3\ L(\mathbf{u}_1), L(\mathbf{u}_2))$ para a forma linha degrau reduzida:

$$L(\mathbf{u}_1) = (2, 3, -1)^T \quad \text{e} \quad L(\mathbf{u}_2) = (1, 4, 2)^T$$

$$\left[\begin{array}{ccc|cc} 1 & 1 & 1 & 2 & 1 \\ 0 & 1 & 1 & 3 & 4 \\ 0 & 0 & 1 & -1 & 2 \end{array}\right] \rightarrow \left[\begin{array}{ccc|cc} 1 & 0 & 0 & -1 & -3 \\ 0 & 1 & 0 & 4 & 2 \\ 0 & 0 & 1 & -1 & 2 \end{array}\right]$$

A matriz representando $L$ em relação às bases ordenadas dadas é

$$A = \begin{bmatrix} -1 & -3 \\ 4 & 2 \\ -1 & 2 \end{bmatrix}$$

O leitor pode verificar facilmente que

$$L(\mathbf{u}_1) = -\mathbf{b}_1 + 4\mathbf{b}_2 - \mathbf{b}_3$$
$$L(\mathbf{u}_2) = -3\mathbf{b}_1 + 2\mathbf{b}_2 + 2\mathbf{b}_3$$

■

## APLICAÇÃO 1 Gráficos Computadorizados e Animação

Um desenho no plano pode ser armazenado no computador como um conjunto de vértices. Os vértices podem então ser mostrados e conectados por retas para produzir o desenho. Se há $n$ vértices, eles são armazenados em uma matriz $2 \times n$. As coordenadas $x$ dos vértices são armazenadas na primeira linha e as coordenadas $y$ na segunda. Cada par sucessivo de pontos é conectado por um segmento de reta.

Por exemplo, para gerar um triângulo com vértices (0, 0), (1, 1) e (1, −1), armazenamos os pares como colunas de uma matriz:

$$T = \begin{bmatrix} 0 & 1 & 1 & 0 \\ 0 & 1 & -1 & 0 \end{bmatrix}$$

Uma cópia adicional do vértice (0, 0) é armazenada na última coluna de $T$, de modo que o ponto anterior (1, −1) seja conectado a (0, 0) [veja a Figura 4.2.3(a)].

Podemos transformar uma figura mudando a posição dos vértices e então redesenhando a figura. Se a transformação é linear, pode ser executada como uma multiplicação matricial. Vendo uma sucessão de tais desenhos produzirá o efeito de uma animação.

As quatro transformações geométricas primárias usadas em gráficos computadorizados são as seguintes:

1. *Dilatações e contrações.* Um operador linear da forma

$$L(\mathbf{x}) = c\mathbf{x}$$

é uma *dilatação* se $c > 1$ e uma *contração* se $0 < c < 1$. O operador $L$ é representado pela matriz $cI$, em que $I$ é a matriz identidade $2 \times 2$. Uma dilatação aumenta o tamanho da figura por um fator $c > 1$, e uma contração diminui a figura por um fator $c < 1$. A Figura 4.2.3(b) mostra uma dilatação por um fator de 1,5 do triângulo armazenado na matriz $T$.

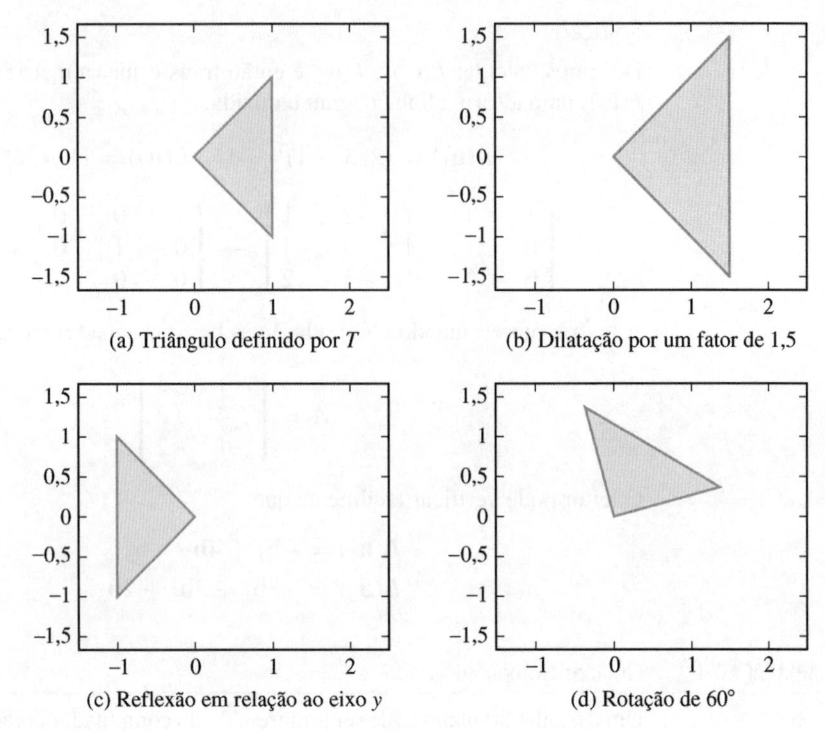

(a) Triângulo definido por $T$

(b) Dilatação por um fator de 1,5

(c) Reflexão em relação ao eixo $y$

(d) Rotação de 60°

**Figura 4.2.3**

2. *Reflexões em relação a um eixo.* Se $L_x$ é uma transformação que reflete um vetor $\mathbf{x}$ em relação ao eixo $x$, então $L_x$ é um operador linear e, portanto, pode ser representado por uma matriz $2 \times 2$, $A$. Já que

$$L_x(\mathbf{e}_1) = \mathbf{e}_1 \quad \text{e} \quad L_x(\mathbf{e}_2) = -\mathbf{e}_2$$

segue-se que

$$A = \begin{pmatrix} 1 & 0 \\ 0 & -1 \end{pmatrix}$$

Similarmente, se $L_y$ é o operador linear que reflete um vetor em relação ao eixo $y$, então $L_y$ é representado pela matriz

$$\begin{pmatrix} -1 & 0 \\ 0 & 1 \end{pmatrix}$$

A Figura 4.2.3(c) mostra a imagem do triângulo $T$ após uma reflexão em relação ao eixo $y$. No Capítulo 7, aprenderemos um método simples para construir matrizes de reflexão que têm o efeito de refletir um vetor em relação a qualquer reta passando pela origem.

3. *Rotações.* Seja $L$ a transformação que gira um vetor de um ângulo $\theta$ em relação à origem no sentido trigonométrico. Vimos no Exemplo 2 que $L$ é um operador linear e que $L(\mathbf{x}) = A\mathbf{x}$, em que

$$A = \begin{pmatrix} \cos\theta & -\operatorname{sen}\theta \\ \operatorname{sen}\theta & \cos\theta \end{pmatrix}$$

A Figura 4.2.3(d) mostra o resultado da rotação do triângulo $T$ por 60° no sentido trigonométrico.

**4.** *Translações*. Uma *translação* por um vetor $\mathbf{a}$ é uma transformação da forma

$$L(\mathbf{x}) = \mathbf{x} + \mathbf{a}$$

Se $\mathbf{a} \neq \mathbf{0}$, então $L$ não é uma transformação linear e, portanto, $L$ não pode ser representada por uma matriz $2 \times 2$. Entretanto, em computação gráfica, é desejável efetuar todas as transformações através de multiplicações matriciais. A forma de contornar o problema é introduzir um novo sistema de coordenadas, chamado de *coordenadas homogêneas. Este novo sistema nos permitirá efetuar translações através de transformações lineares.*

---

## Coordenadas Homogêneas

O *sistema de coordenadas homogêneas* é formado correspondendo cada vetor em $\mathbb{R}^2$ a um vetor em $\mathbb{R}^3$ tendo as mesmas duas primeiras coordenadas e tendo 1 como terceira coordenada:

$$\begin{Bmatrix} x_1 \\ x_2 \end{Bmatrix} \leftrightarrow \begin{Bmatrix} x_1 \\ x_2 \\ 1 \end{Bmatrix}$$

Quando queremos mostrar um ponto representado pelo vetor de coordenadas homogêneas $(x_1, x_2, 1)^T$, simplesmente ignoramos a terceira coordenada e mostramos o par $(x_1, x_2)$.

A transformação linear discutida anteriormente deve agora ser representada por uma matriz $3 \times 3$. Para fazer isto, pegamos a matriz de representação $2 \times 2$ e a aumentamos acrescentando a terceira linha e a terceira coluna da matriz identidade $3 \times 3$. Por exemplo, em lugar da matriz de dilatação $2 \times 2$

$$\begin{Bmatrix} 3 & 0 \\ 0 & 3 \end{Bmatrix}$$

temos a matriz $3 \times 3$

$$\begin{Bmatrix} 3 & 0 & 0 \\ 0 & 3 & 0 \\ 0 & 0 & 1 \end{Bmatrix}$$

Note que

$$\begin{Bmatrix} 3 & 0 & 0 \\ 0 & 3 & 0 \\ 0 & 0 & 1 \end{Bmatrix} \begin{Bmatrix} x_1 \\ x_2 \\ 1 \end{Bmatrix} = \begin{Bmatrix} 3x_1 \\ 3x_2 \\ 1 \end{Bmatrix}$$

Se $L$ é uma translação por um vetor $\mathbf{a}$ em $\mathbb{R}^2$, podemos encontrar uma representação matricial para $L$ em relação ao sistema de coordenadas homogêneas. Simplesmente pegamos a matriz identidade $3 \times 3$ e substituímos os dois primeiros elementos da terceira coluna pelos elementos de $\mathbf{a}$. Para ver como isto funciona, considere, por exemplo, uma translação correspondente ao vetor

$\mathbf{a} = (6, 2)^T$. Em coordenadas homogêneas, isto é efetuado pela multiplicação matricial

$$A\mathbf{x} = \begin{bmatrix} 1 & 0 & 6 \\ 0 & 1 & 2 \\ 0 & 0 & 1 \end{bmatrix} \begin{bmatrix} x_1 \\ x_2 \\ 1 \end{bmatrix} = \begin{bmatrix} x_1 + 6 \\ x_2 + 2 \\ 1 \end{bmatrix}$$

A Figura 4.2.4(a) mostra uma figura de traços gerada de uma matriz $3 \times 81$, $S$. Se multiplicarmos $S$ pela matriz de translação, $A$, o gráfico de $AS$ é a imagem transladada mostrada na Figura 4.2.4(b).

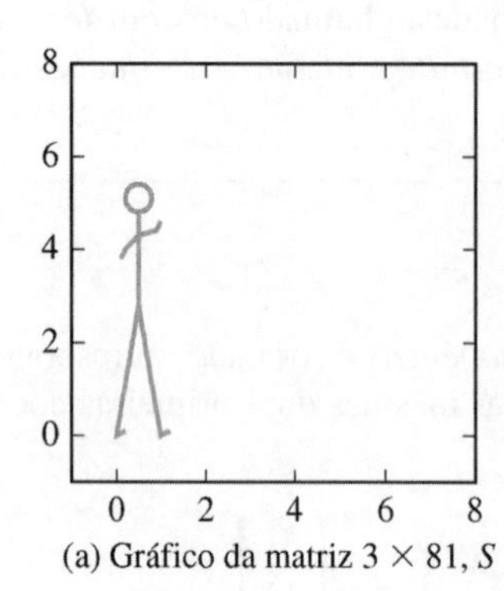


(a) Gráfico da matriz $3 \times 81$, $S$

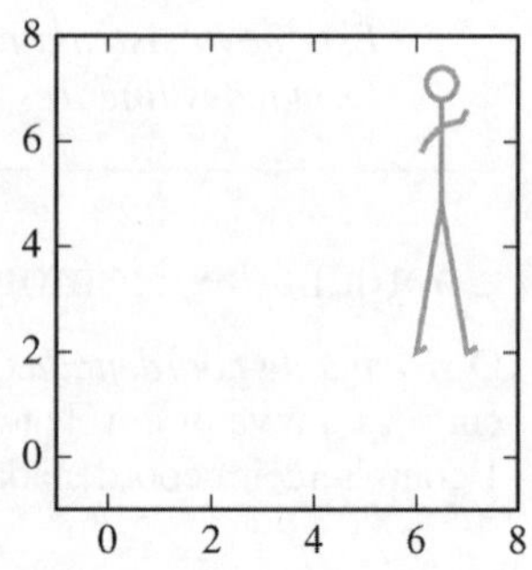


(b) Gráfico da figura transladada $AS$

**Figura 4.2.4**

## APLICAÇÃO 2 Guinada, Arfagem e Rolamento de um Avião

Os termos *guinada, arfagem* e *rolamento* são usados comumente na indústria aeroespacial para descrever as manobras de uma aeronave. A Figura 4.2.5(a) mostra a posição inicial de um modelo de avião. Ao descrever *guinada, arfagem* e *rolamento*, o sistema de coordenadas corrente é dado em função da posição do veículo. É sempre suposto que a aeronave está situada no plano $xy$ com o nariz apontado na direção do eixo $x$ positivo e a asa esquerda apontando na direção do eixo $y$ positivo. Posteriormente, quando o avião se move, os três eixos coordenados se movem com o veículo (veja a Figura 4.2.5).

Uma *guinada* é uma rotação no plano $xy$. A Figura 4.2.5(b) mostra uma guinada de 45°. Neste caso, a aeronave girou de um ângulo de 45° para a direita (sentido horário). Visto como uma transformação linear no espaço 3D, uma guinada é simplesmente uma rotação em relação ao eixo $z$. Note-se que, se as coordenadas iniciais do modelo de avião são representadas pelo vetor (1, 0, 0), então suas coordenadas $xyz$ após a guinada ainda serão (1, 0, 0), já que os eixos coordenados giraram com a aeronave. Na posição inicial do avião, os eixos $x$, $y$ e $z$ têm as direções dos eixos frente-ré, esquerda-direita e alto-baixo, mostrados na figura. Referir-nos-emos a este sistema inicial de eixos frente, esquerda, alto, como o sistema de eixos FEA. Após a guinada de 45°, a posição do nariz da aeronave em relação ao sistema de eixos FEA é

$$\left(\frac{1}{\sqrt{2}}, -\frac{1}{\sqrt{2}}, 0\right).$$

Quando vemos uma transformação de guinada em função do sistema de eixos FEA, é fácil encontrar uma representação matricial. Se o subespaço $L$ corresponde à guinada por um ângulo $u$, então $L$ girará os pontos (1, 0, 0) e (0, 1, 0) para as posições ($\cos u$, $-\text{sen}\, u$, 0) e ($\text{sen}\, u$, $\cos u$, 0), respectivamente. O ponto (0, 0, 1) permanecerá inalterado pela guinada, já que é o eixo de rotação.

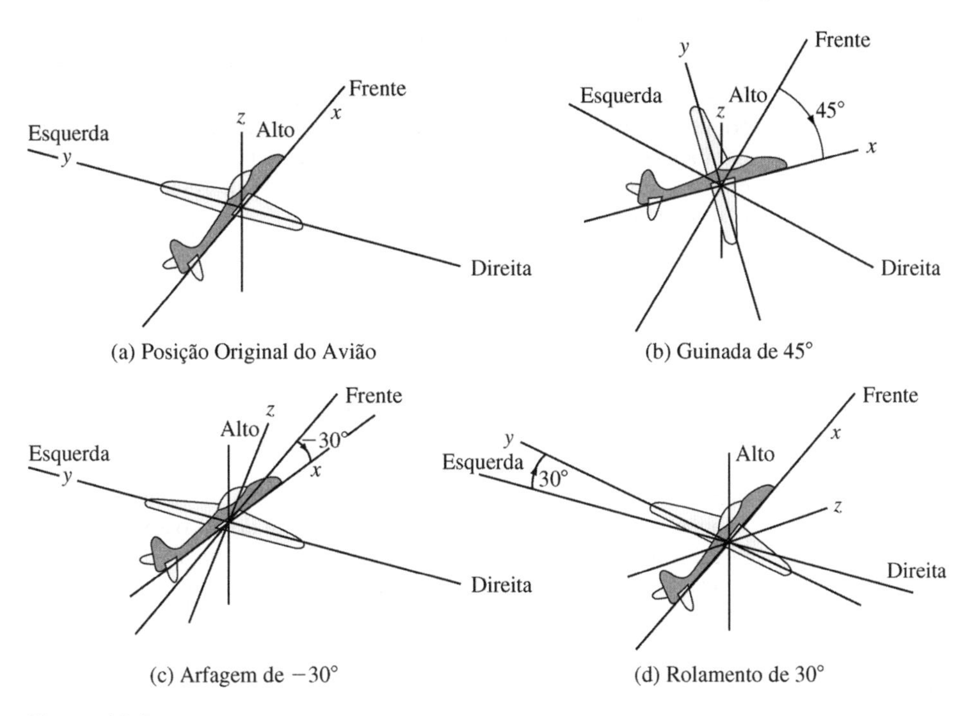


**Figura 4.2.5**

Em função de vetores coluna, se $\mathbf{y}_1$, $\mathbf{y}_2$ e $\mathbf{y}_3$ são as imagens dos vetores da base padrão para $\mathbb{R}^3$ sob $L$, então

$$\mathbf{y}_1 = L(\mathbf{e}_1) = \begin{bmatrix} \cos u \\ -\operatorname{sen} u \\ 0 \end{bmatrix}, \quad \mathbf{y}_2 = L(\mathbf{e}_2) = \begin{bmatrix} \operatorname{sen} u \\ \cos u \\ 0 \end{bmatrix}, \quad \mathbf{y}_3 = L(\mathbf{e}_3) = \begin{bmatrix} 0 \\ 0 \\ 1 \end{bmatrix}$$

Portanto, a representação matricial da transformação de guinada é

$$Y = \begin{bmatrix} \cos u & \operatorname{sen} u & 0 \\ -\operatorname{sen} u & \cos u & 0 \\ 0 & 0 & 1 \end{bmatrix} \tag{1}$$

Uma *arfagem* é uma rotação da aeronave no plano $xz$. A Figura 4.2.5(c) ilustra uma arfagem de $-30°$. Como o ângulo é negativo, o nariz da aeronave é girado de 30° para baixo em direção ao eixo inferior da figura. Vista como uma transformação linear no espaço 3D, uma arfagem é simplesmente uma rotação em torno do eixo $y$. Como com a guinada, podemos encontrar uma matriz para a transformação de arfagem em relação ao sistema de eixos FEA. Se $L$ é uma transformação de arfagem com ângulo de rotação $v$, a representação matricial de $L$ é dada por

$$P = \begin{bmatrix} \cos v & 0 & -\operatorname{sen} v \\ 0 & 1 & 0 \\ \operatorname{sen} v & 0 & \cos v \end{bmatrix} \tag{2}$$

Um *rolamento* é uma rotação da aeronave no plano $yz$. A Figura 4.2.5(d) ilustra um rolamento de 30°. Neste caso, a asa esquerda é girada de 30° para cima, em direção ao eixo superior da figura, e a asa direita é girada de 30° para baixo, em direção ao eixo inferior. Vista como uma transformação linear no espaço 3D, um rolamento é simplesmente um giro em torno do eixo $x$. Como com a guinada e a arfagem, podemos encontrar uma representação matricial para a transformação de rolamento em relação ao sistema de eixos FEA. Se $L$ é uma transformação de rolamento com ângulo de rotação $w$, a representação matricial de $L$ é dada por

$$R = \begin{bmatrix} 1 & 0 & 0 \\ 0 & \cos w & -\operatorname{sen} w \\ 0 & \operatorname{sen} w & \cos w \end{bmatrix} \tag{3}$$

Se realizarmos uma guinada de um ângulo $u$ e depois uma arfagem de um ângulo $v$, a transformação composta é linear; no entanto, sua representação matricial *não* é igual ao produto $PY$. O efeito da guinada nos vetores da base padrão $\mathbf{e}_1$, $\mathbf{e}_2$ e $\mathbf{e}_3$ é girá-los para as novas direções $\mathbf{y}_1$, $\mathbf{y}_2$ e $\mathbf{y}_3$. Logo, os vetores $\mathbf{y}_1$, $\mathbf{y}_2$ e $\mathbf{y}_3$ definem as direções dos eixos $x$, $y$ e $z$ quando realizamos a guinada. A transformação arfagem desejada é então uma rotação em torno do novo eixo $y$ (isto é, o eixo na direção do vetor $\mathbf{y}_2$). Os vetores $\mathbf{y}_1$ e $\mathbf{y}_3$ formam um plano e, quando a arfagem é aplicada, eles são girados por um ângulo $v$ nesse plano. O vetor $\mathbf{y}_2$ permanecerá sem ser afetado pela arfagem, já que está sobre o eixo de rotação. Então, a transformação composta $L$ tem o seguinte efeito nos vetores da base padrão:

$$\mathbf{e}_1 \overset{\text{guinada}}{\rightarrow} \mathbf{y}_1 \overset{\text{arfagem}}{\rightarrow} \cos v\, \mathbf{y}_1 + \operatorname{sen} v\, \mathbf{y}_3$$

$$\mathbf{e}_2 \overset{\text{guinada}}{\rightarrow} \mathbf{y}_2 \overset{\text{arfagem}}{\rightarrow} \mathbf{y}_2$$

$$\mathbf{e}_3 \overset{\text{guinada}}{\rightarrow} \mathbf{y}_3 \overset{\text{arfagem}}{\rightarrow} -\operatorname{sen} v\, \mathbf{y}_1 + \cos v\, \mathbf{y}_3$$

As imagens dos vetores da base padrão formam as colunas de uma matriz representando a transformação composta:

$$\begin{aligned}(\cos v\, \mathbf{y}_1 + \operatorname{sen} v\, \mathbf{y}_3,\ \mathbf{y}_2,\ -\operatorname{sen} v\, \mathbf{y}_1 + \cos v\, \mathbf{y}_3) &= (\mathbf{y}_1, \mathbf{y}_2, \mathbf{y}_3) \begin{bmatrix} \cos v & 0 & -\operatorname{sen} v \\ 0 & 1 & 0 \\ \operatorname{sen} v & 0 & \cos v \end{bmatrix} \\ &= YP \end{aligned}$$

Segue-se que a representação matricial da composta é o produto das duas matrizes individuais representando a guinada e a arfagem, mas o produto deve ser feito na ordem inversa, com a matriz de guinada $Y$ à esquerda e a matriz de arfagem $P$ à direita. Similarmente, para a transformação composta de uma guinada com ângulo $u$, seguida por uma arfagem com ângulo $v$ e então um rolamento com ângulo $w$, a representação matricial seria o produto $YPR$.

## PROBLEMAS DA SEÇÃO 4.2

1. Veja o Problema 1 da Seção 4.1. Para cada transformação linear $L$, encontre a representação matricial padrão de $L$.
2. Para cada uma das seguintes transformações lineares $L$ representando $\mathbb{R}^3$ em $\mathbb{R}^2$, encontre uma matriz $A$ tal que $L(\mathbf{x}) = A\mathbf{x}$ para todo $\mathbf{x}$ em $\mathbb{R}^3$:
   **(a)** $L((x_1, x_2, x_3)^T) = (x_1 + x_2, 0)^T$
   **(b)** $L((x_1, x_2, x_3)^T) = (x_1, x_2)^T$
   **(c)** $L((x_1, x_2, x_3)^T) = (x_2 - x_1, x_3 - x_2)^T$

**3.** Para cada um dos seguintes operadores lineares $L$ em $\mathbb{R}^3$, encontre uma matriz $A$ tal que $L(\mathbf{x}) = A\mathbf{x}$ para todo $\mathbf{x}$ em $\mathbb{R}^3$:

**(a)** $L((x_1, x_2, x_3)^T) = (x_3, x_2, x_1)^T$

**(b)** $L((x_1, x_2, x_3)^T) = (x_1, x_1 + x_2, x_1 + x_2 + x_3)^T$

**(c)** $L((x_1, x_2, x_3)^T) = (2x_3, x_2 + 3x_1, 2x_1 - x_3)^T$

**4.** Seja $L$ um operador linear em $\mathbb{R}^3$ definido por

$$L(\mathbf{x}) = \begin{bmatrix} 2x_1 - x_2 - x_3 \\ 2x_2 - x_1 - x_3 \\ 2x_3 - x_1 - x_2 \end{bmatrix}$$

Determine a representação matricial padrão $A$ de $L$ e use $A$ para encontrar $L(\mathbf{x})$ para cada um dos seguintes vetores $\mathbf{x}$:

**(a)** $\mathbf{x} = (1, 1, 1)^T$ **(b)** $\mathbf{x} = (2, 1, 1)^T$

**(c)** $\mathbf{x} = (-5, 3, 2)^T$

**5.** Encontre a representação matricial padrão para cada um dos seguintes operadores lineares:

**(a)** $L$ é o operador linear que gira todo $\mathbf{x}$ em $\mathbb{R}^2$ por 45° no sentido horário.

**(b)** $L$ é o operador linear que reflete cada vetor $\mathbf{x}$ em $\mathbb{R}^2$ em relação ao eixo $x_2$ e então gira-o 90° no sentido trigonométrico.

**(c)** $L$ dobra o comprimento de $\mathbf{x}$ e então gira-o 30° no sentido trigonométrico.

**(d)** $L$ reflete cada vetor $\mathbf{x}$ em relação à linha $x_2 = x_1$ e então o projeta sobre o eixo $x_1$.

**6.** Sejam

$$\mathbf{b}_1 = \begin{bmatrix} 1 \\ 1 \\ 0 \end{bmatrix}, \quad \mathbf{b}_2 = \begin{bmatrix} 1 \\ 0 \\ 1 \end{bmatrix}, \quad \mathbf{b}_3 = \begin{bmatrix} 0 \\ 1 \\ 1 \end{bmatrix}$$

e seja $L$ a transformação linear de $\mathbb{R}^2$ em $\mathbb{R}^3$ definida por

$$L(\mathbf{x}) = x_1\mathbf{b}_1 + x_2\mathbf{b}_2 + (x_1 + x_2)\mathbf{b}_3$$

Encontre a matriz $A$ representando $L$ em relação às bases $\{\mathbf{e}_1, \mathbf{e}_2\}$ e $\{\mathbf{b}_1, \mathbf{b}_2, \mathbf{b}_3\}$.

**7.** Sejam

$$\mathbf{y}_1 = \begin{bmatrix} 1 \\ 1 \\ 1 \end{bmatrix}, \quad \mathbf{y}_2 = \begin{bmatrix} 1 \\ 1 \\ 0 \end{bmatrix}, \quad \mathbf{y}_3 = \begin{bmatrix} 1 \\ 0 \\ 0 \end{bmatrix}$$

e seja $\mathcal{I}$ o operador identidade em $\mathbb{R}^3$.

**(a)** Encontre as coordenadas de $\mathcal{I}(\mathbf{e}_1)$, $\mathcal{I}(\mathbf{e}_2)$ e $\mathcal{I}(\mathbf{e}_3)$ em relação a $\{\mathbf{y}_1, \mathbf{y}_2, \mathbf{y}_3\}$.

**(b)** Encontre uma matriz $A$ tal que $A\mathbf{x}$ é o vetor de coordenadas de $\mathbf{x}$ em relação a $\{\mathbf{y}_1, \mathbf{y}_2, \mathbf{y}_3\}$.

**8.** Sejam $\mathbf{y}_1$, $\mathbf{y}_2$ e $\mathbf{y}_3$ definidos como no Problema 7 e seja $L$ o operador linear definido por

$$L(c_1\mathbf{y}_1 + c_2\mathbf{y}_2 + c_3\mathbf{y}_3)$$
$$= (c_1 + c_2 + c_3)\mathbf{y}_1 + (2c_1 + c_3)\mathbf{y}_2 - (2c_2 + c_3)\mathbf{y}_3$$

**(a)** Encontre uma matriz representando $L$ em relação à base ordenada $\{\mathbf{y}_1, \mathbf{y}_2, \mathbf{y}_3\}$.

**(b)** Para cada um dos seguintes, escreva o vetor $\mathbf{x}$ como uma combinação linear de $\mathbf{y}_1$, $\mathbf{y}_2$ e $\mathbf{y}_3$ e use a matriz da parte (a) para determinar $L(\mathbf{x})$:

**(i)** $\mathbf{x} = (7, 5, 2)^T$ **(ii)** $\mathbf{x} = (3, 2, 1)^T$

**(iii)** $\mathbf{x} = (1, 2, 3)^T$

**9.** Seja

$$R = \begin{bmatrix} 0 & 0 & 1 & 1 & 0 \\ 0 & 1 & 1 & 0 & 0 \\ 1 & 1 & 1 & 1 & 1 \end{bmatrix}$$

Os vetores coluna de $R$ representam as coordenadas homogêneas de pontos no plano.

**(a)** Desenhe a figura cujos vértices correspondem aos vetores coluna de $R$. Que tipo de figura é?

**(b)** Para cada uma das escolhas seguintes de $A$, esboce o gráfico da figura representada por $AR$ e descreva geometricamente o efeito da transformação linear.

**(i)** $A = \begin{bmatrix} \frac{1}{2} & 0 & 0 \\ 0 & \frac{1}{2} & 0 \\ 0 & 0 & 1 \end{bmatrix}$

**(ii)** $A = \begin{bmatrix} \frac{1}{\sqrt{2}} & \frac{1}{\sqrt{2}} & 0 \\ -\frac{1}{\sqrt{2}} & \frac{1}{\sqrt{2}} & 0 \\ 0 & 0 & 1 \end{bmatrix}$

**(iii)** $A = \begin{bmatrix} 1 & 0 & 2 \\ 0 & 1 & -3 \\ 0 & 0 & 1 \end{bmatrix}$

**10.** Para cada um dos seguintes operadores lineares em $\mathbb{R}^2$, encontre a representação matricial da transformação em relação ao sistema homogêneo de coordenadas:

**(a)** A transformação $L$ que gira cada vetor por 120° no sentido trigonométrico.

**(b)** A transformação $L$ que translada cada ponto de 3 unidades para a esquerda e 5 unidades para cima.

**(c)** A transformação $L$ que contrai cada vetor por um fator de um terço.

**(d)** A transformação que reflete um vetor em relação ao eixo $y$ e então o translada 2 unidades para cima.

**11.** Determine a representação matricial de cada uma das seguintes transformações compostas:

**(a)** Uma guinada de 90°, seguida por uma arfagem de 90°.

**(b)** Uma arfagem de 90°, seguida por uma guinada de 90°.

**(c)** Uma arfagem de 45°, seguida por um rolamento de −90°.

**(d)** Um rolamento de −90°, seguido por uma arfagem de 45°.

**(e)** Uma guinada de 45°, seguida por uma arfagem de −90° e então um rolamento de −45°.

**(f)** Um rolamento de −45°, seguido por uma arfagem de −90° e então uma guinada de 45°.

**12.** Sejam $Y$, $P$ e $R$ as matrizes de guinada, arfagem e rolamento dadas nas Equações (1), (2) e (3), respectivamente, e seja $Q = YPR$.

**(a)** Mostre que $Y$, $P$ e $R$ têm determinantes iguais a 1.

**(b)** A matriz $Y$ representa uma guinada com ângulo $u$. A transformação inversa deveria ser uma guinada com ângulo $-u$. Mostre que a representação matricial da transformação inversa é $Y^T$ e que $Y^T = Y^{-1}$.

**(c)** Mostre que $Q$ é não singular e expresse $Q^{-1}$ em função das transpostas de $Y$, $P$ e $R$.

**13.** Seja $L$ a transformação linear representando $P_2$ em $\mathbb{R}^2$ definida por

$$L(p(x)) = \begin{bmatrix} \int_0^1 p(x)\,dx \\ p(0) \end{bmatrix}$$

Encontre uma matriz $A$ tal que

$$L(\alpha + \beta x) = A \begin{bmatrix} \alpha \\ \beta \end{bmatrix}$$

**14.** A transformação linear $L$ definida por

$$L(p(x)) = p'(x) + p(0)$$

representa $P_3$ em $P_2$. Encontre a representação matricial de $L$ em relação às bases ordenadas $[x^2, x, 1]$ e $[2, 1 - x]$. Para cada um dos seguintes vetores $p(x)$ em $P_3$, encontre as coordenadas de $L(p(x))$ em relação à base ordenada $[2, 1 - x]$:

**(a)** $x^2 + 2x - 3$ **(b)** $x^2 + 1$

**(c)** $3x$ **(d)** $4x^2 + 2x$

**15.** Seja $S$ o subespaço de $C[a, b]$ coberto por $e^x$, $xe^x$ e $x^2e^x$. Seja $D$ o operador diferenciação em $S$. Encontre a representação matricial de $D$ em relação a $[e^x, xe^x, x^2e^x]$.

**16.** Seja $L$ um operador linear em $\mathbb{R}^n$. Suponha que $L(\mathbf{x}) = \mathbf{0}$ para algum $\mathbf{x} \neq \mathbf{0}$. Seja $A$ uma matriz representando $L$ em relação à base padrão $\{\mathbf{e}_1, \mathbf{e}_2, \ldots, \mathbf{e}_n\}$. Mostre que $A$ é singular.

**17.** Seja $L$ um operador linear em um espaço vetorial $V$. Seja $A$ uma matriz representando $L$ em relação à base ordenada $\{\mathbf{v}_1, \ldots, \mathbf{v}_n\}$ de $V$, isto é, $L(\mathbf{v}_j) = \sum_{i=1}^{n} a_{ij}\mathbf{v}_i$, $j = 1, \ldots, n$. Mostre que $A^m$ é a matriz representando $L^m$ em relação a $\{\mathbf{v}_1, \ldots, \mathbf{v}_n\}$.

**18.** Sejam $E = \{\mathbf{u}_1, \mathbf{u}_2, \mathbf{u}_3\}$ e $F = \{\mathbf{b}_1, \mathbf{b}_2\}$, em que

$$\mathbf{u}_1 = \begin{bmatrix} 1 \\ 0 \\ -1 \end{bmatrix}, \quad \mathbf{u}_2 = \begin{bmatrix} 1 \\ 2 \\ 1 \end{bmatrix}, \quad \mathbf{u}_3 = \begin{bmatrix} -1 \\ 1 \\ 1 \end{bmatrix}$$

e

$$\mathbf{b}_1 = (1, -1)^T, \quad \mathbf{b}_2 = (2, -1)^T$$

Para cada uma das seguintes transformações lineares $L$ de $\mathbb{R}^3$ em $\mathbb{R}^2$, encontre a matriz representando $L$ em relação às bases ordenadas de $E$ e $F$:

**(a)** $L(\mathbf{x}) = (x_3, x_1)^T$

**(b)** $L(\mathbf{x}) = (x_1 + x_2, x_1 - x_3)^T$

**(c)** $L(\mathbf{x}) = (2x_2, -x_1)^T$

**19.** Suponha que $L_1\colon V \to W$ e $L_2\colon W \to Z$ são transformações lineares e que $E$, $F$ e $G$ são bases ordenadas para $V$, $W$ e $Z$, respectivamente. Mostre que se $A$ representa $L_1$ em relação a $E$ e $F$, e $B$ representa $L_2$ em relação a $F$ e $G$, então a matriz $C = BA$ representa $L_2 \circ L_1\colon V \to Z$ em relação a $E$ e $G$. [*Sugestão*: Mostre que $BA[\mathbf{v}]_E = [(L_2 \circ L_1)(\mathbf{v})]_G$ para todo $\mathbf{v} \in V$.]

**20.** Sejam $V$ e $W$ espaços vetoriais com bases ordenadas $E$ e $F$, respectivamente. Se $L : V \to W$ é uma transformação linear e $A$ é a matriz representando $L$ em relação a $E$ e $F$, mostre que

**(a)** $\mathbf{v} \in \text{nucl}(L)$ se e somente se $[\mathbf{v}]_E \in N(A)$.

**(b)** $\mathbf{w} \in L(V)$ se e somente se $[\mathbf{w}]_F$ está no espaço coluna de $A$.

## 4.3 Similaridade

Se $L$ é um operador linear em um espaço vetorial $n$-dimensional $V$, a representação matricial de $L$ dependerá da base ordenada escolhida para $V$. Usando diferentes bases, é possível representar $L$ por diferentes matrizes $n \times n$. Nesta seção, consideramos diferentes representações matriciais de operadores lineares e caracterizamos a relação entre matrizes representando o mesmo operador linear.

Comecemos considerando um exemplo em $\mathbb{R}^2$. Seja $L$ o operador linear representando o operador linear representando $\mathbb{R}^2$ nele mesmo definido por

$$L(\mathbf{x}) = (2x_1, x_1 + x_2)^T$$

Já que

$$L(\mathbf{e}_1) = \begin{bmatrix} 2 \\ 1 \end{bmatrix} \quad \text{e} \quad L(\mathbf{e}_2) = \begin{bmatrix} 0 \\ 1 \end{bmatrix}$$

segue-se que a matriz representando $L$ em relação a $\{\mathbf{e}_1, \mathbf{e}_2\}$ é

$$A = \begin{bmatrix} 2 & 0 \\ 1 & 1 \end{bmatrix}$$

Se usarmos uma base diferente para $\mathbb{R}^2$, a representação matricial de $L$ mudará. Se, por exemplo, usarmos

$$\mathbf{u}_1 = \begin{bmatrix} 1 \\ 1 \end{bmatrix} \quad \text{e} \quad \mathbf{u}_2 = \begin{bmatrix} -1 \\ 1 \end{bmatrix}$$

como base, então para determinar a representação matricial de $L$ em relação a $\{\mathbf{u}_1, \mathbf{u}_2\}$ devemos determinar $L(\mathbf{u}_1)$ e $L(\mathbf{u}_2)$ e expressar esses vetores como combinações lineares de $\mathbf{u}_1$ e $\mathbf{u}_2$. Podemos usar a matriz $A$ para determinar $L(\mathbf{u}_1)$ e $L(\mathbf{u}_2)$:

$$L(\mathbf{u}_1) = A\mathbf{u}_1 = \begin{bmatrix} 2 & 0 \\ 1 & 1 \end{bmatrix} \begin{bmatrix} 1 \\ 1 \end{bmatrix} = \begin{bmatrix} 2 \\ 2 \end{bmatrix}$$

$$L(\mathbf{u}_2) = A\mathbf{u}_2 = \begin{bmatrix} 2 & 0 \\ 1 & 1 \end{bmatrix} \begin{bmatrix} -1 \\ 1 \end{bmatrix} = \begin{bmatrix} -2 \\ 0 \end{bmatrix}$$

Para expressar esses vetores em função de $\mathbf{u}_1$ e $\mathbf{u}_2$, usamos a matriz de transição para mudar da base ordenada $\{\mathbf{e}_1, \mathbf{e}_2\}$ para $\{\mathbf{u}_1, \mathbf{u}_2\}$. Primeiramente calculamos a matriz de transição de $\{\mathbf{u}_1, \mathbf{u}_2\}$ para $\{\mathbf{e}_1, \mathbf{e}_2\}$. Esta é simplesmente

$$U = (\mathbf{u}_1, \mathbf{u}_2) = \begin{bmatrix} 1 & -1 \\ 1 & 1 \end{bmatrix}$$

A matriz de transição de $\{\mathbf{e}_1, \mathbf{e}_2\}$ para $\{\mathbf{u}_1, \mathbf{u}_2\}$ será então

$$U^{-1} = \begin{bmatrix} \frac{1}{2} & \frac{1}{2} \\ -\frac{1}{2} & \frac{1}{2} \end{bmatrix}$$

Para determinar as coordenadas de $L(\mathbf{u}_1)$ e $L(\mathbf{u}_2)$ em relação a $\{\mathbf{u}_1, \mathbf{u}_2\}$, multiplicamos os vetores por $U^{-1}$:

$$U^{-1}L(\mathbf{u}_1) = U^{-1}A\mathbf{u}_1 = \begin{pmatrix} \frac{1}{2} & \frac{1}{2} \\ -\frac{1}{2} & \frac{1}{2} \end{pmatrix} \begin{pmatrix} 2 \\ 2 \end{pmatrix} = \begin{pmatrix} 2 \\ 0 \end{pmatrix}$$

$$U^{-1}L(\mathbf{u}_2) = U^{-1}A\mathbf{u}_2 = \begin{pmatrix} \frac{1}{2} & \frac{1}{2} \\ -\frac{1}{2} & \frac{1}{2} \end{pmatrix} \begin{pmatrix} -2 \\ 0 \end{pmatrix} = \begin{pmatrix} -1 \\ 1 \end{pmatrix}$$

Portanto,

$$L(\mathbf{u}_1) = 2\mathbf{u}_1 + 0\mathbf{u}_2$$
$$L(\mathbf{u}_2) = -1\mathbf{u}_1 + 1\mathbf{u}_2$$

e a matriz representando $L$ em relação a $\{\mathbf{u}_1, \mathbf{u}_2\}$ é

$$B = \begin{pmatrix} 2 & -1 \\ 0 & 1 \end{pmatrix}$$

Como $A$ e $B$ estão relacionadas? Note que as colunas de $B$ são

$$\begin{pmatrix} 2 \\ 0 \end{pmatrix} = U^{-1}A\mathbf{u}_1 \quad \text{e} \quad \begin{pmatrix} -1 \\ 1 \end{pmatrix} = U^{-1}A\mathbf{u}_2$$

Logo,

$$B = (U^{-1}A\mathbf{u}_1, U^{-1}A\mathbf{u}_2) = U^{-1}A(\mathbf{u}_1, \mathbf{u}_2) = U^{-1}AU$$

Portanto, se

**(i)** $B$ é a matriz representando $L$ em relação a $\{u_1, u_2\}$

**(ii)** $A$ é a matriz representando $L$ em relação a $\{e_1, e_2\}$

**(iii)** $U$ é a matriz de transição correspondente à mudança de base de $\{u_1, u_2\}$ para $\{e_1, e_2\}$

então

$$B = U^{-1}AU \tag{1}$$

Os resultados estabelecidos para este operador linear particular em $\mathbb{R}^2$ são típicos do que acontece em um contexto mais geral. Mostraremos em seguida que um tipo de relação como o dado em (1) valerá para quaisquer duas representações matriciais de um operador linear que representa um espaço vetorial $n$-dimensional nele mesmo.

**Teorema 4.3.1** *Sejam $E = \{\mathbf{v}_1, \ldots, \mathbf{v}_n\}$ e $F = \{\mathbf{w}_1, \ldots, \mathbf{w}_n\}$ duas bases ordenadas para um espaço vetorial $V$, e seja $L$ um operador linear em $V$. Seja $S$ a matriz de transição representando a mudança de $F$ para $E$. Se $A$ é a matriz representando $L$ em relação a $E$, e $B$ é a matriz representando $L$ em relação a $F$, então $B = S^{-1}AS$.*

***Demonstração*** Seja $\mathbf{x}$ qualquer vetor em $\mathbb{R}^n$ e seja

$$\mathbf{v} = x_1\mathbf{w}_1 + x_2\mathbf{w}_2 + \cdots + x_n\mathbf{w}_n$$

Seja

$$\mathbf{y} = S\mathbf{x}, \quad \mathbf{t} = A\mathbf{y}, \quad \mathbf{z} = B\mathbf{x} \tag{2}$$

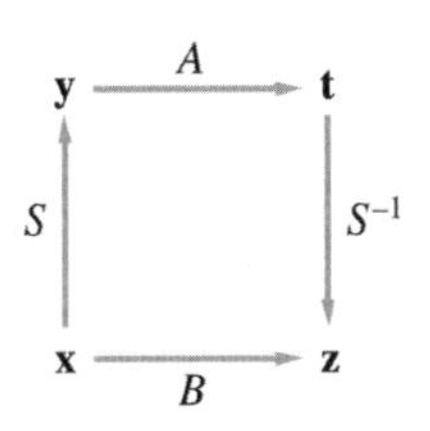


Figura 4.3.1

Segue-se, da definição de $S$, que $\mathbf{y} = [\mathbf{v}]_E$ e, portanto,

$$\mathbf{v} = y_1\mathbf{v}_1 + \cdots + y_n\mathbf{v}_n$$

Como $A$ representa $L$ em relação a $E$, e $B$ representa $L$ em relação a $F$, temos

$$\mathbf{t} = [L(\mathbf{v})]_E \qquad \text{e} \qquad \mathbf{z} = [L(\mathbf{v})]_F$$

A matriz de transição de $E$ para $F$ é $S^{-1}$. Logo,

$$S^{-1}\mathbf{t} = \mathbf{z} \tag{3}$$

Segue-se, de (2) e (3), que

$$S^{-1}AS\mathbf{x} = S^{-1}A\mathbf{y} = S^{-1}\mathbf{t} = \mathbf{z} = B\mathbf{x}$$

(Veja a Figura 4.3.1.) Logo,

$$S^{-1}AS\mathbf{x} = B\mathbf{x}$$

para todo $\mathbf{x} \in \mathbb{R}^n$, e portanto $S^{-1}AS = B$. ■

Outra maneira de ver o Teorema 4.3.1 é considerar $S$ como a matriz representando a transformação identidade $I$ em relação às bases ordenadas

$$F = \{\mathbf{w}_1, \ldots, \mathbf{w}_n\} \qquad \text{e} \qquad E = \{\mathbf{v}_1, \ldots, \mathbf{v}_n\}$$

Se

$S$ representa $\mathcal{I}$ em relação a $F$ e $E$,
$A$ representa $L$ em relação a $E$,
$S^{-1}$ representa $\mathcal{I}$ em relação a $E$ e $F$,

então $L$ pode ser expressa como um operador composto $\mathcal{I} \circ L \circ \mathcal{I}$ e a representação matricial dos componentes. Portanto, a representação matricial de $\mathcal{I} \circ L \circ \mathcal{I}$ em relação a $F$ é $S^{-1}AS$. Se $B$ é a matriz representando $L$ em relação a $F$, então $B$ deve ser igual a $S^{-1}AS$ (veja a Figura 4.3.2).

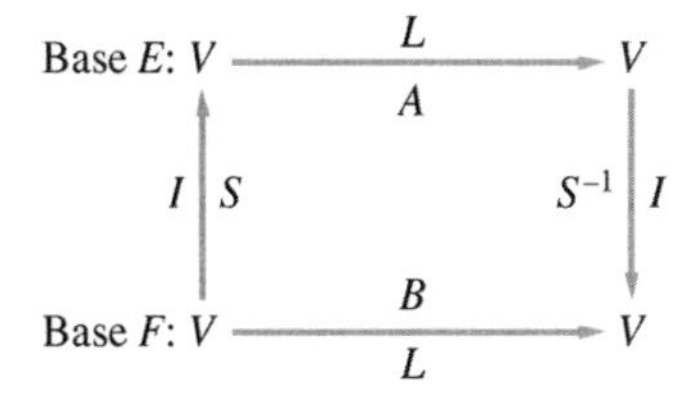


Figura 4.3.2

**Definição**

| Sejam $A$ e $B$ matrizes $n \times n$. $B$ é dita **similar** a $A$ se existe uma matriz não singular $S$ tal que $B = S^{-1}AS$. |
|---|

Note que, se $B$ é similar a $A$, então $A = (S^{-1})^{-1}BS^{-1}$ é similar a $B$. Logo, podemos simplesmente dizer que $A$ e $B$ são matrizes similares.

Segue-se, do Teorema 4.3.1, que, se $A$ e $B$ são matrizes $n \times n$ representando o mesmo operador $L$, então $A$ e $B$ são similares. Por outro lado, suponha que $A$

representa $L$ em relação à base ordenada $\{\mathbf{v}_1, \ldots, \mathbf{v}_n\}$ e $B = S^{-1}AS$ para alguma matriz não singular $S$. Se $\mathbf{w}_1, \ldots, \mathbf{w}_n$ são definidos por

$$\begin{aligned} \mathbf{w}_1 &= s_{11}\mathbf{v}_1 + s_{21}\mathbf{v}_2 + \cdots + s_{n1}\mathbf{v}_n \\ \mathbf{w}_2 &= s_{12}\mathbf{v}_1 + s_{22}\mathbf{v}_2 + \cdots + s_{n2}\mathbf{v}_n \\ &\vdots \\ \mathbf{w}_n &= s_{1n}\mathbf{v}_1 + s_{2n}\mathbf{v}_2 + \cdots + s_{nn}\mathbf{v}_n \end{aligned}$$

então $\{\mathbf{w}_1, \ldots, \mathbf{w}_n\}$ é uma base ordenada para $V$, e $B$ é a matriz representando $L$ em relação a $\{\mathbf{w}_1, \ldots, \mathbf{w}_n\}$.

**EXEMPLO 1** Seja $D$ o operador diferenciação em $P_3$. Encontre a matriz $B$ representando $D$ em relação a $[1, x, x^2]$ e a matriz $A$ representando $D$ em relação a $[1, 2x, 4x^2 - 2]$.

**Solução**

$$\begin{aligned} D(1) &= 0 \cdot 1 + 0 \cdot x + 0 \cdot x^2 \\ D(x) &= 1 \cdot 1 + 0 \cdot x + 0 \cdot x^2 \\ D(x^2) &= 0 \cdot 1 + 2 \cdot x + 0 \cdot x^2 \end{aligned}$$

A matriz $B$ é então dada por

$$B = \begin{pmatrix} 0 & 1 & 0 \\ 0 & 0 & 2 \\ 0 & 0 & 0 \end{pmatrix}$$

Aplicando $D$ a 1, $2x$ e $4x^2 - 2$, obtemos

$$\begin{aligned} D(1) &= 0 \cdot 1 + 0 \cdot 2x + 0 \cdot (4x^2 - 2) \\ D(2x) &= 2 \cdot 1 + 0 \cdot 2x + 0 \cdot (4x^2 - 2) \\ D(4x^2 - 2) &= 0 \cdot 1 + 4 \cdot 2x + 0 \cdot (4x^2 - 2) \end{aligned}$$

Logo,

$$A = \begin{pmatrix} 0 & 2 & 0 \\ 0 & 0 & 4 \\ 0 & 0 & 0 \end{pmatrix}$$

A matriz de transição $S$ correspondente à mudança de bases de $[1, 2x, 4x^2 - 2]$ para $[1, x, x^2]$ e sua inversa são dadas por

$$S = \begin{pmatrix} 1 & 0 & -2 \\ 0 & 2 & 0 \\ 0 & 0 & 4 \end{pmatrix} \quad \text{e} \quad S^{-1} = \begin{pmatrix} 1 & 0 & \frac{1}{2} \\ 0 & \frac{1}{2} & 0 \\ 0 & 0 & \frac{1}{4} \end{pmatrix}$$

(Veja o Exemplo 6 do Capítulo 6, Seção 3.5.) O leitor pode verificar que $A = S^{-1}BS$. ■

**EXEMPLO 2** Seja $L$ um operador linear representando $\mathbb{R}^3$ em $\mathbb{R}^3$ definido por $L(\mathbf{x}) = A\mathbf{x}$, em que

$$A = \begin{pmatrix} 2 & 2 & 0 \\ 1 & 1 & 2 \\ 1 & 1 & 2 \end{pmatrix}$$

Logo, a matriz $A$ representa $L$ em relação a $\{\mathbf{e}_1, \mathbf{e}_2, \mathbf{e}_3\}$. Encontre a matriz representando $L$ em relação a $\{\mathbf{y}_1, \mathbf{y}_2, \mathbf{y}_3\}$, em que

$$\mathbf{y}_1 = \begin{pmatrix} 1 \\ -1 \\ 0 \end{pmatrix}, \quad \mathbf{y}_2 = \begin{pmatrix} -2 \\ 1 \\ 1 \end{pmatrix}, \quad \mathbf{y}_3 = \begin{pmatrix} 1 \\ 1 \\ 1 \end{pmatrix}$$

**Solução**

$$\begin{aligned} L(\mathbf{y}_1) &= A\mathbf{y}_1 = \mathbf{0} = 0\mathbf{y}_1 + 0\mathbf{y}_2 + 0\mathbf{y}_3 \\ L(\mathbf{y}_2) &= A\mathbf{y}_2 = \mathbf{y}_2 = 0\mathbf{y}_1 + 1\mathbf{y}_2 + 0\mathbf{y}_3 \\ L(\mathbf{y}_3) &= A\mathbf{y}_3 = 4\mathbf{y}_3 = 0\mathbf{y}_1 + 0\mathbf{y}_2 + 4\mathbf{y}_3 \end{aligned}$$

Logo, a matriz representando $L$ em relação a $\{\mathbf{y}_1, \mathbf{y}_2, \mathbf{y}_3\}$ é

$$D = \begin{pmatrix} 0 & 0 & 0 \\ 0 & 1 & 0 \\ 0 & 0 & 4 \end{pmatrix}$$

Poderíamos ter encontrado $D$ usando a matriz de transição $Y = (\mathbf{y}_1, \mathbf{y}_2, \mathbf{y}_3)$ e calculando

$$D = Y^{-1}AY$$

Isto foi desnecessário devido à simplicidade da ação de $L$ sobre a base $\{\mathbf{y}_1, \mathbf{y}_2, \mathbf{y}_3\}$. ■

No Exemplo 2, o operador linear $L$ é representado por uma matriz diagonal $D$ em relação à base $\{\mathbf{y}_1, \mathbf{y}_2, \mathbf{y}_3\}$. É muito mais simples trabalhar com $D$ do que com $A$. Por exemplo, é mais fácil calcular $D\mathbf{x}$ e $D^n\mathbf{x}$ do que $A\mathbf{x}$ e $A^n\mathbf{x}$. Geralmente é desejável encontrar a representação mais simples possível para um operador linear. Em particular, se o operador pode ser representado por uma matriz diagonal, esta é usualmente a representação preferida. O problema de encontrar uma representação diagonal para um operador linear será estudado no Capítulo 6.

## PROBLEMAS DA SEÇÃO 4.3

**1.** Para cada um dos seguintes operadores lineares $L$ em $\mathbb{R}^2$, determine a matriz $A$ representando $L$ em relação a $\{\mathbf{e}_1, \mathbf{e}_2\}$ (veja o Problema 1 da Seção 1.2) e a matriz $B$ representando $L$ em relação a $\{\mathbf{u}_1 = (1, 1)^T, \mathbf{u}_2 = (-1, 1)^T\}$:

**(a)** $L(\mathbf{x}) = (-x_1, x_2)^T$ **(b)** $L(\mathbf{x}) = -\mathbf{x}$

**(c)** $L(\mathbf{x}) = (x_2, x_1)^T$ **(d)** $L(\mathbf{x}) = \frac{1}{2}\mathbf{x}$

**(e)** $L(\mathbf{x}) = x_2\mathbf{e}_2$

**2.** Sejam $\{\mathbf{u}_1, \mathbf{u}_2\}$ e $\{\mathbf{v}_1, \mathbf{v}_2\}$ bases ordenadas para $\mathbb{R}^2$, em que

$$\mathbf{u}_1 = \begin{bmatrix} 1 \\ 1 \end{bmatrix}, \quad \mathbf{u}_2 = \begin{bmatrix} -1 \\ 1 \end{bmatrix}$$

e

$$\mathbf{v}_1 = \begin{bmatrix} 2 \\ 1 \end{bmatrix}, \quad \mathbf{v}_2 = \begin{bmatrix} 1 \\ 0 \end{bmatrix}$$

Seja $L$ a transformação linear definida por

$$L(\mathbf{x}) = (-x_1, x_2)^T$$

e seja $B$ a matriz representando $L$ em relação a $\{\mathbf{u}_1, \mathbf{u}_2\}$ [do Problema 1(a)].

**(a)** Encontre a matriz de transição $S$ correspondente à mudança de base de $\{\mathbf{u}_1, \mathbf{u}_2\}$ para $\{\mathbf{v}_1, \mathbf{v}_2\}$.

**(b)** Encontre a matriz $A$ representando $L$ em relação a $\{\mathbf{v}_1, \mathbf{v}_2\}$ calculando $SBS^{-1}$.

**(c)** Verifique que

$$L(\mathbf{v}_1) = a_{11}\mathbf{v}_1 + a_{21}\mathbf{v}_2$$
$$L(\mathbf{v}_2) = a_{12}\mathbf{v}_1 + a_{22}\mathbf{v}_2$$

**3.** Seja $L$ a transformação linear em $\mathbb{R}^3$ definida por

$$L(\mathbf{x}) = \begin{bmatrix} 2x_1 - x_2 - x_3 \\ 2x_2 - x_1 - x_3 \\ 2x_3 - x_1 - x_2 \end{bmatrix}$$

e seja $A$ a representação matricial padrão de $L$ (veja o Problema 4 da Seção 4.2). Se $\mathbf{u}_1 = (1, 1, 0)^T$, $\mathbf{u}_2 = (1, 0, 1)^T$ e $\mathbf{u}_3 = (0, 1, 1)^T$, então $\{\mathbf{u}_1, \mathbf{u}_2, \mathbf{u}_3\}$ é uma base ordenada para $\mathbb{R}^3$ e $U = \{\mathbf{u}_1, \mathbf{u}_2, \mathbf{u}_3\}$ é a matriz de transição correspondente à mudança de base de $\{\mathbf{u}_1, \mathbf{u}_2, \mathbf{u}_3\}$ para a base padrão $\{\mathbf{e}_1, \mathbf{e}_2, \mathbf{e}_3\}$. Determine a matriz $B$ representando $L$ em relação à base $\{\mathbf{u}_1, \mathbf{u}_2, \mathbf{u}_3\}$ calculando $U^{-1}AU$.

**4.** Seja $L$ o operador linear representando $\mathbb{R}^3$ em $\mathbb{R}^3$ definido por $L(\mathbf{x}) = A\mathbf{x}$, em que

$$A = \begin{bmatrix} 3 & -1 & -2 \\ 2 & 0 & -2 \\ 2 & -1 & -1 \end{bmatrix}$$

e seja

$$\mathbf{v}_1 = \begin{bmatrix} 1 \\ 1 \\ 1 \end{bmatrix}, \quad \mathbf{v}_2 = \begin{bmatrix} 1 \\ 2 \\ 0 \end{bmatrix}, \quad \mathbf{v}_3 = \begin{bmatrix} 0 \\ -2 \\ 1 \end{bmatrix}$$

Encontre a matriz de transição $V$ correspondente à mudança de base de $\{\mathbf{v}_1, \mathbf{v}_2, \mathbf{v}_3\}$ para $\{\mathbf{e}_1, \mathbf{e}_2, \mathbf{e}_3\}$ e use-a para determinar a matriz $B$ representando $L$ em relação a $\{\mathbf{v}_1, \mathbf{v}_2, \mathbf{v}_3\}$.

**5.** Seja $L$ o operador em $P_3$ definido por

$$L(p(x)) = xp'(x) + p''(x)$$

**(a)** Encontre a matriz $A$ representando $L$ em relação a $[1, x, x^2]$.

**(b)** Encontre a matriz $B$ representando $L$ em relação a $[1, x, 1 + x^2]$.

**(c)** Encontre a matriz $S$ tal que $B = S^{-1}AS$.

**(d)** Se $p(x) = a_0 + a_1x + a_2(1 + x^2)$, calcule $L^n(p(x))$.

**6.** Seja $V$ o subespaço de $C[a, b]$ coberto por $1, e^x, e^{-x}$ e seja $D$ o operador diferenciação em $V$.

**(a)** Encontre a matriz de transição $S$ representando a mudança de coordenadas da base ordenada $[1, e^x, e^{-x}]$ para a base ordenada $[1, \cosh x, \operatorname{senh} x]$. [$\cosh x = \frac{1}{2}(e^x + e^{-x})$, $\operatorname{senh} x = \frac{1}{2}(e^x - e^{-x})$.]

**(b)** Encontre a matriz $A$ representando $D$ em relação à base ordenada $[1, \cosh x, \operatorname{senh} x]$.

**(c)** Encontre a matriz $A$ representando $D$ em relação a $[1, e^x, e^{-x}]$.

**(d)** Verifique que $B = S^{-1}AS$.

**7.** Demonstre que se $A$ é similar a $B$ e $B$ é similar a $C$, então $A$ é similar a $C$.

**8.** Suponha que $A = S\Lambda S^{-1}$, em que $\Lambda$ é uma matriz diagonal com elementos na diagonal $\lambda_1, \lambda_2, \ldots, \lambda_n$.

**(a)** Mostre que $A\mathbf{s}_i = \lambda_i \mathbf{s}_i$, $i = 1, \ldots, n$.

**(b)** Mostre que se $\mathbf{x} = \alpha_1\mathbf{s}_1 + \alpha_2\mathbf{s}_2 + \ldots + \alpha_n\mathbf{s}_n$, então

$$A^k\mathbf{x} = \alpha_1\lambda_1^k\mathbf{s}_1 + \alpha_2\lambda_2^k\mathbf{s}_2 + \cdots + \alpha_n\lambda_n^k\mathbf{s}_n$$

**(c)** Suponha que $|\lambda_i| < 1$, $i = 1, \ldots, n$. O que acontece com $A^k\mathbf{x}$ quando $k \to \infty$? Explique.

**9.** Suponha que $A = ST$, em que $S$ é não singular. Seja $B =$ *triangular superior*. Mostre que $B$ é similar a $A$.

**10.** Sejam $A$ e $B$ matrizes $n \times n$. Mostre que se $A$ é similar a $B$, então existem matrizes $n \times n$, $S$ e $T$, com $S$ não singular, tais que

$$A = ST \quad \text{e} \quad B = TS$$

**11.** Mostre que se $A$ e $B$ são matrizes similares, então $\det(A) = \det(B)$.

**12.** Sejam $A$ e $B$ matrizes similares. Mostre que

**(a)** $A^T$ e $B^T$ são similares.

**(b)** $A^k$ e $B^k$ são similares para todo inteiro positivo $k$.

**13.** Mostre que se $A$ é similar a $B$ e $A$ é não singular, então $B$ deve ser também não singular e $A^{-1}$ e $B^{-1}$ são similares.

**14.** Sejam $A$ e $B$ matrizes similares e seja $\lambda$ qualquer escalar. Mostre que

**(a)** $A - \lambda I$ e $B - \lambda I$ são similares.

**(b)** $\det(A - \lambda I) = \det(B - \lambda I)$.

**15.** O *traço* de uma matriz $n \times n$, $A$, escrito $\text{tr}(A)$, é a soma de seus elementos diagonais; isto é,

$$\text{tr}(A) = a_{11} + a_{22} + \cdots + a_{nn}$$

Mostre que

**(a)** $\text{tr}(AB) = \text{tr}(BA)$.

**(b)** se $A$ é similar a $B$, então $\text{tr}(A) = \text{tr}(B)$.

# Problemas do Capítulo 4

## EXERCÍCIOS MATLAB

**1.** Use MATLAB para gerar uma matriz $W$ e um vetor $\mathbf{x}$ fazendo

$$W = \texttt{triu(ones}(5)) \quad \text{e} \quad x = [1:5]'$$

As colunas de $W$ podem ser usadas para formar uma base ordenada

$$F = \{\mathbf{w}_1, \mathbf{w}_2, \mathbf{w}_3, \mathbf{w}_4, \mathbf{w}_5\}$$

Seja $L : \mathbb{R}^5 \to \mathbb{R}^5$ um operador linear tal que

$$L(\mathbf{w}_1) = \mathbf{w}_2, \quad L(\mathbf{w}_2) = \mathbf{w}_3, \quad L(\mathbf{w}_3) = \mathbf{w}_4$$

e

$$L(\mathbf{w}_4) = 4\mathbf{w}_1 + 3\mathbf{w}_2 + 2\mathbf{w}_3 + \mathbf{w}_4$$
$$L(\mathbf{w}_5) = \mathbf{w}_1 + \mathbf{w}_2 + \mathbf{w}_3 + 3\mathbf{w}_4 + \mathbf{w}_5$$

**(a)** Determine a matriz $A$ representando $L$ em relação a $F$ e entre com os dados em MATLAB.

**(b)** Use MATLAB para calcular o vetor de coordenadas $\mathbf{y} = W^{-1}\mathbf{x}$ de $\mathbf{x}$ em relação a $F$.

**(c)** Use $A$ para calcular o vetor $\mathbf{z}$ de $L(\mathbf{x})$ em relação a $F$.

**(d)** $W$ é a matriz de transição de $F$ para a base padrão de $\mathbb{R}^5$. Use $W$ para calcular o vetor de coordenadas de $L(\mathbf{x})$ em relação à base padrão.

**2.** Faça $A = \texttt{triu(ones}(5)) * \texttt{tril(ones}(5))$. Se $L$ denota o operador linear definido por $L(\mathbf{x}) = A\mathbf{x}$ para todo $\mathbf{x}$ em $\mathbb{R}^n$, então $A$ é a matriz representando $L$ em relação à base padrão de $\mathbb{R}^5$. Construa uma matriz $5 \times 5$, $U$, fazendo

$$U = \texttt{hankel(ones}(5, 1), 1:5)$$

Use a função **rank** de MATLAB para verificar que os vetores coluna de $U$ são linearmente independentes. Portanto, $E = \{\mathbf{u}_1, \mathbf{u}_2, \mathbf{u}_3, \mathbf{u}_4, \mathbf{u}_5\}$ é uma base ordenada para $\mathbb{R}^5$. A matriz $U$ é a matriz de transição de $E$ para a base padrão.

**(a)** Use MATLAB para calcular a matriz $B$ representando $L$ em relação a $E$. (A matriz $B$ deve ser calculada em função de $A$, $U$ e $U^{-1}$.)

**(b)** Gere outra matriz fazendo

$$V = \texttt{toeplitz}([1, 0, 1, 1, 1])$$

Use MATLAB para testar se $V$ é não singular. Segue-se que os vetores coluna de $V$ são linearmente independentes e, portanto, formam uma base ordenada $F$ de $\mathbb{R}^5$. Use MATLAB para calcular uma matriz $C$, que representa $L$ em relação a $F$. (A matriz $C$ deve ser calculada em função de $A$, $V$ e $V^{-1}$.)

**(c)** As matrizes $B$ e $C$ das partes (a) e (b) devem ser similares. Por quê? Explique. Use MATLAB para calcular a matriz de transição $S$ de $F$ para $E$. Calcule a matriz $C$ em função de $B$, $S$ e $S^{-1}$. Compare seu resultado com o resultado da parte (b).

**3.** Seja

$$A = \texttt{toeplitz}(1:7),$$
$$S = \texttt{compan(ones}(8, 1))$$

e faça $B = S^{-1} * A * S$. As matrizes $A$ e $B$ são similares. Use MATLAB para verificar que as seguintes propriedades são válidas para essas duas matrizes:

**(a)** $\det(B) = \det(A)$

**(b)** $B^T = S^T A^T (S^T)^{-1}$

**(c)** $B^{-1} = S^{-1} A^{-1} S$

**(d)** $B^9 = S^{-1} A^9 S$

**(e)** $B - 3I = S^{-1}(A - 3I)S$

**(f)** $\det(B - 3I) = \det(A - 3I)$

**(g)** $\text{tr}(B) = \text{tr}(A)$ (Note que o traço de uma matriz pode ser calculado com o comando MATLAB `trace`.)

Estas propriedades serão válidas em geral para qualquer par de matrizes similares (veja os Problemas 11.15 da Seção 4.3).

## TESTE A DO CAPÍTULO Verdadeiro ou Falso

*Para cada um dos enunciados que se seguem, responda Verdadeiro se o enunciado é sempre verdadeiro e responda Falso, caso contrário. No caso de um enunciado verdadeiro, explique ou demonstre sua resposta. No caso de um enunciado falso, dê um exemplo para mostrar que o enunciado nem sempre é verdadeiro.*

1. Seja $L : \mathbb{R}^n \to \mathbb{R}^n$ um operador linear. Se $L(\mathbf{x}_1) = L(\mathbf{x}_2)$, então os vetores $\mathbf{x}_1$ e $\mathbf{x}_2$ devem ser iguais.
2. Se $L_1$ e $L_2$ são operadores lineares em um espaço vetorial $V$, então $L_1 + L_2$ é também um operador linear em $V$, em que $L_1 + L_2$ é a transformação definida por
$$(L_1 + L_2)(\mathbf{v}) = L_1(\mathbf{v}) + L_2(\mathbf{v}) \text{ para todo } \mathbf{v} \in V$$
3. Se $L : V \to V$ é um operador linear e $\mathbf{x} \in$ nucl($L$), então $L(\mathbf{v} + \mathbf{x}) = L(\mathbf{v})$ para todo $\mathbf{v} \in V$.
4. Se $L_1$ gira cada vetor $\mathbf{x}$ em $\mathbb{R}^2$ de 60° e então reflete o vetor resultante em relação ao eixo $x$, e se $L_2$ é uma transformação que efetua as mesmas operações, mas na ordem inversa, então $L_1 = L_2$.
5. O conjunto de todos os vetores $\mathbf{x}$ usados no sistema homogêneo de coordenadas (veja a aplicação em computação gráfica e animação na Seção 4.2) forma um subespaço de $\mathbb{R}^3$.
6. Seja $L : \mathbb{R}^2 \to \mathbb{R}^2$ um operador linear, e seja $A$ a representação matricial padrão de $L$. Se $L^2$ é definido por
$$L^2(\mathbf{x}) = L(L(\mathbf{x})) \text{ para todo } \mathbf{x} \in \mathbb{R}^2$$
então $L^2$ é um operador linear, e sua representação matricial padrão é dada por $A^2$.
7. Seja $E = \{\mathbf{x}_1, \mathbf{x}_2, \ldots, \mathbf{x}_n\}$ uma base ordenada para $\mathbb{R}^n$. Se $L_1 : \mathbb{R}^n \to \mathbb{R}^n$ e $L_2 : \mathbb{R}^n \to \mathbb{R}^n$ têm a mesma representação matricial em relação a $E$, então $L_1 = L_2$.
8. Seja $L : \mathbb{R}^n \to \mathbb{R}^n$ um operador linear. Se $A$ é a representação matricial padrão de $L$, então uma matriz $B$, $n \times n$, será também uma representação matricial de $L$ se e somente se $B$ é similar a $A$.
9. Sejam $A$, $B$ e $C$ matrizes $n \times n$. Se $A$ é similar a $B$ e $B$ é similar a $C$, então $A$ é similar a $C$.
10. Duas matrizes quaisquer que têm o mesmo traço são similares. [Este enunciado é o inverso da parte (b) do Problema 15 na Seção 4.3.]

## TESTE B DO CAPÍTULO

1. Determine se os operadores seguintes são lineares em $\mathbb{R}^2$:

   **(a)** $L$ é o operador definido por
$$L(\mathbf{x}) = (x_1 + x_2,\ x_1)^T$$
   **(b)** $L$ é o operador definido por
$$L(\mathbf{x}) = (x_1 x_2,\ x_1)^T$$
2. Seja $L$ um operador linear em $\mathbb{R}^2$ e sejam
$$\mathbf{v}_1 = \begin{bmatrix} 1 \\ 1 \end{bmatrix},\quad \mathbf{v}_2 = \begin{bmatrix} -1 \\ 2 \end{bmatrix},\quad \mathbf{v}_3 = \begin{bmatrix} 1 \\ 7 \end{bmatrix}$$
   Se
$$L(\mathbf{v}_1) = \begin{bmatrix} 2 \\ 5 \end{bmatrix} \quad \text{e} \quad L(\mathbf{v}_2) = \begin{bmatrix} -3 \\ 1 \end{bmatrix}$$
   encontre o valor de $L(\mathbf{v}_3)$.
3. Seja $L$ o operador linear em $\mathbb{R}^3$ definido por
$$L(\mathbf{x}) = \begin{bmatrix} x_2 - x_1 \\ x_3 - x_2 \\ x_3 - x_1 \end{bmatrix}$$
   e seja $S = \text{Cob}((1, 0, 1)^T)$.

   **(a)** Determine o núcleo de $L$.

   **(b)** Determine $L(S)$.
4. Seja $L$ o operador linear em $\mathbb{R}^3$ definido por
$$L(\mathbf{x}) = \begin{bmatrix} x_2 \\ x_1 \\ x_1 + x_2 \end{bmatrix}$$
   Determine o codomínio de $L$.
5. Seja $L : \mathbb{R}^2 \to \mathbb{R}^3$ definido por
$$L(\mathbf{x}) = \begin{bmatrix} x_1 + x_2 \\ x_1 - x_2 \\ 3x_1 + 2x_2 \end{bmatrix}$$
   Encontre uma matriz $A$ tal que $L(\mathbf{x}) = A\mathbf{x}$ para todo $\mathbf{x}$ em $\mathbb{R}^2$.
6. Seja $L$ o operador linear em $\mathbb{R}^2$ que gira um vetor de 30° no sentido trigonométrico e então reflete o vetor resultante em relação ao eixo $y$. Encontre a representação matricial padrão de $L$.
7. Seja $L$ o operador de translação em $\mathbb{R}^2$ definido por
$$L(\mathbf{x}) = \mathbf{x} + \mathbf{a}, \qquad \text{em que } \mathbf{a} = \begin{bmatrix} 2 \\ 5 \end{bmatrix}$$
   Encontre a representação matricial de $L$ em relação ao sistema homogêneo de coordenadas.

**8.** Sejam

$$\mathbf{u}_1 = \begin{bmatrix} 3 \\ 1 \end{bmatrix}, \quad \mathbf{u}_2 = \begin{bmatrix} 5 \\ 2 \end{bmatrix}$$

e seja $L$ o operador linear que gira vetores em $\mathbb{R}^2$ de 45° no sentido trigonométrico. Encontre a representação matricial de $L$ em relação à base ordenada $\{\mathbf{u}_1, \mathbf{u}_2\}$.

**9.** Sejam

$$\mathbf{u}_1 = \begin{bmatrix} 3 \\ 1 \end{bmatrix}, \quad \mathbf{u}_2 = \begin{bmatrix} 5 \\ 2 \end{bmatrix}$$

e

$$\mathbf{v}_1 = \begin{bmatrix} 1 \\ -2 \end{bmatrix}, \quad \mathbf{v}_2 = \begin{bmatrix} 1 \\ -1 \end{bmatrix}$$

e seja $L$ um operador linear em $\mathbb{R}^2$ cuja representação matricial em relação à base ordenada $\{\mathbf{u}_1, \mathbf{u}_2\}$ é

$$A = \begin{bmatrix} 2 & 1 \\ 3 & 2 \end{bmatrix}$$

**(a)** Determine a matriz de transição da base $\{\mathbf{v}_1, \mathbf{v}_2\}$ para a base $\{\mathbf{u}_1, \mathbf{u}_2\}$.

**(b)** Encontre a representação matricial de $L$ em relação a $\{\mathbf{v}_1, \mathbf{v}_2\}$.

**10.** Sejam $A$ e $B$ matrizes similares.

**(a)** Mostre que $\det(A) = \det(B)$.

**(b)** Mostre que, se $\lambda$ é qualquer escalar, então $\det(A - \lambda I) = \det(B - \lambda I)$.

CAPÍTULO

5

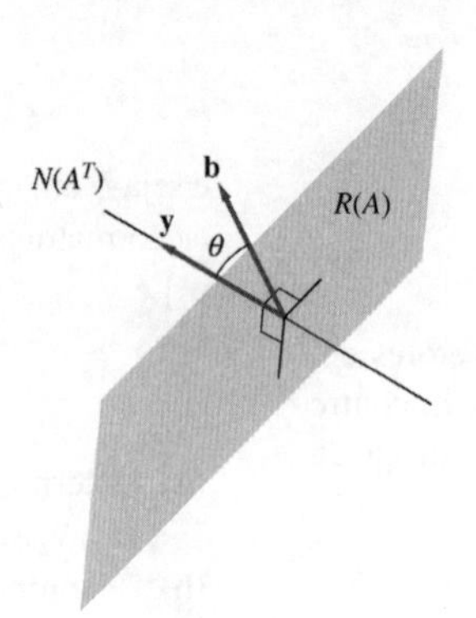


# Ortogonalidade

Podemos ampliar a estrutura de um espaço vetorial definindo um produto escalar ou interno. Tal produto não é uma verdadeira multiplicação vetorial, já que a cada par de vetores associa um escalar em vez de um terceiro vetor. Por exemplo, em $\mathbb{R}^2$, podemos definir o produto escalar de dois vetores $\mathbf{x}$ e $\mathbf{y}$ como $\mathbf{x}^T\mathbf{y}$. Podemos pensar em vetores em $\mathbb{R}^2$ como segmentos de reta orientados a partir da origem. Não é difícil mostrar que o ângulo entre dois segmentos de reta será reto se e somente se o produto escalar dos vetores correspondentes é nulo. Em geral, se $V$ é um espaço vetorial com um produto escalar, então dois vetores em $V$ são ditos *ortogonais* se seu produto escalar é nulo.

Podemos pensar em ortogonalidade como uma generalização do conceito de *perpendicularidade* a qualquer espaço vetorial com um produto interno. Para ver o significado disto, considere o seguinte problema: Seja $l$ uma reta passando pela origem e seja $Q$ um ponto fora de $l$. Encontre o ponto $P$ de $l$ que está mais próximo de $Q$. A solução $P$ deste problema é caracterizada pela condição de $QP$ ser perpendicular a $OP$ (veja a Figura 5.0.1). Se pensarmos na linha $l$ como correspondendo a um subespaço de $\mathbb{R}^2$ e $\mathbf{v} = OQ$ como um vetor em $\mathbb{R}^2$, então o problema é encontrar um vetor no subespaço que está "mais próximo" de $\mathbf{v}$. A solução $\mathbf{p}$ será então caracterizada pela propriedade de que $\mathbf{p}$ é ortogonal a $\mathbf{v} - \mathbf{p}$ (veja a Figura 5.0.1). No estabelecimento de um espaço vetorial com um produto interno, podemos considerar problemas de *mínimos quadrados* generalizados. Nestes problemas, é dado um vetor $\mathbf{v}$ em $V$ e um subespaço $W$. Queremos encontrar um vetor em $W$ que está "mais próximo" de $\mathbf{v}$. Uma solução $\mathbf{p}$ deve ser ortogonal a $\mathbf{v} - \mathbf{p}$. Esta condição de ortogonalidade fornece a chave para resolução

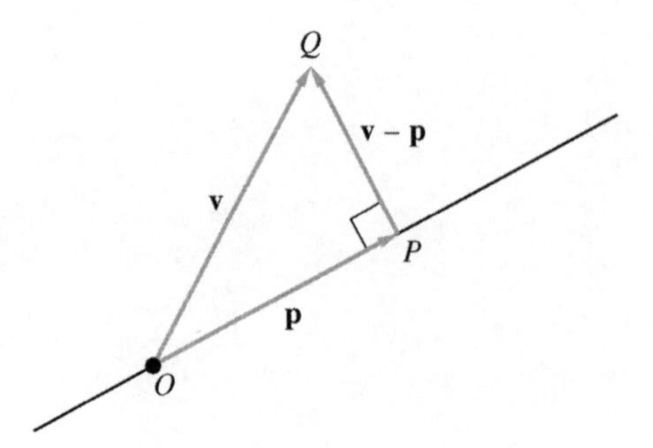


**Figura 5.0.1**

do problema de mínimos quadrados. Problemas de mínimos quadrados aparecem em muitas aplicações estatísticas envolvendo tratamento de dados.

## 5.1 O Produto Escalar em $\mathbb{R}^n$

Dois vetores **x** e **y** em $\mathbb{R}^n$ podem ser vistos como matrizes $n \times 1$. Podemos então formar o produto matricial $\mathbf{x}^T\mathbf{y}$. Este produto é uma matriz $1 \times 1$ que pode ser encarada como um vetor em $\mathbb{R}^1$ ou, mais simplesmente, um número real. O produto $\mathbf{x}^T\mathbf{y}$ é chamado de *produto escalar* de **x** e **y**. Em particular, se $\mathbf{x} = (x_1, \ldots, x_n)^T$ e $\mathbf{y} = (y_1, \ldots, y_n)^T$, então

$$\mathbf{x}^T\mathbf{y} = x_1y_1 + x_2y_2 + \cdots + x_ny_n$$

EXEMPLO 1 Se

$$\mathbf{x} = \begin{bmatrix} 3 \\ -2 \\ 1 \end{bmatrix} \quad \text{e} \quad \mathbf{y} = \begin{bmatrix} 4 \\ 3 \\ 2 \end{bmatrix}$$

então

$$\mathbf{x}^T\mathbf{y} = \begin{bmatrix} 3 & -2 & 1 \end{bmatrix} \begin{bmatrix} 4 \\ 3 \\ 2 \end{bmatrix} = 3 \cdot 4 - 2 \cdot 3 + 1 \cdot 2 = 8$$

■

### O Produto Escalar em $\mathbb{R}^2$ e $\mathbb{R}^3$

Para ver o significado geométrico do produto escalar, comecemos por restringir nossa atenção a $\mathbb{R}^2$ e $\mathbb{R}^3$. Vetores em $\mathbb{R}^2$ e $\mathbb{R}^3$ podem ser representados por segmentos de reta orientados. Dado um vetor **x** em $\mathbb{R}^2$ ou $\mathbb{R}^3$, seu *comprimento euclidiano* pode ser definido em função do produto escalar:

$$\|\mathbf{x}\| = (\mathbf{x}^T\mathbf{x})^{1/2} = \begin{cases} \sqrt{x_1^2 + x_2^2} & \text{Se } \mathbf{x} \in \mathbb{R}^2 \\ \sqrt{x_1^2 + x_2^2 + x_3^2} & \text{Se } \mathbf{x} \in \mathbb{R}^3 \end{cases}$$

Dados dois vetores não nulos **x** e **y**, podemos pensar neles como segmentos de reta orientados iniciando no mesmo ponto. O ângulo entre os dois vetores é então definido como o ângulo $\theta$ entre os segmentos. Podemos medir a distância entre os vetores medindo o comprimento entre o ponto terminal de **x** e o ponto terminal de **y** (veja a Figura 5.1.1). Logo, temos a seguinte definição.

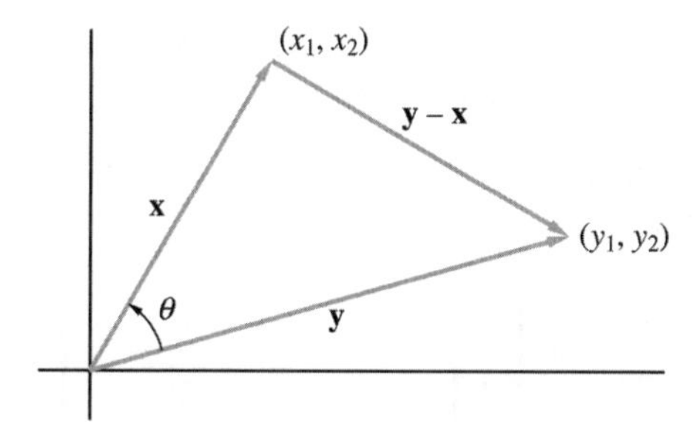


**Figura 5.1.1**

**Definição**

> Sejam **x** e **y** vetores em $\mathbb{R}^2$ ou $\mathbb{R}^3$. A distância entre **x** e **y** é definida como o número $\|\mathbf{x} - \mathbf{y}\|$.

EXEMPLO 2 Se $\mathbf{x} = (3, 4)^T$ e $\mathbf{y} = (-1, 7)^T$, então a distância entre **x** e **y** é dada por

$$\|\mathbf{y} - \mathbf{x}\| = \sqrt{(-1-3)^2 + (7-4)^2} = 5 \qquad \blacksquare$$

O ângulo entre os dois vetores pode ser calculado usando o seguinte teorema:

**Teorema 5.1.1** *Se* **x** *e* **y** *são dois vetores não nulos em* $\mathbb{R}^2$ *ou* $\mathbb{R}^3$ *e* $\theta$ *é o ângulo entre eles, então*

$$\mathbf{x}^T\mathbf{y} = \|\mathbf{x}\|\,\|\mathbf{y}\|\cos\theta \tag{1}$$

***Demonstração*** Os vetores **x**, **y** e $\mathbf{y} - \mathbf{x}$ podem ser usados para formar um triângulo como na Figura 5.1.1. Pela lei dos cossenos, temos

$$\|\mathbf{y} - \mathbf{x}\|^2 = \|\mathbf{x}\|^2 + \|\mathbf{y}\|^2 - 2\|\mathbf{x}\|\,\|\mathbf{y}\|\cos\theta$$

e, portanto, segue-se que

$$\begin{aligned}\|\mathbf{x}\|\,\|\mathbf{y}\|\cos\theta &= \tfrac{1}{2}(\|\mathbf{x}\|^2 + \|\mathbf{y}\|^2 - \|\mathbf{y} - \mathbf{x}\|^2)\\ &= \tfrac{1}{2}(\|\mathbf{x}\|^2 + \|\mathbf{y}\|^2 - (\mathbf{y} - \mathbf{x})^T(\mathbf{y} - \mathbf{x}))\\ &= \tfrac{1}{2}(\|\mathbf{x}\|^2 + \|\mathbf{y}\|^2 - (\mathbf{y}^T\mathbf{y} - \mathbf{y}^T\mathbf{x} - \mathbf{x}^T\mathbf{y} + \mathbf{x}^T\mathbf{x}))\\ &= \mathbf{x}^T\mathbf{y}\end{aligned} \qquad \blacksquare$$

Se **x** e **y** são vetores não nulos, então podemos especificar suas direções formando vetores unitários

$$\mathbf{u} = \frac{1}{\|\mathbf{x}\|}\mathbf{x} \quad \text{e} \quad \mathbf{v} = \frac{1}{\|\mathbf{y}\|}\mathbf{y}$$

Se $\theta$ é o ângulo entre **x** e **y**, então

$$\cos\theta = \frac{\mathbf{x}^T\mathbf{y}}{\|\mathbf{x}\|\,\|\mathbf{y}\|} = \mathbf{u}^T\mathbf{v}$$

O cosseno do ângulo entre os vetores **x** e **y** é simplesmente o produto escalar dos vetores direção correspondentes **u** e **v**.

EXEMPLO 3 Sejam **x** e **y** os vetores do Exemplo 2. As direções destes vetores são dadas pelos vetores unitários

$$\mathbf{u} = \frac{1}{\|\mathbf{x}\|}\mathbf{x} = \begin{pmatrix} \frac{3}{5} \\ \frac{4}{5} \end{pmatrix} \quad \text{e} \quad \mathbf{v} = \frac{1}{\|\mathbf{y}\|}\mathbf{y} = \begin{pmatrix} -\frac{1}{5\sqrt{2}} \\ \frac{7}{5\sqrt{2}} \end{pmatrix}$$

O cosseno do ângulo $\theta$ entre estes dois vetores é

$$\cos\theta = \mathbf{u}^T\mathbf{v} = \frac{1}{\sqrt{2}}$$

e, portanto, $\theta = \frac{\pi}{4}$. ■

**Corolário 5.1.2** Desigualdade de Cauchy–Schwarz

*Se* $\mathbf{x}$ *e* $\mathbf{y}$ *são vetores em* $\mathbb{R}^2$ *ou* $\mathbb{R}^3$, *então*

$$|\mathbf{x}^T\mathbf{y}| \le \|\mathbf{x}\|\,\|\mathbf{y}\| \tag{2}$$

*com a igualdade valendo se e somente se um dos vetores é* $\mathbf{0}$ *ou um vetor é múltiplo do outro.*

*Demonstração* A desigualdade se segue de (1). Se um dos vetores é $\mathbf{0}$, então ambos os membros de (2) são nulos. Se ambos os vetores são não nulos, segue-se, de (1), que a igualdade é válida em (2) se e somente se $\cos\theta = \pm 1$. Mas isto implicaria que os vetores estão no mesmo sentido ou no oposto e então um dos vetores deve ser múltiplo do outro. ■

Se $\mathbf{x}^T\mathbf{y} = 0$, segue-se, do Teorema 5.1.1, que um dos vetores é nulo ou $\cos\theta = 0$; logo, o ângulo entre os vetores é reto.

**Definição**

| Os vetores $\mathbf{x}$ e $\mathbf{y}$ em $\mathbb{R}^2$ (ou $\mathbb{R}^3$) são ditos **ortogonais** se $\mathbf{x}^T\mathbf{y} = 0$. |
|---|

EXEMPLO 4

**(a)** O vetor $\mathbf{0}$ é ortogonal a todos os vetores em $\mathbb{R}^2$.

**(b)** Os vetores $\begin{bmatrix} 3 \\ 2 \end{bmatrix}$ e $\begin{bmatrix} -4 \\ 6 \end{bmatrix}$ são ortogonais em $\mathbb{R}^2$.

**(c)** Os vetores $\begin{bmatrix} 2 \\ -3 \\ 1 \end{bmatrix}$ e $\begin{bmatrix} 1 \\ 1 \\ 1 \end{bmatrix}$ são ortogonais em $\mathbb{R}^3$. ■

## Projeções Escalares e Vetoriais

O produto escalar pode ser usado para encontrar a componente de um vetor na direção de outro. Sejam $\mathbf{x}$ e $\mathbf{y}$ vetores não nulos em $\mathbb{R}^2$ ou $\mathbb{R}^3$. Gostaríamos de escrever $\mathbf{x}$ como uma soma da forma $\mathbf{p} + \mathbf{z}$, em que $\mathbf{p}$ está na direção de $\mathbf{y}$ e $\mathbf{z}$ é ortogonal a $\mathbf{p}$ (veja a Figura 5.1.2). Para isto, seja $\mathbf{u} = (1/\|\mathbf{y}\|)\mathbf{y}$. Logo, $\mathbf{u}$ é um vetor unitário (comprimento 1) na direção de $\mathbf{y}$. Queremos encontrar $\alpha$ tal que $\mathbf{p} = \alpha\mathbf{u}$ é ortogonal a $\mathbf{z} = \mathbf{x} - \alpha\mathbf{u}$. Para $\mathbf{p}$ e $\mathbf{z}$ serem ortogonais, o escalar $\alpha$ deve satisfazer

$$\begin{aligned} \alpha &= \|\mathbf{x}\|\cos\theta \\ &= \frac{\|\mathbf{x}\|\,\|\mathbf{y}\|\cos\theta}{\|\mathbf{y}\|} \end{aligned}$$

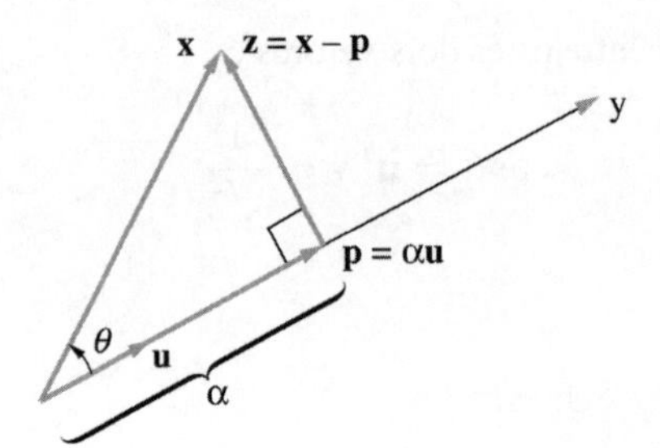


Figura 5.1.2

$$= \frac{\mathbf{x}^T\mathbf{y}}{\|\mathbf{y}\|}$$

O escalar $\alpha$ é chamado de *projeção escalar* de **x** em **y** e o vetor **p** é chamado de *projeção vetorial* de **x** em **y**.

> Projeção escalar de **x** em **y**:
>
> $$\alpha = \frac{\mathbf{x}^T\mathbf{y}}{\|\mathbf{y}\|}$$
>
> Projeção vetorial de **x** em **y**:
>
> $$\mathbf{p} = \alpha\mathbf{u} = \alpha\frac{1}{\|\mathbf{y}\|}\mathbf{y} = \frac{\mathbf{x}^T\mathbf{y}}{\mathbf{y}^T\mathbf{y}}\mathbf{y}$$

**EXEMPLO 5** O ponto $Q$ na Figura 5.1.3 é o ponto da linha $y = \frac{1}{3}x$ que está mais próximo do ponto (1, 4). Determine as coordenadas de $Q$.

### Solução

O vetor $\mathbf{w} = (3, 1)^T$ é um vetor na direção da reta $y = \frac{1}{3}x$. Seja $\mathbf{v} = (1, 4)^T$. Se $Q$ é o ponto desejado, então $Q^T$ é a projeção vetorial de **v** em **w**.

$$Q^T = \left(\frac{\mathbf{v}^T\mathbf{w}}{\mathbf{w}^T\mathbf{w}}\right)\mathbf{w} = \frac{7}{10}\begin{bmatrix}3\\1\end{bmatrix} = \begin{bmatrix}2{,}1\\0{,}7\end{bmatrix}$$

Logo, $Q = (2{,}1; 0{,}7)$ é o ponto mais próximo. ■

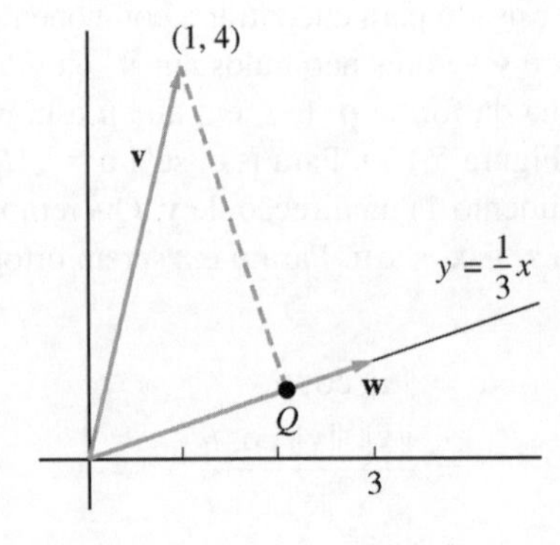


Figura 5.1.3

## Notação

Se $P_1$ e $P_2$ são pontos no espaço 3D, escreveremos o vetor de $P_1$ a $P_2$ como $\overrightarrow{P_1P_2}$.

Se **N** é um vetor não nulo e $P_0$ é um ponto fixo, o conjunto de pontos $P$, tais que $\overrightarrow{P_0P}$ é ortogonal a **N**, forma um plano $\pi$ no espaço 3D que passa por $P_0$. O vetor **N** e o plano $\pi$ são ditos *normais* um ao outro. Um ponto $P = (x, y, z)$ estará em $\pi$ se e somente se

$$(\overrightarrow{P_0P})^T\mathbf{N} = 0$$

Se $\mathbf{N} = (a, b, c)^T$ e $P_0 = (x_0, y_0, z_0)$, esta equação pode ser escrita sob a forma

$$a(x - x_0) + b(y - y_0) + c(z - z_0) = 0$$

EXEMPLO 6 Encontre a equação do plano passando pelo ponto $(2, -1, 3)$ e normal ao vetor $\mathrm{N} = (2, 3, 4)^T$.

### Solução

$\overrightarrow{P_0P} = (x - 2, y + 1, z - 3)^T$. A equação é $(\overrightarrow{P_0P})^T\mathbf{N} = 0$, ou

$$2(x - 2) + 3(y + 1) + 4(z - 3) = 0$$

■

A cobertura de dois vetores linearmente independentes **x** e **y** em $\mathbb{R}^3$ corresponde a um plano no espaço 3D. Para desenvolver a equação do plano, precisamos encontrar um vetor perpendicular ao plano. Na Seção 2.3 do Capítulo 2, foi mostrado que o produto vetorial de dois vetores é ortogonal a cada vetor. Se tomarmos $\mathbf{N} = \mathbf{x} \times \mathbf{y}$ como nosso vetor normal, então a equação do plano é dada por

$$n_1x + n_2y + n_3z = 0$$

EXEMPLO 7 Encontre a equação do plano que passa através dos pontos

$$P_1 = (1, 1, 2), \quad P_2 = (2, 3, 3), \quad P_3 = (3, -3, 3)$$

### Solução

Sejam

$$\mathbf{x} = \overrightarrow{P_1P_2} = \begin{bmatrix} 1 \\ 2 \\ 1 \end{bmatrix} \quad \text{e} \quad \mathbf{y} = \overrightarrow{P_1P_3} = \begin{bmatrix} 2 \\ -4 \\ 1 \end{bmatrix}$$

O vetor normal **N** deve ser ortogonal a **x** e **y**. Se fizermos

$$\mathbf{N} = \mathbf{x} \times \mathbf{y} = \begin{bmatrix} 6 \\ 1 \\ -8 \end{bmatrix}$$

então **N** será um vetor normal ao plano que passa pelos pontos dados. Podemos então usar qualquer dos pontos para determinar a equação do plano. Usando o ponto $P_1$, vemos que a equação do plano é

$$6(x - 1) + (y - 1) - 8(z - 2) = 0$$

■

**EXEMPLO 8** Encontre a distância do ponto (2, 0, 0) ao plano $x + 2y + 2z = 0$.

**Solução**

O vetor $\mathbf{N} = (1, 2, 2)^T$ é normal ao plano e o plano passa pela origem. Seja $\mathbf{v} = (2, 0, 0)^T$. A distância $d$ de (2, 0, 0) ao plano é simplesmente o valor absoluto da projeção escalar de $\mathbf{v}$ em $\mathbf{N}$. Logo,

$$d = \frac{|\mathbf{v}^T\mathbf{N}|}{\|\mathbf{N}\|} = \frac{2}{3}$$ ■

Se $\mathbf{x}$ e $\mathbf{y}$ são vetores não nulos em $\mathbb{R}^3$ e $\theta$ é o ângulo entre os vetores, então

$$\cos\theta = \frac{\mathbf{x}^T\mathbf{y}}{\|\mathbf{x}\|\,\|\mathbf{y}\|}$$

Segue-se então que

$$\operatorname{sen}\theta = \sqrt{1-\cos^2\theta} = \sqrt{1 - \frac{(\mathbf{x}^T\mathbf{y})^2}{\|\mathbf{x}\|^2\|\mathbf{y}\|^2}} = \frac{\sqrt{\|\mathbf{x}\|^2\|\mathbf{y}\|^2 - (\mathbf{x}^T\mathbf{y})^2}}{\|\mathbf{x}\|\,\|\mathbf{y}\|}$$

e, portanto,

$$\begin{aligned}\|\mathbf{x}\|\,\|\mathbf{y}\|\operatorname{sen}\theta &= \sqrt{\|\mathbf{x}\|^2\|\mathbf{y}\|^2 - (\mathbf{x}^T\mathbf{y})^2}\\ &= \sqrt{(x_1^2+x_2^2+x_3^2)(y_1^2+y_2^2+y_3^2) - (x_1y_1+x_2y_2+x_3y_3)^2}\\ &= \sqrt{(x_2y_3-x_3y_2)^2 + (x_3y_1-x_1y_3)^2 + (x_1y_2-x_2y_1)^2}\\ &= \|\mathbf{x}\times\mathbf{y}\|\end{aligned}$$

Logo, temos, para quaisquer vetores não nulos $\mathbf{x}$ e $\mathbf{y}$ em $\mathbb{R}^3$,

$$\|\mathbf{x}\times\mathbf{y}\| = \|\mathbf{x}\|\,\|\mathbf{y}\|\operatorname{sen}\theta$$

Se $\mathbf{x}$ ou $\mathbf{y}$ é o vetor nulo, então $\mathbf{x}\times\mathbf{y} = \mathbf{0}$ e, portanto, a norma de $\mathbf{x}\times\mathbf{y}$ será 0.

## Ortogonalidade em $\mathbb{R}^n$

As definições dadas para $\mathbb{R}^2$ e $\mathbb{R}^3$ podem ser generalizadas para $\mathbb{R}^n$. Com efeito, se $\mathbf{x}\in\mathbb{R}^n$, então o *comprimento euclidiano* de $\mathbf{x}$ é definido como

$$\|\mathbf{x}\| = (\mathbf{x}^T\mathbf{x})^{1/2} = (x_1^2 + x_2^2 + \cdots + x_n^2)^{1/2}$$

Se $\mathbf{x}$ e $\mathbf{y}$ são dois vetores em $\mathbb{R}^n$, então a distância entre os vetores é $\|\mathbf{y}-\mathbf{x}\|$.

A desigualdade de Cauchy-Schwarz é válida em $\mathbb{R}^n$. (Demonstraremos isto na Seção 5.4.) Em consequência,

$$-1 \le \frac{\mathbf{x}^T\mathbf{y}}{\|\mathbf{x}\|\,\|\mathbf{y}\|} \le 1 \qquad (3)$$

para quaisquer vetores não nulos $\mathbf{x}$ e $\mathbf{y}$ em $\mathbb{R}^n$. Tendo em vista (3), a definição do ângulo entre dois vetores usada para $\mathbb{R}^2$ pode ser generalizada para $\mathbb{R}^n$. Logo, o ângulo $\theta$ entre dois vetores não nulos $\mathbf{x}$ e $\mathbf{y}$ em $\mathbb{R}^n$ é dado por

$$\cos\theta = \frac{\mathbf{x}^T\mathbf{y}}{\|\mathbf{x}\|\,\|\mathbf{y}\|}, \qquad 0\le\theta\le\pi$$

Falando sobre ângulos entre vetores, é em geral mais conveniente escalonar os vetores de modo a fazê-los vetores unitários. Se fizermos

$$\mathbf{u} = \frac{1}{\|\mathbf{x}\|}\mathbf{x} \quad \text{e} \quad \mathbf{v} = \frac{1}{\|\mathbf{y}\|}\mathbf{y}$$

então o ângulo $\theta$ entre $\mathbf{u}$ e $\mathbf{v}$ é evidentemente o mesmo que entre $\mathbf{x}$ e $\mathbf{y}$, e seu cosseno pode ser calculado simplesmente tomando o produto escalar entre os dois vetores unitários:

$$\cos\theta = \frac{\mathbf{x}^T\mathbf{y}}{\|\mathbf{x}\|\,\|\mathbf{y}\|} = \mathbf{u}^T\mathbf{v}$$

Os vetores $\mathbf{x}$ e $\mathbf{y}$ são ditos *ortogonais* se $\mathbf{x}^T\mathbf{y} = 0$. Seguidamente o símbolo $\perp$ é usado para indicar ortogonalidade. Logo, se $\mathbf{x}$ e $\mathbf{y}$ são ortogonais, escrevemos $\mathbf{x} \perp \mathbf{y}$. Projeções escalares e vetoriais são definidas em $\mathbb{R}^n$ da mesma forma que foram definidas para $\mathbb{R}^2$. Se $\mathbf{x}$ e $\mathbf{y}$ são vetores em $\mathbb{R}^n$, então

$$\|\mathbf{x}+\mathbf{y}\|^2 = (\mathbf{x}+\mathbf{y})^T(\mathbf{x}+\mathbf{y}) = \|\mathbf{x}\|^2 + 2\mathbf{x}^T\mathbf{y} + \|\mathbf{y}\|^2 \tag{4}$$

No caso em que $\mathbf{x}$ e $\mathbf{y}$ são ortogonais, a Equação (4) se torna a *lei de Pitágoras*:

$$\|\mathbf{x}+\mathbf{y}\|^2 = \|\mathbf{x}\|^2 + \|\mathbf{y}\|^2$$

A lei de Pitágoras é uma generalização do teorema de Pitágoras. Quando $\mathbf{x}$ e $\mathbf{y}$ são vetores ortogonais em $\mathbb{R}^2$, podemos usar estes vetores e sua soma $\mathbf{x} + \mathbf{y}$ para formar um triângulo retângulo como na Figura 5.1.4. A lei de Pitágoras relaciona os comprimentos dos lados do triângulo. Com efeito, se fizermos

$$a = \|\mathbf{x}\|, \quad b = \|\mathbf{y}\|, \quad c = \|\mathbf{x}+\mathbf{y}\|$$

então

$$c^2 = a^2 + b^2 \quad \text{(o famoso teorema de Pitágoras)}$$

Em muitas aplicações, o cosseno do ângulo entre dois vetores não nulos é usado como uma medida de quão próximas as direções dos dois vetores estão. Se $\cos\theta$ é próximo de 1, então o ângulo entre os dois vetores é pequeno e os vetores estão aproximadamente na mesma direção e sentido. Um valor do cosseno próximo de zero indicaria que o ângulo entre os vetores é quase reto.

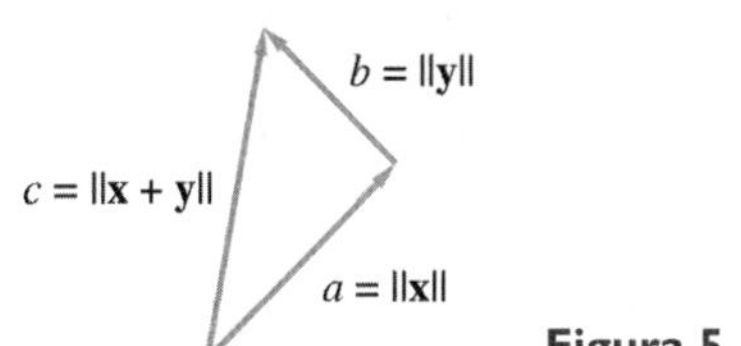


**Figura 5.1.4**

## APLICAÇÃO 1 Obtenção de Informação Revista

Na Seção 1.3 do Capítulo 1, consideramos o problema de pesquisar uma base de dados para encontrar documentos que contenham certas palavras-chave. Se há $m$ palavras-chave de busca possíveis e um total de $n$ documentos na coleção, então a base de dados pode ser representada por uma matriz $m \times n$, $A$. Cada coluna de $A$ representa um documento na base de dados. Os elementos da $j$-ésima coluna correspondem às relativas frequências das palavras-chave no $j$-ésimo documento.

Técnicas de busca refinadas devem lidar com disparidades de vocabulário e com as complexidades da linguagem. Dois dos principais problemas são *polissemia* (palavras com múltiplos significados) e *sinonímia* (múltiplas palavras com o mesmo significado). Por um lado, algumas das palavras que você está pesquisando podem ter múltiplos significados e podem aparecer em contextos completamente irrelevantes para sua busca particular. Por exemplo, a palavra *cálculo* ocorreria frequentemente tanto em artigos matemáticos quanto em odontológicos. Por outro lado, a maior parte das palavras têm sinônimos, e é possível que muitos documentos usem os sinônimos em vez das palavras de busca especificadas. Por exemplo, você poderia buscar um artigo sobre raiva usando as palavras-chave *cães*; entretanto, o autor do artigo pode ter preferido usar a palavra *caninos* em todo o documento. Para manipular esses problemas, precisamos de uma técnica para encontrar os documentos que melhor se ajustem à lista de palavras de busca sem necessariamente igualar todas as palavras da lista. Queremos pegar os vetores coluna da matriz base de dados que mais aproximadamente se ajustam a um dado vetor de busca. Para isto, usamos o cosseno do ângulo entre dois vetores como uma medida de quão próximo os vetores se ajustam.

Na prática, tanto $m$ quanto $n$ são muito grandes, já que há muitas palavras-chave possíveis e muitos documentos para pesquisar. Por simplicidade, consideremos um exemplo em que $m = 10$ e $n = 8$. Suponha que um endereço na rede tem oito módulos para o aprendizado de álgebra linear e cada módulo está localizado em uma página separada. Nossa lista de possíveis palavras de busca consiste em

*determinantes, autovalores, linear, matrizes, numérico,*
*ortogonalidade, espaços, sistemas, transformações, vetor*

(Esta lista de palavras-chave foi compilada dos títulos de capítulos deste livro.) A Tabela 1 mostra as frequências das palavras-chave em cada um dos módulos. O elemento (2, 6) na tabela é 5, o que indica que a palavra-chave *autovalores* aparece cinco vezes no sexto módulo.

**Tabela 1** Frequência das Palavras-Chave

| | Módulos | | | | | | | |
|---|---|---|---|---|---|---|---|---|
| **Palavras-chave** | **M1** | **M2** | **M3** | **M4** | **M5** | **M6** | **M7** | **M8** |
| *determinantes* | 0 | 6 | 3 | 0 | 1 | 0 | 1 | 1 |
| *autovalores* | 0 | 0 | 0 | 0 | 0 | 5 | 3 | 2 |
| *linear* | 5 | 4 | 4 | 5 | 4 | 0 | 3 | 3 |
| *matrizes* | 6 | 5 | 3 | 3 | 4 | 4 | 3 | 2 |
| *numérico* | 0 | 0 | 0 | 0 | 3 | 0 | 4 | 3 |
| *ortogonalidade* | 0 | 0 | 0 | 0 | 4 | 6 | 0 | 2 |
| *espaços* | 0 | 0 | 5 | 2 | 3 | 3 | 0 | 1 |
| *sistemas* | 5 | 3 | 3 | 2 | 4 | 2 | 1 | 1 |
| *transformações* | 0 | 0 | 0 | 5 | 1 | 3 | 1 | 0 |
| *vetor* | 0 | 4 | 4 | 3 | 4 | 1 | 0 | 3 |

A matriz base de dados é formada escalonando cada coluna da tabela de modo que todos os vetores coluna sejam vetores unitários. Então, se $A$ é a matriz correspondente à Tabela 1, então as colunas da matriz base de dados $Q$ são determinadas fazendo

$$\mathbf{q}_j = \frac{1}{\|\mathbf{a}_j\|}\mathbf{a}_j \quad j = 1, \ldots, 8$$

Para fazer uma busca pelas palavras-chave *ortogonalidade*, *espaços* e *vetor*, formamos um vetor de busca $\mathbf{x}$ cujos elementos são todos 0, exceto nas três linhas correspondentes às palavras de busca. Para obter um vetor de busca unitário, pomos $\frac{1}{\sqrt{3}}$ em cada uma das linhas correspondentes às palavras de busca. Para este exemplo, a matriz base de dados $Q$ e o vetor de busca $\mathbf{x}$ (com elementos arredondados a três casas decimais) são dados por

$$Q = \begin{pmatrix} 0{,}000 & 0{,}594 & 0{,}327 & 0{,}000 & 0{,}100 & 0{,}000 & 0{,}147 & 0{,}154 \\ 0{,}000 & 0{,}000 & 0{,}000 & 0{,}000 & 0{,}000 & 0{,}500 & 0{,}442 & 0{,}309 \\ 0{,}539 & 0{,}396 & 0{,}436 & 0{,}574 & 0{,}400 & 0{,}000 & 0{,}442 & 0{,}463 \\ 0{,}647 & 0{,}495 & 0{,}327 & 0{,}344 & 0{,}400 & 0{,}400 & 0{,}442 & 0{,}309 \\ 0{,}000 & 0{,}000 & 0{,}000 & 0{,}000 & 0{,}300 & 0{,}000 & 0{,}590 & 0{,}463 \\ 0{,}000 & 0{,}000 & 0{,}000 & 0{,}000 & 0{,}400 & 0{,}600 & 0{,}000 & 0{,}309 \\ 0{,}000 & 0{,}000 & 0{,}546 & 0{,}229 & 0{,}300 & 0{,}300 & 0{,}000 & 0{,}154 \\ 0{,}539 & 0{,}297 & 0{,}327 & 0{,}229 & 0{,}400 & 0{,}200 & 0{,}147 & 0{,}154 \\ 0{,}000 & 0{,}000 & 0{,}000 & 0{,}574 & 0{,}100 & 0{,}300 & 0{,}147 & 0{,}000 \\ 0{,}000 & 0{,}396 & 0{,}436 & 0{,}344 & 0{,}400 & 0{,}100 & 0{,}000 & 0{,}463 \end{pmatrix} \quad \mathbf{x} = \begin{pmatrix} 0{,}000 \\ 0{,}000 \\ 0{,}000 \\ 0{,}000 \\ 0{,}000 \\ 0{,}577 \\ 0{,}577 \\ 0{,}000 \\ 0{,}000 \\ 0{,}577 \end{pmatrix}$$

Se fizermos $\mathbf{y} = Q^T\mathbf{x}$, então

$$y_i = \mathbf{q}_i^T\mathbf{x} = \cos\theta_i$$

no qual $\theta_i$ é o ângulo entre os vetores unitários $\mathbf{x}$ e $\mathbf{q}_i$. Para nosso exemplo,

$$\mathbf{y} = (0{,}000,\ 0{,}229,\ 0{,}567,\ 0{,}331,\ 0{,}635,\ 0{,}577,\ 0{,}000,\ 0{,}535)^T$$

Como $y_5 = 0{,}635$ é o elemento de $\mathbf{y}$ mais próximo de 1, a direção do vetor de busca $\mathbf{x}$ está mais próxima da direção de $\mathbf{q}_5$ e, portanto, o módulo 5 é o que melhor se ajusta a nosso critério de busca. Os próximos melhores ajustes vêm dos módulos 6 ($y_6 = 0{,}577$) e 3 ($y_3 = 0{,}567$). Se um documento não contém nenhuma das palavras de busca, então o vetor coluna correspondente da matriz base de dados será ortogonal ao vetor de busca. Note-se que os módulos 1 e 7 não contêm nenhuma das três palavras de busca e, em consequência,

$$y_1 = \mathbf{q}_1^T\mathbf{x} = 0 \quad \text{e} \quad y_7 = \mathbf{q}_7^T\mathbf{x} = 0$$

Este exemplo ilustra algumas das ideias básicas por trás de buscas em base de dados. Usando técnicas matriciais modernas, podemos melhorar significativamente o processo de busca. Podemos agilizar as buscas e ao mesmo tempo corrigir erros devidos a polissemia e sinonímia. Essas técnicas avançadas são chamadas de *indexamento semântico latente* (ISL) e dependem de um fatoramento matricial, a *decomposição por valores singulares*, que discutiremos na Seção 6.5 do Capítulo 6.

---

Há muitas outras aplicações importantes envolvendo ângulos entre vetores. Em particular, estatísticos usam o cosseno do ângulo entre dois vetores como uma medida de quão próximo os dois vetores estão correlacionados.

## APLICAÇÃO 2 Estatística – Matrizes de Correlação e de Covariância

Suponha que queremos comparar quão próximo os graus de prova de uma turma se correlacionam com os trabalhos de casa. Como um exemplo, consideramos os graus totais em trabalhos e testes de uma turma de matemática na Universidade de Massachusetts Dartmouth. Os graus totais para trabalhos de casa durante o semestre são dados na segunda coluna da Tabela 2. A terceira coluna representa os graus totais para as duas provas dadas durante o semestre, e a última coluna contém os graus da prova final. Em cada caso, um grau perfeito seria 200 pontos. A última linha resume as médias da turma.

**Tabela 2** Graus de Prova Outono 1996

| Aluno | Graus | | |
|---|---|---|---|
| | **Trabalhos** | **Provas Parciais** | **Prova Final** |
| S1 | 198 | 200 | 196 |
| S2 | 160 | 165 | 165 |
| S3 | 158 | 158 | 133 |
| S4 | 150 | 165 | 91 |
| S5 | 175 | 182 | 151 |
| S6 | 134 | 135 | 101 |
| S7 | 152 | 136 | 80 |
| Média | 161 | 163 | 131 |

Gostaríamos de medir como o desempenho dos estudantes se compara entre cada conjunto de graus de provas e de trabalhos. Para verificar quão próximo os dois conjuntos de graus estão correlacionados e levar em conta quaisquer diferenças em dificuldade, precisamos ajustar os graus, de modo que cada teste tenha uma média de 0. Se, em cada coluna, subtrairmos o grau médio de cada um dos graus de teste, então os graus corrigidos terão cada um média 0. Vamos guardar esses graus corrigidos em uma matriz:

$$X = \begin{pmatrix} 37 & 37 & 65 \\ -1 & 2 & 34 \\ -3 & -5 & 2 \\ -11 & 2 & -40 \\ 14 & 19 & 20 \\ -27 & -28 & -30 \\ -9 & -27 & -51 \end{pmatrix}$$

Os vetores coluna de $X$ representam os desvios da média para cada um dos três conjuntos de graus. Os três conjuntos de dados corrigidos especificados pelos vetores coluna de $X$ têm, todos, média 0 e todos somam 0. Para comparar dois conjuntos de graus, calculamos o cosseno do ângulo entre os vetores coluna correspondentes de $X$. Um valor de cosseno próximo de 1 indica que os dois conjuntos de graus são fortemente correlacionados. Por exemplo, a correlação entre os graus de trabalhos e os graus de provas parciais é dado por

$$\cos\theta = \frac{\mathbf{x}_1^T\mathbf{x}_2}{\|\mathbf{x}_1\|\,\|\mathbf{x}_2\|} \approx 0{,}92$$

Uma correlação perfeita de 1 corresponderia ao caso em que os dois conjuntos de graus corrigidos são proporcionais. Logo, para uma correlação perfeita, os graus corrigidos deveriam satisfazer a

$$\mathbf{x}_2 = \alpha\mathbf{x}_1 \qquad (\alpha > 0)$$

e as coordenadas correspondentes de $\mathbf{x}_1$ e $\mathbf{x}_2$ seriam postas em correspondência e então cada par ordenado estaria na reta $y = \alpha x$. Embora os vetores $\mathbf{x}_1$ e $\mathbf{x}_2$ em nosso exemplo não estejam perfeitamente correlacionados, o valor de 0,92 do coeficiente indica que estão fortemente correlacionados. A Figura 5.1.5 mostra quão próximo os pares reais estão de ficar sobre a reta $y = \alpha x$. A inclinação da reta na figura foi determinada fazendo

$$\alpha = \frac{\mathbf{x}_1^T\mathbf{x}_2}{\mathbf{x}_1^T\mathbf{x}_1} = \frac{2625}{2506} \approx 1{,}05$$

Essa escolha de inclinação fornece uma ajustagem ótima por *mínimos quadrados* para os pontos de dados. (Veja o Problema 7 da Seção 5.3.)

Se escalonarmos $\mathbf{x}_1$ e $\mathbf{x}_2$ para torná-los vetores unitários

$$\mathbf{u}_1 = \frac{1}{\|\mathbf{x}_1\|}\mathbf{x}_1 \quad \text{e} \quad \mathbf{u}_2 = \frac{1}{\|\mathbf{x}_2\|}\mathbf{x}_2$$

então o cosseno do ângulo entre os vetores permanece constante e pode ser calculado simplesmente fazendo o produto escalar $\mathbf{u}_1^T\mathbf{u}_2$. Vamos escalonar os três conjuntos de graus corrigidos desta maneira e guardar os resultados em uma matriz

$$U = \begin{bmatrix} 0{,}74 & 0{,}65 & 0{,}62 \\ -0{,}02 & 0{,}03 & 0{,}33 \\ -0{,}06 & -0{,}09 & 0{,}02 \\ -0{,}22 & 0{,}03 & -0{,}38 \\ 0{,}28 & 0{,}33 & 0{,}19 \\ -0{,}54 & -0{,}49 & -0{,}29 \\ -0{,}18 & -0{,}47 & -0{,}49 \end{bmatrix}$$

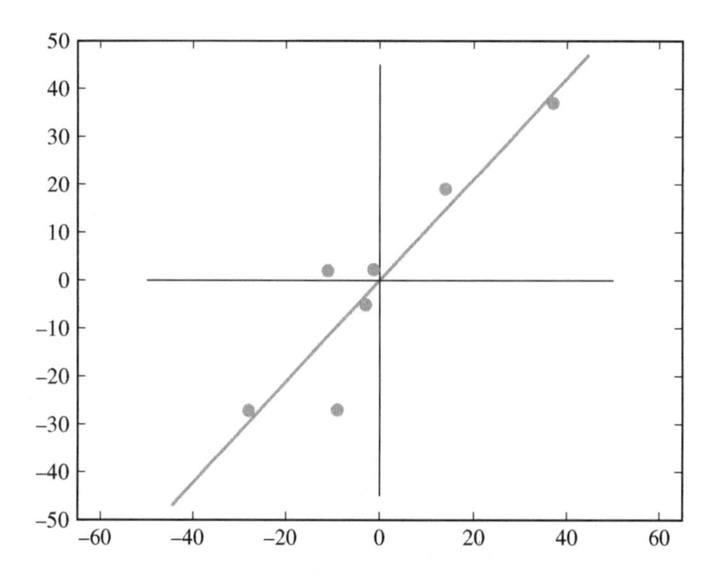


**Figura 5.1.5**

Se fizermos $C = U^T U$, então

$$C = \begin{bmatrix} 1 & 0{,}92 & 0{,}83 \\ 0{,}92 & 1 & 0{,}83 \\ 0{,}83 & 0{,}83 & 1 \end{bmatrix}$$

e o elemento $(i, j)$ em $C$ representa a correlação entre o $i$-ésimo e o $j$-ésimo conjuntos de graus. A matriz $C$ é chamada de *matriz de correlação.*

Os três conjuntos de graus em nosso exemplo são todos *correlacionados positivamente*, já que os coeficientes de correlação são todos positivos. Um coeficiente negativo indicaria que dois conjuntos de dados seriam *correlacionados negativamente*, e um coeficiente nulo indicaria que eles seriam *não correlacionados.* Então, dois conjuntos de graus de testes seriam não correlacionados se seus desvios em relação à média fossem ortogonais.

Outra quantidade estatística importante relacionada estreitamente com a matriz de correlação é a *matriz de covariância.* Dada uma coleção de $n$ dados representando valores de alguma variável $x$, calculamos a média $\bar{x}$ dos dados e formamos um vetor $\mathbf{x}$ de desvios da média. A *variância* $s^2$ é definida como

$$s^2 = \frac{1}{n-1} \sum_{1}^{n} x_i^2 = \frac{\mathbf{x}^T \mathbf{x}}{n-1}$$

e o desvio padrão $s$ é a raiz quadrada da variância. Se tivermos dois conjuntos de dados $X_1$ e $X_2$ cada um contendo $n$ valores de uma variável, podemos formar vetores $\mathbf{x}_1$ e $\mathbf{x}_2$ de desvios da média em ambos os conjuntos. A *covariância* é definida como

$$\text{cov}(X_1, X_2) = \frac{\mathbf{x}_1^T \mathbf{x}_2}{n-1}$$

Se tivermos mais de dois conjuntos de dados, podemos formar uma matriz $X$ cujas colunas representam os desvios da média de cada conjunto de dados e então formar uma *matriz de covariância* $S$ fazendo

$$S = \frac{1}{n-1} X^T X$$

A matriz de covariância para os três conjuntos de graus de matemática é

$$S = \frac{1}{6} \begin{bmatrix} 37 & -1 & -3 & -11 & 14 & -27 & -9 \\ 37 & 2 & -5 & 2 & 19 & -28 & -27 \\ 65 & 34 & 2 & -40 & 20 & -30 & -51 \end{bmatrix} \begin{bmatrix} 37 & 37 & 65 \\ -1 & 2 & 34 \\ -3 & -5 & 2 \\ -11 & 2 & -40 \\ 14 & 19 & 20 \\ -27 & -28 & -30 \\ -9 & -27 & -51 \end{bmatrix}$$

$$= \begin{bmatrix} 417{,}7 & 437{,}5 & 725{,}7 \\ 437{,}5 & 546{,}0 & 830{,}0 \\ 725{,}7 & 830{,}0 & 1814{,}3 \end{bmatrix}$$

Os elementos diagonais de $S$ são as variâncias dos três conjuntos de graus, e os elementos fora da diagonal são as covariâncias.

Para ilustrar a importância das matrizes de correlação e de covariância, consideremos uma aplicação no campo da psicologia.

## APLICAÇÃO 3 Psicologia – Análise Fatorial e Análise de Componentes Principais

A análise fatorial teve seu início no princípio do século XX com os esforços de psicólogos para identificar o fator ou fatores que formam a inteligência. A pessoa mais responsável pelo pioneirismo nesse campo foi o psicólogo Charles Spearman. Em um artigo de 1904, Spearman analisou uma série de graus de provas em uma escola preparatória. As provas foram feitas por uma turma de 23 alunos em algumas áreas padrões e também na habilidade de diferenciar tons. A matriz de correlação informada por Spearman é resumida na Tabela 3.

**Tabela 3** Matriz de Correlação de Spearman

| | Clássicos | Francês | Inglês | Matemática | Discrim. | Música |
|---|---|---|---|---|---|---|
| Clássicos | 1 | 0,83 | 0,78 | 0,70 | 0,66 | 0,63 |
| Francês | 0,83 | 1 | 0,67 | 0,67 | 0,65 | 0,57 |
| Inglês | 0,78 | 0,67 | 1 | 0,64 | 0,54 | 0,51 |
| Matemática | 0,70 | 0,67 | 0,64 | 1 | 0,45 | 0,51 |
| Discrim. | 0,66 | 0,65 | 0,54 | 0,45 | 1 | 0,40 |
| Música | 0,63 | 0,57 | 0,51 | 0,51 | 0,40 | 1 |

Usando este e outros conjuntos de dados, Spearman observou uma hierarquia de correlações entre os graus de testes para as várias disciplinas. Isto o levou a concluir que "Todos os ramos da atividade intelectual têm em comum uma função fundamental (ou grupo de funções fundamentais), ..." Embora Spearman não tenha dado nomes a essas funções, outros usaram termos como *compreensão verbal*, *espacial*, *perceptiva*, *memória associativa*, e assim por diante, para descrever os fatores hipotéticos.

Os fatores hipotéticos podem ser isolados matematicamente usando-se um método conhecido como *análise de componentes principais*. A ideia básica é formar uma matriz $X$ de desvios em relação à média e então fatorá-la em um produto $UW$, em que as colunas de $U$ correspondem aos fatores hipotéticos. Enquanto, na prática, as colunas de $X$ são correlacionadas positivamente, os fatores hipotéticos deveriam ser não correlacionados. Logo, os vetores coluna de $U$ deveriam ser mutuamente ortogonais (isto é, $\mathbf{u}_i^T\mathbf{u}_j = 0$ sempre que $i \neq j$). Os elementos em cada coluna de $U$ medem quão bem os estudantes individuais exibem a habilidade intelectual particular representada por essa coluna. A matriz $W$ mede em que extensão cada teste depende dos fatores hipotéticos.

A construção dos vetores componentes principais se baseia na matriz de covariância $S = \frac{1}{n-1}X^TX$. Uma vez que depende dos *autovalores* e *autovetores* de $S$, adiaremos os detalhes do método até o Capítulo 6. Na Seção 6.5 do Capítulo 6, reveremos esta aplicação e aprenderemos uma fatoração importante chamada de *decomposição em valores singulares*, que é a ferramenta mais importante da análise de componentes principais.

## Referências


1. Spearman, C., " 'General Intelligence', Objectively Determined and Measured", *American Journal of Psychology*, **15**, 1904.
2. Hotelling, H., "Analysis of a Complex of Statistical Variables in Principal Components", *Journal of Educational Psychology*, **26**, 1933.
3. Maxwell, A. E., *Multivariate Analysis in Behavioral Research*, Chapman and Hall, London, 1977.

# PROBLEMAS DA SEÇÃO 5.1

**1.** Encontre o ângulo entre os vetores **v** e **w** em cada um dos seguintes:

(a) $\mathbf{v} = (2, 1, 3)^T$, $\mathbf{w} = (6, 3, 9)^T$

(b) $\mathbf{v} = (2, -3)^T$, $\mathbf{w} = (3, 2)^T$

(c) $\mathbf{v} = (4, 1)^T$, $\mathbf{w} = (3, 2)^T$

(d) $\mathbf{v} = (-2, 3, 1)^T$, $\mathbf{w} = (1, 2, 4)^T$

**2.** Para cada par de vetores no Problema 1, encontre a projeção escalar de **v** em **w**. Encontre também a projeção vetorial de **v** em **w**.

**3.** Para cada um dos seguintes pares de vetores **x** e **y**, encontre o vetor projeção **p** de **x** em **y** e verifique se **p** e $\mathbf{x} - \mathbf{p}$ são ortogonais.

(a) $\mathbf{x} = (3, 4)^T$, $\mathbf{y} = (1, 0)^T$

(b) $\mathbf{x} = (3, 5)^T$, $\mathbf{y} = (1, 1)^T$

(c) $\mathbf{x} = (2, 4, 3)^T$, $\mathbf{y} = (1, 1, 1)^T$

(d) $\mathbf{x} = (2, -5, 4)^T$, $\mathbf{y} = (1, 2, -1)^T$

**4.** Sejam **x** e **y** vetores linearmente independentes em $\mathbb{R}^2$. Se $\|\mathbf{x}\| = 2$ e $\|\mathbf{y}\| = 3$, o que, se for o caso, podemos concluir sobre os valores possíveis de $|\mathbf{x}^T\mathbf{y}|$?

**5.** Encontre o ponto da reta $y = 2x$ que está mais próximo do ponto $(5, 2)$.

**6.** Encontre o ponto da reta $y = 2x + 1$ que está mais próximo do ponto $(5, 2)$.

**7.** Encontre a distância do ponto $(1, 2)$ à reta $4x - 3y = 0$.

**8.** Em cada um dos seguintes, encontre a equação do plano normal ao vetor **N** dado e passando pelo ponto $P_0$.

(a) $\mathbf{N} = (2, 4, 3)^T$, $P_0 = (0, 0, 0)$

(b) $\mathbf{N} = (-3, 6, 2)^T$, $P_0 = (4, 2, -5)$

(c) $\mathbf{N} = (0, 0, 1)^T$, $P_0 = (3, 2, 4)$

**9.** Encontre a equação do plano que passa pelos pontos

$$P_1 = (2, 3, 1), \quad P_2 = (5, 4, 3), \quad P_3 = (3, 4, 4)$$

**10.** Encontre a distância do ponto $(1, 1, 1)$ ao plano $2x + 2y + z = 0$.

**11.** Encontre a distância do ponto $(2, 1, -2)$ ao plano

$$6(x - 1) + 2(y - 3) + 3(z + 4) = 0$$

**12.** Demonstre que, se $\mathbf{x} = (x_1, x_2)^T$, $y = (y_1, y_2)^T$ e $\mathbf{z} = (z_1, z_2)^T$ são vetores arbitrários em $\mathbb{R}^2$, então

(a) $\mathbf{x}^T\mathbf{x} \geq 0$ (b) $\mathbf{x}^T\mathbf{y} = \mathbf{y}^T\mathbf{x}$

(c) $\mathbf{x}^T(\mathbf{y} + \mathbf{z}) = \mathbf{x}^T\mathbf{y} + \mathbf{x}^T\mathbf{z}$

**13.** Mostre que, se **u** e **v** são quaisquer vetores em $\mathbb{R}^2$, então $\|\mathbf{u} + \mathbf{v}\|^2 \leq (\|\mathbf{u}\| + \|\mathbf{v}\|)^2$ e, portanto, $\|\mathbf{u} + \mathbf{v}\| \leq \|\mathbf{u}\| + \|\mathbf{v}\|$. Quando a igualdade é válida? Dê uma interpretação geométrica da desigualdade.

**14.** Sejam $\mathbf{x}_1$, $\mathbf{x}_2$ e $\mathbf{x}_3$ vetores em $\mathbb{R}^3$. Se $\mathbf{x}_1 \perp \mathbf{x}_2$ e $\mathbf{x}_2 \perp \mathbf{x}_3$, é necessário que $\mathbf{x}_1 \perp \mathbf{x}_3$? Demonstre sua resposta.

**15.** Seja $A$ uma matriz $2 \times 2$ com vetores coluna linearmente independentes $\mathbf{a}_1$ e $\mathbf{a}_2$. Se $\mathbf{a}_1$ e $\mathbf{a}_2$ são usados para formar um paralelogramo $P$ com altura $h$ (veja a figura), mostre que

(a) $h^2\|\mathbf{a}_2\|^2 = \|\mathbf{a}_1\|^2\|\mathbf{a}_2\|^2 - (\mathbf{a}_1^T\mathbf{a}_2)^2$

(b) Área de $P = |\det(A)|$

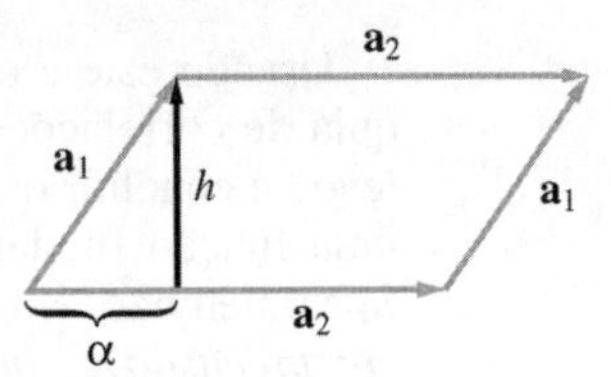


**16.** Se **x** e **y** são vetores linearmente independentes em $\mathbb{R}^3$, então eles podem ser usados para formar um paralelogramo $P$ no plano através da origem correspondente a Cob(**x**, **y**). Mostre que

$$\text{Área de } P = \|\mathbf{x} \times \mathbf{y}\|$$

**17.** Sejam

$$\mathbf{x} = \begin{bmatrix} 4 \\ 4 \\ -4 \\ 4 \end{bmatrix} \quad \text{e} \quad \mathbf{y} = \begin{bmatrix} 4 \\ 2 \\ 2 \\ 1 \end{bmatrix}$$

(a) Determine o ângulo entre **x** e **y**.

(b) Determine a distância entre **x** e **y**.

**18.** Sejam **x** e **y** vetores em $\mathbb{R}^n$ e defina

$$\mathbf{p} = \frac{\mathbf{x}^T\mathbf{y}}{\mathbf{y}^T\mathbf{y}}\mathbf{y} \quad \text{e} \quad \mathbf{z} = \mathbf{x} - \mathbf{p}$$

(a) Mostre que $\mathbf{p} \perp \mathbf{z}$. Logo, **p** é a *projeção vetorial* de **x** em **y**; isto é, $\mathbf{x} = \mathbf{p} + \mathbf{z}$, em que **p** e **z** são componentes ortogonais de **x**, e **p** é um múltiplo escalar de **y**.

(b) Se $\|\mathbf{p}\| = 6$ e $\|\mathbf{z}\| = 8$, determine o valor de $\|\mathbf{x}\|$.

**19.** Use a matriz base de dados $U$ da Aplicação 1 e busque pelas palavras-chave *ortogonalidade, espaços, vetor*, somente desta vez atribuindo à palavra-chave *ortogonalidade* o dobro do peso das outras duas palavras-chave. Qual dos oito módulos melhor se ajusta ao critério de busca? [*Sugestão*: Forme o vetor de busca usando os pesos 2, 1, 1 nas linhas correspondentes às palavras de busca e então escalone o vetor para torná-lo unitário.]

**20.** Cinco alunos do Ensino Fundamental fazem testes de aptidão em inglês, matemática e ciências. Seus graus são dados na tabela que se segue. Determine a matriz de correlação e descreva como os três conjuntos de notas se correlacionam.

| | Graus | | |
|---|---|---|---|
| **Aluno** | **Inglês** | **Matemática** | **Ciências** |
| S1 | 61 | 53 | 53 |
| S2 | 63 | 73 | 78 |
| S3 | 78 | 61 | 82 |
| S4 | 65 | 84 | 96 |
| S5 | 63 | 59 | 71 |
| Média | 66 | 66 | 76 |

**21.** Seja $t$ um número real fixo e sejam

$$c = \cos t, \quad s = \operatorname{sen} t,$$

$$\mathbf{x} = (c, cs, cs^2, \ldots, cs^{n-1}, s^n)^T$$

Mostre que $\mathbf{x}$ é um vetor unitário em $\mathbb{R}^{n+1}$.
*Sugestão*:

$$1 + s^2 + s^4 + \cdots + s^{2n-2} = \frac{1 - s^{2n}}{1 - s^2}$$

## 5.2 Subespaços Ortogonais

Seja $A$ uma matriz $m \times n$ e seja $\mathbf{x} \in N(A)$ o espaço nulo de $A$. Como $A\mathbf{x} = \mathbf{0}$, temos

$$a_{i1}x_1 + a_{i2}x_2 + \cdots + a_{in}x_n = 0 \tag{1}$$

para $i = 1, \ldots, m$. A Equação (1) diz que $\mathbf{x}$ é ortogonal ao $i$-ésimo vetor coluna de $A^T$ para $i = 1, \ldots, m$. Como $\mathbf{x}$ é ortogonal a todos os vetores coluna de $A^T$, é ortogonal a qualquer combinação linear dos vetores coluna de $A^T$. Assim, se $\mathbf{y}$ é qualquer vetor no espaço coluna de $A^T$, então $\mathbf{x}^T\mathbf{y} = 0$. Logo, qualquer vetor em $N(A)$ é ortogonal a qualquer vetor no espaço coluna de $A^T$. Quando dois subespaços de $\mathbb{R}^n$ têm esta propriedade, dizemos que eles são ortogonais.

**Definição**

Dois subespaços $X$ e $Y$ de $\mathbb{R}^n$ são ditos **ortogonais,** se $\mathbf{x}^T\mathbf{y} = 0$ para todo $\mathbf{x} \in X$ e todo $\mathbf{y} \in Y$. Se $X$ e $Y$ são ortogonais, escrevemos $X \perp Y$.

EXEMPLO 1 Seja $X$ um subespaço de $\mathbb{R}^3$ coberto por $\mathbf{e}_1$ e seja $Y$ o subespaço coberto por $\mathbf{e}_2$. Se $\mathrm{x} \in X$ e $\mathrm{y} \in Y$, esses vetores devem ser da forma

$$\mathbf{x} = \begin{bmatrix} x_1 \\ 0 \\ 0 \end{bmatrix} \quad \text{e} \quad \mathbf{y} = \begin{bmatrix} 0 \\ y_2 \\ 0 \end{bmatrix}$$

Logo,

$$\mathbf{x}^T\mathbf{y} = x_1 \cdot 0 + 0 \cdot y_2 + 0 \cdot 0 = 0$$

Portanto, $X \perp Y$. ■

O conceito de subespaços ortogonais nem sempre concorda com nossa ideia intuitiva de perpendicularidade. Por exemplo, o piso e a parede da sala de aula "parecem" ortogonais, mas o plano $xy$ e o plano $yz$ não são subespaços ortogonais. Com efeito, podemos pensar nos vetores $\mathbf{x}_1 = (1, 1, 0)^T$ e $\mathbf{x}_2 = (0, 1, 1)^T$ como estando nos planos $xy$ e $yz$, respectivamente. Como

$$\mathbf{x}_1^T\mathbf{x}_2 = 1 \cdot 0 + 1 \cdot 1 + 0 \cdot 1 = 1$$

os subespaços não são ortogonais. O próximo exemplo mostra que o subespaço correspondente ao eixo $z$ é ortogonal ao plano $xy$.

EXEMPLO 2 Seja $X$ o subespaço de $\mathbb{R}^3$ coberto por $\mathbf{e}_1$ e $\mathbf{e}_2$ e seja $Y$ o subespaço coberto por $\mathbf{e}_3$. Se $\mathrm{x} \in X$ e $\mathrm{y} \in Y$, então

$$\mathbf{x}^T\mathbf{y} = x_1 \cdot 0 + x_2 \cdot 0 + 0 \cdot y_3 = 0$$

Logo, $X \perp Y$. Além disso, se $\mathbf{z}$ é qualquer vetor de $\mathbb{R}^3$ que é ortogonal a todos os vetores em $Y$, então $\mathbf{z} \perp \mathbf{e}_3$, e, portanto,

$$z_3 = \mathbf{z}^T\mathbf{e}_3 = 0$$

Mas, se $z_3 = 0$, então $\mathbf{z} \in X$. Logo, $X$ é o conjunto de todos os vetores em $\mathbb{R}^3$ que são ortogonais a todos os vetores de $Y$ (veja a Figura 5.2.1). ■

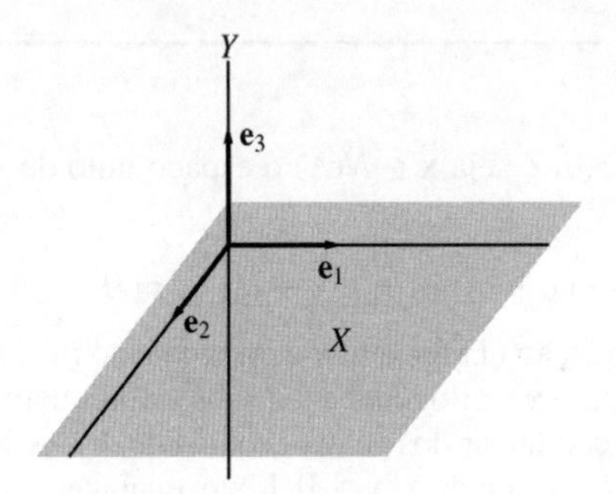


**Figura 5.2.1**

**Definição**

Seja $Y$ um subespaço de $\mathbb{R}^n$. O conjunto de todos os vetores em $\mathbb{R}^n$ que são ortogonais a todos os vetores em $Y$ será representado por $Y^\perp$. Logo,

$$Y^\perp = \left\{\mathbf{x} \in \mathbb{R}^n \mid \mathbf{x}^T\mathbf{y} = 0 \text{ para todo } \mathbf{y} \in Y\right\}$$

O conjunto $Y^\perp$ é chamado de **complemento ortogonal** de $Y$.

### Nota

Os subespaços $X = \text{Cob}(\mathbf{e}_1)$ e $Y = \text{Cob}(\mathbf{e}_2)$ de $\mathbb{R}^3$ dados no Exemplo 1 são ortogonais, mas não são complementos ortogonais. Com efeito,

$$X^\perp = \text{Cob}(\mathbf{e}_2, \mathbf{e}_3) \quad \text{e} \quad Y^\perp = \text{Cob}(\mathbf{e}_1, \mathbf{e}_3)$$

### Observações

1. Se $X$ e $Y$ são subespaços ortogonais de $\mathbb{R}^n$, então $X \cap Y = \{\mathbf{0}\}$.
2. Se $Y$ é um subespaço de $\mathbb{R}^n$, então $Y^\perp$ também é um subespaço de $\mathbb{R}^n$.

*Demonstração de (1)* Se $\mathbf{x} \in X \cap Y$ e $X \perp Y$, então $\|\mathbf{x}\|^2 = \mathbf{x}^T\mathbf{x} = 0$ e, portanto, $\mathbf{x} = \mathbf{0}$. ■

*Demonstração de (2)* Se $\mathbf{x} \in Y^\perp$ e $\alpha$ é um escalar, então, para qualquer $\mathbf{y} \in Y$,

$$(\alpha\mathbf{x})^T\mathbf{y} = \alpha(\mathbf{x}^T\mathbf{y}) = \alpha \cdot 0 = 0$$

Portanto, $\alpha\mathbf{x} \in Y^\perp$. Se $\mathbf{x}_1$ e $\mathbf{x}_2$ são elementos de $Y^\perp$, então

$$(\mathbf{x}_1 + \mathbf{x}_2)^T\mathbf{y} = \mathbf{x}_1^T\mathbf{y} + \mathbf{x}_2^T\mathbf{y} = 0 + 0 = 0$$

para todo $\mathbf{y} \in Y$. Logo, $\mathbf{x}_1 + \mathbf{x}_2 \in Y^\perp$. Portanto, $Y^\perp$ é um subespaço de $\mathbb{R}^n$. ■

## Subespaços Fundamentais

Seja $A$ uma matriz $m \times n$. Vimos no Capítulo 3 que um vetor $\mathbf{b} \in \mathbb{R}^m$ está no espaço coluna de $A$ se e somente se $\mathbf{b} = A\mathbf{x}$ para algum $\mathbf{x} \in \mathbb{R}^n$. Se pensarmos em $A$ como uma transformação linear representando $\mathbb{R}^n$ em $\mathbb{R}^m$, então o espaço coluna de $A$ é igual ao codomínio de $A$. Chamemos o codomínio de $A$ de $R(A)$. Logo,

$$\begin{aligned} R(A) &= \{\mathbf{b} \in \mathbb{R}^m \mid \mathbf{b} = A\mathbf{x} \quad \text{para algum} \quad \mathbf{x} \in \mathbb{R}^n\} \\ &= \text{o espaço coluna de } A \end{aligned}$$

O espaço coluna de $A^T$, $R(A^T)$, é um subespaço de $\mathbb{R}^n$:

$$R(A^T) = \{\mathbf{y} \in \mathbb{R}^n \mid \mathbf{y} = A^T\mathbf{x} \quad \text{para algum} \quad \mathbf{x} \in \mathbb{R}^m\}$$

O espaço coluna de $R(A^T)$ é essencialmente igual ao espaço linha de $A$, exceto que consiste em vetores em $\mathbb{R}^n$ (matrizes $n \times 1$) em vez de $n$-uplas. Logo, $\mathbf{y} \in R(A^T)$ se e somente se $\mathbf{y}^T$ está no espaço linha de $A$. Vimos que $R(A^T) \perp N(A)$. O seguinte teorema mostra que $N(A)$ é realmente o complemento ortogonal de $R(A^T)$:

**Teorema 5.2.1** Teorema Fundamental dos Subespaços

*Se $A$ é uma matriz $m \times n$, então $N(A) = R(A^T)^\perp$ e $N(A^T) = R(A)^\perp$.*

*Demonstração* Por um lado, já vimos que $N(A) \perp R(A^T)$ e isto implica $N(A) \subset R(A^T)^\perp$. Por outro lado, se $\mathbf{x}$ é qualquer vetor em $R(A^T)^\perp$, então $\mathbf{x}$ é ortogonal a cada um dos vetores coluna de $A^T$ e, em consequência, $A\mathbf{x} = \mathbf{0}$. Logo, $\mathbf{x}$ deve ser um elemento de $N(A)$ e, portanto, $N(A) = R(A^T)^\perp$. Esta demonstração não depende das dimensões de $A$. Em particular, o resultado será válido para a matriz $B = A^T$. Em consequência,

$$N(A^T) = N(B) = R(B^T)^\perp = R(A)^\perp$$ ■

EXEMPLO 3 Seja

$$A = \begin{bmatrix} 1 & 0 \\ 2 & 0 \end{bmatrix}$$

O espaço coluna de $A$ consiste em todos os vetores da forma

$$\begin{bmatrix} \alpha \\ 2\alpha \end{bmatrix} = \alpha \begin{bmatrix} 1 \\ 2 \end{bmatrix}$$

Note que, se $\mathbf{x}$ é qualquer vetor em $\mathbb{R}^2$ e $\mathbf{b} = A\mathbf{x}$, então

$$\mathbf{b} = \begin{bmatrix} 1 & 0 \\ 2 & 0 \end{bmatrix} \begin{bmatrix} x_1 \\ x_2 \end{bmatrix} = \begin{bmatrix} 1x_1 \\ 2x_1 \end{bmatrix} = x_1 \begin{bmatrix} 1 \\ 2 \end{bmatrix}$$

O espaço nulo de $A^T$ consiste em todos os vetores da forma $\beta\,(-2, 1)^T$. Como $(1, 2)^T$ e $(-2, 1)^T$ são ortogonais, segue-se que todo o vetor em $R(A)$ será ortogonal a todo vetor em $N(A^T)$. A mesma relação é válida entre $R(A^T)$ e $N(A)$. $R(A^T)$ consiste em vetores da forma $\alpha\mathbf{e}_1$, e $N(A)$ consiste em todos os vetores da forma $\beta\mathbf{e}_2$. Como $\mathbf{e}_1$ e $\mathbf{e}_2$ são ortogonais, segue-se que cada vetor em $R(A^T)$ é ortogonal a todo vetor em $N(A)$. ■

O Teorema 5.2.1 é um dos mais importantes deste capítulo. Na Seção 5.3, veremos que o resultado $N(A^T) = R(A)^\perp$ fornece uma chave para a solução de problemas de mínimos quadrados. Por enquanto, usaremos o Teorema 5.2.1 para demonstrar o teorema seguinte, que, por sua vez, será usado para estabelecer mais dois resultados importantes sobre subespaços ortogonais.

**Teorema 5.2.2** *Se $S$ é um subespaço de $\mathbb{R}^n$, então $\dim S + \dim S^\perp = n$. Além disso, se $\{\mathbf{x}_1, \ldots, \mathbf{x}_r\}$ é uma base para $S$ e $\{\mathbf{x}_{r+1}, \ldots, \mathbf{x}_n\}$ é uma base para $S^\perp$, então $\{\mathbf{x}_1, \ldots, \mathbf{x}_r, \mathbf{x}_{r+1}, \ldots, \mathbf{x}_n\}$ é uma base para $\mathbb{R}^n$.*

***Demonstração*** Se $S = \{\mathbf{0}\}$, então $S^\perp = \mathbb{R}^n$ e

$$\dim S + \dim S^\perp = 0 + n = n$$

Se $S \neq \{\mathbf{0}\}$, então seja $\{\mathbf{x}_1, \ldots, \mathbf{x}_r\}$ uma base para $S$. Defina-se $X$ como uma matriz $r \times n$ cuja $i$-ésima linha é $\mathbf{x}_i^T$ para todo $i$. Por construção, a matriz $X$ tem posto $r$ e $R(X^T) = S$. Pelo Teorema 5.2.1,

$$S^\perp = R(X^T)^\perp = N(X)$$

Segue-se, do Teorema 3.6.5, que

$$\dim S^\perp = \dim N(X) = n - r$$

Para mostrar que $\{\mathbf{x}_1, \ldots, \mathbf{x}_r, \mathbf{x}_{r+1}, \ldots, \mathbf{x}_n\}$ é uma base para $\mathbb{R}^n$, basta mostrar que os $n$ vetores são linearmente independentes. Suponha que

$$c_1\mathbf{x}_1 + \cdots + c_r\mathbf{x}_r + c_{r+1}\mathbf{x}_{r+1} + \cdots + c_n\mathbf{x}_n = \mathbf{0}$$

Seja $\mathbf{y} = c_1\mathbf{x}_1 + \ldots + c_r\mathbf{x}_r$ e seja $\mathbf{z} = c_{r+1}\mathbf{x}_{r+1} + \ldots + c_n\mathbf{x}_n$. Temos então

$$\mathbf{y} + \mathbf{z} = \mathbf{0}$$
$$\mathbf{y} = -\mathbf{z}$$

Logo, $\mathbf{y}$ e $\mathbf{z}$ são elementos de $S \cap S^\perp$. Mas $S \cap S^\perp = \{\mathbf{0}\}$. Portanto,

$$c_1\mathbf{x}_1 + \cdots + c_r\mathbf{x}_r = \mathbf{0}$$
$$c_{r+1}\mathbf{x}_{r+1} + \cdots + c_n\mathbf{x}_n = \mathbf{0}$$

Como $\mathbf{x}_1, \ldots, \mathbf{x}_r$ são linearmente independentes,

$$c_1 = c_2 = \cdots = c_r = 0$$

Similarmente, $\mathbf{x}_{r+1}, \ldots, \mathbf{x}_n$ são linearmente independentes e, portanto,

$$c_{r+1} = c_{r+2} = \cdots = c_n = 0$$

Então, $\mathbf{x}_1, \mathbf{x}_2, \ldots, \mathbf{x}_n$ são linearmente independentes e formam uma base para $\mathbb{R}^n$. ■

Dado um subespaço $S$ de $\mathbb{R}^n$, usaremos o Teorema 5.2.2 para demonstrar que todo $\mathbf{x} \in \mathbb{R}^n$ pode ser expresso unicamente como uma soma $\mathbf{y} + \mathbf{z}$, em que $\mathbf{y} \in S$ e $\mathbf{z} \in S^\perp$.

**Definição** Se $U$ e $V$ são subespaços de um espaço vetorial $W$ e todo $\mathbf{w} \in W$ pode ser escrito unicamente como uma soma $\mathbf{u} + \mathbf{v}$ em que $\mathbf{u} \in U$ e $\mathbf{v} \in V$, então dizemos que $W$ é uma **soma direta** de $U$ e $V$, e escrevemos $W = U \oplus V$.

**Teorema 5.2.3** *Se $S$ é um subespaço de $\mathbb{R}^n$, então*

$$\mathbb{R}^n = S \oplus S^\perp$$

***Demonstração*** O resultado é trivial se $S = \{\mathbf{0}\}$ ou $S = \mathbb{R}^n$. No caso em que a dimensão de $S$ é $r$, $0 < r < n$, segue-se, do Teorema 5.2.2, que todo vetor $\mathbf{x} \in \mathbb{R}^n$ pode ser representado sob a forma

$$\mathbf{x} = c_1\mathbf{x}_1 + \cdots + c_r\mathbf{x}_r + c_{r+1}\mathbf{x}_{r+1} + \cdots + c_n\mathbf{x}_n$$

em que $\{\mathbf{x}_1, \ldots, \mathbf{x}_r\}$ é uma base para $S$ e $\{\mathbf{x}_{r+1}, \ldots, \mathbf{x}_n\}$ é uma base para $S^\perp$. Se fizermos

$$\mathbf{u} = c_1\mathbf{x}_1 + \cdots + c_r\mathbf{x}_r \quad \text{e} \quad \mathbf{v} = c_{r+1}\mathbf{x}_{r+1} + \cdots + c_n\mathbf{x}_n$$

então $\mathbf{u} \in S$, $\mathbf{v} \in S^\perp$ e $\mathbf{x} = \mathbf{u} + \mathbf{v}$. Para mostrar a unicidade, suponha que $\mathbf{x}$ possa também ser escrito como a soma $\mathbf{y} + \mathbf{z}$, em que $\mathbf{y} \in S$ e $\mathbf{z} \in S^\perp$. Logo,

$$\mathbf{u} + \mathbf{v} = \mathbf{x} = \mathbf{y} + \mathbf{z}$$
$$\mathbf{u} - \mathbf{y} = \mathbf{z} - \mathbf{v}$$

Mas $\mathbf{u} - \mathbf{y} \in S$ e $\mathbf{z} - \mathbf{v} \in S^\perp$, então cada um está em $S \cap S^\perp$. Como

$$S \cap S^\perp = \{\mathbf{0}\}$$

segue-se que

$$\mathbf{u} = \mathbf{y} \quad \text{e} \quad \mathbf{v} = \mathbf{z}$$

■

**Teorema 5.2.4** *Se $S$ é um subespaço de $\mathbb{R}^n$, então $(S^\perp)^\perp = S$.*

***Demonstração*** Por um lado, se $\mathbf{x} \in S$, então $\mathbf{x}$ é ortogonal a todos os $\mathbf{y}$ em $S^\perp$. Logo, $\mathbf{x} \in (S^\perp)^\perp$ e, portanto, $S \subset (S^\perp)^\perp$. Por outro lado, suponha que $\mathbf{z}$ é um elemento arbitrário de $(S^\perp)^\perp$. Pelo Teorema 5.2.3, podemos escrever $\mathbf{z}$ como uma soma $\mathbf{u} + \mathbf{v}$, em que $\mathbf{u} \in S$ e $\mathbf{v} \in S^\perp$. Como $\mathbf{v} \in S^\perp$, ele é ortogonal tanto a $\mathbf{u}$ quanto a $\mathbf{z}$. Segue-se então que

$$0 = \mathbf{v}^T\mathbf{z} = \mathbf{v}^T\mathbf{u} + \mathbf{v}^T\mathbf{v} = \mathbf{v}^T\mathbf{v}$$

e, em consequência, $\mathbf{v} = \mathbf{0}$. Portanto, $\mathbf{z} = \mathbf{u} \in S$; logo, $S = (S^{\perp})^{\perp}$. ■

Segue-se, do Teorema 5.2.4, que, se $T$ é o complemento ortogonal de um subespaço $S$, então $S$ é o complemento ortogonal de $T$, e podemos dizer simplesmente que $S$ e $T$ são complementos ortogonais. Em particular, segue-se, do Teorema 5.2.1, que $N(A)$ e $R(A^T)$ são complementos ortogonais um do outro e que $N(A^T)$ e $R(A)$ são complementos ortogonais. Logo, podemos escrever

$$N(A)^{\perp} = R(A^T) \quad \text{e} \quad N(A^T)^{\perp} = R(A)$$

Lembre-se de que o sistema $A\mathbf{x} = \mathbf{b}$ é consistente se e somente se $\mathbf{b} \in R(A)$. Como $R(A) = N(A^T)^{\perp}$, temos o seguinte resultado, que pode ser considerado um corolário do Teorema 5.2.1:

**Corolário 5.2.5** *Se $A$ é uma matriz $m \times n$ e $b \in \mathbb{R}^m$, então há um vetor $\mathbf{x} \in \mathbb{R}^n$, tal que $A\mathbf{x} = b$, ou há um vetor $\mathbf{y} \in \mathbb{R}^m$, tal que $A^T\mathbf{y} = 0$ e $\mathbf{y}^T b \neq 0.0$*

O Corolário 5.2.5 é ilustrado na Figura 5.2.2 para o caso em que $R(A)$ é um espaço bidimensional de $\mathbb{R}^3$. O ângulo $\theta$ na figura será reto se e somente se $\mathbf{b} \in R(A)$.

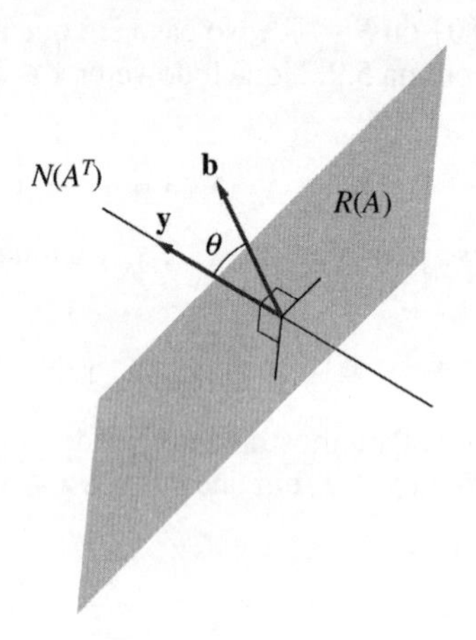


**Figura 5.2.2**

EXEMPLO 4 Seja

$$A = \begin{bmatrix} 1 & 1 & 2 \\ 0 & 1 & 1 \\ 1 & 3 & 4 \end{bmatrix}$$

Encontre as bases para $N(A)$, $R(A^T)$, $N(A^T)$ e $R(A)$.

## Solução

Podemos encontrar bases para $N(A)$ e $R(A^T)$ transformando $A$ para a forma linha degrau:

$$\begin{bmatrix} 1 & 1 & 2 \\ 0 & 1 & 1 \\ 1 & 3 & 4 \end{bmatrix} \rightarrow \begin{bmatrix} 1 & 1 & 2 \\ 0 & 1 & 1 \\ 0 & 2 & 2 \end{bmatrix} \rightarrow \begin{bmatrix} 1 & 0 & 1 \\ 0 & 1 & 1 \\ 0 & 0 & 0 \end{bmatrix}$$

Como (1, 0, 1) e (0, 1, 1) formam um base para o espaço linha de $A$, segue-se que $(1, 0, 1)^T$ e $(0, 1, 1)^T$ formam um base para $R(A^T)$. Se $\mathbf{x} \in N(A)$, segue-se, da forma linha degrau reduzida de $A$, que

$$x_1 + x_3 = 0$$
$$x_2 + x_3 = 0$$

Logo,

$$x_1 = x_2 = -x_3$$

Fazendo $x_3 = \alpha$, vemos que $N(A)$ consiste em todos os vetores da forma $\alpha(-1, -1, 1)^T$. Note que $(-1, -1, 1)^T$ é ortogonal a $(1, 0, 1)^T$ e $(0, 1, 1)^T$.

Para encontrar bases para $R(A)$ e $N(A^T)$, transforma-se $A^T$ para a forma linha degrau:

$$\begin{bmatrix} 1 & 0 & 1 \\ 1 & 1 & 3 \\ 2 & 1 & 4 \end{bmatrix} \to \begin{bmatrix} 1 & 0 & 1 \\ 0 & 1 & 2 \\ 0 & 1 & 2 \end{bmatrix} \to \begin{bmatrix} 1 & 0 & 1 \\ 0 & 1 & 2 \\ 0 & 0 & 0 \end{bmatrix}$$

Portato, $(1, 0, 1)^T$ e $(0, 1, 2)^T$ formam uma base para $R(A)$. Se $\mathbf{x} \in N(A^T)$, $x_1 = -x_3$, $x_2 = -2x_3$. Logo, $N(A^T)$ é o subespaço de $\mathbb{R}^3$ coberto por $(-1, -2, 1)^T$. Note que $(-1, -2, 1)^T$ é ortogonal a $(1, 0, 1)^T$ e $(0, 1, 2)^T$. ■

Vimos no Capítulo 3 que o espaço linha e o espaço coluna têm a mesma dimensão. Se $A$ tem posto $r$, então

$$\dim R(A) = \dim R(A^T) = r$$

Realmente, $A$ pode ser usada para estabelecer uma correspondência biunívoca entre $R(A^T)$ e $R(A)$.

Podemos pensar em uma matriz $m \times n$, $A$, como uma transformação linear de $\mathbb{R}^n$ para $\mathbb{R}^m$:

$$\mathbf{x} \in \mathbb{R}^n \to A\mathbf{x} \in \mathbb{R}^m$$

Como $R(A^T)$ e $N(A)$ são complementos ortogonais em $\mathbb{R}^n$,

$$\mathbb{R}^n = R(A^T) \oplus N(A)$$

Cada vetor $\mathbf{x} \in \mathbb{R}^n$ pode ser escrito como uma soma

$$\mathbf{x} = \mathbf{y} + \mathbf{z}, \qquad \mathbf{y} \in R(A^T), \qquad \mathbf{z} \in N(A)$$

Segue-se que

$$A\mathbf{x} = A\mathbf{y} + A\mathbf{z} = A\mathbf{y} \qquad \text{para todo } \mathbf{x} \in \mathbb{R}^n$$

e, portanto,

$$R(A) = \{A\mathbf{x} \mid \mathbf{x} \in \mathbb{R}^n\} = \{A\mathbf{y} \mid \mathbf{y} \in R(A^T)\}$$

Logo, se restringirmos o domínio de $A$ a $R(A^T)$, então $A$ representa $R(A^T)$ em $R(A)$. Além disso, a representação é biunívoca. Com efeito, se $\mathbf{x}_1, \mathbf{x}_2 \in R(A^T)$ e

$$A\mathbf{x}_1 = A\mathbf{x}_2$$

então

$$A(\mathbf{x}_1 - \mathbf{x}_2) = \mathbf{0}$$

e, portanto,

$$\mathbf{x}_1 - \mathbf{x}_2 \in R(A^T) \cap N(A)$$

Como $R(A^T) \cap N(A) = \{\mathbf{0}\}$, segue-se que $\mathbf{x}_1 = \mathbf{x}_2$. Portanto, podemos pensar em $A$ como determinando uma correspondência biunívoca entre $R(A^T)$ e $R(A)$. Como todo $\mathbf{b}$ em $R(A)$ corresponde a exatamente um $\mathbf{y}$ em $R(A^T)$, podemos definir uma transformação inversa de $R(A)$ para $R(A^T)$. Com efeito, toda matriz $m \times n$, $A$, é inversível quando vista como uma transformação linear de $R(A^T)$ para $R(A)$.

EXEMPLO 5 Seja $A = \begin{bmatrix} 2 & 0 & 0 \\ 0 & 3 & 0 \end{bmatrix}$. $R(A^T)$ é coberto por $\mathbf{e}_1$ e $\mathbf{e}_2$, e $N(A)$ é coberto por $\mathbf{e}_3$.

Qualquer vetor $\mathbf{x} \in \mathbb{R}^3$ pode ser escrito como uma soma

$$\mathbf{x} = \mathbf{y} + \mathbf{z}$$

em que

$$\mathbf{y} = (x_1, x_2, 0)^T \in R(A^T) \quad \text{e} \quad \mathbf{z} = (0, 0, x_3)^T \in N(A)$$

Se nos restringirmos aos vetores $\mathbf{y} \in R(A^T)$, então

$$\mathbf{y} = \begin{bmatrix} x_1 \\ x_2 \\ 0 \end{bmatrix} \to A\mathbf{y} = \begin{bmatrix} 2x_1 \\ 3x_2 \end{bmatrix}$$

Nesse caso, $R(A) = \mathbb{R}^2$ e a transformação inversa de $R(A)$ para $R(A^T)$ é definida por

$$\mathbf{b} = \begin{bmatrix} b_1 \\ b_2 \end{bmatrix} \to \begin{bmatrix} \frac{1}{2}b_1 \\ \frac{1}{3}b_2 \\ 0 \end{bmatrix}$$

■

# PROBLEMAS DA SEÇÃO 5.2

**1.** Para cada uma das seguintes matrizes, determine a base para cada um dos subespaços $R(A^T)$, $N(A)$, $R(A)$ e $N(A^T)$.

**(a)** $A = \begin{bmatrix} 3 & 4 \\ 6 & 8 \end{bmatrix}$ **(b)** $A = \begin{bmatrix} 1 & 3 & 1 \\ 2 & 4 & 0 \end{bmatrix}$

**(c)** $A = \begin{bmatrix} 4 & -2 \\ 1 & 3 \\ 2 & 1 \\ 3 & 4 \end{bmatrix}$ **(d)** $A = \begin{bmatrix} 1 & 0 & 0 & 0 \\ 0 & 1 & 1 & 1 \\ 0 & 0 & 1 & 1 \\ 1 & 1 & 2 & 2 \end{bmatrix}$

**2.** Seja $S$ o subespaço de $\mathbb{R}^3$ coberto por $\mathbf{x} = (1, -1, 1)^T$.

**(a)** Encontre uma base para $S^\perp$.

**(b)** Dê uma interpretação geométrica para $S$ e $S^\perp$.

**3. (a)** Seja $S$ o subespaço de $\mathbb{R}^3$ coberto pelos vetores $\mathbf{x} = (x_1, x_2, x_3)^T$ e $\mathbf{y} = (y_1, y_2, y_3)^T$. Seja

$$A = \begin{bmatrix} x_1 & x_2 & x_3 \\ y_1 & y_2 & y_3 \end{bmatrix}$$

Mostre que $S^\perp = N(A)$.

**(b)** Encontre o complemento ortogonal do subespaço de $\mathbb{R}^3$ coberto pelos vetores $(1, 2, 1)^T$ e $(1, -1, 2)^T$.

**4.** Seja o subespaço de $\mathbb{R}^4$ coberto por $\mathbf{x}_1 = (1, 0, -2, 1)^T$ e $\mathbf{x}_2 = (0, 1, 3, -2)^T$. Encontre uma base para $S^\perp$.

**5.** Seja $A$ uma matriz $3 \times 2$ com posto 2. Dê descrições geométricas de $R(A)$ e $N(A^T)$ e descreva geometricamente como os subespaços estão relacionados.

**6.** É possível que uma matriz tenha o vetor (3, 1, 2) em seu espaço linha e $(2, 1, 1)^T$ em seu espaço nulo? Explique.

**7.** Seja $\mathbf{a}_j$ um vetor coluna não nulo de uma matriz $A$, $m \times n$. É possível que $\mathbf{a}_j$ esteja em $N(A^T)$? Explique.

**8.** Seja $S$ o subespaço de $\mathbb{R}^n$ coberto pelos vetores $\mathbf{x}_1, \mathbf{x}_2, \ldots, \mathbf{x}_k$. Mostre que $\mathbf{y} \in S^\perp$ se e somente se $\mathbf{y} \perp \mathbf{x}_i$ para $i = 1, \ldots, k$.

**9.** Se $A$ é uma matriz $m \times n$ com posto $r$, quais são as dimensões de $N(A)$ e $N(A^T)$? Explique.

**10.** Demonstre o Corolário 5.2.5.

**11.** Demonstre: Se $A$ é uma matriz $m \times n$ e $\mathbf{x} \in \mathbb{R}^n$, então $A\mathbf{x} = \mathbf{0}$ ou existe $\mathbf{y} \in R(A^T)$, tal que $\mathbf{x}^T \mathbf{y} \neq 0$. Faça um desenho semelhante à Figura 5.2.2 para ilustrar este resultado geometricamente no caso em que $N(A)$ é um subespaço bidimensional de $\mathbb{R}^3$.

**12.** Seja $A$ uma matriz $m \times n$. Explique por que os seguintes enunciados são verdadeiros:

(a) Todo vetor $\mathbf{x}$ em $\mathbb{R}^n$ pode ser escrito unicamente como uma soma $\mathbf{y} + \mathbf{z}$ em que $\mathbf{y} \in N(A)$ e $\mathbf{z} \in N(A^T)$.

(b) Todo vetor $\mathbf{b} \in \mathbb{R}^n$ pode ser escrito unicamente como uma soma $\mathbf{u} + \mathbf{v}$ em que $\mathbf{u} \in N(A^T)$ e $\mathbf{v} \in R(A)$.

**13.** Seja $A$ uma matriz $m \times n$. Mostre que

(a) se $\mathbf{x} \in N(A^TA)$, então $A\mathbf{x}$ está tanto em $R(A)$ quanto em $N(A^T)$.

(b) $N(A^TA) = N(A)$.

(c) $A$ e $A^T$ têm o mesmo posto.

(d) se $A$ tem colunas linearmente independentes, então $A^TA$ é não singular.

**14.** Seja $A$ uma matriz $m \times n$, $B$ uma matriz $n \times r$ e $C = AB$. Mostre que

(a) $N(B)$ é um subespaço de $N(C)$.

(b) $N(C)^\perp$ é um subespaço de $N(B)^\perp$ e, em consequência, $R(C)^\perp$ é um subespaço de $R(B^T)$.

**15.** Sejam $U$ e $V$ subespaços de um espaço vetorial $W$. Mostre que, se $W = U \oplus V$, então $U \cap V = \{\mathbf{0}\}$.

**16.** Seja $A$ uma matriz $m \times n$ de posto $r$ e seja $\{\mathbf{x}_1, \ldots, \mathbf{x}_r\}$ uma base para $R(A^T)$. Mostre que $\{A\mathbf{x}_1, \ldots, A\mathbf{x}_r\}$ é uma base para $R(A)$.

**17.** Sejam $\mathbf{x}$ e $\mathbf{y}$ vetores linearmente independentes em $\mathbb{R}^n$ e seja $S = \text{Cob}(\mathbf{x}, \mathbf{y})$. Podemos usar $\mathbf{x}$ e $\mathbf{y}$ para definir uma matriz $A$ fazendo

$$A = \mathbf{x}\mathbf{y}^T + \mathbf{y}\mathbf{x}^T$$

(a) Mostre que $A$ é simétrica.

(b) Mostre que $N(A) = S^\perp$.

(c) Mostre que o posto de $A$ deve ser 2.

## 5.3 Problemas de Mínimos Quadrados

Uma técnica padrão em modelagem matemática e estatística é encontrar um ajuste por *mínimos quadrados* para um conjunto de pontos de medida no plano. A curva de mínimos quadrados é, em geral, o gráfico de um tipo padrão de função, como uma função linear, um polinômio ou um polinômio trigonométrico. Como os dados podem incluir erros de medida ou imprecisões relacionadas com o experimento, não queremos que a curva passe por todos os pontos de medida. Em vez disso, queremos que a curva forneça uma aproximação ótima, no sentido de que a soma dos quadrados dos erros entre os valores $y$ dos pontos de medida e os pontos $y$ correspondentes da curva de aproximação seja minimizada.

A técnica dos mínimos quadrados foi desenvolvida independentemente por Adrien-Marie-Legendre e Carl Friedrich Gauss. O primeiro artigo sobre o assunto foi publicado por Legendre em 1806, embora haja evidência clara de que Gauss o havia descoberto como estudante nove anos antes do artigo de Legendre e havia utilizado o método para fazer cálculos astronômicos. A Figura 5.3.1 é um retrato de Gauss.

**Figura 5.3.1** Carl Friedrich Gauss

**APLICAÇÃO 1** Astronomia — A Órbita de Ceres de Gauss

Em 1º de janeiro de 1801, o astrônomo italiano Giuseppe Piazzi descobriu o asteroide Ceres. Ele foi capaz de acompanhar o asteroide por seis semanas, mas este foi perdido por causa da interferência causada pelo Sol. Vários astrônomos de renome publicaram artigos prevendo a órbita do asteroide. Gauss também publicou uma previsão, mas sua órbita predita diferia consideravelmente das outras. Ceres foi relocalizado por um observador em 7 de dezembro e por outro em 1º de janeiro de 1802. Em ambos os casos, a posição era muito próxima da predita por Gauss. Gauss ganhou fama instantânea nos círculos astronômicos e, por algum tempo, foi mais conhecido como astrônomo do que como matemático. A chave de seu sucesso foi o uso do método dos mínimos quadrados.

## Soluções por Mínimos Quadrados de Sistemas Sobredeterminados

Um problema de mínimos quadrados pode, geralmente, ser formulado como um sistema linear sobredeterminado de equações. Lembre-se de que um sistema sobredeterminado é aquele que envolve mais equações que incógnitas. Tais sistemas são, em geral, inconsistentes. Então, dado um sistema $m \times n$ $A\mathbf{x} = \mathbf{b}$ com $m > n$, não podemos esperar encontrar um vetor $\mathbf{x} \in \mathbb{R}^n$ para o qual $A\mathbf{x} = \mathbf{b}$. Em vez disso, podemos procurar por um vetor $\mathbf{x}$ para o qual $A\mathbf{x}$ é "mais próximo" de $\mathbf{b}$. Como era de se esperar, a ortogonalidade exerce um papel importante na busca de um tal $\mathbf{x}$.

Se é dado um sistema $A\mathbf{x} = \mathbf{b}$ em que $A$ é uma matriz $m \times n$ com $m > n$, e $\mathbf{b} \in \mathbb{R}^m$, então, para cada $\mathbf{x} \in \mathbb{R}^n$, podemos formar um *resíduo*

$$r(\mathbf{x}) = \mathbf{b} - A\mathbf{x}$$

A distância entre $\mathbf{b}$ e $A\mathbf{x}$ é dada por

$$\|\mathbf{b} - A\mathbf{x}\| = \|r(\mathbf{x})\|$$

Queremos encontrar um vetor $\mathbf{x} \in \mathbb{R}^n$ para o qual $\|r(\mathbf{x})\|$ será um mínimo. Minimizar $\|r(\mathbf{x})\|$ é equivalente a minimizar $\|r(\mathbf{x})\|^2$. Um vetor $\hat{\mathbf{x}}$ que executa isto é dito *solução por mínimos quadrados* do sistema $A\mathbf{x} = \mathbf{b}$.

Se $\hat{\mathbf{x}}$ é uma solução por mínimos quadrados do sistema $A\mathbf{x} = \mathbf{b}$ e $\mathbf{p} = A\hat{\mathbf{x}}$, então $\mathbf{p}$ é o vetor no espaço coluna de $A$ que está mais próximo de $\mathbf{b}$. O próximo teorema garante que tal vetor $\mathbf{p}$ não só existe, mas é único. Adicionalmente, fornece uma importante caracterização do vetor mais próximo.

**Teorema 5.3.1** *Seja S um subespaço de $\mathbb{R}^m$. Para todo $b \in \mathbb{R}^m$, há um único elemento p de S que está mais próximo de b; isto é,*

$$\|\mathbf{b} - \mathbf{y}\| > \|\mathbf{b} - \mathbf{p}\|$$

*para todo $\mathbf{y} \neq \mathbf{p}$ em S. Além disso, um dado vetor $\mathbf{p}$ em S será mais próximo a um dado vetor $\mathbf{b} \in \mathbb{R}^m$ se e somente se $\mathbf{b} - \mathbf{p} \in S^\perp$.*

*Demonstração* Como $\mathbb{R}^m = S \oplus S^\perp$, cada elemento $\mathbf{b}$ em $\mathbb{R}^m$ pode ser expresso como uma soma

$$\mathbf{b} = \mathbf{p} + \mathbf{z}$$

em que $\mathbf{p} \in S$ e $\mathbf{z} \in S^\perp$. Se $\mathbf{y}$ é qualquer outro elemento de $S$, então

$$\|\mathbf{b} - \mathbf{y}\|^2 = \|(\mathbf{b} - \mathbf{p}) + (\mathbf{p} - \mathbf{y})\|^2$$

Como $\mathbf{p} - \mathbf{y} \in S$ e $\mathbf{b} - \mathbf{p} = \mathbf{z} \in S^\perp$, segue-se, da lei de Pitágoras, que

$$\|\mathbf{b} - \mathbf{y}\|^2 = \|\mathbf{b} - \mathbf{p}\|^2 + \|\mathbf{p} - \mathbf{y}\|^2$$

Portanto,

$$\|\mathbf{b} - \mathbf{y}\| > \|\mathbf{b} - \mathbf{p}\|$$

Logo, se $\mathbf{p} \in S$ e $\mathbf{b} - \mathbf{p} \in S^\perp$, então $\mathbf{p}$ é o elemento de $S$ que está mais próximo de $\mathbf{b}$. Inversamente, se $\mathbf{q} \in S$ e $\mathbf{b} - \mathbf{q} \notin S^\perp$, então $\mathbf{q} \neq \mathbf{p}$ e segue, do anterior (com $\mathbf{y} = \mathbf{q}$), que

$$\|\mathbf{b} - \mathbf{q}\| > \|\mathbf{b} - \mathbf{p}\|$$ ∎

No caso especial em que $\mathbf{b}$ está no subespaço $S$ para começar, temos

$$\mathbf{b} = \mathbf{p} + \mathbf{z}, \qquad \mathbf{p} \in S, \quad \mathbf{z} \in S^\perp$$

e

$$\mathbf{b} = \mathbf{b} + \mathbf{0}$$

Pela unicidade da representação em soma direta,

$$\mathbf{p} = \mathbf{b} \quad \text{e} \quad \mathbf{z} = \mathbf{0}$$

Um vetor $\hat{\mathbf{x}}$ será uma solução do problema de mínimos quadrados $A\mathbf{x} = \mathbf{b}$ se e somente se $\mathbf{p} = A\hat{\mathbf{x}}$ é o vetor em $R(A)$ que está mais próximo de $\mathbf{b}$. O vetor $\mathbf{p}$ é dito a *projeção de* $\mathbf{b}$ *em* $R(A)$. Segue-se, do Teorema 5.3.1, que

$$\mathbf{b} - \mathbf{p} = \mathbf{b} - A\hat{\mathbf{x}} = r(\hat{\mathbf{x}})$$

deve ser um elemento de $R(A)^\perp$. Logo, $\hat{\mathbf{x}}$ é a solução do problema de mínimos quadrados se e somente se

$$r(\hat{\mathbf{x}}) \in R(A)^\perp \tag{1}$$

(veja a Figura 5.3.2).

Como encontrar um vetor $\hat{\mathbf{x}}$ satisfazendo (1)? A chave para a resolução do problema de mínimos quadrados é fornecida pelo Teorema 5.2.1, que diz que

$$R(A)^\perp = N(A^T)$$

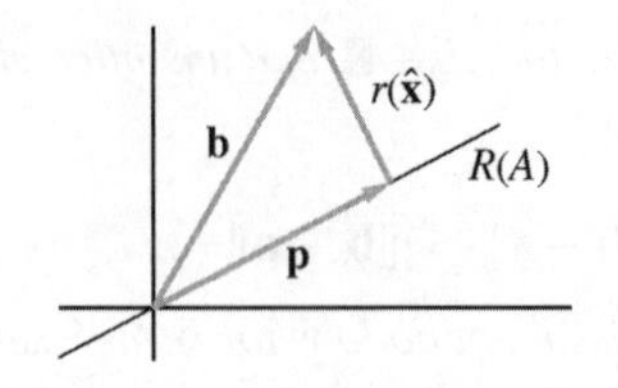


(a) $\mathbf{b} \in R^2$ e $A$ é uma matriz $2 \times 1$ de posto 1.

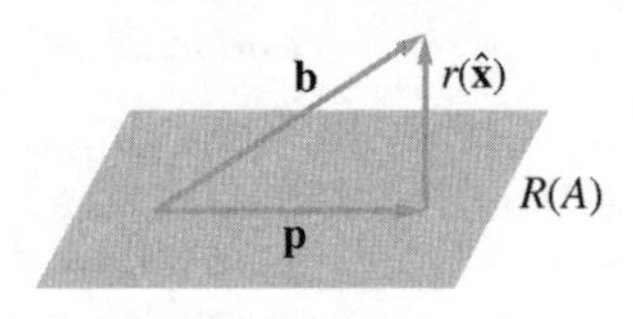


(b) $\mathbf{b} \in R^2$ e $A$ é uma matriz $3 \times 2$ de posto 2.

**Figura 5.3.2**

Um vetor $\hat{\mathbf{x}}$ será uma solução de mínimos quadrados do sistema $A\mathbf{x} = \mathbf{b}$ se e somente se

$$r(\hat{\mathbf{x}}) \in N(A^T)$$

ou, de forma equivalente,

$$\mathbf{0} = A^T r(\hat{\mathbf{x}}) = A^T(\mathbf{b} - A\hat{\mathbf{x}})$$

Logo, para resolver o problema de mínimos quadrados $A\mathbf{x} = \mathbf{b}$, precisamos resolver

$$A^T A\mathbf{x} = A^T\mathbf{b} \tag{2}$$

A Equação (2) representa um sistema $n \times n$ de equações lineares. Essas equações são chamadas de *equações normais*. Em geral, é possível haver mais de uma solução para as equações normais; entretanto, se $\hat{\mathbf{x}}$ e $\hat{\mathbf{y}}$ são soluções, então, uma vez que a projeção $\mathbf{p}$ de $\mathbf{b}$ em $R(A)$ é única,

$$A\hat{\mathbf{x}} = A\hat{\mathbf{y}} = \mathbf{p}$$

O teorema seguinte caracteriza as condições sob as quais o problema de mínimos quadrados $A\mathbf{x} = \mathbf{b}$ terá uma única solução:

**Teorema 5.3.2** *Se $A$ é uma matriz $m \times n$ de posto $n$, as equações normais*

$$A^T A\mathbf{x} = A^T\mathbf{b}$$

*têm uma única solução*

$$\hat{\mathbf{x}} = (A^T A)^{-1} A^T\mathbf{b}$$

*e $\hat{\mathbf{x}}$ é a única solução de mínimos quadrados para o sistema $A\mathbf{x} = \mathbf{b}$.*

***Demonstração*** Mostraremos que $A^T A$ é não singular. Para demonstrar isto, seja $\mathbf{z}$ uma solução de

$$A^T A\mathbf{x} = \mathbf{0} \tag{3}$$

Então $A\mathbf{z} \in N(A^T)$. Evidentemente, $A\mathbf{z} \in R(A) = N(A^T)^\perp$. Como $N(A^T)^\perp \cap N(A^T)^\perp = \{\mathbf{0}\}$, segue-se que $A\mathbf{z} = \mathbf{0}$. Se $A$ tem posto $n$, os vetores coluna de $A$ são linearmente independentes e, em consequência, $A\mathbf{x} = \mathbf{0}$ tem somente a solução trivial. Logo, $\mathbf{z} = \mathbf{0}$ e (3) têm somente a solução trivial. Portanto, pelo Teorema 1.5.2, $A^T A$ é não singular. Segue-se que $\hat{\mathbf{x}} = (A^T A)^{-1} A^T\mathbf{b}$ é a única solução das equações normais e, em consequência, a única solução de mínimos quadrados do sistema $A\mathbf{x} = \mathbf{b}$. ■

O vetor projeção

$$\mathbf{p} = A\hat{\mathbf{x}} = A(A^TA)^{-1}A^T\mathbf{b}$$

é o elemento de $R(A)$ que está mais próximo de $\mathbf{b}$ no sentido dos mínimos quadrados. A matriz $P = (A^T A)^{-1}A^T$ é chamada de *matriz de projeção.*

## APLICAÇÃO 2 Constantes de Mola

A lei de Hooke afirma que a força aplicada a uma mola é proporcional à distância a que a mola é esticada. Então, se $F$ é a força aplicada e $x$ é a distância a que a mola foi esticada, $F = kx$. A constante de proporcionalidade $k$ é chamada de *constante de mola.*

Alguns alunos de física querem determinar a constante de mola para determinada mola. Eles aplicam forças de 3, 5 e 8 libras, que têm o efeito de esticar a mola em 4, 7 e 11 polegadas, respectivamente. Usando a lei de Hooke, eles derivam o seguinte sistema de equações:

$$\begin{aligned} 4k &= 3 \\ 7k &= 5 \\ 11k &= 8 \end{aligned}$$

O sistema é claramente inconsistente, já que cada equação fornece um valor diferente para $k$. Em vez de usar qualquer um desses valores, os alunos decidem calcular a solução de mínimos quadrados do sistema:

$$(4, 7, 11)\begin{bmatrix} 4 \\ 7 \\ 11 \end{bmatrix}(k) = (4, 7, 11)\begin{bmatrix} 3 \\ 5 \\ 8 \end{bmatrix}$$

$$186k = 135$$

$$k \approx 0{,}726$$

## EXEMPLO 1

Encontre a solução de mínimos quadrados do sistema

$$\begin{aligned} x_1 + \phantom{3}x_2 &= 3 \\ -2x_1 + 3x_2 &= 1 \\ 2x_1 - \phantom{3}x_2 &= 2 \end{aligned}$$

### Solução

As equações normais para este sistema são

$$\begin{bmatrix} 1 & -2 & 2 \\ 1 & 3 & -1 \end{bmatrix}\begin{bmatrix} 1 & 1 \\ -2 & 3 \\ 2 & -1 \end{bmatrix}\begin{bmatrix} x_1 \\ x_2 \end{bmatrix} = \begin{bmatrix} 1 & -2 & 2 \\ 1 & 3 & -1 \end{bmatrix}\begin{bmatrix} 3 \\ 1 \\ 2 \end{bmatrix}$$

Isto é simplificado para o sistema $2 \times 2$

$$\begin{bmatrix} 9 & -7 \\ -7 & 11 \end{bmatrix}\begin{bmatrix} x_1 \\ x_2 \end{bmatrix} = \begin{bmatrix} 5 \\ 4 \end{bmatrix}$$

A solução para o sistema $2 \times 2$ é $\left(\frac{83}{50}, \frac{71}{50}\right)^T$. ■

Os cientistas seguidamente colhem dados e tentam resolver uma relação funcional entre as variáveis. Por exemplo, os dados podem envolver temperaturas $T_0, T_1, \ldots, T_n$ de um líquido medidas nos instantes $t_0, t_1, \ldots, t_n$, respectivamente. Se a temperatura $T$ pode ser representada como uma função do tempo $t$, esta função pode ser usada para prever as temperaturas em tempos futuros. Se os dados consistem em $n + 1$ pontos no plano, é possível encontrar um polinômio de grau $n$ ou menos passando por todos os pontos. Tal polinômio é chamado de *polinômio de interpolação*. Na verdade, uma vez que os dados normalmente envolvem erros experimentais, não há razão para querer que a função passe por todos os pontos. Com efeito, polinômios de menor grau que não passam exatamente pelos pontos normalmente fornecem uma descrição mais precisa da relação entre as variáveis. Se, por exemplo, a relação entre as variáveis é realmente linear e os dados envolvem ligeiros erros, seria desastroso usar um polinômio de interpolação (veja a Figura 5.3.3).

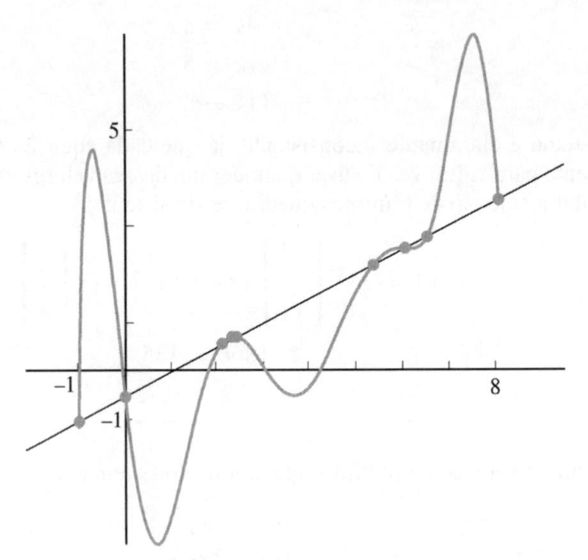


| $x$ | −1,00 | 0,00 | 2,10 | 2,30 | 2,40 | 5,30 | 6,00 | 6,50 | 8,00 |
|---|---|---|---|---|---|---|---|---|---|
| $y$ | −1,02 | −0,52 | 0,55 | 0,70 | 0,70 | 2,13 | 2,52 | 2,82 | 3,54 |

**Figura 5.3.3**

Dada a tabela de dados

| $x$ | $x_1$ | $x_2$ | $\cdots$ | $x_m$ |
|---|---|---|---|---|
| $y$ | $y_1$ | $y_2$ | $\cdots$ | $y_m$ |

queremos encontrar uma função linear

$$y = c_0 + c_1 x$$

que melhor se ajuste aos dados no sentido dos mínimos quadrados. Queremos que

$$y_i = c_0 + c_1 x_i \qquad \text{para} \qquad i = 1, \ldots, m$$

Obtemos um sistema de $m$ equações a duas incógnitas:

$$\begin{bmatrix} 1 & x_1 \\ 1 & x_2 \\ \vdots & \vdots \\ 1 & x_m \end{bmatrix} \begin{bmatrix} c_0 \\ c_1 \end{bmatrix} = \begin{bmatrix} y_1 \\ y_2 \\ \vdots \\ y_m \end{bmatrix} \tag{4}$$

A função linear cujos coeficientes são a solução de mínimos quadrados de (4) é dita ser a melhor ajustagem de mínimos quadrados aos dados por uma função linear.

EXEMPLO 2 Dadas as medidas

| $x$ | 0 | 3 | 6 |
|---|---|---|---|
| $y$ | 1 | 4 | 5 |

Encontre a melhor ajustagem de mínimos quadrados por uma função linear.

### Solução

Para este exemplo, o sistema (4) se torna

$$A\mathbf{c} = \mathbf{y}$$

em que

$$A = \begin{bmatrix} 1 & 0 \\ 1 & 3 \\ 1 & 6 \end{bmatrix}, \quad \mathbf{c} = \begin{bmatrix} c_0 \\ c_1 \end{bmatrix} \quad \text{e} \quad \mathbf{y} = \begin{bmatrix} 1 \\ 4 \\ 5 \end{bmatrix}$$

As equações normais

$$A^T A\mathbf{c} = A^T \mathbf{y}$$

são simplificadas para

$$\begin{bmatrix} 3 & 9 \\ 9 & 45 \end{bmatrix} \begin{bmatrix} c_0 \\ c_1 \end{bmatrix} = \begin{bmatrix} 10 \\ 42 \end{bmatrix} \tag{5}$$

A solução deste sistema é $\left(\frac{4}{3}, \frac{2}{3}\right)$. Logo, a melhor ajustagem de mínimos quadrados é dada por

$$y = \tfrac{4}{3} + \tfrac{2}{3}x$$

■

O Exemplo 2 poderia também ter sido resolvido usando cálculo. O resíduo $r(\mathbf{c})$ é dado por

$$r(\mathbf{c}) = \mathbf{y} - A\mathbf{c}$$

e

$$\begin{aligned} \|r(\mathbf{c})\|^2 &= \|\mathbf{y} - A\mathbf{c}\|^2 \\ &= [1 - (c_0 + 0c_1)]^2 + [4 - (c_0 + 3c_1)]^2 + [5 - (c_0 + 6c_1)]^2 \\ &= f(c_0, c_1) \end{aligned}$$

Logo, $\|r(\mathbf{c})\|^2$ pode ser considerado como uma função de duas variáveis, $f(c_0, c_1)$. O mínimo desta função ocorrerá quando suas derivadas parciais forem zero:

$$\frac{\partial f}{\partial c_0} = -2(10 - 3c_0 - 9c_1) = 0$$

$$\frac{\partial f}{\partial c_1} = -6(14 - 3c_0 - 15c_1) = 0$$

Dividindo ambas as equações por $-2$, dá o mesmo sistema que (5) (veja a Figura 5.3.4).

Se os dados não se assemelham a uma função linear, podemos usar um polinômio de mais alto grau. Para encontrar os coeficientes $c_0, c_1, \ldots, c_n$ da melhor ajustagem de mínimos quadrados aos dados

| $x$ | $x_1$ | $x_2$ | $\cdots$ | $x_m$ |
|---|---|---|---|---|
| $y$ | $y_1$ | $y_2$ | $\cdots$ | $y_m$ |

por um polinômio de grau $n$, devemos encontrar a solução de mínimos quadrados do sistema

$$\begin{bmatrix} 1 & x_1 & x_1^2 & \cdots & x_1^n \\ 1 & x_2 & x_2^2 & \cdots & x_2^n \\ \vdots & & & & \\ 1 & x_m & x_m^2 & \cdots & x_m^n \end{bmatrix} \begin{bmatrix} c_0 \\ c_1 \\ \vdots \\ c_n \end{bmatrix} = \begin{bmatrix} y_1 \\ y_2 \\ \vdots \\ y_m \end{bmatrix} \tag{6}$$

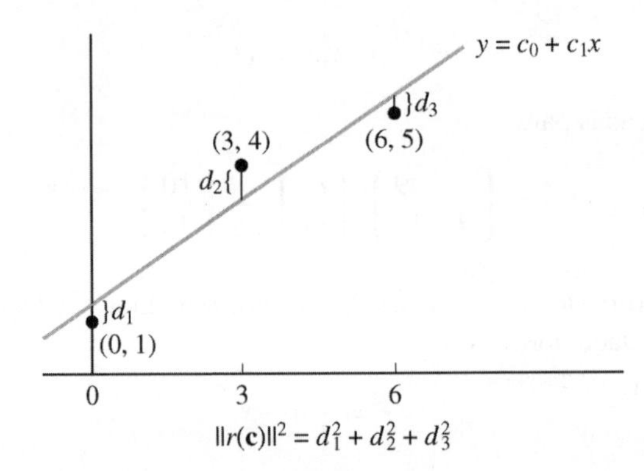


**Figura 5.3.4**

EXEMPLO 3 Encontre a melhor ajustagem de mínimos quadrados por um polimônio do 2º grau dos dados

| $x$ | 0 | 1 | 2 | 3 |
|---|---|---|---|---|
| $y$ | 3 | 2 | 4 | 4 |

## Solução

Para este exemplo, o sistema (6) se torna

$$\begin{pmatrix} 1 & 0 & 0 \\ 1 & 1 & 1 \\ 1 & 2 & 4 \\ 1 & 3 & 9 \end{pmatrix} \begin{pmatrix} c_0 \\ c_1 \\ c_2 \end{pmatrix} = \begin{pmatrix} 3 \\ 2 \\ 4 \\ 4 \end{pmatrix}$$

Logo, as equações normais são

$$\begin{pmatrix} 1 & 1 & 1 & 1 \\ 0 & 1 & 2 & 3 \\ 0 & 1 & 4 & 9 \end{pmatrix} \begin{pmatrix} 1 & 0 & 0 \\ 1 & 1 & 1 \\ 1 & 2 & 4 \\ 1 & 3 & 9 \end{pmatrix} \begin{pmatrix} c_0 \\ c_1 \\ c_2 \end{pmatrix} = \begin{pmatrix} 1 & 1 & 1 & 1 \\ 0 & 1 & 2 & 3 \\ 0 & 1 & 4 & 9 \end{pmatrix} \begin{pmatrix} 3 \\ 2 \\ 4 \\ 4 \end{pmatrix}$$

Isto é simplificado para

$$\begin{pmatrix} 4 & 6 & 14 \\ 6 & 14 & 36 \\ 14 & 36 & 98 \end{pmatrix} \begin{pmatrix} c_0 \\ c_1 \\ c_2 \end{pmatrix} = \begin{pmatrix} 13 \\ 22 \\ 54 \end{pmatrix}$$

A solução deste sistema é (2,75; −0,25; 0,25). O polinômio quadrático que dá a melhor ajustagem de mínimos quadrados aos dados é

$$p(x) = 2{,}75 - 0{,}25x + 0{,}25x^2$$ ■

## APLICAÇÃO 3 Metrologia Coordenada

Muitos bens manufaturados, como hastes, discos e tubos, têm forma circular. Uma companhia frequentemente empregará engenheiros de controle de qualidade para testar se os itens produzidos na linha de fabricação preenchem os padrões industriais. Máquinas com sensores são usadas para gravar as coordenadas de pontos do perímetro dos produtos manufaturados. Para determinar quão perto esses pontos estão de serem circulares, podemos ajustar um círculo de mínimos quadrados aos dados e testar quão próximo ao círculo os pontos medidos estão. (Veja a Figura 5.3.5.)

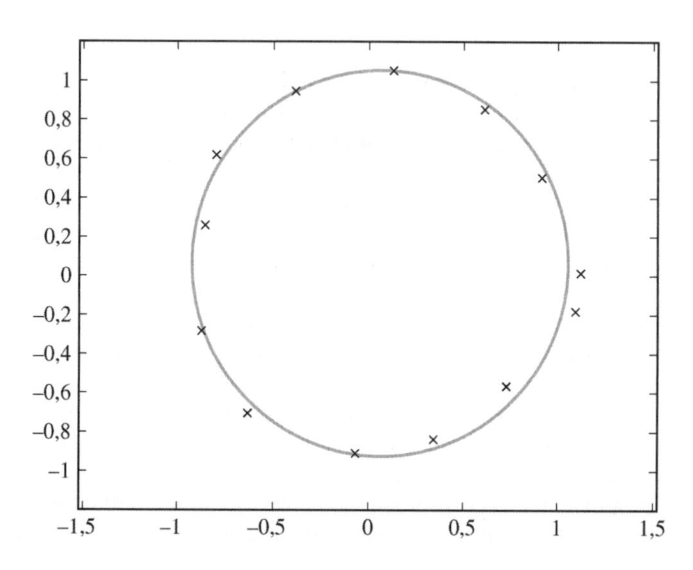


**Figura 5.3.5**

Para se ajustar o círculo

$$(x - c_1)^2 + (y - c_2)^2 = r^2 \tag{7}$$

a $n$ amostras de coordenadas $(x_1, y_1), (x_2, y_2), \ldots, (x_n, y_n)$, precisamos determinar o centro $(c_1, c_2)$ e o raio $r$. Reescrevendo a Equação (7), obtemos

$$2xc_1 + 2yc_2 + (r^2 - c_1^2 - c_2^2) = x^2 + y^2$$

Se fizermos $c_3 = r^2 - c_1^2 - c_2^2$, então a equação toma a forma

$$2xc_1 + 2yc_2 + c_3 = x^2 + y^2$$

Substituindo cada um dos pontos de dados nesta equação, obtemos o sistema sobredeterminado

$$\begin{bmatrix} 2x_1 & 2y_1 & 1 \\ 2x_2 & 2y_2 & 1 \\ \vdots & \vdots & \vdots \\ 2x_n & 2y_n & 1 \end{bmatrix} \begin{bmatrix} c_1 \\ c_2 \\ c_3 \end{bmatrix} = \begin{bmatrix} x_1^2 + y_1^2 \\ x_2^2 + y_2^2 \\ \vdots \\ x_n^2 + y_n^2 \end{bmatrix}$$

Uma vez encontrada a solução de mínimos quadrados $\mathbf{c}$, o centro do círculo de mínimos quadrados é $(c_1, c_2)$, e o raio é determinado fazendo

$$r = \sqrt{c_3 + c_1^2 + c_2^2}$$

Para medir quão próximos os dados amostrados estão do círculo, podemos formar um vetor de resíduos $\mathbf{r}$ fazendo

$$r_i = r^2 - (x_i - c_1)^2 - (y_i - c_2)^2 \quad i = 1, \ldots, n$$

Podemos então usar $\|\mathbf{r}\|$ como uma medida de quão próximos os pontos estão do círculo.

---

## APLICAÇÃO 4 Ciência da Gestão: O Processo de Hierarquia Analítico Revisto

Na Seção 1.3 do Capítulo 1, analisamos um exemplo de como se pode usar o processo da hierarquia analítica da ciência da gestão como uma ferramenta para tomar decisões de contratação em um departamento de Matemática. O processo envolve a seleção dos critérios em que a decisão é baseada e atribuição de pesos para os critérios. No exemplo, as decisões de contratação foram baseadas na classificação dos candidatos nas áreas de Pesquisa, Ensino e Atividades Profissionais. Para cada uma dessas áreas o comitê atribuiu pesos a todos os candidatos. Os pesos são medidas das qualidades relativas dos candidatos em cada área. Uma vez que todos os pesos foram atribuídos, a classificação geral dos candidatos pode ser determinada pela multiplicação de uma matriz por um vetor.

A chave para todo o processo é a atribuição de pesos. Em nosso exemplo, a avaliação do ensino envolverá julgamentos qualitativos pelo comitê de seleção. Esses julgamentos devem então ser traduzidos em pesos. A avaliação da pesquisa pode ser quantitativa, com base no número de páginas que os candidatos publicaram em revistas, e qualitativa, com base na qualidade dos artigos publicados. Uma técnica padrão para determinar pesos com base em julgamentos qualitativos é primeiro fazer comparações entre pares de candidatos e, em seguida, usar essas comparações para determinar pesos. O método aqui descrito conduz a um sistema linear sobredeterminado. Vamos calcular os pesos encontrando a solução de mínimos quadrados para o sistema.

Mais adiante, no Capítulo 6 (Seção 6.8), examinaremos um método "autovetor" alternativo que é comumente usado para determinar pesos baseados em comparações dois a dois. Nesse método, forma-se uma matriz de comparação $C$, cujo elemento $(i, j)$ representa o peso da $i$-ésima característica ou alternativa em relação à $j$-ésima característica ou alternativa. O método depende de um teorema importante sobre matrizes positivas (isto é, matrizes cujos elementos são todos números reais positivos) que estudaremos na Seção 6.8. O método "autovetor" foi recomendado por T. L. Saaty, o desenvolvedor da teoria do processo de hierarquia analítica.

Para nosso exemplo de pesquisa, o comitê atribuiu ponderações para os três critérios baseados nos julgamentos qualitativos de que Ensino e Pesquisa eram igualmente importantes e que ambos eram duas vezes mais importantes que as Atividades Profissionais. Para refletir esses julgamentos, os pesos $w_1$, $w_2$, $w_3$ de Pesquisa, Ensino e Atividades Profissionais devem satisfazer:

$$w_1 = w_2, \quad w_1 = 2w_3, \quad w_2 = 2w_3$$

Além disso, a soma dos pesos deve ser igual a 1. Assim, os pesos devem ser soluções para o sistema

$$\begin{aligned} w_1 - w_2 + 0w_3 &= 0 \\ w_1 + 0w_2 - 2w_3 &= 0 \\ 0w_1 + w_2 - 2w_3 &= 0 \\ w_1 + w_2 + w_3 &= 1 \end{aligned}$$

Embora o sistema seja sobredeterminado, ele tem uma solução única $\mathbf{w} = (0{,}4,\ 0{,}4,\ 0{,}2)^T$. Geralmente os sistemas sobredeterminados são inconsistentes. Na verdade, se o comitê usasse quatro critérios e fizesse comparações dois a dois com base em seus julgamentos humanos, é bem provável que o sistema com o qual eles acabariam (sete equações e quatro incógnitas) fosse inconsistente. Para um sistema inconsistente, podem-se determinar pesos que somam 1 encontrando a solução de mínimos quadrados para um sistema linear. No próximo exemplo, ilustramos como isso é feito.

EXEMPLO 4 Suponha que o comitê de seleção para a posição de matemática tenha reduzido o campo a quatro candidatos: Dr. Gauss, Dr. Ipsen, Dr. O'Leary e Dr. Taussky. Para determinar os pesos para a pesquisa, o comitê decide avaliar tanto a quantidade de publicações quanto a qualidade das publicações. O comitê considera que a qualidade é mais importante do que a quantidade; assim, ao comparar, os dois dão à quantidade das publicações um peso de 0,4 e à qualidade um peso de 0,6. A estrutura hierárquica do processo de decisão é mostrada na Figura 5.3.6. Todos os pesos calculados pelo comitê estão incluídos na figura. Examinaremos como os pesos para a quantidade e a qualidade das publicações foram determinados e então combinamos todos os pesos na figura para calcular um vetor $\mathbf{r}$ contendo as classificações gerais dos candidatos.

Os pesos de pesquisa quantitativa são calculados tomando o número de páginas publicado por um candidato e dividindo pelo número total de páginas publicadas por todos os candidatos combinados. Esses pesos são apresentados na Tabela 1.

**Tabela 1** Pesos da Quantidade de Pesquisa

| Candidato | Páginas | Pesos |
|---|---|---|
| Gauss | 700 | 0,35 |
| Ipsen | 400 | 0,20 |
| O'Leary | 500 | 0,25 |
| Taussky | 400 | 0,20 |
| Total | 2000 | 1,00 |

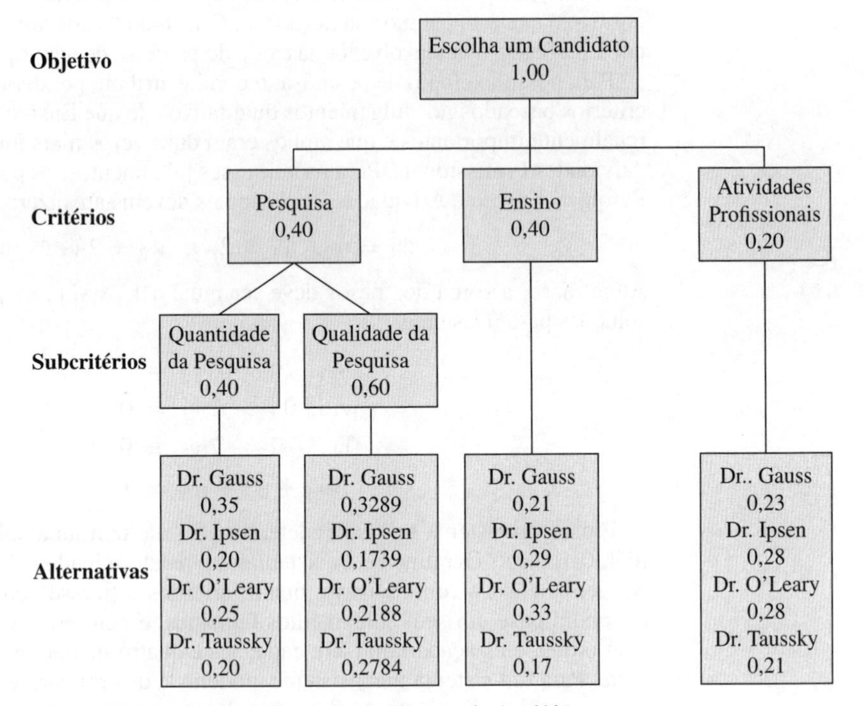


**Figura 5.3.6** Grafo do Processo de Hierarquia Analítica

Para avaliar a qualidade da pesquisa, o comitê fez comparações da qualidade das publicações para cada par de candidatos. Se para determinado par a qualidade foi avaliada igualmente, então os candidatos receberam pesos iguais. Foi acordado que nenhum candidato receberia um peso de qualidade que fosse mais de duas vezes o peso de outro candidato. Assim, se o candidato $i$ tivesse publicações mais impressionantes do que o candidato $j$, então os pesos seriam atribuídos de modo que

$$w_i = \beta w_j \text{ ou } w_j = \frac{1}{\beta} w_i \text{ em que } 1 < \beta \leq 2$$

Depois de estudar as publicações de todos os candidatos, o comitê concordou com as seguintes comparações por pares dos pesos:

$$w_1 = 1{,}75w_2,\ w_1 = 1{,}5w_3,\ w_1 = 1{,}25w_4,\ w_2 = 0{,}75w_3,\ w_2 = 0{,}50w_4,\ w_3 = 0{,}75w_4$$

Estas condições levam ao sistema linear

$$\begin{aligned}
1w_1 - 1{,}75w_2 + 0w_3 + 0w_4 &= 0\\
1w_1 + 0w_2 - 1{,}5w_3 + 0w_4 &= 0\\
1w_1 + 0w_2 + 0w_3 - 1{,}25w_4 &= 0\\
0w_1 + 1w_2 - 0{,}75w_3 + 0w_4 &= 0\\
0w_1 + 1w_2 + 0w_3 - 0{,}50w_4 &= 0\\
0w_1 + 0w_2 + 1w_3 - 0{,}75w_4 &= 0
\end{aligned}$$

Para que nossa solução $\mathbf{w}$ seja um vetor de peso, seus elementos devem somar 1.

$$w_1 + w_2 + w_3 + w_4 = 1$$

Dado que os pesos PHA devem satisfazer exatamente esta última equação, podemos resolver para $w_4$

$$w_4 = 1 - w_1 - w_2 - w_3 \tag{8}$$

e reescrever as outras equações para formar um sistema $6 \times 3$

$$\begin{aligned}
1w_1 - 1{,}75w_2 + 0w_3 &= 0\\
1w_1 + 0w_2 - 1{,}5w_3 &= 0\\
2{,}25w_1 + 1{,}25w_2 + 1{,}25w_3 &= 1{,}25\\
0w_1 + 1w_2 - 0{,}75w_3 &= 0\\
0{,}5w_1 + 1{,}5w_2 + 0{,}5w_3 &= 0{,}5\\
0{,}75w_1 + 0{,}75w_2 + 1{,}75w_3 &= 0{,}75
\end{aligned}$$

Embora este sistema seja inconsistente, ele tem uma única solução de mínimos quadrados $w_1 = 0{,}3289$, $w_2 = 0{,}1739$, $w_3 = 0{,}2188$. Resulta, da Equação (8), que $w_4 = 0{,}2784$.

O passo final em nosso processo de decisão é combinar os vetores de classificação das categorias e subcategorias de avaliação. Multiplicamos cada um desses vetores pelo peso apropriado dado no gráfico e depois os combinamos para formar o vetor $\mathbf{r}$.

$$\mathbf{r} = 0{,}40\left[0{,}40\begin{bmatrix}0{,}35\\0{,}20\\0{,}25\\0{,}20\end{bmatrix} + 0{,}60\begin{bmatrix}0{,}3289\\0{,}1739\\0{,}2188\\0{,}2784\end{bmatrix}\right] + 0{,}40\begin{bmatrix}0{,}21\\0{,}29\\0{,}33\\0{,}17\end{bmatrix} + 0{,}20\begin{bmatrix}0{,}23\\0{,}28\\0{,}28\\0{,}21\end{bmatrix}$$

$$= 0{,}40\begin{bmatrix}0{,}3373\\0{,}1843\\0{,}2313\\0{,}2470\end{bmatrix} + 0{,}40\begin{bmatrix}0{,}21\\0{,}29\\0{,}33\\0{,}17\end{bmatrix} + 0{,}20\begin{bmatrix}0{,}23\\0{,}28\\0{,}28\\0{,}21\end{bmatrix} = \begin{bmatrix}0{,}2649\\0{,}2457\\0{,}2805\\0{,}2088\end{bmatrix}$$

O candidato com a maior nota é O'Leary. Gauss é o segundo. Ipsen e Taussky são o terceiro e o quarto, respectivamente. ■

# PROBLEMAS DA SEÇÃO 5.3

**1.** Encontre a solução de mínimos quadrados de cada um dos seguintes sistemas:

**(a)** $\begin{aligned} x_1 + x_2 &= 3 \\ 2x_1 - 3x_2 &= 1 \\ 0x_1 + 0x_2 &= 2 \end{aligned}$ **(b)** $\begin{aligned} -x_1 + x_2 &= 10 \\ 2x_1 + x_2 &= 5 \\ x_1 - 2x_2 &= 20 \end{aligned}$

**(c)** $\begin{aligned} x_1 + x_2 + x_3 &= 4 \\ -x_1 + x_2 + x_3 &= 0 \\ - x_2 + x_3 &= 1 \\ x_1 \quad + x_3 &= 2 \end{aligned}$

**2.** Para cada uma das soluções $\hat{\mathbf{x}}$ no Problema 1.

**(a)** determine a projeção $\mathbf{p} = A\hat{\mathbf{x}}$.

**(b)** calcule o resíduo $r(\hat{\mathbf{x}})$.

**(c)** verifique que $r(\hat{\mathbf{x}}) \in N(A^T)$.

**3.** Para cada um dos seguintes sistemas $A\mathbf{x} = \mathbf{b}$, encontre todas as soluções de mínimos quadrados:

**(a)** $A = \begin{bmatrix} 1 & 2 \\ 2 & 4 \\ -1 & -2 \end{bmatrix}, \quad \mathbf{b} = \begin{bmatrix} 3 \\ 2 \\ 1 \end{bmatrix}$

**(b)** $A = \begin{bmatrix} 1 & 1 & 3 \\ -1 & 3 & 1 \\ 1 & 2 & 4 \end{bmatrix}, \quad \mathbf{b} = \begin{bmatrix} -2 \\ 0 \\ 8 \end{bmatrix}$

**4.** Para cada um dos sistemas no Problema 3, determine a projeção $\mathbf{p}$ de $\mathbf{b}$ em $R(A)$ e verifique que $\mathbf{b} - \mathbf{p}$ é ortogonal a cada um dos vetores coluna de $A$.

**5.** **(a)** Encontre a melhor ajustagem de mínimos quadrados por uma função linear aos dados

| $x$ | −1 | 0 | 1 | 2 |
|---|---|---|---|---|
| $y$ | 0 | 1 | 3 | 9 |

**(b)** Faça um gráfico de sua função linear da parte (a) juntamente com os dados em um sistema de coordenadas.

**6.** Encontre a melhor ajustagem de mínimos quadrados dos dados no Problema 5 por um polinômio quadrático. Faça um gráfico de sua função, salientando os pontos $x = -1, 0, 1, 2$.

**7.** Dada a coleção de pontos $(x_1, y_1), (x_2, y_2), \ldots, (x_n, y_n)$, sejam

$$\mathbf{x} = (x_1, x_2, \ldots, x_n)^T \qquad \mathbf{y} = (y_1, y_2, \ldots, y_n)^T$$

$$\overline{x} = \frac{1}{n}\sum_{i=1}^{n} x_i \qquad \overline{y} = \frac{1}{n}\sum_{i=1}^{n} y_i$$

e seja $y = c_0 + c_1 x$ a função linear que fornece a melhor ajustagem de mínimos quadrados aos pontos. Mostre que se $\overline{x} = 0$, então

$$c_0 = \overline{y} \quad \text{e} \quad c_1 = \frac{\mathbf{x}^T\mathbf{y}}{\mathbf{x}^T\mathbf{x}}$$

**8.** O ponto $(\overline{x}, \overline{y})$ é o *centro de massa* para a coleção de pontos no Problema 7. Mostre que a reta de mínimos quadrados deve passar pelo centro de massa. [*Sugestão*: Use uma troca de variáveis $z = x - \overline{x}$ para mudar o problema, de modo que a nova variável independente tenha média 0.]

**9.** Seja $A$ uma matriz $m \times n$ com posto $r$ e seja $P = A(A^TA)^{-1}A^T$.

**(a)** Mostre que $P\mathbf{b} = \mathbf{b}$ para todo $\mathbf{b} \in R(A)$. Explique esta propriedade em termos de projeções.

**(b)** Se $\mathbf{b} \in R(A)^\perp$, mostre que $P\mathbf{b} = \mathbf{0}$.

**(c)** Dê uma ilustração geométrica das partes (a) e (b) se $R(A)$ é um plano através da origem de $\mathbb{R}^3$.

**10.** Seja $A$ uma matriz $8 \times 5$ de posto 3 e seja $\mathbf{b}$ um vetor não nulo em $N(A^T)$.

**(a)** Mostre que o sistema $A\mathbf{x} = \mathbf{b}$ deve ser inconsistente.

**(b)** Quantas soluções de mínimos quadrados terá o sistema $A\mathbf{x} = \mathbf{b}$? Explique.

**11.** Seja $P = A(A^TA)^{-1}A^T$, em que $A$ é uma matriz $m \times n$ com posto $n$.

**(a)** Mostre que $P^2 = P$.

**(b)** Demonstre que $P^k = P$ para $k = 1, 2, \ldots$

**(c)** Mostre que $P$ é simétrica. [*Sugestão*: Se $B$ é não singular, então $(B^{-1})^T = (B^T)^{-1}$.]

**12.** Mostre que se

$$\begin{bmatrix} A & I \\ O & A^T \end{bmatrix} \begin{bmatrix} \hat{\mathbf{x}} \\ \mathbf{r} \end{bmatrix} = \begin{bmatrix} \mathbf{b} \\ \mathbf{0} \end{bmatrix}$$

então $\hat{\mathbf{x}}$ é uma solução de mínimos quadrados do sistema $A\mathbf{x} = \mathbf{b}$ e $\mathbf{r}$ é o vetor resíduo.

**13.** Seja $A \in \mathbb{R}^{m\times n}$ e seja $\hat{\mathbf{x}}$ uma solução do problema de mínimos quadrados $A\mathbf{x} = \mathbf{b}$. Mostre que um vetor $\mathbf{y} \in \mathbb{R}^n$ será também uma solução se e somente se $\mathbf{y} = \hat{\mathbf{x}} + \mathbf{z}$, para algum vetor $\mathbf{z} \in N(A)$. [*Sugestão*: $N(A^TA) = N(A)$.]

**14.** Encontre a equação do círculo que dá a melhor ajustagem de mínimos quadrados aos pontos $(-1; -2)$, $(0; 2{,}4)$, $(1{,}1; -4)$ e $(2{,}4; -1{,}6)$.

**15.** Suponha que no procedimento de busca descrito no Exemplo 4, o comitê de seleção fez os seguintes julgamentos na avaliação das credenciais de ensino dos candidatos:

**(i)** Gauss e Taussky têm credenciais de ensino iguais.

**(ii)** As credenciais de ensino de O'Leary devem ter 1,25 vez o peso das credenciais de Ipsen e 1,75 vez o peso dado às credenciais de Gauss e Taussky.

**(iii)** As credenciais de ensino de Ipsen devem ser dadas 1,25 vez o peso dado às credenciais de Gauss e Taussky.

**(a)** Utilize o método dado na Aplicação 4 para determinar um vetor de pesos para classificar as credenciais de ensino dos candidatos.

**(b)** Utilize o vetor de peso da parte (a) para obter classificações gerais dos candidatos.

# 5.4 Espaços de Produto Interno

Produtos escalares não são úteis somente em $\mathbb{R}^n$, mas em uma larga variedade de contextos. Para generalizar o conceito a outros espaços vetoriais, introduzimos a seguinte definição.

## Definição e Exemplos

**Definição** Um **produto interno** em um espaço vetorial $V$ é uma operação em $V$ que atribui, a cada par de vetores $\mathbf{x}$ e $\mathbf{y}$ em $V$, um número real $\langle \mathbf{x}, \mathbf{y} \rangle$ satisfazendo as seguintes condições:

**I.** $\langle \mathbf{x}, \mathbf{y} \rangle \geq 0$ com igualdade se e somente se $\mathbf{x} = \mathbf{0}$.
**II.** $\langle \mathbf{x}, \mathbf{y} \rangle = \langle \mathbf{y}, \mathbf{x} \rangle$ para todos $\mathbf{x}$ e $\mathbf{y}$ em $V$.
**III.** $\langle \alpha\mathbf{x} + \beta\mathbf{y}, \mathbf{z} \rangle = \alpha \langle \mathbf{x}, \mathbf{z} \rangle + \beta \langle \mathbf{y}, \mathbf{z} \rangle$ para todos $\mathbf{x}, \mathbf{y}, \mathbf{z}$ em $V$ e todos os escalares $\alpha$ e $\beta$.

Um espaço vetorial $V$ com um produto interno é chamado de **espaço com produto interno**.

## O Espaço Vetorial $\mathbb{R}^n$

O produto interno padrão para $\mathbb{R}^n$ é o produto escalar

$$\langle \mathbf{x}, \mathbf{y} \rangle = \mathbf{x}^T \mathbf{y}$$

Dado um vetor $\mathbf{w}$ com elementos positivos, também podemos definir um produto interno em $\mathbb{R}^n$ por

$$\langle \mathbf{x}, \mathbf{y} \rangle = \sum_{i=1}^{n} x_i y_i w_i \tag{1}$$

Os elementos $w_i$ são chamados de *pesos*.

## O Espaço Vetorial $\mathbb{R}^{m \times n}$

Dados $A$ e $B$ em $\mathbb{R}^{m \times n}$, podemos definir um produto interno por

$$\langle A, B \rangle = \sum_{i=1}^{m} \sum_{j=1}^{n} a_{ij} b_{ij} \tag{2}$$

Deixamos para o leitor verificar que (2) define, com efeito, um produto interno em $\mathbb{R}^{m+n}$.

## Espaço Vetorial *C*[*a*, *b*]

Podemos definir um produto interno em $C[a, b]$ por

$$\langle f, g\rangle = \int_a^b f(x)g(x)\,dx \tag{3}$$

Note que

$$\langle f, f\rangle = \int_a^b (f(x))^2\,dx \geq 0$$

Se $f(x_0) \neq 0$ para algum $x_0$ em $[a, b]$, então, como $(f(x))^2$ é contínua, existe um intervalo $I$ em $[a, b]$ contendo $x_0$ tal que $(f(x))^2 \geq (f(x_0))^2/2$ para todo $x$ em $I$. Se fizermos $p$ representar o comprimento de $I$, então segue-se que

$$\langle f, f\rangle = \int_a^b (f(x))^2\,dx \geq \int_I (f(x))^2\,dx \geq \frac{(f(x_0))^2 p}{2} > 0$$

Desse modo, se $\langle f, f\rangle = 0$, $f(x)$ deve ser identicamente nula em $[a, b]$. Deixamos para o leitor a verificação de que (3) satisfaz as duas outras condições especificadas na definição de um produto interno.

Se $w(x)$ é uma função positiva contínua em $[a, b]$, então

$$\langle f, g\rangle = \int_a^b f(x)g(x)w(x)\,dx \tag{4}$$

também define um produto interno em $C[a, b]$. A função $w(x)$ é chamada de *função peso*. Logo, é possível definir vários produtos internos em $C[a, b]$.

## O Espaço Vetorial $P_n$

Sejam $x_1, x_2, \ldots, x_n$ números reais distintos. Para cada par de polinômios em $P_n$, defina-se

$$\langle p, q\rangle = \sum_{i=1}^{n} p(x_i)q(x_i) \tag{5}$$

É facilmente visto que (5) satisfaz as condições (ii) e (iii) da definição de produto interno. Para mostrar que (i) é válida, note que

$$\langle p, p\rangle = \sum_{i=1}^{n} (p(x_i))^2 \geq 0$$

Se $\langle p, p\rangle = 0$, então $x_1, x_2, \ldots, x_n$ devem ser raízes de $p(x) = 0$. Como $p(x)$ é de grau menor que $n$, ele deve ser o polinômio nulo.

Se $w(x)$ é uma função positiva, então

$$\langle p, q\rangle = \sum_{i=1}^{n} p(x_i)q(x_i)w(x_i)$$

também define um produto interno em $P_n$.

## Propriedades Básicas dos Espaços de Produto Interno

Os resultados apresentados na Seção 5.1 para produtos escalares em $\mathbb{R}^n$ todos são generalizados para espaços de produto interno. Em particular, se $\mathbf{v}$ é um vetor em um espaço com produto interno $V$, o *comprimento* ou *norma* de $\mathbf{v}$ é dado por

$$\|\mathbf{v}\| = \sqrt{\langle \mathbf{v}, \mathbf{v} \rangle}$$

Dois vetores $\mathbf{u}$ e $\mathbf{v}$ são ditos *ortogonais* se $\langle \mathbf{u}, \mathbf{v} \rangle = 0$. Como em $\mathbb{R}^n$, um par de vetores ortogonais satisfaz a lei de Pitágoras.

**Teorema 5.4.1** A Lei de Pitágoras

*Se $\mathbf{u}$ e $\mathbf{v}$ são vetores ortogonais em um espaço de produto interno $V$, então*

$$\|\mathbf{u} + \mathbf{v}\|^2 = \|\mathbf{u}\|^2 + \|\mathbf{v}\|^2$$

*Demonstração*

$$\begin{aligned} \|\mathbf{u} + \mathbf{v}\|^2 &= \langle \mathbf{u} + \mathbf{v}, \mathbf{u} + \mathbf{v} \rangle \\ &= \langle \mathbf{u}, \mathbf{u} \rangle + 2\langle \mathbf{u}, \mathbf{v} \rangle + \langle \mathbf{v}, \mathbf{v} \rangle \\ &= \|\mathbf{u}\|^2 + \|\mathbf{v}\|^2 \end{aligned}$$

∎

Interpretado no $\mathbb{R}^2$, isto é justamente o familiar teorema de Pitágoras como mostrado na Figura 5.4.1.

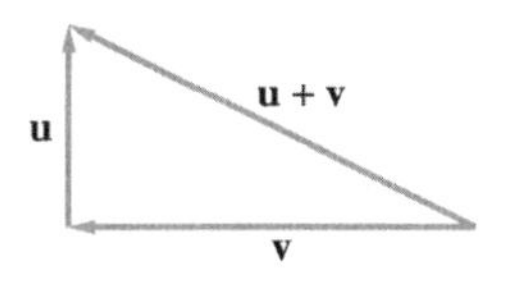


**Figura 5.4.1**

EXEMPLO 1 Considere o espaço vetorial $C[-1, 1]$ com produto interno definido por (3). Os vetores 1 e $x$ são ortogonais, já que

$$\langle 1, x \rangle = \int_{-1}^{1} 1 \cdot x \, dx = 0$$

Para determinar os comprimentos destes vetores, calculamos

$$\langle 1, 1 \rangle = \int_{-1}^{1} 1 \cdot 1 \, dx = 2$$

$$\langle x, x \rangle = \int_{-1}^{1} x^2 \, dx = \frac{2}{3}$$

Segue-se que

$$\|1\| = (\langle 1, 1 \rangle)^{1/2} = \sqrt{2}$$

$$\|x\| = (\langle x, x \rangle)^{1/2} = \frac{\sqrt{6}}{3}$$

Como 1 e $x$ são ortogonais, satisfazem a lei de Pitágoras:

$$\|1 + x\|^2 = \|1\|^2 + \|x\|^2 = 2 + \frac{2}{3} = \frac{8}{3}$$

O leitor pode verificar que

$$\|1 + x\|^2 = \langle 1 + x, 1 + x \rangle = \int_{-1}^{1} (1 + x)^2 \, dx = \frac{8}{3}$$ ■

**EXEMPLO 2** Para o espaço vetorial $C[-\pi, \pi]$, se usarmos uma função peso constante $w(x) = 1/\pi$ para definir um produto interno

$$\langle f, g \rangle = \frac{1}{\pi} \int_{-\pi}^{\pi} f(x)g(x) \, dx \tag{6}$$

então

$$\langle \cos x, \operatorname{sen} x \rangle = \frac{1}{\pi} \int_{-\pi}^{\pi} \cos x \operatorname{sen} x \, dx = 0$$

$$\langle \cos x, \cos x \rangle = \frac{1}{\pi} \int_{-\pi}^{\pi} \cos x \cos x \, dx = 1$$

$$\langle \operatorname{sen} x, \operatorname{sen} x \rangle = \frac{1}{\pi} \int_{-\pi}^{\pi} \operatorname{sen} x \operatorname{sen} x \, dx = 1$$

Logo, $\cos x$ e $\operatorname{sen} x$ são vetores unitários ortogonais em relação a este produto interno. Segue-se, da lei de Pitágoras, que

$$\| \cos x + \operatorname{sen} x \| = \sqrt{2}$$ ■

O produto interno (6) desempenha um papel-chave em aplicações de análise de Fourier envolvendo aproximações trigonométricas de funções. Veremos algumas dessas aplicações na Seção 5.5.

Para o espaço vetorial $\mathbb{R}^{m \times n}$, a norma derivada para o produto interno (2) é chamada de *norma de Frobenius* e é representada por $\| \cdot \|_F$. Logo, se $A \in \mathbb{R}^{m \times n}$, então

$$\|A\|_F = (\langle A, A \rangle)^{1/2} = \left( \sum_{i=1}^{m} \sum_{j=1}^{n} a_{ij}^2 \right)^{1/2}$$

**EXEMPLO 3** Se

$$A = \begin{bmatrix} 1 & 1 \\ 1 & 2 \\ 3 & 3 \end{bmatrix} \quad \text{e} \quad B = \begin{bmatrix} -1 & 1 \\ 3 & 0 \\ -3 & 4 \end{bmatrix}$$

então

$$\langle A, B \rangle = 1 \cdot -1 + 1 \cdot 1 + 1 \cdot 3 + 2 \cdot 0 + 3 \cdot -3 + 3 \cdot 4 = 6$$

Portanto, $A$ não é ortogonal a $B$. As normas destas matrizes são dadas por

$$\|A\|_F = (1+1+1+4+9+9)^{1/2} = 5$$
$$\|B\|_F = (1+1+9+0+9+16)^{1/2} = 6 \quad \blacksquare$$

EXEMPLO 4 Em $P_5$, defina um produto interno por (5) com $x_i = (i-1)/4$ para $i = 1, 2, \ldots, 5$. O comprimento da função $p(x) = 4x$ é dado por

$$\|4x\| = (\langle 4x, 4x\rangle)^{1/2} = \left(\sum_{i=1}^{5} 16x_i^2\right)^{1/2} = \left(\sum_{i=1}^{5} (i-1)^2\right)^{1/2} = \sqrt{30} \quad \blacksquare$$

**Definição**

Se **u** e **v** são vetores em um espaço de produto interno $V$ e $\mathbf{v} \neq \mathbf{0}$, então a **projeção escalar** de **u** em **v** é dada por

$$\alpha = \frac{\langle \mathbf{u}, \mathbf{v}\rangle}{\|\mathbf{v}\|}$$

e a **projeção vetorial u** em **v** é dada por

$$\mathbf{p} = \alpha\left(\frac{1}{\|\mathbf{v}\|}\mathbf{v}\right) = \frac{\langle \mathbf{u}, \mathbf{v}\rangle}{\langle \mathbf{v}, \mathbf{v}\rangle}\mathbf{v} \tag{7}$$

## Observações

Se $\mathbf{v} \neq \mathbf{0}$ e **p** é a projeção vetorial de **u** em **v**, então

**I.** $\mathbf{u} - \mathbf{p}$ e **p** são ortogonais.
**II.** $\mathbf{u} = \mathbf{p}$ se e somente se **u** é um múltiplo escalar de **v**.

***Demonstração da Observação I*** Como

$$\langle \mathbf{p}, \mathbf{p}\rangle = \langle \frac{\alpha}{\|\mathbf{v}\|}\mathbf{v}, \frac{\alpha}{\|\mathbf{v}\|}\mathbf{v}\rangle = \left(\frac{\alpha}{\|\mathbf{v}\|}\right)^2 \langle \mathbf{v}, \mathbf{v}\rangle = \alpha^2$$

e

$$\langle \mathbf{u}, \mathbf{p}\rangle = \frac{(\langle \mathbf{u}, \mathbf{v}\rangle)^2}{\langle \mathbf{v}, \mathbf{v}\rangle} = \alpha^2$$

segue-se que

$$\langle \mathbf{u} - \mathbf{p}, \mathbf{p}\rangle = \langle \mathbf{u}, \mathbf{p}\rangle - \langle \mathbf{p}, \mathbf{p}\rangle = \alpha^2 - \alpha^2 = 0$$

Portanto, $\mathbf{u} - \mathbf{p}$ e **p** são ortogonais. ■

***Demonstração da Observação II*** Se $\mathbf{u} = \beta\,\mathbf{v}$, então a projeção vetorial de **u** em **v** é dada por

$$\mathbf{p} = \frac{\langle \beta\mathbf{v}, \mathbf{v}\rangle}{\langle \mathbf{v}, \mathbf{v}\rangle}\mathbf{v} = \beta\mathbf{v} = \mathbf{u}$$

Inversamente, se $\mathbf{u} = \mathbf{p}$, segue-se, de (7), que

$$\mathbf{u} = \beta\mathbf{v} \quad \text{em que} \quad \beta = \frac{\alpha}{\|\mathbf{v}\|}$$

■

As Observações I e II são úteis para estabelecer o seguinte teorema:

**Teorema 5.4.2** A Desigualdade de Cauchy-Schwarz

*Se* **u** *e* **v** *são dois vetores quaisquer em um espaço de produto interno V, então*

$$|\langle \mathbf{u}, \mathbf{v}\rangle| \leq \|\mathbf{u}\| \, \|\mathbf{v}\| \tag{8}$$

*A igualdade é válida se e somente se* **u** *e* **v** *são linearmente dependentes.*

***Demonstração*** Se $\mathbf{v} = \mathbf{0}$, então

$$|\langle \mathbf{u}, \mathbf{v}\rangle| = 0 = \|\mathbf{u}\|\|\mathbf{v}\|$$

Se $\mathbf{v} \neq \mathbf{0}$, então seja **p** a projeção vetorial de **u** em **v**. Como **p** é ortogonal a $\mathbf{u} - \mathbf{p}$, segue-se, da lei de Pitágoras, que

$$\|\mathbf{p}\|^2 + \|\mathbf{u} - \mathbf{p}\|^2 = \|\mathbf{u}\|^2$$

Logo,

$$\frac{(\langle \mathbf{u}, \mathbf{v}\rangle)^2}{\|\mathbf{v}\|^2} = \|\mathbf{p}\|^2 = \|\mathbf{u}\|^2 - \|\mathbf{u} - \mathbf{p}\|^2$$

e, portanto,

$$(\langle \mathbf{u}, \mathbf{v}\rangle)^2 = \|\mathbf{u}\|^2\|\mathbf{v}\|^2 - \|\mathbf{u} - \mathbf{p}\|^2\|\mathbf{v}\|^2 \leq \|\mathbf{u}\|^2\|\mathbf{v}\|^2 \tag{9}$$

Então,

$$|\langle \mathbf{u}, \mathbf{v}\rangle| \leq \|\mathbf{u}\|\|\mathbf{v}\|$$

A igualdade é válida em (9) se e somente se $\mathbf{u} = \mathbf{p}$. Segue-se, da Observação II, que a igualdade será válida em (8) se e somente se $\mathbf{v} = \mathbf{0}$, ou se **u** for um múltiplo de **v**. Enunciado mais simplesmente, a igualdade será válida se e somente se **u** e **v** forem linearmente dependentes. ■

Uma consequência da desigualdade de Cauchy-Schwarz é que, se **u** e **v** forem vetores não nulos, então

$$-1 \leq \frac{\langle \mathbf{u}, \mathbf{v}\rangle}{\|\mathbf{u}\|\|\mathbf{v}\|} \leq 1$$

e, portanto, há um único ângulo $\theta$ em $[0, \pi]$, tal que

$$\cos\theta = \frac{\langle \mathbf{u}, \mathbf{v}\rangle}{\|\mathbf{u}\|\|\mathbf{v}\|} \tag{10}$$

Logo, a Equação (10) pode ser usada para definir o ângulo $\theta$ entre dois vetores não nulos **u** e **v**.

## Normas

A palavra *norma*, em matemática, tem seu próprio significado que é independente de um produto interno, e seu uso aqui deve ser justificado.

**Definição**

Um espaço vetorial $V$ é dito um **espaço linear normado** se, para cada vetor $\mathbf{v} \in V$, é associado um número real $\|\mathbf{v}\|$, chamado de **norma** de $\mathbf{v}$, satisfazendo

**I.** $\|\mathbf{v}\| \geq 0$ com igualdade se e somente se $\mathbf{v} = \mathbf{0}$.
**II.** $\|\alpha\, \mathbf{v}\| = |\alpha|\, \|\mathbf{v}\|$ para qualquer escalar $\alpha$.
**III.** $\|\mathbf{v} + \mathbf{w}\| \leq \|\mathbf{v}\| + \|\mathbf{w}\|$ para todos $\mathbf{v}, \mathbf{w} \in V$.

A terceira condição é chamada de *desigualdade triangular* (veja a Figura 5.4.2).

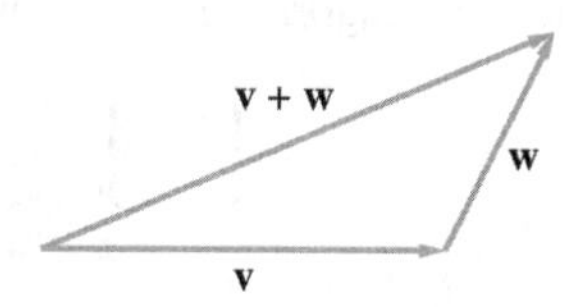


**Figura 5.4.2**

**Teorema 5.4.3** *Se $V$ é um espaço de produto interno, então a equação*

$$\|\mathbf{v}\| = \sqrt{\langle \mathbf{v}, \mathbf{v} \rangle} \quad \text{para todo } \mathbf{v} \in V$$

*define a norma em $V$.*

*Demonstração* É facilmente observado que as condições **I** e **II** da definição são satisfeitas. Deixamos para o leitor a verificação disto e prosseguimos para mostrar que a condição **III** é satisfeita.

$$\begin{aligned}
\|\mathbf{u} + \mathbf{v}\|^2 &= \langle \mathbf{u} + \mathbf{v}, \mathbf{u} + \mathbf{v} \rangle \\
&= \langle \mathbf{u}, \mathbf{u} \rangle + 2\langle \mathbf{u}, \mathbf{v} \rangle + \langle \mathbf{v}, \mathbf{v} \rangle \\
&\leq \|\mathbf{u}\|^2 + 2\|\mathbf{u}\|\, \|\mathbf{v}\| + \|\mathbf{v}\|^2 \quad \text{(Cauchy-Schwarz)} \\
&= (\|\mathbf{u}\| + \|\mathbf{v}\|)^2
\end{aligned}$$

Logo,

$$\|\mathbf{u} + \mathbf{v}\| \leq \|\mathbf{u}\| + \|\mathbf{v}\| \qquad \blacksquare$$

É possível definir muitas normas diferentes em um espaço vetorial dado. Por exemplo, em $\mathbb{R}^n$ poderíamos definir

$$\|\mathbf{x}\|_1 = \sum_{i=1}^{n} |x_i|$$

para todo $\mathbf{x} = (x_1, x_2, \ldots, x_n)^T$. É fácil verificar que $\|\cdot\|_1$ define uma norma em $\mathbb{R}^n$. Outra norma importante em $\mathbb{R}^n$ é a *norma uniforme* ou *norma infinita*, que é definida por

$$\|\mathbf{x}\|_\infty = \underset{1 \leq i \leq n}{\text{máx}}\, |x_i|$$

Mais geralmente, podemos definir uma norma em $\mathbb{R}^n$ por

$$\|\mathbf{x}\|_p = \left( \sum_{i=1}^{n} |x_i|^p \right)^{1/p}$$

para qualquer número real $p \geq 1$. Em particular, se $p = 2$, então

$$\|\mathbf{x}\|_2 = \left( \sum_{i=1}^{n} |x_i|^2 \right)^{1/2} = \sqrt{\langle \mathbf{x}, \mathbf{x} \rangle}$$

A norma $\|\cdot\|_2$ é a norma em $\mathbb{R}^n$ derivada do produto interno. Se $p \neq 2$, $\|\cdot\|_p$ não corresponde a qualquer produto interno. No caso de uma norma que não é derivada de um produto interno, a lei de Pitágoras não é válida. Por exemplo,

$$\mathbf{x}_1 = \begin{bmatrix} 1 \\ 2 \end{bmatrix} \quad \text{e} \quad \mathbf{x}_2 = \begin{bmatrix} -4 \\ 2 \end{bmatrix}$$

são ortogonais; no entanto,

$$\|\mathbf{x}_1\|_\infty^2 + \|\mathbf{x}_2\|_\infty^2 = 4 + 16 = 20$$

enquanto

$$\|\mathbf{x}_1 + \mathbf{x}_2\|_\infty^2 = 16$$

Se, no entanto, $\|\cdot\|_2$ for usada, então

$$\|\mathbf{x}_1\|_2^2 + \|\mathbf{x}_2\|_2^2 = 5 + 20 = 25 = \|\mathbf{x}_1 + \mathbf{x}_2\|_2^2$$

**EXEMPLO 5** Seja $\mathbf{x}$ o vetor $(4, -5, 3)^T$ em $\mathbb{R}^3$. Calcule $\|\mathbf{x}\|_1$, $\|\mathbf{x}\|_2$ e $\|\mathbf{x}\|_\infty$.

$$\|\mathbf{x}\|_1 = |4| + |-5| + |3| = 12$$

$$\|\mathbf{x}\|_2 = \sqrt{16 + 25 + 9} = 5\sqrt{2}$$

$$\|\mathbf{x}\|_\infty = \text{máx}(|4|, |-5|, |3|) = 5$$

■

É também possível definir diferentes normas matriciais para $\mathbb{R}^{m \times n}$. No Capítulo 7, estudaremos outros tipos de normas matriciais que são úteis na determinação da sensibilidade dos sistemas lineares.

Em geral, uma norma fornece um meio de medir a distância entre vetores.

**Definição** Sejam $\mathbf{x}$ e $\mathbf{y}$ vetores em um espaço linear normado. A distância entre $\mathbf{x}$ e $\mathbf{y}$ é definida pelo número $\|\mathbf{y} - \mathbf{x}\|$.

Muitas aplicações envolvem encontrar um único vetor mais próximo em um subespaço $S$ a um vetor $\mathbf{v}$ dado em um espaço vetorial $V$. Se a norma usada para $V$ é derivada de um produto interno, então o vetor mais próximo pode ser calculado como uma projeção vetorial de $\mathbf{v}$ no subespaço $S$. Esse tipo de problema de aproximação é discutido mais longamente na próxima seção.

# PROBLEMAS DA SEÇÃO 5.4

**1.** Sejam $\mathbf{x} = (-1, -1, 1, 1)^T$ e $\mathbf{y} = (1, 1, 5, -3)^T$. Mostre que $\mathbf{x} \perp \mathbf{y}$. Calcule $\|\mathbf{x}\|_2$, $\|\mathbf{y}\|_2$, $\|\mathbf{x} + \mathbf{y}\|_2$ e verifique que a lei de Pitágoras é válida.

**2.** Sejam $\mathbf{x} = (1, 1, 1, 1)^T$ e $\mathbf{y} = (8, 2, 2, 0)^T$.

(a) Determine o ângulo $\theta$ entre $\mathbf{x}$ e $\mathbf{y}$.

(b) Encontre a projeção vetorial $\mathbf{p}$ de $\mathbf{x}$ em $\mathbf{y}$.

(c) Verifique que $\mathbf{x} - \mathbf{p}$ é ortogonal a $\mathbf{p}$.

(d) Calcule $\|\mathbf{x} - \mathbf{p}\|_2$, $\|\mathbf{p}\|_2$, $\|\mathbf{x}\|_2$ e verifique que a lei de Pitágoras é válida.

**3.** Use a Equação (1) com vetor de peso $\left(\frac{1}{4}, \frac{1}{2}, \frac{1}{4}\right)^T$ para definir um produto interno para $\mathbb{R}^3$, e sejam $\mathbf{x} = (1, 1, 1)^T$ e $\mathbf{y} = (-5, 1, 3)^T$.

(a) Mostre que $\mathbf{x}$ e $\mathbf{y}$ são ortogonais em relação a este produto interno.

(b) Calcule os valores de $\|\mathbf{x}\|$ e $\|\mathbf{y}\|$ em relação a este produto interno.

**4.** Dados

$$A = \begin{bmatrix} 1 & 2 & 2 \\ 1 & 0 & 2 \\ 3 & 1 & 1 \end{bmatrix} \quad \text{e} \quad B = \begin{bmatrix} -4 & 1 & 1 \\ -3 & 3 & 2 \\ 1 & -2 & -2 \end{bmatrix}$$

determine o valor de cada um dos seguintes:

(a) $\langle A, B \rangle$ (b) $\|A\|_F$

(c) $\|B\|_F$ (d) $\|A + B\|_F$

**5.** Mostre que a Equação (2) define um produto interno em $\mathbb{R}^{m \times n}$.

**6.** Mostre que o produto interno definido pela Equação (3) satisfaz as duas últimas condições da definição de um produto interno.

**7.** Em $C[0, 1]$, com produto interno definido por (3), calcule

(a) $\langle e^x, e^{-x} \rangle$ (b) $\langle x, \operatorname{sen} \pi x \rangle$ (c) $\langle x^2, x^3 \rangle$

**8.** Em $C[0, 1]$, com produto interno definido por (3), considere os vetores 1 e $x$.

(a) Ache o ângulo $\theta$ entre 1 e $x$.

(b) Determine a projeção vetorial $\mathbf{p}$ de 1 em $x$ e verifique que $1 - \mathbf{p}$ é ortogonal a $\mathbf{p}$.

(c) Calcule $\|1 - \mathbf{p}\|$, $\|\mathbf{p}\|$, $\|1\|$ e verifique que a lei de Pitágoras é válida.

**9.** Em $C[-\pi, \pi]$ com produto interno definido por (6), mostre que $\cos mx$ e $\operatorname{sen} nx$ são ortogonais e que ambos são vetores unitários. Determine a distância entre os dois vetores.

**10.** Mostre que as funções $x$ e $x^2$ são ortogonais em $P_5$ com produto interno definido por (5), em que $x_i = (i - 3)/2$ para $i = 1, \ldots, 5$.

**11.** Em $P_5$ com o produto interno como no Problema 10 e norma definida por

$$\|p\| = \sqrt{\langle p, p \rangle} = \left\{ \sum_{i=1}^{5} [p(x_i)]^2 \right\}^{1/2}$$

calcule

(a) $\|x\|$

(b) $\|x^2\|$

(c) a distância entre $x$ e $x^2$

**12.** Se $V$ é um espaço com produto interno, mostre que

$$\|\mathbf{v}\| = \sqrt{\langle \mathbf{v}, \mathbf{v} \rangle}$$

satisfaz as duas primeiras condições na definição de uma norma.

**13.** Mostre que

$$\|\mathbf{x}\|_1 = \sum_{i=1}^{n} |x_i|$$

define uma norma em $\mathbb{R}^n$.

**14.** Mostre que

$$\|\mathbf{x}\|_\infty = \max_{1 \le i \le n} |x_i|$$

define uma norma em $\mathbb{R}^n$.

**15.** Calcule $\|\mathbf{x}\|_1$, $\|\mathbf{x}\|_2$ e $\|\mathbf{x}\|_\infty$ para cada um dos seguintes vetores em $\mathbb{R}^3$:

(a) $\mathbf{x} = (-3, 4, 0)^T$

(b) $\mathbf{x} = (-1, -1, 2)^T$

(c) $\mathbf{x} = (1, 1, 1)^T$

**16.** Sejam $\mathbf{x} = (5, 2, 4)^T$ e $\mathbf{y} = (3, 3, 2)^T$. Calcule $\|\mathbf{x} - \mathbf{y}\|_1$, $\|\mathbf{x} - \mathbf{y}\|_2$ e $\|\mathbf{x} - \mathbf{y}\|_\infty$. Sob que norma os dois vetores estão mais próximos? Sob que norma estão mais distantes?

**17.** Sejam $\mathbf{x}$ e $\mathbf{y}$ vetores em um espaço com produto interno. Mostre que, se $\mathbf{x} \perp \mathbf{y}$, então a distância entre $\mathbf{x}$ e $\mathbf{y}$ é

$$\left(\|\mathbf{x}\|^2 + \|\mathbf{y}\|^2\right)^{1/2}$$

**18.** Mostre que, se $\mathbf{u}$ e $\mathbf{v}$ são vetores em um espaço com produto interno que satisfaz a lei de Pitágoras

$$\|\mathbf{u} + \mathbf{v}\|^2 = \|\mathbf{u}\|^2 + \|\mathbf{v}\|^2$$

então $\mathbf{u}$ e $\mathbf{v}$ devem ser ortogonais.

**19.** Em $\mathbb{R}^n$ com produto interno

$$\langle \mathbf{x}, \mathbf{y} \rangle = \mathbf{x}^T \mathbf{y}$$

derive uma fórmula para a distância entre dois vetores $\mathbf{x} = (x_1, \ldots, x_n)^T$ e $\mathbf{y} = (y_1, \ldots, y_n)^T$.

**20.** Seja $A$ uma matriz não singular $n \times n$ e para cada vetor $\mathbf{x} \in \mathbb{R}^n$, defina-se

$$\|\mathbf{x}\|_A = \|A\mathbf{x}\|_2 \qquad (11)$$

Mostre que (11) define uma norma em $\mathbb{R}^n$.

**21.** Seja $\mathbf{x} \in \mathbb{R}^n$. Mostre que $\|\mathbf{x}\|_\infty \leq \|\mathbf{x}\|_2$.

**22.** Seja $\mathbf{x} \in \mathbb{R}^2$. Mostre que $\|\mathbf{x}\|_2 \leq \|\mathbf{x}\|_1$. [*Sugestão*: Escreva $\mathbf{x}$ sob a forma $x_1\mathbf{e}_1 + x_2\mathbf{e}_2$ e use a desigualdade triangular.]

**23.** Dê um exemplo de um vetor não nulo $\mathbf{x} \in \mathbb{R}^2$ para o qual

$$\|\mathbf{x}\|_\infty = \|\mathbf{x}\|_2 = \|\mathbf{x}\|_1$$

**24.** Mostre que, em qualquer espaço vetorial com uma norma,

$$\|-\mathbf{v}\| = \|\mathbf{v}\|$$

**25.** Mostre que, para quaisquer $\mathbf{u}$ e $\mathbf{v}$ em um espaço vetorial normado,

$$\|\mathbf{u} + \mathbf{v}\| \geq |\,\|\mathbf{u}\| - \|\mathbf{v}\|\,|$$

**26.** Demonstre que, para quaisquer $\mathbf{u}$ e $\mathbf{v}$ em um espaço com produto interno $V$,

$$\|\mathbf{u} + \mathbf{v}\|^2 + \|\mathbf{u} - \mathbf{v}\|^2 = 2\|\mathbf{u}\|^2 + 2\|\mathbf{v}\|^2$$

Dê uma interpretação geométrica deste resultado para o espaço vetorial $\mathbb{R}^2$.

**27.** O resultado do Problema 26 não é válido para normas não derivadas do produto interno. Dê um exemplo para isto em $\mathbb{R}^2$ usando $\|\cdot\|_1$.

**28.** Determine se os seguintes definem normas em $C[a, b]$:

**(a)** $\|f\| = |f(a)| + |f(b)|$

**(b)** $\|f\| = \int_a^b |f(x)|\,dx$

**(c)** $\|f\| = \max\limits_{a \leq x \leq b} |f(x)|$

**29.** Seja $\mathbf{x} \in \mathbb{R}^n$ e mostre que

**(a)** $\|\mathbf{x}\|_1 \leq n\|\mathbf{x}\|_\infty$ **(b)** $\|\mathbf{x}\|_2 \leq \sqrt{n}\,\|\mathbf{x}\|_\infty$

Dê exemplos de vetores em $\mathbb{R}^n$ para os quais a igualdade é válida nas partes (a) e (b).

**30.** Desenhe o conjunto de pontos $(x_1, x_2) = \mathbf{x}^T$ em $\mathbb{R}^2$ tais que

**(a)** $\|\mathbf{x}\|_2 = 1$ **(b)** $\|\mathbf{x}\|_1 = 1$ **(c)** $\|\mathbf{x}\|_\infty = 1$

**31.** Seja $K$ uma matriz $n \times n$ da forma

$$K = \begin{bmatrix} 1 & -c & -c & \cdots & -c & -c \\ 0 & s & -sc & \cdots & -sc & -sc \\ 0 & 0 & s^2 & \cdots & -s^2c & -s^2c \\ \vdots & & & & & \\ 0 & 0 & 0 & \cdots & s^{n-2} & -s^{n-2}c \\ 0 & 0 & 0 & \cdots & 0 & s^{n-1} \end{bmatrix}$$

em que $c^2 + s^2 = 1$. Mostre que $\|K\|_F = \sqrt{n}$.

**32.** O *traço* de uma matriz $n \times n$, $C$, escrito $\text{tr}(C)$, é a soma dos seus elementos diagonais; isto é,

$$\text{tr}(C) = c_{11} + c_{22} + \cdots + c_{nn}$$

Se $A$ e $B$ são matrizes $m \times n$, mostre que

**(a)** $\|A\|_F^2 = \text{tr}(A^TA)$

**(b)** $\|A + B\|_F^2 = \|A\|_F^2 + 2\,\text{tr}(A^TB) + \|B\|_F^2$.

**33.** Considere o espaço vetorial $\mathbb{R}^n$ com produto interno $\langle \mathbf{x}, \mathbf{y} \rangle = \mathbf{x}^T\mathbf{y}$. Mostre que para qualquer matriz $n \times n$, $A$,

**(a)** $\langle A\mathbf{x}, \mathbf{y} \rangle = \langle \mathbf{x}, A^T\mathbf{y} \rangle$

**(b)** $\langle A^TA\mathbf{x}, \mathbf{x} \rangle = \|A\mathbf{x}\|^2$

## 5.5 Conjuntos Ortonormais

Em $\mathbb{R}^2$, é geralmente mais conveniente usar a base padrão $\{\mathbf{e}_1, \mathbf{e}_2\}$ do que usar algumas outras bases, como $\{(2, 1)^T, (3, 5)^T\}$. Por exemplo, seria mais fácil encontrar as coordenadas de $(x_1, x_2)^T$ em relação à base padrão. Os elementos da base padrão são vetores unitários ortogonais. Trabalhando com um espaço com produto interno $V$, é geralmente desejável ter uma base com vetores unitários mutuamente ortogonais. Tal base é conveniente não só para encontrar coordenadas de vetores, mas também para resolver problemas de mínimos quadrados.

**Definição** Sejam $\mathbf{v}_1, \mathbf{v}_2, \ldots, \mathbf{v}_n$ vetores não nulos em um espaço com produto interno $V$. Se $\langle \mathbf{v}_i, \mathbf{v}_j \rangle = 0$ quando $i \neq j$, então $\{\mathbf{v}_1, \mathbf{v}_2, \ldots, \mathbf{v}_n\}$ é dito um **conjunto ortonormal** de vetores.

EXEMPLO 1 O conjunto $\{(1, 1, 1)^T, (2, 1, -3)^T, (4, -5, 1)^T\}$ é um conjunto ortonormal em $\mathbb{R}^3$, pois

$$(1, 1, 1)(2, 1, -3)^T = 0$$
$$(1, 1, 1)(4, -5, 1)^T = 0$$
$$(2, 1, -3)(4, -5, 1)^T = 0$$

■

**Teorema 5.5.1** *Se $\{\mathbf{v}_1, \mathbf{v}_2, \ldots, \mathbf{v}_n\}$ é um conjunto ortonormal de vetores não nulos em um espaço com produto interno V, então $\mathbf{v}_1, \mathbf{v}_2, \ldots, \mathbf{v}_n$ são linearmente independentes.*

***Demonstração*** Suponha que $\mathbf{v}_1, \mathbf{v}_2, \ldots, \mathbf{v}_n$ são vetores não nulos mutuamente ortogonais e

$$c_1\mathbf{v}_1 + c_2\mathbf{v}_2 + \cdots + c_n\mathbf{v}_n = \mathbf{0} \tag{1}$$

Se $1 \leq j \leq n$, então, fazendo o produto interno de $\mathbf{v}_j$ com ambos os lados da Equação (1), vemos que

$$c_1\langle\mathbf{v}_j, \mathbf{v}_1\rangle + c_2\langle\mathbf{v}_j, \mathbf{v}_2\rangle + \cdots + c_n\langle\mathbf{v}_j, \mathbf{v}_n\rangle = 0$$
$$c_j\|\mathbf{v}_j\|^2 = 0$$

e, portanto, todos os escalares $c_1, c_2, \ldots, c_n$ devem ser nulos. ■

**Definição**

Um conjunto **ortonormal** de vetores é um conjunto ortogonal de vetores unitários.

O conjunto $\{\mathbf{u}_1, \mathbf{u}_2, \ldots, \mathbf{u}_n\}$ será ortonormal se e somente se

$$\langle\mathbf{u}_i, \mathbf{u}_j\rangle = \delta_{ij}$$

em que

$$\delta_{ij} = \begin{cases} 1 & i = j \\ 0 & i \neq j \end{cases}$$

Dado um conjunto ortogonal de vetores não nulos $\{\mathbf{v}_1, \mathbf{v}_2, \ldots, \mathbf{v}_n\}$, é possível formar um conjunto ortonormal definindo

$$\mathbf{u}_i = \left(\frac{1}{\|\mathbf{v}_i\|}\right)\mathbf{v}_i \qquad \text{para} \quad i = 1, 2, \ldots, n$$

O leitor pode verificar que $\{\mathbf{u}_1, \mathbf{u}_2, \ldots, \mathbf{u}_n\}$ será um conjunto ortonormal.

EXEMPLO 2 Vimos no Exemplo 1 que, se $\mathbf{v}_1 = (1, 1, 1)^T$, $\mathbf{v}_2 = (2, 1, -3)^T$ e $\mathbf{v}_3 = (4, -5, 1)^T$, então $\{\mathbf{v}_1, \mathbf{v}_2, \mathbf{v}_3\}$ é um conjunto ortogonal em $\mathbb{R}^3$. Para formar um conjunto ortonormal,

$$\mathbf{u}_1 = \left(\frac{1}{\|\mathbf{v}_1\|}\right)\mathbf{v}_1 = \frac{1}{\sqrt{3}}(1, 1, 1)^T$$

$$\mathbf{u}_2 = \left(\frac{1}{\|\mathbf{v}_2\|}\right)\mathbf{v}_2 = \frac{1}{\sqrt{14}}(2, 1, -3)^T$$

$$\mathbf{u}_3 = \left(\frac{1}{\|\mathbf{v}_3\|}\right)\mathbf{v}_3 = \frac{1}{\sqrt{42}}(4, -5, 1)^T$$ ■

EXEMPLO 3 Em $C[-\pi, \pi]$ com produto interno

$$\langle f, g\rangle = \frac{1}{\pi}\int_{-\pi}^{\pi} f(x)g(x)\,dx \tag{2}$$

o conjunto $\{1, \cos x, \cos 2x, \ldots, \cos nx\}$ é um conjunto ortogonal de vetores, já que, para quaisquer inteiros positivos $j$ e $k$,

$$\langle 1, \cos kx\rangle = \frac{1}{\pi}\int_{-\pi}^{\pi} \cos kx\,dx = 0$$

$$\langle \cos jx, \cos kx\rangle = \frac{1}{\pi}\int_{-\pi}^{\pi} \cos jx \cos kx\,dx = 0 \qquad (j \neq k)$$

As funções $\cos x, \cos 2x, \ldots, \cos nx$ já são vetores unitários, já que

$$\langle \cos kx, \cos kx\rangle = \frac{1}{\pi}\int_{-\pi}^{\pi} \cos^2 kx\,dx = 1 \qquad \text{para } k = 1, 2, \ldots, n$$

Para formar um conjunto ortonormal, só precisamos encontrar um vetor unitário na direção de 1.

$$\|1\|^2 = \langle 1, 1\rangle = \frac{1}{\pi}\int_{-\pi}^{\pi} 1\,dx = 2$$

Portanto, $1/\sqrt{2}$ é um vetor unitário e, então, $\{1/\sqrt{2}, \cos x, \cos 2x, \ldots, \cos nx\}$ é um conjunto ortonormal de vetores. ■

Segue-se, do Teorema 5.5.1, que, se $B = \{\mathbf{u}_1, \mathbf{u}_2, \ldots, \mathbf{u}_k\}$ é um conjunto ortonormal em um espaço de produto interno $V$, então $B$ é uma base para o subespaço $S = \text{Cob}(\mathbf{u}_1, \mathbf{u}_2, \ldots, \mathbf{u}_k)$. Dizemos que $B$ é uma *base ortonormal* para $S$. É, em geral, muito mais fácil trabalhar com base ortonormal que com uma base ordinária. Em particular, é muito mais fácil calcular as coordenadas de um vetor $\mathbf{v}$ dado em relação a uma base ortonormal. Uma vez que essas coordenadas tenham sido determinadas, elas podem ser usadas para calcular $\|\mathbf{v}\|$.

**Teorema 5.5.2** *Seja $\{\mathbf{u}_1, \mathbf{u}_2, \ldots, \mathbf{u}_n\}$ uma base ortonormal para um espaço com produto interno $V$. Se $\mathbf{v} = \sum_{i=1}^{n} c_i\mathbf{u}_i$, então $c_i = \langle \mathbf{v}, \mathbf{u}_i\rangle$.*

***Demonstração***

$$\langle \mathbf{v}, \mathbf{u}_i\rangle = \langle \sum_{j=1}^{n} c_j\mathbf{u}_j, \mathbf{u}_i\rangle = \sum_{j=1}^{n} c_j\langle \mathbf{u}_j, \mathbf{u}_i\rangle = \sum_{j=1}^{n} c_j\delta_{ji} = c_i$$ ■

Como consequência do Teorema 5.5.2, podemos enunciar mais dois resultados importantes:

**Corolário 5.5.3** *Seja* $\{\mathbf{u}_1, \mathbf{u}_2, \ldots, \mathbf{u}_n\}$ *uma base ortonormal para um espaço com produto interno* $V$. *Se* $\mathbf{u} = \sum_{i=1}^{n} a_i\mathbf{u}_i$, e $\mathbf{v} = \sum_{i=1}^{n} b_i\mathbf{u}_i$, *então*

$$\langle \mathbf{u}, \mathbf{v} \rangle = \sum_{i=1}^{n} a_i b_i$$

***Demonstração*** Pelo Teorema 5.5.2,

$$\langle \mathbf{v}, \mathbf{u}_i \rangle = b_i \qquad i = 1, \ldots, n$$

Portanto,

$$\langle \mathbf{u}, \mathbf{v} \rangle = \langle \sum_{i=1}^{n} a_i\mathbf{u}_i, \mathbf{v} \rangle = \sum_{i=1}^{n} a_i \langle \mathbf{u}_i, \mathbf{v} \rangle = \sum_{i=1}^{n} a_i \langle \mathbf{v}, \mathbf{u}_i \rangle = \sum_{i=1}^{n} a_i b_i$$ ■

**Corolário 5.5.4** Fórmula de Parseval

*Se* $\{\mathbf{u}_1, \mathbf{u}_2, \ldots, \mathbf{u}_n\}$ *é uma base ortonormal para um espaço com produto interno* $V$ *e* $\mathbf{v} = \sum_{i=1}^{n} c_i\mathbf{u}_i$, *então*

$$\|\mathbf{v}\|^2 = \sum_{i=1}^{n} c_i^2$$

***Demonstração*** Se $\mathbf{v} = \sum_{i=1}^{n} c_i\mathbf{u}_i$, então, pelo Corolário 5.5.3,

$$\|\mathbf{v}\|^2 = \langle \mathbf{v}, \mathbf{v} \rangle = \sum_{i=1}^{n} c_i^2$$ ■

EXEMPLO 4 Os vetores

$$\mathbf{u}_1 = \left(\frac{1}{\sqrt{2}}, \frac{1}{\sqrt{2}}\right)^T \quad \text{e} \quad \mathbf{u}_2 = \left(\frac{1}{\sqrt{2}}, -\frac{1}{\sqrt{2}}\right)^T$$

formam uma base ortonormal para $\mathbb{R}^2$. Se $\mathbf{x} \in \mathbb{R}^2$, então

$$\mathbf{x}^T\mathbf{u}_1 = \frac{x_1 + x_2}{\sqrt{2}} \quad \text{e} \quad \mathbf{x}^T\mathbf{u}_2 = \frac{x_1 - x_2}{\sqrt{2}}$$

Segue-se, do Teorema 5.5.2, que

$$\mathbf{x} = \frac{x_1 + x_2}{\sqrt{2}}\mathbf{u}_1 + \frac{x_1 - x_2}{\sqrt{2}}\mathbf{u}_2$$

e segue-se, do Corolário 5.5.4, que

$$\|\mathbf{x}\|^2 = \left(\frac{x_1 + x_2}{\sqrt{2}}\right)^2 + \left(\frac{x_1 - x_2}{\sqrt{2}}\right)^2 = x_1^2 + x_2^2$$ ■

EXEMPLO 5 Dado que $\left\{\frac{1}{\sqrt{2}}, \cos 2x\right\}$ é um conjunto ortonormal em $C[-\pi, \pi]$ (com produto interno como no Exemplo 3), determine o valor de $\int_{-\pi}^{\pi} \operatorname{sen}^4 x\, dx$ sem calcular antiderivadas.

Solução

Como

$$\operatorname{sen}^2 x = \frac{1 - \cos 2x}{2} = \frac{1}{\sqrt{2}}\frac{1}{\sqrt{2}} + \left(-\frac{1}{2}\right)\cos 2x$$

segue-se, da fórmula de Parseval, que

$$\int_{-\pi}^{\pi} \operatorname{sen}^4 x\, dx = \pi \| \operatorname{sen}^2 x \|^2 = \pi\left(\frac{1}{2} + \frac{1}{4}\right) = \frac{3\pi}{4}$$ ■

## Matrizes Ortogonais

Matrizes $n \times n$ cujos vetores coluna formam um conjunto ortonormal em $\mathbb{R}^n$ são de particular importância.

**Definição** Uma matriz $n \times n$, $Q$, é dita uma **matriz ortogonal** se os vetores coluna de $Q$ formam um conjunto ortonormal em $\mathbb{R}^n$.

**Teorema 5.5.5** *Uma matriz $n \times n$, $Q$, é dita ortogonal se e somente se $Q^TQ = I$.*

*Demonstração* Segue-se, da definição, que uma matriz $n \times n$, $Q$, é dita ortogonal se e somente se seus vetores coluna satisfazem

$$\mathbf{q}_i^T\mathbf{q}_j = \delta_{ij}$$

Entretanto, $\mathbf{q}_i^T\mathbf{q}_j$ é o elemento $(i, j)$ da matriz $Q^TQ$. Logo, $Q$ é ortogonal se e somente se $Q^TQ = I$. ■

Segue-se, do teorema, que se $Q$ é uma matriz ortogonal, então $Q$ é inversível e $Q^{-1} = Q^T$.

EXEMPLO 6 Para qualquer $\theta$ fixo, a matriz

$$Q = \begin{bmatrix} \cos\theta & -\operatorname{sen}\theta \\ \operatorname{sen}\theta & \cos\theta \end{bmatrix}$$

é ortogonal e

$$Q^{-1} = Q^T = \begin{bmatrix} \cos\theta & \operatorname{sen}\theta \\ -\operatorname{sen}\theta & \cos\theta \end{bmatrix}$$ ■

A matriz $Q$ no Exemplo 6 pode ser considerada como uma transformação linear de $\mathbb{R}^2$ em $\mathbb{R}^2$ que tem o efeito de girar cada vetor de um ângulo $\theta$, sem alterar o comprimento do vetor (veja o Exemplo 2 na Seção 4.2 do Capítulo 4). De forma similar, $Q^{-1}$ pode ser pensada como a rotação por um ângulo $-\theta$ (veja a Figura 5.5.1).

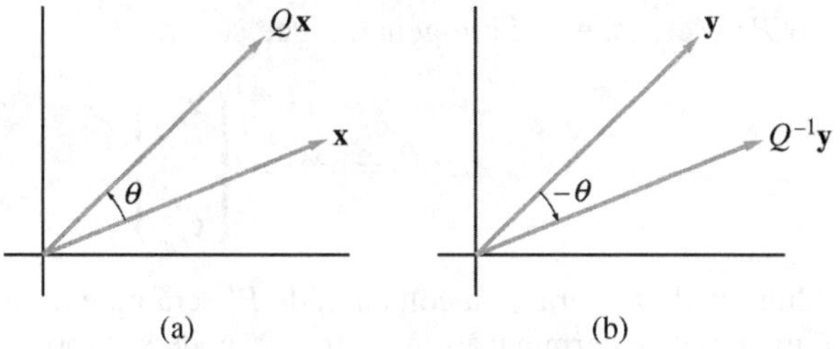

(a) (b)

**Figura 5.5.1**

Em geral, produtos internos são preservados sob a multiplicação por uma matriz ortogonal [isto é, $\langle \mathbf{x}, \mathbf{y} \rangle = \langle Q\mathbf{x}, Q\mathbf{y} \rangle$]. Com efeito,

$$\langle Q\mathbf{x}, Q\mathbf{y} \rangle = (Q\mathbf{y})^T Q\mathbf{x} = \mathbf{y}^T Q^T Q\mathbf{x} = \mathbf{y}^T \mathbf{x} = \langle \mathbf{x}, \mathbf{y} \rangle$$

Em particular, se $\mathbf{x} = \mathbf{y}$, então $\|Q\mathbf{x}\|^2 = \|\mathbf{x}\|^2$ e, portanto, $\|Q\mathbf{x}\| = \|\mathbf{x}\|$. Multiplicação por uma matriz ortogonal preserva os comprimentos dos vetores.

**Propriedades das Matrizes Ortogonais**

Se $Q$ é uma matriz ortogonal $n \times n$, então

**(a)** os vetores coluna de $Q$ formam uma base ortonormal para $\mathbb{R}^n$
**(b)** $Q^T Q = I$
**(c)** $Q^T = Q^{-1}$
**(d)** $\langle Q\mathbf{x}, Q\mathbf{y} \rangle = \langle \mathbf{x}, \mathbf{y} \rangle$
**(e)** $\|Q\mathbf{x}\|_2 = \|\mathbf{x}\|_2$

## Matrizes Permutação

Uma *matriz permutação* é uma matriz formada a partir da matriz identidade pela reordenação de suas colunas. Evidentemente, então, as matrizes permutação são matrizes ortogonais. Se $P$ é a matriz permutação formada pela reordenação das colunas de $I$ na ordem $(k_1, \ldots, k_n)$, então $P = (\mathbf{e}_{k_1}, \ldots, \mathbf{e}_{k_n})$. Se $A$ é uma matriz $n \times n$, então

$$AP = (A\mathbf{e}_{k_1}, \ldots, A\mathbf{e}_{k_n}) = (\mathbf{a}_{k_1}, \ldots, \mathbf{a}_{k_n})$$

Pós-multiplicação de $A$ por $P$ reordena as colunas de $A$ na ordem $(k_1, k_2, \ldots, k_n)$. Por exemplo, se

$$A = \begin{bmatrix} 1 & 2 & 3 \\ 1 & 2 & 3 \end{bmatrix} \quad \text{e} \quad P = \begin{bmatrix} 0 & 1 & 0 \\ 0 & 0 & 1 \\ 1 & 0 & 0 \end{bmatrix}$$

então

$$AP = \begin{bmatrix} 3 & 1 & 2 \\ 3 & 1 & 2 \end{bmatrix}$$

Como $P = (\mathbf{e}_{k_1}, ..., \mathbf{e}_{k_n})$ é ortogonal, segue-se que

$$P^{-1} = P^T = \begin{bmatrix} \mathbf{e}_{k_1}^T \\ \vdots \\ \mathbf{e}_{k_n}^T \end{bmatrix}$$

A coluna $k_1$ de $P^T$ será $\mathbf{e}_1$, a coluna $k_2$ de $P^T$ será $\mathbf{e}_2$, e assim por diante. Logo, $P^T$ é uma matriz permutação. A matriz $P^T$ pode ser formada diretamente de $I$ reordenando as linhas na ordem $(k_1, k_2, \ldots, k_n)$. Em geral, uma matriz permutação pode ser formada de $I$ reordenando suas linhas ou suas colunas.

Se $Q$ é a matriz permutação formada reordenando as linhas de $I$ na ordem $(k_1, k_2, \ldots, k_n)$ e $B$ é uma matriz $n \times r$, então

$$QB = \begin{bmatrix} \mathbf{e}_{k_1}^T \\ \vdots \\ \mathbf{e}_{k_n}^T \end{bmatrix} B = \begin{bmatrix} \mathbf{e}_{k_1}^T B \\ \vdots \\ \mathbf{e}_{k_n}^T B \end{bmatrix} = \begin{bmatrix} \vec{\mathbf{b}}_{k_1} \\ \vdots \\ \vec{\mathbf{b}}_{k_n} \end{bmatrix}$$

Logo, $QB$ é a matriz formada pela reordenação das linhas de $B$ na ordem $(k_1, \ldots, k_n)$. Por exemplo, se

$$Q = \begin{bmatrix} 0 & 0 & 1 \\ 1 & 0 & 0 \\ 0 & 1 & 0 \end{bmatrix} \quad \text{e} \quad B = \begin{bmatrix} 1 & 1 \\ 2 & 2 \\ 3 & 3 \end{bmatrix}$$

então

$$QB = \begin{bmatrix} 3 & 3 \\ 1 & 1 \\ 2 & 2 \end{bmatrix}$$

Em geral, se $P$ é uma matriz permutação $n \times n$, a pré-multiplicação de uma matriz $B$, $n \times r$ por $P$ reordena as linhas de $B$ e a pós-multiplicação de uma matriz $m \times n$ $A$ por $P$ reordena as colunas de $A$.

## Conjuntos Ortonormais e Mínimos Quadrados

A ortogonalidade desempenha um papel importante na resolução de problemas de mínimos quadrados. Lembre-se de que, se $A$ é uma matriz $m \times n$ de posto $n$, então o problema de mínimos quadrados $A\mathbf{x} = \mathbf{b}$ tem uma única solução $\hat{\mathbf{x}}$ que é determinada resolvendo as equações normais $A^T A\mathbf{x} = A^T\mathbf{b}$. A projeção $\mathbf{p} = A\hat{\mathbf{x}}$ é o vetor em $R(A)$ que está mais próximo de $\mathbf{b}$. O problema de mínimos quadrados é especialmente fácil de resolver no caso em que as colunas de $A$ formam um conjunto ortonormal em $\mathbb{R}^m$.

**Teorema 5.5.6** *Se os vetores coluna de $A$ formam um conjunto ortonormal de vetores em $\mathbb{R}^m$, então $A^T A = I$ e a solução do problema de mínimos quadrados é*

$$\hat{\mathbf{x}} = A^T \mathbf{b}$$

***Demonstração*** O elemento $(i, j)$ de $A^T A$ é formado da $i$-ésima linha de $A^T$ e da $j$-ésima coluna de $A$. Então, o elemento $(i, j)$ é realmente o produto da $i$-ésima e

$j$-ésima colunas de $A$. Como os vetores coluna de $A$ são ortonormais, segue-se que

$$A^T A = (\delta_{ij}) = I$$

Em consequência, a equação normal é simplificada para

$$\mathbf{x} = A^T \mathbf{b}$$

■

E se as colunas de $A$ não são ortonormais? Na próxima seção, aprenderemos um método para encontrar uma base ortonormal para $R(A)$. Desse método, obteremos uma fatoração de $A$ em um produto $QR$, em que $Q$ tem um conjunto ortonormal de vetores coluna e $R$ é triangular superior. Com esta fatoração, o problema de mínimos quadrados pode ser resolvido rápida e precisamente.

Se tivermos uma base ortonormal para $R(A)$, a projeção $\mathbf{p} = A\hat{\mathbf{x}}$ pode ser determinada em função dos elementos da base. Com efeito, este é um caso especial do problema de mínimos quadrados mais geral de encontrar o elemento $\mathbf{p}$ em um subespaço $S$ de um espaço com produto interno $V$ que é mais próximo de um dado elemento $\mathbf{x}$ em $V$. Este problema é facilmente resolvido se $S$ tem uma base ortonormal. Primeiramente, demonstraremos o seguinte teorema:

**Teorema 5.5.7** *Seja $S$ um subespaço de um espaço com produto interno $V$ e seja $\mathbf{x} \in V$. Seja $\{\mathbf{u}_1, \mathbf{u}_2, \ldots, \mathbf{u}_n\}$ uma base ortonormal para $S$. Se*

$$\mathbf{p} = \sum_{i=1}^{n} c_i \mathbf{u}_i \tag{3}$$

*em que*

$$c_i = \langle \mathbf{x}, \mathbf{u}_i \rangle \qquad \textit{para todo } i \tag{4}$$

*então $\mathbf{p} - \mathbf{x} \in S^{\perp}$ (veja a Figura 5.5.2).*

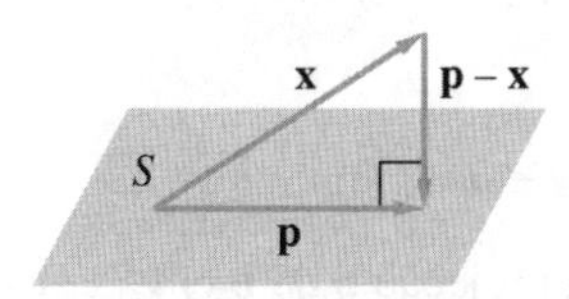


**Figura 5.5.2**

***Demonstração*** Primeiramente, mostraremos que $(\mathbf{p} - \mathbf{x}) \perp \mathbf{u}_i$ para todo $i$.

$$\begin{aligned}
\langle \mathbf{u}_i, \mathbf{p} - \mathbf{x} \rangle &= \langle \mathbf{u}_i, \mathbf{p} \rangle - \langle \mathbf{u}_i, \mathbf{x} \rangle \\
&= \left\langle \mathbf{u}_i, \sum_{j=1}^{n} c_j \mathbf{u}_j \right\rangle - c_i \\
&= \sum_{j=1}^{n} c_j \langle \mathbf{u}_i, \mathbf{u}_j \rangle - c_i \\
&= 0
\end{aligned}$$

Assim $\mathbf{p} - \mathbf{x}$ é ortogonal a todos os $\mathbf{u}_i$. Se $\mathbf{y} \in S$, então

$$\mathbf{y} = \sum_{i=1}^{n} \alpha_i \mathbf{u}_i$$

e, portanto,

$$\langle \mathbf{p} - \mathbf{x}, \mathbf{y} \rangle = \left\langle \mathbf{p} - \mathbf{x}, \sum_{i=1}^{n} \alpha_i \mathbf{u}_i \right\rangle = \sum_{i=1}^{n} \alpha_i \langle \mathbf{p} - \mathbf{x}, \mathbf{u}_i \rangle = 0 \qquad \blacksquare$$

Se $\mathbf{x} \in S$, então o resultado precedente é trivial, já que, pelo Teorema 5.5.2, $\mathbf{p} - \mathbf{x} = \mathbf{0}$. Se $\mathbf{x} \notin S$, então $\mathbf{p}$ é o elemento de $S$ mais próximo de $\mathbf{x}$.

**Teorema 5.5.8** *Sob a hipótese do Teorema 5.5.7,* $\mathbf{p}$ *é o elemento de S que está mais próximo de* $\mathbf{x}$*; isto é,*

$$\|\mathbf{y} - \mathbf{x}\| > \|\mathbf{p} - \mathbf{x}\|$$

*para todo* $\mathbf{y} \neq \mathbf{p}$ *em S.*

***Demonstração*** Se $\mathbf{y} \in S$ e $\mathbf{y} \neq \mathbf{p}$, então

$$\|\mathbf{y} - \mathbf{x}\|^2 = \|(\mathbf{y} - \mathbf{p}) + (\mathbf{p} - \mathbf{x})\|^2$$

Como $\mathbf{y} - \mathbf{p} \in S$, segue-se, do Teorema 5.5.7 e da lei de Pitágoras, que

$$\|\mathbf{y} - \mathbf{x}\|^2 = \|\mathbf{y} - \mathbf{p}\|^2 + \|\mathbf{p} - \mathbf{x}\|^2 > \|\mathbf{p} - \mathbf{x}\|^2$$

Portanto, $\|\mathbf{y} - \mathbf{x}\| > \|\mathbf{p} - \mathbf{x}\|$. ■

O vetor $\mathbf{p}$ definido por (3) e (4) é dito a *projeção de* $\mathbf{x}$ *em S.*

**Corolário 5.5.5** *Seja S um subespaço não nulo de* $\mathbb{R}^m$ *e seja* $\mathbf{b} \in \mathbb{R}^m$. *Se* $\{\mathbf{u}_1, \mathbf{u}_2, \ldots, \mathbf{u}_n\}$ *é uma base ortonormal para S e* $U = (\mathbf{u}_1, \mathbf{u}_2, \ldots, \mathbf{u}_n)$*, então a projeção* $\mathbf{p}$ *de* $\mathbf{b}$ *em S é dada por*

$$\mathbf{p} = UU^T\mathbf{b}$$

***Demonstração*** Segue-se, do Teorema 5.5.7, que a projeção $\mathbf{p}$ de $\mathbf{b}$ em $S$ é dada por

$$\mathbf{p} = c_1\mathbf{u}_1 + c_2\mathbf{u}_2 + \cdots + c_k\mathbf{u}_k = U\mathbf{c}$$

em que

$$\mathbf{c} = \begin{pmatrix} c_1 \\ c_2 \\ \vdots \\ c_k \end{pmatrix} = \begin{pmatrix} \mathbf{u}_1^T\mathbf{b} \\ \mathbf{u}_2^T\mathbf{b} \\ \vdots \\ \mathbf{u}_k^T\mathbf{b} \end{pmatrix} = U^T\mathbf{b}$$

Portanto,

$$\mathbf{p} = UU^T\mathbf{b} \qquad \blacksquare$$

A matriz $UU^T$ no Corolário 5.5.5 é a matriz de projeção correspondente ao subespaço $S$ de $\mathbb{R}^m$. Para projetar qualquer vetor $\mathbf{b} \in \mathbb{R}^m$ em $S$, precisamos somente encontrar uma base ortonormal $\{\mathbf{u}_1, \mathbf{u}_2, \ldots, \mathbf{u}_n\}$ para $S$, formar a matriz $UU^T$ e então multiplicar $UU^T$ por $\mathbf{b}$.

Se $P$ é a matriz de projeção correspondente ao subespaço $S$ de $\mathbb{R}^m$, então, para qualquer $\mathbf{b} \in \mathbb{R}^m$, a projeção $\mathbf{p}$ de $\mathbf{b}$ em $S$ é única. Se $Q$ é também a matriz de projeção correspondente a $S$, então

$$Q\mathbf{b} = \mathbf{p} = P\mathbf{b}$$

Segue-se também que

$$\mathbf{q}_j = Q\mathbf{e}_j = P\mathbf{e}_j = \mathbf{p}_j \qquad \text{para } j = 1, \ldots, m$$

e, portanto, $Q = P$. Logo, a matriz de projeção correspondente a um subespaço $S$ de $\mathbb{R}^m$ é única.

**EXEMPLO 7** Seja $S$ o conjunto de todos os vetores em $\mathbb{R}^3$ da forma $(x, y, 0)^T$. Encontre o vetor $\mathbf{p}$ em $S$ que está mais próximo de $\mathbf{w} = (5, 3, 4)^T$ (veja a Figura 5.5.3).

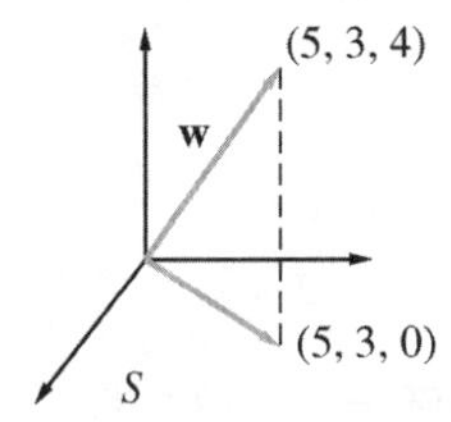


**Figura 5.5.3**

**Solução**

Sejam $\mathbf{u}_1 = (1, 0, 0)^T$ e $\mathbf{u}_2 = (0, 1, 0)^T$. Evidentemente, $\mathbf{u}_1$ e $\mathbf{u}_2$ formam uma base ortonormal para $S$. Agora,

$$c_1 = \mathbf{w}^T\mathbf{u}_1 = 5$$
$$c_2 = \mathbf{w}^T\mathbf{u}_2 = 3$$

O vetor $\mathbf{p}$ é justamente o que esperávamos:

$$\mathbf{p} = 5\mathbf{u}_1 + 3\mathbf{u}_2 = (5, 3, 0)^T$$

Alternativamente, $\mathbf{p}$ poderia ter sido calculado usando a matriz de projeção $UU^T$:

$$\mathbf{p} = UU^T\mathbf{w} = \begin{Bmatrix} 1 & 0 & 0 \\ 0 & 1 & 0 \\ 0 & 0 & 0 \end{Bmatrix} \begin{Bmatrix} 5 \\ 3 \\ 4 \end{Bmatrix} = \begin{Bmatrix} 5 \\ 3 \\ 0 \end{Bmatrix}$$ ■

## Aproximação de Funções

Em muitas aplicações, é necessário aproximar uma função contínua em termos de funções de um tipo especial de conjunto de aproximação. Mais comumente, aproximamos por um polinômio de grau $n$ ou menor. Podemos usar o Teorema 5.5.8 para obter a melhor aproximação por mínimos quadrados.

**EXEMPLO 8** Encontre a melhor aproximação por mínimos quadrados para $e^x$ no intervalo [0, 1] por uma função linear.

### Solução

Seja $S$ o subespaço de todas as funções lineares em $C[0, 1]$. Embora as funções 1 e $x$ cubram $S$, elas não são ortogonais. Procuramos uma função da forma $x - a$ que seja ortogonal a 1.

$$\langle 1, x - a \rangle = \int_0^1 (x - a)\, dx = \tfrac{1}{2} - a$$

Então, $a = \frac{1}{2}$. Como $\| x - \frac{1}{2} \| = \frac{1}{\sqrt{12}}$, segue-se que

$$u_1(x) = 1 \quad \text{e} \quad u_2(x) = \sqrt{12}\left(x - \tfrac{1}{2}\right)$$

formam uma base ortonormal para $S$.

Sejam

$$c_1 = \int_0^1 u_1(x)\, e^x\, dx = e - 1$$

$$c_2 = \int_0^1 u_2(x)\, e^x\, dx = \sqrt{3}\,(3 - e)$$

A projeção

$$\begin{aligned} p(x) &= c_1 u_1(x) + c_2 u_2(x) \\ &= (e - 1) \cdot 1 + \sqrt{3}(3 - e)\left[\sqrt{12}\left(x - \tfrac{1}{2}\right)\right] \\ &= (4e - 10) + 6(3 - e)x \end{aligned}$$

é a melhor aproximação linear por mínimos quadrados de $e^x$ em [0, 1] (veja a Figura 5.5.4). ■

## Aproximação por Polinômios Trigonométricos

Polinômios trigonométricos são usados para aproximar funções periódicas. Por um *polinômio trigonométrico* de grau $n$, queremos dizer uma função da forma

$$t_n(x) = \frac{a_0}{2} + \sum_{k=1}^{n} (a_k \cos kx + b_k \operatorname{sen} kx)$$

Já vimos que a coleção de funções

$$\frac{1}{\sqrt{2}}, \cos x, \cos 2x, \ldots, \cos nx$$

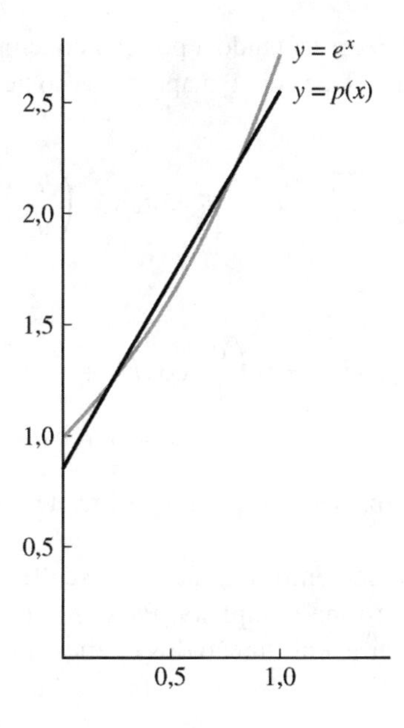


Figura 5.5.4

forma um conjunto ortonormal em relação ao produto interno (2). Deixamos para o leitor verificar que, se as funções

$$\operatorname{sen} x, \operatorname{sen} 2x, \ldots, \operatorname{sen} nx$$

são adicionadas à coleção, esta ainda será um conjunto ortonormal. Então, podemos usar o Teorema 5.5.8 para encontrar a melhor aproximação por mínimos quadrados a uma função contínua com período $2\pi$ $f(x)$ por um polinômio trigonométrico de grau $n$ ou menor. Observe que

$$\left\langle f, \frac{1}{\sqrt{2}} \right\rangle \frac{1}{\sqrt{2}} = \langle f, 1 \rangle \frac{1}{2}$$

de modo que, se

$$a_0 = \langle f, 1 \rangle = \frac{1}{\pi} \int_{-\pi}^{\pi} f(x)\, dx$$

e

$$a_k = \langle f, \cos kx \rangle = \frac{1}{\pi} \int_{-\pi}^{\pi} f(x) \cos kx\, dx$$

$$b_k = \langle f, \operatorname{sen} kx \rangle = \frac{1}{\pi} \int_{-\pi}^{\pi} f(x) \operatorname{sen} kx\, dx$$

para $k = 1, 2, \ldots, n$, então estes coeficientes determinam a melhor aproximação por mínimos quadrados para $f$. Os $a_k$ e os $b_k$ são os conhecidos *coeficientes de Fourier* que ocorrem em diversas aplicações envolvendo aproximação de funções por séries geométricas.

Consideremos $f(x)$ como representando a posição no tempo $x$ de um objeto se movendo ao longo de uma reta, e seja $t_n$ a aproximação de Fourier de grau $n$ para $f$. Se fizermos

$$r_k = \sqrt{a_k^2 + b_k^2} \quad \text{e} \quad \theta_k = \tan^{-1}\left(\frac{b_k}{a_k}\right)$$

então

$$\begin{aligned} a_k \cos kx + b_k \operatorname{sen} kx &= r_k\left(\frac{a_k}{r_k}\cos kx + \frac{b_k}{r_k}\operatorname{sen} kx\right) \\ &= r_k \cos(kx - \theta_k) \end{aligned}$$

Logo, o movimento $f(x)$ é representado por uma soma de funções harmônicas simples.

Em aplicações de processamento de sinais, é usual representar a aproximação trigonométrica na forma complexa. Para isto, definimos os coeficientes complexos de Fourier $c_k$ em função dos coeficientes reais de Fourier $a_k$ e $b_k$:

$$\begin{aligned} c_k = \frac{1}{2}(a_k - ib_k) &= \frac{1}{2\pi}\int_{-\pi}^{\pi} f(x)(\cos kx - i \operatorname{sen} kx)\, dx \\ &= \frac{1}{2\pi}\int_{-\pi}^{\pi} f(x)e^{-ikx}\, dx \quad (k \geq 0) \end{aligned}$$

A última igualdade segue da identidade

$$e^{i\theta} = \cos\theta + i \operatorname{sen}\theta$$

Definimos também o coeficiente $c_{-k}$ como o complexo conjugado de $c_k$. Logo,

$$c_{-k} = \overline{c_k} = \frac{1}{2}(a_k + ib_k) \quad (k \geq 0)$$

Alternativamente, se resolvermos para $a_k$ e $b_k$, então

$$a_k = c_k + c_{-k} \quad \text{e} \quad b_k = i(c_k - c_{-k})$$

Destas identidades, segue-se que

$$\begin{aligned} c_k e^{ikx} + c_{-k}e^{-ikx} &= (c_k + c_{-k})\cos kx + i(c_k - c_{-k}) \operatorname{sen} kx \\ &= a_k \cos kx + b_k \operatorname{sen} kx \end{aligned}$$

e, portanto, o polinômio trigonométrico

$$t_n(x) = \frac{a_0}{2} + \sum_{k=1}^{n}(a_k \cos kx + b_k \operatorname{sen} kx)$$

pode ser reescrito na forma complexa como

$$t_n(x) = \sum_{k=-n}^{n} c_k e^{ikx}$$

**APLICAÇÃO 1** Processamento de Sinais

## A Transformada Discreta de Fourier

A função $f(x)$ representada na Figura 5.5.5(a) corresponde a um sinal ruidoso. Aqui, a variável independente $x$ representa o tempo, e os valores do sinal são mostrados como função do tempo. Neste contexto, é conveniente iniciar no tempo 0. Então, escolheremos $[0, 2\pi]$ em vez de $[-\pi, \pi]$ como o intervalo para nosso produto interno.

Vamos aproximar $f(x)$ por um polinômio trigonométrico

$$t_n(x) = \sum_{k=-n}^{n} c_k e^{ikx}$$

Como mencionado na discussão prévia, a aproximação trigonométrica nos permite representar a função como uma soma de harmônicos simples. O $k$-ésimo harmônico pode ser escrito como $r_k \cos(kx - \theta_k)$. Diz-se que tem uma *frequência angular k*. Um sinal é *suave* se os coeficientes $c_k$ se aproximam de 0 rapidamente quando $k$ cresce. Se alguns dos coeficientes correspondentes às maiores frequências não são pequenos, o gráfico parecerá ruidoso como na Figura 5.5.5(a). Podemos filtrar o sinal fazendo esses coeficientes iguais a zero. A Figura 5.5.5(b) mostra a função suave obtida suprimindo algumas das frequências mais altas do sinal original.

Nas aplicações reais de processamento de sinais, não temos uma fórmula matemática para a função de sinal $f(x)$; em vez disso, o sinal é mostrado em

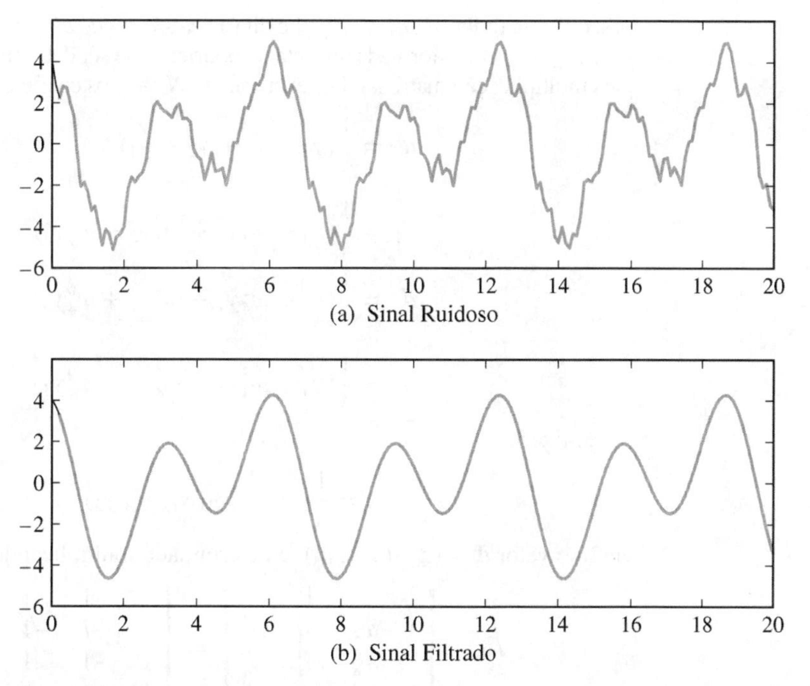


**Figura 5.5.5**

uma sequência de instantes $x_0, x_1, \ldots, x_N$, e que $x_j = \frac{2j\pi}{N}$. A função $f$ é representada pelos $N$ valores amostrados

$$y_0 = f(x_0),\; y_1 = f(x_1), \ldots,\; y_{N-1} = f(x_{N-1})$$

[Nota: $y_N = f(2\pi) = f(0) = y_0$.] Neste caso, não é possível calcular os coeficientes de Fourier como integrais. Em vez de usar

$$c_k = \frac{1}{2\pi}\int_0^{2\pi} f(x)e^{-ikx}\,dx$$

usamos um método numérico de integração, a regra trapezoidal, para aproximar a integral. A aproximação é dada por

$$d_k = \frac{1}{N}\sum_{j=0}^{N-1} f(x_j)e^{-ikx_j} \tag{5}$$

Os coeficientes $d_k$ são aproximações dos coeficientes de Fourier. Quanto maior o tamanho $N$ da amostra, tanto mais próximo $d_k$ será de $c_k$.

Se fizermos

$$\omega_N = e^{-\frac{2\pi i}{N}} = \cos\frac{2\pi}{N} - i\,\text{sen}\,\frac{2\pi}{N}$$

então a Equação (5) pode ser reescrita sob a forma

$$d_k = \frac{1}{N}\sum_{j=0}^{N-1} y_j\omega_N^{jk}$$

A sequência finita $\{d_0, d_1, \ldots, d_{N-1}\}$ é dita a *transformada discreta de Fourier* de $\{y_0, y_1, \ldots, y_{N-1}\}$. A transformada discreta de Fourier pode ser determinada por uma simples multiplicação matricial. Por exemplo, se $N = 4$, os coeficientes são dados por

$$d_0 = \frac{1}{4}(y_0 + y_1 + y_2 + y_3)$$

$$d_1 = \frac{1}{4}(y_0 + \omega_4 y_1 + \omega_4^2 y_2 + \omega_4^3 y_3)$$

$$d_2 = \frac{1}{4}(y_0 + \omega_4^2 y_1 + \omega_4^4 y_2 + \omega_4^6 y_3)$$

$$d_3 = \frac{1}{4}(y_0 + \omega_4^3 y_1 + \omega_4^6 y_2 + \omega_4^9 y_3)$$

Se fizermos

$$\mathbf{z} = \frac{1}{4}\mathbf{y} = \frac{1}{4}(y_0, y_1, y_2, y_3)^T$$

então o vetor $\mathbf{d} = (d_0, d_1, d_2, d_3)^T$ é determinado multiplicando $\mathbf{z}$ pela matriz

$$F_4 = \begin{Bmatrix} 1 & 1 & 1 & 1 \\ 1 & \omega_4 & \omega_4^2 & \omega_4^3 \\ 1 & \omega_4^2 & \omega_4^4 & \omega_4^6 \\ 1 & \omega_4^3 & \omega_4^6 & \omega_4^9 \end{Bmatrix} = \begin{Bmatrix} 1 & 1 & 1 & 1 \\ 1 & -i & -1 & i \\ 1 & -1 & 1 & -1 \\ 1 & i & -1 & -i \end{Bmatrix}$$

A matriz $F_4$ é chamada de *matriz de Fourier.*

No caso de $N$ amostras, $y_0, y_1, \ldots, y_{N-1}$, os coeficientes são calculados fazendo

$$\mathbf{z} = \frac{1}{N}\mathbf{y} \quad \text{e} \quad \mathbf{d} = F_N\mathbf{z}$$

em que $\mathbf{y} = (y_0, y_1, \ldots, y_{N-1})^T$ e $F_N$ é a matriz $N \times N$ cujo elemento $(j, k)$ é dado por $f_{j,k} = \omega_N^{(j-1)(k-1)}$. O método de cálculo da transformada discreta de Fourier **d** pela multiplicação de $F_N$ por **z** será chamado de *algoritmo DFT.** O cálculo DFT requer um múltiplo de $N^2$ operações aritméticas (aproximadamente 8 $N^2$, já que é usada aritmética complexa).

Em aplicações de processamento de sinais, $N$ é geralmente muito grande e em consequência o cálculo da DFT pode ser proibitivamente lento e custoso, mesmo em potentes computadores modernos. Uma revolução em processamento de sinais ocorreu em 1965 com a introdução, por James W. Cooley e John W. Tukey, de um método drasticamente mais eficiente para calcular a transformada discreta de Fourier. Na verdade, acontece que o artigo de 1965 de Cooley-Tukey é uma redescoberta de um método que era conhecido por Gauss em 1805.

## A Transformada Rápida de Fourier

O método de Cooley e Tukey, conhecido como a *transformada rápida de Fourier* ou simplesmente *FFT*,** é um eficiente algoritmo para calcular a transformada discreta de Fourier. Ela aproveita a estrutura especial das matrizes de Fourier. Ilustramos este método no caso $N = 4$. Para ver a estrutura especial, rearranjamos as colunas de $F_4$ de modo que as colunas de ordem ímpar venham todas antes das de ordem par. O rearranjo é equivalente a pós-multiplicar $F_4$ pela matriz de permutação

$$P_4 = \begin{pmatrix} 1 & 0 & 0 & 0 \\ 0 & 0 & 1 & 0 \\ 0 & 1 & 0 & 0 \\ 0 & 0 & 0 & 1 \end{pmatrix}$$

Se fizermos $\mathbf{w} = P_4^T\mathbf{z}$, então

$$F_4\mathbf{z} = F_4P_4P_4^T\mathbf{z} = F_4P_4\mathbf{w}$$

Particionando $F_4\,P_4$ em blocos $2 \times 2$, obtemos

$$F_4P_4 = \left(\begin{array}{cc|cc} 1 & 1 & 1 & 1 \\ 1 & -1 & -i & i \\ \hline 1 & 1 & -1 & -1 \\ 1 & -1 & i & -i \end{array}\right)$$

Os blocos (1,1) e (2,1) são iguais à matriz de Fourier $F_2$ e se fizermos

$$D_2 = \begin{pmatrix} 1 & 0 \\ 0 & -i \end{pmatrix}$$

então os blocos (1,2) e (2,2) são $D_2F_2$ e $-D_2F_2$, respectivamente. O cálculo da transformada de Fourier pode agora ser efetuado como uma multiplicação de blocos.

---

*A sigla DFT é normalmente usada no Brasil, daí não ter sido traduzida. (N.T.)

**A sigla FFT é consagrada no Brasil. (N.T.)

$$\mathbf{d}_4 = \begin{Bmatrix} F_2 & D_2F_2 \\ F_2 & -D_2F_2 \end{Bmatrix} \begin{Bmatrix} \mathbf{w}_1 \\ \mathbf{w}_2 \end{Bmatrix} = \begin{Bmatrix} F_2\mathbf{w}_1 + D_2F_2\mathbf{w}_2 \\ F_2\mathbf{w}_1 - D_2F_2\mathbf{w}_2 \end{Bmatrix}$$

O cálculo reduz-se a computar duas transformadas de Fourier de comprimento 2. Se fizermos $\mathbf{q}_1 = F_2\mathbf{w}_1$ e $\mathbf{q}_1 = D_2(F_2\mathbf{w}_2)$, então

$$\mathbf{d}_4 = \begin{Bmatrix} \mathbf{q}_1 + \mathbf{q}_2 \\ \mathbf{q}_1 - \mathbf{q}_2 \end{Bmatrix}$$

O processo que descrevemos funcionará sempre que o número de amostras for par. Se, por exemplo, $N = 2m$ e permutarmos as colunas de $F_{2m}$ de modo que as colunas ímpares venham primeiro, então a matriz de Fourier $F_{2m}P_{2m}$ pode ser particionada em blocos $m \times m$

$$F_{2m}P_{2m} = \begin{Bmatrix} F_m & D_mF_m \\ F_m & -D_mF_m \end{Bmatrix}$$

em que $D_m$ é uma matriz diagonal cujo elemento $(j, j)$ é $\omega_{2m}^{j-1}$. A transformada discreta de Fourier pode então ser calculada como duas transformadas de comprimento $m$. Além disso, se $m$ é par, então cada transformada de comprimento $m$ pode ser calculada como duas transformadas de comprimento $\frac{m}{2}$, e assim por diante.

Se, inicialmente, $N$ é uma potência de 2, por exemplo, $N = 2^k$, então podemos aplicar o processo recursivamente por meio de $k$ níveis. O total de aritmética requerido para calcular a FFT é proporcional a $Nk = N \log_2 N$. De fato, a quantidade real de operações aritméticas necessárias para a FFT é, aproximadamente, $5N \log_2 N$. Quão dramático é o aumento de velocidade? Se considerarmos, por exemplo, o caso em que $N = 2^{20} = 1.048.576$, então o algoritmo DFT necessita de $8N^2 = 8 \cdot 2^{40}$ operações, isto é, aproximadamente 8,8 trilhões de operações. Por outro lado, o algoritmo FFT necessita apenas de $100N = 100 \cdot 2^{20}$, ou aproximadamente 100 milhões de operações. A relação entre as duas quantidades de operações é

$$r = \frac{8N^2}{5N\log_2 N} = 0{,}08 \cdot 1.048.576 = 83.886$$

Nesse caso, o algoritmo FFT é aproximadamente 84.000 vezes mais rápido que o algoritmo DFT.

# PROBLEMAS DA SEÇÃO 5.5

**1.** Quais dos seguintes conjuntos de vetores formam uma base ortonormal para $\mathbb{R}^2$?

**(a)** $\{(1, 0)^T, (0, 1)^T\}$

**(b)** $\left\{\left(\frac{3}{5}, \frac{4}{5}\right)^T, \left(\frac{5}{13}, \frac{12}{13}\right)^T\right\}$

**(c)** $\{(1, -1)^T, (1, 1)^T\}$

**(d)** $\left\{\left(\frac{\sqrt{3}}{2}, \frac{1}{2}\right)^T, \left(-\frac{1}{2}, \frac{\sqrt{3}}{2}\right)^T\right\}$

**2.** Sejam

$$\mathbf{u}_1 = \begin{bmatrix} \frac{1}{3\sqrt{2}} \\ \frac{1}{3\sqrt{2}} \\ -\frac{4}{3\sqrt{2}} \end{bmatrix}, \mathbf{u}_2 = \begin{bmatrix} \frac{2}{3} \\ \frac{2}{3} \\ \frac{1}{3} \end{bmatrix}, \mathbf{u}_3 = \begin{bmatrix} \frac{1}{\sqrt{2}} \\ -\frac{1}{\sqrt{2}} \\ 0 \end{bmatrix}$$

**(a)** Mostre que $\{\mathbf{u}_1, \mathbf{u}_2, \mathbf{u}_3\}$ é uma base ortonormal para $\mathbb{R}^3$.

**(b)** Seja $\mathbf{x} = (1, 1, 1)^T$. Escreva $\mathbf{x}$ como uma combinação linear de $\mathbf{u}_1$, $\mathbf{u}_2$ e $\mathbf{u}_3$ usando o Teorema 5.5.2. Utilize a fórmula de Parseval para calcular $\|\mathbf{x}\|$.

**3.** Seja $S$ o subespaço de $\mathbb{R}^3$ coberto pelos vetores $\mathbf{u}_2$ e $\mathbf{u}_3$ do Problema 2. Seja $\mathbf{x} = (1, 2, 2)^T$. Encontre a projeção $\mathbf{p}$ de $\mathbf{x}$ em $S$. Mostre que $\mathbf{p} - \mathbf{x} \perp \mathbf{u}_2$ e $\mathbf{p} - \mathbf{x} \perp \mathbf{u}_3$.

**4.** Seja $\theta$ um número real fixo, e sejam

$$\mathbf{x}_1 = \begin{Bmatrix} \cos\theta \\ \operatorname{sen}\theta \end{Bmatrix} \quad \text{e} \quad \mathbf{x}_2 = \begin{Bmatrix} -\operatorname{sen}\theta \\ \cos\theta \end{Bmatrix}$$

**(a)** Mostre que $\{\mathbf{x}_1, \mathbf{x}_2\}$ é uma base ortonormal para $\mathbb{R}^2$.

**(b)** Dado um vetor $\mathbf{y}$ em $\mathbb{R}^2$, escreva-o como uma combinação linear $c_1\mathbf{x}_1 + c_2\mathbf{x}_2$.

**(c)** Verifique que

$$c_1^2 + c_2^2 = \|\mathbf{y}\|^2 = y_1^2 + y_2^2$$

**5.** Sejam $\mathbf{u}_1$ e $\mathbf{u}_2$ uma base ortonormal para $\mathbb{R}^2$ e seja $\mathbf{u}$ um vetor unitário em $\mathbb{R}^2$. Se $\mathbf{u}^T\mathbf{u}_1 = \frac{1}{2}$, determine o valor de $\mathbf{u}^T\mathbf{u}_2$.

**6.** Seja $\{\mathbf{u}_1, \mathbf{u}_2, \mathbf{u}_3\}$ uma base ortonormal para um espaço com produto interno $V$, e sejam

$$\mathbf{u} = \mathbf{u}_1 + 2\mathbf{u}_2 + 2\mathbf{u}_3 \quad \text{e} \quad \mathbf{v} = \mathbf{u}_1 + 7\mathbf{u}_3$$

Determine o valor de cada um dos seguintes

**(a)** $\langle \mathbf{u}, \mathbf{v} \rangle$

**(b)** $\|\mathbf{u}\|$ e $\|\mathbf{v}\|$

**(c)** O ângulo $\theta$ entre $\mathbf{u}$ e $\mathbf{v}$

**7.** Seja $\{\mathbf{u}_1, \mathbf{u}_2, \mathbf{u}_3\}$ uma base ortonormal para um espaço com produto interno $V$. Se $\mathbf{x} = c_1\mathbf{u}_1 + c_2\mathbf{u}_2 + c_3\mathbf{u}_3$ é um vetor com as propriedades $\|\mathbf{x}\| = 5$, $\langle \mathbf{u}_1, \mathbf{x} \rangle = 4$ e $\mathbf{x} \perp \mathbf{u}_2$, então quais são os possíveis valores de $c_1$, $c_2$ e $c_3$?

**8.** As funções $\cos x$ e $\operatorname{sen} x$ formam uma base ortonormal em $C[-\pi, \pi]$. Se

$$f(x) = 3\cos x + 2\operatorname{sen} x \quad \text{e} \quad g(x) = \cos x - \operatorname{sen} x$$

use o Corolário 5.5.3 para determinar o valor de

$$\langle f, g \rangle = \frac{1}{\pi}\int_{-\pi}^{\pi} f(x)g(x)\,dx$$

**9.** O conjunto

$$S = \left\{ \frac{1}{\sqrt{2}}, \cos x, \cos 2x, \cos 3x, \cos 4x \right\}$$

é um conjunto ortonormal de vetores em $C[-\pi, \pi]$ com produto interno definido por (2).

**(a)** Use identidades trigonométricas para escrever a função $\operatorname{sen}^4 x$ como uma combinação linear dos elementos de $S$.

**(b)** Use a parte (a) e o Teorema 5.5.2 para encontrar os valores das seguintes integrais:

**(a)** $\int_{-\pi}^{\pi} \operatorname{sen}^4 x \cos x\, dx$

**(b)** $\int_{-\pi}^{\pi} \operatorname{sen}^4 x \cos 2x\, dx$

**(c)** $\int_{-\pi}^{\pi} \operatorname{sen}^4 x \cos 3x\, dx$

**(d)** $\int_{-\pi}^{\pi} \operatorname{sen}^4 x \cos 4x\, dx$

**10.** Escreva a matriz de Fourier $F_8$. Mostre que $F_8P_8$ pode ser particionada em forma de blocos:

$$\begin{Bmatrix} F_4 & D_4F_4 \\ F_4 & -D_4F_4 \end{Bmatrix}$$

**11.** Demonstre que a transposta de uma matriz ortogonal é uma matriz ortogonal.

**12.** Se $Q$ é uma matriz ortogonal $n \times n$, e $\mathbf{x}$ e $\mathbf{y}$ são vetores não nulos em $\mathbb{R}^n$, então como o ângulo entre $Q\mathbf{x}$ e $Q\mathbf{y}$ se compara com o ângulo entre $\mathbf{x}$ e $\mathbf{y}$? Demonstre sua resposta.

**13.** Seja $Q$ uma matriz ortogonal $n \times n$. Use a indução matemática para demonstrar cada um dos seguintes:

**(a)** $(Q^m)^{-1} = (Q^T)^m = (Q^m)^T$ para qualquer inteiro positivo $m$.

**(b)** $\|Q^m\mathbf{x}\| = \|\mathbf{x}\|$ para todo $\mathbf{x} \in \mathbb{R}^n$.

**14.** Seja $\mathbf{u}$ um vetor unitário em $\mathbb{R}^n$ e seja $H = I - 2\mathbf{u}\mathbf{u}^T$. Mostre que $H$ é tanto ortogonal quanto simétrica e, portanto, é sua própria inversa.

**15.** Seja $Q$ uma matriz ortogonal e seja $d = \det(Q)$. Mostre que $|d| = 1$.

**16.** Mostre que o produto de duas matrizes ortogonais é também uma matriz ortogonal. O produto de duas matrizes de permutação é uma matriz de permutação? Explique.

**17.** Quantas matrizes de permutação $n \times n$ existem?

**18.** Mostre que, se $P$ é uma matriz de permutação simétrica, então $P^{2k} = I$ e $P^{2k+1} = P$.

**19.** Mostre que, se $U$ é uma matriz ortogonal $n \times n$, então

$$\mathbf{u}_1\mathbf{u}_1^T + \mathbf{u}_2\mathbf{u}_2^T + \cdots + \mathbf{u}_n\mathbf{u}_n^T = I$$

**20.** Use indução matemática para mostrar que, se $Q \in \mathbb{R}^{n\times m}$, $Q$ é tanto triangular superior quanto ortogonal, então $\mathbf{q}_j = \pm\mathbf{e}_j$, $j = 1, \ldots, n$.

**21.** Seja

$$A = \begin{Bmatrix} \frac{1}{2} & -\frac{1}{2} \\ \frac{1}{2} & -\frac{1}{2} \\ \frac{1}{2} & \frac{1}{2} \\ \frac{1}{2} & \frac{1}{2} \end{Bmatrix}$$

(a) Mostre que os vetores coluna de $A$ formam um conjunto ortonormal em $\mathbb{R}^4$.

(b) Resolva o problema de mínimos quadrados $A\mathbf{x} = \mathbf{b}$ para cada uma das seguintes escolhas de $\mathbf{b}$.

(a) $\mathbf{b} = (4, 0, 0, 0)^T$

(b) $\mathbf{b} = (1, 2, 3, 4)^T$

(c) $\mathbf{b} = (1, 1, 2, 2)^T$

**22.** Seja $A$ a matriz dada no Problema 21.

(a) Encontre a matriz de projeção $P$ que projeta vetores de $\mathbb{R}^4$ em $R(A)$.

(b) Para cada uma das suas soluções $\mathbf{x}$ do Problema 21(b), calcule $A\mathbf{x}$ e compare com $P\mathbf{b}$.

**23.** Seja $A$ a matriz dada no Problema 21.

(a) Encontre uma base ortonormal para $N(A^T)$.

(b) Determine a matriz de projeção $Q$ que projeta vetores de $\mathbb{R}^4$ em $N(A^T)$.

**24.** Seja $A$ uma matriz $m \times n$, seja $P$ a matriz de projeção que projeta vetores de $\mathbb{R}^m$ em $R(A)$ e seja $Q$ a matriz de projeção que projeta vetores de $\mathbb{R}^n$ em $R(A^T)$. Mostre que

(a) $I - P$ é a matriz de projeção de $\mathbb{R}^m$ em $N(A^T)$.

(b) $I - Q$ é a matriz de projeção de $\mathbb{R}^n$ em $N(A)$.

**25.** Seja $P$ a matriz de projeção correspondente a um subespaço $S$ de $\mathbb{R}^m$. Mostre que

(a) $P^2 = P$

(b) $P^T = P$

**26.** Seja $A$ uma matriz $m \times n$ cujos vetores coluna são mutuamente ortogonais, e seja $\mathbf{b} \in \mathbb{R}^m$. Mostre que, se $\mathbf{y}$ é a solução por mínimos quadrados do sistema $A\mathbf{x} = \mathbf{b}$, então

$$y_i = \frac{\mathbf{b}^T \mathbf{a}_i}{\mathbf{a}_i^T \mathbf{a}_i} \qquad i = 1, \ldots, n$$

**27.** Seja $\mathbf{v}$ um vetor em um espaço com produto interno $V$ e seja $\mathbf{p}$ a projeção de $\mathbf{v}$ em um subespaço $n$-dimensional $S$ de $V$. Mostre que $\|\mathbf{p}\| \leq \|\mathbf{v}\|$. Sob que condições ocorre a igualdade?

**28.** Seja $\mathbf{v}$ um vetor em um espaço com produto interno $V$ e seja $\mathbf{p}$ a projeção de $\mathbf{v}$ em um subespaço $n$-dimensional $S$ de $V$. Mostre que $\|\mathbf{p}\|^2 = \langle \mathbf{p}, \mathbf{v} \rangle$.

**29.** Considere o espaço vetorial $C[-1, 1]$ com produto interno

$$\langle f, g \rangle = \int_{-1}^{1} f(x)g(x)\,dx$$

e norma

$$\|f\| = (\langle f, f \rangle)^{1/2}$$

(a) Mostre que os vetores 1 e $x$ são ortogonais.

(b) Calcule $\|1\|$ e $\|x\|$.

(c) Encontre a melhor aproximação por mínimos quadrados de $x^{1/3}$ em $[-1, 1]$ por uma função linear $l(x) = c_1 1 + c_2 x$.

(d) Esboce os gráficos de $x^{1/3}$ e $l(x)$ em $[-1, 1]$.

**30.** Considere o espaço com produto interno $C[0, 1]$ com produto interno definido por

$$\langle f, g \rangle = \int_{0}^{1} f(x)g(x)\,dx$$

Seja $S$ o subespaço coberto pelos vetores 1 e $2x - 1$.

(a) Mostre que 1 e $2x - 1$ são ortogonais.

(b) Determine $\|1\|$ e $\|2x - 1\|$.

(c) Encontre a melhor aproximação por mínimos quadrados para $\sqrt{x}$ por uma função do subespaço $S$.

**31.** Seja

$$S = \{1/\sqrt{2}, \cos x, \cos 2x, \ldots, \cos nx, \\ \operatorname{sen} x, \operatorname{sen} 2x, \ldots, \operatorname{sen} nx\}$$

Mostre que $S$ é um conjunto ortonormal em $C[-\pi, \pi]$ com produto interno definido por (2).

**32.** Encontre a melhor aproximação por mínimos quadrados para $f(x) = |x|$ em $[-\pi, \pi]$ por um polinômio trigonométrico de grau menor ou igual a 2.

**33.** Seja $\{\mathbf{x}_1, \mathbf{x}_2, \ldots, \mathbf{x}_k, \mathbf{x}_{k+1}, \ldots, \mathbf{x}_n\}$ uma base ortonormal para um espaço com produto interno $V$. Seja $S_1$ o subespaço de $V$ coberto por $\mathbf{x}_1, \mathbf{x}_2, \ldots, \mathbf{x}_k$ e seja $S_2$ o subespaço coberto por $\mathbf{x}_{k+1}, \mathbf{x}_{k+2}, \ldots, \mathbf{x}_n$. Mostre que $S_1 \perp S_2$.

**34.** Seja $\mathbf{x}$ um elemento do espaço com produto interno $V$ no Problema 33, e sejam $\mathbf{p}_1$ e $\mathbf{p}_2$ as projeções de $\mathbf{x}$ em $S_1$ e $S_2$, respectivamente. Mostre que

(a) $\mathbf{x} = \mathbf{p}_1 + \mathbf{p}_2$

(b) se $\mathbf{x} \in S_1^{\perp}$, então $\mathbf{p}_1 = \mathbf{0}$ e, portanto, $S^{\perp} = S_2$.

**35.** Seja $S$ um subespaço de um espaço com produto interno $V$. Seja $\{\mathbf{x}_1, \ldots, \mathbf{x}_n\}$ uma base ortogonal para $S$ e seja $\mathbf{x} \in V$. Mostre que a melhor aproximação por mínimos quadrados de $\mathbf{x}$ por elementos de $S$ é dada por

$$\mathbf{p} = \sum_{i=1}^{n} \frac{\langle \mathbf{x}, \mathbf{x}_i \rangle}{\langle \mathbf{x}_i, \mathbf{x}_i \rangle} \mathbf{x}_i$$

**36.** Um escalar (real ou complexo) $u$ é dito ser uma raiz $n$ da unidade se $u^n = 1$.

**(a)** Mostre que, se $u$ é uma raiz $n$ da unidade e $u \neq 1$, então

$$1 + u + u^2 + \cdots + u^{n-1} = 0$$

[*Sugestão*: $1 - u^n = (1 - u)(1 + u + u^2 + \ldots + u^{n-1})$]

**(b)** Seja $\omega_n = e^{\frac{2\pi i}{n}}$. Use a fórmula de Euler ($e^{i\theta} = \cos \theta + i \operatorname{sen} \theta$) para mostrar que $\omega_n$ é uma raiz $n$ da unidade.

**(c)** Mostre que, se $j$ e $k$ são inteiros positivos e $u = \omega_n^{j-1}$ e $z = \omega_n^{-(k-1)}$, então $u$, $z$ e $uz$ são todos raízes $n$ da unidade.

**37.** Sejam $\omega_n$, $u_j$ e $z_k$ definidos como no Problema 36. Se $F_n$ é a matriz de Fourier $n \times n$, então seu elemento $(j, s)$ é

$$f_{js} = \omega_n^{(j-1)(s-1)} = u^{s-1}$$

Seja $G_n$ a matriz definida por

$$g_{sk} = \frac{1}{f_{sk}} = \omega^{-(s-1)(k-1)} = z_k^{s-1}, \quad 1 \leq s \leq n, \quad 1 \leq k \leq n$$

Mostre que o elemento $(j, k)$ de $F_n G_n$ é

$$1 + u_j z_k + (u_j z_k)^2 + \cdots + (u_j z_k)^{n-1}$$

**38.** Use os resultados dos Problemas 36 e 37 para mostrar que $F_n$ é não singular e

$$F_n^{-1} = \frac{1}{n} G_n = \frac{1}{n} \overline{F_n}$$

em que $\overline{F_n}$ é a matriz cujo elemento $(i, j)$ é o complexo conjugado de $f_{ij}$.

## 5.6 O Processo de Ortogonalização de Gram-Schmidt

Nesta seção, aprenderemos um processo para construir uma base ortonormal para um espaço com produto interno $n$-dimensional $V$. O método envolve o uso de projeções para transformar uma base ordinária $\{\mathbf{x}_1, \mathbf{x}_2, \ldots, \mathbf{x}_n\}$ em uma base ortonormal $\{\mathbf{u}_1, \mathbf{u}_2, \ldots, \mathbf{u}_n\}$.

Construiremos os $\mathbf{u}_i$ de modo que

$$\text{Cob}(\mathbf{u}_1, \ldots, \mathbf{u}_k) = \text{Cob}(\mathbf{x}_1, \ldots, \mathbf{x}_k)$$

para $k = 1, \ldots, n$. Para iniciar o processo, seja

$$\mathbf{u}_1 = \left(\frac{1}{\|\mathbf{x}_1\|}\right)\mathbf{x}_1 \tag{1}$$

$\text{Cob}(\mathbf{u}_1) = \text{Cob}(\mathbf{x}_1)$, já que $\mathbf{u}_1$ é um vetor unitário na direção de $\mathbf{x}_1$. Seja $\mathbf{p}_1$ a projeção de $\mathbf{x}_2$ em $\text{Cob}(\mathbf{x}_1) = \text{Cob}(\mathbf{u}_1)$; isto é,

$$\mathbf{p}_1 = \langle \mathbf{x}_2, \mathbf{u}_1 \rangle \mathbf{u}_1$$

Pelo Teorema 5.5.7,

$$(\mathbf{x}_2 - \mathbf{p}_1) \perp \mathbf{u}_1$$

Observe que $\mathbf{x}_2 - \mathbf{p} \neq \mathbf{0}$, já que

$$\mathbf{x}_2 - \mathbf{p}_1 = \frac{-\langle \mathbf{x}_2, \mathbf{u}_1 \rangle}{\|\mathbf{x}_1\|}\mathbf{x}_1 + \mathbf{x}_2 \tag{2}$$

e $\mathbf{x}_1$ e $\mathbf{x}_2$ são linearmente independentes. Se fizermos

$$\mathbf{u}_2 = \frac{1}{\|\mathbf{x}_2 - \mathbf{p}_1\|}(\mathbf{x}_2 - \mathbf{p}_1) \tag{3}$$

então $\mathbf{u}_2$ é um vetor unitário ortogonal a $\mathbf{u}_1$. Segue-se, de (1), (2) e (3), que $\text{Cob}(\mathbf{u}_1, \mathbf{u}_2) \subset \text{Cob}(\mathbf{x}_1, \mathbf{x}_2)$. Como $\mathbf{u}_1$ e $\mathbf{u}_2$ são linearmente independentes, segue-se também que $\{\mathbf{u}_1, \mathbf{u}_2\}$ é uma base ortonormal para $\text{Cob}(\mathbf{x}_1, \mathbf{x}_2)$ e, portanto,

$$\text{Cob}(\mathbf{x}_1, \mathbf{x}_2) = \text{Cob}(\mathbf{u}_1, \mathbf{u}_2)$$

Para construir $\mathbf{u}_3$, continue da mesma maneira. Seja $\mathbf{p}_2$ a projeção de $\mathbf{x}_3$ em $\text{Cob}(\mathbf{x}_1, \mathbf{x}_2) = \text{Cob}(\mathbf{u}_1, \mathbf{u}_2)$.

$$\mathbf{p}_2 = \langle \mathbf{x}_3, \mathbf{u}_1 \rangle \mathbf{u}_1 + \langle \mathbf{x}_3, \mathbf{u}_2 \rangle \mathbf{u}_2$$

e seja

$$\mathbf{u}_3 = \frac{1}{\|\mathbf{x}_3 - \mathbf{p}_2\|}(\mathbf{x}_3 - \mathbf{p}_2)$$

e assim por diante (veja a Figura 5.6.1).

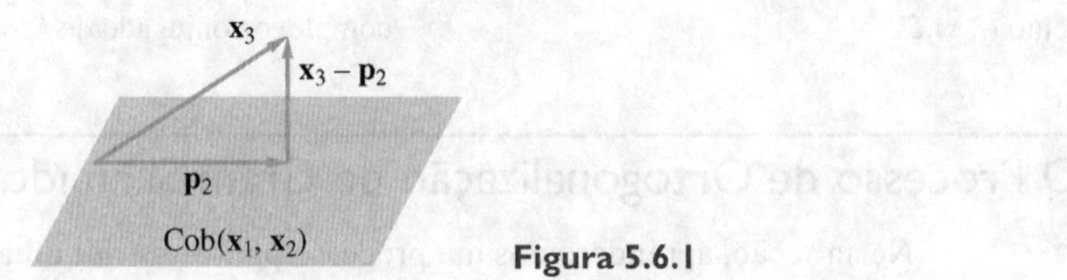


**Figura 5.6.1**

**Teorema 5.6.1** O Processo de Gram-Schmidt

*Seja* $\{\mathbf{x}_1, \mathbf{x}_2, \ldots, \mathbf{x}_n\}$ *uma base para um espaço com produto interno V. Seja*

$$\mathbf{u}_1 = \left(\frac{1}{\|\mathbf{x}_1\|}\right)\mathbf{x}_1$$

*sejam definidos* $\mathbf{u}_1, \mathbf{u}_2, \ldots, \mathbf{u}_n$ *recursivamente por*

$$\mathbf{u}_{k+1} = \frac{1}{\|\mathbf{x}_{k+1} - \mathbf{p}_k\|}(\mathbf{x}_{k+1} - \mathbf{p}_k) \quad \textit{para} \quad k = 1, \ldots, n-1$$

em que

$$\mathbf{p}_k = \langle \mathbf{x}_{k+1}, \mathbf{u}_1 \rangle \mathbf{u}_1 + \langle \mathbf{x}_{k+1}, \mathbf{u}_2 \rangle \mathbf{u}_2 + \cdots + \langle \mathbf{x}_{k+1}, \mathbf{u}_k \rangle \mathbf{u}_k$$

*é a projeção de* $\mathbf{x}_{k+1}$ *em* $\text{Cob}(\mathbf{u}_1, \mathbf{u}_2, \ldots, \mathbf{u}_k)$. *Então, o conjunto*

$$\{\mathbf{u}_1, \mathbf{u}_2, \ldots, \mathbf{u}_n\}$$

*é uma base ortonormal para V.*

***Demonstração*** Discutiremos de maneira recursiva. Evidentemente, $\text{Cob}(\mathbf{u}_1) = \text{Cob}(\mathbf{x}_1)$. Suponha que $\mathbf{u}_1, \mathbf{u}_2, \ldots, \mathbf{u}_k$ foram construídos de modo que $\{\mathbf{u}_1, \mathbf{u}_2, \ldots, \mathbf{u}_k\}$ é um conjunto ortonormal e

$$\text{Cob}(\mathbf{u}_1, \mathbf{u}_2, \ldots, \mathbf{u}_k) = \text{Cob}(\mathbf{x}_1, \mathbf{x}_2, \ldots, \mathbf{x}_k)$$

Como $\mathbf{p}_k$ é uma combinação linear de $\mathbf{u}_1, \mathbf{u}_2, \ldots, \mathbf{u}_k$, segue-se que $\mathbf{p}_k \in \text{Cob}(\mathbf{x}_1, \ldots, \mathbf{x}_k)$ e $\mathbf{x}_{k+1} - \mathbf{p}_k \in \text{Cob}(\mathbf{x}_1, \ldots, \mathbf{x}_{k+1})$.

$$\mathbf{x}_{k+1} - \mathbf{p}_k = \mathbf{x}_{k+1} - \sum_{i=1}^{k} c_i \mathbf{x}_i$$

Como $\mathbf{x}_1, \ldots, \mathbf{x}_{k+1}$ são linearmente independentes, segue-se que $\mathbf{x}_{k+1} - \mathbf{p}_k$ é não nulo e, pelo Teorema 5.5.7, é ortogonal a cada $\mathbf{u}_i$, $1 \leq i \leq k$. Logo, $\{\mathbf{u}_1, \mathbf{u}_2, \ldots, \mathbf{u}_{k+1}\}$ é um conjunto ortonormal de vetores em $\mathrm{Cob}(\mathbf{x}_1, \ldots, \mathbf{x}_{k+1})$. Como $\mathbf{u}_1, \ldots, \mathbf{u}_{k+1}$ são linearmente independentes, formam uma base para $\mathrm{Cob}(\mathbf{x}_1, \ldots, \mathbf{x}_{k+1})$ e, em consequência,

$$\mathrm{Cob}(\mathbf{u}_1, \ldots, \mathbf{u}_{k+1}) = \mathrm{Cob}(\mathbf{x}_1, \ldots, \mathbf{x}_{k+1})$$

Segue-se, por indução matemática, que $\{\mathbf{u}_1, \mathbf{u}_2, \ldots, \mathbf{u}_n\}$ é uma base ortonormal para $V$. ■

**EXEMPLO 1** Encontre uma base ortonormal para $P_3$ se o produto interno em $P_3$ é definido por

$$\langle p, q \rangle = \sum_{i=1}^{3} p(x_i) q(x_i)$$

em que $x_1 = -1$, $x_2 = 0$ e $x_3 = 1$.

## Solução

Começando pela base $\{1, x, x^2\}$, podemos usar o processo de Gram-Schmidt para gerar uma base ortonormal

$$\|1\|^2 = \langle 1, 1 \rangle = 3$$

Assim,

$$\mathbf{u}_1 = \left(\frac{1}{\|1\|}\right) 1 = \frac{1}{\sqrt{3}}$$

Faça

$$p_1 = \left\langle x, \frac{1}{\sqrt{3}} \right\rangle \frac{1}{\sqrt{3}} = \left(-1 \cdot \frac{1}{\sqrt{3}} + 0 \cdot \frac{1}{\sqrt{3}} + 1 \cdot \frac{1}{\sqrt{3}}\right) \frac{1}{\sqrt{3}} = 0$$

Portanto,

$$x - p_1 = x \quad \text{e} \quad \|x - p_1\|^2 = \langle x, x \rangle = 2$$

Logo,

$$\mathbf{u}_2 = \frac{1}{\sqrt{2}} x$$

Finalmente,

$$p_2 = \left\langle x^2, \frac{1}{\sqrt{3}} \right\rangle \frac{1}{\sqrt{3}} + \left\langle x^2, \frac{1}{\sqrt{2}} x \right\rangle \frac{1}{\sqrt{2}} x = \frac{2}{3}$$

$$\|x^2 - p_2\|^2 = \left\langle x^2 - \frac{2}{3}, x^2 - \frac{2}{3} \right\rangle = \frac{2}{3}$$

e, então,

$$\mathbf{u}_3 = \frac{\sqrt{6}}{2}\left(x^2 - \frac{2}{3}\right)$$ ■

Polinômios ortogonais serão estudados com mais detalhes na Seção 5.7.

**EXEMPLO 2** Seja

$$A = \begin{pmatrix} 1 & -1 & 4 \\ 1 & 4 & -2 \\ 1 & 4 & 2 \\ 1 & -1 & 0 \end{pmatrix}$$

Encontre uma base ortonormal para o espaço coluna de $A$.

### Solução

Os vetores coluna de $A$ são linearmente independentes e, portanto, formam uma base para um subespaço tridimensional de $\mathbb{R}^4$. O processo de Gram-Schmidt pode ser usado para construir uma base ortonormal como se segue. Sejam

$$\begin{aligned}
r_{11} &= \|\mathbf{a}_1\| = 2 \\
\mathbf{q}_1 &= \frac{1}{r_{11}}\mathbf{a}_1 = \left(\frac{1}{2}, \frac{1}{2}, \frac{1}{2}, \frac{1}{2}\right)^T \\
r_{12} &= \langle \mathbf{a}_2, \mathbf{q}_1 \rangle = \mathbf{q}_1^T \mathbf{a}_2 = 3 \\
\mathbf{p}_1 &= r_{12}\mathbf{q}_1 = 3\mathbf{q}_1 \\
\mathbf{a}_2 - \mathbf{p}_1 &= \left(-\frac{5}{2}, \frac{5}{2}, \frac{5}{2}, -\frac{5}{2}\right)^T \\
r_{22} &= \|\mathbf{a}_2 - \mathbf{p}_1\| = 5 \\
\mathbf{q}_2 &= \frac{1}{r_{22}}(\mathbf{a}_2 - \mathbf{p}_1) = \left(-\frac{1}{2}, \frac{1}{2}, \frac{1}{2}, -\frac{1}{2}\right)^T \\
r_{13} &= \langle \mathbf{a}_3, \mathbf{q}_1 \rangle = \mathbf{q}_1^T \mathbf{a}_3 = 2, \quad r_{23} = \langle \mathbf{a}_3, \mathbf{q}_2 \rangle = \mathbf{q}_2^T \mathbf{a}_3 = -2 \\
\mathbf{p}_2 &= r_{13}\mathbf{q}_1 + r_{23}\mathbf{q}_2 = (2, 0, 0, 2)^T \\
\mathbf{a}_3 - \mathbf{p}_2 &= (2, -2, 2, -2)^T \\
r_{33} &= \|\mathbf{a}_3 - \mathbf{p}_2\| = 4 \\
\mathbf{q}_3 &= \frac{1}{r_{33}}(\mathbf{a}_3 - \mathbf{p}_2) = \left(\frac{1}{2}, -\frac{1}{2}, \frac{1}{2}, -\frac{1}{2}\right)^T
\end{aligned}$$

Os vetores $\mathbf{q}_1$, $\mathbf{q}_2$, $\mathbf{q}_3$ formam uma base ortonormal para $R(A)$. ■

Podemos obter uma fatoração útil da matriz $A$ se guardarmos todos os produtos internos e normas calculados no processo de Gram-Schmidt. Para a matriz do Exemplo 2, se os $r_{ij}$ são usados para formar uma matriz

$$R = \begin{pmatrix} r_{11} & r_{12} & r_{13} \\ 0 & r_{22} & r_{23} \\ 0 & 0 & r_{33} \end{pmatrix} = \begin{pmatrix} 2 & 3 & 2 \\ 0 & 5 & -2 \\ 0 & 0 & 4 \end{pmatrix}$$

e fazemos

$$Q = (\mathbf{q}_1, \mathbf{q}_2, \mathbf{q}_3) = \begin{pmatrix} \frac{1}{2} & -\frac{1}{2} & \frac{1}{2} \\ \frac{1}{2} & \frac{1}{2} & -\frac{1}{2} \\ \frac{1}{2} & \frac{1}{2} & \frac{1}{2} \\ \frac{1}{2} & -\frac{1}{2} & -\frac{1}{2} \end{pmatrix}$$

então é facilmente verificado que $QR = A$. Este resultado é demonstrado no seguinte teorema.

**Teorema 5.6.2** A Fatoração QR de Gram-Shmidt

*Se $A$ é uma matriz $m \times n$ de posto $n$, então $A$ pode ser fatorada em um produto $QR$, em que $Q$ é uma matriz $m \times n$ com vetores coluna ortonormais, e $R$ é uma matriz triangular superior $m \times n$ cujos elementos diagonais são todos positivos. [Nota: $R$ deve ser não singular, já que $det(R) > 0$.]*

***Demonstração*** Sejam $\mathbf{p}_1, \ldots, \mathbf{p}_{n-1}$ os vetores de projeção definidos no Teorema 5.6.1, e seja $\{\mathbf{q}_1, \mathbf{q}_2, \ldots, \mathbf{q}_n\}$ uma base ortonormal para $R(A)$ derivada pelo processo de Gram-Schmidt. Definam-se

$$\begin{aligned} r_{11} &= \|\mathbf{a}_1\| \\ r_{kk} &= \|\mathbf{a}_k - \mathbf{p}_{k-1}\| \quad \text{para} \quad k = 2, \ldots, n \end{aligned}$$

e

$$r_{ik} = \mathbf{q}_i^T \mathbf{a}_k \qquad \text{para } i = 1, \ldots, k-1 \qquad \text{e} \qquad k = 2, \ldots, n$$

Pelo processo de Gram-Schmidt,

$$\begin{aligned} r_{11}\mathbf{q}_1 &= \mathbf{a}_1 \\ r_{kk}\mathbf{q}_k &= \mathbf{a}_k - r_{1k}\mathbf{q}_1 - r_{2k}\mathbf{q}_2 - \cdots - r_{k-1,k}\mathbf{q}_{k-1} \qquad \text{para } k = 2, \ldots, n \end{aligned} \tag{4}$$

O sistema (4) pode ser reescrito sob a forma

$$\begin{aligned} \mathbf{a}_1 &= r_{11}\mathbf{q}_1 \\ \mathbf{a}_2 &= r_{12}\mathbf{q}_1 + r_{22}\mathbf{q}_2 \\ &\vdots \\ \mathbf{a}_n &= r_{1n}\mathbf{q}_1 + \cdots + r_{nn}\mathbf{q}_n \end{aligned}$$

Se fizermos

$$Q = (\mathbf{q}_1, \mathbf{q}_2, \ldots, \mathbf{q}_n)$$

e definirmos $R$ como a matriz triangular superior

$$R = \begin{pmatrix} r_{11} & r_{12} & \cdots & r_{1n} \\ 0 & r_{22} & \cdots & r_{2n} \\ \vdots & & & \\ 0 & 0 & \cdots & r_{nn} \end{pmatrix}$$

então, a $j$-ésima coluna do produto $QR$ será

$$Q\mathbf{r}_j = r_{1j}\mathbf{q}_1 + r_{2j}\mathbf{q}_2 + \cdots + r_{jj}\mathbf{q}_j = \mathbf{a}_j$$

para $j = 1, \ldots, n$. Portanto,

$$QR = (\mathbf{a}_1, \mathbf{a}_2, \ldots, \mathbf{a}_n) = A$$

■

**EXEMPLO 3** Calcule a fatoração $QR$ de Gram-Schmidt da matriz

$$A = \begin{pmatrix} 1 & -2 & -1 \\ 2 & 0 & 1 \\ 2 & -4 & 2 \\ 4 & 0 & 0 \end{pmatrix}$$

## Solução

Passo 1. Fazer

$$r_{11} = \|\mathbf{a}_1\| = 5$$
$$\mathbf{q}_1 = \frac{1}{r_{11}}\mathbf{a}_1 = \left(\frac{1}{5}, \frac{2}{5}, \frac{2}{5}, \frac{4}{5}\right)^T$$

Passo 2. Fazer

$$r_{12} = \mathbf{q}_1^T\mathbf{a}_2 = -2$$
$$\mathbf{p}_1 = r_{12}\mathbf{q}_1 = -2\mathbf{q}_1$$
$$\mathbf{a}_2 - \mathbf{p}_1 = \left(-\frac{8}{5}, \frac{4}{5}, -\frac{16}{5}, \frac{8}{5}\right)^T$$
$$r_{22} = \|\mathbf{a}_2 - \mathbf{p}_1\| = 4$$
$$\mathbf{q}_2 = \frac{1}{r_{22}}(\mathbf{a}_2 - \mathbf{p}_1) = \left(-\frac{2}{5}, \frac{1}{5}, -\frac{4}{5}, \frac{2}{5}\right)^T$$

Passo 3. Fazer

$$r_{13} = \mathbf{q}_1^T\mathbf{a}_3 = 1, \quad r_{23} = \mathbf{q}_2^T\mathbf{a}_3 = -1$$
$$\mathbf{p}_2 = r_{13}\mathbf{q}_1 + r_{23}\mathbf{q}_2 = \mathbf{q}_1 - \mathbf{q}_2 = \left(\frac{3}{5}, \frac{1}{5}, \frac{6}{5}, \frac{2}{5}\right)^T$$
$$\mathbf{a}_3 - \mathbf{p}_2 = \left(-\frac{8}{5}, \frac{4}{5}, \frac{4}{5}, -\frac{2}{5}\right)^T$$
$$r_{33} = \|\mathbf{a}_3 - \mathbf{p}_2\| = 2$$
$$\mathbf{q}_3 = \frac{1}{r_{33}}(\mathbf{a}_3 - \mathbf{p}_2) = \left(-\frac{4}{5}, \frac{2}{5}, \frac{2}{5}, -\frac{1}{5}\right)^T$$

Em cada passo, determinamos uma coluna de $Q$ e uma coluna de $R$. A fatoração é dada por

$$A = QR = \begin{bmatrix} \frac{1}{5} & -\frac{2}{5} & -\frac{4}{5} \\ \frac{2}{5} & \frac{1}{5} & \frac{2}{5} \\ \frac{2}{5} & -\frac{4}{5} & \frac{2}{5} \\ \frac{4}{5} & \frac{2}{5} & -\frac{1}{5} \end{bmatrix} \begin{bmatrix} 5 & -2 & 1 \\ 0 & 4 & -1 \\ 0 & 0 & 2 \end{bmatrix}$$ ■

Vimos na Seção 5.5 que, se as colunas de uma matriz $m \times n$, $A$, formam um conjunto ortonormal, então a solução por mínimos quadrados de $A\mathbf{x} = \mathbf{b}$ é simplesmente $\hat{\mathbf{x}} = A^T\mathbf{b}$. Se $A$ tem posto $n$, mas seus vetores coluna não formam um conjunto ortogonal em $\mathbb{R}^m$, então a fatoração $QR$ pode ser usada para resolver o problema de mínimos quadrados.

**Teorema 5.6.3** *Se $A$ é uma matriz $m \times n$ de posto $n$, então a solução por mínimos quadrados de $A\mathbf{x} = \mathbf{b}$ é dada por $\hat{\mathbf{x}} = R^{-1}Q^T\mathbf{b}$, em que $Q$ e $R$ são as matrizes obtidas da fatoração dada no Teorema 5.6.2. A solução $\hat{\mathbf{x}}$ pode ser obtida usando-se substituição reversa para resolver $R\mathbf{x} = Q^T\mathbf{b}$.*

***Demonstração*** Seja $\hat{\mathbf{x}}$ a solução por mínimos quadrados de $A\mathbf{x} = \mathbf{b}$ garantida pelo Teorema 5.3.2. Logo, $\hat{\mathbf{x}}$ é a solução das equações normais

$$A^T A\mathbf{x} = A^T\mathbf{b}$$

Se $A$ é fatorada em um produto $QR$, estas equações se tornam

$$(QR)^T QR\mathbf{x} = (QR)^T\mathbf{b}$$

ou

$$R^T(Q^T Q)R\mathbf{x} = R^T Q^T\mathbf{b}$$

Como $Q$ tem colunas ortonormais, segue-se que $Q^TQ = I$ e, portanto,

$$R^T R\mathbf{x} = R^T Q^T\mathbf{b}$$

Como $R^T$ é inversível, esta equação é simplificada para

$$R\mathbf{x} = Q^T\mathbf{b} \quad \text{ou} \quad \mathbf{x} = R^{-1}Q^T\mathbf{b}$$ ■

EXEMPLO 4 Encontre a solução por mínimos quadrados de

$$\begin{bmatrix} 1 & -2 & -1 \\ 2 & 0 & 1 \\ 2 & -4 & 2 \\ 4 & 0 & 0 \end{bmatrix} \begin{bmatrix} x_1 \\ x_2 \\ x_3 \end{bmatrix} = \begin{bmatrix} -1 \\ 1 \\ 1 \\ -2 \end{bmatrix}$$

## Solução

A matriz de coeficientes deste sistema foi fatorada no Exemplo 3. Usando esta fatoração, temos

$$Q^T\mathbf{b} = \begin{bmatrix} \frac{1}{5} & \frac{2}{5} & \frac{2}{5} & \frac{4}{5} \\ -\frac{2}{5} & \frac{1}{5} & -\frac{4}{5} & \frac{2}{5} \\ -\frac{4}{5} & \frac{2}{5} & \frac{2}{5} & -\frac{1}{5} \end{bmatrix} \begin{bmatrix} -1 \\ 1 \\ 1 \\ -2 \end{bmatrix} = \begin{bmatrix} -1 \\ -1 \\ 2 \end{bmatrix}$$

O sistema $R\mathbf{x} = Q^T\mathbf{b}$ é facilmente resolvido por substituição reversa

$$\left[\begin{array}{ccc|c} 5 & -2 & 1 & -1 \\ 0 & 4 & -1 & -1 \\ 0 & 0 & 2 & 2 \end{array}\right]$$

A solução é $\mathbf{x} = (-\frac{2}{5}, 0, 1)^T$. ■

# O Processo Modificado de Gram-Schmidt

No Capítulo 7, consideraremos métodos computacionais para a solução de problemas de mínimos quadrados. O método *QR* do Exemplo 4 em geral não fornece resultados precisos quando executado em aritmética de precisão finita. Na prática, há uma perda de ortogonalidade devido a erros de arredondamento ao calcular $\mathbf{q}_1, \mathbf{q}_2, \ldots, \mathbf{q}_n$. Podemos obter melhor precisão numérica usando uma versão modificada do método de Gram-Schmidt. Na versão modificada, o vetor $\mathbf{q}_1$ é construído como antes:

$$\mathbf{q}_1 = \frac{1}{\|\mathbf{a}_1\|}\mathbf{a}_1$$

Porém, os vetores restantes $\mathbf{a}_1, \ldots, \mathbf{a}_n$ são então modificados de modo a serem ortogonais a $\mathbf{q}_1$. Isto é feito subtraindo de cada vetor $\mathbf{a}_k$ a projeção de $\mathbf{a}_k$ em $\mathbf{q}_1$:

$$\mathbf{a}_k^{(1)} = \mathbf{a}_k - (\mathbf{q}_1^T\mathbf{a}_k)\mathbf{q}_1 \quad k = 2, \ldots, n$$

Como segundo passo, tomamos

$$\mathbf{q}_2 = \frac{1}{\|\mathbf{a}_2^{(1)}\|}\mathbf{a}_2^{(1)}$$

O vetor $\mathbf{q}_2$ já é ortogonal a $\mathbf{q}_1$. Então, modificamos os vetores restantes para torná-los ortogonais a $\mathbf{q}_2$:

$$\mathbf{a}_k^{(2)} = \mathbf{a}_k^{(1)} - (\mathbf{q}_2^T\mathbf{a}_k^{(1)})\mathbf{q}_2 \quad k = 3, \ldots, n$$

De modo similar, $\mathbf{q}_3, \mathbf{q}_4, \ldots, \mathbf{q}_n$ são sucessivamente determinados. No último passo precisamos simplesmente fazer

$$\mathbf{q}_n = \frac{1}{\|\mathbf{a}_n^{(n-1)}\|}\mathbf{a}_n^{(n-1)}$$

para obter um conjunto ortonormal $\{\mathbf{q}_1, \ldots, \mathbf{q}_n\}$. O algoritmo seguinte resume o processo:

**Algoritmo 5.6.1** Processo Modificado de Gram-Schmidt

*Para* $k = 1, 2, \ldots, n$ *fazer*

$\quad r_{kk} = \|\mathbf{a}_k\|$

$\quad \mathbf{q}_k = \dfrac{1}{r_{kk}}\mathbf{a}_k$

$\quad$ *Para* $j = k+1, k+2, \ldots, n,$ *fazer*

$\quad\quad r_{kj} = \mathbf{q}_k^T\mathbf{a}_j$

$\quad\quad \mathbf{a}_j = \mathbf{a}_j - r_{kj}\mathbf{q}_k$

$\quad$ → *Fim laço para*

→ *Fim laço para* ■

Se o processo modificado de Gram-Schmidt é aplicado aos vetores coluna de uma matriz $m \times n$, $A$, com posto $n$, então, como antes, podemos obter a fatoração $QR$ de $A$. Esta fatoração pode ser usada computacionalmente para determinar a solução por mínimos quadrados de $A\mathbf{x} = \mathbf{b}$; no entanto, neste caso não se deve calcular $\mathbf{c} = Q^T\mathbf{b}$ diretamente. Em vez disso, como cada vetor coluna $\mathbf{q}_k$ é determinado, modifica-se o vetor do lado direito obtendo-se um vetor modificado $\mathbf{b}_k$ e, em seguida, definindo-se $c_k = \mathbf{q}^T_k\mathbf{b}_k$. Um algoritmo de solução de problemas por mínimos quadrados que utiliza a fatoração QR modificada de Gram-Schmidt é dado na Seção 7.7 do Capítulo 7.

## PROBLEMAS DA SEÇÃO 5.6

**1.** Para cada um dos seguintes, use o processo de Gram-Schmidt para encontrar uma base ortonormal para $R(A)$:

**(a)** $A = \begin{bmatrix} -1 & 3 \\ 1 & 5 \end{bmatrix}$ **(b)** $A = \begin{bmatrix} 2 & 5 \\ 1 & 10 \end{bmatrix}$

**2.** Fatore cada uma das matrizes no Problema 1 em um produto $QR$, em que $Q$ é uma matriz ortogonal e $R$ é triangular superior.

**3.** Dada a base $\{(1, 2, -2)^T, (4, 3, 2)^T, (1, 2, 1)^T\}$ para $\mathbb{R}^3$, use o processo de Gram-Schmidt para obter uma base ortonormal.

**4.** Considere o espaço vetorial $C[-1, 1]$ com produto interno definido por

$$\langle f, g\rangle = \int_{-1}^{1} f(x)g(x)\,dx$$

Encontre uma base ortonormal para o espaço coberto por 1, $x$ e $x^2$.

**5.** Sejam

$$A = \begin{bmatrix} 2 & 1 \\ 1 & 1 \\ 2 & 1 \end{bmatrix} \quad \text{e} \quad \mathbf{b} = \begin{bmatrix} 12 \\ 6 \\ 18 \end{bmatrix}$$

**(a)** Use o processo de Gram-Schmidt para encontrar uma base ortonormal para o espaço coluna de $A$.

**(b)** Fatore $A$ em um produto $QR$, em que $Q$ tem um conjunto ortogonal de vetores coluna e $R$ é triangular superior.

**(c)** Resolva o problema de mínimos quadrados $A\mathbf{x} = \mathbf{b}$.

**6.** Repita o Problema 5, usando

$$A = \begin{bmatrix} 3 & -1 \\ 4 & 2 \\ 0 & 2 \end{bmatrix} \quad \text{e} \quad \mathbf{b} = \begin{bmatrix} 0 \\ 20 \\ 10 \end{bmatrix}$$

**7.** Considerando

$$\mathbf{x}_1 = \frac{1}{2}(1, 1, 1, -1)^T \quad \text{e} \quad \mathbf{x}_2 = \frac{1}{6}(1, 1, 3, 5)^T$$

verifique que esses vetores formam um conjunto ortonormal em $\mathbb{R}^4$. Estenda este conjunto a uma base ortonormal para $\mathbb{R}^4$ encontrando uma base ortonormal para o espaço nulo de

$$\begin{bmatrix} 1 & 1 & 1 & -1 \\ 1 & 1 & 3 & 5 \end{bmatrix}$$

[*Sugestão*: Primeiramente encontre uma base para o espaço nulo e então use o processo de Gram-Schmidt.]

**8.** Use o processo de Gram-Schmidt para encontrar uma base ortonormal para o subespaço de $\mathbb{R}^4$ coberto por $\mathbf{x}_1 = (4, 2, 2, 1)^T$, $\mathbf{x}_2 = (2, 0, 0, 2)^T$, $\mathbf{x}_3 = (1, 1, -1, 1)^T$.

**9.** Repita o Problema 8, usando o processo modificado de Gram-Schmidt. Compare suas respostas.

**10.** Seja $A$ uma matriz $m \times 2$. Mostre que, se tanto o processo clássico de Gram-Schmidt como o processo modificado de Gram-Schmidt são aplicados aos vetores coluna de $A$, então ambos os algoritmos produzirão a mesma fatoração $QR$, mesmo que os cálculos sejam realizados em aritmética de precisão finita (isto é, mostre que ambos os algoritmos executarão exatamente as mesmas operações).

**11.** Seja $A$ uma matriz $m \times 3$. Seja $QR$ a fatoração $QR$ obtida quando o processo clássico de Gram-Schmidt é aplicado aos vetores coluna de $A$ e seja $\tilde{Q}\tilde{R}$ a fatoração obtida quando o processo modificado de Gram-Schmidt é usado. Mostre que, se todos os cálculos fossem efetuados usando aritmética exata, teríamos

$$\tilde{Q} = Q \quad \text{e} \quad \tilde{R} = R$$

e mostre que, quando os cálculos são feitos em aritmética de precisão finita, $\tilde{r}_{23}$ não será necessariamente igual a $r_{23}$ e, em consequência, $\tilde{r}_{33}$ e $\mathbf{q}_3$ não serão necessariamente iguais a $r_{33}$ e $\mathbf{q}_3$.

**12.** O que acontecerá se o processo de Gram-Schmidt for aplicado ao conjunto de vetores $\{\mathbf{v}_1, \mathbf{v}_2, \mathbf{v}_3\}$, em que $\mathbf{v}_1$ e $\mathbf{v}_2$ são linearmente independentes, mas $\mathbf{v}_3 \in \text{Cob}(\mathbf{v}_1, \mathbf{v}_2)$. O processo falhará? Se falhar, como? Explique.

**13.** Seja $A$ uma matriz $m \times n$ com posto $n$ e seja $\mathbf{b} \in \mathbb{R}^m$. Mostre que, se $Q$ e $R$ são as matrizes derivadas pela aplicação do processo de Gram-Schmidt aos vetores coluna de $A$ e

$$\mathbf{p} = c_1\mathbf{q}_1 + c_2\mathbf{q}_2 + \cdots + c_n\mathbf{q}_n$$

é a projeção de $\mathbf{b}$ em $R(A)$, então

**(a)** $\mathbf{c} = Q^T\mathbf{b}$

**(b)** $\mathbf{p} = QQ^T\mathbf{b}$

**(c)** $QQ^T = A(A^TA)^{-1}A^T$

**14.** Seja $U$ um subespaço $m$-dimensional de $\mathbb{R}^n$ e seja $V$ um subespaço $k$-dimensional de $U$, em que $0 < k < m$.

**(a)** Mostre que qualquer base ortonormal

$$\{\mathbf{v}_1, \mathbf{v}_2, \ldots, \mathbf{v}_k\}$$

de $V$ pode ser expandida para formar uma base ortonormal $\{\mathbf{v}_1, \mathbf{v}_2, \ldots, \mathbf{v}_k, \mathbf{v}_{k+1}, \ldots, \mathbf{v}_m\}$ para $U$.

**(b)** Mostre que, se $W = \text{Cob}(\mathbf{v}_{k+1}, \mathbf{v}_{k+2}, \ldots, \mathbf{v}_m)$, então $U = V \oplus W$.

**15.** (Teorema da Dimensão) Sejam $U$ e $V$ subespaço de $\mathbb{R}^n$. No caso em que $U \cap V = \{\mathbf{0}\}$, temos a seguinte relação de dimensões

$$\dim(U + V) = \dim U + \dim V$$

(Veja o Problema 18 na Seção 3.4 do Capítulo 3.) Use o resultado do Problema 14 para demonstrar o teorema mais geral

$$\dim(U + V) = \dim U + \dim V - \dim(U \cap V)$$

## 5.7 Polinômios Ortogonais

Já vimos como polinômios podem ser usados para ajuste de dados e como aproximações de funções contínuas. Como esses problemas são problemas de mínimos quadrados, eles podem ser simplificados pela escolha de uma base ortonormal para a classe dos polinômios de aproximação. Isto nos conduz ao conceito de polinômios ortogonais.

Nesta seção, estudamos famílias de polinômios ortogonais associados com vários produtos internos em $C[a, b]$. Veremos que os polinômios em cada uma dessas classes satisfazem uma relação de recursão de três termos. Esta relação de recursão é particularmente útil em aplicações computacionais. Certas famílias de polinômios ortogonais têm importantes aplicações em muitas áreas da matemática. Referir-nos-emos a esses polinômios como *polinômios clássicos* e os examinaremos em mais detalhe. Em particular, os polinômios clássicos são soluções de certas classes de equações diferenciais lineares de segunda ordem que surgem na solução de muitas equações diferenciais parciais da física matemática.

## Sequências Ortogonais

Como a demonstração do Teorema 5.6.1 foi por indução, o processo de Gram-Schmidt é válido para um conjunto enumerável. Então, se $\mathbf{x}_1, \mathbf{x}_2, \ldots$ são uma sequência de vetores em um espaço com produto interno $V$ e se $\mathbf{x}_1, \mathbf{x}_2, \ldots, \mathbf{x}_n$ são linearmente independentes para todo $n$, então o processo de Gram-Schmidt pode ser usado para formar uma sequência $\mathbf{u}_1, \mathbf{u}_2, \ldots$ em que $\{\mathbf{u}_1, \mathbf{u}_2, \ldots\}$ é um conjunto ortonormal e

$$\text{Cob}(\mathbf{x}_1, \mathbf{x}_2, \ldots, \mathbf{x}_n) = \text{Cob}(\mathbf{u}_1, \mathbf{u}_2, \ldots, \mathbf{u}_n)$$

para todo $n$. Em particular, da sequência $1, x, x^2, \ldots$ é possível construir uma *sequência ortonormal* $p_0(x), p_1(x), \ldots$

Seja $P$ o espaço vetorial de todos os polinômios e defina-se o produto interno $\langle , \rangle$ em $P$ por

$$\langle p, q \rangle = \int_a^b p(x)q(x)w(x)\,dx \tag{1}$$

em que $w(x)$ é uma função contínua positiva. O intervalo pode ser tomado como aberto ou fechado e pode ser finito ou infinito. Se, no entanto,

$$\int_a^b p(x)w(x)\,dx$$

é imprópria, exigimos que convirja para todo $p \in P$.

**Definição**

Sejam $p_0(x), p_1(x), \ldots$ uma sequência de polinômios com grau de $p_i(x)$ igual a $i$ para todo $i$. Se $\langle p_i(x), p_j(x) \rangle = 0$ para todo $i \neq j$, então $\{p_n(x)\}$ é dita uma **sequência de polinômios ortogonais**. Se $\langle p_i, p_j \rangle = \delta_{ij}$, então $\{p_n(x)\}$ é dita uma **sequência de polinômios ortonormais**.

**Teorema 5.7.1** *Se $p_0, p_1, \ldots$ são uma sequência de polinômios ortonormais, então*

**I.** *$p_0, \ldots, p_{n-1}$ formam uma base para $P_n$.*

**II.** *$p_n \in P_n^{\perp}$ (isto é, $p_n$ é ortogonal a todos os polinômios de grau menor que $n$).*

***Demonstração*** Segue-se, do Teorema 5.5.1, que $p_0, p_1, \ldots, p_{n-1}$ são linearmente independentes em $P_n$. Como $\dim P_n = n$, estes $n$ vetores devem formar uma base para $P_n$. Seja $p(x)$ qualquer polinômio de grau menor que $n$. Então,

$$p(x) = \sum_{i=0}^{n-1} c_i p_i(x)$$

e, portanto,

$$\langle p_n, p \rangle = \left\langle p_n, \sum_{i=0}^{n-1} c_i p_i \right\rangle = \sum_{i=0}^{n-1} c_i \langle p_n, p_i \rangle = 0$$

Logo, $p_n \in P_n^{\perp}$. ■

Se $\{p_0, p_1, \ldots, p_{n-1}\}$ é um conjunto ortogonal em $P_n$ e

$$u_i = \left(\frac{1}{\|p_i\|}\right) p_i \quad \text{para} \quad i = 0, \ldots, n-1$$

então $\{u_0, \ldots, u_{n-1}\}$ é uma base ortonormal para $P_n$. Logo, se $p \in P_n$, então

$$\begin{aligned} p &= \sum_{i=0}^{n-1} \langle p, u_i \rangle\, u_i \\ &= \sum_{i=0}^{n-1} \left\langle p, \left(\frac{1}{\|p_i\|}\right) p_i \right\rangle \left(\frac{1}{\|p_i\|}\right) p_i \\ &= \sum_{i=0}^{n-1} \frac{\langle p, p_i \rangle}{\langle p_i, p_i \rangle} p_i \end{aligned}$$

Similarmente, se $f \in C[a, b]$, então a melhor aproximação por mínimos quadrados para $f$ por elementos de $P_n$ é dada por

$$p = \sum_{i=0}^{n-1} \frac{\langle f, p_i \rangle}{\langle p_i, p_i \rangle} p_i$$

em que $p_0, p_1, \ldots, p_{n-1}$ são polinômios ortogonais.

Outra característica interessante das sequências de polinômios ortogonais é que elas satisfazem uma relação recursiva em três termos.

**Teorema 5.7.2** *Sejam $p_0, p_1, \ldots$ uma sequência de polinômios ortogonais. Seja $a_i$ o coeficiente do primeiro termo de $p_i$ para cada $i$ e defina-se $p_{-1}(x)$ como o polinômio zero. Então*

$$\alpha_{n+1} p_{n+1}(x) = (x - \beta_{n+1}) p_n(x) - \alpha_n \gamma_n p_{n-1}(x) \qquad (n \geq 0)$$

*em que $\alpha_0 = \gamma_0 = 1$ e*

$$\alpha_n = \frac{a_{n-1}}{a_n}, \quad \beta_n = \frac{\langle p_{n-1}, x p_{n-1} \rangle}{\langle p_{n-1}, p_{n-1} \rangle}, \quad \gamma_n = \frac{\langle p_n, p_n \rangle}{\langle p_{n-1}, p_{n-1} \rangle} \qquad (n \geq 1)$$

***Demonstração*** Como $p_0, p_1, \ldots, p_{n+1}$ formam uma base para $P_{n+2}$, podemos escrever

$$x p_n(x) = \sum_{k=0}^{n+1} c_{nk} p_k(x) \tag{2}$$

em que

$$c_{nk} = \frac{\langle x p_n, p_k \rangle}{\langle p_k, p_k \rangle} \tag{3}$$

Para qualquer produto interno definido por (1),

$$\langle x f, g \rangle = \langle f, x g \rangle$$

Em particular,

$$\langle xp_n, p_k \rangle = \langle p_n, xp_k \rangle$$

Segue-se, do Teorema 5.7.1, que se $k \leq n - 1$, então

$$c_{nk} = \frac{\langle xp_n, p_k \rangle}{\langle p_k, p_k \rangle} = \frac{\langle p_n, xp_k \rangle}{\langle p_k, p_k \rangle} = 0$$

Logo, (2) é simplificada para

$$xp_n(x) = c_{n,n-1}p_{n-1}(x) + c_{n,n}p_n(x) + c_{n,n+1}p_{n+1}(x)$$

Esta equação pode ser reescrita sob a forma

$$c_{n,n+1}p_{n+1}(x) = (x - c_{n,n})p_n(x) - c_{n,n-1}p_{n-1}(x) \tag{4}$$

Comparando os coeficientes dos primeiros termos dos polinômios em cada membro de (4), vemos que

$$c_{n,n+1}a_{n+1} = a_n$$

ou

$$c_{n,n+1} = \frac{a_n}{a_{n+1}} = \alpha_{n+1} \tag{5}$$

Segue-se, de (4), que

$$\begin{aligned} c_{n,n+1}\langle p_n, p_{n+1} \rangle &= \langle p_n, (x - c_{n,n})p_n \rangle - c_{n,n-1}\langle p_n, p_{n-1} \rangle \\ 0 &= \langle p_n, xp_n \rangle - c_{nn}\langle p_n, p_n \rangle \end{aligned}$$

Logo,

$$c_{nn} = \frac{\langle p_n, xp_n \rangle}{\langle p_n, p_n \rangle} = \beta_{n+1}$$

Segue-se, de (3), que

$$\begin{aligned} \langle p_{n-1}, p_{n-1} \rangle c_{n,n-1} &= \langle xp_n, p_{n-1} \rangle \\ &= \langle p_n, xp_{n-1} \rangle \\ &= \langle p_n, p_n \rangle c_{n-1,n} \end{aligned}$$

e, portanto, por (5), temos

$$c_{n,n-1} = \frac{\langle p_n, p_n \rangle}{\langle p_{n-1}, p_{n-1} \rangle}\alpha_n = \gamma_n \alpha_n$$ ■

Ao gerar uma sequência de polinômios ortogonais pela relação recursiva no Teorema 5.7.2, ficamos livres para escolher qualquer coeficiente não nulo $a_{n+1}$ para o primeiro termo a cada passo. Isto é razoável, já que qualquer múltiplo não nulo de um $p_{n+1}$ particular será também ortogonal a $p_0, \ldots, p_n$. Se escolhermos nossos $a_i$ como 1, por exemplo, a relação recursiva seria simplificada para

$$p_{n+1}(x) = (x - \beta_{n+1})p_n(x) - \gamma_n p_{n-1}(x)$$

## Polinômios Ortogonais Clássicos

Vejamos alguns exemplos. Devido a sua importância, consideraremos os polinômios clássicos, começando com os mais simples: os polinômios de Legendre.

### Polinômios de Legendre

Os polinômios de Legendre são ortogonais em relação ao produto interno

$$\langle p, q \rangle = \int_{-1}^{1} p(x)q(x)\,dx$$

Seja $P_n(x)$ o polinômio de Legendre de grau $n$. Se escolhermos os coeficientes dos primeiros termos de modo que $P_n(1) = 1$ para todo $n$, então a fórmula recursiva para os polinômios de Legendre é

$$(n+1)P_{n+1}(x) = (2n+1)xP_n(x) - nP_{n-1}(x)$$

Usando esta fórmula, a sequência dos polinômios de Legendre é facilmente gerada. Os cinco primeiros polinômios da sequência são

$$\begin{aligned}
P_0(x) &= 1 \\
P_1(x) &= x \\
P_2(x) &= \tfrac{1}{2}(3x^2 - 1) \\
P_3(x) &= \tfrac{1}{2}(5x^3 - 3x) \\
P_4(x) &= \tfrac{1}{8}(35x^4 - 30x^2 + 3)
\end{aligned}$$

### Polinômios de Chebyshev

Os polinômios de Chebyshev são ortogonais em relação ao produto interno

$$\langle p, q \rangle = \int_{-1}^{1} p(x)q(x)(1 - x^2)^{-1/2}\,dx$$

É usual normalizar os primeiros coeficientes de modo que $a_0 = 1$ e $a_k = 2^{k-1}$ para $k = 1, 2, \ldots$ Os polinômios de Chebyshev são denotados por $T_n(x)$ e têm a interessante propriedade

$$T_n(\cos\theta) = \cos n\theta$$

Esta propriedade, juntamente com a identidade trigonométrica,

$$\cos(n+1)\theta = 2\cos\theta\cos n\theta - \cos(n-1)\theta$$

pode ser usada para derivar as relações recursivas

$$\begin{aligned}
T_1(x) &= xT_0(x) \\
T_{n+1}(x) &= 2xT_n(x) - T_{n-1}(x) \qquad \text{para } n \geq 1
\end{aligned}$$

### Polinômios de Jacobi

Os polinômios de Legendre e Chebyshev são casos especiais dos polinômios de Jacobi. Os polinômios de Jacobi $P_n^{(\lambda, \mu)}$ são ortogonais em relação ao produto interno,

$$\langle p, q \rangle = \int_{-1}^{1} p(x)q(x)(1-x)^{\lambda}(1+x)^{\mu}\, dx$$

em que $\lambda$, $\mu > -1$.

### Polinômios de Hermite

Os polinômios de Hermite são definidos no intervalo $(-\infty, \infty)$. Eles são ortogonais em relação ao produto interno

$$\langle p, q \rangle = \int_{-\infty}^{\infty} p(x)q(x)e^{-x^2}\, dx$$

A relação recursiva para os polinômios de Hermite é dada por

$$H_{n+1}(x) = 2xH_n(x) - 2nH_{n-1}(x)$$

### Polinômios de Laguerre

Os polinômios de Laguerre são definidos no intervalo $(0, \infty)$ e são ortogonais em relação ao produto interno

$$\langle p, q \rangle = \int_{0}^{\infty} p(x)q(x)x^{\lambda}e^{-x}\, dx$$

no qual $\lambda > -1$. A relação recursiva para os polinômios de Laguerre é dada por

$$(n+1)L_{n+1}^{(\lambda)}(x) = (2n+\lambda+1-x)L_n^{(\lambda)}(x) - (n+\lambda)L_{n-1}^{(\lambda)}(x)$$

Os polinômios de Chebyshev, Hermite e Laguerre são comparados na Tabela 1.

**Tabela 1** Polinômios de Chebyshev, Hermite e Laguerre

| Chebyshev | Hermite | Laguerre ($\lambda = 0$) |
|---|---|---|
| $T_{n+1} = 2xT_n - T_{n-1}, n \geq 1$ | $H_{n+1} = 2xH_n - 2nH_{n-1}$ | $(n+1)L_{n+1}^{(0)} = (2n+1-x)L_n^{(0)} - nL_{n-1}^{(0)}$ |
| $T_0 = 1$ | $H_0 = 1$ | $L_0^{(0)} = 1$ |
| $T_1 = x$ | $H_1 = 2x$ | $L_1^{(0)} = 1 - x$ |
| $T_2 = 2x^2 - 1$ | $H_2 = 4x^2 - 2$ | $L_2^{(0)} = \frac{1}{2}x^2 - x + 2$ |
| $T_3 = 4x^3 - 3x$ | $H_3 = 8x^3 - 12x$ | $L_3^{(0)} = \frac{1}{6}x^3 + 9x^2 - 18x + 6$ |

## APLICAÇÃO 1 Integração Numérica

Uma aplicação importante dos polinômios ortogonais ocorre na integração numérica. Para aproximar

$$\int_{a}^{b} f(x)w(x)\, dx \tag{6}$$

primeiramente aproximamos $f(x)$ por um polinômio de interpolação. Usando a *fórmula de interpolação de Lagrange*,

$$P(x) = \sum_{i=1}^{n} f(x_i)L_i(x)$$

na qual as funções de Lagrange $L_i$ são definidas por

$$L_i(x) = \frac{\prod_{\substack{j=1 \\ j\neq i}}^{n}(x - x_j)}{\prod_{\substack{j=1 \\ j\neq i}}^{n}(x_i - x_j)}$$

podemos determinar um polinômio $P(x)$ que concorda com $f(x)$ em $n$ pontos $x_1$, …, $x_n$ em $[a, b]$. A integral (6) é então aproximada por

$$\int_a^b P(x)w(x)\,dx = \sum_{i=1}^{n} A_i f(x_i) \tag{7}$$

em que

$$A_i = \int_a^b L_i(x)w(x)\,dx \qquad i = 1, \ldots, n$$

Pode ser mostrado que (7) fornecerá o valor exato da integral quando $f(x)$ for um polinômio de grau menor que $n$. Se os pontos $x_1$, …, $x_n$ forem escolhidos adequadamente, a fórmula (7) será exata para polinômios de maior grau. Com efeito, pode ser mostrado que, se $p_0, p_1, p_2$, … são uma sequência de polinômios ortogonais em relação ao produto interno (1) e $x_1$, …, $x_n$ são os zeros de $p_n(x)$, então a fórmula (7) será exata para todos os polinômios de grau menor que $2n$. O teorema seguinte garante que as raízes de $p_n$ são todas reais e ficam no intervalo aberto $(a, b)$.

**Teorema 5.7.3** *Se $p_0$, $p_1$, $p_2$, … são uma sequência de polinômios ortogonais em relação ao produto interno* (1), *então os zeros de $p_n(x)$ são todos reais e distintos e ficam no intervalo $(a, b)$.*

***Demonstração*** Sejam $x_1$, …, $x_m$ os zeros de $p_n(x)$ que ficam em $(a, b)$ e para os quais $p_n(x)$ muda de sinal. Então, $p_n(x)$ deve ter um fator $(x - x_i)^{k_i}$, no qual $k_i$ é ímpar, para $i = 1$, …, $m$. Podemos escrever

$$p_n(x) = (x - x_1)^{k_1}(x - x_2)^{k_2} \cdots (x - x_m)^{k_m} q(x)$$

em que $q(x)$ não muda de sinal em $(a, b)$ e $q(x_i) \neq 0$ para $i = 1$, …, $m$. Evidentemente, $m \leq n$. Mostraremos que $m = n$. Seja

$$r(x) = (x - x_1)(x - x_2) \cdots (x - x_m)$$

O produto

$$p_n(x)r(x) = (x - x_1)^{k_1+1}(x - x_2)^{k_2+1} \cdots (x - x_m)^{k_m+1} q(x)$$

envolverá somente potências pares de $(x - x_i)$ para todo $i$ e, portanto, não muda de sinal em $(a, b)$. Logo,

$$\langle p_n, r \rangle = \int_a^b p_n(x) r(x) w(x)\, dx \neq 0$$

Como $p_n$ é ortogonal a todos os polinômios de grau menor que $n$, segue-se que grau$(r(x)) = m \geq n$. ■

As fórmulas de integração numérica da forma (7), em que os $x_i$ são raízes de polinômios ortogonais, são chamadas de *fórmulas de quadratura de Gauss*. A demonstração da exatidão para polinômios de grau menor que $2n$ pode ser encontrada na maioria dos livros-texto básicos de análise numérica.

Na verdade, não é necessário efetuar $n$ integrações para calcular os coeficientes de quadratura $A_1, \ldots, A_n$. Eles podem ser determinados pela solução de um sistema linear $n \times n$. O Problema 16 ilustra como isto é feito quando as raízes dos polinômios de Legendre $P_n$ são usadas na regra de quadratura para aproximar $\int_{-1}^{1} f(x)\, dx$.

# PROBLEMAS DA SEÇÃO 5.7

**1.** Use as fórmulas de recursão para calcular (a) $T_4$, $T_5$ e (b) $H_4$, $H_5$.

**2.** Sejam $p_0(x)$, $p_1(x)$ e $p_2(x)$ ortogonais em relação ao produto interno

$$\langle p(x), q(x) \rangle = \int_{-1}^{1} \frac{p(x)q(x)}{1 + x^2}\, dx$$

Use o Teorema 5.7.2 para calcular $p_1(x)$ e $p_2(x)$ se todos os polinômios tiverem o primeiro coeficiente 1.

**3.** Mostre que os polinômios de Chebyshev têm as seguintes propriedades:

**(a)** $2T_m(x)\ T_n(x) = T_{m+n}(x) + T_{m-n}(x)$, para $m > n$

**(b)** $T_m(T_n(x)) = T_{mn}(x)$

**4.** Encontre a melhor aproximação por mínimos quadrados para $e^x$ em $[-1, 1]$ com relação ao produto interno

$$\langle f, g \rangle = \int_{-1}^{1} f(x) g(x)\, dx$$

**5.** Sejam $p_0, p_1, \ldots$ uma sequência de polinômios ortogonais, e seja $a_n$ o primeiro coeficiente de $p_n$. Demonstre que

$$\|p_n\|^2 = a_n \langle x^n, p_n \rangle$$

**6.** Seja $T_n(x)$ o polinômio de Chebyshev de grau $n$ e defina-se

$$U_{n-1}(x) = \frac{1}{n} T_n'(x)$$

para $n = 1, 2, \ldots$

**(a)** Calcule $U_0(x)$, $U_1(x)$ e $U_2(x)$.

**(b)** Mostre que, se $x = \cos\theta$, então

$$U_{n-1}(x) = \frac{\operatorname{sen} n\theta}{\operatorname{sen}\theta}$$

**7.** Seja $U_{n-1}(x)$ definida como no Problema 6 para $n \geq 1$ e defina-se $U_{-1}(x) = 0$. Mostre que

**(a)** $T_n(x) = U_n(x) - x\, U_{n-1}(x)$, para $n \geq 0$.

**(b)** $U_n(x) = 2x\, U_{n-1}(x) - U_{n-2}(x)$ para $n \geq 1$.

**8.** Mostre que os $U_i$ definidos no Problema 6 são ortogonais em relação ao produto interno

$$\langle p, q \rangle = \int_{-1}^{1} p(x) q(x) (1 - x^2)^{1/2}\, dx$$

Os $U_i$ são chamados de *polinômios de Chebyshev de segunda espécie.*

**9.** Verifique que o polinômio de Legendre $P_n(x)$ satisfaz a equação de segunda ordem

$$(1 - x^2)y'' - 2xy' + n(n+1)y = 0$$

quando $n = 0, 1, 2$.

**10.** Demonstre cada um dos seguintes enunciados:

**(a)** $H_n'(x) = 2nH_{n-1}(x)$, $n = 0, 1, \ldots$

(b) $H_n''(x) - 2xH_n'(x) + 2nH_n(x) = 0,$
$n = 0, 1, \ldots$

11. Dada uma função $f(x)$ que passa através dos pontos (1, 2), (2, −1) e (3, 4), use a fórmula de interpolação de Lagrange para construir um polinômio do segundo grau que interpola $f$ nos pontos dados.

12. Mostre que, se $f(x)$ é um polinômio de grau menor que $n$, então $f(x)$ deve ser igual ao polinômio interpolante $P(x)$ em (7) e, portanto, a soma em (7) dá o valor exato de $\int_a^b f(x)\,w(x)\,dx$.

13. Use os zeros do polinômio de Legendre $P_2(x)$ para obter uma fórmula de quadratura de dois pontos

$$\int_{-1}^{1} f(x)\,dx \approx A_1 f(x_1) + A_2 f(x_2)$$

14. **(a)** Para polinômios de que grau a fórmula de quadratura do Problema 13 será exata?
**(b)** Use a fórmula do Problema 13 para aproximar

$$\int_{-1}^{1} (x^3 + 3x^2 + 1)\,dx \quad \text{e} \quad \int_{-1}^{1} \frac{1}{1+x^2}\,dx$$

Como as aproximações se comparam com os valores reais?

15. Sejam $x_1, x_2, \ldots, x_n$ pontos distintos no intervalo $[-1, 1]$ e seja

$$A_i = \int_{-1}^{1} L_i(x)dx, \quad i = 1, \ldots, n$$

em que os $L_i$ são as funções de Lagrange para os pontos $x_1, x_2, \ldots, x_n$.
**(a)** Explique por que a fórmula de quadratura

$$\int_{-1}^{1} f(x)dx = A_1 f(x_1) + \cdots + A_n f(x_n)$$

fornecerá o valor exato da integral quando $f(x)$ for um polinômio de grau menor que n.
**(b)** Aplique a fórmula de quadratura a um polinômio de grau 0 e mostre que

$$A_1 + A_2 + \cdots + A_n = 2$$

16. Sejam $x_1, x_2, \ldots, x_n$ as raízes do polinômio de Legendre $P_m$. Se os $A_i$ são definidos como no Problema 15, então a fórmula de quadratura

$$\int_{-1}^{1} f(x)dx = A_1 f(x_1) + A_2 f(x_2) + \cdots + A_n f(x_n)$$

será exata para todos os polinômios de grau menor que $2n$.
**(a)** Mostre que, se $1 \leq j < 2n$, então

$$P_j(x_1)A_1 + \cdots + P_j(x_n)A_n = \langle 1, P_j \rangle = 0$$

**(b)** Use os resultados da parte (a) e do Problema 15 para formar um sistema linear não homogêneo $n \times n$ para determinar os coeficientes de quadratura $A_1, A_2, \ldots, A_n$.

17. Sejam $Q_0, Q_1, \ldots$ uma sequência ortonormal de polinômios; isto é, é uma sequência ortogonal de polinômios e $\|Q_k\| = 1$ para todo $k$.
**(a)** Como pode a relação recursiva no Teorema 5.7.2 ser simplificada no caso de uma sequência ortonormal de polinômios?
**(b)** Seja $\lambda$ uma raiz de $Q_n$. Mostre que $\lambda$ deve satisfazer a equação matricial

$$\begin{bmatrix} \beta_1 & \alpha_1 & & & \\ \alpha_1 & \beta_2 & \alpha_2 & & \\ & \ddots & \ddots & \ddots & \\ & & \alpha_{n-2} & \beta_{n-1} & \alpha_{n-1} \\ & & & \alpha_{n-1} & \beta_n \end{bmatrix} \begin{bmatrix} Q_0(\lambda) \\ Q_1(\lambda) \\ \vdots \\ Q_{n-2}(\lambda) \\ Q_{n-1}(\lambda) \end{bmatrix} = \lambda \begin{bmatrix} Q_0(\lambda) \\ Q_1(\lambda) \\ \vdots \\ Q_{n-2}(\lambda) \\ Q_{n-1}(\lambda) \end{bmatrix}$$

em que os $\alpha_i$ e $\beta_j$ são os coeficientes da equação recursiva.

## Problemas do Capítulo 5

### EXERCÍCIOS MATLAB

1. Sejam
$\mathbf{x} = [0:4, 4, -4, 1, 1]^T$ e $\mathbf{y} = \texttt{ones}(9, 1)$

**(a)** Use a função MATLAB **norm** para calcular os valores de $\|\mathbf{x}\|$, $\|\mathbf{y}\|$ e $\|\mathbf{x} + \mathbf{y}\|$ e para verificar que a desigualdade triangular é válida. Use MATLAB para verificar também que a lei do paralelogramo

$$\|\mathbf{x}+\mathbf{y}\|^2 + \|\mathbf{x}-\mathbf{y}\|^2 = 2(\|\mathbf{x}\|^2 + \|\mathbf{y}\|^2)$$

é satisfeita.

**(b)** Se

$$t = \frac{\mathbf{x}^T\mathbf{y}}{\|\mathbf{x}\|\,\|\mathbf{y}\|}$$

então, como sabemos que $|t|$ deve ser menor ou igual a 1? Use MATLAB para calcular o valor de $t$ e use a função MATLAB **acos** para calcular o ângulo entre **x** e **y**. Converta o ângulo para graus, multiplicando-o por $180/\pi$. (Observe que o número $\pi$ é dado por **pi** em MATLAB.)

**(c)** Use MATLAB para calcular a projeção vetorial **p** de **x** em **y**. Faça $\mathbf{z} = \mathbf{x} - \mathbf{p}$ e verifique que **z** é ortogonal a **p** calculando o produto escalar dos dois vetores. Calcule $\|\mathbf{x}\|^2$ e $\|\mathbf{z}\|^2 + \|\mathbf{p}\|^2$ e verifique que a lei de Pitágoras é satisfeita.

**2.** (Ajuste por mínimos quadrados a um conjunto de dados por uma função linear) A seguinte tabela de valores de $x$ e $y$ foi dada na Seção 5.3 deste capítulo (veja a Figura 5.3.3):

| $x$ | −1,0 | 0,0 | 2,1 | 2,3 | 2,4 | 5,3 | 6,0 | 6,5 | 8,0 |
|---|---|---|---|---|---|---|---|---|---|
| $y$ | −1,02 | −0,52 | 0,55 | 0,70 | 0,70 | 2,13 | 2,52 | 2,82 | 3,54 |

Os nove pontos dados são aproximadamente lineares e, portanto, os dados podem ser aproximados por uma função linear $z = c_1x + c_2$. Entre com as coordenadas $x$ e $y$ dos pontos dados como vetores coluna **x** e **y**, respectivamente. Faça $V = [\mathbf{x}, \texttt{ones}(\texttt{size}(\mathbf{x}))]$ e use a operação "\" do MATLAB para calcular os coeficientes $c_1$ e $c_2$ como uma solução por mínimos quadrados do sistema $9 \times 2$ $V\mathbf{c} = \mathbf{y}$. Para observar os resultados graficamente, faça

$$\mathbf{w} = -1 : 0.1 : 8$$

e

$$\mathbf{z} = c(1) * \mathbf{w} + c(2) * \texttt{ones}(\texttt{size}(\mathbf{w}))$$

e desenhe os pontos dados originais e o ajuste por mínimos quadrados, usando o comando MATLAB

$$\texttt{plot}(\mathbf{x}, \mathbf{y}, \text{'}x\text{'}, \mathbf{w}, \mathbf{z})$$

**3.** (Construção de Perfis de Temperatura por Polinômios de Mínimos Quadrados) Entre as importantes informações em modelos de previsão do tempo estão conjuntos de dados consistindo em valores de temperatura em várias partes da atmosfera. Esses valores são medidos diretamente com o uso de balões meteorológicos ou inferidos a partir de sondagens remotas feitas por satélites meteorológicos. Um conjunto típico de dados RAOB (balões meteorológicos) é dado a seguir. A temperatura $T$ em kelvin pode ser considerada uma função de $p$, a pressão atmosférica medida em decibars. Pressões no intervalo de 1 a 3 decibars correspondem ao topo da atmosfera, e aquelas no intervalo de 9 a 10 decibars correspondem à parte inferior da atmosfera.

| $p$ | 1 | 2 | 3 | 4 | 5 | 6 | 7 | 8 | 9 | 10 |
|---|---|---|---|---|---|---|---|---|---|---|
| $T$ | 222 | 227 | 223 | 233 | 244 | 253 | 260 | 266 | 270 | 266 |

**(a)** Entre com os valores de pressão como um vetor **p** fazendo $\mathbf{p} = [1 : 10]'$ e entre com os valores de temperatura como um vetor **T**. Para encontrar o melhor ajuste por mínimos quadrados para os dados por uma função linear $c_1x + c_2$, monte um sistema sobredeterminado $V\mathbf{c} = \mathbf{T}$. A matriz de coeficientes $V$ pode ser gerada em MATLAB fazendo

$$V = [\mathbf{p}, \texttt{ones}(10, 1)]$$

ou, alternativamente, fazendo

$$A = \texttt{vander}(\mathbf{p}); \qquad V = A(:, 9 : 10)$$

**Nota** Para qualquer vetor $\mathbf{x} = (x_1, x_2, \ldots, x_{n+1})^T$, o comando MATLAB **vander(x)** gera uma matriz de Vandermonde completa, da forma

$$\begin{bmatrix} x_1^n & x_1^{n-1} & \cdots & x_1 & 1 \\ x_2^n & x_2^{n-1} & \cdots & x_2 & 1 \\ \vdots & & & & \\ x_{n+1}^n & x_{n+1}^{n-1} & \cdots & x_{n+1} & 1 \end{bmatrix}$$

Para um ajuste linear, somente as duas últimas colunas da matriz de Vandermonde completa são usadas. Mais informações sobre a função **vander** podem ser obtidas digitando **help vander**. Uma vez que $V$ tenha sido construída, a solução por mínimos quadrados **c** do sistema pode ser calculada usando-se a operação "\" do MATLAB.

**(b)** Para ver quão bem a função linear se ajusta aos dados, defina um intervalo de valores de pressão fazendo

$$\mathbf{q} = 1 : 0.1 : 10;$$

Os valores correspondentes da função podem ser determinados fazendo

$$\mathbf{z} = \texttt{polyval}(\mathbf{c}, \mathbf{q});$$

Podemos traçar a função e os dados com o comando

$$\texttt{plot}(\mathbf{q}, \mathbf{z}, \mathbf{p}, \mathbf{T}, \text{'}x\text{'})$$

**(c)** Tentemos agora obter um ajuste melhor usando uma aproximação por um polinômio cúbico. Novamente, podemos calcular os coeficientes do polinômio cúbico

$$c_1x^3 + c_2x^2 + c_3x + c_4$$

que fornece o melhor ajuste por mínimos quadrados aos dados encontrando a solução por mínimos quadrados de um sistema sobredeterminado $V\mathbf{c} = \mathbf{T}$. A matriz de coeficientes $V$ é determinada tomando as quatro últimas colunas da matriz $A$ = **vander**(**p**). Para ver os resultados graficamente, novamente faça

$$\mathbf{z} = \texttt{polyval}(\mathbf{c}, \mathbf{q})$$

e trace a função cúbica e os dados, usando o mesmo comando **plot** de antes. Onde você obtém um melhor ajuste, no topo ou na base da atmosfera?

**(d)** Para obter um bom ajuste tanto no topo quanto na base da atmosfera, tente usar um polinômio do sexto grau. Determine os coeficientes como antes, usando as sete últimas colunas de $A$. Faça **z** = **polyval**(**c**, **q**) e trace os resultados.

**4.** (Círculos de Mínimos Quadrados) As equações paramétricas para um círculo com centro em (3, 1) e raio 2 são

$$x = 3 + 2\cos t \quad y = 1 + 2\,\text{sen}\,t$$

Faça **t** = 0 : 0.5 : 6 e use MATLAB para gerar vetores de coordenadas $x$ e $y$ para os pontos correspondentes do círculo. Em seguida, adicione algum ruído a seus pontos fazendo

$$\mathbf{x} = \mathbf{x} + 0.1 * \texttt{rand}(1, 13)$$

e

$$\mathbf{y} = \mathbf{y} + 0.1 * \texttt{rand}(1, 13)$$

Use MATLAB para determinar o centro **c** e o raio $r$ do círculo que fornece o melhor ajuste por mínimos quadrados aos pontos. Faça

```
t1 = 0 : 0.1 : 6.3
x1 = c(1) + r * cos(t1)
y1 = c(1) + r * sin(t1)
```

e use o comando

```
plot(x1, y1, x, y, 'x')
```

para desenhar o círculo e os dados.

**5.** (Subespaços Fundamentais: Bases Ortonormais) Os espaços vetoriais $N(A)$, $R(A)$, $N(A^T)$ e $R(A^T)$ são os quatro subespaços fundamentais associados a uma matriz $A$. Podemos usar MATLAB para construir bases ortonormais para cada um dos subespaços fundamentais associados a uma matriz dada. Podemos então construir matrizes de projeção correspondentes a cada subespaço.

**(a)** Faça

$$A = \texttt{rand}(5, 2) * \texttt{rand}(2, 5)$$

O que você espera sejam o posto e a nulidade de $A$? Explique. Use MATLAB para testar sua resposta calculando **rank**($A$) e $Z$ = **null**($A$). As colunas de $Z$ formam uma base ortonormal para $N(A)$.

**(b)** Em seguida, faça

$$Q = \texttt{Orth}(A), \quad W = \texttt{null}(A'), \quad S = [Q, W]$$

A matriz $S$ deveria ser ortogonal. Por quê? Explique. Calcule $S * S'$ e compare seu resultado com **eye**(5). Em teoria, $A^TW$ e $W^TA$ deveriam se constituir inteiramente em zeros. Por quê? Explique. Use MATLAB para calcular $A^T W$ e $W^TA$.

**(c)** Demonstre que, se $Q$ e $W$ tivessem sido calculados em aritmética exata, então teríamos

$$I - WW^T = QQ^T \quad \text{e} \quad QQ^TA = A$$

[*Sugestão*: Escreva $SS^T$ em função de $Q$ e $W$.] Use MATLAB para verificar estas identidades.

**(d)** Demonstre que, se $Q$ tivesse sido calculado em aritmética exata, então teríamos $QQ^T\mathbf{b} = \mathbf{b}$ para todo $\mathbf{b} \in R(A)$. Use MATLAB para verificar esta propriedade fazendo **b** = $A$ * **rand**(5, 1) e calculando $Q * Q' * \mathbf{b}$ e comparando-o com **b**.

**(e)** Como os vetores coluna de $Q$ formam uma base ortonormal para $R(A)$, segue-se que $QQ^T$ é a matriz de projeção correspondente a $R(A)$. Logo, para todo $\mathbf{c} \in \mathbb{R}^5$, o vetor $\mathbf{q} = QQ^T\mathbf{c}$ é a projeção de **c** em $R(A)$. Faça **c** = **rand**(5, 1) e calcule o vetor de projeção $\mathbf{q}$. O vetor $\mathbf{r} = \mathbf{c} - \mathbf{q}$ deveria estar em $N(A^T)$. Por quê? Explique. Use MATLAB para calcular $A' * \mathbf{r}$.

**(f)** A matriz $WW^T$ é a matriz de projeção correspondente a $N(A^T)$. Use MATLAB para calcular a projeção $\mathbf{w} = WW^T\mathbf{c}$ de $\mathbf{c}$ em $N(A^T)$ e compare o resultado com $\mathbf{r}$.

**(g)** Faça $Y = \texttt{orth}(A')$ e use-a para calcular a matriz de projeção $U$ correspondente a $R(A^T)$. Seja $\mathbf{b} = \texttt{rand}(5, 1)$ e calcule o vetor projeção $\mathbf{y} = U * \mathbf{b}$ de $\mathbf{b}$ em $R(A^T)$. Calcule também $U * \mathbf{y}$ e compare-o com $\mathbf{y}$. O vetor $\mathbf{s} = \mathbf{b} - \mathbf{y}$ deveria estar em $N(A)$. Por quê? Use MATLAB para calcular $A * \mathbf{s}$.

**(h)** Use a matriz $Z = \texttt{null}(A)$ para calcular a matriz de projeção $V$ correspondente a $N(A)$. Calcule $V * \mathbf{b}$ e compare-o com $\mathbf{s}$.

## TESTE A DO CAPÍTULO **Verdadeiro ou Falso**

Para cada um dos enunciados que se seguem, responda Verdadeiro, se o enunciado é sempre verdadeiro, e responda Falso, caso contrário. No caso de um enunciado verdadeiro, explique ou demonstre sua resposta. No caso de um enunciado falso, dê um exemplo para mostrar que o enunciado nem sempre é verdadeiro.

1. Se $\mathbf{x}$ e $\mathbf{y}$ são vetores não nulos em $\mathbb{R}^n$, então o vetor projeção de $\mathbf{x}$ em $\mathbf{y}$ é igual ao vetor projeção de $\mathbf{y}$ em $\mathbf{x}$.
2. Se $\mathbf{x}$ e $\mathbf{y}$ são vetores unitários em $\mathbb{R}^n$ e $|\mathbf{x}^T\mathbf{y}| = 1$, então $\mathbf{x}$ e $\mathbf{y}$ são linearmente independentes.
3. Se $U$, $V$ e $W$ são subespaços de $\mathbb{R}^3$, e $U \perp V$ e $V \perp W$, então $U \perp W$.
4. É possível encontrar um vetor não nulo $\mathbf{y}$ no espaço coluna de $A$, tal que $A^T\mathbf{y} = \mathbf{0}$.
5. Se $A$ é uma matriz $m \times n$, então $AA^T$ e $A^TA$ têm o mesmo posto.
6. Se uma matriz $m \times n$, $A$, tem colunas linearmente dependentes e $\mathbf{b}$ é um vetor em $\mathbb{R}^m$, então $\mathbf{b}$ não tem uma única projeção no espaço coluna de $A$.
7. Se $N(A) = \{\mathbf{0}\}$, então o sistema $A\mathbf{x} = \mathbf{b}$ tem uma única solução por mínimos quadrados.
8. Se $Q_1$ e $Q_2$ são matrizes ortogonais, então $Q_1Q_2$ também é uma matriz ortogonal.
9. Se $\{\mathbf{u}_1, \mathbf{u}_2, \ldots, \mathbf{u}_k\}$ é um conjunto ortonormal de vetores em $\mathbb{R}^n$ e
$$U = (\mathbf{u}_1, \mathbf{u}_2, \ldots, \mathbf{u}_k)$$
então $U^TU = I_k$ (a matriz identidade $k \times k$).
10. Se $\{\mathbf{u}_1, \mathbf{u}_2, \ldots, \mathbf{u}_k\}$ é um conjunto ortonormal de vetores em $\mathbb{R}^n$ e
$$U = (\mathbf{u}_1, \mathbf{u}_2, \ldots, \mathbf{u}_k)$$
então $U^TU = I_n$ (a matriz identidade $n \times n$).

## TESTE B DO CAPÍTULO

1. Sejam
$$\mathbf{x} = \begin{pmatrix} 1 \\ 1 \\ 2 \\ 2 \end{pmatrix} \quad \text{e} \quad \mathbf{y} = \begin{pmatrix} -2 \\ 1 \\ 2 \\ 0 \end{pmatrix}$$
   **(a)** Ache o vetor projeção $\mathbf{p}$ de $\mathbf{x}$ em $\mathbf{y}$.
   **(b)** Verifique que $\mathbf{x} - \mathbf{p}$ é ortogonal a $\mathbf{p}$.
   **(c)** Verifique que a lei de Pitágoras é válida para $\mathbf{x}$, $\mathbf{p}$ e $\mathbf{x} - \mathbf{p}$.
2. Sejam $\mathbf{v}_1$ e $\mathbf{v}_2$ vetores em um espaço com produto interno $V$.
   **(a)** É possível para $|\langle \mathbf{v}_1, \mathbf{v}_2\rangle|$ ser maior que $\|\mathbf{v}_1\|\,\|\mathbf{v}_2\|$? Explique
   **(b)** Se
$$|\langle \mathbf{v}_1, \mathbf{v}_2\rangle| = \|\mathbf{v}_1\|\,\|\mathbf{v}_2\|$$
   o que você pode concluir em relação aos vetores $\mathbf{v}_1$ e $\mathbf{v}_2$? Explique.
3. Sejam $\mathbf{v}_1$ e $\mathbf{v}_2$ vetores em um espaço com produto interno $V$. Mostre que
$$\|\mathbf{v}_1 + \mathbf{v}_2\|^2 \le (\|\mathbf{v}_1\| + \|\mathbf{v}_2\|)^2$$
4. Seja $A$ uma matriz $8 \times 5$ com posto igual a 4 e seja $\mathbf{b}$ um vetor em $\mathbb{R}^8$. Os quatro subespaços fundamentais associados a $A$ são $R(A)$, $N(A^T)$, $R(A^T)$ e $N(A)$.
   **(a)** Qual é a dimensão de $N(A^T)$, e qual dos outros subespaços fundamentais é o complemento ortogonal de $N(A^T)$?
   **(b)** Se $\mathbf{x}$ é um vetor em $R(A)$ e $A^T\mathbf{x} = \mathbf{0}$, então o que você pode concluir em relação ao valor de $\|\mathbf{x}\|$? Explique.
   **(c)** Qual a dimensão de $N(A^TA)$? Quantas soluções terá o sistema de mínimos quadrados $A\mathbf{x} = \mathbf{b}$? Explique.
5. Sejam $\mathbf{x}$ e $\mathbf{y}$ vetores em $\mathbb{R}^n$ e seja $Q$ uma matriz ortogonal $n \times n$. Mostre que se

$$\mathbf{z} = Q\mathbf{x} \quad \text{e} \quad \mathbf{w} = Q\mathbf{y}$$

então o ângulo entre $\mathbf{z}$ e $\mathbf{w}$ é igual ao ângulo entre $\mathbf{x}$ e $\mathbf{y}$.

**6.** Seja $S$ o subespaço bidimensional de $\mathbb{R}^3$ coberto por

$$\mathbf{x}_1 = \begin{bmatrix} 1 \\ 0 \\ 2 \end{bmatrix} \quad \text{e} \quad \mathbf{x}_2 = \begin{bmatrix} 0 \\ 1 \\ -2 \end{bmatrix}$$

**(a)** Encontre uma base para $S^\perp$.
**(b)** Dê uma descrição geométrica para $S$ e $S^\perp$.
**(c)** Determine a matriz de projeção $P$ que projeta $\mathbb{R}^3$ em $S^\perp$.

**7.** Dada a tabela de dados

| $x$ | $-1$ | $1$ | $2$ |
|---|---|---|---|
| $y$ | $1$ | $3$ | $3$ |

encontre o melhor ajuste por mínimos quadrados por uma função linear $f(x) = c_1 + c_2x$.

**8.** Seja $\{\mathbf{u}_1, \mathbf{u}_2, \mathbf{u}_3\}$ uma base ortonormal para um subespaço tridimensional $S$ de um espaço com produto interno $V$, e sejam

$$\mathbf{x} = 2\mathbf{u}_1 - 2\mathbf{u}_2 + \mathbf{u}_3 \quad \text{e} \quad \mathbf{y} = 3\mathbf{u}_1 + \mathbf{u}_2 - 4\mathbf{u}_3$$

**(a)** Determine o valor de $\langle \mathbf{x}, \mathbf{y} \rangle$.
**(b)** Determine o valor de $\|\mathbf{x}\|$.

**9.** Seja $A$ uma matriz $7 \times 5$ com posto 4. Sejam $P$ e $Q$ as matrizes de projeção que projetam vetores de $\mathbb{R}^7$ em $R(A)$ e $N(A^T)$, respectivamente.
**(a)** Mostre que $PQ = O$.
**(b)** Mostre que $P + Q = I$.

**10.** Dados

$$A = \begin{bmatrix} 1 & -3 & -5 \\ 1 & 1 & -2 \\ 1 & -3 & 1 \\ 1 & 1 & 4 \end{bmatrix} \quad \text{e} \quad \mathbf{b} = \begin{bmatrix} -6 \\ 1 \\ 1 \\ 6 \end{bmatrix}$$

Se o processo de Gram-Schmidt é aplicado para determinar uma base ortonormal para $R(A)$ e uma fatoração $QR$ de $A$, então, depois que os dois primeiros vetores ortonormais $\mathbf{q}_1$ e $\mathbf{q}_2$ forem calculados, temos

$$Q = \begin{bmatrix} \frac{1}{2} & -\frac{1}{2} & \_\_ \\ \frac{1}{2} & \frac{1}{2} & \_\_ \\ \frac{1}{2} & -\frac{1}{2} & \_\_ \\ \frac{1}{2} & \frac{1}{2} & \_\_ \end{bmatrix} \qquad R = \begin{bmatrix} 2 & -2 & \_\_ \\ 0 & 4 & \_\_ \\ 0 & 0 & \_\_ \end{bmatrix}$$

**(a)** Termine o processo. Determine $\mathbf{q}_3$ e preencha as terceiras colunas de $Q$ e $R$.
**(b)** Use a fatoração $QR$ para encontrar a solução por mínimos quadrados de $A\mathbf{x} = \mathbf{b}$.

**11.** As funções $\cos x$ e $\operatorname{sen} x$ são vetores unitários em $C[-\pi, \pi]$ com produto interno definido por

$$\langle f, g \rangle = \frac{1}{\pi} \int_{-\pi}^{\pi} f(x)g(x)dx$$

**(a)** Mostre que $\cos x \perp \operatorname{sen} x$.
**(b)** Determine o valor de $\|\cos x + \operatorname{sen} x\|_2$.

**12.** Considere o espaço vetorial $C[-1, 1]$ com produto interno definido por

$$\langle f, g \rangle = \int_{-1}^{1} f(x)g(x)dx$$

**(a)** Mostre que

$$u_1(x) = \frac{1}{\sqrt{2}} \quad \text{e} \quad u_2(x) = \frac{\sqrt{6}}{2}x$$

formam um conjunto ortonormal de vetores.

**(b)** Use o resultado da parte (a) para encontrar a melhor aproximação por mínimos quadrados de $h(x) = x^{1/3} + x^{2/3}$ por uma função linear.

CAPÍTULO

# 6

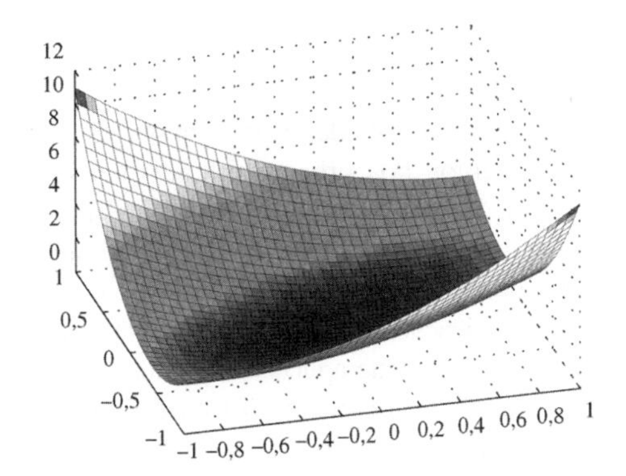


# Autovalores

Na Seção 6.1, vamos tratar da equação $A\mathbf{x} = \lambda\mathbf{x}$. Esta equação ocorre em muitas aplicações da álgebra linear. Se a equação tem uma solução não nula $\mathbf{x}$, então $\lambda$ é dito um *autovalor* de $A$, e $\mathbf{x}$ é dito um *autovetor* associado a $\lambda$.

Autovalores são uma parte comum em nossa vida, quer notemos isto ou não. Onde houver vibrações haverá autovalores, as frequências naturais das vibrações. Se você já afinou um violão, você resolveu um problema de autovalores. Quando engenheiros projetam estruturas, eles se preocupam com as frequências de vibração da estrutura. Esta preocupação é particularmente importante em regiões sujeitas a terremotos, como a Califórnia. Os autovalores de um problema com condições de fronteira podem ser usados para determinar os estados energéticos de um átomo ou cargas críticas que causam flexão em uma viga. Esta última aplicação é apresentada na Seção 6.1.

Na Seção 6.2, aprenderemos mais sobre como usar autovalores e autovetores para resolver sistemas de equações diferenciais lineares. Consideraremos várias aplicações, incluindo problemas de misturas, o movimento harmônico de um sistema de molas e as vibrações de um prédio. O movimento de um prédio pode ser modelado por um sistema de equações diferenciais de segunda ordem na forma

$$M\mathbf{Y}''(t) = K\mathbf{Y}(t)$$

em que $\mathbf{Y}(t)$ é um vetor cujos elementos são todos funções de $t$, e $\mathbf{Y}''(t)$ é o vetor formado pelas segundas derivadas de cada um dos elementos de $\mathbf{Y}(t)$. A solução da equação é determinada pelos autovalores e autovetores da matriz $A = M^{-1}K$.

Em geral, podemos considerar autovalores como frequências naturais associadas a operadores lineares. Se $A$ é uma matriz $n \times n$, podemos pensar em $A$ como representando um operador linear em $\mathbb{R}^n$. Autovalores e autovetores fornecem a chave para entender como o operador funciona. Por exemplo, se $\lambda > 0$, o efeito do operador em qualquer autovetor associado a $\lambda$ é simplesmente um alongamento ou uma contração por um fator constante. De fato, o efeito do operador é facilmente determinado sobre qualquer combinação linear de autovetores. Em particular, se é possível encontrar uma base de autovetores para $\mathbb{R}^n$, o operador pode ser representado por uma matriz diagonal $D$ em relação a essa base e a matriz $A$ pode ser fatorada em um produto $XDX^{-1}$. Na Seção 6.3, veremos como isto é feito e conheceremos várias aplicações.

Na Seção 6.4, consideraremos matrizes com elementos complexos. Nesse ambiente, vamos nos preocupar com matrizes cujos autovetores podem ser usados para formar uma base ortonormal para $\mathbb{C}^n$ (o espaço vetorial de todas as $n$-uplas de números complexos). Na Seção 6.5, introduzimos a decomposição por valores singulares de uma matriz e mostramos quatro aplicações. Outra importante aplicação desta fatoração será apresentada no Capítulo 7.

A Seção 6.6 trata de aplicações de autovalores a equações quadráticas a várias variáveis e também com aplicações envolvendo máximos e mínimos de funções de várias variáveis. Na Seção 6.7, consideramos matrizes simétricas definidas positivas. Os autovalores de tais matrizes são reais e positivos. Essas matrizes ocorrem em uma grande variedade de aplicações. Finalmente, na Seção 6.8 estudaremos matrizes com elementos não negativos e algumas aplicações à economia.

## 6.1 Autovalores e Autovetores

Muitos problemas de aplicações envolvem aplicar uma transformação linear repetidamente a um vetor dado. A chave para resolução desses problemas é escolher um sistema de coordenadas ou base que é em algum sentido natural para o operador e no qual seja mais simples fazer os cálculos envolvendo o operador. Em relação a esses novos vetores de base (*autovetores*) associamos fatores de escala (*autovalores*) que representam as frequências naturais do operador. Ilustramos com um exemplo simples.

**EXEMPLO 1** Lembremos a Aplicação 1 da Seção 1.4 do Capítulo 1. Em certa cidade, 30 % das mulheres casadas se divorciam a cada ano e 20 % das mulheres solteiras se casam a cada ano. Há 8000 mulheres casadas e 2000 mulheres solteiras, e a população total permanece constante. Vamos investigar a tendência de longo prazo, se essas porcentagens de casamentos e divórcios continuarem indefinidamente no futuro.

Para encontrar o número de mulheres casadas e solteiras após um ano, multiplicamos o vetor $\mathbf{w}_0 = (8000, 2000)^T$ por

$$A = \begin{bmatrix} 0{,}7 & 0{,}2 \\ 0{,}3 & 0{,}8 \end{bmatrix}$$

O número de mulheres casadas e solteiras após um ano é dado por

$$\mathbf{w}_1 = A\mathbf{w}_0 = \begin{bmatrix} 0{,}7 & 0{,}2 \\ 0{,}3 & 0{,}8 \end{bmatrix} \begin{bmatrix} 8000 \\ 2000 \end{bmatrix} = \begin{bmatrix} 6000 \\ 4000 \end{bmatrix}$$

Para determinar o número de mulheres casadas e solteiras após dois anos, calculamos

$$\mathbf{w}_2 = A\mathbf{w}_1 = A^2\mathbf{w}_0$$

e, em geral, para $n$ anos, devemos calcular $\mathbf{w}_n = A^n\mathbf{w}_0$.

Vamos calcular $\mathbf{w}_{10}$, $\mathbf{w}_{20}$, $\mathbf{w}_{30}$ desta maneira e arredondar os elementos para o inteiro mais próximo:

$$\mathbf{w}_{10} = \begin{bmatrix} 4004 \\ 5996 \end{bmatrix}, \quad \mathbf{w}_{20} = \begin{bmatrix} 4000 \\ 6000 \end{bmatrix}, \quad \mathbf{w}_{30} = \begin{bmatrix} 4000 \\ 6000 \end{bmatrix}$$

A partir de um certo ponto, parece que obtemos sempre o mesmo resultado. De fato, $\mathbf{w}_{12} = (4000, 6000)^T$ e como

$$A\mathbf{w}_{12} = \begin{bmatrix} 0,7 & 0,2 \\ 0,3 & 0,8 \end{bmatrix} \begin{bmatrix} 4000 \\ 6000 \end{bmatrix} = \begin{bmatrix} 4000 \\ 6000 \end{bmatrix}$$

todos os vetores seguintes na sequência se mantêm inalterados. O vetor $(4000, 6000)^T$ é dito um *vetor de estado estacionário* para o processo.

Suponha que inicialmente tivéssemos uma proporção diferente de mulheres casadas e solteiras. Se, por exemplo, tivéssemos começado com 10.000 mulheres casadas e 0 solteiras, então $\mathbf{w}_0 = (10.000, 0)^T$, e podemos calcular $\mathbf{w}_n$ como anteriormente, multiplicando $\mathbf{w}_0$ por $A^n$. Neste caso, acontece que $\mathbf{w}_{14} = (4000, 6000)^T$ e, portanto, terminaremos com o mesmo vetor de estado estacionário.

Por que este processo converge e por que parece que obtemos o mesmo vetor de estado estacionário? Essas perguntas não são difíceis de responder se escolhermos uma base para $\mathbb{R}^2$ consistindo em vetores para os quais o efeito do operador linear $A$ é facilmente determinado. Em particular, se escolhermos um múltiplo do vetor de estado estacionário, por exemplo $\mathbf{x}_1 = (2, 3)^T$, como nosso primeiro vetor da base, então

$$A\mathbf{x}_1 = \begin{bmatrix} 0,7 & 0,2 \\ 0,3 & 0,8 \end{bmatrix} \begin{bmatrix} 2 \\ 3 \end{bmatrix} = \begin{bmatrix} 2 \\ 3 \end{bmatrix} = \mathbf{x}_1$$

Logo, $\mathbf{x}_1$ é também um vetor de estado estacionário. É um vetor de base natural para usar, já que o efeito de $A$ em $\mathbf{x}_1$ não poderia ser mais simples. Embora fosse interessante usar outro vetor de estado estacionário como segundo vetor da base, isto não é possível, pois todos os vetores de estado estacionário são múltiplos de $\mathbf{x}_1$. Entretanto, se escolhermos $\mathbf{x}_2 = (-1, 1)^T$, então o efeito de $A$ em $\mathbf{x}_2$ é também muito simples:

$$A\mathbf{x}_2 = \begin{bmatrix} 0,7 & 0,2 \\ 0,3 & 0,8 \end{bmatrix} \begin{bmatrix} -1 \\ 1 \end{bmatrix} = \begin{bmatrix} -\frac{1}{2} \\ \frac{1}{2} \end{bmatrix} = \frac{1}{2}\mathbf{x}_2$$

Analisemos agora o processo usando $\mathbf{x}_1$ e $\mathbf{x}_2$ como nossos vetores da base. Se expressarmos o vetor inicial $\mathbf{w}_0 = (8000, 2000)^T$ como uma combinação linear de $\mathbf{x}_1$ e $\mathbf{x}_2$, então

$$\mathbf{w}_0 = 2000 \begin{bmatrix} 2 \\ 3 \end{bmatrix} - 4000 \begin{bmatrix} -1 \\ 1 \end{bmatrix} = 2000\mathbf{x}_1 - 4000\mathbf{x}_2$$

e segue-se que

$$\mathbf{w}_1 = A\mathbf{w}_0 = 2000A\mathbf{x}_1 - 4000A\mathbf{x}_2 = 2000\mathbf{x}_1 - 4000\left(\frac{1}{2}\right)\mathbf{x}_2$$

$$\mathbf{w}_2 = A\mathbf{w}_1 = 2000\mathbf{x}_1 - 4000\left(\frac{1}{2}\right)^2\mathbf{x}_2$$

Em geral,

$$\mathbf{w}_n = A^n\mathbf{w}_0 = 2000\mathbf{x}_1 - 4000\left(\frac{1}{2}\right)^n\mathbf{x}_2$$

O primeiro componente desta soma é o vetor de estado estacionário e o segundo componente converge para o vetor nulo.

Vamos sempre terminar com o mesmo vetor de estado estacionário, para qualquer escolha de $\mathbf{w}_0$? Suponha que inicialmente há $p$ mulheres casadas. Como há um total de 10.000 mulheres, o número de solteiras deve ser $10.000 - p$. Nosso vetor inicial é então

$$\mathbf{w}_0 = \begin{bmatrix} p \\ 10.000 - p \end{bmatrix}$$

Se exprimirmos $\mathbf{w}_0$ como uma combinação linear $c_1\mathbf{x}_1 + c_2\mathbf{x}_2$, então, como antes,

$$\mathbf{w}_n = A^n\mathbf{w}_0 = c_1\mathbf{x}_1 + \left(\frac{1}{2}\right)^n c_2\mathbf{x}_2$$

O vetor de estado estacionário será $c_1\mathbf{x}_1$. Para determinar $c_1$ escrevemos a equação

$$c_1\mathbf{x}_1 + c_2\mathbf{x}_2 = \mathbf{w}_0$$

como um sistema linear

$$\begin{aligned} 2c_1 - c_2 &= p \\ 3c_1 + c_2 &= 10.000 - p \end{aligned}$$

Somando as duas equações, vemos que $c_1 = 2000$. Logo, para qualquer inteiro $p$ no intervalo $0 \leq p \leq 10.000$, o vetor de estado estacionário será

$$2000\mathbf{x}_1 = \begin{bmatrix} 4000 \\ 6000 \end{bmatrix}$$ ■

Os vetores $\mathbf{x}_1$ e $\mathbf{x}_2$ eram os vetores naturais para usar ao analisar o processo no Exemplo 1, já que o efeito da matriz $A$ em cada um desses vetores era tão simples:

$$A\mathbf{x}_1 = \mathbf{x}_1 = 1\mathbf{x}_1 \quad \text{e} \quad A\mathbf{x}_2 = \tfrac{1}{2}\mathbf{x}_2$$

Para cada um dos dois vetores, o efeito de $A$ era simplesmente multiplicar o vetor por um escalar. Os dois escalares 1 e $\frac{1}{2}$ podem ser pensados como as frequências naturais da transformação linear.

Em geral, se uma transformação linear é representada por uma matriz $n \times n$ $A$ e podemos encontrar um vetor não nulo $\mathbf{x}$ tal que $A\mathbf{x} = \lambda\mathbf{x}$, para algum escalar $\lambda$, então, para esta transformação, $\mathbf{x}$ é uma escolha natural para usar como um vetor da base para $\mathbb{R}^n$ e o escalar $\lambda$ define uma frequência natural correspondente a esse vetor da base. Mais precisamente, usamos a seguinte terminologia para nos referirmos a $\mathbf{x}$ e $\lambda$.

**Definição**

Seja $A$ uma matriz $n \times n$. Um escalar $\lambda$ é dito um **autovalor** ou um **valor característico** de $A$ se existe um vetor não nulo $\mathbf{x}$ tal que $A\mathbf{x} = \lambda\mathbf{x}$. O vetor $\mathbf{x}$ é dito um **autovetor** ou um **vetor característico** associado a $\lambda$.

EXEMPLO 2 Sejam

$$A = \begin{bmatrix} 4 & -2 \\ 1 & 1 \end{bmatrix} \quad \text{e} \quad \mathbf{x} = \begin{bmatrix} 2 \\ 1 \end{bmatrix}$$

Como

$$A\mathbf{x} = \begin{bmatrix} 4 & -2 \\ 1 & 1 \end{bmatrix} \begin{bmatrix} 2 \\ 1 \end{bmatrix} = \begin{bmatrix} 6 \\ 3 \end{bmatrix} = 3 \begin{bmatrix} 2 \\ 1 \end{bmatrix} = 3\mathbf{x}$$

segue-se que $\lambda = 3$ é um autovalor de $A$, e $\mathbf{x} = (2, 1)^T$ é um autovetor associado a $\lambda$. Na verdade, qualquer múltiplo de $\mathbf{x}$ será um autovetor, pois

$$A(\alpha\mathbf{x}) = \alpha A\mathbf{x} = \alpha\lambda\mathbf{x} = \lambda(\alpha\mathbf{x})$$

Por exemplo, $(4, 2)^T$ é também um autovetor associado a $\lambda = 3$.

$$\begin{bmatrix} 4 & -2 \\ 1 & 1 \end{bmatrix} \begin{bmatrix} 4 \\ 2 \end{bmatrix} = \begin{bmatrix} 12 \\ 6 \end{bmatrix} = 3 \begin{bmatrix} 4 \\ 2 \end{bmatrix}$$

■

A equação $A\mathbf{x} = \lambda\mathbf{x}$ pode ser escrita sob a forma

$$(A - \lambda I)\mathbf{x} = \mathbf{0} \tag{1}$$

Então, $\lambda$ é um autovalor de $A$ se e somente se (1) tem uma solução não trivial. O conjunto de soluções de (1) é $N(A - \lambda I)$, que é um subespaço de $\mathbb{R}^n$. Logo, se $\lambda$ é um autovalor de $A$, então $N(A - \lambda I) \neq \{\mathbf{0}\}$ e qualquer vetor não nulo em $N(A - \lambda I)$ é um autovetor associado a $\lambda$. O subespaço $N(A - \lambda I)$ é chamado de *autoespaço* associado ao autovalor $\lambda$.

A Equação (1) terá uma solução não trivial se e somente se $A - \lambda I$ é singular, ou, de forma equivalente,

$$\det(A - \lambda I) = 0 \tag{2}$$

Se o determinante em (2) é expandido, obtemos um polinômio de grau $n$ na variável $\lambda$:

$$p(\lambda) = \det(A - \lambda I)$$

Este polinômio é chamado de *polinômio característico* e a Equação (2) é chamada de *equação característica* da matriz $A$. As raízes do polinômio característico são os autovalores de $A$. Se as raízes são contadas de acordo com a multiplicidade, então o polinômio característico terá exatamente $n$ raízes. Logo, $A$ terá $n$ autovalores, alguns dos quais podem ser repetidos e alguns podem ser números complexos. Para levar em conta estes últimos, será necessário expandir nosso campo de escalares para os números complexos e permitir elementos complexos em nossos vetores e matrizes.

Estabelecemos agora várias condições equivalentes para $\lambda$ ser um autovalor de $A$.

Seja $A$ uma matriz $n \times n$, e seja $\lambda$ um escalar. Os seguintes enunciados são equivalentes:

**(a)** $\lambda$ é um autovalor de $A$.
**(b)** $(A - \lambda I)\mathbf{x} = \mathbf{0}$ tem uma solução não trivial.
**(c)** $N(A - \lambda I) \neq \{\mathbf{0}\}$.
**(d)** $A - \lambda I$ é singular.
**(e)** $\det(A - \lambda I) = 0$.

Usaremos agora o enunciado **(e)** para determinar os autovalores em vários exemplos.

**EXEMPLO 3** Encontre os autovalores e os autovetores correspondentes da matriz

$$A = \begin{pmatrix} 3 & 2 \\ 3 & -2 \end{pmatrix}$$

**Solução**

A equação característica é

$$\begin{vmatrix} 3-\lambda & 2 \\ 3 & -2-\lambda \end{vmatrix} = 0 \qquad \text{ou} \qquad \lambda^2 - \lambda - 12 = 0$$

Logo, os autovalores de $A$ são $\lambda_1 = 4$ e $\lambda_2 = -3$. Para encontrar os autovetores associados a $\lambda_1 = 4$, devemos encontrar o espaço nulo de $A - 4I$:

$$A - 4I = \begin{pmatrix} -1 & 2 \\ 3 & -6 \end{pmatrix}$$

Resolvendo $(A - 4I)\mathbf{x} = \mathbf{0}$, obtemos

$$\mathbf{x} = (2x_2, x_2)^T$$

Logo, qualquer múltiplo não nulo de $(2, 1)^T$ é um autovetor associado a $\lambda_1$, e $\{(2, 1)^T\}$ é uma base para o autoespaço correspondente a $\lambda_1$. Similarmente, para encontrar os autovetores para $\lambda_2$, devemos resolver

$$(A + 3I)\mathbf{x} = \mathbf{0}$$

Neste caso, $\{(-1, 3)^T\}$ é uma base para $N(A + 3I)$, e qualquer múltiplo não nulo de $(-1, 3)^T$ é um autovetor associado a $\lambda_2$. ■

**EXEMPLO 4** Seja

$$A = \begin{pmatrix} 2 & -3 & 1 \\ 1 & -2 & 1 \\ 1 & -3 & 2 \end{pmatrix}$$

Encontre os autovalores e os autoespaços correspondentes.

**Solução**

$$\begin{vmatrix} 2-\lambda & -3 & 1 \\ 1 & -2-\lambda & 1 \\ 1 & -3 & 2-\lambda \end{vmatrix} = -\lambda(\lambda - 1)^2$$

Logo, o polinômio característico tem raízes $\lambda_1 = 0$, $\lambda_2 = \lambda_3 = 1$. O autoespaço correspondente a $\lambda_1 = 0$ é $N(A)$, que determinamos da maneira usual:

$$\left(\begin{array}{rrr|r} 2 & -3 & 1 & 0 \\ 1 & -2 & 1 & 0 \\ 1 & -3 & 2 & 0 \end{array}\right) \rightarrow \left(\begin{array}{rrr|r} 1 & 0 & -1 & 0 \\ 0 & 1 & -1 & 0 \\ 0 & 0 & 0 & 0 \end{array}\right)$$

Fazendo $x_3 = \alpha$, vemos que $x_1 = x_2 = x_3 = \alpha$. Em consequência, o autoespaço correspondente a $\lambda_1 = 0$ consiste em todos os vetores da forma $\alpha(1, 1, 1)^T$.

Para encontrar o autoespaço correspondente a $\lambda = 1$, devemos resolver o sistema $(A - I)\mathbf{x} = \mathbf{0}$:

$$\left[\begin{array}{rrr|r} 1 & -3 & 1 & 0 \\ 1 & -3 & 1 & 0 \\ 1 & -3 & 1 & 0 \end{array}\right] \rightarrow \left[\begin{array}{rrr|r} 1 & -3 & 1 & 0 \\ 0 & 0 & 0 & 0 \\ 0 & 0 & 0 & 0 \end{array}\right]$$

Fazendo $x_2 = \alpha$ e $x_3 = \beta$, obtemos $x_1 = 3\alpha - \beta$. Logo, o autoespaço correspondente a $\lambda = 1$ consiste em todos os vetores da forma

$$\begin{bmatrix} 3\alpha - \beta \\ \alpha \\ \beta \end{bmatrix} = \alpha \begin{bmatrix} 3 \\ 1 \\ 0 \end{bmatrix} + \beta \begin{bmatrix} -1 \\ 0 \\ 1 \end{bmatrix}$$ ■

**EXEMPLO 5** Seja

$$A = \begin{bmatrix} 1 & 2 \\ -2 & 1 \end{bmatrix}$$

Calcule os autovalores de $A$ e encontre bases para os autoespaços correspondentes.

### Solução

$$\begin{vmatrix} 1-\lambda & 2 \\ -2 & 1-\lambda \end{vmatrix} = (1-\lambda)^2 + 4$$

As raízes do polinômio característico são $\lambda_1 = 1 + 2i$, $\lambda_2 = 1 - 2i$.

$$A - \lambda_1 I = \begin{bmatrix} -2i & 2 \\ -2 & -2i \end{bmatrix} = -2 \begin{bmatrix} i & -1 \\ 1 & i \end{bmatrix}$$

Segue-se que $\{(1, i)^T\}$ é uma base para o autoespaço correspondente a $\lambda_1 = 1 + 2i$. Similarmente,

$$A - \lambda_2 I = \begin{bmatrix} 2i & 2 \\ -2 & 2i \end{bmatrix} = 2 \begin{bmatrix} i & 1 \\ -1 & i \end{bmatrix}$$

e $\{(1, -i)^T\}$ é uma base para $N(A - \lambda_2 I)$. ■

## APLICAÇÃO 1 Estruturas – Flexão de uma Viga

Como exemplo de um problema físico de autovalores, considere o caso de uma viga. Se uma força ou carga é aplicada a um extremo da viga, ela flexionará quando a carga atingir um valor crítico. Se continuarmos a aumentar a carga além do valor crítico, podemos esperar que a viga flexione novamente quando a carga atinge um segundo valor crítico, e assim por diante. Suponha que a viga tem comprimento $L$ e que está posicionada ao longo do eixo $x$ no plano com o apoio à esquerda em $x = 0$. Seja $y(x)$ o deslocamento vertical da viga em qualquer ponto $x$ e suponha que a viga é simplesmente apoiada; isto é, $y(0) = y(L) = 0$. (Veja a Figura 6.1.1.)

O sistema físico para a viga é modelado pelo problema de condições de fronteira

$$R\frac{d^2y}{dx^2} = -Py \quad y(0) = y(L) = 0 \tag{3}$$

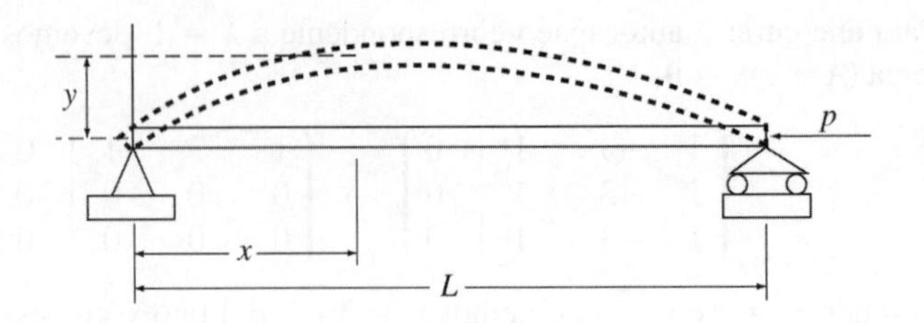


**Figura 6.1.1**

em que $R$ é a rigidez flexora da viga e $P$ é a carga colocada na viga. Um procedimento padrão para calcular a solução $y(x)$ é usar um método de diferenças finitas para aproximar a equação diferencial. Especificamente, particionamos o intervalo $[0, L]$ em $n$ subintervalos iguais

$$0 = x_0 < x_1 < \cdots < x_n = L \qquad \left( x_j = \frac{jL}{n},\ j = 0, \ldots, n \right)$$

e, para cada $j$, aproximamos $y''(x_j)$ por um quociente de diferença. Se fizermos $h = \frac{L}{n}$ e usarmos a notação abreviada $y_k$ para $y(x_k)$, então a aproximação a diferenças padrão é dada por

$$y''(x_j) \approx \frac{y_{j+1} - 2y_j + y_{j-1}}{h^2} \qquad j = 1, \ldots, n$$

Substituindo estas aproximações na Equação (3), terminamos com um sistema de $n$ equações lineares. Se multiplicarmos cada equação por $-\frac{h^2}{R}$ e fizermos $\lambda = \frac{Ph^2}{R}$, então o sistema pode ser escrito como uma equação matricial da forma $A\mathbf{y} = \lambda\mathbf{y}$, em que

$$A = \begin{Bmatrix} 2 & -1 & 0 & \cdots & 0 & 0 & 0 \\ -1 & 2 & -1 & \cdots & 0 & 0 & 0 \\ 0 & -1 & 2 & \cdots & 0 & 0 & 0 \\ \vdots & & & & & & \vdots \\ 0 & 0 & 0 & \cdots & -1 & 2 & -1 \\ 0 & 0 & 0 & \cdots & 0 & -1 & 2 \end{Bmatrix}$$

Os autovalores desta matriz serão todos reais e positivos. (Veja o Exercício MATLAB 24 no fim do capítulo.) Para $n$ suficientemente grande, cada autovalor $\lambda$ de $A$ pode ser usado para aproximar uma carga crítica $P = \frac{R\lambda}{h^2}$ sob a qual poderá ocorrer flexão. A mais importante dessas cargas críticas é a correspondente ao menor autovalor, já que a viga poderá quebrar se essa carga for excedida.

## APLICAÇÃO 2 Aeroespacial – A Orientação do Ônibus Espacial

Na Seção 4.2 do Capítulo 4, vimos como determinar a representação matricial correspondente à arfagem, guinada e rolamento de um avião em função de matrizes de rotação 3 × 3 $Y$, $P$ e $R$. Lembre-se de que guinada é a rotação de uma aeronave em torno do eixo $z$, arfagem é uma rotação em torno do eixo $y$, e rolamento é uma rotação em torno do eixo $x$. Vimos também, na aplicação do avião, que a combinação de uma guinada seguida de uma arfagem e depois um rolamento poderia ser representada por um produto $Q = YPR$. Os mesmos termos – guinada, arfagem e rolamento – são usados para descrever a rotação de um ônibus espacial de sua posição inicial a uma nova orientação. A única diferença é que, para um ônibus espacial, é costume ter os eixos $x$ e $z$ positivos apontando nas direções opostas. A Figura 6.1.2 mostra o sistema de eixos para o ônibus, comparado com o sistema usado para um avião. Os eixos do ônibus para guinada, arfagem e rolamento são chamados de $Z_S$, $Y_S$ e $X_S$, respectivamente. A origem do sistema de eixos é o centro de massa do ônibus espacial. Poderíamos usar as transformações de guinada, arfagem e rolamento para reorientar o ônibus de sua posição inicial; entretanto, em vez de executar três rotações separadas, é mais eficiente usar somente uma rotação. Dados os ângulos para guinada, arfagem e rolamento, é desejável que o computador do ônibus determine um novo eixo único de rotação $R$ e um ângulo de rotação $\beta$ em torno desse eixo.

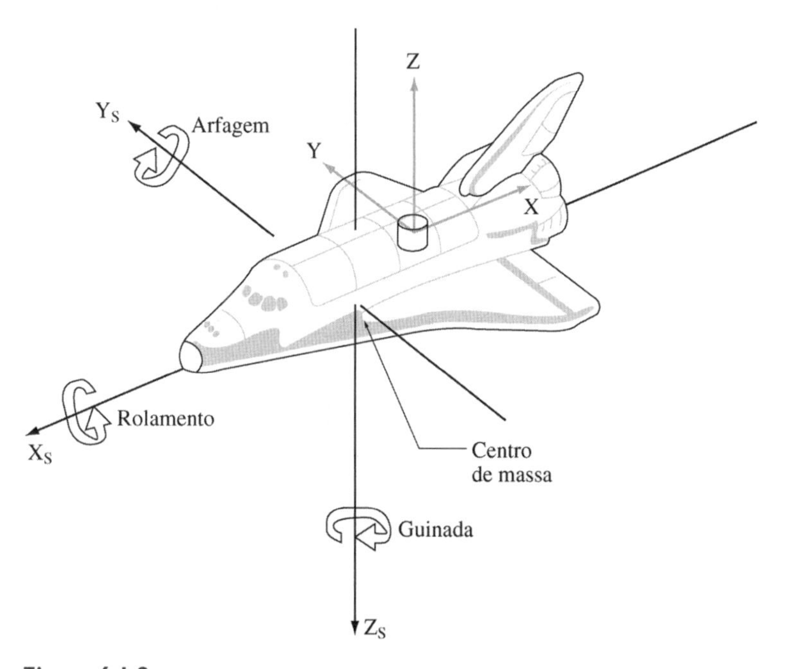


**Figura 6.1.2**

No espaço 2D, uma rotação no plano de 45°, seguida de uma rotação de 30°, é equivalente a uma simples rotação de 75° da posição inicial. Da mesma forma, no espaço 3D, uma combinação de duas ou mais rotações é equivalente a uma única rotação. No caso do ônibus espacial, gostaríamos de executar as rotações combinadas de guinada, arfagem e rolamento executando uma única rotação em torno de um novo eixo $R$. O novo eixo pode ser determinado calculando-se os autovetores da matriz de transformação $Q$.

A matriz $Q$ representando a transformação combinada de guinada, arfagem e rolamento é o produto de três matrizes ortogonais, cada uma com determinante igual a 1. Então, $Q$ também é ortogonal e $\det(Q) = 1$. Segue-se que deve ter $\lambda = 1$ como autovalor. (Veja o Problema 23.) Se $\mathbf{z}$ é um vetor unitário na direção do eixo de rotação $R$, então $\mathbf{z}$ deve permanecer constante pela transformação e, portanto, $Q\mathbf{z} = \mathbf{z}$. Logo, $\mathbf{z}$ é um autovetor unitário de $Q$ associado ao autovalor $\lambda = 1$. O autovetor $\mathbf{z}$ determina o eixo de rotação.

Para determinar o eixo de rotação em torno do novo eixo $R$, note que $\mathbf{e}_1$ representa a direção inicial do eixo $X_S$, e $\mathbf{q}_1 = Q\mathbf{e}_1$ representa a direção após a transformação. Se projetarmos $\mathbf{e}_1$ e $\mathbf{q}_1$ no eixo $R$, ambos serão projetados no mesmo vetor

$$\mathbf{p} = (\mathbf{z}^T\mathbf{e}_1)\mathbf{z} = z_1\mathbf{z}$$

Os vetores

$$\mathbf{v} = \mathbf{e}_1 - \mathbf{p} \quad \text{e} \quad \mathbf{w} = \mathbf{q}_1 - \mathbf{p}$$

têm o mesmo comprimento e estão no plano que é normal ao eixo $R$ e passa pela origem. Quando $\mathbf{e}_1$ gira para $\mathbf{q}_1$, o vetor $\mathbf{v}$ gira para $\mathbf{w}$. (Veja a Figura 6.1.3.) O ângulo de rotação $\beta$ pode ser calculado encontrando o ângulo entre $\mathbf{v}$ e $\mathbf{w}$:

$$\beta = \arccos\left(\frac{\mathbf{v}^T\mathbf{w}}{\|\mathbf{v}\|^2}\right)$$

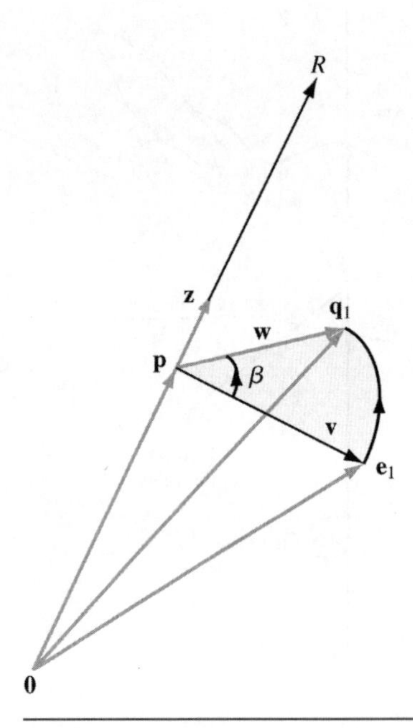


**Figura 6.1.3**

## Autovalores Complexos

Se $A$ é uma matriz $n \times n$ com elementos reais, então o polinômio característico de $A$ terá coeficientes reais e, portanto, todas as suas raízes complexas devem ocorrer em pares conjugados. Portanto, se $\lambda = a + bi$ $(b \neq 0)$ é um autovalor de $A$, então $\overline{\lambda} = a - bi$ deve ser também um autovalor de $A$. Aqui, o símbolo $\overline{\lambda}$ (leia-se *lambda barra*) é usado para denotar o complexo conjugado de $\lambda$. Uma notação similar pode ser usada para matrizes. Se $A = (a_{ij})$ é uma matriz com elementos complexos, então $\overline{A} = (\overline{a_{ij}})$ é a matriz formada de $A$ fazendo-se os conjugados de cada um de seus elementos. Definimos uma *matriz real* como uma matriz com a propriedade $\overline{A} = A$. Em geral, se $A$ e $B$ são matrizes com elementos complexos, e a multiplicação $AB$ é possível, então $\overline{AB} = \overline{A}\,\overline{B}$ (veja o Problema 20).

Não só os autovalores de uma matriz real ocorrem em pares conjugados, mas o mesmo ocorre com os autovetores. Com efeito, se $\lambda$ é um autovalor complexo de uma matriz real $n \times n$ $A$ e $\mathbf{z}$ é um autovetor associado a $\lambda$, então

$$A\overline{\mathbf{z}} = \overline{A}\,\overline{\mathbf{z}} = \overline{A\mathbf{z}} = \overline{\lambda\mathbf{z}} = \overline{\lambda}\,\overline{\mathbf{z}}$$

Logo, $\overline{\mathbf{z}}$ é um autovetor de $A$ associado a $\overline{\lambda}$. No Exemplo 5, o autovetor calculado para o autovalor $\lambda = 1 + 2i$ é $\mathbf{z} = (1, i)^T$ e o autovetor calculado para $\overline{\lambda} = 1 - 2i$ é $\overline{\mathbf{z}} = (1, -i)^T$.

## O Produto e a Soma dos Autovalores

É fácil determinar o produto e a soma dos autovalores de uma matriz $n \times n$, $A$. Se $p(\lambda)$ é o polinômio característico de $A$, então

$$p(\lambda) = \det(A - \lambda I) = \begin{vmatrix} a_{11} - \lambda & a_{12} & \cdots & a_{1n} \\ a_{21} & a_{22} - \lambda & & a_{2n} \\ \vdots & & & \\ a_{n1} & a_{n2} & & a_{nn} - \lambda \end{vmatrix} \tag{4}$$

Expandindo ao longo da primeira coluna, obtemos

$$\det(A - \lambda I) = (a_{11} - \lambda)\det(M_{11}) + \sum_{i=2}^{n} a_{i1}(-1)^{i+1}\det(M_{i1})$$

em que os menores $M_{i1}$, $i = 2, \ldots, n$, não contêm os dois elementos diagonais $(a_{11} - \lambda)$ e $(a_{ii} - \lambda)$. Expandindo $\det(M_{11})$ da mesma forma, concluímos que

$$(a_{11} - \lambda)(a_{22} - \lambda)\cdots(a_{nn} - \lambda) \tag{5}$$

é o único termo na expansão de $\det(A - \lambda I)$ envolvendo um produto de mais de $n - 2$ dos elementos diagonais. Quando (5) é expandida, o coeficiente de $\lambda^n$ será $(-1)^n$. Logo, o primeiro coeficiente de $p(\lambda)$ é $(-1)^n$ e, portanto, se $\lambda_1, \ldots, \lambda_n$ são os autovalores de $A$, então

$$\begin{aligned} p(\lambda) &= (-1)^n(\lambda - \lambda_1)(\lambda - \lambda_2)\cdots(\lambda - \lambda_n) \\ &= (\lambda_1 - \lambda)(\lambda_2 - \lambda)\cdots(\lambda_n - \lambda) \end{aligned} \tag{6}$$

Segue-se, de (4) e (6), que

$$\boxed{\lambda_1 \cdot \lambda_2 \cdots \lambda_n = p(0) = \det(A)}$$

De (5), também verificamos que o coeficiente de $(-\lambda)^{n-1}$ é $\sum_{i=1}^{n} a_{ii}$. Se usarmos (6) para determinar esse mesmo coeficiente, obtemos $\sum_{i=1}^{n} \lambda_i$. Segue-se que

$$\boxed{\sum_{i=1}^{n} \lambda_i = \sum_{i=1}^{n} a_{ii}}$$

A soma dos elementos diagonais de $A$ é chamada de *traço* de $A$ e escrita $\mathrm{tr}(A)$.

**EXEMPLO 6** Se

$$A = \begin{pmatrix} 5 & -18 \\ 1 & -1 \end{pmatrix}$$

então

$$\det(A) = -5 + 18 = 13 \quad \text{e} \quad \text{tr}(A) = 5 - 1 = 4$$

O polinômio característico de $A$ é dado por

$$\begin{vmatrix} 5-\lambda & -18 \\ 1 & -1-\lambda \end{vmatrix} = \lambda^2 - 4\lambda + 13$$

e, portanto, os autovalores de $A$ são $\lambda_1 = 2 + 3i$ e $\lambda_2 = 2 - 3i$. Observe que

$$\lambda_1 + \lambda_2 = 4 = \text{tr}(A)$$

e

$$\lambda_1\lambda_2 = 13 = \det(A)$$

■

Nos exemplos vistos até agora, $n$ tem sido sempre menor que 4. Para valores maiores que $n$ é mais difícil encontrar as raízes do polinômio característico. No Capítulo 7, aprenderemos métodos numéricos para calcular autovalores. (Esses métodos não envolverão o polinômio característico.) Se os autovalores de $A$ foram calculados por algum método numérico, um modo de verificar sua precisão é comparar sua soma com o traço de $A$.

## Matrizes Similares

Encerramos esta seção com um importante resultado sobre os autovalores de matrizes similares. Lembre-se de que uma matriz $B$ é dita *similar* a uma matriz $A$ se existe uma matriz não singular $S$, tal que $B = S^{-1}AS$.

**Teorema 6.1.1** *Sejam $A$ e $B$* matrizes $n \times n$. *Se $B$ é similar a $A$, então as duas matrizes têm o mesmo polinômio característico e, consequentemente, os mesmos autovalores.*

***Demonstração*** Sejam $p_A(x)$ e $p_B(x)$ os polinômios característicos de $A$ e $B$, respectivamente. Se $B$ é similar a $A$, então existe uma matriz não singular $S$, tal que $B = S^{-1}AS$. Logo,

$$\begin{aligned} p_B(\lambda) &= \det(B - \lambda I) \\ &= \det(S^{-1}AS - \lambda I) \\ &= \det(S^{-1}(A - \lambda I)S) \\ &= \det(S^{-1})\det(A - \lambda I)\det(S) \\ &= p_A(\lambda) \end{aligned}$$

Os autovalores de uma matriz são as raízes do polinômio característico. Como as duas matrizes têm o mesmo polinômio característico, elas devem ter os mesmos autovalores. ■

EXEMPLO 7 Dadas

$$T = \begin{bmatrix} 2 & 1 \\ 0 & 3 \end{bmatrix} \quad \text{e} \quad S = \begin{bmatrix} 5 & 3 \\ 3 & 2 \end{bmatrix}$$

Vê-se facilmente que os autovalores de $T$ são $\lambda_1 = 2$ e $\lambda_2 = 3$. Se fizermos $A = S^{-1}TS$, então os autovalores de $A$ devem ser os mesmos de $T$.

$$A = \begin{bmatrix} 2 & -3 \\ -3 & 5 \end{bmatrix} \begin{bmatrix} 2 & 1 \\ 0 & 3 \end{bmatrix} \begin{bmatrix} 5 & 3 \\ 3 & 2 \end{bmatrix} = \begin{bmatrix} -1 & -2 \\ 6 & 6 \end{bmatrix}$$

Deixamos para o leitor verificar que os autovalores desta matriz são $\lambda_1 = 2$ e $\lambda_2 = 3$. ■

# PROBLEMAS DA SEÇÃO 6.1

**1.** Encontre os autovalores e os autoespaços correspondentes para cada uma das seguintes matrizes:

**(a)** $\begin{bmatrix} 3 & 2 \\ 4 & 1 \end{bmatrix}$ **(b)** $\begin{bmatrix} 6 & -4 \\ 3 & -1 \end{bmatrix}$

**(c)** $\begin{bmatrix} 3 & -1 \\ 1 & 1 \end{bmatrix}$ **(d)** $\begin{bmatrix} 3 & -8 \\ 2 & 3 \end{bmatrix}$

**(e)** $\begin{bmatrix} 1 & 1 \\ -2 & 3 \end{bmatrix}$ **(f)** $\begin{bmatrix} 0 & 1 & 0 \\ 0 & 0 & 1 \\ 0 & 0 & 0 \end{bmatrix}$

**(g)** $\begin{bmatrix} 1 & 1 & 1 \\ 0 & 2 & 1 \\ 0 & 0 & 1 \end{bmatrix}$ **(h)** $\begin{bmatrix} 1 & 2 & 1 \\ 0 & 3 & 1 \\ 0 & 5 & -1 \end{bmatrix}$

**(i)** $\begin{bmatrix} 4 & -5 & 1 \\ 1 & 0 & -1 \\ 0 & 1 & -1 \end{bmatrix}$ **(j)** $\begin{bmatrix} -2 & 0 & 1 \\ 1 & 0 & -1 \\ 0 & 1 & -1 \end{bmatrix}$

**(k)** $\begin{bmatrix} 2 & 0 & 0 & 0 \\ 0 & 2 & 0 & 0 \\ 0 & 0 & 3 & 0 \\ 0 & 0 & 0 & 4 \end{bmatrix}$ **(l)** $\begin{bmatrix} 3 & 0 & 0 & 0 \\ 4 & 1 & 0 & 0 \\ 0 & 0 & 2 & 1 \\ 0 & 0 & 0 & 2 \end{bmatrix}$

**2.** Mostre que os autovalores de uma matriz triangular são os elementos diagonais da matriz.

**3.** Seja $A$ uma matriz $n \times n$. Demonstre que $A$ é singular se e somente se $\lambda = 0$ é um autovalor de $A$.

**4.** Seja $A$ uma matriz não singular e seja $\lambda$ um autovalor de $A$. Mostre que $1/\lambda$ é um autovalor de $A^{-1}$.

**5.** Sejam $A$ e $B$ matrizes $n \times n$. Mostre que, se nenhum dos autovalores de $A$ é igual a 1, então a equação matricial

$$XA + B = X$$

terá uma única solução.

**6.** Seja $\lambda$ um autovalor de $A$ e seja $\mathbf{x}$ um autovetor associado a $\lambda$. Use indução matemática para mostrar que, para $m \geq 1$, $\lambda^m$ é um autovalor de $A^m$, e $\mathbf{x}$ é um autovetor de $A^m$ associado a $\lambda^m$.

**7.** Seja $A$ uma matriz $n \times n$ e seja $B = I - 2A + A^2$.

**(a)** Mostre que, se $\mathbf{x}$ é um autovetor de $A$ associado a um autovalor $\lambda$ de $A$, então $\mathbf{x}$ é também um autovetor de $B$ associado a um autovalor $\mu$ de $B$. Como $\lambda$ e $\mu$ são relacionados?

**(b)** Mostre que, se $\lambda = 1$ é um autovalor de $A$, então a matriz $B$ será singular.

**8.** Uma matriz $n \times n$, $A$, é dita *idempotente* se $A^2 = A$. Mostre que, se $\lambda$ é um autovalor de uma matriz idempotente, então $\lambda$ deve ser 0 ou 1.

**9.** Uma matriz $n \times n$ é dita *nilpotente* se $A^k = O$ para algum inteiro positivo $k$. Mostre que todos os autovalores de uma matriz nilpotente são 0.

**10.** Seja $A$ uma matriz $n \times n$ e seja $B = A - \alpha I$ para algum escalar $\alpha$. Como os autovalores de $A$ e $B$ se comparam? Explique.

**11.** Seja $A$ uma matriz $n \times n$ e seja $B = A + I$. É possível que $A$ e $B$ sejam similares? Explique.

**12.** Mostre que $A$ e $A^T$ têm os mesmos autovalores. Elas têm necessariamente os mesmos autovetores? Explique.

**13.** Mostre que a matriz

$$A = \begin{bmatrix} \cos\theta & -\operatorname{sen}\theta \\ \operatorname{sen}\theta & \cos\theta \end{bmatrix}$$

terá autovalores complexos se $\theta$ não for um múltiplo de $\pi$. Dê uma interpretação geométrica a este resultado.

**14.** Seja $A$ uma matriz $2 \times 2$. Se $\operatorname{tr}(A) = 8$ e $\det(A) = 12$, quais são os autovalores de $A$?

**15.** Seja $A = (a_{ij})$ uma matriz $n \times n$ com autovalores $\lambda_1, \ldots, \lambda_n$. Mostre que

$$\lambda_j = a_{jj} + \sum_{i \neq j}(a_{ii} - \lambda_i) \quad \text{para } j = 1, \ldots, n$$

**16.** Seja $A$ uma matriz $2 \times 2$ e seja $p(\lambda) = \lambda^2 + b\lambda + c$ o polinômio característico de $A$. Mostre que $b = -\text{tr}(A)$ e $c = \det(A)$.

**17.** Seja $\lambda$ um autovalor não nulo de $A$ e seja $\mathbf{x}$ um autovetor associado a $\lambda$. Mostre que $A^m\mathbf{x}$ é também um autovetor associado a $\lambda$ para $m = 1, 2, \ldots$.

**18.** Seja $A$ uma matriz $n \times n$ e seja $\lambda$ um autovalor de $A$. Se $A - \lambda I$ tem posto $k$, qual é a dimensão do autoespaço correspondente a $\lambda$? Explique.

**19.** Seja $A$ uma matriz $n \times n$. Mostre que um vetor $\mathbf{x}$ em $\mathbb{R}^n$ é um autovetor de $A$ se e somente se um subespaço $S$ de $\mathbb{R}^n$ coberto por $\mathbf{x}$ e $A\mathbf{x}$ tem dimensão 1.

**20.** Sejam $\alpha = a + bi$ e $\beta = c + di$ escalares complexos, e sejam $A$ e $B$ matrizes com elementos complexos

**(a)** Mostre que

$$\overline{\alpha + \beta} = \overline{\alpha} + \overline{\beta} \quad \text{e} \quad \overline{\alpha\beta} = \overline{\alpha}\,\overline{\beta}$$

**(b)** Mostre que os elementos $(i, j)$ de $\overline{AB}$ e $\overline{A}\,\overline{B}$ são iguais e, portanto, que

$$\overline{AB} = \overline{A}\,\overline{B}$$

**21.** Seja $Q$ uma matriz ortogonal.

**(a)** Mostre que, se $\lambda$ é um autovalor de $Q$, então $|\lambda| = 1$.

**(b)** Mostre que $|\det(Q)| = 1$.

**22.** Seja $Q$ uma matriz ortogonal com um autovalor $\lambda_1 = 1$ e seja $\mathbf{x}$ um autovetor associado a $\lambda_1$. Mostre que $\mathbf{x}$ é também um autovetor de $Q^T$.

**23.** Seja $Q$ uma matriz ortogonal $3 \times 3$ cujo determinante é igual a 1.

**(a)** Se os autovalores de $Q$ são todos reais e se eles são ordenados na forma $\lambda_1 \geq \lambda_2 \geq \lambda_3$, determine os valores de todos os possíveis ternos de autovalores $(\lambda_1, \lambda_2, \lambda_3)$.

**(b)** No caso em que os autovalores, $\lambda_2$ e $\lambda_3$ são complexos, quais são os valores possíveis para $\lambda_1$? Explique.

**(c)** Explique por que $\lambda = 1$ deve ser um autovalor de $Q$.

**24.** Sejam $\mathbf{x}_1, \ldots, \mathbf{x}_r$ autovetores de uma matriz $n \times n$, $A$, e seja $S$ um subespaço de $\mathbb{R}^n$ coberto por $\mathbf{x}_1, \mathbf{x}_2, \ldots, \mathbf{x}_r$. Mostre que $S$ é *invariável* sob $A$ (ou seja, mostre que $A\mathbf{x} \in S$ sempre que $\mathbf{x} \in S$).

**25.** Seja $A$ uma matriz $n \times n$ e seja $\lambda$ um autovalor de $A$. Mostre que, se $B$ é uma matriz que comuta com $A$, então o autoespaço $N(A - \lambda I)$ é invariante sob $B$.

**26.** Seja $B = S^{-1}AS$ e seja $\mathbf{x}$ um autovetor de $B$ associado a $\lambda$. Mostre que $S\mathbf{x}$ é um autovetor de $A$ associado a $\lambda$.

**27.** Seja $A$ uma matriz $n \times n$ com autovalor $\lambda$ e seja $\mathbf{x}$ um autovetor associado a $\lambda$. Seja $S$ uma matriz não singular $n \times n$ e seja $\alpha$ um escalar. Mostre que se

$$B = \alpha I - SAS^{-1}, \quad \mathbf{y} = S\mathbf{x}$$

então $\mathbf{y}$ é um autovetor de $B$. Determine o autovalor de $B$ correspondente a $\mathbf{y}$.

**28.** Mostre que, se duas matrizes $n \times n$ $A$ e $B$ têm um autovetor comum $\mathbf{x}$ (mas não necessariamente um autovalor comum), então $\mathbf{x}$ será também um autovetor de qualquer matriz da forma $C = \alpha A + \beta B$.

**29.** Seja $A$ uma matriz $n \times n$ e seja $\lambda$ um autovalor não nulo de $A$. Mostre que, se $\mathbf{x}$ é um autovetor associado a $\lambda$, então $\mathbf{x}$ está no espaço coluna de $A$. Logo, o autoespaço correspondente a $\lambda_1$ é um subespaço do espaço coluna de $A$.

**30.** Seja $\{\mathbf{u}_1, \mathbf{u}_2, \ldots, \mathbf{u}_n\}$ uma base ortonormal para $\mathbb{R}^n$ e seja $A$ uma combinação linear das matrizes de posto 1 $\mathbf{u}_1\mathbf{u}_1^T, \mathbf{u}_2\mathbf{u}_2^T, \ldots, \mathbf{u}_n\mathbf{u}_n^T$. Se

$$A = c_1\mathbf{u}_1\mathbf{u}_1^T + c_2\mathbf{u}_2\mathbf{u}_2^T + \cdots + c_n\mathbf{u}_n\mathbf{u}_n^T$$

mostre que $A$ é uma matriz simétrica com autovalores $c_1, c_2, \ldots, c_n$ e que $\mathbf{u}_i$ é um autovetor associado a $c_i$ para todo $i$.

**31.** Seja $A$ uma matriz cujas colunas têm todas a mesma soma constante $\delta$. Mostre que $\delta$ é um autovalor de $A$.

**32.** Sejam $\lambda_1$ e $\lambda_2$ autovalores distintos de $A$. Seja $\mathbf{x}$ um autovetor de $A$ associado a $\lambda_1$ e seja $\mathbf{y}$ um autovetor de $A^T$ associado a $\lambda_2$. Mostre que $\mathbf{x}$ e $\mathbf{y}$ são ortogonais.

**33.** Sejam $A$ e $B$ matrizes $n \times n$. Mostre que

**(a)** Se $\lambda$ é um autovalor não nulo de $AB$, então ele é também um autovalor de $BA$.

**(b)** Se $\lambda = 0$ é um autovalor de $AB$, então $\lambda = 0$ é também um autovalor de $BA$.

**34.** Demonstre que não existem matrizes $n \times n$ $A$ e $B$ tais que

$$AB - BA = I$$

[*Sugestão*: veja os Problemas 10 e 33.]

**35.** Seja $p(\lambda) = (-1)^n(\lambda^n - a_{n-1}\lambda^{n-1} - \ldots - a_1\lambda - a_0)$ um polinômio de grau $n \geq 1$, e seja

$$C = \begin{bmatrix} a_{n-1} & a_{n-2} & \cdots & a_1 & a_0 \\ 1 & 0 & \cdots & 0 & 0 \\ 0 & 1 & \cdots & 0 & 0 \\ \vdots & & & & \\ 0 & 0 & \cdots & 1 & 0 \end{bmatrix}$$

**(a)** Mostre que, se $\lambda_i$ é uma raiz de $p(\lambda) = 0$, então $\lambda_i$ é um autovalor de $C$ com autovetor $\mathbf{x} = (\lambda_i^{n-1}, \lambda_i^{n-2}, ..., \lambda_i, 1)^T$.

**(b)** Use a parte (a) para mostrar que, se $p(\lambda)$ tem $n$ raízes distintas, então $p(\lambda)$ é o polinômio característico de $C$.

A matriz $C$ é chamada de *matriz companheira* de $p(\lambda)$.

**36.** O resultado dado no Problema 35(b) é válido, mesmo que todos os autovalores de $p(\lambda)$ não sejam distintos. Demonstre isto como se segue:

**(a)** Seja

$$D_m(\lambda) = \begin{bmatrix} a_m & a_{m-1} & \cdots & a_1 & a_0 \\ 1 & -\lambda & \cdots & 0 & 0 \\ \vdots & & & & \\ 0 & 0 & \cdots & 1 & -\lambda \end{bmatrix}$$

e use indução matemática para demonstrar que

$$\det(D_m(\lambda)) = (-1)^m(a_m\lambda^m + a_{m-1}\lambda^{m-1} + \cdots + a_1\lambda + a_0)$$

**(b)** Mostre que

$$\begin{aligned} &\det(C - \lambda I) \\ &= (a_{n-1} - \lambda)(-\lambda)^{n-1} - \det(D_{n-2}) \\ &= p(\lambda) \end{aligned}$$

## 6.2 Sistemas de Equações Diferenciais Lineares

Autovalores exercem um importante papel na solução de sistemas de equações diferenciais lineares. Nesta seção, veremos como eles são usados na solução de sistemas de equações diferenciais lineares com coeficientes constantes. Começamos considerando sistemas de equações de primeira ordem da forma

$$\begin{aligned} y_1' &= a_{11}y_1 + a_{12}y_2 + \cdots + a_{1n}y_n \\ y_2' &= a_{21}y_1 + a_{22}y_2 + \cdots + a_{2n}y_n \\ &\vdots \\ y_n' &= a_{n1}y_1 + a_{n2}y_2 + \cdots + a_{nn}y_n \end{aligned}$$

em que $y_i = f_i(t)$ é uma função em $\mathbb{C}^1[a, b]$ para todo $i$. Se fizermos

$$\mathbf{Y} = \begin{bmatrix} y_1 \\ y_2 \\ \vdots \\ y_n \end{bmatrix} \quad \text{e} \quad \mathbf{Y}' = \begin{bmatrix} y_1' \\ y_2' \\ \vdots \\ y_n' \end{bmatrix}$$

então o sistema pode ser escrito sob a forma

$$\mathbf{Y}' = A\mathbf{Y}$$

$\mathbf{Y}$ e $\mathbf{Y}'$ são funções vetoriais de $t$. Consideremos primeiramente o caso mais comum. Com $n = 1$, o sistema é simplesmente

$$y' = ay \tag{1}$$

Evidentemente, todas as funções são da forma

$$y(t) = ce^{at} \qquad (c \text{ uma constante arbitrária})$$

satisfazem a Equação (1). Uma generalização natural desta solução para o caso $n > 1$ é usar

$$\mathbf{Y} = \begin{pmatrix} x_1 e^{\lambda t} \\ x_2 e^{\lambda t} \\ \vdots \\ x_n e^{\lambda t} \end{pmatrix} = e^{\lambda t}\mathbf{x}$$

em que $\mathbf{x} = (x_1, x_2, \ldots, x_n)^T$. Para verificar que uma função vetorial deste tipo funciona, calculamos a derivada

$$\mathbf{Y}' = \lambda e^{\lambda t}\mathbf{x} = \lambda \mathbf{Y}$$

Agora, se escolhermos $\lambda$ como um autovalor de $A$ e $\mathbf{x}$ como um autovetor associado a $\lambda$, então

$$A\mathbf{Y} = e^{\lambda t}A\mathbf{x} = \lambda e^{\lambda t}\mathbf{x} = \lambda \mathbf{Y} = \mathbf{Y}'$$

Logo, $\mathbf{Y}$ é uma solução do sistema. Portanto, se $\lambda$ é um autovalor de $A$ e $\mathbf{x}$ é um autovetor associado a $\lambda$, então $e^{\lambda t}\mathbf{x}$ é uma solução do sistema $\mathbf{Y}' = A\mathbf{Y}$. Isto será verdadeiro, quer $\lambda$ seja real ou complexo. Observe que, se $\mathbf{Y}_1$ e $\mathbf{Y}_2$ são soluções de $\mathbf{Y}' = A\mathbf{Y}$, então $\alpha\mathbf{Y}_1 + \beta\mathbf{Y}_2$ é também uma solução, já que

$$\begin{aligned}(\alpha\mathbf{Y}_1 + \beta\mathbf{Y}_2)' &= \alpha\mathbf{Y}_1' + \beta\mathbf{Y}_2' \\ &= \alpha A\mathbf{Y}_1 + \beta A\mathbf{Y}_2 \\ &= A(\alpha\mathbf{Y}_1 + \beta\mathbf{Y}_2)\end{aligned}$$

Segue-se por indução que, se $\mathbf{Y}_1, \ldots, \mathbf{Y}_n$ são soluções de $\mathbf{Y}' = A\mathbf{Y}$, então qualquer combinação linear $c_1\mathbf{Y}_1 + \ldots + c_n\mathbf{Y}_n$ será também uma solução.

Em geral, as soluções de um sistema $n \times n$ da forma

$$\mathbf{Y}' = A\mathbf{Y}$$

formarão um subespaço $n$-dimensional do espaço vetorial de todas as funções vetoriais contínuas. Se, além disso, exigirmos que $\mathbf{Y}(t)$ tenha um valor especificado quando $t = 0$, então o teorema padrão das equações diferenciais garante que o problema tem uma única solução. Um problema da forma

$$\mathbf{Y}' = A\mathbf{Y}, \qquad \mathbf{Y}(0) = \mathbf{Y}_0$$

é chamado de *problema de valor inicial.*

**EXEMPLO 1** Resolva o sistema

$$\begin{aligned} y_1' &= 3y_1 + 4y_2 \\ y_2' &= 3y_1 + 2y_2 \end{aligned}$$

**Solução**

$$A = \begin{pmatrix} 3 & 4 \\ 3 & 2 \end{pmatrix}$$

Os autovalores de $A$ são $\lambda_1 = 6$ e $\lambda_2 = -1$. Resolvendo $(A - \lambda I)\mathbf{x} = \mathbf{0}$ com $\lambda = \lambda_1$ e $\lambda = \lambda_2$, vemos que $\mathbf{x}_1 = (4, 3)^T$ é um autovetor associado a $\lambda_1$, e $\mathbf{x}_2 = (1, -1)^T$ é um autovetor associado a $\lambda_2$. Logo, qualquer função vetorial da forma

$$\mathbf{Y} = c_1 e^{\lambda_1 t}\mathbf{x}_1 + c_2 e^{\lambda_2 t}\mathbf{x}_2 = \begin{Bmatrix} 4c_1e^{6t} + c_2e^{-t} \\ 3c_1e^{6t} - c_2e^{-t} \end{Bmatrix}$$

é uma solução do sistema. ■

No Exemplo 1, suponha que impomos $y_1 = 6$ e $y_2 = 1$ quando $t = 0$. Então

$$\mathbf{Y}(0) = \begin{Bmatrix} 4c_1 + c_2 \\ 3c_1 - c_2 \end{Bmatrix} = \begin{Bmatrix} 6 \\ 1 \end{Bmatrix}$$

e segue-se que $c_1 = 1$ e $c_2 = 2$. Portanto, a solução do problema de valor inicial é dada por

$$\mathbf{Y} = e^{6t}\mathbf{x}_1 + 2e^{-t}\mathbf{x}_2 = \begin{Bmatrix} 4e^{6t} + 2e^{-t} \\ 3e^{6t} - 2e^{-t} \end{Bmatrix}$$

## APLICAÇÃO 1 Misturas

Dois tanques são conectados como mostra a Figura 6.2.1. Inicialmente, o tanque $A$ contém 200 litros de água na qual foram dissolvidos 60 gramas de sal, e o tanque $B$ contém 200 litros de água pura. O líquido é bombeado para dentro e para fora dos tanques nas taxas mostradas no diagrama. Determine a quantidade de sal em cada tanque no tempo $t$.

### Solução

Sejam $y_1(t)$ e $y_2(t)$ os números de gramas de sal nos tanques $A$ e $B$, respectivamente, no instante $t$. Inicialmente,

$$\mathbf{Y}(0) = \begin{Bmatrix} y_1(0) \\ y_2(0) \end{Bmatrix} = \begin{Bmatrix} 60 \\ 0 \end{Bmatrix}$$

A quantidade total de líquido em cada tanque permanece 200 litros, já que a quantidade bombeada para dentro é igual à bombeada para fora. A taxa de

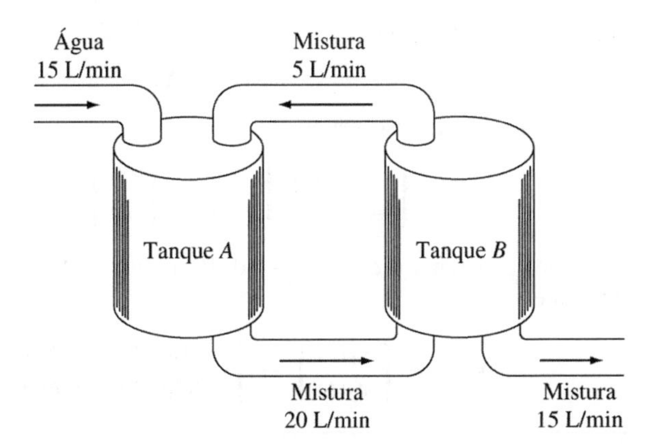


**Figura 6.2.1**

variação na quantidade de sal em cada tanque é igual à taxa na qual ele está sendo adicionado menos a taxa na qual ele está sendo bombeado para fora. Para o tanque $A$, a taxa na qual o sal está sendo adicionado é dada por

$$(5\text{ L/min}) \cdot \left(\frac{y_2(t)}{200}\text{g/L}\right) = \frac{y_2(t)}{40}\text{g/min}$$

e a taxa na qual o sal é bombeado para fora é

$$(20\text{ L/min}) \cdot \left(\frac{y_1(t)}{200}\text{g/L}\right) = \frac{y_1(t)}{10}\text{g/min}$$

Logo, a taxa de variação no tanque $A$ é dada por

$$y_1'(t) = \frac{y_2(t)}{40} - \frac{y_1(t)}{10}$$

Similarmente, para o tanque $B$, a taxa de variação é dada por

$$y_2'(t) = \frac{20y_1(t)}{200} - \frac{20y_2(t)}{200} = \frac{y_1(t)}{10} - \frac{y_2(t)}{10}$$

Para determinar $y_1(t)$ e $y_2(t)$, devemos resolver o problema de valor inicial

$$\mathbf{Y}' = A\mathbf{Y}, \quad \mathbf{Y}(0) = \mathbf{Y}_0$$

no qual,

$$A = \begin{bmatrix} -\frac{1}{10} & \frac{1}{40} \\ \frac{1}{10} & -\frac{1}{10} \end{bmatrix}, \quad \mathbf{Y}_0 = \begin{bmatrix} 60 \\ 0 \end{bmatrix}$$

Os autovalores de $A$ são $\lambda_1 = -\frac{3}{20}$ e $\lambda_2 = -\frac{1}{20}$, com autovetores correspondentes

$$\mathbf{x}_1 = \begin{bmatrix} 1 \\ -2 \end{bmatrix} \quad \text{e} \quad \mathbf{x}_2 = \begin{bmatrix} 1 \\ 2 \end{bmatrix}$$

A solução então deve ser da forma

$$\mathbf{Y} = c_1 e^{-3t/20}\mathbf{x}_1 + c_2 e^{-t/20}\mathbf{x}_2$$

Quando $t = 0$, $\mathbf{Y} = \mathbf{Y}_0$. Logo,

$$c_1\mathbf{x}_1 + c_2\mathbf{x}_2 = \mathbf{Y}_0$$

e podemos achar $c_1$ e $c_2$ resolvendo

$$\begin{bmatrix} 1 & 1 \\ -2 & 2 \end{bmatrix} \begin{bmatrix} c_1 \\ c_2 \end{bmatrix} = \begin{bmatrix} 60 \\ 0 \end{bmatrix}$$

A solução deste sistema é $c_1 = c_2 = 30$. Portanto, a solução do problema de valor inicial é

$$\mathbf{Y}(t) = \begin{bmatrix} y_1(t) \\ y_2(t) \end{bmatrix} = \begin{bmatrix} 30e^{-3t/20} + 30e^{-t/20} \\ -60e^{-3t/20} + 60e^{-t/20} \end{bmatrix}$$ ■

## Autovalores Complexos

Seja $A$ uma matriz real $n \times n$ com um autovalor complexo $\lambda = a + bi$ e seja $\mathbf{x}$ um autovetor associado a $\lambda$. O vetor $\mathbf{x}$ pode ser separado em suas partes real e imaginária:

$$\mathbf{x} = \begin{pmatrix} \operatorname{Re} x_1 + i \operatorname{Im} x_1 \\ \operatorname{Re} x_2 + i \operatorname{Im} x_2 \\ \vdots \\ \operatorname{Re} x_n + i \operatorname{Im} x_n \end{pmatrix} = \begin{pmatrix} \operatorname{Re} x_1 \\ \operatorname{Re} x_2 \\ \vdots \\ \operatorname{Re} x_n \end{pmatrix} + i \begin{pmatrix} \operatorname{Im} x_1 \\ \operatorname{Im} x_2 \\ \vdots \\ \operatorname{Im} x_n \end{pmatrix} = \operatorname{Re} \mathbf{x} + i \operatorname{Im} \mathbf{x}$$

Como os elementos de $A$ são todos reais, segue-se que $\overline{\lambda} = a - bi$ é também um autovalor de $A$ com autovetor

$$\overline{\mathbf{x}} = \begin{pmatrix} \operatorname{Re} x_1 - i \operatorname{Im} x_1 \\ \operatorname{Re} x_2 - i \operatorname{Im} x_2 \\ \vdots \\ \operatorname{Re} x_n - i \operatorname{Im} x_n \end{pmatrix} = \operatorname{Re} \mathbf{x} - i \operatorname{Im} \mathbf{x}$$

e, portanto, $e^{\lambda t}\mathbf{x}$ e $e^{\overline{\lambda} t}\overline{\mathbf{x}}$ são soluções do sistema de primeira ordem $\mathbf{Y}' = A\mathbf{Y}$. Qualquer combinação linear dessas duas soluções será também uma solução. Logo, se fizermos

$$\mathbf{Y}_1 = \frac{1}{2}(e^{\lambda t}\mathbf{x} + e^{\overline{\lambda} t}\overline{\mathbf{x}}) = \operatorname{Re}(e^{\lambda t}\mathbf{x})$$

e

$$\mathbf{Y}_2 = \frac{1}{2i}(e^{\lambda t}\mathbf{x} - e^{\overline{\lambda} t}\overline{\mathbf{x}}) = \operatorname{Im}(e^{\lambda t}\mathbf{x})$$

as funções vetoriais $\mathbf{Y}_1$ e $\mathbf{Y}_2$ são soluções de $\mathbf{Y}' = A\mathbf{Y}$. Tomando as partes real e imaginária de

$$\begin{aligned} e^{\lambda t}\mathbf{x} &= e^{(a+ib)t}\mathbf{x} \\ &= e^{at}(\cos bt + i \operatorname{sen} bt)(\operatorname{Re} \mathbf{x} + i \operatorname{Im} \mathbf{x}) \end{aligned}$$

vemos que

$$\begin{aligned} \mathbf{Y}_1 &= e^{at}\,[(\cos bt) \operatorname{Re} \mathbf{x} - (\operatorname{sen} bt) \operatorname{Im} \mathbf{x}] \\ \mathbf{Y}_2 &= e^{at}\,[(\cos bt) \operatorname{Im} \mathbf{x} + (\operatorname{sen} bt) \operatorname{Re} \mathbf{x}] \end{aligned}$$

EXEMPLO 2 Resolva o sistema

$$\begin{aligned} y_1' &= y_1 + y_2 \\ y_2' &= -2y_1 + 3y_2 \end{aligned}$$

### Solução

Seja

$$A = \begin{pmatrix} 1 & 1 \\ -2 & 3 \end{pmatrix}$$

Os autovalores de $A$ são $\lambda = 2 + i$ e $\bar{\lambda} = 2 - i$, com autovetores $\mathbf{x} = (1, 1 + i)^T$ e $\bar{\mathbf{x}} = (1, 1 - i)^T$, respectivamente.

$$e^{\lambda t}\mathbf{x} = \begin{bmatrix} e^{2t}(\cos t + i \operatorname{sen} t) \\ e^{2t}(\cos t + i \operatorname{sen} t)(1+i) \end{bmatrix}$$

$$= \begin{bmatrix} e^{2t} \cos t + i e^{2t} \operatorname{sen} t \\ e^{2t}(\cos t - \operatorname{sen} t) + i e^{2t}(\cos t + \operatorname{sen} t) \end{bmatrix}$$

Sejam

$$\mathbf{Y}_1 = \operatorname{Re}(e^{\lambda t}\mathbf{x}) = \begin{bmatrix} e^{2t} \cos t \\ e^{2t}(\cos t - \operatorname{sen} t) \end{bmatrix}$$

e

$$\mathbf{Y}_2 = \operatorname{Im}(e^{\lambda t}\mathbf{x}) = \begin{bmatrix} e^{2t} \operatorname{sen} t \\ e^{2t}(\cos t + \operatorname{sen} t) \end{bmatrix}$$

Qualquer combinação linear

$$\mathbf{Y} = c_1\mathbf{Y}_1 + c_2\mathbf{Y}_2$$

será uma solução do sistema. ∎

Se a matriz de coeficientes $n \times n$, $A$, do sistema $\mathbf{Y}' = A\mathbf{Y}$ tem $n$ autovetores linearmente independentes, a solução geral pode ser obtida pelos métodos apresentados. O caso em que $A$ tem menos de $n$ autovetores linearmente independentes é mais complicado; em consequência, vamos adiar a discussão deste caso até a Seção 6.3.

## Sistemas de Maior Ordem

Dado um sistema de segunda ordem da forma

$$\mathbf{Y}'' = A_1\mathbf{Y} + A_2\mathbf{Y}'$$

podemos convertê-lo em um sistema de primeira ordem fazendo

$$\begin{aligned} y_{n+1}(t) &= y_1'(t) \\ y_{n+2}(t) &= y_2'(t) \\ &\vdots \\ y_{2n}(t) &= y_n'(t) \end{aligned}$$

Se fizermos

$$\mathbf{Y}_1 = \mathbf{Y} = (y_1, y_2, \ldots, y_n)^T$$

e

$$\mathbf{Y}_2 = \mathbf{Y}' = (y_{n+1}, \ldots, y_{2n})^T$$

então

$$\mathbf{Y}_1' = O\mathbf{Y}_1 + I\mathbf{Y}_2$$

e

$$\mathbf{Y}_2' = A_1\mathbf{Y}_1 + A_2\mathbf{Y}_2$$

As equações podem ser combinadas para originar o sistema $2n \times 2n$ de primeira ordem

$$\begin{Bmatrix} \mathbf{Y}_1' \\ \mathbf{Y}_2' \end{Bmatrix} = \begin{Bmatrix} O & I \\ A_1 & A_2 \end{Bmatrix} \begin{Bmatrix} \mathbf{Y}_1 \\ \mathbf{Y}_2 \end{Bmatrix}$$

Se os valores de $\mathbf{Y}_1 = \mathbf{Y}$ e $\mathbf{Y}_2 = \mathbf{Y}'$ são especificados para $t = 0$, então o problema de valor inicial tem uma única solução.

EXEMPLO 3 Resolva o problema de valor inicial

$$\begin{aligned} y_1'' &= 2y_1 + y_2 + y_1' + y_2' \\ y_2'' &= -5y_1 + 2y_2 + 5y_1' - y_2' \\ y_1(0) &= y_2(0) = y_1'(0) = 4, \qquad y_2'(0) = -4 \end{aligned}$$

## Solução

Sejam $y_3 = y_1'$ e $y_4 = y_2'$. Isto dá o sistema de primeira ordem

$$\begin{aligned} y_1' &= y_3 \\ y_2' &= y_4 \\ y_3' &= 2y_1 + y_2 + y_3 + y_4 \\ y_4' &= -5y_1 + 2y_2 + 5y_3 - y_4 \end{aligned}$$

A matriz de coeficientes para este sistema

$$A = \begin{Bmatrix} 0 & 0 & 1 & 0 \\ 0 & 0 & 0 & 1 \\ 2 & 1 & 1 & 1 \\ -5 & 2 & 5 & -1 \end{Bmatrix}$$

tem autovalores

$$\lambda_1 = 1, \qquad \lambda_2 = -1, \qquad \lambda_3 = 3, \qquad \lambda_4 = -3$$

Correspondendo a esses autovalores, temos os autovetores

$$\mathbf{x}_1 = (1, -1, 1, -1)^T, \quad \mathbf{x}_2 = (1, 5, -1, -5)^T$$
$$\mathbf{x}_3 = (1, 1, 3, 3)^T, \quad \mathbf{x}_4 = (1, -5, -3, 15)^T$$

Logo, a solução será da forma

$$c_1\mathbf{x}_1e^t + c_2\mathbf{x}_2e^{-t} + c_3\mathbf{x}_3e^{3t} + c_4\mathbf{x}_4e^{-3t}$$

Podemos usar as condições iniciais para encontrar $c_1$, $c_2$, $c_3$ e $c_4$. Para $t = 0$, temos

$$c_1\mathbf{x}_1 + c_2\mathbf{x}_2 + c_3\mathbf{x}_3 + c_4\mathbf{x}_4 = (4, 4, 4, -4)^T$$

ou, de forma equivalente,

$$\begin{pmatrix} 1 & 1 & 1 & 1 \\ -1 & 5 & 1 & -5 \\ 1 & -1 & 3 & -3 \\ -1 & -5 & 3 & 15 \end{pmatrix} \begin{pmatrix} c_1 \\ c_2 \\ c_3 \\ c_4 \end{pmatrix} = \begin{pmatrix} 4 \\ 4 \\ 4 \\ -4 \end{pmatrix}$$

A solução para este sistema é $\mathbf{c} = (2, 1, 1, 0)^T$ e, portanto, a solução do problema de valor inicial é

$$\mathbf{Y} = 2\mathbf{x}_1 e^t + \mathbf{x}_2 e^{-t} + \mathbf{x}_3 e^{3t}$$

Logo,

$$\begin{pmatrix} y_1 \\ y_2 \\ y_1' \\ y_2' \end{pmatrix} = \begin{pmatrix} 2e^t + e^{-t} + e^{3t} \\ -2e^t + 5e^{-t} + e^{3t} \\ 2e^t - e^{-t} + 3e^{3t} \\ -2e^t - 5e^{-t} + 3e^{3t} \end{pmatrix}$$

■

Em geral, se tivermos um sistema de ordem $m$ da forma

$$\mathbf{Y}^{(m)} = A_1\mathbf{Y} + A_2\mathbf{Y}' + \cdots + A_m\mathbf{Y}^{(m-1)}$$

em que cada $A_i$ é uma matriz $n \times n$, podemos transformá-lo em um sistema de primeira ordem fazendo

$$\mathbf{Y}_1 = \mathbf{Y},\ \mathbf{Y}_2 = \mathbf{Y}_1',\ \ldots,\ \mathbf{Y}_m = \mathbf{Y}_{m-1}'$$

Terminamos com um sistema da forma

$$\begin{pmatrix} \mathbf{Y}_1' \\ \mathbf{Y}_2' \\ \vdots \\ \mathbf{Y}_{m-1}' \\ \mathbf{Y}_m' \end{pmatrix} = \begin{pmatrix} O & I & O & \cdots & O \\ O & O & I & \cdots & O \\ \vdots & & & & \\ O & O & O & \cdots & I \\ A_1 & A_2 & A_3 & \cdots & A_m \end{pmatrix} \begin{pmatrix} \mathbf{Y}_1 \\ \mathbf{Y}_2 \\ \vdots \\ \mathbf{Y}_{m-1} \\ \mathbf{Y}_m \end{pmatrix}$$

Se, além disso, exigirmos que $\mathbf{Y}, \mathbf{Y}', \ldots, \mathbf{Y}^{(m-1)}$ tenham valores específicos em $t = 0$, haverá exatamente uma solução para o problema.

Se o sistema é simplesmente da forma $\mathbf{Y}^{(m)} = A\mathbf{Y}$, não é normalmente necessário introduzir novas variáveis. Neste caso, precisamos somente calcular as raízes de ordem $m$ dos autovalores de $A$. Se $\lambda$ é um autovalor de $A$, $\mathbf{x}$ é um autovetor associado a $\lambda$, $\sigma$ é uma raiz de ordem $m$ de $\lambda$, e $\mathbf{Y} = e^{\sigma t}\mathbf{x}$, então

$$\mathbf{Y}^{(m)} = \sigma^m e^{\sigma t}\mathbf{x} = \lambda\mathbf{Y}$$

e

$$A\mathbf{Y} = e^{\sigma t}A\mathbf{x} = \lambda e^{\sigma t}\mathbf{x} = \lambda\mathbf{Y}$$

Portanto, $\mathbf{Y} = e^{\sigma t}\mathbf{x}$ é uma solução para o sistema.

## APLICAÇÃO 2 Movimento Harmônico

Na Figura 6.2.2, duas massas são unidas por molas e as extremidades $A$ e $B$ são fixas. As massas são livres para mover-se horizontalmente. Vamos supor que as três molas são uniformes e que inicialmente as massas estão na posição de equilíbrio. Uma força é exercida no sistema para pôr as massas em movimento. Os deslocamentos horizontais das massas no instante $t$ são escritos $x_1(t)$ e $x_2(t)$, respec-

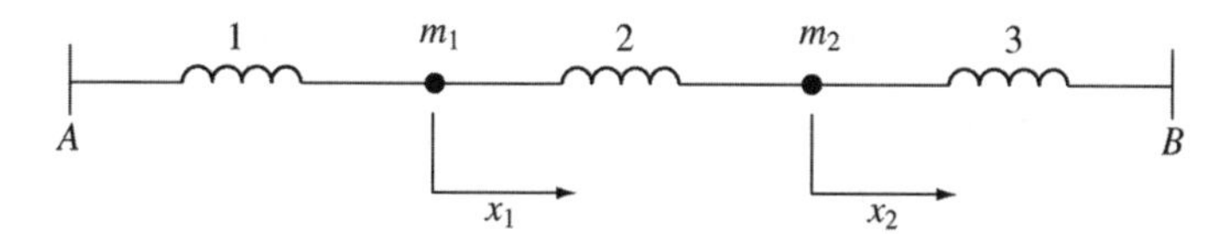


**Figura 6.2.2**

tivamente. Vamos considerar que não há forças retardadoras como atrito. Então, as únicas forças agindo sobre a massa $m_1$ no instante $t$ serão as das molas 1 e 2. A força da mola 1 será $-kx_1$ e a força da mola 2 será $k(x_2 - x_1)$. Pela segunda lei de Newton,

$$m_1 x_1''(t) = -kx_1 + k(x_2 - x_1)$$

De forma similar, as únicas forças agindo na segunda massa serão as das molas 2 e 3. Usando a segunda lei de Newton novamente, obtemos

$$m_2 x_2''(t) = -k(x_2 - x_1) - kx_2$$

Logo, terminamos com o sistema de segunda ordem

$$\begin{aligned} x_1'' &= -\frac{k}{m_1}(2x_1 - x_2) \\ x_2'' &= -\frac{k}{m_2}(-x_1 + 2x_2) \end{aligned}$$

Suponha agora que $m_1 = m_2 = 1$, $k = 1$, e a velocidade inicial de ambas as massas é $+2$ unidades por segundo. Para determinar os deslocamentos $x_1$ e $x_2$ como funções de $t$, escrevemos o sistema sob a forma

$$\mathbf{X}'' = A\mathbf{X} \tag{2}$$

A matriz de coeficientes

$$A = \begin{bmatrix} -2 & 1 \\ 1 & -2 \end{bmatrix}$$

tem autovalores $\lambda_1 = -1$ e $\lambda_2 = -3$. Correspondendo a $\lambda_1$, temos o autovetor $\mathbf{v}_1 = (1, 1)^T$ e $\sigma_1 = \pm i$. Logo, $e^{it}\mathbf{v}_1$ e $e^{-it}\mathbf{v}_1$ são soluções de (2). Segue-se que

$$\frac{1}{2}(e^{it} + e^{-it})\mathbf{v}_1 = (\operatorname{Re} e^{it})\mathbf{v}_1 = (\cos t)\mathbf{v}_1$$

e

$$\frac{1}{2i}(e^{it} - e^{-it})\mathbf{v}_1 = (\operatorname{Im} e^{it})\mathbf{v}_1 = (\operatorname{sen} t)\mathbf{v}_1$$

são também soluções de (2). Similarmente, para $\lambda_2 = -3$ temos o autovetor $\mathbf{v}_2 = (1, -1)^T$ e $\sigma_2 = \pm\sqrt{3}i$. Segue-se que

$$(\operatorname{Re} e^{\sqrt{3}it})\mathbf{v}_2 = (\cos \sqrt{3}t)\mathbf{v}_2$$

e

$$(\operatorname{Im} e^{\sqrt{3}it})\mathbf{v}_2 = (\operatorname{sen} \sqrt{3}t)\mathbf{v}_2$$

são soluções de (2). Logo, a solução geral será da forma

$$\mathbf{X}(t) = c_1(\cos t)\mathbf{v}_1 + c_2(\operatorname{sen} t)\mathbf{v}_1 + c_3(\cos\sqrt{3}t)\mathbf{v}_2 + c_4(\operatorname{sen}\sqrt{3}t)\mathbf{v}_2$$

$$= \begin{bmatrix} c_1 \cos t + c_2 \operatorname{sen} t + c_3 \cos\sqrt{3}t + c_4 \operatorname{sen}\sqrt{3}t \\ c_1 \cos t + c_2 \operatorname{sen} t - c_3 \cos\sqrt{3}t - c_4 \operatorname{sen}\sqrt{3}t \end{bmatrix}$$

No instante $t = 0$, temos

$$x_1(0) = x_2(0) = 0 \quad \text{e} \quad x_1'(0) = x_2'(0) = 2$$

Segue-se que

$$\begin{aligned} c_1 + c_3 &= 0 \\ c_1 - c_3 &= 0 \end{aligned} \quad \text{e} \quad \begin{aligned} c_2 + \sqrt{3}c_4 &= 2 \\ c_2 - \sqrt{3}c_4 &= 2 \end{aligned}$$

e, portanto,

$$c_1 = c_3 = c_4 = 0 \quad \text{e} \quad c_2 = 2$$

Logo, a solução do problema de valor inicial é simplesmente

$$\mathbf{X}(t) = \begin{bmatrix} 2 \operatorname{sen} t \\ 2 \operatorname{sen} t \end{bmatrix}$$

As massas vão oscilar com frequência 1 e amplitude 2.

**APLICAÇÃO 3** Vibrações de um Edifício

Como outro exemplo de um sistema físico, consideramos as vibrações de um edifício. Se o edifício tem $k$ andares, podemos representar a deflexão horizontal dos andares no instante $t$ por uma função vetorial $\mathbf{Y}(t) = (y_1(t), y_2(t), \ldots, y_n(t))^T$. O movimento de um edifício pode ser modelado por um sistema de equações diferenciais de segunda ordem da forma

$$M\mathbf{Y}''(t) = K\mathbf{Y}(t)$$

A *matriz de massa M* é uma matriz diagonal cujos elementos correspondem aos pesos concentrados em cada andar. Os elementos da *matriz de rigidez K* são determinados pelas constantes de mola das estruturas de suporte. As soluções da equação são da forma $\mathbf{Y}(t) = e^{i\sigma t}\mathbf{x}$, em que $\mathbf{x}$ é um autovetor de $A = M^{-1}K$ associado a um autovalor $\lambda$ e $\sigma$ é a raiz quadrada de $\lambda$.

# PROBLEMAS DA SEÇÃO 6.2

**1.** Encontre a solução geral de cada um dos seguintes sistemas:

**(a)** $\begin{aligned} y_1' &= y_1 + y_2 \\ y_2' &= -2y_1 + 4y_2 \end{aligned}$

**(b)** $\begin{aligned} y_1' &= 2y_1 + 4y_2 \\ y_2' &= -y_1 - 3y_2 \end{aligned}$

**(c)** $\begin{aligned} y_1' &= y_1 - 2y_2 \\ y_2' &= -2y_1 + 4y_2 \end{aligned}$

**(d)** $\begin{aligned} y_1' &= y_1 - y_2 \\ y_2' &= y_1 + y_2 \end{aligned}$

**(e)** $\begin{aligned} y_1' &= 3y_1 - 2y_2 \\ y_2' &= 2y_1 + 3y_2 \end{aligned}$

**(f)** $\begin{aligned} y_1' &= y_1 + y_3 \\ y_2' &= 2y_2 + 6y_3 \\ y_3' &= y_2 + 3y_3 \end{aligned}$

**2.** Resolva cada um dos seguintes problemas de valor inicial:

**(a)** $\begin{aligned} y_1' &= -y_1 + 2y_2 \\ y_2' &= 2y_1 - y_2 \end{aligned}$
$y_1(0) = 3,\ y_2(0) = 1$

(b) $y_1' = y_1 - 2y_2$
$y_2' = 2y_1 + y_2$
$y_1(0) = 1, y_2(0) = -2$

(c) $y_1' = 2y_1 - 6y_3$
$y_2' = y_1 - 3y_3$
$y_3' = y_2 - 2y_3$
$y_1(0) = y_2(0) = y_3(0) = 2$

(d) $y_1' = y_1 + 2y_3$
$y_2' = y_2 - y_3$
$y_3' = y_1 + y_2 + y_3$
$y_1(0) = y_2(0) = 1, y_3(0) = 4$

**3.** Dado

$$\mathbf{Y} = c_1 e^{\lambda_1 t}\mathbf{x}_1 + c_2 e^{\lambda_2 t}\mathbf{x}_2 + \cdots + c_n e^{\lambda_n t}\mathbf{x}_n$$

é a solução do problema de valor inicial:

$$\mathbf{Y}' = A\mathbf{Y}, \qquad \mathbf{Y}(0) = \mathbf{Y}_0$$

(a) Mostre que

$$\mathbf{Y}_0 = c_1\mathbf{x}_1 + c_2\mathbf{x}_2 + \cdots + c_n\mathbf{x}_n$$

(b) Sejam $X = (\mathbf{x}_1, \ldots, \mathbf{x}_n)$ e $\mathbf{c} = (c_1, \ldots, c_n)^T$. Supondo que os vetores $\mathbf{x}_1, \ldots, \mathbf{x}_n$ são linearmente independentes, mostre que $\mathbf{c} = X^{-1}\mathbf{Y}_0$.

**4.** Dois tanques contêm cada um 100 litros de uma mistura. Inicialmente, a mistura no tanque *A* contém 40 gramas de sal, enquanto a mistura no tanque *B* contém 20 gramas de sal. O líquido é bombeado para dentro e para fora dos tanques, como mostrado na figura a seguir. Determine a quantidade de sal em cada tanque no instante *t*.

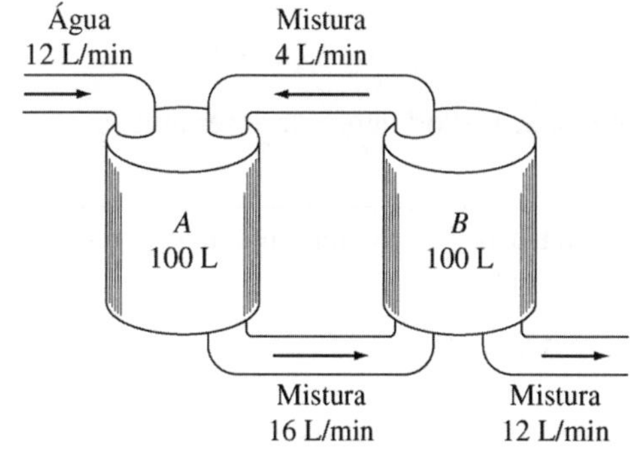


**5.** Encontre a solução geral de cada um dos seguintes sistemas:

(a) $y_1'' = -2y_2$
$y_2'' = y_1 + 3y_2$

(b) $y_1'' = 2y_1 + y_2'$
$y_2'' = 2y_2 + y_1'$

**6.** Resolva o problema de valor inicial

$$y_1'' = -2y_2 + y_1' + 2y_2'$$
$$y_2'' = 2y_1 + 2y_1' - y_2'$$

$$y_1(0) = 1,\ y_2(0) = 0,\ y_1'(0) = -3,\ y_2'(0) = 2$$

**7.** Na Aplicação 2, suponha que as soluções são da forma $x_1 = a_1$ sen $\sigma t$, $x_2 = a_2 \cos \sigma t$. Substitua estas expressões no sistema e resolva para a frequência $\sigma$ e as amplitudes $a_1$ e $a_2$.

**8.** Resolva o problema da Aplicação 2, usando as condições iniciais

$$x_1(0) = x_2(0) = 1, \quad x_1'(0) = 4, \quad \text{e} \quad x_2'(0) = 2$$

**9.** Duas massas são conectadas por molas, como mostrado no diagrama. Ambas as molas têm a mesma constante de mola, e o extremo da primeira mola é fixo. Se $x_1$ e $x_2$ representam os deslocamentos da posição de equilíbrio, deduza um sistema de equações diferenciais de segunda ordem que descreva o movimento do sistema.

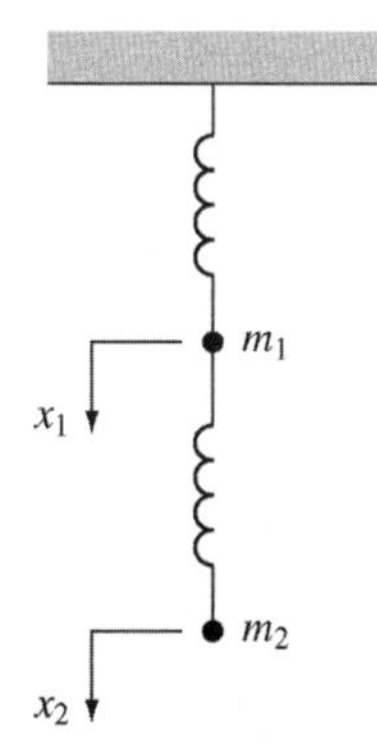


**10.** Três massas são conectadas por uma série de molas entre dois pontos fixos, como mostrado na figura adiante. Suponha que as molas têm todas a mesma constante de mola, e sejam $x_1(t)$, $x_2(t)$ e $x_3(t)$ os deslocamentos das respectivas massas no instante *t*.

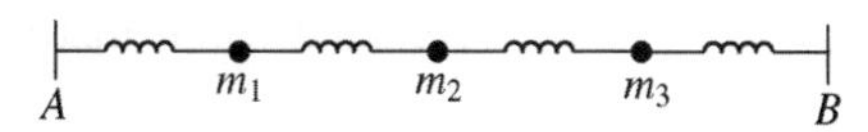


(a) Deduza um sistema de equações diferenciais de segunda ordem que descreva o movimento do sistema.

(b) Resolva o sistema se $m_1 = m_3 = \frac{1}{3}$, $m_2 = \frac{1}{4}$, $k = 1$ e

$$x_1(0) = x_2(0) = x_3(0) = 1$$
$$x_1'(0) = x_2'(0) = x_3'(0) = 0$$

**11.** Transforme a equação de ordem $n$

$$y^{(n)} = a_0 y + a_1 y' + \cdots + a_{n-1} y^{(n-1)}$$

em um sistema de equações de primeira ordem fazendo $y_1 = y$ e $y_j = y'_{j-1}$ para $j = 2, \ldots, n$. Determine o polinômio característico da matriz de coeficientes deste sistema.

## 6.3 Diagonalização

Nesta seção consideramos o problema de fatoração de uma matriz $n \times n$, $A$, em um produto da forma $XDX^{-1}$, no qual $D$ é diagonal. Vamos dar a condição necessária e suficiente para a existência de tal fatoração e ver vários exemplos. Começamos mostrando que os autovetores associados a diferentes autovalores são linearmente independentes.

**Teorema 6.3.1** *Se $\lambda_1, \lambda_2, \ldots, \lambda_n$ são autovalores distintos de uma matriz $n \times n$, $A$, com autovetores correspondentes $\mathbf{x}_1, \mathbf{x}_2, \ldots, \mathbf{x}_k$, então $\mathbf{x}_1, \ldots, \mathbf{x}_k$ são linearmente independentes.*

***Demonstração*** Seja $r$ a dimensão do subespaço de $\mathbb{R}^n$ coberto por $\mathbf{x}_1, \ldots, \mathbf{x}_k$, e suponha que $r < k$. Podemos supor (reordenando $\mathbf{x}_i$ e $\lambda_i$ se necessário) que $\mathbf{x}_1, \ldots, \mathbf{x}_r$ são linearmente independentes. Como $\mathbf{x}_1, \mathbf{x}_2, \ldots, \mathbf{x}_r, \mathbf{x}_{r+1}$ são linearmente dependentes, existem escalares $c_1, \ldots, c_r, c_{r+1}$, não todos nulos, tais que

$$c_1\mathbf{x}_1 + \cdots + c_r\mathbf{x}_r + c_{r+1}\mathbf{x}_{r+1} = \mathbf{0} \tag{1}$$

Note que $c_{r+1}$ deve ser não nulo; senão $\mathbf{x}_1, \ldots, \mathbf{x}_r$ seriam dependentes. Assim, $c_{r+1}\mathbf{x}_{r+1} \neq \mathbf{0}$ e, portanto, $c_1, \ldots, c_r$ não podem ser todos nulos. Multiplicando (1) por $A$, obtemos

$$c_1A\mathbf{x}_1 + \cdots + c_rA\mathbf{x}_r + c_{r+1}A\mathbf{x}_{r+1} = \mathbf{0}$$

ou

$$c_1\lambda_1\mathbf{x}_1 + \cdots + c_r\lambda_r\mathbf{x}_r + c_{r+1}\lambda_{r+1}\mathbf{x}_{r+1} = \mathbf{0} \tag{2}$$

Subtraindo $\lambda_{r+1}$ vezes (1) de (2), fornece

$$c_1(\lambda_1 - \lambda_{r+1})\mathbf{x}_1 + \cdots + c_r(\lambda_r - \lambda_{r+1})\mathbf{x}_r = \mathbf{0}$$

Isto contradiz a independência de $\mathbf{x}_1, \ldots, \mathbf{x}_r$. Portanto, $r$ deve ser igual a $k$. ∎

**Definição**

Uma matriz $n \times n$, $A$, é dita **diagonalizável** se existem uma matriz não singular $X$ e uma matriz diagonal $D$, tais que

$$X^{-1}AX = D$$

Dizemos que $X$ **diagonaliza** $A$.

**Teorema 6.3.2** *Uma matriz $n \times n$, $A$, é diagonalizável se e somente se $A$ tem $n$ autovetores linearmente independentes.*

***Demonstração*** Suponha que a matriz $A$ tem $n$ autovetores linearmente independentes $\mathbf{x}_1, \mathbf{x}_2, \ldots, \mathbf{x}_n$. Seja $\lambda_i$ o autovalor de $A$ correspondente a $\mathbf{x}_i$ para todo $i$. (Alguns dos $\lambda_i$

podem ser iguais.) Seja $X$ a matriz cujo $j$-ésimo vetor coluna é $\mathbf{x}_j$ para $j = 1, \ldots, n$. Segue-se que $A\mathbf{x}_j = \lambda_j\mathbf{x}_j$ é a $j$-ésima coluna de $AX$. Logo,

$$\begin{aligned} AX &= (A\mathbf{x}_1, A\mathbf{x}_2, \ldots, A\mathbf{x}_n) \\ &= (\lambda_1\mathbf{x}_1, \lambda_2\mathbf{x}_2, \ldots, \lambda_n\mathbf{x}_n) \\ &= (\mathbf{x}_1, \mathbf{x}_2, \ldots, \mathbf{x}_n) \begin{pmatrix} \lambda_1 & & & \\ & \lambda_2 & & \\ & & \ddots & \\ & & & \lambda_n \end{pmatrix} \\ &= XD \end{aligned}$$

Como $X$ tem $n$ vetores coluna linearmente independentes, segue-se que $X$ é não singular e, portanto,

$$D = X^{-1}XD = X^{-1}AX$$

Inversamente, suponha que $A$ é diagonalizável. Então, existe uma matriz não singular $X$ tal que $AX = XD$. Se $\mathbf{x}_1, \mathbf{x}_2, \ldots, \mathbf{x}_n$ são vetores coluna de $X$, então

$$A\mathbf{x}_j = \lambda_j\mathbf{x}_j \qquad (\lambda_j = d_{jj})$$

para todo $j$. Logo, para todo $j$, $\lambda_j$ é um autovalor de $A$, e $\mathbf{x}_j$ é um autovetor associado a $\lambda_j$. Como os vetores coluna de $X$ são linearmente independentes, segue-se que $A$ tem $n$ autovetores linearmente independentes. ■

## Observações

1. Se $A$ é diagonalizável, então os vetores coluna da matriz diagonalizante $X$ são autovetores de $A$ e os elementos diagonais de $D$ são os autovalores correspondentes de $A$.
2. A matriz diagonalizante $X$ não é única. Reordenando as colunas de uma matriz diagonalizante $X$ dada ou multiplicando-as por escalares não nulos, produzirá uma nova matriz diagonalizante.
3. Se $A$ é $n \times n$ e $A$ tem $n$ autovalores distintos, então $A$ é diagonalizável. Se os autovalores não forem distintos, $A$ pode ser ou não diagonalizável, dependendo se $A$ tem $n$ autovetores linearmente independentes.
4. Se $A$ é diagonalizável, então $A$ pode ser fatorada em um produto $XDX^{-1}$.

Segue-se, da Observação 4, que

$$A^2 = (XDX^{-1})(XDX^{-1}) = XD^2X^{-1}$$

e, em geral,

$$A^k = XD^kX^{-1} = X \begin{pmatrix} (\lambda_1)^k & & & \\ & (\lambda_2)^k & & \\ & & \ddots & \\ & & & (\lambda_n)^k \end{pmatrix} X^{-1}$$

Uma vez que tenhamos uma fatoração $A = XDX^{-1}$, é fácil calcular potências de $A$.

**EXEMPLO 1** Seja

$$A = \begin{bmatrix} 2 & -3 \\ 2 & -5 \end{bmatrix}$$

Os autovalores de $A$ são $\lambda_1 = 1$ e $\lambda_2 = -4$. Correspondendo a $\lambda_1$ e $\lambda_2$, temos os autovetores $\mathbf{x}_1 = (3, 1)^T$ e $\mathbf{x}_2 = (1, 2)^T$. Sejam

$$X = \begin{bmatrix} 3 & 1 \\ 1 & 2 \end{bmatrix} \quad \text{e} \quad D = \begin{bmatrix} 1 & 0 \\ 0 & -4 \end{bmatrix}$$

Segue-se que

$$\begin{aligned} X^{-1}AX &= \frac{1}{5}\begin{bmatrix} 2 & -1 \\ -1 & 3 \end{bmatrix}\begin{bmatrix} 2 & -3 \\ 2 & -5 \end{bmatrix}\begin{bmatrix} 3 & 1 \\ 1 & 2 \end{bmatrix} \\ &= \begin{bmatrix} 1 & 0 \\ 0 & -4 \end{bmatrix} = D \end{aligned}$$

e

$$XDX^{-1} = \begin{bmatrix} 3 & 1 \\ 1 & 2 \end{bmatrix}\begin{bmatrix} 1 & 0 \\ 0 & -4 \end{bmatrix}\begin{bmatrix} \frac{2}{5} & -\frac{1}{5} \\ -\frac{1}{5} & \frac{3}{5} \end{bmatrix} = \begin{bmatrix} 2 & -3 \\ 2 & -5 \end{bmatrix} = A$$

■

**EXEMPLO 2** Seja

$$A = \begin{bmatrix} 3 & -1 & -2 \\ 2 & 0 & -2 \\ 2 & -1 & -1 \end{bmatrix}$$

É fácil ver que os autovalores de $A$ são $\lambda_1 = 0$, $\lambda_2 = 1$ e $\lambda_3 = 1$. Correspondendo a $\lambda_1 = 0$, temos o autovetor $(1, 1, 1)^T$ e, correspondendo a $\lambda = 1$, temos os autovetores $(1, 2, 0)^T$ e $(1, 0, 1)^T$. Seja

$$X = \begin{bmatrix} 1 & 1 & 1 \\ 1 & 2 & 0 \\ 1 & 0 & 1 \end{bmatrix}$$

Segue-se que

$$\begin{aligned} XDX^{-1} &= \begin{bmatrix} 1 & 1 & 1 \\ 1 & 2 & 0 \\ 1 & 0 & 1 \end{bmatrix}\begin{bmatrix} 0 & 0 & 0 \\ 0 & 1 & 0 \\ 0 & 0 & 1 \end{bmatrix}\begin{bmatrix} -2 & 1 & 2 \\ 1 & 0 & -1 \\ 2 & -1 & -1 \end{bmatrix} \\ &= \begin{bmatrix} 3 & -1 & -2 \\ 2 & 0 & -2 \\ 2 & -1 & -1 \end{bmatrix} \\ &= A \end{aligned}$$

Embora $\lambda = 1$ seja um autovalor múltiplo, a matriz ainda pode ser diagonalizada, já que há três autovetores linearmente independentes. Observe ainda que

$$A^k = XD^kX^{-1} = XDX^{-1} = A$$

para todo $k \geq 1$. ■

Se uma matriz $n \times n$, $A$, tem menos de $n$ autovetores linearmente independentes, dizemos que $A$ é *defeituosa*. Segue-se, do Teorema 6.3.2, que uma matriz defeituosa não é diagonalizável.

EXEMPLO 3 Seja

$$A = \begin{bmatrix} 1 & 1 \\ 0 & 1 \end{bmatrix}$$

Os autovalores de $A$ são iguais a 1. Qualquer autovetor correspondente a $\lambda = 1$ deve ser um múltiplo de $\mathbf{x}_1 = (1, 0)^T$. Logo, $A$ é defeituosa e não pode ser diagonalizada. ■

EXEMPLO 4 Sejam

$$A = \begin{bmatrix} 2 & 0 & 0 \\ 0 & 4 & 0 \\ 1 & 0 & 2 \end{bmatrix} \quad \text{e} \quad B = \begin{bmatrix} 2 & 0 & 0 \\ -1 & 4 & 0 \\ -3 & 6 & 2 \end{bmatrix}$$

$A$ e $B$ têm os mesmos autovalores,

$$\lambda_1 = 4, \qquad \lambda_2 = \lambda_3 = 2$$

O autoespaço de $A$ correspondente a $\lambda_1 = 4$ é coberto por $\mathbf{e}_2$, e o autoespaço correspondente a $\lambda = 2$ é coberto por $\mathbf{e}_3$. Como $A$ tem somente dois autovetores linearmente independentes, ela é defeituosa. Por outro lado, a matriz $B$ tem o autovetor $\mathbf{x}_1 = (0, 1, 3)^T$ correspondente a $\lambda_1 = 4$ e os autovetores $\mathbf{x}_2 = (2, 1, 0)^T$ e $\mathbf{e}_3$ correspondentes a $\lambda = 2$. Então, $B$ tem três autovetores linearmente independentes e, consequentemente, não é defeituosa. Embora $\lambda = 2$ seja um autovalor de multiplicidade 2, a matriz $B$ não é defeituosa, já que o autoespaço correspondente tem dimensão 2.

Geometricamente, a matriz $B$ tem o efeito de alongar dois vetores linearmente independentes por um fator de 2. Podemos pensar no autovalor $\lambda = 2$ como tendo *multiplicidade geométrica* 2, já que a dimensão do autoespaço $N(B - 2I)$ é 2. Em contraste, a matriz $A$ alonga somente vetores no eixo $z$, por um fator de 2. Neste caso, o autovalor $\lambda = 2$ tem multiplicidade algébrica 2, mas dim $N(A - 2I) = 1$; assim, sua multiplicidade geométrica é somente 1 (veja a Figura 6.3.1). ■

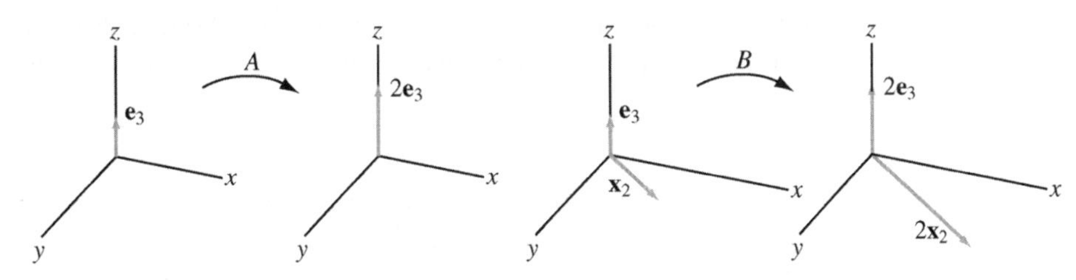


**Figura 6.3.1**

## APLICAÇÃO 1 Cadeias de Markov

Na Seção 6.1, estudamos um modelo matricial simples para predizer o número de mulheres casadas e solteiras em uma certa cidade a cada ano. Dado um vetor inicial $\mathbf{x}_0$ cujas coordenadas representam o número corrente de mulheres casadas e solteiras, pudemos predizer o número de mulheres casadas e solteiras em anos futuros calculando

$$\mathbf{x}_1 = A\mathbf{x}_0,\ \mathbf{x}_2 = A\mathbf{x}_1,\ \mathbf{x}_3 = A\mathbf{x}_2, \ldots$$

Se escalarmos o vetor inicial de modo que seus elementos indiquem as proporções da população de mulheres que são casadas e solteiras, então as coordenadas de $\mathbf{x}_n$ indicarão as proporções de mulheres casadas e solteiras após $n$ anos. A sequência de vetores que geramos desta forma é um exemplo de uma *cadeia de Markov*. Modelos de cadeia de Markov ocorrem em uma grande variedade de campos de aplicações.

**Definição**

Um **processo estocástico** é qualquer sequência de experimentos para os quais o resultado em qualquer estágio depende da sorte. Um **processo de Markov** é um processo estocástico com as seguintes propriedades:

**I.** O conjunto de resultados ou estados possíveis é finito.
**II.** A probabilidade do próximo resultado depende somente do resultado anterior.
**III.** As probabilidades são constantes ao longo do tempo.

A seguir, um exemplo de processo de Markov.

EXEMPLO 5 **Aluguel de Automóveis** Um negociante de automóveis aluga quatro tipos de veículos: sedans de quatro portas, carros esporte, minivans e veículos utilitários esportivos (SUV). O prazo de aluguel é de dois anos. Ao fim do prazo, os clientes devem renegociar o aluguel e escolher um novo veículo.

O aluguel de automóveis pode ser visto como um processo com quatro resultados possíveis. A probabilidade de cada resultado pode ser estimada examinando arquivos de aluguéis anteriores. Os arquivos mostram que 80 % dos clientes atualmente alugando sedans continuarão com a prática no próximo aluguel. Além disso, 10 % dos clientes atualmente alugando carros esporte mudarão para sedans. Ainda, 5 % dos clientes dirigindo minivans ou veículos utilitários esportivos também mudarão para sedans. Esses resultados são resumidos na primeira linha da Tabela 1. A segunda linha indica a porcentagem de clientes que alugarão carros esportivos na próxima vez, e as duas últimas linhas dão as porcentagens dos que alugarão minivans e veículos utilitários esportivos, respectivamente.

**Tabela 1** Probabilidades de Mudanças para Aluguel de Veículos

| Aluguel Atual | | | | |
|---|---|---|---|---|
| **Sedan** | **Carros Esportivos** | **Minivan** | **SUV** | **Próximo Aluguel** |
| 0,80 | 0,10 | 0,05 | 0,05 | **Sedan** |
| 0,10 | 0,80 | 0,05 | 0,05 | **Carros Esportivos** |
| 0,05 | 0,05 | 0,80 | 0,10 | **Minivan** |
| 0,05 | 0,05 | 0,10 | 0,80 | **SUV** |

Suponha que inicialmente há 200 sedans alugados e 100 de cada um dos outros tipos de veículos. Se fizermos

$$A = \begin{bmatrix} 0,80 & 0,10 & 0,05 & 0,05 \\ 0,10 & 0,80 & 0,05 & 0,05 \\ 0,05 & 0,05 & 0,80 & 0,10 \\ 0,05 & 0,05 & 0,10 & 0,80 \end{bmatrix} \qquad \mathbf{x}_0 = \begin{bmatrix} 200 \\ 100 \\ 100 \\ 100 \end{bmatrix}$$

então podemos determinar quantas pessoas alugarão cada tipo de veículo dois anos depois, fazendo

$$\mathbf{x}_1 = A\mathbf{x}_0 = \begin{bmatrix} 0,80 & 0,10 & 0,05 & 0,05 \\ 0,10 & 0,80 & 0,05 & 0,05 \\ 0,05 & 0,05 & 0,80 & 0,10 \\ 0,05 & 0,05 & 0,10 & 0,80 \end{bmatrix} \begin{bmatrix} 200 \\ 100 \\ 100 \\ 100 \end{bmatrix} = \begin{bmatrix} 180 \\ 110 \\ 105 \\ 105 \end{bmatrix}$$

Podemos predizer os números para futuros aluguéis, fazendo

$$\mathbf{x}_{n+1} = A\mathbf{x}_n \qquad \text{para } n = 1, 2, \ldots$$

Os vetores $\mathbf{x}_i$ produzidos desta forma são chamados de *vetores de estado*, e a sequência de vetores de estado é chamada de *cadeia de Markov*. A matriz $A$ é chamada de *matriz de transição*. Os elementos de cada coluna de $A$ são números não negativos cuja soma é 1. Cada coluna pode ser vista como um *vetor de probabilidades*. Por exemplo, a primeira coluna de $A$ corresponde aos indivíduos atualmente alugando sedans. Os elementos desta coluna são as probabilidades de escolher cada tipo de veículo quando o aluguel for renovado.

Em geral, uma matriz é dita *estocástica* se seus elementos são não negativos e a soma de cada coluna é 1. As colunas de uma matriz estocástica podem ser vistas como vetores de probabilidades.

Se dividirmos os elementos do vetor inicial por 500 (o número total de clientes), então os elementos do vetor de estado inicial

$$\mathbf{x}_0 = (0{,}40,\ 0{,}20,\ 0{,}20,\ 0{,}20)^T$$

representam as proporções da população que alugam cada tipo de veículo. Os elementos de $\mathbf{x}_1$ representam as proporções para o próximo aluguel. Então, $\mathbf{x}_0$ e $\mathbf{x}_1$ são vetores de probabilidades e é facilmente visto que os vetores de estado sucessivos na cadeia serão todos vetores de probabilidades.

O comportamento do processo em longo prazo é determinado pelos autovalores e autovetores da matriz de transição $A$. Os autovalores de $A$ são $\lambda_1 = 1$, $\lambda_2 = 0{,}8$ e $\lambda_3 = \lambda_4 = 0{,}7$. Mesmo $A$ tendo autovalores múltiplos, tem quatro autovetores linearmente independentes e, portanto, pode ser diagonalizada. Se os autovetores forem usados para formar uma matriz diagonalizante $Y$, então

$$A = YDY^{-1}$$

$$= \begin{bmatrix} 1 & -1 & 0 & 1 \\ 1 & -1 & 0 & -1 \\ 1 & 1 & 1 & 0 \\ 1 & 1 & -1 & 0 \end{bmatrix} \begin{bmatrix} 1 & 0 & 0 & 0 \\ 0 & \frac{8}{10} & 0 & 0 \\ 0 & 0 & \frac{7}{10} & 0 \\ 0 & 0 & 0 & \frac{7}{10} \end{bmatrix} \begin{bmatrix} \frac{1}{4} & \frac{1}{4} & \frac{1}{4} & \frac{1}{4} \\ -\frac{1}{4} & -\frac{1}{4} & \frac{1}{4} & \frac{1}{4} \\ 0 & 0 & \frac{1}{2} & -\frac{1}{2} \\ \frac{1}{2} & -\frac{1}{2} & 0 & 0 \end{bmatrix}$$

Os vetores de estado são calculados, fazendo

$$\begin{aligned}\mathbf{x}_n &= YD^nY^{-1}\mathbf{x}_0 \\ &= YD^n(0{,}25;\ -0{,}05;\ 0;\ 0{,}10)^T \\ &= Y(0{,}25;\ -0{,}05(0{,}8)^n;\ 0;\ 0{,}10(0{,}7)^n)^T \\ &= 0{,}25\begin{bmatrix}1\\1\\1\\1\end{bmatrix} - 0{,}05(0{,}8)^n\begin{bmatrix}-1\\-1\\1\\1\end{bmatrix} + 0{,}10(0{,}7)^n\begin{bmatrix}1\\-1\\0\\0\end{bmatrix}\end{aligned}$$

Quando $n$ aumenta, $\mathbf{x}_n$ se aproxima de um vetor de estado estacionário

$$\mathbf{x} = (0{,}25;\ 0{,}25;\ 0{,}25;\ 0{,}25)^T$$

Então, o modelo da cadeia de Markov prediz que, em longo prazo, os aluguéis de veículos serão divididos igualmente entre os quatro tipos de veículos. ■

Em geral, supomos que o vetor inicial $\mathbf{x}_0$ de uma cadeia de Markov é um vetor de probabilidades e isto implica que todos os vetores de estado são vetores de probabilidades. Espera-se, então, que, se a cadeia converge para um vetor de estado estacionário $\mathbf{x}$, o vetor de estado estacionário deve também ser um vetor de probabilidades. Este é, com efeito, o caso, como mostraremos no próximo teorema.

**Teorema 6.3.3** *Se uma cadeia de Markov com uma matriz de transição $n \times n$, $A$, converge para um vetor de estado estacionário* $\mathbf{x}$, *então*

**(i)** $\mathbf{x}$ *é um vetor de probabilidades.*
**(ii)** $\lambda_1 = 1$ *é um autovalor de $A$ e $\mathbf{x}$ é um autovetor associado a $\lambda_1$.*

***Demonstração de (i)*** Chamemos o $k$-ésimo vetor de estado da cadeia de $\mathbf{x}_k = (x_1^{(k)}, x_2^{(k)}, ..., x_n^{(k)})^T$. Os elementos de cada $\mathbf{x}_k$ são não negativos e têm soma 1. Para cada $j$, o $j$-ésimo elemento do vetor limite $\mathbf{x}$ satisfaz

$$x_j = \lim_{k\to\infty} x_j^{(k)} \geq 0$$

e

$$x_1 + x_2 + \cdots + x_n = \lim_{k\to\infty}(x_1^{(k)} + x_2^{(k)} + \cdots + x_n^{(k)}) = 1$$

Portanto, o vetor de estado estacionário $\mathbf{x}$ é um vetor de probabilidades. ■

***Demonstração de (ii)*** Deixamos para o leitor demonstrar que $\lambda_1 = 1$ é um autovalor de $A$. (Veja o Problema 27.) Segue-se que $\mathbf{x}$ é um autovetor associado a $\lambda_1$, já que

$$A\mathbf{x} = A(\lim_{k\to\infty}\mathbf{x}_k) = \lim_{k\to\infty}(A\mathbf{x}_k) = \lim_{k\to\infty}\mathbf{x}_{k+1} = \mathbf{x}$$ ■

Em geral, se $A$ é uma matriz estocástica $n \times n$, então $\lambda_1 = 1$ é um autovalor de $A$ e os outros autovalores satisfazem

$$|\lambda_j| \leq 1 \quad j = 2, 3, \ldots, n$$

A existência de um estado estacionário para uma cadeia de Markov é garantida sempre que $\lambda_1 = 1$ for um *autovalor dominante* da matriz de transição $A$. Um autovalor $\lambda_1$ de uma matriz $A$ é dito um autovalor dominante se os autovalores restantes satisfazem

$$|\lambda_j| < |\lambda_1| \quad \text{para } j = 2, 3, \ldots, n$$

**Teorema 6.3.4** *Se $\lambda_1 = 1$ é um autovalor dominante de uma matriz estocástica $A$, então a cadeia de Markov com transição $A$ convergirá para um vetor de estado estacionário.*

*Demonstração* No caso em que $A$ é diagonalizável, seja $\mathbf{y}_1$ um autovetor associado a $\lambda_1 = 1$ e seja $Y = (\mathbf{y}_1, \mathbf{y}_2, \ldots, \mathbf{y}_n)$ a matriz que diagonaliza $A$. Se $E$ é a matriz $n \times n$ cujo elemento $(1, 1)$ é 1 e cujos elementos restantes são nulos, então quando $k \to \infty$,

$$D^k = \begin{bmatrix} \lambda_1^k & & & \\ & \lambda_2^k & & \\ & & \ddots & \\ & & & \lambda_n^k \end{bmatrix} \to \begin{bmatrix} 1 & & & \\ & 0 & & \\ & & \ddots & \\ & & & 0 \end{bmatrix} = E$$

Se $\mathbf{x}_0$ é qualquer vetor de probabilidades inicial e $\mathbf{c} = Y^{-1}\mathbf{x}_0$, então

$$\mathbf{x}_k = A^k\mathbf{x}_0 = YD^kY^{-1}\mathbf{x}_0 = YD^k\mathbf{c} \to YE\mathbf{c} = Y(c_1\mathbf{e}_1) = c_1\mathbf{y}_1$$

Então o vetor $c_1\mathbf{y}_1$ é o vetor de estado estacionário da cadeia de Markov.

No caso em que a matriz de transição $A$ é defeituosa com autovalor dominante $\lambda_1 = 1$, pode-se demonstrar o resultado usando uma matriz especial $J$ que é chamada de *forma canônica de Jordan* de $A$. Este tópico é coberto em pormenor no capítulo complementar da rede (Capítulo 9) que acompanha este livro. Neste capítulo, é mostrado que qualquer matriz $n \times n$ $A$ pode ser fatorada em um produto $A = YJY^{-1}$, na qual $J$ é uma matriz bidiagonal superior com os autovalores de $A$ na sua diagonal principal e zeros e uns na diagonal diretamente acima da diagonal principal. Acontece que, se $A$ é estocástica com autovalor dominante $\lambda_1 = 1$, então $J^k$ convergirá para $E$ quando $k \to \infty$. Assim, a prova no caso em que $A$ é defeituosa é igual à anterior, mas com a matriz diagonal $D$ substituída pela matriz bidiagonal $J$. ∎

Nem todas as cadeias de Markov convergem para um vetor de estado estacionário. No entanto, pode ser mostrado que, se todos os elementos da matriz de transição $A$ são positivos, então há um único vetor de estado estacionário $\mathbf{x}$, e $A^n\mathbf{x}_0$ convergirá para $\mathbf{x}$ para qualquer vetor de probabilidades inicial $\mathbf{x}_0$. De fato, este resultado será válido se $A^k$ tem elementos estritamente positivos, embora $A$ possa ter alguns elementos nulos. Um processo de Markov com matriz de transição $A$ é dito *regular*, se todos os elementos de alguma potência de $A$ são positivos.

Na Seção 6.8, estudaremos as matrizes positivas, ou seja, matrizes cujos elementos são todos positivos. Um dos principais resultados nessa seção é um teorema devido a Perron. O teorema de Perron pode ser usado para mostrar que, se a matriz de transição $A$ de um processo de Markov é positiva, então $\lambda_1 = 1$ é um autovalor dominante de $A$.

## APLICAÇÃO 2 Buscas na Rede e Hierarquização de Páginas

Uma maneira comum de localizar informações na rede é fazer uma pesquisa por palavra-chave usando um dos muitos mecanismos de busca disponíveis. Em geral, o mecanismo de busca encontrará todas as páginas que contêm as palavras-chave de busca e categorizará as páginas em ordem de importância. Normalmente, há mais de 20 bilhões de páginas sendo pesquisadas, e não é raro encontrar até 20.000 páginas que correspondem a todas as palavras-chave. Frequentemente em tais casos, a página classificada em primeiro ou segundo lugar pelo mecanismo de pesquisa é exatamente aquela com as informações que você está buscando. Como os mecanismos de pesquisa categorizam as páginas? Nesta aplicação, iremos descrever a técnica utilizada pelo mecanismo de pesquisa Google™.

O algoritmo de classificação de páginas Google PageRank™ é efetivamente um gigantesco processo de Markov baseado na estrutura de laços da rede. O algoritmo foi inicialmente concebido por dois estudantes de pós-graduação na Universidade de Stanford. Os estudantes, Larry Page e Sergey Brin, usaram o algoritmo para desenvolver o mecanismo de busca mais bem-sucedido e amplamente usado na Internet.

O algoritmo PageRank vê a navegação na rede como um processo aleatório. A matriz de transição $A$ para o processo de Markov será $n \times n$, no qual $n$ é o número total de endereços pesquisados. O cálculo de classificação de páginas foi referido como "o maior cálculo matricial do mundo", já que os valores atuais de $n$ são superiores a 20 bilhões. (Veja a Referência 1.) O elemento $(i, j)$ de $A$ representa a probabilidade de que um navegador aleatório na rede passará do endereço $j$ ao endereço $i$. O modelo de hierarquização de páginas pressupõe que o navegador sempre seguirá uma conexão da página atual uma certa porcentagem do tempo ou então aleatoriamente se ligará a outra página.

Por exemplo, suponha que a página atual é numerada $j$ e possui conexões para cinco outras páginas. Suponha também que o usuário seguirá estas cinco conexões 85 % do tempo e vai aleatoriamente vincular a outra página 15 % do tempo. Se não houver nenhuma conexão da página $j$ para a página $i$, então

$$a_{ij} = 0{,}15\frac{1}{n}$$

Se a página $j$ contém uma conexão para a página $i$, então alguém poderia seguir essa conexão, ou poderia ir para a página fazendo uma navegação aleatória. Neste caso,

$$a_{ij} = 0{,}85\frac{1}{5} + 0{,}15\frac{1}{n}$$

No caso em que a página atual $j$ não tem nenhuma conexão para outras páginas, considera-se ser uma *página suspensa*. Neste caso, partimos do princípio de que o navegador na rede irá conectar-se a qualquer página na rede com probabilidade igual, e definimos

$$a_{ij} = \frac{1}{n} \quad \text{para } 1 \leq i \leq n \tag{3}$$

Mais geralmente, seja $k(j)$ o número de conexões da página $j$ para outras páginas na rede. Se $k(j) \neq 0$ e a pessoa navegando na rede segue apenas conexões na página atual e sempre segue uma das conexões, então a probabilidade de vinculação da página $j$ para $i$ é dada por

$$m_{ij} = \begin{cases} \frac{1}{k(j)} & \text{se há uma conexão da página } j \text{ para a página } i \\ 0 & \text{caso contrário} \end{cases}$$

Note que no caso em que a página $j$ é uma página suspensa da rede, supomos que o navegador se conectará com a página $i$ com probabilidade

$$m_{ij} = \frac{1}{n}$$

Se fizermos a suposição adicional de que o navegador seguirá uma conexão na página corrente com probabilidade $p$ e aleatoriamente se conectará a outra página com probabilidade $1 - p$, então a probabilidade de se conectar da página $j$ para a página $i$ é dada por

$$a_{ij} = pm_{ij} + (1 - p)\frac{1}{n} \tag{4}$$

Note que no caso em que a página $j$ é uma página suspensa da rede, a Equação (4) é simplificada para a Equação (3).

Devido à navegação aleatória, cada elemento na $j$-ésima coluna de $A$ é estritamente positivo. Uma vez que $A$ tem elementos estritamente positivos, a teoria de Perron (Seção 6.8) pode ser usada para mostrar que o processo de Markov convergirá para um único vetor de estado estacionário $\mathbf{x}$. O $k$-ésimo elemento de $\mathbf{x}$ corresponde à probabilidade de, no longo prazo, um navegador aleatório acabar no endereço da rede $k$. Os elementos do vetor de estado estacionário fornecem as hierarquias de página. O valor de $x_k$ determina a hierarquia geral do endereço da rede $k$. Por exemplo, se $x_k$ é o terceiro maior elemento do vetor $\mathbf{x}$, então o endereço da rede $k$ terá a terceira maior classificação geral de página. Quando é efetuada uma pesquisa na rede, o mecanismo de busca primeiramente localiza todos os endereços que correspondam a todas as palavras-chave. Ela então os lista por ordem decrescente de suas hierarquias de página.

Seja $M = (m_{ij})$ e seja $\mathbf{e}$ um vetor em $\mathbb{R}^n$ cujos elementos são todos iguais a 1. A matriz de $M$ é esparsa; isto é, a maioria de seus elementos é igual a 0. Se fizermos $E = \mathbf{e}\mathbf{e}^T$, então $E$ é uma matriz $n \times n$ de posto 1 e podemos escrever a Equação (4) na forma matricial

$$A = pM + \frac{1-p}{n}\mathbf{e}\mathbf{e}^T = pM + \frac{1-p}{n}E \tag{5}$$

Assim, $A$ é uma soma de duas matrizes com estrutura especial. Para calcular o vetor de estado estacionário, devemos executar uma sequência de multiplicações

$$\mathbf{x}_{j+1} = A\mathbf{x}_j, \quad j = 0, 1, 2, \ldots$$

Esses cálculos podem ser simplificados drasticamente se aproveitarmos a estrutura especial de $M$ e $E$. (Veja o Problema 29.)

## Referências


1. Moler, Cleve, "The World's Largest Matrix Computation", *MATLAB News & Notes*, The Mathworks, Natick, MA, October 2002.
2. Page, Lawrence, Sergey Brin, Rajeev Motwani, and Terry Winograd, "The PageRank Citation Ranking: Bringing Order to the Web", November 1999. (dbpubs.stanford.edu/pub/1999-66)

**APLICAÇÃO 3** Genes Relacionados com o Sexo

Genes relacionados com o sexo são genes localizados no cromossomo $X$. Por exemplo, o gene para daltonismo azul-verde é um gene recessivo relacionado ao sexo. Para conceber um modelo matemático para descrever o daltonismo em uma determinada população, é necessário dividir a população em duas classes: homens e mulheres. Seja $x_1^{(0)}$ a proporção de genes para daltonismo na população masculina, e seja $x_2^{(0)}$ a proporção na população feminina. [Como daltonismo é recessivo, a proporção real de mulheres daltônicas será inferior a $x_2^{(0)}$.] Como o homem recebe um cromossomo $X$ da mãe e nenhum do pai, a proporção $x_1^{(1)}$ de homens daltônicos na próxima geração será a mesma que a proporção de genes recessivos na presente geração feminina. Como a mulher recebe um cromossomo $X$ de cada genitor, a proporção $x_2^{(1)}$ de genes recessivos na próxima geração feminina será a média entre $x_1^{(0)}$ e $x_2^{(0)}$. Logo,

$$\begin{aligned} x_2^{(0)} &= x_1^{(1)} \\ \tfrac{1}{2}x_1^{(0)} + \tfrac{1}{2}x_2^{(0)} &= x_2^{(1)} \end{aligned}$$

Se $x_1^{(0)} = x_2^{(0)}$, a proporção não irá se alterar nas gerações futuras. Suponhamos que $x_1^{(0)} \neq x_2^{(0)}$ e vamos escrever o sistema como uma equação matricial:

$$\begin{pmatrix} 0 & 1 \\ \frac{1}{2} & \frac{1}{2} \end{pmatrix} \begin{pmatrix} x_1^{(0)} \\ x_2^{(0)} \end{pmatrix} = \begin{pmatrix} x_1^{(1)} \\ x_2^{(1)} \end{pmatrix}$$

Seja $A$ a matriz de coeficientes, e seja $\mathbf{x}^{(n)} = (x_1^{(n)}, x_2^{(n)})^T$ a proporção de genes de daltonismo nas populações masculina e feminina da $(n + 1)$-ésima geração. Então

$$\mathbf{x}^{(n)} = A^n \mathbf{x}^{(0)}$$

Para calcular $A^n$, constatamos que $A$ tem autovalores 1 e $-\frac{1}{2}$ e, consequentemente, pode ser fatorada em um produto:

$$A = \begin{pmatrix} 1 & -2 \\ 1 & 1 \end{pmatrix} \begin{pmatrix} 1 & 0 \\ 0 & -\frac{1}{2} \end{pmatrix} \begin{pmatrix} \frac{1}{3} & \frac{2}{3} \\ -\frac{1}{3} & \frac{1}{3} \end{pmatrix}$$

Logo,

$$\begin{aligned} \mathbf{x}^{(n)} &= \begin{pmatrix} 1 & -2 \\ 1 & 1 \end{pmatrix} \begin{pmatrix} 1 & 0 \\ 0 & -\frac{1}{2} \end{pmatrix}^n \begin{pmatrix} \frac{1}{3} & \frac{2}{3} \\ -\frac{1}{3} & \frac{1}{3} \end{pmatrix} \begin{pmatrix} x_1^{(0)} \\ x_2^{(0)} \end{pmatrix} \\ &= \frac{1}{3} \begin{pmatrix} 1 - (-\frac{1}{2})^{n-1} & 2 + (-\frac{1}{2})^{n-1} \\ 1 - (-\frac{1}{2})^n & 2 + (-\frac{1}{2})^n \end{pmatrix} \begin{pmatrix} x_1^{(0)} \\ x_2^{(0)} \end{pmatrix} \end{aligned}$$

e, portanto,

$$\lim_{n\to\infty} \mathbf{x}^{(n)} = \frac{1}{3} \begin{pmatrix} 1 & 2 \\ 1 & 2 \end{pmatrix} \begin{pmatrix} x_1^{(0)} \\ x_2^{(0)} \end{pmatrix} = \begin{pmatrix} \dfrac{x_1^{(0)} + 2x_2^{(0)}}{3} \\ \dfrac{x_1^{(0)} + 2x_2^{(0)}}{3} \end{pmatrix}$$

As proporções dos genes para daltonismo nas populações masculina e feminina tenderão para o mesmo valor, à medida que o número de gerações aumenta. Se a proporção de homens daltônicos é $p$ e, durante várias gerações, nenhum estranho entrou na população, é justo pressupor que a proporção de genes para daltonismo na população feminina seja também $p$. Uma vez que o daltonismo é recessivo, seria de esperar que a proporção de mulheres daltônicas fosse cerca de $p^2$. Assim, se 1 % da população masculina for daltônica, seria de esperar que cerca de 0, 01 % da população feminina o seja.

## A Exponencial de uma Matriz

Dado um escalar $a$, a exponencial $e^a$ pode ser expressa em termos de uma série de potências convergente

$$e^a = 1 + a + \frac{1}{2!}a^2 + \frac{1}{3!}a^3 + \cdots$$

De igual modo, para qualquer matriz $n \times n$ $A$, podemos definir a *exponencial matricial* $e^A$ em termos da série de potências convergente

$$e^A = I + A + \frac{1}{2!}A^2 + \frac{1}{3!}A^3 + \cdots \tag{6}$$

A exponencial matricial (6) ocorre em uma ampla variedade de aplicativos. No caso de uma matriz diagonal

$$D = \begin{bmatrix} \lambda_1 & & & \\ & \lambda_2 & & \\ & & \ddots & \\ & & & \lambda_n \end{bmatrix}$$

a exponencial matricial é fácil de calcular:

$$\begin{aligned} e^D &= \lim_{m\to\infty}\left(I + D + \frac{1}{2!}D^2 + \cdots + \frac{1}{m!}D^m\right) \\ &= \lim_{m\to\infty}\begin{bmatrix} \sum_{k=1}^{m}\frac{1}{k!}\lambda_1^k & & \\ & \ddots & \\ & & \sum_{k=1}^{m}\frac{1}{k!}\lambda_n^k \end{bmatrix} = \begin{bmatrix} e^{\lambda_1} & & & \\ & e^{\lambda_2} & & \\ & & \ddots & \\ & & & e^{\lambda_n} \end{bmatrix} \end{aligned}$$

É mais difícil calcular a matriz exponencial para uma matriz genérica $n \times n$, $A$. Se, no entanto, $A$ for diagonalizável, então

$$\begin{aligned} A^k &= XD^kX^{-1} \qquad \text{para} \quad k = 1, 2, \ldots \\ e^A &= X\left(I + D + \frac{1}{2!}D^2 + \frac{1}{3!}D^3 + \cdots\right)X^{-1} \\ &= Xe^DX^{-1} \end{aligned}$$

**EXEMPLO 6** Calcule $e^A$ para

$$A = \begin{bmatrix} -2 & -6 \\ 1 & 3 \end{bmatrix}$$

### Solução

Os autovalores de $A$ são $\lambda_1 = 1$ e $\lambda_2 = 0$, com autovetores $\mathbf{x}_1 = (-2, 1)^T$ e $\mathbf{x}_2 = (-3, 1)^T$. Logo,

$$A = XDX^{-1} = \begin{bmatrix} -2 & -3 \\ 1 & 1 \end{bmatrix} \begin{bmatrix} 1 & 0 \\ 0 & 0 \end{bmatrix} \begin{bmatrix} 1 & 3 \\ -1 & -2 \end{bmatrix}$$

e

$$e^A = Xe^DX^{-1} = \begin{bmatrix} -2 & -3 \\ 1 & 1 \end{bmatrix} \begin{bmatrix} e^1 & 0 \\ 0 & e^0 \end{bmatrix} \begin{bmatrix} 1 & 3 \\ -1 & -2 \end{bmatrix}$$

$$= \begin{bmatrix} 3-2e & 6-6e \\ e-1 & 3e-2 \end{bmatrix}$$

■

A exponencial matricial pode ser aplicada ao problema de valor inicial

$$\mathbf{Y}' = A\mathbf{Y}, \qquad \mathbf{Y}(0) = \mathbf{Y}_0 \tag{7}$$

estudado na Seção 6.2. No caso de uma equação a uma incógnita,

$$y' = ay, \quad y(0) = y_0$$

a solução é

$$y = e^{at}y_0 \tag{8}$$

Podemos generalizar isto e exprimir a solução de (7) em função da exponencial matricial $e^{tA}$. Em geral, uma série de potências pode ser diferenciada termo a termo dentro de seu raio de convergência. Como a expansão de $e^{tA}$ tem raio de convergência infinito, temos

$$\begin{aligned} \frac{d}{dt}e^{tA} &= \frac{d}{dt}\left(I + tA + \frac{1}{2!}t^2A^2 + \frac{1}{3!}t^3A^3 + \cdots\right) \\ &= \left(A + tA^2 + \frac{1}{2!}t^2A^3 + \cdots\right) \\ &= A\left(I + tA + \frac{1}{2!}t^2A^2 + \cdots\right) \\ &= Ae^{tA} \end{aligned}$$

Se, como em (8), fizermos

$$\mathbf{Y}(t) = e^{tA}\mathbf{Y}_0$$

então

$$\mathbf{Y}' = Ae^{tA}\mathbf{Y}_0 = A\mathbf{Y}$$

e

$$\mathbf{Y}(0) = \mathbf{Y}_0$$

Logo, a solução de

$$\mathbf{Y}' = A\mathbf{Y}, \qquad \mathbf{Y}(0) = \mathbf{Y}_0$$

é simplesmente

$$\mathbf{Y} = e^{tA}\mathbf{Y}_0 \tag{9}$$

Embora a forma desta solução pareça diferente das soluções na Seção 6.2, não há realmente diferença. Na Seção 6.2, a solução foi expressa sob a forma

$$c_1 e^{\lambda_1 t}\mathbf{x}_1 + c_2 e^{\lambda_2 t}\mathbf{x}_2 + \cdots + c_n e^{\lambda_n t}\mathbf{x}_n$$

em que $\mathbf{x}_i$ era um autovetor associado a $\lambda_i$ para $i = 1, \ldots, n$. Os $c_i$ que satisfaziam as condições iniciais foram determinados resolvendo o sistema

$$X\mathbf{c} = \mathbf{Y}_0$$

com matriz de coeficientes $X = (\mathbf{x}_1, \ldots, \mathbf{x}_n)$.

Se $A$ é diagonalizável, podemos escrever (9) sob a forma

$$\mathbf{Y} = Xe^{tD}X^{-1}\mathbf{Y}_0$$

Logo,

$$\begin{aligned}\mathbf{Y} &= Xe^{tD}\mathbf{c}\\ &= (\mathbf{x}_1, \mathbf{x}_2, \ldots, \mathbf{x}_n)\begin{bmatrix} c_1 e^{\lambda_1 t} \\ c_2 e^{\lambda_2 t} \\ \vdots \\ c_n e^{\lambda_n t}\end{bmatrix}\\ &= c_1 e^{\lambda_1 t}\mathbf{x}_1 + \cdots + c_n e^{\lambda_n t}\mathbf{x}_n\end{aligned}$$

Em resumo, a solução ao problema de valor inicial (7) é dada por

$$\mathbf{Y} = e^{tA}\mathbf{Y}_0$$

Se $A$ é diagonalizável, a solução pode ser escrita sob a forma

$$\begin{aligned}\mathbf{Y} &= Xe^{tD}X^{-1}\mathbf{Y}_0\\ &= c_1 e^{\lambda_1 t}\mathbf{x}_1 + c_2 e^{\lambda_2 t}\mathbf{x}_2 + \cdots + c_n e^{\lambda_n t}\mathbf{x}_n \quad (\mathbf{c} = X^{-1}\mathbf{Y}_0)\end{aligned}$$

**EXEMPLO 7** Use a exponencial matricial para resolver o problema de valor inicial

$$\mathbf{Y}' = A\mathbf{Y}, \qquad \mathbf{Y}(0) = \mathbf{Y}_0$$

em que

$$A = \begin{bmatrix} 3 & 4 \\ 3 & 2 \end{bmatrix}, \qquad \mathbf{Y}_0 = \begin{bmatrix} 6 \\ 1 \end{bmatrix}$$

(Este problema foi resolvido no Exemplo 1 da Seção 6.2.)

### Solução

Os autovalores de $A$ são $\lambda_1 = 6$ e $\lambda_2 = -1$, com autovetores $\mathbf{x}_1 = (4, 3)^T$ e $\mathbf{x}_2 = (1, -1)^T$. Logo,

$$A = XDX^{-1} = \begin{bmatrix} 4 & 1 \\ 3 & -1 \end{bmatrix} \begin{bmatrix} 6 & 0 \\ 0 & -1 \end{bmatrix} \begin{bmatrix} \frac{1}{7} & \frac{1}{7} \\ \frac{3}{7} & -\frac{4}{7} \end{bmatrix}$$

e a solução é dada por

$$\begin{aligned} \mathbf{Y} &= e^{tA}\mathbf{Y}_0 \\ &= Xe^{tD}X^{-1}\mathbf{Y}_0 \\ &= \begin{bmatrix} 4 & 1 \\ 3 & -1 \end{bmatrix} \begin{bmatrix} e^{6t} & 0 \\ 0 & e^{-t} \end{bmatrix} \begin{bmatrix} \frac{1}{7} & \frac{1}{7} \\ \frac{3}{7} & -\frac{4}{7} \end{bmatrix} \begin{bmatrix} 6 \\ 1 \end{bmatrix} \\ &= \begin{bmatrix} 4e^{6t} + 2e^{-t} \\ 3e^{6t} - 2e^{-t} \end{bmatrix} \end{aligned}$$

Compare esta solução com a obtida no Exemplo 1 da Seção 6.2. ■

**EXEMPLO 8** Use a exponencial matricial para resolver o problema de valor inicial

$$\mathbf{Y}' = A\mathbf{Y}, \qquad \mathbf{Y}(0) = \mathbf{Y}_0$$

em que

$$A = \begin{bmatrix} 0 & 1 & 0 \\ 0 & 0 & 1 \\ 0 & 0 & 0 \end{bmatrix}, \qquad \mathbf{Y}_0 = \begin{bmatrix} 2 \\ 1 \\ 4 \end{bmatrix}$$

### Solução

Como a matriz $A$ é defeituosa, usaremos a definição de exponencial matricial para calcular $e^{tA}$. Observe que $A^3 = O$; assim,

$$\begin{aligned} e^{tA} &= I + tA + \frac{1}{2!}t^2A^2 \\ &= \begin{bmatrix} 1 & t & t^2/2 \\ 0 & 1 & t \\ 0 & 0 & 1 \end{bmatrix} \end{aligned}$$

A solução do problema de valor inicial é dada por

$$\begin{aligned} \mathbf{Y} &= e^{tA}\mathbf{Y}_0 \\ &= \begin{bmatrix} 1 & t & t^2/2 \\ 0 & 1 & t \\ 0 & 0 & 1 \end{bmatrix} \begin{bmatrix} 2 \\ 1 \\ 4 \end{bmatrix} \\ &= \begin{bmatrix} 2 + t + 2t^2 \\ 1 + 4t \\ 4 \end{bmatrix} \end{aligned}$$

■

# PROBLEMAS DA SEÇÃO 6.3

**1.** Em cada um dos seguintes, fatore a matriz $A$ em um produto $XDX^{-1}$, na qual $D$ é diagonal:

**(a)** $A = \begin{bmatrix} 0 & 1 \\ 1 & 0 \end{bmatrix}$ **(b)** $A = \begin{bmatrix} 5 & 6 \\ -2 & -2 \end{bmatrix}$

**(c)** $A = \begin{bmatrix} 2 & -8 \\ 1 & -4 \end{bmatrix}$ **(d)** $A = \begin{bmatrix} 2 & 2 & 1 \\ 0 & 1 & 2 \\ 0 & 0 & -1 \end{bmatrix}$

**(e)** $A = \begin{bmatrix} 1 & 0 & 0 \\ -2 & 1 & 3 \\ 1 & 1 & -1 \end{bmatrix}$

**(f)** $A = \begin{bmatrix} 1 & 2 & -1 \\ 2 & 4 & -2 \\ 3 & 6 & -3 \end{bmatrix}$

**2.** Para cada uma das matrizes do Problema 1, use a fatoração $XDX^{-1}$ para calcular $A^6$.

**3.** Para cada uma das matrizes não singulares do Problema 1, use a fatoração $XDX^{-1}$ para calcular $A^{-1}$.

**4.** Para cada uma das seguintes matrizes, encontre uma matriz $B$ tal que $B^2 = A$:

**(a)** $A = \begin{bmatrix} 2 & 1 \\ -2 & -1 \end{bmatrix}$ **(b)** $A = \begin{bmatrix} 9 & -5 & 3 \\ 0 & 4 & 3 \\ 0 & 0 & 1 \end{bmatrix}$

**5.** Seja $A$ uma matriz $n \times n$ não defeituosa com matriz diagonalizante $X$. Mostre que a matriz $Y = (X^{-1})^T$ diagonaliza $A^T$.

**6.** Seja $A$ uma matriz diagonalizável cujos autovalores todos são 1 ou $-1$. Mostre que $A^{-1} = A$.

**7.** Mostre que qualquer matriz $3 \times 3$ da forma

$$\begin{bmatrix} a & 1 & 0 \\ 0 & a & 1 \\ 0 & 0 & b \end{bmatrix}$$

é defeituosa.

**8.** Para cada uma das seguintes matrizes, encontre todos os valores possíveis do escalar $\alpha$ que torna a matriz defeituosa ou mostre que tais valores não existem:

**(a)** $\begin{bmatrix} 1 & 1 & 0 \\ 1 & 1 & 0 \\ 0 & 0 & \alpha \end{bmatrix}$ **(b)** $\begin{bmatrix} 1 & 1 & 1 \\ 1 & 1 & 1 \\ 0 & 0 & \alpha \end{bmatrix}$

**(c)** $\begin{bmatrix} 1 & 2 & 0 \\ 2 & 1 & 0 \\ 2 & -1 & \alpha \end{bmatrix}$

**(d)** $\begin{bmatrix} 4 & 6 & -2 \\ -1 & -1 & 1 \\ 0 & 0 & \alpha \end{bmatrix}$

**(e)** $\begin{bmatrix} 3\alpha & 1 & 0 \\ 0 & \alpha & 0 \\ 0 & 0 & \alpha \end{bmatrix}$

**(f)** $\begin{bmatrix} 3\alpha & 0 & 0 \\ 0 & \alpha & 1 \\ 0 & 0 & \alpha \end{bmatrix}$

**(g)** $\begin{bmatrix} \alpha+2 & 1 & 0 \\ 0 & \alpha+2 & 0 \\ 0 & 0 & 2\alpha \end{bmatrix}$

**(h)** $\begin{bmatrix} \alpha+2 & 0 & 0 \\ 0 & \alpha+2 & 1 \\ 0 & 0 & 2\alpha \end{bmatrix}$

**9.** Seja $A$ uma matriz $4 \times 4$ e seja $\lambda$ um autovalor de multiplicidade 3. Se $A - \lambda I$ tem posto 1, $A$ é defeituosa? Explique.

**10.** Seja $A$ uma matriz $n \times n$ com autovalores reais positivos $\lambda_1 > \lambda_2 > \ldots > \lambda_n$. Seja $\mathbf{x}_i$ um autovetor associado a $\lambda_i$ para todo $i$ e seja $\mathbf{x} = \alpha_1\mathbf{x}_1 + \ldots + \alpha_n\mathbf{x}_n$.

**(a)** Mostre que $A^m\mathbf{x} = \sum_{i=1}^{n} \alpha_i \lambda_i^m \mathbf{x}_i$.

**(b)** Mostre, que se $\lambda_1 = 1$, então $\lim_{m\to\infty} A^m\mathbf{x} = \alpha_1\mathbf{x}_1$.

**11.** Seja $A$ uma matriz $n \times n$ com elementos reais e seja $\lambda_1 = a + bi$ (em que $a$ e $b$ são reais e $b \neq 0$) um autovalor de $A$. Seja $\mathbf{z}_1 = \mathbf{x} + i\mathbf{y}$ (em que $\mathbf{x}$ e $\mathbf{y}$ têm elementos reais) um autovetor associado a $\lambda_1$ e seja $\mathbf{z}_2 = \mathbf{x} - i\mathbf{y}$.

**(a)** Explique por que $\mathbf{z}_1$ e $\mathbf{z}_2$ devem ser linearmente independentes.

**(b)** Mostre que $\mathbf{y} \neq \mathbf{0}$ e que $\mathbf{x}$ e $\mathbf{y}$ são linearmente independentes.

**12.** Seja $A$ uma matriz $n \times n$ com um autovalor $\lambda$ de multiplicidade $n$. Mostre que $A$ é diagonalizável se e somente se $A = \lambda I$.

**13.** Mostre que uma matriz nilpotente não nula é defeituosa.

**14.** Seja $A$ uma matriz diagonalizável e seja $X$ a matriz diagonalizante. Mostre que os vetores coluna de $X$ que correspondem a autovalores não nulos de $A$ formam uma base para $R(A)$.

**15.** Segue-se, do Problema 14, que, para uma matriz diagonalizável, o número de autovalores não nulos (contados de acordo com a multiplicidade) é igual ao posto da matriz. Dê um exemplo de uma matriz defeituosa cujo posto não é igual ao número de autovalores não nulos.

**16.** Seja $A$ uma matriz $n \times n$ e seja $\lambda$ um autovalor de $A$ cujo autoespaço tem dimensão $k$, na qual

$1 < k < n$. Qualquer base $\{\mathbf{x}_1, \ldots, \mathbf{x}_k\}$ para o autoespaço pode ser estendida para uma base $\{\mathbf{x}_1, \ldots, \mathbf{x}_n\}$ para $\mathbb{R}^n$. Sejam $X = (\mathbf{x}_1, \ldots, \mathbf{x}_n)$ e $B = X^{-1}AX$.

**(a)** Mostre que $B$ é da forma

$$\begin{pmatrix} \lambda I & B_{12} \\ O & B_{22} \end{pmatrix}$$

em que $I$ é a matriz identidade $k \times k$.

**(b)** Use o Teorema 6.1.1 para mostrar que $\lambda$ é um autovalor de $A$ de multiplicidade pelo menos $k$.

**17.** Sejam $\mathbf{x}, \mathbf{y}$ vetores não nulos em $\mathbb{R}^n$, $n \geq 2$, e seja $A = \mathbf{x}\mathbf{y}^T$. Mostre que

**(a)** $\lambda = 0$ é um autovalor de $A$ com $n - 1$ autovetores linearmente independentes e consequentemente tem pelo menos a multiplicidade $n - 1$ (veja o Problema 16).

**(b)** o autovalor restante de $A$ é

$$\lambda_n = \operatorname{tr} A = \mathbf{x}^T \mathbf{y}$$

e $\mathbf{x}$ é um autovetor associado a $\lambda_n$.

**(c)** se $\lambda_n = \mathbf{x}^T\mathbf{y} \neq 0$, então $A$ é diagonalizável.

**18.** Seja $A$ uma matriz diagonalizável $n \times n$. Demonstre que, se $B$ é qualquer matriz similar a $A$, então $B$ é diagonalizável.

**19.** Mostre que, se $A$ e $B$ são duas matrizes $n \times n$ com a mesma matriz diagonalizante $X$, então $AB = BA$.

**20.** Seja $T$ uma matriz triangular superior com elementos diagonais distintos (isto é, $t_{ii} \neq t_{jj}$ sempre que $i \neq j$). Mostre que existe uma matriz triangular superior $R$ que diagonaliza $T$.

**21.** Todos os anos, os funcionários de uma empresa recebem a opção de fazer uma doação a uma instituição de caridade local como parte de um plano de dedução da folha de pagamento. Em geral, 80 % dos trabalhadores inscritos no plano em qualquer ano optarão por se inscrever novamente no ano seguinte e 30 % dos não inscritos irão escolher registrar-se no ano seguinte. Determine a matriz de transição para o processo de Markov e encontre o vetor de estado estacionário. Qual a porcentagem de funcionários que você espera encontrar inscritos no programa em longo prazo?

**22.** A cidade do Mawtookit mantém uma população constante de 300.000 pessoas de ano para ano. Um estudo da ciência política estimou que havia 150.000 Independentes, 90 mil Democratas e 60.000 Republicanos na cidade. Foi também estimado que a cada ano 20 % dos Independentes se tornam Democratas e 10 % se tornam Republicanos. Da mesma forma, 20 % dos Democratas se tornam Independentes e 10 % se tornam Republicanos, enquanto 10 % dos Republicanos se voltam para os Democratas e 10 % se tornam Independentes a cada ano. Seja

$$\mathbf{x} = \begin{pmatrix} 150.000 \\ 90.000 \\ 60.000 \end{pmatrix}$$

e seja $\mathbf{x}^{(1)}$ o vetor representando o número de pessoas em cada grupo depois de um ano.

**(a)** Encontre a matriz $A$ tal que $A\mathbf{x} = \mathbf{x}^{(1)}$.

**(b)** Mostre que $\lambda_1 = 1{,}0$, $\lambda_2 = 0{,}5$ e $\lambda_3 = 0{,}7$ são autovalores de $A$ e fatore $A$ em um produto $XDX^{-1}$, no qual $D$ é diagonal.

**(c)** Que grupo dominará em longo prazo? Justifique sua resposta calculando $\lim_{n\to\infty} A^m\mathbf{x}$.

**23.** Seja

$$A = \begin{pmatrix} \frac{1}{2} & \frac{1}{3} & \frac{1}{5} \\ \frac{1}{4} & \frac{1}{3} & \frac{2}{5} \\ \frac{1}{4} & \frac{1}{3} & \frac{2}{5} \end{pmatrix}$$

a matriz de transição para um processo de Markov.

**(a)** Calcule $\det(A)$ e traço$(A)$ e use esses valores para determinar os autovalores de $A$.

**(b)** Explique por que o processo de Markov deve convergir para um vetor de estado estacionário.

**(c)** Mostre que $\mathbf{y} = (16, 15, 15)^T$ é um autovetor de $A$. De que forma o vetor de estado estacionário está relacionado com $\mathbf{y}$?

**24.** Seja A uma matriz $3 \times 2$ cujos vetores coluna $\mathbf{a}_1$ e $\mathbf{a}_2$ são vetores de probabilidade. Mostre que, se $\mathbf{p}$ é um vetor de probabilidade em $\mathbb{R}^2$ e $\mathbf{y} = A\mathbf{p}$, então $\mathbf{y}$ é um vetor de probabilidade em $\mathbb{R}^3$.

**25.** Generalize o resultado do Exercício 24. Mostre que, se $A$ é uma matriz $m \times n$ cujos vetores coluna são todos vetores de probabilidade e $\mathbf{p}$ é um vetor de probabilidade em $\mathbb{R}^n$, então o vetor $\mathbf{y} = A\mathbf{p}$ é um vetor de probabilidade em $\mathbb{R}^m$.

**26.** Considere uma rede consistindo em apenas quatro endereços ligados entre si, como mostrado no diagrama a seguir. Se o algoritmo Google PageRank é usado para classificar estas páginas, determine a matriz de transição

$A$. Suponha que o navegador na rede siga uma conexão da página atual 85 % do tempo.

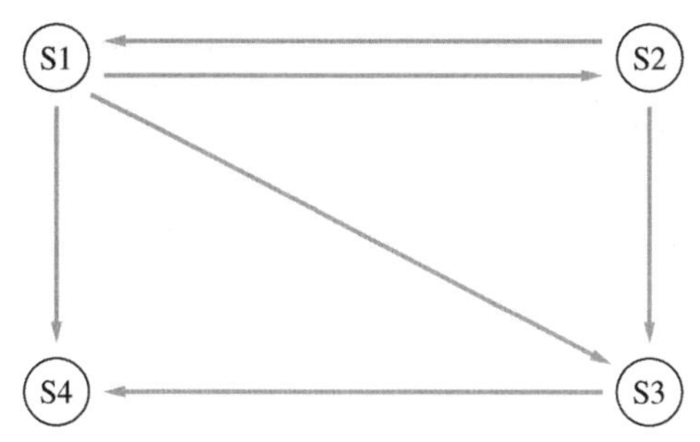


**27.** Seja $A$ uma matriz estocástica $n \times n$ e seja $\mathbf{e}$ o vetor em $\mathbb{R}^n$ cujos elementos são todos iguais a 1. Mostre que $\mathbf{e}$ é um autovetor de $A^T$. Explique por que uma matriz estocástica deve ter $\lambda = 1$ como autovalor.

**28.** A matriz de transição no Exemplo 5 tem a propriedade de que tanto suas linhas quanto suas colunas somam 1. Em geral, uma matriz $A$ é dita *duplamente estocástica* se tanto $A$ quanto $A^T$ são estocásticas. Seja $A$ uma matriz duplamente estocástica $n \times n$ cujos autovalores satisfazem

$$\lambda_1 = 1 \quad \text{e} \quad |\lambda_j| < 1 \quad \text{para } j = 2, 3, \ldots, n$$

Mostre que, se $\mathbf{e}$ é o vetor em $\mathbb{R}^n$ cujos elementos são todos iguais a 1, então a cadeia de Markov convergirá para o vetor de estado estacionário $\mathbf{x} = \frac{1}{n}\mathbf{e}$ para todo vetor inicial $\mathbf{x}_0$. Logo, para uma matriz de transição duplamente estocástica, o vetor de estado estacionário fornecerá probabilidades iguais a todos os eventos possíveis.

**29.** Seja $A$ a matriz de transição PageRank e seja $\mathbf{x}_k$ um vetor em uma cadeia de Markov com vetor de probabilidade inicial $\mathbf{x}_0$. Como $n$ é muito grande, a multiplicação direta $\mathbf{x}_{k+1} = A\mathbf{x}_k$ é computacionalmente intensiva. No entanto, a computação pode ser drasticamente simplificada se aproveitarmos os componentes estruturados de $A$ dados na Equação (5). Como $M$ é esparsa, a multiplicação $\mathbf{w}_k = M\mathbf{x}_k$ é computacionalmente muito mais simples. Mostre que se fizermos

$$\mathbf{b} = \frac{1-p}{n}\mathbf{e}$$

então

$$E\mathbf{x}_k = \mathbf{e} \quad \text{e} \quad \mathbf{x}_{k+1} = p\mathbf{w}_k + \mathbf{b}$$

em que $M$, $E$, $\mathbf{e}$ e $p$ são definidos na Equação (5).

**30.** Use a definição de exponencial matricial para calcular $e^A$ para cada uma das seguintes matrizes:

**(a)** $A = \begin{bmatrix} 1 & 1 \\ -1 & -1 \end{bmatrix}$ **(b)** $A = \begin{bmatrix} 1 & 1 \\ 0 & 1 \end{bmatrix}$

**(c)** $A = \begin{bmatrix} 1 & 0 & -1 \\ 0 & 1 & 0 \\ 0 & 0 & 1 \end{bmatrix}$

**31.** Calcule $e^A$ para cada uma das seguintes matrizes:

**(a)** $A = \begin{bmatrix} -2 & -1 \\ 6 & 3 \end{bmatrix}$ **(b)** $A = \begin{bmatrix} 3 & 4 \\ -2 & -3 \end{bmatrix}$

**(c)** $A = \begin{bmatrix} 1 & 1 & 1 \\ -1 & -1 & -1 \\ 1 & 1 & 1 \end{bmatrix}$

**32.** Em cada um dos seguintes casos, resolva o problema de valor inicial $\mathbf{Y}' = A\mathbf{Y}$, $\mathbf{Y}(0) = \mathbf{Y}_0$ calculando $e^{tA}\mathbf{Y}_0$:

**(a)** $A = \begin{bmatrix} 1 & -2 \\ 0 & -1 \end{bmatrix}$, $\mathbf{Y}_0 = \begin{bmatrix} 1 \\ 1 \end{bmatrix}$

**(b)** $A = \begin{bmatrix} 2 & 3 \\ -1 & -2 \end{bmatrix}$, $\mathbf{Y}_0 = \begin{bmatrix} -4 \\ 2 \end{bmatrix}$

**(c)** $A = \begin{bmatrix} 1 & 1 & 1 \\ 0 & 0 & 1 \\ 0 & 0 & -1 \end{bmatrix}$, $\mathbf{Y}_0 = \begin{bmatrix} 1 \\ 1 \\ 1 \end{bmatrix}$

**(d)** $A = \begin{bmatrix} 1 & 1 & 1 \\ 1 & 0 & 1 \\ -1 & -1 & -1 \end{bmatrix}$, $\mathbf{Y}_0 = \begin{bmatrix} 1 \\ 1 \\ -1 \end{bmatrix}$

**33.** Seja $\lambda$ um autovalor de uma matriz $n \times n$, $A$, e seja $\mathbf{x}$ um autovetor associado a $\lambda$. Mostre que $e^\lambda$ é um autovalor de $e^A$ e $\mathbf{x}$ é um autovetor de $e^A$ associado a $e^\lambda$.

**34.** Mostre que $e^A$ é não singular para qualquer matriz diagonalizável $A$.

**35.** Seja $A$ uma matriz diagonalizável com polinômio característico

$$p(\lambda) = a_1\lambda^n + a_2\lambda^{n-1} + \cdots + a_{n+1}$$

**(a)** Mostre que, se $D$ é uma matriz diagonal cujos elementos diagonais são os autovalores de $A$, então

$$p(D) = a_1D^n + a_2D^{n-1} + \cdots + a_{n+1}I = O$$

**(b)** Mostre que $p(A) = O$.

**(c)** Mostre que, se $a_{n+1} \neq 0$, então $A$ é não singular e $A^{-1} = q(A)$ para algum polinômio $q$ de grau menor que $n$.

# 6.4 Matrizes Hermitianas

Seja $\mathbb{C}^n$ o espaço vetorial de todas as $n$-uplas de números complexos. O conjunto $\mathbb{C}$ de todos os números complexos será considerado nosso campo de escalares. Já vimos que uma matriz $A$ com elementos reais pode ter autovalores e autovetores complexos. Nesta seção, estudaremos matrizes com elementos complexos e veremos os análogos complexos de matrizes simétricas e ortogonais.

## Produtos Internos Complexos

Se $\alpha = a + bi$ é um escalar complexo, o comprimento de $\alpha$ é dado por

$$|\alpha| = \sqrt{\bar{\alpha}\alpha} = \sqrt{a^2 + b^2}$$

O comprimento de um vetor $\mathbf{z} = (z_1, z_2, \ldots, z_n)^T$ em $\mathbb{C}^n$ é dado por

$$\begin{aligned} \|\mathbf{z}\| &= \left(|z_1|^2 + |z_2|^2 + \cdots + |z_n|^2\right)^{1/2} \\ &= (\bar{z}_1 z_1 + \bar{z}_2 z_2 + \cdots + \bar{z}_n z_n)^{1/2} \\ &= \left(\bar{\mathbf{z}}^T \mathbf{z}\right)^{1/2} \end{aligned}$$

Por conveniência de notação, podemos escrever $\mathbf{z}^H$ para a transposta de $\bar{\mathbf{z}}$. Assim,

$$\bar{\mathbf{z}}^T = \mathbf{z}^H \qquad \text{e} \qquad \|\mathbf{z}\| = (\mathbf{z}^H \mathbf{z})^{1/2}$$

**Definição**

Seja $V$ um espaço vetorial sobre os números complexos. Um **produto interno** em $V$ é uma operação que atribui, a cada par de vetores $\mathbf{z}$ e $\mathbf{w}$ em $V$, um número complexo $\langle \mathbf{z}, \mathbf{w} \rangle$ que satisfaça as seguintes condições:

**I.** $\langle \mathbf{z}, \mathbf{w} \rangle \geq 0$, com igualdade se e somente se $\mathbf{z} = \mathbf{0}$.
**II.** $\langle \mathbf{z}, \mathbf{w} \rangle = \overline{\langle \mathbf{w}, \mathbf{z} \rangle}$ para todo $\mathbf{z}$ e $\mathbf{w}$ em $V$.
**III.** $\langle \alpha\mathbf{z} + \beta\mathbf{w}, \mathbf{u} \rangle = \alpha\langle \mathbf{z}, \mathbf{u} \rangle + \beta\langle \mathbf{w}, \mathbf{u} \rangle$.

Observe que para um espaço com produto interno complexo, $\langle \mathbf{z}, \mathbf{w} \rangle = \overline{\langle \mathbf{w}, \mathbf{z} \rangle}$, em vez de $\langle \mathbf{w}, \mathbf{z} \rangle$. Se fizermos as modificações adequadas para levar em conta esta diferença, os teoremas nos espaços com produto interno reais no Capítulo 5, Seção 5.5, serão todos válidos para espaços com produto interno complexo. Em particular, lembremos o Teorema 5.5.2: Se $\{\mathbf{u}_1, \ldots, \mathbf{u}_n\}$ é uma base ortonormal de um espaço real com produto interno $V$ e

$$\mathbf{x} = \sum_{i=1}^{n} c_i \mathbf{u}_i$$

então

$$c_i = \langle \mathbf{u}_i, \mathbf{x} \rangle = \langle \mathbf{x}, \mathbf{u}_i \rangle \qquad \text{e} \qquad \|\mathbf{x}\|^2 = \sum_{i=1}^{n} c_i^2$$

No caso de um espaço com produto interno complexo, se $\{\mathbf{w}_1, \ldots, \mathbf{w}_n\}$ é uma base ortonormal e

$$\mathbf{z} = \sum_{i=1}^{n} c_i \mathbf{w}_i$$

então

$$c_i = \langle \mathbf{z}, \mathbf{w}_i \rangle, \bar{c}_i = \langle \mathbf{w}_i, \mathbf{z} \rangle \quad \text{e} \quad \|\mathbf{z}\|^2 = \sum_{i=1}^{n} c_i \bar{c}_i$$

Podemos definir um produto interno em $\mathbb{C}^n$ como

$$\langle \mathbf{z}, \mathbf{w} \rangle = \mathbf{w}^H \mathbf{z} \tag{1}$$

para todos $\mathbf{z}$ e $\mathbf{w}$ em $\mathbb{C}^n$. Deixamos para o leitor verificar que (1), na verdade, não define um produto interno em $\mathbb{C}^n$. O espaço com produto interno complexo $\mathbb{C}^n$ é semelhante ao espaço com produto interno real $\mathbb{R}^n$. A principal diferença é que, no caso complexo, é necessário achar o conjugado antes da transposição quando se faz um produto interno.

| $\mathbb{R}^n$ | $\mathbb{C}^n$ |
|---|---|
| $\langle \mathbf{x}, \mathbf{y} \rangle = \mathbf{y}^T \mathbf{x}$ | $\langle \mathbf{z}, \mathbf{w} \rangle = \mathbf{w}^H \mathbf{z}$ |
| $\mathbf{x}^T \mathbf{y} = \mathbf{y}^T \mathbf{x}$ | $\mathbf{z}^H \mathbf{w} = \overline{\mathbf{w}^H \mathbf{z}}$ |
| $\|\mathbf{x}\|^2 = \mathbf{x}^T \mathbf{x}$ | $\|\mathbf{z}\|^2 = \mathbf{z}^H \mathbf{z}$ |

**EXEMPLO 1** Se

$$\mathbf{z} = \begin{pmatrix} 5+i \\ 1-3i \end{pmatrix} \quad \text{e} \quad \mathbf{w} = \begin{pmatrix} 2+i \\ -2+3i \end{pmatrix}$$

então

$$\mathbf{w}^H \mathbf{z} = (2-i,\ -2-3i) \begin{pmatrix} 5+i \\ 1-3i \end{pmatrix} = (11-3i) + (-11+3i) = 0$$

$$\mathbf{z}^H \mathbf{z} = |5+i|^2 + |1-3i|^2 = 36$$

$$\mathbf{w}^H \mathbf{w} = |2+i|^2 + |-2+3i|^2 = 18$$

Segue-se que $\mathbf{z}$ e $\mathbf{w}$ são ortogonais e

$$\|\mathbf{z}\| = 6, \qquad \|\mathbf{w}\| = 3\sqrt{2}$$ ■

## Matrizes Hermitianas

Seja $M = (m_{ij})$ uma matriz $n \times n$ com $m_{ij} = a_{ij} + ib_{ij}$ para todo $i$ e $j$. Podemos escrever $M$ sob a forma

$$M = A + iB$$

em que $A = (a_{ij})$ e $B = (b_{ij})$ têm elementos reais. Definimos a conjugada de $M$ como

$$\overline{M} = A - iB$$

Logo, $\bar{M}$ é a matriz formada fazendo o conjugado de cada elemento de $M$. A transposta de $\bar{M}$ será escrita $M^H$. O espaço vetorial de todas as matrizes $m \times n$ com elementos complexos é escrito $\mathbb{C}^{m\times n}$. Se $A$ e $B$ são elementos de $\mathbb{C}^{m\times n}$ e $C \in \mathbb{C}^{n\times r}$, então as seguintes regras são facilmente verificadas (veja o Problema 9):

**I.** $(A^H)^H = A$
**II.** $(\alpha A + \beta B)^H = \overline{\alpha} A^H + \overline{\beta} B^H$
**III.** $(AC)^H = C^H A^H$

**Definição** Uma matriz $M$ é dita **hermitiana** se $M = M^H$.

EXEMPLO 2 A matriz

$$M = \begin{pmatrix} 3 & 2-i \\ 2+i & 4 \end{pmatrix}$$

é hermitiana, pois

$$M^H = \begin{pmatrix} \overline{3} & \overline{2-i} \\ \overline{2+i} & \overline{4} \end{pmatrix}^T = \begin{pmatrix} 3 & 2-i \\ 2+i & 4 \end{pmatrix} = M \qquad \blacksquare$$

Se $M$ é uma matriz com elementos reais, então $M^H = M^T$. Em particular, se $M$ é uma matriz real simétrica, $M$ é hermitiana. Logo, podemos encarar as matrizes hermitianas como o análogo complexo das matrizes reais simétricas. As matrizes hermitianas têm muitas propriedades interessantes, como veremos no próximo teorema.

**Teorema 6.4.1** *Os autovalores de uma matriz hermitiana são todos reais. Além disso, autovetores associados a diferentes autovalores são ortogonais.*

***Demonstração*** Seja $A$ uma matriz hermitiana. Seja $\lambda$ um autovalor de $A$ e seja $\mathbf{x}$ um autovetor associado a $\lambda$. Se $\alpha = \mathbf{x}^H A\mathbf{x}$, então

$$\overline{\alpha} = \alpha^H = (\mathbf{x}^H A\mathbf{x})^H = \mathbf{x}^H A\mathbf{x} = \alpha$$

Logo, se $\alpha$ é real, segue-se que

$$\alpha = \mathbf{x}^H A\mathbf{x} = \mathbf{x}^H \lambda\mathbf{x} = \lambda\|\mathbf{x}\|^2$$

e, portanto,

$$\lambda = \frac{\alpha}{\|\mathbf{x}\|^2}$$

é real. Se $\mathbf{x}_1$ e $\mathbf{x}_2$ são autovetores associados a autovalores distintos $\lambda_1$ e $\lambda_2$, respectivamente, então

$$(A\mathbf{x}_1)^H\mathbf{x}_2 = \mathbf{x}_1^H A^H\mathbf{x}_2 = \mathbf{x}_1^H A\mathbf{x}_2 = \lambda_2\mathbf{x}_1^H\mathbf{x}_2$$

e

$$(A\mathbf{x}_1)^H\mathbf{x}_2 = (\mathbf{x}_2^H A\mathbf{x}_1)^H = (\lambda_1\mathbf{x}_2^H\mathbf{x}_1)^H = \lambda_1\mathbf{x}_1^H\mathbf{x}_2$$

Em consequência,

$$\lambda_1\mathbf{x}_1^H\mathbf{x}_2 = \lambda_2\mathbf{x}_1^H\mathbf{x}_2$$

e, como $\lambda_1 \neq \lambda_2$, segue-se que

$$\langle\mathbf{x}_2, \mathbf{x}_1\rangle = \mathbf{x}_1^H\mathbf{x}_2 = 0$$

■

**Definição** Uma matriz $n \times n$, $U$, é dita **unitária** se seus vetores coluna formam um conjunto ortonormal em $\mathbb{C}^n$.

Logo, $U$ é unitária se e somente se $U^H U = I$. Se $U$ é unitária, então, como os vetores coluna são ortonormais, $U$ deve ter posto $n$. Segue-se que

$$U^{-1} = IU^{-1} = U^H UU^{-1} = U^H$$

Uma matriz unitária real é uma matriz ortogonal.

**Corolário 6.4.2** *Se os autovalores de uma matriz hermitiana A são distintos, então existe uma matriz unitária U que diagonaliza A.*

***Demonstração*** Seja $\mathbf{x}_i$ um autovetor associado a $\lambda_i$ para todo autovalor $\lambda_i$ de $A$. Seja $\mathbf{u}_i = (1/\|\mathbf{x}_i\|)\mathbf{x}_i$. Logo, $\mathbf{u}_i$ é um autovetor unitário associado a $\lambda_i$ para todo $i$. Segue-se, do Teorema 6.4.1, que $\{\mathbf{u}_1, \ldots, \mathbf{u}_n\}$ é um conjunto ortonormal em $\mathbb{C}^n$. Seja $U$ a matriz cuja $i$-ésima coluna é $\mathbf{u}_i$ para todo $i$; então $U$ é unitária e $U$ diagonaliza $A$.

■

EXEMPLO 3 Seja

$$A = \begin{Bmatrix} 2 & 1-i \\ 1+i & 1 \end{Bmatrix}$$

Encontre uma matriz unitária $U$ que diagonaliza $A$.

### Solução

Os autovalores de $A$ são $\lambda_1 = 3$ e $\lambda_2 = 0$, com autovetores correspondentes $\mathbf{x}_1 = (1 - i, 1)^T$ e $\mathbf{x}_2 = (-1, 1 + i)^T$. Sejam

$$\mathbf{u}_1 = \frac{1}{\|\mathbf{x}_1\|}\mathbf{x}_1 = \frac{1}{\sqrt{3}}(1-i, 1)^T$$

e

$$\mathbf{u}_2 = \frac{1}{\|\mathbf{x}_2\|}\mathbf{x}_2 = \frac{1}{\sqrt{3}}(-1, 1+i)^T$$

Logo,

$$U = \frac{1}{\sqrt{3}}\begin{Bmatrix} 1-i & -1 \\ 1 & 1+i \end{Bmatrix}$$

e

$$U^H AU = \frac{1}{3}\begin{pmatrix} 1+i & 1 \\ -1 & 1-i \end{pmatrix}\begin{pmatrix} 2 & 1-i \\ 1+i & 1 \end{pmatrix}\begin{pmatrix} 1-i & -1 \\ 1 & 1+i \end{pmatrix}$$
$$= \begin{pmatrix} 3 & 0 \\ 0 & 0 \end{pmatrix}$$

■

Realmente, o Corolário 6.4.2 é válido, mesmo que os autovalores de $A$ não sejam distintos. Para demonstrar isto, primeiramente demonstraremos o seguinte teorema:

**Teorema 6.4.3** Teorema de Schur

*Para cada matriz $n \times n$, $A$, existe uma matriz unitária $U$ tal que $U^H AU$ é triangular superior.*

***Demonstração*** A demonstração é por indução em $n$. O resultado é óbvio, se $n = 1$. Suponha-se que a hipótese é válida para matrizes $k \times k$ e seja $A$ uma matriz $(k + 1) \times (k + 1)$. Seja $\lambda_1$ um autovalor de $A$ e seja $\mathbf{w}_1$ um autovetor associado a $\lambda_1$. Usando o processo de Gram-Schmidt, construa $\mathbf{w}_2, \ldots, \mathbf{w}_{k+1}$ tal que $\{\mathbf{w}_1, \ldots, \mathbf{w}_{k+1}\}$ seja uma base ortonormal para $\mathbb{C}^{k+1}$. Seja $W$ a matriz cuja $i$-ésima coluna é $\mathbf{w}_i$ para $i = 1, \ldots, k + 1$. Então, por construção, $W$ é unitária. A primeira coluna de $W^H AW$ será $W^H A\mathbf{w}_1$.

$$W^H A\mathbf{w}_1 = \lambda_1 W^H \mathbf{w}_1 = \lambda_1 \mathbf{e}_1$$

Logo, $W^H AW$ é uma matriz da forma

$$\left(\begin{array}{c|ccc} \lambda_1 & \times & \cdots & \times \\ \hline 0 & & & \\ \vdots & & M & \\ 0 & & & \end{array}\right)$$

em que $M$ é uma matriz $k \times k$. Pela hipótese da indução, existe uma matriz unitária $k \times k$, $V_1$, tal que $V_1^H MV_1 = T_1$, na qual $T_1$ é triangular superior. Seja

$$V = \left(\begin{array}{c|ccc} 1 & 0 & \cdots & 0 \\ \hline 0 & & & \\ \vdots & & V_1 & \\ 0 & & & \end{array}\right)$$

$V$ é unitária, e

$$V^H W^H AWV = \left(\begin{array}{c|ccc} \lambda_1 & \times & \cdots & \times \\ \hline 0 & & & \\ \vdots & & V_1^H MV_1 & \\ 0 & & & \end{array}\right) = \left(\begin{array}{c|ccc} \lambda_1 & \times & \cdots & \times \\ \hline 0 & & & \\ \vdots & & T_1 & \\ 0 & & & \end{array}\right) = T$$

Seja $U = WV$. A matriz $U$ é unitária, pois

$$U^H U = (WV)^H WV = V^H W^H WV = I$$

e $U^H AU = T$. ■

A fatoração $A = UTU^H$ é muitas vezes chamada de *decomposição de Schur* de $A$. No caso em que $A$ é hermitiana, a matriz $T$ será diagonal.

**Teorema 6.4.4** Teorema Espectral

*Se A é hermitiana, então existe uma matriz unitária U que diagonaliza A.*

***Demonstração*** Pelo Teorema 6.4.3, existe uma matriz unitária $U$ tal que $U^HAU = T$, na qual $T$ é triangular superior. Além disso,

$$T^H = (U^HAU)^H = U^HA^HU = U^HAU = T$$

Portanto, $T$ é hermitiana e, consequentemente, deve ser diagonal. ■

EXEMPLO 4 Dada

$$A = \begin{pmatrix} 0 & 2 & -1 \\ 2 & 3 & -2 \\ -1 & -2 & 0 \end{pmatrix}$$

encontre uma matriz ortogonal $U$ que diagonaliza $A$.

### Solução

O polinômio característico

$$p(\lambda) = -\lambda^3 + 3\lambda^2 + 9\lambda + 5 = (1+\lambda)^2(5-\lambda)$$

tem raízes $\lambda_1 = \lambda_2 = -1$ e $\lambda_3 = 5$. Calculando os autovetores da forma usual, vemos que $\mathbf{x}_1 = (1, 0, 1)^T$ e $\mathbf{x}_2 = (-2, 1, 0)^T$ formam uma base para o autoespaço $N(A + I)$. Podemos aplicar o processo de Gram-Schmidt para obter uma base ortonormal para o autoespaço correspondente a $\lambda_1 = \lambda_2 = -1$.

$$\mathbf{u}_1 = \frac{1}{\|\mathbf{x}_1\|}\mathbf{x}_1 = \frac{1}{\sqrt{2}}(1, 0, 1)^T$$

$$\mathbf{p} = \left(\mathbf{x}_2^T\mathbf{u}_1\right)\mathbf{u}_1 = -\sqrt{2}\mathbf{u}_1 = (-1, 0, 1)^T$$

$$\mathbf{x}_2 - \mathbf{p} = (-1, 1, 1)^T$$

$$\mathbf{u}_2 = \frac{1}{\|\mathbf{x}_2 - \mathbf{p}\|}(\mathbf{x}_2 - \mathbf{p}) = \frac{1}{\sqrt{3}}(-1, 1, 1)^T$$

O autoespaço correspondente a $\lambda_3 = 5$ é coberto por $\mathbf{x}_3 = (-1, -2, 1)^T$. Como $\mathbf{x}_3$ deve ser ortogonal a $\mathbf{u}_1$ e $\mathbf{u}_2$ (Teorema 6.4.1), precisamos somente normalizar

$$\mathbf{u}_3 = \frac{1}{\|\mathbf{x}_3\|}\mathbf{x}_3 = \frac{1}{\sqrt{6}}(-1, -2, 1)^T$$

Logo, $\{\mathbf{u}_1, \mathbf{u}_2, \mathbf{u}_3\}$ é um conjunto ortonormal e

$$U = \begin{pmatrix} \frac{1}{\sqrt{2}} & -\frac{1}{\sqrt{3}} & -\frac{1}{\sqrt{6}} \\ 0 & \frac{1}{\sqrt{3}} & -\frac{2}{\sqrt{6}} \\ \frac{1}{\sqrt{2}} & \frac{1}{\sqrt{3}} & \frac{1}{\sqrt{6}} \end{pmatrix}$$

diagonaliza $A$. ■

Decorre, do Teorema 6.4.4, que cada matriz hermitiana $A$ pode ser fatorada em um produto $UDU^H$, no qual $U$ é unitária e $D$ é diagonal. Como $U$ diagonaliza $A$, segue-se que os elementos diagonais de $D$ são os autovalores de $A$, e os vetores coluna de $U$ são autovetores de $A$. Portanto, $A$ não pode ser defeituosa. Ela tem um conjunto completo de autovetores que formam uma base ortonormal de $\mathbb{C}^n$. Esta é, em certo sentido, a situação ideal. Vimos como expressar um vetor como uma combinação linear de elementos de uma base ortonormal (Teorema 5.5.2), e a ação de $A$ em qualquer combinação linear de autovetores pode ser facilmente determinada. Assim, se um tem um conjunto ortonormal de autovetores $\{\mathbf{u}_1, \ldots, \mathbf{u}_n\}$ e $\mathbf{x} = c_1\mathbf{u}_1, \ldots, c_n\mathbf{u}_n$, então

$$A\mathbf{x} = c_1\lambda_1\mathbf{u}_1 + \cdots + c_n\lambda_n\mathbf{u}_n$$

Além disso,

$$c_i = \langle \mathbf{x}, \mathbf{u}_i \rangle = \mathbf{u}_i^H\mathbf{x}$$

ou, de modo equivalente, $\mathbf{c} = U^H\mathbf{x}$. Logo

$$A\mathbf{x} = \lambda_1(\mathbf{u}_1^H\mathbf{x})\mathbf{u}_1 + \cdots + \lambda_n(\mathbf{u}_n^H\mathbf{x})\mathbf{u}_n$$

## A Decomposição Real de Schur

Se $A$ é uma matriz real $n \times n$, então é possível obter uma fatoração que se assemelha à decomposição de Schur de $A$, mas envolve apenas matrizes reais. Neste caso, $A = QTQ^T$, na qual $Q$ é uma matriz ortogonal e $T$ é uma matriz real da forma

$$T = \begin{Bmatrix} B_1 & \times & \cdots & \times \\ & B_2 & & \times \\ & O & \ddots & \\ & & & B_j \end{Bmatrix} \tag{2}$$

em que os $B_i$ são matrizes $1 \times 1$ ou $2 \times 2$. Cada bloco $2 \times 2$ corresponderá a um par de autovalores complexos conjugados de $A$. A matriz $T$ é chamada de *forma real de Schur* de $A$. A prova de que cada matriz real $A$ $n \times n$ tem essa fatoração depende da propriedade que, para cada par de autovalores complexos conjugados de $A$, há um subespaço bidimensional de $\mathbb{R}^n$, que é invariante sob $A$.

**Definição** Um subespaço $S$ de $\mathbb{R}^n$ é dito **invariante** sob uma matriz $A$ se, para todo $\mathbf{x} \in S$, $A\mathbf{x} \in S$.

**Lema 6.4.5** *Seja $A$ uma matriz $n \times n$ real com autovalor $\lambda_1 = a + bi$ (em que $a$ e $b$ são reais e $b \neq 0$) e seja $\mathbf{z}_1 = \mathbf{x} + i\mathbf{y}$ (em que $\mathbf{x}$ e $\mathbf{y}$ são vetores em $\mathbb{R}^n$) um autovetor associado a $\lambda_1$. Se $S = \text{Cob}(\mathbf{x}, \mathbf{y})$, então $\dim S = 2$, e $S$ é invariante sob $A$.*

***Demonstração*** Uma vez que $\lambda$ é complexo, $\mathbf{y}$ deve ser não nulo; caso contrário, teríamos $A\mathbf{z} = A\mathbf{x}$ (um vetor real) igual a $\lambda\mathbf{z} = \lambda\mathbf{x}$ (um vetor complexo). Uma vez que $A$ é real, $\lambda_2 = a - bi$ também é um autovalor de $A$, e $\mathbf{z}_2 = x - i\mathbf{y}$ é um autovetor associado a $\lambda_2$. Se houvesse um escalar $c$ tal que $\mathbf{x} = c\mathbf{y}$, então $\mathbf{z}_1$ e $\mathbf{z}_2$ seriam múltiplos de $\mathbf{y}$ e não poderiam ser independentes. No entanto, $\mathbf{z}_1$ e $\mathbf{z}_2$ são associados a autovalores distintos; então eles devem ser linearmente independentes. Portanto, $\mathbf{x}$ não pode ser um múltiplo de $\mathbf{y}$, e $S = \text{Cob}(\mathbf{x}, \mathbf{y})$ tem dimensão 2.

Para mostrar a invariância de $S$, observe que, desde que $A\mathbf{z}_1 = \lambda_1\mathbf{z}_1$, as partes real e imaginária de ambos os lados devem concordar. Deste modo,

$$A\mathbf{z}_1 = A\mathbf{x} + iA\mathbf{y}$$

$$\lambda_1\mathbf{z}_1 = (a + bi)(\mathbf{x} + i\mathbf{y}) = (a\mathbf{x} - b\mathbf{y}) + i(b\mathbf{x} + a\mathbf{y})$$

e segue-se que

$$A\mathbf{x} = a\mathbf{x} - b\mathbf{y} \quad \text{e} \quad A\mathbf{y} = b\mathbf{x} + a\mathbf{y}$$

Se $\mathbf{w} = c_1\mathbf{x} + c_2\mathbf{y}$ é qualquer vetor em $S$, então

$$A\mathbf{w} = c_1A\mathbf{x} + c_2A\mathbf{y} = c_1(a\mathbf{x} - b\mathbf{y}) + c_2(b\mathbf{x} + a\mathbf{y}) = (c_1a + c_2b)\mathbf{x} + (c_2a - c_1b)\mathbf{y}$$

Assim, $A\mathbf{w}$ está em $S$ e, portanto, $S$ é invariante sob $A$. ■

Usando este lema, podemos provar uma versão do Teorema de Schur para matrizes com elementos reais. Como antes, a demonstração será por indução.

**Teorema 6.4.6** A Decomposição Real de Schur

*Se $A$ é uma matriz $n \times n$ com elementos reais, então $A$ pode ser fatorada em um produto $QTQ^T$, no qual $Q$ é uma matriz ortogonal e $T$ está na forma de Schur (2).*

***Demonstração*** No caso de $n = 2$, se os autovalores de $A$ são reais, podemos fazer $\mathbf{q}_1$ um autovetor unitário associado ao primeiro autovalor $\lambda_1$ e fazer $\mathbf{q}_2$ ser qualquer vetor unitário ortogonal $\mathbf{q}_1$. Se fizermos $Q = (\mathbf{q}_1, \mathbf{q}_2)$, então $Q$ é uma matriz ortogonal. Se fizermos $T = Q^TAQ$, a primeira coluna de $T$ é

$$Q^TA\mathbf{q}_1 = \lambda_1Q^T\mathbf{q}_1 = \lambda_1\mathbf{e}_1$$

Assim, $T$ é triangular superior e $A = QTQ^T$. Se os autovalores de $A$ são complexos, então simplesmente definimos $T = A$ e $Q = I$. Logo, toda matriz $2 \times 2$ real tem uma decomposição de Schur real.

Agora seja $A$ uma matriz $k \times k$ em que $k \geq 3$. Suponha que, para $2 \leq m < k$, cada matriz $m \times m$ real tem uma decomposição de Schur da forma (2). Seja $\lambda_1$ um autovalor de $A$. Se $\lambda_1$ é real, seja $\mathbf{q}_1$ um autovetor unitário associado a $\lambda_1$. Escolha $\mathbf{q}_2, \mathbf{q}_3, \ldots, \mathbf{q}_n$ de modo que $Q_1 = (\mathbf{q}_1, \mathbf{q}_2, \ldots, \mathbf{q}_n)$ seja uma matriz ortogonal. Tal como na prova do Teorema de Schur, segue-se que a primeira coluna de $Q_1^TAQ_1$ será $\lambda_1\mathbf{e}_1$. No caso em que $\lambda_1$ é complexo, seja $\mathbf{z} = \mathbf{x} + i\mathbf{y}$ (em que $\mathbf{x}$ e $\mathbf{y}$ são reais) um autovetor associado a $\lambda_1$ e seja $S = \text{Cob}(\mathbf{x}, \mathbf{y})$. Pelo Lema 6.4.5, $\dim S = 2$ e $S$ é invariante sob $A$. Seja $\{\mathbf{q}_1, \mathbf{q}_2\}$ uma base ortonormal para $S$. Escolha $\mathbf{q}_3, \mathbf{q}_4, \ldots, \mathbf{q}_n$ para que $Q_1 = (\mathbf{q}_1, \mathbf{q}_2, \ldots, \mathbf{q}_n)$ seja uma matriz ortogonal. Desde que $S$ é invariante sob $A$, segue-se que

$$A\mathbf{q}_1 = b_{11}\mathbf{q}_1 + b_{21}\mathbf{q}_2 \quad \text{e} \quad A\mathbf{q}_2 = b_{12}\mathbf{q}_1 + b_{22}\mathbf{q}_2$$

para alguns escalares $b_{11}$, $b_{21}$, $b_{12}$, $b_{22}$ e, portanto, as duas primeiras colunas de $Q_1^TAQ_1$ serão

$$(Q_1^TA\mathbf{q}_1, Q_1^TA\mathbf{q}_2) = (b_{11}\mathbf{e}_1 + b_{21}\mathbf{e}_2, b_{12}\mathbf{e}_1 + b_{22}\mathbf{e}_2)$$

Assim, em geral, $Q_1^T AQ_1$ será uma matriz em blocos

$$Q_1^T A Q_1 = \begin{bmatrix} B_1 & X \\ O & A_1 \end{bmatrix}$$

em que

$$\begin{array}{ll} B_1 = (\lambda_1) \text{ e } A_1 \text{ é } (k-1) \times (k-1) & \text{se } \lambda_1 \text{ é real} \\ B_1 \text{ é } 2 \times 2 \text{ e } A_1 \text{ é } (k-2) \times (k-2) & \text{se } \lambda_1 \text{ é complexo.} \end{array}$$

Em ambos os casos, podemos aplicar nossa hipótese de indução a $A_1$ e obter uma decomposição de Schur $A_1 = UT_1U^T$. Vamos supor que a forma de Schur $T_1$ tem $j - 1$ blocos diagonais, $B_2, B_3, \ldots, B_j$. Se fizermos

$$Q_2 = \begin{bmatrix} I & O \\ O & Q_1 \end{bmatrix} \quad \text{e} \quad Q = Q_1 Q_2$$

então tanto $Q_1$ quanto $Q_2$ são matrizes ortogonais $k \times k$. Se, em seguida, definirmos $T = Q^TAQ$, obteremos uma matriz na forma de Schur (2), e segue-se que $A$ terá decomposição de Schur $QT\,Q^T$. ∎

No caso em que todos os autovalores de $A$ são reais, a forma real de Schur $T$ será triangular superior. No caso em que $A$ é real e simétrica, então, uma vez que todos os autovalores de $A$ são reais, $T$ deve ser triangular superior; porém, neste caso $T$ também deve ser simétrica. Então, vamos acabar com uma diagonalização de $A$. Assim, para matrizes simétricas reais, temos a seguinte versão do Teorema Espectral:

**Corolário 6.4.7** Teorema Espectral – Matrizes Simétricas Reais

*Se $A$ é uma matriz real simétrica, então existe uma matriz ortogonal $Q$ que diagonaliza $A$, isto é, $Q^T AQ = D$, na qual $D$ é diagonal.*

## Matrizes Normais

Existem matrizes não hermitianas que possuem conjuntos completos de autovetores ortonormais. Por exemplo, matrizes antissimétricas e matrizes anti-hermitianas têm essa propriedade. ($A$ é *anti-hermitiana* se $A^H = -A$.) Se $A$ é uma matriz com um conjunto completo de autovetores ortonormais, então $A = UDU^H$, no qual $U$ é unitária e $D$ é uma matriz diagonal (cujos elementos diagonais podem ser complexos). Em geral, $D^H \neq D$ e, consequentemente,

$$A^H = UD^HU^H \neq A$$

Entretanto,

$$AA^H = UDU^HUD^HU^H = UDD^HU^H$$

e

$$A^HA = UD^HU^HUDU^H = UD^HDU^H$$

Como

$$D^H D = DD^H = \begin{pmatrix} |\lambda_1|^2 & & & \\ & |\lambda_2|^2 & & \\ & & \ddots & \\ & & & |\lambda_n|^2 \end{pmatrix}$$

segue-se que

$$AA^H = A^H A$$

**Definição** Uma matriz $A$ é dita **normal** se $AA^H = A^H A$.

Mostramos que, se uma matriz tem um conjunto completo de autovetores, então ela é normal. A recíproca também é verdadeira.

**Teorema 6.4.8** *Uma matriz $A$ é normal se e somente se $A$ possui um conjunto completo de autovetores ortonormais.*

*Demonstração* Em vista das observações precedentes, precisamos apenas mostrar que uma matriz normal $A$ tem um conjunto completo de autovetores ortonormais. Pelo Teorema 6.4.3, existem uma matriz unitária $U$ e uma matriz triangular $T$, tais que $T = U^H AU$. Afirmamos que $T$ é também normal. Para verificar isto, observe que

$$T^H T = U^H A^H U U^H A U = U^H A^H A U$$

e

$$TT^H = U^H A U U^H A^H U = U^H A A^H U$$

Como $A^H A = AA^H$, segue-se que $T^H T = TT^H$. Comparando os elementos diagonais de $T^H T$ e $TT^H$, vemos que

$$\begin{aligned} |t_{11}|^2 + |t_{12}|^2 + |t_{13}|^2 + \cdots + |t_{1n}|^2 &= |t_{11}|^2 \\ |t_{22}|^2 + |t_{23}|^2 + \cdots + |t_{2n}|^2 &= |t_{12}|^2 + |t_{22}|^2 \\ &\vdots \\ |t_{nn}|^2 &= |t_{1n}|^2 + |t_{2n}|^2 + |t_{3n}|^2 + \cdots + |t_{nn}|^2 \end{aligned}$$

Segue-se que $t_{ij} = 0$ quando $i \neq j$. Logo, $U$ diagonaliza $A$, e os vetores coluna de $U$ são autovetores de $A$. ∎

## PROBLEMAS DA SEÇÃO 6.4

1. Para cada um dos seguintes pares de vetores $\mathbf{z}$ e $\mathbf{w}$ em $\mathbb{C}^2$, calcule (i) $\|\mathbf{z}\|$, (ii) $\|\mathbf{w}\|$, (iii) $\langle \mathbf{z}, \mathbf{w} \rangle$ e (iv) $\langle \mathbf{w}, \mathbf{z} \rangle$:

   **(a)** $\mathbf{z} = \begin{pmatrix} 4+2i \\ 4i \end{pmatrix}$, $\quad \mathbf{w} = \begin{pmatrix} -2 \\ 2+i \end{pmatrix}$

**(b)** $\mathbf{z} = \begin{pmatrix} 1+i \\ 2i \\ 3-i \end{pmatrix}, \quad \mathbf{w} = \begin{pmatrix} 2-4i \\ 5 \\ 2i \end{pmatrix}$

**2.** Sejam

$$\mathbf{z}_1 = \begin{pmatrix} \frac{1+i}{2} \\ \frac{1-i}{2} \end{pmatrix} \quad \text{e} \quad \mathbf{z}_2 = \begin{pmatrix} \frac{i}{\sqrt{2}} \\ -\frac{1}{\sqrt{2}} \end{pmatrix}$$

**(a)** Mostre que $\{\mathbf{z}_1, \mathbf{z}_2\}$ é um conjunto ortonormal em $\mathbb{C}^3$.

**(b)** Escreva o vetor $\mathbf{z} = \begin{pmatrix} 2+4i \\ -2i \end{pmatrix}$ como uma combinação linear de $\mathbf{z}_1$ e $\mathbf{z}_2$.

**3.** Seja $\{\mathbf{u}_1, \mathbf{u}_2\}$ uma base ortonormal para $\mathbb{C}^2$ e seja $\mathbf{z} = (4 + 2i)\mathbf{u}_1 + (6 - 5i)\mathbf{u}_2$.

**(a)** Quais são os valores de $\mathbf{u}_1^H\mathbf{z}$, $\mathbf{z}^H\mathbf{u}_1$, $\mathbf{u}_2^H\mathbf{z}$ e $\mathbf{z}^H\mathbf{u}_2$?

**(b)** Determine o valor de $\|\mathbf{z}\|$.

**4.** Quais das matrizes que se seguem são hermitianas? Quais são normais?

**(a)** $\begin{pmatrix} 1-i & 2 \\ 2 & 3 \end{pmatrix}$ **(b)** $\begin{pmatrix} 1 & 2-i \\ 2+i & -1 \end{pmatrix}$

**(c)** $\begin{pmatrix} \frac{1}{\sqrt{2}} & -\frac{1}{\sqrt{2}} \\ \frac{1}{\sqrt{2}} & \frac{1}{\sqrt{2}} \end{pmatrix}$

**(d)** $\begin{pmatrix} \frac{1}{\sqrt{2}}i & \frac{1}{\sqrt{2}} \\ \frac{1}{\sqrt{2}} & -\frac{1}{\sqrt{2}}i \end{pmatrix}$

**(e)** $\begin{pmatrix} 0 & i & 1 \\ i & 0 & -2+i \\ -1 & 2+i & 0 \end{pmatrix}$

**(f)** $\begin{pmatrix} 3 & 1+i & i \\ 1-i & 1 & 3 \\ -i & 3 & 1 \end{pmatrix}$

**5.** Encontre uma matriz diagonalizante ortogonal ou unitária para cada uma das seguintes matrizes:

**(a)** $\begin{pmatrix} 2 & 1 \\ 1 & 2 \end{pmatrix}$ **(b)** $\begin{pmatrix} 1 & 3+i \\ 3-i & 4 \end{pmatrix}$

**(c)** $\begin{pmatrix} 2 & i & 0 \\ -i & 2 & 0 \\ 0 & 0 & 2 \end{pmatrix}$ **(d)** $\begin{pmatrix} 2 & 1 & 1 \\ 1 & 3 & -2 \\ 1 & -2 & 3 \end{pmatrix}$

**(e)** $\begin{pmatrix} 0 & 0 & 1 \\ 0 & 1 & 0 \\ 1 & 0 & 0 \end{pmatrix}$ **(f)** $\begin{pmatrix} 1 & 1 & 1 \\ 1 & 1 & 1 \\ 1 & 1 & 1 \end{pmatrix}$

**(g)** $\begin{pmatrix} 4 & 2 & -2 \\ 2 & 1 & -1 \\ -2 & -1 & 1 \end{pmatrix}$

**6.** Mostre que os elementos diagonais de uma matriz hermitiana devem ser reais.

**7.** Seja $A$ uma matriz hermitiana e seja $\mathbf{x}$ um vetor em $\mathbb{C}^n$. Mostre que, se $c = \mathbf{x}A\mathbf{x}^H$, então $c$ é real.

**8.** Seja $A$ uma matriz hermitiana e seja $B = iA$. Mostre que $B$ é anti-hermitiana.

**9.** Sejam $A$ e $C$ matrizes em $\mathbb{C}^{m\times n}$ e seja $B \in \mathbb{C}^{n\times r}$. Demonstre cada uma das seguintes regras:

**(a)** $(A^H)^H = A$

**(b)** $(\alpha A + \beta C)^H = \overline{\alpha}A^H + \overline{\beta}C^H$

**(c)** $(AB)^H = B^H A^H$

**10.** Sejam $A$ e $B$ matrizes hermitianas. Responda *Verdadeiro* ou *Falso* a cada um dos enunciados que se seguem. Em cada caso explique ou demonstre sua resposta.

**(a)** Os autovalores de $AB$ são todos reais.

**(b)** Os autovalores de $ABA$ são todos reais.

**11.** Mostre que

$$\langle \mathbf{z}, \mathbf{w} \rangle = \mathbf{w}^H \mathbf{z}$$

define um produto interno em $\mathbb{C}^n$.

**12.** Sejam $\mathbf{x}$, $\mathbf{y}$ e $\mathbf{z}$ vetores em $\mathbb{C}^n$ e sejam $\alpha$ e $\beta$ escalares complexos. Mostre que

$$\langle \mathbf{z}, \alpha\mathbf{x} + \beta\mathbf{y} \rangle = \overline{\alpha}\langle \mathbf{z}, \mathbf{x} \rangle + \overline{\beta}\langle \mathbf{z}, \mathbf{y} \rangle$$

**13.** Seja $\{\mathbf{u}_1, \ldots, \mathbf{u}_n\}$ uma base ortonormal para um espaço com produto interno complexo $V$ e sejam

$$\mathbf{z} = a_1\mathbf{u}_1 + a_2\mathbf{u}_2 + \cdots + a_n\mathbf{u}_n$$
$$\mathbf{w} = b_1\mathbf{u}_1 + b_2\mathbf{u}_2 + \cdots + b_n\mathbf{u}_n$$

Mostre que

$$\langle \mathbf{z}, \mathbf{w} \rangle = \sum_{i=1}^{n} \overline{b_i} a_i$$

**14.** Dado que

$$A = \begin{pmatrix} 4 & 0 & 0 \\ 0 & 1 & i \\ 0 & -i & 1 \end{pmatrix}$$

encontre uma matriz $B$, tal que $B^H B = A$.

**15.** Seja $U$ uma matriz unitária. Demonstre que

**(a)** $U$ é normal.

**(b)** $\|U\mathbf{x}\| = \|\mathbf{x}\|$ para todo $\mathbf{x} \in \mathbb{C}^n$.

**(c)** se $\lambda$ é um autovalor de $U$, então $|\lambda| = 1$.

**16.** Seja $\mathbf{u}$ um vetor unitário em $\mathbb{C}^n$ e defina $U = I - 2\mathbf{u}\mathbf{u}^H$. Mostre que $U$ é tanto unitária quanto hermitiana e, em consequência, sua própria inversa.

**17.** Mostre que, se uma matriz $U$ é tanto unitária quanto hermitiana, então qualquer autovalor de $U$ deve ser igual a 1 ou $-1$.

**18.** Seja $A$ uma matriz $2 \times 2$ com decomposição de Schur $UTU^H$ e suponha que $t_{12} \neq 0$. Mostre que

**(a)** os autovalores de $A$ são $\lambda_1 = t_{11}$ e $\lambda_2 = t_{22}$.

**(b)** $\mathbf{u}_1$ é um autovetor de $A$ associado a $\lambda_1 = t_{11}$.

**(c)** $\mathbf{u}_2$ não é um autovetor de $A$ associado a $\lambda_2 = t_{22}$.

**19.** Seja $A$ uma matriz $5 \times 5$ com elementos reais. Seja $A = QT\,Q^T$ uma decomposição Schur real de $A$, em que $T$ é uma matriz em blocos da forma dada na Equação (2). Quais são as possíveis estruturas de blocos para $T$ em cada um dos seguintes casos?

**(a)** Todos os autovalores de $A$ são reais.

**(b)** $A$ tem três autovalores reais e dois complexos.

**(c)** $A$ tem um autovalor real e quatro complexos.

**20.** Seja $A$ uma matriz $n \times n$ com decomposição de Schur $UTU^H$. Mostre que, se os elementos diagonais de $T$ são todos distintos, então há uma matriz triangular superior $R$, tal que $X = UR$ diagonaliza $A$.

**21.** Mostre que $M = A + iB$ (na qual $A$ e $B$ são matrizes reais) é anti-hermitiana se e somente se $A$ é antissimétrica e $B$ é simétrica.

**22.** Mostre que, se $A$ é anti-hermitiana e $\lambda$ é um autovalor de $A$, então $\lambda$ é puramente imaginário (isto é, $\lambda = bi$, sendo $b$ real).

**23.** Mostre que, se $A$ é uma matriz normal, então cada uma das seguintes matrizes deve também ser normal:

**(a)** $A^H$

**(b)** $I + A$

**(c)** $A^2$

**24.** Seja $A$ uma matriz real $2 \times 2$ com a propriedade de que $a_{21}a_{12} > 0$, e sejam

$$r = \sqrt{a_{21}/a_{12}} \quad \text{e} \quad S = \begin{bmatrix} r & 0 \\ 0 & 1 \end{bmatrix}$$

Calcule $B = SAS^{-1}$. O que você conclui em relação aos autovalores e autovetores de $B$? O que você pode concluir em relação aos autovalores e autovetores de $A$? Explique.

**25.** Seja $p(x) = -x^3 + cx^2 + (c + 3)x + 1$, em que $c$ é um número real. Seja

$$C = \begin{bmatrix} c & c+3 & 1 \\ 1 & 0 & 0 \\ 0 & 1 & 0 \end{bmatrix}$$

e seja

$$A = \begin{bmatrix} -1 & 2 & -c-3 \\ 1 & -1 & c+2 \\ -1 & 1 & -c-1 \end{bmatrix}$$

**(a)** Calcule $A^{-1}CA$.

**(b)** Mostre que $C$ é a matriz companheira de $p(x)$ e use o resultado da parte (a) para demonstrar que $p(x)$ tem raízes reais independentemente do valor de $c$.

**26.** Seja $A$ uma matriz hermitiana com autovalores $\lambda_1, \ldots, \lambda_n$ e autovetores ortonormais $\mathbf{u}_1, \ldots, \mathbf{u}_n$. Mostre que

$$A = \lambda_1\mathbf{u}_1\mathbf{u}_1^H + \lambda_2\mathbf{u}_2\mathbf{u}_2^H + \cdots + \lambda_n\mathbf{u}_n\mathbf{u}_n^H$$

**27.** Seja

$$A = \begin{bmatrix} 0 & 1 \\ 1 & 0 \end{bmatrix}$$

Escreva $A$ como uma soma $\lambda_1\mathbf{u}_1\mathbf{u}_1^T + \lambda_2\mathbf{u}_2\mathbf{u}_2^T$, na qual $\lambda_1$ e $\lambda_2$ são autovalores e $u_1$ e $u_2$ são autovetores ortonormais.

**28.** Seja $A$ uma matriz hermitiana com autovalores $\lambda_1 \geq \lambda_2 \geq \ldots \geq \lambda_n$ e autovetores ortonormais $\mathbf{u}_1, \ldots, \mathbf{u}_n$. Para qualquer vetor não nulo $\mathbf{x}$ em $\mathbb{R}^n$, o *quociente de Rayleigh* $\rho(\mathbf{x})$ é definido por

$$\rho(\mathbf{x}) = \frac{\langle A\mathbf{x}, \mathbf{x}\rangle}{\langle \mathbf{x}, \mathbf{x}\rangle} = \frac{\mathbf{x}^H A\mathbf{x}}{\mathbf{x}^H\mathbf{x}}$$

**(a)** Se $\mathbf{x} = c_1\mathbf{u}_1 + \ldots + c_n\mathbf{u}_n$, mostre que

$$\rho(\mathbf{x}) = \frac{|c_1|^2\lambda_1 + |c_2|^2\lambda_2 + \cdots + |c_n|^2\lambda_n}{\|\mathbf{c}\|^2}$$

**(b)** Mostre que

$$\lambda_n \leq \rho(\mathbf{x}) \leq \lambda_1$$

**(c)** Mostre que

$$\max_{\mathbf{x}\neq\mathbf{0}} \rho(\mathbf{x}) = \lambda_1 \quad \text{e} \quad \min_{\mathbf{x}\neq\mathbf{0}} \rho(\mathbf{x}) = \lambda_n$$

**29.** Dadas $A \in \mathbb{R}^{m\times m}$, $B \in \mathbb{R}^{n\times n}$, $C \in \mathbb{R}^{m\times n}$, a equação

$$AX - XB = C \qquad (3)$$

é conhecida como *equação de Sylvester*. Uma matriz $m \times n$, $X$, é dita uma solução, se satisfizer (3).

**(a)** Mostre que, se $B$ tem decomposição de Schur $B = UTU^H$, então a equação de Sylvester pode ser transformada em uma equação da forma $AY - YT = G$, na qual $Y = XU$ e $G = CU$.

**(b)** Mostre que

$$(A - t_{11}I)\mathbf{y}_1 = \mathbf{g}_1$$

$$(A - t_{jj}I)\mathbf{y}_j = \mathbf{g}_j + \sum_{i=1}^{j-1} t_{ij}\mathbf{y}_j,\ j = 2, \ldots, n$$

**(c)** Mostre que, se $A$ e $B$ têm autovalores comuns, então a equação de Sylvester tem uma solução.

## 6.5 A Decomposição em Valores Singulares

Em muitas aplicações, é necessário determinar o posto de uma matriz ou determinar se a matriz é deficiente em posto. Teoricamente, podemos usar a eliminação de Gauss para reduzir a matriz à forma linha degrau e, em seguida, contar o número de linhas não nulas. No entanto, esta abordagem não é prática em aritmética de precisão finita. Se $A$ é deficiente em posto e $U$ é a forma linha degrau calculada, então, por causa de erros de arredondamento no processo de eliminação, é improvável que $U$ tenha o número adequado de linhas não nulas. Na prática, a matriz de coeficientes $A$ geralmente envolve algum erro. Isto pode ser devido a erros nos dados ou ao sistema de números finitos. Assim, geralmente é mais prático perguntar se $A$ é "próxima" de uma matriz deficiente em posto. No entanto, pode muito bem acontecer que $A$ esteja perto de ser deficiente e a forma linha degrau calculada $U$ não seja.

Nesta seção, supomos que $A$ é uma matriz $m \times n$ com $m \geq n$. (Esta suposição é feita apenas por conveniência; todos os resultados serão igualmente válidos se $m < n$.) Apresentaremos um método para determinar quão perto $A$ está de ser uma matriz de menor posto. O método consiste em fatorar $A$ em um produto $U\Sigma V^T$, em que $U$ é uma matriz ortogonal $m \times m$, $V$ é uma matriz ortogonal $n \times n$, e $\Sigma$ é uma matriz $m \times n$ cujos elementos fora da diagonal são todos nulos e cujos elementos da diagonal satisfazem

$$\sigma_1 \geq \sigma_2 \geq \cdots \geq \sigma_n \geq 0$$

$$\Sigma = \begin{bmatrix} \sigma_1 & & & \\ & \sigma_2 & & \\ & & \ddots & \\ & & & \sigma_n \\ & & & \\ & & & \end{bmatrix}$$

Os $\sigma_i$ determinados por esta fatoração são únicos e são chamados de *valores singulares* de $A$. A fatoração é chamada de *decomposição em valores singulares* de $A$, ou, simplesmente, a svd* de $A$. Mostraremos que o posto de $A$ é igual ao número de valores singulares não nulos e que a magnitude dos valores singulares não nulos fornece uma medida de quão perto $A$ está de uma matriz de menor posto.

Começamos por mostrar que tal decomposição é sempre possível.

*A sigla svd (*singular value decomposition*) é usual no Brasil. (N.T.)

**Teorema 6.5.1** O Teorema SVD

*Se $A$ é uma matriz $m \times n$, então $A$ tem uma decomposição em valores singulares.*

*Demonstração* $A^TA$ é uma matriz simétrica $n \times n$. Logo, seus autovalores são todos reais e ela tem uma matriz diagonalizante ortogonal $V$. Além disso, seus autovalores devem ser todos não negativos. Para verificar isto, seja $\lambda$ um autovalor de $A^TA$ e $\mathbf{x}$ um autovetor associado a $\lambda$. Segue-se que

$$\|A\mathbf{x}\|^2 = \mathbf{x}^T A^T A\mathbf{x} = \lambda \mathbf{x}^T\mathbf{x} = \lambda\|\mathbf{x}\|^2$$

Logo,

$$\lambda = \frac{\|A\mathbf{x}\|^2}{\|\mathbf{x}\|^2} \geq 0$$

Podemos supor que as colunas de $V$ tenham sido ordenadas de modo que os autovalores correspondentes satisfaçam

$$\lambda_1 \geq \lambda_2 \geq \cdots \geq \lambda_n \geq 0$$

Os valores singulares de $A$ satisfazem

$$\sigma_j = \sqrt{\lambda_j} \qquad j = 1, \ldots, n$$

Seja $r$ o posto de $A$. A matriz $A^TA$ também terá posto $r$. Como $A^TA$ é simétrica, seu posto é igual ao número de autovalores não nulos. Logo,

$$\lambda_1 \geq \lambda_2 \geq \cdots \geq \lambda_r > 0 \quad \text{e} \quad \lambda_{r+1} = \lambda_{r+2} = \cdots = \lambda_n = 0$$

A mesma relação vale para os valores singulares:

$$\sigma_1 \geq \sigma_2 \geq \cdots \geq \sigma_r > 0 \quad \text{e} \quad \sigma_{r+1} = \sigma_{r+2} = \cdots = \sigma_n = 0$$

Agora sejam

$$V_1 = (\mathbf{v}_1, \ldots, \mathbf{v}_r), \qquad V_2 = (\mathbf{v}_{r+1}, \ldots, \mathbf{v}_n)$$

e

$$\Sigma_1 = \begin{bmatrix} \sigma_1 & & & \\ & \sigma_2 & & \\ & & \ddots & \\ & & & \sigma_r \end{bmatrix} \tag{1}$$

Portanto, $\Sigma_1$ é uma matriz diagonal $r \times r$ cujos elementos diagonais são os valores singulares não nulos $\sigma_1, \ldots, \sigma_r$. A matriz $m \times n$ $\Sigma$ é então dada por

$$\Sigma = \begin{bmatrix} \Sigma_1 & O \\ O & O \end{bmatrix}$$

Os vetores coluna de $V_2$ são autovetores de $A^TA$ associados a $\lambda = 0$. Logo,

$$A^TA\mathbf{v}_j = \mathbf{0} \qquad j = r+1, \ldots, n$$

e, em consequência, os vetores coluna de $V_2$ formam uma base ortonormal para $N(A^TA) = N(A)$. Portanto,

$$AV_2 = O$$

e como $V$ é uma matriz ortogonal, segue-se que

$$I = VV^T = V_1V_1^T + V_2V_2^T$$

$$A = AI = AV_1V_1^T + AV_2V_2^T = AV_1V_1^T \tag{2}$$

Até agora mostramos como construir as matrizes $V$ e $\Sigma$ da decomposição em valores singulares. Para completar a demonstração, devemos mostrar como construir uma matriz ortogonal $m \times m$, $U$, tal que

$$A = U\Sigma V^T$$

ou, de forma equivalente,

$$AV = U\Sigma \tag{3}$$

Comparando as $r$ primeiras colunas em cada membro de (3), vemos que

$$A\mathbf{v}_j = \sigma_j\mathbf{u}_j \qquad j = 1, \ldots, r$$

Logo, se definirmos

$$\mathbf{u}_j = \frac{1}{\sigma_j}A\mathbf{v}_j \qquad j = 1, \ldots, r \tag{4}$$

e

$$U_1 = (\mathbf{u}_1, \ldots, \mathbf{u}_r)$$

então, segue-se que

$$AV_1 = U_1\Sigma_1 \tag{5}$$

Os vetores coluna de $U_1$ formam um conjunto ortonormal, já que

$$\begin{aligned}
\mathbf{u}_i^T\mathbf{u}_j &= \left(\frac{1}{\sigma_i}\mathbf{v}_i^TA^T\right)\left(\frac{1}{\sigma_j}A\mathbf{v}_j\right) \qquad 1 \le i \le r, \quad 1 \le j \le r \\
&= \frac{1}{\sigma_i\sigma_j}\mathbf{v}_i^T\left(A^TA\mathbf{v}_j\right) \\
&= \frac{\sigma_j}{\sigma_i}\mathbf{v}_i^T\mathbf{v}_j \\
&= \delta_{ij}
\end{aligned}$$

Segue-se, de (4), que cada $\mathbf{u}_j$, $1 \le j \le r$, está no espaço coluna de $A$. A dimensão do espaço coluna é $r$; assim, $\mathbf{u}_1, \ldots, \mathbf{u}_r$ formam uma base ortonormal para $R(A)$. O espaço vetorial $R(A)^\perp = N(A^T)$ tem dimensão $m - r$. Seja $\{\mathbf{u}_{r+1}, \mathbf{u}_{r+2}, \ldots, \mathbf{u}_m\}$ uma base ortonormal para $N(A^T)$ e faça

$$U_2 = (\mathbf{u}_{r+1}, \mathbf{u}_{r+2}, \ldots, \mathbf{u}_m)$$

$$U = \begin{bmatrix} U_1 & U_2 \end{bmatrix}$$

Segue-se, do Teorema 5.2.2, que $\mathbf{u}_1, \ldots, \mathbf{u}_m$ formam uma base ortonormal para $\mathbb{R}^m$. Logo, $U$ é uma matriz ortogonal. Ainda precisamos mostrar que $U\Sigma V^T$ realmente é igual a $A$. Isto segue-se de (5) e (2), pois

$$\begin{aligned} U\Sigma V^T &= \begin{pmatrix} U_1 & U_2 \end{pmatrix} \begin{pmatrix} \Sigma_1 & O \\ O & O \end{pmatrix} \begin{pmatrix} V_1^T \\ V_2^T \end{pmatrix} \\ &= U_1 \Sigma_1 V_1^T \\ &= A V_1 V_1^T \\ &= A \end{aligned}$$

■

## Observações

Seja $A$ uma matriz $m \times n$ com uma decomposição em valores singulares $U \Sigma V^T$.

1. Os valores singulares $\sigma_1, \ldots, \sigma_n$ de $A$ são únicos; entretanto, as matrizes $U$ e $V$ não são únicas.
2. Como $V$ diagonaliza $A^TA$, segue-se que os $\mathbf{v}_i$ são autovetores de $A^TA$.
3. Como $AA^T = U \Sigma \Sigma^T U^T$, segue-se que $U$ diagonaliza $AA^T$ e que os $\mathbf{u}_i$ são autovetores de $AA^T$.
4. Comparando a $j$-ésima coluna em cada membro da equação

$$AV = U\Sigma$$

obtemos

$$A\mathbf{v}_j = \sigma_j \mathbf{u}_j \qquad j = 1, \ldots, n$$

De forma similar,

$$A^T U = V \Sigma^T$$

e, portanto,

$$\begin{aligned} A^T \mathbf{u}_j &= \sigma_j \mathbf{v}_j & &\text{para } j = 1, \ldots, n \\ A^T \mathbf{u}_j &= \mathbf{0} & &\text{para } j = n+1, \ldots, m \end{aligned}$$

Os $\mathbf{v}_j$ são chamados de *vetores singulares direitos* de $A$, e os $\mathbf{u}_j$ são chamados de *vetores singulares esquerdos* de $A$.

5. Se $A$ tem posto $r$, então

   **(i)** $\mathbf{v}_1, \ldots, \mathbf{v}_r$ formam uma base ortonormal para $R(A^T)$.
   **(ii)** $\mathbf{v}_{r+1}, \ldots, \mathbf{v}_n$ formam uma base ortonormal para $N(A)$.
   **(iii)** $\mathbf{u}_1, \ldots, \mathbf{u}_r$ formam uma base ortonormal para $R(A)$.
   **(iv)** $\mathbf{u}_{r+1}, \ldots, \mathbf{u}_n$ formam uma base ortonormal para $N(A^T)$.

6. O posto da matriz $A$ é igual ao número de valores singulares não nulos (em que os valores singulares são contados de acordo com sua multiplicidade). O leitor deve ser cuidadoso para não fazer a mesma suposição sobre autovalores. A matriz

$$M = \begin{pmatrix} 0 & 1 & 0 & 0 \\ 0 & 0 & 1 & 0 \\ 0 & 0 & 0 & 1 \\ 0 & 0 & 0 & 0 \end{pmatrix}$$

por exemplo, tem posto 3, mesmo que todos os seus autovalores sejam nulos.

7. No caso em que $A$ tem posto $r < n$, se fizermos

$$U_1 = (\mathbf{u}_1, \mathbf{u}_2, \ldots, \mathbf{u}_r) \qquad V_1 = (\mathbf{v}_1, \mathbf{v}_2, \ldots, \mathbf{v}_r)$$

e definirmos $\Sigma_1$ como na Equação (1), então

$$A = U_1 \Sigma_1 V_1^T \tag{6}$$

A fatoração (6) é chamada de *forma compacta da decomposição em valores singulares* de $A$. Esta forma é útil em diversas aplicações.

**EXEMPLO 1** Seja

$$A = \begin{bmatrix} 1 & 1 \\ 1 & 1 \\ 0 & 0 \end{bmatrix}$$

Calcule os valores singulares e a decomposição em valores singulares de $A$.

### Solução

A matriz

$$A^T A = \begin{bmatrix} 2 & 2 \\ 2 & 2 \end{bmatrix}$$

tem autovalores $\lambda_1 = 4$ e $\lambda_2 = 0$. Em consequência, os valores singulares de $A$ são $\sigma_1 = \sqrt{4} = 2$ e $\sigma_2 = 0$. O autovalor $\lambda_1$ tem autovetores da forma $\alpha(1, 1)^T$ e $\lambda_2$ tem autovetores da forma $\beta(1, -1)^T$. Portanto, a matriz ortogonal

$$V = \frac{1}{\sqrt{2}} \begin{bmatrix} 1 & 1 \\ 1 & -1 \end{bmatrix}$$

diagonaliza $A^T A$. Da observação (4), segue-se que

$$\mathbf{u}_1 = \frac{1}{\sigma_1} A\mathbf{v}_1 = \frac{1}{2} \begin{bmatrix} 1 & 1 \\ 1 & 1 \\ 0 & 0 \end{bmatrix} \begin{bmatrix} \frac{1}{\sqrt{2}} \\ \frac{1}{\sqrt{2}} \end{bmatrix} = \begin{bmatrix} \frac{1}{\sqrt{2}} \\ \frac{1}{\sqrt{2}} \\ 0 \end{bmatrix}$$

Os vetores coluna restantes de $U$ formam uma base ortonormal para $N(A^T)$. Podemos calcular uma base $\{\mathbf{x}_2, \mathbf{x}_3\}$ para $N(A^T)$ da forma usual:

$$\mathbf{x}_2 = (1, -1, 0)^T \quad \text{e} \quad \mathbf{x}_3 = (0, 0, 1)^T$$

Como estes vetores já são ortogonais, não é necessário usar o processo de Gram-Schmidt para obter uma base ortonormal. Precisamos somente fazer

$$\mathbf{u}_2 = \frac{1}{\|\mathbf{x}_2\|}\mathbf{x}_2 = \left( \frac{1}{\sqrt{2}}, -\frac{1}{\sqrt{2}}, 0 \right)^T$$

$$\mathbf{u}_3 = \mathbf{x}_3 = (0, 0, 1)^T$$

Segue-se então que

$$A = U\Sigma V^T = \begin{bmatrix} \frac{1}{\sqrt{2}} & \frac{1}{\sqrt{2}} & 0 \\ \frac{1}{\sqrt{2}} & -\frac{1}{\sqrt{2}} & 0 \\ 0 & 0 & 1 \end{bmatrix} \begin{bmatrix} 2 & 0 \\ 0 & 0 \\ 0 & 0 \end{bmatrix} \begin{bmatrix} \frac{1}{\sqrt{2}} & \frac{1}{\sqrt{2}} \\ \frac{1}{\sqrt{2}} & -\frac{1}{\sqrt{2}} \end{bmatrix}$$ ■

Se $A$ é uma matriz $m \times m$ de posto $r$ e $0 < k < r$, podemos usar a decomposição em valores singulares para encontrar uma matriz em $\mathbb{R}^{m \times n}$ de posto $k$ que está mais próxima de $A$ em relação à norma de Frobenius. Seja $\mathcal{M}$ o conjunto de todas as matrizes $m \times n$ de posto $k$ ou menos. Pode ser mostrado que existe uma matriz $X$ em $\mathcal{M}$ tal que

$$\|A - X\|_F = \min_{S \in \mathcal{M}} \|A - S\|_F \tag{7}$$

Não demonstraremos agora este resultado, já que a demonstração está além do escopo deste livro. Supondo que o mínimo é alcançado, mostraremos como tal matriz $X$ pode ser derivada da decomposição em valores singulares de $A$. O lema seguinte será útil.

**Lema 6.5.2** *Se $A$ é uma matriz $m \times n$ e $Q$ é uma matriz ortogonal $m \times m$, então*

$$\|QA\|_F = \|A\|_F$$

***Demonstração***

$$\begin{aligned} \|QA\|_F^2 &= \|(Q\mathbf{a}_1, Q\mathbf{a}_2, \ldots, Q\mathbf{a}_n)\|_F^2 \\ &= \sum_{i=1}^{n} \|Q\mathbf{a}_i\|_2^2 \\ &= \sum_{i=1}^{n} \|\mathbf{a}_i\|_2^2 \\ &= \|A\|_F^2 \end{aligned}$$ ■

Se $A$ tem decomposição em valores singulares $U \Sigma V^T$, então segue-se, do lema, que

$$\|A\|_F = \|\Sigma V^T\|_F$$

Como

$$\|\Sigma V^T\|_F = \|(\Sigma V^T)^T\|_F = \|V\Sigma^T\|_F = \|\Sigma^T\|_F$$

segue-se que

$$\boxed{\|A\|_F = \left(\sigma_1^2 + \sigma_2^2 + \cdots + \sigma_n^2\right)^{1/2}}$$

**Teorema 6.5.3** *Seja $A = U \Sigma V^T$ uma matriz $m \times n$ e seja $\mathcal{M}$ o conjunto de todas as matrizes $m \times n$ de posto $k$ ou menos, no qual $0 < k <$ posto($A$). Se $X$ é uma matriz de $\mathcal{M}$ satisfazendo* (7), *então*

$$\|A - X\|_F = \left(\sigma_{k+1}^2 + \sigma_{k+2}^2 + \cdots + \sigma_n^2\right)^{1/2}$$

*Em particular, se $A' = U \Sigma' V^T$, em que*

$$\Sigma' = \left[\begin{array}{ccc|c} \sigma_1 & & & \\ & \ddots & & O \\ & & \sigma_k & \\ \hline & O & & O \end{array}\right] = \begin{bmatrix} \Sigma_k & O \\ O & O \end{bmatrix}$$

*então*

$$\|A - A'\|_F = \left(\sigma_{k+1}^2 + \cdots + \sigma_n^2\right)^{1/2} = \min_{S \in \mathcal{M}} \|A - S\|_F$$

***Demonstração*** Seja $X$ uma matriz em $\mathcal{M}$ satisfazendo (7). Como $A' \in \mathcal{M}$, segue-se que

$$\|A - X\|_F \le \|A - A'\|_F = \left(\sigma_{k+1}^2 + \cdots + \sigma_n^2\right)^{1/2} \tag{8}$$

Mostraremos que

$$\|A - X\|_F \ge \left(\sigma_{k+1}^2 + \cdots + \sigma_n^2\right)^{1/2}$$

e, portanto, a igualdade é válida em (8). Seja $Q\Omega P^T$ a decomposição em valores singulares de $X$, em que

$$\Omega = \left[\begin{array}{cccc|c} \omega_1 & & & & \\ & \omega_2 & & & \\ & & \ddots & & O \\ & & & \omega_k & \\ \hline & & O & & O \end{array}\right] = \begin{bmatrix} \Omega_k & O \\ O & O \end{bmatrix}$$

Se fizermos $B = Q^T AP$, então $A = QP^T$ e segue-se que

$$\|A - X\|_F = \|Q(B - \Omega)P^T\|_F = \|B - \Omega\|_F$$

Particionemos $B$ da mesma forma que $\Omega$:

$$B = \left[\begin{array}{c|c} \overbrace{B_{11}}^{k \times k} & \overbrace{B_{12}}^{k \times (n-k)} \\ \hline \underbrace{B_{21}}_{(m-k)\times k} & \underbrace{B_{22}}_{(m-k)\times(n-k)} \end{array}\right]$$

Segue-se que

$$\|A - X\|_F^2 = \|B_{11} - \Omega_k\|_F^2 + \|B_{12}\|_F^2 + \|B_{21}\|_F^2 + \|B_{22}\|_F^2$$

Afirmamos que $B_{12} = O$. Se não, defina-se

$$Y = Q \begin{bmatrix} B_{11} & B_{12} \\ O & O \end{bmatrix} P^T$$

A matriz $Y$ está em $\mathcal{M}$ e

$$\|A - Y\|_F^2 = \|B_{21}\|_F^2 + \|B_{22}\|_F^2 < \|A - X\|_F^2$$

Mas isto contradiz a definição de $X$. Portanto, $B_{12} = O$. De forma similar, pode ser mostrado que $B_{21}$ deve ser igual a $O$. Se fizermos

$$Z = Q \begin{bmatrix} B_{11} & O \\ O & O \end{bmatrix} P^T$$

então $Z \in \mathcal{M}$ e

$$\|A - Z\|_F^2 = \|B_{22}\|_F^2 \leq \|B_{11} - \Omega_k\|_F^2 + \|B_{22}\|_F^2 = \|A - X\|_F^2$$

Segue-se, da definição de $X$, que $B_{11}$ deve ser igual a $\Omega_k$. Se $B_{22}$ tem decomposição em valores singulares $U_1 \Lambda V_1^T$, então

$$\|A - X\|_F = \|B_{22}\|_F = \|\Lambda\|_F$$

Sejam

$$U_2 = \begin{bmatrix} I_k & O \\ O & U_1 \end{bmatrix} \quad \text{e} \quad V_2 = \begin{bmatrix} I_k & O \\ O & V_1 \end{bmatrix}$$

Agora,

$$U_2^T Q^T A P V_2 = \begin{bmatrix} \Omega_k & O \\ O & \Lambda \end{bmatrix}$$

$$A = (QU_2) \begin{bmatrix} \Omega_k & O \\ O & \Lambda \end{bmatrix} (PV_2)^T$$

e, portanto, os elementos da diagonal de $\Lambda$ são os valores singulares de $A$. Logo,

$$\|A - X\|_F = \|\Lambda\|_F \geq \left(\sigma_{k+1}^2 + \cdots + \sigma_n^2\right)^{1/2}$$

Segue-se, de (8), que

$$\|A - X\|_F = \left(\sigma_{k+1}^2 + \cdots + \sigma_n^2\right)^{1/2} = \|A - A'\|_F \qquad \blacksquare$$

Se $A$ tem decomposição em valores singulares $U \Sigma V^T$, então podemos pensar em $A$ como o produto $U \Sigma$ por $V^T$. Se particionarmos $U \Sigma$ em colunas e $V^T$ em linhas, então

$$U\Sigma = (\sigma_1 \mathbf{u}_1, \sigma_2 \mathbf{u}_2, \ldots, \sigma \mathbf{u}_n)$$

e podemos representar $A$ por uma expansão de produto externo

$$A = \sigma_1 \mathbf{u}_1 \mathbf{v}_1^T + \sigma_2 \mathbf{u}_2 \mathbf{v}_2^T + \cdots + \sigma_n \mathbf{u}_n \mathbf{v}_n^T \tag{9}$$

Se $A$ tem posto $n$, então

$$A' = U \begin{bmatrix} \sigma_1 & & & & \\ & \sigma_2 & & & \\ & & \ddots & & \\ & & & \sigma_{n-1} & \\ & & & & 0 \end{bmatrix} V^T$$

$$= \sigma_1 \mathbf{u}_1 \mathbf{v}_1^T + \sigma_2 \mathbf{u}_2 \mathbf{v}_2^T + \cdots + \sigma_{n-1} \mathbf{u}_{n-1} \mathbf{v}_{n-1}^T$$

será a matriz de posto $n - 1$ que está mais próxima de $A$ em relação à norma de Frobenius. De forma similar,

$$A'' = \sigma_1 \mathbf{u}_1 \mathbf{v}_1^T + \sigma_2 \mathbf{u}_2 \mathbf{v}_2^T \cdots + \sigma_{n-2} \mathbf{u}_{n-2} \mathbf{v}_{n-2}^T$$

será a matriz mais próxima de posto $n - 2$, e assim por diante. Em particular, se $A$ é uma matriz não singular $n \times n$, então $A'$ é singular e $\|A - A'\|_F = \sigma_n$. Logo, $\sigma_n$ pode ser tomado como uma medida de quão perto uma matriz quadrada está de ser singular.

O leitor deve ter cuidado para não usar o valor de det($A$) como medida de quão perto $A$ está de ser singular. Se, por exemplo, $A$ é uma matriz diagonal $100 \times 100$ cujos elementos na diagonal são todos $\frac{1}{2}$, então $\det(A) = 2^{-100}$; no entanto, $\sigma_{100} = \frac{1}{2}$. Em contraste, a matriz no próximo exemplo está muito perto de ser singular, mesmo que seu determinante seja 1 e todos os seus autovalores sejam iguais a 1.

**EXEMPLO 2** Seja $A$ uma matriz triangular superior $n \times n$ cujos elementos na diagonal são todos iguais a 1 e cujos elementos acima da diagonal principal são todos iguais a $-1$:

$$A = \begin{bmatrix} 1 & -1 & -1 & \cdots & -1 & -1 \\ 0 & 1 & -1 & \cdots & -1 & -1 \\ 0 & 0 & 1 & \cdots & -1 & -1 \\ \vdots & & & & & \\ 0 & 0 & 0 & \cdots & 1 & -1 \\ 0 & 0 & 0 & \cdots & 0 & 1 \end{bmatrix}$$

Note que $\det(A) = \det(A^{-1}) = 1$ e todos os autovalores de $A$ são 1. Entretanto, se $n$ é grande, então $A$ está próxima de ser singular. Para observar isto, seja

$$B = \begin{bmatrix} 1 & -1 & -1 & \cdots & -1 & -1 \\ 0 & 1 & -1 & \cdots & -1 & -1 \\ 0 & 0 & 1 & \cdots & -1 & -1 \\ \vdots & & & & & \\ 0 & 0 & 0 & \cdots & 1 & -1 \\ \dfrac{-1}{2^{n-2}} & 0 & 0 & \cdots & 0 & 1 \end{bmatrix}$$

A matriz $B$ deve ser singular, já que o sistema $B\mathbf{x} = \mathbf{0}$ tem uma solução não trivial $\mathbf{x} = (2^{n-2}, 2^{n-3}, \ldots, 2^0, 1)^T$. Como as matrizes $A$ e $B$ diferem somente na posição $(n, 1)$, temos

$$\|A - B\|_F = \frac{1}{2^{n-2}}$$

Segue-se, do Teorema 6.5.3, que

$$\sigma_n = \min_{X \text{ singular}} \|A - X\|_F \leq \|A - B\|_F = \frac{1}{2^{n-2}}$$

Logo, se $n = 100$, então $\sigma_n \leq 1/2^{98}$ e, em consequência, $A$ está muito próxima de ser singular. ■

**APLICAÇÃO 1** Posto Numérico

Na maior parte das aplicações, os cálculos matriciais são executados por computadores usando aritmética de precisão finita. Se os cálculos envolvem uma matriz não singular que está *muito próxima* de ser singular, então a matriz se comportará computacionalmente exatamente como uma matriz singular. Neste caso, as soluções de sistemas lineares calculadas podem ter nenhum dígito de precisão, em absoluto. Mais geralmente, se uma matriz $m \times n$ está *perto o suficiente* de uma matriz de posto $r$, na qual $r < \text{mín}(m, n)$, então $A$ irá se comportar como uma matriz de posto $r$ em aritmética de precisão finita. Os valores singulares fornecem uma maneira de medir quão perto uma matriz está de matrizes de posto menor; no entanto, devemos esclarecer o que entendemos por "muito perto". Temos de decidir quão perto é perto o suficiente. A resposta depende da precisão da máquina do computador que está sendo usado.

Precisão da máquina pode ser medida em termos da unidade de erro de arredondamento para a máquina. Outro nome para unidade de erro de arredondamento é *épsilon da máquina*. Para compreender este conceito, precisamos saber como os computadores representam os números. Se o computador usa a base de numeração $\beta$ e mantém registro de $n$ dígitos, ele vai representar um número real $x$ por um *número de vírgula flutuante*, escrito $fl(x)$, da forma $\pm 0, d_1 d_2, \ldots, d_n \times \beta^k$, em que os dígitos $d_i$ são inteiros com $0 \leq d_i < \beta$. Por exemplo, $-0{,}54321469 \times 10^{25}$ é um número de vírgula flutuante de 8 dígitos, base 10, e $0{,}110100111001 \times 2^{-9}$ é um número de vírgula flutuante de 12 dígitos, base 2. Na Seção 7.1 do Capítulo 7, vamos discutir números de vírgula flutuante com mais detalhes e dar uma definição precisa do *épsilon da máquina*. Acontece que o épsilon da máquina, $\epsilon$, é o menor número de vírgula flutuante que servirá como um limite para o erro relativo sempre que aproximarmos um número real por um número de vírgula flutuante; ou seja, para qualquer número real $x$,

$$\left| \frac{fl(x) - x}{x} \right| < \epsilon \tag{10}$$

Para aritmética de vírgula flutuante de 8 dígitos, base 10, o épsilon da máquina é de $5 \times 10^{-8}$. Para aritmética de vírgula flutuante de 12 dígitos, base 2, o épsilon da máquina é $(\frac{1}{2})^{-12}$, e, em geral, para aritmética de $n$ dígitos base $\beta$, o épsilon da máquina é $\frac{1}{2} \times \beta^{-n+1}$.

À luz de (10), o épsilon da máquina é a escolha natural como uma unidade básica para medir erros de arredondamento. Suponha que $A$ é uma matriz de posto $n$, mas $k$ de seus valores singulares são menores do que um "pequeno" múltiplo do épsilon da máquina. Então, $A$ é perto o suficiente de matrizes de posto $n - k$, de modo que para os cálculos de vírgula flutuante é impossível dizer a diferença. Neste caso, diríamos que $A$ tem *posto numérico* $n - k$. O múltiplo do épsilon da máquina que usamos para determinar o posto numérico depende das dimensões da matriz e de seu maior valor singular. A definição de posto numérico que se segue é uma comumente usada.

**Definição**

O **posto numérico** de uma matriz $m \times n$ é o número de valores singulares da matriz que são maiores que $\sigma_1 \text{ máx}(m, n)\epsilon$, em que $\sigma_1$ é o maior valor singular de $A$ e $\epsilon$ é o épsilon da máquina.

Muitas vezes, no contexto de cálculos de precisão finita, o termo "posto" será utilizado com o entendimento de que ele realmente se refere ao posto numérico. Por exemplo, o comando `rank(A)` do MATLAB irá calcular o posto numérico de $A$, em vez do posto exato.

**EXEMPLO 3** Suponha que $A$ é uma matriz $5 \times 5$ com valores singulares

$$\sigma_1 = 4, \ \sigma_2 = 1, \ \sigma_3 = 10^{-12}, \ \sigma_4 = 3{,}1 \times 10^{-14}, \ \sigma_5 = 2{,}6 \times 10^{-15}$$

e suponha que o épsilon da máquina é $5 \times 10^{-15}$. Para determinar o posto numérico, comparamos os valores singulares com

$$\sigma_1 \text{ máx}(m, n)\epsilon = 4 \cdot 5 \cdot 5 \times 10^{-15} = 10^{-13}$$

Como três dos valores singulares são maiores que $10^{-13}$, a matriz tem posto numérico 3. ■

**APLICAÇÃO 2** Processamento Digital de Imagens

Uma imagem de vídeo ou fotografia pode ser digitalizada quebrando-a em um arranjo retangular de células (ou *pixels*) e medindo o nível de cinza de cada célula. Esta informação pode ser armazenada e transmitida como uma matriz $m \times n$, $A$. Os elementos de $A$ são números não negativos correspondentes às medidas dos níveis de cinza. Uma vez que os níveis de cinza de qualquer célula geralmente estão próximos dos níveis de cinza de suas células vizinhas, é possível reduzir a quantidade de armazenamento necessária de $mn$ para um múltiplo relativamente pequeno de $m + n + 1$. Geralmente a matriz $A$ terá muitos valores singulares pequenos. Em consequência, $A$ pode ser aproximada por uma matriz de posto muito menor.

Se $A$ tem decomposição em valores singulares $A = U\Sigma V^T$, então $A$ pode ser representada pela expansão em produto externo

$$A = \sigma_1 \mathbf{u}_1 \mathbf{v}_1^T + \sigma_2 \mathbf{u}_2 \mathbf{v}_2^T + \cdots + \sigma_n \mathbf{u}_n \mathbf{v}_n^T$$

A matriz mais próxima de posto $k$ é obtida truncando esta soma após os $k$ primeiros termos:

$$A_k = \sigma_1 \mathbf{u}_1 \mathbf{v}_1^T + \sigma_2 \mathbf{u}_2 \mathbf{v}_2^T + \cdots + \sigma_k \mathbf{u}_k \mathbf{v}_k^T$$

Imagem Original 176 por 260

Aproximação da Imagem de Posto 5

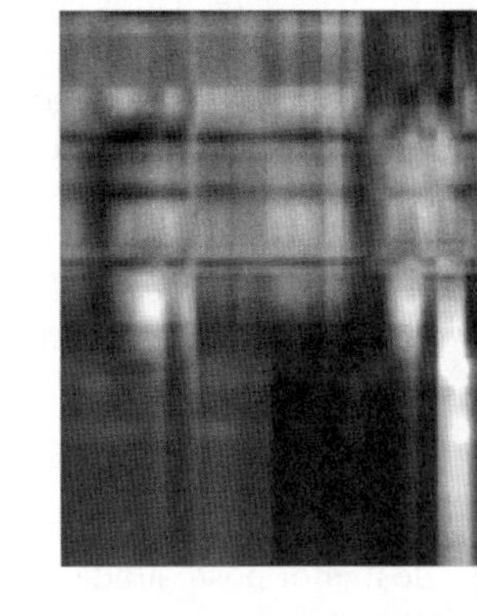

Aproximação da Imagem de Posto 15

Aproximação da Imagem de Posto 30

**Figura 6.5.1** Cortesia Oakridge National Laboratory

O armazenamento total para $A_k$ é $k(m + n + 1)$. Escolhemos $k$ para ser consideravelmente menor que $n$ e ainda ter a imagem digital que corresponde a $A_k$ muito próxima à original. Para escolhas típicas de $k$, o armazenamento necessário para $A_k$ será inferior a 20 % da quantidade de armazenamento necessária para a matriz $A$ completa.

A Figura 6.5.1 mostra uma imagem correspondente a uma matriz de $176 \times 260$ $A$ e três imagens correspondentes às aproximações de menor posto de $A$. Os senhores da foto são (da esquerda para a direita) James H. Wilkinson, Wallace Givens e George Forsythe (três pioneiros no campo da álgebra linear numérica).

---

## APLICAÇÃO 3 Recuperação de Informações – Indexamento Semântico Latente

Voltamos novamente ao aplicativo de recuperação de informações discutido no Capítulo 1, Seção 1.3 e Capítulo 5, Seção 5.1. Nesta aplicação, um banco de dados de documentos é representado por uma matriz de dados $Q$. Para pesquisar a base de dados, formamos um vetor unitário de pesquisa $\mathbf{x}$ e definimos $\mathbf{y} = Q^T\mathbf{x}$. Os documentos que melhor correspondam aos critérios da pesquisa são aqueles correspondentes aos elementos de $\mathbf{y}$ que estão mais próximos de 1.

Por causa dos problemas de polissemia e sinonímia, podemos pensar na nossa base de dados como uma aproximação. Alguns dos elementos da matriz de dados podem conter componentes estranhos devido a múltiplos significados de palavras, e alguns podem deixar de incluir componentes por causa da sinonímia. Suponhamos que fosse possível corrigir esses problemas e chegar a uma matriz de dados perfeita $P$. Se fizermos $E = Q - P$, então, uma vez que $Q = P + E$, podemos pensar em $E$ como uma matriz que representa os erros em nossa matriz base de dados $Q$. Infelizmente, $E$ é desconhecida; por isso não podemos determinar $P$ exatamente. No entanto, se pudermos encontrar uma aproximação mais simples $Q_1$ para $Q$, $Q_1$ será também uma aproximação para $P$. Assim, $Q_1 = P + E_1$ para alguma matriz de erro $E_1$. No método de *indexação semântica latente* (LSI), a matriz base de dados $Q$ é aproximada por uma matriz $Q_1$ com posto menor. A ideia por trás do método é que a matriz de menor posto ainda pode fornecer uma boa aproximação para $P$ e, por causa de sua estrutura mais simples, pode realmente envolver menos erro, isto é, $\|E_1\| < \|E\|$.

A aproximação de menor posto pode ser obtida truncando a expansão do produto externo da decomposição em valores singulares de $Q$. Esta abordagem é equivalente a fazer

$$\sigma_{r+1} = \sigma_{r+2} = \cdots = \sigma_n = 0$$

e, em seguida, definindo $Q_1 = U_1 \Sigma_1 V_1^T$, a forma compacta da decomposição em valores singulares da matriz de posto $r$. Além disso, se $r < \text{mín}(m, n)/2$, então esta fatoração é computacionalmente mais eficiente, e as buscas serão aceleradas. A velocidade de computação é proporcional à quantidade de cálculos envolvidos. A multiplicação matriz vetor de $Q^T\mathbf{x}$ requer um total de $mn$ multiplicações de escalares ($m$ multiplicações para cada um dos $n$ fatores do produto). Em contraste, $Q_1^T = V_1\Sigma_1U_1^T$, e a multiplicação $Q_1^T\mathbf{x} = V_1(\Sigma_1(U_1\mathbf{x}^T))$ requer um total de $r(m + n + 1)$ multiplicações escalares. Por exemplo, se $m = n = 1000$ e $r = 200$, então

$$mn = 10^6 \quad \text{e} \quad r(m + n + 1) = 200 \cdot 2001 = 400.200$$

A pesquisa com a matriz de menor posto deve ser duas vezes mais rápida.

---

**APLICAÇÃO 4** Psicologia – Análise de Componentes Principais

Na Seção 5.1 do Capítulo 5, vimos como o psicólogo Charles Spearman utilizou uma matriz de correlação para comparar os resultados de uma série de testes de aptidão. Com base nas correlações observadas, Spearman concluiu que os resultados do teste forneciam evidência de funções básicas subjacentes comuns. Trabalhos posteriores por psicólogos para identificar os fatores comuns que compõem a inteligência levaram ao desenvolvimento de uma área de estudo conhecida como *análise fatorial*.

Antecipando o trabalho de Spearman em alguns anos, há um documento de 1901 por Karl Pearson analisando uma matriz de correlação derivada a partir de medidas de sete variáveis físicas de cada um de 3000 criminosos. Esse estudo contém as raízes de um método popularizado por Harold Hotelling em um artigo publicado em 1933. O método é conhecido como *análise de componentes principais*.

Para observar a ideia básica desse método, vamos supor que uma série de $n$ testes de aptidão é administrada a um grupo de $m$ indivíduos e que os desvios da média para os testes formam as colunas de uma matriz $m \times n$, $X$. Embora, na prática, os vetores coluna de $X$ sejam positivamente correlacionadas, os fatores hipotéticos que se relacionam à pontuação devem ser não correlacionados. Assim, gostaríamos de introduzir vetores mutuamente ortogonais, $\mathbf{y}_1, \mathbf{y}_2, \ldots, \mathbf{y}_r$ correspondentes aos fatores hipotéticos. Exigimos que Cob $R(X)$ e, consequentemente, o número de vetores, $r$, deve ser igual ao posto de $X$. Além disso, queremos numerar esses vetores em ordem decrescente de variância.

O vetor primeira componente principal, $\mathbf{y}_1$, deve representar a maior variância. Desde que $\mathbf{y}_1$ está no espaço coluna de $X$, podemos representá-lo como um produto $X\mathbf{v}_1$ para algum $\mathbf{v}_1 \in \mathbb{R}^n$. A matriz de covariância é

$$S = \frac{1}{n-1} X^T X$$

e a variância de $\mathbf{y}_1$ é dada por

$$\text{var}(\mathbf{y}_1) = \frac{(X\mathbf{v}_1)^T X\mathbf{v}_1}{n-1} = \mathbf{v}_1^T S\mathbf{v}_1$$

O vetor $\mathbf{v}_1$ é escolhido para maximizar $\mathbf{v}^T S\mathbf{v}$ em relação a todos os vetores unitários $\mathbf{v}$. Isto pode ser obtido pela escolha de $\mathbf{v}_1$ de modo a ser um autovetor unitário de $X^TX$ relacionado a seu autovalor máximo $\lambda_1$. (Veja o Problema 28 da Seção 6.4.) Os autovetores de $X^TX$ são os vetores singulares à direita de $X$. Assim, $\mathbf{v}_1$ é o vetor singular à direita de $X$ que corresponde ao maior valor singular $\sigma_1 = \sqrt{\lambda_1}$. Se $\mathbf{u}_1$ é o vetor singular à esquerda correspondente, então

$$\mathbf{y}_1 = X\mathbf{v}_1 = \sigma_1\mathbf{u}_1$$

O vetor segunda componente principal deve ser da forma $\mathbf{y}_2 = X\mathbf{v}_2$. Pode-se mostrar que o vetor que maximiza $\mathbf{v}^T S\mathbf{v}$ em relação a todos os vetores unitários que são ortogonais a $\mathbf{v}_1$ é simplesmente o segundo vetor singular à direita de $X$, $\mathbf{v}_2$. Se escolhermos $\mathbf{v}_2$ desta forma e $\mathbf{u}_2$ é o vetor singular à esquerda correspondente, então

$$\mathbf{y}_2 = X\mathbf{v}_2 = \sigma_2\mathbf{u}_2$$

e desde que

$$\mathbf{y}_1^T\mathbf{y}_2 = \sigma_1\sigma_2\mathbf{u}_1^T\mathbf{u}_2 = 0$$

segue-se que $\mathbf{y}_1$ e $\mathbf{y}_2$ são ortogonais. Os restantes $\mathbf{y}_i$ são determinados de forma similar.

Em geral, a decomposição em valores singulares resolve o problema de componentes principais. Se $X$ tem posto $r$ e decomposição em valores singulares $X = U_1\Sigma_1 V_1^T$ (na forma compacta), então os vetores componentes principais são dados por

$$\mathbf{y}_1 = \sigma_1\mathbf{u}_1,\ \mathbf{y}_2 = \sigma_2\mathbf{u}_2,\ \ldots,\ \mathbf{y}_r = \sigma_r\mathbf{u}_r$$

Os vetores à esquerda $\mathbf{u}_1, \ldots, \mathbf{u}_n$ são os vetores componentes principais normalizados. Se fizermos $W = \Sigma_1 V_1^T$, então

$$X = U_1\Sigma_1V_1^T = U_1W$$

As colunas da matriz $U_1$ correspondem aos fatores de inteligência hipotéticos. Os elementos em cada coluna medem quão bem os estudantes individuais exibiram esta capacidade intelectual específica. A matriz $W$ mede em que extensão cada teste depende dos fatores hipotéticos.

# PROBLEMAS DA SEÇÃO 6.5

1. Mostre que $A$ e $A^T$ têm os mesmos valores singulares não nulos. Como se relacionam suas decomposições em valores singulares?
2. Use o método do Exemplo 1 para encontrar a decomposição em valores singulares de cada uma das seguintes matrizes:

**(a)** $\begin{pmatrix} 1 & 1 \\ 2 & 2 \end{pmatrix}$ **(b)** $\begin{pmatrix} 2 & -2 \\ 1 & 2 \end{pmatrix}$ **(c)** $\begin{pmatrix} 1 & 3 \\ 3 & 1 \\ 0 & 0 \\ 0 & 0 \end{pmatrix}$ **(d)** $\begin{pmatrix} 2 & 0 & 0 \\ 0 & 2 & 1 \\ 0 & 1 & 2 \\ 0 & 0 & 0 \end{pmatrix}$

3. Para cada uma das matrizes do Problema 2,
   **(a)** determine o posto.
   **(b)** encontre a mais próxima (no sentido da norma de Frobenius) matriz de posto 1.
4. Seja

$$A = \begin{pmatrix} -2 & 8 & 20 \\ 14 & 19 & 10 \\ 2 & -2 & 1 \end{pmatrix}$$

$$= \begin{pmatrix} \frac{3}{5} & -\frac{4}{5} & 0 \\ \frac{4}{5} & \frac{3}{5} & 0 \\ 0 & 0 & 1 \end{pmatrix} \begin{pmatrix} 30 & 0 & 0 \\ 0 & 15 & 0 \\ 0 & 0 & 3 \end{pmatrix} \begin{pmatrix} \frac{1}{3} & \frac{2}{3} & \frac{2}{3} \\ \frac{2}{3} & \frac{1}{3} & -\frac{2}{3} \\ \frac{2}{3} & -\frac{2}{3} & \frac{1}{3} \end{pmatrix}$$

Encontre as mais próximas (no sentido da norma de Frobenius) matrizes de postos 1 e 2 de $A$.

5. A matriz

$$A = \begin{pmatrix} 2 & 5 & 4 \\ 6 & 3 & 0 \\ 6 & 3 & 0 \\ 2 & 5 & 4 \end{pmatrix}$$

tem decomposição em valores singulares

$$\begin{pmatrix} \frac{1}{2} & \frac{1}{2} & \frac{1}{2} & \frac{1}{2} \\ \frac{1}{2} & -\frac{1}{2} & -\frac{1}{2} & \frac{1}{2} \\ \frac{1}{2} & -\frac{1}{2} & \frac{1}{2} & -\frac{1}{2} \\ \frac{1}{2} & \frac{1}{2} & -\frac{1}{2} & -\frac{1}{2} \end{pmatrix} \begin{pmatrix} 12 & 0 & 0 \\ 0 & 6 & 0 \\ 0 & 0 & 0 \\ 0 & 0 & 0 \end{pmatrix} \begin{pmatrix} \frac{2}{3} & \frac{2}{3} & \frac{1}{3} \\ -\frac{2}{3} & \frac{1}{3} & \frac{2}{3} \\ \frac{1}{3} & -\frac{2}{3} & \frac{2}{3} \end{pmatrix}$$

**(a)** Use a decomposição em valores singulares para encontrar bases ortonormais para $R(A^T)$ e $N(A)$.
**(b)** Use a decomposição em valores singulares para encontrar bases ortonormais para $R(A)$ e $N(A^T)$.

6. Demonstre que, se $A$ é uma matriz simétrica com autovalores $\lambda_1, \lambda_2, \ldots, \lambda_n$, então os valores singulares de $A$ são $|\lambda_1|, |\lambda_2|, \ldots, |\lambda_n|$.
7. Seja $A$ uma matriz $m \times n$ com decomposição em valores singulares $U \Sigma V^T$ e suponha que $A$ tem posto $r$, na qual $r < n$. Mostre que $\{\mathbf{v}_1, \ldots, \mathbf{v}_n\}$ é uma base ortonormal para $R(A^T)$.
8. Seja $A$ uma matriz $n \times n$. Mostre que $A^TA$ e $AA^T$ são similares.
9. Seja $A$ uma matriz $n \times n$ com valores singulares $\sigma_1, \sigma_2, \ldots, \sigma_n$ e autovalores $\lambda_1, \lambda_2, \ldots, \lambda_n$. Mostre que

$$|\lambda_1 \lambda_2 \cdots \lambda_n| = \sigma_1 \sigma_2 \cdots \sigma_n$$

10. Seja $A$ uma matriz $n \times n$ com decomposição em valores singulares $U \Sigma V^T$ e seja

$$B = \begin{pmatrix} O & A^T \\ A & O \end{pmatrix}$$

Mostre que se

$$\mathbf{x}_i = \begin{bmatrix} \mathbf{v}_i \\ \mathbf{u}_i \end{bmatrix}, \quad \mathbf{y}_i = \begin{bmatrix} -\mathbf{v}_i \\ \mathbf{u}_i \end{bmatrix}, \quad i = 1, \ldots, n$$

então os $\mathbf{x}_i$ e $\mathbf{y}_i$ são autovetores de $B$. Como os autovetores de $B$ se relacionam aos valores singulares de $A$?

**11.** Mostre que, se $\sigma$ é um valor singular de $A$, então existe um vetor não nulo $\mathbf{x}$ tal que

$$\sigma = \frac{\|A\mathbf{x}\|_2}{\|\mathbf{x}\|_2}$$

**12.** Seja $A$ uma matriz $m \times n$ com posto $n$ com decomposição em valores singulares $U \Sigma V^T$. Seja $\Sigma^+$ a matriz $n \times m$

$$\begin{bmatrix} \frac{1}{\sigma_1} & & & \\ & \frac{1}{\sigma_2} & & O \\ & & \ddots & \\ & & & \frac{1}{\sigma_n} \end{bmatrix}$$

e defina $A^+ = V \Sigma^+ U^T$. Mostre que $\hat{\mathbf{x}} = A^+\mathbf{b}$ satisfaz a equação normal $A^T A\mathbf{x} = A^T\mathbf{b}$.

**13.** Seja $A^+$ definida como no Problema 12 e seja $P = AA^+$. Mostre que $P^2 = P$ e $P^T = P$.

## 6.6 Formas Quadráticas

A esta altura, o leitor deve estar bem ciente do importante papel que as matrizes desempenham no estudo de equações lineares. Nesta seção, veremos que as matrizes também desempenham um papel importante no estudo de equações quadráticas. A cada equação quadrática podemos associar uma função vetorial $f(\mathbf{x}) = \mathbf{x}^T A\mathbf{x}$. Tal função vetorial é chamada de *forma quadrática*. Formas quadráticas ocorrem em uma grande variedade de problemas aplicados. Elas são particularmente importantes no estudo da teoria da otimização.

**Definição**

Uma **equação quadrática** a duas variáveis $x$ e $y$ é uma equação da forma

$$ax^2 + 2bxy + cy^2 + dx + ey + f = 0 \qquad (1)$$

A Equação (1) pode ser reescrita sob a forma

$$\begin{bmatrix} x & y \end{bmatrix} \begin{bmatrix} a & b \\ b & c \end{bmatrix} \begin{bmatrix} x \\ y \end{bmatrix} + \begin{bmatrix} d & e \end{bmatrix} \begin{bmatrix} x \\ y \end{bmatrix} + f = 0 \qquad (2)$$

Sejam

$$\mathbf{x} = \begin{bmatrix} x \\ y \end{bmatrix} \quad \text{e} \quad A = \begin{bmatrix} a & b \\ b & c \end{bmatrix}$$

O termo

$$\mathbf{x}^T A\mathbf{x} = ax^2 + 2bxy + cy^2$$

é chamado de **forma quadrática** associada a (1).

### Seções Cônicas

O gráfico de uma equação da forma (1) é chamado de *seção cônica*. [Se não há pares ordenados $(x, y)$ que satisfazem (1), dizemos que a equação representa uma cônica imaginária.] Se o gráfico de (1) consiste em um único ponto, uma linha ou um par de linhas, dizemos que (1) representa uma cônica degenerada. De maior interesse são as cônicas não degeneradas. Gráficos de cônicas não degeneradas podem vir a ser círculos, elipses, parábolas ou hipérboles (veja a Figura 6.6.1). O gráfico de uma cônica é particularmente fácil de esboçar quando sua equação pode ser colocada em uma das seguintes formas padrão:

**(i)** $x^2 + y^2 = r^2$ (círculo)

**(ii)** $\dfrac{x^2}{\alpha^2} + \dfrac{y^2}{\beta^2} = 1$ (elipse)

**(iii)** $\dfrac{x^2}{\alpha^2} - \dfrac{y^2}{\beta^2} = 1$ ou $\dfrac{y^2}{\alpha^2} - \dfrac{x^2}{\beta^2} = 1$ (hipérbole)

**(iv)** $x^2 = \alpha y$ ou $y^2 = \alpha x$ (parábola)

Aqui, $\alpha$, $\beta$, e $r$ são números reais diferentes de zero. Note que o círculo é um caso especial de elipse ($\alpha = \beta = r$). Uma seção cônica é dita estar em *posição padrão*, se sua equação pode ser colocada em uma dessas quatro formas padrão. Os gráficos de (i), (ii) e (iii) na Figura 6.6.1 serão todos simétricos em relação a ambos os eixos coordenados e à origem. Dizemos que essas curvas são centradas na origem. Uma parábola em posição padrão terá seu vértice na origem e será simétrica em relação a um dos eixos.

O que dizer sobre as cônicas que não estão em posição padrão? Vamos considerar os seguintes casos:

**Caso 1.** A seção cônica foi movida horizontalmente da posição padrão. Isso ocorre quando os termos $x^2$ e $x$ em (1) têm coeficientes diferentes de zero.

**Caso 2.** A seção cônica foi movida verticalmente a partir da posição padrão. Isso ocorre quando os termos $y^2$ e $y$ em (1) têm coeficientes diferentes de zero (ou seja, $c \neq 0$ e $e \neq 0$).

**Caso 3.** A seção cônica é girada de sua posição padrão por um ângulo $\theta$ que não é um múltiplo de 90°. Isto ocorre quando o coeficiente do termo $xy$ é diferente de zero (ou seja, $b \neq 0$).

Em geral, podemos ter qualquer um ou qualquer combinação desses três casos. Para fazer o gráfico de uma seção cônica que não está na posição padrão, normalmente encontramos um novo conjunto de eixos $x'$ e $y'$ tais que a seção cônica esteja na posição padrão em relação aos novos eixos. Isto não é difícil, se a cônica foi simplesmente movida horizontal ou verticalmente, em que os novos eixos podem ser encontrados completando os quadrados. O exemplo seguinte ilustra como isto é feito.

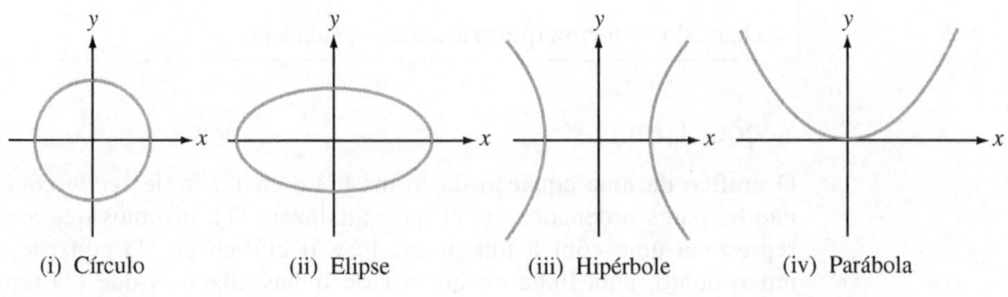


**Figura 6.6.1**

EXEMPLO 1 Esboce o gráfico da equação

$$9x^2 - 18x + 4y^2 + 16y - 11 = 0$$

### Solução

Para verificar como escolher nosso novo sistema de eixos, completamos os quadrados:

$$9(x^2 - 2x + 1) + 4(y^2 + 4y + 4) - 11 = 9 + 16$$

Esta equação pode ser simplificada para a forma

$$\frac{(x-1)^2}{2^2} + \frac{(y+2)^2}{3^2} = 1$$

Se fizermos

$$x' = x - 1 \quad \text{e} \quad y' = y + 2$$

a equação se torna

$$\frac{(x')^2}{2^2} + \frac{(y')^2}{3^2} = 1$$

que está na forma padrão em relação às variáveis $x'$ e $y'$. Logo, o gráfico, como mostrado na Figura 6.6.2, será uma elipse na posição padrão no sistema de eixos $x'y'$. O centro da elipse estará na origem do plano $x'y'$ [isto é, no ponto $(x, y) = (1, -2)$]. A equação do eixo $x'$ é simplesmente $y' = 0$, que é a equação da linha $y = -2$ no plano $xy$. Da mesma forma, o eixo $y'$ coincide com a linha $x = 1$. ■

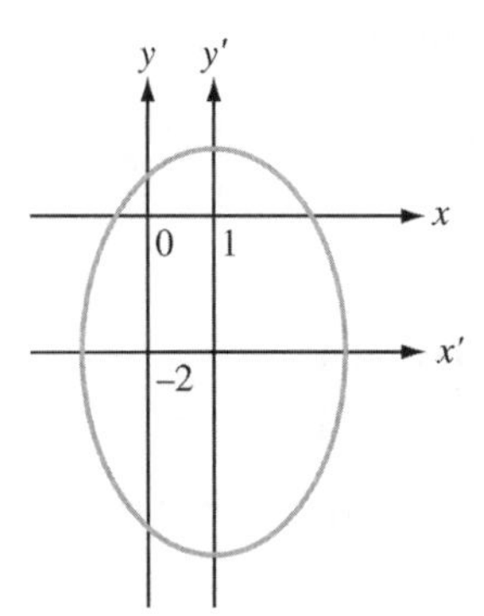


Figura 6.6.2

Não há muitos problemas se o centro ou vértice da seção cônica foi movido. Se, no entanto, a seção cônica foi também girada da posição padrão, é necessário mudar as coordenadas de modo que a equação em função das novas coordenadas $x'$ e $y'$ não envolva o termo $x'y'$. Sejam $\mathbf{x} = (x, y)^T$ e $\mathbf{x}' = (x', y')^T$. Como as novas coordenadas diferem das antigas por uma rotação, temos

$$\mathbf{x} = Q\mathbf{x}' \quad \text{ou} \quad \mathbf{x}' = Q^T\mathbf{x}$$

em que

$$Q = \begin{bmatrix} \cos\theta & \operatorname{sen}\theta \\ -\operatorname{sen}\theta & \cos\theta \end{bmatrix} \quad \text{ou} \quad Q^T = \begin{bmatrix} \cos\theta & -\operatorname{sen}\theta \\ \operatorname{sen}\theta & \cos\theta \end{bmatrix}$$

Se $0 < \theta < \pi$, então a matriz $Q$ corresponde à rotação de $\theta$ radianos no sentido horário e $Q^T$ corresponde à rotação de $\theta$ radianos no sentido anti-horário (veja o Exemplo 2 na Seção 4.2 do Capítulo 4). Com esta mudança de variáveis, (2) se torna

$$(\mathbf{x}')^T(Q^TAQ)\mathbf{x}' + \begin{bmatrix} d' & e' \end{bmatrix}\mathbf{x}' + f = 0 \tag{3}$$

em que $\begin{bmatrix} d' & e' \end{bmatrix} = \begin{bmatrix} d & e \end{bmatrix} Q$. Esta equação não envolve termo em $x'y'$ se e somente se $Q^TAQ$ for diagonal. Como $A$ é simétrica, é possível encontrar um par de vetores ortonormais $\mathbf{q}_1 = (x_1, -y_1)^T$ e $\mathbf{q}_2 = (y_1, x_1)^T$. Logo, se fizermos $\cos\theta = x_1$ e $\operatorname{sen}\theta = y_1$, então

$$Q = \begin{bmatrix} \mathbf{q}_1 & \mathbf{q}_2 \end{bmatrix} = \begin{bmatrix} x_1 & y_1 \\ -y_1 & x_1 \end{bmatrix}$$

diagonaliza $A$ e (3) é simplificada para

$$\lambda_1(x')^2 + \lambda_2(y')^2 + d'x' + e'y' + f = 0$$

**EXEMPLO 2** Considere a seção cônica

$$3x^2 + 2xy + 3y^2 - 8 = 0$$

Esta equação pode ser escrita sob a forma

$$\begin{bmatrix} x & y \end{bmatrix} \begin{bmatrix} 3 & 1 \\ 1 & 3 \end{bmatrix} \begin{bmatrix} x \\ y \end{bmatrix} = 8$$

A matriz

$$\begin{bmatrix} 3 & 1 \\ 1 & 3 \end{bmatrix}$$

tem autovalores $\lambda = 2$ e $\lambda = 4$, com autovetores unitários correspondentes

$$\left(\frac{1}{\sqrt{2}}, -\frac{1}{\sqrt{2}}\right)^T \quad \text{e} \quad \left(\frac{1}{\sqrt{2}}, \frac{1}{\sqrt{2}}\right)^T$$

Seja

$$Q = \begin{bmatrix} \frac{1}{\sqrt{2}} & \frac{1}{\sqrt{2}} \\ -\frac{1}{\sqrt{2}} & \frac{1}{\sqrt{2}} \end{bmatrix} = \begin{bmatrix} \cos 45° & \operatorname{sen} 45° \\ -\operatorname{sen} 45° & \cos 45° \end{bmatrix}$$

e faça

$$\begin{bmatrix} x \\ y \end{bmatrix} = \begin{bmatrix} \frac{1}{\sqrt{2}} & \frac{1}{\sqrt{2}} \\ -\frac{1}{\sqrt{2}} & \frac{1}{\sqrt{2}} \end{bmatrix} \begin{bmatrix} x' \\ y' \end{bmatrix}$$

Logo,

$$Q^T A Q = \begin{bmatrix} 2 & 0 \\ 0 & 4 \end{bmatrix}$$

e a equação da cônica se torna

$$2(x')^2 + 4(y')^2 = 8$$

ou

$$\frac{(x')^2}{4} + \frac{(y')^2}{2} = 1$$

No novo sistema de coordenadas, a direção do eixo $x'$ é determinada pelo ponto $x' = 1, y' = 0$. Para converter isto para o sistema de coordenadas $xy$, multiplicamos

$$\begin{bmatrix} \frac{1}{\sqrt{2}} & \frac{1}{\sqrt{2}} \\ -\frac{1}{\sqrt{2}} & \frac{1}{\sqrt{2}} \end{bmatrix} \begin{bmatrix} 1 \\ 0 \end{bmatrix} = \begin{bmatrix} \frac{1}{\sqrt{2}} \\ -\frac{1}{\sqrt{2}} \end{bmatrix} = \mathbf{q}_1$$

O eixo $x'$ estará na direção de $\mathbf{q}_1$. De modo similar, para encontrar a direção do eixo $y'$, multiplicamos

$$Q\mathbf{e}_2 = \mathbf{q}_2$$

Os autovetores que formam as colunas de $Q$ nos dão as direções dos novos eixos coordenados (veja a Figura 6.6.3). ■

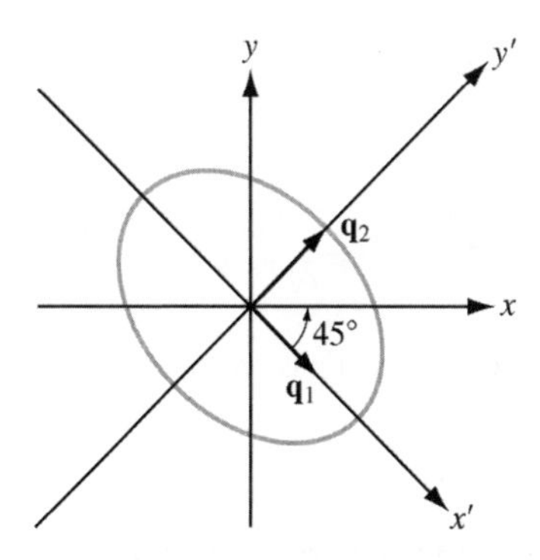


**Figura 6.6.3**

EXEMPLO 3 Dada a equação quadrática

$$3x^2 + 2xy + 3y^2 + 8\sqrt{2}y - 4 = 0$$

encontre a mudança de coordenadas, tal que a equação resultante represente uma cônica na posição padrão.

## Solução

O termo $xy$ é eliminado da mesma forma que no Exemplo 2. Neste caso, usamos a matriz

$$Q = \begin{pmatrix} \frac{1}{\sqrt{2}} & \frac{1}{\sqrt{2}} \\ -\frac{1}{\sqrt{2}} & \frac{1}{\sqrt{2}} \end{pmatrix}$$

para girar o sistema de eixos. A equação em relação ao novo sistema de eixos é

$$2(x')^2 + 4(y')^2 + \begin{pmatrix} 0 & 8\sqrt{2} \end{pmatrix} Q \begin{pmatrix} x' \\ y' \end{pmatrix} = 4$$

ou

$$(x')^2 - 4x' + 2(y')^2 + 4y' = 2$$

Se completarmos o quadrado, obtemos

$$(x' - 2)^2 + 2(y' + 1)^2 = 8$$

Se fizermos $x'' = x' - 2$ e $y'' = y' + 1$ (veja a Figura 6.6.4), a equação é simplificada para

$$\frac{(x'')^2}{8} + \frac{(y'')^2}{4} = 1$$

■

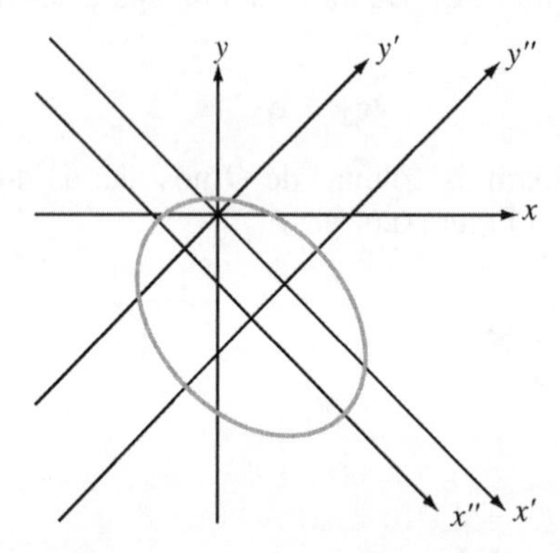


**Figura 6.6.4**

Em resumo, uma equação quadrática nas variáveis $x$ e $y$ pode ser escrita sob a forma

$$\mathbf{x}^T A\mathbf{x} + B\mathbf{x} + f = 0$$

em que $\mathbf{x} = (x, y)^T$, $A$ é uma matriz simétrica $2 \times 2$, $B$ é uma matriz $1 \times 2$ e $f$ é um escalar. Se $A$ é não singular, então, girando e movendo os eixos, é possível reescrever a equação sob a forma

$$\lambda_1(x')^2 + \lambda_2(y')^2 + f' = 0 \tag{4}$$

em que $\lambda_1$ e $\lambda_2$ são os autovalores de $A$. Se (4) representa uma cônica não degenerada real, será uma elipse ou uma hipérbole, dependendo se $\lambda_1$ e $\lambda_2$ têm o mesmo sinal ou sinais contrários. Se $A$ é singular e exatamente um dos autovalores é nulo, a equação quadrática pode ser reduzida para

$$\lambda_1(x')^2 + e'y' + f' = 0 \qquad \text{ou} \qquad \lambda_2(y')^2 + d'x' + f' = 0$$

Estas equações representam parábolas, desde que $e'$ e $d'$ sejam não nulos.

Não há razão para nos limitarmos a duas variáveis. Poderíamos simplesmente ter equações quadráticas e formas quadráticas em qualquer número de variáveis. Com efeito, uma *equação quadrática a n variáveis* $x_1, \ldots, x_n$ é uma da forma

$$\mathbf{x}^T A\mathbf{x} + B\mathbf{x} + \alpha = 0 \tag{5}$$

em que $\mathbf{x} = (x_1, \ldots, x_n)^T$, $A$ é uma matriz simétrica $n \times n$, $B$ é uma matriz $1 \times n$ e $\alpha$ é um escalar. A função vetorial

$$f(\mathbf{x}) = \mathbf{x}^T A\mathbf{x} = \sum_{i=1}^{n}\left(\sum_{j=1}^{n} a_{ij}x_j\right)x_i$$

é a *forma quadrática a n variáveis* associada à equação quadrática.

No caso de três incógnitas, se

$$\mathbf{x} = \begin{bmatrix} x \\ y \\ z \end{bmatrix}, \quad A = \begin{bmatrix} a & d & e \\ d & b & f \\ e & f & c \end{bmatrix}, \quad B = \begin{bmatrix} g \\ h \\ i \end{bmatrix}$$

então (5) se torna

$$ax^2 + by^2 + cz^2 + 2dxy + 2exz + 2fyz + gx + hy + iz + \alpha = 0$$

O gráfico de uma equação quadrática a três variáveis é chamado de *superfície quádrica.*

Há quatro tipos de superfícies quádricas não degeneradas:

1. Elipsoides
2. Hiperboloides (de uma ou duas folhas)
3. Cones
4. Paraboloides (elípticos ou hiperbólicos)

Como no caso bidimensional, podemos usar translações e rotações para transformar a equação para a forma padrão

$$\lambda_1(x')^2 + \lambda_2(y')^2 + \lambda_3(z')^2 + \alpha = 0$$

em que $\lambda_1$, $\lambda_2$, $\lambda_3$ são os autovalores de $A$. Para o caso geral $n$-dimensional, a forma quadrática sempre pode ser traduzida para uma forma diagonal mais simples. Mais precisamente, temos o seguinte teorema:

**Teorema 6.6.1** Teorema dos Eixos Principais

*Se $A$ é uma matriz real simétrica $n \times n$, então há uma mudança de variáveis $\mathbf{u} = Q^T\mathbf{x}$ tal que $\mathbf{x}^T A\mathbf{x} = \mathbf{u}^T D\mathbf{u}$, na qual $D$ é uma matriz diagonal.*

***Demonstração*** Se $A$ é uma matriz real simétrica, então, pelo Corolário 6.4.7, existe uma matriz ortogonal $Q$ que diagonaliza $A$, isto é, $Q^T AQ = D$ (diagonal). Se fizermos $\mathbf{u} = Q^T\mathbf{x}$, então $\mathbf{x} = Q\mathbf{u}$ e

$$\mathbf{x}^T A\mathbf{x} = \mathbf{u}^T Q^T A Q\mathbf{u} = \mathbf{u}^T D\mathbf{u}$$ ■

## Otimização: Uma Aplicação ao Cálculo

Consideremos o problema de minimização e maximização de funções de várias variáveis. Em particular, gostaríamos de determinar a natureza dos pontos críticos de uma função vetorial real $w = F(\mathbf{x})$. Se a função é uma forma quadrática, $w = \mathbf{x}^T A\mathbf{x}$, então $\mathbf{0}$ é um ponto crítico. Quer se trate de um máximo, mínimo ou ponto de sela depende dos autovalores de $A$. Em termos gerais, se a função a ser maximizada ou minimizada é suficientemente diferenciável, ela se comporta localmente como uma forma quadrática. Assim, cada ponto crítico pode ser testado para determinar os sinais dos autovalores da matriz de uma forma quadrática associada.

**Definição**

Seja $F(\mathbf{x})$ uma função vetorial real em $\mathbb{R}^n$. Um ponto $\mathbf{x}_0$ em $\mathbb{R}^n$ é dito ser um **ponto estacionário** de $F$, se todas as primeiras derivadas parciais de $F$ em $\mathbf{x}_0$ existem e são nulas.

Se $F(\mathbf{x})$ tem um máximo local ou um mínimo local em um ponto $\mathbf{x}_0$ e as primeiras derivadas parciais de $F$ existem em $\mathbf{x}_0$, todas elas serão nulas. Assim, se $F(\mathbf{x})$ tem primeiras derivadas parciais em todos os pontos, seus valores máximos e mínimos locais ocorrerão em pontos estacionários.

Considere a forma quadrática

$$f(x, y) = ax^2 + 2bxy + cy^2$$

As primeiras parciais de $f$ são

$$f_x = 2ax + 2by$$
$$f_y = 2bx + 2cy$$

Fazendo-as igual a zero, vemos que (0, 0) é um ponto estacionário. Além disso, se a matriz

$$A = \begin{pmatrix} a & b \\ b & c \end{pmatrix}$$

é não singular, este será o único ponto crítico. Assim, se $A$ é não singular, $f$ terá um mínimo global, um máximo global, ou um ponto de sela em (0, 0).

Vamos escrever $f$ sob a forma

$$f(\mathbf{x}) = \mathbf{x}^T A\mathbf{x} \qquad \text{em que} \qquad \mathbf{x} = \begin{pmatrix} x \\ y \end{pmatrix}$$

Como $f(\mathbf{0}) = 0$, segue-se que $f$ terá um mínimo global em $\mathbf{0}$ se e somente se

$$\mathbf{x}^T A\mathbf{x} > 0 \qquad \text{para todo} \qquad \mathbf{x} \neq \mathbf{0}$$

e $f$ terá um máximo global em $\mathbf{0}$ se e somente se

$$\mathbf{x}^T A\mathbf{x} < 0 \qquad \text{para todo} \qquad \mathbf{x} \neq \mathbf{0}$$

Se $\mathbf{x}^T A\mathbf{x}$ muda de sinal, então $\mathbf{0}$ é um ponto de sela.

Em geral, se $f$ é uma forma quadrática a $n$ variáveis, então para todo $\mathbf{x} \in \mathbb{R}^n$

$$f(\mathbf{x}) = \mathbf{x}^T A\mathbf{x}$$

em que $A$ é uma matriz $n \times n$ simétrica.

**Definição**

Uma forma quadrática $f(\mathbf{x}) = \mathbf{x}^T A\mathbf{x}$ é dita **definida** se tem apenas um sinal quando $\mathbf{x}$ representa todos os vetores não nulos em $\mathbb{R}^n$. A forma é **definida positiva** se $\mathbf{x}^T A\mathbf{x} > 0$ para todos os vetores $\mathbf{x}$ não nulos em $\mathbb{R}^n$ e **definida negativa** se $\mathbf{x}^T A\mathbf{x} < 0$ para todo $\mathbf{x}$ não nulo em $\mathbb{R}^n$. Uma forma quadrática é **indefinida** se assume valores que diferem no sinal. Se $f(\mathbf{x}) = \mathbf{x}^T A\mathbf{x} \geq 0$ e assume o valor 0 para algum $\mathbf{x} \neq \mathbf{0}$, então $f(\mathbf{x})$ é **semidefinida positiva**. Se $f(\mathbf{x}) \leq 0$ e assume o valor 0 para algum $\mathbf{x} \neq \mathbf{0}$, então $f(\mathbf{x})$ é **semidefinida negativa**.

Se a forma quadrática é definida positiva ou definida negativa depende da matriz $A$. Se a forma quadrática é definida positiva, podemos simplesmente dizer que $A$ é definida positiva. A definição anterior pode então ser reescrita como a seguir.

**Definição**

Uma matriz real simétrica $A$ é dita ser

**I.** **definida positiva** se $\mathbf{x}^T A\mathbf{x} > 0$ para todo $\mathbf{x}$ não nulo em $\mathbb{R}^n$.
**II.** **definida negativa** se $\mathbf{x}^T A\mathbf{x} < 0$ para todo $\mathbf{x}$ não nulo em $\mathbb{R}^n$.
**III.** **semidefinida positiva** se $\mathbf{x}^T A\mathbf{x} \geq 0$ para todo $\mathbf{x}$ não nulo em $\mathbb{R}^n$.
**IV.** **semidefinida negativa** se $\mathbf{x}^T A\mathbf{x} \leq 0$ para todo $\mathbf{x}$ não nulo em $\mathbb{R}^n$.
**V.** **indefinida** se $\mathbf{x}^T A\mathbf{x}$ assume valores que diferem em sinal.

Se $A$ é não singular, então $\mathbf{0}$ será o único ponto estacionário de $f(\mathbf{x}) = \mathbf{x}^T A\mathbf{x}$. Será um mínimo global, se $A$ for definida positiva, e um máximo global, se $A$ for definida negativa. Se $A$ é indefinida, então $\mathbf{0}$ é um ponto de sela. Para classificar o ponto estacionário, temos então que classificar a matriz $A$. Existem várias maneiras de determinar se uma matriz é definida positiva. Vamos estudar alguns desses métodos na próxima seção. O teorema a seguir apresenta talvez a mais importante caracterização de matrizes positivas definidas.

**Teorema 6.6.2** *Seja $A$ uma matriz real simétrica $n \times n$. Então, $A$ é definida positiva se e somente se todos os seus autovalores são positivos*

***Demonstração*** Se $A$ é definida positiva e $\lambda$ é um autovalor de $A$, então, para qualquer autovetor $\mathbf{x}$ associado a $\lambda$,

$$\mathbf{x}^T A\mathbf{x} = \lambda\mathbf{x}^T\mathbf{x} = \lambda\|\mathbf{x}\|^2$$

Logo,

$$\lambda = \frac{\mathbf{x}^T A \mathbf{x}}{\|\mathbf{x}\|^2} > 0$$

Reciprocamente, suponha que todos os autovalores de $A$ são positivos. Seja $\{\mathbf{x}_1, \ldots, \mathbf{x}_n\}$ um conjunto ortonormal de autovetores de $A$. Se $\mathbf{x}$ é qualquer vetor não nulo em $\mathbb{R}^n$, então $\mathbf{x}$ pode ser escrito sob a forma

$$\mathbf{x} = \alpha_1 \mathbf{x}_1 + \alpha_2 \mathbf{x}_2 + \cdots + \alpha_n \mathbf{x}_n$$

em que

$$\alpha_i = \mathbf{x}^T \mathbf{x}_i \quad \text{para } i = 1, \ldots, n \quad \text{e} \quad \sum_{i=1}^{n} \alpha_i^2 = \|\mathbf{x}\|^2 > 0$$

Segue-se que

$$\begin{aligned} \mathbf{x}^T A \mathbf{x} &= \mathbf{x}^T (\alpha_1 \lambda_1 \mathbf{x}_1 + \cdots + \alpha_n \lambda_n \mathbf{x}_n) \\ &= \sum_{i=1}^{n} \alpha_i^2 \lambda_i \\ &\geq (\text{mín}\, \lambda_i) \|\mathbf{x}\|^2 > 0 \end{aligned}$$

e, portanto, $A$ é definida positiva. ■

Se os autovalores de $A$ são todos negativos, então $-A$ deve ser definida positiva e, consequentemente, $A$ deve ser definida negativa. Se $A$ tem valores próprios que diferem no sinal, então $A$ é indefinida. Com efeito, se $\lambda_1$ é um autovalor positivo de $A$ e $\mathbf{x}_1$ é um autovetor associado a $\lambda_1$, então

$$\mathbf{x}_1^T A \mathbf{x}_1 = \lambda_1 \mathbf{x}_1^T \mathbf{x}_1 = \lambda_1 \|\mathbf{x}_1\|^2 > 0$$

e se $\lambda_2$ é um autovalor negativo com autovetor $\mathbf{x}_2$, então

$$\mathbf{x}_2^T A \mathbf{x}_2 = \lambda_2 \mathbf{x}_2^T \mathbf{x}_2 = \lambda_2 \|\mathbf{x}_2\|^2 < 0$$

**EXEMPLO 4** O gráfico da forma quadrática $f(x, y) = 2x^2 - 4xy + 5y^2$ é mostrado na Figura 6.6.5. Não é inteiramente claro pelo gráfico se o ponto estacionário (0, 0) é um mínimo global ou um ponto de sela. Podemos usar a matriz $A$ da forma quadrática para decidir o problema:

$$A = \begin{pmatrix} 2 & -2 \\ -2 & 5 \end{pmatrix}$$

Os autovalores de $A$ são $\lambda_1 = 6$ e $\lambda_2 = 1$. Como ambos os autovalores são positivos, segue-se que $A$ é definida positiva e, portanto, o ponto estacionário (0, 0) é um mínimo global. ■

Suponha agora que temos uma função $F(x, y)$ com um ponto estacionário $(x_0, y_0)$. Se $F$ tem terceiras derivadas parciais contínuas em uma vizinhança de $(x_0, y_0)$, ela pode ser expandida em uma série de Taylor em torno desse ponto.

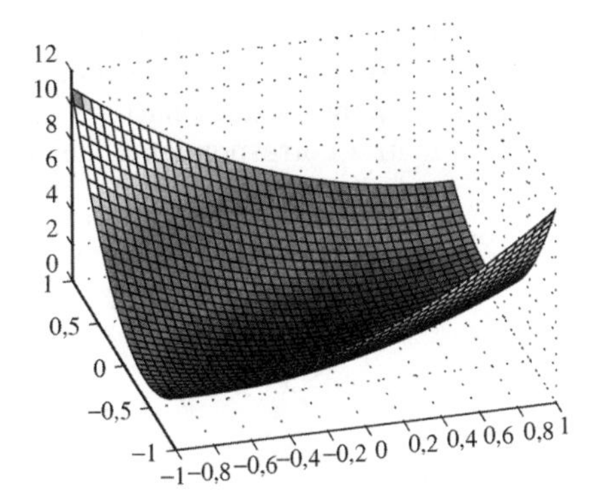


**Figura 6.6.5**

$$\begin{aligned} F(x_0+h, y_0+k) &= F(x_0, y_0) + \left[hF_x(x_0, y_0) + kF_y(x_0, y_0)\right] \\ &\quad + \tfrac{1}{2}\left[h^2F_{xx}(x_0, y_0) + 2hkF_{xy}(x_0, y_0) + k^2F_{yy}(x_0, y_0)\right] + R \\ &= F(x_0, y_0) + \tfrac{1}{2}(ah^2 + 2bhk + ck^2) + R \end{aligned}$$

em que

$$a = F_{xx}(x_0, y_0), \qquad b = F_{xy}(x_0, y_0), \qquad c = F_{yy}(x_0, y_0)$$

e o resto $R$ é dado por

$$\begin{aligned} R &= \tfrac{1}{6}\left[h^3F_{xxx}(\mathbf{z}) + 3h^2kF_{xxy}(\mathbf{z}) + 3hk^2F_{xyy}(\mathbf{z}) + k^3F_{yyy}(\mathbf{z})\right] \\ \mathbf{z} &= (x_0 + \theta h, y_0 + \theta k), \qquad 0 < \theta < 1 \end{aligned}$$

Se $h$ e $k$ são suficientemente pequenos, $|R|$ será menor que $\frac{1}{2}|ah^2 + 2bhk + ck^2|$ e, portanto, $[F(x_0 + h, y_0 + k) - F(x_0, y_0)]$ terá o mesmo sinal que $(ah^2 + 2bhk + ck^2)$. A expressão

$$f(h, k) = ah^2 + 2bhk + ck^2$$

é uma forma quadrática nas variáveis $h$ e $k$. Logo, $F(x, y)$ terá um mínimo (máximo) local em $(x_0, y_0)$ se e somente se $f(h, k)$ tiver um mínimo (máximo) em $(0, 0)$. Seja

$$H = \begin{bmatrix} a & b \\ b & c \end{bmatrix} = \begin{bmatrix} F_{xx}(x_0, y_0) & F_{xy}(x_0, y_0) \\ F_{xy}(x_0, y_0) & F_{yy}(x_0, y_0) \end{bmatrix}$$

e sejam $\lambda_1$ e $\lambda_2$ os autovalores de $H$. Se $H$ é não singular, então $\lambda_1$ e $\lambda_2$ são não nulos e podemos classificar o ponto estacionário como se segue:

**(i)** $F$ tem um mínimo em $(x_0, y_0)$ se $\lambda_1 > 0$, $\lambda_2 > 0$.
**(ii)** $F$ tem um máximo em $(x_0, y_0)$ se $\lambda_1 < 0$, $\lambda_2 < 0$.
**(iii)** $F$ tem um ponto de sela em $(x_0, y_0)$ se $\lambda_1$ e $\lambda_2$ têm sinais diferentes.

EXEMPLO 5 O gráfico da função

$$F(x, y) = \tfrac{1}{3}x^3 + xy^2 - 4xy + 1$$

é mostrado na Figura 6.6.6. Embora todos os pontos estacionários estejam na região mostrada, é difícil distingui-los somente olhando para o gráfico. Entretanto, podemos calcular os pontos estacionários analiticamente e então classificá-los examinando a matriz correspondente das segundas derivadas parciais.

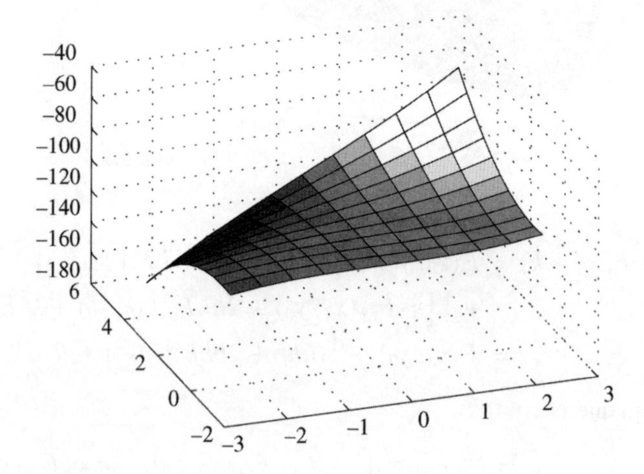


**Figura 6.6.6**

## Solução

As primeiras derivadas parciais de $F$ são

$$F_x = x^2 + y^2 - 4y$$
$$F_y = 2xy - 4x = 2x(y - 2)$$

Fazendo $F_y = 0$, obtemos $x = 0$ ou $y = 2$. Fazendo $F_x = 0$, vemos que, se $x = 0$, então $y$ deve ser 0 ou 4, e se $y = 2$, então $x = \pm 2$. Logo, (0, 0), (0, 4), (2, 2) e $(-2, 2)$ são os pontos estacionários de $F$. Para classificar os pontos estacionários, calculamos as segundas derivadas parciais:

$$F_{xx} = 2x, \quad F_{xy} = 2y - 4, \quad F_{yy} = 2x$$

Para cada ponto estacionário $(x_0, y_0)$, determinamos os autovalores da matriz

$$\begin{bmatrix} 2x_0 & 2y_0 - 4 \\ 2y_0 - 4 & 2x_0 \end{bmatrix}$$

Estes valores estão resumidos na Tabela 1. ■

**Tabela 1** Pontos estacionários de $F(x, y)$

| Ponto Estacionário $(x_0, y_0)$ | $\lambda_1$ | $\lambda_2$ | Descrição |
|---|---|---|---|
| (0, 0) | 4 | $-4$ | Ponto de sela |
| (0, 4) | 4 | $-4$ | Ponto de sela |
| (2, 2) | 4 | 4 | Mínimo local |
| $(-2, 2)$ | $-4$ | $-4$ | Máximo local |

Podemos agora generalizar nosso método de classificação de pontos estacionários para funções de mais de duas variáveis. Seja $F(\mathbf{x}) = F(x_1, \ldots, x_n)$ uma função real cujas terceiras derivadas parciais são todas contínuas. Seja $\mathbf{x}_0$ um ponto estacionário de $F$ e defina uma matriz $H = H(\mathbf{x}_0)$ por

$$h_{ij} = F_{x_i x_j}(\mathbf{x}_0)$$

$H(\mathbf{x}_0)$ é chamada de *hessiano* de $F$ em $\mathbf{x}_0$.

O ponto estacionário pode ser classificado como se segue:

**(i)** $\mathbf{x}_0$ é um mínimo local de $F$ se $H(\mathbf{x}_0)$ é definida positiva.
**(ii)** $\mathbf{x}_0$ é um máximo local de $F$ se $H(\mathbf{x}_0)$ é definida negativa.
**(iii)** $\mathbf{x}_0$ é um ponto de sela de $F$ se $H(\mathbf{x}_0)$ é indefinida.

EXEMPLO 6 Encontre o mínimo local da função

$$F(x, y, z) = x^2 + xz - 3\cos y + z^2$$

### Solução

As primeiras derivadas parciais de $F$ são

$$F_x = 2x + z$$
$$F_y = 3 \operatorname{sen} y$$
$$F_z = x + 2z$$

Segue-se que $(x, y, z)$ é um ponto estacionário de $F$ se e somente se $x = z = 0$ e $y = n\pi$, no qual $n$ é um inteiro. Seja $\mathbf{x}_0 = (0, 2k\pi, 0)^T$. O hessiano de $F$ em $\mathbf{x}_0$ é dado por

$$H(\mathbf{x}_0) = \begin{Bmatrix} 2 & 0 & 1 \\ 0 & 3 & 0 \\ 1 & 0 & 2 \end{Bmatrix}$$

Os autovalores de $H(\mathbf{x}_0)$ são 3, 3 e 1. Como os autovalores são todos positivos, segue-se que $H(\mathbf{x}_0)$ é definida positiva e, portanto, $F$ tem um mínimo local em $\mathbf{x}_0$. Em um ponto estacionário da forma $\mathbf{x}_1 = (0, (2k-1)\pi, 0)^T$, o hessiano será

$$H(\mathbf{x}_1) = \begin{Bmatrix} 2 & 0 & 1 \\ 0 & -3 & 0 \\ 1 & 0 & 2 \end{Bmatrix}$$

Os autovalores de $H(\mathbf{x}_1)$ são $-3$, 3 e 1. Segue-se que $H(\mathbf{x}_1)$ é indefinida e, portanto, $\mathbf{x}_1$ é um ponto de sela de $F$. ■

## PROBLEMAS DA SEÇÃO 6.6

**1.** Encontre a matriz associada a cada uma das seguintes formas quadráticas:

**(a)** $3x^2 - 5xy + y^2$

**(b)** $2x^2 + 3y^2 + z^2 + xy - 2xz + 3yz$

**(c)** $x^2 + 2y^2 + z^2 + xy - 2xz + 3yz$

**2.** Reordene os autovalores do Exemplo 2 de modo que $\lambda_1 = 4$ e $\lambda_2 = 2$ e refaça o exemplo. Em que quadrantes estarão os eixos $x'$ e $y'$? Esboce o gráfico e compare-o com a Figura 6.6.3.

**3.** Em cada um dos seguintes casos, (i) encontre uma mudança de coordenadas adequada (isto é, rotação e/ou translação) de modo que a seção cônica resultante esteja na forma padrão; (ii) identifique a curva; e (iii) esboce o gráfico.

(a) $x^2 + xy + y^2 - 6 = 0$

(b) $3x^2 + 8xy + 3y^2 + 28 = 0$

(c) $-3x^2 + 6xy + 5y^2 - 24 = 0$

(d) $x^2 + 2xy + y^2 + 3x + y - 1 = 0$

**4.** Sejam $\lambda_1$ e $\lambda_2$ os autovalores de

$$A = \begin{bmatrix} a & b \\ b & c \end{bmatrix}$$

Que tipo de seção cônica a equação

$$ax^2 + 2bxy + cy^2 = 1$$

representará, se $\lambda_1 \lambda_2 < 0$? Explique.

**5.** Seja $A$ uma matriz $2 \times 2$ simétrica e seja $\alpha$ um escalar não nulo para o qual a equação $\mathbf{x}^T A\mathbf{x} = \alpha$ é consistente. Mostre que a seção cônica correspondente será não degenerada se e somente se $A$ for não singular.

**6.** Quais das matrizes seguintes são definidas positivas? Definidas negativas? Indefinidas?

(a) $\begin{bmatrix} 3 & 2 \\ 2 & 2 \end{bmatrix}$ (b) $\begin{bmatrix} 3 & 4 \\ 4 & 1 \end{bmatrix}$

(c) $\begin{bmatrix} 3 & \sqrt{2} \\ \sqrt{2} & 4 \end{bmatrix}$ (d) $\begin{bmatrix} -2 & 0 & 1 \\ 0 & -1 & 0 \\ 1 & 0 & -2 \end{bmatrix}$

(e) $\begin{bmatrix} 1 & 2 & 1 \\ 2 & 1 & 1 \\ 1 & 1 & 2 \end{bmatrix}$ (f) $\begin{bmatrix} 2 & 0 & 0 \\ 0 & 5 & 3 \\ 0 & 3 & 5 \end{bmatrix}$

**7.** Para cada uma das seguintes funções, determine se o ponto estacionário dado corresponde a um mínimo local, máximo local ou ponto de sela:

(a) $f(x, y) = 3x^2 - xy + y^2 \quad (0, 0)$

(b) $f(x, y) = \operatorname{sen} x + y^3 + 3xy + 2x - 3y \quad (0, -1)$

(c) $f(x, y) = \frac{1}{3}x^3 - \frac{1}{3}y^3 + 3xy + 2x - 2y \quad (1, -1)$

(d) $f(x, y) = \dfrac{y}{x^2} + \dfrac{x}{y^2} + xy \quad (1, 1)$

(e) $f(x, y, z) = x^3 + xyz + y^2 - 3x \quad (1, 0, 0)$

(f) $f(x, y, z) = -\frac{1}{4}(x^{-4} + y^{-4} + z^{-4}) + yz - x - 2y - 2z \quad (1, 1, 1)$

**8.** Mostre que, se $A$ é simétrica e definida positiva, então $\det(A) > 0$. Dê um exemplo de uma matriz $2 \times 2$ com determinante positivo e que não é definida positiva.

**9.** Mostre que, se $A$ é uma matriz simétrica e definida positiva, então $A$ é não singular e $A^{-1}$ também é definida positiva.

**10.** Seja $A$ uma matriz singular $n \times n$. Mostre que $A^T A$ é semidefinida positiva, mas não definida positiva.

**11.** Seja $A$ uma matriz simétrica $n \times n$ com autovalores $\lambda_1, \ldots, \lambda_n$. Mostre que existe um conjunto ortonormal de vetores $\{\mathbf{x}_1, \ldots, \mathbf{x}_n\}$ tal que

$$\mathbf{x}^T A\mathbf{x} = \sum_{i=1}^{n} \lambda_i \left(\mathbf{x}^T \mathbf{x}_i\right)^2$$

para todo $\mathbf{x} \in \mathbb{R}^n$.

**12.** Seja $A$ uma matriz simétrica definida positiva $n \times n$. Mostre que os elementos diagonais de $A$ devem ser todos positivos.

**13.** Seja $A$ uma matriz simétrica definida positiva $n \times n$ e seja $S$ uma matriz não singular $n \times n$. Mostre que $S^T AS$ é definida positiva.

**14.** Seja $A$ uma matriz simétrica definida positiva $n \times n$. Mostre que $A$ pode ser fatorada em um produto $QQ^T$, em que $Q$ é uma matriz $n \times n$ cujas colunas são mutuamente ortogonais. [*Sugestão*: Veja o Corolário 6.4.7.]

## 6.7 Matrizes Definidas Positivas

Na Seção 6.6, vimos que uma matriz simétrica é definida positiva se e somente se todos os seus autovalores são positivos. Esses tipos de matrizes ocorrem em uma grande variedade de aplicações. Elas frequentemente surgem na solução numérica de problemas de valor de contorno por métodos de diferenças finitas, ou por métodos de elementos finitos. Devido a sua importância na matemática aplicada, dedicamos esta seção para estudar suas propriedades.

Lembre-se de que uma matriz $A$ $n \times n$ simétrica é definida positiva se $\mathbf{x}^T A\mathbf{x} > 0$ para todos os vetores $\mathbf{x}$ não nulos em $\mathbb{R}^n$. No Teorema 6.6.2, matrizes simétricas definidas positivas foram caracterizadas pela condição de que todos os seus autovalores são positivos. Esta caracterização pode ser usada para estabelecer as seguintes propriedades:

**Propriedade I** Se $A$ é uma matriz simétrica definida positiva, então $A$ é não singular.

**Propriedade II** Se $A$ é uma matriz simétrica definida positiva, então $\det(A) > 0$.

Se $A$ fosse singular, $\lambda = 0$ seria um autovalor de $A$. No entanto, uma vez que todos os autovalores de $A$ são positivos, $A$ deve ser não singular. A segunda propriedade também segue, a partir do Teorema 6.6.2, desde que

$$\det(A) = \lambda_1 \cdots \lambda_n > 0$$

Dada uma matriz $A$, $n \times n$, seja $A_r$ a matriz formada pela eliminação das últimas $n - r$ linhas e colunas de $A$. $A_r$ é chamada de *submatriz principal inicial* de ordem $r$ de $A$. Podemos agora enunciar uma terceira propriedade das matrizes definidas positivas:

**Propriedade III** Se $A$ é uma matriz simétrica definida positiva, então as submatrizes principais iniciais $A_1, A_2, \ldots, A_n$ de $A$ são todas definidas positivas.

*Demonstração* Para mostrar que $A_r$ é definida positiva, $1 \leq r \leq n$, seja $\mathbf{x}_r = (x_1, \ldots, x_r)^T$ qualquer vetor não nulo em $\mathbb{R}^r$, e defina-se

$$\mathbf{x} = (x_1, \ldots, x_r, 0, \ldots, 0)^T$$

Já que

$$\mathbf{x}_r^T A_r \mathbf{x}_r = \mathbf{x}^T A \mathbf{x} > 0$$

segue-se que $A_r$ é definida positiva. ■

Uma consequência imediata das Propriedades **I**, **II** e **III** é que, se $A_r$ é uma submatriz principal inicial de uma matriz simétrica definida positiva, então $A_r$ é não singular e $\det(A_r) > 0$. Isto tem um significado em relação ao processo de eliminação de Gauss. Em geral, se $A$ é uma matriz $n \times n$ cujas submatrizes principais iniciais são todas não singulares, então $A$ pode ser reduzida à forma triangular superior usando apenas a operação sobre linhas III; isto é, os elementos da diagonal nunca serão 0 no processo de eliminação; logo, a redução pode ser concluída sem intercambiar linhas.

**Propriedade IV** Se $A$ é uma matriz simétrica definida positiva, então $A$ pode ser reduzida à forma triangular superior usando apenas a operação sobre linhas III, e os elementos pivô serão todos positivos.

Vamos ilustrar a Propriedade **IV**, no caso de uma matriz $A$ $4 \times 4$ simétrica definida positiva. Note-se inicialmente que

$$a_{11} = \det(A_1) > 0$$

assim, $a_{11}$ pode ser usado como um elemento pivô e a linha 1 é a primeira linha do pivô. Seja $a_{22}^{(1)}$ o elemento na posição (2, 2) depois que os três últimos elementos da coluna 1 foram eliminados (veja a Figura 6.7.1). Neste passo, a submatriz $A_2$ foi transformada em uma matriz:

$$\begin{bmatrix} a_{11} & a_{12} \\ 0 & a_{22}^{(1)} \end{bmatrix}$$

$$\begin{pmatrix} a_{11} & x & x & x \\ x & a_{22} & x & x \\ x & x & a_{33} & x \\ x & x & x & a_{44} \end{pmatrix} \xrightarrow{1} \begin{pmatrix} a_{11} & x & x & x \\ 0 & a_{22}^{(1)} & x & x \\ 0 & x & a_{33}^{(1)} & x \\ 0 & x & x & a_{44}^{(1)} \end{pmatrix} \xrightarrow{2} \begin{pmatrix} a_{11} & x & x & x \\ 0 & a_{22}^{(1)} & x & x \\ 0 & 0 & a_{33}^{(2)} & x \\ 0 & 0 & x & a_{44}^{(2)} \end{pmatrix} \xrightarrow{3} \begin{pmatrix} a_{11} & x & x & x \\ 0 & a_{22}^{(1)} & x & x \\ 0 & 0 & a_{33}^{(2)} & x \\ 0 & 0 & 0 & a_{44}^{(3)} \end{pmatrix}$$

$A \qquad A^{(1)} \qquad A^{(2)} \qquad A^{(3)} = U$

**Figura 6.7.1**

Como a transformação foi efetuada usando somente a operação sobre linhas III, o valor do determinante permanece inalterado. Logo,

$$\det(A_2) = a_{11}a_{22}^{(1)}$$

e, portanto,

$$a_{22}^{(1)} = \frac{\det(A_2)}{a_{11}} = \frac{\det(A_2)}{\det(A_1)} > 0$$

Como $a_{22}^{(1)} \neq 0$, pode ser usado como pivô no segundo passo do processo de eliminação. Após o passo 2, a matriz $A_3$ foi transformada em

$$\begin{bmatrix} a_{11} & a_{12} & a_{13} \\ 0 & a_{22}^{(1)} & a_{23}^{(1)} \\ 0 & 0 & a_{33}^{(2)} \end{bmatrix}$$

Já que somente a operação sobre linhas III foi usada,

$$\det(A_3) = a_{11}a_{22}^{(1)}a_{33}^{(2)}$$

e, portanto,

$$a_{33}^{(2)} = \frac{\det(A_3)}{a_{11}a_{22}^{(1)}} = \frac{\det(A_3)}{\det(A_2)} > 0$$

Logo, $a_{33}^{(2)}$ pode ser usado como pivô no último passo. Após o passo 3, o elemento diagonal restante será

$$a_{44}^{(3)} = \frac{\det(A_4)}{\det(A_3)} > 0$$

Em geral, se uma matriz $n \times n$ $A$ pode ser reduzida a uma forma triangular superior $U$ sem intercâmbio de linhas, então $A$ pode ser fatorada em um produto $LU$, no qual $L$ é triangular inferior com 1's na diagonal. O elemento $(i, j)$ de $L$ sob a diagonal será o múltiplo da linha $i$ que foi subtraído da linha $j$ durante o processo de eliminação. Ilustramos com um exemplo $3 \times 3$.

**EXEMPLO 1** Seja

$$A = \begin{bmatrix} 4 & 2 & -2 \\ 2 & 10 & 2 \\ -2 & 2 & 5 \end{bmatrix}$$

A matriz $L$ é determinada da seguinte forma: Na primeira etapa do processo de eliminação, $\frac{1}{2}$ da primeira linha é subtraída da segunda linha e $-\frac{1}{2}$ da primeira linha é subtraída da terceira. Correspondendo a estas operações, podemos definir $l_{21} = \frac{1}{2}$ e $l_{31} = -\frac{1}{2}$. Após o passo 1, obtemos a matriz

$$A^{(1)} = \begin{bmatrix} 4 & 2 & -2 \\ 0 & 9 & 3 \\ 0 & 3 & 4 \end{bmatrix}$$

A eliminação final é obtida subtraindo $\frac{1}{3}$ da segunda linha da terceira linha. Correspondendo a este passo, fazemos $l_{32} = \frac{1}{3}$. Após o passo 2, terminamos com a matriz triangular superior

$$U = A^{(2)} = \begin{bmatrix} 4 & 2 & -2 \\ 0 & 9 & 3 \\ 0 & 0 & 3 \end{bmatrix}$$

A matriz $L$ é dada por

$$L = \begin{bmatrix} 1 & 0 & 0 \\ \frac{1}{2} & 1 & 0 \\ -\frac{1}{2} & \frac{1}{3} & 1 \end{bmatrix}$$

e podemos verificar que o produto $LU = A$.

$$\begin{bmatrix} 1 & 0 & 0 \\ \frac{1}{2} & 1 & 0 \\ -\frac{1}{2} & \frac{1}{3} & 1 \end{bmatrix} \begin{bmatrix} 4 & 2 & -2 \\ 0 & 9 & 3 \\ 0 & 0 & 3 \end{bmatrix} = \begin{bmatrix} 4 & 2 & -2 \\ 2 & 10 & 2 \\ -2 & 2 & 5 \end{bmatrix}$$

Para verificar por que esta fatoração funciona, vamos ver esse processo em termos de matrizes elementares. A operação sobre linhas III foi aplicada três vezes durante o processo. Isto é equivalente à multiplicação de $A$ à esquerda por três matrizes elementares $E_1$, $E_2$ e $E_3$. Deste modo, $E_3E_2E_1A = U$:

$$\begin{bmatrix} 1 & 0 & 0 \\ 0 & 1 & 0 \\ 0 & \frac{1}{3} & 1 \end{bmatrix} \begin{bmatrix} 1 & 0 & 0 \\ 0 & 1 & 0 \\ \frac{1}{2} & 0 & 1 \end{bmatrix} \begin{bmatrix} 1 & 0 & 0 \\ -\frac{1}{2} & 1 & 0 \\ 0 & 0 & 1 \end{bmatrix} \begin{bmatrix} 4 & 2 & -2 \\ 2 & 10 & 2 \\ -2 & 2 & 5 \end{bmatrix} = \begin{bmatrix} 4 & 2 & -2 \\ 0 & 9 & 3 \\ 0 & 0 & 3 \end{bmatrix}$$

Como estas matrizes são não singulares, segue-se que

$$A = (E_1^{-1}E_2^{-1}E_3^{-1})U$$

Quando as matrizes elementares inversas são multiplicadas nesta ordem, o resultado é uma matriz $L$ triangular inferior com 1's na diagonal. Os elementos abaixo da diagonal de $L$ serão exatamente os múltiplos que foram subtraídos durante o processo de eliminação:

$$E_1^{-1}E_2^{-1}E_3^{-1} = \begin{bmatrix} 1 & 0 & 0 \\ \frac{1}{2} & 1 & 0 \\ 0 & 0 & 1 \end{bmatrix} \begin{bmatrix} 1 & 0 & 0 \\ 0 & 1 & 0 \\ -\frac{1}{2} & 0 & 1 \end{bmatrix} \begin{bmatrix} 1 & 0 & 0 \\ 0 & 1 & 0 \\ 0 & \frac{1}{3} & 1 \end{bmatrix}$$

$$= \begin{bmatrix} 1 & 0 & 0 \\ \frac{1}{2} & 1 & 0 \\ -\frac{1}{2} & \frac{1}{3} & 1 \end{bmatrix}$$

■

Dada uma fatoração $LU$ de uma matriz, é possível ir um passo além e fatorar $U$ em um produto $DU_1$, no qual $D$ é diagonal e $U_1$ é triangular superior com 1's na diagonal:

$$DU_1 = \begin{bmatrix} u_{11} & & & \\ & u_{22} & & \\ & & \ddots & \\ & & & u_{nn} \end{bmatrix} \begin{bmatrix} 1 & \dfrac{u_{12}}{u_{11}} & \dfrac{u_{13}}{u_{11}} & \cdots & \dfrac{u_{1n}}{u_{11}} \\ & 1 & \dfrac{u_{23}}{u_{22}} & \cdots & \dfrac{u_{2n}}{u_{22}} \\ & & & & \vdots \\ & & & & 1 \end{bmatrix}$$

Segue-se, então, que $A = LDU_1$. As matrizes $L$ e $U_1$ são chamadas matrizes triangulares unitárias, uma vez que são triangulares, e seus elementos diagonais são todos iguais a 1. A representação de uma matriz quadrada $A$ como um produto $LDU$, no qual $L$ é uma matriz triangular inferior, $D$ é diagonal e $U$ é uma matriz triangular superior, é chamada fatoração $LDU$ de $A$. Em geral, se $A$ tem uma fatoração $LDU$, ela é única.

Se $A$ é uma matriz simétrica definida positiva, então $A$ pode ser fatorada em um produto $LU = LDU_1$. Os elementos diagonais de $D$ são os valores $u_{11}, \ldots, u_{nn}$, que foram os elementos pivô no processo de eliminação. Pela Propriedade **IV**, estes elementos são todos positivos. Além disso, uma vez que $A$ é simétrica,

$$LDU_1 = A = A^T = (LDU_1)^T = U_1^T D^T L^T$$

Segue-se, da unicidade da fatoração $LDU$, que $L^T = U_1$. Logo,

$$A = LDL^T$$

Esta fatoração importante é frequentemente usada em cálculos numéricos. Há algoritmos eficientes que fazem uso da fatoração na resolução de sistemas lineares simétricos definidos positivos.

**Propriedade V** Se $A$ é uma matriz simétrica definida positiva, então $A$ pode ser fatorada em um produto $LDL^T$, no qual $L$ é triangular inferior com 1's ao longo da diagonal, e $D$ é uma matriz diagonal cujos elementos diagonais são todos positivos.

EXEMPLO 2 Vimos no Exemplo 1 que

$$A = \begin{bmatrix} 4 & 2 & -2 \\ 2 & 10 & 2 \\ -2 & 2 & 5 \end{bmatrix}$$

$$= \begin{bmatrix} 1 & 0 & 0 \\ \frac{1}{2} & 1 & 0 \\ -\frac{1}{2} & \frac{1}{3} & 1 \end{bmatrix} \begin{bmatrix} 4 & 2 & -2 \\ 0 & 9 & 3 \\ 0 & 0 & 3 \end{bmatrix} = LU$$

Fatorando os elementos diagonais de $U$, obtemos

$$A = \begin{bmatrix} 1 & 0 & 0 \\ \frac{1}{2} & 1 & 0 \\ -\frac{1}{2} & \frac{1}{3} & 1 \end{bmatrix} \begin{bmatrix} 4 & 0 & 0 \\ 0 & 9 & 0 \\ 0 & 0 & 3 \end{bmatrix} \begin{bmatrix} 1 & \frac{1}{2} & -\frac{1}{2} \\ 0 & 1 & \frac{1}{3} \\ 0 & 0 & 1 \end{bmatrix} = LDL^T \quad \blacksquare$$

Como os elementos diagonais $u_{11}, \ldots, u_{nn}$ são positivos, é possível avançar um passo na fatoração. Seja

$$D^{1/2} = \begin{bmatrix} \sqrt{u_{11}} & & & \\ & \sqrt{u_{22}} & & \\ & & \ddots & \\ & & & \sqrt{u_{nn}} \end{bmatrix}$$

e faça $L_1 = LD^{1/2}$. Então,

$$A = LDL^T = LD^{1/2}(D^{1/2})^T L^T = L_1 L_1^T$$

Esta fatoração é conhecida como *decomposição de Cholesky* de $A$.

**Propriedade VI (Decomposição de Cholesky)** Se $A$ é uma matriz simétrica definida positiva, então $A$ pode ser fatorada em um produto $LL^T$, no qual $L$ é triangular inferior com elementos diagonais positivos.

A decomposição de Cholesky de uma matriz simétrica positiva definida $A$ também pode ser representada na forma de uma matriz triangular superior. De fato, se $A$ tiver uma decomposição de Cholesky $LL^T$ em que $L$ é triangular inferior com entradas diagonais positivas, então a matriz $R = L^T$ é triangular superior com entradas diagonais positiva e

$$A = LL^T = R^T R$$

EXEMPLO 3 Seja $A$ a matriz dos Exemplos 1 e 2. Se fizermos

$$L_1 = LD^{1/2} = \begin{bmatrix} 1 & 0 & 0 \\ \frac{1}{2} & 1 & 0 \\ -\frac{1}{2} & \frac{1}{3} & 1 \end{bmatrix} \begin{bmatrix} 2 & 0 & 0 \\ 0 & 3 & 0 \\ 0 & 0 & \sqrt{3} \end{bmatrix} = \begin{bmatrix} 2 & 0 & 0 \\ 1 & 3 & 0 \\ -1 & 1 & \sqrt{3} \end{bmatrix}$$

então

$$L_1 L_1^T = \begin{bmatrix} 2 & 0 & 0 \\ 1 & 3 & 0 \\ -1 & 1 & \sqrt{3} \end{bmatrix} \begin{bmatrix} 2 & 1 & -1 \\ 0 & 3 & 1 \\ 0 & 0 & \sqrt{3} \end{bmatrix}$$

$$= \begin{bmatrix} 4 & 2 & -2 \\ 2 & 10 & 2 \\ -2 & 2 & 5 \end{bmatrix} = A \quad \blacksquare$$

A fatoração de Cholesky da matriz definida simétrica positiva $A$ no Exemplo 3 também poderia ter sido escrita em termos da matriz triangular superior $R = L_1^T$.

$$A = L_1 L_1^T = R^T R$$

Mais geralmente, não é difícil mostrar que qualquer produto $B^TB$ será definido positivo, desde que $B$ seja não singular. Colocando todos estes resultados em conjunto, temos o seguinte teorema:

**Teorema 6.7.1** *Seja $A$ uma matriz $n \times n$ simétrica. Os enunciados a seguir são equivalentes:*

**(a)** *$A$ é definida positiva.*

**(b)** *As submatrizes principiais iniciais $A_1, A_2, \ldots, A_n$, todas têm determinantes positivos.*

**(c)** *$A$ pode ser reduzida à forma triangular superior usando apenas a operação sobre linhas III, e os elementos pivô serão todos positivos.*

**(d)** *$A$ tem uma fatoração de Cholesky $LL^T$ (em que $L$ é triangular inferior com elementos diagonais positivos).*

**(e)** *$A$ pode ser fatorada em um produto $B^TB$ para alguma matriz não singular $B$.*

***Demonstração*** Já mostramos que (a) implica (b), (b) implica (c), e (c) implica (d). Para ver que (d) implica (e), suponha que $A = LL^T$. Se fizermos $B = L^T$, então $B$ é não singular e

$$A = LL^T = B^TB$$

Finalmente, para mostrar que (e) $\Rightarrow$ (a), suponha que $A = B^TB$, em que $B$ é não singular. Seja $\mathbf{x}$ qualquer vetor não nulo em $\mathbb{R}^n$ e defina $\mathbf{y} = B\mathbf{x}$. Como $B$ é não singular, $\mathbf{y} \neq \mathbf{0}$ e segue-se que

$$\mathbf{x}^TA\mathbf{x} = \mathbf{x}^T B^TB\mathbf{x} = \mathbf{y}^T\mathbf{y} = \|\mathbf{y}\|^2 > 0$$

Logo, $A$ é definida positiva. ■

Resultados análogos ao Teorema 6.7.1 não são válidos para semidefinição positiva. Por exemplo, considere a matriz

$$A = \begin{bmatrix} 1 & 1 & -3 \\ 1 & 1 & -3 \\ -3 & -3 & 5 \end{bmatrix}$$

As submatrizes principais iniciais têm, todas, determinantes não negativos.

$$\det(A_1) = 1, \quad \det(A_2) = 0, \quad \det(A_3) = 0$$

No entanto, $A$ não é semidefinida positiva, já que tem um autovalor negativo $\lambda = -1$. Na verdade, $\mathbf{x} = (1, 1, 1)^T$ é um vetor próprio associado a $\lambda = -1$ e

$$\mathbf{x}^TA\mathbf{x} = -3$$

## PROBLEMAS DA SEÇÃO 6.7

**1.** Para cada uma das seguintes matrizes, calcule os determinantes de todas as submatrizes principais iniciais e use-os para determinar se a matriz é definida positiva:

**(a)** $\begin{bmatrix} 2 & -1 \\ -1 & 2 \end{bmatrix}$ **(b)** $\begin{bmatrix} 3 & 4 \\ 4 & 2 \end{bmatrix}$

**(c)** $\begin{bmatrix} 6 & 4 & -2 \\ 4 & 5 & 3 \\ -2 & 3 & 6 \end{bmatrix}$ **(d)** $\begin{bmatrix} 4 & 2 & 1 \\ 2 & 3 & -2 \\ 1 & -2 & 5 \end{bmatrix}$

**2.** Seja $A$ uma matriz $3 \times 3$ simétrica definida positiva e suponha que $\det(A_1) = 3$, $\det(A_2) = 6$ e $\det(A_3) = 8$. Quais seriam os elementos pivô na redução de $A$ para a forma triangular, admitindo que apenas a operação sobre linhas III seja usada no processo de redução?

**3.** Seja

$$A = \begin{bmatrix} 2 & -1 & 0 & 0 \\ -1 & 2 & -1 & 0 \\ 0 & -1 & 2 & -1 \\ 0 & 0 & -1 & 2 \end{bmatrix}$$

**(a)** Calcule a fatoração $LU$ de $A$.

**(b)** Explique por que $A$ deve ser definida positiva.

**4.** Para cada um dos seguintes, fatore a matriz dada em um produto $LDL^T$, em que $L$ é triangular inferior com 1's na diagonal e $D$ é uma matriz diagonal:

**(a)** $\begin{bmatrix} 4 & 2 \\ 2 & 10 \end{bmatrix}$ **(b)** $\begin{bmatrix} 9 & -3 \\ -3 & 2 \end{bmatrix}$

**(c)** $\begin{bmatrix} 16 & 8 & 4 \\ 8 & 6 & 0 \\ 4 & 0 & 7 \end{bmatrix}$ **(d)** $\begin{bmatrix} 9 & 3 & -6 \\ 3 & 4 & 1 \\ -6 & 1 & 9 \end{bmatrix}$

**5.** Encontre a decomposição de Cholesky $LL^T$ para cada uma das matrizes do Problema 4.

**6.** Seja $A$ uma matriz $n \times n$ simétrica definida positiva. Para cada $\mathbf{x}, \mathbf{y} \in \mathbb{R}^n$, defina

$$\langle \mathbf{x}, \mathbf{y} \rangle = \mathbf{x}^T A \mathbf{y}$$

Mostre que $\langle\ ,\ \rangle$ define um produto interno em $\mathbb{R}^n$.

**7.** Demonstre cada um dos seguintes:

**(a)** Se $U$ é uma matriz triangular superior unitária, então $U$ é não singular e $U^{-1}$ é também triangular superior unitária.

**(b)** Se $U_1$ e $U_2$ são matrizes triangulares superiores unitárias, então o produto $U_1U_2$ é também uma matriz triangular superior unitária.

**8.** Seja $A$ uma matriz não singular $n \times n$ e suponha que $A = L_1D_1U_1 = L_2D_2U_2$, em que $L_1$ e $L_2$ são triangulares inferiores, $D_1$ e $D_2$ são diagonais, $U_1$ e $U_2$ são triangulares superiores e $L_1$, $L_2$, $U_1$ e $U_2$ têm, todos, 1's ao longo da diagonal. Mostre que $L_1 = L_2$, $D_1 = D_2$ e $U_1 = U_2$. [*Sugestão*: $L_2^{-1}$ é triangular inferior e $U_1^{-1}$ é triangular superior. Compare os dois membros da equação $D_2^{-1}L_2^{-1}L_1D_1 = U_2U_1^{-1}$.]

**9.** Seja $A$ uma matriz definida positiva simétrica com decomposição de Cholesky $A = LL^T = R^TR$. Prove que a matriz triangular inferior $L$ (ou que a matriz triangular superior $R$) na fatoração é única.

**10.** Seja $A$ uma matriz $m \times n$ com posto $n$. Mostre que a matriz $A^TA$ é simétrica definida positiva.

**11.** Seja $A$ uma matriz $m \times n$ com posto $n$ e seja $QR$ a fatoração obtida quando o processo de Gram-Schmidt é aplicado aos vetores coluna de $A$. Mostre que, se $A^TA$ tem fatoração de Cholesky $R_1^TR_1$, então $R_1 = R$. Assim, os fatores triangulares superiores na fatoração de Gram-Schmidt $QR$ de $A$ e a decomposição de Cholesky de $A^TA$ são idênticos.

**12.** Seja $A$ uma matriz simétrica definida positiva e $Q$ uma matriz ortogonal diagonalizante. Use a fatoração $A = QDQ^T$ para encontrar uma matriz $B$ não singular, tal que $B^TB = A$.

**13.** Seja A uma matriz $n \times n$ simétrica. Mostre que $e^A$ é simétrica e definida positiva.

**14.** Mostre que, se $B$ é uma matriz simétrica não singular, então $B^2$ é definida positiva.

**15.** Sejam

$$A = \begin{bmatrix} 1 & -\frac{1}{2} \\ -\frac{1}{2} & 1 \end{bmatrix} \quad \text{e} \quad B = \begin{bmatrix} 1 & -1 \\ 0 & 1 \end{bmatrix}$$

**(a)** Mostre que $A$ é definida positiva e que $\mathbf{x}^TA\mathbf{x} = \mathbf{x}^TB\mathbf{x}$ para todo $\mathbf{x} \in \mathbb{R}^2$.

**(b)** Mostre que $B$ é definida positiva, mas $B^2$ não é definida positiva.

**16.** Seja $A$ uma matriz simétrica $n \times n$ definida negativa.

**(a)** Qual será o sinal de $\det(A)$ se $n$ é par? Se $n$ é ímpar?

**(b)** Mostre que as submatrizes principais iniciais de $A$ são definidas negativas.

**(c)** Mostre que os determinantes das submatrizes principais iniciais de $A$ têm sinais alternados.

**17.** Seja $A$ uma matriz $n \times n$ simétrica definida positiva.

**(a)** Se $k < n$, então as submatrizes principais iniciais $A_k$ e $A_{k+1}$ são definidas positivas e, consequentemente, têm fatorações de Cholesky $L_kL_k^T$ e $L_{k+1}L_{k+1}^T$. Se $A_{k+1}$ é expressa na forma

$$A_{k+1} = \begin{bmatrix} A_k & \mathbf{y}_k \\ \mathbf{y}_k^T & \beta_k \end{bmatrix}$$

em que $\mathbf{y}_k \in \mathbb{R}^k$ e $\beta_k$ é um escalar, mostre que $L_{k+1}$ é da forma

$$L_{k+1} = \begin{bmatrix} L_k & \mathbf{0} \\ \mathbf{x}_k^T & \alpha_k \end{bmatrix}$$

e determine $\mathbf{x}_k$ e $\alpha_k$ em função de $L_k$, $\mathbf{y}_k$ e $\beta_k$.

**(b)** A submatriz principal inicial $A_1$ tem decomposição de Cholesky $L_1L_1^T$, em que $L_1 = (\sqrt{a_{11}})$. Explique como a parte (a) pode ser usada para calcular com sucesso a decomposição de Cholesky de $A_2, \ldots, A_n$. Proponha um algoritmo que calcula $L_2, L_3, \ldots, L_n$ em um laço simples. Como $A = A_n$, a decomposição de Cholesky de $A$ será $L_n L_n^T$. (Este algoritmo é eficiente pelo fato de usar aproximadamente a metade dos cálculos normalmente necessários para calcular uma fatoração $LU$.)

## 6.8 Matrizes Não Negativas

Em muitos dos tipos de sistemas lineares que ocorrem em aplicações, os elementos da matriz de coeficientes representam quantidades não negativas. Esta seção lida com o estudo de tais matrizes e algumas de suas propriedades.

**Definição** Uma matriz $A$ $n \times n$ com elementos reais é dita **não negativa** se $a_{ij} \geq 0$ para cada $i$ e $j$, e **positiva**, se $a_{ij} > 0$ para cada $i$ e $j$.

Da mesma forma, um vetor $\mathbf{x} = (x_1, \ldots, x_n)^T$ é dito **não negativo** se cada $x_i \geq 0$, e **positivo**, se cada $x_i > 0$.

Para um exemplo de uma das aplicações de matrizes não negativas, consideremos os modelos de entrada e saída de Leontief.

### APLICAÇÃO 1 O Modelo Aberto

Suponha que haja $n$ indústrias produtoras de $n$ produtos diferentes. Cada indústria necessita da entrada de produtos das outras indústrias e, possivelmente, até mesmo do seu próprio produto. No modelo aberto, presume-se que há uma demanda adicional para cada um dos produtos de um setor externo. O problema é determinar a saída de cada uma das indústrias necessárias para atender à demanda total.

Vamos mostrar que esse problema pode ser representado por um sistema de equações lineares e que o sistema tem uma única solução não negativa. Seja $a_{ij}$ o montante da entrada da $i$-ésima indústria necessário para produzir uma unidade de produção da $j$-ésima indústria. Por uma unidade de entrada ou saída, queremos dizer o valor de um dólar do produto. Assim, o custo total de produção de um dólar do $j$-ésimo produto será

$$a_{1j} + a_{2j} + \cdots + a_{nj}$$

Como os elementos de $A$ são todos não negativos, esta soma é igual a $\|\mathbf{a}_j\|_1$. Claramente, a produção do $j$-ésimo produto não será rentável se $\|\mathbf{a}_j\|_1 < 1$. Seja $d_i$ a demanda do setor aberto para o $i$-ésimo produto. Finalmente, seja $x_i$ a quantidade de saída do $i$-ésimo produto necessária para atender à demanda total. Se a $j$-ésima indústria deve ter uma saída de $x_j$, ela necessitará de uma entrada de $a_{ij}\, x_j$ unidades da $i$-ésima indústria. Assim, a demanda total para o $i$-ésimo produto será

$$a_{i1}x_1 + a_{i2}x_2 + \cdots + a_{in}x_n + d_i$$

e, portanto, precisamos que

$$x_i = a_{i1}x_1 + a_{i2}x_2 + \cdots + a_{in}x_n + d_i$$

para $i = 1, \ldots, n$. Isto leva ao sistema

$$\begin{aligned}
(1 - a_{11})x_1 + \quad (-a_{12})x_2 + \cdots + \quad (-a_{1n})x_n &= d_1 \\
(-a_{21})x_1 + (1 - a_{22})x_2 + \cdots + \quad (-a_{2n})x_n &= d_2 \\
&\vdots \\
(-a_{n1})x_1 + \quad (-a_{n2})x_2 + \cdots + (1 - a_{nn})x_n &= d_n
\end{aligned}$$

que pode ser escrito sob a forma

$$(I - A)\mathbf{x} = \mathbf{d} \tag{1}$$

Os elementos de $A$ têm duas propriedades importantes:

**(i)** $a_{ij} \geq 0$ para todo $i$ e $j$.

**(ii)** $\|\mathbf{a}_j\|_1 = \sum_{i=1}^{n} a_{ij} < 1$ para todo $j$.

O vetor $\mathbf{x}$ deve ser não apenas uma solução de (1); ele também deve ser não negativo. (Não faria nenhum sentido ter uma saída negativa.)

Para mostrar que o sistema tem uma única solução não negativa, devemos fazer uso de uma norma da matriz que está relacionada com a 1-norma para vetores que foi apresentada na Seção 5.4 do Capítulo 5. A norma matricial também é referida como a 1-norma e é denotada por $\|\cdot\|_1$. A definição e as propriedades da 1-norma para as matrizes são estudadas na Seção 7.4 do Capítulo 7. Nessa seção, vamos mostrar que, para qualquer matriz $m \times n$, $B$,

$$\|B\|_1 = \max_{1 \leq j \leq n} \left( \sum_{i=1}^{m} |b_{ij}| \right) = \max(\|\mathbf{b}_1\|_1, \|\mathbf{b}_2\|_1, \ldots, \|\mathbf{b}_n\|_1) \tag{2}$$

Será também mostrado que a 1-norma satisfaz as seguintes propriedades multiplicativas:

$$\begin{aligned} \|BC\|_1 &\leq \|B\|_1 \|C\|_1 \quad \text{para qualquer matriz } C \in \mathbb{R}^{n \times r} \\ \|B\mathbf{x}\|_1 &\leq \|B\|_1 \|\mathbf{x}\|_1 \quad \text{para qualquer } \mathbf{x} \in \mathbb{R}^n \end{aligned} \tag{3}$$

Em particular, se $A$ é uma matriz $n \times n$ satisfazendo as condições (i) e (ii), então segue-se, de (2), que $\|A\|_1 < 1$. Além disso, se $\lambda$ é qualquer autovalor de $A$ e $\mathbf{x}$ é um autovetor associado a $\lambda$, então

$$|\lambda| \|\mathbf{x}\|_1 = \|\lambda\mathbf{x}\|_1 = \|A\mathbf{x}\|_1 \leq \|A\|_1 \|\mathbf{x}\|_1$$

e, portanto,

$$|\lambda| \leq \|A\|_1 < 1$$

Assim, 1 não é um autovalor de $A$. Segue-se que $I - A$ é não singular e, portanto, o sistema (1) tem uma solução única

$$\mathbf{x} = (I - A)^{-1}\mathbf{d}$$

Gostaríamos de mostrar que esta solução deve ser não negativa. Para fazer isso, vamos mostrar que $(I - A)^{-1}$ é não negativa. Primeiro, observe que, como consequência da propriedade multiplicativa (3), temos

$$\|A^m\|_1 \leq \|A\|_1^m$$

Como $\|A\|_1 < 1$, segue-se que

$$\|A^m\|_1 \to 0 \quad \text{já que } m \to \infty$$

e, portanto, $A^m$ tende a zero quando $m \to \infty$.

Já que

$$(I - A)(I + A + \cdots + A^m) = I - A^{m+1}$$

segue-se que

$$I + A + \cdots + A^m = (I - A)^{-1} - (I - A)^{-1}A^{m+1}$$

Quando $m \to \infty$,

$$(I - A)^{-1} - (I - A)^{-1}A^{m+1} \to (I - A)^{-1}$$

e, portanto, a série $I + A + \ldots + A^m$ converge para $(I - A)^{-1}$ quando $m \to \infty$. Pela condição (i), $I + A + \ldots + A^m$ é não negativa para todo $m$, e, portanto, $(I - A)^{-1}$ deve ser não negativa. Uma vez que $\mathbf{d}$ é não negativa, segue-se que a solução $\mathbf{x}$ deve ser não negativa. Vemos, então, que as condições (i) e (ii) garantem que o sistema (1) terá uma única solução não negativa $\mathbf{x}$.

---

Como você já deve ter imaginado, há também uma versão fechada para o problema de entrada e saída de Leontief. Na versão fechada, presume-se que cada indústria deve produzir uma saída suficiente para atender as necessidades de entrada apenas das outras indústrias e dela própria. O setor aberto é ignorado. Assim, no lugar do sistema (1), temos

$$(I - A)\mathbf{x} = \mathbf{0}$$

e exigimos que $\mathbf{x}$ seja uma solução positiva. A existência de um tal $\mathbf{x}$ neste caso é um resultado muito mais profundo do que na versão aberta e exige alguns teoremas mais avançados.

**Teorema 6.8.1** Teorema de Perron

*Se A é uma matriz n × n positiva, então A tem um autovalor real positivo r com as seguintes propriedades:*

**(i)** *r é uma raiz simples da equação característica.*

**(ii)** *r tem um autovetor positivo* $\mathbf{x}$.

**(iii)** *Se λ é qualquer outro autovalor de A, então* $|\lambda| < r$.

O teorema de Perron pode ser pensado como um caso especial de um teorema mais geral devido ao Frobenius. O teorema de Frobenius aplica-se a matrizes não negativas *irredutíveis*.

**Definição** Uma matriz $A$ não negativa é dita **redutível** se existir uma partição do conjunto de índices $\{1, 2, \ldots, n\}$ em conjuntos disjuntos não vazios $I_1$ e $I_2$, tais que $a_{ij} = 0$ sempre que $i \in I_1$ e $j \in I_2$. Caso contrário, $A$ é dita **irredutível**.

EXEMPLO 1 Seja $A$ uma matriz da forma

$$\begin{pmatrix} \times & \times & 0 & 0 & \times \\ \times & \times & 0 & 0 & \times \\ \times & \times & \times & \times & \times \\ \times & \times & \times & \times & \times \\ \times & \times & 0 & 0 & \times \end{pmatrix}$$

Sejam $I_1 = \{1, 2, 5\}$ e $I_2 = \{3, 4\}$. Então $I_1 \cup I_2 = \{1, 2, 3, 4, 5\}$ e $a_{ij} = 0$ para $i \in I_1$ e $j \in I_2$. Portanto, $A$ é redutível. Se $P$ é a matriz de permutação formada intercambiando a terceira e a quinta linhas da matriz identidade $I$, então

$$PA = \begin{bmatrix} \times & \times & 0 & 0 & \times \\ \times & \times & 0 & 0 & \times \\ \times & \times & 0 & 0 & \times \\ \times & \times & \times & \times & \times \\ \times & \times & \times & \times & \times \end{bmatrix}$$

e

$$PAP^T = \left[\begin{array}{ccc|cc} \times & \times & \times & 0 & 0 \\ \times & \times & \times & 0 & 0 \\ \times & \times & \times & 0 & 0 \\ \hline \times & \times & \times & \times & \times \\ \times & \times & \times & \times & \times \end{array}\right]$$

Em geral, pode-se mostrar que uma matriz $n \times n$, $A$, é redutível se e somente se existe uma matriz de permutação $P$ tal que $PAP^T$ é uma matriz da forma

$$\left[\begin{array}{c|c} B & O \\ \hline X & C \end{array}\right]$$

em que $B$ e $C$ são matrizes quadradas. ■

**Teorema 6.8.2** Teorema de Frobenius

*Se $A$ é uma matriz não negativa irredutível, então $A$ tem um autovalor real positivo $r$ com as seguintes propriedades:*

**(i)** *$r$ tem um autovalor positivo $\mathbf{x}$.*

**(ii)** *Se $\lambda$ é qualquer outro autovalor de $A$, então $|\lambda| \leq r$. Os autovalores com valor absoluto igual a $r$ são, todos, raízes simples da equação característica. Com efeito, se há $m$ autovalores com valor absoluto igual a $r$, eles devem ser da forma*

$$\lambda_k = re^{2k\pi i/m} \qquad k = 0, 1, \ldots, m-1$$

A demonstração deste teorema está além do escopo deste texto. Enviamos o leitor a Gantmacher [4, Vol. 2]. O teorema de Perron se segue como um caso especial do teorema de Frobenius.

## APLICAÇÃO 2 O Modelo Fechado

No modelo fechado de entrada e saída de Leontief, supomos que não há demanda do setor aberto e queremos encontrar saídas para satisfazer as demandas de todas as $n$ indústrias. Então, definindo os $x_i$ e os $a_{ij}$ como no modelo aberto, temos

$$x_i = a_{i1}x_1 + a_{i2}x_2 + \cdots + a_{in}x_n$$

para $i = 1, \ldots, n$. O sistema resultante pode ser escrito sob a forma

$$(A - I)\mathbf{x} = \mathbf{0} \qquad (4)$$

Como antes, temos a condição

$$a_{ij} \geq 0 \tag{i}$$

Como não há setor aberto, o volume de saída da $j$-ésima indústria deveria ser o mesmo que a entrada total para esta indústria. Logo,

$$x_j = \sum_{i=1}^{n} a_{ij} x_j$$

e, portanto, temos nossa segunda condição

$$\sum_{i=1}^{n} a_{ij} = 1 \qquad j = 1, \ldots, n \tag{ii}$$

A condição (ii) implica que $A - I$ é singular, pois a soma de seus vetores linha é $\mathbf{0}$. Portanto, 1 é um autovalor de $A$ e, como $\|A\|_1 = 1$, segue-se que todos os autovalores de $A$ têm módulos menores que ou iguais a 1. Suponhamos que um número considerável dos coeficientes de $A$ é não nulo de modo que $A$ seja irredutível. Então, pelo Teorema 6.8.2, $\lambda = 1$ tem um autovalor positivo $\mathbf{x}$. Logo, qualquer múltiplo positivo de $\mathbf{x}$ será uma solução positiva de (4).

---

## APLICAÇÃO 3 As Cadeias de Markov Revisitadas

As matrizes não negativas também desempenham um papel importante na teoria dos processos de Markov. Lembre-se de que, se $A$ é uma matriz estocástica $n \times n$, então $\lambda_1 = 1$ é um autovalor de $A$, e os autovalores restantes satisfazem

$$|\lambda_j| \leq 1 \quad \text{para } j = 2, \ldots, n$$

No caso em que $A$ é estocástica e todos os seus elementos são positivos, segue-se, do Teorema de Perron, que $\lambda_1 = 1$ deve ser o autovalor dominante e isto, por sua vez, implica que a cadeia de Markov com matriz de transição $A$ convergirá para um vetor de estado estacionário para qualquer vetor de probabilidade inicial $\mathbf{x}_0$. De fato, se para algum $k$ a matriz $A^k$ é positiva, então, pelo Teorema de Perron, $\lambda_1 = 1$ deve ser o autovalor dominante de $A^k$. Pode-se então mostrar que $\lambda_1 = 1$ deve também ser o autovalor dominante de $A$. (Veja o Problema 12.) Dizemos que um processo de Markov é *regular* se todos os elementos de alguma potência da matriz de transição são estritamente positivos. A matriz de transição para um processo de Markov regular terá $\lambda_1 = 1$ como um autovalor dominante e, portanto, a cadeia de Markov converge obrigatoriamente para um vetor de estado estacionário.

---

## APLICAÇÃO 4 Processo de Hierarquia Analítica: Computação de Pesos por Autovetores

Na Seção 5.3, consideramos um exemplo envolvendo um processo de busca para preencher um cargo de professor pleno em uma grande universidade. A fim de atribuir pesos à qualidade da pesquisa dos quatro candidatos, o comitê fez comparações um a um da qualidade relativa das publicações de pesquisa dos candidatos. Depois de estudar as publicações de todos os candidatos, o comitê concordou com as seguintes comparações por pares dos pesos:

$$w_1 = 1{,}75w_2,\ w_1 = 1{,}5w_3,\ w_1 = 1{,}25w_4,\ w_2 = 0{,}75w_3,\ w_2 = 0{,}50w_4,\ w_3 = 0{,}75w_4$$

Aqui uma equação, como $w_2 = 0{,}50w_4$, indicaria que a qualidade da pesquisa do candidato 2 foi só metade tão forte quanto a qualidade da pesquisa do candidato 4.

Equivalentemente, pode-se dizer que a qualidade da pesquisa do candidato 4 é duas vezes mais forte do que a qualidade da pesquisa do candidato 2. No Capítulo 5, adicionamos a condição de que os pesos devem somar 1. Usando esta condição, fomos capazes de expressar $w_4$ em função de $w_1$, $w_2$ e $w_3$. Encontramos então os valores de $w_1$, $w_2$ e $w_3$ calculando a solução por mínimos quadrados para um sistema linear $6 \times 3$. O vetor de peso calculado foi $\mathbf{w}_1 = (0{,}3289, 0{,}1739, 0{,}2188, 0{,}2784)^T$.

Consideramos agora um método alternativo para calcular o vetor de pesos com base em um cálculo de autovetor. Para fazer isso, primeiro formamos uma matriz de comparação $C$. O elemento $(i, j)$ de $C$ indica como a qualidade da pesquisa do candidato $i$ se compara à qualidade da pesquisa do candidato $j$. Assim, se, por exemplo, $w_2 = 0{,}5w_4$, então $c_{24} = 2$ e $c_{42} = ½$. A matriz de comparação para julgar a qualidade da pesquisa é dada por

$$C = \begin{Bmatrix} 1 & \frac{7}{4} & \frac{3}{2} & \frac{5}{4} \\ \frac{4}{7} & 1 & \frac{3}{4} & \frac{1}{2} \\ \frac{2}{3} & \frac{4}{3} & 1 & \frac{3}{4} \\ \frac{4}{5} & 2 & \frac{4}{3} & 1 \end{Bmatrix}$$

A matriz $C$ é chamada de *matriz recíproca*, uma vez que tem a propriedade de que $c_{ji} = \frac{1}{c_{ij}}$ para todo $i$ e $j$. A matriz $C$ é uma matriz positiva. Assim, segue-se, pelo teorema de Perron, que $C$ tem um autovalor dominante com um autovetor positivo. O autovalor dominante é $\lambda_1 = 4{,}0106$. Se computarmos o autovetor pertencente a $\lambda_1$ e depois normalizarmos para que seus elementos somem 1, acabamos com um vetor de pesos

$$\mathbf{w}_2 = (0{,}3255, 0{,}1646, 0{,}2177, 0{,}2922)^T$$

A solução de autovetores $\mathbf{w}_2$ é muito próxima do vetor de peso $\mathbf{w}_1$ calculado usando mínimos quadrados. Por que este método de autovetor funciona tão bem? Para responder a essa pergunta vamos primeiro considerar um exemplo simples em que ambos os métodos de computação de pesos darão a mesma resposta exata.

Suponha que o departamento de matemática em uma faculdade pequena está conduzindo uma busca para uma posição do professor assistente. Os candidatos serão avaliados nas áreas de ensino, pesquisa e atividades profissionais. O comitê decide que o ensino é duas vezes mais importante que a pesquisa e oito vezes mais importante que as atividades profissionais. O comitê também decide que a pesquisa é quatro vezes mais importante que as atividades profissionais. Neste caso, é fácil encontrar o vetor de pesos, uma vez que as decisões sobre a importância relativa das três áreas foram feitas de forma consistente.

Se $w_3$ é o peso atribuído às atividades profissionais, então o peso para a pesquisa $w_2$ deve ser $4w_3$ e o peso $w_1$ deve ser $8w_3$. Logo, $w_1$ é automaticamente igual a $2w_2$. O vetor de peso deve então ser da forma $\mathbf{w} = (8w_3, 4w_3, w_3)^T$. Para que os elementos de $\mathbf{w}$ somem 1, o valor de $w_3$ deve ser $\frac{1}{13}$. Se utilizarmos o método dos mínimos quadrados discutido na Seção 5.3, definiremos $w_3 = 1 - w_1 - w_2$. O vetor de pesos seria então calculado encontrando a solução de mínimos quadrados para um sistema linear $3 \times 2$.

Neste caso, o sistema $3 \times 2$ é consistente; portanto, a solução de mínimos quadrados é a solução exata, e nosso vetor de peso calculado é $\mathbf{w} = (\frac{8}{13}, \frac{4}{13}, \frac{1}{13})^T$.

Vamos agora calcular o vetor de pesos usando o método de autovetores. Para isso, formamos primeiro a matriz de comparação

$$C = \begin{pmatrix} 1 & 2 & 8 \\ \frac{1}{2} & 1 & 4 \\ \frac{1}{8} & \frac{1}{4} & 1 \end{pmatrix}$$

Observe que $c_{12} = 2$, uma vez que o ensino é considerado duas vezes mais importante que as atividades profissionais, e $c_{23} = 4$, uma vez que a pesquisa é considerada quatro vezes mais importante do que as atividades profissionais. Uma vez que os julgamentos de importância relativa foram feitos de forma consistente, o valor de $c_{13}$, a importância relativa do ensino para as atividades profissionais deve ser

$$c_{13} = 2 \cdot 4 = c_{12}c_{23}$$

De fato, se todas as decisões sobre a importância relativa dos critérios forem feitas de forma consistente, então as entradas da matriz de comparação irão satisfazer a propriedade $c_{ij} = c_{ik}c_{kj}$ para todos $i, j$, e $k$. Uma matriz de comparação recíproca com esta propriedade é dita *consistente*. Observe que a matriz $C$ em nosso exemplo tem posto 1, já que

$$\mathbf{c}_1 = \frac{1}{8}\mathbf{c}_3 \qquad \text{e} \qquad \mathbf{c}_2 = \frac{1}{4}\mathbf{c}_3$$

Em geral, se $C$ é uma matriz $n \times n$ de comparação recíproca consistente e $\mathbf{c}_j$ e $\mathbf{c}_k$ são vetores coluna de $C$, então

$$\mathbf{c}_j = \begin{pmatrix} c_{1j} \\ c_{2j} \\ \vdots \\ c_{nj} \end{pmatrix} = \begin{pmatrix} c_{1k}c_{kj} \\ c_{2k}c_{kj} \\ \vdots \\ c_{nk}c_{kj} \end{pmatrix} = c_{kj}\mathbf{c}_k$$

Portanto, $C$ deve ter um posto igual a 1. Segue-se que 0 deve ser um autovalor de $C$ e a dimensão de seu autoespaço deve ser $n - 1$, a nulidade de $C$. Então 0 deve ser um autovalor de multiplicidade $n - 1$. O autovalor $\lambda_1$ restante deve ser igual ao traço de $C$. Portanto, $\lambda_1 = n$ é o autovalor dominante de $C$. Além disso, uma vez que $C$ tem posto 1, qualquer vetor coluna de $C$ será um autovetor pertencente ao autovalor dominante. (Veja o Exercício 17 na Seção 6.3.)

Para nosso exemplo, segue-se que o autovalor dominante de $C$ é $\lambda_1 = 3$ e que $\mathbf{c}_3$ é um autovetor pertencente a $\lambda_1$. Se dividimos $\mathbf{c}_3$ pela soma de seus elementos, terminamos com o vetor de peso $\mathbf{w} = (\frac{8}{13}, \frac{4}{13}, \frac{1}{13})^T$.

Em geral, se as decisões sobre a importância relativa são feitas de forma consistente, então há apenas uma maneira de escolher os pesos, e tanto o método dos mínimos quadrados como o método do vetor próprio produzirão o mesmo vetor de pesos. Suponha agora que as decisões não são feitas de forma consistente. Isso não é incomum quando as decisões são tomadas com base em julgamentos humanos. Para o método dos mínimos quadrados, o sistema linear nas variáveis $w_1, w_2, ..., w_{n-1}$ não será consistente, mas sempre podemos encontrar uma solução de mínimos quadrados. Se o método de autovetores for utilizado, a matriz de comparação $C_1$ não será consistente. Pelo teorema de Perron, $C_1$

terá um autovalor dominante positivo $\lambda_1$ e um autovetor positivo $\mathbf{x}_1$. O autovetor pode ser normalizado para formar um vetor $\mathbf{w}_1$ cujos elementos somam 1. O vetor normalizado $\mathbf{w}_1$ é usado para atribuir pesos aos critérios. Se as decisões sobre a importância relativa não foram feitas de uma maneira descontroladamente inconsistente, mas de uma forma que, de certo modo, esteja próxima de ser consistente, então o autovetor $\mathbf{w}_1$ é uma escolha razoável para um vetor de pesos. Nesse caso. A matriz $C_1$ deve, de certo modo, estar próxima de uma matriz de comparação recíproca consistente, e $\lambda_1$ e $\mathbf{w}_1$ devem estar próximos do autovalor dominante e do autovetor de uma matriz consistente.

Suponha, por exemplo, que o comitê de pesquisa da faculdade tenha decidido, como antes, que o ensino é duas vezes mais importante que a pesquisa e oito vezes mais importante que as atividades profissionais. No entanto, suponha que desta vez eles decidiram que a pesquisa deve ser três vezes mais importante que as atividades profissionais. Neste caso, a matriz de comparação é

$$C_1 = \begin{pmatrix} 1 & 2 & 8 \\ \frac{1}{2} & 1 & 3 \\ \frac{1}{8} & \frac{1}{3} & 1 \end{pmatrix}$$

A matriz $C_1$ não é consistente, portanto seu autovalor dominante $\lambda_1 = 3{,}0092$ não é igual a 3, mas é próximo de 3. O autovetor pertencente a $\lambda_1$ (normalizado de modo que seus elementos somam 1) é $\mathbf{w}_1 = (0{,}6282,\ 0{,}2854,\ 0{,}0864)^T$. A Tabela 1 resume os resultados, tanto para o problema com a matriz de comparação consistente, como para a versão inconsistente do problema. Para cada matriz de comparação, a tabela inclui o autovalor dominante e os pesos calculados. Todos os valores calculados são arredondados para quatro casas decimais.

**Tabela 1** Uma Comparação entre as Matrizes de Comparação

| | | Pesos | | |
|---|---|---|---|---|
| **Matriz** | **Autovalor** | **Ensino** | **Pesquisa** | **Ativ. Profissionais** |
| $C$ | 3 | 0,6154 | 0,3077 | 0,0769 |
| $C_1$ | 3,0092 | 0,6282 | 0,2854 | 0,0864 |

# PROBLEMAS DA SEÇÃO 6.8

**1.** Encontre os autovalores de cada uma das seguintes matrizes e verifique que as condições (i), (ii) e (iii) do Teorema 6.8.1 são válidas:

**(a)** $\begin{pmatrix} 2 & 3 \\ 2 & 1 \end{pmatrix}$ **(b)** $\begin{pmatrix} 4 & 2 \\ 2 & 7 \end{pmatrix}$

**(c)** $\begin{pmatrix} 1 & 2 & 4 \\ 2 & 4 & 1 \\ 1 & 2 & 4 \end{pmatrix}$

**2.** Encontre os autovalores de cada uma das seguintes matrizes e verifique que as condições (i) e (ii) do Teorema 6.8.2 são válidas:

**(a)** $\begin{pmatrix} 2 & 3 \\ 1 & 0 \end{pmatrix}$ **(b)** $\begin{pmatrix} 0 & 2 \\ 2 & 0 \end{pmatrix}$

**(c)** $\begin{pmatrix} 0 & 0 & 8 \\ 1 & 0 & 0 \\ 0 & 1 & 0 \end{pmatrix}$

**3.** Encontre o vetor de saída $\mathbf{x}$ na versão aberta do modelo de entrada e saída de Leontief se

$$A = \begin{pmatrix} 0{,}2 & 0{,}4 & 0{,}4 \\ 0{,}4 & 0{,}2 & 0{,}2 \\ 0{,}0 & 0{,}2 & 0{,}2 \end{pmatrix} \quad \text{e} \quad \mathbf{d} = \begin{pmatrix} 16.000 \\ 8.000 \\ 24.000 \end{pmatrix}$$

**4.** Considere a versão fechada do modelo de entrada e saída de Leontief com matriz de entrada

$$A = \begin{pmatrix} 0{,}5 & 0{,}4 & 0{,}1 \\ 0{,}5 & 0{,}0 & 0{,}5 \\ 0{,}0 & 0{,}6 & 0{,}4 \end{pmatrix}$$

Se $\mathbf{x} = (x_1, x_2, x_3)^T$ é qualquer vetor de saída para este modelo, como se relacionam as coordenadas $x_1$, $x_2$ e $x_3$?

**5.** Demonstre: Se $A^m = O$ para algum inteiro positivo $m$, então $I - A$ é não singular.

**6.** Seja

$$A = \begin{Bmatrix} 0 & 1 & 1 \\ 0 & -1 & 1 \\ 0 & -1 & 1 \end{Bmatrix}$$

**(a)** Calcule $(I - A)^{-1}$.

**(b)** Calcule $A^2$ e $A^3$. Verifique que $(I - A)^{-1} = I + A + A^2$.

**7.** Quais das matrizes que se seguem são redutíveis? Para cada matriz redutível, encontre uma permutação $P$ tal que $PAP^T$ é da forma

$$\left(\begin{array}{c|c} B & O \\ \hline X & C \end{array}\right)$$

na qual $B$ e $C$ são matrizes quadradas.

**(a)** $\begin{Bmatrix} 1 & 1 & 1 & 0 \\ 1 & 1 & 1 & 0 \\ 1 & 1 & 1 & 1 \\ 1 & 1 & 1 & 1 \end{Bmatrix}$ **(b)** $\begin{Bmatrix} 1 & 0 & 1 & 1 \\ 1 & 1 & 1 & 1 \\ 1 & 0 & 1 & 1 \\ 1 & 0 & 1 & 1 \end{Bmatrix}$

**(c)** $\begin{Bmatrix} 1 & 0 & 1 & 0 & 0 \\ 0 & 1 & 1 & 1 & 1 \\ 1 & 0 & 1 & 0 & 0 \\ 1 & 1 & 0 & 1 & 1 \\ 1 & 1 & 1 & 1 & 1 \end{Bmatrix}$

**(d)** $\begin{Bmatrix} 1 & 1 & 1 & 1 & 1 \\ 1 & 1 & 0 & 0 & 1 \\ 1 & 1 & 1 & 1 & 1 \\ 1 & 1 & 0 & 0 & 1 \\ 1 & 1 & 0 & 0 & 1 \end{Bmatrix}$

**8.** Seja $A$ uma matriz irredutível não negativa $3 \times 3$ cujos autovalores satisfazem $\lambda_1 = 2 = |\lambda_2| = |\lambda_3|$. Determine $\lambda_2$ e $\lambda_3$.

**9.** Seja

$$A = \left(\begin{array}{c|c} B & O \\ \hline O & C \end{array}\right)$$

em que $B$ e $C$ são matrizes quadradas.

**(a)** Se $\lambda$ é um autovalor de $B$ com autovetor $\mathbf{x} = (x_1, \ldots, x_k)^T$, mostre que $\lambda$ é também um autovalor de $A$ com autovetor $\tilde{\mathbf{x}} = (x_1, \ldots, x_k, 0, \ldots, 0)^T$.

**(b)** Se $B$ e $C$ são matrizes positivas, mostre que $A$ tem um autovalor real positivo $r$ com a propriedade de que $|\lambda| < r$ para qualquer autovalor $\lambda \neq r$. Mostre também que a multiplicidade de $r$ é no máximo 2 e que $r$ tem um autovetor não negativo.

**(c)** Se $B = C$, mostre que o autovalor $r$ na parte **(b)** tem multiplicidade 2 e possui um autovetor positivo.

**10.** Demonstre que uma matriz $2 \times 2$ $A$ é redutível se e somente se $a_{12}a_{21} = 0$.

**11.** Demonstre o Teorema de Frobenius no caso em que $A$ é uma matriz $2 \times 2$.

**12.** Podemos mostrar que, para uma matriz estocástica $n \times n$, $\lambda_1 = 1$ é um autovalor e que os autovalores restantes devem satisfazer

$$|\lambda_j| \leq 1 \quad j = 2, \ldots, n$$

(Veja o Problema 24 do Capítulo 7, Seção 7.4.) Mostre que, se $A$ é uma matriz estocástica $n \times n$ com a propriedade de que $A^k$ é uma matriz positiva para algum inteiro positivo $k$, então

$$|\lambda_j| < 1 \quad j = 2, \ldots, n$$

**13.** Seja $A$ uma matriz estocástica positiva $n \times n$ com autovalor dominante $\lambda_1 = 1$ e autovetores linearmente independentes $\mathbf{x}_1, \mathbf{x}_2, \ldots, \mathbf{x}_n$, e seja $\mathbf{y}_0$ um vetor de probabilidade inicial de uma cadeia de Markov

$$\mathbf{y}_0,\ \mathbf{y}_1 = A\mathbf{y}_0,\ \mathbf{y}_2 = A\mathbf{y}_1,\ \ldots$$

**(a)** Mostre que $\lambda_1 = 1$ tem um autovetor positivo $\mathbf{x}_1$.

**(b)** Mostre que $\|\mathbf{y}_j\|_1 = 1, j = 0, 1, \ldots$.

**(c)** Mostre que se

$$\mathbf{y}_0 = c_1\mathbf{x}_1 + c_2\mathbf{x}_2 + \cdots + c_n\mathbf{x}_n$$

então a componente $c_1$ na direção do autovetor positivo $\mathbf{x}_1$ deve ser não nula.

**(d)** Mostre que os vetores de estado $\mathbf{y}_j$ da cadeia de Markov convergem para um vetor de estado estacionário.

**(e)** Mostre que

$$c_1 = \frac{1}{\|\mathbf{x}_1\|_1}$$

e, portanto, o vetor de estado estacionário é independente do vetor de probabilidade inicial $\mathbf{y}_0$.

**14.** Será que os resultados das partes **(c)** e **(d)** no Problema 13 serão válidos se a matriz estocástica $A$ não foi uma matriz positiva? Responda a essa pergunta, mesmo no caso em que $A$ é uma matriz estocástica não negativa e, para algum inteiro positivo $k$, a matriz $A^k$ seja positiva. Explique suas respostas.

**15.** Um aluno de gestão recebeu ofertas de bolsas de quatro universidades e agora deve escolher qual aceitar. O aluno utiliza o processo de hierarquia analítica para decidir entre as universidades, e baseia o processo de decisão nos seguintes quatro critérios:

(i) matérias financeiras – mensalidades e bolsas
(ii) a reputação da universidade
(iii) vida social na universidade
(iv) geografia – quão desejável é a localização da universidade

A fim de pesar os critérios, o estudante decide que as finanças e a reputação são igualmente importantes, e ambas são quatro vezes mais importantes que a vida social e seis vezes mais importantes que a geografia. O aluno também considera a vida social duas vezes mais importante que a geografia.

**(a)** Determine uma matriz de comparação recíproca $C$ com base nos julgamentos dados da importância relativa dos quatro critérios.

**(b)** Mostre que a matriz $C$ não é consistente.

**(c)** Torne o problema consistente, alterando a importância relativa de um par de critérios, e determine uma nova matriz de comparação $C_1$ para o problema consistente.

**(d)** Encontre um autovetor pertencente ao autovalor dominante de $C_1$ e use-o para determinar um vetor de pesos para os critérios de decisão.

# Problemas do Capítulo 6

## EXERCÍCIOS MATLAB

### Visualização de Autovalores

*MATLAB tem uma utilidade para visualizar as ações de operadores lineares que representam o plano em s mesmo. O utilitário é invocado pelo comando* `eigshow`*. Este comando abre uma janela de figura que mostra um vetor unitário* **x** *e também A***x***, a imagem de* **x** *sob A. A matriz A pode ser especificada como um argumento de entrada do comando* `eigshow` *ou selecionada a partir do menu no topo da janela de figura. Para ver o efeito do operador A em outros vetores unitários, aponte o mouse para a extremidade do vetor* **x** *e use-o para arrastar o vetor* **x** *em torno do círculo unitário no sentido anti-horário. À medida que* **x** *se move, você vai ver como sua imagem A***x** *muda. Neste exercício, vamos utilizar o utilitário* `eigshow` *para investigar os autovalores e autovetores das matrizes no menu* `eigshow`.

**1.** A matriz de topo no menu é a matriz diagonal

$$A = \begin{Bmatrix} \frac{5}{4} & 0 \\ 0 & \frac{3}{4} \end{Bmatrix}$$

Inicialmente, quando você seleciona essa matriz, os vetores $\mathbf{x}$ e $A\mathbf{x}$ devem estar alinhados ao longo do eixo $x$ positivo. Que tipo de informação sobre o par autovalor-autovetor é aparente a partir das posições iniciais da figura? Explique. Gire $\mathbf{x}$ no sentido anti-horário até que $\mathbf{x}$ e $A\mathbf{x}$ estejam paralelos, ou seja, até que ambos se encontrem na mesma linha que passa pela origem. O que você pode concluir sobre o segundo par autovalor-autovetor? Repita esta experiência com a segunda matriz. Como você pode determinar os autovalores e autovetores de uma matriz diagonal $2 \times 2$ por inspeção, sem fazer quaisquer cálculos? Será que isso também funciona para matrizes diagonais $3 \times 3$? Explique.

**2.** A terceira matriz no menu é apenas a matriz identidade $I$. Como $\mathbf{x}$ e $I\mathbf{x}$ se comparam geometricamente quando você gira $\mathbf{x}$ ao redor do círculo unitário? O que você pode concluir sobre os autovalores e autovetores neste caso?

**3.** A quarta matriz tem zeros na diagonal e uns nas posições fora da diagonal. Gire o vetor $\mathbf{x}$ em torno do círculo unitário e observe quando $\mathbf{x}$ e $A\mathbf{x}$ são paralelos. Com base nestas observações, determine os autovalores e os autovetores unitários correspondentes. Confira suas respostas multiplicando a matriz pelos autovetores para verificar que $A\mathbf{x} = \lambda\mathbf{x}$.

**4.** A matriz seguinte no menu `eigshow` parece idêntica às anteriores, exceto que o elemento (2, 1) foi alterado para $-1$. Gire o vetor $\mathbf{x}$ completamente em torno do círculo unitário. $\mathbf{x}$ e $A\mathbf{x}$ são alguma vez paralelos? $A$ possui autovetores reais? O que você pode concluir sobre a natureza dos autovalores e autovetores desta matriz?

**5.** Investigue as próximas três matrizes no menu (a sexta, a sétima e a oitava). Em cada caso, tente estimar geometricamente os autovalores e autovetores e faça seus palpites para os autovalores consistentes com o traço da matriz.

Use MATLAB para calcular os autovalores e autovetores da sexta matriz, definindo

$$[X, D] = \texttt{eig}([0{,}25,\ 0{,}75\ ;\ 1,\ 0{,}50\ ])$$

Os vetores coluna de $X$ são os autovetores da matriz e os elementos da diagonal de $D$ são os autovalores. Verifique os autovalores e autovetores das outras duas matrizes da mesma forma.

**6.** Investigue a nona matriz no menu. O que você pode concluir sobre a natureza dos seus autovalores e autovetores? Verifique suas conclusões computando os autovalores e autovetores com o comando **eig**.

**7.** Investigue as próximas três matrizes no menu. Você deve observar que, para as duas últimas dessas matrizes, os dois autovalores são iguais. Para cada matriz, como são os autovetores relacionados? Use MATLAB para calcular os autovalores e autovetores dessas matrizes.

**8.** O último item no menu **eigshow** irá gerar uma matriz $2 \times 2$ aleatória cada vez que é invocado. Tente usar a matriz aleatória 10 vezes, e, em cada caso, determine se os autovalores são reais. Qual porcentagem das 10 matrizes aleatórias tinha autovalores reais? Qual é a probabilidade de que dois autovalores reais de uma matriz aleatória sejam exatamente iguais? Explique.

## Cargas Críticas para uma Viga

**9.** Considere a aplicação relativa a cargas críticas de uma viga da Seção 6.1. Para simplificar, vamos supor que a viga tem comprimento 1 e que sua rigidez é também 1. Seguindo o método descrito na aplicação, se o intervalo [0, 1] é dividido em $n$ subintervalos, então o problema pode ser traduzido em uma equação matricial $A\mathbf{y} = \lambda\mathbf{y}$. A carga crítica para a viga pode ser aproximada fazendo $P = sn^2$, em que $s$ é o menor autovalor de $A$. Para $n$ = 100, 200, 400, forme a matriz dos coeficientes fazendo

$$D = \texttt{diag}\,(\texttt{ones}\,(n - 1, 1), 1);$$
$$A = \texttt{eye}(n) - D - D'$$

Em cada caso, determine o menor autovalor de $A$, definindo

$$s = \texttt{min}(\texttt{eig}(A))$$

e então calcule a aproximação correspondente à carga crítica.

## Matrizes Diagonalizáveis e Defeituosas

**10.** Construa uma matriz simétrica, definindo

$$A = \texttt{round}(5 * \texttt{rand}(6));\ A = A + A'$$

Calcule os autovalores de $A$, definindo

$$\mathbf{e} = \texttt{eig}(A).$$

**(a)** O traço de $A$ pode ser calculado com o comando MATLAB **trace**($A$), e a soma dos autovalores próprios de $A$ pode ser calculada com o comando **sum**(**e**). Calcule ambas as quantidades e compare os resultados. Use o comando **prod**(**e**) para calcular o produto dos autovalores de $A$ e compare o resultado com **det**($A$).

**(b)** Calcule os autovetores de $\mathbf{A}$, definindo $[X,\ D] = \texttt{eig}(A)$. Use MATLAB para calcular $X^{-1}AX$ e compare o resultado com $D$. Calcule também $A^{-1}$ e $XD^{-1}X^{-1}$ e compare os resultados.

**11.** Defina

$$A = \texttt{ones}(10) + \texttt{eye}(10)$$

**(a)** Qual é o posto de $A - I$ ? Por que $\lambda = 1$ deve ser um autovalor de multiplicidade 9? Calcule o traço de $A$, usando a função MATLAB **trace**. O autovalor restante $\lambda_{10}$ deve ser igual a 11. Por quê? Explique. Calcule os autovalores de $A$, fazendo $\mathbf{e}$ = **eig**($A$). Examine os autovalores usando **format long**. Quantos dígitos de precisão existem nos autovalores calculados?

**(b)** A rotina MATLAB para cálculo de autovalores está baseada no algoritmo QR descrito na Seção 7.6 do Capítulo 7. Também podemos estimar os autovalores de $A$ calculando as raízes do seu polinômio característico. Para determinar os coeficientes do polinômio característico de $A$, faça $\mathbf{p}$ = **poly**($A$). O polinômio característico de $A$ deve ter coeficientes inteiros. Por quê? Explique. Se fizermos $\mathbf{p}$ = **round**($\mathbf{p}$), devemos acabar com os coeficientes exatos do polinômio característico de $A$. Calcule as raízes de $\mathbf{p}$ fazendo

$$\mathbf{r} = \texttt{roots}(\mathbf{p})$$

e exiba os resultados, usando **format long**. Quantos dígitos de precisão existem nos resultados computados? Qual o método de cálculo de autovalores é mais preciso, usando a função **eig** ou calculando as raízes do polinômio característico?

**12.** Considere as matrizes

$$A = \begin{bmatrix} 5 & -3 \\ 3 & -5 \end{bmatrix} \quad \text{e} \quad B = \begin{bmatrix} 5 & -3 \\ 3 & 5 \end{bmatrix}$$

Observe que as duas matrizes são as mesmas, exceto por seus elementos (2, 2).

**(a)** Use o MATLAB para calcular os autovalores de $A$ e $B$. Será que eles têm o mesmo tipo de autovalores? Os autovalores das matrizes são as raízes de seus polinômios característicos. Use os seguintes comandos MATLAB para formar os polinômios e traçar seus gráficos no mesmo sistema de eixos:

```
p = poly(A);
q = poly(B);
x = -8 : 0.1 : 8;
z = zeros(size (x));
y = polyval(p, x);
w = polyval(q, x);
plot(x, y, x, w, x, z)
hold on
```

O comando **hold on** é usado de modo que os gráficos subsequentes na parte (b) serão adicionados à figura atual. Como você pode usar o gráfico para estimar os autovalores de $A$? O que informa o gráfico sobre os autovalores de $B$? Explique.

**(b)** Para ver como os autovalores variam o elemento (2, 2) vamos construir uma matriz $C$ com um elemento (2, 2) variável. Faça

```
t = sym('t')   C = [5, -3; 3, t - 5]
```

Quando $t$ varia de 0 a 10, os elementos (2, 2) dessas matrizes variam de $-5$ a 5. Utilize os seguintes comandos MATLAB para desenhar os gráficos dos polinômios característicos para as matrizes intermediárias correspondentes a $t = 1, 2, \ldots, 9$:

```
p = poly(C)
for j = 1 : 9
    s = subs(p, t, j);
    ezplot(s, [-10, 10])
    axis([-10, 10, -20, 220])
    pause(2)
end
```

Quais dessas matrizes intermediárias têm autovalores reais e quais têm autovalores complexos? O polinômio característico da matriz simbólica $C$ é um polinômio quadrático cujos coeficientes são funções de $t$. Para saber exatamente onde os autovalores mudam de reais para complexos, escreva o discriminante do quadrático como uma função de $t$ e, em seguida, encontre suas raízes. Uma raiz deve estar no intervalo (0, 10). Insira este valor de $t$ de volta na matriz $C$ e determine os autovalores da matriz. Explique como esses resultados correspondem ao seu gráfico. Resolva os autovetores à mão. É a matriz diagonalizável?

**13.** Faça

```
B = toeplitz(0: -1: -3, 0: 3)
```

A matriz $B$ não é simétrica e, portanto, não é necessariamente diagonalizável. Use MATLAB para verificar se o posto de $B$ é igual a 2. Explique por que 0 deve ser um autovalor de $B$ e o autoespaço correspondente deve ter dimensão 2. Defina [$X$, $D$] = **eig**($B$). Calcule $X^{-1}BX$ e compare o resultado com $D$. Calcule também $XD^5X^{-1}$ e compare o resultado com o $B^5$.

**14.** Faça

```
C = triu(ones(4), 1) + diag([-1, 1], -2)
```

e

```
[X, D] = eig(C)
```

Calcule $X^{-1}CX$ e compare o resultado com $D$. $C$ é diagonalizável? Calcule o posto de $X$ e o condicionamento de $X$. Se o condicionamento de $X$ for grande, os valores calculados para os autovalores podem não ser precisos. Calcule a forma linha degrau reduzida de $C$. Explique por que 0 deve ser um autovalor de $C$ e o autoespaço correspondente deve ter dimensão 1. Use MATLAB para calcular $\mathbb{C}^4$. Ele deve ser igual à matriz zero. Dado que $\mathbb{C}^4 = O$, o que se pode concluir sobre os valores reais dos outros três autovalores de $C$? Explique. $C$ é defeituosa? Explique.

**15.** Construa uma matriz defeituosa fazendo

```
A = ones(6); A = A - tril(A) -triu(A, 2)
```

É fácil ver que $\lambda = 0$ é o único autovalor de $A$ e que seu autoespaço é coberto por $\mathbf{e}_1$. Verifique que este é realmente o caso, usando MATLAB para calcular os autovalores e autovetores de $A$. Examine os autovetores, usando o **format long**. Os autovetores calculados são múltiplos de $\mathbf{e}_1$? Agora realize uma transformação de similaridade com $A$. Faça

$$Q = \mathtt{orth}(\mathtt{rand}(6)); \quad \text{e} \quad B = Q' * A * Q$$

Se os cálculos tivessem sido feitos em aritmética exata, a matriz $B$ seria semelhante a $A$ e, portanto, defeituosa. Use MATLAB para calcular os autovalores de $B$ e uma matriz $X$ composta dos autovetores de $B$. Determine o posto de $X$. A matriz $B$ calculada é defeituosa? Por causa do erro de arredondamento, uma pergunta mais razoável a fazer é se a matriz calculada $B$ está perto de ser defeituosa (isto é, estão os vetores coluna de $X$ perto de ser linearmente dependentes?). Para responder a esta pergunta, utilize o MATLAB para calcular **rcond**($X$), recíproca do condicionamento de $X$. Um valor de **rcond** próximo a zero indica que $X$ é quase deficiente em posto.

**16.** Gerar uma matriz $A$, definindo

$$B = [-1, -1; 1, 1],$$
$$A = [\mathtt{zeros}(2), \mathtt{eye}(2); \mathtt{eye}(2), B]$$

**(a)** A matriz $A$ deve ter autovalores $\lambda_1 = 1$ e $\lambda_2 = -1$. Use MATLAB para verificar que estes são os autovalores corretos calculando as formas linha degrau reduzidas de escalão $A - I$ e $A + I$. Quais são as dimensões dos autoespaços de $\lambda_1$ e $\lambda_2$?

**(b)** É fácil ver que **trace**($A$) = 0 e **det**($A$) = 1. Verifique esses resultados em MATLAB. Use os valores do traço e do determinante para provar que 1 e $-1$ são realmente autovalores duplos. $A$ é defeituosa? Explique.

**(c)** Faça $\mathbf{e}$ = **eig**($A$) e analise os autovalores usando **format long**. Quantos dígitos de precisão existem nos autovalores computados? Faça $[X, D]$ = **eig**($A$) e calcule o condicionamento de $X$. O registro do condicionamento dá uma estimativa de quantos dígitos de precisão são perdidos no cálculo dos autovalores de $A$.

**(d)** Calcule o posto de $X$. Os autovetores calculados são linearmente independentes? Use MATLAB para calcular $X^{-1}AX$. A matriz $X$ calculada diagonaliza $A$?

## Aplicação: Genes Relacionados com o Sexo

**17.** Suponha que 10.000 homens e 10.000 mulheres se mudem para uma ilha no Pacífico que foi aberta para o desenvolvimento. Suponha também que um estudo médico dos colonos conclui que 200 dos homens são daltônicos e apenas 9 das mulheres são daltônicas. Seja $x(1)$ a proporção de genes para o daltonismo na população masculina e seja $x(2)$ a proporção entre a população feminina. Determine $x(1)$ e $x(2)$ e ponha-os no MATLAB como um vetor coluna **x**. Ponha também a matriz $A$ da Aplicação 3 da Seção 6.3. Defina o MATLAB para **format long** e use a matriz $A$ para calcular as proporções de genes para daltonismo para cada sexo nas gerações 5, 10, 20 e 40. Quais são as porcentagens limites dos genes para o daltonismo para esta população? No longo prazo, qual porcentagem de homens e qual porcentagem de mulheres será daltônica?

## Similaridade

**18.** Faça

$$S = \mathtt{round}(10 * \mathtt{rand}(5));$$
$$S = \mathtt{triu}(S, 1) + \mathtt{eye}(5)$$
$$S = S' * S$$
$$T = \mathtt{inv}(S)$$

**(a)** A inversa exata de $S$ deve ter elementos inteiros. Por quê? Explique. Verifique os elementos de $T$, usando **format long**. Arredonde os elementos de $T$ para o número inteiro mais próximo, fazendo $T$ = **round** ($T$). Calcule $T * S$ e compare com **eye**(5).

**(b)** Defina

$$A = \mathtt{triu}(\mathtt{ones}(5), 1) + \mathtt{diag}(1:5),$$
$$B = S * A * T$$

As matrizes $A$ e $B$ têm os autovalores 1, 2, 3, 4 e 5. Use MATLAB para calcular os autovalores de $B$. Quantos dígitos de precisão existem nos autovalores computados? Use MATLAB para calcular e comparar cada um dos seguintes:

**(i)** $\det(A)$ e $\det(B)$

**(ii)** **trace**($A$) e **trace**($B$)

**(iii)** $SA^2T$ e $B^2$

**(iv)** $SA^{-1}T$ e $B^{-1}$

## Matrizes Hermitianas

**19.** Construa uma matriz complexa hermitiana definindo

$$j = \mathtt{sqrt}(-1);$$
$$A = \mathtt{rand}(5) + j * \mathtt{rand}(5);$$

$$A = (A + A')/2$$

(a) Os autovalores de $A$ devem ser reais. Por quê? Calcule os autovalores e analise seus resultados, usando **format long**. Os autovalores calculados são reais? Calcule também os autovetores fazendo

$$[X, D] = \texttt{eig}(A)$$

Que tipo de matriz você esperaria que $X$ fosse? Use o comando MATLAB $X' * X$ para calcular $X^H X$. Os resultados estão de acordo com suas expectativas?

(b) Faça

$$E = D + j * \texttt{eye}(5) \quad \text{e} \quad B = X * E / X$$

Que tipo de matriz você espera que $B$ seja? Use MATLAB para calcular $B^H B$ e $BB^H$. Compare essas duas matrizes.

## Visualizando a Decomposição em Valores Singulares

Em alguns dos exercícios anteriores, usamos o comando MATLAB **eigshow** para observar interpretações geométricas dos autovalores e autovetores de matrizes $2 \times 2$. A facilidade **eigshow** também tem um modo **svdshow** que podemos usar para visualizar valores singulares e vetores singulares de uma matriz singular $2 \times 2$. Antes de utilizar a facilidade **svdshow**, estabelecemos algumas relações básicas entre vetores singulares à direita e à esquerda.

**20.** Seja $A$ uma matriz $2 \times 2$ não singular com decomposição em valores singulares $A = USV^T$ e valores singulares $s_1 = s_{11}$ e $s_2 = s_{22}$. Explique por que cada uma das seguintes condições é verdadeira:

(a) $AV = US$

(b) $A\mathbf{v}_1 = s_1\mathbf{u}_1$ e $A\mathbf{v}_2 = s_2\mathbf{u}_2$

(c) $\mathbf{v}_1$ e $\mathbf{v}_2$ são vetores unitários ortogonais e as imagens $A\mathbf{v}_1$ e $A\mathbf{v}_2$ são também ortogonais.

(d) $\|A\mathbf{v}_1\| = s_1$ e $\|A\mathbf{v}_2\| = s_2$.

**21.** Faça

$$A = [1, 1; 0{,}5, -0{,}5]$$

e use o MATLAB para verificar cada uma das declarações (a)−(d) no Exercício 20. Use o comando **eigshow** $(A)$ para aplicar o utilitário **eigshow** à matriz $A$. Clique sobre o botão **eig/(svd)** para mudar para o modo **svdshow**. A exibição na janela de figura deve mostrar um par de vetores ortogonais $\mathbf{x}$, $\mathbf{y}$ e suas imagens $A\mathbf{x}$ e $A\mathbf{y}$. Inicialmente, as imagens de $\mathbf{x}$ e $\mathbf{y}$ não devem ser ortogonais. Use o *mouse* para girar os vetores $\mathbf{x}$ e $\mathbf{y}$ no sentido anti-horário até que suas imagens $A\mathbf{x}$ e $A\mathbf{y}$ se tornem ortogonais. Quando as imagens são ortogonais, $\mathbf{x}$ e $\mathbf{y}$ são vetores singulares à direita de $A$. Quando $\mathbf{x}$ e $\mathbf{y}$ são vetores singulares à direita, como são os valores singulares e vetores singulares à esquerda relacionados com as imagens de $A\mathbf{x}$ e $A\mathbf{y}$? Explique. Observe que quando você gira de 360°, a imagem do círculo unitário traça uma elipse. Como os valores singulares e vetores singulares se relacionam com os eixos da elipse?

## Otimização

**22.** Use os comandos MATLAB a seguir para construir uma função simbólica:

**syms** x y
$f = (y + 1)\text{^}3 + x * y\text{^}2 + y\text{^}2 - 4 * x * y - 4 * y + 1$

Calcule as derivadas parciais de primeira ordem de $f$ e o hessiano de $f$ definindo

$fx = \texttt{diff}(f, x), fy = \texttt{diff}(f, y)$
$H = [\texttt{diff}(fx, x), \texttt{diff}(fx, y); \texttt{diff}(fy, x), \texttt{diff}(fy, y)]$

Podemos usar o comando **subs** para avaliar o hessiano para qualquer par $(x, y)$. Por exemplo, para avaliar o hessiano quando $x = 3$ e $y = 5$, faça

$$\text{H1} = \texttt{subs}(H, [x, y], [3, 5])$$

Use o comando MATLAB **solve**$(fx, fy)$ para determinar vetores $\mathbf{x}$ e $\mathbf{y}$ contendo as coordenadas $\mathbf{x}$ e $\mathbf{y}$ dos pontos estacionários. Avalie o hessiano em cada ponto estacionário e, em seguida, determine se o ponto estacionário é um máximo local, mínimo local, ou ponto de sela.

Matrizes Definidas Positivas

**23.** Faça

$$C = \texttt{ones}(6) + 7 * \texttt{eye}(6)$$

e

$$[X, D] = \texttt{eig}(C)$$

**(a)** Mesmo que $\lambda = 7$ seja um autovalor de multiplicidade 5, a matriz $C$ não pode ser defeituosa. Por quê? Explique. Verifique que $C$ não é defeituosa pelo cálculo do posto de $X$. Calcule também $X^TX$. Que tipo de matriz é $X$? Explique. Calcule também o posto de $C - 7I$. O que você pode concluir sobre a dimensão do autoespaço correspondente a $\lambda = 7$? Explique.

**(b)** A matriz $C$ deve ser simétrica definida positiva. Por quê? Explique. Desta forma, $C$ deverá ter uma fatoração de Cholesky $LL^T$. O comando MATLAB $R = \texttt{chol}(C)$ vai gerar uma matriz triangular superior $R$ que é igual a $L^T$. Calcule $R$ desta forma e faça $L = R'$. Use MATLAB para verificar que

$$C = LL^T = R^TR$$

**(c)** Alternativamente, podem-se determinar os fatores de Cholesky da fatoração $LU$ de $C$. Faça

$$[L\ U] = \texttt{lu}(C)$$

e

$$D = \texttt{diag}(\texttt{sqrt}(\texttt{diag}(U)))$$

e

$$W = (L * D)'$$

Como se comparam $R$ e $W$? Este método de calcular a fatoração de Cholesky é menos eficiente que o método MATLAB utiliza para a sua função `Chol`.

**24.** Para vários valores de $k$, forme uma matriz $A$, $k \times k$, fazendo

$$D = \texttt{diag}(\texttt{ones}(k - 1, 1), 1);$$
$$A = 2 * \texttt{eye}(k) - D - D';$$

Em cada caso, calcule a fatoração $LU$ de $A$ e o determinante de $A$. Se $A$ é uma matriz $n \times n$ desta forma, o que vai ser sua fatoração $LU$? Qual será seu determinante? Por que a matriz deve ser definida positiva?

**25.** Para qualquer inteiro positivo $n$, o comando do MATLAB $P = \texttt{pascal}(n)$ irá gerar uma matriz $P$, $n \times n$, cujos elementos são dados por

$$p_{ij} = \begin{cases} 1 & \text{se } i = 1 \text{ ou } j = 1 \\ p_{i-1,j} + p_{i,j-1} & \text{se } i > 1 \text{ e } j > 1 \end{cases}$$

O nome `pascal` refere-se ao triângulo de Pascal, um arranjo triangular de números usado para gerar coeficientes binomiais. Os elementos da matriz $P$ formam uma seção do triângulo de Pascal.

**(a)** Faça

$$P = \texttt{pascal}(6)$$

e calcule o valor de seu determinante. Agora subtraia 1 do elemento (6, 6) de $P$ fazendo

$$P(6, 6) = P(6, 6) - 1$$

e calcule o determinante da nova matriz $P$. Qual é o efeito global de subtrair 1 do elemento (6, 6) da matriz de Pascal $6 \times 6$?

**(b)** Na parte (a) vimos que o determinante da matriz de Pascal $6 \times 6$ é 1, mas se subtrairmos 1 do elemento (6, 6) a matriz se torna singular. Será que isto vai acontecer, em geral, para matrizes de Pascal $n \times n$? Para responder a esta pergunta, considere os casos $n = 4, 8, 12$. Em cada caso, faça $P = \texttt{pascal}(n)$ e calcule seu determinante. Em seguida, subtraia 1 do elemento $(n, n)$ e calcule o determinante da matriz resultante. Será que a propriedade que descobrimos no item (a) se mantém para matrizes de Pascal em geral?

**(c)** Faça

$$P = \texttt{pascal}(8)$$

e examine suas submatrizes principais iniciais. Supondo que todas as matrizes de Pascal têm determinantes iguais a 1, por que $P$ deve ser definida positiva? Calcule o fator triangular superior de Cholesky $R$ de $P$. Como podem os elementos não nulos de $R$ ser gerados como um triângulo de Pascal? Em geral, como o determinante de uma matriz definida positiva é relacionado com o determinante de um de seus fatores de Cholesky? Por que deve ser $\det(P) = 1$?

**(d)** Faça

$$R(8, 8) = 0 \quad \text{e} \quad Q = R' * R$$

A matriz $Q$ deve ser singular. Por quê? Explique. Por que as matrizes $P$ e $Q$ são as mesmas, exceto pelo elemento (8, 8)? Por que deve ser $q_{88} = p_{88} - 1$? Explique. Verifique a relação entre $P$ e $Q$ calculando a diferença $P - Q$.

## TESTE A DO CAPÍTULO Verdadeiro ou Falso

*Para cada um dos enunciados que se seguem, responda Verdadeiro, se o enunciado é sempre verdadeiro, e responda Falso, em caso contrário. No caso de um enunciado verdadeiro, explique ou demonstre sua resposta. No caso de um enunciado falso, dê um exemplo para mostrar que o enunciado nem sempre é verdadeiro.*

1. Se $A$ é uma matriz $n \times n$ cujos autovalores são todos diferentes de zero, então $A$ é não singular.
2. Se $A$ é uma matriz $n \times n$, então $A$ e $A^T$ têm os mesmos autovetores.
3. Se $A$ e $B$ são matrizes semelhantes, então elas têm os mesmos autovalores.
4. Se $A$ e $B$ são matrizes $n \times n$ com os mesmos autovalores, então elas são semelhantes.
5. Se $A$ tem valores próprios de multiplicidade maior que 1, então $A$ deve ser defeituosa.
6. Se $A$ é uma matriz $4 \times 4$ de posto 3 e $\lambda = 0$ é um autovalor de multiplicidade 3, então $A$ é diagonalizável.
7. Se $A$ é uma matriz $4 \times 4$ de posto 1 e $\lambda = 0$ é um autovalor de multiplicidade 3, então $A$ é defeituosa.
8. O posto de uma matriz $A$ $n \times n$ é igual ao número de autovalores diferentes de zero de $A$, em que os autovalores são contados de acordo com a multiplicidade.
9. O posto de uma matriz $A$ $m \times n$ é igual ao número de valores singulares não nulos de $A$, no qual os valores singulares são contados de acordo com a multiplicidade.
10. Se $A$ é hermitiana e $c$ é um escalar complexo, então $cA$ é hermitiana.
11. Se uma matriz $n \times n$, $A$, tem decomposição de Schur $A = UTU^H$, então os autovalores de $A$ são $t_{11}, t_{22}, \ldots, t_{nn}$.
12. Se $A$ é normal, mas não hermitiana, então $A$ deve ter pelo menos um autovalor complexo.
13. Se $A$ é simétrica definida positiva, então $A$ é não singular e $A^{-1}$ também é simétrica definida positiva.
14. Se $A$ é simétrica e $\det(A) > 0$, então $A$ é definida positiva.
15. Se $A$ é simétrica, então $e^A$ é simétrica definida positiva.

## TESTE B DO CAPÍTULO

1. Seja

$$A = \begin{pmatrix} 1 & 0 & 0 \\ 1 & 1 & -1 \\ 1 & 2 & -2 \end{pmatrix}$$

   (a) Encontre os autovalores de $A$.

   (b) Para cada autovalor, encontre uma base para o autoespaço correspondente.

   (c) Fatore $A$ em um produto $XDX^{-1}$, no qual $D$ é uma matriz diagonal, e depois use a fatoração para calcular $A^7$.

2. Seja $A$ uma matriz $4 \times 4$ com elementos reais que tem 1's sobre a diagonal principal (ou seja, $a_{11} = a_{22} = a_{33} = a_{44} = 1$). Se $A$ é singular e $\lambda_1 = 3 + 2i$ é um autovalor de $A$, então o que, se alguma coisa, é possível concluir sobre os valores dos autovalores restantes $\lambda_2$, $\lambda_3$, e $\lambda_4$? Explique.
3. Seja $A$ uma matriz $n \times n$ não singular e seja $\lambda$ um autovalor de $A$.

   (a) Mostre que $\lambda \neq 0$.

   (b) Mostre que $\frac{1}{\lambda}$ é um autovalor de $A^{-1}$.

4. Mostre que se $A$ é uma matriz da forma

$$A = \begin{pmatrix} a & 0 & 0 \\ 0 & a & 1 \\ 0 & 0 & a \end{pmatrix}$$

então $A$ deve ser defeituosa.

5. Seja

$$A = \begin{pmatrix} 4 & 2 & 2 \\ 2 & 10 & 10 \\ 2 & 10 & 14 \end{pmatrix}$$

   (a) Sem calcular os autovalores de $A$, mostre que $A$ é definida positiva.

   (b) Fatore $A$ em um produto $LDL^T$, no qual $L$ é triangular inferior unitária e $D$ é diagonal.

   (c) Calcule a fatoração de Cholesky de $A$.

6. A função

$$f(x, y) = x^3y + x^2 + y^2 - 2x - y + 4$$

tem um ponto estacionário (1, 0). Calcule o hessiano de $f$ em (1, 0) e use-o para determinar se o ponto estacionário é um máximo local, mínimo local, ou ponto de sela.

7. Considerando

$$\mathbf{Y}'(0) = A\mathbf{Y}(t) \quad \mathbf{Y}(0) = \mathbf{Y}_0$$

em que

$$A = \begin{pmatrix} 1 & -2 \\ 3 & -4 \end{pmatrix} \qquad \mathbf{Y}_0 = \begin{pmatrix} 1 \\ 2 \end{pmatrix}$$

calcule $e^{tA}$ e use-a para resolver o problema de valor inicial.

**8.** Seja $A$ uma matriz $4 \times 4$ real simétrica com autovalores

$$\lambda_1 = 1, \quad \lambda_2 = \lambda_3 = \lambda_4 = 0$$

**(a)** Explique por que o valor próprio múltiplo $\lambda = 0$ deve ter três autovetores linearmente independentes $\mathbf{x}_2, \mathbf{x}_3, \mathbf{x}_4$.

**(b)** Seja $\mathbf{x}_1$ um autovetor associado a $\lambda_1$. Como $\mathbf{x}_1$ se relaciona com $\mathbf{x}_2$, $\mathbf{x}_3$ e $\mathbf{x}_4$? Explique.

**(c)** Explique como usar $\mathbf{x}_1, \mathbf{x}_2, \mathbf{x}_3$ e $\mathbf{x}_4$ para construir uma matriz ortogonal $U$ que diagonaliza $A$.

**(d)** Que tipo de matriz é $e^A$? É simétrica? Trata-se de definida positiva? Explique suas respostas.

**9.** Seja $\{\mathbf{u}_1, \mathbf{u}_2\}$ uma base ortonormal para $\mathbb{C}^2$ e suponha que um vetor $\mathbf{z}$ pode ser escrito como uma combinação linear

$$\mathbf{z} = (5 - 7i)\,\mathbf{u}_1 + c_2\mathbf{u}_2$$

**(a)** Quais são os valores de $\mathbf{u}_1^H\mathbf{z}$ e $\mathbf{z}^H\mathbf{u}_1$? Se $\mathbf{z}^H\mathbf{u}_2 = 1 + 5i$, determine o valor de $c_2$.

**(b)** Use os resultados da parte (a) para determinar o valor de $\|\mathbf{z}\|_2$.

**10.** Seja $A$ uma matriz $5 \times 5$ não simétrica com posto igual a 3, seja $B = A^TA$ e seja $C = e^B$.

**(a)** O que, se alguma coisa, você pode concluir sobre a natureza dos autovalores de $B$? Explique. Que melhores palavras descrevem o tipo de matriz que é $B$?

**(b)** O que, se alguma coisa, você pode concluir sobre a natureza dos autovalores de $C$? Explique. Que melhores palavras descrevem o tipo de matriz que é $C$?

**11.** Sejam $A$ e $B$ matrizes $n \times n$.

**(a)** Se $A$ é real e não simétrica com decomposição de Schur $UTU^H$, então que tipos de matrizes são $U$ e $T$? Como os autovalores de $A$ se relacionam com $U$ e $T$? Explique suas respostas.

**(b)** Se $B$ é hermitiana com decomposição de Schur $WSW^H$, então que tipos de matrizes são $W$ e $S$? Como os autovalores e autovetores de $B$ se relacionam com $W$ e $S$? Explique suas respostas.

**12.** Seja $A$ uma matriz cuja decomposição em valores singulares é dada por

$$\begin{pmatrix} \frac{2}{5} & -\frac{2}{5} & -\frac{2}{5} & -\frac{2}{5} & \frac{3}{5} \\ \frac{2}{5} & -\frac{2}{5} & -\frac{2}{5} & \frac{3}{5} & -\frac{2}{5} \\ \frac{2}{5} & -\frac{2}{5} & \frac{3}{5} & -\frac{2}{5} & -\frac{2}{5} \\ \frac{2}{5} & \frac{3}{5} & -\frac{2}{5} & -\frac{2}{5} & -\frac{2}{5} \\ \frac{3}{5} & \frac{2}{5} & \frac{2}{5} & \frac{2}{5} & \frac{2}{5} \end{pmatrix} \begin{pmatrix} 100 & 0 & 0 & 0 \\ 0 & 10 & 0 & 0 \\ 0 & 0 & 10 & 0 \\ 0 & 0 & 0 & 0 \\ 0 & 0 & 0 & 0 \end{pmatrix} \begin{pmatrix} \frac{1}{2} & \frac{1}{2} & \frac{1}{2} & \frac{1}{2} \\ \frac{1}{2} & -\frac{1}{2} & -\frac{1}{2} & \frac{1}{2} \\ -\frac{1}{2} & -\frac{1}{2} & \frac{1}{2} & \frac{1}{2} \\ -\frac{1}{2} & \frac{1}{2} & -\frac{1}{2} & \frac{1}{2} \end{pmatrix}$$

Faça uso da decomposição em valores singulares para realizar cada um dos seguintes:

**(a)** Determine o posto de $A$.

**(b)** Encontre uma base ortonormal para $R(A)$.

**(c)** Encontre uma base ortonormal para $N(A)$.

**(d)** Encontre a matriz $B$ que é a matriz de posto 1 mais próxima de $A$. (A distância entre as matrizes é medida utilizando a norma de Frobenius.)

**(e)** Seja $B$ a matriz pedida na parte (d). Use os valores singulares de $A$ para determinar a distância entre $A$ e $B$ (isto é, use os valores singulares de $A$ para determinar o valor de $\|B - A\|_F$).

CAPÍTULO 7

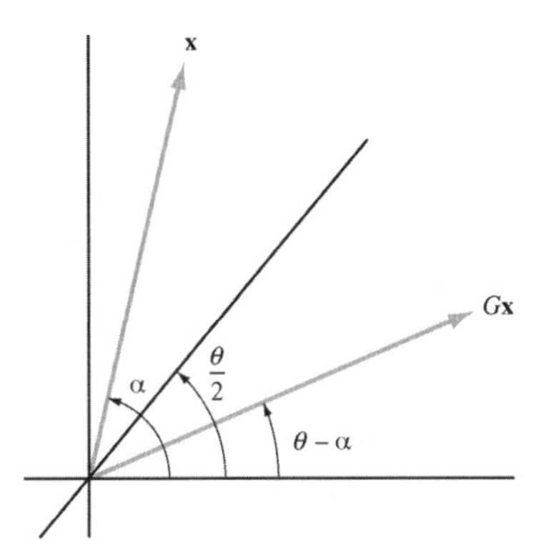


# Álgebra Linear Numérica

Neste capítulo, consideramos métodos computacionais para resolver problemas de álgebra linear. Para entender esses métodos, você deve estar familiarizado com o tipo de sistema de numeração utilizado pelo computador. Quando os dados são lidos no computador, eles são traduzidos em seu sistema de números finitos. Esta tradução normalmente envolve algum erro de arredondamento. Erros de arredondamento adicionais ocorrerão quando as operações algébricas do algoritmo forem executadas. Por causa de erros de arredondamento, não podemos esperar obter a solução exata para o problema original. O melhor que podemos esperar é uma boa aproximação para um problema ligeiramente perturbado. Suponha, por exemplo, que queríamos resolver $A\mathbf{x} = \mathbf{b}$. Quando os elementos de $A$ e $\mathbf{b}$ são lidos no computador, erros de arredondamento geralmente ocorrem. Assim, o programa vai realmente tentar calcular uma boa aproximação para a solução de um sistema perturbado, da forma

$$(A + E)\mathrm{x} = \mathrm{b} + \mathrm{e}$$

em que as entradas de $E$ são todas muito pequenas. Um algoritmo é dito ser *estável* se produzir uma boa aproximação para a solução exata para um problema ligeiramente perturbado. Algoritmos que normalmente iriam convergir para a solução em aritmética exata poderiam muito bem deixar de ser estáveis, devido ao crescimento do erro nos processos algébricos.

Mesmo com um algoritmo estável, podem surgir problemas que são altamente sensíveis às perturbações. Por exemplo, se $A$ é "quase singular", as soluções exatas de $A\mathbf{x} = \mathbf{b}$ e $(A + E)\mathbf{x} = \mathbf{b}$ podem variar muito, mesmo que todos os elementos de $E$ sejam pequenos. A maior parte deste capítulo é dedicada a métodos numéricos para resolver sistemas lineares. Vamos prestar especial atenção ao crescimento do erro e da sensibilidade dos sistemas a pequenas alterações.

Outro problema muito importante em aplicações numéricas é o problema de encontrar os autovalores de uma matriz. Dois métodos iterativos para a computação de autovalores são apresentados na Seção 7.6. O segundo destes métodos é o poderoso algoritmo $QR$, que faz uso dos tipos especiais de transformações ortogonais apresentado na Seção 7.5.

Na Seção 7.7, vamos examinar métodos numéricos para a resolução de problemas de mínimos quadrados. No caso em que a matriz dos coeficientes é deficiente em posto, faremos uso da decomposição em valores singulares para encontrar a solução particular por mínimos quadrados que tem a menor norma 2. O algoritmo de Golub-Reinsch para o cálculo da decomposição em valores singulares também será apresentado nessa seção.

## 7.1 Números em Ponto Flutuante*

Ao resolver um problema numérico em um computador, esperamos obter a resposta exata. Algum erro é inevitável. Podem ocorrer erros de arredondamento inicialmente quando os dados são representados no sistema de números finitos do computador. Outros erros de arredondamento podem ocorrer quando as operações aritméticas são realizadas. Esses erros podem crescer a tal ponto que a solução computadorizada pode ser completamente não confiável. Para evitar isso, temos de compreender como os erros computacionais ocorrem. Para isso, devemos estar familiarizados com o tipo de números utilizados pelo computador.

**Definição** Um **número de ponto flutuante** na base $\beta$ é um número da forma

$$\pm\left(\frac{d_1}{\beta}+\frac{d_2}{\beta^2}+\cdots+\frac{d_t}{\beta^t}\right)\times\beta^e$$

em que $t$, $d_1$, $d_2$, ..., $d_t$, $\beta$ e $e$ são todos inteiros e

$$0\le d_i\le\beta-1 \quad i=1,\ldots,t$$

O inteiro $t$ se refere ao número de dígitos e isso depende do comprimento da palavra do computador. O expoente $e$ é restrito a estar dentro de certos limites, $L \le e \le U$, que também dependem do computador específico. A maioria dos computadores utilizam a base 2. Esta representação padrão foi estabelecida pelo Institute for Electrical and Electronic Engineers (IEEE). Discutiremos em mais detalhes a representação padrão de ponto flutuante ao final desta seção. Esta representação é usada na maioria dos pacotes de SW, como o MATLAB.

**EXEMPLO 1** Os seguintes são números decimais (base 10) em ponto flutuante com cinco dígitos:

$$\begin{aligned}0{,}53216 &\times 10^{-4}\\ -0{,}81724 &\times 10^{21}\\ 0{,}00112 &\times 10^{8}\\ 0{,}11200 &\times 10^{6}\end{aligned}$$

Observe que os números $0{,}00112 \times 10^8$ e $0{,}11200 \times 10^6$ são iguais. Assim, a representação de ponto flutuante de um número não precisa ser exclusiva. ■

Números de ponto flutuante que são escritos sem zeros à esquerda são ditos *normalizados*. Para números em ponto flutuante não nulos na base 2 o primeiro

*Embora no Brasil se use a vírgula para separar as partes inteira e decimal de um número, todas as linguagens de programação usam o ponto para a separação. Por este motivo usaremos ponto flutuante em vez de vírgula flutuante nesta tradução. (N.T.)

dígito será sempre 1. Então, se o número é normalizado, podemos representá-lo sob a forma

$$1.b_1b_2 \cdots b_t \times 2^e$$

Esta forma nos permite representar um número normalizado de $t + 1$ dígitos enquanto guardamos somente $t$ dígitos na memória.

EXEMPLO 2 $(0{,}236)_8 \times 8^2$ e $(1{,}01011)_2 \times 2^4$ são números em ponto flutuante normalizados de três dígitos na base 8. Aqui, $(0{,}236)_8$ representa

$$\frac{2}{8} + \frac{3}{8^2} + \frac{6}{8^3}$$

Assim, $(0{,}236)_8 \times 8^2$ é a representação de ponto flutuante na base 8 do número decimal 19,75. Da mesma forma,

$$(1.01011)_2 \times 2^4 = \left(1 + \frac{1}{2^2} + \frac{1}{2^4} + \frac{1}{2^5}\right) \times 2^4$$

É a representação normalizada na base 2 do número decimal 21,5.

Para melhor compreender o tipo de sistema numérico com que estamos trabalhando, um exemplo muito simples pode ajudar.

EXEMPLO 3 Suponha que $t = 1$, $L = -1$, $U = 1$, e $b = 10$. Há 55 números em ponto flutuante de um dígito neste sistema. Estes são

$$0, \pm 0{,}1 \times 10^{-1}, \pm 0{,}2 \times 10^{-1}, \ldots, \pm 0{,}9 \times 10^{-1}$$
$$\pm 0{,}1 \times 10^{0}, \pm 0{,}2 \times 10^{0}, \ldots, \pm 0{,}9 \times 10^{0}$$
$$\pm 0{,}1 \times 10^{1}, \pm 0{,}2 \times 10^{1}, \ldots, \pm 0{,}9 \times 10^{1}$$

Apesar de todos esses números se encontrarem no intervalo $[-9, 9]$, mais de um terço dos números têm um valor absoluto inferior a 0,1 e mais de dois terços têm valor absoluto menor que 1. A Figura 7.1.1 ilustra como os números de ponto flutuante no intervalo $[0, 2]$ estão distribuídos. ■

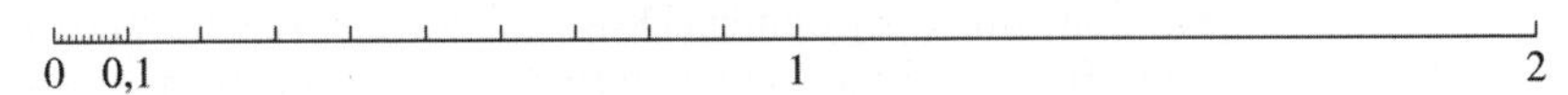


**Figura 7.1.1**

A maioria dos números reais deve ser arredondada de forma a ser representada como números de ponto flutuante de $t$ dígitos. A diferença entre o número de ponto flutuante $x'$ e o número original $x$ é chamada de *erro de arredondamento*. O tamanho do erro de arredondamento é talvez mais significativo quando comparado com o tamanho do número original.

**Definição**

Se $x$ é um número real e $x'$ é sua aproximação de ponto flutuante, então a diferença $x' - x$ é chamada de **erro absoluto**, e o quociente $(x' - x) / x$ é chamado de **erro relativo**.

**Tabela 1** Erros de Arredondamento para Números do Ponto Flutuante de 4 Dígitos

| Número real $x$ | Representação decimal em 4 dígitos $x'$ | Erro absoluto $x' - x$ | Erro relativo $(x' - x)/x$ |
|---|---|---|---|
| 62.133 | $0{,}6213 \times 10^5$ | $-3$ | $\frac{-3}{62.133} \approx -4{,}8 \times 10^{-5}$ |
| 0,12658 | $0{,}1266 \times 10^0$ | $2 \times 10^{-5}$ | $\frac{1}{6329} \approx 1{,}6 \times 10^{-4}$ |
| 47,213 | $0{,}4721 \times 10^2$ | $-3{,}0 \times 10^{-3}$ | $\frac{-0{,}003}{47{,}213} \approx -6{,}4 \times 10^{-5}$ |
| $\pi$ | $0{,}3142 \times 10^1$ | $3{,}142 - \pi \approx 4 \times 10^{-4}$ | $\frac{3{,}142 - \pi}{\pi} \approx 1{,}3 \times 10^{-4}$ |

Computadores modernos utilizam números de ponto flutuante na base 2. Quando um número decimal é convertido para a base 2, podem ocorrer erros de arredondamento. O exemplo a seguir mostra como converter um número decimal em um número em ponto flutuante na base 2.

EXEMPLO 4 Considere o problema de representar o número decimal 11.31 como um número de ponto flutuante de 10 dígitos na base 2. É fácil ver como representar a parte inteira do número como um número na base 2. Como $11 = 2^3 + 2^1 + 2^0$, segue-se que sua representação na base 2 é $(1011)_2$. Agora precisamos representar a parte fracionária $m = 0{,}31$ como um número na base 2 $(0{,}b_1b_2b_3b_4b_5b_6)_2$. Como $m$ é menor que $\frac{1}{2}$, o dígito $b_1$ deve ser 0. Observe que $2m = 2 \times 0{,}31 = 0{,}62$, de modo que $b_1$ é igual à parte inteira de 0,62. Para determinar $b_2$, duplicamos 0,62 e fazemos $b_2$ igual à parte inteira de 1,24. Assim, $b_2 = 1$. Em seguida dobramos a fração 1,24. Como $2 \times 0{,}24 = 0{,}48$, definimos $b_3 = 0$. Continuando desta maneira, obtemos

$$\begin{aligned} 2 \times 0{,}48 &= 0{,}96 \quad b_4 = 0 \\ 2 \times 0{,}96 &= 1{,}92 \quad b_5 = 1 \\ 2 \times 0{,}92 &= 1{,}84 \quad b_6 = 1 \end{aligned}$$

Como 1,84 não é um número inteiro, não podemos representar 0,31 exatamente como um número de 6 dígitos na base 2. Se fôssemos computar mais um dígito $b_7$, ele então seria 1. No caso em que o próximo dígito seria 1, nós arredondamos para cima. Desse modo, em vez de $(0.010011)_2$, terminamos com $(0.010)_2$. Segue-se que a representação de 10 dígitos de 11.31 na base 2 é $(1011.010100)_2$. A representação de ponto flutuante na base 2 normalizada é $(1.011010100)_2 \times 2^3$.

O erro absoluto na aproximação de 11,31 por sua representação de ponto flutuante na base 2 é 0,0025 e o erro relativo é aproximadamente $2{,}2 \times 10^{-4}$. ■

Quando operações aritméticas são aplicadas a números de ponto flutuante, podem ocorrer erros adicionais de arredondamento.

EXEMPLO 5 Sejam $a' = 0{,}263 \times 10^4$ e $b' = 0{,}446 \times 10^1$ números em ponto flutuante de três dígitos. Se estes números são somados, a soma exata será

$$a' + b' = 0{,}263446 \times 10^4$$

No entanto, a representação de ponto flutuante desta soma é $0{,}263 \times 10^4$. Esta, então, deve ser a soma computada. Vamos denotar a soma de ponto flutuante por $fl(a' + b')$. O erro absoluto da soma é

$$fl(a' + b') - (a' + b') = -4{,}46$$

e o erro relativo é

$$\frac{-4{,}46}{0{,}26344 \times 10^4} \approx -0{,}17 \times 10^{-2}$$

O valor real de $a'b'$ é 11.729,8; no entanto, $fl(a'b')$ é $0{,}117 \times 10^5$. O erro absoluto no produto é $-29{,}8$ e o erro relativo é de aproximadamente $-0{,}25 \times 10^{-2}$. A subtração e a divisão em ponto flutuante podem ser feitas de maneira semelhante. ■

O erro relativo na aproximação de um número $x$ por sua representação em ponto flutuante $x'$ é normalmente representado pelo símbolo $\delta$. Assim,

$$\delta = \frac{x' - x}{x}, \qquad \text{ou} \qquad x' = x(1 + \delta) \tag{1}$$

$|\delta|$ pode ser limitado por uma constante positiva $\epsilon$, chamada de *precisão da máquina* ou *épsilon da máquina*. O épsilon da máquina é definido como o menor número em ponto flutuante $\epsilon$ para o qual

$$fl(1 + \epsilon) > 1$$

Por exemplo, se o computador usa números em ponto flutuante de três dígitos, então

$$fl(1 + 0{,}499 \times 10^{-2}) = 1$$

enquanto

$$fl(1 + 0{,}500 \times 10^{-2}) = 1{,}01$$

Portanto, o épsilon da máquina seria $0{,}500 \times 10^{-2}$. Mais em geral, para uma aritmética de ponto flutuante em uma base $\beta$ de $t$ dígitos, o épsilon de máquina é $\frac{1}{2}\beta^{-t+1}$. Em particular, para uma base binária de $t$ dígitos, o épsilon de máquina é

$$\epsilon = \frac{1}{2} \times 2^{-t+1} = 2^{-t}$$

Decorre de (1) que, se $a'$ e $b'$ são dois números de ponto flutuante, então

$$\begin{aligned} fl(a' + b') &= (a' + b')(1 + \delta_1) \\ fl(a'b') &= (a'b')(1 + \delta_2) \\ fl(a' - b') &= (a' - b')(1 + \delta_3) \\ fl(a' \div b') &= (a' \div b')(1 + \delta_4) \end{aligned}$$

Os $\delta_i$ são erros relativos e terão valores absolutos inferiores a $\epsilon$. Observe no Exemplo 4 que $\delta_1 \approx -0{,}17 \times 10^{-2}$, $\delta_2 \approx -0{,}25 \times 10^{-2}$ e $\epsilon = 0{,}5 \times 10^{-2}$.

Se os números com que você está trabalhando envolverem alguns pequenos erros, as operações aritméticas podem combinar esses erros. Se dois números concordam em $k$ dígitos decimais e um número é subtraído do outro, haverá uma perda de dígitos significativos em sua resposta. Neste caso, o erro relativo na diferença será muitas vezes tão grande quanto o erro relativo em qualquer um dos números.

EXEMPLO 6 Sejam $c = 3{,}4215298$ e $d = 3{,}4213851$. Calcule $c - d$, utilizando aritmética de ponto flutuante com seis dígitos decimais.

## Solução

**I.** O primeiro passo é representar $c$ e $d$ como números de ponto flutuante com seis dígitos decimais:

$$c' = 0{,}342153 \times 10^1$$

$$d' = 0{,}342139 \times 10^1$$

Os erros relativos em $c$ e $d$ são, respectivamente,

$$\frac{c' - c}{c} \approx 0{,}6 \times 10^{-7} \quad \text{e} \quad \frac{d' - d}{d} \approx 1{,}4 \times 10^{-6}$$

**II.** $fl(c' - d') = c' - d' = 0{,}140000 \times 10^{-3}$. O valor real de $c - d$ é $0{,}1447 \times 10^{-3}$. Os erros absoluto e relativo ao aproximar $c - d$ por $fl(c' - d')$ são, respectivamente,

$$fl(c' - d') - (c - d) = -0{,}47 \times 10^{-5}$$

e

$$\frac{fl(c' - d') - (c - d)}{c - d} \approx -3{,}2 \times 10^{-2}$$

Observe que a grandeza do erro relativo na diferença é mais de $10^4$ vezes o erro relativo em $c$ ou $d$. ■

O Exemplo 6 ilustra a perda de precisão quando a subtração é realizada com dois números que estão próximos um do outro. As representações de ponto flutuante de $c$ e $d$ no exemplo tinham precisão de seis dígitos; entretanto, perdemos quatro dígitos de precisão quando a diferença $c - d$ foi calculada.

# A Representação de Ponto Flutuante Padrão IEEE 754

O formato IEEE padrão de precisão simples representa um número de ponto flutuante usando uma sequência de 32 bits

$$b_1 b_2 \cdots b_9 b_{10} \cdots b_{31} b_{32}$$

em que cada bit $b_j$ é 0 ou 1. O primeiro bit $b_1$ é usado para determinar o sinal do número de ponto flutuante, os bits $b_2$ a $b_9$ são usados para determinar o expoente da base $\beta = 2$, e os bits restantes são usados para determinar a parte fracionária da mantissa normalizada. O número da base 2 $(b_2 b_3 \cdots b_9)_2$ representa um inteiro $e$ no intervalo $0 \leq e \leq 255$. Este número $e$ não é usado como o expoente para o número de ponto flutuante, uma vez que é sempre não negativo. Em vez disso, para permitir potências negativas de 2, o número $k = e - 127$ é usado.

Este valor gera expoentes no intervalo de –127 a 128. Se fizermos $s = b_1$ e se $m$ for o número na base 2 $b_{10}b_{11} \cdots b_{32}$, então o número flutuante normalizado $x$ representado pela sequência de bits $b_1 b_2 \cdots b_{32}$ é dado por

$$x = (-1)^s \times (1.m)_2 \times 2^k$$

EXEMPLO 7 Determine o número de ponto flutuante de precisão simples IEEE representado pela sequência de bits 01000001100011000000000000000000.

### Solução

Como o primeiro bit é 0, o número terá um sinal positivo. Os próximos oito bits são usados para determinar o expoente. Se fizermos

$$e = (100011)_2 = 2^0 + 2^1 + 2^7 = 131$$

então o expoente será $k = e - 127 = 4$. Segue-se que o número de ponto flutuante correspondente à sequência de bits dada é $(1.0001100 \ldots 0)_2 \times 2^4$, que é igual a

$$(1 + \frac{1}{2^4} + \frac{1}{2^5}) \times 2^4 = 17{,}5$$

■

O formato de precisão dupla IEEE padrão representa um número de ponto flutuante usando uma sequência de 64 bits

$$b_1 b_2 \cdots b_{12} b_{13} \cdots b_{63} b_{64}$$

Como anteriormente, o sinal do número é determinado pelo primeiro bit $b_1$. O expoente é determinado pelos bits $b_2, b_3, \ldots b_{12}$. Neste caso, se $e$ é o inteiro com representação na base 2 $(b_2 b_3 \cdots b_{12})_2$, então o expoente da base $\beta = 2$ será o valor deslocado $k = e - 1023$. Os restantes 52 bits $b_{13}, \ldots b_{64}$ são usados para determinar $m$, a parte fracionária da mantissa. Assim, para precisão dupla, a representação normalizada de ponto flutuante é da forma

$$x = (-1)^s \times (1.m)_2 \times 2^k$$

Para a aritmética IEEE de dupla precisão $t = 52$ e, portanto, o épsilon de máquina é

$$\epsilon = 2^{-52} \approx 2{,}22 \times 10^{-16}$$

Assim, as representações de ponto flutuante de dupla precisão de números decimais devem ser precisas até cerca de 16 dígitos decimais. O pacote de *software* MATLAB representa números de ponto flutuante usando o formato IEEE de precisão dupla ou de precisão simples. O padrão é a dupla precisão. Quando o comando **eps** é inserido no MATLAB, uma representação decimal de $2^{-52}$ é retornada.

## Perda de Precisão e Instabilidade

Nas seções restantes deste capítulo, consideramos algoritmos numéricos para a resolução de sistemas lineares, problemas de mínimos quadrados e problemas de autovalores. Os métodos anteriores que aprendemos nos Capítulos 1 a 6 para resolver esses problemas funcionam quando é usada a aritmética exata;

no entanto, eles não podem produzir respostas precisas quando os cálculos são realizados usando aritmética de precisão finita (ou seja, os algoritmos podem ser instáveis). Ao projetar algoritmos estáveis, deve-se tentar evitar a perda de dígitos de precisão. Os dígitos de precisão podem ser perdidos quando são realizadas subtrações usando dois números que estão próximos entre si, como vimos no Exemplo 6. Neste caso, dizemos que as instabilidades resultantes são devidas ao *cancelamento catastrófico* de dígitos. Considere, por exemplo, o problema de calcular as raízes para uma equação quadrática

$$ax^2 + bx + c = 0$$

Se a aritmética exata for usada, as raízes são normalmente calculadas utilizando a fórmula quadrática

$$x = \frac{-b \pm \sqrt{b^2 - 4ac}}{2a} \tag{2}$$

Se usarmos a Equação (2) para a aritmética de ponto flutuante e o valor de $|b|$ for muito maior que o valor de $|4ac|$, então para uma das raízes poder-se-ia esperar obter o cancelamento de dígitos de precisão. Para evitar isso, primeiro encontramos a raiz $r_1$ para a qual não há nenhum cancelamento de dígitos significativos. Para fazer isso, definimos

$$s = \begin{cases} 1 & \text{se } b \geq 0 \\ -1 & \text{se } b < 0 \end{cases}$$

e computamos

$$r_1 = \frac{-b - s\sqrt{b^2 - 4ac}}{2a} \tag{3}$$

Se $r_2$ é a outra raiz, então podemos fatorar $ax^2 + bx + c$

$$ax^2 + bx + c = a(x - r_1)(x - r_2)$$

Equacionando os termos constantes nesta equação, vemos que $c = ar_1r_2$. Podemos encontrar a segunda raiz, simplesmente definindo

$$r_2 = \frac{c}{ar_1} \tag{4}$$

**EXEMPLO 8** Se $a = 1$, $b = -(10^7 + 10^{-7})$ e $c = 1$, então o polinômio quadrático $ax^2 + bx + c$ é fatorado como

$$x^2 - (10^7 + 10^{-7})x + 1 = (x - 10^7)(x - 10^{-7})$$

e as raízes exatas são $r_1 = 10^7$ e $r_2 = 10^{-7}$. As raízes foram calculadas usando MATLAB com aritmética de precisão dupla IEEE padrão de duas maneiras. Primeiro, calculamos as raízes usando a fórmula quadrática da Equação (2). O MATLAB retornou os seguintes valores para as raízes computadas:

$$r_1 = 10000000 \quad \text{e} \quad r_2 = 9.965151548385620\,e - 008$$

Em seguida, utilizamos as Equações (3) e (4) para calcular as raízes. Desta vez MATLAB retornou as respostas corretas

$$r_1 = 10000000 \quad \text{e} \quad r_2 = 1.000000000000000\,e - 007$$

■

Um algoritmo pode deixar de ser numericamente estável devido ao cancelamento catastrófico ou à acumulação de erros de arredondamento nos processos algébricos. Como foi ilustrado no Exemplo 8, muitas vezes existem precauções simples que podem ser tomadas para evitar o cancelamento catastrófico (veja o Exercício 10 no final desta seção).

Há também precauções que se podem tomar para evitar a acumulação de erro de arredondamento em um algoritmo. O método de eliminação gaussiano introduzido no Capítulo 1 para a resolução de sistemas lineares pode ser instável devido à acumulação de arredondamentos, a menos que se tenha cuidado na escolha das operações de linha que são usadas. Na Seção 7.3 aprenderemos uma estratégia para troca de linhas no processo de eliminação que é comumente usado para garantir a estabilidade numérica do algoritmo. No Capítulo 6 aprendemos a calcular os autovalores de uma matriz encontrando as raízes de seu polinômio característico. Este método não funciona bem quando aritmética de precisão finita é utilizada. Pequenos erros nos coeficientes ou erros de arredondamento em cálculos aritméticos podem resultar em mudanças significativas nas raízes computadas. Na Seção 7.6 aprenderemos métodos alternativos para computar autovalores e autovetores que são numericamente estáveis. No Capítulo 5 aprendemos a resolver problemas de mínimos quadrados usando as equações normais e usando uma fatoração QR derivada do processo clássico de Gram-Schmidt. Nenhum desses métodos é garantido para dar soluções precisas quando realizado em aritmética de precisão finita. Na Seção 7.7 apresentaremos alguns métodos alternativos, numericamente estáveis, para a solução de problemas de mínimos quadrados.

## PROBLEMAS DA SEÇÃO 7.1

**1.** Encontre a representação em ponto decimal flutuante de três dígitos, de cada um dos seguintes números:

**(a)** 2312 **(b)** 32,56
**(c)** 0,01277 **(d)** 82.431

**2.** Encontre o erro absoluto e o erro relativo quando cada um dos números reais no Problema 1 é aproximada por um número de três dígitos de ponto decimal flutuante.

**3.** Represente cada um dos seguintes números como números de ponto flutuante normalizados na base 2, usando 4 digitos para representar a parte fracional da mantissa; isto é, represente os números na forma $\pm(1.b_1b_2b_3b_4)_2 \times 2^k$.

**(a)** 21 **(b)** $\frac{3}{8}$
**(c)** 9,872 **(d)** $-0,1$

**4.** Use aritmética de ponto decimal flutuante de quatro dígitos para fazer cada uma das seguintes operações e calcule os erros absoluto e relativo em suas respostas:

**(a)** $10.420 + 0,0018$ **(b)** $10.424 - 10.416$
**(c)** $0,12347 - 0,12342$ **(d)** $(3626,6) \cdot (22,656)$

**5.** Sejam $x_1 = 94,210$, $x_2 = 8631$, $x_3 = 1440$, $x_4 = 133$ e $x_5 = 34$. Calcule cada um dos seguintes, utilizando aritmética de ponto flutuante decimal de quatro dígitos:

**(a)** $(((x_1 + x_2) + x_3) + x_4) + x_5$

**(b)** $x_1 + ((x_2 + x_3) + (x_4 + x_5))$

**(c)** $(((x_5 + x_4) + x_3) + x_2) + x_1$

**6.** Qual seria o épsilon de máquina para um computador que utiliza aritmética de ponto flutuante de 16 dígitos base 10?

**7.** Qual seria o épsilon de máquina para um computador que utiliza aritmética de ponto flutuante de 36 dígitos base 2?

**8.** Quantos números de ponto flutuante existem no sistema, se $t = 2$, $L = -2$, $U = 2$ e $\beta = 2$?

**9.** Em cada um dos seguintes é dada uma sequência de bits correspondente à representação IEEE de precisão simples de um número de ponto flutuante. Em cada caso, determine a representação em ponto flutuante de base 2 do número e também a representação decimal de base 10 do número.

**(a)** 01000001000110100000000000000000
**(b)** 10111100010110000000000000000000
**(c)** 11000100010010000000000000000000

**10.** Quando as seguintes funções são avaliadas para valores de $x$ próximos de 0, haverá perda de dígitos significativos de precisão. Para cada função: (i) use identidades ou aproximações de séries de Taylor para encontrar uma representação alternativa da função que evita o cancelamento de dígitos significativos; (ii) use uma calculadora de mão, ou computador, para avaliar a função, inserindo o valor $x = 10^{-8}$ e também avalie a representação alternativa da função no ponto $x = 10^{-8}$.

**(a)** $f(x) = \dfrac{1 - \cos x}{\operatorname{sen} x}$ **(b)** $f(x) = e^x - 1$

**(c)** $f(x) = \sec x - \cos x$ **(d)** $f(x) = \dfrac{\operatorname{sen} x}{x} - 1$

## 7.2 Eliminação Gaussiana

Nesta seção, discutimos o problema da resolução de um sistema de $n$ equações lineares em $n$ incógnitas por eliminação gaussiana. A eliminação gaussiana é geralmente considerada o mais eficiente método computacional, uma vez que envolve a menor quantidade de operações aritméticas. Se a matriz de coeficientes $A$ é não singular, então a redução à forma estritamente triangular pode ser efetuada usando somente as operações da linha I e III. O algoritmo é muito mais simples se não precisarmos intercambiar as linhas e pudermos fazer todas as eliminações usando somente a operação de linha III. Para simplificar consideraremos primeiramente isso, embora deva ser ressaltado que em geral é necessário intercambiar linhas para obter estabilidade numérica. O algoritmo de eliminação mais geral, que incorpora intercâmbio de linhas, será estudado na próxima seção do livro.

### Eliminação Gaussiana sem Intercâmbios

Seja $A = A^{(1)} = (a_{ij}^{(1)})$ uma matriz não singular. Então $A$ pode ser reduzida à forma estritamente triangular usando as operações sobre linhas I e III. Para simplificar, vamos supor que a redução pode ser feita usando apenas a operação sobre linhas III. Inicialmente temos

$$A = A^{(1)} = \begin{bmatrix} a_{11}^{(1)} & a_{12}^{(1)} & \cdots & a_{1n}^{(1)} \\ a_{21}^{(1)} & a_{22}^{(1)} & \cdots & a_{2n}^{(1)} \\ \vdots & & & \\ a_{n1}^{(1)} & a_{n2}^{(1)} & \cdots & a_{nn}^{(1)} \end{bmatrix}$$

Passo 1. Seja $m_{k1} = a_{k1}^{(1)} / a_{11}^{(1)}$ para $k = 2, ..., n$ [pela nossa hipótese, $a_{11}^{(1)} \neq 0$]. A primeira etapa do processo de eliminação é aplicar a operação sobre linhas III $n - 1$ vezes para eliminar os elementos abaixo da diagonal na primeira coluna de $A$. Observe que $m_{k1}$ é o múltiplo da primeira linha que deve ser subtraído da linha $k$. A nova matriz obtida será

$$A^{(2)} = \begin{bmatrix} a_{11}^{(1)} & a_{12}^{(1)} & \cdots & a_{1n}^{(1)} \\ 0 & a_{22}^{(2)} & \cdots & a_{2n}^{(2)} \\ \vdots & & & \\ 0 & a_{n2}^{(2)} & \cdots & a_{nn}^{(2)} \end{bmatrix}$$

em que

$$a_{kj}^{(2)} = a_{kj}^{(1)} - m_{k1} a_{1j}^{(1)} \qquad (2 \leq k \leq n,\ 2 \leq j \leq n)$$

A primeira etapa do processo de eliminação exige $n - 1$ divisões, $(n - 1)^2$ multiplicações e $(n - 1)^2$ adições/subtrações.

Passo 2. Se $a_{22}^{(2)} \neq 0$, então ele pode ser usado como um elemento pivô para eliminar $a_{32}^{(2)}, ..., a_{n2}^{(2)}$. Para $k = 3, ..., n$, defina

$$m_{k2} = \frac{a_{k2}^{(2)}}{a_{22}^{(2)}}$$

e subtraia $m_{k2}$ vezes a segunda linha de $A^{(2)}$ da linha $k$. A nova matriz obtida será

$$A^{(3)} = \begin{bmatrix} a_{11}^{(1)} & a_{12}^{(1)} & a_{13}^{(1)} & \cdots & a_{1n}^{(1)} \\ 0 & a_{22}^{(2)} & a_{23}^{(2)} & \cdots & a_{2n}^{(2)} \\ 0 & 0 & a_{33}^{(3)} & \cdots & a_{3n}^{(3)} \\ \vdots & \vdots & \vdots & & \vdots \\ 0 & 0 & a_{n3}^{(3)} & \cdots & a_{nn}^{(3)} \end{bmatrix}$$

O segundo passo requer $n - 2$ divisões, $(n - 2)^2$ multiplicações e $(n - 2)^2$ adições/subtrações.

Depois de $n - 1$ passos, vamos acabar com uma matriz estritamente triangular $U = A^{(n)}$. A contagem de operações para todo o processo pode ser determinada como se segue:

**Divisões:** $(n-1) + (n-2) + \cdots + 1 = \dfrac{n(n-1)}{2}$

**Multiplicações:** $(n-1)^2 + (n-2)^2 + \cdots + 1^2 = \dfrac{n(2n-1)(n-1)}{6}$

**Adições e/ou subtrações:** $(n-1)^2 + \cdots + 1^2 = \dfrac{n(2n-1)(n-1)}{6}$

O processo de eliminação é resumido no seguinte algoritmo:

**Algoritmo 7.2.1** Eliminação Gaussiana sem Intercâmbios

*Para* $i = 1, 2, \ldots, n-1$
  *Para* $k = i+1, \ldots, n$
    *Defina* $m_{ki} = \dfrac{a_{ki}^{(i)}}{a_{ii}^{(i)}}$ *[desde que* $a_{ii}^{(i)} \neq 0$*]*
    *Para* $j = i+1, \ldots, n$
      *Defina* $a_{kj}^{(i+1)} = a_{kj}^{(i)} - m_{ki}a_{ij}^{(i)}$
    → *Fim laço para*
  → *Fim laço para*
→ *Fim laço para* ■

Para resolver o sistema $A\mathbf{x} = \mathbf{b}$, podemos aumentar $A$ por $\mathbf{b}$. Assim, $\mathbf{b}$ seria armazenado em uma coluna extra de $A$. O processo de redução poderia ser feito usando o Algoritmo 7.2.1 e deixar $j$ variar de $i + 1$ a $n + 1$ em vez de $i + 1$ a $n$. O sistema triangular poderia então ser resolvido por substituição reversa.

## Usando a Fatoração Triangular para Resolver $A\mathbf{x} = \mathbf{b}$

A maior parte do trabalho envolvido na resolução de um sistema $A\mathbf{x} = \mathbf{b}$ ocorre na redução de $A$ à forma estritamente triangular. Suponha que depois de ter resolvido $A\mathbf{x} = \mathbf{b}$ queremos resolver um sistema $A\mathbf{x} = \mathbf{b}_1$. Conhecemos a forma triangular $U$ do primeiro sistema e, consequentemente, gostaríamos de ser capazes de resolver o novo sistema sem ter que atravessar o processo de redução inteiro novamente. Podemos fazer isso se fizermos uso da fatoração $LU$ discutida na Seção 1.5 do Capítulo 1. A matriz $L$ é uma matriz triangular inferior cujos elementos diagonais são todos iguais a l. Os elementos subdiagonais de $L$ são os números $l_{ki}$ usados no Algoritmo 7.2.1. Esses números são chamados de *multiplicadores*, uma vez que $l_{ki}$ é o múltiplo da $i$-ésima linha que é subtraída da $k$-ésima linha durante o $i$-ésimo passo do processo de redução. A matriz $U$ é a matriz triangular superior obtida do processo de eliminação. Para rever como funciona a fatoração, consideramos o exemplo a seguir.

EXEMPLO 1 Seja

$$A = \begin{bmatrix} 2 & 3 & 1 \\ 4 & 1 & 4 \\ 3 & 4 & 6 \end{bmatrix}$$

A eliminação pode ser efetuada em dois passos:

$$\begin{bmatrix} 2 & 3 & 1 \\ 4 & 1 & 4 \\ 3 & 4 & 6 \end{bmatrix} \xrightarrow{1} \begin{bmatrix} 2 & 3 & 1 \\ 0 & -5 & 2 \\ 0 & -\frac{1}{2} & \frac{9}{2} \end{bmatrix} \xrightarrow{2} \begin{bmatrix} 2 & 3 & 1 \\ 0 & -5 & 2 \\ 0 & 0 & 4{,}3 \end{bmatrix}$$

Os multiplicadores para o passo 1 foram $l_{21} = 2$ e $l_{31} = \frac{3}{2}$ e o multiplicador para o passo 2 foi $l_{32} = \frac{1}{10}$. Sejam

$$L = \begin{bmatrix} 1 & 0 & 0 \\ l_{21} & 1 & 0 \\ l_{31} & l_{32} & 1 \end{bmatrix} = \begin{bmatrix} 1 & 0 & 0 \\ 2 & 1 & 0 \\ \frac{3}{2} & \frac{1}{10} & 1 \end{bmatrix}$$

e

$$U = \begin{bmatrix} 2 & 3 & 1 \\ 0 & -5 & 2 \\ 0 & 0 & 4{,}3 \end{bmatrix}$$

O leitor pode verificar que $LU = A$. ■

Uma vez que $A$ tenha sido reduzida à forma triangular e a fatoração $LU$ tenha sido determinada, o sistema $A\mathbf{x} = \mathbf{b}$ pode ser resolvido em dois passos.

Passo 1. *Substituição Direta*. O sistema $A\mathbf{x} = \mathbf{b}$ pode ser escrito sob a forma

$$LU\mathbf{x} = \mathbf{b}$$

Seja $\mathbf{y} = U\mathbf{x}$. Segue-se que

$$L\mathbf{y} = LU\mathbf{x} = \mathbf{b}$$

Logo, podemos encontrar $\mathbf{y}$ resolvendo o sistema triangular inferior

$$\begin{aligned}
y_1 \qquad\qquad\qquad\qquad\qquad &= b_1 \\
l_{21}y_1 + y_2 \qquad\qquad\qquad\quad &= b_2 \\
l_{31}y_1 + l_{32}y_2 + y_3 \qquad\qquad &= b_3 \\
\vdots \qquad\qquad\qquad\qquad\qquad & \\
l_{n1}y_1 + l_{n2}y_2 + l_{n3}y_3 + \cdots + y_n &= b_n
\end{aligned}$$

Segue-se, da primeira equação, que $y_1 = b_1$. Este valor pode ser usado na segunda equação para obter $y_2$. Os valores de $y_1$ e $y_2$ podem ser usados na terceira equação para obter $y_3$, e assim por diante. Este método de resolução de um sistema triangular inferior é chamado *substituição de direta.*

Passo 2. *Substituição Reversa.* Uma vez que $\mathbf{y}$ tenha sido determinado, precisamos somente resolver o sistema triangular superior $U\mathbf{x} = \mathbf{y}$ para encontrar a solução $\mathbf{x}$ do sistema. O sistema triangular superior é resolvido por substituição reversa.

EXEMPLO 2 Resolva o sistema

$$\begin{aligned}
2x_1 + 3x_2 + \phantom{4}x_3 &= -4 \\
4x_1 + \phantom{3}x_2 + 4x_3 &= \phantom{-}9 \\
3x_1 + 4x_2 + 6x_3 &= \phantom{-}0
\end{aligned}$$

Solução

A matriz de coeficientes para este sistema é a matriz $A$ do Exemplo 1. Uma vez que $L$ e $U$ tenham sido determinados, o sistema pode ser resolvido por substituição reversa.

$$\left[\begin{array}{ccc|c} 1 & 0 & 0 & -4 \\ 2 & 1 & 0 & 9 \\ \frac{3}{2} & \frac{1}{10} & 1 & 0 \end{array}\right] \qquad \begin{aligned} y_1 &= -4 \\ y_2 &= 9 - 2y_1 = 17 \\ y_3 &= 0 - \tfrac{3}{2}y_1 - \tfrac{1}{10}y_2 = 4{,}3 \end{aligned}$$

$$\left[\begin{array}{ccc|c} 2 & 3 & 1 & -4 \\ 0 & -5 & 2 & 17 \\ 0 & 0 & 4{,}3 & 4{,}3 \end{array}\right] \qquad \begin{aligned} 2x_1 + 3x_2 + \phantom{2}x_3 &= -4 \\ -5x_2 + 2x_3 &= 17 \\ 4{,}3x_3 &= 4{,}3 \end{aligned} \qquad \begin{aligned} x_1 &= 2 \\ x_2 &= -3 \\ x_3 &= 1 \end{aligned}$$

A solução do sistema é $\mathbf{x} = (2, -3, 1)^T$. ∎

**Algoritmo 7.2.2** Substituições Direta e Reversa

*Para* $k = 1, \ldots, n$

Defina $y_k = b_k - \sum_{i=1}^{k-1} m_{ki} y_i$

*Fim laço para*

*Para* $k = n, n-1, \ldots, 1$

Defina $x_k = \dfrac{y_k - \sum_{j=k+1}^{n} u_{kj}x_j}{u_{kk}}$

*Fim laço para* ■

Contagem de Operações O Algoritmo 7.2.2 requer $n$ divisões, $n(n-1)$ multiplicações e $n(n-1)$ adições/subtrações. A contagem total da operação para resolver um sistema $A\mathbf{x} = \mathbf{b}$ utilizando os Algoritmos 7.2.1 e 7.2.2 é então

| | |
|---|---|
| Multiplicações/divisões: | $\frac{1}{3}n^3 + n^2 - \frac{1}{3}n$ |
| Adições/subtrações: | $\frac{1}{3}n^3 + \frac{1}{2}n^2 - \frac{5}{6}n$ |

Em ambos os casos, $\frac{1}{3}n^3$ é o termo dominante. Diremos que resolver um sistema por eliminação de Gauss envolve cerca $\frac{1}{3}n^3$ multiplicações/divisões e $\frac{1}{3}n^3$ adições/subtrações.

O Algoritmo 7.2.1 falha, se, em qualquer etapa, $a_{kk}^{(k)}$ é 0. Se isso acontecer, é preciso realizar trocas de linha. Na próxima seção, veremos como incorporar trocas em nosso algoritmo de eliminação.

# PROBLEMAS DA SEÇÃO 7.2

**1.** Seja

$$A = \begin{Bmatrix} 1 & 1 & 1 \\ 2 & 4 & 1 \\ -3 & 1 & -2 \end{Bmatrix}$$

Fatore $A$ em um produto $LU$, em que $L$ é triangular inferior com 1's na diagonal e $U$ é triangular superior.

2. Seja $A$ a matriz do Problema 1. Use a fatoração $LU$ de $A$ para resolver $A\mathbf{x} = \mathbf{b}$ para cada uma das seguintes opções de $\mathbf{b}$:

**(a)** $(4, 3, -13)^T$ **(b)** $(3, 1, -10)^T$

**(c)** $(7, 23, 0)^T$

**3.** Sejam $A$ e $B$ matrizes $n \times n$ e seja $\mathbf{x} \in \mathbb{R}^n$.

**(a)** Quantas adições e multiplicações escalares são necessárias para calcular o produto $A\mathbf{x}$?

**(b)** Quantas adições e multiplicações escalares são necessárias para calcular o produto $AB$?

**(c)** Quantas adições e multiplicações escalares são necessárias para calcular $(AB)\mathbf{x}$? Para calcular uma $A(B\mathbf{x})$?

**4.** Sejam $A \in \mathbb{R}^{m\times n}$, $B \in \mathbb{R}^{n\times r}$ e $\mathbf{x}, \mathbf{y} \in \mathbb{R}^n$. Suponha que o produto $A\mathbf{x}\mathbf{y}^TB$ é computado das seguintes maneiras:

**(i)** $(A(\mathbf{x}\mathbf{y}^T))B$ **(ii)** $(A\mathbf{x})(\mathbf{y}^TB)$

**(iii)** $((A\mathbf{x})\,\mathbf{y}^T)B$

**(a)** Quantas adições e multiplicações escalares são necessárias para cada um desses cálculos?

**(b)** Compare o número de adições e multiplicações escalares para cada um dos três métodos quando $m = 5$, $n = 4$ e $r = 3$. Que método é mais eficiente nesse caso?

**5.** Seja $E_{ki}$ a matriz elementar formada subtraindo $\alpha$ vezes a linha $i$ da matriz identidade da linha $k$.

**(a)** Mostre que $E_{ki} = I - \alpha\mathbf{e}_k\mathbf{e}_i^T$.

**(b)** Seja $E_{ji} = I - \beta\mathbf{e}_j\mathbf{e}_i^T$. Mostre que $E_{ji}E_{ki} = I - (\alpha\mathbf{e}_k + \beta\mathbf{e}_j)\mathbf{e}_i^T$.

**(c)** Mostre que $E_{ki}^{-1} = I - \alpha\mathbf{e}_k\mathbf{e}_i^T$.

**6.** Seja $A$ uma matriz $n \times n$ com fatoração triangular $LU$. Mostre que

$$\det(A) = u_{11}u_{22}\cdots u_{nn}$$

**7.** Se $A$ é uma matriz $n \times n$ simétrica com fatoração triangular $LU$, então $A$ pode ser ainda fatorada em um produto $LDL^T$ (em que $D$ é diagonal). Elabore um algoritmo semelhante ao Algoritmo 7.2.2 para resolver $LDL^T\,\mathbf{x} = \mathbf{b}$.

**8.** Escreva um algoritmo para resolver o sistema tridiagonal

$$\begin{bmatrix} a_1 & b_1 & & & \\ c_1 & a_2 & \ddots & & \\ & \ddots & \ddots & & \\ & & \ddots & a_{n-1} & b_{n-1} \\ & & & c_{n-1} & a_n \end{bmatrix} \begin{bmatrix} x_1 \\ x_2 \\ \vdots \\ x_{n-1} \\ x_n \end{bmatrix} = \begin{bmatrix} d_1 \\ d_2 \\ \vdots \\ d_{n-1} \\ d_n \end{bmatrix}$$

por eliminação gaussiana com os elementos diagonais como pivôs. Quantas adições/subtrações e multiplicações/divisões são necessárias?

**9.** Seja $A = LU$, em que $L$ é triangular inferior com 1's na diagonal e $U$ é triangular superior.

**(a)** Quantas adições e multiplicações escalares são necessárias para resolver $L\mathbf{y} = \mathbf{e}_j$ por substituição direta?

**(b)** Quantas adições/subtrações e multiplicações/divisões são necessárias para resolver $A\mathbf{x} = \mathbf{e}_j$? A solução $\mathbf{e}_j$ de $A\mathbf{x} = \mathbf{e}_j$ será a coluna $j$ de $A^{-1}$.

**(c)** Dada a fatoração $A = LU$, quantas multiplicações/divisões e adições/subtrações adicionais são necessárias para calcular $A^{-1}$?

**10.** Suponha que $A^{-1}$ e a fatoração $LU$ de $A$ já foram determinadas. Quantas adições e multiplicações escalares são necessárias para calcular $A^{-1}\mathbf{b}$? Compare esse número com o número de operações necessárias para resolver $LU\mathbf{x} = \mathbf{b}$ usando o Algoritmo 7.2.2. Suponha que temos vários sistemas para resolver com a mesma matriz de coeficientes $A$. Vale a pena calcular $A^{-1}$? Explique.

**11.** Seja $A$ uma matriz $3 \times 3$ e suponha que $A$ pode ser transformada em uma matriz triangular inferior $L$, usando apenas as operações sobre colunas do tipo III, ou seja,

$$AE_1E_2E_3 = L$$

nas quais $E_1$, $E_2$ e $E_3$ são matrizes do tipo III. Seja

$$U = (E_1E_2E_3)^{-1}$$

Mostre que $U$ é triangular superior com 1's na diagonal e $A = LU$. (Este problema ilustra uma versão coluna da eliminação gaussiana.)

## 7.3 Estratégias de Pivotamento

Nesta seção, apresentamos um algoritmo para eliminação gaussiana com trocas de linhas. Em cada etapa do algoritmo, será necessário escolher uma linha pivô. Podemos evitar muitas acumulações desnecessárias de grande erro pela escolha das linhas pivô de uma forma razoável.

### Eliminação Gaussiana com Trocas

Considere o seguinte exemplo:

**EXEMPLO 1** Seja

$$A = \begin{bmatrix} 6 & -4 & 2 \\ 4 & 2 & 1 \\ 2 & -1 & 1 \end{bmatrix}$$

Queremos reduzir $A$ à forma triangular, utilizando as operações sobre linhas I e III. Para controlar as trocas, vamos usar um vetor linha $\mathbf{p}$. As coordenadas de $\mathbf{p}$ serão denotadas por $p(1)$, $p(2)$ e $p(3)$. Inicialmente, definimos $\mathbf{p} = (1, 2, 3)$. Suponha que, na primeira etapa do processo de redução, a terceira linha é escolhida como a linha pivô. Então, em vez de trocar a primeira e a terceira linhas, vamos trocar o primeiro e o terceiro elementos de $\mathbf{p}$. Definindo $p(1) = 3$ e $p(3) = 1$, o vetor $\mathbf{p}$ torna-se $(3, 2, 1)$. O vetor $\mathbf{p}$ é usado para acompanhar o reordenamento das linhas. Podemos pensar em $\mathbf{p}$ como uma nova numeração das linhas.

O reordenamento físico real das linhas pode ser adiado até o final do processo de redução. A primeira etapa do processo de redução é realizada da seguinte forma:

$$\begin{matrix}\text{linha} \\ p(3)=1 \\ p(2)=2 \\ p(1)=3\end{matrix} \quad \begin{matrix} \\ \begin{bmatrix} 6 & -4 & 2 \\ 4 & 2 & 1 \\ \mathbf{2} & \mathbf{-1} & \mathbf{1} \end{bmatrix} \rightarrow \begin{bmatrix} 0 & -1 & -1 \\ 0 & 4 & -1 \\ 2 & -1 & 1 \end{bmatrix}\end{matrix}$$

Se, na segunda etapa, a linha $p(3)$ é escolhida como a linha pivô, os elementos de $p(3)$ e $p(2)$ são trocados. A etapa final do processo de eliminação é realizada então como se segue:

$$\begin{matrix} p(2)=1 \\ p(3)=2 \\ p(1)=3\end{matrix} \quad \begin{bmatrix} 0 & \mathbf{-1} & \mathbf{-1} \\ 0 & 4 & -1 \\ 2 & -1 & 1 \end{bmatrix} \rightarrow \begin{bmatrix} 0 & -1 & -1 \\ 0 & 0 & -5 \\ 2 & -1 & 1 \end{bmatrix}$$

Se as linhas são reordenadas na ordem $(p(1), p(2), p(3)) = (3, 1, 2)$, a matriz resultante estará na forma triangular estrita:

$$\begin{matrix} p(1)=3 \\ p(2)=1 \\ p(3)=2\end{matrix} \quad \begin{bmatrix} 2 & -1 & 1 \\ 0 & -1 & -1 \\ 0 & 0 & -5 \end{bmatrix}$$

Se as linhas tivessem sido escritas na ordem (3, 1, 2) para começar, a redução teria sido exatamente a mesma, exceto que não haveria nenhuma necessidade de comutações. Reordenar as linhas de $A$ na ordem (3, 1, 2) é o mesmo que pré-multiplicar $A$ pela matriz de permutação:

$$P = \begin{bmatrix} 0 & 0 & 1 \\ 1 & 0 & 0 \\ 0 & 1 & 0 \end{bmatrix}$$

Vamos realizar a redução de $A$ e $PA$ simultaneamente e comparar os resultados. Os multiplicadores utilizados no processo de redução foram de 3, 2 e $-4$. Estes serão armazenados no lugar dos termos eliminados e incluídos em caixas para distingui-los dos outros elementos da matriz.

$$A = \begin{bmatrix} 6 & -4 & 2 \\ 4 & 2 & 1 \\ 2 & -1 & 1 \end{bmatrix} \rightarrow \begin{bmatrix} \boxed{3} & -1 & -1 \\ \boxed{2} & 4 & -1 \\ 2 & -1 & 1 \end{bmatrix} \rightarrow \begin{bmatrix} \boxed{3} & -1 & -1 \\ \boxed{2} & \boxed{-4} & -5 \\ 2 & -1 & 1 \end{bmatrix}$$

$$PA = \begin{bmatrix} 2 & -1 & 1 \\ 6 & -4 & 2 \\ 4 & 2 & 1 \end{bmatrix} \rightarrow \begin{bmatrix} 2 & -1 & 1 \\ \boxed{3} & -1 & -1 \\ \boxed{2} & 4 & -1 \end{bmatrix} \rightarrow \begin{bmatrix} 2 & -1 & 1 \\ \boxed{3} & -1 & -1 \\ \boxed{2} & \boxed{-4} & -5 \end{bmatrix}$$

Se as linhas da forma reduzida de $A$ são reordenadas, as matrizes reduzidas resultantes serão as mesmas. A forma reduzida de $PA$ agora contém as informações necessárias para determinar sua fatoração triangular. Realmente,

$$PA = LU$$

em que

$$L = \begin{bmatrix} 1 & 0 & 0 \\ 3 & 1 & 0 \\ 2 & -4 & 1 \end{bmatrix} \quad \text{e} \quad U = \begin{bmatrix} 2 & -1 & 1 \\ 0 & -1 & -1 \\ 0 & 0 & -5 \end{bmatrix}$$

■

No computador, não é realmente necessário comutar as linhas de $A$. Nós simplesmente consideramos a linha $p(k)$ como a linha $k$ e usamos $a_{p(k)j}$ no lugar de $a_{k,j}$.

**Algoritmo 7.3.1** Eliminação de Gauss com Comutações

*Para* $i = 1, \ldots, n$
  Defina $p(i) = i$
*Fim laço para*

*Para* $i = 1, \ldots, n$
  (1) *Escolha um elemento pivô* $a_{p(j)i}$ *dos elementos*

$$a_{p(i)i}, a_{p(i+1)i}, \ldots, a_{p(n)i}$$

  *(Estratégias para fazer isto serão discutidas adiante nesta seção.)*
  (2) *Comute os elementos de* $i$ *e* $j$ *de* $p$.
  (3) *Para* $k = i + 1, \ldots, n$
    *Defina* $l_{p(k)i} = a_{p(k)i} / a_{p(i)i}$
    *Para* $j = i + 1, \ldots, n$
      *Defina* $a_{p(k)j} = a_{p(k)j} - l_{p(k)i} a_{p(i)j}$
    *Fim laço para*
  *Fim laço para*
*Fim laço para*

■

## Observações

1. O multiplicador $l_{p(k)i}$ é armazenado na posição do elemento $a_{p(k)i}$ eliminado.
2. O vetor $\mathbf{p}$ pode ser usado para formar uma matriz de permutação $P$, cuja linha $i$ é a linha $p(i)$ da matriz identidade.
3. A matriz $PA$ pode ser fatorada em um produto $LU$, em que

$$_{ki} = \begin{cases} l_{p(k)i} & \text{se } k > i \\ 1 & \text{se } k = i \\ 0 & \text{se } k < i \end{cases} \quad \text{e} \quad u_{ki} = \begin{cases} a_{p(k)i} & \text{se } k \leq i \\ 0 & \text{se } k > i \end{cases}$$

4. Como $P$ é não singular, o sistema $A\mathbf{x} = \mathbf{b}$ é equivalente ao sistema $PA\mathbf{x} = P\mathbf{b}$. Seja $\mathbf{c} = P\mathbf{b}$. Como $PA = LU$, segue-se que o sistema é equivalente a

$$LU\mathbf{x} = \mathbf{c}$$

**5.** Se $PA = LU$, então $A = P^{-1}LU = P^TLU$.

Decorre, das Observações 4 e 5, que, se $A = P^TLU$, então o sistema $A\mathbf{x} = \mathbf{b}$ pode ser resolvido em três passos:

Passo 1. *Reordenação.* Reordene os elementos de **b** para formar $\mathbf{c} = P\mathbf{b}$.
Passo 2. *Substituição direta.* Resolva o sistema $L\mathbf{y} = \mathbf{c}$ para **y**.
Passo 3. *Substituição reversa.* Resolva $U\mathbf{x} = \mathbf{y}$.

EXEMPLO 2 Resolva o sistema

$$\begin{aligned} 6x_1 - 4x_2 + 2x_3 &= -2 \\ 4x_1 + 2x_2 + \phantom{2}x_3 &= \phantom{-}4 \\ 2x_1 - \phantom{4}x_2 + \phantom{2}x_3 &= -1 \end{aligned}$$

## Solução

A matriz de coeficientes deste sistema é a matriz $A$ do Exemplo 1. $P$, $L$ e $U$ já foram determinadas, e podem ser usadas para resolver o sistema da seguinte forma:

Passo 1. $\mathbf{c} = P\mathbf{b} = (-1, -2, 4)^T$

Passo 2.
$$\begin{aligned} y_1 \phantom{+ y_2 + y_3} &= -1 & y_1 &= -1 \\ 3y_1 + y_2 \phantom{+ y_3} &= -2 & y_2 &= -2 + 3 = 1 \\ 2y_1 - 4y_2 + y_3 &= 4 & y_3 &= 4 + 2 + 4 = 10 \end{aligned}$$

Passo 3.
$$\begin{aligned} 2x_1 - x_2 + x_3 &= -1 & x_1 &= 1 \\ - x_2 - x_3 &= 1 & x_2 &= 1 \\ - 5x_3 &= 10 & x_3 &= -2 \end{aligned}$$

A solução do sistema é $\mathbf{x} = (1, 1, -2)^T$. ■

É possível fazer a eliminação gaussiana sem trocas de linhas se os elementos da diagonal $a_{ii}^{(i)}$ são diferentes de zero em cada etapa. No entanto, em aritmética de precisão finita, os pivôs $a_{ii}^{(i)}$ que são quase nulos podem causar problemas.

EXEMPLO 3 Considere o sistema

$$\begin{aligned} 0{,}0001x_1 + 2x_2 &= 4 \\ x_1 + \phantom{2}x_2 &= 3 \end{aligned}$$

A solução exata do sistema é

$$\mathbf{x} = \left( \frac{2}{1{,}9999}, \frac{3{,}9997}{1{,}9999} \right)^T$$

Arredondando para quatro casas decimais, a solução é $(1{,}0001; 1{,}9999)^T$. Vamos resolver o sistema com aritmética de ponto flutuante decimal de três dígitos:

$$\left[\begin{array}{cc|c} 0{,}0001 & 2 & 4 \\ 1 & 1 & 3 \end{array}\right] \rightarrow \left[\begin{array}{cc|c} 0{,}0001 & 2 & 4 \\ 0 & -0{,}200 \times 10^5 & -0{,}400 \times 10^5 \end{array}\right]$$

A solução calculada é $\mathbf{x}' = (0, 2)^T$. Há um erro de 100 % na coordenada $x_1$. No entanto, se comutarmos as linhas para evitar os pequenos pivôs, então a aritmética decimal de três dígitos dá

$$\left[\begin{array}{cc|c} 1 & 1 & 3 \\ 0{,}0001 & 2 & 4 \end{array}\right] \rightarrow \left[\begin{array}{cc|c} 1 & 1 & 3 \\ 0 & 2{,}00 & 4{,}00 \end{array}\right]$$

Neste caso, a solução calculada é $\mathbf{x}' = (1, 2)^T$. ■

Se o pivô $a_{ii}^{(i)}$ é pequeno em valor absoluto, os multiplicadores $l_{ki} = a_{ki}^{(i)}/a_{ii}^{(i)}$ serão grandes em valor absoluto. Se houver um erro no valor calculado de $a_{ij}^{(i)}$, ele será multiplicado por $l_{ki}$. Em geral, os multiplicadores grandes tendem a contribuir para a propagação de erro. Em contraste, os multiplicadores que são menores que 1 em valor absoluto geralmente retardam o crescimento de erro. Pela seleção cuidadosa dos elementos pivô, podemos tentar evitar pivôs pequenos e ao mesmo tempo manter os multiplicadores inferiores a 1 em valor absoluto. A estratégia mais comumente usada para fazer isso é chamada de *pivotamento parcial.*

## Pivotamento Parcial

No $i$-ésimo passo do processo de redução, existem $n - i + 1$ candidatos a elemento pivô:

$$a_{p(i)i}, a_{p(i+1)i}, \ldots, a_{p(n)i}$$

Escolher o candidato $a_{p(j)i}$ com maior valor absoluto,

$$|a_{p(j)i}| = \max_{i \le k \le n} |a_{p(k)i}|$$

e trocar os $i$-ésimo e $j$-ésimo elementos de $\mathbf{p}$. O elemento pivô $a_{p(i),i}$ tem a propriedade

$$|a_{p(i)i}| \ge |a_{p(k)i}|$$

para $k = i + 1, \ldots, n$. Logo, todos os multiplicadores satisfarão

$$|l_{p(k)i}| = \left| \frac{a_{p(k)i}}{a_{p(i)i}} \right| \le 1$$

Poderíamos sempre levar as coisas um passo adiante e fazer *pivotamento completo*. No pivotamento completo, o elemento pivô é escolhido para ser o elemento de máximo valor absoluto entre todos os elementos nas linhas e colunas restantes. Neste caso, devemos manter o controle tanto das linhas como das colunas. No $i$-ésimo passo, o elemento $a_{p(j)q(k)}$ é escolhido de forma que

$$|a_{p(j)q(k)}| = \max_{\substack{i \le s \le n \\ i \le t \le n}} |a_{p(s)q(t)}|$$

O $i$-ésimo e o $j$-ésimo elementos de $\mathbf{p}$ são trocados, e o $i$-ésimo e o $k$-ésimo elementos de $\mathbf{q}$ são trocados. O novo elemento pivô é $a_{p(i)q(i)}$. O grande inconveniente do pivotamento completo é que a cada passo devemos procurar um elemento pivô entre os $(n - i + 1)^2$ elementos de $A$. Isso pode ser muito custoso em termos de tempo de computador. Embora a eliminação gaussiana seja numericamente estável, quando efetuada com pivotamento parcial ou completo, é mais eficiente usar pivotamento parcial. Em consequência, a estratégia de pivotamento parcial é o método escolhido por todos os pacotes padrão de software numérico.

## PROBLEMAS DA SEÇÃO 7.3

**1.** Sejam

$$A = \begin{bmatrix} 0 & 3 & 1 \\ 1 & 2 & -2 \\ 2 & 5 & 4 \end{bmatrix} \quad \text{e} \quad \mathbf{b} = \begin{bmatrix} 1 \\ 7 \\ -1 \end{bmatrix}$$

**(a)** Reordene as linhas de $(A|\mathbf{b})$ na ordem de (2, 3, 1) e, em seguida, resolva o sistema reordenado.

**(b)** Fatore $A$ em um produto $P^TLU$, em que $P$ é a matriz de permutação correspondente à reordenação da parte (a).

**2.** Seja $A$ a matriz do Problema 1. Use a fatoração $P^TLU$ para resolver $A\mathbf{x} = \mathbf{c}$ para cada uma das seguintes opções de $\mathbf{c}$:

**(a)** $(8, 1, 20)^T$

**(b)** $(-9, -2, -7)^T$

**(c)** $(4, 1, 11)^T$

**3.** Sejam

$$A = \begin{bmatrix} 1 & 8 & 6 \\ -1 & -4 & 5 \\ 2 & 4 & -6 \end{bmatrix} \quad \text{e} \quad \mathbf{b} = \begin{bmatrix} 8 \\ 1 \\ 4 \end{bmatrix}$$

Resolva o sistema $A\mathbf{x} = \mathbf{b}$ usando pivotamento parcial. Se $P$ é a matriz de permutação correspondente à estratégia de pivotamento, fatore $PA$ em um produto $LU$.

**4.** Sejam

$$A = \begin{bmatrix} 3 & 2 \\ 2 & 4 \end{bmatrix} \quad \text{e} \quad \mathbf{b} = \begin{bmatrix} 5 \\ -2 \end{bmatrix}$$

Resolva o sistema $A\mathbf{x} = \mathbf{b}$ utilizando pivotamento completo. Seja $P$ a matriz de permutação determinada pelas linhas pivô e seja $Q$ a matriz de permutação determinada pelas colunas pivô. Fatore $PAQ$ em um produto $LU$.

**5.** Seja $A$ a matriz no Problema 4 e seja $\mathbf{c} = (6, -4)^T$. Resolva o sistema $A\mathbf{x} = \mathbf{c}$ em duas etapas:

**(a)** Faça $\mathbf{z} = Q^T\mathbf{x}$ e resolva $LU\mathbf{z} = P\mathbf{c}$ para $\mathbf{z}$.

**(b)** Calcule $\mathbf{x} = Q\mathbf{z}$.

**6.** Sejam

$$A = \begin{bmatrix} 5 & 4 & 7 \\ 2 & -4 & 3 \\ 2 & 8 & 6 \end{bmatrix},$$

$$\mathbf{b} = \begin{bmatrix} 2 \\ -5 \\ 4 \end{bmatrix}, \quad \mathbf{c} = \begin{bmatrix} 5 \\ -4 \\ 2 \end{bmatrix}$$

**(a)** Use pivotamento completo para resolver o sistema $A\mathbf{x} = \mathbf{b}$.

**(b)** Seja $P$ a matriz de permutação determinada pelas linhas pivô, e seja $Q$ a matriz de permutação determinada pelas colunas pivô. Fatore $PAQ$ em um produto $LU$.

**(c)** Use a fatoração $LU$ da parte (b) para resolver o sistema $A\mathbf{x} = \mathbf{c}$.

**7.** A solução exata do sistema

$$\begin{aligned} 0{,}6000x_1 + 2000x_2 &= 2003 \\ 0{,}3076x_1 - 0{,}4010x_2 &= 1{,}137 \end{aligned}$$

é $\mathbf{x} = (5, 1)^T$. Suponha que o valor calculado de $\mathbf{x}_2$ é $x'_2 = 1 + e$. Use esse valor na primeira equação e encontre $x_1$. Qual será o erro? Calcule o erro relativo em $x_1$, se $e = 0{,}001$.

**8.** Resolva o sistema no Problema 7 utilizando aritmética decimal de ponto flutuante de quatro dígitos e eliminação gaussiana com pivotamento parcial.

**9.** Resolva o sistema no Problema 7 utilizando aritmética decimal de ponto flutuante de quatro dígitos e eliminação gaussiana com pivotamento completo.

**10.** Use aritmética de ponto decimal flutuante de quatro dígitos e dimensione o sistema no Problema 7 multiplicando a primeira equação por 1/2000 e a segunda equação por 1/0,4010. Resolva o sistema dimensionado usando pivotamento parcial.

## 7.4 Normas Matriciais e Condicionamento

Nesta seção, vamos nos preocupar com a precisão das soluções computadorizadas de sistemas lineares. Que precisão podemos esperar das soluções a serem computadas e como podemos testar esta precisão? A resposta a estas perguntas depende muito de quão sensível a matriz de coeficientes do sistema é a pequenas mudanças. A sensibilidade da matriz pode ser medida em termos de seu *condicionamento*. O condicionamento de uma matriz não singular é definido em função de sua norma e da norma de sua inversa. Antes de discutir condicionamento, é necessário estabelecer alguns resultados importantes sobre os tipos padrão de normas matriciais.

## Normas Matriciais

Assim como as normas vetoriais são usadas para medir o tamanho dos vetores, as normas matriciais podem ser usadas para medir o tamanho das matrizes. Na Seção 5.4 do Capítulo 5, introduzimos uma norma em $\mathbb{R}^{m\times n}$, que foi induzida por um produto interno em $\mathbb{R}^{m\times n}$. Essa norma foi referida como a norma de Frobenius e foi escrita $\|\cdot\|_F$. Mostramos que a norma de Frobenius de uma matriz $A$ pode ser calculada como a raiz quadrada da soma dos quadrados de todos os seus elementos:

$$\|A\|_F = \left(\sum_{j=1}^{n}\sum_{i=1}^{m} a_{ij}^2\right)^{1/2} \tag{1}$$

Na verdade, a Equação (1) define uma família de normas matriciais, uma vez que define uma norma em $\mathbb{R}^{m\times n}$ para qualquer escolha de $m$ e $n$. A norma de Frobenius tem uma série de propriedades importantes:

**I.** Se $\mathbf{a}_j$ representa o $j$-ésimo vetor coluna de $A$, então

$$\|A\|_F = \left(\sum_{j=1}^{n}\sum_{i=1}^{m} a_{ij}^2\right)^{1/2} = \left(\sum_{j=1}^{n} \|\mathbf{a}_j\|_2^2\right)^{1/2}$$

**II.** Se $\vec{\mathbf{a}}_i$ representa o $i$-ésimo vetor linha de $A$, então

$$\|A\|_F = \left(\sum_{i=1}^{m}\sum_{j=1}^{n} a_{ij}^2\right)^{1/2} = \left(\sum_{i=1}^{m} \|\vec{\mathbf{a}}_i^T\|_2^2\right)^{1/2}$$

**III.** Se $\mathbf{x} \in \mathbb{R}^n$, então

$$\begin{aligned}
\|A\mathbf{x}\|_2 &= \left[\sum_{i=1}^{m}\left(\sum_{j=1}^{n} a_{ij}x_j\right)^2\right]^{1/2} = \left[\sum_{i=1}^{m} (\vec{\mathbf{a}}_i\mathbf{x})^2\right]^{1/2} \\
&\le \left[\sum_{i=1}^{m} \|\mathbf{x}\|_2^2 \|\vec{\mathbf{a}}_i^T\|_2^2\right]^{1/2} \qquad \text{(Cauchy-Schwarz)} \\
&= \|A\|_F\,\|\mathbf{x}\|_2
\end{aligned}$$

**IV.** Se $B = (\mathbf{b}_1, \ldots, \mathbf{b}_r)$ é uma matriz $n \times r$, segue-se, das propriedades I e III, que

$$\begin{aligned}
\|AB\|_F &= \|(A\mathbf{b}_1, A\mathbf{b}_2, \ldots, A\mathbf{b}_r)\|_F \\
&= \left(\sum_{i=1}^{r} \|A\mathbf{b}_i\|_2^2\right)^{1/2} \\
&\le \|A\|_F \left(\sum_{i=1}^{r} \|\mathbf{b}_i\|_2^2\right)^{1/2} \\
&= \|A\|_F \|B\|_F
\end{aligned}$$

Há muitas outras normas que poderíamos usar em $\mathbb{R}^{m\times n}$ além da norma de Frobenius. Qualquer norma usada deve satisfazer as três condições que definem as normas em geral:

**(i)** $\|A\| \geq 0$ e $\|A\| = 0$ se e somente se $A = O$
**(ii)** $\|\alpha A\| = |\alpha|\,\|A\|$
**(iii)** $\|A + B\| \leq \|A\| + \|B\|$

As famílias de normas matriciais mais úteis satisfazem também a propriedade adicional

**(iv)** $\|AB\| \leq \|A\|\,\|B\|$

Em consequência, consideraremos apenas famílias de normas que têm essa propriedade adicional. Uma consequência importante da propriedade (iv) é que

$$\|A^n\| \leq \|A\|^n$$

Em particular, se $\|A\| < 1$, então $\|A^n\| \to 0$ quando $n \to \infty$.

Em geral, uma norma matricial $\|\cdot\|_M$ em $\mathbb{R}^{m\times n}$ e uma norma vetorial $\|\cdot\|_V$ em $\mathbb{R}^n$ seriam *compatíveis* se

$$\|A\mathbf{x}\|_V \leq \|A\|_M \|\mathbf{x}\|_V$$

para todo $\mathbf{x} \in \mathbb{R}^n$. Em particular, decorre, da propriedade III da norma de Frobenius, que a norma matricial $\|\cdot\|_F$ e a norma vetorial $\|\cdot\|_2$ são compatíveis. Para cada uma das normas vetoriais padrão, podemos definir uma norma matricial compatível usando a norma vetorial para computar um operador norma para a matriz. A norma matricial definida desta forma é dita ser *subordinada* à norma vetorial.

## Normas Matriciais Subordinadas

Podemos pensar em cada matriz $m \times n$ como uma transformação linear de $\mathbb{R}^n$ em $\mathbb{R}^m$. Para toda a família de normas vetoriais, podemos definir um *operador norma*, comparando $\|A\mathbf{x}\|$ e $\|\mathbf{x}\|$ para cada $\mathbf{x}$ não nulo e fazendo

$$\|A\| = \max_{\mathbf{x}\neq\mathbf{0}} \frac{\|A\mathbf{x}\|}{\|\mathbf{x}\|} \tag{2}$$

Pode ser mostrado que existe um $\mathbf{x}_0$ particular em $\mathbb{R}^n$ que maximiza $\|A\mathbf{x}\|/\|\mathbf{x}\|$, mas a demonstração está além do escopo deste livro. Supondo que $\|A\mathbf{x}\|/\|\mathbf{x}\|$ sempre pode ser maximizada, mostraremos que (2), na verdade, não define uma norma em $\mathbb{R}^{m\times n}$. Para fazer isso, temos de verificar que cada uma das três condições da definição são satisfeitas:

**(i)** Para todo $\mathbf{x} \neq 0$,

$$\frac{\|A\mathbf{x}\|}{\|\mathbf{x}\|} \geq 0$$

e, em consequência,

$$\|A\| = \max_{\mathbf{x}\neq\mathbf{0}} \frac{\|A\mathbf{x}\|}{\|\mathbf{x}\|} \geq 0$$

Se $\|A\| = 0$, então $A\mathbf{x} = \mathbf{0}$ para todo $\mathbf{x} \in \mathbb{R}^n$. Isto implica que

$$\mathbf{a}_j = A\mathbf{e}_j = \mathbf{0} \quad \text{para} \quad j = 1, \ldots, n$$

e, portanto, $A$ deve ser a matriz nula.

**(ii)** $\|\alpha A\| = \max\limits_{\mathbf{x}\neq\mathbf{0}} \dfrac{\|\alpha A\mathbf{x}\|}{\|\mathbf{x}\|} = |\alpha| \max\limits_{\mathbf{x}\neq\mathbf{0}} \dfrac{\|A\mathbf{x}\|}{\|\mathbf{x}\|} = |\alpha| \; \|A\|$

**(iii)** Se $\mathbf{x} \neq \mathbf{0}$, então

$$\begin{aligned}
\|A + B\| &= \max_{\mathbf{x}\neq\mathbf{0}} \frac{\|(A + B)\mathbf{x}\|}{\|\mathbf{x}\|} \\
&\leq \max_{\mathbf{x}\neq\mathbf{0}} \frac{\|A\mathbf{x}\| + \|B\mathbf{x}\|}{\|\mathbf{x}\|} \\
&\leq \max_{\mathbf{x}\neq\mathbf{0}} \frac{\|A\mathbf{x}\|}{\|\mathbf{x}\|} + \max_{\mathbf{x}\neq\mathbf{0}} \frac{\|B\mathbf{x}\|}{\|\mathbf{x}\|} \\
&= \|A\| + \|B\|
\end{aligned}$$

Assim, (2) define uma norma em $\mathbb{R}^{m\times n}$. Para cada família de normas vetoriais $\|\cdot\|$, podemos definir uma família de normas matriciais por (2). As normas matriciais definidas por (2) seriam *subordinadas* às normas vetoriais $\|\cdot\|$.

**Teorema 7.4.1** *Se a família de normas matriciais $\|\cdot\|_M$ é subordinada à família de normas vetoriais $\|\cdot\|_V$, então $\|\cdot\|_M$ e $\|\cdot\|_V$ são compatíveis, e as normas matriciais $\|\cdot\|_M$ satisfazem a propriedade* (iv).

***Demonstração*** Se $\mathbf{x}$ é qualquer vetor não nulo em $\mathbb{R}^n$, então

$$\frac{\|A\mathbf{x}\|_V}{\|\mathbf{x}\|_V} \leq \max_{\mathbf{y}\neq\mathbf{0}} \frac{\|A\mathbf{y}\|_V}{\|\mathbf{y}\|_V} = \|A\|_M$$

e, portanto,

$$\|A\mathbf{x}\|_V \leq \|A\|_M \|\mathbf{x}\|_V$$

Uma vez que esta última desigualdade também é válida se $\mathbf{x} = \mathbf{0}$, segue-se que $\|\cdot\|_M$ e $\|\cdot\|_V$ são compatíveis. Se $B$ é uma matriz $n \times r$, então, uma vez que $\|\cdot\|_M$ e $\|\cdot\|_V$ são compatíveis, temos

$$\|AB\mathbf{x}\|_V \leq \|A\|_M \|B\mathbf{x}\|_V \leq \|A\|_M \|B\|_M \|\mathbf{x}\|_V$$

Logo, para todo $\mathbf{x} \neq \mathbf{0}$,

$$\frac{\|AB\mathbf{x}\|_V}{\|\mathbf{x}\|_V} \leq \|A\|_M \|B\|_M$$

e, portanto,

$$\|AB\|_M = \max_{\mathbf{x}\neq\mathbf{0}} \frac{\|AB\mathbf{x}\|_V}{\|\mathbf{x}\|_V} \leq \|A\|_M \|B\|_M \qquad \blacksquare$$

É tarefa simples calcular a norma de Frobenius de uma matriz. Por exemplo, se

$$A = \begin{bmatrix} 4 & 2 \\ 0 & 4 \end{bmatrix}$$

então

$$\|A\|_F = (4^2 + 0^2 + 2^2 + 4^2)^{1/2} = 6$$

Por outro lado, não é tão óbvio como calcular $\|A\|$ se $\|\cdot\|$ é uma norma matricial subordinada. Acontece, porém, que as normas matriciais

$$\|A\|_1 = \max_{\mathbf{x}\neq\mathbf{0}} \frac{\|A\mathbf{x}\|_1}{\|\mathbf{x}\|_1} \quad \text{e} \quad \|A\|_\infty = \max_{\mathbf{x}\neq\mathbf{0}} \frac{\|A\mathbf{x}\|_\infty}{\|\mathbf{x}\|_\infty}$$

são facilmente calculadas.

**Teorema 7.4.2** *Se A é uma matriz m × n, então*

$$\|A\|_1 = \max_{1\leq j\leq n} \left( \sum_{i=1}^{m} |a_{ij}| \right)$$

*e*

$$\|A\|_\infty = \max_{1\leq i\leq m} \left( \sum_{j=1}^{n} |a_{ij}| \right)$$

***Demonstração*** Vamos provar que

$$\|A\|_1 = \max_{1\leq j\leq n} \left( \sum_{i=1}^{m} |a_{ij}| \right)$$

e deixar a demonstração do segundo enunciado como um exercício. Seja

$$\alpha = \max_{1\leq j\leq n} \sum_{i=1}^{m} |a_{ij}| = \sum_{i=1}^{m} |a_{ik}|$$

Isto é, $k$ é o índice da coluna em que o máximo ocorre. Seja $\mathbf{x}$ um vetor arbitrário em $\mathbb{R}^n$; então

$$A\mathbf{x} = \left( \sum_{j=1}^{n} a_{1j}x_j, \sum_{j=1}^{n} a_{2j}x_j, \ldots, \sum_{j=1}^{n} a_{mj}x_j \right)^T$$

e segue-se que

$$\begin{aligned}
\|A\mathbf{x}\|_1 &= \sum_{i=1}^{m} \left| \sum_{j=1}^{n} a_{ij}x_j \right| \\
&\leq \sum_{i=1}^{m} \sum_{j=1}^{n} |a_{ij}x_j| \\
&= \sum_{j=1}^{n} \left( |x_j| \sum_{i=1}^{m} |a_{ij}| \right) \\
&\leq \alpha \sum_{j=1}^{n} |x_j| \\
&= \alpha \|\mathbf{x}\|_1
\end{aligned}$$

Logo, para qualquer vetor não nulo $\mathbf{x}$ em $\mathbb{R}^n$,

$$\frac{\|A\mathbf{x}\|_1}{\|\mathbf{x}\|_1} \leq \alpha$$

e, portanto,

$$\|A\|_1 = \max_{\mathbf{x}\neq\mathbf{0}} \frac{\|A\mathbf{x}\|_1}{\|\mathbf{x}\|_1} \leq \alpha \tag{3}$$

Por outro lado,

$$\|A\mathbf{e}_k\|_1 = \|\mathbf{a}_k\|_1 = \alpha$$

Como $\|\mathbf{e}_k\|_1 = 1$, segue-se que

$$\|A\|_1 = \max_{\mathbf{x}\neq\mathbf{0}} \frac{\|A\mathbf{x}\|_1}{\|\mathbf{x}\|_1} \geq \frac{\|A\mathbf{e}_k\|_1}{\|\mathbf{e}_k\|_1} = \alpha \tag{4}$$

Juntas, (3) e (4) implicam que $\|A\|_1 = \alpha$. ■

**EXEMPLO 1** Seja

$$A = \begin{bmatrix} -3 & 2 & 4 & -3 \\ 5 & -2 & -3 & 5 \\ 2 & 1 & -6 & 4 \\ 1 & 1 & 1 & 1 \end{bmatrix}$$

Então

$$\|A\|_1 = |4| + |-3| + |-6| + |1| = 14$$

e

$$\|A\|_\infty = |5| + |-2| + |-3| + |5| = 15$$ ■

A norma 2 de uma matriz é mais difícil de calcular, já que depende dos valores singulares da matriz. De fato, a norma 2 de uma matriz é seu maior valor singular.

**Teorema 7.4.3** *Se $A$ é uma matriz $m \times n$ com decomposição em valores singulares $U \Sigma V^T$, então*

$$\|A\|_2 = \sigma_1 \quad \textit{(o maior valor singular)}$$

*Demonstração* Como $U$ e $V$ são ortogonais,

$$\|A\|_2 = \|U\Sigma V^T\|_2 = \|\Sigma\|_2$$

(Veja o Problema 42.) Agora,

$$\begin{aligned}\|\Sigma\|_2 &= \max_{\mathbf{x}\neq\mathbf{0}} \frac{\|\Sigma\mathbf{x}\|_2}{\|\mathbf{x}\|_2} \\ &= \max_{\mathbf{x}\neq\mathbf{0}} \frac{\left(\sum_{i=1}^{n}(\sigma_i x_i)^2\right)^{1/2}}{\left(\sum_{i=1}^{n} x_i^2\right)^{1/2}} \\ &\leq \sigma_1\end{aligned}$$

Entretanto, se escolhermos $\mathbf{x} = \mathbf{e}_1$, então

$$\frac{\|\Sigma\mathbf{x}\|_2}{\|\mathbf{x}\|_2} = \sigma_1$$

e, portanto,

$$\|A\|_2 = \|\Sigma\|_2 = \sigma_1$$

■

**Corolário 7.4.4** *Se $A = U\Sigma V^T$ é não singular, então*

$$\|A^{-1}\|_2 = \frac{1}{\sigma_n}$$

*Demonstração* Os valores singulares de $A^{-1} = V\Sigma^{-1}U^T$, arranjados em ordem decrescente, são

$$\frac{1}{\sigma_n} \geq \frac{1}{\sigma_{n-1}} \geq \cdots \geq \frac{1}{\sigma_1}$$

Portanto,

$$\|A^{-1}\|_2 = \frac{1}{\sigma_n}$$

■

## Condicionamento

As normas matriciais podem ser usadas para estimar a sensibilidade de sistemas lineares a pequenas mudanças na matriz de coeficientes. Considere o exemplo seguinte.

EXEMPLO 2 Resolva o sistema a seguir.

$$\begin{aligned} 2{,}0000x_1 + 2{,}0000x_2 &= 6{,}0000 \\ 2{,}0000x_1 + 2{,}0005x_2 &= 6{,}0010 \end{aligned} \tag{5}$$

Se usarmos aritmética decimal em ponto flutuante de cinco dígitos, a solução calculada será a solução exata $\mathbf{x} = (1, 2)^T$. Suponha, no entanto, que sejamos forçados a usar aritmética decimal em ponto flutuante de quatro dígitos. Logo, em lugar de (5), temos

$$\begin{aligned} 2{,}000x_1 + 2{,}000x_2 &= 6{,}000 \\ 2{,}000x_1 + 2{,}001x_2 &= 6{,}001 \end{aligned} \tag{6}$$

A solução calculada do sistema (6) será a solução exata $\mathbf{x}' = (1, 2)^T$.

Os sistemas (5) e (6) concordam, exceto pelo coeficiente $a_{22}$. O erro relativo neste coeficiente é

$$\frac{a'_{22} - a_{22}}{a_{22}} \approx 0{,}00025$$

Entretanto, os erros relativos nas coordenadas das soluções $\mathbf{x}$ e $\mathbf{x}'$ são

$$\frac{x'_1 - x_1}{x_1} = 1{,}0 \quad \text{e} \quad \frac{x'_2 - x_2}{x_2} = -0{,}5$$

■

**Definição**

Uma matriz $A$ é dita **mal condicionada** se mudanças relativamente pequenas nos elementos de $A$ causam erros relativamente grandes nas soluções de $A\mathbf{x} = \mathbf{b}$. $A$ é dita **bem condicionada** se mudanças relativamente pequenas nos elementos de $A$ causam erros relativamente pequenos nas soluções de $A\mathbf{x} = \mathbf{b}$.

Se a matriz $A$ é mal condicionada, a solução calculada de $A\mathbf{x} = \mathbf{b}$, em geral, não será precisa. Mesmo se os elementos de $A$ podem ser representados exatamente como números de ponto flutuante, pequenos erros de arredondamento que ocorrem no processo de redução podem ter um efeito drástico sobre a solução calculada. Se, no entanto, a matriz for bem condicionada e a estratégia adequada de pivotamento for utilizada, devemos ser capazes de calcular as soluções com bastante precisão. Em geral, a precisão da solução depende do condicionamento da matriz. Se pudéssemos medir o condicionamento de $A$, esta medida poderia ser usada para derivar um limite para o erro relativo na solução calculada.

Seja $A$ uma matriz $n \times n$ não singular e considere-se o sistema $A\mathbf{x} = \mathbf{b}$. Se $\mathbf{x}$ é a solução exata do sistema e $\mathbf{x}'$ é a solução calculada, então o erro pode ser representado pelo vetor $\mathbf{e} = \mathbf{x} - \mathbf{x}'$. Se $\|\cdot\|$ é uma norma em $\mathbb{R}^n$, então $\|\mathbf{e}\|$ é uma medida do erro absoluto e $\|\mathbf{e}\|/\|\mathbf{x}\|$ é uma medida do erro relativo. Em geral, não temos nenhuma maneira de determinar os valores exatos de $\|\mathbf{e}\|$ e $\|\mathbf{e}\|/\|\mathbf{x}\|$. Uma das formas de testar a precisão de $\mathbf{x}'$ é colocá-lo de volta no sistema original e ver quão perto $\mathbf{b}' = A\mathbf{x}'$ está de $\mathbf{b}$. O vetor

$$\mathbf{r} = \mathbf{b} - \mathbf{b}' = \mathbf{b} - A\mathbf{x}'$$

é chamado de *resíduo* e pode ser facilmente calculado. A quantidade

$$\frac{\|\mathbf{b} - A\mathbf{x}'\|}{\|\mathbf{b}\|} = \frac{\|\mathbf{r}\|}{\|\mathbf{b}\|}$$

é chamada de *resíduo relativo*. O resíduo relativo é uma boa estimativa do erro relativo? A resposta a esta pergunta depende do condicionamento de $A$. No Exemplo 2, o resíduo para a solução calculada $\mathbf{x}' = (2, 1)^T$ é

$$\mathbf{r} = \mathbf{b} - A\mathbf{x}' = (0; 0{,}0005)^T$$

O resíduo relativo em função da norma $\infty$ é

$$\frac{\|\mathbf{r}\|_\infty}{\|\mathbf{b}\|_\infty} = \frac{0{,}0005}{6{,}0010} \approx 0{,}000083$$

e o erro relativo é dado por

$$\frac{\|\mathbf{e}\|_\infty}{\|\mathbf{x}\|_\infty} = 0{,}5$$

O erro relativo é superior a 6000 vezes o resíduo relativo! Em geral, vamos mostrar que, se $A$ é mal condicionada, então o resíduo relativo pode ser muito menor do que o erro relativo. Para matrizes bem condicionadas, no entanto, o resíduo relativo e o erro relativo são bastante próximos. Para mostrar isso, precisamos fazer uso das normas de matrizes. Lembre-se de que, se $\|\cdot\|$ é uma norma matricial compatível em $\mathbb{R}^{n\times n}$, então, para qualquer matriz $n \times n$ $C$ e qualquer vetor $\mathbf{y} \in \mathbb{R}^n$, temos

$$\|C\mathbf{y}\| \leq \|C\| \, \|\mathbf{y}\| \tag{7}$$

Agora

$$\mathbf{r} = \mathbf{b} - A\mathbf{x}' = A\mathbf{x} - A\mathbf{x}' = A\mathbf{e}$$

e, em consequência,

$$\mathbf{e} = A^{-1}\mathbf{r}$$

Segue-se, da propriedade (7), que

$$\|\mathbf{e}\| \leq \|A^{-1}\| \, \|\mathbf{r}\|$$

e

$$\|\mathbf{r}\| = \|A\mathbf{e}\| \leq \|A\| \, \|\mathbf{e}\|$$

Portanto,

$$\frac{\|\mathbf{r}\|}{\|A\|} \leq \|\mathbf{e}\| \leq \|A^{-1}\| \, \|\mathbf{r}\| \tag{8}$$

Agora $\mathbf{x}$ é a solução exata de $A\mathbf{x} = \mathbf{b}$ e, portanto, $\mathbf{x} = A^{-1}\mathbf{b}$. Pelo mesmo raciocínio usado para derivar (8), temos

$$\frac{\|\mathbf{b}\|}{\|A\|} \leq \|\mathbf{x}\| \leq \|A^{-1}\| \, \|\mathbf{b}\| \tag{9}$$

Segue-se, de (8) e (9), que

$$\frac{1}{\|A\| \, \|A^{-1}\|} \frac{\|\mathbf{r}\|}{\|\mathbf{b}\|} \leq \frac{\|\mathbf{e}\|}{\|\mathbf{x}\|} \leq \|A\| \, \|A^{-1}\| \frac{\|\mathbf{r}\|}{\|\mathbf{b}\|}$$

O número $\|A\| \, \|A^{-1}\|$ é chamado de *condicionamento* de $A$ e será escrito cond($A$). Logo,

$$\frac{1}{\text{cond}(A)} \frac{\|\mathbf{r}\|}{\|\mathbf{b}\|} \leq \frac{\|\mathbf{e}\|}{\|\mathbf{x}\|} \leq \text{cond}(A) \frac{\|\mathbf{r}\|}{\|\mathbf{b}\|} \tag{10}$$

A desigualdade (10) relaciona o tamanho do erro relativo $\|\mathbf{e}\|/\|\mathbf{x}\|$ ao resíduo relativo $\|\mathbf{r}\|/\|\mathbf{b}\|$. Se o condicionamento é próximo de 1, o erro relativo e o resíduo relativo serão próximos. Se o condicionamento é grande, o erro relativo pode ser muitas vezes maior que o resíduo relativo.

EXEMPLO 3 Seja

$$A = \begin{bmatrix} 3 & 3 \\ 4 & 5 \end{bmatrix}$$

Então

$$A^{-1} = \frac{1}{3}\begin{bmatrix} 5 & -3 \\ -4 & 3 \end{bmatrix}$$

$\|A\|_\infty = 9$ e $\|A^{-1}\|_\infty = \frac{8}{3}$. (Usamos $\|\cdot\|_\infty$ porque é fácil de calcular.) Logo,

$$\text{cond}_\infty(A) = 9 \cdot \tfrac{8}{3} = 24$$

Teoricamente, o erro relativo na solução calculada do sistema $A\mathbf{x} = \mathbf{b}$ pode ser até 24 vezes o resíduo relativo. ■

EXEMPLO 4 Suponha que $\mathbf{x}' = (2{,}0;\ 0{,}1)^T$ é a solução calculada de

$$\begin{aligned} 3x_1 + 3x_2 &= 6 \\ 4x_1 + 5x_2 &= 9 \end{aligned}$$

Determine o resíduo $\mathbf{r}$ e o resíduo relativo $\|\mathbf{r}\|_\infty/\|\mathbf{b}\|_\infty$.

### Solução

$$\mathbf{r} = \begin{bmatrix} 6 \\ 9 \end{bmatrix} - \begin{bmatrix} 3 & 3 \\ 4 & 5 \end{bmatrix}\begin{bmatrix} 2{,}0 \\ 0{,}1 \end{bmatrix} = \begin{bmatrix} -0{,}3 \\ 0{,}5 \end{bmatrix}$$

$$\frac{\|\mathbf{r}\|_\infty}{\|\mathbf{b}\|_\infty} = \frac{0{,}5}{9} = \frac{1}{18}$$ ■

Podemos ver, por inspeção, que a solução real do sistema do Exemplo 4 é $\mathbf{x} = \begin{bmatrix} 1 \\ 1 \end{bmatrix}$. O erro $\mathbf{e}$ é dado por

$$\mathbf{e} = \mathbf{x} - \mathbf{x}' = \begin{bmatrix} -1{,}0 \\ 0{,}9 \end{bmatrix}$$

O erro relativo é dado por

$$\frac{\|\mathbf{e}\|_\infty}{\|\mathbf{x}\|_\infty} = \frac{1{,}0}{1} = 1$$

O erro relativo é 18 vezes o resíduo relativo. Isto não é de surpreender, já que $\text{cond}(A) = 24$. Os resultados serão similares se usarmos $\|\cdot\|_1$. Neste caso,

$$\frac{\|\mathbf{r}\|_1}{\|\mathbf{b}\|_1} = \frac{0{,}8}{15} = \frac{4}{75} \quad \text{e} \quad \frac{\|\mathbf{e}\|_1}{\|\mathbf{x}\|_1} = \frac{1{,}9}{2} = \frac{19}{20}$$

O condicionamento de uma matriz não singular realmente fornece uma boa informação sobre se $A$ é bem ou mal condicionada. Seja $A'$ uma nova matriz formada alterando-se ligeiramente os elementos de $A$. Seja $E = A' - A$. Logo, $A' = A + E$ onde os elementos de $E$ são pequenos em relação aos elementos de

$A$. $A$ será mal condicionada se para algum $E$ as soluções de $A'\mathbf{x} = \mathbf{b}$ e $A\mathbf{x} = \mathbf{b}$ variam grandemente. Seja $\mathbf{x}'$ a solução de $A'\mathbf{x} = \mathbf{b}$ e seja $\mathbf{x}$ a solução de $A\mathbf{x} = \mathbf{b}$. O condicionamento nos permite comparar a mudança na solução relativa a $\mathbf{x}'$ à mudança relativa na matriz $A$:

$$\mathbf{x} = A^{-1}\mathbf{b} = A^{-1}A'\mathbf{x}' = A^{-1}(A + E)\mathbf{x}' = \mathbf{x}' + A^{-1}E\mathbf{x}'$$

Logo,

$$\mathbf{x} - \mathbf{x}' = A^{-1}E\mathbf{x}'$$

Usando a desigualdade (7), vemos que

$$\|\mathbf{x} - \mathbf{x}'\| \leq \|A^{-1}\|\,\|E\|\,\|\mathbf{x}'\|$$

ou

$$\frac{\|\mathbf{x} - \mathbf{x}'\|}{\|\mathbf{x}'\|} \leq \|A^{-1}\|\,\|E\| = \text{cond}(A)\frac{\|E\|}{\|A\|} \tag{11}$$

Retornemos ao Exemplo 2 e vejamos como a desigualdade (11) se aplica. Sejam $A$ e $A'$ as duas matrizes de coeficientes no Exemplo 2:

$$E = A' - A = \begin{pmatrix} 0 & 0 \\ 0 & 0{,}0005 \end{pmatrix}$$

e

$$A^{-1} = \begin{pmatrix} 2000{,}5 & -2000 \\ -2000 & 2000 \end{pmatrix}$$

Em função da norma $\infty$, o erro relativo em $A$ é

$$\frac{\|E\|_\infty}{\|A\|_\infty} = \frac{0{,}0005}{4{,}0005} \approx 0{,}0001$$

e o condicionamento é

$$\text{cond}(A) = \|A\|_\infty\,\|A^{-1}\|_\infty = (4{,}0005)(4000{,}5) \approx 16.004$$

O limite no erro relativo dado em (11) é então

$$\text{cond}(A)\frac{\|E\|}{\|A\|} = \|A^{-1}\|\,\|E\| = (4000{,}5)(0{,}0005) \approx 2$$

O erro relativo real para os sistemas no Exemplo 2 é

$$\frac{\|\mathbf{x} - \mathbf{x}'\|_\infty}{\|\mathbf{x}'\|_\infty} = \frac{1}{2}$$

Se $A$ é uma matriz $n \times n$ não singular e calcularmos seu condicionamento usando a norma 2, então temos

$$\text{cond}_2(A) = \|A\|_2\|A^{-1}\|_2 = \frac{\sigma_1}{\sigma_n}$$

Se $\sigma_n$ for pequeno, então $\text{cond}_2(A)$ será grande. O menor valor singular, $\sigma_n$, é uma medida de quão perto a matriz está de ser singular. Logo, quanto mais perto a matriz estiver de ser singular, tanto mais mal condicionada ela será. Se a matriz de coeficientes de um sistema linear está próxima de ser singular, então pequenas variações na matriz devidas a erros de arredondamento podem resultar em mudanças drásticas na solução do sistema. Para ilustrar a relação entre condicionamento e proximidade a singularidade, vejamos novamente um exemplo do Capítulo 6.

EXEMPLO 5 Na Seção 6.5 do Capítulo 6, vimos que a matriz $100 \times 100$ não singular

$$A = \begin{bmatrix} 1 & -1 & -1 & \cdots & -1 & -1 \\ 0 & 1 & -1 & \cdots & -1 & -1 \\ 0 & 0 & 1 & \cdots & -1 & -1 \\ \vdots & & & & & \\ 0 & 0 & 0 & \cdots & 1 & -1 \\ 0 & 0 & 0 & \cdots & 0 & 1 \end{bmatrix}$$

é realmente muito próxima de ser singular, e para torná-la singular, precisamos somente mudar o valor do elemento (100, 1) de $A$ de 0 para $-\frac{1}{2^{98}}$. Segue-se, do Teorema 6.5.3, que

$$\sigma_n = \min_{X \text{ singular}} \|A - X\|_F \leq \frac{1}{2^{98}}$$

Logo, $\text{cond}_2(A)$ deve ser muito grande. É ainda mais fácil ver que $A$ é extremamente mal condicionada se usarmos a norma infinita. A inversa de $A$ é dada por

$$A^{-1} = \begin{bmatrix} 1 & 1 & 2 & 4 & \cdots & 2^{98} \\ 0 & 1 & 1 & 2 & \cdots & 2^{97} \\ \vdots & & & & & \\ 0 & 0 & 0 & 0 & \cdots & 2^1 \\ 0 & 0 & 0 & 0 & \cdots & 2^0 \\ 0 & 0 & 0 & 0 & \cdots & 1 \end{bmatrix}$$

As normas infinitas de $A$ e $A^{-1}$ são determinadas pelos elementos da primeira linha das matrizes. O condicionamento pela norma infinita de $A$ é dado por

$$\text{cond}_\infty A = \|A\|_\infty \|A^{-1}\|_\infty = 100 \times 2^{99} \approx 6{,}34 \times 10^{31}$$ ∎

## PROBLEMAS DA SEÇÃO 7.4

**1.** Determine $\|\cdot\|_F$, $\|\cdot\|_\infty$ e $\|\cdot\|_1$ para cada uma das seguintes matrizes:

**(a)** $\begin{bmatrix} 1 & 0 \\ 0 & 1 \end{bmatrix}$ **(b)** $\begin{bmatrix} 1 & 4 \\ -2 & 2 \end{bmatrix}$

**(c)** $\begin{bmatrix} \frac{1}{2} & \frac{1}{2} \\ \frac{1}{2} & \frac{1}{2} \end{bmatrix}$ **(d)** $\begin{bmatrix} 0 & 5 & 1 \\ 2 & 3 & 1 \\ 1 & 2 & 2 \end{bmatrix}$

**(e)** $\begin{bmatrix} 5 & 0 & 5 \\ 4 & 1 & 0 \\ 3 & 2 & 1 \end{bmatrix}$

**2.** Sejam

$$A = \begin{bmatrix} 2 & 0 \\ 0 & -2 \end{bmatrix} \quad \text{e} \quad \mathbf{x} = \begin{bmatrix} x_1 \\ x_2 \end{bmatrix}$$

e faça

$$f(x_1, x_2) = \|A\mathbf{x}\|_2 / \|\mathbf{x}\|_2$$

Determine o valor de $\|A\|_2$ encontrando o máximo valor de $f$ para todo $(x_1, x_2) \neq (0, 0)$.

**3.** Seja

$$A = \begin{bmatrix} 1 & 0 \\ 0 & 0 \end{bmatrix}$$

Use o método do Problema 2 para determinar o valor de $\|A\|_2$.

**4.** Seja

$$D = \begin{bmatrix} 3 & 0 & 0 & 0 \\ 0 & -5 & 0 & 0 \\ 0 & 0 & -2 & 0 \\ 0 & 0 & 0 & 4 \end{bmatrix}$$

(a) Calcule a decomposição em valores singulares de $D$.

(b) Encontre o valor de $\|D\|_2$.

5. Mostre que, se $D$ é uma matriz diagonal $n \times n$, então

$$\|D\|_2 = \max_{1\le i\le n} (|d_{ii}|)$$

6. Se $D$ é uma matriz diagonal $n \times n$, como se comparam os valores de $\|D\|_1$, $\|D\|_2$ e $\|D\|_\infty$? Explique suas respostas.

7. Seja $I$ a matriz identidade $n \times n$. Determine os valores de $\|I\|_1$, $\|I\|_\infty$ e $\|I\|_F$.

8. Sejam $\|\cdot\|_M$ a norma matricial em $\mathbb{R}^{n\times n}$, $\|\cdot\|_V$ a norma vetorial em $\mathbb{R}^n$ e $I$ a matriz identidade $n \times n$. Mostre que

(a) Se $\|\cdot\|_M$ e $\|\cdot\|_V$ são compatíveis, então $\|I\|_M \ge 1$.

(b) Se $\|\cdot\|_M$ é subordinada a $\|\cdot\|_V$, então $\|I\|_M = 1$.

9. Um vetor $\mathbf{x}$ em $\mathbb{R}^n$ pode também ser visto como uma matriz $n \times 1$ $X$:

$$\mathbf{x} = X = \begin{pmatrix} x_1 \\ x_2 \\ \vdots \\ x_n \end{pmatrix}$$

(a) Como se comparam a norma matricial $\|X\|_\infty$ e a norma vetorial $\|\mathbf{x}\|_\infty$? Explique.

(b) Como se comparam a norma matricial $\|X\|_1$ e a norma vetorial $\|\mathbf{x}\|_1$? Explique.

10. Um vetor $\mathbf{y}$ em $\mathbb{R}^n$ pode também ser visto como uma matriz $n \times 1$ $Y = (\mathbf{y})$. Mostre que

(a) $\|Y\|_2 = \|\mathbf{y}\|_2$

(b) $\|Y^T\|_2 = \|\mathbf{y}\|_2$

11. Seja $A = \mathbf{w}\mathbf{y}^T$, em que $\mathbf{w} \in \mathbb{R}^m$ e $\mathbf{y} \in \mathbb{R}^n$. Mostre que

(a) $\dfrac{\|A\mathbf{x}\|_2}{\|\mathbf{x}\|_2} \le \|\mathbf{y}\|_2\|\mathbf{w}\|_2$ para todo $\mathbf{x} \in \mathbf{0}$ em $\mathbb{R}^n$.

(b) $\|A\|_2 = \|\mathbf{y}\|_2\|\mathbf{w}\|_2$

12. Seja

$$A = \begin{pmatrix} 3 & -1 & -2 \\ -1 & 2 & -7 \\ 4 & 1 & 4 \end{pmatrix}$$

(a) Determine $\|A\|_\infty$.

(b) Encontre um vetor $\mathbf{x}$ cujas coordenadas são $\pm 1$ tal que $\|A\mathbf{x}\|_\infty = \|A\|_\infty$. (Observe que $\|\mathbf{x}\|_\infty = 1$; logo, $\|A\|_\infty = \|A\mathbf{x}\|_\infty/\|\mathbf{x}\|_\infty$.)

13. O Teorema 7.4.2 enuncia que

$$\|A\|_\infty = \max_{1\le i\le m}\left(\sum_{j=1}^n |a_{ij}|\right)$$

Demonstre isto em dois passos.

(a) Mostre que

$$\|A\|_\infty \le \max_{1\le i\le m}\left(\sum_{j=1}^n |a_{ij}|\right)$$

(b) Construa um vetor $\mathbf{x}$ cujas coordenadas são $\pm 1$, de modo que

$$\frac{\|A\mathbf{x}\|_\infty}{\|\mathbf{x}\|_\infty} = \|A\mathbf{x}\|_\infty = \max_{1\le i\le m}\left(\sum_{j=1}^n |a_{ij}|\right)$$

14. Mostre que $\|A\|_F = \|A^T\|_F$.

15. Seja $A$ uma matriz simétrica $n \times n$. Mostre que $\|A\|_\infty = \|A\|_1$.

16. Seja $A$ uma matriz $5 \times 4$ com valores singulares $\sigma_1 = 5$, $\sigma_2 = 3$ e $\sigma_3 = \sigma_4 = 1$. Determine os valores de $\|A\|_2$ e $\|A\|_F$.

17. Seja $A$ uma matriz $n \times n$.

(a) Mostre que $\|A\|_2 \le \|A\|_F$.

(b) Em que circunstâncias será $\|A\|_2 = \|A\|_F$?

18. Seja $\|\cdot\|$ uma família de normas vetoriais e seja $\|\cdot\|_M$ a norma matricial subordinada. Mostre que

$$\|A\|_M = \max_{\|\mathbf{x}\|=1} \|A\mathbf{x}\|$$

19. Seja $A$ uma matriz $m \times n$ e sejam $\|\cdot\|_v$ e $\|\cdot\|_w$ normas vetoriais em $\mathbb{R}^n$ e $\mathbb{R}^m$, respectivamente. Mostre que

$$\|A\|_{v,w} = \max_{\mathbf{x}\neq\mathbf{0}} \frac{\|A\mathbf{x}\|_w}{\|\mathbf{x}\|_v}$$

defina uma norma matricial em $\mathbb{R}^{m\times n}$.

20. Seja $A$ uma matriz $m \times n$. A norma 1,2 de $A$ é dada por

$$\|A\|_{1,2} = \max_{\mathbf{x}\neq\mathbf{0}} \frac{\|A\mathbf{x}\|_2}{\|\mathbf{x}\|_1}$$

(Veja o Problema 19.) Mostre que

$$\|A\|_{1,2} = \max(\|\mathbf{a}_1\|_2, \|\mathbf{a}_2\|_2, \ldots, \|\mathbf{a}_n\|_2)$$

21. Seja $A$ uma matriz $m \times n$. Mostre que $\|A\|_{1,2} \le \|A\|_2$

22. Seja $A$ uma matriz $m \times n$ e seja $B \in \mathbb{R}^{n\times r}$. Mostre que

(a) $\|A\mathbf{x}\| \le \|A\|_{1,2}\,\|\mathbf{x}\|_1$ para todo $\mathbf{x}$ em $\mathbb{R}^n$.

(b) $\|AB\|_{(1,2)} \le \|A\|_2\|B\|_{(1,2)}$

(c) $\|AB\|_{(1,2)} \le \|A\|_{(1,2)}\|B\|_1$

23. Seja $A$ uma matriz $m \times n$ e seja $\|\cdot\|_M$ uma norma matricial que é compatível com alguma norma vetorial em $\mathbb{R}^n$. Mostre que, se $\lambda$ é um autovalor de $A$, então $|\lambda| \le \|A\|_M$.

**24.** Use o resultado do Problema 23 para mostrar que, se $\lambda$ é um autovalor de uma matriz estocástica, então $|\lambda| \leq 1$.

**25.** Sudoku é um quebra-cabeça popular envolvendo matrizes. Neste quebra-cabeça são dados alguns elementos de uma matriz $A$ $9 \times 9$ e pede-se para preencher os elementos faltantes. A matriz $A$ tem a estrutura em blocos

$$A = \begin{bmatrix} A_{11} & A_{12} & A_{13} \\ A_{21} & A_{22} & A_{23} \\ A_{31} & A_{32} & A_{33} \end{bmatrix}$$

em que cada submatriz $A_{ij}$ é $3 \times 3$. As regras do quebra-cabeça são que cada linha, cada coluna e cada submatriz de $A$ devem ser constituídas de todos os inteiros de 1 a 9. Chamaremos uma tal matriz de *matriz sudoku*. Mostre que, se $A$ é uma matriz sudoku, $\lambda = 45$ é seu autovalor dominante.

**26.** Seja $A_{ij}$ uma submatriz de uma matriz sudoku $A$ (veja o Problema 25). Mostre que, se $\lambda$ é um autovalor de $A_{ij}$, então $|\lambda| \leq 22$.

**27.** Seja $A$ uma matriz $n \times n$ e seja $\mathbf{x} \in \mathbb{R}^n$. Demonstre

**(a)** $\|A\mathbf{x}\|_\infty \leq n^{1/2}\|A\|_2\|\mathbf{x}\|_\infty$

**(b)** $\|A\mathbf{x}\|_2 \leq n^{1/2}\|A\|_\infty\|\mathbf{x}\|_2$

**(c)** $n^{-1/2}\|A\|_2 \leq \|A\|_\infty \leq n^{1/2}\|A\|_2$

**28.** Seja $A$ uma matriz simétrica $n \times n$ com autovalores $\lambda_1, \ldots, \lambda_n$ e autovetores ortonormais $\mathbf{u}_1, \ldots, \mathbf{u}_n$. Seja $\mathbf{x} \in \mathbb{R}^n$ e seja $c_1 = \mathbf{u}_i^T\mathbf{x}$ para $i = 1, 2, \ldots, n$. Mostre que

**(a)** $\|A\mathbf{x}\|_2^2 = \sum_{i=1}^{n}(\lambda_i c_i)^2$

**(b)** Se $\mathbf{x} \neq \mathbf{0}$, então

$$\min_{1\leq i\leq n} |\lambda_i| \leq \frac{\|A\mathbf{x}\|_2}{\|\mathbf{x}\|_2} \leq \max_{1\leq i\leq n} |\lambda_i|$$

**(c)** $\|A\|_2 = \max_{1\leq i\leq n} |\lambda_i|$

**29.** Seja

$$A = \begin{bmatrix} 1 & -0{,}99 \\ -1 & 1 \end{bmatrix}$$

Encontre $A^{-1}$ e $\text{cond}_\infty(A)$.

**30.** Resolva os dois sistemas dados e compare as soluções. As matrizes de coeficientes são bem condicionadas? Mal condicionadas? Explique.

$$1{,}0x_1 + 2{,}0x_2 = 1{,}12$$
$$2{,}0x_1 + 3{,}9x_2 = 2{,}16$$

$$1{,}000x_1 + 2{,}011x_2 = 1{,}120$$
$$2{,}000x_1 + 3{,}982x_2 = 2{,}160$$

**31.** Seja

$$A = \begin{bmatrix} 1 & 0 & 1 \\ 2 & 2 & 3 \\ 1 & 1 & 2 \end{bmatrix}$$

Calcule $\text{cond}_\infty(A) = \|A\|_\infty \|A^{-1}\|_\infty$.

**32.** Seja $A$ uma matriz não singular $n \times n$ e seja $\|\cdot\|_M$ uma norma matricial compatível com alguma norma vetorial em $\mathbb{R}^n$. Mostre que

$$\text{cond}_M(A) \leq 1$$

**33.** Seja

$$A_n = \begin{bmatrix} 1 & 1 \\ 1 & 1 - \frac{1}{n} \end{bmatrix}$$

para cada inteiro positivo $n$. Calcule

**(a)** $A_n^{-1}$ **(b)** $\text{cond}_\infty(A_n)$ **(c)** $\lim_{n\to\infty} \text{cond}_\infty(A_n)$

**34.** Se $A$ é uma matriz $5 \times 3$ com $\|A\|_2 = 8$, $\text{cond}_2(A) = 2$ e $\|A\|_F = 12$, determine os valores singulares de $A$.

**35.** Sejam

$$A = \begin{bmatrix} 3 & 2 \\ 1 & 1 \end{bmatrix} \quad \text{e} \quad \mathbf{b} = \begin{bmatrix} 5 \\ 2 \end{bmatrix}$$

A solução calculada usando-se aritmética decimal de ponto flutuante de dois dígitos é $\mathbf{x} = (1{,}1; 0{,}88)^T$.

**(a)** Determine o vetor resíduo $\mathbf{r}$ e o valor do resíduo relativo $\|\mathbf{r}\|_\infty / \|\mathbf{b}\|_\infty$.

**(b)** Encontre o valor de $\text{cond}_\infty(A)$.

**(c)** Sem calcular a solução exata, use os resultados das partes (a) e (b) para obter limites para o erro relativo na solução calculada.

**(d)** Calcule a solução exata $\mathbf{x}$ e determine o erro relativo real. Compare seus resultados com os limites encontrados na parte (c).

**36.** Seja

$$A = \begin{bmatrix} -0{,}50 & 0{,}75 & -0{,}25 \\ -0{,}50 & 0{,}25 & 0{,}25 \\ 1{,}00 & -0{,}50 & 0{,}50 \end{bmatrix}$$

Calcule $\text{cond}_1(A) = \|A\|_1 \|A^{-1}\|_1$.

**37.** Seja $A$ a matriz do Problema 36 e seja

$$A' = \begin{bmatrix} -0{,}5 & 0{,}8 & -0{,}3 \\ -0{,}5 & 0{,}3 & 0{,}3 \\ 1{,}0 & -0{,}5 & 0{,}5 \end{bmatrix}$$

Sejam $\mathbf{x}$ e $\mathbf{x}'$ as soluções de $A\mathbf{x} = \mathbf{b}$ e $A'\mathbf{x} = \mathbf{b}$, respectivamente, para algum $\mathbf{b} \in \mathbb{R}^3$. Encontre um limite para o erro relativo $(\|\mathbf{x} - \mathbf{x}'\|_1)/\|\mathbf{x}'\|_1$.

**38.** Sejam

$$A = \begin{bmatrix} 1 & -1 & -1 & -1 \\ 0 & 1 & -1 & -1 \\ 0 & 0 & 1 & -1 \\ 0 & 0 & 0 & 1 \end{bmatrix}, \quad \mathbf{b} = \begin{bmatrix} 5{,}00 \\ 1{,}02 \\ 1{,}04 \\ 1{,}10 \end{bmatrix}$$

Uma solução aproximada de $A\mathbf{x} = \mathbf{b}$ é calculada arredondando-se os elementos de $\mathbf{b}$ para o inteiro mais próximo e resolvendo-se o sistema arredondado por aritmética inteira. A solução calculada é $\mathbf{x}' = (12, 4, 2, 1)^T$. Seja $\mathbf{r}$ o vetor resíduo.

**(a)** Determine os valores de $\|\mathbf{r}\|_\infty$ e $\text{cond}_\infty(A)$.

**(b)** Use sua resposta na parte (a) para encontrar um limite superior para o erro relativo na solução.

**(c)** Calcule a solução exata $\mathbf{x}$ e determine o erro relativo $\dfrac{\|\mathbf{x} - \mathbf{x}'\|_\infty}{\|\mathbf{x}\|_\infty}$.

**39.** Sejam $A$ e $B$ matrizes não singulares $n \times n$. Mostre que

$$\text{cond}(AB) \leq \text{cond}(A)\,\text{cond}(B)$$

**40.** Seja $D$ uma matriz diagonal não singular $n \times n$ e sejam

$$d_{\text{máx}} = \max_{1 \leq i \leq n} |d_{ii}| \quad \text{e} \quad d_{\text{mín}} = \min_{1 \leq i \leq n} |d_{ii}|$$

**(a)** Mostre que

$$\text{cond}_1(D) = \text{cond}_\infty(D) = \frac{d_{\text{máx}}}{d_{\text{mín}}}$$

**(b)** Mostre que

$$\text{cond}_2(D) = \frac{d_{\text{máx}}}{d_{\text{mín}}}$$

**41.** Seja $Q$ uma matriz ortogonal $n \times n$. Mostre que

**(a)** $\|Q\|_2 = 1$ **(b)** $\text{cond}_2(Q) = 1$

**(c)** para qualquer $\mathbf{b} \in \mathbb{R}^n$, o erro relativo na solução de $Q\mathbf{x} = \mathbf{b}$ é igual ao resíduo relativo; isto é,

$$\frac{\|\mathbf{e}\|_2}{\|\mathbf{x}\|_2} = \frac{\|\mathbf{r}\|_2}{\|\mathbf{b}\|_2}$$

**42.** Seja $A$ uma matriz $n \times n$ e sejam $Q$ e $V$ matrizes ortogonais $n \times n$. Mostre que

**(a)** $\|QA\|_2 = \|A\|_2$

**(b)** $\|AV\|_2 = \|A\|_2$

**(c)** $\|QAV\|_2 = \|A\|_2$

**43.** Seja $A$ uma matriz $m \times n$ e seja $\sigma_1$ o maior valor singular de $A$. Mostre que, se $\mathbf{x}$ e $\mathbf{y}$ são vetores não nulos em $\mathbb{R}^n$, então cada um dos seguintes enunciados é válido:

**(a)** $\dfrac{|\mathbf{x}^T A\mathbf{y}|}{\|\mathbf{x}\|_2\,\|\mathbf{y}\|_2} \leq \sigma_1$

[*Sugestão*: Use a desigualdade de Cauchy-Schwarz.]

**(b)** $\displaystyle\max_{\mathbf{x}\neq\mathbf{0},\,\mathbf{y}\neq\mathbf{0}} \frac{|\mathbf{x}^T A\mathbf{y}|}{\|\mathbf{x}\|\,\|\mathbf{y}\|} = \sigma_1$

**44.** Seja $A$ uma matriz $m \times n$ com decomposição em valores singulares $U\Sigma V^T$. Mostre que

$$\min_{\mathbf{x}\neq\mathbf{0}} \frac{\|A\mathbf{x}\|_2}{\|\mathbf{x}\|_2} = \sigma_n$$

**45.** Seja $A$ uma matriz $m \times n$ com decomposição em valores singulares $U\Sigma V^T$. Mostre que para todo vetor $\mathbf{x} \in \mathbb{R}^n$

$$\sigma_n\|\mathbf{x}\|_2 \leq \|A\mathbf{x}\|_2 \leq \sigma_1\|\mathbf{x}\|_2$$

**46.** Seja $A$ uma matriz não singular $n \times n$ e seja $Q$ uma matriz ortogonal $n \times n$. Mostre que

**(a)** $\text{cond}_2(QA) = \text{cond}_2(AQ) = \text{cond}_2(A)$

**(b)** se $B = Q^TAQ$, então $\text{cond}_2(B) = \text{cond}_2(A)$.

**47.** Seja $A$ uma matriz simétrica não singular $n \times n$ com autovalores $\lambda_1, \ldots, \lambda_n$. Mostre que

$$\text{cond}_2(A) = \frac{\displaystyle\max_{1\leq i\leq n} |\lambda_i|}{\displaystyle\min_{1\leq i\leq n} |\lambda_i|}$$

## 7.5 Transformações Ortogonais

Transformações ortogonais são das mais importantes ferramentas na álgebra linear numérica. Os tipos de transformações ortogonais que serão introduzidos nesta seção são fáceis de manipular e não requerem muito armazenamento. Mais importante, os processos que envolvem transformações ortogonais são inerentemente estáveis. Por exemplo, sejam $\mathbf{x} \in \mathbb{R}^n$ e $\mathbf{x}' = \mathbf{x} + \mathbf{e}$ uma aproximação para $\mathbf{x}$. Se $Q$ é uma matriz ortogonal, então

$$Q\mathbf{x}' = Q\mathbf{x} + Q\mathbf{e}$$

O erro em $Q\mathbf{x}'$ é $Q\mathbf{e}$. Em relação à norma 2, o vetor $Q\mathbf{e}$ tem o mesmo tamanho que $\mathbf{e}$:

$$\|Q\mathbf{e}\|_2 = \|\mathbf{e}\|_2$$

De forma similar, se $A' = A + E$, então

$$QA' = QA + QE$$

e

$$\|QE\|_2 = \|E\|_2$$

Quando uma transformação ortogonal é aplicada a um vetor ou a uma matriz, o erro não crescerá em relação à norma 2.

## Transformações Ortogonais Elementares

Uma *matriz ortogonal elementar* é uma matriz da forma

$$Q = I - 2\mathbf{u}\mathbf{u}^T$$

em que $\mathbf{u} \in \mathbb{R}^n$ e $\|\mathbf{u}\|_2 = 1$. Para verificar que $Q$ é ortogonal, observe que

$$Q^T = (I - 2\mathbf{u}\mathbf{u}^T)^T = I - 2\mathbf{u}\mathbf{u}^T = Q$$

e

$$\begin{aligned} Q^TQ = Q^2 &= (I - 2\mathbf{u}\mathbf{u}^T)(I - 2\mathbf{u}\mathbf{u}^T) \\ &= I - 4\mathbf{u}\mathbf{u}^T + 4\mathbf{u}(\mathbf{u}^T\mathbf{u})\mathbf{u}^T \\ &= I \end{aligned}$$

Logo, se $Q$ é uma matriz ortogonal elementar, então

$$Q^T = Q^{-1} = Q$$

A matriz $Q = I - 2\mathbf{u}\mathbf{u}^T$ é completamente determinada pelo vetor unitário $\mathbf{u}$. Em vez de armazenar todos os $n^2$ elementos de $Q$, precisamos somente armazenar o vetor $\mathbf{u}$. Para calcular $Q\mathbf{x}$, observe que

$$Q\mathbf{x} = (I - 2\mathbf{u}\mathbf{u}^T)\mathbf{x} = \mathbf{x} - 2\alpha\mathbf{u}$$

em que $\alpha = \mathbf{u}^T\mathbf{x}$.

O produto matricial $QA$ é calculado como

$$QA = (Q\mathbf{a}_1, Q\mathbf{a}_2, \ldots, Q\mathbf{a}_n)$$

em que

$$Q\mathbf{a}_i = \mathbf{a}_i - 2\alpha_i\mathbf{u} \qquad \alpha_i = \mathbf{u}^T\mathbf{a}_i$$

As transformações ortogonais elementares podem ser usadas para obter uma fatoração $QR$ de $A$, e isto, por sua vez, pode ser usado para resolver um sistema linear $A\mathbf{x} = \mathbf{b}$. Como na eliminação gaussiana, as matrizes elementares são escolhidas de modo a produzir zeros na matriz de coeficientes. Para verificar como isto é feito, consideremos o problema de encontrar um vetor unitário tal que

$$(I - 2\mathbf{u}\mathbf{u}^T)\mathbf{x} = (\alpha, 0, \ldots, 0)^T = \alpha\mathbf{e}_1$$

para um dado vetor $\mathbf{x} \in \mathbb{R}^n$.

## Transformações de Householder

Seja $H = I - 2\mathbf{u}\mathbf{u}^T$. Se $H\mathbf{x} = \alpha\mathbf{e}_1$, então, como $H$ é ortogonal, temos

$$|\alpha| = \|\alpha\mathbf{e}_1\|_2 = \|H\mathbf{x}\|_2 = \|\mathbf{x}\|_2$$

Se fizermos $\alpha = \|\mathbf{x}\|_2$ e $H\mathbf{x} = \alpha\mathbf{e}_1$, então, como $H$ é sua própria inversa, temos

$$\mathbf{x} = H(\alpha\mathbf{e}_1) = \alpha(\mathbf{e}_1 - (2u_1)\mathbf{u}) \tag{1}$$

Logo,

$$\begin{aligned} x_1 &= \alpha(1 - 2u_1^2) \\ x_2 &= -2\alpha u_1 u_2 \\ &\vdots \\ x_n &= -2\alpha u_1 u_n \end{aligned}$$

Resolvendo para os $u_i$, obtemos

$$u_1 = \pm\left(\frac{\alpha - x_1}{2\alpha}\right)^{1/2}$$

$$u_i = \frac{-x_i}{2\alpha u_1} \quad \text{para} \quad i = 2, \ldots, n$$

Se fizermos

$$u_1 = -\left(\frac{\alpha - x_1}{2\alpha}\right)^{1/2} \qquad \text{e} \qquad \beta = \alpha(\alpha - x_1)$$

então

$$-2\alpha u_1 = [2\alpha(\alpha - x_1)]^{1/2} = (2\beta)^{1/2}$$

Segue que

$$\begin{aligned} \mathbf{u} &= \left(-\frac{1}{2\alpha u_1}\right)(-2\alpha u_1^2, x_2, \ldots, x_n)^T \\ &= \frac{1}{\sqrt{2\beta}}(x_1 - \alpha, x_2, \ldots, x_n)^T \end{aligned}$$

Se fizermos $\mathbf{v} = (x_1 - \alpha, x_2, \ldots, x_n)^T$, então

$$\|\mathbf{v}\|_2^2 = (x_1 - \alpha)^2 + \sum_{i=2}^{n} x_i^2 = 2\alpha(\alpha - x_1)$$

e, portanto,

$$\|\mathbf{v}\|_2 = \sqrt{2\beta}$$

Logo,

$$\mathbf{u} = \frac{1}{\sqrt{2\beta}}\mathbf{v} = \frac{1}{\|\mathbf{v}\|_2}\mathbf{v}$$

e

$$H = I - 2\mathbf{u}\mathbf{u}^T = I - \frac{1}{\beta}\mathbf{v}\mathbf{v}^T \tag{2}$$

Na equação teórica (2), será válido se $\alpha = \pm\|x\|_2$; entretanto, na aritmética de precisão finita, importa como se escolhe um signo. Como a primeira entrada de $\mathbf{v}$ é $v_1 = x_1 - \alpha$, pode-se perder dígitos signiticativos de precisão se $x_1$ e $\alpha$ forem quase iguais e tiverem o mesmo signo. A fim de evitar essa situação, o $\alpha$ escalar deve ser definido como

$$\alpha = \begin{cases} -\|\mathbf{x}\|_2 & \text{se } x_1 > 0 \\ \|\mathbf{x}\|_2 & \text{se } x_1 \leq 0 \end{cases} \tag{3}$$

Em resumo, dado um vetor $\mathbf{x} \in \mathbb{R}^n$, se fizermos $\alpha$ como na Equação 3 e definirmos

$$\beta = \alpha(\alpha - x_1)$$
$$\mathbf{v} = (x_1 - \alpha, x_2, \ldots, x_n)^T$$
$$\mathbf{u} = \frac{1}{\|\mathbf{v}\|_2}\mathbf{v} = \frac{1}{\sqrt{2\beta}}\mathbf{v}$$

e

$$H = I - 2\mathbf{u}\mathbf{u}^T = I - \frac{1}{\beta}\mathbf{v}\mathbf{v}^T$$

então

$$H\mathbf{x} = \alpha\mathbf{e}_1$$

A matriz $H$ formada desta forma é chamada de *transformação de Householder*. A matriz $H$ é determinada pelo vetor $\mathbf{v}$ e pelo escalar $\beta$. Para qualquer vetor $\mathbf{y} \in \mathbb{R}^n$,

$$H\mathbf{y} = \left(I - \frac{1}{\beta}\mathbf{v}\mathbf{v}^T\right)\mathbf{y} = \mathbf{y} - \left(\frac{1}{\beta}\mathbf{v}^T\mathbf{y}\right)\mathbf{v}$$

Em vez de armazenar todos os $n^2$ elementos de $H$, precisamos somente armazenar $\mathbf{v}$ e $\beta$.

**EXEMPLO 1** Dado o vetor $\mathbf{x} = (1, 2, 2)^T$, encontre uma matriz de Householder que anulará os dois últimos elementos de $\mathbf{x}$.

### Solução

Como $x_1 = 1 > 0$, faça $\alpha = -\|\mathbf{x}\|_2 = -3$ e, então, faça

$$\beta = \alpha(\alpha - x_1) = 12$$
$$\mathbf{v} = (x_1 - \alpha, x_2, x_3)^T = (4, 2, 2)^T$$

A matriz de Householder é dada por

$$H = I - \frac{1}{12}\mathbf{v}\mathbf{v}^T$$
$$= \frac{1}{3}\begin{bmatrix} -1 & -2 & -2 \\ -2 & 2 & -1 \\ -2 & -1 & 2 \end{bmatrix}$$

O leitor pode verificar que

$$H\mathbf{x} = -3\mathbf{e}_1$$ ■

Suponha agora que queiramos anular somente os $n - k$ últimos componentes de um vetor $\mathbf{x} = (x_1, \ldots, x_k, x_{k+1}, \ldots, x_n)^T$. Para isto, fazemos $\mathbf{x}^{(1)} = (x_1, \ldots, x_{k-1})^T$ e $\mathbf{x}^{(2)} = (x_k, x_{k+1}, \ldots, x_n)^T$. Sejam $I^{(1)}$ e $I^{(2)}$ as matrizes identidade $(k - 1) \times (k - 1)$ e $(n - k + 1) \times (n - k + 1)$, respectivamente. Pelos métodos descritos, podemos construir a matriz de Householder $H_k^{(2)} = I^{(2)} - (1/\beta_k)\mathbf{v}_k\mathbf{v}_k^T$ tal que

$$H_k^{(2)}\mathbf{x}^{(2)} = \alpha\mathbf{e}_1^{(2)}$$

em que $\alpha = \pm\|\mathbf{x}^{(2)}\|_2$ e $\mathbf{e}_1^{(2)}$ é o primeiro vetor coluna da matriz identidade $(n - k + 1) \times (n - k + 1)$. Seja

$$H_k = \begin{bmatrix} I^{(1)} & O \\ O & H_k^{(2)} \end{bmatrix} \tag{4}$$

Segue que

$$H_k\mathbf{x} = \begin{bmatrix} I^{(1)} & O \\ O & H_k^{(2)} \end{bmatrix} \begin{bmatrix} \mathbf{x}^{(1)} \\ \mathbf{x}^{(2)} \end{bmatrix} = \begin{bmatrix} I^{(1)}\mathbf{x}^{(1)} \\ H_k^{(2)}\mathbf{x}^{(2)} \end{bmatrix} = \begin{bmatrix} \mathbf{x}^{(1)} \\ \alpha\mathbf{e}_1^{(2)} \end{bmatrix}$$

## Observações

**1.** A matriz de Householder $H_k$ definida pela Equação (2) é uma matriz ortogonal elementar. Se fizermos

$$\mathbf{v} = \begin{bmatrix} \mathbf{0} \\ \mathbf{v}_k \end{bmatrix} \quad \text{e} \quad \mathbf{u} = (1/\|\mathbf{v}\|)\mathbf{v}$$

então

$$H_k = I - \frac{1}{\beta_k}\mathbf{v}\mathbf{v}^T = I - 2\mathbf{u}\mathbf{u}^T$$

**2.** $H_k$ age como a matriz identidade para as primeiras $k - 1$ coordenadas de qualquer vetor $\mathbf{y} \in \mathbb{R}^n$. Se $\mathbf{y} = (y_1, \ldots, y_{k-1}, y_k, \ldots, y_n)^T$, $\mathbf{y}^{(1)} = (y_1, \ldots, y_{k-1})^T$ e $\mathbf{y}^{(2)} = (y_k, \ldots, y_n)^T$, então

$$H_k\mathbf{y} = \begin{bmatrix} I^{(1)} & O \\ O & H_k^{(2)} \end{bmatrix} \begin{bmatrix} \mathbf{y}^{(1)} \\ \mathbf{y}^{(2)} \end{bmatrix} = \begin{bmatrix} \mathbf{y}^{(1)} \\ H_k^{(2)}\mathbf{y}^{(2)} \end{bmatrix}$$

Em particular, se $\mathbf{y}^{(2)} = \mathbf{0}$, então $H_k\mathbf{y} = \mathbf{y}$.

**3.** Em geral, não é necessário armazenar a matriz $H_k$. Basta armazenar o vetor $\mathbf{v}_k$ de dimensão $n - k + 1$ e o escalar $\beta_k$.

EXEMPLO 2 Encontre uma matriz de Householder que anula os dois últimos elementos de $\mathbf{y} = (3, 1, 2, 2)^T$ enquanto deixa o primeiro elemento inalterado.

## Solução

A matriz de Householder mudará apenas os três últimos elementos de $\mathbf{y}$. Esses elementos correspondem ao vetor $\mathbf{x} = (1, 2, 2)^T$ em $\mathbb{R}^3$. Mas este é o vetor cujos dois últimos elementos foram anulados no Exemplo 1. A matriz $3 \times 3$ de Householder do Exemplo 1 pode ser usada para formar a matriz $4 \times 4$

$$H = \begin{bmatrix} 1 & 0 & 0 & 0 \\ 0 & \frac{2}{3} & \frac{2}{3} & \frac{1}{3} \\ 0 & \frac{2}{3} & -\frac{1}{3} & -\frac{1}{3} \\ 0 & \frac{2}{3} & -\frac{1}{3} & \frac{2}{3} \end{bmatrix}$$

que terá o efeito desejado em $\mathbf{y}$. Deixamos ao leitor a verificação de que $H\mathbf{y} = (3, -3, 0, 0)^T$. ■

Podemos agora aplicar as transformações de Householder na resolução de sistemas lineares. Se $A$ é uma matriz $n \times n$ não singular, podemos usar as transformações de Householder para reduzir $A$ à forma estritamente triangular. Para começar, podemos encontrar a transformação de Householder $H_1 = I - (1/\beta_1)\mathbf{v}_1\mathbf{v}_1^T$ que, quando aplicada à primeira coluna de $A$, dará um múltiplo de $\mathbf{e}_1$. Então, $H_1A$ será da forma

$$\begin{bmatrix} \times & \times & \cdots & \times \\ 0 & \times & \cdots & \times \\ 0 & \times & \cdots & \times \\ \vdots & & & \\ 0 & \times & \cdots & \times \end{bmatrix}$$

Podemos então encontrar uma transformação de Householder $H_2$ que anulará os $n - 2$ últimos elementos da segunda coluna de $H_1A$ enquanto deixa o primeiro elemento dessa coluna inalterado. Segue-se, da Observação 2, que $H_2$ não afetará a primeira coluna de $H_1A$; então, a multiplicação por $H_2$ acarreta uma matriz da forma

$$H_2H_1A = \begin{bmatrix} \times & \times & \times & \cdots & \times \\ 0 & \times & \times & \cdots & \times \\ 0 & 0 & \times & \cdots & \times \\ \vdots & & & & \\ 0 & 0 & \times & \cdots & \times \end{bmatrix}$$

Podemos continuar aplicando transformações de Householder desta forma até terminar com uma matriz triangular superior, que chamaremos de $R$. Logo,

$$H_{n-1} \cdots H_2H_1A = R$$

Segue-se que

$$\begin{aligned} A &= H_1^{-1}H_2^{-1} \cdots H_{n-1}^{-1}R \\ &= H_1H_2 \cdots H_{n-1}R \end{aligned}$$

Seja $Q = H_1H_2 \ldots H_{n-1}$. A matriz $Q$ é ortogonal, e $A$ pode ser fatorada no produto de uma matriz ortogonal e uma matriz triangular superior:

$$A = QR$$

Depois que $A$ foi fatorada em um produto $QR$, o sistema $A\mathbf{x} = \mathbf{b}$ é facilmente resolvido. Com efeito, se multiplicarmos por $Q^T$, terminamos com o sistema triangular superior $R\mathbf{x} = \mathbf{c}$, em que $\mathbf{c} = Q^T\mathbf{b}$. Como $Q$ é um produto de matrizes de Householder, não é necessário realizar as multiplicações matriciais para calcular explicitamente $Q$. Em vez disso, podemos calcular $\mathbf{c}$ diretamente, realizando uma sequência de transformações de Householder em $\mathbf{b}$,

$$\mathbf{c} = H_{n-1} \cdots H_2H_1\mathbf{b} \tag{5}$$

O sistema $R\mathbf{x} = \mathbf{c}$ pode então ser resolvido usando a substituição reversa.

Contagem de Operações Na resolução de um sistema $n \times n$ por meio de transformações de Householder, a maior parte do trabalho é feita na redução de $A$ para a forma triangular. O número de operações requeridas é, aproximadamente, $\frac{2}{3}n^3$ multiplicações, $\frac{2}{3}n^3$ adições, e $n - 1$ raízes quadradas.

## Rotações e Reflexões

Frequentemente, será desejável ter uma transformação que anula um único elemento de um vetor. Neste caso, é conveniente usar uma rotação ou uma reflexão. Consideremos primeiramente o caso bidimensional.

Sejam

$$R = \begin{bmatrix} \cos\theta & -\operatorname{sen}\theta \\ \operatorname{sen}\theta & \cos\theta \end{bmatrix} \quad \text{e} \quad G = \begin{bmatrix} \cos\theta & \operatorname{sen}\theta \\ \operatorname{sen}\theta & -\cos\theta \end{bmatrix}$$

e seja

$$\mathbf{x} = \begin{bmatrix} x_1 \\ x_2 \end{bmatrix} = \begin{bmatrix} r\cos\alpha \\ r\operatorname{sen}\alpha \end{bmatrix}$$

um vetor em $\mathbb{R}^2$. Então

$$R\mathbf{x} = \begin{bmatrix} r\cos(\theta+\alpha) \\ r\operatorname{sen}(\theta+\alpha) \end{bmatrix} \quad \text{e} \quad G\mathbf{x} = \begin{bmatrix} r\cos(\theta-\alpha) \\ r\operatorname{sen}(\theta-\alpha) \end{bmatrix}$$

$R$ representa uma rotação no plano de um ângulo $\theta$. A matriz $G$ tem o efeito de refletir $\mathbf{x}$ em relação à linha $x_2 = [\tan(\theta/2)]x_1$ (veja a Figura 7.5.1). Se fizermos $\cos\theta = x_1/r$ e $\operatorname{sen}\theta = -x_2/r$, então

$$R\mathbf{x} = \begin{bmatrix} x_1\cos\theta - x_2\operatorname{sen}\theta \\ x_1\operatorname{sen}\theta + x_2\cos\theta \end{bmatrix} = \begin{bmatrix} r \\ 0 \end{bmatrix}$$

Se fizermos $\cos\theta = x_1/r$ e $\operatorname{sen}\theta = x_2/r$, então

$$G\mathbf{x} = \begin{bmatrix} x_1\cos\theta + x_2\operatorname{sen}\theta \\ x_1\operatorname{sen}\theta - x_2\cos\theta \end{bmatrix} = \begin{bmatrix} r \\ 0 \end{bmatrix}$$

Tanto $R$ quanto $G$ são ortogonais. A matriz $G$ é também simétrica. Com efeito, $G$ é uma matriz ortogonal elementar. Se fizermos $\mathbf{u} = (\operatorname{sen}\theta/2, -\cos\theta/2)^T$, então $G = I - 2\mathbf{u}\mathbf{u}^T$.

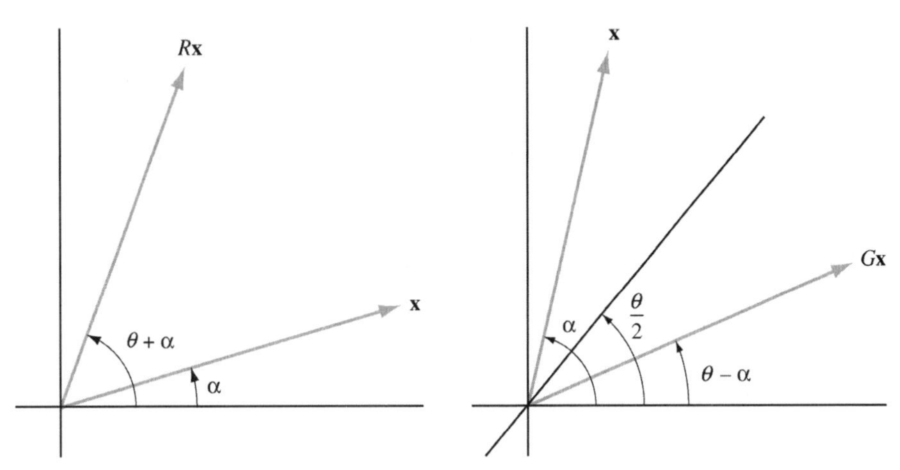


**Figura 7.5.1**

EXEMPLO 3 Seja $\mathbf{x} = (-3, 4)^T$. Para encontrar uma matriz de rotação $R$ que anula a segunda coordenada de $\mathbf{x}$, faça

$$r = \sqrt{(-3)^2 + 4^2} = 5$$

$$\cos\theta = \frac{x_1}{r} = -\frac{3}{5}$$

$$\operatorname{sen}\theta = -\frac{x_2}{r} = -\frac{4}{5}$$

e faça

$$R = \begin{bmatrix} \cos\theta & -\operatorname{sen}\theta \\ \operatorname{sen}\theta & \cos\theta \end{bmatrix} = \begin{bmatrix} -\frac{3}{5} & \frac{4}{5} \\ -\frac{4}{5} & -\frac{3}{5} \end{bmatrix}$$

O leitor pode verificar que $R\mathbf{x} = 5\mathbf{e}_1$.

Para encontrar uma matriz de reflexão $G$ que anula a segunda coordenada de $\mathbf{x}$, calcule $r$ e cos $\theta$ da mesma forma que para a matriz de rotação, mas faça

$$\operatorname{sen}\theta = \frac{x_2}{r} = \frac{4}{5}$$

e

$$G = \begin{bmatrix} \cos\theta & \operatorname{sen}\theta \\ \operatorname{sen}\theta & -\cos\theta \end{bmatrix} = \begin{bmatrix} -\frac{3}{5} & \frac{4}{5} \\ \frac{4}{5} & \frac{3}{5} \end{bmatrix}$$

O leitor pode verificar que $G\mathbf{x} = 5\mathbf{e}_1$. ■

Consideremos agora o caso $n$-dimensional. Sejam $R$ e $G$ matrizes com

$$r_{ii} = r_{jj} = \cos\theta \qquad g_{ii} = \cos\theta,\ g_{jj} = -\cos\theta$$
$$r_{ji} = \operatorname{sen}\theta,\ r_{ij} = -\operatorname{sen}\theta \qquad g_{ji} = g_{ij} = \operatorname{sen}\theta$$

e $r_{st} = g_{st} = \delta_{st}$ para todos os outros elementos de $R$ e $G$. Logo, $R$ e $G$ se assemelham à matriz identidade, exceto pelas posições $(i, i)$, $(i, j)$, $(j, j)$ e $(j, i)$. Sejam $c = \cos\theta$ e $s = \operatorname{sen}\theta$. Se $\mathbf{x} \in \mathbb{R}^n$, então

$$R\mathbf{x} = (x_1, \ldots, x_{i-1}, x_i c - x_j s, x_{i+1}, \ldots, x_{j-1}, x_i s + x_j c, x_{j+1}, \ldots, x_n)^T$$

e

$$G\mathbf{x} = (x_1, \ldots, x_{i-1}, x_i c + x_j s, x_{i+1}, \ldots, x_{j-1}, x_i s - x_j c, x_{j+1}, \ldots, x_n)^T$$

As transformações $R$ e $G$ alteram somente o $i$-ésimo e o $j$-ésimo componentes de um vetor; elas não têm nenhum efeito nas outras coordenadas. Referir-nos-emos a $R$ como uma *rotação plana* e a $G$ como a *transformação de Givens* ou *reflexão de Givens*. Se fizermos

$$c = \frac{x_i}{r} \quad \text{e} \quad s = -\frac{x_j}{r} \qquad \left(r = \sqrt{x_i^2 + x_j^2}\right)$$

o $j$-ésimo componente de $R\mathbf{x}$ será 0. Se fizermos

$$c = \frac{x_i}{r} \quad \text{e} \quad s = \frac{x_j}{r}$$

o $j$-ésimo componente de $G\mathbf{x}$ será 0.

**EXEMPLO 4** Seja $\mathbf{x} = (5, 8, 12)^T$. Encontre uma matriz de rotação $R$ que anula o terceiro elemento de $\mathbf{x}$ mas deixa inalterado o segundo elemento de $\mathbf{x}$.

### Solução

Como $R$ agirá somente sobre $x_1$ e $x_3$, faça

$$r = \sqrt{x_1^2 + x_3^2} = 13$$
$$c = \frac{x_1}{r} = \frac{5}{13}$$
$$s = -\frac{x_3}{r} = -\frac{12}{13}$$

e faça

$$R = \begin{bmatrix} c & 0 & -s \\ 0 & 1 & 0 \\ s & 0 & c \end{bmatrix} = \begin{bmatrix} \frac{5}{13} & 0 & \frac{12}{13} \\ 0 & 1 & 0 \\ -\frac{12}{13} & 0 & \frac{5}{13} \end{bmatrix}$$

O leitor pode verificar que $R\mathbf{x} = (13, 8, 0)^T$. ■

Dada uma matriz $n \times n$ não singular $A$, podemos usar rotações planas ou transformações de Givens para obter uma fatoração $QR$ de $A$. Seja $G_{21}$ a transformação de Givens agindo na primeira e segunda coordenadas, que, quando aplicada a $A$, resulta em um zero na posição (2, 1). Podemos aplicar outra transformação de Givens, $G_{31}$ a $G_{21}A$ para obter um zero na posição (3, 1). Este processo pode ser continuado até que os $n - 1$ últimos elementos na primeira coluna tenham sido eliminados:

$$G_{n1} \cdots G_{31} G_{21} A = \begin{bmatrix} \times & \times & \cdots & \times \\ 0 & \times & \cdots & \times \\ 0 & \times & \cdots & \times \\ \vdots & & & \\ 0 & \times & \cdots & \times \end{bmatrix}$$

Neste passo, as transformações de Givens $G_{32}, G_{42}, \ldots, G_{n2}$ são usadas para eliminar os $n - 2$ últimos elementos na segunda coluna. O processo é continuado até que todos os elementos abaixo da diagonal tenham sido eliminados.

$$(G_{n,n-1}) \cdots (G_{n2} \cdots G_{32})(G_{n1} \cdots G_{21})A = R \qquad (R \text{ triangular superior})$$

Se fizermos $Q^T = (G_{n,n-1}) \ldots (G_{n2} \ldots G_{32})(G_{n1} \ldots G_{21})$, então $A = QR$ e o sistema $A\mathbf{x} = \mathbf{b}$ é equivalente ao sistema

$$R\mathbf{x} = Q^T\mathbf{b}$$

Este sistema pode ser resolvido por substituição reversa.

Contagem de Operações A fatoração $QR$ de $A$ através das transformações de Givens ou rotações planas requer aproximadamente $\frac{4}{3}n^3$ multiplicações, $\frac{2}{3}n^3$ adições e $\frac{1}{2}n^2$ raízes quadradas.

## A Fatoração QR para Solução Geral de Sistemas Lineares

Dado um sistema linear $A\mathbf{x} = \mathbf{b}$ consistindo em que $n$ equações a $n$ incógnitas, podem-se usar as matrizes de Householder, rotações ou transformações de Givens para calcular a fatoração QR de $A$. O sistema linear pode, então, ser resolvido, definindo $\mathbf{c} = Q^T\mathbf{b}$ e, depois, usando a substituição reversa para resolver $R\mathbf{x} = \mathbf{c}$. Se as matrizes de Householder forem usadas para calcular a fatoração QR, a contagem da operação é de aproximadamente $\frac{2}{3}n^3$ multiplicações e $\frac{2}{3}n^3$ adições e é o dobro desse montante se rotações ou transformações de Givens forem usadas. No entanto, resolver o mesmo sistema usando a eliminação gaussiana envolveria apenas aproximadamente $\frac{1}{3}n^3$ multiplicações e $\frac{1}{3}n^3$ adições. Então resolver o sistema usando a eliminação gaussiana é duas vezes mais rápido que a solução usando a fatoração QR de Householder e 4 vezes mais rápido que resolver o sistema usando uma fatoração QR com base usando rotações planas ou transformações de Givens.

Para um sistema sobredeterminado $A\mathbf{x} = \mathbf{b}$, é preciso encontrar uma solução de mínimos quadrados. Neste caso, podem-se formar as equações normais e depois resolver usando a eliminação gaussiana; no entanto, existem problemas com essa abordagem, quando os cálculos são realizados em aritmética de precisão finita. Alternativamente, se a matriz de coeficientes $A$ é $m \times n$ com posto $n$, então podem-se usar as matrizes de Householder para obter uma fatoração QR de $A$ e isso, por sua vez, pode ser usado para resolver o problema de mínimos quadrados. Os métodos numéricos para resolver os problemas de mínimos quadrados serão discutidos em mais detalhes na Seção 7.7.

# PROBLEMAS DA SEÇÃO 7.5

**1.** Para cada um dos seguintes vetores $\mathbf{x}$, encontre uma matriz de rotação $R$ de forma que $R\mathbf{x} = \|\mathbf{x}\|_2\mathbf{e}_1$:

**(a)** $\mathbf{x} = (1, 1)^T$

**(b)** $\mathbf{x} = (\sqrt{3}, -1)^T$

**(c)** $\mathbf{x} = (-4, 3)^T$

**2.** Dado $\mathbf{x} \in \mathbb{R}^3$, defina

$$r_{ij} = \left(x_i^2 + x_j^2\right)^{1/2} \qquad i, j = 1, 2, 3$$

Para cada um dos seguintes vetores, determine uma transformação de Givens $G_{ij}$ de forma que a $i$-ésima e a $j$-ésima coordenadas de $G_{ij}\mathbf{x}$ sejam $r_{ij}$ e 0, respectivamente:

**(a)** $\mathbf{x} = (3, 1, 4)^T, i = 1, j = 3$

**(b)** $\mathbf{x} = (1, -1, 2)^T, i = 1, j = 2$

**(c)** $\mathbf{x} = (4, 1, \sqrt{3})^T, i = 2, j = 3$

**(d)** $\mathbf{x} = (4, 1, \sqrt{3})^T, i = 3, j = 2$

**3.** Para cada um dos vetores $\mathbf{x}$ dados, encontre uma transformação de Householder de modo que $H\mathbf{x} = \alpha\mathbf{e}_1$, em que $\alpha = \|\mathbf{x}\|_2$:

**(a)** $\mathbf{x} = (8, -1, -4)^T$

**(b)** $\mathbf{x} = (6, 2, 3)^T$

**(c)** $\mathbf{x} = (7, 4, -4)^T$

**4.** Para cada um dos seguintes vetores, encontre uma transformação de Householder que anula as duas últimas coordenadas do vetor:

**(a)** $\mathbf{x} = (5, 8, 4, 1)^T$

**(b)** $\mathbf{x} = (4, -3, -2, -1, 2)^T$

**5.** Seja

$$A = \begin{bmatrix} 1 & 3 & -2 \\ 1 & 1 & 1 \\ 1 & -5 & 1 \\ 1 & -1 & 2 \end{bmatrix}$$

**(a)** Determine o escalar $\beta$ e o vetor $\mathbf{v}$ para a matriz de Householder $H = 1 - (1/\beta)\mathbf{v}\mathbf{v}^T$ que anula os três últimos elementos de $\mathbf{a}_1$.

**(b)** Sem formar explicitamente a matriz $H$, calcule o produto $HA$.

**6.** Sejam

$$A = \begin{bmatrix} -1 & \frac{3}{2} & \frac{1}{2} \\ 2 & 8 & 8 \\ -2 & -7 & 1 \end{bmatrix} \quad \text{e} \quad \mathbf{b} = \begin{bmatrix} \frac{11}{2} \\ 0 \\ 1 \end{bmatrix}$$

**(a)** Use transformações de Householder para transformar $A$ em uma matriz triangular superior $R$. Transforme também o vetor $\mathbf{b}$; isto é, calcule $\mathbf{c} = H_1H_2\mathbf{b}$.

**(b)** Resolva $R\mathbf{x} = \mathbf{c}$ para $\mathbf{x}$ e teste sua resposta calculando o resíduo $\mathbf{r} = \mathbf{b} - A\mathbf{x}$.

**7.** Para cada um dos seguintes sistemas, use uma reflexão de Givens para transformar o sistema na forma triangular superior e então resolver o sistema triangular superior:

**(a)**
$$\begin{aligned} 3x_1 + 8x_2 &= 5 \\ 4x_1 - x_2 &= -5 \end{aligned}$$

**(b)**
$$\begin{aligned} x_1 + 4x_2 &= 5 \\ x_1 + 2x_2 &= 1 \end{aligned}$$

**(c)**
$$\begin{aligned} 4x_1 - 4x_2 + x_3 &= 2 \\ x_2 + 3x_3 &= 2 \\ -3x_1 + 3x_2 - 2x_3 &= 1 \end{aligned}$$

**8.** Suponha que você quer eliminar a última coordenada de um vetor $\mathbf{x}$ e deixar as $n - 2$ primeiras coordenadas inalteradas. Quantas operações são necessárias se isto for feito por uma transformação de Givens $G$? Uma transformação de Householder $H$? Se $A$ é uma matriz $n \times n$, quantas operações são necessárias para calcular $GA$ e $HA$?

**9.** Seja $H_k = I - 2\mathbf{u}\mathbf{u}^T$ uma transformação de Householder com

$$\mathbf{u} = (0, \ldots, 0, u_k, u_{k+1}, \ldots, u_n)^T$$

Seja $\mathbf{b} \in \mathbb{R}^n$ e seja $A$ uma matriz $n \times n$. Quantas adições e multiplicações são necessárias para calcular (a) $H_k\mathbf{b}$? (b) $H_kA$?

**10.** Seja $Q^T = G_{n-k} \ldots G_2G_1$, em que cada $G_i$ é uma transformação de Givens. Seja $\mathbf{b} \in \mathbb{R}^n$ e seja $A$ uma matriz $n \times n$. Quantas adições e multiplicações são necessárias para calcular (a) $Q^T\mathbf{b}$? (b) $Q^TA$?

**11.** Sejam $R_1$ e $R_2$ duas matrizes de rotação $2 \times 2$ e sejam $G_1$ e $G_2$ duas transformações de Givens $2 \times 2$. Que tipo de transformação é cada um dos seguintes?

**(a)** $R_1R_2$

(b) $G_1G_2$

**(c)** $R_1G_1$

**(d)** $G_1R_1$

**12.** Sejam $\mathbf{x}$ e $\mathbf{y}$ vetores distintos em $\mathbb{R}^n$ com $\|\mathbf{x}\|_2 = \|\mathbf{y}\|_2$. Defina

$$\mathbf{u} = \frac{1}{\|\mathbf{x} - \mathbf{y}\|_2}(\mathbf{x} - \mathbf{y}) \quad \text{e} \quad Q = I - 2\mathbf{u}\mathbf{u}^T$$

Mostre que

(a) $\| \mathbf{x} - \mathbf{y} \|_2^2 = 2(\mathbf{x} - \mathbf{y})^T \mathbf{x}$

(b) $Q\mathbf{x} = \mathbf{y}$

**13.** Seja $\mathbf{u}$ um vetor unitário em $\mathbb{R}^n$ e seja

$$Q = I - 2\mathbf{u}\mathbf{u}^T$$

(a) Mostre que $\mathbf{u}$ é um autovetor de $Q$. Qual é o autovalor correspondente?

(b) Seja $\mathbf{z}$ um vetor não nulo em $\mathbb{R}^n$ que é ortogonal a $\mathbf{u}$. Mostre que $\mathbf{z}$ é um autovetor de $Q$ associado ao autovalor $\lambda = 1$.

(c) Mostre que o autovalor $\lambda = 1$ deve ter multiplicidade $n - 1$. Qual o valor de $\det(Q)$?

**14.** Seja $R$ uma rotação plana $n \times n$. Qual o valor de $\det(R)$? Mostre que $R$ não é uma matriz ortogonal elementar.

**15.** Seja $A = Q_1R_1 = Q_2R_2$, em que $Q_1$ e $Q_2$ são ortogonais e $R_1$ e $R_2$ são triangular superiores e não singulares.

(a) Mostre que $Q_1^T Q_2$ é diagonal.

(b) Como se comparam $R_1$ e $R_2$? Explique.

**16.** Seja $A = \mathbf{x}\mathbf{y}^T$, em que $\mathbf{x} \in \mathbb{R}^m$, $\mathbf{y} \in \mathbb{R}^n$ e tanto $\mathbf{x}$ como $\mathbf{y}$ são vetores não nulos. Mostre que $A$ tem uma decomposição em valores singulares da forma $H_1\Sigma H_2$, em que $H_1$ e $H_2$ são transformações de Householder e

$$\sigma_1 = \|\mathbf{x}\|\ \|\mathbf{y}\|, \quad \sigma_2 = \sigma_3 = \cdots = \sigma_n = 0$$

**17.** Seja

$$R = \begin{pmatrix} \cos\theta & -\operatorname{sen}\theta \\ \operatorname{sen}\theta & \cos\theta \end{pmatrix}$$

Mostre que, se $\theta$ não é um múltiplo inteiro de $\pi$, então $R$ pode ser fatorada em um produto $R = ULU$, em que

$$U = \begin{pmatrix} 1 & \frac{\cos\theta - 1}{\operatorname{sen}\theta} \\ 0 & 1 \end{pmatrix} \quad \text{e} \quad L = \begin{pmatrix} 1 & 0 \\ \operatorname{sen}\theta & 1 \end{pmatrix}$$

Esse tipo de fatoração de uma matriz de rotação aparece em aplicações envolvendo *wavelets** e bases para filtros.

## 7.6 O Problema dos Autovalores

Nesta seção, estamos preocupados com os métodos numéricos para calcular os autovalores e autovetores de uma matriz $A$ $n \times n$. O primeiro método que estudamos é chamado de *método das potências*. O método das potências é um método iterativo para encontrar o autovalor dominante de uma matriz e um autovetor correspondente. Por autovalor dominante, queremos dizer um autovalor $\lambda_1$ satisfazendo $|\lambda_1| > |\lambda_i|$ $i = 2, \ldots, n$. Se os autovalores de $A$ satisfazem

$$|\lambda_1| > |\lambda_2| > \cdots > |\lambda_n|$$

então o método das potências pode ser usado para calcular os autovalores um de cada vez. O segundo método é chamado de *algoritmo QR*. O algoritmo *QR* é um método iterativo envolvendo transformações ortogonais de similaridade. Ele tem muitas vantagens sobre o método das potências e irá convergir, quer $A$ tenha, quer não um autovalor dominante, e calcula todos os valores próprios, ao mesmo tempo.

Nos exemplos no Capítulo 6, os autovalores foram determinados pela formação do polinômio característico e o cálculo de suas raízes. No entanto, este procedimento geralmente não é recomendado para cálculos numéricos. A dificuldade é que muitas vezes uma pequena mudança em um ou mais dos coeficientes do polinômio característico pode resultar em uma mudança relativamente grande nos zeros calculados do polinômio. Por exemplo, considere o polinômio $p(x) = x^{10}$. O primeiro coeficiente é 1 e os coeficientes restantes são todos 0. Se o termo constante é alterado pela adição de $-10^{-10}$, obtemos o polinômio $q(x) = x^{10} - 10^{-10}$. Embora os coeficientes de $p(x)$ e $q(x)$ difiram apenas por $10^{-10}$, todas as raízes de $q(x)$ têm o valor absoluto de $\frac{1}{10}$, enquanto as raízes

*A palavra *wavelet* é de uso corrente em português em aplicações de processamento de sinais. (N.T.)

de $p(x)$ são 0. Assim, mesmo quando os coeficientes do polinômio característico são determinados com precisão, os autovalores calculados podem envolver erros significativos. Por esse motivo, os métodos apresentados nesta seção não envolvem o polinômio característico. Para ver se há alguma vantagem em trabalhar diretamente com a matriz $A$, temos de determinar o efeito que pequenas mudanças nos elementos de $A$ têm sobre os autovalores. Isto é feito no teorema seguinte.

**Teorema 7.6.1** *Seja $A$ uma matriz $n \times n$ com $n$ autovetores linearmente independentes e seja $X$ a matriz que diagonaliza $A$. Isto é,*

$$X^{-1}AX = D = \begin{bmatrix} \lambda_1 & & & \\ & \lambda_2 & & \\ & & \ddots & \\ & & & \lambda_n \end{bmatrix}$$

*Se $A' = A + E$ e $\lambda'$ é um autovalor de $A'$, então*

$$\min_{1 \leq i \leq n} |\lambda' - \lambda_i| \leq \text{cond}_2(X)\|E\|_2 \tag{1}$$

***Demonstração*** Podemos supor que $\lambda'$ é diferente de qualquer $\lambda_i$ (de outra forma não há nada a demonstrar). Logo, se fizermos $D_1 = D - \lambda' I$, então $D_1$ é uma matriz diagonal não singular. Como $\lambda'$ é um autovalor de $A'$, é também um autovalor de $X^{-1}A'X$. Logo, $X^{-1}A'X - \lambda' I$ é singular e, portanto, $D_1^{-1}(X^{-1}A'X - \lambda' I)$ é também singular. Mas

$$\begin{aligned} D_1^{-1}(X^{-1}A'X - \lambda' I) &= D_1^{-1}X^{-1}(A + E - \lambda' I)X \\ &= D_1^{-1}X^{-1}EX + I \end{aligned}$$

Portanto, $-1$ é um autovalor de $D_1^{-1}X^{-1}EX$. Segue-se que

$$|-1| \leq \|D_1^{-1}X^{-1}EX\|_2 \leq \|D_1^{-1}\|_2 \, \text{cond}_2(X)\|E\|_2$$

A norma 2 de $D_1^{-1}$ é dada por

$$\|D_1^{-1}\|_2 = \max_{1 \leq i \leq n} |\lambda' - \lambda_i|^{-1}$$

O índice $i$ que maximiza $|\lambda' - \lambda_i|^{-1}$ é o mesmo índice que minimiza $|\lambda' - \lambda_i|$. Logo,

$$\min_{1 \leq i \leq n} |\lambda' - \lambda_i| \leq \text{cond}_2(X)\|E\|_2$$

■

Se a matriz $A$ é simétrica, podemos escolher uma matriz diagonalizante ortogonal. Em geral, se $Q$ é qualquer matriz ortogonal, então

$$\text{cond}_2(Q) = \|Q\|_2\|Q^{-1}\|_2 = 1$$

Portanto, (1) é simplificada para

$$\min_{1 \leq i \leq n} |\lambda' - \lambda_i| \leq \|E\|_2$$

Logo, se $A$ é simétrica e $\|E\|_2$ é pequena, os autovalores de $A'$ são próximos dos autovalores de $A$.

Estamos agora prontos para falar sobre alguns dos métodos para o cálculo dos autovalores e autovetores de uma matriz $n \times n$ $A$. O primeiro método que apresentaremos calcula um autovetor $\mathbf{x}$ de $A$ pela sucessiva aplicação de $A$ a um vetor dado em $\mathbb{R}^n$. Para ver a ideia por trás do método, suponhamos que $A$ tem $n$ autovetores linearmente independentes $\mathbf{x}_1,\ldots\mathbf{x}_n$ e que os autovalores correspondentes satisfazem

$$|\lambda_1| > |\lambda_2| \geq \cdots \geq |\lambda_n| \tag{2}$$

Dado um vetor arbitrário $\mathbf{v}_0$ em $\mathbb{R}^n$, podemos escrever

$$\mathbf{v}_0 = \alpha_1\mathbf{x}_1 + \cdots + \alpha_n\mathbf{x}_n$$
$$A\mathbf{v}_0 = \alpha_1\lambda_1\mathbf{x}_1 + \alpha_2\lambda_2\mathbf{x}_2 + \cdots + \alpha_n\lambda_n\mathbf{x}_n$$
$$A^2\mathbf{v}_0 = \alpha_1\lambda_1^2\mathbf{x}_1 + \alpha_2\lambda_2^2\mathbf{x}_2 + \cdots + \alpha_n\lambda_n^2\mathbf{x}_n$$

e, em geral,

$$A^k\mathbf{v}_0 = \alpha_1\lambda_1^k\mathbf{x}_1 + \alpha_2\lambda_2^k\mathbf{x}_2 + \cdots + \alpha_n\lambda_n^k\mathbf{x}_n$$

Se definirmos

$$\mathbf{v}_k = A^k\mathbf{v}_0 \qquad k = 1, 2, \ldots$$

então

$$\frac{1}{\lambda_1^k}\mathbf{v}_k = \alpha_1\mathbf{x}_1 + \alpha_2\left(\frac{\lambda_2}{\lambda_1}\right)^k\mathbf{x}_2 + \cdots + \alpha_n\left(\frac{\lambda_n}{\lambda_1}\right)^k\mathbf{x}_n \tag{3}$$

Como

$$\left|\frac{\lambda_i}{\lambda_1}\right| < 1 \qquad \text{para} \qquad i = 2, 3, \ldots, n$$

segue-se que

$$\frac{1}{\lambda_1^k}\mathbf{v}_k \to \alpha_1\mathbf{x}_1 \qquad \text{tal que} \qquad k \to \infty$$

Assim, se $\alpha_1 \neq 0$, então a sequência $\{(1/\lambda_1^k)\mathbf{v}_k\}$ converge para um autovetor $\alpha_1\mathbf{x}_1$ de $A$. Existem algumas dificuldades óbvias com o método que foi apresentado até agora. A principal dificuldade é que não podemos calcular $(1/\lambda_1^k)\mathbf{v}_k$, já que $\lambda_1$ é desconhecido. Mas, mesmo se $\lambda_1$ fosse conhecido, haveria dificuldades, porque $\lambda_1^k$ tende a 0 ou a $\pm\infty$. Felizmente, porém, não temos que dimensionar a sequência $\{\mathbf{v}_k\}$ usando $1/\lambda_1^k$. Se os $\mathbf{v}_k$ são dimensionados de modo a obtermos vetores unitários em cada etapa, a sequência irá convergir para um vetor unitário na direção de $\mathbf{x}_1$. O autovalor $\lambda_1$ pode ser computado ao mesmo tempo. Este método de calcular o autovalor de maior magnitude e o autovetor correspondente é chamado de *método das potências*.

## O Método das Potências

Neste método, duas sequências $\{\mathbf{v}_k\}$ e $\{\mathbf{u}_k\}$ são definidas de forma recursiva. Para começar, $\mathbf{u}_0$ pode ser de qualquer vetor não nulo em $\mathbb{R}^n$. Uma vez que $\mathbf{u}_k$ tenha sido determinado, os vetores $\mathbf{v}_{k+1}$ e $\mathbf{u}_{k+1}$ são calculados da seguinte forma:

1. Faça $\mathbf{v}_{k+1} = A\,\mathbf{u}_k$.
2. Encontre a coordenada $j_{k+1}$ de $\mathbf{v}_{k+1}$ que tem o valor máximo absoluto.

**3.** Faça $\mathbf{u}_{k+1} = (1/v_{jk+1})\mathbf{v}_{k+1}$.

A sequência $\{\mathbf{u}_k\}$ tem a propriedade de que, para $k \geq 1$, $\|\mathbf{u}_k\|_\infty = u_{jk} = 1$. Se os autovalores de $A$ satisfazem (2) e $\mathbf{u}_0$ pode ser escrito como uma combinação linear dos autovetores $\alpha_1\mathbf{x}_1 + \ldots + \alpha_n\mathbf{x}_n$ com $\alpha_1 \neq 0$, a sequência $\{\mathbf{u}_k\}$ irá convergir para um autovetor $\mathbf{y}$ de $\lambda_1$. Se $k$ for grande, então $\mathbf{u}_k$ será uma boa aproximação para $\mathbf{y}$, e $\mathbf{v}_{k+1} = A\mathbf{u}_k$ será uma boa aproximação para $\lambda_1\mathbf{y}$. Uma vez que a $j_k$-ésima coordenada de $\mathbf{u}_k$ é 1, segue-se que a $j_k$-ésima coordenada de $\mathbf{v}_{k+1}$ será uma boa aproximação para $\lambda_1$.

Como visto em (3), podemos esperar que os $\mathbf{u}_k$ irão convergir para $\mathbf{y}$ na mesma proporção em que $(\lambda_2 / \lambda_1)^k$ converge para 0. Assim, se $|\lambda_2|$ é quase tão grande quanto $|\lambda_1|$, a convergência será lenta.

EXEMPLO 1 Seja

$$A = \begin{pmatrix} 2 & 1 \\ 1 & 2 \end{pmatrix}$$

É uma questão fácil determinar exatamente os autovalores de $A$. Estes acabam por ser $\lambda_1 = 3$ e $\lambda_2 = 1$, com autovetores correspondentes $\mathbf{x}_1 = (1, 1)^T$ e $\mathbf{x}_2 = (1, -1)^T$. Para ilustrar como os vetores gerados pelo método das potências convergem, aplicaremos o método com $\mathbf{u}_0 = (2, 1)^T$:

$$\mathbf{v}_1 = A\mathbf{u}_0 = \begin{pmatrix} 5 \\ 4 \end{pmatrix}, \qquad \mathbf{u}_1 = \frac{1}{5}\mathbf{v}_1 = \begin{pmatrix} 1{,}0 \\ 0{,}8 \end{pmatrix}$$

$$\mathbf{v}_2 = A\mathbf{u}_1 = \begin{pmatrix} 2{,}8 \\ 2{,}6 \end{pmatrix}, \qquad \mathbf{u}_2 = \frac{1}{2{,}8}\mathbf{v}_2 = \begin{pmatrix} 1 \\ \frac{13}{14} \end{pmatrix} \approx \begin{pmatrix} 1{,}00 \\ 0{,}93 \end{pmatrix}$$

$$\mathbf{v}_3 = A\mathbf{u}_2 = \frac{1}{14}\begin{pmatrix} 41 \\ 40 \end{pmatrix}, \qquad \mathbf{u}_3 = \frac{14}{41}\mathbf{v}_3 = \begin{pmatrix} 1 \\ \frac{40}{41} \end{pmatrix} \approx \begin{pmatrix} 1{,}00 \\ 0{,}98 \end{pmatrix}$$

$$\mathbf{v}_4 = A\mathbf{u}_3 \approx \begin{pmatrix} 2{,}98 \\ 2{,}95 \end{pmatrix}$$

Se $\mathbf{u}_3 = (1{,}00; 0{,}98)^T$ é tomado como um autovetor aproximado, então 2,98 é o valor aproximado de $\lambda_1$. Assim, com apenas algumas iterações, a aproximação para $\lambda_1$ envolve um erro de apenas 0,02. ■

O método das potências é particularmente útil em aplicações nas quais apenas alguns dos autovalores dominantes e autovetores são necessários. Por exemplo, no processo de hierarquia analítica (PHA) apenas os autovetores pertencentes aos autovalores dominantes são necessários para determinar os vetores de peso para o processo de decisão (veja a Seção 6.8).

**APLICAÇÃO 1** Computação de Vetores de Peso PHA

Na Aplicação 4 da Seção 6.8, consideramos um exemplo em que um comitê de pesquisa em uma faculdade faz uma escolha de contratação usando PHA.

No exemplo, o comitê decidiu que o ensino era duas vezes mais importante do que a pesquisa e oito vezes mais importante do que as atividades profissionais. Eles também decidiram que a pesquisa deveria ser três vezes mais importante que as atividades profissionais. A matriz de comparação para este problema é

$$C = \begin{Bmatrix} 1 & 2 & 8 \\ \frac{1}{2} & 1 & 3 \\ \frac{1}{8} & \frac{1}{3} & 1 \end{Bmatrix}$$

O autovetor pertencente ao autovalor dominante pode ser calculado usando o método das potências. Como o autovalor dominante é próximo de 3 e os autovalores restantes são próximos de 0, o método das potências deve convergir rapidamente. Neste caso, usamos $\mathbf{u}_0 = (1, 1, 1)^T$ como nosso vetor de partida, e normalizamos a cada passo de modo que os elementos de $\mathbf{u}_k$ ($k \geqslant 1$) somam 1. Usando este processo, terminamos com a seguinte sequência de vetores

$$\mathbf{u}_1 = \begin{Bmatrix} 0{,}6486 \\ 0{,}2654 \\ 0{,}0860 \end{Bmatrix}, \quad \mathbf{u}_2 = \begin{Bmatrix} 0{,}6286 \\ 0{,}2854 \\ 0{,}0860 \end{Bmatrix}, \quad \mathbf{u}_3 = \begin{Bmatrix} 0{,}6281 \\ 0{,}2854 \\ 0{,}0864 \end{Bmatrix}, \quad \mathbf{u}_4 = \begin{Bmatrix} 0{,}6282 \\ 0{,}2854 \\ 0{,}0864 \end{Bmatrix}$$

em que todos os elementos são exibidos com quatro dígitos de precisão. Para $k \geqslant 3$, os vetores calculados $\mathbf{u}_k$ terão precisão de três dígitos. Assim, se usarmos $\mathbf{w} = \mathbf{u}_4$ como nosso vetor de pesos, ele deve ter precisão de três dígitos.

Para uma matriz de comparação $n \times n$, o algoritmo do método das potências para a computação dos pesos PHA pode ser resumido da seguinte forma:

1. Fazer $\mathbf{u}_0 = \mathbf{e}$, em que e é um vetor em $\mathbb{R}^n$ cujos elementos são todos iguais a 1.
2. Para $k = 1, 2, \ldots$

$$\text{Fazer } \mathbf{v} = A\mathbf{u}_k$$

$$s = \sum_{i=1}^{n} v_i$$

$$\mathbf{u}_{k+1} = \frac{1}{s}\mathbf{v}$$

As iterações devem ser encerradas quando $\mathbf{u}_k$ e $\mathbf{u}_{k+1}$ forem iguais dentro dos dígitos de precisão desejados. Em seguida, usamos o autovetor computado $\mathbf{u}_{k+1}$ como um vetor de peso PHA.

---

O método das potências pode ser usado para calcular o autovalor $\lambda_1$ de maior magnitude e um autovetor correspondente $\mathbf{y}_1$. Como encontrar autovalores e autovetores adicionais? Se pudéssemos reduzir o problema de encontrar autovalores adicionais de $A$ ao problema de encontrar os autovalores de alguma matriz $(n - 1) \times (n - 1)A_1$, então o método das potências poderia ser aplicado a $A_1$. Isso pode realmente ser feito por um processo chamado *deflação*.

## Deflação

A ideia por trás da deflação é encontrar uma matriz não singular $H$ de modo que $HAH^{-1}$ seja uma matriz da forma

$$\left[\begin{array}{c|ccc} \lambda_1 & \times & \cdots & \times \\ \hline 0 & & & \\ \vdots & & A_1 & \\ 0 & & & \end{array}\right] \tag{4}$$

Uma vez que $A$ e $HAH^{-1}$ são similares, elas têm o mesmo polinômio característico. Assim, se $HAH^{-1}$ é da forma (4), então

$$\det(A - \lambda I) = \det(HAH^{-1} - \lambda I) = (\lambda_1 - \lambda)\det(A_1 - \lambda I)$$

e segue-se que os restantes $n - 1$ valores próprios de $A$ são os valores próprios de $A_1$. A questão permanece: Como é que vamos encontrar uma tal matriz $H$? Observe que a forma (4) exige que a primeira coluna do $HAH^{-1}$ seja $\lambda_1\mathbf{e}_1$. A primeira coluna do $HAH^{-1}$ é $HAH^{-1}\mathbf{e}_1$. Assim,

$$HAH^{-1}\mathbf{e}_1 = \lambda_1\mathbf{e}_1$$

ou, equivalentemente,

$$A(H^{-1}\mathbf{e}_1) = \lambda_1(H^{-1}\mathbf{e}_1)$$

Então $H^{-1}\mathbf{e}_1$ está no autoespaço correspondente a $\lambda_1$. Logo, para algum autovetor $\mathbf{e}_1$ associado a $\lambda_1$,

$$H^{-1}\mathbf{e}_1 = \mathbf{x}_1 \qquad \text{ou} \qquad H\mathbf{x}_1 = \mathbf{e}_1$$

Precisamos encontrar uma matriz $H$ tal que $H\mathbf{x}_1 = \mathbf{e}_1$ para algum autovetor $\mathbf{x}_1$ associado a $\lambda_1$. Isto pode ser feito através de uma transformação de Householder. Se $\mathbf{y}_1$ é o autovetor calculado associado a $\lambda_1$, faça

$$\mathbf{x}_1 = \frac{1}{\|\mathbf{y}_1\|_2}\mathbf{y}_1$$

Como $\|\mathbf{x}_1\|_2 = 1$, podemos encontrar uma transformação de Householder $H$ de modo que

$$H\mathbf{x}_1 = \mathbf{e}_1$$

Como $H$ é uma transformação de Householder, segue-se que $H^{-1} = H$ e, portanto, $HAH$ é a transformação de similaridade desejada.

## Redução à Forma de Hessenberg

Os métodos padrão de cálculo de autovalores são todos iterativos. A quantidade de cálculo necessária em cada iteração é muitas vezes proibitivamente alta, exceto se inicialmente $A$ está em alguma forma especial com a qual é mais fácil de se trabalhar. Se este não for o caso, o procedimento padrão é reduzir $A$ a uma forma mais simples por meio de transformações de similaridade. Geralmente são usadas matrizes de Householder para transformar $A$ em uma matriz da forma

$$\begin{bmatrix} \times & \times & \cdots & \times & \times & \times \\ \times & \times & \cdots & \times & \times & \times \\ 0 & \times & \cdots & \times & \times & \times \\ 0 & 0 & \cdots & \times & \times & \times \\ \vdots & & & & & \\ 0 & 0 & \cdots & \times & \times & \times \\ 0 & 0 & \cdots & 0 & \times & \times \end{bmatrix}$$

Uma matriz desta forma é dita estar na *forma superior de Hessenberg*. Logo, $B$ está na forma superior de Hessenberg se e somente se $b_{ij} = 0$ para $i \geq j + 2$.

Uma matriz $A$ pode ser transformada na forma superior de Hessenberg da seguinte maneira: Primeiro, escolha uma matriz de Householder $H_1$ de modo que $H_1A$ seja da forma

$$\begin{bmatrix} a_{11} & a_{12} & \cdots & a_{1n} \\ \times & \times & \cdots & \times \\ 0 & \times & \cdots & \times \\ \vdots & & & \\ 0 & \times & \cdots & \times \end{bmatrix}$$

A matriz $H_1$ será da forma

$$\begin{bmatrix} 1 & 0 & \cdots & 0 \\ 0 & \times & \cdots & \times \\ \vdots & & & \\ 0 & \times & \cdots & \times \end{bmatrix}$$

e, portanto, a pós-multiplicação de $H_1A$ por $H_1$ deixará a primeira coluna inalterada. Se $A^{(1)} = H_1A\,H_1$, então $A^{(1)}$ é uma matriz da forma

$$\begin{bmatrix} a_{11}^{(1)} & a_{12}^{(1)} & \cdots & a_{1n}^{(1)} \\ a_{21}^{(1)} & a_{22}^{(1)} & \cdots & a_{2n}^{(1)} \\ 0 & a_{32}^{(1)} & \cdots & a_{3n}^{(1)} \\ \vdots & & & \\ 0 & a_{n2}^{(1)} & \cdots & a_{nn}^{(1)} \end{bmatrix}$$

Como $H_1$ é uma matriz de Householder, segue-se que $H_1^{-1} = H_1$ e, portanto, $A^{(1)}$ é similar a $A$. Em seguida, uma matriz de Householder $H_2$ é escolhida de forma que

$$H_2(a_{12}^{(1)}, a_{22}^{(1)}, \ldots, a_{n2}^{(1)})^T = (a_{12}^{(1)}, a_{22}^{(1)}, \times, 0, \ldots, 0)^T$$

A matriz $H_2$ será da forma

$$\begin{bmatrix} 1 & 0 & 0 & \cdots & 0 \\ 0 & 1 & 0 & \cdots & 0 \\ 0 & 0 & \times & \cdots & \times \\ \vdots & & & & \\ 0 & 0 & \times & \cdots & \times \end{bmatrix} = \left[\begin{array}{c|c} I_2 & O \\ \hline O & X \end{array}\right]$$

A multiplicação de $A^{(1)}$ à esquerda por $H_2$ deixará inalteradas as duas primeiras linhas e as duas primeiras colunas:

$$H_2A^{(1)} = \begin{bmatrix} a_{11}^{(1)} & a_{12}^{(1)} & a_{13}^{(1)} & \cdots & a_{1n}^{(1)} \\ a_{21}^{(1)} & a_{22}^{(1)} & a_{23}^{(1)} & \cdots & a_{2n}^{(1)} \\ 0 & \times & \times & \cdots & \times \\ 0 & 0 & \times & \cdots & \times \\ \vdots & & & & \\ 0 & 0 & \times & \cdots & \times \end{bmatrix}$$

A pós-multiplicação de $H_2\,A^{(1)}$ por $H_2$ deixará inalteradas as duas primeiras colunas. Logo, $A^{(2)} = H_2\,A^{(1)}\,H_2$ é da forma

$$\begin{bmatrix} \times & \times & \times & \cdots & \times \\ \times & \times & \times & \cdots & \times \\ 0 & \times & \times & \cdots & \times \\ 0 & 0 & \times & \cdots & \times \\ \vdots & & & & \\ 0 & 0 & \times & \cdots & \times \end{bmatrix}$$

Este processo pode ser continuado até terminarmos com uma matriz superior de Hessenberg

$$H = A^{(n-2)} = H_{n-2} \cdots H_2 H_1 A H_1 H_2 \cdots H_{n-2}$$

que é similar a $A$.

Se, em particular, $A$ for simétrica, então, uma vez que

$$\begin{aligned} H^T &= H_{n-2}^T \cdots H_2^T H_1^T A^T H_1^T H_2^T \cdots H_{n-2}^T \\ &= H_{n-2} \cdots H_2 H_1 A H_1 H_2 \cdots H_{n-2} \\ &= H \end{aligned}$$

segue-se que $H$ é tridiagonal. Logo, qualquer matriz $n \times n$ $A$ pode ser reduzida a uma forma superior de Hessenberg por transformações de similaridade. Se $A$ for simétrica, a redução levará a uma matriz tridiagonal simétrica.

Finalizamos esta seção esboçando um dos melhores métodos disponíveis para calcular os autovalores de uma matriz. O método é chamado de *algoritmo QR* e foi desenvolvido por John G. F. Francis em 1961.

## Algoritmo **QR**

Dada uma matriz $n \times n$ $A$, fatore-a em um produto $Q_1R_1$, em que $Q_1$ é ortogonal e $R_1$ é triangular superior. Defina

$$A_1 = A = Q_1 R_1$$

e

$$A_2 = Q_1^T A Q_1 = R_1 Q_1$$

Fatore $A_2$ em um produto $Q_2R_2$, em que $Q_2$ é ortogonal e $R_2$ é triangular superior. Defina

$$A_3 = Q_2^T A_2 Q_2 = R_2 Q_2$$

Observe que $A_2 = Q_1^T A Q_1$ e $A_3 = (Q_1 Q_2)^T A (Q_1 Q_2)$ são similares a $A$. Podemos continuar desta maneira e obter uma sequência de matrizes similares. Em geral, se

$$A_k = Q_k R_k$$

então $A_{k+1}$ é definida como $R_k Q_k$. Pode ser mostrado que, sob condições muito gerais, a sequência de matrizes definida desta maneira converge para uma matriz $T$ da forma

$$T = \begin{bmatrix} B_1 & \times & \cdots & \times \\ & B_2 & & \times \\ & O & \ddots & \\ & & & B_s \end{bmatrix}$$

na qual os $B_i$ são blocos diagonais de dimensões $1 \times 1$ ou $2 \times 2$. A matriz $T$ é a real forma de Schur de $A$. (Veja o Teorema 6.4.6.) Cada bloco diagonal de $2 \times 2$ de $T$ corresponderá a um par de autovalores complexos conjugados de $A$. Cada bloco $2 \times 2$ corresponderá a um par de autovalores complexos conjugados de $A$. Os autovalores de $A$ serão os autovalores dos $B_i$. Caso $A$ seja simétrica, cada uma das $A_k$ será também simétrica e a sequência convergirá para uma matriz diagonal.

EXEMPLO 2 Seja $A_1$ a matriz do Exemplo 1. A fatoração $QR$ de $A_1$ requer somente uma transformação de Givens,

$$G_1 = \frac{1}{\sqrt{5}} \begin{bmatrix} 2 & 1 \\ 1 & -2 \end{bmatrix}$$

Logo,

$$A_2 = G_1 A G_1 = \frac{1}{5} \begin{bmatrix} 2 & 1 \\ 1 & -2 \end{bmatrix} \begin{bmatrix} 2 & 1 \\ 1 & 2 \end{bmatrix} \begin{bmatrix} 2 & 1 \\ 1 & -2 \end{bmatrix} = \begin{bmatrix} 2{,}8 & -0{,}6 \\ -0{,}6 & 1{,}2 \end{bmatrix}$$

A fatoração $QR$ de $A_2$ pode ser realizada com a transformação de Givens

$$G_2 = \frac{1}{\sqrt{8{,}2}} \begin{bmatrix} 2{,}8 & -0{,}6 \\ -0{,}6 & -2{,}8 \end{bmatrix}$$

Segue-se que

$$A_3 = G_2 A_2 G_2 \approx \begin{bmatrix} 2{,}98 & 0{,}22 \\ 0{,}22 & 1{,}02 \end{bmatrix}$$

Os elementos fora da diagonal se aproximam de 0 a cada iteração, e os elementos na diagonal se aproximam dos autovalores $\lambda_1 = 3$ e $\lambda_2 = 1$. ■

## Observações

1. Devido à quantidade de trabalho exigida em cada iteração do algoritmo *QR*, é importante que a matriz $A$ inicial seja de Hessenberg ou na forma tridiagonal simétrica. Se não for esse o caso, devem-se realizar transformações de similaridade em $A$ para obter uma matriz $A_1$ que esteja em uma dessas formas.
2. Se $A_k$ está na forma superior de Hessenberg, a fatoração $QR$ pode ser realizada com $n - 1$ transformações de Givens.

$$G_{n,n-1} \cdots G_{32}G_{21}A_k = R_k$$

Fazendo

$$Q_k^T = G_{n,n-1} \cdots G_{32}G_{21}$$

temos

$$A_k = Q_k R_k$$

e

$$A_{k+1} = Q_k^T A_k Q_k$$

Para calcular $A_{k+1}$, não é necessário determinar $Q_k$ explicitamente. Precisamos apenas nos manter a par das $n - 1$ transformações de Givens. Quando $R_k$ é pós-multiplicada por $G_{21}$, a matriz resultante terá o elemento (2, 1) preenchido. Os outros elementos abaixo das diagonais ainda serão todos nulos. Pós-multiplicar $R_kG_{21}$ por $G_{32}$ terá o efeito de preenchimento na posição (3, 2). Pós-multiplicar $R_kG_{21}G_{32}$ por $G_{43}$ irá preencher a posição (4, 3), e assim por diante. Assim, a matriz resultante $A_{k+1} = R_kG_{21}G_{32} \ldots G_{n,n-1}$ estará na forma superior de Hessenberg. Se $A_1$ é uma matriz simétrica tridiagonal, então cada $A_i$ subsequente estará na forma superior de Hessenberg e será simétrica. Assim, $A_2$, $A_3$, . . . serão todas tridiagonais.
3. Tal como no método das potências, a convergência pode ser lenta quando alguns dos autovalores são próximos. Para acelerar a convergência, é habitual a introdução de *deslocamentos de origem*. Na $k$-ésima etapa, um escalar $\alpha_k$ é escolhido e $A_k - \alpha_k I$ (em vez de $A_k$) é decomposta em um produto $Q_kR_k$. A matriz $A_{k+1}$ é definida por

$$A_{k+1} = R_k Q_k + \alpha_k I$$

Observe que

$$Q_k^T A_k Q_k = Q_k^T (Q_k R_k + \alpha_k I) Q_k = R_k Q_k + \alpha_k I = A_{k+1}$$

Assim, $A_k$ e $A_{k+1}$ são similares. Com a escolha adequada das variações $\alpha_k$, a convergência pode ser bastante acelerada.
4. Em nossa breve discussão, apresentamos apenas um esboço do método. Muitos dos detalhes, como a forma de escolher as variações de origem, foram omitidos. Para uma discussão mais aprofundada e uma prova de convergência, veja Wilkinson [36].

# PROBLEMAS DA SEÇÃO 7.6

**1.** Seja

$$A = \begin{bmatrix} 1 & 1 \\ 1 & 1 \end{bmatrix}$$

**(a)** Aplique uma iteração do método das potências a $A$, com qualquer vetor inicial não nulo.

**(b)** Aplique uma iteração do algoritmo $QR$ a $A$.

**(c)** Determine os autovalores exatos de $A$ resolvendo a equação característica, e determine o autoespaço correspondente ao maior autovalor. Compare suas respostas com as dos itens (a) e (b).

**2.** Sejam

$$A = \begin{bmatrix} 2 & 1 & 0 \\ 1 & 3 & 1 \\ 0 & 1 & 2 \end{bmatrix} \quad \text{e} \quad \mathbf{u}_0 = \begin{bmatrix} 1 \\ 1 \\ 1 \end{bmatrix}$$

**(a)** Aplique o método das potências a $A$ para calcular $\mathbf{v}_1$, $\mathbf{u}_1$, $\mathbf{v}_2$, $\mathbf{u}_2$ e $\mathbf{v}_3$. (Arredonde para duas casas decimais.)

**(b)** Determine uma aproximação $\lambda_1'$ para o maior autovalor de $A$ a partir das coordenadas de $\mathbf{v}_3$. Determine o valor exato de $\lambda_1$ e compare-o com $\lambda_1'$. Qual é o erro relativo?

**3.** Sejam

$$A = \begin{bmatrix} 1 & 2 \\ -1 & -1 \end{bmatrix} \quad \text{e} \quad \mathbf{u}_0 = \begin{bmatrix} 1 \\ 1 \end{bmatrix}$$

**(a)** Calcule $\mathbf{u}_1$, $\mathbf{u}_2$, $\mathbf{u}_3$ e $\mathbf{u}_4$, utilizando o método das potências.

**(b)** Explique por que o método das potências deixa de convergir no presente caso.

**4.** Seja

$$A = A_1 = \begin{bmatrix} 1 & 1 \\ 1 & 3 \end{bmatrix}$$

Calcule $A_2$ e $A_3$, utilizando o algoritmo $QR$. Calcule os autovalores exatos de $A$ e compare-os com os elementos da diagonal de $A_3$. Em quantas casas decimais eles coincidem?

**5.** Seja

$$A = \begin{bmatrix} 5 & 2 & 2 \\ -2 & 1 & -2 \\ -3 & -4 & 2 \end{bmatrix}$$

**(a)** Verifique se $\lambda_1 = 4$ é um autovalor de $A$ e se $\mathbf{y}_1 = (2, -2, 1)^T$ é um autovetor associado a $\lambda_1$.

**(b)** Encontre uma transformação de Householder $H$ de modo que $HAH$ seja da forma

$$\begin{bmatrix} 4 & \times & \times \\ 0 & \times & \times \\ 0 & \times & \times \end{bmatrix}$$

**(c)** Calcule $HAH$ e encontre os autovalores restantes de $A$.

**6.** Seja $A$ uma matriz $n \times n$ com autovalores reais distintos $\lambda_1, \lambda_2, ..., \lambda_n$. Seja $\lambda$ um escalar que não é um autovalor de $A$ e seja $B = (A - \lambda I)^{-1}$. Mostre que

**(a)** os escalares $\mu_j = 1/(\lambda_j - \lambda)$, $j = 1, ..., n$ são os autovalores de $B$.

**(b)** se $\mathbf{x}_j$ é um autovetor de $B$ associado a $\mu_j$, então $\mathbf{x}_j$ é um autovetor de $A$ associado a $\lambda_j$.

**(c)** se o método das potências é aplicado a $B$, então a sequência de vetores converge para um autovetor de $A$ associado ao autovalor que é mais próximo a $\lambda$. [A convergência será rápida, se $\lambda$ estiver muito mais próximo de um $\lambda_i$ que de qualquer um dos outros. Este método de cálculo de autovetores usando potências de $(A - \lambda I)^{-1}$ é chamado de *método das potências inverso*.]

**7.** Seja $\mathbf{x} = (x_1, \ldots, x_n)^T$ um autovetor de $A$ associado a $\lambda$. Mostre que, se $|x_i| = \|\mathbf{x}\|_\infty$, então

**(a)** $\displaystyle\sum_{j=1}^{n} a_{ij}x_j = \lambda x_i$

**(b)** $|\lambda - a_{ii}| \leq \displaystyle\sum_{\substack{j=1 \\ j\neq i}}^{n} |a_{ij}|$ (teorema de Gerschgorin)

**8.** Seja $\lambda$ um autovalor de uma matriz $n \times n$ $A$. Mostre que

$$|\lambda - a_{jj}| \leq \sum_{\substack{i=1 \\ i\neq j}}^{n} |a_{ij}|$$

(versão coluna do teorema de Gerschgorin)

**9.** Seja $A$ uma matriz com autovalores $\lambda_1, \ldots, \lambda_n$ e seja $\lambda$ um autovalor de $A + E$. Seja $X$ uma matriz que diagonaliza $A$ e seja $C = X^{-1}EX$. Demonstre:

**(a)** Para algum $i$,

$$|\lambda - \lambda_i| \leq \sum_{j=1}^{n} |c_{ij}|$$

[*Sugestão*: $\lambda$ é um autovalor de $X^{-1}(A + E)X$. Aplique o teorema de Gerschgorin do Problema 7.]

**(b)** $\min_{1 \le j \le n} |\lambda - \lambda_j| \le \text{cond}_\infty(X) \|E\|_\infty$

**10.** Seja $A_k = Q_k R_k$, $k = 1, 2, \ldots$ uma sequência de matrizes derivada de $A = A_1$ pela aplicação do algoritmo $QR$. Para cada inteiro positivo $k$, defina

$$P_k = Q_1 Q_2 \cdots Q_k \quad \text{e} \quad U_k = R_k \cdots R_2 R_1$$

Mostre que

$$P_k A_{k+1} = A P_k$$

para todo $k \ge 1$.

**11.** Sejam $P_k$ e $U_k$ definidas como no Problema 10. Mostre que

**(a)** $P_{k+1} U_{k+1} = P_k A_{k+1} U_k = A P_k U_k$

**(b)** $P_k U_k = A^k$ e, portanto,

$$(Q_1 Q_2 \cdots Q_k)(R_k \cdots R_2 R_1)$$

é a fatoração $QR$ de $A^k$.

**12.** Seja $R_k$ uma matriz triangular superior $k \times k$ e suponha que

$$R_k U_k = U_k D_k$$

em que $U_k$ é uma matriz triangular superior com 1 na diagonal e $D_k$ é uma matriz diagonal. Seja $R_{k+1}$ uma matriz triangular superior da forma

$$\begin{bmatrix} R_k & \mathbf{b}_k \\ \mathbf{0}^T & \beta_k \end{bmatrix}$$

em que $\beta_k$ não é um autovalor de $R_k$. Determine as matrizes $(k + 1) \times (k + 1)$ $U_{k+1}$ e $D_{k+1}$ da forma

$$U_{k+1} = \begin{bmatrix} U_k & \mathbf{x}_k \\ \mathbf{0}^T & 1 \end{bmatrix}, \quad D_{k+1} = \begin{bmatrix} D_k & \mathbf{0} \\ \mathbf{0}^T & \beta \end{bmatrix}$$

de modo que

$$R_{k+1} U_{k+1} = U_{k+1} D_{k+1}$$

**13.** Seja $R$ uma matriz triangular superior $n \times n$ cujos elementos diagonais são todos distintos. Seja $R_k$ a submatriz principal inicial de ordem $k$ de $R$ e faça $U = (1)$.

**(a)** Use o resultado do Problema 12 para derivar um algoritmo para encontrar os autovetores de $R$. A matriz $U$ de autovetores deve ser triangular superior com 1 na diagonal.

**(b)** Mostre que o algoritmo requer aproximadamente $\frac{n^3}{6}$ multiplicações/divisões em ponto flutuante.

## 7.7 Problemas de Mínimos Quadrados

Nesta seção estudaremos métodos computacionais para encontrar soluções por mínimos quadrados para sistemas sobredeterminados. Seja $A$ uma matriz $m \times n$ com $m \ge n$ e seja $\mathbf{b} \in \mathbb{R}^m$. Consideraremos alguns métodos para calcular um vetor $\hat{\mathbf{x}}$ que minimiza $\|\mathbf{b} - A\mathbf{x}\|_2^2$.

### Equações Normais

Vimos no Capítulo 5 que se $\hat{\mathbf{x}}$ satisfaz as equações normais

$$A^T A\mathbf{x} = A^T \mathbf{b}$$

então $\hat{\mathbf{x}}$ é uma solução para o problema de mínimos quadrados. Se $A$ tem posto completo (posto $n$), então $A^T A$ é não singular e, portanto, o sistema tem uma única solução. Logo, se $A^T A$ é inversível, um método possível para resolver o problema pelos mínimos quadrados é formar as equações normais e, em seguida, resolvê-las através da eliminação gaussiana. Um algoritmo para fazer isso teria duas partes principais.

1. Calcular $B = A^T A$ e $\mathbf{c} = A^T \mathbf{b}$.
2. Resolver $B\mathbf{x} = \mathbf{c}$.

Observe que a formação das equações normais requer aproximadamente $mn^2/2$ multiplicações. Como $A^T A$ é não singular, a matriz $B$ é definida positiva.

Para matrizes definidas positivas, existem algoritmos de redução que exigem apenas a metade do número normal de multiplicações. Assim, a solução de $B\mathbf{x} = \mathbf{c}$ requer aproximadamente $n^3/6$ multiplicações. O maior trabalho, então, ocorre na formação das equações normais, e não na sua resolução. No entanto, a principal dificuldade com este método é que, na formação das equações normais, pode-se muito bem acabar transformando o problema em um mal condicionado. Lembre-se, da Seção 7.4, de que, se $\mathbf{x}'$ é a solução calculada de $B\mathbf{x} = \mathbf{c}$ e $\mathbf{x}$ é a solução exata, então a desigualdade

$$\frac{1}{\operatorname{cond}(B)} \frac{\|\mathbf{r}\|}{\|\mathbf{c}\|} \leq \frac{\|\mathbf{x} - \mathbf{x}'\|}{\|\mathbf{x}\|} \leq \operatorname{cond}(B) \frac{\|\mathbf{r}\|}{\|\mathbf{c}\|}$$

mostra como o erro relativo se compara ao resíduo relativo. Se $A$ tem valores singulares $\sigma_1 \geq \sigma_2 \geq \ldots \geq \sigma_n > 0$, então $\operatorname{cond}_2(A) = \sigma_1/\sigma_n$. Os valores singulares de $B$ são $\sigma_1^2, \sigma_2^2, \ldots, \sigma_n^2$. Logo,

$$\operatorname{cond}_2(B) = \frac{\sigma_1^2}{\sigma_n^2} = [\operatorname{cond}_2(A)]^2$$

Se, por exemplo, $\operatorname{cond}_2(A) = 10^4$, então o erro relativo na solução calculada das equações normais poderia ser $10^8$ vezes maior que o resíduo relativo. Por esta razão, devemos ser muito cuidadosos sobre como utilizar as equações normais para resolver problemas pelos mínimos quadrados.

## Método de Gram-Schmidt Modificado para Resolver Problemas de Mínimos Quadrados

Caso $A$ seja uma matriz $m \times n$ $(m > n)$ de posto $n$, podemos utilizar o processo de Gram-Schmidt para obter uma fatoração, $A = QR$, em que $Q$ é uma matriz $m \times n$ com colunas ortonormais, e $R$ é uma triangular superior $n \times n$ cujos elementos diagonais são todos positivos. Em teoria, pode-se então encontrar uma solução de mínimos quadrados para um sistema $A\mathbf{x} = \mathbf{b}$ em duas etapas:

**(i)** Fazer $\mathbf{c} = Q^T\mathbf{b}$.
**(ii)** Usar a substituição reversa para resolver o sistema triangular superior $R\mathbf{x} = \mathbf{c}$ para $\mathbf{x}$.

Infelizmente, se o método clássico de Gram-Schmidt é usado, então, devido ao cancelamento de dígitos significativos, os vetores de coluna computados de $Q$ podem deixar de ser ortogonais e, como resultado, a solução calculada $\mathbf{x}$ no passo **(ii)** pode não ser muito precisa. De fato, se o processo clássico de Gram-Schmidt é usado, é possível ter um cancelamento catastrófico e acabar com uma solução calculada $\mathbf{x}$ que não tenha quaisquer dígitos de precisão.

Alternativamente, pode-se utilizar o algoritmo de Gram-Schmidt modificado para calcular a fatoração QR de $A$. Ainda haverá alguma perda de ortogonalidade nos vetores coluna calculados de $Q$; no entanto, a perda será geralmente muito menor neste caso. Mesmo que haja alguma perda de ortogonalidade, foi demonstrado que, se se utiliza a fatoração QR modificada de Gram-Schmidt e o vetor $\mathbf{c}$ é calculado no passo **(i)** modificando sucessivamente o vetor $\mathbf{b}$, então o algoritmo será numericamente estável. Assim, em vez de computar $c_k = \mathbf{q}_k^T\mathbf{b}$, definimos $c_k = \mathbf{q}_k^T\mathbf{b}_k$, em que $\mathbf{b}_k$ é uma versão modificada de $\mathbf{b}$. Não vamos provar a estabilidade numérica, já que a análise é bastante complicada. O método de Gram-Schmidt modificado para calcular a solução de mínimos quadrados para um sistema sobredeterminado A$\mathbf{x} = \mathbf{b}$ é resumido no algoritmo a seguir.

**Algoritmo 7.7.1** Processo Gram-Schmidt Modificado para Mínimos Quadrados

Dado que $A$ é uma matriz $m \times n$ com posto $n$ e $\mathbf{b}$ é um vetor em $\mathbb{R}^m$.

*Utilize o Algoritmo 5.6.1 para calcular os fatores $Q$ e $R$ da fatoração de Gram-Schmidt $QR$ modificada de $A$.*

*Faça* $\mathbf{b}_1 = \mathbf{b}$

*Para* $k = 1, 2, ..., n$, *faça*

$$c_k = \mathbf{q}_k^T \mathbf{b}_k$$
$$\mathbf{b}_{k+1} = \mathbf{b}_k - c_k \mathbf{q}_k$$

*Fim laço para*

*Use a substituição reversa para resolver* $R\mathbf{x} = \mathbf{c}$ *para* $\mathbf{x}$.

# A Fatoração **QR** de Householder

Para a solução de problemas de mínimos quadrados de Gram-Schmidt, utilizamos uma fatoração $A = QR$, em que $Q$ é uma matriz $m \times n$ com colunas ortogonais, e $R$ é uma matriz triangular superior $n \times n$. Outro método comum para resolver problemas de mínimos quadrados utiliza um tipo diferente de fatoração QR. A fatoração é obtida pela aplicação de uma sequência de transformações de Householder a $A$. Neste caso, $Q$ será uma matriz ortogonal $m \times n$, e $R$ será uma matriz $m \times n$ cujos elementos subdiagonais são 0.

Dada uma matriz $m \times n$ $A$ de posto completo, podemos aplicar $n$ transformações de Householder para anular todos os elementos abaixo da diagonal. Assim,

$$H_n H_{n-1} \cdots H_1 A = R$$

em que $R$ é da forma

$$\begin{Bmatrix} R_1 \\ O \end{Bmatrix} = \begin{Bmatrix} \times & \times & \times & \cdots & \times \\ & \times & \times & \cdots & \times \\ & & \times & \cdots & \times \\ & & & \ddots & \vdots \\ & & & & \times \\ & & & & \end{Bmatrix}$$

com elementos diagonais não nulos. Seja

$$Q^T = H_n \cdots H_1 = \begin{Bmatrix} Q_1^T \\ Q_2^T \end{Bmatrix}$$

em que $Q_1^T$ é uma matriz $n \times m$ consistindo nas $n$ primeiras linhas de $Q^T$. Como $Q^T A = R$, segue-se que

$$A = QR = (Q_1 \quad Q_2) \begin{Bmatrix} R_1 \\ O \end{Bmatrix} = Q_1 R_1$$

Seja

$$\mathbf{c} = Q^T\mathbf{b} = \begin{pmatrix} Q_1^T\mathbf{b} \\ Q_2^T\mathbf{b} \end{pmatrix} = \begin{pmatrix} \mathbf{c}_1 \\ \mathbf{c}_2 \end{pmatrix}$$

As equações normais podem ser escritas sob a forma

$$R_1^T Q_1^T Q_1 R_1 \mathbf{x} = R_1^T Q_1^T \mathbf{b}$$

Como $Q_1^T Q_1 = I$ e $R_1^T$ é não singular, esta equação é simplificada para

$$R_1 \mathbf{x} = \mathbf{c}_1$$

Este sistema pode ser resolvido por substituição reversa. A solução $\mathbf{x} = R_1^{-1}\mathbf{c}_1$ será a única solução para o problema de mínimos quadrados. Para calcular o resíduo, observe que

$$Q^T\mathbf{r} = \begin{pmatrix} \mathbf{c}_1 \\ \mathbf{c}_2 \end{pmatrix} - \begin{pmatrix} R_1 \\ O \end{pmatrix}\mathbf{x} = \begin{pmatrix} \mathbf{0} \\ \mathbf{c}_2 \end{pmatrix}$$

de modo que

$$\mathbf{r} = Q\begin{pmatrix} \mathbf{0} \\ \mathbf{c}_2 \end{pmatrix} \quad \text{e} \quad \|\mathbf{r}\|_2 = \|\mathbf{c}_2\|_2$$

> Em resumo, se $A$ é uma matriz $m \times n$ de posto completo, o problema de mínimos quadrados pode ser resolvido como se segue:
>
> **1.** Use transformações de Householder para calcular
>
> $$R = H_n \cdots H_2 H_1 A \quad \text{e} \quad \mathbf{c} = H_n \cdots H_2 H_1 \mathbf{b}$$
>
> em que $R$ é uma matriz triangular superior $m \times n$.
>
> **2.** Divida $R$ e $\mathbf{c}$ em forma de blocos:
>
> $$R = \begin{pmatrix} R_1 \\ O \end{pmatrix} \quad \mathbf{c} = \begin{pmatrix} \mathbf{c}_1 \\ \mathbf{c}_2 \end{pmatrix}$$
>
> em que $R_1$ e $\mathbf{c}_1$ têm $n$ linhas cada.
>
> **3.** Use substituição reversa para resolver $R_1\mathbf{x} = \mathbf{c}_1$.

## A Pseudoinversa

Considere agora o caso em que a matriz $A$ tem posto $r < n$. A decomposição em valores singulares fornece a chave para resolver o problema de mínimos quadrados neste caso. Ela pode ser usada para construir uma inversa generalizada de $A$. No caso em que $A$ é uma matriz não singular $n \times n$ com decomposição em valores singulares $U \Sigma V^T$, a inversa é dada por

$$A^{-1} = V\Sigma^{-1}U^T$$

Mais geralmente, se $A = U \Sigma V^T$ é uma matriz $m \times n$ de posto $r$, a matriz $\Sigma$ será uma matriz $m \times n$ da forma

$$\Sigma = \left[\begin{array}{c|c} \Sigma_1 & O \\ \hline O & O \end{array}\right] = \left[\begin{array}{cccc|c} \sigma_1 & & & & \\ & \sigma_2 & & & \\ & & \ddots & & O \\ & & & \sigma_r & \\ \hline & & O & & O \end{array}\right]$$

e podemos definir

$$A^+ = V\Sigma^+ U^T \tag{1}$$

em que $\Sigma^+$ é a matriz $n \times m$

$$\Sigma^+ = \left[\begin{array}{c|c} \Sigma_1^{-1} & O \\ \hline O & O \end{array}\right] = \left[\begin{array}{ccc|c} \frac{1}{\sigma_1} & & & \\ & \ddots & & O \\ & & \frac{1}{\sigma_r} & \\ \hline & O & & O \end{array}\right]$$

A Equação (1) fornece uma generalização da inversa de uma matriz. A matriz $A^+$ definida por (1) é chamada de *pseudoinversa* de $A$.

É também possível definir $A^+$ por suas propriedades algébricas, dadas nas quatro condições seguintes.

**As Condições de Penrose**

1. $AXA = A$
2. $XAX = X$
3. $(AX)^T = AX$
4. $(XA)^T = XA$

Afirmamos que, se $A$ é uma matriz $m \times n$, então existe uma única matriz $n \times m$ $X$ que satisfaz essas condições. Com efeito, se escolhermos $X = A^+ = V\Sigma^+ U^T$, então é facilmente verificado que $X$ satisfaz todas as quatro condições. Deixamos isto como um exercício para o leitor. Para mostrar a unicidade, suponha que $Y$ também satisfaz as condições de Penrose. Então, aplicando sucessivamente essas condições, podemos raciocinar como a seguir:

$$\begin{aligned} X &= XAX && (2) \\ &= A^T X^T X && (4) \\ &= (AYA)^T X^T X && (1) \\ &= (A^T Y^T)(A^T X^T)X && \\ &= YAXAX && (4) \\ &= YAX && (1) \end{aligned} \qquad \begin{aligned} Y &= YAY && (2) \\ &= YY^T A^T && (3) \\ &= YY^T (AXA)^T && (1) \\ &= Y(Y^T A^T)(X^T A^T) && \\ &= YAYAX && (3) \\ &= YAX && (1) \end{aligned}$$

Portanto, $X = Y$. Logo, $A^+$ é a única matriz satisfazendo as quatro condições de Penrose. Essas condições são seguidamente usadas para definir a pseudoinversa, e $A^+$ é muitas vezes chamada de *pseudoinversa de Moore-Penrose*.

Para observar como a pseudoinversa pode ser usada na resolução de problemas de mínimos quadrados, consideremos inicialmente o caso em que $A$ é uma matriz $m \times n$ de posto $n$. Então, $\Sigma$ é da forma

$$\Sigma = \begin{pmatrix} \Sigma_1 \\ O \end{pmatrix}$$

em que $\Sigma_1$ é uma matriz $n \times n$ diagonal não singular. A matriz $A^TA$ é não singular e

$$(A^TA)^{-1} = V(\Sigma^T\Sigma)^{-1}V^T$$

A solução das equações normais é dada por

$$\begin{aligned} \mathbf{x} &= (A^TA)^{-1}A^T\mathbf{b} \\ &= V(\Sigma^T\Sigma)^{-1}V^TV\Sigma^TU^T\mathbf{b} \\ &= V(\Sigma^T\Sigma)^{-1}\Sigma^TU^T\mathbf{b} \\ &= V\Sigma^+U^T\mathbf{b} \\ &= A^+\mathbf{b} \end{aligned}$$

Logo, se $A$ tem posto completo, $A^+\mathbf{b}$ é a solução do problema de mínimos quadrados. Agora, o que acontece se $A$ tem posto $r < n$? Neste caso, há uma infinidade de soluções ao problema de mínimos quadrados. O teorema seguinte mostra que não somente $A^+\mathbf{b}$ é uma solução, mas é também a solução mínima em relação à norma 2.

**Teorema 7.7.1** *Se $A$ é uma matriz $m \times n$ de posto $r < n$ com decomposição em valores singulares $U\Sigma V^T$, então o vetor*

$$\mathbf{x} = A^+\mathbf{b} = V\Sigma^+U^T\mathbf{b}$$

*minimiza $\|\mathbf{b} - A\mathbf{x}\|_2^2$. Além disso, se $\mathbf{z}$ é qualquer outro vetor que minimiza $\|\mathbf{b} - A\mathbf{x}\|_2^2$, então $\|\mathbf{z}\|_2 > \|\mathbf{x}\|_2$.*

***Demonstração*** Seja $\mathbf{x}$ um vetor em $\mathbb{R}^n$ e defina

$$\mathbf{c} = U^T\mathbf{b} = \begin{pmatrix} \mathbf{c}_1 \\ \mathbf{c}_2 \end{pmatrix} \quad \text{e} \quad \mathbf{y} = V^T\mathbf{x} = \begin{pmatrix} \mathbf{y}_1 \\ \mathbf{y}_2 \end{pmatrix}$$

em que $\mathbf{c}_1$ e $\mathbf{y}_1$ são vetores em $\mathbb{R}^r$. Como $U^T$ é ortogonal, segue-se que

$$\begin{aligned} \|\mathbf{b} - A\mathbf{x}\|_2^2 &= \|U^T\mathbf{b} - \Sigma(V^T\mathbf{x})\|_2^2 \\ &= \|\mathbf{c} - \Sigma\mathbf{y}\|_2^2 \\ &= \left\| \begin{pmatrix} \mathbf{c}_1 \\ \mathbf{c}_2 \end{pmatrix} - \begin{pmatrix} \Sigma_1 & O \\ O & O \end{pmatrix} \begin{pmatrix} \mathbf{y}_1 \\ \mathbf{y}_2 \end{pmatrix} \right\|_2^2 \\ &= \left\| \begin{pmatrix} \mathbf{c}_1 - \Sigma_1\mathbf{y}_1 \\ \mathbf{c}_2 \end{pmatrix} \right\|_2^2 \\ &= \|\mathbf{c}_1 - \Sigma_1\mathbf{y}_1\|_2^2 + \|\mathbf{c}_2\|_2^2 \end{aligned}$$

Como $\mathbf{c}_2$ é independente de $\mathbf{x}$, segue-se que $\|\mathbf{b} - A\mathbf{x}\|^2$ será mínimo se e somente se

$$\|\mathbf{c}_1 - \Sigma_1\mathbf{y}_1\| = 0$$

Logo, $\mathbf{x}$ é uma solução ao problema de mínimos quadrados se e somente se $\mathbf{x} = V\mathbf{y}$, em que $\mathbf{y}$ é um vetor da forma

$$\begin{pmatrix} \Sigma_1^{-1}\mathbf{c}_1 \\ \mathbf{y}_2 \end{pmatrix}$$

Em particular,

$$\begin{aligned} \mathbf{x} &= V\begin{pmatrix} \Sigma_1^{-1}\mathbf{c}_1 \\ \mathbf{0} \end{pmatrix} \\ &= V\begin{pmatrix} \Sigma_1^{-1} & O \\ O & O \end{pmatrix}\begin{pmatrix} \mathbf{c}_1 \\ \mathbf{c}_2 \end{pmatrix} \\ &= V\Sigma^+U^T\mathbf{b} \\ &= A^+\mathbf{b} \end{aligned}$$

é uma solução. Se $\mathbf{z}$ é qualquer outra solução, $\mathbf{z}$ deve ser da forma

$$\mathbf{z} = V\mathbf{y} = V\begin{pmatrix} \Sigma_1^{-1}\mathbf{c}_1 \\ \mathbf{y}_2 \end{pmatrix}$$

em que $\mathbf{y}_2 \neq \mathbf{0}$. Segue-se então que

$$\|\mathbf{z}\|^2 = \|\mathbf{y}\|^2 = \|\Sigma_1^{-1}\mathbf{c}_1\|^2 + \|\mathbf{y}_2\|^2 > \|\Sigma_1^{-1}\mathbf{c}_1\|^2 = \|\mathbf{x}\|^2 \qquad \blacksquare$$

Se a decomposição em valores singulares $U\Sigma V^T$ de $A$ é conhecida, é fácil calcular a solução do problema de mínimos quadrados. Se $U = (\mathbf{u}_1, \ldots, \mathbf{u}_m)$ e $V = (\mathbf{v}_1, \ldots, \mathbf{v}_n)$, então, definindo $\mathbf{y} = \Sigma^+U^T\mathbf{b}$, temos

$$\begin{aligned} y_i &= \frac{1}{\sigma_i}\mathbf{u}_i^T\mathbf{b} && i = 1, \ldots, r \qquad (r = \text{posto de } A) \\ y_i &= 0 && i = r+1, \ldots, n \end{aligned}$$

e, portanto,

$$\begin{aligned} A^+\mathbf{b} = V\mathbf{y} &= \begin{pmatrix} v_{11}y_1 + v_{12}y_2 + \cdots + v_{1r}y_r \\ v_{21}y_1 + v_{22}y_2 + \cdots + v_{2r}y_r \\ \vdots \\ v_{n1}y_1 + v_{n2}y_2 + \cdots + v_{nr}y_r \end{pmatrix} \\ &= y_1\mathbf{v}_1 + y_2\mathbf{v}_2 + \cdots + y_r\mathbf{v}_r \end{aligned}$$

Assim, a solução $\mathbf{x} = A^+\mathbf{b}$ pode ser computada em duas etapas:

1. Definir $y_i = (1/\sigma_i)\mathbf{u}_i^T\mathbf{b}$ para $i = 1, \ldots, r$.
2. Fazer $\mathbf{x} = y_1\mathbf{v}_1 + \ldots + y_r\mathbf{v}_r$.

Concluímos esta seção descrevendo um método para calcular os valores singulares de uma matriz. Vimos na última seção que os autovalores de uma matriz simétrica são relativamente insensíveis a perturbações na matriz. O mesmo é verdadeiro para os valores singulares de uma matriz $m \times n$. Se duas matrizes $A$ e $B$ são próximas, seus valores singulares também devem estar próximos. Mais precisamente, se $A$ tem os valores singulares $\sigma_1 \geq \sigma_2 \geq \ldots \geq \sigma_n$ e $B$ tem os valores singulares $\omega_1 \geq \omega_2 \geq \ldots \geq \omega_n$, então

$$|\sigma_i - \omega_i| \leq \|A - B\|_2 \qquad i = 1, \ldots, n$$

(Veja Datta [21].) Assim, no cálculo dos valores singulares de uma matriz, não precisamos nos preocupar com que pequenas alterações nos elementos de $A$ causem mudanças drásticas nos valores singulares calculados.

O problema de calcular os valores singulares pode ser simplificado utilizando-se transformações ortogonais. Se $A$ tem uma decomposição em valores singulares $U \Sigma V^T$ e $B = HAP^T$, em que $H$ é uma matriz ortogonal $m \times m$ e $P$ é uma matriz ortogonal $n \times n$, então $B$ tem decomposição em valores singulares $(HU)\,\Sigma\,(PV)^T$. As matrizes $A$ e $B$ terão os mesmos valores singulares, e se $B$ tem uma estrutura muito mais simples do que $A$, deve ser mais fácil calcular seus valores singulares. Na verdade, Gene H. Golub e William M. Kahan mostraram que $A$ pode ser reduzida à forma bidiagonal superior e a redução pode ser realizada por transformações de Householder.

## Bidiagonalização

Seja $H_1$ uma transformação de Householder que anula todos os elementos abaixo da diagonal na primeira coluna de $A$. Seja $P_1$ uma transformação de Householder de modo que a pós-multiplicação de $H_1A$ por $P_1$ anula os últimos $n - 2$ elementos da primeira linha de $H_1A$, deixando a primeira coluna inalterada, isto é,

$$H_1 A P_1 = \begin{bmatrix} \times & \times & 0 & \cdots & 0 \\ 0 & \times & \times & \cdots & \times \\ \vdots & & & & \\ 0 & \times & \times & \cdots & \times \end{bmatrix}$$

O próximo passo é aplicar uma transformação de Householder $H_2$ que anula os elementos abaixo da diagonal na segunda coluna de $H_1AP_1$ deixando a primeira linha e a primeira coluna inalteradas:

$$H_2 H_1 A P_1 = \begin{bmatrix} \times & \times & 0 & \cdots & 0 \\ 0 & \times & \times & \cdots & \times \\ 0 & 0 & \times & \cdots & \times \\ \vdots & & & & \\ 0 & 0 & \times & \cdots & \times \end{bmatrix}$$

$H_2H_1AP_1$ é então pós-multiplicada por uma transformação de Householder $P_2$ que anula os últimos $n - 3$ elementos da segunda linha enquanto deixa as duas primeiras colunas e a primeira linha inalteradas:

$$H_2 H_1 A P_1 P_2 = \begin{bmatrix} \times & \times & 0 & 0 & \cdots & 0 \\ 0 & \times & \times & 0 & \cdots & 0 \\ 0 & 0 & \times & \times & \cdots & \times \\ \vdots & & & & & \\ 0 & 0 & \times & \times & \cdots & \times \end{bmatrix}$$

Continuamos desta maneira até obter a matriz

$$B = H_n \cdots H_1 A P_1 \cdots P_{n-2}$$

da forma

$$\begin{bmatrix} \times & \times & & & \\ & \times & \times & & \\ & & \ddots & \ddots & \\ & & & \times & \times \\ & & & & \times \end{bmatrix}$$

Como $H = H_n \ldots H_1$ e $P^T = P_1 \ldots P_{n-2}$ são ortogonais, segue-se que $B$ tem os mesmos valores singulares que $A$.

O problema foi agora simplificado para encontrar os valores singulares de uma matriz bidiagonal superior $B$. Podemos neste ponto formar uma matriz simétrica tridiagonal $B^TB$ e então calcular seus autovalores usando o algoritmo $QR$. O problema com esta abordagem é que, ao formar $B^TB$, estaríamos elevando ao quadrado o condicionamento e, em consequência, nossa solução seria menos confiável. O método que esboçamos produz uma sequência de matrizes bidiagonais $B_1$, $B_2$, … que converge para uma matriz diagonal $\Sigma$. O método envolve a aplicação de uma sequência de transformações de Givens a $B$ alternadamente à direita e à esquerda.

## O Algoritmo de Golub-Reinsch

Seja

$$R_k = \begin{bmatrix} I_{k-1} & O & O \\ O & G(\theta_k) & O \\ O & O & I_{n-k-1} \end{bmatrix}$$

e seja

$$L_k = \begin{bmatrix} I_{k-1} & O & O \\ O & G(\varphi_k) & O \\ O & O & I_{n-k-1} \end{bmatrix}$$

As matrizes $2 \times 2$ $G(\theta_k)$ e $G(\varphi_k)$ são dadas por

$$G(\theta_k) = \begin{bmatrix} \cos\theta_k & \operatorname{sen}\theta_k \\ \operatorname{sen}\theta_k & -\cos\theta_k \end{bmatrix} \quad \text{e} \quad G(\varphi_k) = \begin{bmatrix} \cos\varphi_k & \operatorname{sen}\varphi_k \\ \operatorname{sen}\varphi_k & -\cos\varphi_k \end{bmatrix}$$

para alguns ângulos $\theta_k$ e $\varphi_k$. A matriz $B = B_1$ é primeiro multiplicada à direita por $R_1$. Isto terá o efeito de preencher a posição (2, 1).

$$B_1R_1 = \begin{bmatrix} \times & \times & & & \\ \times & \times & \times & & \\ & & \times & & \\ & & & \ddots & \times \\ & & & & \times \\ & & & & \end{bmatrix}$$

Em seguida, $L_1$ é escolhida de modo a anular o elemento preenchido por $R_1$. Ela terá também o efeito de preencher a posição (1, 3). Logo,

$$L_1B_1R_1 = \begin{bmatrix} \times & \times & \times & & \\ & \times & \times & & \\ & & & \ddots & \\ & & & & \times \\ & & & & \times \\ & & & & \end{bmatrix}$$

$R_2$ é escolhida para anular o elemento (1, 3). Ela preencherá o elemento (3, 2) de $L_1B_1R_1$. Em seguida, $L_2$ anula o elemento (3, 2) e preenche o elemento (2, 4), e assim por diante.

$$\begin{bmatrix} \times & \times & & & \\ & \times & \times & & \\ & \times & \times & \times & \\ & & & \ddots & \\ & & & & \times \\ & & & & \times \\ & & & & \end{bmatrix} \qquad \begin{bmatrix} \times & \times & & & \\ & \times & \times & \times & \\ & & \times & \times & \\ & & & \ddots & \\ & & & & \times \\ & & & & \times \\ & & & & \end{bmatrix}$$

$$L_1B_1R_1R_2 \qquad\qquad L_2L_1B_1R_1R_2$$

Continuamos este processo até finalizar com uma nova matriz bidiagonal,

$$B_2 = L_{n-1} \cdots L_1B_1R_1 \cdots R_{n-1}$$

Por que deveríamos estar melhor com $B_2$ do que com $B_1$? Pode ser mostrado que, se a primeira transformação $R_1$ é escolhida corretamente, $B_2^TB_2$ será a matriz obtida de $B_1^TB_1$ pela aplicação de uma iteração do algoritmo $QR$ com deslocamento de origem. O mesmo processo pode ser aplicado a $B_2$ para obter uma nova matriz bidiagonal $B_3$ de modo que $B_3^TB_3$ seja a matriz obtida pela aplicação de duas iterações do algoritmo $QR$ a $B_1^TB_1$. Mesmo que as $B_1^TB_1$ nunca sejam calculadas, sabemos que, com as escolhas adequadas de deslocamentos, essas matrizes convergirão rapidamente para uma matriz diagonal. As $B_i$ devem então convergir para uma matriz diagonal $\Sigma$. Como cada $B_i$ tem os mesmos valores singulares que $B$, os elementos diagonais de $\Sigma$ serão os valores singulares de $B$. As matrizes $U$ e $V^T$ podem ser determinadas mantendo-se um histórico de todas as transformações ortogonais.

Foi feito somente um breve esboço do algoritmo. Incluir mais detalhes estaria fora do escopo deste livro. Para detalhes completos do algoritmo, veja o artigo de Golub e Reinsch em [33], p. 135.

# PROBLEMAS DA SEÇÃO 7.7

**1.** Encontre a solução **x** ao problema de mínimos quadrados, dado que $A = QR$ em cada um dos seguintes itens:

**(a)** $Q = \begin{bmatrix} \frac{1}{\sqrt{2}} & \frac{1}{\sqrt{2}} \\ \frac{1}{\sqrt{2}} & -\frac{1}{\sqrt{2}} \\ 0 & 0 \end{bmatrix}$,

$$R = \begin{bmatrix} 1 & 1 \\ 0 & 1 \end{bmatrix}, \quad \mathbf{b} = \begin{bmatrix} 1 \\ 1 \\ 1 \end{bmatrix}$$

**(b)** $Q = \begin{bmatrix} 1 & 0 & 0 \\ 0 & \frac{1}{\sqrt{2}} & -\frac{1}{\sqrt{2}} \\ 0 & \frac{1}{\sqrt{2}} & \frac{1}{\sqrt{2}} \\ 0 & 0 & 0 \end{bmatrix}$,

$$R = \begin{bmatrix} 1 & 1 & 0 \\ 0 & 1 & 1 \\ 0 & 0 & 1 \end{bmatrix}, \quad \mathbf{b} = \begin{bmatrix} 1 \\ 3 \\ 1 \\ 2 \end{bmatrix}$$

**(c)** $Q = \begin{bmatrix} 1 & 0 & 0 \\ 0 & \frac{1}{\sqrt{2}} & -\frac{1}{\sqrt{2}} \\ 0 & \frac{1}{\sqrt{2}} & \frac{1}{\sqrt{2}} \end{bmatrix}$,

$$R = \begin{bmatrix} 1 & 1 \\ 0 & 1 \\ 0 & 0 \end{bmatrix}, \quad \mathbf{b} = \begin{bmatrix} 1 \\ \sqrt{2} \\ -\sqrt{2} \end{bmatrix}$$

**(d)** $Q = \begin{bmatrix} \frac{1}{2} & \frac{1}{\sqrt{2}} & 0 & \frac{1}{2} \\ \frac{1}{2} & 0 & \frac{1}{\sqrt{2}} & -\frac{1}{2} \\ \frac{1}{2} & 0 & -\frac{1}{\sqrt{2}} & -\frac{1}{2} \\ \frac{1}{2} & -\frac{1}{\sqrt{2}} & 0 & \frac{1}{2} \end{bmatrix}$,

$$R = \begin{bmatrix} 1 & 1 & 0 \\ 0 & 1 & 1 \\ 0 & 0 & 1 \\ 0 & 0 & 0 \end{bmatrix}, \quad \mathbf{b} = \begin{bmatrix} 2 \\ -2 \\ 0 \\ 2 \end{bmatrix}$$

**2.** Seja

$$A = \begin{bmatrix} D \\ E \end{bmatrix} = \left[\begin{array}{cccc} d_1 & & & \\ & d_2 & & \\ & & \ddots & \\ & & & d_n \\ \hline e_1 & & & \\ & e_2 & & \\ & & \ddots & \\ & & & e_n \end{array}\right]$$

e seja

$$\mathbf{b} = \begin{bmatrix} b_1 \\ b_2 \\ \vdots \\ b_{2n} \end{bmatrix}$$

Use as equações normais para encontrar a solução **x** ao problema de mínimos quadrados.

**3.** Seja

$$A = \begin{bmatrix} 1 & 0 \\ 1 & 3 \\ 1 & 3 \\ 1 & 0 \end{bmatrix}, \qquad \mathbf{b} = \begin{bmatrix} -4 \\ 2 \\ 2 \\ 2 \end{bmatrix}$$

**(a)** Use transformações de Householder para reduzir $A$ à forma

$$\begin{bmatrix} R_1 \\ O \end{bmatrix} = \begin{bmatrix} \times & \times \\ 0 & \times \\ 0 & 0 \\ 0 & 0 \end{bmatrix}$$

e aplique a mesma transformação a **b**.

**(b)** Use os resultados da parte (a) para encontrar a solução por mínimos quadrados de $A\mathbf{x} = \mathbf{b}$.

**4.** Dados

$$A = \begin{bmatrix} 1 & 5 \\ 1 & 3 \\ 1 & 11 \\ 1 & 5 \end{bmatrix} \quad \text{e} \quad \mathbf{b} = \begin{bmatrix} 1 \\ -1 \\ 3 \\ 5 \end{bmatrix}$$

**(a)** Use o Algoritmo 5.6.1 para computar os fatores $Q$ e $R$ da fatoração QR de Gram-Schmidt modificada de $A$.

**(b)** Utilize o Algoritmo 7.7.1 para calcular a solução por mínimos quadrados de $A\mathbf{x} = \mathbf{b}$.

**5.** Seja

$$A = \begin{bmatrix} 1 & 1 \\ \rho & 0 \\ 0 & \rho \end{bmatrix}$$

em que $\rho$ é um pequeno escalar.

**(a)** Determine exatamente os valores singulares de $A$.

**(b)** Suponha que $\rho$ seja suficientemente pequeno para que $1 + \rho^2$ seja meno que o épsilon de máquina. Determine os autovalores da matriz $A^TA$ calculada e compare as raízes quadradas desses autovalores com suas respostas no item (a).

**6.** Mostre que a pseudoinversa $A^+$ satisfaz as quatro condições de Penrose.

**7.** Seja $B$ qualquer matriz que satisfaça as condições de Penrose 1 e 3 e seja $\mathbf{x} = B\mathbf{b}$. Mostre que $\mathbf{x}$ é a solução das equações normais $A^TA\mathbf{x} = A^T\mathbf{b}$.

**8.** Se $\mathbf{x} \in \mathbb{R}^m$, podemos pensar em $\mathbf{x}$ como uma matriz $m \times 1$. Se $\mathbf{x} \neq \mathbf{0}$, podemos definir uma matriz $1 \times m$ $X$ por

$$X = \frac{1}{\|\mathbf{x}\|_2^2}\mathbf{x}^T$$

Mostre que $X$ e $\mathbf{x}$ satisfazem as quatro condições de Penrose e, em consequência, que

$$\mathbf{x}^+ = X = \frac{1}{\|\mathbf{x}\|_2^2}\mathbf{x}^T$$

**9.** Mostre que, se $A$ é uma matriz $m \times n$ de posto $n$, então $A^+ = (A^TA)^{-1}A^T$.

**10.** Seja $A$ uma matriz $m \times n$ e seja $\mathbf{b} \in \mathbb{R}^m$. Mostre que $\mathbf{b} \in R(A)$ se e somente se

$$\mathbf{b} = AA^+\mathbf{b}$$

**11.** Seja $A$ uma matriz $m \times n$ com decomposição em valores singulares $U\Sigma V^T$, e suponha que $A$ tem posto $r$, em que $r < n$. Seja $\mathbf{b} \in \mathbb{R}^m$. Mostre que um vetor $\mathbf{x} \in \mathbb{R}^n$ minimiza $\|\mathbf{b} - A\mathbf{x}\|_2$ se e somente se

$$\mathbf{x} = A^+\mathbf{b} + c_{r+1}\mathbf{v}_{r+1} + \cdots + c_n\mathbf{v}_n$$

em que $c_{r+1}, \ldots, C_n$ são escalares.

**12.** Seja

$$A = \begin{bmatrix} 1 & 1 \\ 1 & 1 \\ 0 & 0 \end{bmatrix}$$

Determine $A^+$ e verifique se $A$ e $A^+$ satisfazem as quatro condições de Penrose (veja o Exemplo 1 da Seção 6.5).

**13.** Sejam

$$A = \begin{bmatrix} 1 & 2 \\ -1 & -2 \end{bmatrix} \quad \text{e} \quad \mathbf{b} = \begin{bmatrix} 6 \\ -4 \end{bmatrix}$$

**(a)** Calcule a decomposição em valores singulares de $A$ e use-a para determinar $A^+$.

**(b)** Use $A^+$ para encontrar uma solução por mínimos quadrados para o sistema $A\mathbf{x} = \mathbf{b}$.

**(c)** Encontre todas as soluções para o problema de mínimos quadrados $A\mathbf{x} = \mathbf{b}$.

**14.** Mostre cada um dos seguintes enunciados:

**(a)** $(A^+)^+ = A$

**(b)** $(AA^+)^2 = AA^+$

**(c)** $(A^+A)^2 = A^+A$

**15.** Sejam $A_1 = U\Sigma_1V^T$ e $A_2 = U\Sigma_2V^T$, em que

$$\Sigma_1 = \begin{bmatrix} \sigma_1 & & & & & \\ & \ddots & & & & \\ & & \sigma_{r-1} & & & \\ & & & 0 & & \\ & & & & \ddots & \\ & & & & & 0 \end{bmatrix}$$

e

$$\Sigma_2 = \begin{bmatrix} \sigma_1 & & & & & & \\ & \ddots & & & & & \\ & & \sigma_{r-1} & & & & \\ & & & \sigma_r & & & \\ & & & & 0 & & \\ & & & & & \ddots & \\ & & & & & & 0 \end{bmatrix}$$

e $\sigma_r = \rho > 0$. Quais são os valores de $\|A_1 - A_2\|_F$ e $\|A_1^+ - A_2^+\|_F$? O que acontece com esses valores, se fizermos $\rho \to 0$?

**16.** Seja $A = XY^T$, em que $X$ é uma matriz $m \times r$, $Y^T$ uma matriz $r \times n$ e $X^TX$ e $Y^TY$ são não singulares. Mostre que a matriz

$$B = Y(Y^TY)^{-1}(X^TX)^{-1}X^T$$

satisfaz as condições de Penrose e, portanto, deve ser igual a $A^+$. Logo, $A^+$ pode ser determinada a partir de qualquer fatoração dessa forma.

# Problemas do Capítulo 7

## EXERCÍCIOS MATLAB

### Sensibilidade de Sistemas Lineares

*Nestes exercícios, estamos preocupados com a solução numérica de sistemas de equações lineares. Os elementos da matriz de coeficientes A e do segundo membro* **b** *podem muitas vezes conter pequenos erros devido a limitações na precisão dos dados. Mesmo que não haja erros em A ou* **b**, *erros de arredondamento ocorrerão quando seus elementos forem convertidos para o sistema de números de precisão finita do computador. Assim, em geral, esperamos que a matriz dos coeficientes e o segundo membro irão envolver pequenos erros. O sistema que o computador resolve então é uma versão um pouco perturbada do sistema original. Se o sistema original é muito sensível, sua solução pode diferir muito da solução do sistema perturbado.*

*Geralmente, o problema é bem condicionado se as perturbações nas soluções são da mesma ordem de grandeza que as perturbações nos dados. Um problema é mal condicionado se as mudanças nas soluções são muito maiores do que as mudanças nos dados. Quão bem ou mal condicionado é um problema depende de como o tamanho das perturbações na solução se compara com o tamanho das perturbações nos dados. Para sistemas lineares, por sua vez, isto depende de quão próxima a matriz dos coeficientes é de uma matriz de posto menor. O bom ou mau condicionamento de um sistema pode ser medido usando o condicionamento da matriz, que pode ser calculado com a função MATLAB* `cond`. *Os cálculos MATLAB são efetuados com até 16 dígitos significativos de precisão. Você vai perder dígitos de precisão, dependendo de quão sensível é o sistema. Quanto maior o condicionamento, mais dígitos de precisão você perde.*

**1.** Faça

$$A = \texttt{round}(10 * \texttt{rand}(6))$$
$$\mathbf{s} = \texttt{ones}(6, 1)$$
$$\mathbf{b} = A * \mathbf{s}$$

A solução do sistema linear $A\mathbf{x} = \mathbf{b}$ é claramente **s**. Resolva o sistema usando a operação \ de MATLAB. Calcule o erro $\mathbf{x} - \mathbf{s}$. (Desde que **s** consista inteiramente de 1's, isto é o mesmo que $\mathbf{x} - \mathbf{1}$.) Agora, perturbe o sistema ligeiramente. Faça

$$t = 1.0\text{e-}12,$$
$$E = \texttt{rand}(6) - 0.5,$$
$$\mathbf{r} = \texttt{rand}(6, 1) - 0.5$$

e faça

$$M = A + t * E, \qquad \mathbf{c} = \mathbf{b} + t * \mathbf{r}$$

Resolva o sistema perturbado $M\mathbf{z} = \mathbf{c}$ para **z**. Compare a solução **z** com a solução do sistema original calculando $\mathbf{z} - \mathbf{1}$. Como se compara o tamanho da perturbação na solução com o tamanho das perturbações em $A$ e **b**? Repita a análise da perturbação com $t = 1.0{-}04$ e $t = 1.0\text{e}{-}02$. Quão bem condicionado é o sistema $A\mathbf{x} = \mathbf{b}$? Explique. Use MATLAB para calcular o condicionamento de $A$.

**2.** Se um vetor $\mathbf{y} \in \mathbb{R}^n$ é usado para construir uma matriz de Vandermonde $n \times n$ $V$, então $V$ será não singular, desde que $y_1, y_2, \ldots, y_n$ sejam todos distintos.

**(a)** Construa um sistema de Vandermonde, definindo

$$\mathrm{y} = \texttt{rand}(6, 1) \text{ e } V = \texttt{vander}(\mathbf{y})$$

Gere os vetores **b** e **s** em $\mathbb{R}^6$ fazendo

$$\mathbf{b} = \texttt{sum}(V')' \text{ e } \mathbf{s} = \texttt{ones}(6, 1)$$

Se $V$ e **b** tivessem sido calculados em aritmética exata, então a solução exata de $V\mathbf{x} = \mathbf{b}$ seria **s**. Por quê? Explique. Resolva $V\mathbf{x} = \mathbf{b}$, usando a operação \. Compare a solução calculada **x** com a solução exata **s** usando `format long` de MATLAB. Quantos algarismos significativos foram perdidos? Determine o condicionamento de $V$.

**(b)** As matrizes de Vandermonde tornam-se cada vez mais mal condicionadas, à medida que aumenta a dimensão $n$. Mesmo para valores pequenos de $n$, podemos fazer a matriz mal condicionada, tomando dois dos pontos próximos. Faça

$$x(2) = x(1) + 1.0\text{e}{-}12$$

e use o novo valor de $x(2)$ para recalcular $V$. Para a nova matriz $V$, faça $\mathbf{b} = \texttt{sum}(V')'$ e resolva o sistema $V\mathbf{z} = \mathbf{b}$. Quantos dígitos de precisão foram perdidos? Calcule o condicionamento de $V$.

**3.** Construa uma matriz $C$ como se segue. Faça

$A$ = **round**(100 * **rand**(4))
$L$ = **tril**($A$, −1) + **eye**(4)
C = $L * L'$

**(a)** A matriz **C** é uma matriz camarada, no sentido de que é uma matriz simétrica com elementos inteiros, e seu determinante é igual a 1. Use MATLAB para verificar essas afirmações. Por que sabemos de antemão que o determinante será igual a 1? Em teoria, os elementos da inversa exata devem ser todos inteiros. Por quê? Explique. Será que isto acontece computacionalmente? Calcule $D$ = **inv**($C$) e teste seus elementos usando **format long**. Calcule $C * D$ e compare com **eye**(4).

**(b)** Faça

**r** = **ones**(4, 1) e **b** = **sum**($C'$)$'$

Na aritmética exata a solução do sistema $C\mathbf{x} = \mathbf{b}$ deve ser **r**. Calcule a solução usando \ e mostre a resposta em **format long**. Quantos dígitos de precisão foram perdidos? Podemos perturbar o sistema ligeiramente fazendo $e$ um pequeno escalar, como 1.0e−12, e, em seguida, substituindo o lado direito do sistema por

**bl** = **b** + $e$ *[1,−1, 1,−1]$'$

Resolva o sistema perturbado, primeiro para o caso $e$ = 1.0e−12 e, em seguida, para o caso $e$ = l0e−06. Em cada caso, compare sua solução **x** com a solução original, exibindo **x** − **1**. Calcule **cond**($C$). $C$ é mal condicionada? Explique.

**4.** A matriz de Hilbert $n \times n$ $H$ é definida por

$$h(i, j) = 1/(i + j - 1) \qquad i, j = 1, 2, \ldots, n$$

Ela pode ser gerada com a função **hilb** de MATLAB. A matriz de Hilbert é notoriamente mal condicionada. É usada frequentemente em exemplos para ilustrar os perigos de cálculos matriciais. A função MATLAB **invhilb** dá exatamente o inverso da matriz de Hilbert. Para os casos $n$ = 6, 8, 10, 12, construa $H$ e **b** de modo que $H\mathbf{x} = \mathbf{b}$ seja um sistema de Hilbert cuja solução em aritmética exata deve ser **ones**($n$, 1). Em cada caso, determine a solução **x** do sistema usando **invhilb** e examine **x** com **format long**. Quantos dígitos de precisão foram perdidos em cada caso? Calcule o condicionamento de cada matriz de Hilbert. Como se altera o condicionamento à medida que $n$ aumenta?

## Sensibilidade de Autovalores

Se $A$ é uma matriz $n \times n$ e $X$ é uma matriz que diagonaliza $A$, então a sensibilidade dos autovalores de $A$ depende do condicionamento de $X$. Se $A$ é defeituosa, o condicionamento para o problema de autovalores será infinito. Para mais informações sobre a sensibilidade dos autovalores, veja Wilkinson [36], Capítulo 2.

**5.** Use MATLAB para calcular os autovalores e autovetores de uma matriz $6 \times 6$ aleatória $B$. Calcule o condicionamento da matriz de autovetores. O problema de autovalores é bem condicionado? Perturbe $B$ um pouco, definindo

$B1$ = $B$ + 1.0e−04 * **rand**(6)

Calcule os autovalores e compare-os com os autovalores exatos de $B$.

**6.** Faça

$A$ = **round**(10 * **rand**(5)); $A = A + A'$
[$X$, $D$] = **eig**($A$)

Calcule **cond**($X$) e $X^TX$. Que tipo de matriz é $X$? O problema de autovalores é bem condicionado? Explique. Perturbe $A$, fazendo

$A1$ = $A$ + 1.0e−06 * **rand**(5)

Calcule os autovalores de $A1$ e compare-os com os autovalores de $A$.

**7.** Defina $A$ = **magic**(4) e $t$ = **trace**($A$). O escalar $t$ deve ser um autovalor de $A$, e os autovalores restantes devem somar zero. Por quê? Explique. Use MATLAB para verificar se a $A - tI$ é singular. Calcule os autovalores de $A$ e uma matriz de autovetores $X$. Determine o condicionamento de $A$ e $X$. O problema de autovalores é bem condicionado? Explique. Perturbe $A$, fazendo

$A1$ = $A$ + 1.0e−04 * **rand**(4)

Como os autovalores de $A1$ se comparam com os de $A$?

**8.** Faça

$A$ = **diag**(10 : −1 : 1) + 10* **diag**(**ones**(1, 9), 1)
[$X$, $D$] = **eig**($A$)

Calcule o condicionamento de $X$. O problema de autovalores é bem condicionado? Mal condicionado? Explique. Perturbe $A$, definindo

$A1 = A; \quad A1(10, 1) = 0.1$

Calcule os autovalores da $A1$ e compare-os com os autovalores de $A$.

**9.** Construa uma matriz $A$ como se segue:

$A$ = **diag**(11 : −1: 1, −1);
for $j$ = 0 : 11
$A = A$ + **diag**(12 − $j$ : −1 : 1, $j$);
end

**(a)** Calcule os autovalores de $A$ e o valor do determinante de $A$. Use a função **prod** do MATLAB para calcular o produto dos autovalores. Como o valor do produto se compara com o determinante?

**(b)** Calcule os autovetores de $A$ e o condicionamento para o problema de autovalores. O problema é bem condicionado? Mal condicionado? Explique.

**(c)** Faça

$A1 = A$ + 1.0e−04 * **rand**(**size**($A$))

Calcule os autovalores de $A1$. Compare-os com os autovalores de $A$, calculando

**sort**(**eig**($A1$)) − **sort**(**eig**($A$))

e mostre o resultado com o **format long**.

## Transformações de Householder

Uma matriz de Householder $n \times n$ é uma matriz ortogonal da forma $I - \frac{1}{b}\mathbf{v}\mathbf{v}^T$. Para qualquer vetor não nulo dado $x \in \mathbb{R}^n$, é possível escolher $b$ e $\mathbf{v}$ de modo que $H\mathbf{x}$ será um múltiplo de $\mathbf{e}_1$.

**10.** **(a)** No MATLAB, a maneira mais simples para calcular a matriz de Householder que anula os elementos de um vetor $\mathbf{x}$ dado é calcular a fatoração $QR$ de $\mathbf{x}$. Assim, se é dado um vetor $\mathbf{x} \in \mathbb{R}^n$, então o comando do MATLAB

[$H$, $R$] = **qr**(**x**)

irá calcular a matriz de Householder desejada $H$. Calcule uma matriz de Householder $H$ que anula os últimos três elementos de **e** = **ones**(4, 1). Faça

$C$ = [**e**, **rand**(4, 3)]

Calcule $H$ * **e** e $H$ * $C$.

**(b)** Podemos também calcular o vetor **v** e o escalar $b$ que determinam a transformação de Householder que anula os elementos de um vetor dado. Para fazer isso para um vetor **x** dado, podemos definir

$a$ = (($x$(1) < = 0) – ($x$(1) > 0)) * **norm**(**x**);
**v** = **x**; $\quad v(1) = v(1) - a$
$b = a * (a - x(1))$

Construa **v** e $b$ desta forma para o vetor **e** da parte (a). Se $K = I - \frac{1}{b}\mathbf{v}\mathbf{v}^T$, então

$$K\mathbf{e} = \mathbf{e} - \left(\frac{\mathbf{v}^T\mathbf{e}}{b}\right)\mathbf{v}$$

Calcule essas duas quantidades com MATLAB e verifique se elas são iguais. Compare $K\mathbf{e}$ com $H\mathbf{e}$ da parte (a). Calcule também $K * C$ e $C$ − **v** * ((**v**′ * $C$)/$b$) e verifique se os dois são iguais.

**11.** Faça

**x1** = (1:5)′; **x2** = [1, 3, 4, 5, 9]′; **x** = [**x1**; x2]

Construa uma matriz de Householder da forma

$$H = \begin{bmatrix} I & O \\ O & K \end{bmatrix}$$

em que $K$ é uma matriz de Householder 5 × 5 que anula os últimos quatro elementos de **x2**. Calcule o produto $H$**x**.

## Rotações e Reflexões

**12.** Para desenhar $y$ = sen ($x$), temos de definir vetores de valores $x$ e $y$ e, em seguida, usar o comando **plot**. Isto pode ser feito da seguinte forma:

**x** = 0 : 0.1 : 6.3; **y** = sin(**x**);
**plot**(**x**, **y**)

**(a)** Vamos definir uma matriz de rotação e usá-la para girar o gráfico de $y$ = sen($x$). Faça

$t$ = **pi**/4; $\quad c$ = cos($t$); $\quad s$ = sin($t$);
$R$ = [$c$, −$s$; $s$, $c$]

Para encontrar as coordenadas giradas, faça

$Z = R$*[**x**; **y**];
**x1** = $Z$(1, :); **y1** = $Z$(2, :);

Os vetores **x1** e **y1** contêm as coordenadas da curva girada. Faça

**w** = [0, 5]; **axis square**

e desenhe **x1** e **y1**, usando o comando MATLAB

**plot**(**x1**, **y1**, **w**, **w**)

Quais os ângulos de rotação do gráfico e em que direção foi feita a rotação?

**(b)** Conserve todas as suas variáveis da parte (a) e faça

$$G = [c, s; s, -c]$$

A matriz $G$ representa uma reflexão de Givens. Para determinar as coordenadas refletidas, faça

$$Z = G*[\mathbf{x}; \mathbf{y}];$$
$$\mathbf{x2} = Z(1, :); \mathbf{y2} = Z(2, :);$$

Desenhe a curva refletida, usando o comando MATLAB

`plot`(**x2**, **y2**, **w**, **w**)

A curva $y = \text{sen}(x)$ foi refletida em relação a uma linha que passa pela origem formando um ângulo de $\pi / 8$ com o eixo $x$. Para ver isso, faça

$$\mathbf{w1} = [0, 6.3 * \cos(t / 2)];$$
$$\mathbf{z1} = [0, 6.3 * \sin(t / 2)];$$

e trace o novo eixo e as duas curvas com o comando MATLAB

`plot`(**x** , **y**, **x2**, **y2**, **w1**, **z1**)

**(c)** Use a matriz de rotação $R$ da parte (a) para girar a curva $y = -\text{sen}(x)$. Trace a curva girada. Como o gráfico se compara ao da curva da parte (b)? Explique.

## Decomposição em Valores Singulares

**13.** Seja

$$A = \begin{Bmatrix} 4 & 5 & 2 \\ 4 & 5 & 2 \\ 0 & 3 & 6 \\ 0 & 3 & 6 \end{Bmatrix}$$

Entre a matriz $A$ no MATLAB e calcule os seus valores singulares, fazendo **s** = `svd`($A$).

**(a)** Como os elementos de **s** podem ser usados para determinar os valores $\|A\|_2$ e $\|A\|_F$? Calcule essas normas, fazendo

$p$ = `norm`($A$) e $q$ = `norm`($A$, `'fro'`)

e compare seus resultados com $s(1)$ e `norm`(**s**).

**(b)** Para obter a decomposição em valores singulares total de $A$, faça

$[U, D, V]$ = `svd`($A$)

Calcule a matriz de posto 1 mais próxima de $A$, fazendo

$$B = s(1) * U(:, 1) * V(:, 1)'$$

Como os vetores linha de $B$ se relacionam com os dois vetores linha distintos de $A$?

**(c)** As matrizes $A$ e $B$ devem ter a mesma norma 2. Por quê? Explique. Use MATLAB para calcular $\|B\|_2$ e $\|B\|_F$. Em geral, para uma matriz de posto 1, a norma 2 e a norma de Frobenius devem ser iguais. Por quê? Explique.

**14.** Faça

$A$ = `round`(10 * `rand`(10, 5)) e **s** = `svd`($A$)

**(a)** Use o MATLAB para calcular $\|A\|_2$, $\|A\|_F$ e $\text{cond}_2(A)$, e compare seus resultados com $s(1)$, `norm`($s$), $s(1) / s(5)$, respectivamente.

**(b)** Faça

$[U, D, V]$ = `svd`($A$);
$D(5, 5) = 0;$
$B = U * D * V'$

A matriz $B$ deverá ser a matriz de posto 4 mais próximo da matriz $A$ (em que a distância é medida em termos da norma de Frobenius). Calcule $\|A\|_2$ e $\|B\|_2$. Como comparar esses valores? Calcule e compare as normas de Frobenius das duas matrizes. Calcule também $\|A - B\|_F$ e compare o resultado com $s(5)$. Faça $r$ = `norm`($s$ (1 : 4)) e compare o resultado com $\|B\|_F$.

**(c)** Use o MATLAB para construir uma matriz $C$, que é a matriz de posto 3 mais próxima de $A$ no que diz respeito à norma de Frobenius. Calcule $\|C\|_2$ e $\|C\|_F$. Compare esses valores com os valores calculados para $\|A\|_2$ e $\|A\|_F$, respectivamente. Faça

$p$ = `norm`(**s**(1 : 3))

e

$q$ = `norm`(**s**(4 : 5))

Calcule $\|C\|_F$ e $\|A - C\|_F$ e compare seus resultados com $p$ e $q$, respectivamente.

**15.** Faça

$A$ = `rand`(8, 4) * `rand`(4, 6),
$[U, D, V]$ = `svd`($A$)

**(a)** Qual é o posto de $A$? Use os vetores coluna de $V$ para gerar duas matrizes $V1$ e $V2$ cujas colunas formam bases ortonormais para $R(A^T)$ e $N(A)$, respectivamente. Faça

$$P = V2 * V2\,',$$
$$\mathbf{r} = P * \texttt{rand}(6, 1),$$
$$\mathbf{w} = A' * \texttt{rand}(8, 1)$$

Se **r** e **w** fossem calculados em aritmética exata, seriam ortogonais. Por quê? Explique. Use MATLAB para calcular $\mathbf{r}^T\mathbf{w}$.

**(b)** Use os vetores coluna de $U$ para gerar duas matrizes $U1$ e $U2$ cujos vetores coluna formam bases ortonormais para $R(A)$ e $N(A^T)$, respectivamente. Faça

$$Q = U2 * U2\,',$$
$$\mathbf{y} = Q * \texttt{rand}(8, 1),$$
$$\mathbf{z} = A * \texttt{rand}(6, 1)$$

Explique por que **y** e **z** seriam ortogonais se todos os cálculos fossem feitos em aritmética exata. Use MATLAB para calcular $\mathbf{y}^T\mathbf{z}$.

**(c)** Faça $X = \texttt{pinv}(A)$. Use MATLAB para verificar as quatro condições de Penrose:

**(i)** $AXA = A$ **(ii)** $XAX = X$
**(iii)** $(AX)^T = AX$ **(iv)** $(XA)^T = XA$

**(d)** Calcule e compare $AX$ e $U1(U1)^T$. Se todos os cálculos tivessem sido feitos em aritmética exata, as duas matrizes seriam iguais. Por quê? Explique.

## Círculos de Gerschgorin

**16.** A cada $A \in \mathbb{R}^{n\times n}$, podemos associar $n$ discos circulares fechados no plano complexo. O $i$-ésimo disco é centrado em $a_{ii}$ e tem raio

$$r_i = \sum_{\substack{j=1 \\ j\neq i}}^{n} |a_{ij}|$$

Cada autovalor de $A$ está contido em pelo menos um dos discos (veja o Problema 7 da Seção 7.6).

**(a)** Faça

$$A = \texttt{round}(10 * \texttt{rand}(5))$$

Calcule os raios dos discos de Gerschgorin de $A$ e armazene-os em um vetor **r**. Para desenhar os discos, é preciso parametrizar os círculos. Isso pode ser feito definindo

$$t = [0 : 0.1 : 6.3]';$$

Podemos, então, gerar duas matrizes $X$ e $Y$, cujas colunas contenham as coordenadas $x$ e $y$ dos círculos. Primeiro, inicializamos $X$ e $Y$ em zero fazendo

$$X = \texttt{zeros}(\texttt{length}(t), 5); \quad Y = X;$$

As matrizes podem ser geradas com os seguintes comandos:

```
for i = 1 : 5
    X(:, i) = r(i) * cos(t) + real(A(i, i));
    Y(:, i) = r(i) * sin(t) + imag(A(i, i));
end
```

Faça $\mathbf{e} = \texttt{eig}(A)$ e desenhe os autovalores e os discos com o comando

$$\texttt{plot}(X, Y, \texttt{real}(\mathbf{e}), \texttt{imag}(\mathbf{e}), \text{'x'})$$

Se tudo for feito corretamente, todos os autovalores de $A$ devem estar dentro da união dos discos circulares.

**(b)** Se $k$ dos discos de Gerschgorin formam um domínio conexo no plano complexo que é isolado de outros discos, então exatamente $k$ dos autovalores da matriz estarão nesse domínio. Faça

$$B = [3 \quad 0{,}1 \quad 2; \quad 0{,}1 \quad 7 \quad 2; \quad 2 \quad 2 \quad 50];$$

**(i)** Use o método descrito na parte (a) para calcular e desenhar os discos de Gerschgorin de $B$.

**(ii)** Uma vez que $B$ é simétrica, seus valores próprios são todos reais e por isso todos devem estar no eixo real. Sem calcular os valores próprios, explique por que $B$ deve ter exatamente um autovalor no intervalo [46, 54]. Multiplique as duas primeiras linhas de $B$ por 0,1 e, em seguida, multiplique as duas primeiras colunas por 10. Podemos fazer isso em MATLAB, definindo

$$D = \texttt{diag}([0.1, 0.1, 1])$$

e

$$C = D * B / D$$

A nova matriz $C$ deve ter os mesmos autovalores de $B$. Por quê? Explique. Use $C$ para encontrar intervalos que contêm os outros dois autovalores. Calcule e desenhe os discos de Gerschgorin de $C$.

(iii) Como se relacionam os autovalores de $C^T$ com os autovalores de $B$ e $C$? Calcule e desenhe os discos de Gerschgorin de $C^T$. Use uma das linhas de $C^T$ para encontrar um intervalo que contém o maior autovalor de $C^T$.

## Distribuição de Condicionamentos e de Autovalores de Matrizes Aleatórias

**17.** Podemos gerar uma matriz aleatória simétrica $10 \times 10$ fazendo

$A$ = **rand**(10); $A = (A + A')/2$

Uma vez que $A$ é simétrica, seus valores próprios são todos reais. O número de autovalores positivos podem ser calculados fazendo

$y$ = **sum**(**eig**($A$) > 0)

**(a)** Para $j = 1, 2, \ldots, 100$, gere uma matriz aleatória simétrica $10 \times 10$ e determine o número de autovalores positivos. Denote o número de autovalores positivos da $j$-ésima matriz por $y(j)$. Faça $\mathbf{x} = 0:10$, e determine a distribuição dos dados $\mathbf{y}$ fazendo $\mathbf{n}$ = **hist**($\mathbf{y}$, $\mathbf{x}$). Determine a média dos valores $y(j)$, usando o comando MATLAB **mean**($\mathbf{y}$). Use o comando MATLAB **hist**($\mathbf{y}$, $\mathbf{x}$) para gerar um gráfico do histograma.

**(b)** Podemos gerar uma matriz aleatória simétrica $10 \times 10$ cujos elementos estão no intervalo $[-1, 1]$, fazendo

$A = 2$ * **rand**(10) $- 1$; $A = (A + A')/2$

Repita a parte (a), utilizando matrizes aleatórias geradas desta forma. Como a distribuição dos dados $\mathbf{y}$ se compara com a obtida na parte (a)?

**18.** Uma matriz $A$ não simétrica pode ter autovalores complexos. Podemos determinar o número de autovalores de $A$ que são reais e positivos com os comandos MATLAB

$\mathbf{e}$ = **eig**($A$)
$y$ = **sum**($\mathbf{e}$ > 0 & **imag**($\mathbf{e}$) == 0)

Gere 100 matrizes aleatórias não simétricas $10 \times 10$. Para cada matriz, determine o número de autovalores reais positivos e armazene esse número como um elemento de um vetor $\mathbf{z}$. Determine a média dos valores $z(j)$, e compare com a média calculada na parte (a) do Problema 17. Determine a distribuição e trace o histograma.

**19.** **(a)** Gere 100 matrizes aleatórias $5 \times 5$ e calcule o condicionamento de cada uma delas. Determine a média dos condicionamentos e desenhe o histograma da distribuição.

**(b)** Repita a parte (a), usando matrizes $10 \times 10$. Compare seus resultados com os obtidos na parte (a).

## TESTE A DO CAPÍTULO Verdadeiro ou Falso

Para cada um dos enunciados que se seguem, responda *Verdadeiro*, se o enunciado é sempre verdadeiro, e responda *Falso*, em caso contrário. No caso de um enunciado verdadeiro, explique ou demonstre sua resposta. No caso de um enunciado falso, dê um exemplo para mostrar que o enunciado nem sempre é verdadeiro.

**1.** Se $a$, $b$ e $c$ são números de ponto flutuante, então

$$fl(fl(a + b) + c) = fl(a + fl(b + c))$$

**2.** O cálculo de $A(BC)$ exige o mesmo número de operações em ponto flutuante que o cálculo de $(AB)C$.

**3.** Se $A$ é uma matriz não singular, e um algoritmo numericamente estável é usado para calcular a solução de um sistema $A\mathbf{x} = \mathbf{b}$, então o erro relativo na solução calculada será sempre pequeno.

**4.** Se $A$ é uma matriz simétrica, e um algoritmo numericamente estável é usado para calcular os autovalores de $A\mathbf{x} = \mathbf{b}$, então o erro relativo nos autovalores calculados deve sempre ser pequeno.

**5.** Se $A$ é uma matriz não simétrica, e um algoritmo numericamente estável é usado para calcular os autovalores de $A\mathbf{x} = \mathbf{b}$, então o erro relativo nos autovalores calculados deve sempre ser pequeno.

**6.** Se tanto $A^{-1}$ quanto a fatoração $LU$ de uma matriz $n \times n$ $A$ já foram calculadas, então é mais eficiente resolver um sistema $A\mathbf{x} = \mathbf{b}$, multiplicando $A^{-1}\mathbf{b}$, do que resolver $LU\mathbf{x} = \mathbf{b}$ por substituições direta e reversa.

**7.** Se $A$ é uma matriz simétrica, então $\|A\|_1 = \|A\|_\infty$.

**8.** Se $A$ é uma matriz $m \times n$, então $\|A\|_2 = \|A\|_F$.

**9.** Se a matriz dos coeficientes $A$ em um problema de mínimos quadrados tem dimensões $m \times n$ e posto $n$, então os três métodos de solução discutidos na Seção 7.7, ou seja, as equações normais, a fatoração $QR$ e a decomposição em valores singulares irão calcular as soluções com alta precisão.

**10.** Se duas matrizes $m \times n$ $A$ e $B$ estão próximas no sentido de que $\|A - B\|_2 < e$ para algum pequeno número positivo $e$, então suas pseudoinversas também estarão próximas, isto é, $\|A^+ + B^+\|_2 < \delta$, para algum número positivo pequeno $\delta$.

## TESTE B DO CAPÍTULO

**1.** Sejam $A$ e $B$ matrizes $n \times n$ e seja $\mathbf{x}$ um vetor em $\mathbb{R}^n$. Quantas adições e multiplicações escalares são necessárias para calcular $(AB)\mathbf{x}$ e quantas são necessárias para calcular a $A(B\mathbf{x})$? Que computação é mais eficiente?

**2.** Sejam

$$A = \begin{bmatrix} 2 & 3 & 6 \\ 4 & 4 & 8 \\ 1 & 3 & 4 \end{bmatrix}, \quad \mathbf{b} = \begin{bmatrix} 3 \\ 0 \\ 4 \end{bmatrix}, \quad \mathbf{c} = \begin{bmatrix} 1 \\ 8 \\ 2 \end{bmatrix}$$

**(a)** Use eliminação gaussiana com pivotamento parcial para resolver $A\mathbf{x} = \mathbf{b}$.

**(b)** Escreva a matriz de permutação $P$ que corresponde à estratégia articulada na parte (a) e determine a fatoração $LU$ de $PA$.

(c) Use $P$, $L$ e $U$ para resolver o sistema $A\mathbf{x} = \mathbf{c}$.

**3.** Mostre que, se $Q$ é uma matriz $4 \times 4$ ortogonal, então $\|Q\|_2 = 1$ e $\|Q\|_F = 2$.

**4.** Sejam

$$H = \begin{bmatrix} 1 & \frac{1}{2} & \frac{1}{3} & \frac{1}{4} \\ \frac{1}{2} & \frac{1}{3} & \frac{1}{4} & \frac{1}{5} \\ \frac{1}{3} & \frac{1}{4} & \frac{1}{5} & \frac{1}{6} \\ \frac{1}{4} & \frac{1}{5} & \frac{1}{6} & \frac{1}{7} \end{bmatrix},$$

$$H^{-1} = \begin{bmatrix} 16 & -120 & 240 & -140 \\ -120 & 1200 & -2700 & 1680 \\ 240 & -2700 & 6480 & -4200 \\ -140 & 1680 & -4200 & 2800 \end{bmatrix}$$

e $\mathbf{b} = (10, -10, 20, 10)^T$.

**(a)** Determine os valores de $\|H\|_1$ e $\|H^{-1}\|_1$.

**(b)** Quando o sistema $H\mathbf{x} = \mathbf{b}$ é resolvido usando MATLAB e a solução calculada $\mathbf{x}'$ é usada para calcular um vetor resíduo $\mathbf{r} = \mathbf{b} - H\mathbf{x}'$, verifica-se que $\|\mathbf{r}\|_1 = 0{,}36 \times 10^{-11}$. Use essas informações para determinar um limite sobre o erro relativo

$$\frac{\|\mathbf{x} - \mathbf{x}'\|_1}{\|\mathbf{x}\|_1}$$

em que $\mathbf{x}$ é a solução exata do sistema.

**5.** Seja $A$ uma matriz $10 \times 10$ com $\text{cond}_\infty(A) = 5 \times 10^6$. Suponha que a solução de um sistema $A\mathbf{x} = \mathbf{b}$ é calculado em aritmética decimal de 15 dígitos, e o resíduo relativo $\|\mathbf{r}\|_\infty / \|\mathbf{b}\|_\infty$ é aproximadamente o dobro do épsilon da máquina. Quantos dígitos de precisão você espera ter na sua solução calculada? Explique.

**6.** Seja $\mathbf{x} = (1, 2, -2)^T$.

**(a)** Encontre uma matriz de Householder $H$ de modo que $H\mathbf{x}$ é um vetor da forma $(r, 0, 0)^T$.

**(b)** Encontre uma transformação de Givens $G$ de modo que $G\mathrm{x}$ é um vetor da forma $(1, s, 0)^T$.

**7.** Seja $Q$ uma matriz ortogonal $n \times n$ e seja $R$ uma matriz triangular superior $n \times n$. Se $A = QR$ e $B = RQ$, como se relacionam os autovalores e autovetores de $A$ e $B$? Explique.

**8.** Seja

$$A = \begin{bmatrix} 1 & 2 \\ 4 & 3 \end{bmatrix}$$

Estime o maior autovalor de $A$ e um autovetor correspondente, fazendo cinco iterações do método das potências. Você pode começar com qualquer vetor não nulo $\mathbf{u}_0$.

**9.** Sejam

$$A = \begin{bmatrix} 5 & 2 & 4 \\ 5 & 2 & 4 \\ 3 & 6 & 0 \\ 3 & 6 & 0 \end{bmatrix} \quad \text{e} \quad \mathbf{b} = \begin{bmatrix} 5 \\ 1 \\ -1 \\ 9 \end{bmatrix}$$

A decomposição em valores singulares de $A$ é dada por

$$\begin{bmatrix} \frac{1}{2} & \frac{1}{2} & \frac{1}{2} & \frac{1}{2} \\ \frac{1}{2} & \frac{1}{2} & -\frac{1}{2} & -\frac{1}{2} \\ \frac{1}{2} & -\frac{1}{2} & -\frac{1}{2} & \frac{1}{2} \\ \frac{1}{2} & -\frac{1}{2} & \frac{1}{2} & -\frac{1}{2} \end{bmatrix} \begin{bmatrix} 12 & 0 & 0 \\ 0 & 6 & 0 \\ 0 & 0 & 0 \\ 0 & 0 & 0 \end{bmatrix} \begin{bmatrix} \frac{2}{3} & \frac{2}{3} & \frac{1}{3} \\ \frac{1}{3} & -\frac{2}{3} & \frac{2}{3} \\ -\frac{2}{3} & -\frac{1}{3} & \frac{2}{3} \end{bmatrix}$$

Use a decomposição em valores singulares para encontrar a solução por mínimos quadrados do sistema $A\mathbf{x} = \mathbf{b}$ que tem a menor norma 2.

**10.** Sejam

$$A = \begin{bmatrix} 1 & 5 \\ 1 & 5 \\ 1 & 6 \\ 1 & 2 \end{bmatrix}, \quad \mathbf{b} = \begin{bmatrix} 2 \\ 4 \\ 5 \\ 3 \end{bmatrix}$$

**(a)** Use matrizes de Householder para transformar $A$ em uma matriz $4 \times 2$ triangular superior $R$.

**(b)** Aplique as mesmas transformações de Householder em $\mathbf{b}$ e, em seguida, calcule a solução por mínimos quadrados do sistema $A\mathbf{x} = \mathbf{b}$.

# APÊNDICE

# MATLAB

MATLAB é um programa interativo para cálculos matriciais. A versão original do MATLAB, abreviação de *laboratório de matrizes*, foi desenvolvida por Cleve Moler, das bibliotecas de *software* Linpack e Eispack. Ao longo dos anos, MATLAB sofreu uma série de expansões e revisões. Hoje é o *software* líder para computação científica. O *software* MATLAB é distribuído pela MathWorks, Inc., de Natick, Massachusetts.

Além de ampla utilização em ambientes de indústria e engenharia, MATLAB tornou-se uma ferramenta padrão de ensino de graduação em cursos de álgebra linear. Uma Edição de Estudante do MATLAB está disponível a um preço acessível aos estudantes.

Outro recurso altamente recomendado para o ensino de álgebra linear com MATLAB é o manual *ATLAST Computer Exercises for Linear Algebra*, 2ª ed. (veja [12]). Esse manual contém exercícios baseados em MATLAB e projetos de álgebra linear e uma coleção de utilitários MATLAB (M-files), que ajudam os estudantes a visualizar conceitos de álgebra linear. Os arquivos-M estão disponíveis para *download* na página da Web ATLAST:

www.umassd.edu/SpecialPrograms/ATLAST/

## A Apresentação MATLAB Desktop

Na partida, o MATLAB irá exibir uma tela com três janelas. A janela da direita é a janela de comando, em que os comandos do MATLAB são introduzidos e executados. A janela no canto superior esquerdo mostra tanto o Navegador Diretório Atual como o Navegador Espaço de Trabalho, dependendo de qual botão foi alternado.

O Navegador Espaço de Trabalho permite visualizar e fazer alterações no conteúdo do trabalho. Também é possível traçar um conjunto de dados usando a janela Espaço de Trabalho. Basta destacar o conjunto de dados a ser representado e, em seguida, selecionar o tipo de gráfico desejado. O MATLAB irá exibir o gráfico em uma janela nova figura. O Navegador Diretório Atual permite que você visualize MATLAB e outros arquivos e execute operações de arquivo, como abrir e editar ou pesquisar arquivos.

A janela inferior à esquerda mostra o histórico de comandos, permitindo que você visualize um registro de todos os comandos que foram inseridos na janela de comando. Para repetir um comando anterior, basta clicar sobre o comando para selecioná-lo e, em seguida, clicar duas vezes para executá-lo. Você também pode chamar e editar comandos diretamente da janela de comando usando as setas. Da janela de comando, você pode usar a seta para cima para relembrar os comandos anteriores. Os comandos podem ser editados usando as setas esquerda e direita. Pressione a tecla *Enter* do seu computador para executar o comando editado.

Qualquer uma das janelas MATLAB pode ser fechada clicando no × no canto superior direito da janela. Para retirar uma janela da área de trabalho do MATLAB, clique na seta que fica ao lado do × no canto superior direito da janela.

## Elementos Básicos de Dados

Os elementos básicos usados por MATLAB são matrizes. Uma vez que as matrizes foram inscritas ou geradas, o usuário pode executar rapidamente cálculos sofisticados, com uma quantidade mínima de programação.

Introduzir matrizes no MATLAB é fácil. Para introduzir a matriz

$$\begin{Bmatrix} 1 & 2 & 3 & 4 \\ 5 & 6 & 7 & 8 \\ 9 & 10 & 11 & 12 \\ 13 & 14 & 15 & 16 \end{Bmatrix}$$

digite

$A = [1 \quad 2 \quad 3 \quad 4; \quad 5 \quad 6 \quad 7 \quad 8; \quad 9 \quad 10 \quad 11 \quad 12; \quad 13 \quad 14 \quad 15 \quad 16]$

ou a matriz pode ser introduzida linha a linha:

$$\begin{array}{llllll} A = & [\,1 & 2 & 3 & 4 & \\ & 5 & 6 & 7 & 8 & \\ & 9 & 10 & 11 & 12 & \\ & 13 & 14 & 15 & 16\,] & \end{array}$$

Uma vez que a matriz foi introduzida, você pode editá-la de duas maneiras. Da janela de comando, você pode redefinir qualquer elemento com um comando MATLAB. Por exemplo, o comando $A(1, 3) = 5$ mudará o terceiro elemento na primeira linha de $A$ para 5. Você também pode editar os elementos de uma matriz a partir do Navegador Espaço de Trabalho. Para alterar o elemento (1, 3) de $A$ com o Navegador Espaço de Trabalho, podemos primeiro encontrar $A$ na coluna Nome do navegador e clicar no ícone à esquerda de $A$ para abrir uma exibição da matriz. Para alterar o elemento (1, 3) para 5, clique na célula correspondente da matriz e entre 5.

Vetores linha de pontos igualmente espaçados podem ser gerados com a operação MATLAB :. O comando $\mathbf{x} = 2 : 6$ gera um vetor linha com elementos inteiros que vão de 2 a 6.

```
x =
      2   3   4   5   6
```

Não é necessário usar inteiros ou ter um passo de tamanho 1. Por exemplo, o comando $\mathbf{x} = 1.2 : 0.2 : 2$ produzirá

```
x =
      1.2000   1.4000   1.6000   1.8000   2.0000
```

## Submatrizes

Para se referir a uma submatriz da matriz $A$ introduzida anteriormente, use : para especificar as linhas e colunas. Por exemplo, a submatriz composta por elementos nas duas segundas linhas das colunas de 2 a 4 é dada por $A = (2:3, 2:4)$. Assim, a declaração

$$C = A(2:3, 2:4)$$

gera

$$C =$$
$$\begin{matrix} 6 & 7 & 8 \\ 10 & 11 & 12 \end{matrix}$$

Se os dois pontos são usados por si sós para um dos argumentos, todas as linhas ou todas as colunas da matriz serão incluídas. Por exemplo, $A(:, 2:3)$ representa o submatriz de $A$ formada por todos os elementos da segunda e terceira colunas, e $A(4, :)$ denota o quarto vetor linha de $A$. Podemos gerar uma submatriz utilizando linhas ou colunas não adjacentes, usando argumentos de vetor para especificar quais linhas e colunas devem ser incluídas. Por exemplo, para gerar uma matriz cujos elementos são aqueles que só aparecem na primeira e terceira linhas da segunda e quarta colunas de $A$, faça

$$E = A([1, 3], [2, 4])$$

O resultado será

$$E =$$
$$\begin{matrix} 2 & 4 \\ 10 & 12 \end{matrix}$$

## Gerando Matrizes

Podemos também gerar matrizes utilizando funções internas do MATLAB. Por exemplo, o comando

$$B = \texttt{rand}(4)$$

irá gerar uma matriz $4 \times 4$, cujos elementos são números aleatórios entre 0 e 1. Outras funções que podem ser utilizadas para gerar matrizes são **`eye`**, **`zeros`**, **`ones`**, **`magic`**, **`hilb`**, **`pascal`**, **`toeplitz`**, **`compan`** e **`vander`**. Para construir matrizes triangulares ou diagonais, podemos usar as funções elementos **`triu`**, **`tril`** e **`diag`**.

Os comandos de construção de matrizes podem ser usados para gerar matrizes em blocos ou particionadas. Por exemplo, o comando MATLAB

$$E = [\texttt{eye}\,(2), \texttt{ones}\,(2, 3); \texttt{zeros}\,(2), [1:3; \quad 3:-1:1]]$$

irá gerar a matriz

$$E =$$
$$\begin{matrix} 1 & 0 & 1 & 1 & 1 \\ 0 & 1 & 1 & 1 & 1 \\ 0 & 0 & 1 & 2 & 3 \\ 0 & 0 & 3 & 2 & 1 \end{matrix}$$

## Aritmética Matricial

### Adição e Multiplicação de Matrizes

A aritmética matricial no MATLAB é simples. Podemos multiplicar nossa matriz original $A$ por $B$ simplesmente digitando $A * B$. A soma e a diferença de $A$ e $B$ são dadas por $A + B$ e $A - B$, respectivamente. A transposição da matriz real $A$ é dada por $A'$. Para uma matriz $C$ com elementos complexos, a operação $'$ corresponde à transposição conjugada. Assim, $C^H$ é dada como $C'$ em MATLAB.

### Barra Invertida ou Divisão de Matrizes à Esquerda

Se $W$ é uma matriz $n \times n$ e $\mathbf{b}$ representa um vetor em $R^n$, a solução do sistema $W\mathbf{x} = \mathbf{b}$ pode ser calculada em MATLAB usando o operador barra invertida fazendo

$$\mathbf{x} = W \backslash \mathbf{b}$$

Por exemplo, se fizermos

$$W = [1 \quad 1 \quad 1 \quad 1; \quad 1 \quad 2 \quad 3 \quad 4; \quad 3 \quad 4 \quad 6 \quad 2; \quad 2 \quad 7 \quad 10 \quad 5]$$

e $\mathbf{b} = [3; 5; 5; 8]$, então o comando

$$\mathbf{x} = W \backslash \mathbf{b}$$

fornecerá

$$\mathbf{x} = \begin{matrix} 1.0000 \\ 3.0000 \\ -2.0000 \\ 1.0000 \end{matrix}$$

No caso em que a matriz de coeficientes $n \times n$ é singular ou tem posto numérico inferior a $n$, o operador barra invertida ainda fornecerá uma solução, mas o MATLAB enviará uma advertência. Por exemplo, nossa matriz $4 \times 4$ original $A$ é singular e o comando

$$\mathbf{x} = A \backslash \mathbf{b}$$

fornece

```
Warning: Matrix is close to singular or badly scaled.
Results may be inaccurate. RCOND = 1.387779e-018.
```

$$\mathbf{x} = \begin{matrix} 1{,}0e + 015* \\ 2.2518 \\ -3.0024 \\ -0.7506 \\ 1.5012 \end{matrix}$$

O 1,0$e$ + 015 indica o expoente para cada um dos elementos de **x**. Assim, cada um dos quatro elementos listados é multiplicado por $10^{15}$. O valor de RCOND é uma estimativa do recíproco do condicionamento da matriz de coeficientes. Mesmo que a matriz seja não singular, com um condicionamento da ordem de $10^{18}$, pode-se esperar perder até 18 dígitos de precisão na representação decimal da solução calculada. Uma vez que o computador mantém o registro de apenas 16 dígitos decimais, isto significa que a solução calculada pode não ter nenhum dígito de precisão.

Se a matriz de coeficientes de um sistema linear tem mais linhas do que colunas, então MATLAB supõe que pelo menos uma solução por mínimos quadrados do sistema é desejada. Se fizermos

$$C = A\,(:, 1 : 2)$$

então $C$ é uma matriz $4 \times 2$ e o comando

$$\mathbf{x} = C \backslash \mathbf{b}$$

irá calcular pelo menos a solução por mínimos quadrados

$$\mathbf{x} = \begin{matrix} -2.2500 \\ 2.6250 \end{matrix}$$

Se agora fizermos

$$C = A\,(:, 1 : 3)$$

então $C$ será uma matriz $4 \times 3$, com posto igual a 2. Apesar de o problema de mínimos quadrados não ter uma solução única, MATLAB ainda calculará uma solução e retornará um aviso de que a matriz é deficiente em posto. Neste caso, o comando

$$\mathbf{x} = C \backslash \mathbf{b}$$

fornece

```
Warning: Rank deficient, rank = 2, tol = 1.7852e-
014.
```

$$\mathbf{x} = \begin{matrix} -0.9375 \\ 0 \\ 1.3125 \end{matrix}$$

## Exponenciação

Potências de matrizes são geradas facilmente. A matriz $A^5$ é calculada em MATLAB digitando $A$^5. Também podemos realizar operações elemento a elemento precedendo o operando por um ponto. Por exemplo, se $V = [1\ 2;\ 3\ 4]$, então $V$^ 2 resulta em

$$\text{ans} = \begin{matrix} 7 & 10 \\ 15 & 22 \end{matrix}$$

enquanto $V.^{\wedge}2$ fornecerá

```
ans =
      1   4
      9  16
```

## Funções MATLAB

Para calcular os autovalores de uma matriz quadrada $A$, precisamos apenas digitar **eig**($A$). Os autovetores e autovalores podem ser calculados fazendo

[$X$  $D$] = **eig**($A$)

Da mesma forma, podemos calcular o determinante, a inversa, o condicionamento, a norma e o posto de uma matriz com comandos simples de uma palavra. Fatorações de matrizes, como *LU*, *QR*, Cholesky, decomposição de Schur e decomposição em valores singulares, podem ser calculadas com um único comando. Por exemplo, o comando

[$Q$  $R$] = **qr**($A$)

produzirá uma matriz $Q$ ortogonal (ou unitária) e uma matriz triangular superior $R$, com as mesmas dimensões de $A$, de modo que $A = QR$.

## Características de Programação

O MATLAB possui todas as estruturas de controle de fluxo que você esperaria em uma linguagem de alto nível, inclusive laços **for**, laços **while** e declarações **if**. Isso permite ao usuário escrever seus próprios programas MATLAB e criar funções MATLAB adicionais. Observe que MATLAB imprime automaticamente o resultado de cada comando, a menos que a linha de comando termine com um ponto e vírgula. *Ao usar laços, recomendamos o término de cada comando com um ponto e vírgula para evitar a impressão de todos os resultados dos cálculos intermediários.*

## Arquivos-M

É possível estender o MATLAB acrescentando seus próprios programas. Programas MATLAB recebem todos a extensão **.m** e são chamados de *arquivos-M*. Existem dois tipos básicos de arquivos-M.

### Arquivos Script

*Arquivos script* são arquivos que contêm uma série de comandos MATLAB. Todas as variáveis usadas nesses comandos são globais e, consequentemente, os valores dessas variáveis em sua seção MATLAB irão mudar cada vez que você executar o arquivo texto. Por exemplo, se você quisesse determinar a nulidade de uma matriz, você poderia criar um arquivo script **nulidade.m** contendo os seguintes comandos:

```
[m, n] = size(A);
nuldim = n-rank(A)
```

Inserindo o comando **nulidade** iria executar as duas linhas de código no arquivo script. A desvantagem de determinar a nulidade desta maneira é que a matriz deve ser chamada de *A*. Adicionalmente, se você usou as varáveis *m* e *n*, os valores dessas variáveis devem ser redefinidos quando você executar o arquivo script. Um método alternativo seria criar um arquivo *função*. Uma alternativa seria criar um *arquivo de função*.

## Arquivos de Função

Arquivos de função começam com uma declaração de função da forma

```
function[oargl,..., oargj]=fname(inargl,...,inargk)
```

Todas as variáveis usadas no arquivo-M de função são locais. Quando você chamar um arquivo de função, apenas os valores das variáveis de saída irão mudar em sua seção MATLAB. Por exemplo, poderíamos criar um arquivo de função **nulidade.m** para calcular a nulidade de uma matriz, da seguinte forma:

```
function k = nulidade(A)
% O comando nulidade(A) calcula a dimensão
% do espaço nulo de A.
[m, n] = size(A);
k = n - rank(A);
```

As linhas que começam com % são comentários que não são executados. Essas linhas serão exibidas sempre que você digitar **help nulidade** em uma sessão MATLAB. Uma vez que a função está salva, ela pode ser usada em uma sessão MATLAB da mesma maneira que usamos as funções internas do MATLAB. Por exemplo, se fizermos

$$B = [1\ 2\ 3;\ \ 4\ 5\ 6;\ \ 7\ 8\ 9];$$

e, em seguida, digitarmos o comando

**n** = **nulidade**(*B*)

MATLAB irá devolver a resposta: **n** = 1.

## O Caminho MATLAB

Os arquivos-M que você desenvolver devem ser mantidos em um diretório que pode ser adicionado ao *caminho MATLAB* — a lista de diretórios em que MATLAB procura por arquivos-M. Para ter seus diretórios automaticamente anexados ao caminho MATLAB, no início de uma sessão MATLAB, crie um arquivo-M de **startup.m** que inclui comandos para serem executados no início. Para acrescentar um diretório ao caminho MATLAB, inclua uma linha no arquivo **startup.m** da forma

**addpath** dirlocation

Por exemplo, se você estiver trabalhando em um PC e os arquivos de álgebra linear que você criou estão na unidade **c** em um subdiretório do diretório **linalg** do MATLAB, então, se você adicionar a linha

```
addpath c:\MATLAB\linalg
```

ao arquivo *start-up* do MATLAB, o MATLAB automaticamente acrescentará o diretório **linalg** a seu caminho de pesquisa no início. Em plataformas Windows, o arquivo `startup.m` deve ser colocado no subdiretório `tools\local` do seu diretório raiz MATLAB.

Também é possível usar os arquivos que não estão em um diretório no caminho MATLAB. Basta usar o Navegador Diretório Atual para navegar até o diretório que contém os arquivos-M. Dê um duplo clique no diretório para defini-lo como o atual para a sessão MATLAB. O MATLAB procura automaticamente no diretório atual, quando busca arquivos-M.

## Operadores Relacionais e Lógicos

O MATLAB tem seis operadores relacionais utilizados para comparações de escalares ou para comparações entre elementos de matrizes:

| Operadores Relacionais | |
|---|---|
| $<$ | menor que |
| $<=$ | menor que ou igual a |
| $>$ | maior que |
| $>=$ | maior que ou igual a |
| $==$ | igual a |
| $\sim=$ | diferente de |

Dadas duas matrizes $m \times n$ $A$ e $B$, o comando

$$C = A < B$$

gerará uma matriz $m \times n$ consistindo em zeros e uns. O elemento $(i, j)$ será igual a 1 se e somente se $a_{ij} < b_{ij}$. Por exemplo, suponha que

$$A = \begin{Bmatrix} -2 & 0 & 3 \\ 4 & 2 & -5 \\ -1 & -3 & 2 \end{Bmatrix}$$

O comando $A >= 0$ gerará

```
ans =

    0  1  1
    1  1  0
    0  0  1
```

Há três operadores lógicos em MATLAB:

| Operadores Lógicos | |
|---|---|
| & | E |
| \| | OU |
| ~ | NÃO |

Estes operadores lógicos veem qualquer escalar diferente de zero como correspondente a VERDADEIRO e 0 como correspondente a FALSO. O operador & corresponde ao E lógico. Se $a$ e $b$ são escalares, a expressão de $a$&$b$ será igual a 1, se $a$ e $b$ são diferentes de zero (VERDADEIRO), e 0, caso contrário. O operador | corresponde ao OU lógico. A expressão de $a|b$ terá o valor 0 se $a$ e $b$ são 0; em caso contrário, ela será igual a 1. O operador ~ corresponde ao NÃO lógico. Para um escalar $a$, ele assume o valor 1 (VERDADEIRO) se $a = 0$ (FALSO) e o valor 0 (FALSO) se $a \neq 0$ (VERDADEIRO).

Para matrizes, esses operadores são aplicados elemento a elemento. Assim, se $A$ e $B$ são duas matrizes $m \times n$, então $A\&B$ é uma matriz de zeros e uns cujo $ij$-ésimo elemento é $a(i, j)$ & $b(i, j)$. Por exemplo, se

$$A = \begin{bmatrix} 1 & 0 & 1 \\ 0 & 1 & 1 \\ 0 & 0 & 1 \end{bmatrix} \quad \text{e} \quad B = \begin{bmatrix} -1 & 2 & 0 \\ 1 & 0 & 3 \\ 0 & 1 & 2 \end{bmatrix}$$

então

$$A\&B = \begin{bmatrix} 1 & 0 & 0 \\ 0 & 0 & 1 \\ 0 & 0 & 1 \end{bmatrix}, \quad A|B = \begin{bmatrix} 1 & 1 & 1 \\ 1 & 1 & 1 \\ 0 & 1 & 1 \end{bmatrix}, \quad \sim A = \begin{bmatrix} 0 & 1 & 0 \\ 1 & 0 & 0 \\ 1 & 1 & 0 \end{bmatrix}$$

Os operadores relacionais e lógicos são frequentemente usados em enunciados **if**.

## Operadores Matriciais por Colunas

O MATLAB tem uma série de funções que, quando aplicadas a um vetor linha ou coluna **x**, retornam um único número. Por exemplo, o comando **max**(**x**) irá calcular o maior elemento de **x**, e o comando **sum**(**x**) irá retornar o valor da soma dos elementos de **x**. Outras funções desta forma são **min**, **prod**, **mean**, **all** e **any**. Quando utilizado com um argumento matricial, essas funções são aplicadas a cada vetor coluna, e os resultados são retornados como um vetor linha. Por exemplo, se

$$A = \begin{bmatrix} -3 & 2 & 5 & 4 \\ 1 & 3 & 8 & 0 \\ -6 & 3 & 1 & 3 \end{bmatrix}$$

então

$$\begin{aligned} \mathbf{min}(A) &= (-6, 2, 1, 0) \\ \mathbf{max}(A) &= (1, 3, 8, 4) \\ \mathbf{sum}(A) &= (-8, 8, 14, 7) \\ \mathbf{prod}(A) &= (18, 18, 40, 0) \end{aligned}$$

## Gráficos

Se **x** e **y** são vetores de mesmo comprimento, o comando **plot**(**x**, **y**) irá produzir um gráfico de todos os pares $(x_i, y_i)$, e cada ponto será ligado ao seguinte por um segmento de reta. Se as coordenadas $x$ forem suficientemente próximas umas das outras, o gráfico deve parecer uma curva suave. O comando **plot**(**x**, **y**, '$x$') irá desenhar os pares ordenados com $x$, mas não vai ligar os pontos.

Por exemplo, para desenhar a função $f(x) = \dfrac{\text{sen}\, x}{x+1}$ no intervalo [0, 10], faça

$$\mathbf{x} = 0 : 0.2 : 10 \quad \text{e} \quad \mathbf{y} = \sin(\mathbf{x})./(\mathbf{x} + 1)$$

O comando **plot**(**x**, **y**) irá gerar o gráfico da função. Para comparar o gráfico com o de sen $x$ poderíamos definir **z** = sen(**x**) e usar o comando **plot**(**x**, **y**, **x**, **z**) para traçar ambas as curvas ao mesmo tempo. Podemos incluir argumentos adicionais no comando para especificar o formato de cada gráfico. Por exemplo, o comando

**plot**(**x**, **y**, '**c**', **x**, **z**, ' – –')

traçará a primeira função usando uma cor azul-claro (ciano) e a segunda função usando linhas tracejadas. Veja a Figura A.1.

Também é possível fazer tipos mais sofisticados de gráficos em MATLAB, incluindo coordenadas polares, superfícies tridimensionais e gráficos de contornos.

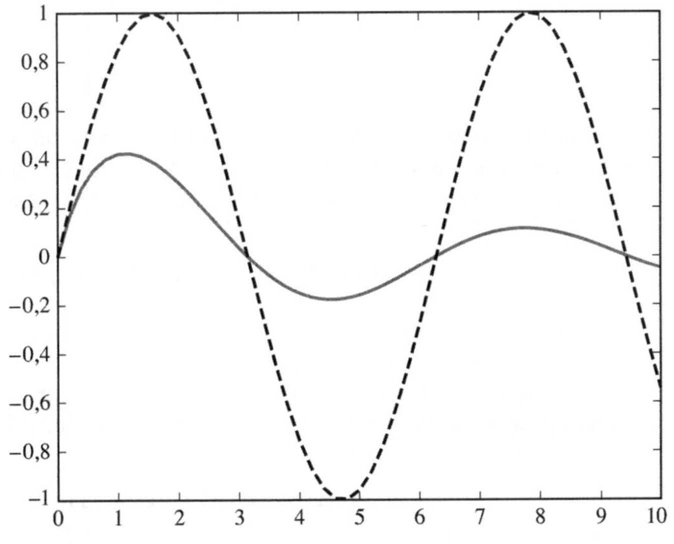


**Figura A.1**

## Caixa de Ferramentas Simbólica*

Além de fazer cálculos numéricos, é possível fazer cálculos simbólicos com a caixa de ferramentas simbólica do MATLAB. A caixa de ferramentas simbólica permite manipular expressões simbólicas. Ela pode ser usada para resolver equações, diferenciar e integrar funções, e executar operações simbólicas sobre matrizes.

O comando **sym** do MATLAB pode ser usado para transformar qualquer estrutura de dados do MATLAB em um objeto simbólico. Por exemplo, o comando **sym**('**t**') vai transformar a cadeia '**t**' em uma variável simbólica **t**, e o comando **sym(hilb(3))** irá produzir a versão simbólica da matriz de Hilbert 3 × 3 escrita sob a forma

$$\begin{bmatrix}1, & \frac{1}{2}, & \frac{1}{3}\end{bmatrix}$$
$$\begin{bmatrix}\frac{1}{2}, & \frac{1}{3}, & \frac{1}{4}\end{bmatrix}$$
$$\begin{bmatrix}\frac{1}{3}, & \frac{1}{4}, & \frac{1}{5}\end{bmatrix}$$

Podemos criar várias variáveis simbólicas simultaneamente com o comando **syms**. Por exemplo, o comando

```
syms a b c
```

cria três variáveis simbólicas **a**, **b** e **c**. Se então fizermos

$A =$ **(a, b, c; b, c, a; c, a, b)**

o resultado será a matriz simbólica

$$A =$$
$$\begin{bmatrix}\mathtt{a}, & \mathtt{b}, & \mathtt{c}\end{bmatrix}$$
$$\begin{bmatrix}\mathtt{b}, & \mathtt{c}, & \mathtt{a}\end{bmatrix}$$
$$\begin{bmatrix}\mathtt{c}, & \mathtt{a}, & \mathtt{b}\end{bmatrix}$$

O comando **subs** do MATLAB pode ser usado para substituir uma expressão ou um valor em uma variável simbólica. Por exemplo, o comando **subs(A, c, 3)** irá substituir por 3 cada ocorrência de **c** na matriz simbólica $A$. Múltiplas substituições também são possíveis: O comando

```
subs(A,[a,b,c],[a−1,b+1,3])
```

irá substituir **a**, **b** e **c** por **a** − 1, **b** + 1 e 3, respectivamente, na matriz $A$.

As operações matriciais padrão *, ^, +, − e ′ todas funcionam para matrizes simbólicas e também para combinações de matrizes simbólicas e numéricas. Se uma operação envolve duas matrizes e uma delas é simbólica, o resultado será uma matriz simbólica. Por exemplo, o comando

```
sym(hilb(3))+eye(3)
```

*Como só há versão em inglês do SW, porcurar por *Symbolic Toolbox*. (N.T.)

irá produzir a matriz simbólica

$$\left[2,\ \frac{1}{2},\ \frac{1}{3}\right]$$
$$\left[\frac{1}{2},\ \frac{4}{3},\ \frac{1}{4}\right]$$
$$\left[\frac{1}{3},\ \frac{1}{4},\ \frac{6}{5}\right]$$

Comandos matriciais padrão como

```
det, eig, inv, null, trace, sum, prod, poly
```

todos funcionam com matrizes simbólicas; entretanto, outros como

```
rref, orth, rank, norm
```

não funcionam. Da mesma forma, nenhuma das fatorações padrão de matrizes é possível com matrizes simbólicas.

## Mecanismo de Ajuda

MATLAB inclui um mecanismo que fornece ajuda em todas as funcionalidades do MATLAB. Para acessar o navegador de ajuda do MATLAB, clique no botão *help* na barra de ferramentas (esta é o botão com o símbolo ?) ou digite **`helpbrowser`** na janela de comando. Você também pode acessar a ajuda selecionando *HELP* no menu *View*. O mecanismo de ajuda fornece informações sobre como começar com MATLAB e sobre o uso e a personalização do *desktop*. Ele lista e descreve todas as funções, operações e comandos do MATLAB.

Você também pode obter informações de ajuda em qualquer um dos comandos MATLAB diretamente da janela de comando. Basta digitar **`help`** seguido do nome do comando. Por exemplo, o comando **`eig`** do MATLAB é usado para calcular valores próprios. Para obter informações sobre como utilizar esse comando, você pode encontrar o comando usando o navegador de ajuda ou simplesmente digitar **`help eig`** na janela de comando.

A partir da janela de comando, você também pode obter ajuda em qualquer operador MATLAB. Simplesmente digite **`help`**, seguido do nome do operador. Para fazer isto, você precisa saber o nome que o MATLAB dá ao operador. Você pode obter uma lista completa de todos os nomes de operador digitando **`help`** seguido por qualquer símbolo de operador. Por exemplo, para obter ajuda sobre o funcionamento da barra invertida, primeiro digite **`help \`**. O MATLAB irá responder com a exibição da lista de todos os nomes de operador. O operador barra invertida é listado como **`mldivide`** (abreviação de "matrix left divide"). Para saber como funciona o operador, simplesmente digite **`help mldivide`**.

## Conclusões

MATLAB é uma poderosa ferramenta para cálculos matriciais que também é fácil de usar. Os fundamentos podem ser facilmente dominados e, consequentemente, os alunos são capazes de começar experimentos numéricos com somente uma quantidade mínima de preparação. De fato, o material neste apêndice, juntamente com o mecanismo de ajuda do MATLAB, deve ser suficiente para você começar.

Os exercícios MATLAB no final de cada capítulo são projetados para melhorar o entendimento da álgebra linear. Os exercícios não supõem familiaridade com o MATLAB. Frequentemente, os comandos específicos são dados para orientar o leitor através das construções mais complicadas do MATLAB. Consequentemente, você deve ser capaz de trabalhar com todos os exercícios, sem recorrer a outros livros ou manuais MATLAB.

Embora este apêndice resuma as características do MATLAB, relevantes para um curso de graduação em álgebra linear, muitos outros recursos avançados não foram discutidos. As Referências [18] e [26] descrevem o MATLAB com mais detalhes.

# BIBLIOGRAFIA

## A Álgebra Linear e Teoria de Matrizes


[1] Brualdi, Richard A., and Herbert J. Ryser, *Combinatorial Matrix Theory*. New York: Cambridge University Press, 1991.

[2] Carlson, David, Charles R. Johnson, David C. Lay, and A. Duane Porter, *Linear Algebra Gems: Assets for Undergraduate Mathematics*. Washington, DC: MAA, 2001.

[3] Carlson, David, Charles R. Johnson, David C. Lay, A. Duane Porter, Ann Watkins, and William Watkins, eds., *Resources for Teaching Linear Algebra*. Washington, DC: MAA, 1997.

[4] Gantmacher, F. R., *The Theory of Matrices*, 2 vols. New York: Chelsea Publishing Co., 1960.

[5] Hill, David R., and David E. Zitarelli, *Linear Algebra Labs with MATLAB*, 3rd ed. Upper Saddle River, NJ: Prentice Hall, 2004.

[6] Hogben, Leslie, ed., *Handbook of Linear Algebra*, 2nd ed. Boca Raton, FL: Chapman and Hall/CRC Press, 2013.

[7] Horn, Roger A., and Charles R. Johnson, *Matrix Analysis*. 2nd ed. New York: Cambridge University Press, 2012.

[8] Horn, Roger A., and Charles R. Johnson, *Topics in Matrix Analysis*. New York: Cambridge University Press, 1991.

[9] Keith, Sandra, *Visualizing Linear Algebra Using Maple*. Upper Saddle River, NJ: Prentice Hall, 2001.

[10] Kleinfeld, Erwin, and Margaret Kleinfeld, *Understanding Linear Algebra Using MATLAB*. Upper Saddle River, NJ: Prentice Hall, 2001.

[11] Lancaster, Peter, and M. Tismenetsky, *The Theory of Matrices with Applications*, 2nd ed. New York: Academic Press, 1985.

[12] Leon, Steven J., Eugene Herman, and Richard Faulkenberry, *ATLAST Computer Exercises for Linear Algebra*, 2nd ed. Upper Saddle River, NJ: Prentice Hall, 2003.

[13] Ortega, James M., *Matrix Theory: A Second Course*. New York: Plenum Press, 1987.


## B Álgebra Linear Aplicada e Numérica


[14] Anderson, E., Z. Bai, C. Bischof, J. Demmel, J. Dongarra, J. Du Croz, A. Greenbaum, S. Hammarling, A. McKenney, S. Ostrouchov, and D. Sorenson, *LAPACK Users' Guide*, 3rd ed. Philadelphia: SIAM, 1999.

[15] Bellman, Richard, *Introduction to Matrix Analysis*, 2nd ed. New York: McGraw-Hill Book Co., 1970.

[16] Björck, Åke, *Numerical Methods for Least Squares Problems*. Philadelphia: SIAM, 1996.

[17] Chan, Raymond H., Chen Grief, and Dianne P. O'Leary, *Milestones in Matrix Computation The Selected Works of Gene H. Golub With Commentaries*. Oxford: Oxford University Press, 2007.

[18] Coleman, Thomas F., and Charles Van Loan, *Handbook for Matrix Computations*. Philadelphia: SIAM, 1988.

[19] Conte, Samuel, D., and Carl De Boor, *Elementary Numerical Analysis: An Algorithmic Approach*, 3rd ed. New York: McGraw-Hill Book Co., 1980.

[20] Dahlquist, G., and Å. Björck, *Numerical Methods in Scientific Computing* Vol.1. Philadelphia: SIAM, 2008.

[21] Datta, Biswa Nath, *Numerical Linear Algebra and Applications*. 2nd ed. Philadelphia: SIAM 2010.

[22] Demmel, James W., *Applied Numerical Linear Algebra*, Philadelphia: SIAM, 1997.

[23] Fletcher, T. J., *Linear Algebra Through Its Applications*. New York: Van Nostrand Reinhold, 1972.

[24] Golub, Gene H., and Charles F. Van Loan, *Matrix Computations*, 3rd ed. Baltimore, MD: Johns Hopkins University Press, 2013.

[25] Greenbaum, Anne, *Iterative Methods for Solving Linear Systems*. Philadelphia: SIAM, 1997.

[26] Higham, Desmond J., and Nicholas J. Higham, *MATLAB Guide*. Philadelphia: SIAM, 2000.

[27] O'Leary, Dianne P., *Scientific Computing with Case Studies*. Philadelphia: SIAM, 2009.

[28] Parlett, B. N., *The Symmetric Eigenvalue Problem*. Philadelphia: SIAM, 1997. (Reprint of Prentice-Hall 1980 edition.)

[29] Saad, Yousef, *Iterative Methods for Sparse Linear Systems*, 2nd ed. Philadelphia: SIAM, 2003.

[30] Stewart, G. W., *Matrix Algorithms: Vol. 1: Basic Decompositions*. Philadelphia: SIAM, 1998.

[31] Stewart, G. W., *Matrix Algorithms: Vol. 2: Eigensystems*. Philadelphia: SIAM, 2001.

[32] Strang, Gilbert, *Essays in Linear Algebra*. Wellesley, MA: Wellesley-Cambridge Press, 2012.

[33] Trefethen, Loyd N., *Numerical Linear Algebra*. Philadelphia: SIAM, 1997.

[34] Watkins, David S., *Fundamentals of Matrix Computation*, 2nd ed. New York: John Wiley & Sons, 2002.

[35] Watkins, David S., *The Matrix Eigenvalue Problem GR and Krylov Subspace Methods*, Philadelphia: SIAM, 2007.

[36] Wilkinson, J. H., *The Algebraic Eigenvalue Problem*. New York: Oxford University Press, 1965.

[37] Wilkinson, J. H., and C. Reinsch, *Handbook for Automatic Computation*, Vol. II: *Linear Algebra*. New York: Springer-Verlag, 1971.

## C Livros de Interesse Relacionado

[38] Chiang, Alpha C., *Fundamental Methods of Mathematical Economics*. New York: McGraw-Hill Book Co., 1967.

[39] Courant, R., and D. Hilbert, *Methods of Mathematical Physics*, Vol. I. New York: Wiley-Interscience, 1953.

[40] Edwards, Allen L., *Multiple Regression and the Analysis of Variance and Covariance*. New York: W. H. Freeman and Co., 1985.

[41] Gander, Walter, and Jiří Hřebíček, *Solving Problems in Scientific Computing Using Maple and MATLAB*, 4th ed. Berlin: Springer-Verlag, 2004.

[42] Higham, N. J., *Accuracy and Stability of Numerical Algorithms*, 2nd ed. Philadelphia: SIAM, 2002.

[43] Rivlin, T. J., *The Chebyshev Polynomials*. New York: Wiley-Interscience, 1974.

[44] Van Loan, Charles, *Computational Frameworks for the Fast Fourier Transform*. Philadelphia: SIAM, 1992.

As Referências [5], [12], [18] e [26] contêm informações sobre MATLAB. A Referência [12] pode ser usada como um volume acessório a este livro. (Veja o Prefácio, para mais detalhes e para informações sobre como obter a coleção ATLAST de arquivos-M para álgebra linear.) Bibliografias estendidas estão incluídas nas seguintes Referências: [4], [7], [21], [24], [28], [29] e [36].

# Respostas a Problemas Selecionados

## Capítulo 1

**1.1** 1. (a) $(11, 3)$ (b) $(4, 1, 3)$ (c) $(-2, 0, 3, 1)$
(d) $(-2, 3, 0, 3, 1)$

2. (a) $\begin{bmatrix} 1 & -3 \\ 0 & 2 \end{bmatrix}$ (b) $\begin{bmatrix} 1 & 1 & 1 \\ 0 & 2 & 1 \\ 0 & 0 & 3 \end{bmatrix}$

(c) $\begin{bmatrix} 1 & 2 & 2 & 1 \\ 0 & 3 & 1 & -2 \\ 0 & 0 & -1 & 2 \\ 0 & 0 & 0 & 4 \end{bmatrix}$

3. (a) Uma solução. As duas retas se interceptam no ponto $(3, 1)$.
(b) Nenhuma solução. As retas são paralelas.
(c) Número infinito de soluções. Ambas as equações representam a mesma reta.
(d) Nenhuma solução. Cada par de linhas se intercepta em um ponto; entretanto, não há ponto comum às três linhas.

4. (a) $\left[\begin{array}{rr|r} 1 & 1 & 4 \\ 1 & -1 & 2 \end{array}\right]$ (c) $\left[\begin{array}{rr|r} 2 & -1 & 3 \\ -4 & 2 & -6 \end{array}\right]$

(d) $\left[\begin{array}{rr|r} 1 & 1 & 1 \\ 1 & -1 & 1 \\ -1 & 3 & 3 \end{array}\right]$

6. (a) $(1, -2)$ (b) $(3, 2)$
(c) $\left(\frac{1}{2}, \frac{2}{3}\right)$ (d) $(1, 1, 2)$
(e) $(-3, 1, 2)$ (f) $(-1, 1, 1)$ (g) $(1, 1, -1)$
(h) $(4, -3, 1, 2)$

7. (a) $(2, -1)$ (b) $(-2, 3)$

8. (a) $(-1, 2, 1)$ (b) $(3, 1, -2)$

**1.2** 1. Forma linha degrau: (a), (c), (d), (g) e (h)
Forma linha degrau reduzida: (c), (d) e (g)

2. (a) Inconsistente
(c) consistente, infinitas soluções
(d) consistente $(4, 5, 2)$
(e) inconsistente
(f) consistente, $(5, 3, 2)$

3. (b) $\emptyset$
(c) $\{(2 + 3\alpha, \alpha, -2) \mid \alpha \text{ real}\}$
(d) $\{(5 - 2\alpha - \beta, \alpha, 4 - 3\beta, \beta) \mid \alpha, \beta \text{ reais}\}$
(e) $\{(3 - 5\alpha + 2\beta, \alpha, \beta, 6) \mid \alpha, \beta \text{ reais}\}$
(f) $\{(\alpha, 2, -1) \mid \alpha \text{ real}\}$

4. (a) $x_1, x_2, x_3$ são variáveis principais.
(c) $x_1, x_3$ são variáveis principais e $x_2$ é uma variável livre.
(e) $x_1, x_4$ são variáveis principais e $x_2, x_3$ são variáveis livres.

5. (a) $(5, 1)$ (b) inconsistente (c) $(0, 0)$
(d) $\left\{\left(\frac{5 - \alpha}{4}, \frac{1 + 7\alpha}{8}, \alpha\right) \middle| \alpha \text{ real}\right\}$
(e) $\{(8 - 2\alpha, \alpha - 5, \alpha)\}$
(f) inconsistente
(g) inconsistente (h) inconsistente
(i) $\left(0, \frac{3}{2}, 1\right)$
(j) $\{(2 - 6\alpha, 4 + \alpha, 3 - \alpha, \alpha)\}$
(k) $\left\{\left(\frac{15}{4} - \frac{5}{8}\alpha - \beta, -\frac{1}{4} - \frac{1}{8}\alpha, \alpha, \beta\right)\right\}$

6. (a) $(0, -1)$
(b) $\left\{\left(\frac{3}{4} - \frac{5}{8}\alpha, -\frac{1}{4} - \frac{1}{8}\alpha, \alpha, 3\right) \middle| \alpha \text{ é real}\right\}$
(d) $\left\{\alpha\left(-\frac{4}{3}, 0, \frac{1}{3}, 1\right)\right\}$

8. $a \neq -2$

9. $\beta = 2$

10. (a) $a = 5,\ b = 4$ (b) $a = 5, b \neq 4$

11. (a) $(-2, 2)$ (b) $(-7, 4)$

12. (a) $(-3, 2, 1)$ (b) $(2, -2, 1)$

15. $x_1 = 280, x_2 = 230, x_3 = 350, x_4 = 590$

19. $x_1 = 2, x_2 = 3, x_3 = 12, x_4 = 6$

20. 6 mols $N_2$, 18 mols $H_2$, 21 mols $O_2$

21. Os três devem ser iguais ($x_1 = x_2 = x_3$).

22. (a) $(5, 3, -2)$ (b) $(2, 4, 2)$
(c) $(2, 0, -2, -2, 0, 2)$

**1.3** 1. (a) $\begin{bmatrix} 6 & 2 & 8 \\ -4 & 0 & 2 \\ 2 & 4 & 4 \end{bmatrix}$

(b) $\begin{bmatrix} 4 & 1 & 6 \\ -5 & 1 & 2 \\ 3 & -2 & 3 \end{bmatrix}$

(c) $\begin{bmatrix} 3 & 2 & 2 \\ 5 & -3 & -1 \\ -4 & 16 & 1 \end{bmatrix}$

(d) $\begin{bmatrix} 3 & 5 & -4 \\ 2 & -3 & 16 \\ 2 & -1 & 1 \end{bmatrix}$

(f) $\begin{bmatrix} 5 & 5 & 8 \\ -10 & -1 & -9 \\ 15 & 4 & 6 \end{bmatrix}$

(h) $\begin{bmatrix} 5 & -10 & 15 \\ 5 & -1 & 4 \\ 8 & -9 & 6 \end{bmatrix}$

2. (a) $\begin{bmatrix} 15 & 19 \\ 4 & 0 \end{bmatrix}$ (c) $\begin{bmatrix} 19 & 21 \\ 17 & 21 \\ 8 & 10 \end{bmatrix}$

(f) $\begin{bmatrix} 6 & 4 & 8 & 10 \\ -3 & -2 & -4 & -5 \\ 9 & 6 & 12 & 15 \end{bmatrix}$

(b) e (e) não são possíveis.

3. (a) $3 \times 3$ (b) $1 \times 2$

4. (a) $\begin{bmatrix} 3 & 2 \\ 2 & -3 \end{bmatrix} \begin{bmatrix} x_1 \\ x_2 \end{bmatrix} = \begin{bmatrix} 1 \\ 5 \end{bmatrix}$

(b) $\begin{bmatrix} 1 & 1 & 0 \\ 2 & 1 & -1 \\ 3 & -2 & 2 \end{bmatrix} \begin{bmatrix} x_1 \\ x_2 \\ x_3 \end{bmatrix} = \begin{bmatrix} 5 \\ 6 \\ 7 \end{bmatrix}$

(c) $\begin{bmatrix} 2 & 1 & 1 \\ 1 & -1 & 2 \\ 3 & -2 & -1 \end{bmatrix} \begin{bmatrix} x_1 \\ x_2 \\ x_3 \end{bmatrix} = \begin{bmatrix} 4 \\ 2 \\ 0 \end{bmatrix}$

9. (a) $\mathbf{b} = 2\mathbf{a}_1 + \mathbf{a}_2$

10. (a) inconsistente (b) consistente
(c) inconsistente

13. $\mathbf{b} = (8, -7, -1, 7)^T$

14. $\mathbf{w} = (\frac{1}{2}, \frac{1}{3}, \frac{1}{6})^T$, $\mathbf{r} = (\frac{43}{120}, \frac{45}{120}, \frac{32}{120})^T$

18. $b = a_{22} - \dfrac{a_{12}a_{21}}{a_{11}}$

**1.4** 7. $A = A^2 = A^3 = A^n$

8. $A^{2n} = I$, $A^{2n+1} = A$

13. (a) $\begin{bmatrix} 1 & -2 \\ -3 & 7 \end{bmatrix}$ (c) $\begin{bmatrix} 1 & -\frac{3}{2} \\ -1 & 2 \end{bmatrix}$

31. 4500 casadas, 5500 solteiras

32. (b) 0 caminho de comprimento 2 de $V_2$ a $V_3$ e 3 caminhos de comprimento 2 de $V_2$ a $V_5$.

(c) 6 caminhos de comprimento 3 de $V_2$ a $V_3$ e 2 caminhos de comprimento 3 de $V_2$ a $V_5$

33. (a) $A = \begin{bmatrix} 0 & 1 & 0 & 1 & 0 \\ 1 & 0 & 1 & 1 & 0 \\ 0 & 1 & 0 & 0 & 0 \\ 1 & 1 & 0 & 0 & 1 \\ 0 & 0 & 0 & 1 & 0 \end{bmatrix}$

(c) 5 caminhos de comprimento 3 de $V_2$ a $V_4$ e 7 caminhos de comprimento 3 ou menos

**1.5** 1. (a) tipo I
(b) não é uma matriz elementar
(c) tipo III (d) tipo II

3. (a) $\begin{bmatrix} -2 & 0 \\ 0 & 1 \end{bmatrix}$ (b) $\begin{bmatrix} 1 & 0 & 0 \\ 0 & 0 & 1 \\ 0 & 1 & 0 \end{bmatrix}$

(c) $\begin{bmatrix} 1 & 0 & 0 \\ 0 & 1 & 0 \\ 0 & 2 & 1 \end{bmatrix}$

4. (a) $\begin{bmatrix} 0 & 0 & 1 \\ 0 & 1 & 0 \\ 1 & 0 & 0 \end{bmatrix}$ (b) $\begin{bmatrix} 1 & -3 \\ 0 & 1 \end{bmatrix}$

(c) $\begin{bmatrix} \frac{1}{2} & 0 & 0 \\ 0 & 1 & 0 \\ 0 & 0 & 1 \end{bmatrix}$

5. (a) $E = \begin{bmatrix} 1 & 0 & 0 \\ 0 & 1 & 0 \\ 1 & 0 & 1 \end{bmatrix}$

(b) $F = \begin{bmatrix} 1 & 0 & 0 \\ 0 & 1 & -1 \\ 0 & 0 & 1 \end{bmatrix}$

6. (a) $E_1 = \begin{bmatrix} 1 & 0 & 0 \\ -3 & 1 & 0 \\ 0 & 0 & 1 \end{bmatrix}$

(b) $E_2 = \begin{bmatrix} 1 & 0 & 0 \\ 0 & 1 & 0 \\ -2 & 0 & 1 \end{bmatrix}$

(c) $E_3 = \begin{bmatrix} 1 & 0 & 0 \\ 0 & 1 & 0 \\ 0 & 1 & 1 \end{bmatrix}$

8. (a) $\begin{bmatrix} 1 & 0 \\ 3 & 1 \end{bmatrix} \begin{bmatrix} 3 & 1 \\ 0 & 2 \end{bmatrix}$

(c) $\begin{bmatrix} 1 & 0 & 0 \\ 3 & 1 & 0 \\ -2 & 2 & 1 \end{bmatrix} \begin{bmatrix} 1 & 1 & 1 \\ 0 & 2 & 3 \\ 0 & 0 & 3 \end{bmatrix}$

9. (b) (i) $(0, -1, 1)^T$, (ii) $(-4, -2, 5)^T$, (iii) $(0, 3, -2)^T$

10. (a) $\begin{bmatrix} 0 & 1 \\ 1 & 1 \end{bmatrix}$ (b) $\begin{bmatrix} 3 & -5 \\ -1 & 2 \end{bmatrix}$

(c) $\begin{bmatrix} -4 & 3 \\ \frac{3}{2} & -1 \end{bmatrix}$ (d) $\begin{bmatrix} \frac{1}{3} & 0 \\ -1 & \frac{1}{3} \end{bmatrix}$

(f) $\begin{bmatrix} 3 & 0 & -5 \\ 0 & \frac{1}{3} & 0 \\ -1 & 0 & 2 \end{bmatrix}$

(g) $\begin{bmatrix} 2 & -3 & 3 \\ -\frac{3}{5} & \frac{6}{5} & -1 \\ -\frac{2}{5} & -\frac{1}{5} & 0 \end{bmatrix}$

(h) $\begin{bmatrix} -\frac{1}{2} & -1 & -\frac{1}{2} \\ -2 & -1 & -1 \\ \frac{3}{2} & 1 & \frac{1}{2} \end{bmatrix}$

11. (a) $\begin{bmatrix} -1 & 0 \\ 4 & 2 \end{bmatrix}$ (b) $\begin{bmatrix} -8 & 5 \\ -14 & 9 \end{bmatrix}$

12. (a) $\begin{bmatrix} 20 & -5 \\ -34 & 7 \end{bmatrix}$ (c) $\begin{bmatrix} 0 & -2 \\ -2 & 2 \end{bmatrix}$

**1.6** 1. (b) $\begin{bmatrix} I \\ A^{-1} \end{bmatrix}$ (c) $\begin{bmatrix} A^TA & A^T \\ A & I \end{bmatrix}$

(d) $AA^T + I$ (e) $\begin{bmatrix} I & A^{-1} \\ A & I \end{bmatrix}$

3. (a) $A\mathbf{b}_1 = \begin{bmatrix} 3 \\ 3 \end{bmatrix}$, $A\mathbf{b}_2 = \begin{bmatrix} 4 \\ -1 \end{bmatrix}$

(b) $\begin{bmatrix} 1 & 1 \end{bmatrix} B = \begin{bmatrix} 3 & 4 \end{bmatrix}$, $\begin{bmatrix} 2 & -1 \end{bmatrix} B = \begin{bmatrix} 3 & -1 \end{bmatrix}$

(c) $AB = \begin{bmatrix} 3 & 4 \\ 3 & -1 \end{bmatrix}$

4. (a) $\left[\begin{array}{cc|cc} 3 & 1 & 1 & 1 \\ 3 & 2 & 1 & 2 \\ \hline 1 & 1 & 1 & 1 \\ 1 & 2 & 1 & 1 \end{array}\right]$

(c) $\left[\begin{array}{cc|cc} 2 & 2 & 2 & 2 \\ 2 & 4 & 2 & 2 \\ \hline 3 & 1 & 1 & 1 \\ 3 & 2 & 1 & 2 \end{array}\right]$

(d) $\left[\begin{array}{cc|cc} 1 & 2 & 1 & 1 \\ 1 & 1 & 1 & 1 \\ \hline 3 & 2 & 1 & 2 \\ 3 & 1 & 1 & 1 \end{array}\right]$

5. (b) $\left[\begin{array}{ccc|c} 0 & 2 & 0 & -2 \\ 8 & 5 & 8 & -5 \\ 3 & 2 & 3 & -2 \\ \hline 5 & 3 & 5 & -3 \end{array}\right]$

(d) $\left[\begin{array}{cc} 3 & -3 \\ 2 & -2 \\ 1 & -1 \\ \hline 5 & -5 \\ 4 & -4 \end{array}\right]$

13. $A^2 = \begin{bmatrix} B & O \\ O & B \end{bmatrix}$, $A^4 = \begin{bmatrix} B^2 & O \\ O & B^2 \end{bmatrix}$

14. (a) $\begin{bmatrix} O & I \\ I & O \end{bmatrix}$ (b) $\begin{bmatrix} I & O \\ -B & I \end{bmatrix}$

### TESTE A DO CAPÍTULO

1. Falso 2. Verdadeiro 3. Verdadeiro 4. Verdadeiro 5. Falso 6. Falso 7. Falso 8. Falso 9. Falso 10. Verdadeiro 11. Verdadeiro 12. Verdadeiro 13. Verdadeiro 14. Falso 15. Verdadeiro

## Capítulo 2

**2.1** 1. (a) $\det(M_{21}) = -8, \det(M_{22}) = -2, \det(M_{23}) = 5$

(b) $A_{21} = 8, A_{22} = -2, A_{23} = -5$

2. (a) e (c) são não singulares.

3. (a) 1 (b) 4 (c) 0 (d) 58 (e) −39 (f) 0 (g) 8 (h) 20

4. (a) 2 (b) −4 (c) 0 (d) 0

5. $-x^3 + ax^2 + bx + c$

6. $\lambda = 6$ ou $-1$

**2.2** 1. (a) −24 (b) 30 (c) −1

2. (a) 10 (b) 20

3. (a), (e) e (f) são singulares, enquanto (b), (c) e (d) são não singulares.

4. $c = 5$ ou $-3$

7. (a) 20 (b) 108 (c) 160 (d) $\frac{5}{4}$

9. (a) −6 (c) 6 (e) 1

13. $\det(A) = u_{11}u_{22}u_{33}$

**2.3** 1. (a) $\det(A) = -7$, $\operatorname{adj} A = \begin{bmatrix} -1 & -2 \\ -3 & 1 \end{bmatrix}$,

$A^{-1} = \begin{bmatrix} \frac{1}{7} & \frac{2}{7} \\ \frac{3}{7} & -\frac{1}{7} \end{bmatrix}$

(c) $\det(A) = 3$, $\operatorname{adj} A = \begin{bmatrix} -3 & 5 & 2 \\ 0 & 1 & 1 \\ 6 & -8 & -5 \end{bmatrix}$,

$A^{-1} = \frac{1}{3} \operatorname{adj} A$

2. (a) $\left(\frac{5}{7}, \frac{8}{7}\right)$ (b) $\left(\frac{11}{5}, -\frac{4}{5}\right)$
   (c) $(4, -2, 2)$ (d) $(2, -1, 2)$
   (e) $\left(-\frac{2}{3}, \frac{2}{3}, \frac{1}{3}, 0\right)$
3. $-\frac{3}{4}$
4. $\left(\frac{1}{2}, -\frac{3}{4}, 1\right)^T$
5. (a) $\det(A) = 0$; logo, $A$ é singular.
   (b) $\text{adj}\, A = \begin{bmatrix} -1 & 2 & -1 \\ 2 & -4 & 2 \\ -1 & 2 & -1 \end{bmatrix}$ e
   $A\, \text{adj}\, A = \begin{bmatrix} 0 & 0 & 0 \\ 0 & 0 & 0 \\ 0 & 0 & 0 \end{bmatrix}$
9. (a) $\det(\text{adj}(A)) = 8$ e $\det(A) = 2$
   (b) $A = \begin{bmatrix} 1 & 0 & 0 & 0 \\ 0 & 4 & -1 & 1 \\ 0 & -6 & 2 & -2 \\ 0 & 1 & 0 & 1 \end{bmatrix}$
14. DO YOUR HOMEWORK.*

**TESTE A DO CAPÍTULO**

1. Verdadeiro 2. Falso 3. Falso 4. Verdadeiro 5. Falso 6. Verdadeiro 7. Verdadeiro 8. Verdadeiro 9. Falso 10. Verdadeiro

## Capítulo 3

**3.1**

1. (a) $\|\mathbf{x}_1\| = 10, \|\mathbf{x}_2\| = \sqrt{17}$
   (b) $\|\mathbf{x}_3\| = 13 < \|\mathbf{x}_1\| + \|\mathbf{x}_2\|$
2. (a) $\|\mathbf{x}_1\| = \sqrt{5}, \|\mathbf{x}_2\| = 3\sqrt{5}$
   (b) $\|\mathbf{x}_3\| = 4\sqrt{5}, = \|\mathbf{x}_1\| + \|\mathbf{x}_2\|$
7. Se $\mathbf{x} + \mathbf{y} = \mathbf{x}$ para todo $\mathbf{x}$ no espaço vetorial, então $\mathbf{0} = \mathbf{0} + \mathbf{y} = \mathbf{y}$.
8. Se $\mathbf{x} + \mathbf{y} = \mathbf{x} + \mathbf{z}$, então

$$-\mathbf{x} + (\mathbf{x} + \mathbf{y}) = -\mathbf{x} + (\mathbf{x} + \mathbf{z})$$

   e a conclusão se segue dos axiomas 1, 2, 3 e 4.
11. $V$ não é um espaço vetorial. O axioma 6 não é válido.

**3.2**

1. (a) e (c) são subespaços; (b), (d) e (e) não são.
2. (b) e (c) são subespaços; (a) e (d) não são.
3. (a), (c), (e) e (f) são subespaços; (b), (d) e (g) não são.
4. (a) $\{(0, 0)^T\}$
   (b) $\text{Cob}((-2, 1, 0, 0)^T, (3, 0, 1, 0)^T)$
   (c) $\text{Cob}((1, 1, 1)^T)$
   (d) $\text{Cob}((-5, 0, -3, 1)^T, (-1, 1, 0, 0)^T)$
5. Somente o conjunto do item (c) é um subespaço de $P_4$.
6. (a), (b) e (d) são subespaços.
11. (a), (c) e (e) são conjuntos de cobertura.
12. (a) e (b) são conjuntos de cobertura.
19. (b) e (c)

**3.3**

1. (a) e (e) são linearmente independentes; (b), (c) e (d) são linearmente dependentes.
2. (a) e (e) são linearmente independentes; (b), (c) e (d) não são.
3. (a) e (b) são espaços 3D
   (c) um plano passando por (0, 0, 0)
   (d) uma linha passando por (0, 0, 0)
   (e) um plano passando por (0, 0, 0)
4. (a) linearmente independentes
   (b) linearmente independentes
   (c) linearmente dependentes
8. (a) e (b) são linearmente dependentes, enquanto (c) e (d) são linearmente independentes.
11. Quando $\alpha$ é um múltiplo ímpar de $\pi/2$. Se o gráfico de $y = \cos x$ é deslocado para a esquerda ou para a direita por um múltiplo ímpar de $\pi/2$, obtemos o gráfico de sen $x$ ou de $-$sen $x$.

**3.4**

1. Somente nos itens (a) e (e) eles formam uma base.
2. Somente no item (a) eles formam uma base.
3. (c) 2
4. 1
5. (c) 2
   (d) um plano passando por (0, 0, 0) no espaço 3D
6. (b) $\{ (1, 1, 1)^T\}$, dimensão 1
   (c) $\{ (1, 0, 1)^T, (0, 1, 1)^T\}$, dimensão 2
7. $\{(1, 1, 0, 0)^T, (1, -1, 1, 0)^T, (0, 2, 0, 1)^T\}$
11. $\{x^2 + 2, x + 3\}$
12. (a) $\{E_{11}, E_{22}\}$ (c) $\{E_{11}, E_{21}, E_{22}\}$
    (e) $\{E_{12}, E_{21}, E_{22}\}$
    (f) $\{E_{11}, E_{22}, E_{21} + E_{12}\}$

*O código contém a mensagem em inglês. (N.T.)

13. 2

14. (a) 3 (b) 3 (c) 2 (d) 2

15. (a) $\{x, x^2\}$
(b) $\{x-1, (x-1)^2\}$
(c) $\{x(x-1)\}$

**3.5** 1. (a) $\begin{bmatrix} 1 & -1 \\ 1 & 1 \end{bmatrix}$ (b) $\begin{bmatrix} 1 & 2 \\ 2 & 5 \end{bmatrix}$
(c) $\begin{bmatrix} 0 & 1 \\ 1 & 0 \end{bmatrix}$

2. (a) $\begin{bmatrix} \frac{1}{2} & \frac{1}{2} \\ -\frac{1}{2} & \frac{1}{2} \end{bmatrix}$ (b) $\begin{bmatrix} 5 & -2 \\ -2 & 1 \end{bmatrix}$
(c) $\begin{bmatrix} 0 & 1 \\ 1 & 0 \end{bmatrix}$

3. (a) $\begin{bmatrix} \frac{5}{2} & \frac{7}{2} \\ -\frac{1}{2} & -\frac{1}{2} \end{bmatrix}$ (b) $\begin{bmatrix} 11 & 14 \\ -4 & -5 \end{bmatrix}$
(c) $\begin{bmatrix} 2 & 3 \\ 3 & 4 \end{bmatrix}$

4. $[\mathbf{x}]_E = (-1, 2)^T$, $[\mathbf{y}]_E = (5, -8)^T$, $[\mathbf{z}]_E = (-1, 5)^T$

5. (a) $\begin{bmatrix} 2 & 0 & -1 \\ -1 & 2 & -1 \\ 0 & -1 & 1 \end{bmatrix}$ (b) $(1, -4, 3)^T$
(c) $(0, -1, 1)^T$ (d) $(2, 2, -1)^T$

6. (a) $\begin{bmatrix} 1 & -1 & -2 \\ 1 & 1 & 0 \\ 1 & 0 & 1 \end{bmatrix}$ (b) $\begin{bmatrix} 7 \\ 5 \\ -2 \end{bmatrix}$

7. $\mathbf{w}_1 = (5, 9)^T$ e $\mathbf{w}_2 = (1, 4)^T$

8. $\mathbf{u}_1 = (0, -1)^T$ e $\mathbf{u}_2 = (1, 5)^T$

9. (a) $\begin{bmatrix} 2 & 2 \\ -1 & 1 \end{bmatrix}$ (b) $\begin{bmatrix} \frac{1}{4} & -\frac{1}{2} \\ \frac{1}{4} & \frac{1}{2} \end{bmatrix}$

10. $\begin{bmatrix} 1 & -1 & 0 \\ 0 & 1 & -1 \\ 0 & 0 & 1 \end{bmatrix}$

**3.6** 2. (a) 3 (b) 3 (c) 2

3. (a) $\mathbf{u}_2, \mathbf{u}_4, \mathbf{u}_5$ são vetores coluna de $U$ correspontentes às variáveis livres.
$\mathbf{u}_2 = 2\mathbf{u}_1$, $\mathbf{u}_4 = 5\mathbf{u}_1 - \mathbf{u}_3$,
$\mathbf{u}_5 = -3\mathbf{u}_1 + 2\mathbf{u}_3$

4. (a) consistente (b) inconsistente
(e) consistente

5. (a) infinitas soluções
(c) única solução

8. Posto de $A = 3$, $\dim N(B) = 1$

18. (b) $n - 1$

32. Se $\mathbf{x}_j$ é uma solução de $A\mathbf{x} = \mathbf{e}_j$ para $j = 1, \ldots, m$ e $X = (\mathbf{x}_1, \mathbf{x}_2, \ldots, \mathbf{x}_m)$, então $AX = I_m$.

### TESTE A DO CAPÍTULO

1. Verdadeiro 2. Falso 3. Falso 4. Falso
5. Verdadeiro 6. Verdadeiro 7. Falso
8. Verdadeiro 9. Verdadeiro 10. Falso
11. Verdadeiro 12. Falso 13. Verdadeiro
14. Falso 15. Falso

## Capítulo 4

**4.1** 1. (a) reflexão em relação ao eixo $x_2$
(b) reflexão em relação à origem
(c) reflexão em relação à linha $x_2 = x_1$
(d) o comprimento do vetor é dividido por 2
(e) projeção sobre o eixo $x_2$

4. $(7, 18)^T$

5. Todos, exceto (c), são transformações lineares de $R^3$ em $R^2$.

6. (b) e (c) são transformações lineares de $R^2$ em $R^3$.

7. (a), (b) e (d) são transformações lineares.

9. (a) e (c) são transformações lineares de $P_2$ em $P_3$.

10. $L(e^x) = e^x - 1$ e $L(x^2) = x^3/3$.

11. (a) e (c) são transformações lineares de $C[0, 1]$ em $R^1$.

17. (a) $\text{nucl}(L) = \{\mathbf{0}\}$, $L(R^3) = R^3$.
(c) $\text{nucl}(L) = \text{Cob}(\mathbf{e}_2, \mathbf{e}_3)$,
$L(R^3) = \text{Cob}((1, 1, 1)^T)$

18. (a) $L(S) = \text{Cob}(\mathbf{e}_2, \mathbf{e}_3)$
(b) $L(S) = \text{Cob}(\mathbf{e}_1, \mathbf{e}_2)$

19. (a) $\text{nucl}(L) = P_1$, $L(P_3) = \text{Cob}(x^2, x)$
(c) $\text{nucl}(L) = \text{Cob}(x^2 - x)$, $L(P_3) = P_2$

23. O operador no item (a) é biunívoco e sobre.

**4.2** 1. (a) $\begin{bmatrix} -1 & 0 \\ 0 & 1 \end{bmatrix}$ (c) $\begin{bmatrix} 0 & 1 \\ 1 & 0 \end{bmatrix}$
(d) $\begin{bmatrix} \frac{1}{2} & 0 \\ 0 & \frac{1}{2} \end{bmatrix}$ (e) $\begin{bmatrix} 0 & 0 \\ 0 & 1 \end{bmatrix}$

2. (a) $\begin{bmatrix} 1 & 1 & 0 \\ 0 & 0 & 0 \end{bmatrix}$ (b) $\begin{bmatrix} 1 & 0 & 0 \\ 0 & 1 & 0 \end{bmatrix}$
(c) $\begin{bmatrix} -1 & 1 & 0 \\ 0 & -1 & 1 \end{bmatrix}$

3. (a) $\begin{bmatrix} 0 & 0 & 1 \\ 0 & 1 & 0 \\ 1 & 0 & 0 \end{bmatrix}$ (b) $\begin{bmatrix} 1 & 0 & 0 \\ 1 & 1 & 0 \\ 1 & 1 & 1 \end{bmatrix}$

(c) $\begin{bmatrix} 0 & 0 & 2 \\ 3 & 1 & 0 \\ 2 & 0 & -1 \end{bmatrix}$

4. (a) $(0, 0, 0)^T$ (b) $(2, -1, -1)^T$
(c) $(-15, 9, 6)^T$

5. (a) $\begin{bmatrix} \frac{1}{\sqrt{2}} & \frac{1}{\sqrt{2}} \\ -\frac{1}{\sqrt{2}} & \frac{1}{\sqrt{2}} \end{bmatrix}$ (b) $\begin{bmatrix} 0 & 1 \\ 1 & 0 \end{bmatrix}$

(c) $\begin{bmatrix} \sqrt{3} & -1 \\ 1 & \sqrt{3} \end{bmatrix}$ (d) $\begin{bmatrix} 0 & 1 \\ 0 & 0 \end{bmatrix}$

6. $\begin{bmatrix} 1 & 0 \\ 0 & 1 \\ 1 & 1 \end{bmatrix}$

7. (b) $\begin{bmatrix} 0 & 0 & 1 \\ 0 & 1 & -1 \\ 1 & -1 & 0 \end{bmatrix}$

8. (a) $\begin{bmatrix} 1 & 1 & 1 \\ 2 & 0 & 1 \\ 0 & -2 & -1 \end{bmatrix}$

(b) (i) $7\mathbf{y}_1 + 6\mathbf{y}_2 - 8\mathbf{y}_3$, (ii) $3\mathbf{y}_1 + 3\mathbf{y}_2 - 3\mathbf{y}_3$, (iii) $\mathbf{y}_1 + 5\mathbf{y}_2 + 3\mathbf{y}_3$

9. (a) quadrado
(b) (i) contração por um fator de $\frac{1}{2}$, (ii) rotação de 45° no sentido horário, (iii) translação de 2 unidades para a direita e de 3 unidades para baixo

10. (a) $\begin{bmatrix} -\frac{1}{2} & -\frac{\sqrt{3}}{2} & 0 \\ \frac{\sqrt{3}}{2} & -\frac{1}{2} & 0 \\ 0 & 0 & 1 \end{bmatrix}$

(b) $\begin{bmatrix} 1 & 0 & -3 \\ 0 & 1 & 5 \\ 0 & 0 & 1 \end{bmatrix}$ (d) $\begin{bmatrix} -1 & 0 & 0 \\ 0 & 1 & 2 \\ 0 & 0 & 1 \end{bmatrix}$

13. $\begin{bmatrix} 1 & \frac{1}{2} \\ 1 & 0 \end{bmatrix}$

14. $\begin{bmatrix} 1 & \frac{1}{2} & \frac{1}{2} \\ -2 & 0 & 0 \end{bmatrix}$ (a) $\begin{bmatrix} \frac{1}{2} \\ -2 \end{bmatrix}$ (d) $\begin{bmatrix} 5 \\ -8 \end{bmatrix}$

15. $\begin{bmatrix} 1 & 1 & 0 \\ 0 & 1 & 2 \\ 0 & 0 & 1 \end{bmatrix}$

18. (a) $\begin{bmatrix} -1 & -3 & 1 \\ 0 & 2 & 0 \end{bmatrix}$ (c) $\begin{bmatrix} 2 & -2 & -4 \\ -1 & 3 & 3 \end{bmatrix}$

**4.3** 1. Para a matriz $A$, veja as respostas do Problema 1 da Seção 4.2.

(a) $B = \begin{bmatrix} 0 & 1 \\ 1 & 0 \end{bmatrix}$ (b) $B = \begin{bmatrix} -1 & 0 \\ 0 & -1 \end{bmatrix}$

(c) $B = \begin{bmatrix} 1 & 0 \\ 0 & -1 \end{bmatrix}$ (d) $B = \begin{bmatrix} \frac{1}{2} & 0 \\ 0 & \frac{1}{2} \end{bmatrix}$

(e) $B = \begin{bmatrix} \frac{1}{2} & \frac{1}{2} \\ \frac{1}{2} & \frac{1}{2} \end{bmatrix}$

2. (a) $\begin{bmatrix} 1 & 1 \\ -1 & -3 \end{bmatrix}$ (b) $\begin{bmatrix} 1 & 0 \\ -4 & -1 \end{bmatrix}$

3. $B = A = \begin{bmatrix} 2 & -1 & -1 \\ -1 & 2 & -1 \\ -1 & -1 & 2 \end{bmatrix}$

(*Observação*: Neste caso, as matrizes $A$ e $U$ comutam; logo, $B = U^{-1}AU = U^{-1}UA = A$.)

4. $V = \begin{bmatrix} 1 & 1 & 0 \\ 1 & 2 & -2 \\ 1 & 0 & 1 \end{bmatrix}$, $B = \begin{bmatrix} 0 & 0 & 0 \\ 0 & 1 & 0 \\ 0 & 0 & 1 \end{bmatrix}$

5. (a) $\begin{bmatrix} 0 & 0 & 2 \\ 0 & 1 & 0 \\ 0 & 0 & 2 \end{bmatrix}$ (b) $\begin{bmatrix} 0 & 0 & 0 \\ 0 & 1 & 0 \\ 0 & 0 & 2 \end{bmatrix}$

(c) $\begin{bmatrix} 1 & 0 & 1 \\ 0 & 1 & 0 \\ 0 & 0 & 1 \end{bmatrix}$ (d) $a_1x + a_2 2^n(1 + x^2)$

6. (a) $\begin{bmatrix} 1 & 0 & 0 \\ 0 & 1 & 1 \\ 0 & 1 & -1 \end{bmatrix}$ (b) $\begin{bmatrix} 0 & 0 & 0 \\ 0 & 0 & 1 \\ 0 & 1 & 0 \end{bmatrix}$

(c) $\begin{bmatrix} 0 & 0 & 0 \\ 0 & 1 & 0 \\ 0 & 0 & -1 \end{bmatrix}$

### TESTE A DO CAPÍTULO

1. Falso 2. Verdadeiro 3. Verdadeiro 4. Falso 5. Falso 6. Verdadeiro 7. Verdadeiro 8. Verdadeiro 9. Verdadeiro 10. Falso

## Capítulo 5

**5.1** 1. (a) 0° (b) 90°

2. (a) $\sqrt{14}$ (projeção escalar), $(2, 1, 3)^T$ (projeção vetorial)

(b) $0, \mathbf{0}$ (c) $\frac{14\sqrt{13}}{13}, \left(\frac{42}{13}, \frac{28}{13}\right)^T$

(d) $\frac{8\sqrt{21}}{21}, \left(\frac{8}{21}, \frac{16}{21}, \frac{32}{21}\right)^T$

3. (a) $\mathbf{p} = (3, 0)^T$, $\mathbf{x} - \mathbf{p} = (0, 4)^T$,
$\mathbf{p}^T(\mathbf{x} - \mathbf{p}) = 3 \cdot 0 + 0 \cdot 4 = 0$
(c) $\mathbf{p} = (3, 3, 3)^T$, $\mathbf{x} - \mathbf{p} = (-1, 1, 0)^T$,
$\mathbf{p}^T(\mathbf{x} - \mathbf{p}) = -1 \cdot 3 + 1 \cdot 3 + 0 \cdot 3 = 0$
5. (1,8; 3,6)
6. (1,4; 3,8)
7. 0,4
8. (a) $2x + 4y + 3z = 0$ (c) $z - 4 = 0$
9. $\frac{5}{3}$
10. $\frac{8}{7}$
20. A matriz de correlação com elementos arredondados para duas casas decimais é

$$\begin{bmatrix} 1,00 & -0,04 & 0,41 \\ -0,04 & 1,00 & 0,87 \\ 0,41 & 0,87 & 1,00 \end{bmatrix}$$

## 5.2

1. (a) $\{(3, 4)^T\}$ base para $R(A^T)$
$\{(-4, 3)^T\}$ base para $N(A)$
$\{(1, 2)^T\}$ base para $R(A)$
$\{(-2, 1)^T\}$ base para $N(A^T)$
(d) base para $R(A^T)$:
$\{(1, 0, 0, 0)^T, (0, 1, 0, 0)^T, (0, 0, 1, 1)^T\}$,
base para $N(A)$: $\{(0, 0, -1, 1)^T\}$,
base para $R(A)$:
$\{(1, 0, 0, 1)^T, (0, 1, 0, 1)^T, (0, 0, 1, 1)^T\}$,
base para $N(A^T)$: $\{(1, 1, 1, -1)^T\}$
2. (a) $\{(1, 1, 0)^T, (-1, 0, 1)^T\}$
3. (b) O complemento ortogonal é coberto por $(-5, 1, 3)^T$.
4. $\{(-1, 2, 0, 1)^T, (2, -3, 1, 0)^T\}$ é uma base para $S^\perp$.
6. (a) $\mathbf{N} = (8, -2, 1)^T$; (b) $8x - 2y + z = 7$
10. $\dim N(A) = n - r$, $\dim N(A^T) = m - r$

## 5.3

1. (a) $(2, 1)^T$ (c) $(1{,}6; 0{,}6; 1{,}2)^T$
2. (1a) $\mathbf{p} = (3, 1, 0)^T$ $\mathbf{r} = (0, 0, 2)^T$
(1c) $\mathbf{p} = (3{,}4; 0{,}2; 0{,}6; 2{,}8)^T$
$\mathbf{r} = (0{,}6; -0{,}2; 0{,}4; -0{,}8)^T$
3. (a) $\{(1 - 2\alpha, \alpha)^T \mid \alpha \text{ real}\}$
(b) $\{(2 - 2\alpha, 1 - \alpha, \alpha)^T \mid \alpha \text{ real}\}$
4. (a) $\mathbf{p} = (1, 2, -1)^T$, $\mathbf{b} - \mathbf{p} = (2, 0, 2)^T$
(b) $\mathbf{p} = (3, 1, 4)^T$, $\mathbf{p} - \mathbf{b} = (-5, -1, 4)^T$
5. (a) $y = 1{,}8 + 2{,}9x$
6. $0{,}55 + 1{,}65x + 1{,}25x^2$
14. O círculo de mínimos quadrados terá centro em (0,58; −0,64) e raio 2,73 (respostas arredondadas a duas casas decimais).
15. (a) $\mathbf{w} = (0{,}1995,\ 0{,}2599,\ 0{,}3412,\ 0{,}1995)^T$
(b) $\mathbf{r} = (0{,}2605,\ 0{,}2337,\ 0{,}2850,\ 0{,}2208)^T$

## 5.4

1. $\|\mathbf{x}\|_2 = 2$, $\|\mathbf{y}\|_2 = 6$, $\|\mathbf{x} + \mathbf{y}\|_2 = 2\sqrt{10}$
2. (a) $\theta = \frac{\pi}{4}$; $\mathbf{p} = \left(\frac{4}{3}, \frac{1}{3}, \frac{1}{3}, 0\right)^T$
3. (b) $\|\mathbf{x}\| = 1$, $\|\mathbf{y}\| = 3$
4. (a) 0 (b) 5 (c) 7 (d) $\sqrt{74}$
7. (a) 1 (b) $\frac{1}{\pi}$
8. (a) $\frac{\pi}{6}$ (b) $\mathbf{p} = \frac{3}{2}x$
11. (a) $\frac{\sqrt{10}}{2}$ (b) $\frac{\sqrt{34}}{4}$
15. (a) $\|\mathbf{x}\|_1 = 7$, $\|\mathbf{x}\|_2 = 5$, $\|\mathbf{x}\|_\infty = 4$
(b) $\|\mathbf{x}\|_1 = 4$, $\|\mathbf{x}\|_2 = \sqrt{6}$, $\|\mathbf{x}\|_\infty = 2$
(c) $\|\mathbf{x}\|_1 = 3$, $\|\mathbf{x}\|_2 = \sqrt{3}$, $\|\mathbf{x}\|_\infty = 1$
16. $\|\mathbf{x} - \mathbf{y}\|_1 = 5$, $\|\mathbf{x} - \mathbf{y}\|_2 = 3$, $\|\mathbf{x} - \mathbf{y}\|_\infty = 2$
28. (a) não é norma (b) norma (c) norma

## 5.5

1. (a) e (d)
2. (b) $\mathbf{x} = -\frac{\sqrt{2}}{3}\mathbf{u}_1 + \frac{5}{3}\mathbf{u}_2$,

$$\|\mathbf{x}\| = \left[\left(-\frac{\sqrt{2}}{3}\right)^2 + \left(\frac{5}{3}\right)^2\right]^{1/2} = \sqrt{3}$$

3. $\mathbf{p} = \left(\frac{23}{18}, \frac{41}{18}, \frac{8}{9}\right)^T$,

$$\mathbf{p} - \mathbf{x} = \left(\frac{5}{18}, \frac{5}{18}, -\frac{10}{9}\right)^T$$

4. (b) $c_1 = y_1 \cos\theta + y_2 \operatorname{sen}\theta$
$c_2 = -y_1 \operatorname{sen}\theta + y_2 \cos\theta$
6. (a) 15 (b) $\|\mathbf{u}\| = 3$, $\|\mathbf{v}\| = 5\sqrt{2}$ (c) $\frac{\pi}{4}$
9. (b) (i) 0, (ii) $-\frac{\pi}{2}$, (iii) 0, (iv) $\frac{\pi}{8}$
21. (b) (i) $(2, -2)^T$, (ii) $(5, 2)^T$, (iii) $(3, 1)^T$
22. (a) $P = \begin{bmatrix} \frac{1}{2} & \frac{1}{2} & 0 & 0 \\ \frac{1}{2} & \frac{1}{2} & 0 & 0 \\ 0 & 0 & \frac{1}{2} & \frac{1}{2} \\ 0 & 0 & \frac{1}{2} & \frac{1}{2} \end{bmatrix}$

23. (b) $Q = \begin{bmatrix} \frac{1}{2} & -\frac{1}{2} & 0 & 0 \\ -\frac{1}{2} & \frac{1}{2} & 0 & 0 \\ 0 & 0 & \frac{1}{2} & -\frac{1}{2} \\ 0 & 0 & -\frac{1}{2} & \frac{1}{2} \end{bmatrix}$

29. (b) $\| 1 \| = \sqrt{2}, \|x\| = \dfrac{\sqrt{6}}{3}$ (c) $l(x) = \dfrac{9}{7}x$

**5.6** 1. (a) $\left\{\left(-\frac{1}{\sqrt{2}}, \frac{1}{\sqrt{2}}\right)^T, \left(\frac{1}{\sqrt{2}}, \frac{1}{\sqrt{2}}\right)^T\right\}$

(b) $\left\{\left(\frac{2}{\sqrt{5}}, \frac{1}{\sqrt{5}}\right)^T, \left(-\frac{1}{\sqrt{5}}, \frac{2}{\sqrt{5}}\right)^T\right\}$

2. (a) $\begin{bmatrix} -\frac{1}{\sqrt{2}} & \frac{1}{\sqrt{2}} \\ \frac{1}{\sqrt{2}} & \frac{1}{\sqrt{2}} \end{bmatrix} \begin{bmatrix} \sqrt{2} & \sqrt{2} \\ 0 & 4\sqrt{2} \end{bmatrix}$

(b) $\begin{bmatrix} \frac{2}{\sqrt{5}} & -\frac{1}{\sqrt{5}} \\ \frac{1}{\sqrt{5}} & \frac{2}{\sqrt{5}} \end{bmatrix} \begin{bmatrix} \sqrt{5} & 4\sqrt{5} \\ 0 & 3\sqrt{5} \end{bmatrix}$

3. $\{(\frac{1}{3}, \frac{2}{3}, -\frac{2}{3})^T, (\frac{2}{3}, \frac{1}{3}, \frac{2}{3})^T, (-\frac{2}{3}, \frac{2}{3}, \frac{1}{3})^T\}$

4. $u_1(x) = \frac{1}{\sqrt{2}}, u_2(x) = \frac{\sqrt{6}}{2}x,$
$u_3(x) = \frac{3\sqrt{10}}{4}\left(x^2 - \frac{1}{3}\right)$

5. (a) $\left\{\frac{1}{3}(2, 1, 2)^T, \frac{\sqrt{2}}{6}(-1, 4, -1)^T\right\}$

(b) $Q = \begin{bmatrix} \frac{2}{3} & \frac{-\sqrt{2}}{6} \\ \frac{1}{3} & \frac{2\sqrt{2}}{3} \\ \frac{2}{3} & \frac{-\sqrt{2}}{6} \end{bmatrix} \quad R = \begin{bmatrix} 3 & \frac{5}{3} \\ 0 & \frac{\sqrt{2}}{3} \end{bmatrix}$

(c) $\mathbf{x} = \begin{bmatrix} 9 \\ -3 \end{bmatrix}$

6. (b) $\begin{bmatrix} \frac{3}{5} & -\frac{4}{5\sqrt{2}} \\ \frac{4}{5} & \frac{3}{5\sqrt{2}} \\ 0 & \frac{1}{\sqrt{2}} \end{bmatrix} \begin{bmatrix} 5 & 1 \\ 0 & 2\sqrt{2} \end{bmatrix}$

(c) $(2{,}1; 5{,}5)^T$

7. $\left\{\left(-\frac{1}{\sqrt{2}}, \frac{1}{\sqrt{2}}, 0, 0\right)^T, \left(\frac{\sqrt{2}}{3}, \frac{\sqrt{2}}{3}, -\frac{\sqrt{2}}{2}, \frac{\sqrt{2}}{6}\right)^T\right\}$

8. $\left\{\begin{bmatrix} \frac{4}{5} \\ \frac{2}{5} \\ \frac{2}{5} \\ \frac{1}{5} \end{bmatrix}, \begin{bmatrix} \frac{1}{5} \\ -\frac{2}{5} \\ -\frac{2}{5} \\ \frac{4}{5} \end{bmatrix}, \begin{bmatrix} 0 \\ \frac{1}{\sqrt{2}} \\ -\frac{1}{\sqrt{2}} \\ 0 \end{bmatrix}\right\}$

**5.7** 1. (a) $T_4 = 8x^4 - 8x^2 + 1, T_5 = 16x^5 - 20x^3 + 5x$

(b) $H_4 = 16x^4 - 48x^2 + 12,$
$H_5 = 32x^5 - 160x^3 + 120x$

2. $p_1(x) = x, \ p_2(x) = x^2 - \dfrac{4}{\pi} + 1$

4. $p(x) = (\text{senh } 1)P_0(x) + \dfrac{3}{e}P_1(x) + 5\left(\text{senh } 1 - \dfrac{3}{e}\right)P_2(x)$

$p(x) \approx 0{,}9963 + 1{,}1036x + 0{,}5367x^2$

6. (a) $U_0 = 1, U_1 = 2x, U_2 = 4x^2 - 1$

11. $p(x) = (x - 2)(x - 3) + (x - 1)(x - 3) + 2(x - 1)(x - 2)$

13. $1 \cdot f\left(-\dfrac{1}{\sqrt{3}}\right) + 1 \cdot f\left(\dfrac{1}{\sqrt{3}}\right)$

14. (a) grau 3 ou menos

(b) a fórmula fornece a resposta exata para a primeira integral. O valor aproximado para a segunda integral é 1,5, enquanto a resposta exata é $\frac{\pi}{2}$.

**TESTE A DO CAPÍTULO**

1. Falso 2. Falso 3. Falso 4. Falso
5. Verdadeiro 6. Falso 7. Verdadeiro
8. Verdadeiro 9. Verdadeiro 10. Falso

## Capítulo 6

**6.1** 1. (a) $\lambda_1 = 5$, o autoespaço é coberto por $(1, 1)^T$, $\lambda_2 = -1$, o autoespaço é coberto por $(1, -2)^T$

(b) $\lambda_1 = 3$, o autoespaço é coberto por $(4, 3)^T$, $\lambda_2 = 2$, o autoespaço é coberto por $(1, 1)^T$

(c) $\lambda_1 = \lambda_2 = 2$, o autoespaço é coberto por $(1, 1)^T$

(d) $\lambda_1 = 3 + 4i$, o autoespaço é coberto por $(2i, 1)^T$, $\lambda_2 = 3 - 4i$, o autoespaço é coberto por $(-2i, 1)^T$

(e) $\lambda_1 = 2 + i$, o autoespaço é coberto por $(1, 1 + i)^T$, $\lambda_2 = 2 - i$, o autoespaço é coberto por $(1, 1 - i)^T$

(f) $\lambda_1 = \lambda_2 = \lambda_3 = 0$, o autoespaço é coberto por $(1, 0, 0)^T$

(g) $\lambda_1 = 2$, o autoespaço é coberto por $(1, 1, 0)^T$, $\lambda_2 = 1$, o autoespaço é coberto por $(1, 0, 0)^T, (0, 1, -1)^T$

(h) $\lambda_1 = 1$, o autoespaço é coberto por $(1, 0, 0)^T$, $\lambda_2 = 4$, o autoespaço é coberto por $(1, 1, 1)^T$, $\lambda_3 = -2$, o autoespaço é coberto por $(-1, -1, 5)^T$

(i) $\lambda_1 = 2$, o autoespaço é coberto por $(7, 3, 1)^T$, $\lambda_2 = 1$, o autoespaço é coberto por $(3, 2, 1)^T$, $\lambda_3 = 0$, o autoespaço é coberto por $(1, 1, 1)^T$

(j) $\lambda_1 = \lambda_2 = \lambda_3 = -1$, o autoespaço é coberto por $(1, 0, 1)^T$

(k) $\lambda_1 = \lambda_2 = 2$, o autoespaço é coberto por $\mathbf{e}_1$ e $\mathbf{e}_2$, $\lambda_3 = 3$, o autoespaço é coberto por $\mathbf{e}_3$, $\lambda_4 = 4$, o autoespaço é coberto por $\mathbf{e}_4$

(l) $\lambda_1 = 3$, o autoespaço é coberto por $(1, 2, 0, 0)^T$, $\lambda_2 = 1$, o autoespaço é coberto por $(0, 1, 0, 0)^T$, $\lambda_3 = \lambda_4 = 2$, o autoespaço é coberto por $(0, 0, 1, 0)^T$

10. $\beta$ é um autovalor de $B$ se e somente se $\beta = \lambda - \alpha$ para algum autovalor $\lambda$ de $A$.

14. $\lambda_1 = 6$, $\lambda_2 = 2$

24. $\lambda_1 \mathbf{x}^T\mathbf{y} = (A\mathbf{x})^T\mathbf{y} = \mathbf{x}^T A^T \mathbf{y} = \lambda_2 \mathbf{x}^T \mathbf{y}$

**6.2** 1. (a) $\begin{bmatrix} c_1e^{2t} + c_2e^{3t} \\ c_1e^{2t} + 2c_2e^{3t} \end{bmatrix}$

(b) $\begin{bmatrix} -c_1e^{-2t} - 4c_2e^{t} \\ c_1e^{-2t} + c_2e^{t} \end{bmatrix}$

(c) $\begin{bmatrix} 2c_1 + c_2e^{5t} \\ c_1 - 2c_2e^{5t} \end{bmatrix}$

(d) $\begin{bmatrix} -c_1e^{t}\operatorname{sen} t + c_2e^{t}\cos t \\ c_1e^{t}\cos t + c_2e^{t}\operatorname{sen} t \end{bmatrix}$

(e) $\begin{bmatrix} -c_1e^{3t}\operatorname{sen} 2t + c_2e^{3t}\cos 2t \\ c_1e^{3t}\cos 2t + c_2e^{3t}\operatorname{sen} 2t \end{bmatrix}$

(f) $\begin{bmatrix} -c_1 + c_2e^{5t} + c_3e^{t} \\ -3c_1 + 8c_2e^{5t} \\ c_1 + 4c_2e^{5t} \end{bmatrix}$

2. (a) $\begin{bmatrix} e^{-3t} + 2e^{t} \\ -e^{-3t} + 2e^{t} \end{bmatrix}$

(b) $\begin{bmatrix} e^{t}\cos 2t + 2e^{t}\operatorname{sen} 2t \\ e^{t}\operatorname{sen} 2t - 2e^{t}\cos 2t \end{bmatrix}$

(c) $\begin{bmatrix} -6e^{t} + 2e^{-t} + 6 \\ -3e^{t} + e^{-t} + 4 \\ -e^{t} + e^{-t} + 2 \end{bmatrix}$

(d) $\begin{bmatrix} -2 - 3e^{t} + 6e^{2t} \\ 1 + 3e^{t} - 3e^{2t} \\ 1 + 3e^{2t} \end{bmatrix}$

4. $y_1(t) = 15e^{-0,24t} + 25e^{-0,08t}$,
$y_2(t) = -30e^{-0,24t} + 50e^{-0,08t}$

5. (a) $\begin{bmatrix} -2c_1e^{t} - 2c_2e^{-t} + c_3e^{\sqrt{2}t} + c_4e^{-\sqrt{2}t} \\ c_1e^{t} + c_2e^{-t} - c_3e^{\sqrt{2}t} - c_4e^{-\sqrt{2}t} \end{bmatrix}$

(b) $\begin{bmatrix} c_1e^{2t} + c_2e^{-2t} - c_3e^{t} - c_4e^{-t} \\ c_1e^{2t} - c_2e^{-2t} + c_3e^{t} - c_4e^{-t} \end{bmatrix}$

6. $y_1(t) = -e^{2t} + e^{-2t} + e^{t}$
$y_2(t) = -e^{2t} - e^{-2t} + 2e^{t}$

8. $x_1(t) = \cos t + 3\operatorname{sen} t + \frac{1}{\sqrt{3}}\operatorname{sen}\sqrt{3}t$,
$x_2(t) = \cos t + 3\operatorname{sen} t - \frac{1}{\sqrt{3}}\operatorname{sen}\sqrt{3}t$

10. (a) $m_1x_1''(t) = -kx_1 + k(x_2 - x_1)$
$m_2x_2''(t) = -k(x_2 - x_1) + k(x_3 - x_2)$
$m_3x_3''(t) = -k(x_3 - x_2) - kx_3$

(b) $\begin{bmatrix} 0{,}1\cos 2\sqrt{3}t + 0{,}9\cos\sqrt{2}t \\ -0{,}2\cos 2\sqrt{3}t + 1{,}2\cos\sqrt{2}t \\ 0{,}1\cos 2\sqrt{3}t + 0{,}9\cos\sqrt{2}t \end{bmatrix}$

11. $p(\lambda) = (-1)^n(\lambda^n - a_{n-1}\lambda^{n-1} - \ldots - a_1\lambda - a_0)$

**6.3** 8. (b) $\alpha = 2$ (c) $\alpha = 3$ ou $\alpha = -1$
(d) $\alpha = 1$ (e) $\alpha = 0$ (g) todos os valores de $\alpha$

21. A matriz de transição e o vetor de estado estacionário para a cadeia de Markov são

$$\begin{bmatrix} 0{,}80 & 0{,}30 \\ 0{,}20 & 0{,}70 \end{bmatrix} \qquad \mathbf{x} = \begin{bmatrix} 0{,}60 \\ 0{,}40 \end{bmatrix}$$

A longo prazo, esperava-se que 60 % dos funcionários estivessem inscritos.

22. (a) $A = \begin{bmatrix} 0{,}70 & 0{,}20 & 0{,}10 \\ 0{,}20 & 0{,}70 & 0{,}10 \\ 0{,}10 & 0{,}10 & 0{,}80 \end{bmatrix}$

(c) A adesão a todos os três grupos se aproximará de 100.000 quando $n$ cresce.

26. A matriz de transição é

$$A = 0{,}85\begin{bmatrix} 0 & \frac{1}{2} & 0 & \frac{1}{4} \\ \frac{1}{3} & 0 & 0 & \frac{1}{4} \\ \frac{1}{3} & \frac{1}{2} & 0 & \frac{1}{4} \\ \frac{1}{3} & 0 & 1 & \frac{1}{4} \end{bmatrix} + 0{,}15\begin{bmatrix} \frac{1}{4} & \frac{1}{4} & \frac{1}{4} & \frac{1}{4} \\ \frac{1}{4} & \frac{1}{4} & \frac{1}{4} & \frac{1}{4} \\ \frac{1}{4} & \frac{1}{4} & \frac{1}{4} & \frac{1}{4} \\ \frac{1}{4} & \frac{1}{4} & \frac{1}{4} & \frac{1}{4} \end{bmatrix}$$

30. (b) $\begin{bmatrix} e & e \\ 0 & e \end{bmatrix}$

31. (a) $\begin{bmatrix} 3 - 2e & 1 - e \\ -6 + 6e & -2 + 3e \end{bmatrix}$

(c) $\begin{bmatrix} e & -1 + e & -1 + e \\ 1 - e & 2 - e & 1 - e \\ -1 + e & -1 + e & e \end{bmatrix}$

32. (a) $\begin{bmatrix} e^{-t} \\ e^{-t} \end{bmatrix}$ (b) $\begin{bmatrix} -3e^t - e^{-t} \\ e^t + e^{-t} \end{bmatrix}$

(c) $\begin{bmatrix} 3e^t - 2 \\ 2 - e^{-t} \\ e^{-t} \end{bmatrix}$

**6.4** 1. (a) $\|\mathbf{z}\| = 6$, $\|\mathbf{w}\| = 3$, $\langle \mathbf{z}, \mathbf{w} \rangle = -4 + 4i$, $\langle \mathbf{w}, \mathbf{z} \rangle = -4 - 4i$

(b) $\|\mathbf{z}\| = 4$, $\|\mathbf{w}\| = 7$, $\langle \mathbf{z}, \mathbf{w} \rangle = -4 + 10i$, $\langle \mathbf{w}, \mathbf{z} \rangle = -4 - 10i$

2. (b) $\mathbf{z} = 4\mathbf{z}_1 + 2\sqrt{2}\mathbf{z}_2$

3. (a) $\mathbf{u}_1^H\mathbf{z} = 4 + 2i$, $\mathbf{z}^H\mathbf{u}_1 = 4 - 2i$,

$\mathbf{u}_2^H\mathbf{z} = 6 - 5i$, $\mathbf{z}^H\mathbf{u}_2 = 6 + 5i$

(b) $\|\mathbf{z}\| = 9$

4. (b) e (f) são hermitianas, enquanto (b), (c), (e) e (f) são normais.

14. (b) $\|U\mathbf{x}\|^2 = (U\mathbf{x})^H U\mathbf{x} = \mathbf{x}^H U^H U\mathbf{x} = \mathbf{x}^H\mathbf{x} = \|\mathbf{x}\|^2$

15. $U$ é unitária, pois $U^HU = (I - 2\mathbf{u}\mathbf{u}^H)^2 = I - 4\mathbf{u}\mathbf{u}^H + 4\mathbf{u}(\mathbf{u}^H\mathbf{u})\mathbf{u}^H = I$.

24. $\lambda_1 = 1$, $\lambda_2 = -1$,

$\mathbf{u}_1 = \left(\frac{1}{\sqrt{2}}, \frac{1}{\sqrt{2}}\right)^T$, $\mathbf{u}_2 = \left(-\frac{1}{\sqrt{2}}, \frac{1}{\sqrt{2}}\right)^T$,

$A = 1\begin{bmatrix} \frac{1}{2} & \frac{1}{2} \\ \frac{1}{2} & \frac{1}{2} \end{bmatrix} + (-1)\begin{bmatrix} \frac{1}{2} & -\frac{1}{2} \\ -\frac{1}{2} & \frac{1}{2} \end{bmatrix}$

**6.5** 2. (a) $\sigma_1 = \sqrt{10}$, $\sigma_2 = 0$

(b) $\sigma_1 = 3$, $\sigma_2 = 2$

(c) $\sigma_1 = 4$, $\sigma_2 = 2$

(d) $\sigma_1 = 3$, $\sigma_2 = 2$, $\sigma_3 = 1$. As matrizes $U$ e $V$ não são únicas. O leitor pode testar suas respostas calculando $U\Sigma V^T$.

3. (b) posto de $A = 2$, $A' = \begin{bmatrix} 1{,}2 & -2{,}4 \\ -0{,}6 & 1{,}2 \end{bmatrix}$

4. A matriz de posto 2 mais próxima é

$$\begin{bmatrix} -2 & 8 & 20 \\ 14 & 19 & 10 \\ 0 & 0 & 0 \end{bmatrix}$$

A matriz de posto 1 mais próxima é

$$\begin{bmatrix} 6 & 12 & 12 \\ 8 & 16 & 16 \\ 0 & 0 & 0 \end{bmatrix}$$

5. (a) base para $R(A^T)$:

$$\left\{\mathbf{v}_1 = \left(\frac{2}{3}, \frac{2}{3}, \frac{1}{3}\right)^T, \mathbf{v}_2 = \left(-\frac{2}{3}, \frac{1}{3}, \frac{2}{3}\right)^T\right\}$$

base para $N(A)$: $\left\{\mathbf{v}_3 = \left(\frac{1}{3}, -\frac{2}{3}, \frac{2}{3}\right)^T\right\}$

**6.6** 1. (a) $\begin{bmatrix} 3 & -\frac{5}{2} \\ -\frac{5}{2} & 1 \end{bmatrix}$ (b) $\begin{bmatrix} 2 & \frac{1}{2} & -1 \\ \frac{1}{2} & 3 & \frac{3}{2} \\ -1 & \frac{3}{2} & 1 \end{bmatrix}$

3. (a) $Q = \frac{1}{\sqrt{2}}\begin{bmatrix} 1 & 1 \\ 1 & -1 \end{bmatrix}, \frac{(x')^2}{4} + \frac{(y')2}{12} = 1$, elipse

(d) $Q = \frac{1}{\sqrt{2}}\begin{bmatrix} 1 & 1 \\ -1 & 1 \end{bmatrix}, \left(y' + \frac{\sqrt{2}}{2}\right)^2 =$

$= -\frac{\sqrt{2}}{2}\left(x' - \sqrt{2}\right)$ ou

$(y'')^2 = -\frac{\sqrt{2}}{2}x''$, parábola

6. (a) definida positiva (b) indefinida

(d) definida negativa (e) indefinida

7. (a) mínimo (b) ponto de sela

(c) ponto de sela (f) máximo local

**6.7** 1. (a) $\det(A_1) = 2$, $\det(A_2) = 3$, definida positiva

(b) $\det(A_1) = 3$, $\det(A_2) = -10$, não definida positiva

(c) $\det(A_1) = 6$, $\det(A_2) = 14$, $\det(A_3) = -38$, não definida positiva

(d) $\det(A_1) = 4$, $\det(A_2) = 8$, $\det(A_3) = 13$, definida positiva

2. $a_{11} = 3$, $a_{22}^{(1)} = 2$, $a_{33}^{(2)} = \frac{4}{3}$

4. (a) $\begin{bmatrix} 1 & 0 \\ \frac{1}{2} & 1 \end{bmatrix}\begin{bmatrix} 4 & 0 \\ 0 & 9 \end{bmatrix}\begin{bmatrix} 1 & \frac{1}{2} \\ 0 & 1 \end{bmatrix}$

(b) $\begin{bmatrix} 1 & 0 \\ -\frac{1}{3} & 1 \end{bmatrix}\begin{bmatrix} 9 & 0 \\ 0 & 1 \end{bmatrix}\begin{bmatrix} 1 & -\frac{1}{3} \\ 0 & 1 \end{bmatrix}$

(c) $\begin{bmatrix} 1 & 0 & 0 \\ \frac{1}{2} & 1 & 0 \\ \frac{1}{4} & -1 & 1 \end{bmatrix}\begin{bmatrix} 16 & 0 & 0 \\ 0 & 2 & 0 \\ 0 & 0 & 4 \end{bmatrix}\begin{bmatrix} 1 & \frac{1}{2} & \frac{1}{4} \\ 0 & 1 & -1 \\ 0 & 0 & 1 \end{bmatrix}$

(d) $\begin{bmatrix} 1 & 0 & 0 \\ \frac{1}{3} & 1 & 0 \\ -\frac{2}{3} & 1 & 1 \end{bmatrix}\begin{bmatrix} 9 & 0 & 0 \\ 0 & 3 & 0 \\ 0 & 0 & 2 \end{bmatrix}\begin{bmatrix} 1 & \frac{1}{3} & -\frac{2}{3} \\ 0 & 1 & 1 \\ 0 & 0 & 1 \end{bmatrix}$

5. (a) $\begin{bmatrix} 2 & 0 \\ 1 & 3 \end{bmatrix}\begin{bmatrix} 2 & 1 \\ 0 & 3 \end{bmatrix}$

(b) $\begin{bmatrix} 3 & 0 \\ -1 & 1 \end{bmatrix}\begin{bmatrix} 3 & -1 \\ 0 & 1 \end{bmatrix}$

(c) $\begin{bmatrix} 4 & 0 & 0 \\ 2 & \sqrt{2} & 0 \\ 1 & -\sqrt{2} & 2 \end{bmatrix}\begin{bmatrix} 4 & 2 & 1 \\ 0 & \sqrt{2} & -\sqrt{2} \\ 0 & 0 & 2 \end{bmatrix}$

(d) $\begin{bmatrix} 3 & 0 & 0 \\ 1 & \sqrt{3} & 0 \\ -2 & \sqrt{3} & \sqrt{2} \end{bmatrix}\begin{bmatrix} 3 & 1 & -2 \\ 0 & \sqrt{3} & \sqrt{3} \\ 0 & 0 & \sqrt{2} \end{bmatrix}$

**6.8** 1. (a) $\lambda_1 = 4, \lambda_2 = -1, \mathbf{x}_1 = (3, 2)^T$
(b) $\lambda_1 = 8, \lambda_2 = 3, \mathbf{x}_1 = (1, 2)^T$
(c) $\lambda_1 = 7, \lambda_2 = 2, \lambda_3 = 0, \mathbf{x}_1 = (1, 1, 1)^T$

2. (a) $\lambda_1 = 3, \lambda_2 = -1, \mathbf{x}_1 = (3, 1)^T$
(b) $\lambda_1 = 2 = 2\exp(0)$, $\lambda_2 = -2 = 2\exp(\pi i), \mathbf{x}_1 = (1, 1)^T$
(c) $\lambda_1 = 2 = 2\exp(0)$,
$$\lambda_2 = -1 + \sqrt{3}i = 2\exp\left(\frac{2\pi i}{3}\right),$$
$$\lambda_3 = -1 - \sqrt{3}i = 2\exp\left(\frac{4\pi i}{3}\right),$$
$\mathbf{x}_1 = (4, 2, 1)^T$

3. $x_1 = 70.000, x_2 = 56.000, x_3 = 44.000$
4. $x_1 = x_2 = x_3$
5. $(I - A)^{-1} = I + A + \ldots + A^{m-1}$
6. (a) $(I - A)^{-1} = \begin{bmatrix} 1 & -1 & 3 \\ 0 & 0 & 1 \\ 0 & -1 & 2 \end{bmatrix}$
(b) $A^2 = \begin{bmatrix} 0 & -2 & 2 \\ 0 & 0 & 0 \\ 0 & 0 & 0 \end{bmatrix}$,
$A^3 = \begin{bmatrix} 0 & 0 & 0 \\ 0 & 0 & 0 \\ 0 & 0 & 0 \end{bmatrix}$
7. (b) e (c) são redutíveis.
15. (d) $\mathbf{w} = (\frac{12}{29}, \frac{12}{29}, \frac{3}{29}, \frac{2}{29})^T \approx (0{,}4138; 0{,}4138; 0{,}1034; 0{,}0690)^T$

**TESTE A DO CAPÍTULO**

1. Verdadeiro 2. Falso 3. Verdadeiro
4. Falso 5. Falso 6. Falso 7. Falso
8. Falso 9. Verdadeiro 10. Falso
11. Verdadeiro 12. Verdadeiro 13. Verdadeiro
14. Falso 15. Verdadeiro

# Capítulo 7

**7.1** 1. (a) $0{,}231 \times 10^4$ (b) $0{,}326 \times 10^2$
(c) $0{,}128 \times 10^{-1}$ (d) $0{,}824 \times 10^5$

2. (a) $\epsilon = -2$ $\delta \approx -8{,}7 \times 10^{-4}$
(b) $\epsilon = 0{,}04$ $\delta \approx 1{,}2 \times 10^{-3}$
(c) $\epsilon = 3{,}0 \times 10^{-5}$ $\delta \approx 2{,}3 \times 10^{-3}$
(d) $\epsilon = -31$ $\delta \approx -3{,}8 \times 10^{-4}$

3. (a) $(1{,}0101)_2 \times 2^4$ (b) $(1{,}1000)_2 \times 2^{-2}$
(c) $(1{,}0100)_2 \times 2^3$ (d) $-(1{,}1010)_2 \times 2^{-4}$

4. (a) 10.420, $\epsilon = -0{,}0018$, $\delta \approx -1{,}7 \times 10^{-7}$
(b) 0, $\epsilon = -8$, $\delta = -1$
(c) $1 \times 10^{-4}$, $\epsilon = 5 \times 10^{-5}$, $\delta = 1$
(d) 82.190, $\epsilon = 25{,}7504$, $\delta \approx 3{,}1 \times 10^{-4}$

5. (a) $0{,}1043 \times 10^6$
(b) $0{,}1045 \times 10^6$
(c) $0{,}1045 \times 10^6$

8. 23
9. (a) $(1{,}0011100000000000000000)_2 \times 2^3$ ou 9,75

**7.2** 1. $A = \begin{bmatrix} 1 & 0 & 0 \\ 2 & 1 & 0 \\ -3 & 2 & 1 \end{bmatrix} \begin{bmatrix} 1 & 1 & 1 \\ 0 & 2 & -1 \\ 0 & 0 & 3 \end{bmatrix}$

2. (a) $(2, -1, 3)^T$ (b) $(1, -1, 3)^T$
(c) $(1, 5, 1)^T$

3. (a) $n^2$ multiplicações e $n(n-1)$ adições
(b) $n^3$ multiplicações e $n^2(n-1)$ adições
(c) $(AB)\mathbf{x}$ requer $n^3 + n^2$ multiplicações e $n^3 - n$ adições. $A(B\mathbf{x})$ requer $2n^2$ multiplicações e $2n(n-1)$ adições.

4. (b) (i) 156 multiplicações e 105 adições,
(ii) 47 multiplicações e 24 adições,
(iii) 100 multiplicações e 60 adições

8. $5n - 4$ multiplicações/divisões, $3n - 3$ adições/subtrações.

9. (a) $[(n-j)(n-j+1)]/2$ multiplicações
$[(n-j-1)(n-j)]/2$ adições
(c) Requer da ordem de $\frac{2}{3}n^3$ multiplicações/divisões adicionais para calcular $A^{-1}$ dada a fatoração $LU$.

**7.3** 1. (a) $(1, 1, -2)$
(b) $\begin{bmatrix} 0 & 0 & 1 \\ 1 & 0 & 0 \\ 0 & 1 & 0 \end{bmatrix} \begin{bmatrix} 1 & 0 & 0 \\ 2 & 1 & 0 \\ 0 & 3 & 1 \end{bmatrix} \begin{bmatrix} 1 & 2 & -2 \\ 0 & 1 & 8 \\ 0 & 0 & -23 \end{bmatrix}$

2. (a) $(1, 2, 2)$ (b) $(4, -3, 0)$ (c) $(1, 1, 1)$

3. $P = \begin{bmatrix} 0 & 0 & 1 \\ 1 & 0 & 0 \\ 0 & 1 & 0 \end{bmatrix}$, $L = \begin{bmatrix} 1 & 0 & 0 \\ \frac{1}{2} & 1 & 0 \\ -\frac{1}{2} & -\frac{1}{3} & 1 \end{bmatrix}$,
$U = \begin{bmatrix} 2 & 4 & -6 \\ 0 & 6 & 9 \\ 0 & 0 & 5 \end{bmatrix}$, $\mathbf{x} = \begin{bmatrix} 6 \\ -\frac{1}{2} \\ 1 \end{bmatrix}$

4. $P = Q = \begin{bmatrix} 0 & 1 \\ 1 & 0 \end{bmatrix}$,
$PAQ = LU = \begin{bmatrix} 1 & 0 \\ \frac{1}{2} & 1 \end{bmatrix} \begin{bmatrix} 4 & 2 \\ 0 & 2 \end{bmatrix}$,
$\mathbf{x} = \begin{bmatrix} 3 \\ -2 \end{bmatrix}$

5. (a) $\hat{\mathbf{c}} = P\mathbf{c} = (-4, 6)^T$,

$\mathbf{y} = L^{-1}\hat{\mathbf{c}} = (-4, 8)^T$,

$\mathbf{z} = U^{-1}\mathbf{y} = (-3, 4)^T$

(b) $\mathbf{x} = Q\mathbf{z} = (4, -3)^T$

6. (b) $P = \begin{bmatrix} 0 & 0 & 1 \\ 0 & 1 & 0 \\ 1 & 0 & 0 \end{bmatrix}$ $Q = \begin{bmatrix} 0 & 0 & 1 \\ 1 & 0 & 0 \\ 0 & 1 & 0 \end{bmatrix}$

$L = \begin{bmatrix} 1 & 0 & 0 \\ -\frac{1}{2} & 1 & 0 \\ \frac{1}{2} & \frac{2}{3} & 1 \end{bmatrix}$

$U = \begin{bmatrix} 8 & 6 & 2 \\ 0 & 6 & 3 \\ 0 & 0 & 2 \end{bmatrix}$

7. Erro $= \dfrac{-2000e}{0,6} \approx -3333e$. Se $e = 0,001$, então $\delta = -\dfrac{2}{3}$.

8. (1,667; 1,001)

9. (5,002; 1,000)

10. (5,001; 1,001)

## 7.4

1. (a) $\|A\|_F = \sqrt{2}$, $\|A\|_\infty = 1$, $\|A\|_1 = 1$
   (b) $\|A\|_F = 5$, $\|A\|_\infty = 5$, $\|A\|_1 = 6$
   (c) $\|A\|_F = \|A\|_\infty = \|A\|_1 = 1$
   (d) $\|A\|_F = 7$, $\|A\|_\infty = 6$, $\|A\|_1 = 10$
   (e) $\|A\|_F = 9$, $\|A\|_\infty = 10$, $\|A\|_1 = 12$

2. 2

4. $\|I\|_1 = \|I\|_\infty = 1$, $\|I\|_F = \sqrt{n}$

6. (a) 10 (b) $(-1, 1, -1)^T$

27. (a) Como para cada vetor $\mathbf{y}$ em $\mathbb{R}^n$ temos
$$\|\mathbf{y}\|_\infty \leq \|\mathbf{y}\|_2 \leq \sqrt{n}\,\|\mathbf{y}\|_\infty$$
segue-se que
$$\begin{aligned}\|A\mathbf{x}\|_\infty &\leq \|A\mathbf{x}\|_2 \\ &\leq \|A\|_2\|\mathbf{x}\|_2 \leq \sqrt{n}\,\|A\|_2\|\mathbf{x}\|_\infty\end{aligned}$$

29. $\text{cond}_\infty A = 400$

30. As soluções são $\begin{bmatrix} -0,48 \\ 0,8 \end{bmatrix}$ e $\begin{bmatrix} -2,902 \\ 2,0 \end{bmatrix}$

31. $\text{cond}_\infty (A) = 28$

33. (a) $A_n^{-1} = \begin{bmatrix} 1-n & n \\ n & -n \end{bmatrix}$
   (b) $\text{cond}_\infty A_n = 4n$
   (c) $\lim_{n\to\infty} \text{cond}_\infty A_n = \infty$

34. $\sigma_1 = 8$, $\sigma_2 = 8$, $\sigma_3 = 4$

35. (a) $\mathbf{r} = (-0,06; 0,02)^T$ e o residual relativo é 0,012
   (b) 20
   (d) $\mathbf{x} = (1, 1)^T$, $\|\mathbf{x} - \mathbf{x}'\|_\infty = 0,12$

36. $\text{cond}_1(A) = 6$

37. 0,3

38. (a) $\|\mathbf{r}\|_\infty = 0,10$, $\text{cond}_\infty (A) = 32$
   (b) 0,64
   (c) $\mathbf{x} = (12,50; 4,26; 2,14; 1,10)^T$, $\delta = 0,04$

## 7.5

1. (a) $\begin{bmatrix} \frac{1}{\sqrt{2}} & \frac{1}{\sqrt{2}} \\ -\frac{1}{\sqrt{2}} & \frac{1}{\sqrt{2}} \end{bmatrix}$ (b) $\begin{bmatrix} \frac{\sqrt{3}}{2} & -\frac{1}{2} \\ \frac{1}{2} & \frac{\sqrt{3}}{2} \end{bmatrix}$
   (c) $\begin{bmatrix} -\frac{4}{5} & \frac{3}{5} \\ -\frac{3}{5} & -\frac{4}{5} \end{bmatrix}$

2. (a) $\begin{bmatrix} \frac{3}{5} & 0 & \frac{4}{5} \\ 0 & 1 & 0 \\ \frac{4}{5} & 0 & -\frac{3}{5} \end{bmatrix}$
   (b) $\begin{bmatrix} \frac{1}{\sqrt{2}} & -\frac{1}{\sqrt{2}} & 0 \\ -\frac{1}{\sqrt{2}} & -\frac{1}{\sqrt{2}} & 0 \\ 0 & 0 & 1 \end{bmatrix}$
   (c) $\begin{bmatrix} 1 & 0 & 0 \\ 0 & \frac{1}{2} & \frac{\sqrt{3}}{2} \\ 0 & \frac{\sqrt{3}}{2} & -\frac{1}{2} \end{bmatrix}$
   (d) $\begin{bmatrix} 1 & 0 & 0 \\ 0 & -\frac{\sqrt{3}}{2} & \frac{1}{2} \\ 0 & \frac{1}{2} & \frac{\sqrt{3}}{2} \end{bmatrix}$

3. $H = I - \dfrac{1}{\beta}\mathbf{v}\mathbf{v}^T$ para $\beta$ e $\mathbf{v}$ dados.
   (a) $\beta = 90$, $\mathbf{v} = (-10, 8, -4)^T$
   (b) $\beta = 70$, $\mathbf{v} = (10, 6, 2)^T$
   (c) $\beta = 15$, $\mathbf{v} = (-5, -3, 4)^T$

4. (a) $\beta = 90$, $\mathbf{v} = (0, 10, 4, 8)^T$
   (b) $\beta = 15$, $\mathbf{v} = (0, 0, -5, -1, 2)^T$

6. (a) $H_2H_1A = R$, em que $H_i = I - \dfrac{1}{\beta_i}\mathbf{v}_i\mathbf{v}_i^T$, $i = 1, 2$ e $\beta_1 = 12$, $\beta_2 = 45$.
$$\mathbf{v}_1 = \begin{bmatrix} -4 \\ 2 \\ -2 \end{bmatrix}, \quad \mathbf{v}_2 = \begin{bmatrix} 0 \\ 9 \\ -3 \end{bmatrix},$$
$$R = \begin{bmatrix} 3 & \frac{19}{2} & \frac{9}{2} \\ 0 & -5 & -3 \\ 0 & 0 & 6 \end{bmatrix},$$

$$\mathbf{c} = H_2H_1\mathbf{b} = \begin{bmatrix} -\frac{5}{2} \\ -5 \\ 0 \end{bmatrix};$$

(b) $\mathbf{x} = (-4, 1, 0)^T$

7. (a) $G = \begin{bmatrix} \frac{3}{5} & \frac{4}{5} \\ \frac{4}{5} & -\frac{3}{5} \end{bmatrix}, \mathbf{x} = \begin{bmatrix} -1 \\ 1 \end{bmatrix}$

8. São necessárias três multiplicações, duas adições e uma raiz quadrada para determinar $H$. São necessárias quatro multiplicações/divisões, uma adição e uma raiz quadrada para determinar $G$. O cálculo de $GA$ necessita de $4n$ multiplicações e $2n$ adições, enquanto o cálculo de $HA$ necessita de $3n$ multiplicações/divisões e $3n$ adições.

9. (a) $n - k + 1$ multiplicações/divisões, $2n - 2k + 1$ adições.
(b) $n(n - k + 1)$ multiplicações/divisões, $n(2n - 2k + 1)$ adições

10. (a) $4(n - k)$ multiplicações/divisões, $2(n - k)$ adições
(b) $4n(n - k)$ multiplicações/divisões, $2n(n - k)$ adições

11. (a) rotação (b) rotação
(c) transformação de Givens
(d) transformação de Givens

**7.6** 1. (a) $\mathbf{u}_1 = \begin{bmatrix} 1 \\ 1 \end{bmatrix}$ (b) $A_2 = \begin{bmatrix} 2 & 0 \\ 0 & 0 \end{bmatrix}$
(c) $\lambda_1 = 2, \lambda_2 = 0$. O autoespaço correspondente a $\lambda_1$ é coberto por $\mathbf{u}_1$.

2. (a) $\mathbf{v}_1 = \begin{bmatrix} 3 \\ 5 \\ 3 \end{bmatrix}, \mathbf{u}_1 = \begin{bmatrix} 0,6 \\ 1,0 \\ 0,6 \end{bmatrix},$

$\mathbf{v}_2 = \begin{bmatrix} 2,2 \\ 4,2 \\ 2,2 \end{bmatrix}, \mathbf{u}_2 = \begin{bmatrix} 0,52 \\ 1,00 \\ 0,52 \end{bmatrix},$

$\mathbf{v}_3 = \begin{bmatrix} 2,05 \\ 4,05 \\ 2,05 \end{bmatrix}$

(b) $\lambda_1' = 4,05$ (c) $\lambda_1 = 4, \delta = 0,0125$

3. (b) $A$ não tem autovalores dominantes.

4. $A_2 = \begin{bmatrix} 3 & -1 \\ -1 & 1 \end{bmatrix}, A_3 = \begin{bmatrix} 3,4 & 0,2 \\ 0,2 & 0,6 \end{bmatrix},$
$\lambda_1 = 2 + \sqrt{2} \approx 3,414,$
$\lambda_2 = 2 - \sqrt{2} \approx 0,586$

5. (b) $H = I - \frac{1}{\beta}\mathbf{v}\mathbf{v}^T$, em que $\beta = \frac{1}{3}$ e
$\mathbf{v} = \left(-\frac{1}{3}, -\frac{2}{3}, \frac{1}{3}\right)^T$
(c) $\lambda_2 = 3, \lambda_3 = 1,$
$$HAH = \begin{bmatrix} 4 & 0 & 3 \\ 0 & 5 & -4 \\ 0 & 2 & -1 \end{bmatrix}$$

**7.7** 1. (a) $\left(\sqrt{2}, 0\right)^T$ (b) $\left(1 - 3\sqrt{2}, 3\sqrt{2}, -\sqrt{2}\right)^T$
(c) $(1, 0)^T$ (d) $\left(1 - \sqrt{2}, \sqrt{2}, -\sqrt{2}\right)^T$

2. $x_i = \dfrac{d_ib_i + e_ib_{n+i}}{d_i^2 + e_i^2}, i = 1, ..., n$

4. (a) $Q = \begin{bmatrix} \frac{1}{2} & -\frac{1}{6} \\ \frac{1}{2} & -\frac{1}{2} \\ \frac{1}{2} & \frac{5}{6} \\ \frac{1}{2} & -\frac{1}{6} \end{bmatrix}, \quad R = \begin{bmatrix} 2 & 12 \\ 0 & 6 \end{bmatrix}$

(b) $\mathbf{x} = \begin{bmatrix} 0 & \frac{1}{3} \end{bmatrix}^T$

5. (a) $\sigma_1 = \sqrt{2 + \rho^2}, \sigma_2 = \rho;$
(b) $\lambda_1' = 2, \lambda_2' = 0, \sigma_1' = \sqrt{2}, \sigma_2' = 0$

12. $A^+ = \begin{bmatrix} \frac{1}{4} & \frac{1}{4} & 0 \\ \frac{1}{4} & \frac{1}{4} & 0 \end{bmatrix}$

13. (a) $A^+ = \begin{bmatrix} \frac{1}{10} & -\frac{1}{10} \\ \frac{2}{10} & -\frac{2}{10} \end{bmatrix};$
(b) $A^+\mathbf{b} = \begin{bmatrix} 1 \\ 2 \end{bmatrix};$
(c) $\left\{\mathbf{y} \,\middle|\, \mathbf{y} = \begin{bmatrix} 1 \\ 2 \end{bmatrix} + \alpha \begin{bmatrix} -2 \\ 1 \end{bmatrix}\right\}$

15. $\|A_1 - A_2\|_F = \rho, \|A_1^+ - A_2^+\|_F = 1/\rho.$
Assim como $\rho \to 0, \|A_1 - A_2\|_F \to 0$ e $\|A_1^+ - A_2^+\|_F \to \infty.$

### TESTE A DO CAPÍTULO

1. Falso 2. Falso 3. Falso 4. Verdadeiro 5. Falso 6. Falso 7. Verdadeiro 8. Falso 9. Falso 10. Falso

# ÍNDICE

Pré-impressão, impressão e acabamento

grafica@editorasantuario.com.br
www.graficasantuario.com.br
Aparecida-SP